DIN-Taschenbuch 3

Jetzt diesen Titel zusätzlich als E-Book downloaden und 70 % sparen!

Als Käufer dieses Buchtitels haben Sie Anspruch auf ein besonderes Kombi-Angebot: Sie können den Titel zusätzlich zum Ihnen vorliegenden gedruckten Exemplar für nur 30 % des Normalpreises als E-Book beziehen.

Der BESONDERE VORTEIL: Im E-Book recherchieren Sie in Sekundenschnelle die gewünschten Themen und Textpassagen. Denn die E-Book-Variante ist mit einer komfortablen Volltextsuche ausgestattet!

Deshalb: Zögern Sie nicht. Laden Sie sich am besten gleich Ihre persönliche E-Book-Ausgabe dieses Titels herunter.

In 3 einfachen Schritten zum E-Book:

❶ Rufen Sie die Website **www.beuth.de/e-book** auf.

❷ Geben Sie hier Ihren persönlichen, nur einmal verwendbaren E-Book-Code ein:

22444A6K4206KD6

❸ Klicken Sie das „Download-Feld" an und gehen dann weiter zum Warenkorb. Führen Sie den normalen Bestellprozess aus.

D1662349

DIN-Taschenbuch 3

DIN-Taschenbuch 3

Maschinenbau

Normen für die Anwendung in der Praxis

14. Auflage
Stand der abgedruckten Normen: Juni 2012

Herausgeber: DIN Deutsches Institut für Normung e. V.

Berlin · Wien · Zürich

© 2012 Beuth Verlag GmbH
Berlin · Wien · Zürich
Am DIN-Platz
Burggrafenstraße 6
10787 Berlin

Telefon: +49 30 2601-0
Telefax: +49 30 2601-1260
Internet: www.beuth.de
E-Mail: info@beuth.de

Satz: B & B Fachübersetzergesellschaft mbH, Berlin
Druck: AZ Druck und Datentechnik GmbH, Berlin
Gedruckt auf säurefreiem, alterungsbeständigem Papier nach DIN EN ISO 9706

ISBN 978-3-410-22444-0
ISSN 0342-801X

Vorwort

Die vorliegende 14. Auflage des DIN-Taschenbuches 3 wurde im Jahre 2012 überarbeitet. Die Aufteilung in unterschiedliche Sachgruppen wurde wie in der 13. Auflage beibehalten. Das DIN-Taschenbuch 3 deckt ein breites Spektrum von Normen im Maschinenbau ab und soll eine Grundlage für häufig benötigte Normen bei Konstruktionsaufgaben bilden.

Die 14. Auflage des DIN-Taschenbuches 3 steht in engem Zusammenhang mit DIN-Taschenbuch 1: „Mechanische Technik – Grundnormen".

Zu den Normen DIN 962, DIN EN 10025-1, DIN EN 10293 sowie DIN EN 10088-3 existieren zum Zeitpunkt der Erstellung dieses DIN-Taschenbuches bereits Norm-Entwürfe. Auf den Abdruck der Norm-Entwürfe wird aus Platzgründen jedoch verzichtet. Interessierte Leser können die Norm-Entwürfe über die Vertriebswege des Beuth Verlages erwerben.

Anstelle der DIN EN 10088-1 wurde die DIN EN 10088-3 in das DIN-Taschenbuch aufgenommen, da insbesondere die technischen Lieferbedingungen für den Maschinenbau wichtig sind.

Schwerpunkte dieses DIN-Taschenbuches sind:

- Mechanische Verbindungselemente
- Wälzlager, Gleitlager
- Welle-Nabe-Verbindungen
- Federn
- Keilriemen und -scheiben
- Eisen-Werkstoffe, Halbzeuge.

Berlin, im April 2012   Stephan Rust

Inhalt

**Maßgebend für das Anwenden jeder in diesem DIN-Taschenbuch abge-
druckten Norm ist deren Fassung mit dem neuesten Ausgabedatum.**
**Sie können sich auch über den aktuellen Stand, unter der Telefon-Nr.:
030 2601-2260 oder im Internet unter www.beuth.de informieren.**

Hinweise zur Nutzung von DIN-Taschenbüchern

Was sind DIN-Normen?

Das DIN Deutsches Institut für Normung e. V. erarbeitet Normen und Standards als Dienstleistung für Wirtschaft, Staat und Gesellschaft. Die Hauptaufgabe des DIN besteht darin, gemeinsam mit Vertretern der interessierten Kreise konsensbasierte Normen markt- und zeitgerecht zu erarbeiten. Hierfür bringen rund 26 000 Experten ihr Fachwissen in die Normungsarbeit ein. Aufgrund eines Vertrages mit der Bundesregierung ist das DIN als die nationale Normungsorganisation und als Vertreter deutscher Interessen in den europäischen und internationalen Normungsorganisationen anerkannt. Heute ist die Normungsarbeit des DIN zu fast 90 Prozent international ausgerichtet.

DIN-Normen können nationale Normen, Europäische Normen oder Internationale Normen sein. Welchen Ursprung und damit welchen Wirkungsbereich eine DIN-Norm hat, ist aus deren Bezeichnung zu ersehen:

DIN (plus Zählnummer, z. B. DIN 4701)

Hier handelt es sich um eine nationale Norm, die ausschließlich oder überwiegend nationale Bedeutung hat oder als Vorstufe zu einem internationalen Dokument veröffentlicht wird (Entwürfe zu DIN-Normen werden zusätzlich mit einem „E" gekennzeichnet, Vornormen mit einem „SPEC"). Die Zählnummer hat keine klassifizierende Bedeutung.

Bei nationalen Normen mit Sicherheitsfestlegungen aus dem Bereich der Elektrotechnik ist neben der Zählnummer des Dokumentes auch die VDE-Klassifikation angegeben (z. B. DIN VDE 0100).

DIN EN (plus Zählnummer, z. B. DIN EN 71)

Hier handelt es sich um die deutsche Ausgabe einer Europäischen Norm, die unverändert von allen Mitgliedern der europäischen Normungsorganisationen CEN/CENELEC/ETSI übernommen wurde.

Bei Europäischen Normen der Elektrotechnik ist der Ursprung der Norm aus der Zählnummer ersichtlich: von CENELEC erarbeitete Normen haben Zählnummern zwischen 50000 und 59999, von CENELEC übernommene Normen, die in der IEC erarbeitet wurden, haben Zählnummern zwischen 60000 und 69999, Europäische Normen des ETSI haben Zählnummern im Bereich 300000.

DIN EN ISO (plus Zählnummer, z. B. DIN EN ISO 306)

Hier handelt es sich um die deutsche Ausgabe einer Europäischen Norm, die mit einer Internationalen Norm identisch ist und die unverändert von allen Mitgliedern der europäischen Normungsorganisationen CEN/CENELEC/ETSI übernommen wurde.

DIN ISO, DIN IEC oder DIN ISO/IEC (plus Zählnummer, z. B. DIN ISO 720)

Hier handelt es sich um die unveränderte Übernahme einer Internationalen Norm in das Deutsche Normenwerk.

Weitere Ergebnisse der Normungsarbeit können sein:

DIN SPEC (Vornorm) (plus Zählnummer, z. B. DIN SPEC 1201)

Hier handelt es sich um das Ergebnis einer Normungsarbeit, das wegen bestimmter Vorbehalte zum Inhalt oder wegen des gegenüber einer Norm abweichenden Aufstellungsverfahrens vom DIN nicht als Norm herausgegeben wird. An DIN SPEC (Vornorm) knüpft sich die Erwartung, dass sie zum geeigneten Zeitpunkt und ggf. nach notwendigen Veränderungen nach dem üblichen Verfahren in eine Norm überführt oder ersatzlos zurückgezogen werden.

Beiblatt: DIN (plus Zählnummer) Beiblatt (plus Zählnummer), z. B. DIN 2137-6 Beiblatt 1 Beiblätter enthalten nur Informationen zu einer DIN-Norm (Erläuterungen, Beispiele, Anmerkungen, Anwendungshilfsmittel u. Ä.), jedoch keine über die Bezugsnorm hinausgehenden genormten Festlegungen. Das Wort Beiblatt mit Zählnummer erscheint zusätzlich im Nummernfeld zu der Nummer der Bezugsnorm.

Was sind DIN-Taschenbücher?

Ein besonders einfacher und preisgünstiger Zugang zu den DIN-Normen führt über die DIN-Taschenbücher. Sie enthalten die jeweils für ein bestimmtes Fach- oder Anwendungsgebiet relevanten Normen im Originaltext.

Die Dokumente sind in der Regel als Originaltextfassungen abgedruckt, verkleinert auf das Format A5.

(+ Zusatz für Variante VOB/STLB-Bau-Taschenbücher)

(+ Zusatz für Variante DIN-DVS-Taschenbücher)

(+ Zusatz für Variante DIN-VDE-Taschenbücher)

Was muss ich beachten?

DIN-Normen stehen jedermann zur Anwendung frei. Das heißt, man kann sie anwenden, muss es aber nicht. DIN-Normen werden verbindlich durch Bezugnahme, z. B. in einem Vertrag zwischen privaten Parteien oder in Gesetzen und Verordnungen.

Der Vorteil der einzelvertraglich vereinbarten Verbindlichkeit von Normen liegt darin, dass sich Rechtsstreitigkeiten von vornherein vermeiden lassen, weil die Normen eindeutige Festlegungen sind. Die Bezugnahme in Gesetzen und Verordnungen entlastet den Staat und die Bürger von rechtlichen Detailregelungen.

DIN-Taschenbücher geben den Stand der Normung zum Zeitpunkt ihres Erscheinens wieder. Die Angabe zum Stand der abgedruckten Normen und anderer Regeln des Taschenbuchs finden Sie auf S. III. Maßgebend für das Anwenden jeder in einem DIN-Taschenbuch abgedruckten Norm ist deren Fassung mit dem neuesten Ausgabedatum. Den aktuellen Stand zu allen DIN-Normen können Sie im Webshop des Beuth Verlags unter www.beuth.de abfragen.

Wie sind DIN-Taschenbücher aufgebaut?

DIN-Taschenbücher enthalten die im Abschnitt „Verzeichnis abgedruckter Normen" jeweils aufgeführten Dokumente in ihrer Originalfassung. Ein DIN-Nummernverzeichnis sowie ein Stichwortverzeichnis am Ende des Buches erleichtern die Orientierung.

Abkürzungsverzeichnis

Die in den Dokumentnummern der Normen verwendeten Abkürzungen bedeuten:

A	Änderung von Europäischen oder Deutschen Normen
Bbl	Beiblatt
Ber	Berichtigung
DIN	Deutsche Norm
DIN CEN/TS	Technische Spezifikation von CEN als Deutsche Vornorm
DIN CEN ISO/TS	Technische Spezifikation von CEN/ISO als Deutsche Vornorm
DIN EN	Deutsche Norm auf der Basis einer Europäischen Norm

DIN EN ISO	Deutsche Norm auf der Grundlage einer Europäischen Norm, die auf einer Internationalen Norm der ISO beruht
DIN IEC	Deutsche Norm auf der Grundlage einer Internationalen Norm der IEC
DIN ISO	Deutsche Norm, in die eine Internationale Norm der ISO unverändert übernommen wurde
DIN SPEC	Öffentlich zugängliches Dokument, das Festlegungen für Regelungsgegenstände materieller und immaterieller Art oder Erkenntnisse, Daten usw. aus Normungs- oder Forschungsvorhaben enthält und welches durch temporär zusammengestellte Gremien unter Beratung des DIN und seiner Arbeitsgremien oder im Rahmen von CEN-Workshops ohne zwingende Einbeziehung aller interessierten Kreise entwickelt wird
	ANMERKUNG: Je nach Verfahren wird zwischen DIN SPEC (Vornorm), DIN SPEC (CWA), DIN SPEC (PAS) und DIN SPEC (Fachbericht) unterschieden.
DIN SPEC (CWA)	CEN/CENELEC-Vereinbarung, die innerhalb offener CEN/CENELEC-Workshops entwickelt wird und den Konsens zwischen den registrierten Personen und Organisationen widerspiegelt, die für ihren Inhalt verantwortlich sind
DIN SPEC (Fachbericht)	Ergebnis eines DIN-Arbeitsgremiums oder die Übernahme eines europäischen oder internationalen Arbeitsergebnisses
DIN SPEC (PAS)	Öffentlich verfügbare Spezifikation, die Produkte, Systeme oder Dienstleistungen beschreibt, indem sie Merkmale definiert und Anforderungen festlegt
DIN VDE	Deutsche Norm, die zugleich VDE-Bestimmung oder VDE-Leitlinie ist
DVS	DVS-Richtlinie oder DVS-Merkblatt
E	Entwurf
EN ISO	Europäische Norm (EN), in die eine Internationale Norm (ISO-Norm) unverändert übernommen wurde und deren Deutsche Fassung den Status einer Deutschen Norm erhalten hat
ENV	Europäische Vornorm, deren Deutsche Fassung den Status einer Deutschen Vornorm erhalten hat
ISO/TR	Technischer Bericht (ISO Technical Report)
VDI	VDI-Richtlinie

DIN-Nummernverzeichnis

Hierin bedeuten:

●   Neu aufgenommen gegenüber der 13. Auflage des DIN-Taschenbuches 3

☐   Geändert gegenüber der 13. Auflage des DIN-Taschenbuches 3

○   Zur abgedruckten Norm besteht ein Norm-Entwurf

(en)   Von dieser Norm gibt es auch eine vom DIN herausgegebene englische Übersetzung

Verzeichnis abgedruckter Normen

(innerhalb der Sachgebiete nach steigenden DIN-Nummern geordnet)

6 Eisen-Werkstoffe und Halbzeug

XV

	DIN 471	DIN

ICS 21.060.60; 21.120.10

Ersatz für
DIN 471:1981-09

Sicherungsringe (Halteringe) für Wellen – Regelausführung und schwere Ausführung

Retaining rings for shafts –
Normal type and heavy type

Anneaux d'arrêt pour arbres –
Type standard et type robuste

Gesamtumfang 24 Seiten

Normenausschuss Mechanische Verbindungselemente (FMV) im DIN

Inhalt

2

Vorwort

Dieses Dokument wurde vom Normenausschuss Mechanische Verbindungselemente (FMV), Arbeitsausschuss NA 067-00-09 AA „Verbindungselemente ohne Gewinde", erarbeitet.

Es wird auf die Möglichkeit hingewiesen, dass einige Texte dieses Dokuments Patentrechte berühren können. Das DIN ist nicht dafür verantwortlich, einige oder alle diesbezüglichen Patentrechte zu identifizieren.

Änderungen

Gegenüber DIN 471:1981-09 wurden folgende Änderungen vorgenommen:

a) normative Verweisungen aktualisiert;

b) Tragfähigkeiten, Ablösedrehzahl und Montage überarbeitet;

c) Streichung der Rundlauftoleranz im Bild 3;

d) Bild 14 in Abschnitt 10 überarbeitet;

e) Bild 10 zur Gestaltung des Nutgrundes in 10.3 neu eingefügt;

f) Bezeichnungsbeispiele bezüglich Korrosionsschutz ergänzt;

g) redaktionell überarbeitet.

Frühere Ausgaben

DIN 471: 1941-12, 1942-11, 1952-01, 1954-01, 1981-09
DIN 471 und DIN 472 Beiblatt 1: 1945-01, 1954x-03
DIN 471-1: 1965-03
DIN 471-2: 1965-03
DIN 995: 1970-01

3

1 Anwendungsbereich

Diese Norm legt Anforderungen an Sicherungsringe für Wellen und die entsprechenden Nuten fest.

ANMERKUNG Sicherungsringe dienen zum Fixieren von Bauteilen (z. B. Wälzlager) auf Wellen und sind dazu geeignet, axiale Kräfte zu übertragen.

2 Normative Verweisungen

Die folgenden zitierten Dokumente sind für die Anwendung dieses Dokuments erforderlich. Bei datierten Verweisungen gilt nur die in Bezug genommene Ausgabe. Bei undatierten Verweisungen gilt die letzte Ausgabe des in Bezug genommenen Dokuments (einschließlich aller Änderungen).

DIN 988, *Passscheiben und Stützscheiben*

DIN 5254, *Zangen für Sicherungsringe für Wellen*

DIN 50938, *Brünieren von Bauteilen aus Eisenwerkstoffen — Anforderungen und Prüfverfahren*

DIN EN 10132-4, *Kaltband aus Stahl für eine Wärmebehandlung — Technische Lieferbedingungen — Teil 4: Federstähle und andere Anwendungen*

DIN EN 12476, *Phosphatierüberzüge auf Metallen — Verfahren für die Festlegung von Anforderungen*

DIN EN ISO 3269, *Mechanische Verbindungselemente — Annahmeprüfung*

DIN EN ISO 4042, *Verbindungselemente — Galvanische Überzüge*

DIN EN ISO 6507-1, *Metallische Werkstoffe — Härteprüfung nach Vickers — Teil 1: Prüfverfahren*

DIN EN ISO 6508-1, *Metallische Werkstoffe — Härteprüfung nach Rockwell — Teil 1: Prüfverfahren (Skalen A, B, C, D, E, F, G, H, K, N, T)*

DIN EN ISO 9227, *Korrosionsprüfungen in künstlichen Atmosphären — Salzsprühnebelprüfungen*

DIN EN ISO 18265, *Metallische Werkstoffe — Umwertung von Härtewerten*

DIN ISO 2859-1, *Annahmestichprobenprüfung anhand der Anzahl fehlerhafter Einheiten oder Fehler (Attributprüfung) — Teil 1: Nach der annehmbaren Qualitätsgrenzlage (AQL) geordnete Stichprobenpläne für die Prüfung einer Serie von Losen*

3 Maßbuchstaben und Formelzeichen

a radiale Breite des Auges

b radiale Breite des Sicherungsringes gegenüber der Öffnung

c Abstand der Messplatten bei der Prüfung der Schränkung

d_1 Wellendurchmesser

d_2 Nutdurchmesser

d_3 Innendurchmesser des Sicherungsringes im ungespannten Zustand

d_4 größter achszentrischer Durchmesser des Einbauraumes während der Montage errechnet nach: $d_4 = d_1 + 2,1\,a$

d_5 Durchmesser der Montagelöcher

E Elastizitätsmodul

F Belastung des Sicherungsringes zur Prüfung der Schirmung

F_N Tragfähigkeit der Nut bei einer Streckgrenze des genuteten Werkstoffes von 200 MPa (siehe 8.2)

F_R Tragfähigkeit des Sicherungsringes bei scharfkantiger Anlage des andrückenden Teiles (siehe 8.3)

F_{Rg} Tragfähigkeit des Sicherungsringes bei Anlage mit Kantenabstand g (siehe 8.3)

g Kantenabstand des an den Sicherungsring anliegenden Teiles

h Abstand der Platten bei Prüfung auf Schirmung

m Nutbreite

n Bundbreite

n_{abl} Ablösedrehzahl des Sicherungsringes (siehe Abschnitt 9)

R_{eL} Streckgrenze

r Rundung im Nutgrund bzw. an der Prüfbacke

s Dicke des Sicherungsringes

t Nuttiefe bei Nennmaß von d_1 und d_2

4 Maße und Konstruktionsdaten

Die Sicherungsringe brauchen Bild 1 nicht zu entsprechen. Nur die angegebenen Maße in Tabelle 1 und Tabelle 2 müssen eingehalten werden. Alle Toleranzen gelten vor Aufbringen der Beschichtung.

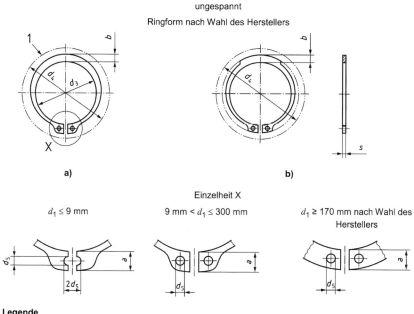

ungespannt

Ringform nach Wahl des Herstellers

a)   b)

Einzelheit X

$d_1 \leq 9$ mm   9 mm $< d_1 \leq 300$ mm $d_1 \geq 170$ mm nach Wahl des Herstellers

Legende

1   Einbauraum

Bild 1 — Ringformen

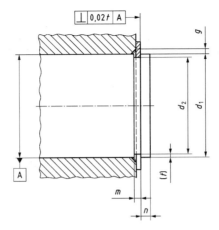

Bild 2 — Einbaubeispiel

Oberflächenrautiefen für Nutgrund und belastete Flanke müssen im Einzelfall festgelegt werden.

Gestaltung des Nutgrundes siehe 10.3.

Tabelle 1 — Regelausführung

Maße in Millimeter

Wellendurchmesser d_1 Nennmaß	Ring s	Ring s zul. Abw.	Ring d_3	Ring d_3 zul. Abw.	Ring a max.	Ring b^a	Ring d_5 min.	Gewicht je 1 000 Stück in kg	d_2^b	d_2^b zul. Abw.	Nut m^c H13	Nut t	Nut n_4 min.	Nut d_4	Ergänzende Daten^d F_N kN	F_R kN	g	F_{Rg} kN	n_{abl} min^{-1}	Nenngröße der Zange nach DIN 5254
3	0,4		2,7		1,9	0,8	1,0	0,017	2,8	0 / -0,04	0,5	0,10	0,3	7,0	0,15	0,47	0,5	0,27	360 000	
4	0,4		3,7	+0,04 / -0,15	2,2	0,9	1,0	0,022	3,8		0,5	0,10	0,3	8,6	0,20	0,50	0,5	0,30	211 000	
5	0,6	0 / -0,05	4,7		2,5	1,1	1,0	0,066	4,8	0 / -0,05	0,7	0,10	0,3	10,3	0,26	1,00	0,5	0,80	154 000	3
6	0,7		5,6		2,7	1,3	1,2	0,084	5,7		0,8	0,15	0,5	11,7	0,46	1,45	0,5	0,90	114 000	
7	0,8		6,5	+0,06 / -0,18	3,1	1,4	1,2	0,121	6,7		0,9	0,15	0,5	13,5	0,54	2,60	0,5	1,40	121 000	
8	0,8		7,4		3,2	1,5	1,2	0,158	7,6	0 / -0,06	0,9	0,20	0,6	14,7	0,81	3,00	0,5	2,00	96 000	
9	1,0		8,4		3,3	1,7	1,2	0,300	8,6		1,1	0,20	0,6	16,0	0,92	3,50	0,5	2,40	85 000	
10	1,0		9,3		3,3	1,8	1,5	0,340	9,6		1,1	0,20	0,6	17,0	1,01	4,00	1,0	2,40	84 000	3; 10
11	1,0		10,2		3,3	1,8	1,5	0,410	10,5		1,1	0,25	0,8	18,0	1,40	4,50	1,0	2,40	70 000	
12	1,0	0 / -0,06	11,0	+0,10 / -0,36	3,3	1,8	1,7	0,500	11,5	0 / -0,11	1,1	0,25	0,8	19,0	1,53	5,00	1,0	2,40	75 000	
13	1,0		11,9		3,4	2,0	1,7	0,530	12,4		1,1	0,30	0,9	20,2	2,00	5,80	1,0	2,40	66 000	
14	1,0		12,9		3,5	2,1	1,7	0,640	13,4		1,1	0,30	0,9	21,4	2,15	6,35	1,0	2,40	58 000	10
15	1,0		13,8		3,6	2,2	1,7	0,670	14,3		1,1	0,35	1,1	22,6	2,66	6,90	1,0	2,40	50 000	
16	1,0		14,7		3,7	2,2	1,7	0,700	15,2		1,1	0,40	1,2	23,8	3,26	7,40	1,0	2,40	45 000	
17	1,0		15,7		3,8	2,3	1,7	0,820	16,2		1,1	0,40	1,2	25,0	3,46	8,00	1,0	2,40	41 000	

a, b, c und ^{d} siehe Seite 13.

Tabelle 1 *(fortgesetzt)*

Maße in Millimeter

d_1 Nennmaß	s Nennmaß	s zul. Abw.	d_3	d_3 zul. Abw.	a max.	b^a ≈	d_5 min.	Gewicht je 1000 Stück in kg ≈	d_2^b	d_2 zul. Abw.	m^c H13	t	n_4 min.	d_4	F_N kN	F_R kN	g	F_{Rg} kN	n_{abl} min^{-1}	Nenngröße der Zange nach DIN 5254
18	1,20		16,5	+0,10 / −0,36	3,9	2,4	2,0	1,11	17,0		1,30	0,50	1,5	26,2	4,58	17,0	1,5	3,75	39 000	10
19	1,20		17,5		3,9	2,5	2,0	1,22	18,0	0 / −0,11	1,30	0,50	1,5	27,2	4,48	17,0	1,5	3,80	35 000	
20	1,20		18,5		4,0	2,6	2,0	1,30	19,0		1,30	0,50	1,5	28,4	5,06	17,1	1,5	3,85	32 000	10; 19
21	1,20		19,5	+0,13 / −0,42	4,1	2,7	2,0	1,42	20,0	0 / −0,13	1,30	0,50	1,5	29,6	5,36	16,8	1,5	3,75	29 000	
22	1,20		20,5		4,2	2,8	2,0	1,50	21,0		1,30	0,50	1,5	30,8	5,65	16,9	1,5	3,80	27 000	
24	1,20		22,2		4,4	3,0	2,0	1,77	22,9		1,30	0,55	1,7	33,2	6,75	16,1	1,5	3,65	27 000	
25	1,20		23,2		4,4	3,0	2,0	1,90	23,9		1,30	0,55	1,7	34,2	7,05	16,2	1,5	3,70	25 000	
26	1,20	0 / −0,06	24,2		4,5	3,1	2,0	1,96	24,9	0 / −0,21	1,30	0,55	1,7	35,5	7,34	16,1	1,5	3,70	24 000	
28	1,50		25,9	+0,21 / −0,42	4,7	3,2	2,0	2,92	26,6		1,60	0,70	2,1	37,9	10,00	32,1	1,5	7,50	21 200	
29	1,50		26,9		4,8	3,4	2,0	3,20	27,6		1,60	0,70	2,1	39,1	10,37	31,8	1,5	7,45	20 000	
30	1,50		27,9		5,0	3,5	2,5	3,31	28,6		1,60	0,70	2,1	40,5	10,73	32,1	1,5	7,65	18 900	19
32	1,50		29,6		5,2	3,6	2,5	3,54	30,3		1,60	0,85	2,6	43,0	13,85	31,2	2,0	5,55	16 900	
34	1,50		31,5		5,4	3,8	2,5	3,80	32,3		1,60	0,85	2,6	45,4	14,72	31,3	2,0	5,60	16 100	
35	1,50		32,2	+0,25 / −0,5	5,6	3,9	2,5	4,00	33,0		1,60	1,00	3,0	46,8	17,80	30,8	2,0	5,55	15 500	
36	1,75		33,2		5,6	4,0	2,5	5,00	34,0	0 / −0,25	1,85	1,00	3,0	47,8	18,33	49,4	2,0	9,00	14 500	
38	1,75		35,2		5,8	4,2	2,5	5,62	36,0		1,85	1,00	3,0	50,2	19,30	49,5	2,0	9,10	13 600	
40	1,75		36,5	+0,39 / −0,9	6,0	4,4	2,5	6,03	37,5		1,85	1,25	3,8	52,6	25,30	51,0	2,0	9,50	14 300	19; 40

a, b, c und d siehe Seite 13.

Tabelle 1 *(fortgesetzt)*

Maße in Millimeter

Wellendurchmesser d_1 Nennmaß	Ring							Nut						Ergänzende Daten^d					
	s	zul. Abw.	d_3	zul. Abw.	a max.	b^a	d_5 min.	Gewicht je 1000 Stück in kg	d_2^b	zul. Abw.	m^c H13	t	n min.	d_4	F_N kN	F_R kN	g	F_{Rg} kN	n_{abl} min^{-1}	Nenngröße der Zange nach DIN 5254
42	1,75	0 −0,06	38,5	+0,39 −0,9	6,5	4,5	2,5	6,5	39,5	0 −0,25	1,85	1,25	3,8	55,7	26,70	50,0	2,0	9,45	13 000	40
45	1,75		41,5		6,7	4,7	2,5	7,5	42,5		1,85	1,25	3,8	59,1	28,60	49,0	2,0	9,35	11 400	
48	1,75		44,5		6,9	5	2,5	7,9	45,5		1,85	1,25	3,8	62,5	30,70	49,4	2,0	9,55	10 300	
50	2,0		45,8		6,9	5,1	2,5	10,2	47,0		2,15	1,50	4,5	64,5	38,00	73,3	2,0	14,40	10 500	
52	2,0		47,8		7,0	5,2	2,5	11,1	49,0		2,15	1,50	4,5	66,7	39,70	73,1	2,5	11,50	9 850	
55	2,0		50,8		7,2	5,4	2,5	11,4	52,0		2,15	1,50	4,5	70,2	42,00	71,4	2,5	11,40	8 960	
56	2,0		51,8		7,3	5,5	2,5	11,8	53,0		2,15	1,50	4,5	71,6	42,80	70,8	2,5	11,35	8 670	
58	2,0		53,8		7,3	5,6	2,5	12,6	55,0		2,15	1,50	4,5	73,6	44,30	71,1	2,5	11,50	8 200	
60	2,0		55,8		7,4	5,8	2,5	12,9	57,0		2,15	1,50	4,5	75,6	46,00	69,2	2,5	11,30	7 620	
62	2,0	0 −0,07	57,8	+0,46 −1,1	7,5	6,0	2,5	14,3	59,0	0 −0,30	2,15	1,50	4,5	77,8	47,50	69,3	2,5	11,45	7 240	
63	2,0		58,8		7,6	6,2	2,5	15,9	60,0		2,15	1,50	4,5	79,0	48,30	70,2	2,5	11,60	7 050	
65	2,5		60,8		7,8	6,3	3,0	18,2	62,0		2,65	1,50	4,5	81,4	49,80	135,6	2,5	22,70	6 640	
68	2,5		63,5		8,0	6,5	3,0	21,8	65,0		2,65	1,50	4,5	84,8	52,20	135,9	2,5	23,10	6 910	
70	2,5		65,5		8,1	6,6	3,0	22,0	67,0		2,65	1,50	4,5	87,0	53,80	134,2	2,5	23,00	6 530	
72	2,5		67,5		8,2	6,8	3,0	22,5	69,0		2,65	1,50	4,5	89,2	55,30	131,8	2,5	22,80	6 190	

a, b, c und d siehe Seite 13.

Tabelle 1 (fortgesetzt)

Maße in Millimeter

Wellendurchmesser d_1 Nennmaß	Ring s	Ring s zul. Abw.	Ring d_3	Ring d_3 zul. Abw.	Ring a max.	Ring b^a ≈	Ring d_5 min.	Ring Gewicht je 1000 Stück in kg ≈	Nut d_2^b	Nut d_2^b zul. Abw.	Nut m^c H13	Nut t	Nut n min.	d_4	F_N kN	F_R kN	g	F_{Rg} kN	n_{abl} min⁻¹	Nenngröße der Zange nach DIN 5254
75	2,5	0 −0,07	70,5	+0,46 −1,1	8,4	7,0	3,0	24,6	72,0	0 −0,3	2,65	1,50	4,5	92,7	57,60	130,0	2,5	22,80	5 740	40
78	2,5		73,5		8,6	7,3	3,0	26,2	75,0		2,65	1,50	4,5	96,1	60,00	131,3	3,0	19,75	5 450	
80	2,5		74,5	+0,46 −1,1	8,6	7,4	3,0	27,3	76,5		2,65	1,75	5,3	98,1	71,60	128,4	3,0	19,50	6 100	
82	2,5		76,5		8,7	7,6	3,0	31,2	78,5		2,65	1,75	5,3	100,3	73,50	128,0	3,0	19,60	5 860	
85	3,0	0 −0,08	79,5		8,7	7,8	3,5	36,4	81,5		3,15	1,75	5,3	103,3	76,20	215,4	3,0	33,40	5 710	40; 85
88	3,0		82,5		8,8	8,0	3,5	41,2	84,5	0 −0,54	3,15	1,75	5,3	106,5	79,00	221,8	3,0	34,85	5 200	
90	3,0		84,5		8,8	8,2	3,5	44,5	86,5		3,15	1,75	5,3	108,5	80,80	217,2	3,0	34,40	4 980	
95	3,0		89,5	+0,54 −1,3	9,4	8,6	3,5	49,0	91,5		3,15	1,75	5,3	114,8	85,50	212,2	3,5	29,25	4 550	
100	3,0		94,5		9,6	9,0	3,5	53,7	96,5	0 −0,54	3,15	1,75	5,3	120,2	90,00	206,4	3,5	29,00	4 180	
105	4,0	0 −0,1	98,0		9,9	9,3	3,5	80,0	101,0		4,15	2,00	6,0	125,8	107,60	471,8	3,5	67,70	4 740	85
110	4,0		103,0		10,1	9,6	3,5	82,0	106,0		4,15	2,00	6,0	131,2	113,00	457,0	3,5	66,90	4 340	
115	4,0		108,0		10,6	9,8	3,5	84,0	111,0	0 −0,54	4,15	2,00	6,0	137,3	118,20	438,6	3,5	65,50	3 970	
120	4,0		113,0		11,0	10,2	3,5	86,0	116,0		4,15	2,00	6,0	143,1	123,50	424,6	3,5	64,50	3 685	
125	4,0		118,0		11,4	10,4	4,0	90,0	121,0		4,15	2,00	6,0	149,0	128,70	411,5	4,0	56,50	3 420	e
130	4,0		123,0	+0,63 −1,5	11,6	10,7	4,0	100,0	126,0	0 −0,63	4,15	2,00	6,0	154,4	134,00	395,5	4,0	55,20	3 180	
135	4,0		128,0		11,8	11,0	4,0	104,0	131,0		4,15	2,00	6,0	159,8	139,20	389,5	4,0	55,40	2 950	

a, b, c, d und e siehe Seite 13.

Tabelle 1 (*fortgesetzt*)

Maße in Millimeter

Groups: **Ring** (s, d_3, a, b^a, d_5, Gewicht je 1000 Stück in kg) — **Nut** (d_2^b, m^c, t, n, d_4, F_N) — **Ergänzende Daten^d** (F_R, g, F_{Rg}, n_{abl})

d_1 Nennmaß	s	s zul. Abw.	d_3	d_3 zul. Abw.	a max.	b^a	d_5 min.	Gewicht je 1000 Stück in kg	d_2^b	d_2^b zul. Abw.	m^c H13	t	n min.	d_4	F_N kN	F_R kN	g	F_{Rg} kN	n_{abl} min^{-1}	Nenngröße der Zange nach DIN 5254 ^{e}
140	4,0	0 / −0,1	133,0	+0,63 / −1,5	12,0	11,2	4,0	110,0	136,0	0 / −0,63	4,15	2,0	6,0	165,2	144,5	376,5	4,0	54,4	2 760	
145	4,0	0 / −0,1	138,0	+0,63 / −1,5	12,2	11,5	4,0	115,0	141,0	0 / −0,63	4,15	2,0	6,0	170,6	149,6	367,0	4,0	53,8	2 600	
150	4,0	0 / −0,1	142,0	+0,63 / −1,5	13,0	11,8	4,0	120,0	145,0	0 / −0,63	4,15	2,5	7,5	177,3	193,0	357,5	4,0	53,4	2 480	
155	4,0	0 / −0,1	146,0	+0,63 / −1,5	13,0	12,0	4,0	135,0	150,0	0 / −0,63	4,15	2,5	7,5	182,3	199,6	352,9	4,0	52,6	2 710	
160	4,0	0 / −0,1	151,0	+0,63 / −1,5	13,3	12,2	4,0	150,0	155,0	0 / −0,63	4,15	2,5	7,5	188,0	206,1	349,2	4,0	52,2	2 540	
165	4,0	0 / −0,1	155,5	+0,63 / −1,5	13,5	12,5	4,0	160,0	160,0	0 / −0,63	4,15	2,5	7,5	193,4	212,5	345,3	5,0	41,4	2 520	
170	4,0	0 / −0,1	160,5	+0,72 / −1,7	13,5	12,9	4,0	170,0	165,0	0 / −0,72	4,15	2,5	7,5	198,4	219,1	349,2	5,0	41,9	2 440	
175	4,0	0 / −0,1	165,5	+0,72 / −1,7	13,5	12,9	4,0	180,0	170,0	0 / −0,72	4,15	2,5	7,5	203,4	225,5	340,1	5,0	40,7	2 300	
180	4,0	0 / −0,1	170,4	+0,72 / −1,7	14,2	13,5	4,0	190,0	175,0	0 / −0,72	4,15	2,5	7,5	210,0	232,2	345,3	5,0	41,4	2 180	
185	4,0	0 / −0,1	175,5	+0,72 / −1,7	14,2	13,5	4,0	200,0	180,0	0 / −0,72	4,15	2,5	7,5	215,0	238,6	336,7	5,0	40,4	2 070	
190	4,0	0 / −0,1	180,5	+0,72 / −1,7	14,2	14,0	4,0	210,0	185,0	0 / −0,72	4,15	2,5	7,5	220,0	245,1	333,8	5,0	40,0	1 970	
195	4,0	0 / −0,1	185,5	+0,72 / −1,7	14,2	14,0	4,0	220,0	190,0	0 / −0,72	4,15	2,5	7,5	225,0	251,8	325,4	5,0	39,0	1 835	
200	4,0	0 / −0,1	190,5	+0,72 / −1,7	14,2	14,0	4,0	230,0	195,0	0 / −0,72	4,15	2,5	7,5	230,0	258,3	319,2	5,0	38,3	1 770	
210	5,0	0 / −0,12	198,0	+0,72 / −1,7	14,2	14,0	4,0	248,0	204,0	0 / −0,72	5,15	3,0	9,0	240,0	325,1	598,2	6,0	59,9	1 835	
220	5,0	0 / −0,12	208,0	+0,72 / −1,7	14,2	14,0	4,0	265,0	214,0	0 / −0,72	5,15	3,0	9,0	250,0	340,8	572,4	6,0	57,3	1 620	
230	5,0	0 / −0,12	218,0	+0,72 / −1,7	14,2	14,0	4,0	290,0	224,0	0 / −0,72	5,15	3,0	9,0	263,0	356,6	548,9	6,0	55,0	1 445	
240	5,0	0 / −0,12	228,0	+0,72 / −1,7	14,2	14,0	4,0	310,0	234,0	0 / −0,72	5,15	3,0	9,0	273,0	372,6	530,3	6,0	53,0	1 305	

a, b, c, d und ^{e} siehe Seite 13.

Tabelle 1 *(fortgesetzt)*

Maße in Millimeter

Wellendurchmesser d_1	Ring								Nut						Ergänzende Daten[d]					
	s		d_3		a	b^a	d_5	Gewicht je 1 000 Stück in kg	d_2^b		m^c	t	n	d_4	F_N	F_R	g	F_{Rg}	n_{abl}	Nenngröße der Zange nach DIN 5254
Nennmaß		zul. Abw.		zul. Abw.	max.	≈	min.	≈		zul. Abw.	H13		min.		kN	kN		kN	min^{-1}	
250	5,0	0 / −0,12	238,0	+0,72 / −1,7	14,2	14,0	4,0	335,0	244,0	0 / −0,72	5,15	3,0	9,0	280	388,3	504,3	6,0	50,5	1 180	e
260	5,0		245,0		16,2	16,0	5,0	355,0	252,0		5,15	4,0	12,0	294	535,8	540,6	6,0	54,6	1 320	
270	5,0		255,0		16,2	16,0	5,0	375,0	262,0	0 / −0,81	5,15	4,0	12,0	304	556,6	525,3	6,0	52,5	1 215	
280	5,0		265,0	+0,81 / −2	16,2	16,0	5,0	398,0	272,0		5,15	4,0	12,0	314	576,6	508,2	6,0	50,9	1 100	
290	5,0		275,0		16,2	16,0	5,0	418,0	282,0		5,15	4,0	12,0	324	599,1	490,8	6,0	49,2	1 005	
300	5,0		285,0		16,2	16,0	5,0	440,0	292,0		5,15	4,0	12,0	334	619,1	475,0	6,0	47,5	930	

a   Maß b darf Maß a max. nicht überschreiten.

b   Siehe 10.1.

c   Siehe 10.2.

d   Die ergänzenden Daten gelten nur für Sicherungsringe aus Federstahl nach DIN EN 10132-4.

e   Zangen sind als Sonderausführung erhältlich.

Tabelle 2 — Schwere Ausführung

Maße in Millimeter

Wellendurchmesser d_1 Nennmaß	Ring s	s zul. Abw.	d_3	d_3 zul. Abw.	a max.	b^a ≈	d_5 min.	Gewicht je 1000 Stück in kg ≈	Nut d_2^b	d_2^b zul. Abw.	m^c H13	t	n min.	d_4	F_N kN	F_R kN	g	F_{Rg} kN	n_{abl} min^{-1}	Nenngröße der Zange nach DIN 5254
15	1,50	0 −0,06	13,8		4,8	2,4	2,0	1,10	14,3	0 −0,11	1,60	0,35	1,1	25,1	2,66	15,5	1,0	6,40	57 000	10
16	1,50		14,7	+0,10 −0,36	5,0	2,5	2,0	1,19	15,2		1,60	0,40	1,2	26,5	3,26	16,6	1,0	6,35	44 000	
17	1,50		15,7		5,0	2,6	2,0	1,39	16,2		1,60	0,40	1,2	27,5	3,46	18,0	1,0	6,70	46 000	
18	1,50		16,5		5,1	2,7	2,0	1,56	17,0		1,60	0,50	1,5	28,7	4,58	26,6	1,5	5,85	42 750	
20	1,75		18,5	+0,13 −0,42	5,5	3,0	2,0	2,19	19,0	0 −0,13	1,85	0,50	1,5	31,5	5,06	36,3	1,5	8,20	36 000	10; 19
22	1,75		20,5		6,0	3,1	2,0	2,42	21,0		1,85	0,50	1,5	34,5	5,65	36,0	1,5	8,10	29 000	
24	1,75		22,2		6,3	3,2	2,0	2,76	22,9		1,85	0,55	1,7	37,3	6,75	34,2	1,5	7,60	29 200	10; 19
25	2,00		23,2	+0,21 −0,42	6,4	3,4	2,0	3,59	23,9	0 −0,21	2,15	0,55	1,7	38,5	7,05	45,0	1,5	10,30	25 000	
28	2,00		25,9		6,5	3,5	2,0	4,25	26,6		2,15	0,70	2,1	41,7	10,00	57,0	1,5	13,40	22 200	19
30	2,00		27,9		6,5	4,1	2,0	5,35	28,6		2,15	0,70	2,1	43,7	10,70	57,0	1,5	13,60	21 100	
32	2,00		29,6		6,5	4,1	2,5	5,85	30,3		2,15	0,85	2,6	45,7	13,80	55,5	2,0	10,00	18 400	
34	2,50	0 −0,07	31,5	+0,25 −0,5	6,6	4,2	2,5	7,05	32,3	0 −0,25	2,65	0,85	2,6	47,9	14,70	87,0	2,0	15,60	17 800	
35	2,50		32,2		6,7	4,2	2,5	7,20	33,0		2,65	1,00	3,0	49,1	17,80	86,0	2,0	15,40	16 500	19; 40
38	2,50		35,2		6,8	4,3	2,5	8,30	36,0		2,65	1,00	3,0	52,3	19,30	101,0	2,0	18,60	14 500	
40	2,50		36,5	+0,39 −0,9	7,0	4,4	2,5	8,60	37,5		2,65	1,25	3,8	54,7	25,30	104,0	2,0	19,30	14 300	
42	2,50		38,5		7,2	4,5	2,5	9,30	39,5		2,65	1,25	3,8	57,2	26,70	102,0	2,0	19,20	13 000	

a, b, c und c siehe Seite 15.

Tabelle 2 *(fortgesetzt)*

Maße in Millimeter

Wellendurchmesser d_1	Ring s		d_3		a	b^a	d_5	Gewicht je 1000 Stück in kg	Nut d_2^b		m^c	t	n	d_4	F_N	Ergänzende Daten[d] F_R	g	F_{Rg}	n_{abl}	Nenngröße der Zange nach DIN 5254
Nennmaß		zul. Abw.		zul. Abw.	max.	≈	min.	≈		zul. Abw.	H13		min.		kN	kN		kN	min⁻¹	
45	2,5	0 / −0,07	41,5		7,5	4,7	2,5	10,7	42,5		2,65	1,25	3,8	60,8	28,6	100,0	2,0	19,1	11 400	
48	2,5		44,5	+0,39 / −0,9	7,8	5,0	2,5	11,3	45,5		2,65	1,25	3,8	64,4	30,7	101,0	2,0	19,5	10 300	
50	3,0	0 / −0,08	45,8		8,0	5,1	2,5	15,3	47,0	0 / −0,25	3,15	1,50	4,5	66,8	38,0	165,0	2,0	32,4	10 500	
52	3,0		47,8		8,2	5,2	2,5	16,6	49,0		3,15	1,50	4,5	69,3	39,7	165,0	2,5	26,0	9 850	19; 40
55	3,0		50,8		8,5	5,4	2,5	17,1	52,0		3,15	1,50	4,5	72,9	42,0	161,0	2,5	25,6	8 960	
58	3,0		53,8		8,8	5,6	2,5	18,9	55,0		3,15	1,50	4,5	76,5	44,3	160,0	2,5	26,0	8 200	
60	3,0		55,8		9,0	5,8	2,5	19,4	57,0		3,15	1,50	4,5	78,9	46,0	156,0	2,5	25,4	7 620	
65	4,0	0 / −0,1	60,8	+0,46 / −1,1	9,3	6,3	3,0	29,1	62,0	0 / −0,30	4,15	1,50	4,5	84,6	49,8	346,0	2,5	58,0	6 640	
70	4,0		65,5		9,5	6,6	3,0	35,3	67,0		4,15	1,50	4,5	90,0	53,8	343,0	2,5	59,0	6 530	
75	4,0		70,5		9,7	7,0	3,0	39,3	72,0		4,15	1,50	4,5	95,4	57,6	333,0	2,5	58,0	5 740	40
80	4,0		74,5		9,8	7,4	3,0	43,7	76,5		4,15	1,75	5,3	100,6	71,6	328,0	3,0	50,0	6 100	
85	4,0		79,5		10,0	7,8	3,5	48,5	81,5	0 / −0,35	4,15	1,75	5,3	106,0	76,2	383,0	3,0	59,4	5 710	
90	4,0		84,5	+0,54 / −1,3	10,2	8,2	3,5	59,4	86,5		4,15	1,75	5,3	111,5	80,8	386,0	3,0	61,0	4 980	40; 85
100	4,0		94,5		10,5	9,0	3,5	71,6	96,5		4,15	1,75	5,3	122,1	90,0	368,0	3,5	51,6	4 180	

a   Maß b darf Maß a max. nicht überschreiten.
b   Siehe 10.1.
c   Siehe 10.2.
d   Die ergänzenden Daten gelten nur für Sicherungsringe aus Federstahl nach DIN EN 10132-4.

5 Werkstoff

Federstahl C67S oder C75S nach DIN EN 10132-4 (nach Wahl des Herstellers)

Für die Härte gilt Tabelle 3.

Tabelle 3 — Härte von Sicherungsringen

Sicherungsring für Wellendurchmesser d_1	Härte
$d_1 \leq 48$ mm	470 HV bis 580 HV oder 47 HRC bis 54 HRC
48 mm $< d_1 \leq 200$ mm	435 HV bis 530 HV oder 44 HRC bis 51 HRC
200 mm $< d_1 \leq 300$ mm	390 HV bis 470 HV oder 40 HRC bis 47 HRC
Härtewerte umgerechnet nach DIN EN ISO 18265.	

6 Ausführung

Sicherungsringe müssen gratfrei sein.

Sicherungsringe werden im Regelfall mit einem Korrosionsschutz nach Tabelle 4 (nach Wahl des Herstellers) geliefert. Zu dieser Lieferform sind keine besonderen Angaben bei der Bezeichnung eines Sicherungsringes erforderlich.

Tabelle 4 — Korrosionsschutz von Sicherungsringen

Lfd. Nr	Art des Korrosionsschutzes	Korrosionsbeständigkeit
1	Phosphatiert und geölt nach DIN EN 12476 Kurzzeichen: Znph/r/.../T4	Keine Anzeichen von Korrosion nach 8 h Einwirkungsdauer einer Salzsprühnebelprüfung DIN EN ISO 9227 — NSS zulässig
2	Brüniert und geölt nach DIN 50938 Verfahrensgruppe A Kurzzeichen: br A f	Schutzwert nach DIN 50938

Wird ein bestimmter Korrosionsschutz, gemäß oder abweichend von Tabelle 4, gewünscht, so ist die Bezeichnung des Sicherungsringes entsprechend zu ergänzen.

Bei Sicherungsringen mit Oberflächenschutz abweichend von Tabelle 4 darf bei der Ringdicke s das obere Abmaß entsprechend der Schichtdicke des geforderten Überzuges überschritten werden. Dies ist bei der Bemessung der Nutlage zu berücksichtigen.

ANMERKUNG 1   Bei der Beschichtung von Sicherungsringen ist es nicht möglich, eng tolerierte Schichtdicken einzuhalten.

ANMERKUNG 2   Bezüglich der Gefahr von wasserstoffinduzierten verzögerten Sprödbrüchen bei Sicherungsringen mit galvanischem Oberflächenschutz wird auf DIN EN ISO 4042 verwiesen.

ANMERKUNG 3   Bezeichnungsbeispiel siehe Abschnitt 12.

7 Prüfung

7.1 Prüfung des Werkstoffes

Härteprüfung nach Vickers nach DIN EN ISO 6507-1

Härteprüfung nach Rockwell nach DIN EN ISO 6508-1

In Zweifelsfällen entscheidet die Härteprüfung nach Vickers.

7.2 Prüfung der Zähigkeit

Die Prüfung des Sicherungsringes auf Zähigkeit (Duktilität) muss nach Bild 3 durchgeführt werden.

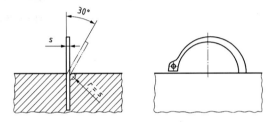

Bild 3 — Biegeprüfung

Der Sicherungsring wird zwischen zwei Backen bis zur Hälfte eingespannt, von denen eine Backe eine Rundung gleich der Sicherungsringdicke besitzt ($r = s$), siehe Bild 3. Mit leichten Hammerschlägen oder mit einem Hebel wird der Sicherungsring um die gerundete Backe um 30° gebogen. Hierbei darf kein Riss oder Bruch des Sicherungsringes auftreten.

7.3 Prüfung der Formabweichung

7.3.1 Prüfung der Schirmung (konische Verformung)

Der Sicherungsring wird zwischen zwei parallelen Platten gelegt und entsprechend Bild 4 belastet. Der unter der Kraft F gemessene Abstand $h - s$ darf den angegebenen maximalen Wert nach Tabelle 5 nicht überschreiten.

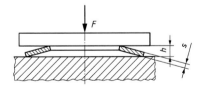

Legende

F Kraft

Bild 4 — Prüfung der Schirmung

17

Tabelle 5 — Schirmung

Sicherungsring für Wellendurchmesser d_1	Kraft F N ± 5 %		$h - s$
	Regel- ausführung	schwere Ausführung	max.
$d_1 \leq 22$ mm	30	60	
22 mm < $d_1 \leq 38$ mm	40	80	$b \times 0,03$
38 mm < $d_1 \leq 82$ mm	60	120	
82 mm < $d_1 \leq 150$ mm	80	160	$b \times 0,02$
150 mm < $d_1 \leq 300$ mm	150	300	

7.3.2 Prüfung der Schränkung

Der Sicherungsring muss zwischen zwei parallelen, senkrecht stehenden Platten mit einem Abstand c nach Tabelle 6 hindurchfallen.

Tabelle 6 — Schränkung

Sicherungsring für Wellendurchmesser d_1	c
$d_1 \leq 100$ mm	$1,5 \times s$
100 mm < $d_1 \leq 300$ mm	$1,8 \times s$

Bild 5 — Prüfung der Schränkung

7.4 Prüfung der Funktion (Setzprobe)

Der Sicherungsring wird dreimal entsprechend Bild 11 über einen Konus mit einem Durchmesser von $1,01 \times d_1$ geschoben. Dabei kann eine bleibende Aufweitung auftreten. Der Sicherungsring muss dann auf einem Bolzen mit dem minimalen Nutdurchmesser d_2 mit Eigengewicht sitzen.

7.5 Annahmeprüfung

Für die Annahmeprüfung gelten die Grundsätze für Prüfung und Annahme nach DIN EN ISO 3269.

Für Merkmale gilt Tabelle 7, für die annehmbare Qualitätsgrenzlage gilt Tabelle 8.

Tabelle 7 — Merkmale	Tabelle 8 — Annehmbare Qualitätsgrenzlage AQL

Merkmale
Sicherungsringdicke s
Innendurchmesser des Sicherungsringes im ungespannten Zustand d_3
Schirmung
Schränkung
Funktion (Setzprobe)

Annehmbare Qualitätsgrenzlage AQL[a]	
für Prüfung auf Merkmale	für Prüfung auf fehlerhafte Teile
1	1,5
[a] Siehe DIN ISO 2859-1.	

Sollen andere Stichprobenpläne angewendet werden, so muss dies bei Bestellung vereinbart werden.

Für die Härteprüfung gilt DIN EN ISO 3269.

Bei Sicherungsringen gilt die Härteprüfung als zerstörende Prüfung.

8   Tragfähigkeit

8.1   Allgemeines

Für die Auslegung einer Sicherungsringverbindung ist eine getrennte Berechnung für die Tragfähigkeit der Nut F_N und für die Tragfähigkeit des Sicherungsringes F_R erforderlich. Der daraus resultierende kleinere Wert ist maßgebend. Die in den Tabellen 1 und 2 genannten Tragfähigkeiten (F_N, F_R, F_{Rg}) enthalten keine Sicherheiten gegen Fließen bei statischer Beanspruchung und gegen Dauerbruch bei schwellender Beanspruchung. Gegen Bruch bei statischer Beanspruchung ist eine mindestens zweifache Sicherheit vorhanden.

8.2   Tragfähigkeit der Nut F_N

Die in den Tabellen 1 und 2 angegebenen Tragfähigkeiten der Nuten F_N gelten für eine Streckgrenze des Werkstoffes im Bereich der Wellennut von $R_{eL} = 200$ MPa sowie für die angegebenen Nennnuttiefen t und Bundbreiten n.

Bei abweichenden Nuttiefen t' und Streckgrenzen R'_{eL} wird die Tragfähigkeit F_N' wie folgt berechnet:

$$F'_N = F_N \cdot \frac{t'}{t} \cdot \frac{R'_{eL}}{200} \tag{1}$$

8.3   Tragfähigkeit des Sicherungsringes F_R

Die in den Tabellen 1 und 2 angegebenen Tragfähigkeiten der Sicherungsringe F_R gelten für eine Montage über den maximalen Durchmesser $1,01 \times d_1$ (siehe Abschnitt 11) und bis zur angegebenen Ablösedrehzahl n_{abl} (siehe Abschnitt 9) sowie bei scharfkantiger Anlage des andrückenden Maschinenteiles (siehe Bild 6).

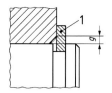

Legende

1   Sicherungsring

Bild 6 — Anlage scharfkantig

Legende

1   Sicherungsring

**Bild 7 — Anlage mit Kantenabstand
(Schrägung oder Rundung)**

Die Werte F_{Rg} gelten für eine Anlage mit Kantenabstand g (siehe Bild 7).

Beide Werte F_R und F_{Rg} gelten für Sicherungsringwerkstoffe mit einem Elastizitätsmodul (E-Modul) von 210 000 MPa.

Weicht der vorhandene Kantenabstand g' von den in Tabelle 1 und Tabelle 2 genannten Werten ab, gilt für die Umrechnung, dass die Tragfähigkeit des Sicherungsringes indirekt proportional dem Kantenabstand ist:

$$F'_{Rg} = F_{Rg} \cdot \frac{g}{g'} \tag{2}$$

ANMERKUNG   Wenn F'_{Rg} bei kleinen Werten g' größer ist als F_R, gilt F_R.

Können die vorhandenen Kräfte bei zu großem Kantenabstand nicht aufgenommen werden, muss durch Zwischenlegen einer Stützscheibe nach DIN 988 eine scharfkantige Anlage geschaffen werden (siehe Bild 8).

Legende

1   Stützscheibe
2   Sicherungsring

Bild 8 — Scharfkantige Anlage am Sicherungsring mit Hilfe einer Stützscheibe

9   Ablösedrehzahl

Die Anwendung von Sicherungsringen wird durch jene Drehzahlen begrenzt, die die Vorspannung durch die Fliehkraft aufheben und bei denen ein Abheben des Sicherungsringes von seinem Sitz im Nutgrund beginnt.

In den Tabellen 1 und 2 sind Ablösedrehzahlen n_{abl} unter der Voraussetzung einer sachgerechten Montage (siehe Abschnitt 11) angegeben, bei denen sich die Sicherungsringe von ihrem Sitz in der Nut (Nutdurchmesser = Nenndurchmesser) zu lösen beginnen. Ein Abspringen des Sicherungsringes ist erst nach einer weiteren Steigerung der Drehzahl um 50 % zu erwarten. Die Werte gelten für Sicherungsringe aus den im Abschnitt 5 genannten Federstählen.

20

10 Ausführung der Nut

10.1 Nutdurchmesser d_2

Die Nutdurchmesser d_2 in Tabelle 1 und Tabelle 2 sind so festgelegt, dass die Sicherungsringe mit Vorspannung in der Nut sitzen.

ANMERKUNG   Kleinere Nutdurchmesser sind möglich, wenn auf Vorspannung verzichtet werden kann. Als untere Grenze gilt: $d_{2\,min} = d_{3\,max}$.

10.2 Nutbreite m

Für die in Tabelle 1 und Tabelle 2 genannten Nutbreiten gilt im Regelfall das Toleranzfeld H13. Bei einseitiger Kraftübertragung können die Nuten zur entlasteten Seite hin verbreitet und/oder abgeschrägt werden. Die Nutbreite ist ohne Einfluss auf die Tragfähigkeit der Sicherungsringverbindung. Werksintern festgelegte Nutformen und Nutbreiten sind deshalb möglich.

Soll der Sicherungsring Kräfte wechselseitig auf beide Nutflanken übertragen, muss die Nutbreite m so weit wie möglich, z. B. auch durch Toleranzeinengung, an die Ringdicke s angepasst werden. Nutformen siehe Bild 9.

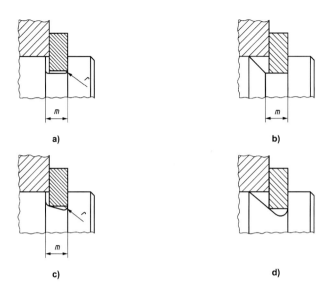

a)

b)

c)

d)

Bild 9 — Nutformen

10.3 Gestaltung des Nutgrundes

Als Regelausführung für den Nutgrund gilt eine Rechteckform (siehe Bild 9a). Die Ausrundung r auf der Lastseite darf maximal $0,1 \times s$ betragen. Weitere bewährte Nutformen sind in Bild 9b bis Bild 9d dargestellt. Bei einer scharfkantigen Rechtecknut ist aufgrund der Kerbempfindlichkeit des jeweiligen Werkstoffes mit einer entsprechenden Kerbwirkungszahl zu rechnen. Zur Gestaltung des Nutgrundes siehe Bild 10.

22

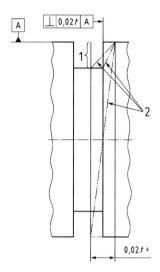

Legende

1   Messstelle für Rechtwinkligkeit
2   Mögliche Körperkonturen

a   Toleranzfeld

Bild 10 — Gestaltung des Nutgrundes

11 Montage des Sicherungsringes

Die Montage von Sicherungsringen kann mit Hilfe von Zangen nach DIN 5254 oder über Konen erfolgen.

Bei der Montage ist unbedingt darauf zu achten, dass die Sicherungsringe nicht überspreizt, d. h. maximal auf den Durchmesser $1,01 \times d_1$ geöffnet werden, wie es zum Aufbringen über die Welle erforderlich ist. Gegebenenfalls sind Zangen mit Spreizbegrenzung (Stellschraube) einzusetzen. Sicherster Schutz gegen ein Überspreizen ist die Montage mit Hilfe eines Konus (siehe Bild 11). Wenn z. B. bei größerer Bundbreite n oder zum Schutz der Wellenoberfläche über eine zusätzliche Hülse montiert werden soll, ist Rücksprache mit dem Hersteller zu empfehlen.

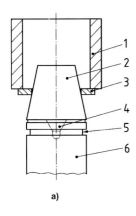 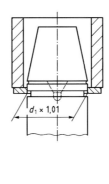 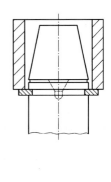

a) b) c)

Legende

1 Druckhülse
2 Konus
3 Sicherungsring
4 Zentrierung
5 Nut
6 Welle

Bild 11 — Montage mit einem Konus

12 Bezeichnung

BEISPIEL 1   Bezeichnung eines Sicherungsringes für Wellendurchmesser (Nennmaß) d_1 = 40 mm und Ringdicke
s = 1,75 mm:

$$\text{Sicherungsring DIN 471} - 40 \times 1,75$$

BEISPIEL 2   Wird abweichend von Tabelle 4 ein bestimmter Korrosionsschutz gewünscht, so ist die Bezeichnung des
Sicherungsringes entsprechend zu ergänzen. Für galvanische Überzüge gelten die Kurzzeichen nach DIN EN ISO 4042:

$$\text{Sicherungsring DIN 471} - 40 \times 1,75 - \text{A3K}$$

BEISPIEL 3   Für phosphatierte Überzüge nach Tabelle 4 gilt die laufende Nummer 1:

$$\text{Sicherungsring DIN 471} - 40 \times 1,75 - 1$$

Oktober 2011

	DIN 472	**DIN**

ICS 21.060.60

Ersatz für
DIN 472:2011-05

Sicherungsringe (Halteringe) für Bohrungen – Regelausführung und schwere Ausführung

Retaining rings for bores –
Normal type and heavy type

Anneaux d'arrêt pour alésages –
Type standard et type robuste

Gesamtumfang 23 Seiten

Normenausschuss Mechanische Verbindungselemente (FMV) im DIN

Inhalt

2

Vorwort

Dieses Dokument wurde vom Normenausschuss Mechanische Verbindungselemente (FMV), Arbeitsausschuss NA 067-00-09 AA „Verbindungselemente ohne Gewinde", erarbeitet.

Es wird auf die Möglichkeit hingewiesen, dass einige Texte dieses Dokuments Patentrechte berühren können. Das DIN ist nicht dafür verantwortlich, einige oder alle diesbezüglichen Patentrechte zu identifizieren.

Für Sicherungsringe nach dieser Norm gilt Sachmerkmal-Leiste DIN 4000-162-5.

Änderungen

Gegenüber DIN 472:1981-09 wurden folgende Änderungen vorgenommen:

a) normative Verweisungen aktualisiert;

b) Anwendung anderer Werkstoffe nach Vereinbarung nicht mehr möglich;

c) Streichung der Rundlauftoleranz im Bild 3 (neu Bild 2);

d) Bild 10 zur Gestaltung des Nutgrundes in 9.3 neu eingefügt;

e) Bild 14 (neu Bild 11) in Abschnitt 9 (neu Abschnitt 10) überarbeitet;

f) Bezeichnungsbeispiele bezüglich Korrosionsschutz ergänzt;

g) Tragfähigkeiten und Montage überarbeitet;

h) Norm redaktionell überarbeitet.

Gegenüber DIN 472:2011-05 wurden folgende Korrekturen vorgenommen:

a) Änderungsvermerke c) und e) präzisiert sowie d) berichtigt;

b) Darstellung der Bilder 6 und 7 wurde berichtigt;

c) in 7.4 Querverweis zum Bild berichtigt;

d) Streichung des ersten Absatzes in 8.3, da inhaltsgleich mit dem zweiten Absatz;

e) Darstellung der Welle in den Bildern 9 a) bis d) an Bild 2 angepasst;

f) Angabe der Sachmerkmalleiste aufgenommen.

Frühere Ausgaben

DIN 471 und DIN 472 Beiblatt 1: 1945-01, 1954x-03
DIN 472: 1941-12, 1942-11, 1952-01, 1954x-01, 1981-09, 2011-05
DIN 472-1: 1965-03
DIN 472-2: 1965-03
DIN 995: 1970-01

3

1 Anwendungsbereich

Diese Norm legt Anforderungen an Sicherungsringe für Bohrungen und die entsprechenden Nuten fest.

ANMERKUNG   Sicherungsringe dienen zum Fixieren von Bauteilen (z. B. Wälzlager) in Bohrungen und sind dazu geeignet, axiale Kräfte zu übertragen.

2 Normative Verweisungen

Die folgenden zitierten Dokumente sind für die Anwendung dieses Dokuments erforderlich. Bei datierten Verweisungen gilt nur die in Bezug genommene Ausgabe. Bei undatierten Verweisungen gilt die letzte Ausgabe des in Bezug genommenen Dokuments (einschließlich aller Änderungen).

DIN 988, *Passscheiben und Stützscheiben*

DIN 4000-162, *Sachmerkmal-Leisten — Teil 162: Unterlegelemente, Scheiben und Ringe*

DIN 5256, *Zangen für Sicherungsringe für Bohrungen*

DIN 50938, *Brünieren von Bauteilen aus Eisenwerkstoffen — Anforderungen und Prüfverfahren*

DIN EN 10132-4, *Kaltband aus Stahl für eine Wärmebehandlung — Technische Lieferbedingungen — Teil 4: Federstähle und andere Anwendungen*

DIN EN 12476, *Phosphatierüberzüge auf Metallen — Verfahren für die Festlegung von Anforderungen*

DIN EN ISO 3269, *Mechanische Verbindungselemente — Annahmeprüfung*

DIN EN ISO 4042, *Verbindungselemente — Galvanische Überzüge*

DIN EN ISO 6507-1, *Metallische Werkstoffe — Härteprüfung nach Vickers — Teil 1: Prüfverfahren*

DIN EN ISO 6508-1, *Metallische Werkstoffe — Härteprüfung nach Rockwell — Teil 1: Prüfverfahren (Skalen A, B, C, D, E, F, G, H, K, N, T)*

DIN EN ISO 9227, *Korrosionsprüfungen in künstlichen Atmosphären — Salzsprühnebelprüfungen*

DIN EN ISO 18265, *Metallische Werkstoffe — Umwertung von Härtewerten*

DIN ISO 2859-1, *Annahmestichprobenprüfung anhand der Anzahl fehlerhafter Einheiten oder Fehler (Attributprüfung) — Teil 1: Nach der annehmbaren Qualitätsgrenzlage (AQL) geordnete Stichprobenpläne für die Prüfung einer Serie von Losen*

4

3 Maßbuchstaben und Formelzeichen

a radiale Breite des Auges

b radiale Breite des Sicherungsringes gegenüber der Öffnung

c Abstand der Messplatten bei der Prüfung der Schränkung

d_1 Bohrungsdurchmesser

d_2 Nutdurchmesser

d_3 Außendurchmesser des Sicherungsringes im ungespannten Zustand

d_4 kleinster achszentrischer Durchmesser des Einbauraumes während der Montage errechnet nach:
$d_4 = d_1 - 2,1\ a$

d_5 Durchmesser der Montagelöcher

E Elastizitätsmodul

F Belastung des Sicherungsringes zur Prüfung der Schirmung

F_N Tragfähigkeit der Nut bei einer Streckgrenze des genuteten Werkstoffes von 200 MPa (siehe 8.2)

F_R Tragfähigkeit des Sicherungsringes bei scharfkantiger Anlage des andrückenden Teiles (siehe 8.3)

F_{Rg} Tragfähigkeit des Sicherungsringes bei Anlage mit Kantenabstand g (siehe 8.3)

g Kantenabstand des an den Sicherungsring anliegenden Teiles

h Abstand der Platten bei Prüfung auf Schirmung

m Nutbreite

n Bundbreite

R_{eL} Streckgrenze

r Rundung im Nutgrund bzw. an der Prüfbacke

s Dicke des Sicherungsringes

t Nuttiefe bei Nennmaß von d_1 und d_2

5

4 Maße und Konstruktionsdaten

Die Sicherungsringe brauchen Bild 1 nicht zu entsprechen. Nur die angegebenen Maße in Tabelle 1 und Tabelle 2 müssen eingehalten werden. Alle Toleranzen gelten vor Aufbringen der Beschichtung.

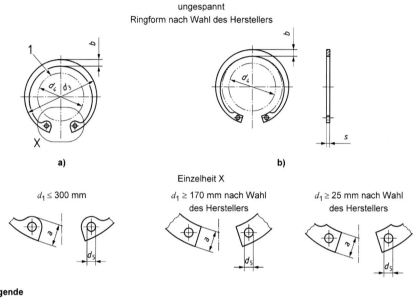

Bild 1 — Ringformen

Legende

1   Einbauraum

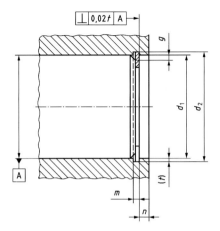

Bild 2 — Einbaubeispiel

Oberflächen-Rautiefen für Nutgrund und belastete Flanke sind im Einzelfall festzulegen.

Gestaltung des Nutgrundes siehe 9.3.

Maße in Millimeter

Tabelle 1 — Regelausführung

Bohrungs-durch-messer d_1	Ring								$d_2^{\,b}$		Nut				Ergänzende Daten[d]				Nenngröße der Zange nach DIN 5256
Nennmaß	s	zul. Abw.	d_3	zul. Abw.	a max.	b^a	d_5 min.	Gewicht für 1 000 Stück in kg		zul. Abw.	m^c H13	t	n min.	d_4	F_N kN	F_R kN	g	F_{Rg} kN	
8	0,80	0 / −0,05	8,7		2,4	1,1	1,0	0,14	8,4	+0,09 / 0	0,9	0,20	0,6	3,0	0,86	2,00	0,5	1,50	8; 12
9	0,80		9,8		2,5	1,3	1,0	0,15	9,4		0,9	0,20	0,6	3,7	0,96	2,00	0,5	1,50	
10	1,00		10,8		3,2	1,4	1,2	0,18	10,4		1,1	0,20	0,6	3,3	1,08	4,00	0,5	2,20	
11	1,00		11,8	+0,36 / −0,10	3,3	1,5	1,2	0,31	11,4		1,1	0,20	0,6	4,1	1,17	4,00	0,5	2,30	
12	1,00		13,0		3,4	1,7	1,5	0,37	12,5	+0,11 / 0	1,1	0,25	0,8	4,9	1,60	4,00	0,5	2,30	12
13	1,00		14,1		3,6	1,8	1,5	0,42	13,6		1,1	0,30	0,9	5,4	2,10	4,20	0,5	2,30	
14	1,00		15,1		3,7	1,9	1,7	0,52	14,6		1,1	0,30	0,9	6,2	2,25	4,50	0,5	2,30	
15	1,00		16,2		3,7	2,0	1,7	0,56	15,7		1,1	0,35	1,1	7,2	2,80	5,00	0,5	2,30	
16	1,00		17,3		3,8	2,0	1,7	0,60	16,8		1,1	0,40	1,2	8,0	3,40	5,50	1,0	2,60	
17	1,00	0 / −0,06	18,3		3,9	2,1	1,7	0,65	17,8	+0,13 / 0	1,1	0,40	1,2	8,8	3,60	6,00	1,0	2,50	
18	1,00		19,5		4,1	2,2	2,0	0,74	19,0		1,1	0,50	1,5	9,4	4,80	6,50	1,0	2,60	
19	1,00		20,5	+0,42 / −0,13	4,1	2,2	2,0	0,83	20,0		1,1	0,50	1,5	10,4	5,10	6,80	1,0	2,50	19
20	1,00		21,5		4,2	2,3	2,0	0,90	21,0		1,1	0,50	1,5	11,2	5,40	7,20	1,0	2,50	
21	1,00		22,5		4,2	2,4	2,0	1,00	22,0		1,1	0,50	1,5	12,2	5,70	7,60	1,0	2,60	
22	1,00		23,5		4,2	2,5	2,0	1,10	23,0		1,1	0,50	1,5	13,2	5,90	8,00	1,0	2,70	
24	1,20		25,9	+0,42 / −0,21	4,4	2,6	2,0	1,42	25,2	+0,21 / 0	1,3	0,60	1,8	14,8	7,70	13,90	1,0	4,60	
25	1,20		26,9		4,5	2,7	2,0	1,50	26,2		1,3	0,60	1,8	15,5	8,00	14,60	1,0	4,70	

a, b, c und d siehe Seite 13.

8

Tabelle 1 *(fortgesetzt)*

Maße in Millimeter

Bohrungs-durch-messer d_1 Nennmaß	Ring									Nut						Ergänzende Daten[d]				
	s	s zul. Abw.	d_3	d_3 zul. Abw.	a max.	b^a	d_5 min.	Gewicht für 1 000 Stück in kg	d_2^b	d_2^b zul. Abw.	m^c H13	l	n min.	d_4	F_N kN	F_R kN	g	F_{Rg} kN	Nenngröße der Zange nach DIN 5256
26	1,20		27,9	+0,42 / -0,21	4,7	2,8	2,0	1,60	27,2	+0,21 / 0	1,30	0,60	1,8	16,1	8,40	13,85	1,0	4,60	
28	1,20		30,1		4,8	2,9	2,0	1,80	29,4		1,30	0,70	2,1	17,9	10,50	13,30	1,0	4,50	
30	1,20		32,1		4,8	3,0	2,0	2,06	31,4		1,30	0,70	2,1	19,9	11,30	13,70	1,0	4,60	
31	1,20		33,4		5,2	3,2	2,5	2,10	32,7		1,30	0,85	2,6	20,0	14,10	13,80	1,0	4,70	19
32	1,20		34,4	+0,50 / -0,25	5,4	3,2	2,5	2,21	33,7		1,30	0,85	2,6	20,6	14,60	13,80	1,0	4,70	
34	1,50	0 / -0,06	36,5		5,4	3,3	2,5	3,20	35,7		1,60	0,85	2,6	22,6	15,40	26,20	1,5	6,30	
35	1,50		37,8		5,4	3,4	2,5	3,54	37,0		1,60	1,00	3,0	23,6	18,80	26,90	1,5	6,40	
36	1,50		38,8		5,4	3,5	2,5	3,70	38,0	+0,25 / 0	1,60	1,00	3,0	24,6	19,40	26,40	1,5	6,40	
37	1,50		39,8		5,5	3,6	2,5	3,74	39,0		1,60	1,00	3,0	25,4	19,80	27,10	1,5	6,50	
38	1,50		40,8		5,5	3,7	2,5	3,90	40,0		1,60	1,00	3,0	26,4	22,50	28,20	1,5	6,70	
40	1,75		43,5	+0,90 / -0,39	5,8	3,9	2,5	4,70	42,5		1,85	1,25	3,8	27,8	27,00	44,60	2,0	8,30	
42	1,75		45,5		5,9	4,1	2,5	5,40	44,5		1,85	1,25	3,8	29,6	28,40	44,70	2,0	8,40	
45	1,75		48,5		6,2	4,3	2,5	6,00	47,5		1,85	1,25	3,8	32,0	30,20	43,10	2,0	8,20	19; 40
47	1,75		50,5	+1,10 / -0,46	6,4	4,4	2,5	6,10	49,5	+0,30 / 0	1,85	1,25	3,8	33,5	31,40	43,50	2,0	8,30	
48	1,75		51,5		6,4	4,5	2,5	6,70	50,5		1,85	1,25	3,8	34,5	32,00	43,20	2,0	8,40	

a, b, c und d siehe Seite 13.

DIN 472:2011-10

Tabelle 1 *(fortgesetzt)*

Maße in Millimeter

Bohrungs-durchmesser d_1 Nennmaß	Ring						Nut					Ergänzende Daten[d]				Nenngröße der Zange nach DIN 5256
	s zul. Abw. 0/−0,07	d_3 zul. Abw. +1,10/−0,46	a max.	b^a ≈	d_5 min.	Gewicht für 1 000 Stück in kg ≈	$d_2{}^b$ zul. Abw. +0,30/0	m^c H13	l	n min.	d_4	F_N kN	F_R kN	g	F_{Rg} kN	
50	2,00	54,2	6,5	4,6	2,5	7,30	53,0	2,15	1,50	4,5	36,3	40,50	60,80	2,0	12,10	19; 40
52	2,00	56,2	6,7	4,7	2,5	8,20	55,0	2,15	1,50	4,5	37,9	42,00	60,25	2,0	12,00	
55	2,00	59,2	6,8	5,0	2,5	8,30	58,0	2,15	1,50	4,5	40,7	44,40	60,30	2,0	12,50	
56	2,00	60,2	6,8	5,1	2,5	8,70	59,0	2,15	1,50	4,5	41,7	45,20	60,30	2,0	12,60	
58	2,00	62,2	6,9	5,2	2,5	10,50	61,0	2,15	1,50	4,5	43,5	46,70	60,80	2,0	12,70	
60	2,00	64,2	7,3	5,4	2,5	11,10	63,0	2,15	1,50	4,5	44,7	48,30	61,00	2,0	13,00	
62	2,00	66,2	7,3	5,5	2,5	11,20	65,0	2,15	1,50	4,5	46,7	49,80	60,90	2,0	13,00	40
63	2,00	67,2	7,3	5,6	2,5	12,40	66,0	2,15	1,50	4,5	47,7	50,60	60,80	2,0	13,00	
65	2,50	69,2	7,6	5,8	2,5	14,30	68,0	2,65	1,50	4,5	49,0	51,80	121,00	2,5	20,80	
68	2,50	72,5	7,8	6,1	3,0	16,00	71,0	2,65	1,50	4,5	51,6	54,50	121,50	2,5	21,20	
70	2,50	74,5	7,8	6,2	3,0	16,50	73,0	2,65	1,50	4,5	53,6	56,20	119,00	2,5	21,00	
72	2,50	76,5	7,8	6,4	3,0	18,10	75,0	2,65	1,50	4,5	55,6	58,00	119,20	2,5	21,00	

a, b, c und d siehe Seite 13.

Maße in Millimeter

Tabelle 1 *(fortgesetzt)*

Bohrungsdurchmesser d_1 Nennmaß	Ring								Nut						Ergänzende Daten[d]				Nenngröße der Zange nach DIN 5256
	s	zul. Abw.	d_3	zul. Abw.	a max.	b^a ≈	d_5 min.	Gewicht für 1000 Stück in kg ≈	$d_2{}^b$	zul. Abw.	m^c H13	t	n min.	d_4	F_N kN	F_R kN	g	F_{Rg} kN	
75	2,50	0 / −0,07	79,5	+1,10 / −0,46	7,8	6,6	3,0	18,8	78,0	+0,30 / 0	2,65	1,50	4,5	58,6	60,00	118,00	2,5	21,00	40
78	2,50	0 / −0,07	82,5		8,5	6,8	3,0	20,4	81,0	+0,35 / 0	2,65	1,50	4,5	60,1	62,30	122,50	2,5	21,80	40
80	2,50	0 / −0,07	85,5		8,5	7,0	3,0	22,0	83,5	+0,35 / 0	2,65	1,75	5,3	62,1	74,60	120,90	2,5	21,80	40
82	2,50	0 / −0,07	87,5		8,5	7,0	3,0	24,0	85,5	+0,35 / 0	2,65	1,75	5,3	64,1	76,60	119,00	2,5	21,40	40
85	3,00	0 / −0,08	90,5		8,6	7,2	3,5	25,3	88,5	+0,35 / 0	3,15	1,75	5,3	66,9	79,50	201,40	3,0	31,20	40; 85
88	3,00	0 / −0,08	93,5		8,6	7,4	3,5	28,0	91,5	+0,35 / 0	3,15	1,75	5,3	69,9	82,10	209,40	3,0	32,70	40; 85
90	3,00	0 / −0,08	95,5		8,6	7,6	3,5	31,0	93,5	+0,35 / 0	3,15	1,75	5,3	71,9	84,00	199,00	3,0	31,40	40; 85
92	3,00	0 / −0,08	97,5	+1,30 / −0,54	8,7	7,8	3,5	32,0	95,5	+0,35 / 0	3,15	1,75	5,3	73,7	85,80	201,00	3,0	32,00	40; 85
95	3,00	0 / −0,08	100,5		8,8	8,1	3,5	35,0	98,5	+0,54 / 0	3,15	1,75	5,3	76,5	88,60	195,00	3,0	31,40	40; 85
98	3,00	0 / −0,08	103,5		9,0	8,3	3,5	37,0	101,5	+0,54 / 0	3,15	1,75	5,3	79,0	91,30	191,00	3,0	31,00	40; 85
100	3,00	0 / −0,08	105,5		9,2	8,4	3,5	38,0	103,5	+0,54 / 0	3,15	1,75	5,3	80,6	93,10	188,00	3,0	30,80	40; 85
102	4,00	0 / −0,10	108,0		9,5	8,5	3,5	55,0	106,0	+0,54 / 0	4,15	2,00	6,0	82,0	108,80	439,00	3,0	72,60	85
105	4,00	0 / −0,10	112,0		9,5	8,7	3,5	56,0	109,0	+0,54 / 0	4,15	2,00	6,0	85,0	112,00	436,00	3,0	73,00	85
108	4,00	0 / −0,10	115,0		9,5	8,9	3,5	60,0	112,0	+0,54 / 0	4,15	2,00	6,0	88,0	115,00	419,00	3,0	71,00	85
110	4,00	0 / −0,10	117,0		10,4	9,0	3,5	64,5	114,0	+0,54 / 0	4,15	2,00	6,0	88,2	117,00	415,00	3,0	71,00	85
112	4,00	0 / −0,10	119,0		10,5	9,1	3,5	72,0	116,0	+0,54 / 0	4,15	2,00	6,0	90,0	119,00	418,00	3,0	72,00	85

a, b, c und d siehe Seite 13.

Maße in Millimeter

Tabelle 1 *(fortgesetzt)*

Bohrungs-durchmesser d_1 Nennmaß	Ring										Nut				Ergänzende Daten[d]				Nenngröße der Zange nach DIN 5256
	s	s zul. Abw.	d_3	d_3 zul. Abw.	a max.	b^a ≈	d_5 min.	Gewicht für 1000 Stück in kg	$d_2{}^b$	$d_2{}^b$ zul. Abw.	m^c H13	l	n min.	d_4	F_N kN	F_R kN	g	F_{Rg} kN	
115	4,00	0 / −0,10	122,0	+1,50 / −0,63	10,5	9,3	3,5	74,5	119,0	+0,54 / 0	4,15	2,00	6,0	93,0	122,00	409,00	3,0	71,20	85
120	4,00		127,0		11,0	9,7	3,5	77,0	124,0		4,15	2,00	6,0	96,9	127,00	396,00	3,0	70,00	
125	4,00		132,0		11,0	10,0	4,0	79,0	129,0		4,15	2,00	6,0	101,9	132,00	385,00	3,0	70,00	
130	4,00		137,0		11,0	10,2	4,0	82,0	134,0		4,15	2,00	6,0	106,9	138,00	374,00	3,0	69,00	
135	4,00		142,0		11,2	10,5	4,0	84,0	139,0	+0,63 / 0	4,15	2,00	6,0	111,5	143,00	358,00	3,0	67,00	
140	4,00		147,0		11,2	10,7	4,0	87,5	144,0		4,15	2,00	6,0	116,5	148,00	350,00	3,0	66,50	
145	4,00		152,0		11,4	10,9	4,0	93,0	149,0		4,15	2,00	6,0	121,0	153,00	336,00	3,0	65,00	e
150	4,00		158,0		12,0	11,2	4,0	105,0	155,0		4,15	2,50	7,5	124,8	191,00	326,00	3,0	64,00	
155	4,00		164,0		12,0	11,4	4,0	107,0	160,0		4,15	2,50	7,5	129,8	206,00	324,00	3,5	55,00	
160	4,00		169,0	+1,70 / −0,72	13,0	11,6	4,0	110,0	165,0		4,15	2,50	7,5	132,7	212,00	321,00	3,5	54,40	
165	4,00		174,5		13,0	11,8	4,0	125,0	170,0		4,15	2,50	7,5	137,7	219,00	319,00	3,5	54,00	
170	4,00		179,5		13,5	12,2	4,0	140,0	175,0		4,15	2,50	7,5	141,6	225,00	349,00	3,5	59,00	
175	4,00		184,5		13,5	12,7	4,0	150,0	180,0	+0,72 / 0	4,15	2,50	7,5	146,6	232,00	351,00	3,5	59,00	
180	4,00		189,5		14,2	13,2	4,0	165,0	185,0		4,15	2,50	7,5	150,2	238,00	347,00	3,5	58,50	
185	4,00		194,5		14,2	13,7	4,0	170,0	190,0		4,15	2,50	7,5	155,2	245,00	349,00	3,5	59,00	
190	4,00		199,5		14,2	13,8	4,0	175,0	195,0		4,15	2,50	7,5	160,2	251,00	340,00	3,5	57,50	

a, b, c, d und e siehe Seite 13.

12

Maße in Millimeter

Tabelle 1 *(fortgesetzt)*

Bohrungs-durch-messer d_1 Nenn-maß	Ring s	Ring s zul. Abw.	Ring d_3	Ring d_3 zul. Abw.	Ring a max.	Ring b^a u	Ring d_5 min.	Ring Gewicht für 1 000 Stück in kg u	Nut d_2^b	Nut d_2^b zul. Abw.	Nut m^c H13	Nut t	Nut n min.	Nut d_4	Nut F_N kN	Erg. F_R kN	Erg. g	Erg. F_{Rg} kN	Erg. Nenngröße der Zange nach DIN 5256
195	4,00	0 / −0,10	204,5		14,2	13,8	4,0	183,0	200,0		4,15	2,50	7,5	165,2	258,00	330,00	3,5	55,50	
200	4,00		209,5		14,2	14,0	4,0	195,0	205,0		4,15	2,50	7,5	170,2	265,00	325,00	3,5	55,00	
210	5,00	0 / −0,12	222,0	+1,70 / −0,72	14,2	14,0	4,0	270,0	216,0	+0,72 / 0	5,15	3,00	9,0	180,2	333,00	601,00	4,0	89,50	
220	5,00		232,0		14,2	14,0	4,0	315,0	226,0		5,15	3,00	9,0	190,2	349,00	574,00	4,0	85,00	
230	5,00		242,0		14,2	14,0	4,0	330,0	236,0		5,15	3,00	9,0	200,2	365,00	549,00	4,0	81,00	e
240	5,00		252,0		14,2	14,0	4,0	345,0	246,0		5,15	3,00	9,0	210,2	380,00	525,00	4,0	77,50	
250	5,00		262,0		14,2	14,0	4,0	360,0	256,0		5,15	3,00	9,0	220,2	396,00	504,00	4,0	75,00	
260	5,00		275,0	+2,00 / −0,81	16,2	16,0	5,0	375,0	268,0	+0,81 / 0	5,15	4,00	12,0	226,0	553,00	538,00	4,0	80,00	
270	5,00		285,0		16,2	16,0	5,0	388,0	278,0		5,15	4,00	12,0	236,0	573,00	518,00	4,0	77,00	
280	5,00		295,0		16,2	16,0	5,0	400,0	288,0		5,15	4,00	12,0	246,0	593,00	499,00	4,0	74,00	
290	5,00		305,0		16,2	16,0	5,0	415,0	298,0		5,15	4,00	12,0	256,0	615,00	482,00	4,0	71,50	
300	5,00		315,0		16,2	16,0	5,0	435,0	308,0		5,15	4,00	12,0	266,0	636,00	466,00	4,0	69,00	

a   Maß b darf Maß a max. nicht überschreiten.

b   Siehe 9.1.

c   Siehe 9.2.

d   Die ergänzenden Daten gelten nur für Sicherungsringe aus Federstahl nach DIN EN 10132-4.

e   Zangen sind als Sonderausführung erhältlich.

Maße in Millimeter

Tabelle 2 — Schwere Ausführung

Bohrungs-durchmesser d_1	s		Ring					d_2^b		Nut					Ergänzende Daten[d]				Nenngröße der Zange nach DIN 5256
			d_3		a	b^a	d_5	Gewicht für 1000 Stück in kg		m^c	t	n	d_4		F_N	F_R	g	F_{Rg}	
Nennmaß		zul. Abw.		zul. Abw.	max.	≈	min.	≈	zul. Abw.	H13		min.			kN	kN		kN	
20	1,50		21,5		4,5	2,4	2,0	1,41	21,0	+0,13 / 0	1,60	0,50	1,5	10,5	5,40	16,0	1,0	5,60	12; 19
22	1,50		23,5		4,7	2,8	2,0	1,85	23,0		1,60	0,50	1,5	12,1	5,90	18,0	1,0	6,10	
24	1,50		25,9	+0,42 / −0,21	4,9	3,0	2,0	1,98	25,2		1,60	0,60	1,8	13,7	7,70	21,7	1,0	7,20	
25	1,50		26,9		5,0	3,1	2,0	2,16	26,2	+0,21 / 0	1,60	0,60	1,8	14,5	8,00	22,8	1,0	7,30	
26	1,50		27,9		5,1	3,1	2,0	2,25	27,2		1,60	0,60	1,8	15,3	8,40	21,6	1,0	7,20	
28	1,50	0 / −0,06	30,1		5,3	3,2	2,0	2,48	29,4		1,60	0,70	2,1	16,9	10,50	20,8	1,0	7,00	19
30	1,50		32,1		5,5	3,3	2,0	2,84	31,4		1,60	0,70	2,1	18,4	11,30	21,4	1,0	7,20	
32	1,50		34,4	+0,50 / −0,25	5,7	3,4	2,0	2,94	33,7		1,60	0,85	2,6	20,0	14,60	21,4	1,0	7,30	
34	1,75		36,5		5,9	3,7	2,5	4,20	35,7		1,85	0,85	2,6	21,6	15,40	35,6	1,5	8,60	
35	1,75		37,8		6,0	3,8	2,5	4,62	37,0	+0,25 / 0	1,85	1,00	3,0	22,4	18,80	36,6	1,5	8,70	
37	1,75		39,8		6,2	3,9	2,5	4,73	39,0		1,85	1,00	3,0	24,0	19,80	36,8	1,5	8,80	
38	1,75		40,8		6,3	3,9	2,5	4,80	40,0		1,85	1,00	3,0	24,7	22,50	38,3	1,5	9,10	
40	2,00		43,5	+0,90 / −0,39	6,5	3,9	2,5	5,38	42,5		2,15	1,25	3,8	26,3	27,00	58,4	2,0	10,90	19; 40
42	2,00	0 / −0,07	45,5		6,7	4,1	2,5	6,18	44,5		2,15	1,25	3,8	27,9	28,40	58,5	2,0	11,00	
45	2,00		48,5		7,0	4,3	2,5	6,86	47,5		2,15	1,25	3,8	30,3	30,20	56,5	2,0	10,70	
47	2,00		50,5	+1,10 / −0,46	7,2	4,4	2,5	7,00	49,5		2,15	1,25	3,8	31,9	31,40	57,0	2,0	10,80	

a, b, c und d siehe Seite 15.

14

Maße in Millimeter

Tabelle 2 *(fortgesetzt)*

Bohrungsdurchmesser d_1	Ring								Nut						Ergänzende Daten[d]				
	s		d_3		a	b^a	d_5	Gewicht für 1 000 Stück in kg	d_2^b		m^c	l	n	d_4	F_N	F_R	g	F_{Rg}	Nenngröße der Zange nach DIN 5256
Nennmaß		zul. Abw.		zul. Abw.	max.	≈	min.	≈		zul. Abw.	H13		min.						
															kN	kN		kN	
50	2,50	0	54,2		7,5	4,6	2,5	9,15	53,0		2,65	1,50	4,5	34,2	40,50	95,50	2,0	19,00	19; 40
52	2,50	−0,07	56,2		7,7	4,7	2,5	10,20	55,0		2,65	1,50	4,5	35,8	42,00	94,60	2,0	18,80	
55	2,50		59,2		8,0	5,0	2,5	10,40	58,0		2,65	1,50	4,5	38,2	44,40	94,70	2,0	19,60	
60	3,00		64,2		8,5	5,4	2,5	16,60	63,0		3,15	1,50	4,5	42,1	48,30	137,00	2,0	29,20	
62	3,00		66,2	+1,10	8,6	5,5	2,5	16,80	65,0	+0,30	3,15	1,50	4,5	43,9	49,80	137,00	2,0	29,20	
65	3,00		69,2	−0,46	8,7	5,8	3,0	17,20	68,0	0	3,15	1,50	4,5	46,7	51,80	174,00	2,5	30,00	40
68	3,00	0	72,5		8,8	6,1	3,0	19,20	71,0		3,15	1,50	4,5	49,5	54,50	174,50	2,5	30,60	
70	3,00	−0,08	74,5		9,0	6,2	3,0	19,80	73,0		3,15	1,50	4,5	51,1	56,20	171,00	2,5	30,30	
72	3,00		76,5		9,2	6,4	3,0	21,70	75,0		3,15	1,50	4,5	52,7	58,00	172,00	2,5	30,30	
75	3,00		79,5		9,3	6,6	3,0	22,60	78,0		3,15	1,50	4,5	55,5	60,00	170,00	2,5	30,30	
80	4,00		85,5		9,5	7,0	3,0	35,20	83,5		4,15	1,75	5,3	60,0	74,60	308,00	2,5	56,00	40; 85
85	4,00		90,5	+1,30	9,7	7,2	3,5	38,80	88,5	+0,35	4,15	1,75	5,3	64,6	79,50	358,00	3,0	55,00	
90	4,00	0	95,5	−0,54	10,0	7,6	3,5	41,50	93,5	0	4,15	1,75	5,3	69,0	84,00	354,00	3,0	56,00	
95	4,00	−0,10	100,5		10,3	8,1	3,5	46,70	98,5		4,15	1,75	5,3	73,4	88,60	347,00	3,0	56,00	
100	4,00		105,5		10,5	8,4	3,5	50,70	103,5		4,15	1,75	5,3	78,0	93,10	335,00	3,0	55,00	

[a] Maß b darf Maß a max. nicht überschreiten.

[b] Siehe 9.1.

[c] Siehe 9.2.

[d] Die ergänzenden Daten gelten nur für Sicherungsringe aus Federstahl nach DIN EN 10132-4.

15

5 Werkstoff

Federstahl C67S oder C75S nach DIN EN 10132-4 (nach Wahl des Herstellers).

Für die Härte gilt Tabelle 3.

Tabelle 3 — Härte von Sicherungsringen

Sicherungsring für Bohrungsdurchmesser d_1	Härte
$d_1 \leq 48$ mm	470 HV bis 580 HV oder 47 HRC bis 54 HRC
48 mm < $d_1 \leq 200$ mm	435 HV bis 530 HV oder 44 HRC bis 51 HRC
200 mm < $d_1 \leq 300$ mm	390 HV bis 470 HV oder 40 HRC bis 47 HRC
Härtewerte umgerechnet nach DIN EN ISO 18265.	

6 Ausführung

Sicherungsringe müssen gratfrei sein.

Sicherungsringe werden im Regelfall mit einem Korrosionsschutz nach Tabelle 4 (nach Wahl des Herstellers) geliefert. Zu dieser Lieferform sind keine besonderen Angaben bei der Bezeichnung eines Sicherungsringes erforderlich.

Tabelle 4 — Korrosionsschutz von Sicherungsringen

Lfd. Nr.	Art des Korrosionsschutzes	Korrosionsbeständigkeit
1	Phosphatiert und geölt nach DIN EN 12476 Kurzzeichen: Znph/r/.../T4	Keine Anzeichen von Korrosion nach 8 h Einwirkungsdauer einer Salzsprühnebelprüfung DIN EN ISO 9227 — NSS zulässig
2	Brüniert und geölt nach DIN 50938 Verfahrensgruppe A Kurzzeichen: br A f	Schutzwert nach DIN 50938

Wird ein bestimmter Korrosionsschutz gemäß oder abweichend von Tabelle 4 gewünscht, so ist die Bezeichnung des Sicherungsringes entsprechend zu ergänzen.

Bei Sicherungsringen mit Oberflächenschutz abweichend von Tabelle 4 darf bei der Ringdicke s das obere Abmaß entsprechend der Schichtdicke des geforderten Überzuges überschritten werden. Dies ist bei der Bemessung der Nutlage zu berücksichtigen.

ANMERKUNG 1 Bei der Massenbehandlung von Sicherungsringen ist es nicht möglich, eng tolerierte Schichtdicken einzuhalten.

ANMERKUNG 2 Bezüglich der Gefahr von wasserstoffinduzierten verzögerten Sprödbrüchen bei Sicherungsringen mit galvanischem Oberflächenschutz wird auf DIN EN ISO 4042 verwiesen.

ANMERKUNG 3 Bezeichnungsbeispiel siehe Abschnitt 11.

16

7 Prüfung

7.1 Prüfung des Werkstoffes

Härteprüfung nach Vickers nach DIN EN ISO 6507-1.

Härteprüfung nach Rockwell nach DIN EN ISO 6508-1.

In Zweifelsfällen entscheidet die Härteprüfung nach Vickers.

7.2 Prüfung der Zähigkeit

Die Prüfung des Sicherungsringes auf Zähigkeit (Duktilität) ist nach Bild 3 durchzuführen.

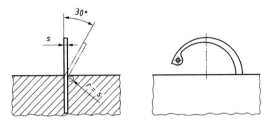

Bild 3 — Biegeprüfung

Der Sicherungsring wird zwischen zwei Backen bis zur Hälfte eingespannt, von denen eine Backe eine Rundung gleich der Sicherungsringdicke besitzt ($r = s$), siehe Bild 3. Mit leichten Hammerschlägen oder mit einem Hebel wird der Sicherungsring um die gerundete Backe um 30° gebogen. Hierbei darf kein Riss oder Bruch des Sicherungsringes auftreten.

7.3 Prüfung der Formabweichung

7.3.1 Prüfung der Schirmung (konische Verformung)

Der Sicherungsring wird zwischen zwei parallelen Platten gelegt und entsprechend Bild 4 belastet. Der unter der Kraft F gemessene Abstand $h - s$ darf den angegebenen maximalen Wert nach Tabelle 5 nicht überschreiten.

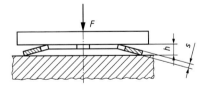

Legende

F Kraft

Bild 4 — Prüfung der Schirmung

17

Tabelle 5 — Schirmung

Sicherungsring für Bohrungsdurchmesser d_1	Kraft F N ± 5 %		$h - s$
	Regel-ausführung	schwere Ausführung	max.
$d_1 \leq 22$ mm	30	60	
22 mm < $d_1 \leq 38$ mm	40	80	$b \times 0,03$
38 mm < $d_1 \leq 82$ mm	60	120	
82 mm < $d_1 \leq 150$ mm	80	160	$b \times 0,02$
150 mm < $d_1 \leq 300$ mm	150	300	

7.3.2 Prüfung der Schränkung

Der Sicherungsring muss zwischen zwei parallelen, senkrecht stehenden Platten mit einem Abstand c (siehe Bild 5) nach Tabelle 6 hindurchfallen.

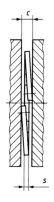

Tabelle 6 — Schränkung

Sicherungsring für Bohrungsdurchmesser d_1	c
$d_1 \leq 100$ mm	$1,5 \times s$
100 mm < $d_1 \leq 300$ mm	$1,8 \times s$

Bild 5 — Prüfung der Schränkung

7.4 Prüfung der Funktion (Setzprobe)

Der Sicherungsring wird dreimal entsprechend Bild 11 durch einen Konus mit einem Durchmesser von $0,99 \times d_1$ geschoben. Dabei kann eine bleibende Verformung auftreten. Der Sicherungsring muss dann in einer Bohrung mit dem Durchmesser d_2, entsprechend dem maximalen Nutdurchmesser, mit Eigengewicht sitzen.

18

7.5 Annahmeprüfung

Für die Annahmeprüfung gelten die Grundsätze für Prüfung und Annahme nach DIN EN ISO 3269.

Für Merkmale gilt Tabelle 7, für die annehmbare Qualitätsgrenzlage gilt Tabelle 8.

Tabelle 7 — Merkmale

Merkmale
Dicke des Sicherungsringes s Außendurchmesser des Sicherungsringes im ungespannten Zustand d_3 Schirmung Schränkung Funktion (Setzprobe)

Tabelle 8 — Annehmbahre Qualitätsgrenzlage AQL

Annehmbare Qualitätsgrenzlage AQL[a]	
für Prüfung auf Merkmale	für Prüfung auf fehlerhafte Teile
1	1,5

[a] Siehe DIN ISO 2859-1.

Sollen andere Stichprobenpläne angewendet werden, so ist dies bei Bestellung zu vereinbaren.

Für die Härteprüfung gilt DIN EN ISO 3269.

Bei Sicherungsringen gilt die Härteprüfung als zerstörende Prüfung.

8 Tragfähigkeit

8.1 Allgemeines

Für die Auslegung einer Sicherungsringverbindung ist eine getrennte Berechnung für die Tragfähigkeit der Nut F_N und für die Tragfähigkeit des Sicherungsringes F_R erforderlich. Der daraus resultierende kleinere Wert ist maßgebend. Die in den Tabellen 1 und 2 genannten Tragfähigkeiten (F_N, F_R, F_{Rg}) enthalten keine Sicherheiten gegen Fließen bei statischer Beanspruchung und gegen Dauerbruch bei schwellender Beanspruchung. Gegen Bruch bei statischer Beanspruchung ist eine mindestens zweifache Sicherheit vorhanden.

8.2 Tragfähigkeit der Nut F_N

Die in den Tabellen 1 und 2 angegebenen Tragfähigkeiten der Nuten F_N gelten für eine Streckgrenze des Werkstoffes im Bereich der Bohrungsnut von R_{eL} = 200 MPa sowie für die angegebenen Nenn-Nuttiefen t und Bundbreiten n.

Bei abweichenden Nuttiefen t' und Streckgrenzen R'_{eL} wird die Tragfähigkeit F_N' wie folgt berechnet:

$$F'_N = F_N \cdot \frac{t'}{t} \cdot \frac{R'_{eL}}{200}$$ (1)

19

43

8.3 Tragfähigkeit des Sicherungsringes F_R

Die in den Tabellen 1 und 2 angegebenen Tragfähigkeiten der Sicherungsringe F_R gelten für eine Montage über den maximalen Durchmesser $1,01 \times d_1$ (siehe Abschnitt 10) sowie bei scharfkantiger Anlage des andrückenden Maschinenteiles (siehe Bild 6).

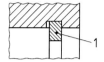

Legende

1 Sicherungsring

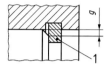

Legende

1 Sicherungsring

Bild 6 — Anlage scharfkantig

Bild 7 — Anlage mit Kantenabstand (Schrägung oder Rundung)

Die Werte F_{Rg} gelten für eine Anlage mit Kantenabstand g (siehe Bild 7).

Beide Werte F_R und F_{Rg} gelten für Sicherungsringwerkstoffe mit einem Elastizitätsmodul (E-Modul) von 210 000 MPa.

Weicht der vorhandene Kantenabstand g' von den in Tabelle 1 und Tabelle 2 genannten Werten ab, gilt für die Umrechnung, dass die Tragfähigkeit des Sicherungsringes indirekt proportional dem Kantenabstand ist:

$$F'_{Rg} = F_{Rg} \cdot \frac{g}{g'} \qquad (2)$$

ANMERKUNG   Wenn F'_{Rg} bei kleinen Werten g größer als F_R ist, gilt F_R.

Können die vorhandenen Kräfte bei zu großem Kantenabstand nicht aufgenommen werden, ist durch Zwischenlegen einer Stützscheibe nach DIN 988 eine scharfkantige Anlage zu schaffen (siehe Bild 8).

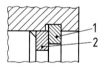

Legende

1 Sicherungsring
2 Stützscheibe

Bild 8 — Scharfkantige Anlage am Sicherungsring mit Hilfe einer Stützscheibe

9 Ausführung der Nut

9.1 Nutdurchmesser d_2

Die Nutdurchmesser d_2 in Tabelle 1 und Tabelle 2 sind so festgelegt, dass die Sicherungsringe mit Vorspannung in der Nut sitzen.

ANMERKUNG   Größere Nutdurchmesser sind möglich, wenn auf Vorspannung verzichtet werden kann. Als obere Grenze gilt: $d_{2max} = d_{3min}$.

9.2 Nutbreite m

Für die in Tabelle 1 und Tabelle 2 genannten Nutbreiten gilt im Regelfall das Toleranzfeld H13. Bei einseitiger Kraftübertragung können die Nuten zur entlasteten Seite hin verbreitert und/oder abgeschrägt werden. Die Nutbreite ist ohne Einfluss auf die Tragfähigkeit der Sicherungsringverbindung. Werksintern festgelegte Nutformen und Nutbreiten sind deshalb möglich.

Soll der Sicherungsring Kräfte wechselseitig auf beide Nutflanken übertragen, muss die Nutbreite m so weit wie möglich, z. B. auch durch Toleranzeinengung, an die Sicherungsringdicke s angepasst werden. Nutformen siehe Bilder 9a) bis d).

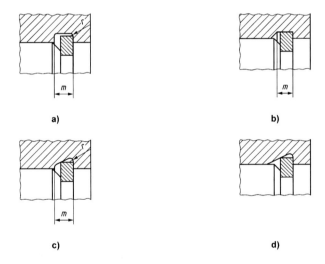

a)   b)

c)   d)

Bild 9 — Nutformen

9.3 Gestaltung des Nutgrundes

Als Regelausführung für den Nutgrund gilt eine Rechteckform (siehe Bild 9a)). Die Ausrundung r auf der Lastseite darf maximal $0,1 \times s$ betragen. Weitere bewährte Nutformen sind in den Bildern 9a) bis d) dargestellt. Bei einer scharfkantigen Rechtecknut ist aufgrund der Kerbempfindlichkeit des jeweiligen Werkstoffes mit einer entsprechenden Kerbwirkungszahl zu rechnen. Zur Gestaltung des Nutgrundes siehe Bild 10.

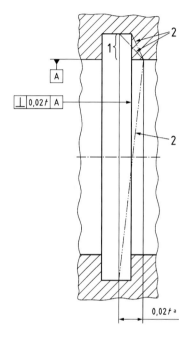

Legende

1   Messstelle für Rechtwinkligkeit
2   Mögliche Körperkonturen

a   Toleranzfeld

Bild 10 — Gestaltung des Nutgrundes

22

10 Montage des Sicherungsringes

Die Montage von Sicherungsringen kann mit Hilfe von Zangen nach DIN 5256 oder über Konen erfolgen.

Bei der Montage ist unbedingt darauf zu achten, dass die Sicherungsringe nicht überspreizt, d. h. maximal auf den Durchmesser $0,99 \times d_1$ zusammengedrückt, werden, wie es zum Einbringen in die Bohrung erforderlich ist. Gegebenenfalls sind Zangen mit Spreizbegrenzung (Stellschraube) einzusetzen. Sicherster Schutz gegen ein Überspreizen ist die Montage mit Hilfe eines Konus (siehe Bild 11). Wenn z. B. bei größerer Bundbreite n oder zum Schutz der Bohrungsoberfläche durch eine zusätzliche Hülse montiert werden soll, ist Rücksprache mit dem Hersteller zu empfehlen.

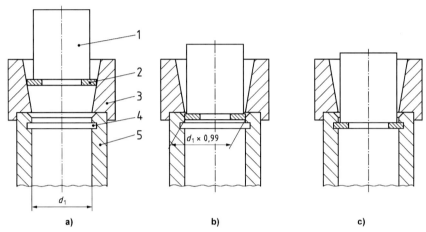

a)   b)   c)

Legende

1   Druckbolzen
2   Sicherungsring
3   Konus
4   Nut
5   Gehäuse

Bild 11 — Montage mit einem Konus

11 Bezeichnung

BEISPIEL 1   Bezeichnung eines Sicherungsringes für Bohrungsdurchmesser (Nennmaß) d_1 = 40 mm und Ringdicke
s = 1,75 mm:

Sicherungsring DIN 472 - 40 × 1,75

BEISPIEL 2   Wird abweichend von Tabelle 4 ein bestimmter Korrosionsschutz gewünscht, so ist die Bezeichnung des Sicherungsringes entsprechend zu ergänzen. Für galvanische Überzüge gelten die Kurzzeichen nach DIN EN ISO 4042, z. B.:

Sicherungsring DIN 472 - 40 × 1,75 - A3K

BEISPIEL 3   Für phosphatierte Überzüge nach Tabelle 4 gilt die laufende Nummer 1:

Sicherungsring DIN 472 - 40 × 1,75 - 1

	DIN 611	

ICS 21.100.20

Ersatz für
DIN 611:1990-10

Wälzlager –
Übersicht

Rolling bearings –
Summary

Roulements –
Sommaire

Gesamtumfang 32 Seiten

Normenausschuss Wälz- und Gleitlager (NAWGL) im DIN

Inhalt

2

Vorwort

Dieses Dokument wurde vom Normenausschuss Wälz- und Gleitlager, Arbeitsausschuss NA 118-01-01 AA „Grundsatzfragen, Bezeichnungen, Terminologie, Kurzzeichen, Maßpläne" erarbeitet.

Änderungen

Gegenüber DIN 611:1990-10 wurden folgende Änderungen vorgenommen:

a)   Inhalt der Norm dem neuesten Stand der Wälzlager-Normen angepasst;

b)   Gliederung überarbeitet.

Frühere Ausgaben

DIN 611: 1922-01, 1942-08, 1964-04, 1973-11, 1990-10

1 Anwendungsbereich

Diese Norm enthält eine Übersicht zu den veröffentlichten nationalen und internationalen Wälzlagernormen. Die Übersicht ist thematisch gegliedert und gibt zudem den Zusammenhang zwischen nationalen und internationalen Wälzlagernormen wieder.

2 Grundnormen

Tabelle 1 enthält eine Übersicht zu den Grundnormen hinsichtlich Wälzlager.

ANMERKUNG   Sofern eine Grundnorm nur ein Produkt beschreibt, ist diese Norm in den produktspezifischen Tabellen (siehe Abschnitt 3) gelistet.

Tabelle 1 — Grundnormen

Inhalt	Norm
Übersicht zu Normen bzgl. Wälzlager, Linearwälzlager, Gelenklager und Zubehör	DIN 611
Statische Tragzahlen — Wälzlager	DIN ISO 76, DIN ISO 76 Bbl 1, ISO 76, ISO/TR 10657
Statische Tragzahlen — Linearlager	DIN ISO 14728-2, ISO 14728-2
Dynamische Tragzahlen und Lebensdauer — Wälzlager	DIN ISO 281, DIN ISO 281 Bbl 1, DIN ISO 281 Bbl 2, DIN ISO 281 Bbl 3, DIN ISO 281 Bbl 4, ISO 281, ISO/TR 1281-1, ISO/TR 1281-1 Technical Corrigendum 1, ISO/TR 1281-2, ISO/TR 1281-2 Technical Corrigendum 1, ISO/TS 16281, ISO/TS 16281 Technical Corrigendum 1
Dynamische Tragzahlen und Lebensdauer — Linearlager	DIN ISO 14728-1, ISO 14728-1
Thermische Bezugsdrehzahl	DIN ISO 15312, ISO 15312
Thermisch zulässige Bezugsdrehzahl	E DIN 732
Maßpläne	DIN 616, ISO 15, ISO 104, ISO 464, ISO 1224-1, ISO 1224-2, ISO 20515
Maße für den Einbau	DIN 5418
Toleranzen für Radiallager	DIN 620-2, ISO 492
Toleranzen für Axiallager	DIN 620-3, ISO 199
Toleranzen für den Einbau	DIN 5425-1
Grenzabmaße für Kantenabstände	DIN 620-6, ISO 582
Radiale Lagerluft	DIN 620-4, ISO 5753-1
Messverfahren für Maß- und Lauftoleranzen	DIN 620-1, ISO 1132-2
Laufgeräusche von Wälzlagern	DIN 5426-1
Vibrationsmessung — Grundlager	ISO 15242-1
Vibrationsmessung — Radialkugellager	ISO 15242-2
Vibrationsmessung — Pendelrollenlager, Kegelrollenlager	ISO 15242-3
Vibrationsmessung — Zylinderrollenlager	ISO 15242-4

4

Tabelle 1 (fortgesetzt)

Inhalt	Norm
Symbole	ISO 15241
Begriffe — Wälzlager	DIN ISO 5593, ISO 5593, ISO 5593 AMD 1
Begriffe — Linear-Wälzlager	ISO 24393
Begriffe — Gelenklager	DIN ISO 6811, ISO 6811
Bezeichnungen für Wälzlager	DIN 623-1
Toleranzen — Begriffe	DIN ISO 1132-1, ISO 1132-1
Wälzlagerschäden — Begriffe und Definitionen	ISO 15243
Zeichnerische Darstellung von Wälzlagern	DIN 623-2, DIN ISO 8826-1, DIN ISO 8826-2, ISO 8826-1, ISO 8826-2
Sachmerkmal-Leisten für Wälzlager und Wälzlagerteile	DIN 4000-12
Suchkriterien für elektronische Medien	ISO 21107
Wälzlagerstähle — Technische Lieferbedingungen	DIN EN ISO 683-17, ISO 683-17

3 Produktnormen

3.1 Radiallager

3.1.1 Radial-Kugellager

Tabelle 2 enthält eine Übersicht zu den Normen hinsichtlich Radial-Kugellager.

Tabelle 2 — Radial-Kugellager

Schematische Darstellung	Lagerart	Inhalt/Bauform	Norm
	Schulterkugellager	Maße und Kurzzeichen. Einreihig, nicht selbsthaltend.	DIN 615
	Rillenkugellager	Maße, Gewichte und Kurzzeichen. Einreihig, mit folgenden Ausführungen: a Grundausführung mit seitlichen Einstichen; b Grundausführung ohne seitliche Einstiche; — Z: mit einer Deckscheibe; — 2Z: mit zwei Deckscheiben; — RS: mit einer Dichtscheibe; — 2RS: mit zwei Dichtscheiben; — N: mit Nut im Außenring.	DIN 625-1

5

Tabelle 2 (*fortgesetzt*)

Schematische Darstellung	Lagerart	Inhalt/Bauform	Norm
	Rillenkugellager	Maße, Gewichte und Kurzzeichen. Zweireihig, mit und ohne Einfüllnuten.	DIN 625-3
	Rillenkugellager	Maße, Gewichte und Kurzzeichen. Mit Flansch am Außenring.	DIN 625-4, ISO 8443
YEN YEL	Rillenkugellager — Spannlager	Maße, Gewichte und Kurzzeichen. Mit kugelförmiger Außenringmantelfläche und folgenden Ausführungen: — **YEN:** einseitig verbreiterter Innenring; — **YEL:** beidseitig verbreiterter Innenring.	DIN 626-1, ISO 9628
	Schrägkugellager	Maße und Kurzzeichen. Einreihig, selbsthaltend ohne Füllnut mit Käfig und einem Berührungswinkel von $\alpha = 40°$.	DIN 628-1
a b c 2Z 2RS	Schrägkugellager	Maße und Kurzzeichen. Zweireihig, mit Käfig und mit folgenden Ausführungen: [a] ohne Füllnut; [b] mit Füllnut; [c] mit seitlichen Einstichen; — **2Z:** mit 2 Deckscheiben; — **2RS:** mit 2 Dichtscheiben.	DIN 628-3
QJ.. QJ..N2	Schrägkugellager	Maße und Kurzzeichen. Einreihig, zweiseitig wirkend, nicht selbsthaltend, mit geteiltem Innenring (Vierpunktlager), mit folgenden Ausführungen: — **QJ..:** ohne Haltenuten; — **QJ..N2:** mit Haltenuten.	DIN 628-4
	Schrägkugellager	Maße, Vorspannkräfte, Gewichte und Kurzzeichen. Zweireihig, ohne Füllnuten mit Trennkugeln.	DIN 628-5

6

53

Tabelle 2 (*fortgesetzt*)

Schematische Darstellung	Lagerart	Inhalt/Bauform	Norm
	Schrägkugel-lager	Begriffe, Maße, Toleranzen, Vorspannkräfte und Kurzzeichen. Einreihig, Berührungswinkel 15° und 25°.	DIN 628-6
	Schrägkugel-lager	Grenzmaße für Kantenabstände. Einreihig.	ISO 12044
.. ..K ..2RS ..K-2RS	Pendelkugel-lager	Maße und Kurzzeichen. Zweireihig, mit folgenden Ausführungen: — ..: zylindrische Bohrung ohne Dichtscheibe; — **..K:** kegelige Bohrung ohne Dichtscheibe; — **..2RS:** zylindrische Bohrung mit zwei Dichtscheiben; — **..K-2RS:** kegelige Bohrung mit zwei Dichtscheiben.	DIN 630
	Radialkugel-lager	Schwingungsmessverfahren. Mit zylindrischer Bohrung.	ISO 15242-2

7

3.1.2 Radial-Rollenlager

Tabelle 3 enthält eine Übersicht zu den Normen hinsichtlich Radial-Rollenlager.

Tabelle 3 — Radial-Rollenlager

Schematische Darstellung	Lagerart	Inhalt/Bauform	Norm
2.. 2..K	Pendelrollenlager	Maße, Gewichte und Kurzzeichen. Tonnenlager, einreihig mit folgenden Ausführungen: — **2..**: zylindrische Bohrung; — **2..K**: kegelige Bohrung.	DIN 635-1
2 2..K 2..K30	Pendelrollenlager	Maße und Kurzzeichen. Zweireihig, mit folgenden Ausführungen: — **2**: zylindrische Bohrung; — **2..K**: kegelige Bohrung 1:12; — **2..K30**: kegelige Bohrung 1:30.	DIN 635-2
	Pendelrollenlager, Kegelrollenlager	Schwingungsmessverfahren. Zweireihige Pendelrollenlager, ein- und zweireihige Kegelrollenlager, mit zylindrischer Bohrung und zylindrischer Mantelfläche.	ISO 15242-3
	Kegelrollenlager	Maße und Kurzzeichen. Einreihig.	DIN 720, DIN 720 Bbl 1, ISO 355
NU NJ NUP N RNU RNU..N.. RN LNU LNJ LNUP LN HJ	Zylinderrollenlager	Haupt- und Anschlussmaße, Gewichte und Kurzzeichen. Lager einreihig, mit Käfig, in folgenden Ausführungen: — **NU**: Außenring mit zwei Borden, Innenring ohne Borde; — **NJ**: Außenring mit zwei Borden, Innenring mit einem Bord; — **NUP**: Außenring mit zwei Borden, Innenring mit einem Bord und einer Bordscheibe; — **N**: Außenring ohne Borde, Innenring mit zwei Borden; — **RNU**: Außenring mit zwei Borden, ohne Innenring; — **RNU..N..**: wie RNU-Lager, mit Haltenut(en) im Außenring; — **RN**: ohne Außenring, Innenring mit zwei Borden.	DIN 5412-1

Tabelle 3 (*fortgesetzt*)

Schematische Darstellung	Lagerart	Inhalt/Bauform	Norm
		Lager-Einzelteile in folgender Ausführung: — **LNU:** Innenring ohne Borde; — **LNJ:** Innenring mit einem Bord; — **LNUP:** Innenring mit einem Bord plus Bordscheibe; — **LN:** Außenring ohne Borde; — **HJ:** Winkelring.	
  NNU NNU..K NN NN..K NNU..S NNU..KS NN..S NN..KS	Zylinderrollen-lager	Haupt- und Anschlussmaße, Gewichte und Kurzzeichen. Lager zweireihig, mit Käfig, in folgenden Ausführungen: — **NNU:** Außenring mit drei Borden, Innenring ohne Borde; — **NNU..K:** Außenring mit drei Borden, Innenring ohne Borde und kegeliger Bohrung; — **NN:** Außenring ohne Borde, Innenring mit drei Borden; — **NN..K:** Außenring ohne Borde, Innenring mit drei Borden und kegeliger Bohrung; — **NNU..S:** Außenring mit drei Borden, mit Schmiernut und Schmierbohrungen, Innenring ohne Borde; — **NNU..KS:** Außenring mit drei Borden, Schmiernut und Schmierbohrungen, Innenring ohne Borde, mit kegeliger Bohrung; — **NN..S:** Außenring ohne Borde, mit Schmiernut und Schmierbohrungen, Innenring mit drei Borden; — **NN..KS:** Außenring ohne Borde, mit Schmiernut und Schmierbohrungen, Innenring mit drei Borden, mit kegeliger Bohrung.	DIN 5412-4

9

Tabelle 3 (*fortgesetzt*)

Schematische Darstellung	Lagerart	Inhalt/Bauform	Norm
WJP..P WJ WJP + WJ	Zylinderrollen-lager	Haupt- und Anschlussmaße, Gewichte und Kurzzeichen. Lager zweireihig, mit Käfig, in folgenden Ausführungen: — **WJP..P**: Außenring mit zwei Borden, Innenring ohne Borde, mit einer Bordscheibe; — **WJ**: Außenring mit zwei Borden, Innenring mit einem Bord; — **WJP + WJ**: Lagersatz aus WJP..P und WJ.	DIN 5412-11
	Zylinderrollen-lager	Maßpläne für Winkelringe.	ISO 246
	Zylinderrollen-lager	Grenzmaße für Kantenabstände. Für einreihige Zylinderrollenlager am losen Bordring und an den Außen- und Innenringseiten ohne Borde.	ISO 12043
	Zylinderrollen-lager	Schwingungsmessverfahren. Für Zylinderrollenlager mit zylindrischer Bohrung und zylindrischer Mantelfläche.	ISO 15242-4

10

57

Tabelle 3 (*fortgesetzt*)

Schematische Darstellung	Lagerart	Inhalt/Bauform	Norm
T T..R T..DZ T..DZU T..D T..DU T..DB T..DBU	Kegelrollen-lager	Bezeichnungssysteme. Für Kegelrollenlager in den folgenden Ausführungen: — **T**: Standardausführung; — **T..R**: Außenring mit Flansch; — **T..DZ**: Außenring mit Schmiernut und Schmierbohrungen; — **T..DZU**: ohne Schmiernut, ohne Schmierbohrungen; — **T..D**: Außenring mit Schmiernut und Schmierbohrungen, mit Innenringabstandshalter; — **T..DU**: Außenring ohne Schmiernut und/oder Schmierbohrungen, mit Innenringabstandshalter; — **T..DB**: bestehend aus zwei einreihigen Lagern, Innenring-abstandshalter, Außenring-abstandshalter mit Schmiernut und Schmierbohrungen, O-Anordnung; — **T..DBU**: bestehend aus zwei einreihigen Lagern, Innenring-abstandshalter, Außenring-abstandshalter ohne Schmiernut und/oder Schmierbohrungen, O-Anordnung.	ISO 10317

11

3.1.3 Radial-Nadellager, Radial-Nadelkränze

Tabelle 4 enthält eine Übersicht zu den Normen hinsichtlich Radial-Nadellager und Radial-Nadelkränze.

Tabelle 4 — Radial-Nadellager, Radial-Nadelkränze

Schematische Darstellung	Lagerart	Inhalt/Bauform	Norm
 NA RNA RNA..RS RNA..2RS NA..RS NA..2RS RNA..ZW NA..ZW	Nadellager	Maße und Kurzzeichen. Mit Käfig, Maßreihen 48, 49, 69 und folgenden Ausführungen: — **NA:** einreihig, mit Innenring; — **RNA:** einreihig, ohne Innenring; — **RNA..RS:** einreihig, einseitig abgedichtet, ohne Innenring; — **RNA..2RS:** einreihig, beidseitig abgedichtet, ohne Innenring; — **NA..RS:** einreihig, einseitig abgedichtet, mit Innenring; — **NA..2RS:** einreihig, beidseitig abgedichtet, mit Innenring — **RNA..ZW:** zweireihig, ohne Innenring; — **NA..ZW:** zweireihig, mit Innenring.	DIN 617, ISO 1206
 HK HK..RS HK..2RS BK	Nadelhülse, Nadelbüchse	Maße und Kurzzeichen. Nadelhülsen und Nadelbüchsen mit Käfig in folgenden Ausführungen: — **HK:** Nadelhülse, nicht abgedichtet; — **HK..RS:** Nadelhülse, einseitig abgedichtet; — **HK..2RS:** Nadelhülse, beidseitig abgedichtet; — **BK:** Nadelbüchse, nicht abgedichtet.	DIN 618, ISO 3245

12

59

Tabelle 4 (*fortgesetzt*)

Schematische Darstellung	Lagerart	Inhalt/Bauform	Norm
	Radial-Nadelkranz	Maße und Kurzzeichen.	DIN 5405-1, ISO 3030
	Stütz- und Kurvenrolle	Hauptmaße und Toleranzen.	ISO 7063

3.2 Axiallager

3.2.1 Axial-Kugellager

Tabelle 5 enthält eine Übersicht zu den Normen hinsichtlich Axial-Kugellager.

Tabelle 5 — Axial-Kugellager

Schematische Darstellung	Lagerart	Inhalt/Bauform	Norm
a b ..U ..Z..	Axial-Rillenkugellager	Maße, Gewichte und Kurzzeichen. Einseitig wirkend, mit folgenden Ausführungen: a mit ebener Gehäusescheibe; b mit kugeliger Gehäusescheibe; — ..U: mit kugeliger Gehäusescheibe und Unterlagscheibe; — ..Z..: mit ebener Gehäusescheibe und Kappe.	DIN 711

13

Tabelle 5 (*fortgesetzt*)

Schematische Darstellung	Lagerart	Inhalt/Bauform	Norm
	Axial-Rillenkugel-lager	Maße und Kurzzeichen. Zweiseitig wirkend, mit folgenden Ausführungen: a mit ebenen Gehäusescheiben; b mit kugeligen Gehäusescheiben; — ..U: mit kugeligen Gehäusescheiben und Unterlagscheiben.	DIN 715
	Axial-Rillenkugel-lager	Hauptmaße. Einseitig wirkend, mit folgenden Ausführungen: a mit kugelliger Gehäusescheibe; b mit kugelliger Gehäusescheibe und Unterlagscheibe. Zweiseitig wirkend, mit folgenden Ausführungen: c mit kugeligen Gehäusescheiben; d mit kugeligen Gehäusescheiben und Unterlagscheiben.	ISO 20516

14

3.2.2 Axial-Rollenlager

Tabelle 6 enthält eine Übersicht zu den Normen hinsichtlich Axial-Rollenlager.

Tabelle 6 — Axial-Rollenlager

Schematische Darstellung	Lagerart	Inhalt/Bauform	Norm
	Axial-Zylinderrollen-lager	Maße, Gewichte und Kurzzeichen. Einseitig wirkend.	DIN 722
	Axial-Pendelrollen-lager	Maße, Gewichte und Kurzzeichen. Einseitig wirkend, mit unsymmetrischen Rollen.	DIN 728

3.2.3 Axial-Nadellager, Axial-Nadelkränze

Tabelle 7 enthält eine Übersicht zu den Normen hinsichtlich Axial-Nadellager und Axial-Nadelkränze.

Tabelle 7 — Axial-Nadellager, Axial-Nadelkränze

Schematische Darstellung	Lagerart	Inhalt/Bauform	Norm
	Axial-Nadelkranz	Maße und Kurzzeichen.	DIN 5405-2, ISO 3031

3.3 Kombinierte Lager

Tabelle 8 enthält eine Übersicht zu den Normen hinsichtlich kombinierte Lager.

Tabelle 8 — Kombinierte Lager

Schematische Darstellung	Lagerart	Inhalt/Bauform	Norm
	Kombinierte Nadellager	Maße, Gewichte und Kurzzeichen. Nadel-Axialzylinderrollenlager mit folgenden Ausführungen: — **NKXR**: ohne Schutzkappe; — **NKXR..Z**: mit Schutzkappe. Nadel-Axialkugellager mit folgenden Ausführungen: — **NKX**: ohne Schutzkappe; — **NKX..Z**: mit Schutzkappe.	DIN 5429-1
	Kombinierte Nadellager	Maße, Gewichte und Kurzzeichen. Nadel-Schrägkugellager.	DIN 5429-2

15

3.4 Wälzkörper

Tabelle 9 enthält eine Übersicht zu den Normen hinsichtlich Wälzkörper.

Tabelle 9 — Wälzkörper

Schematische Darstellung	Wälzkörperart	Inhalt/Benennung	Norm
	Stahlkugel und Keramikkugel	Maße und Toleranzen.	DIN 5401, ISO 3290-1, ISO 3290-1 Technical Corrigendum 1, ISO 3290-2
	Zylinderrolle	Maße, Gewichte und Bezeichnungen.	DIN 5402-1, ISO/CD 12297
	Nadelrolle	Maße, Gewichte und Bezeichnungen.	DIN 5402-3, ISO 3096, ISO 3096 Technical Corrigendum 1

3.5 Linear-Wälzlager- und Linearführungen

Tabelle 10 enthält eine Übersicht zu den Normen hinsichtlich Wälzkörper.

Tabelle 10 — Linear-Wälzlager- und Linearführungen

Schematische Darstellung	Lagerart	Inhalt/Bauform	Norm
	Führungs-schienen Linearlager	Einbau- und Abschlussmaße. Führungsschienen für Linearlager der Maßreihe A und B ohne Wälzkörperrücklauf.	DIN 644
	Profilschienen-Wälzführungen	Maßpläne. Für Führungswagen mit folgenden Ausführungen: a Serie 1; b Serie 2; c Serie 3; d Serie 4; e Serie 5. Für Führungsschienen mit folgenden Ausführungen: f Ausführung T; g Ausführung B.	DIN 645-1, DIN 645-2, ISO/DIS 12090-1, ISO/DIS 12090-2

16

Tabelle 10 (*fortgesetzt*)

Schematische Darstellung	Lagerart	Inhalt/Bauform	Norm
	Linear-kugellager	Maßpläne. Für Linearkugellager in Hülsenform mit folgenden Ausführungen: a geschlossen; b einstellbar; c offen.	DIN ISO 10285, ISO 10285

3.6 Gelenklager und Gelenkköpfe

Tabelle 11 enthält eine Übersicht zu den Normen hinsichtlich Gelenklager und Gelenkköpfe.

Tabelle 11 — Gelenklager und Gelenkköpfe

Schematische Darstellung	Lagerart	Inhalt/Bauform	Norm
	Gelenklager	Maßreihen, Toleranzen und radiale Lagerluft. Radial-Gelenklager der folgenden Maßreihen: a E, G, C, K, H; b W.	DIN ISO 12240-1, ISO 12240-1
	Gelenklager	Maße und Toleranzen. Radial-Schräggelenklager der Maßreihe A.	DIN ISO 12240-2, ISO 12240-2
	Gelenklager	Maße und Toleranzen. Axial-Gelenklager.	DIN ISO 12240-3, ISO 12240-3
	Gelenkköpfe	Maßreihen, Toleranzen und radiale Lagerluft. Gelenkköpfe mit den folgenden Ausführungen: a mit Außengewinde Form M; b mit Innengewinde Form F; c anschweißende Form S; d mit eingebautem Radial-Gelenklager; e nur mit Innenring.	DIN ISO 12240-4, ISO 12240-4

17

64

3.7 Wälzlagerzubehör

Tabelle 12 enthält eine Übersicht zu den Normen hinsichtlich Wälzlagerzubehör.

Tabelle 12 — Wälzlagerzubehör

Schematische Darstellung	Zubehörart	Inhalt/Benennung	Norm
	Axialscheibe	Maße und Kurzzeichen.	DIN 5405-3, ISO 3031
	Nutmuttern	Maße und Bezeichnungen. Nutmuttern für alle Lagerarten mit kegeliger Bohrung und Verwendung mit Spannhülsen und/oder Abziehhülsen: — **KM**: passend für Sicherungsbleche MB, MBL; — **HM**: passend für Sicherungsbügel MS.	DIN 981, ISO 2982-2
	Sicherungs-blech	Maße und Bezeichnungen. Sicherungsblech **MB** und **MBL** passend für Nutmuttern nach DIN 981.	DIN 5406, ISO 2982-2
	Sicherungs-bügel	Maße und Bezeichnungen. Sicherungsbügel **MS** passend für Nutmuttern nach DIN 981.	DIN 5406, ISO 2982-2
	Spannhülse	Maße und Bezeichnungen. Spannhülse mit den folgenden Ausführungen: a Spannhülse mit Nutmutter nach DIN 981 und Sicherungsblech nach DIN 5406; b Spannhülse mit Nutmutter nach DIN 981 und Sicherungsbügel nach DIN 5406; c Spannhülse mit Anschluss-bohrung für Drucköl sowie mit Nutmutter nach DIN 981 und Sicherungsblech nach DIN 5406.	DIN 5415, ISO 2982-1

18

65

Tabelle 12 (*fortgesetzt*)

Schematische Darstellung	Zubehörart	Inhalt/Benennung	Norm
	Abziehhülse	Maße und Bezeichnungen. Abziehhülse mit den folgenden Ausführungen: a Grundausführung; b mit Anschlussbohrungen für das Druckölverfahren.	DIN 5416, ISO 2982-1
	Sprengring für Lager mit Ringnut	Maße und Gewichte.	DIN 5417, ISO 464
	Filzring, Filzstreifen, Ringnut für Wälzlager-gehäuse	Maße und Bezeichnungen.	DIN 5419
	Wellenunter-stützungen, Wellenböcke, Wellen für Linearlager	Maße und Toleranzen. Wellenunterstützung mit den folgenden Ausführungen: a Reihe 3; b Reihe 5; c niedrige Form Reihe 3. Wellenböcke mit den folgenden Ausführungen: d mit Flansch Reihen 1 und 3; e mit Flansch Reihe 5; f ohne Flansch Reihen 1 und 3. Wellen mit folgenden Ausführungen: g Voll- und Hohlwellen Reihen 1, 3 und 5.	DIN ISO 13012-1, DIN ISO 13012-2, ISO 13012-1, ISO 13012-2

19

66

3.8 Gehäuse

Tabelle 13 enthält eine Übersicht zu den Normen hinsichtlich der Gehäuse.

Tabelle 13 — Gehäuse

Schematische Darstellung	Gehäuseart	Inhalt/Benennung	Norm
SGY DBY EGY EBY VGY RBY SBY TUY	Gehäuse für Spannlager	Haupt- und Abschlussmaße, Gewichte und Kurzzeichen. Gehäuse für Spannlager mit den folgenden Ausführungen: — **SGY**: Stehlager-Gussgehäuse; — **EGY**: ovale Flanschlager-Gussgehäuse; — **VGY**: viereckige Flanschlager-Gehäuse; — **SBY**: Stehlager-Stahlblechgehäuse; — **DBY**: dreieckige Flanschlager-Stahlblechgehäuse; — **EBY**: ovale Flanschlager-Stahlblechgehäuse; — **RBY**: runde Flanschlager-Stahlblechgehäuse; — **TUY**: Spannlagerkopf-Gussgehäuse.	DIN 626-2, DIN 626-2 Berichtigung 1, ISO 3228
	Stehlager-gehäuse	Haupt- und Anschlussmaße sowie Kurzzeichen. Stehlagergehäuse für den Einbau von Wälzlagern der Durchmesser-reihe 2 als Los- oder Festlager mit zylindrischer Bohrung und Spannhülse oder mit kegeliger Bohrung und Spannhülse.	DIN 736, ISO 113
	Stehlager-gehäuse	Haupt- und Anschlussmaße sowie Kurzzeichen. Stehlagergehäuse für den Einbau von Wälzlagern der Durchmesser-reihe 3 als Los- oder Festlager mit zylindrischer Bohrung und Spannhülse oder mit kegeliger Bohrung und Spannhülse.	DIN 737, ISO 113

20

Tabelle 13 (*fortgesetzt*)

Schematische Darstellung	Gehäuseart	Inhalt/Benennung	Norm
	Stehlager-gehäuse	Haupt- und Anschlussmaße sowie Kurzzeichen. Stehlagergehäuse für den Einbau von Wälzlagern der Durchmesser-reihe 2 als Los- oder Festlager mit zylindrischer Bohrung.	DIN 738, ISO 113
	Stehlager-gehäuse	Haupt- und Anschlussmaße sowie Kurzzeichen. Stehlagergehäuse für den Einbau von Wälzlagern der Durchmesser-reihe 3 als Los- oder Festlager mit zylindrischer Bohrung.	DIN 739, ISO 113
	Stehlager-gehäuse	Haupt- und Anschlussmaße. Stehlagergehäuse für den Einbau von Wälzlagern der Durchmesser-reihen 2 und 3 mit kegeliger und zylindrischer Bohrung.	ISO 113
	Lagergehäuse für Linearlager	Maße und Toleranzen. Lagergehäuse mit den folgenden Ausführungen: a geschlossen und einstellbar mit Flansch Reihe 3; b geschlossen und einstellbar mit Flansch Reihe 5; c geschlossen und einstellbar ohne Flansch Reihe 1; d geschlossen und einstellbar ohne Flansch Reihe 3; e offen und offen einstellbar ohne Flansch Reihe 3; f offen und offen einstellbar ohne Flansch Reihe 5; g offen mit Flansch Reihe 3.	DIN ISO 13012-1, DIN ISO 13012-2, ISO 13012-1, ISO 13012-2

21

4 DIN-Wälzlagernormen mit entsprechenden ISO-Normen

Tabelle 14 enthält eine Übersicht zu den DIN-Wälzlagernormen mit den entsprechenden ISO-Normen. Zugeordnet zu den deutschen Sprachfassungen von Internationalen Normen sind auch die ISO-Normen, die inhaltlich mit nationalen Normen zusammenhängen.

Tabelle 14 — DIN-Wälzlagernormen mit entsprechenden ISO-Normen

DIN-Norm	Inhalt	ISO-Norm
DIN 611	Übersicht zu Normen bzgl. Wälzlager, Linearwälzlager, Gelenklager und Zubehör	–
DIN 615	Schulterkugellager — einreihig, nicht selbsthaltend	–
DIN 616	Wälzlager — Maßpläne	ISO 15, ISO 104, ISO 246, ISO 355, ISO 464, ISO 1206, ISO 1224-1, ISO 1224-2, ISO 3030, ISO 3031, ISO 3245, ISO 8443, ISO 20515, ISO 20516
DIN 617	Nadellager — mit Käfig, mit und ohne Innenring, mit und ohne Abdichtung, Maßreihen 48, 49 und 69	ISO 1206
DIN 618	Nadellager — Nadelhülsen und Nadelbüchsen, mit Käfig, mit und ohne Abdichtung	ISO 3245
DIN 620-1	Messverfahren für Maß- und Lauftoleranzen	ISO 1132-2
DIN 620-2	Toleranzen für Radiallager	ISO 492
DIN 620-3	Toleranzen für Axiallager	ISO 199
DIN 620-4	Radiale Lagerluft	ISO 5753-1
DIN 620-6	Grenzmaße für Kantenabstände	ISO 582, ISO 12043, ISO 12044
DIN 623-1	Bezeichnung für Wälzlager	–
DIN 623-2	Zeichnerische Darstellung von Wälzlagern	–
DIN 625-1	Rillenkugellager — einreihig	–
DIN 625-3	Rillenkugellager — zweireihig	–
DIN 625-4	Rillenkugellager mit Flansch am Außenring	ISO 8443
DIN 626-1	Rillenkugellager, Spannlager mit kugelförmiger Außenringmantelfläche und verbreitertem Innenring	ISO 9628
DIN 626-2	Gehäuse für Spannlager	ISO 3228
DIN 626-2 Berichtung 1	Gehäuse für Spannlager	–
DIN 628-1	Schrägkugellager — einreihig, selbsthaltend	–
DIN 628-3	Schrägkugellager — zweireihig	–
DIN 628-4	Schrägkugellager — einreihig, zweiseitig wirkend, nicht selbsthaltend, mit geteiltem Innenring (Vierpunktlager)	–
DIN 628-5	Schrägkugellager — zweireihig, mit Trennkugeln	–

Tabelle 14 (*fortgesetzt*)

DIN-Norm	Inhalt	ISO-Norm
DIN 628-6	Schrägkugellager — einreihig, Berührungswinkel 15° und 25°	–
DIN 630	Pendelkugellager — zweireihig, zylindrische und kegelige Bohrung	–
DIN 635-1	Pendelrollenlager — einreihig	–
DIN 635-2	Pendelrollenlager — zweireihig	–
DIN 644	Maße und Toleranzen von Führungsschienen für Linearlager	–
DIN 645-1	Profilschienen-Walzführungen — Maßpläne	ISO/DIS 12090-1
DIN 645-2	Profilschienen-Walzführungen — Maßpläne	ISO/DIS 12090-2
DIN 711	Axial-Rillenkugellager — einseitig wirkend, mit ebener Gehäusescheibe, mit kugeliger Gehäusescheibe und Unterlagscheibe, mit Kappe	ISO 20516
DIN 715	Axial-Rillenkugellager — zweiseitig wirkend, mit ebener Gehäusescheibe, mit kugeliger Gehäusescheibe und Unterlagscheibe	ISO 20516
DIN 720	Kegelrollenlager — einreihig	ISO 355
DIN 720 Beiblatt 1	Kegelrollenlager — einreihig — Gegenüberstellung von DIN- und ISO-Kurzzeichen	ISO 355
DIN 722	Axial-Zylinderrollenlager — einseitig wirkend	–
DIN 728	Axial-Pendelrollenlager — einseitig wirkend, mit unsymmetrischen Rollen	–
E DIN 732	Thermisch zulässige Bezugsdrehzahl — Berechnung und Beiwerte	–
DIN 736	Stehlagergehäuse für Wälzlager der Durchmesserreihe 2 mit kegeliger Bohrung und Spannhülse	ISO 113
DIN 737	Stehlagergehäuse für Wälzlager der Durchmesserreihe 3 mit kegeliger Bohrung und Spannhülse	ISO 113
DIN 738	Stehlagergehäuse für Wälzlager der Durchmesserreihe 2 mit zylindrischer Bohrung	ISO 113
DIN 739	Stehlagergehäuse für Wälzlager der Durchmesserreihe 3 mit zylindrischer Bohrung	ISO 113
DIN 981	Nutmuttern	ISO 2982-2
DIN 4000-12	Sachmerkmal-Leisten für Wälzlager und Wälzlagerteile	–
DIN 5401	Kugeln für Wälzlager und allgemeinen Industriebedarf	ISO 3290-1, ISO 3290-1 Technical Corrigendum 1, ISO 3290-2
DIN 5402-1	Zylinderrollen	ISO/CD 12297

23

Tabelle 14 (fortgesetzt)

DIN-Norm	Inhalt	ISO-Norm
DIN 5402-3	Nadelrollen	ISO 3096, ISO 3096 Technical Corrigendum 1
DIN 5405-1	Nadellager — Radial-Nadelkranz	ISO 3030
DIN 5405-2	Nadellager — Axial-Nadelkranz	ISO 3031
DIN 5405-3	Axialscheibe	ISO 3031
DIN 5406	Mutternsicherung — Sicherungsblech, Sicherungsbügel	ISO 2982-2
DIN 5412-1	Zylinderrollenlager — einreihig, mit Käfig, Bordscheibe, Winkelring	–
DIN 5412-4	Zylinderrollenlager — zweireihig, mit Käfig	–
DIN 5412-11	Zylinderrollenlager — einreihig, mit Käfig, für Schienenfahrzeug-Radsatzlagerung	–
DIN 5415	Spannhülsen	ISO 2982-1
DIN 5416	Abziehhülsen	ISO 2982-1
DIN 5417	Sprengring für Lager und Ringnut	ISO 464
DIN 5418	Einbaumaße für Wälzlager	–
DIN 5419	Filzring, Filzstreifen, Ringnut für Wälzlagergehäuse	–
DIN 5425-1	Toleranzen für den Einbau	–
DIN 5426-1	Laufgeräusche von Wälzlagern	–
DIN 5429-1	Kombinierte Nadellager — Nadel-Axialzylinderrollenlager, Nadel-Axialkugellager	–
DIN 5429-2	Kombinierte Nadellager — Nadel-Schrägkugellager	–
DIN ISO 76	Statische Tragzahlen	ISO 76
DIN ISO 76 Beiblatt 1	Statische Tragzahlen	ISO/TR 10657
DIN ISO 281	Dynamische Tragzahlen und nominelle Lebensdauer	ISO 281
DIN ISO 281 Beiblatt 1	Wälzlager — Dynamische Tragzahlen und nominelle Lebensdauer — Lebensdauerbeiwert a_{DIN} und Berechnung der erweiterten modifizierten Lebensdauer	ISO/TR 1281-2, ISO/TR 1281-2 Technical Corrigendum 2, ISO 281
DIN ISO 281 Beiblatt 2	Dynamische Tragzahlen und nominelle Lebensdauer	ISO/TR 1281-1, ISO/TR 1281-1 Technical Corrigendum 1
E DIN ISO 281 Beiblatt 3	Dynamische Tragzahlen und nominelle Lebensdauer	–
DIN ISO 281 Beiblatt 4	Dynamische Tragzahlen und nominelle Lebensdauer	ISO/TS 16281, ISO/TS 16281 Technical Corrigendum 1

Tabelle 14 (*fortgesetzt*)

DIN-Norm	Inhalt	ISO-Norm
DIN ISO 1132-1	Toleranzen — Definitionen	ISO 1132-1
DIN ISO 5593	Begriffe — Wälzlager	ISO 5593, ISO 5593 AMD 1
DIN ISO 6811	Begriffe — Gelenklager	ISO 6811
DIN ISO 8826-1	Zeichnerische Darstellung von Wälzlagern	ISO 8826-1
DIN ISO 8826-2	Zeichnerische Darstellung von Wälzlagern	ISO 8826-2
DIN ISO 10285	Linear-Kugellager	ISO 10285
DIN ISO 12240-1	Gelenklager — Radial-Gelenklager	ISO 12240-1
DIN ISO 12240-2	Gelenklager — Radial-Schräggelenklager	ISO 12240-2
DIN ISO 12240-3	Gelenklager — Axial-Gelenklager	ISO 12240-3
DIN ISO 12240-4	Gelenklager — Gelenkköpfe	ISO 12240-4
DIN ISO 13012-1	Lagergehäuse, Wellen, Wellenböcke, Wellenunterstützungen	ISO 13012-1
DIN ISO 13012-2	Lagergehäuse, Wellen, Wellenböcke, Wellenunterstützungen	ISO 13012-2
DIN ISO 14728-1	Dynamische Tragzahlen und nominelle Lebensdauer — Linear-Wälzlager	ISO 14728-1
DIN ISO 14728-2	Statische Tragzahlen — Linear-Wälzlager	ISO 14728-2
DIN ISO 15312	Thermische Bezugsdrehzahl — Berechnung und Beiwerte	ISO 15312
DIN EN ISO 683-17	Wälzlagerstähle — Technische Lieferbedingungen	ISO 683-17

5   ISO-Wälzlagernormen ohne entsprechende DIN-Normen

Tabelle 15 enthält eine Übersicht zu den ISO-Wälzlagernormen, für die es keine entsprechenden DIN-Normen gibt.

Tabelle 15 — ISO-Wälzlagernormen ohne entsprechende DIN-Normen

ISO-Norm	Inhalt
ISO 7063	Nadellager, Kurvenrollen — Hauptmaße und Toleranzen
ISO 10317	Metrische Kegelrollenlager — Bezeichnungssystem
ISO 15241	Wälzlager — Symbole
ISO 15242-1	Verfahren für die Vibrationsmessung — Grundlagen
ISO 15242-2	Schwingungsmessverfahren — Radial-Kugellager mit zylindrischer Bohrung und Außendurchmesser
ISO 15242-3	Schwingungsmessverfahren — Zweireihige Radial Pendel- und Kegelrollenlager mit zylindrischer Bohrung und zylindrischer Mantelfläche

25

Tabelle 15 (*fortgesetzt*)

ISO-Norm	Inhalt
ISO 15242-4	Schwingungsmessverfahren — Radial-Zylinderrollenlager mit zylindrischer Bohrung und zylindrischer Mantelfläche
ISO 15243	Schäden und Ausfälle — Begriffe, Merkmale und Ursachen
ISO 21107	Wälzlager und Gelenklager — Suchstruktur für elektronische Medien — Merkmale und Leistungskriterien, Identifizierung mit Attribut-Glossar
ISO 24393	Linearlager — Begriffe

Literaturhinweise

DIN 611, *Wälzlager — Übersicht*

DIN 615, *Wälzlager — Schulterkugellager — Einreihig, nicht selbsthaltend*

DIN 616, *Wälzlager — Maßpläne*

DIN 617, *Wälzlager — Nadellager mit Käfig — Maßreihen 48, 49 und 69*

DIN 618, *Wälzlager — Nadellager — Nadelhülsen und Nadelbüchsen, mit Käfig*

DIN 620-1, *Wälzlager — Meßverfahren für Maß- und Lauftoleranzen*

DIN 620-2, *Wälzlager — Wälzlagertoleranzen; Toleranzen für Radiallager*

DIN 620-3, *Wälzlager — Toleranzen für Axiallager*

DIN 620-4, *Wälzlager — Wälzlagertoleranzen — Teil 4: Radiale Lagerluft*

DIN 620-6, *Wälzlager — Wälzlagertoleranzen — Teil 6: Grenzmaße für Kantenabstände*

DIN 623-1, *Wälzlager — Grundlagen — Bezeichnung, Kennzeichnung*

DIN 623-2, *Wälzlager — Grundlagen — Teil 2: Zeichnerische Darstellung von Wälzlagern*

DIN 625-1, *Wälzlager — Rillenkugellager, einreihig*

DIN 625-3, *Wälzlager — Rillenkugellager, zweireihig*

DIN 625-4, *Wälzlager — Rillenkugellager mit Flansch am Außenring*

DIN 626-1, *Wälzlager — Rillenkugellager mit kugelförmiger Außenringmantelfläche und verbreitertem Innenring — Teil 1: Spannlager*

DIN 626-2, *Wälzlager — Rillenkugellager mit kugelförmiger Außenringmantelfläche und verbreitertem Innenring — Teil 2: Gehäuse für Spannlager*

DIN 626-2 Berichtigung 1, *Berichtigungen zur DIN 626-2:1999-07*

DIN 628-1, *Wälzlager — Radial-Schrägkugellager — Teil 1: Einreihig, selbsthaltend*

DIN 628-3, *Wälzlager — Radial-Schrägkugellager — Teil 3: Zweireihig*

DIN 628-4, *Wälzlager — Radial-Schrägkugellager — Teil 4: Einreihig, zweiseitig wirkend — nicht selbsthaltend, mit geteiltem Innenring (Vierpunktlager)*

DIN 628-5, *Wälzlager — Radial-Schrägkugellager, zweireihig, mit Trennkugeln*

DIN 628-6, *Wälzlager — Radial-Schrägkugellager — Teil 6: Einreihig, Berührungswinkel 15° und 25°*

DIN 630, *Wälzlager — Radial-Pendelkugellager — Zweireihig, zylindrische und kegelige Bohrung*

DIN 635-1, *Wälzlager — Pendelrollenlager — Tonnenlager, einreihig*

DIN 635-2, *Wälzlager — Radial-Pendelrollenlager — Teil 2: Zweireihig, zylindrische und kegelige Bohrung*

DIN 644, *Linear-Wälzlager — Führungsschienen für Linearlager — Maße und Toleranzen*

27

DIN 645-1, *Wälzlager — Profilschienen-Wälzführungen — Teil 1: Maße für Serie 1 bis 3*

DIN 645-2, *Wälzlager — Profilschienen-Wälzführungen — Teil 2: Maße für Serie 4*

DIN 711, *Wälzlager — Axial-Rillenkugellager, einseitig wirkend*

DIN 715, *Wälzlager — Axial-Rillenkugellager, zweiseitig wirkend*

DIN 720, *Wälzlager — Kegelrollenlager*

DIN 720 Bbl 1, *Wälzlager — Kegelrollenlager — Beiblatt 1: Gegenüberstellung von DIN- und ISO-Kurzzeichen*

DIN 722, *Wälzlager — Axial-Zylinderrollenlager — Einseitig wirkend*

DIN 728, *Wälzlager — Axial-Pendelrollenlager, einseitig wirkend, mit unsymmetrischen Rollen*

E DIN 732, *Wälzlager — Thermisch zulässige Betriebsdrehzahl — Berechnung und Beiwerte*

DIN 736, *Wälzlager — Stehlagergehäuse für Wälzlager der Durchmesserreihe 2 mit kegeliger Bohrung und Spannhülse*

DIN 737, *Wälzlager — Stehlagergehäuse für Wälzlager der Durchmesserreihe 3 mit kegeliger Bohrung und Spannhülse*

DIN 738, *Wälzlager — Stehlagergehäuse für Wälzlager der Durchmesserreihe 2 mit zylindrischer Bohrung*

DIN 739, *Wälzlager — Stehlagergehäuse für Wälzlager der Durchmesserreihe 3 mit zylindrischer Bohrung*

DIN 981, *Wälzlager — Nutmuttern*

DIN 4000-12, *Sachmerkmal-Leisten für Wälzlager und Wälzlagerteile*

DIN 5401, *Wälzlager — Kugeln für Wälzlager und allgemeinen Industriebedarf*

DIN 5402-1, *Wälzlager — Wälzlagerteile — Zylinderrollen*

DIN 5402-3, *Wälzlager — Wälzlagerteile — Nadelrollen*

DIN 5405-1, *Wälzlager — Nadellager — Teil 1: Radial-Nadelkränze*

DIN 5405-2, *Wälzlager — Nadellager — Teil 2: Axial-Nadelkränze*

DIN 5405-3, *Wälzlager — Nadellager — Teil 3: Axialscheiben*

DIN 5406, *Wälzlager — Muttersicherungen; Sicherungsblech, Sicherungsbügel*

DIN 5412-1, *Wälzlager — Zylinderrollenlager — Teil 1: Einreihig, mit Käfig, Winkelringe*

DIN 5412-4, *Wälzlager — Zylinderrollenlager — Teil 4: Zweireihig, mit Käfig, erhöhte Genauigkeit*

DIN 5412-11, *Wälzlager — Zylinderrollenlager — Teil 11: Einreihig, mit Käfig, für Schienenfahrzeug-Radsatzlagerungen*

DIN 5415, *Wälzlager — Spannhülsen*

DIN 5416, *Wälzlager — Abziehhülsen*

DIN 5417, *Befestigungsteile für Wälzlager — Sprengringe für Lager mit Ringnut*

DIN 5418, *Wälzlager — Maße für den Einbau*

DIN 5419, *Filzringe, Filzstreifen, Ringnuten für Wälzlagergehäuse*

28

DIN 5425-1, *Wälzlager — Toleranzen für den Einbau — Allgemeine Richtlinien*

DIN 5426-1, *Wälzlager — Laufgeräusche von Wälzlagern — Verfahren zur Messung des Körperschalls*

DIN 5429-1, *Wälzlager — Kombinierte Nadellager — Teil 1: Nadel-Axialzylinderrollenlager, Nadel-Axialkugellager*

DIN 5429-2, *Wälzlager — Kombinierte Nadellager — Teil 2: Nadel-Schrägkugellager*

DIN ISO 76, *Wälzlager — Statische Tragzahlen*

DIN ISO 76 Bbl 1, *Wälzlager — Statische Tragzahlen — Erklärungen zu ISO 76*

DIN ISO 281, *Wälzlager — Dynamische Tragzahlen und nominelle Lebensdauer*

DIN ISO 281 Bbl 2, *Wälzlager — Dynamische Tragzahlen und nominelle Lebensdauer — Erklärungen zu ISO 281/1:1977*

DIN ISO 281 Bbl. 3, *Wälzlager — Dynamische Tragzahlen und nominelle Lebensdauer — Bestimmung des Verunreinigungsbeiwertes bzw. der Verschmutzungsklasse für Wälzlager in geschlossenen Industriegetrieben*

DIN ISO 281 Bbl. 4, *Wälzlager — Dynamische Tragzahlen und nominelle Lebensdauer — Verfahren zur Berechnung der modifizierten Referenz-Lebensdauer für allgemein belastete Wälzlager*

DIN ISO 1132-1, *Wälzlager — Toleranzen — Teil 1: Begriffe*

DIN ISO 5593, *Wälzlager — Begriffe und Definitionen*

DIN ISO 6811, *Gelenklager — Begriffe*

DIN ISO 8826-1, *Technische Zeichnungen — Wälzlager — Teil 1: Allgemeine, vereinfachte Darstellung*

DIN ISO 8826-2, *Technische Zeichnungen — Wälzlager — Teil 2: Detaillierte vereinfachte Darstellung*

DIN ISO 10285, *Wälzlager — Linearkugellager in Hülsenform — Hauptmaße und Toleranzen*

DIN ISO 12240-1, *Gelenklager — Teil 1: Radial-Gelenklager*

DIN ISO 12240-2, *Gelenklager — Teil 2: Radial-Schräggelenklager*

DIN ISO 12240-3, *Gelenklager — Teil 3: Axial-Gelenklager*

DIN ISO 12240-4, *Gelenklager — Teil 4: Gelenkköpfe*

DIN ISO 13012-1, *Wälzlager — Zubehör für Linearkugellager in Hülsenform — Teil 1: Hauptmaße und Toleranzen für Reihe 1 und 3*

DIN ISO 13012-2, *Wälzlager — Zubehör für Linearkugellager in Hülsenform — Teil 1: Hauptmaße und Toleranzen für Reihe 5*

DIN ISO 14728-1, *Wälzlager — Linear-Wälzlager — Teil 1: Dynamische Tragzahlen und nominelle Lebensdauer*

DIN ISO 14728-2, *Wälzlager — Linear-Wälzlager — Teil 2: Statische Tragzahlen*

DIN ISO 15312, *Wälzlager — Thermische Bezugsdrehzahl — Berechnung und Beiwerte*

DIN EN ISO 683-17, *Für eine Wärmebehandlung bestimmte Stähle, legierte Stähle und Automatenstähle — Teil 17: Wälzlagerstähle (ISO 683-17:1999) — Deutsche Fassung EN ISO 683-17:1999*

ISO 15, *Rolling bearings — Radial bearings — Boundary dimensions, general plan*

29

ISO 76, *Rolling bearings — Static load ratings*

ISO 104, *Rolling bearings — Thrust bearings — Boundary dimensions, general plan*

ISO 113, *Rolling bearings — Plummer block housings — Boundary dimensions*

ISO 199, *Rolling bearings — Thrust bearings — Tolerances*

ISO 246, *Rolling bearings — Cylindrical roller bearings, separate thrust collars — Boundary dimensions*

ISO 281, *Rolling bearings — Dynamic load ratings and rating life*

ISO 355, *Rolling bearings — Tapered roller bearings — Boundary dimensions and series designations*

ISO 464, *Rolling bearings — Radial bearings with locating snap ring — Dimensions and tolerances*

ISO 492, *Rolling bearings — Radial bearings — Tolerances*

ISO 582, *Rolling bearings — Chamfer dimensions — Maximum values*

ISO 683-17, *Heat-treated steels, alloy steels and free-cutting steels — Part 17: Ball and roller bearing steels*

ISO 1132-1, *Rolling bearings — Tolerances — Part 1: Terms and definitions*

ISO 1132-2, *Rolling bearings — Tolerances — Part 2: Measuring and gauging principles and methods*

ISO 1206, *Rolling bearings — Needle roller bearings, dimension series 48, 49 and 69 — Boundary dimensions and tolerances*

ISO 1224-1, *Rolling bearings — Instrument precision bearings — Part 1: Boundary dimensions, tolerances and characteristics of metric series bearings*

ISO 1224-2, *Rolling bearings — Instrument precision bearings — Part 2: Boundary dimensions, tolerances and characteristics of inch series bearings*

ISO/TR 1281-1, *Rolling bearings — Explanatory notes on ISO 281 — Part 1: Basic dynamic load rating and basic rating life*

ISO/TR 1281-1 Technical *Corrigendum 1, Rolling bearings — Explanatory notes on ISO 281 — Part 1: Basic dynamic load rating and basic rating life; Technical Corrigendum 1*

ISO/TR 1281-2, *Rolling bearings — Explanatory notes on ISO 281 — Part 2: Modified rating life calculation, based on a systems approach to fatigue stresses*

ISO/TR 1281-2 Technical Corrigendum 1, *Rolling bearings — Explanatory notes on ISO 281 — Part 2: Modified rating life calculation, based on a systems approach to fatigue stresses; Technical Corrigendum 1*

ISO 2982-1, *Rolling bearings — Accessories — Part 1: Tapered sleeves — Dimensions*

ISO 2982-2, *Rolling bearings — Accessories — Part 2: Locknuts and locking devices — Dimensions*

ISO 3030, *Rolling bearings — Radial needle roller and cage assemblies — Dimensions and tolerances*

ISO 3031, *Rolling bearings — Thrust needle roller and cage assemblies, thrust washers — Boundary dimensions and tolerances*

ISO 3096, *Rolling bearings — Needle rollers — Dimensions and tolerances*

ISO 3096 Technical Corrigendum 1, *Rolling bearings — Needle rollers — Dimensions and tolerances; Technical Corrigendum 1*

ISO 3228, *Rolling bearings — Cast and pressed housings for insert bearings*

ISO 3245, *Rolling bearings — Needle roller bearings, drawn cup without inner ring — Boundary dimensions and tolerances*

ISO 3290-1, *Rolling bearings — Balls — Part 1: Steel balls*

ISO 3290-1 Technical Corrigendum 1, *Rolling bearings — Balls — Part 1: Steel balls; Technical Corrigendum 1*

ISO 3290-2, *Rolling bearings — Balls — Part 2: Ceramic balls*

ISO 5593, *Rolling bearings — Vocabulary*

ISO 5593 AMD 1, *Rolling bearings — Vocabulary; Amendment 1*

ISO 5753-1, *Rolling bearings — Internal clearance — Part 1: Radial internal clearance for radial bearings*

ISO 6811, *Spherical plain bearings — Vocabulary*

ISO 7063, *Rolling bearings — Needle roller bearing track roller — Boundary dimensions and tolerances*

ISO 8443, *Rolling bearings — Radial ball bearings with flanged outer ring — Flange dimensions*

ISO 8826-1, *Technical drawings — Rolling bearings — Part 1: General simplified representation*

ISO 8826-2, *Technical drawings — Rolling bearings — Part 2: Detailed simplified representation*

ISO 9628, *Rolling bearings — Insert bearings and eccentric locking collars — Boundary dimensions and tolerances*

ISO 10285, *Rolling bearings — Sleeve type linear ball bearings — Boundary dimensions and tolerances*

ISO 10317, *Rolling bearings — Tapered roller bearings — Designation system*

ISO/TR 10657, *Explanatory notes on ISO 76*

ISO 12043, *Rolling bearings — Single-row cylindrical roller bearings — Chamfer dimensions for loose rib and non-rib sides*

ISO 12044, *Rolling bearings — Single-row angular contact ball bearings — Chamfer dimensions for outer ring non-thrust side*

ISO/DIS 12090-1, *Rolling bearings — Linear motion, recirculating ball and roller bearings, linear guideway type — Part 1: Boundary dimensions and tolerances for series 1, 2 and 3*

ISO/DIS 12090-2, *Rolling bearings — Linear motion, recirculating ball and roller bearings, linear guideway type — Part 2: Boundary dimensions and tolerances for series 4 and 5*

ISO 12240-1, *Spherical plain bearings — Part 1: Radial spherical plain bearings*

ISO 12240-2, *Spherical plain bearings — Part 2: Angular contact radial spherical plain bearings*

ISO 12240-3, *Spherical plain bearings — Part 3: Thrust spherical plain bearings*

ISO 12240-4, *Spherical plain bearings — Part 4: Spherical plain bearing rod ends*

ISO/CD 12297, *Rolling bearings — Rolling elements — Steel cylindrical rollers*

ISO 13012-1, *Rolling bearings — Accessories for sleeve type linear ball bearings — Part 1: Boundary dimensions and tolerances for series 1 and 3*

ISO 13012-2, *Rolling bearings — Accessories for sleeve type linear ball bearings — Part 2: Boundary dimensions and tolerances for series 5*

31

ISO 14728-1, *Rolling bearings — Linear motion rolling bearings — Part 1: Dynamic load ratings and rating life*

ISO 14728-2, *Rolling bearings — Linear motion rolling bearings — Part 2: Static load ratings*

ISO 15241, *Rolling bearings — Symbols for quantities*

ISO 15242-1, *Rolling bearings — Measuring methods for vibration — Part 1: Fundamentals*

ISO 15242-2, *Rolling bearings — Measuring methods for vibration — Part 2: Radial ball bearings with cylindrical bore and outside surface*

ISO 15242-3, *Rolling bearings — Measuring methods for vibration — Part 3: Radial spherical and tapered roller bearings with cylindrical bore and outside surface*

ISO 15242-4, *Rolling bearings — Measuring methods for vibration — Part 4: Radial cylindrical roller bearings with cylindrical bore and outside surface*

ISO 15243, *Rolling bearings — Damage and failures — Terms, characteristics and causes*

ISO 15312, *Rolling bearings — Thermal speed rating — Calculation and coefficients*

ISO/TS 16281, *Rolling bearings — Methods for calculating the modified reference rating life for universally loaded bearings*

ISO/TS 16281 Technical Corrigendum 1, *Rolling bearings — Methods for calculating the modified reference rating life for universally loaded bearings; Technical Corrigendum 1*

ISO 20515, *Rolling bearings — Radial bearings, retaining slots — Dimensions and tolerances*

ISO 20516, *Rolling bearings — Aligning thrust ball bearings and aligning seat washers — Boundary dimensions*

ISO 21107, *Rolling bearings and spherical plain bearings — Search structure for electronic media — Characteristics and performance criteria identified by attribute vocabulary*

ISO 24393, *Rolling bearings — Linear motion rolling bearings — Vocabulary*

32

Januar 2012

DIN 660

ICS 21.060.40

Ersatz für
DIN 660:2011-03

Halbrundniete –
Nenndurchmesser 1 mm bis 8 mm

Round head rivets –
Nominal diameters 1 mm to 8 mm

Rivets à tête ronde –
Diamètres nominaux de 1 mm à 8 mm

Gesamtumfang 12 Seiten

Normenausschuss Mechanische Verbindungselemente (FMV) im DIN

Inhalt

Vorwort

Dieses Dokument wurde vom Arbeitsausschuss NA 067-00-09 AA „Verbindungselemente ohne Gewinde" im Normenausschuss Mechanische Verbindungselemente (FMV) erarbeitet.

Es wird auf die Möglichkeit hingewiesen, dass einige Texte dieses Dokuments Patentrechte berühren können. Das DIN ist nicht dafür verantwortlich, einige oder alle diesbezüglichen Patentrechte zu identifizieren.

Für Niete nach dieser Norm gilt Sachmerkmal-Leiste DIN 4000-163-5.

Änderungen

Gegenüber DIN 660:1993-05 wurden folgende Änderungen vorgenommen:

a)   die normativen Verweisungen wurden aktualisiert;

b)   die Bezeichnung wurde geändert;

c)   zur Information wurden die Berechnungsformeln für Kopf- bzw. Schaftgewicht aufgenommen;

d)   die Bilder wurden aktualisiert;

e)   Gewichte in Tabelle 1 geändert und ergänzt.

Gegenüber DIN 660:2011-03 wurden folgende Korrekturen vorgenommen:

a)   Darstellung der Bilder 2 und 3 wurde berichtigt;

b)   in Tabelle 1 Symbole k, r und r_1 gemäß Ausgabe 1993-05 angegeben;

c)   im Bild 2 d_3 durch d_1 ersetzt;

d)   in Tabelle 5 Maß d_8 und k_1 als Ungefährmaße angegeben;

e)   Angabe der Sachmerkmalleiste präzisiert.

Frühere Ausgaben

DIN 660: 1926-10, 1944-03, 1956x-06, 1977-07, 1993-05, 2011-03
DIN 663: 1926-10

3

1 Anwendungsbereich

Diese Norm gilt für Halbrundniete mit Nenndurchmessern von 1 mm bis 8 mm.

2 Normative Verweisungen

Die folgenden zitierten Dokumente sind für die Anwendung dieses Dokuments erforderlich. Bei datierten Verweisungen gilt nur die in Bezug genommene Ausgabe. Bei undatierten Verweisungen gilt die letzte Ausgabe des in Bezug genommenen Dokuments (einschließlich aller Änderungen).

DIN 101, *Niete — Technische Lieferbedingungen*

DIN 4000-163, *Sachmerkmal-Leisten — Teil 163: Verbindungselemente ohne Gewinde*

DIN EN 1301-2, *Aluminium und Aluminiumlegierungen — Gezogene Drähte — Teil 2: Mechanische Eigenschaften*

DIN EN 10263-2, *Walzdraht, Stäbe und Draht aus Kaltstauch- und Kaltfließpressstählen — Teil 2: Technische Lieferbedingungen für nicht für eine Wärmebehandlung nach der Kaltverarbeitung vorgesehene Stähle*

DIN EN 10263-5, *Walzdraht, Stäbe und Draht aus Kaltstauch- und Kaltfließpressstählen — Teil 5: Technische Lieferbedingungen für nichtrostende Stähle*

DIN EN 12166, *Kupfer und Kupferlegierungen — Drähte zur allgemeinen Verwendung*

DIN EN ISO 4042, *Verbindungselemente — Galvanische Überzüge*

3 Maße

Siehe Bild 1 und Tabelle 1.

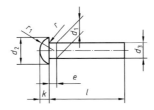

Bild 1 — Halbrundniet

Tabelle 1 — Maße und Gewichte

Maße in Millimeter

d_1	Nennmaß	1	1,2	(1,4)	1,6	2	2,5	3	(3,5)	4	5	6	(7)	8
	Grenzabmaße	± 0,05				± 0,1				± 0,15				
d_2	Nennmaß	1,8	2,1	2,4	2,8	3,5	4,4	5,2	6,2	7	8,8	10,5	12,2	14
	Toleranzen	h14								h15				
d_3	min.	0,93	1,13	1,33	1,52	1,87	2,37	2,87	3,37	3,87	4,82	5,82	6,82	7,76
e	max.	0,50	0,60	0,70	0,80	1,00	1,25	1,50	1,75	2,00	2,50	3,00	3,50	4,00
k	js14	0,6	0,7	0,8	1,0	1,2	1,5	1,8	2,1	2,4	3,0	3,6	4,2	4,8
r	max.	0,2						0,3			0,4			
r_1	≈	1,0	1,2	1,4	1,6	1,9	2,4	2,8	3,4	3,8	4,6	5,7	6,6	7,5

l Nennmaß	Grenzabmaße	Gewicht (7,85 kg/dm³) kg/1 000 Stück ≈ a												
2	+0,25 / 0	0,020	0,030	0,042	0,063	0,102	–	–	–	–	–	–	–	–
3		0,026	0,038	0,054	0,079	0,127	0,221	0,343	–	–	–	–	–	–
4	+0,30 / 0	0,032	0,047	0,066	0,094	0,152	0,259	0,398	0,596	0,820	–	–	–	–
5		0,038	0,056	0,078	0,110	0,176	0,298	0,454	0,672	0,919	1,57	–	–	–
6		0,044	0,065	0,091	0,126	0,201	0,336	0,509	0,747	1,02	1,72	2,77	–	–
8	+0,36 / 0	0,057	0,083	0,115	0,158	0,250	0,413	0,620	0,898	1,21	2,03	3,21	4,68	6,50
10		0,069	0,101	0,139	0,189	0,299	0,490	0,731	1,05	1,41	2,34	3,66	5,28	7,29
12	+0,43 / 0	0,082	0,119	0,163	0,221	0,348	0,567	0,842	1,20	1,61	2,65	4,10	5,89	8,08
14		0,094	0,136	0,187	0,252	0,398	0,644	0,953	1,35	1,81	2,96	4,55	6,49	8,87
16		0,106	0,154	0,212	0,284	0,447	0,721	1,06	1,50	2,00	3,26	4,99	7,09	9,66
18		0,119	0,172	0,236	0,316	0,496	0,798	1,18	1,65	2,20	3,57	5,43	7,70	10,4
20	+0,52 / 0	0,131	0,190	0,260	0,347	0,545	0,875	1,29	1,80	2,40	3,88	5,88	8,30	11,2
22		0,144	0,208	0,284	0,379	0,594	0,952	1,40	1,96	2,60	4,19	6,32	8,91	12,0
25		0,162	0,234	0,320	0,426	0,668	1,07	1,56	2,18	2,89	4,65	6,99	9,81	13,2
28		0,181	0,261	0,357	0,474	0,742	1,18	1,73	2,41	3,19	5,11	7,65	10,7	14,4
30		0,193	0,279	0,381	0,505	0,791	1,26	1,84	2,56	3,38	5,42	8,10	11,3	15,2
32	+0,62 / 0	0,206	0,297	0,405	0,537	0,840	1,34	1,95	2,71	3,58	5,73	8,54	11,9	16,0
35		0,224	0,323	0,441	0,584	0,914	1,45	2,12	2,94	3,88	6,19	9,21	12,8	17,1
38		0,243	0,350	0,478	0,632	0,988	1,57	2,29	3,16	4,17	6,65	9,87	13,7	18,3
40		0,255	0,368	0,502	0,663	1,04	1,65	2,40	3,31	4,37	6,96	10,3	14,3	19,1

Längen über 40 mm sind von 5 mm zu 5 mm zu stufen.

Eingeklammerte Größen und Zwischenlängen sind möglichst zu vermeiden.

Die Gewichte sind nur Anhaltswerte.

a   Siehe Tabelle 2.

5

Tabelle 2 — Umrechnungszahlen für die Gewichte

Werkstoff	St, nichtrostender Stahl	Cu	CuZn	Al
Umrechnungszahl	1,000	1,134	1,070	0,344

Tabelle 3 — Schaft- und Kopfgewichte für Stahl

Nennmaß d_1	1	1,2	(1,4)	1,6	2	2,5	3
Schaftgewicht je mm kg/1 000 Stück (7,85kg/dm³) ≈	0,006 2	0,008 9	0,012 1	0,015 8	0,024 6	0,038 5	0,055 5
Kopfgewicht kg/1 000 Stück (7,85kg/dm³) ≈	0,007 1	0,011 7	0,017 9	0,031 2	0,053 2	0,105	0,176

Nennmaß d_1	(3,5)	4	5	6	(7)	8
Schaftgewicht je mm kg/1 000 Stück (7,85kg/dm³) ≈	0,075 5	0,098 6	0,154	0,222	0,302	0,394
Kopfgewicht kg/1 000 Stück (7,85kg/dm³) ≈	0,294	0,426	0,799	1,438	2,262	3,352

Die Gewichte in Tabelle 3 sind auf Basis der Nennmaße errechnete Anhaltswerte.

Gleichung (1) zur Berechnung von weiteren Abmessungen bzw. Längen:

$$G_T = [(G_S \cdot l) + G_K] \cdot f \qquad (1)$$

Dabei ist

G_T das Teilegewicht, in kg/1 000 Stück;

G_S das Schaftgewicht je mm, in kg/1 000 Stück;

G_K das Kopfgewicht, in kg/1 000 Stück;

l die Länge des Schaftes, in mm;

f der Umrechnungsfaktor für Dichte und Stückzahl (= 0,001 $\dfrac{dm^3}{mm^3}$).

6

85

Gleichung (2) zur Berechnung des Kopfgewichtes (Stahl):

$$G_K = \frac{\pi \cdot \dfrac{k^2}{3} \cdot (3r_1 - k)}{1\,000} \cdot \rho \qquad (2)$$

Dabei ist

G_K das Kopfgewicht, in kg/1 000 Stück;

r_1 der Radius des Kopfes, in mm;

k die Höhe des Kopfes, in mm;

ρ die Dichte, in kg/dm^3 (für Stahl 7,85 kg/dm^3).

Gleichung (3) zur Berechnung des Schaftgewichtes je mm (Stahl):

$$G_S = \frac{\dfrac{d_1^2 \pi}{4} \cdot 1\ \text{mm}}{1\,000} \cdot \rho \qquad (3)$$

Dabei ist

G_S das Schaftgewicht je mm, in kg/1 000 Stück;

d_1 der Nenndurchmesser des Schaftes, in mm;

ρ die Dichte, in kg/dm^3 (für Stahl 7,85 kg/dm^3).

Gleichungen (4) und (5) zur Berechnung von Zwischenmaßen für d_2, k:

Das Ergebnis ist in 0,5 mm-Schritten auf- bzw. abzurunden.

$$d_{2\text{neu}} = \frac{d_{21}}{d_{11}} \cdot d_{1\text{neu}} \qquad (4)$$

Dabei ist

$d_{2\text{neu}}$ der Kopfdurchmesser für Zwischenmaße, in mm;

$d_{1\text{neu}}$ der Schaftdurchmesser für Zwischenmaße, in mm;

d_{11} der nächstgrößere Schaftdurchmesser d_1 nach Tabelle 1, in mm;

d_{21} der nächstgrößere Kopfdurchmesser d_2 nach Tabelle 1, in mm.

7

$$k_{neu} = \frac{X}{d_{11}} \cdot d_{1neu} \tag{5}$$

Dabei ist

k_{neu} die Höhe des Kopfes für Zwischenmaße, in mm;

X der nächstgrößere Wert für k, in mm;

d_{1neu} der Schaftdurchmesser für Zwischenmaße, in mm;

d_{11} der nächstgrößere Schaftdurchmesser d_1 nach Tabelle 1, in mm.

Die in dieser Norm angegebenen Toleranzen gelten auch für Zwischenmaße. Das Maß e_{max} errechnet sich aus 0,5 d_{1neu}. Der Radius r_1 wird angenommen mit ≈ 0,54 d_{2neu}.

4 Technische Lieferbedingungen

Siehe Tabelle 4.

Tabelle 4 — Technische Lieferbedingungen

Werkstoff[a]	Stahl	Nichteisenmetall			nichtrostender Stahl
	St = C4C oder C10C nach Wahl des Herstellers	CuZn = CuZn37	Cu = Cu-DHP	Al = EN AW-1050A [Al 99,5]	X3CrNiCu18-9-4
Norm	DIN EN 10263-2	DIN EN 12166	DIN EN 12166	DIN EN 1301-2	DIN EN 10263-5
Maß-, Form- und Lagetoleranzen	DIN 101				
Oberfläche	Regelausführung: blank Wird ein bestimmter Oberflächenschutz gewünscht, z. B. galvanischer Oberflächenschutz nach DIN EN ISO 4042, so ist dies bei Bestellung zu vereinbaren. Die in der Tabelle 1 angegebenen Toleranzen und Grenzabmaße gelten auch nach Aufbringen einer Beschichtung.				
Prüfung der mechanischen Eigenschaften	DIN 101				
Wärmebehandlung	für Stahl: weichgeglüht (85 HV bis 130 HV) oder nach Vereinbarung für andere Werkstoffe: nach Vereinbarung				
Annahmeprüfung	DIN 101				

[a]   Andere Werkstoffe nach Vereinbarung.

8

5 Bezeichnung

Bezeichnung eines Halbrundniets mit Nenndurchmesser d_1 = 4 mm und Länge l = 20 mm, aus Stahl (St):

Halbrundniet DIN 660 - 4 × 20 - St

6 Anwendung

In Tabelle 5 sind neben den Schließkopfmaßen auch die größten Klemmlängen für Halbrundkopf (Form A), siehe Bild 2, und Senkkopf (Form B), siehe Bild 3, als Anhaltswerte angegeben.

Die in Tabelle 5 angegebenen Klemmlängen gelten nur als Anhaltswerte. Vor allem bei Massenfertigungen sollten Probenietungen durchgeführt werden.

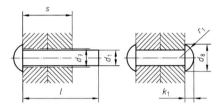

Bild 2 — Form A: Halbrundkopf als Schließkopf

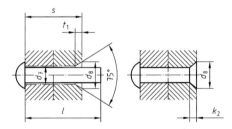

Bild 3 — Form B: Senkkopf als Schließkopf

9

Tabelle 5 — Lochdurchmesser und Anhaltswerte für Schließkopfmaße und Klemmlängen

Maße in Millimeter

	1	1,2	(1,4)	1,6	2	2,5	3	(3,5)	4	5	6	(7)	8
d_1	1	1,2	(1,4)	1,6	2	2,5	3	(3,5)	4	5	6	(7)	8
d_7 H12	1,05	1,25	1,45	1,65	2,10	2,60	3,10	3,60	4,20	5,20	6,30	7,30	8,40
Halbrundkopf A $d_6 \approx$	1,8	2,1	2,4	2,8	3,5	4,4	5,2	6,2	7,0	8,8	10,5	12,2	14,0
$k_1 \approx$	0,6	0,7	0,8	1,0	1,2	1,5	1,8	2,1	2,4	3,0	3,6	4,2	4,8
$r_1 \approx$	1,0	1,2	1,4	1,6	1,9	2,4	2,8	3,4	3,8	4,6	5,7	6,6	7,5
Senkkopf B $d_6 \approx$	1,8	2,1	2,4	2,8	3,5	4,4	5,2	6,2	7	8,8	10,5	12,2	14,0
$k_2 \approx$	0,4	0,5	0,6	0,7	0,8	1,0	1,3	1,4	1,9	2,4	2,8	3,3	3,9
$r_1 \approx$	0,4	0,5	0,6	0,7	0,8	1,0	1,3	1,4	1,8	2,3	2,7	3,2	3,7

Klemmlänge s_{max}

l	1 A	1 B	1,2 A	1,2 B	(1,4) A	(1,4) B	1,6 A	1,6 B	2 A	2 B	2,5 A	2,5 B	3 A	3 B	(3,5) A	(3,5) B	4 A	4 B	5 A	5 B	6 A	6 B	(7) A	(7) B	8 A	8 B
2	0,5	1	0,5	1	0,5	1	—	1	—	1	—	1														
3	1	2	1	2	1	2	0,5	2	0,5	2,5	0,5	2,5	—	1	—	2										
4	2	2,5	2	2,5	2	2,5	1,5	3	1	3	1,5	3	1,5	3	—	3	—	1								
5	2,5	3,5	2,5	3,5	2,5	3,5	3	4	2	4	1,5	3	2	4	1,5	4	1	4	—	2						
6	3,5	4,5	3,5	4,5	3,5	4,5	5	6	2,5	5,5	2,5	5,5	2	5,5	2	5,5	2	5,5	—	2,5	—	2				
8			5	6	5	6	6,5	7,5	4	7,5	4	7,5	4	5,5	3,5	5,5	3	5	2	4,5	0,5	4	—	3,5	—	3
10					7	7,5	8	9,5	6	9	6	9	5,5	7,5	5	7,5	4,5	7	4	6,5	2,5	6	1,5	5,5	—	3
12							8	9,5	7,5	10,5	7,5	10,5	7,5	9	7	9	6	9	5,5	8,5	4,5	8	3,5	7,5	2,5	7
14									9,5	12	9	10,5	9,5	10,5	8,5	10,5	7,5	10	7	10	6,5	9,5	5	9	4	8,5
16									11	14	11	14	11	12	10	12	9	11	9	11,5	8	11	7	11	6	10
18									12,5	15,5	13	14	13	14	12	14	11	13	11	13	9,5	13	9	13	8	12
20									14		14	16	14	16	14	16	13	15	12	15	11	15	10	15	9,5	14
22											16	18	16	18	16	18	15	17	14	17	13	17	12	16	11	15
25											18	20	18	20	18	20	17	19	17	19	16	19	15	19	14	18

10

Tabelle 5 *(fortgesetzt)*

Maße in Millimeter

d_1	1	1,2	(1,4)	1,6	2	2,5	3	(3,5)	4	5	6	(7)	8
d_7 H12	1,05	1,25	1,45	1,65	2,10	2,60	3,10	3,60	4,20	5,20	6,30	7,30	8,40
Halbrundkopf A d_8 ≈	1,8	2,1	2,4	2,8	3,5	4,4	5,2	6,2	7,0	8,8	10,5	12,2	14,0
k_1 ≈	0,6	0,7	0,8	1	1,2	1,5	1,8	2,1	2,4	3,0	3,6	4,2	4,8
r_1 ≈	1,0	1,2	1,4	1,6	1,9	2,4	2,8	3,4	3,8	4,6	5,7	6,6	7,5
Senkkopf B d_8 ≈	1,8	2,1	2,4	2,8	3,5	4,4	5,2	6,2	7,0	8,8	10,5	12,2	14,0
k_2 ≈	0,4	0,5	0,6	0,7	0,8	1,0	1,3	1,4	1,9	2,4	2,8	3,3	3,9
t_1 ≈	0,4	0,5	0,6	0,7	0,8	1,0	1,3	1,4	1,8	2,3	2,7	3,2	3,7

Klemmlänge s_{max}

l	3 A	3 B	(3,5) A	(3,5) B	4 A	4 B	5 A	5 B	6 A	6 B	(7) A	(7) B	8 A	8 B
28	21	23	21	23	20	22	19	22	18	22	17	22	16	21
30	23	25	23	25	22	24	21	24	20	23	19	23	18	22
32			24	27	23	26	23	26	22	25	21	25	20	24
35			27	29	26	28	25	28	24	28	24	28	22	27
38			30	32	29	31	28	31	27	30	26	30	25	29
40			31	34	30	32	30	32	28	32	28	32	27	31

11

Literaturhinweise

DIN EN 10263-1, *Walzdraht, Stäbe und Draht aus Kaltstauch- und Kaltfließpressstählen — Teil 1: Allgemeine technische Lieferbedingungen*

März 2011

DIN 661

ICS 21.060.40

Ersatz für
DIN 661:1993-05

Senkniete –
Nenndurchmesser 1 mm bis 8 mm

Countersunk head rivets –
Nominal diameters 1 mm to 8 mm

Rivets à tête fraisée –
Diamètres nominaux de 1 mm à 8 mm

Gesamtumfang 12 Seiten

Normenausschuss Mechanische Verbindungselemente (FMV) im DIN

Inhalt

Vorwort

Dieses Dokument wurde vom Normenausschuss Mechanische Verbindungselemente (FMV), Arbeitsausschuss NA 067-00-09 AA „Verbindungselemente ohne Gewinde", erarbeitet.

Es wird auf die Möglichkeit hingewiesen, dass einige Texte dieses Dokuments Patentrechte berühren können. Das DIN ist nicht dafür verantwortlich, einige oder alle diesbezüglichen Patentrechte zu identifizieren.

Für Niete nach dieser Norm gilt Sachmerkmal-Leiste DIN 4000-163.

Änderungen

Gegenüber DIN 661:1993-05 wurden folgende Änderungen vorgenommen:

a)   die normativen Verweisungen wurden aktualisiert;

b)   die Bezeichnung wurde geändert;

c)   zur Information wurden die Berechnungsformeln für Kopf- bzw. Schaftgewicht aufgenommen;

d)   die Tabelle 4 wurde überarbeitet;

e)   die Bilder wurden aktualisiert.

Frühere Ausgaben

DIN 661: 1926-10, 1944-03, 1956x-06, 1977-07, 1993-05

3

1 Anwendungsbereich

Diese Norm gilt für Senkniete mit Nenndurchmesser von 1 mm bis 8 mm.

2 Normative Verweisungen

Die folgenden zitierten Dokumente sind für die Anwendung dieses Dokuments erforderlich. Bei datierten Verweisungen gilt nur die in Bezug genommene Ausgabe. Bei undatierten Verweisungen gilt die letzte Ausgabe des in Bezug genommenen Dokuments (einschließlich aller Änderungen).

DIN 101, *Niete, Technische Lieferbedingungen*

DIN 4000-163, *Sachmerkmal-Leisten — Teil 163: Verbindungselemente ohne Gewinde*

DIN EN 1301-2, *Aluminium und Aluminiumlegierungen — Gezogene Drähte — Teil 2: Mechanische Eigenschaften*

DIN EN 10263-2, *Walzdraht, Stäbe und Draht aus Kaltstauch- und Kaltfließpressstählen — Teil 2: Technische Lieferbedingungen für nicht für eine Wärmebehandlung nach der Kaltverarbeitung vorgesehene Stähle*

DIN EN 10263-5, *Walzdraht, Stäbe und Draht aus Kaltstauch- und Kaltfließpressstählen — Teil 5: Technische Lieferbedingungen für nichtrostende Stähle*

DIN EN 12166, *Kupfer und Kupferlegierungen — Drähte zur allgemeinen Verwendung*

DIN EN ISO 4042, *Verbindungselemente — Galvanische Überzüge*

3 Maße

Siehe Bild 1 und Tabelle 1.

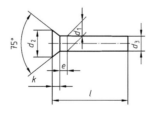

Bild 1 — Senkniete Nenndurchmesser 1 mm bis 8 mm

4

Tabelle 1 — Maße und Gewichte

Maße in Millimeter

d_1	Nennmaß	1	1,2	(1,4)	1,6	2	2,5	3	(3,5)	4	5	6	(7)	8
	Grenzabmaße	±0,05				±0,1				±0,15				
d_2	Nennmaß	1,8	2,1	2,5	2,8	3,5	4,4	5,2	6,3	7	8,8	10,5	12,2	14
	Toleranzen	h14								h15				
d_3	min.	0,93	1,13	1,33	1,52	1,87	2,37	2,87	3,37	3,87	4,82	5,82	6,82	7,76
e	max.	0,5	0,6	0,7	0,8	1,0	1,25	1,5	1,75	2,0	2,5	3,0	3,5	4,0
k	≈	0,5	0,6	0,7	0,8	1,0	1,2	1,4	1,8	2,0	2,5	3,0	3,5	4,0

Nennmaß l	Grenzabmaße	Gewicht (7,85 kg/dm³) kg/1 000 Stück ≈ [a]												
2	+0,25 / 0	0,016	0,023	0,033	0,043	-	-	-	-	-	-	-	-	-
3		0,022	0,032	0,045	0,059	0,097	-	-	-	-	-	-	-	-
4	+0,30 / 0	0,028	0,041	0,057	0,075	0,122	0,198	-	-	-	-	-	-	-
5		0,034	0,049	0,069	0,091	0,146	0,237	0,348	0,515	-	-	-	-	-
6		0,040	0,058	0,081	0,107	0,171	0,275	0,404	0,591	0,777	-	-	-	-
8	+0,36 / 0	0,053	0,076	0,105	0,138	0,220	0,352	0,515	0,742	0,974	1,60	2,40	-	-
10		0,065	0,094	0,129	0,170	0,269	0,429	0,626	0,893	1,17	1,91	2,85	4,00	5,42
12	+0,43 / 0	0,078	0,112	0,154	0,201	0,318	0,506	0,737	1,04	1,37	2,22	3,29	4,60	6,21
14		0,090	0,130	0,178	0,233	0,368	0,583	0,848	1,19	1,57	2,52	3,73	5,21	7,00
16		0,102	0,147	0,202	0,265	0,417	0,660	0,959	1,35	1,76	2,83	4,18	5,81	7,79
18		0,115	0,165	0,226	0,296	0,466	0,737	1,07	1,50	1,96	3,14	4,62	6,42	8,57
20	+0,52 / 0	0,127	0,183	0,250	0,328	0,515	0,814	1,18	1,65	2,16	3,45	5,07	7,02	9,36
22		0,140	0,201	0,275	0,359	0,564	0,891	1,29	1,80	2,35	3,76	5,51	7,62	10,2
25		0,158	0,227	0,311	0,407	0,638	1,01	1,46	2,03	2,65	4,22	6,18	8,53	11,3
28		0,177	0,254	0,347	0,454	0,712	1,12	1,62	2,25	2,95	4,68	6,84	9,44	12,5
30		0,189	0,272	0,371	0,486	0,761	1,20	1,74	2,40	3,14	4,99	7,29	10,0	13,3
32	+0,62 / 0	0,202	0,290	0,396	0,517	0,810	1,28	1,85	2,55	3,34	5,30	7,73	10,6	14,1
35		0,220	0,316	0,432	0,565	0,884	1,39	2,01	2,78	3,64	5,76	8,40	11,6	15,3
38		0,239	0,343	0,468	0,612	0,958	1,51	2,18	3,01	3,93	6,22	9,06	12,5	16,5
40		0,251	0,361	0,492	0,644	1,01	1,58	2,29	3,16	4,13	6,53	9,51	13,1	17,2

Längen über 40 mm sind von 5 mm zu 5 mm zu stufen.

Eingeklammerte Größen und Zwischenlängen sind möglichst zu vermeiden.

Die Gewichte sind nur Anhaltswerte.

[a]   Siehe Tabelle 2.

5

Tabelle 2 — Umrechnungszahlen für die Gewichte

Werkstoff	St, nichtrostender Stahl	Cu	CuZn	Al
Umrechnungszahl	1,000	1,134	1,070	0,344

Tabelle 3 — Schaft- und Kopfgewichte für Stahl

Nennmaß d_1	1	1,2	(1,4)	1,6	2	2,5	3	(3,5)
Schaftgewicht je mm kg/1000 Stück $(7,85kg/dm^3)$ $\approx$	0,006 2	0,008 9	0,012 1	0,015 8	0,024 6	0,038 5	0,055 5	0,075 5
Kopfgewicht kg/1000 Stück $(7,85kg/dm^3)$ $\approx$	0,006 2	0,010 3	0,016 8	0,024 4	0,047 7	0,090 2	0,148 5	0,273 7

Tabelle 3 *(fortgesetzt)*

Nennmaß d_1	4	5	6	(7)	8
Schaftgewicht je mm kg/1000 Stück $(7,85kg/dm^3)$ $\approx$	0,098 6	0,154	0,222	0,302	0,394
Kopfgewicht kg/1000 Stück $(7,85kg/dm^3)$ $\approx$	0,382 2	0,752	1,292	2,037	3,058

Die Gewichte in Tabelle 3 sind auf Basis der Nennmaße errechnete Anhaltswerte.

Gleichung (1) zur Berechnung von weiteren Abmessungen bzw. Längen:

$$G_T = [(G_S \cdot l) + G_K] \cdot f \tag{1}$$

Dabei ist

G_T das Teilegewicht, in kg/1 000 Stück;

G_S das Schaftgewicht je mm, in kg/1 000 Stück;

G_K das Kopfgewicht, in kg/1 000 Stück;

l die Länge des Schaftes, in mm;

f der Umrechnungsfaktor für Dichte und Stückzahl (= 0,001 $\dfrac{dm^3}{mm^3}$).

6

97

Gleichung (2) zur Berechnung des Kopfgewichtes (Stahl):

$$G_\text{K} = \frac{\pi \cdot \dfrac{k}{3} \cdot \left(\dfrac{d_1^{\,2}}{2} + \dfrac{d_1}{2} \cdot \dfrac{d_2}{2} + \dfrac{d_2^{\,2}}{2}\right)}{1\,000} \cdot \rho \tag{2}$$

Dabei ist

G_K das Kopfgewicht, in kg/1 000 Stück;

d_1 der Nenndurchmesser des Schaftes, in mm;

d_2 der Nenndurchmesser des Kopfes, in mm;

k die Höhe des Kopfes, in mm;

ρ die Dichte, in kg/dm^3 (für Stahl 7,85 kg/dm^3).

Gleichung (3) zur Berechnung des Schaftgewichtes je mm (Stahl):

$$G_\text{S} = \frac{\dfrac{d_1^{\,2}\pi}{4} \cdot 1\ \text{mm}}{1\,000} \cdot \rho \tag{3}$$

Dabei ist

G_S das Schaftgewicht je mm, in kg/1 000 Stück;

d_1 der Nenndurchmesser des Schaftes, in mm;

ρ die Dichte, in kg/dm^3 (für Stahl 7,85 kg/dm^3).

Gleichungen (4) und (5) zur Berechnung von Zwischenmaßen für d_2 und k:

Das Ergebnis ist in 0,5 mm-Schritten auf- bzw. abzurunden.

$$d_{2\text{neu}} = \frac{d_{21}}{d_{11}} \cdot d_{1\text{neu}} \tag{4}$$

Dabei ist

$d_{2\text{neu}}$ der Kopfdurchmesser für Zwischenmaße, in mm;

$d_{1\text{neu}}$ der Schaftdurchmesser für Zwischenmaße, in mm;

d_{11} der nächstgrößere Schaftdurchmesser d_1 nach Tabelle 1, in mm;

d_{21} der nächstgrößere Kopfdurchmesser d_2 nach Tabelle 1, in mm.

7

$$k_{neu} = \frac{X}{d_{11}} \cdot d_{1neu} \qquad (5)$$

Dabei ist

k_{neu} die Höhe des Kopfes für Zwischenmaße, in mm;

X der nächstgrößere Wert für k, in mm;

d_{1neu} der Schaftdurchmesser für Zwischenmaße, in mm;

d_{11} der nächstgrößere Schaftdurchmesser d_1 nach Tabelle 1, in mm.

Die in dieser Norm angegebenen Toleranzen gelten auch für Zwischenmaße. Das Maß e_{max} errechnet sich aus 0,5 d_{1neu}.

4 Technische Lieferbedingungen

Siehe Tabelle 4.

Tabelle 4 — Technische Lieferbedingungen

	Stahl	Nichteisenmetall			nichtrostender Stahl
Werkstoff[a]	St = C4C oder C10C nach Wahl des Herstellers	CuZn = CuZn37	Cu = Cu-DHP	Al = EN AW-1050A [Al 99,5]	X3CrNiCu18-9-4
Norm	DIN EN 10263-2	DIN EN 12166	DIN EN 12166	DIN EN 1301-2	DIN EN 10263-5
Maß-, Form- und Lagetoleranzen	DIN 101				
Oberfläche	Regelausführung: blank Wird ein bestimmter Oberflächenschutz gewünscht, z. B. galvanischer Oberflächenschutz nach DIN EN ISO 4042, so ist dies bei Bestellung zu vereinbaren. Die in der Tabelle 1 angegebenen Toleranzen und Grenzabmaße gelten auch nach Aufbringen einer Beschichtung				
Prüfung der mechanischen Eigenschaften	DIN 101				
Wärmebehandlung	für Stahl: weichgeglüht (85 HV bis 130 HV) oder nach Vereinbarung für andere Werkstoffe: nach Vereinbarung				
Annahmeprüfung	DIN 101				
[a] Andere Werkstoffe nach Vereinbarung					

5 Bezeichnung

Bezeichnung eines Senkniets mit Nenndurchmesser d_1 = 4 mm und Länge l = 20 mm, aus Stahl (St):

Senkniet DIN 661 — 4 × 20 — St

8

6 Anwendung

In Tabelle 5 sind neben den Schließkopfmaßen auch die größten Klemmlängen für Halbrundkopf (A), siehe Bild 2, und Senkkopf (B), siehe Bild 3, als Anhaltswerte angegeben.

Die in Tabelle 5 angegebenen Klemmlängen gelten nur als Anhaltswerte. Vor allem bei Massenfertigungen sollten Probenietungen durchgeführt werden.

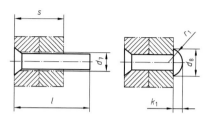

Bild 2 — Form A Halbrundkopf als Schließkopf

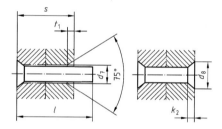

Bild 3 — Form B Senkkopf als Schließkopf

9

Tabelle 5 — Lochdurchmesser und Anhaltswerte für Schließkopfmaße und Klemmlängen

Maße in Millimeter

d_1	1	1,2	(1,4)	1,6	2	2,5	3	(3,5)	4	5	6	(7)	8
d_7 H12	1,05	1,25	1,45	1,65	2,10	2,60	3,10	3,60	4,20	5,20	6,30	7,30	8,40
Halbrundkopf A — d_8	1,8	2,1	2,4	2,8	3,5	4,4	5,2	6,2	7,0	8,8	10,5	12,2	14,0
k_1	0,6	0,7	0,8	1,0	1,2	1,5	1,8	2,1	2,4	3,0	3,6	4,2	4,8
r_1 ≈	1,0	1,2	1,4	1,6	1,9	2,4	2,8	3,4	3,8	4,6	5,7	6,6	7,5
Senkkopf B — d_8	1,8	2,1	2,4	2,8	3,5	4,4	5,2	6,2	7,0	8,8	10,5	12,2	14,0
k_2 ≈	0,4	0,5	0,6	0,7	0,8	1,0	1,3	1,4	1,9	2,4	2,8	3,3	3,9
t_1	0,4	0,5	0,6	0,7	0,8	1,0	1,3	1,4	1,8	2,3	2,7	3,2	3,7

Klemmlänge s_{max}

l	1		1,2		(1,4)		1,6		2		2,5		3		(3,5)		4		5		6		(7)		8	
	A	B	A	B	A	B	A	B	A	B	A	B	A	B	A	B	A	B	A	B	A	B	A	B	A	B
2	0,5	1	—	1	—	1	—	0,5	—	1,5																
3	1,5	2	1	2	1	2	0,5	1,5	1	2,5	0,5	2,5														
4	2	2,5	2	3	2	3	1,5	2,5	2	3,5	1,5	3,5	1,5	3,5												
5	3	3,5	3	3,5	3	3,5	2,5	3,5	3	4	2,5	4	2	4	0,5	3										
6			3,5	4,5	3,5	4,5	3	4,5	4,5	6	4	6	4	6	1,5	4	1	3,5								
8					5	6	5	6	6	7,5	6	7,5	6	7,5	3,5	6	3	5,5	2	5						
10											7,5	9,5	7,5	9,5	5,5	7,5	5	7	4	7	3	6,5	2	6		
12													9,5	11	7	9,5	6,5	9	6	9	5	8,5	4	8	3	7,5
14													11	12,5	8,5	11	8	10,5	7,5	10	6,5	10	6	9,5	5	9
16															10	12,5	9,5	12	9	11,5	8	11,5	7,5	11,5	6,5	10,5
18															12	14	11	14	11	13	10	13	9,5	13	8,5	12
20																	13	15	13	15	12	15	11	15	10	14
22																			14	17	13	17	13	17	12	16
25																			17	20	16	20	15	19	14	18

Tabelle 5 *(fortgesetzt)*

Maße in Millimeter

	d_1	1	1,2	(1,4)	1,6	2	2,5	3	(3,5)	4	5	6	(7)	8
	d_7 H12	1,05	1,25	1,45	1,65	2,10	2,60	3,10	3,60	4,20	5,20	6,30	7,30	8,40
Halbrund-kopf A	d_8	1,8	2,1	2,4	2,8	3,5	4,4	5,2	6,2	7,0	8,8	10,5	12,2	14,0
	k_1	0,6	0,7	0,8	1,0	1,2	1,5	1,8	2,1	2,4	3,0	3,6	4,2	4,8
	$r_1 \approx$	1,0	1,2	1,4	1,6	1,9	2,4	2,8	3,4	3,8	4,6	5,7	6,6	7,5
Senkkopf B	d_8	1,8	2,1	2,4	2,8	3,5	4,4	5,2	6,2	7,0	8,8	10,5	12,2	14,0
	$k_2 \approx$	0,4	0,5	0,6	0,7	0,8	1,0	1,3	1,4	1,9	2,4	2,8	3,3	3,9
	t_1	0,4	0,5	0,6	0,7	0,8	1,0	1,3	1,4	1,8	2,3	2,7	3,2	3,7

Klemmlänge s_{max}

l	1 A	1 B	1,2 A	1,2 B	(1,4) A	(1,4) B	1,6 A	1,6 B	2 A	2 B	2,5 A	2,5 B	3 A	3 B	(3,5) A	(3,5) B	4 A	4 B	5 A	5 B	6 A	6 B	(7) A	(7) B	8 A	8 B
28																			18		18	22	18	22	17	21
30																			20		20	24	20	24	18	23
32																							21	25	20	24
35																							24	28	23	27
38																									25	30
40																									27	31

Literaturhinweise

DIN EN 10263-1, *Walzdraht, Stäbe und Draht aus Kaltstauch- und Kaltfließpressstählen — Teil 1: Allgemeine technische Lieferbedingungen*

12

Antriebstechnik

Nachgiebige Wellenkupplungen
Anforderungen, Technische Lieferbedingungen

DIN
740
Teil 1

Power transmission engineering; flexible couplings, technical requirements and terms of delivery

Ersatz für Ausgabe 03.75

Inhalt

1　Anwendungsbereich

Nachgiebige Wellenkupplungen mit den Festlegungen nach dieser Norm werden im Bereich der Antriebstechnik angewendet. Diese Norm kann sinngemäß auch für starre Wellenkupplungen angewendet werden.

In dieser Norm sind die technischen Anforderungen an die Gestaltung und Herstellung von nachgiebigen Wellenkupplungen zusammengefaßt, um eine Beurteilung nach einheitlichen Grundsätzen zu ermöglichen.

Insbesondere soll für die Bestellangaben der verschiedenen Ausführungen und Werkstoffe diese Norm als Technische Lieferbedingung angewendet werden.

Die Anwendung dieser Norm erhöht die Zuverlässigkeit von nachgiebigen Wellenkupplungen.

2　Begriffe

Im Sinne dieser Norm gilt der Begriff „Nachgiebige Wellenkupplungen" für schlupffreie Kupplungen in axial-, radial- und winkelnachgiebiger Ausführung, die jedoch sowohl drehnachgiebig wie drehstarr sein können, insbesondere für drehnachgiebige Kupplungen mit gummi- und metallelastischen Elementen. Systematische Einteilung der Wellenkupplungen nach ihren Eigenschaften siehe VDI 2240.

3　Bezeichnung

Alle für die Bezeichnung einer nachgiebigen Wellenkupplung erforderlichen Einzelheiten sind in den Abschnitten 3.1 bis 3.3 festgelegt. Weitere Einzelheiten sind zu vereinbaren.

3.1　Allgemeines

In Tabelle 1 sind die Maßbuchstaben und deren Bedeutung angegeben.

Hierdurch soll für den gesamten Anwendungsbereich für nachgiebige Wellenkupplungen mit und ohne Bremsscheibe oder Bremstrommel eine einheitliche Zuordnung der nach Tabelle 1 angegebenen Maßbuchstaben erfolgen.

Fortsetzung Seite 2 bis 15

Normenausschuß Antriebstechnik (NAN) im DIN Deutsches Institut für Normung e. V.
Normenausschuß Maschinenbau (NAM) im DIN

Tabelle 1. **Maßbuchstaben und deren Bedeutung**

Maß-buchstabe	Bedeutung	siehe Bild
b_1	Breite der Bremstrommel nach DIN 15 431	2, 3, 6 und 7
b_1	Breite der Bremsscheibe nach DIN 15 432 (z. Z. Entwurf)	4 und 8
d_1	Außendurchmesser der Bremstrommel nach DIN 15 431 und DIN 15 435 Teil 1	2, 3, 6 und 7
d_1	wirksamer mittlerer Reibungsdurchmesser der Bremsscheibe nach DIN 15 433 Teil 1 (z. Z. Entwurf)	4 und 8
d_2	Außendurchmesser der Bremsscheibe nach DIN 15 432 (z. Z. Entwurf)	4 und 8
d_3	Innendurchmesser der Bremsscheibe nach DIN 15 432 (z. Z. Entwurf)	4 und 8
d_4	zylindrische Bohrung in der linken Kupplungsnabe, bei kegeliger Bohrung größter Bohrungsdurchmesser	1 bis 4, 9 und 10
d_5	zylindrische Bohrung in der rechten Kupplungsnabe, bei kegeliger Bohrung größter Bohrungsdurchmesser	1 bis 4, 9 bis 11
d_6	größter Rotationsdurchmesser des metallischen Kupplungsflansches	1, 2, 4 bis 11 und 13
d_7	Ausdrehung in der rechten Kupplungsnabe	1 bis 4, 9 bis 11
d_8	Ausdrehung in der linken Kupplungsnabe	1 bis 4, 9 und 10
d_9	größter Rotationsdurchmesser des elastischen Elementes aus gummielastischem Werkstoff (nur erforderlich, wenn $d_9 > d_6$)	5 bis 8, 10, 13 und 14
d_{10}	größter Durchmesser (Zentrierdurchmesser) des linken Flansches	11 bis 14
d_{11}	Lochkreisdurchmesser des linken Flansches	11 bis 14
d_{12}	größter Durchmesser (Zentrierdurchmesser) des rechten Flansches	12 und 14
d_{13}	Lochkreisdurchmesser des rechten Flansches	12 und 14
l_1	Gesamte Einbaulänge der Kupplung Bei Kupplungen mit axialer Nachgiebigkeit beträgt die Einbaulänge $$l_1 = l_{1\,min} + \Delta K_a$$	1 bis 14
l_2	Nabenlänge links	1 bis 10
l_3	Nabenlänge rechts	1 bis 11 und 13
l_4	Länge der Nabenbohrung d_4	1 bis 4, 9 und 10
l_5	Länge der Nabenbohrung d_5	1 bis 4, 9 bis 11
s_1	Abstand zwischen den Kupplungsnaben $$s_1 = l_1 - (l_2 + l_3)$$ $$s_{1\,min} = s_1 - \Delta K_a$$ $$s_{1\,max} = s_1 + \Delta K_a$$	1 bis 14
s_2	Abstand zwischen den Wellenenden, wenn die Stirnseiten der Wellen mit den Stirnseiten der Ausdrehungen d_7 und d_8 in axialer Richtung übereinstimmen $$s_2 = l_1 - (l_4 + l_5)$$ $$s_{2\,min} = s_2 - \Delta K_a$$ $$s_{2\,max} = s_2 + \Delta K_a$$	
Z_1	Schraubenanzahl × Gewindedurchmesser, linker Flansch	11 bis 14
Z_2	Schraubenanzahl × Gewindedurchmesser, rechter Flansch	12 und 14

3.2 Bildliche Darstellung und Zuordnung der Formen

Die Bilder 1 bis 14 zeigen die Anwendung der Maßbuchstaben aus Tabelle 1 bei verschiedenen Kupplungsbauarten und -bauformen als Beispiel.

A   mit nachgiebigen Elementen in einer oder beiden Kupplungshälften (A)

AT   mit nachgiebigen Elementen in einer oder beiden Kupplungshälften (A), mit einer Bremstrommel (T)

ATT mit nachgiebigen Elementen in einer oder beiden Kupplungshälften (A), mit zwei Bremstrommeln (TT)

AS   mit nachgiebigen Elementen in einer oder beiden Kupplungshälften (A), mit einer Bremsscheibe (S)

B   mit nachgiebigen Elementen zwischen beiden Kupplungshälften (B)

BT   mit nachgiebigen Elementen zwischen beiden Kupplungshälften (B), mit einer Bremstrommel (T)

BTT mit nachgiebigen Elementen zwischen beiden Kupplungshälften (B), mit zwei Bremstrommeln (TT)

BS   mit nachgiebigen Elementen zwischen beiden Kupplungshälften (B), mit einer Bremsscheibe (S)

AD   mit nachgiebigen Elementen in einer oder beiden Kupplungshälften (A), mit Distanzstück (D)

BD   mit nachgiebigen Elementen zwischen beiden Kupplungshälften (B), mit Distanzstück (D)

AF   mit nachgiebigen Elementen in einer oder beiden Kupplungshälften (A), mit einem Flansch (F)

AFF mit nachgiebigen Elementen in einer oder beiden Kupplungshälften (A), mit zwei Flanschen (FF)

BF   mit nachgiebigen Elementen zwischen beiden Kupplungshälften (B), mit einem Flansch (F)

BFF mit nachgiebigen Elementen zwischen beiden Kupplungshälften (B), mit zwei Flanschen (FF)

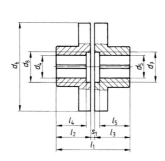

Bild 1. Form A

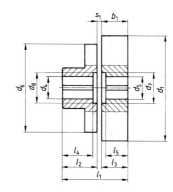

Bild 2. Form AT

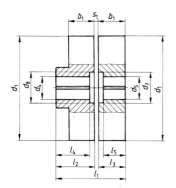

Bild 3. Form ATT

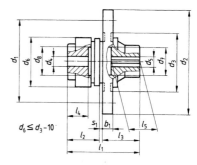

Bild 4. Form AS

106

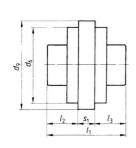

Bild 5. Form B

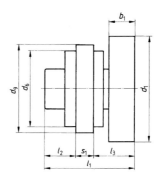

Bild 6. Form BT

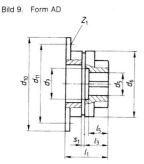

Bild 7. Form BTT

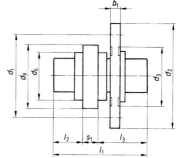

Bild 8. Form BS

Distanzstück

Bild 9. Form AD

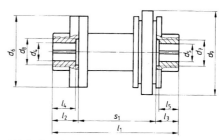

Bild 10. Form BD

Bild 11. Form AF

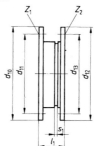

Bild 12. Form AFF

107

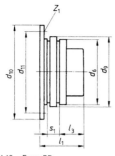

Bild 13. Form BF

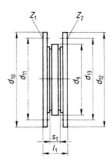

Bild 14. Form BFF

3.3 Beispiele für den Aufbau der Normbezeichnung

Beispiel 1 für Wellenkupplung, Form A

$$\text{Wellenkupplung DIN 740} - \text{A } 800 \times 3,5 - 250 \times 200$$

Benennung
DIN-Hauptnummer
Form nach Abschnitt 3.2
Nenndrehmoment T_{KN} in Nm
Verhältnis $\dfrac{\text{Maximaldrehmoment } T_{K\,max}}{\text{Nenndrehmoment } T_{KN}}$
Einbaulänge der Kupplung l_1
Rotationsdurchmesser des metallischen Kupplungsflansches d_6

Beispiel 2 für Wellenkupplung mit Bremsscheibe, Form AS

$$\text{Wellenkupplung DIN 740} - \text{AS } 400 \times 4 - 250 \times 400 \times 30$$

Benennung
DIN-Hauptnummer
Form nach Abschnitt 3.2
Nenndrehmoment T_{kN} in Nm
Verhältnis $\dfrac{\text{Maximaldrehmoment } T_{K\,max}}{\text{Nenndrehmoment } T_{KN}}$
Einbaulänge der Kupplung l_1
Durchmesser der Bremsscheibe d_2
Breite der Bremsscheibe b_1

4 Technische Lieferbedingungen

4.1 Berechnung

Nach DIN 740 Teil 2.

4.2 Gestaltung

Die Gestaltung und die Wahl des Werkstoffes (siehe Abschnitt 4.3) bleiben dem Kupplungshersteller überlassen, sofern keine besonderen Vereinbarungen getroffen werden.

Folgende Normen beinhalten Festlegungen, die für die Gestaltung von Bedeutung sind:

4.2.1 Für nachgiebige Wellenkupplungen mit Bremstrommel oder Bremsscheiben

DIN 15 431   Antriebstechnik; Bremstrommeln, Hauptmaße

DIN 15 432 (z. Z. Entwurf)   Antriebstechnik; Bremsscheiben, Hauptmaße

Krane; Nachgiebige Wellenkupplungen, Hauptmaße, Übersicht, Kupplungsflansche und Bremsscheiben (Norm z. Z. in Vorbereitung)

4.2.2 Für nachgiebige Wellenkupplungen ohne Bremstrommeln oder Bremsscheiben

(Norm z. Z. in Vorbereitung)

4.3   Herstellverfahren und Werkstoffe

Vorzugsweise verwendete Werkstoffe:

Tabelle 2.   **Beispiele für metallische Werkstoffe**

Herstellverfahren	Werkstoff	Werkstoffkurzname	nach
	Stahlguß	GS 45, GS 52, GS 60	DIN 1681
	Vergütungsstahlguß	GS-25 CrMo 4 GS-42 CrMo 4	Stahl-Eisen- Werkstoffblatt 510
gegossen	Gußeisen mit Lamellen- graphit (Grauguß) ¹)	GG-20 GG-25 GG-30	DIN 1691
	Gußeisen mit Kugelgraphit	GGG-40 GGG-50 GGG-60 GGG-70	DIN 1693 Teil 1
geschmiedet oder aus dem Vollen gefertigt	Baustahl	St 50-2, St 60-2, St 70-2	DIN 17 100
	Vergütungsstahl	C 45, C 60, 42 CrMo 4 25 CrMo 4	DIN 17 200

¹) In Abhängigkeit von auftretenden Stößen werden Kupplungsteile aus Gußeisen mit Lamellengraphit (Grauguß) in
manchen Anlagen, z. B. Anlagentechnik in Hütten- und Walzwerken, nicht zugelassen.

Der Werkstoff ist bei Bestellung zu vereinbaren.

Tabelle 3.   **Beispiele für nichtmetallische Werkstoffe**

Werkstoff	Werkstoff- kurzzeichen
Natur-Kautschuk	NR
Acrylnitril-Butadien-Kautschuk	NBR
Styrol-Butadien-Kautschuk	SBR
Polyurethan-Elastomere	PUR

Der Werkstoff und weitere Angaben sind bei Bestellung zu vereinbaren.

Beispiel:

PUR-Elastomer, größter Abriebverlust 60 mm³ nach DIN 53 516, öl- und alterungsbeständig, Shore-A-Härte mindestens 92
nach DIN 53 505, bei einer max. zulässigen Dauertemperatur von 70 °C, Oberflächenbeschaffenheit nach DIN ISO 1302,
Rauheitsklasse N 8.

4.4   Wärmebehandlung

Die Kupplungsteile müssen frei sein von Eigenspannungen, die die Verwendbarkeit beeinträchtigen können. Jegliche Art von
Wärmebehandlung ist bei Bestellung zu vereinbaren.

4.4.1   Vergüten

Sofern eine Vergütung erfolgt, sollen die dem hauptsächlichen Verschleiß unterliegenden Zonen durchvergütet sein. Wenn werk-
stoffbedingt erforderlich, erfolgt das Vergüten erst nach dem Vordrehen.

Behandlungszustand und Festigkeitsstufe sind bei Bestellung zu vereinbaren.

4.4.2   Härten

Härteverfahren und Einhärtungstiefe sind bei Bestellung zu vereinbaren. Fachbegriffe siehe DIN 17 014 Teil 1.
Härtetiefe nach DIN 50 190 Teil 2.

Werden Verschleißflächen flammgehärtet, so ist bei Bestellung HF + A (nach DIN 17 006 Teil 4: HF = flammgehärtet, A = ange-
lassen), z. B. Härte HRC 36 ± 3 anzugeben und bei Gußbestellung der C-Gehalt zu vereinbaren, z. B. 0,4 bis 0,45 % C-Gehalt.

4.5   Verschleißminderung

Soll für Kupplungsteile eine Verschleißminderung erreicht werden, so sind hierzu Herstellverfahren und Werkstoffe zu vereinbaren.

4.6 Maß-, Form- und Lagetoleranzen

Für genormte, nachgiebige Wellenkupplungen gelten die jeweils angegebenen Maßtoleranzen.

Für nicht genormte Wellenkupplungen sind Maßtoleranzen nach dieser Norm sinngemäß anzuwenden.

Wenn bei Bestellung nicht anders angegeben, sind Fertigbohrungen mit der Toleranz H 7 und Paßfedernuten in der Breite mit JS 9 zu liefern.

Für Maße ohne Toleranzangabe mechanisch bearbeiteter Werkstückflächen gilt:
Allgemeintoleranzen: DIN 7168 – m

Für Maße ohne Toleranzangaben an unbearbeiteten Werkstückflächen gelten für Kupplungsteile:
– aus Stahlguß und Vergütungsstahlguß:
  Genauigkeitsgrad GTB 17 nach DIN 1683 Teil 1
– aus Gußeisen mit Lamellengraphit:
  Genauigkeitsgrad GTB 17 nach DIN 1686 Teil 1
– aus Gußeisen mit Kugelgraphit:
  Genauigkeitsgrad GTB 17 nach DIN 1685 Teil 1
– aus Vergütungsstahl (gesenkgeschmiedet):
  Toleranzen und zulässige Abweichungen nach DIN 7526

Tabelle 4. Form- und Lagetoleranzen
Begriffe und Zeichnungseintragungen nach DIN 7184 Teil 1

Art der Toleranz			Anwendung für Kupplungsteile	
Symbol und tolerierte Eigenschaft			Zeichnungsangaben	Form und Lagetoleranzen
Form	$\square$	Zylinderform	Nabenbohrung	Die Zylinderformtoleranz beträgt $t_1 = \dfrac{1}{2}$ der Toleranz der Nabenbohrung
Lage	$\nearrow$	Rundlauf		Die Rundlauftoleranz beträgt IT 8 [1] bezogen auf den Außendurchmesser

[1] Feiner als IT 8 nach Vereinbarung

Für die Rundlauf- und Planlauftoleranzen von nachgiebigen Wellenkupplungen mit Bremstrommeln oder Bremsscheiben gelten die Festlegungen nach DIN 15 437 (z. Z. Entwurf).

Für andere Kupplungen können diese Toleranzen sinngemäß angewendet werden.

Werden besondere Anforderungen an die Lagetoleranzen von Paßfedernuten gestellt, so sind die entsprechenden Richtungs- und Ortstoleranzen anzugeben, z.B. zulässige Winkelabweichung für zwei um 180° versetzte Paßfedernuten, Symmetrietoleranz zwischen Paßfedernut und Bohrung oder zwischen Paßfedernut und verzahntem Kupplungsflansch bezogen auf die Mittenebene des Zahnes oder der Zahnlücke.

Außerdem kann eine Symmetrietoleranz angegeben werden, die sich auf eine festgelegte axiale Mittenebene zweier Kupplungs- naben, bezogen auf beide Bohrungen und Paßfedernuten, bezieht. Ohne besondere Anforderungen gelten:
Allgemeintoleranzen: DIN 7168 – m – S

4.6.1   Vorbohrung

Werden nachgiebige Wellenkupplungen, z. B. für die vereinfachte Lagerhaltung, mit Vorbohrung bestellt, so sind die Kleinstmaße der Durchmesserbereiche d_4 und d_5 abzüglich ausreichender Bearbeitungszugabe zu bestimmen.

Bei kegeligen Fertigbohrungen ist das Kleinstmaß von $\left(d_4 - \dfrac{l_4}{10}\right)$ für Kegel 1 : 10 bei Bestimmung der zylindrischen Vorbohrung zu berücksichtigen. Das Toleranzfeld ist zu vereinbaren.

Wenn keine Vereinbarung getroffen wird, gelten: Allgemeintoleranzen: DIN 7168 – m.

4.7   Oberflächenbeschaffenheit

Die Oberflächenbeschaffenheit der fertig bearbeiteten Funktionsflächen sowie der Anschlußflächen und Verbindungen, die der Austauschbarkeit unterliegen, ist nach DIN ISO 1302 zu vereinbaren, z. B. Oberflächenbeschaffenheit der fertig bearbeiteten Nabenbohrung nach DIN ISO 1302, Rauheitsklasse N 7 und der Paßfedernuten Rauheitsklasse N 9.

4.8   Anforderungen an gegossene Kupplungsteile

Gegossene Kupplungsteile müssen frei sein von äußerlich erkennbaren Rissen und Oberflächenfehlern, die nachteiligen Einfluß auf die Standzeit von Kupplungsteilen haben können.

4.9   Anforderungen an geschmiedete Kupplungsteile

Geschmiedete Kupplungsteile müssen frei sein von Oberflächenrissen und inneren Trennungen, die die Verwendbarkeit beeinträchtigen können.

4.10   Auswuchtzustand

Allgemein: In einer Ebene, Gütestufe Q 16 bei $v \leq 30$ m/s, jedoch bei $n_{max} = 1500\,\text{min}^{-1}$, mit Fertigbohrung, nach Angabe des Bestellers mit Paßfedernut – jedoch ohne Paßfeder – oder ohne Paßfedernut, jeweils auf glattem Wuchtdorn nach VDI 2060.

Nach Vereinbarung: In zwei Ebenen, Gütestufe Q 6,3 (oder feiner) bei $v > 30$ m/s, jedoch bei $n_{max} = 1500\,\text{min}^{-1}$, mit Fertigbohrung, nach Angabe des Bestellers mit Paßfedernut – jedoch ohne Paßfeder – oder ohne Paßfedernut, jeweils auf glattem Wuchtdorn nach VDI 2060.

4.11   Ausrichtflächen

Die Kupplungen sind mit Ausrichtflächen zu versehen, die zum Ausrichten sowohl beim Aufbohren als auch bei der Montage geeignet sind.

4.12   Angaben in Druckschriften

Alle für die Anwendung, insbesondere für die Konstruktion der antriebstechnischen Anlage erforderlichen technischen Angaben müssen nach den Festlegungen dieser Norm in den technischen Druckschriften vom Hersteller angegeben werden.

Hierzu gehören insbesondere:

– Werkstoffe für Nabenteile, Bremstrommel oder Bremsscheibe und nachgiebige Elemente
– Betriebstemperaturbereich bezogen auf Kupplung und nachgiebige Elemente
– Maß-, Form- und Lagetoleranzen
– Oberflächenbeschaffenheit
– Auswuchtzustand
– Maße und deren Bedeutung nach Tabelle 1 mit den Bereichen für $d_4 \times l_4$ und $d_5 \times l_5$
– Formen nach Abschnitt 3.2
– Normbezeichnung nach Abschnitt 3.3
– Hinweise auf Betriebsanleitung
– Mitnehmerverbindungen beim Versagen der nachgiebigen Elemente
– Austausch von nachgiebigen Elementen sowie Wartung durch Sichtkontrolle

Werden Preßverbände, z. B. Schrumpfsitz, angewendet, so müssen alle für die Berechnung nach DIN 7190 erforderlichen Daten angegeben werden.

– Angaben über die Zulassung bei Klassifikationsgesellschaften
– Nenndrehmoment T_{KN} in N m
– Maximaldrehmoment $T_{K\,max}$ in N m
– Dauerwechseldrehmoment T_{KW} in N m
– Max. zulässige Drehzahl in min^{-1}
– Werte für Axial-, Radial- und Winkelfedersteife (C_a, C_r und C_w)
– Zulässige Werte für Axial-, Radial- und Winkelversatz (ΔK_a, ΔK_r, ΔK_w)
– Verdrehspiel bei Reversierbetrieb in unbelastetem, verschleißfreiem Zustand
– Dynamische Drehfedersteife $C_{T\,dyn}$ in N m/rad
– Verhältnismäßige Dämpfung Ψ
– Trägheitsmoment der einzelnen Kupplungsteile $I_1 \dots I_n$ in kg m^2 und $\sum I_1 \dots I_n$
– Gewicht der einzelnen Kupplungsteile in kg und Gesamtgewicht

4.12.1 Darstellung und Maßangaben

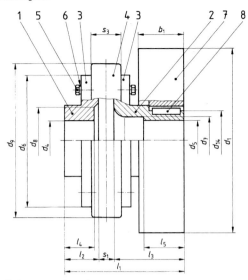

Bild 15. Beispiel für die bildliche und maßliche Darstellung einer nachgiebigen Wellenkupplung, mit nachgiebigen Elementen zwischen beiden Kupplungshälften (B) mit einer Bremstrommel (T), Form BT.

Tabelle 5. Beispiel für die Gestaltung des Tabellenkopfes

Kupplungs-Bezeichnung und Größe	Nenn-dreh-moment T_{KN} N m	$\dfrac{T_{K\,max}}{T_{KN}}$	Dreh-zahl n_{max} min^{-1}	Trägheits-[1] moment $\approx$ kg m^2	Gewicht [1] gesamt $\approx$ kg	Bohrung d_4			l_4	Bohrung d_5		
						Vor-bohrung min.	Fertig-bohrung min.	max.		Vor-bohrung min.	Fertig-bohrung min.	max.

[1] Die angegebenen Werte gelten für mittlere Bohrungen. Die Trägheitsmomente sind anteilmäßig nach DIN 740 Teil 2 anzugeben.

Tabelle 5. (Fortsetzung)

Kupplungs-Bezeichnung und Größe	l_5	b_1	d_1	d_6	d_7	d_8	d_9	d_{14}	l_1	l_2	l_3	s_1	s_3

Tabelle 6.   **Beispiel für die Gestaltung der Stückliste**

Baugröße	Positionsnummer, Benennung, zugehörige Größe und Stückzahl							
	1		2		3		4	
	Kupplungsnabe Antriebsseite		Kupplungsnabe Abtriebsseite		Druckring		Kupplungselement	
	Größe	Stück	Größe	Stück	Größe	Stück	Größe	Stück
Werkstoff bzw. Festigkeitsklasse								
Bezeichnungs- beispiel	Kupplungsnabe $d_6 \times l_2 - d_4 \times l_4$		Kupplungsnabe $d_6 \times l_3 - d_5 \times l_5$		Druckring d_6		Kupplungselement d_9	

Tabelle 6.   (Fortsetzung)

Baugröße	Positionsnummer, Benennung, zugehörige Größe und Stückzahl							
	5		6		7		8	
	Sechskantschraube		Federring		Bremstrommel		Paßfeder A nach DIN 6885 Teil 1	
	Maße	Stück	Größe	Stück	Größe	Stück	Maße	Stück
Werkstoff bzw. Festigkeitsklasse			Federstahl				St 50-2 K nach DIN 1652	
Bezeichnungs- beispiel	Sechskantschraube DIN 933 – M 12 × 30 – 8.8		Federring B 12 nach DIN 127		Bremstrommel $d_1 \times c_1$		Paßfeder DIN 6885 – A 16 × 10 × 80	

4.13   Angaben in Zeichnungen

Zur Lieferung gehört nach Vereinbarung eine Einbauzeichnung, aus der alle erforderlichen Angaben verbindlich hervorgehen.

4.13.1   Fertigbohrungen

Die Bemaßung gilt jeweils für die angegebene Bezeichnung

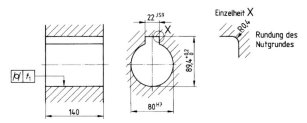

Bild 16.   Form ZP – Zylindrische Fertigbohrung mit Paßfedernut

Bezeichnung einer zylindrischen Fertigbohrung mit Paßfedernut nach DIN 6885 Teil 1 (ZP) von einem Nenndurchmesser $d_4 = 80$ mm und einer Länge der Nabenbohrung $l_4 = 140$ mm:

$$\text{Fertigbohrung DIN 740} - \text{ZP 80} \times 140$$

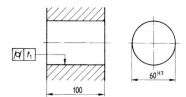

Bild 17.   Form Z – Zylindrische Fertigbohrung, z. B. für Schrumpfsitz

Bezeichnung einer zylindrischen Fertigbohrung ohne Paßfedernut (Z) von einem Nenndurchmesser $d_4 = 60$ mm und einer Länge der Nabenbohrung $l_4 = 100$ mm:

$$\text{Fertigbohrung DIN 740} - \text{Z 60} \times 100$$

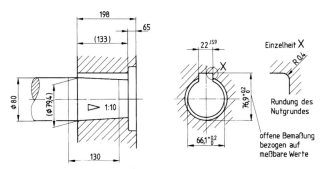

Bild 18.   Form KP – Kegelige Fertigbohrung mit Paßfedernut (dargestellt)
Form K   – Kegelige Fertigbohrung ohne Paßfedernut

Bezeichnung einer kegeligen Fertigbohrung mit Paßfedernut nach DIN 6885 Teil 1 (KP) von einem Nenndurchmesser des kegeligen Wellenendes $d_{\text{Nenn}} = 80$ mm und einer Nabenlänge von $l_{\text{Nenn}} = 130$ mm:

$$\text{Fertigbohrung DIN 740} - \text{KP 80} \times 130$$

Bezeichnung der gleichen kegeligen Fertigbohrung ohne Paßfedernut:

$$\text{Fertigbohrung DIN 740} - \text{K 80} \times 130$$

4.13.2   Vorbohrungen (V)
Angaben nach Abschnitt 4.6.1.

Bezeichnung einer zylindrischen Vorbohrung (V) von $d_4 = 60$ mm und $l_2 = 140$ mm:

Vorbohrung DIN 740 – V 60 × 140

4.13.3   Werkstoffe, Wärmebehandlung zur Verschleißminderung
Angaben nach den Abschnitten 4.3 bis 4.5

4.13.4   Maß-, Form- und Lagetoleranzen
Angaben nach Abschnitt 4.6

4.13.5   Oberflächenbeschaffenheit
Angaben nach Abschnitt 4.7

4.13.6   Beispiele für die Darstellung in Einbauzeichnungen
Als Beispiel ist eine nachgiebige Wellenkupplung mit elastischen Elementen dargestellt, mit Maßen und Positionsnummern, wobei besonders auf die Gleichheit der Positionsnummer der drei verschiedenen Formen nach den Bildern 19 bis 21 hinzuweisen ist.

Hierdurch ist sichergestellt, daß gleiche Teile verschiedener Formen auch in den Stücklisten gleiche Positionsnummern aufweisen.

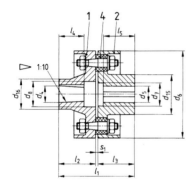

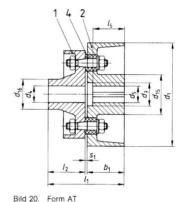

Bild 19.   Form A

Normbezeichnung nach Abschnitt 3.3

Bild 20.   Form AT

Normbezeichnung nach Abschnitt 3.3

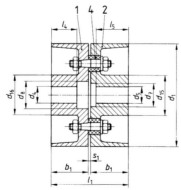

Bild 21.   Form ATT

Normbezeichnung nach Abschnitt 3.3

115

4.14   Sortenbeschränkung

Bei der Konstruktion der Kupplungen ist DIN 323 Teil 1 zu beachten.

Bei der Festlegung der Fertigbohrungen sind die Wellendurchmesser-Auswahl nach SEB 601 110-58 und die Kegel-Auswahl nach SEB 601 101-58 sowie die Wellenenden nach DIN 748 Teil 1, DIN 748 Teil 3, DIN 1448 Teil 1, DIN 1449, DIN 20 092 und DIN 73 031 zu beachten.

4.15   Bescheinigungen über Werkstoffprüfungen

Nur in besonderen Ausnahmefällen sind Bescheinigungen über Werkstoffprüfungen nach DIN 50 049 bei Bestellung zu vereinbaren. Bei einer Abnahme durch Klassifikationsgesellschaften sind deren Vorschriften zu beachten.

4.16   Sonstige Anforderungen

Fertig bearbeitete Kupplungsteile erhalten im Bereich der Anschlußflächen, z. B. Innenbohrung, eine mit Lösungsmitteln entfernbare Konservierung gegen Korrosion, an allen anderen Stellen eine Anstrich nach Wahl des Herstellers oder einen anderen gleichwertigen Oberflächenschutz.

5   Kennzeichnung

Nachgiebige Wellenkupplungen nach dieser Norm sind mit dem Herstellerzeichen zu kennzeichnen. Sie können ferner mit dem Verbandszeichen DIN gekennzeichnet werden. Die Kennzeichnung mit dem Verbandszeichen DIN weist aus, daß bei diesen Wellenkupplungen die technischen Anforderungen sowie die zitierten Normen eingehalten sind.

6   Betriebsanleitung

Alle zum sachgerechten und sicheren Betreiben nachgiebiger Wellenkupplungen erforderlichen Informationen sind vom Hersteller in einer Betriebsanleitung anzugeben, siehe DIN 8418. Die auf die Kupplung bezogenen Eigenschaften sind vom Hersteller anzugeben, sie beziehen sich auf eine Umgebungstemperatur von 10 bis 30 °C.

Bei Kennwerten, die sich unter Einfluß von Belastung, Temperatur, Drehzahl, Frequenz usw. ändern, ist die Abhängigkeit anzugeben.

Das Mitliefern einer Betriebsanleitung ist zu vereinbaren.

Zitierte Normen und andere Unterlagen

DIN 127	Federringe; aufgebogen oder mit rechteckigem Querschnitt
DIN 323 Teil 1	Normzahlen und Normzahlreihen; Hauptwerte, Genauwerte, Rundwerte
DIN 740 Teil 2	Antriebstechnik; Nachgiebige Wellenkupplungen; Begriffe und Berechnungsgrundlagen
DIN 748 Teil 1	Zylindrische Wellenenden, Abmessungen, Nenndrehmomente
DIN 748 Teil 3	Zylindrische Wellenenden für elektrische Maschinen
DIN 933	Sechskantschraube mit Gewinde bis Kopf; Gewinde M 1,6 bis M 52, Produktklassen A und B, ISO 4017 modifiziert
DIN 1448 Teil 1	Kegelige Wellenenden mit Außengewinde, Abmessungen
DIN 1449	Kegelige Wellenenden mit Innengewinde, Abmessungen
DIN 1652	Blanker unlegierter Stahl; Technische Lieferbedingungen
DIN 1681	Stahlguß für allgemeine Verwendungszwecke; Technische Lieferbedingungen
DIN 1683 Teil 1	Gußrohteile aus Stahlguß, Allgemeintoleranzen, Bearbeitungszugaben
DIN 1685 Teil 1	Gußrohteile aus Gußeisen mit Kugelgraphit, Allgemeintoleranzen, Bearbeitungszugaben
DIN 1686 Teil 1	Gußrohteile aus Gußeisen mit Lamellengraphit, Allgemeintoleranzen, Bearbeitungszugaben
DIN 1691	Gußeisen mit Lamellengraphit (Grauguß); Eigenschaften
DIN 1693 Teil 1	Gußeisen mit Kugelgraphit, Werkstoffsorten unlegiert und niedriglegiert
DIN 6885 Teil 1	Mitnehmerverbindung ohne Anzug, Paßfedern, Nuten, Hohe Form
DIN 7168 Teil 1	Allgemeintoleranzen; Längen- und Winkelmaße
DIN 7168 Teil 2	Allgemeintoleranzen, Form und Lage
DIN 7184 Teil 1	Form- und Lagetoleranzen, Begriffe, Zeichnungseintragungen
DIN 7190	Toleranzen und Passungen; Berechnung und Anwendung von Preßverbänden
DIN 7526	Schmiedestücke aus Stahl, Toleranzen und zulässige Abweichung für Gesenkschmiedestücke
DIN 8418	Technische Erzeugnisse, Angaben in Gebrauchsanleitungen und Betriebsanleitungen
DIN 15 431	Antriebstechnik; Bremstrommeln, Hauptmaße
DIN 15 432	(z. Z. Entwurf) Antriebstechnik; Bremsscheiben, Hauptmaße
DIN 15 433 Teil 1	(z. Z. Entwurf) Antriebstechnik; Scheibenbremsen, Anschlußmaße
DIN 15 435 Teil 1	Antriebstechnik; Trommelbremsen, Anschlußmaße
DIN 15 437	(z. Z. Entwurf) Antriebstechnik; Bremstrommeln und Bremsscheiben, Technische Lieferbedingungen
DIN 17 006 Teil 4	Eisen und Stahl; Systematische Benennung, Stahlguß, Grauguß, Hartguß, Temperguß
DIN 17 014 Teil 1	Wärmebehandlung von Eisenwerkstoffen, Fachbegriffe und Fachausdrücke
DIN 17 100	Allgemeine Baustähle, Gütenorm
DIN 17 200	Vergütungsstähle; Technische Lieferbedingungen
DIN 20 092	Druckluftmotoren, Wellenenden
DIN 50 049	Bescheinigungen über Materialprüfungen
DIN 50 190 Teil 2	Härtetiefe wärmebehandelter Teile; Ermittlung der Einsatzhärtungstiefe nach Randschichthärten
DIN 53 505	Prüfung von Elastomeren, Härteprüfung nach Shore A und D
DIN 53 516	Prüfung von Kautschuk und Elastomeren, Bestimmung des Abriebs
DIN 73 031	Wellenenden für Hilfsmaschinen
DIN ISO 1302	Technische Zeichnungen, Angabe der Oberflächenbeschaffenheit in Zeichnungen
VDI 2060 *)	Beurteilungsmaßstäbe für den Auswuchtzustand rotierender starrer Körper
VDI 2240 *)	Wellenkupplungen, Systematische Einteilung nach ihren Eigenschaften
SEW 510 **)	Vergütungsstahlguß für Gußstücke mit Wanddicken bis 100 mm
SEB 601 101-58 **)	Hüttenwerks-Maschinenanlagen, Kegelauswahl, Hauptmaße und Toleranzen
SEB 601 110-58 **)	Hüttenwerks-Maschinenanlagen, Wellendurchmesser, Auswahl

Weitere Unterlagen

Schalitz, August	Kupplungsatlas 4. Auflage, 1975 A.G.T. Verlag Georg Thum Ludwigsburg
VDI-Berichte 299	Die Wellenkupplung als Systemelement. Auslegung, Einsatz, Erfahrungen VDI-Verlag Düsseldorf, 1977

Frühere Ausgaben

DIN 740 Teil 1: 03.75

*) Zu beziehen durch: Beuth Verlag GmbH, Postfach 11 45, 1000 Berlin 30
**) Zu beziehen durch: Verlag Stahleisen mbH, Postfach 82 29, 4000 Düsseldorf 1

Änderungen

Gegenüber der Ausgabe März 1975 wurden folgende Änderungen vorgenommen:

a) Der Norminhalt wurde erweitert auf Technische Lieferbedingungen und vollständig überarbeitet.

b) Maßnormen und Nenndrehmomente sind entfallen. Sie sollen später für einzelne Bauarten erstellt werden.

Erläuterungen

Die grundlegende Überarbeitung von DIN 740 Teil 1 wurde notwendig, weil sich nach der Einführung dieser Norm im März 1975 in den darauffolgenden Jahren Mängel zeigten.

Um den notwendigen Anforderungen, die sich durch die Anwendung nachgiebiger Wellenkupplungen bei den verschiedensten Einsätzen ergeben, besser gerecht zu werden, wurde die vorliegende Norm DIN 740 Teil 1 erarbeitet. Mit Hilfe dieser „Dachnorm" ist es nunmehr möglich, für die verschiedenen Zwecke einheitliche Richtlinien zur Anfertigung von Maßnormen anzuwenden, die den Besonderheiten der Einsatzgebiete, wie z. B. Hüttenwerksanlagen, Pumpenantriebe, Aggregatebau usw. Rechnung tragen.

Mit dieser Norm ist ein Rahmen gegeben, in dem auch spätere Normungsaufgaben Platz finden. Einerseits sind für die weitere Entwicklung keine einengenden Festlegungen getroffen worden und andererseits können Erfahrungen genutzt und die wirtschaftlich günstigste Herstellung angewendet werden.

Eine ähnliche Aufgabe wird die Norm DIN 740 Teil 2 „Begriffe und Berechnungsgrundlagen" übernehmen können. Die dort festgelegten Grundlagen und Hinweise sollen einerseits eine einheitliche Beurteilung möglich machen, und andererseits sollen auch hier die Erfahrungen und physikalischen Grundlagen, die bei der Auslegung notwendig sind, genutzt werden.

In der vorliegenden Norm sollen in erster Linie die Anforderungen für den Fertigzustand von „Nachgiebigen Wellenkupplungen" behandelt werden. Mit welcher Herstellanstrengung die Anforderungen einzuhalten sind, hat der Auftragnehmer zu bestimmen.

Die verschiedenen Herstellverfahren können nicht in den einzelnen Maßnormen behandelt werden und sind deshalb in DIN 740 Teil 1 allgemeingültig aufgeführt.

Diese Norm wird für die Anforderungen vorausgesetzt, die in den Technischen Lieferbedingungen zwischen Kupplungshersteller, Anlagenhersteller und Betreiber vereinbart werden. Es wird empfohlen, daß alle für die Herstellung erforderlichen Festlegungen auf den Fertigungs- bzw. Rohteilzeichnungen angegeben werden.

Im Abschnitt 3.2 sind Kupplungen mit Flanschanschluß für Reibschlußverbindungen dargestellt. Es sind auch formschlüssige Verbindungen möglich (z. B. Anschluß einer Gelenkwelle).

Bei den Anforderungen an gegossene Kupplungsteile wurde bewußt auf den Prüfaufwand verzichtet, der zur Feststellung von inneren Trennungen notwendig ist.

Internationale Patentklassifikation

F 16 D 3/50

G 01 M 1/30

G 01 B 21/30

Zylindrische Wellenenden
Abmessungen   Nenndrehmomente

DIN 748 Blatt 1

Cylindrical shaft ends; dimensions, transmissible torques   Ersatz für DIN 748

Zusammenhang mit der ISO-Empfehlung ISO/R 775 - 1969 siehe Erläuterungen

Maße in mm

Die zylindrischen Wellenenden sind bestimmt für die Aufnahme von Riemenscheiben, Kupplungen und Zahnrädern. Nicht angegebene Maße und Einzelheiten, z. B. Paßfeder, Anfasung, Zentrierbohrung und Oberflächengüte sind entsprechend zu wählen.

Mit Wellenbund   **Ohne Wellenbund**

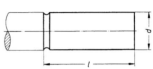

Bezeichnung eines zylindrischen Wellenendes von $d = 250$ mm Durchmesser und $l = 410$ mm Länge [3]:

Wellenende 250×410 DIN 748

d	Toleranzfeld [1]	l lang	l kurz	r [2] max.
6		16	—	
7		16	—	
8		20	—	
9		20	—	
10		23	15	
11		23	15	
12		30	18	0,6
14		30	18	
16		40	28	
19		40	28	
20	k6 [4]	50	36	
22		50	36	
24		50	36	
25		60	42	
28		60	42	
30		80	58	1
32		80	58	
35		80	58	
38		110	82	
40		110	82	
42		110	82	
45		110	82	

d Reihe 1	d Reihe 2	Toleranzfeld [1]	l lang	l kurz	r [2] max.
48	—	k6	110	82	1
50	—		110	82	
55	—				
60	—				
65	—		140	105	1,6
70	—				
75	—				
80	—				
85	—		170	130	
90	—				
95	—				2,5
100	—	m6	210	165	
110	—				
120	—				
—	130		250	200	
140	—				
—	150				
160	—		300	240	4
—	170				
180	—				
—	190		350	280	
200	—				6

d Reihe 1	d Reihe 2	Toleranzfeld [1]	l lang	l kurz	r [2] max.
220	—		350	280	
—	240				
250	—		410	330	6
—	260				
280	—		470	380	
—	300				
320	—				
—	340				
360	—		550	450	
—	380				
400	—	m6			10
—	420				
—	440				
450	—		650	540	
—	460				
—	480				
500	—				
—	530				
560	—		800	680	16
—	600				
630	—				

Reihe 1 ist zu bevorzugen.

Zentrierbohrungen nach DIN 332
Paßfedern nach DIN 6885 Blatt 1
Übertragbare Drehmomente siehe Seite 2
Fußnoten siehe Seite 2

Zylindrische Wellenenden für elektrische Maschinen siehe DIN 42 946
Wellenenden für Druckluftmotoren siehe DIN 20 092

Fortsetzung Seite 2
Erläuterungen Seite 3

Arbeitsausschuß Wellenenden, Achshöhen und Kupplungsflansche im Deutschen Normenausschuß (DNA)

Frühere Ausgaben: DIN 748: 7.36

Nachdruck, auch auszugsweise, nur mit Genehmigung des Deutschen Normenausschusses, Berlin 30, gestattet.

Änderung Januar 1970:
Bezeichnung geändert. Verschiedene Durchmesser neu aufgenommen und einige gestrichen. Längen in lang und kurz unterteilt. Übertragbare Drehmomente ergänzt. Siehe auch Erläuterungen.

Übertragbare Drehmomente (Anhaltswerte)

Die Werte der übertragbaren Drehmomente sind aus den folgenden Formeln errechnet und auf Normzahlen der Reihe R 80 gerundet worden.

Spalte a: Übertragung eines reinen Drehmomentes

$$M = \frac{\pi}{4} \cdot 10^{-3} \cdot d^3 \text{ in kp m} \quad \text{oder} \quad M = \frac{9.80665\,\pi}{4} \cdot 10^{-3} \cdot d^3 \text{ in N m}$$

Spalte b: Gleichzeitige Übertragung eines Drehmomentes und eines entsprechenden bekannten Biegemomentes:

$$M = 6 \cdot 10^{-5} \cdot d^{3,5} \text{ in kp m} \quad \text{oder} \quad M = 58{,}8399 \cdot 10^{-5} \cdot d^{3,5} \text{ in N m}$$

Spalte c: Gleichzeitige Übertragung eines Drehmomentes und eines nicht bekannten Biegemomentes:

$$M = 2{,}8 \cdot 10^{-5} \cdot d^{3,5} \text{ in kp m} \quad \text{oder} \quad M = 27{,}45862 \cdot 10^{-5} \cdot d^{3,5} \text{ in N m}$$

d Durchmesser des Wellenendes in mm

M Übertragbares Drehmoment

Die Formeln sind für die durch Striche gekennzeichneten Felder nicht anwendbar.

Alle Werte sind bezogen auf einen Werkstoff mit einer Zugfestigkeit von 50 bis 60 kp/mm².

Es wird empfohlen, die auftretenden Beanspruchungen jeweils nachzurechnen.

d	M kp m Spalte			d	M kp m Spalte			d	M N m Spalte			d	M N m Spalte		
	a	b	c		a	b	c		a	b	c		a	b	c
6	—	0,0315	0,015	100	775	600	280	6	—	0,307	0,145	100	7 750	5 800	2720
7	—	0,0545	0,025	110	1 030	850	387	7	—	0,53	0,25	110	10 300	8 250	3870
8	—	0,0875	0,04	120	1 360	1120	530	8	—	0,85	0,4	120	13 200	11 200	5150
9	—	0,132	0,0615	130	1 700	1500	—	9	—	1,28	0,6	130	17 000	14 500	—
10	—	0,19	0,09	140	2 120	1950	—	10	—	1,85	0,875	140	21 200	19 000	—
11	—	0,265	0,122	150	2 650	2500	—	11	—	2,58	1,22	150	25 800	24 300	—
12	—	0,355	0,17	160	3 250	3070	—	12	—	3,55	1,65	160	31 500	30 700	—
14	—	0,615	0,29	170	3 870	3870	—	14	—	6	2,8	170	37 500	37 500	—
16	—	0,975	0,462	180	4 620	—	—	16	—	9,75	4,5	180	45 000	—	—
19	—	1,8	0,85	190	5 300	—	—	19	—	17,5	8,25	190	53 000	—	—
20	—	2,12	1	200	6 300	—	—	20	—	21,2	9,75	200	61 500	—	—
22	—	3	1,4	220	8 250	—	—	22	—	29	13,6	220	82 500	—	—
24	—	4,12	1,9	240	10 900	—	—	24	—	40	18,5	240	106 000	—	—
25	—	4,75	2,18	250	12 200	—	—	25	—	46,2	21,2	250	118 000	—	—
28	—	6,9	3,25	260	13 600	—	—	28	—	69	31,5	260	136 000	—	—
30	21,2	9	4,12	280	17 000	—	—	30	206	87,5	40	280	170 000	—	—
32	25,8	11,2	5,15	300	21 200	—	—	32	250	109	50	300	206 000	—	—
35	33,5	15	7,1	320	25 800	—	—	35	325	150	69	320	250 000	—	—
38	42,5	20	9,5	340	30 700	—	—	38	425	200	92,5	340	300 000	—	—
40	50	24,3	11,2	360	36 500	—	—	40	487	236	112	360	355 000	—	—
42	58	29	13,2	380	42 500	—	—	42	560	280	132	380	425 000	—	—
45	71	36,5	17	400	50 000	—	—	45	710	355	170	400	487 000	—	—
48	87,5	46,2	21,2	420	58 000	—	—	48	850	450	212	420	560 000	—	—
50	97,5	53	25	440	67 000	—	—	50	950	515	243	440	650 000	—	—
55	128	75	34,5	450	71 000	—	—	55	1280	730	345	450	710 000	—	—
60	170	100	47,5	460	75 000	—	—	60	1650	975	462	460	750 000	—	—
65	212	132	61,5	480	87 500	—	—	65	2120	1280	600	480	850 000	—	—
70	272	175	80	500	97 500	—	—	70	2650	1700	800	500	950 000	—	—
75	335	218	103	530	115 000	—	—	75	3250	2120	1000	530	1 150 000	—	—
80	400	272	128	560	136 000	—	—	80	3870	2650	1250	560	1 360 000	—	—
85	487	335	160	600	170 000	—	—	85	4750	3350	1550	600	1 650 000	—	—
90	580	412	195	630	195 000	—	—	90	5600	4120	1900	630	1 900 000	—	—
95	670	500	236					95	6500	4870	2300				

[1]) Toleranzfeld k6 und m5 für d bis 500 mm nach DIN 7160, für $d = 530$ bis 630 mm nach DIN 7172 Blatt 2 (Vornorm): Toleranzfeld für die zugeordnete Bohrung:
H7 für d bis 500 mm nach DIN 7161
für $d = 530$ bis 630 mm nach DIN 7172 Blatt 2 (Vornorm)

[2]) Rundung oder Freistich nach DIN 509

[3]) Falls andere Toleranzfelder erforderlich sind, ist das Toleranzfeld in der Bezeichnung anzugeben, z. B. Wellenende 250 r6 × 410 DIN 748.

[4]) Bis $d = 30$ mm ist in der ISO-Empfehlung R 775 das Toleranzfeld j6 anstelle von k6 angegeben.

Erläuterungen

Diese Norm stimmt überein mit der ISO-Empfehlung ISO/R 775-1969
  Cylindrical and 1/10 conical shaft ends
  Bouts d'arbre cylindriques et coniques à conicité 1/10
  Zylindrische und kegelige Wellenenden mit Kegel 1 : 10

Folgende Durchmesser der Wellenenden und deren Längen wurden aus der ISO-Empfehlung nicht übernommen, weil sie bisher nicht angewendet wurden:

d		18	56	63	71	125
l	lang	40	110	140	140	210
	kurz	28	82	105	105	165

Für die Durchmesser d bis 50 mm wurde das Toleranzfeld $k6$ festgelegt, während in der ISO-Empfehlung bis 30 mm Durchmesser das Toleranzfeld $j6$ angegeben ist. Es wird befürchtet, daß sonst ein zu leichter Sitz entsteht. Zusätzlich wurde der Radius r aufgenommen. Das Komitee ISO/TC 14 will die Werte hierfür sowie für den Freistich später festlegen.

Die übertragbaren Drehmomente sind nur Anhaltswerte. Sie basieren zum Teil auf Formeln, die empirisch gewonnen wurden, siehe auch Rentzsch, H.: Wellen, Bemerkungen zum Norm-Entwurf DIN 748 Zylindrische Wellenenden. DIN-Mitteilungen Bd. 45 (1966) H. 6 S. 391—394.

Es ist vorgesehen, noch Folgeblätter für die Elektrotechnik und den Maschinenbau herauszugeben, in die eine Auswahl der Wellenenden sowie zusätzliche Angaben aufgenommen werden sollen.

November 2001

	Schrauben und Muttern Bezeichnungsangaben Formen und Ausführungen	$\underline{\text{DIN}}$ 962

ICS 21.060.10; 21.060.20

Ersatz für
DIN 962:1990-09

Bolts, screws, studs and nuts —
Designations, types and finishes

Vis, goujons et écrous —
Désignations, types et finitions

Vorwort

Diese Norm wurde vom FMV-1.2/3 „Fachgrundnormen" erarbeitet.

Eine Gegenüberstellung alter und neuer Kurzzeichen für Schraubenenden (bisher Gewindeenden) ist im informativen Anhang B angegeben.

Da die Norm DIN 962 keine Maßfestlegungen enthalten sollte, wurden die Festlegungen für Drahtlöcher und Splintlöcher sowie Schlitze in Sechskant- und Vierkantschrauben aus der Norm herausgenommen. Für Drahtlöcher und Splintlöcher wurde die separate Norm DIN 34803 erstellt. Für eine Norm für Schlitze in Sechskant- und Vierkantschrauben wurde keine Notwendigkeit gesehen.

Formen, deren Angabe grundsätzlich in den Produktnormen geregelt ist, z. B. Gewindeenden von Blechschrauben und Kreuzschlitze, wurden aus der Norm gestrichen.

Änderungen

Gegenüber DIN 962:1990-09 wurden folgende Änderungen vorgenommen:

a) Normative Verweisungen aktualisiert;

b) In das Bezeichnungssystem Gewindezusätze und Beschichtungen aufgenommen;

c) Abschnitt 4 in Übereinstimmung mit dem Bezeichnungsschema gegliedert;

d) In der gesamten Norm Bildbeispiele und Bezeichnungsbeispiele neutral gefasst;

e) Abschnitt über Gewindezusätze erweitert;

f) In Tabelle 2 alle Formen und Formbuchstaben entsprechend DIN EN ISO 4753 geändert;

g) In Tabelle 2 Gewindeenden für Blechschrauben entfallen, da in Produktnormen festgelegt;

h) Formen So (ohne Schlitz), Spz (Splintzapfen), Sz (mit Schlitz), Tm (mit Telleransatz), To (ohne Telleransatz) und Z (Kombi-Schraube) entfallen;

i) Tabelle 3 (Kreuzschlitze) entfallen;

j) Festlegungen über Splintlöcher und Drahtlöcher entfallen, siehe jedoch DIN 34803;

k) Festlegungen über Schlitze in Sechskant- und Vierkantschrauben entfallen;

Fortsetzung Seite 2 bis 12

Normenausschuss Mechanische Verbindungselemente (FMV) im DIN Deutsches Institut für Normung e. V.

l) Stufungen für Zwischenlängen entfallen;

m) Abschnitt Sonderformen und -ausführungen bei Schrauben und Muttern nach ISO-Normen entfallen;

n) Maße für Ansatzkuppe und Ansatzspitze in normativen Anhang A aufgenommen.

Frühere Ausgaben

DIN 962: 1953-03, 1969-08, 1975-09, 1983-12, 1990-09

1 Anwendungsbereich

Diese Norm legt das Schema der Normbezeichnung von Schrauben und Muttern fest. Sie legt dabei auch fest, wie Formen und Ausführungen von Schrauben und Muttern, die über die in den DIN-Produktnormen festgelegten Grundformen hinausgehen, bezeichnet werden.

2 Normative Verweisungen

Diese Norm enthält durch datierte oder undatierte Verweisungen Festlegungen aus anderen Publikationen. Diese normativen Verweisungen sind an den jeweiligen Stellen im Text zitiert, und die Publikationen sind nachstehend aufgeführt. Bei datierten Verweisungen gehören spätere Änderungen oder Überarbeitungen nur zu dieser Norm, falls sie durch Änderung oder Überarbeitung eingearbeitet sind. Bei undatierten Verweisungen gilt die letzte Ausgabe der in Bezug genommenen Publikation (einschließlich Änderungen).

DIN 13-51, *Metrisches ISO-Gewinde — Bolzengewinde mit Übergangstoleranzfeld (früher Gewinde für Festsitz) — Toleranzen, Grenzabmaße, Grenzmaße.*

DIN 76-1, *Gewindeausläufe, Gewindefreistiche für Metrisches ISO-Gewinde nach DIN 13.*

DIN 267-6, *Mechanische Verbindungselemente — Technische Lieferbedingungen, Ausführungen und Maßgenauigkeit für Produktklasse F.*

DIN 267-10, *Mechanische Verbindungselemente — Technische Lieferbedingungen, Feuerverzinkte Teile.*

DIN 267-13, *Mechanische Verbindungselemente — Technische Lieferbedingungen, Teile für Schraubenverbindungen vorwiegend aus kaltzähen oder warmfesten Werkstoffen.*

DIN 267-24, *Mechanische Verbindungselemente — Technische Lieferbedingungen, Festigkeitsklassen für Muttern (Härteklassen).*

DIN 267-27, *Mechanische Verbindungselemente — Schrauben aus Stahl mit klebender Beschichtung, Technische Lieferbedingungen.*

DIN 267-28, *Mechanische Verbindungselemente — Schrauben aus Stahl mit klemmender Beschichtung, Technische Lieferbedingungen.*

DIN 267-30, *Mechanische Verbindungselemente — Teil 30: Technische Lieferbedingungen für metrische gewindefurchende Schrauben der Festigkeitsklasse 10.9.*

DIN 918, *Mechanische Verbindungselemente — Begriffe, Schreibweise der Benennungen, Abkürzungen.*

DIN 34803, *Splintlöcher und Drahtlöcher für Schrauben.*

DIN 50942, *Phosphatieren von Metallen — Verfahrensgrundsätze, Prüfverfahren.*

DIN EN 20898-2, *Mechanische Eigenschaften von Verbindungselementen — Teil 2: Muttern mit festgelegten Prüfkräften — Regelgewinde (ISO 898-2:1992); Deutsche Fassung EN 20898-2:1993.*

DIN EN 28839, *Mechanische Eigenschaften von Verbindungselementen — Schrauben und Muttern aus Nichteisenmetallen (ISO 8839:1986); Deutsche Fassung EN 28839:1991.*

DIN EN ISO 898-1, *Mechanische Eigenschaften von Verbindungselementen aus Kohlenstoffstahl und legiertem Stahl — Teil 1: Schrauben (ISO 898-1:1999); Deutsche Fassung EN ISO 898-1:1999.*

DIN EN ISO 898-5, *Mechanische Eigenschaften von Verbindungselementen aus Kohlenstoffstahl und legiertem Stahl — Teil 5: Gewindestifte und ähnliche nicht auf Zug beanspruchte Verbindungselemente (ISO 898-5:1998); Deutsche Fassung EN ISO 898-5:1998.*

DIN EN ISO 898-6, *Mechanische Eigenschaften von Verbindungselementen — Teil 6: Muttern mit festgelegten Prüfkräften — Feingewinde (ISO 898-6:1994); Deutsche Fassung EN ISO 898-6:1995.*

DIN EN ISO 1478, *Blechschraubengewinde (ISO 1478:1999); Deutsche Fassung EN ISO 1478:1999.*

DIN EN ISO 2320, *Sechskantmuttern aus Stahl mit Klemmteil — Mechanische und funktionelle Eigenschaften (ISO 2320:1997); Deutsche Fassung EN ISO 2320:1997.*

DIN EN ISO 3506-1, *Mechanische Eigenschaften von Verbindungselementen aus nichtrostenden Stählen — Teil 1: Schrauben (ISO 3506-1:1997); Deutsche Fassung DIN ISO 3506-1:1997.*

DIN EN ISO 3506-2, *Mechanische Eigenschaften von Verbindungselementen aus nichtrostenden Stählen — Teil 2: Muttern (ISO 3506-2:1997); Deutsche Fassung EN ISO 3506-2:1997.*

DIN EN ISO 3506-3, *Mechanische Eigenschaften von Verbindungselementen aus nichtrostenden Stählen — Teil 3: Gewindestifte und ähnliche, nicht auf Zug beanspruchte Schrauben (ISO 3506-3:1997); Deutsche Fassung EN ISO 3506-3:1997.*

DIN EN ISO 4042, *Verbindungselemente — Galvanische Überzüge (ISO 4042:1999); Deutsche Fassung EN ISO 4042:1999.*

DIN EN ISO 4753, *Verbindungselemente — Enden von Teilen mit metrischen ISO-Außengewinden (ISO 4753:1999); Deutsche Fassung EN ISO 4753:1999.*

DIN EN ISO 4757, *Kreuzschlitze für Schrauben (ISO 4757:1983); Deutsche Fassung EN ISO 4757:1994.*

DIN EN ISO 4759-1, *Toleranzen für Verbindungselemente — Teil 1: Schrauben und Muttern, Produktklassen A, B und C (ISO 4759-1:2000); Deutsche Fassung EN ISO 4759-1:2000.*

DIN EN ISO 10683, *Verbindungselemente — Nichtelektrolytisch aufgebrachte Zinklamellenüberzüge (ISO 10683:2000); Deutsche Fassung EN ISO 10683:2000.*

DIN ISO 261, *Metrische ISO-Gewinde allgemeiner Anwendung — Übersicht (ISO 261:1998).*

DIN ISO 965-3, *Metrisches ISO-Gewinde allgemeiner Anwendung — Toleranzen — Teil 3: Grenzabmaße für Konstruktionsgewinde (ISO 965-3:1998).*

3 Schema der Normbezeichnung

Für die Bezeichnung von Schrauben und Muttern gilt das folgende Schema, das auf der Grundlage der Festlegungen von DIN 820-2 erstellt wurde.

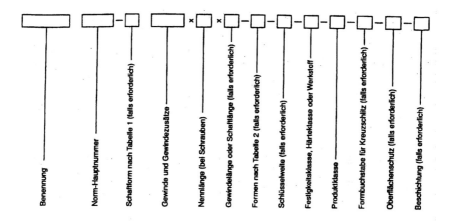

4 Maße, Formen und Ausführungen

4.1 Allgemeines

Die Maße, Formen und Ausführungen von Verbindungselementen sind im Merkmaleblock (Angaben nach der Normhauptnummer) festgelegt, wobei nicht immer alle Merkmale relevant sind.

4.2 Maße, Formen und Ausführungen nach Produktnormen

Für die Maße, Formen und Ausführungen bei Schrauben und Muttern gelten die Festlegungen in den einzelnen Produktnormen.

4.3 Formen und Ausführungen mit zusätzlichen Bestellangaben

4.3.1 Allgemeines

Für Formen und Ausführungen mit zusätzlichen Bestellangaben gelten die nachfolgenden Festlegungen, soweit diese im Einzelfall angewendet werden können und in der Produktnorm oder Bestellunterlage auf DIN 962 verwiesen wird.

4.3.2 Schaftformen

Wird, abweichend von der Produktnorm, eine besondere Form des Schaftes gefordert, so ist der entsprechende Formbuchstabe, wie in Tabelle 1 angegeben, vor der Gewindeangabe in die Normbezeichnung einzufügen.

Tabelle 1 — Formbuchstaben vor der Gewindeangabe

Nr	Form	Bild (Beispiel)	Bezeichnungsbeispiel
1.1	**A** mit Gewinde annähernd bis Kopf		Schraube DIN ... — A M6 × 50 — 5.8
1.2	**B** mit Schaftdurchmesser ≈ Flankendurchmesser		Schraube DIN ... — B M10 × 50 — 8.8
			Stiftschraube DIN ... — B M10 × 80 — 8.8
1.3	**C** mit Schaftdurchmesser ≈ Gewindedurchmesser		Schraube DIN ... — C M6 × 50 — 5.8

4.3.3 Gewinde und Gewindezusätze

Die Bezeichnung von metrischen Gewinden ist nach DIN ISO 261 und von Blechschraubengewinden nach DIN EN ISO 1478 in die Normbezeichnung einzutragen.

BEISPIEL   **M6**   **(Regelgewinde)**
                      M6 × 0,75   **(Feingewinde)**
                      ST 3,5   **(Blechschraubengewinde)**

Sofern Gewindetoleranzen gefordert werden, die von der in der Produktnorm festgelegten Toleranzklasse abweichen, so ist die geforderte Toleranzklasse nach DIN ISO 965-3 in die Normbezeichnung einzutragen.

BEISPIEL   **M12-6e**

Für das Einschraubende von Stiftschrauben gelten die Gewindetoleranzen Sk6 nach DIN 13-51, sofern nicht das Kurzzeichen Fo (ohne Festsitzgewinde = Gewindetoleranz 6g) oder die Gewindetoleranz Sn4 nach DIN 13-51 (für Dichtgewinde) in der Normbezeichnung angegeben ist.

BEISPIEL   **Stiftschraube DIN ... — M12 Fo × 50 — 8.8**
                      Stiftschraube DIN ... — M12 Sn4 × 50 — 8.8

Sollen Schrauben und Muttern mit Linksgewinde geliefert werden, so ist das Kurzzeichen LH (Left Hand) in die Normbezeichnung einzufügen.

BEISPIEL   **Schraube DIN ... — M12 LH × 50 — 8.8**
                      Mutter DIN ... — M12 LH — 8

Sollen Schrauben und Muttern mit Feingewinde geliefert werden, so ist die Gewindesteigung in der Normbezeichnung anzugeben.

BEISPIEL   **Schraube DIN ... — M12 × 1,5 × 50 — 8.8**
                      Mutter DIN ... — M12 × 1,5 — 8

Sollen Schrauben mit gewindefurchendem Gewindeansatz geliefert werden, so ist das Kurzzeichen GF in die Normbezeichnung einzufügen.

BEISPIELE   **Schraube DIN ... — M12 GF × 50 — 10.9**[1]

                        Schraube DIN ... — M12 GF × 50 — St[2]

4.3.4 Nennlänge

Die Nennlänge von Schrauben in Millimeter wird unter Verwendung des Zeichens „×" an die Gewindebezeichnung angefügt.

4.3.5 Gewindelänge oder Schaftlänge

Sollen Schrauben in Ausnahmefällen mit von der jeweiligen Produktnorm abweichenden Gewindelänge geliefert werden, so ist die gewünschte Gewindelänge in der Normbezeichnung anzugeben.

BEISPIEL   **Schraube DIN ... — M6 × 50 × 20 — 8.8**

Sind in der Produktnormen Schaftlängen l_g angegeben, für die in Ausnahmefällen andere Werte benötigt werden, so sind diese mit dem Zusatz lg in der Normbezeichnung anzugeben.

BEISPIEL   **Schraube DIN ... — M10 × 80 lg 60 — 8.8**

4.3.6 Formen nach Tabelle 2

Die in Tabelle 2 angegebenen Formen können in der Normbezeichnung durch Angabe des entsprechenden Formbuchstabens im Anschluss an die Längenangabe festgelegt werden.

Sofern nichts anderes angegeben ist, schließt die Nennlänge der Schraube das jeweilige Schraubenende mit ein, siehe jedoch die Fußnoten [a] und [b] am Ende der Tabelle 2.

Tabelle 2 — Formbuchstaben hinter der Längenangabe (in alphabetischer Reihenfolge)

Nr	Form	Bild (Beispiel)	Bezeichnungsbeispiel
1	**Ak** Ansatzkuppe (nach Anhang A)		Schraube DIN ... — M12 × 50 — Ak — 8.8
2	**CH** Kegelkuppe (nach DIN EN ISO 4753)		Schraube DIN ... — M12 × 50 — CH — 8.8
3	**CN** Spitze (nach DIN EN ISO 4753)		Schraube DIN ... — M12 × 50 — CN — 8.8

---

1)   Festigkeitsklasse 10.9 für vergütete Schrauben mit Eigenschaften nach DIN 267-30.

2)   St für einsatzgehärtete Schrauben mit Eigenschaften nach DIN EN ISO 7085.

Tabelle 2 (*fortgesetzt*)

Nr	Form	Bild (Beispiel)	Bezeichnungsbeispiel
4	**CP** mit Ringschneide (nach DIN EN ISO 4753)		Schraube DIN ... — M12 × 50 — CP — 8.8
5	**FL** Kegelstumpf (nach DIN EN ISO 4753)		Schraube DIN ... — M12 × 50 — FL — 8.8
6	**LD**[a] Lange Zapfen (nach DIN EN ISO 4753)	*l*	Schraube DIN ... — M12 × 50 — LD — 8.8
7	**PC**[b] Einführzapfen mit Ansatzspitze (nach DIN EN ISO 4753)	*l*	Schraube DIN ... — M12 × 50 — PC — 8.8
	Asp[b] Ansatzspitze (nach Anhang A, nicht für Neukonstruktionen)	*l*	Schraube DIN ... — M12 × 50 — Asp — 8.8
8	**PF**[a] Einführzapfen, flach (nach DIN EN ISO 4753)	*l*	Schraube DIN ... — M12 × 50 — PF — 8.8
9	**Ri** Gewindefreistich (nach DIN 76-1)		Schraube DIN ... — M12 × 50 — Ri — 8.8
			Stiftschraube DIN ... — M12 × 80 — Ri — 8.8
10	**RL** ohne Kuppe (nach DIN EN ISO 4753)		Schraube DIN ... — M12 × 50 — RL — 8 .8

Tabelle 2 (*fortgesetzt*)

Nr	Form	Bild (Beispiel)	Bezeichnungsbeispiel
11	**RN** Linsenkuppe (nach DIN EN ISO 4753)		Schraube DIN ... — M12 × 50 — RN — 8 .8
12	**S** Splintloch (nach DIN 34803)		Schraube DIN ... — M12 × 50 — S — 8.8
			Stiftschraube DIN ... — M12 × 50 — S — 8.8
13	**SC** Schabenut (nach DIN EN ISO 4753)		Schraube DIN ... — M5 × 20 — SC — 8.8
14	**SD** kurzer Zapfen (nach DIN EN ISO 4753)		Schraube DIN ... — M12 × 50 — SD — 8.8
15	**SK** Drahtloch (nach DIN 34803)		Schraube DIN ... — M12 × 50 — Sk — 8.8
16	**TC** Spitze abgeflacht (nach DIN EN ISO 4753)		Schraube DIN ... — M12 × 50 — TC — 8.8

[a] Während der lange Zapfen (LD), der als Druckzapfen eingesetzt wird, innerhalb der Nennlänge der Schraube liegt, liegt der flache Einführzapfen (PF) außerhalb der Nennlänge.

[b] Während die bisherige Form Asp in die Nennlänge eingeschlossen war, liegt die Form PC außerhalb der Nennlänge. Dies sollte bei der Bestimmung der erforderlichen Nennlänge berücksichtigt werden.

4.3.7 Schlüsselweite

Sollen Schrauben mit einer von der Produktnorm abweichenden Schlüsselweite geliefert werden, so ist die gewünschte Schlüsselweite mit dem Zusatz „SW" in der Normbezeichnung anzugeben.

BEISPIEL   **Sechskantschraube DIN ... M12 × 50 — SW16 — 8.8**

4.3.8 Festigkeitsklassen und Werkstoffe

Das Symbol für die Festigkeitsklasse (Härteklasse) oder für den Werkstoff entsprechend der zutreffenden Grundnorm

für Schrauben: DIN EN ISO 898-1, DIN EN ISO 3506-1, DIN EN 28839

für Muttern: DIN 267-24, DIN EN 20898-2, DIN EN ISO 898-6, DIN EN ISO 2320, DIN EN ISO 3506-2, DIN EN 28839

für Gewindestifte: DIN EN ISO 898-5, DIN EN ISO 3506-3

ist in die Normbezeichnung einzutragen.

4.3.9 Produktklassen

Für die Bezeichnung der Produktklassen bei Schrauben und Muttern gelten die Festlegungen in den einzelnen Produktnormen und in den entsprechenden Grundnormen DIN EN ISO 4759-1, DIN 267-6 und DIN 267-13.

Sind in den Produktnormen mehrere Produktklassen aufgeführt oder wird in Ausnahmefällen abweichend von der üblichen Produktklasse eine andere Produktklasse gewünscht, so ist diese in der Bezeichnung anzugeben, z. B. die Produktklasse A:

Schraube DIN ... — M30 × 150 — 8.8 — A

4.3.10 Kreuzschlitz

Bei Schrauben mit Kreuzschlitz ist die Form des Kreuzschlitzes (H oder Z nach DIN EN ISO 4757) entsprechend der Produktnorm in der Normbezeichnung anzugeben.

4.3.11 Oberflächenschutz

Wird für Schrauben und Muttern Oberflächenschutz gewünscht, so ist die Normbezeichnung entsprechend zu ergänzen.

Für galvanischen Oberflächenschutz gilt DIN EN ISO 4042

BEISPIEL   **Schraube DIN ... — M12 × 50 — 8.8 — A2E**

Für Feuerverzinkung gilt DIN 267-10

BEISPIEL   **Schraube DIN ... — M12 × 50 — 5.6 — tZn**

Für nichtelektrolytisch aufgebrachte Zinklamellenüberzüge gilt DIN EN ISO 10683

BEISPIEL   **Schraube DIN ... — M12 × 50 — 10.9 — flZnnc — 240 h**

Für Phosphatierung gilt DIN 50942

BEISPIEL   **Schraube DIN ... — M12 × 50 — 5.6 — Znph r3a**

4.3.12 Schrauben mit klebender oder klemmender Beschichtung

Werden Schrauben mit klebender oder klemmender Beschichtung gewünscht, so sind nach DIN 267-27 und DIN 267-28 die Symbole MK (für klebend) oder KL (für klemmend) in die Normbezeichnung einzufügen.

BEISPIEL   **Schrauben DIN ... — M12 × 80 — 8.8 — MK**
           Schrauben DIN ... — M12 × 80 — 8.8 — KL

Anhang A
(normativ)

Ansatzkuppe und Ansatzspitze

Neben den in DIN EN ISO 4753 festgelegten Schraubenenden werden hier zusätzlich die Ansatzkuppe (Ak) und die Ansatzspitze (Asp) festgelegt.

Die Ansatzspitze gilt nicht für Neukonstruktionen. Für Neukonstruktionen gilt der Einführzapfen mit Ansatzspitze (PC) nach DIN EN ISO 4753.

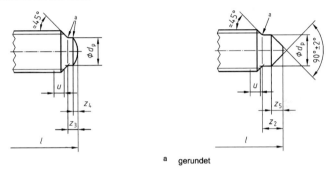

^a   gerundet   ^a   gerundet

Bild A.1 — Ansatzkuppe (AK)   **Bild A.2 — Ansatzspitze (Asp)**

ANMERKUNG 1 Unvollständiges Gewinde $u_{max} = 2\,P$

ANMERKUNG 2 Der Winkel 45° für den Übergang zum Gewinde gilt nur für den Bereich unterhalb des Gewindekerndurchmessers.

131

Tabelle A.1 — Maße

Maße in Millimeter

Gewindedurchmesser d	Gewindesteigung P	d_p h13	z_2 + IT14	z_3 + IT14	z_4 ≈	z_5 ≈
1	0,25	0,5	0,5	—	—	—
1,2	0,25	0,6	0,6	—	—	—
1,4	0,3	0,7	0,7	—	—	—
1,6	0,35	0,8	0,8	—	—	—
1,8	0,35	0,9	0,9	—	—	—
2	0,4	1	1	0,5	0,25	0,4
2,2	0,45	1,2	1,1	0,55	0,3	0,5
2,5	0,45	1,5	1,25	0,63	0,35	0,6
3	0,5	2	1,5	0,75	0,4	0,8
3,5	0,6	2,2	1,75	0,88	0,45	0,9
4	0,7	2,5	2	1	0,5	1
4,5	0,75	3	2,25	1,12	0,55	1,25
5	0,8	3,5	2,5	1,25	0,6	1,5
6	1	4	3	1,5	0,7	1,75
7	1	5	3,5	1,75	0,8	2,25
8	1,25	5,5	4	2	1	2,5
10	1,5	7	5	2,5	1	3
12	1,75	8,5	6	3	1,25	3,5
14	2	10	7	3,5	1,5	4
16	2	12	8	4	1,75	4,5
18	2,5	13	9	4,5	2	4,5
20	2,5	15	10	5	2	5
22	2,5	17	11	5,5	2,5	6
24	3	18	12	6	2,5	6
27	3	21	13,5	6,7	3	7
30	3,5	23	15	7,5	3	8
33	3,5	26	16,5	8,2	3,5	9
36	4	28	18	9	4	10
39	4	30	19,5	9,7	4	11
42	4,5	32	21	10,5	4,5	12
45	4,5	35	22,5	11,2	5	12
48	5	38	24	12	5	12
52	5	42	26	13	5	12

Anhang B
(informativ)

Gegenüberstellung alter und neuer Kurzzeichen für Schraubenenden

Mit der Veröffentlichung von DIN EN ISO 4753, die DIN 78:1990-09 weitgehend ersetzt hat, haben sich die Kurzzeichen zahlreicher Schraubenenden (bisher Gewindeenden) geändert. Zum leichteren Auffinden der nun gültigen Kurzzeichen sind im Folgenden die alten und die neuen Kurzzeichen einander gegenübergestellt:

Tabelle B.1

altes Kennzeichen	Benennung	neues Kurzzeichen
K	Kegelkuppe	CH
Ka	Kernansatz/kurzer Zapfen	SD
Ko	ohne Kuppe	RL
Ks	Kegelstumpf	FL
L	Linsenkuppe	RN
Rs	Ringschneide	CP
Sb	Schabenut	SC
Sp	Spitze abgeflacht	TC
Za	Zapfen/langer Zapfen	LD

Kegelige Wellenenden mit Außengewinde Abmessungen	 **DIN** **1448** Blatt 1

Conical shaft ends with external thread, dimensions   Ersatz für DIN 749
und DIN 750

Zusammenhang mit der ISO-Empfehlung ISO/R 775-1969 siehe Erläuterungen.

Die kegeligen Wellenenden sind bestimmt für die Aufnahme von Riemenscheiben, Kupplungen und Zahnrädern.

Nicht angegebene Maße und Einzelheiten, z. B. Anfasung, Zentrierbohrung und Oberflächengüte, sind entsprechend zu wählen.

Maße in mm

Paßfeder parallel zur Achse bis $d_1 = 220$ mm   Paßfeder parallel zum Kegelmantel von $d_1 = 240$ bis 630 mm

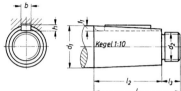 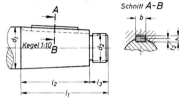

Bezeichnung eines kegeligen Wellenendes mit Paßfeder und Außengewinde von Durchmesser $d_1 = 100$ mm und Länge $l_1 = 210$ mm:

Wellenende 100 × 210 DIN 1448

d_1	l_1 lang	l_1 kurz	l_2 lang	l_2 kurz	l_3	t_1 lang	t_1 kurz	t_2	$b\times h$	Außengewinde d_2
6	16	—	10	—	6					
7										M 4
8	20	—	12	—	8	—	—	—	—	
9										M 6
10	23	—	15	—	8					
11						1,6		—	2×2	
12	30	—	18	—		1,7	—			
14					12	2,3				M 8×1
16	40	28	28	16		2,5	2,2	—	3×3	
19						3,2	2,9			M 10×1,25
20	50	36	36	22		3,4	3,1	—	4×4	
22					14					M 12×1,25
24						3,9	3,6			
25	60	42	42	24	18	4,1	3,6	—	5×5	
28										M 16×1,5
30						4,5	3,9			
32	80	58	58	36	22					M 20×1,5
35						5	4,4	—	6×6	
38										M 24×2
40									10×8	
42										
45	110	82	82	54	28	7,1	6,4	—	12×8	M 30×2
48										
50									14×9	M 36×3
55						7,6	6,9			

Header of table: Nut und Paßfeder nach DIN 6885 Blatt 1 [1]) — t_1, t_2, $b\times h$

¹) siehe Seite 2

Fortsetzung Seite 2
Erläuterungen Seite 3

Arbeitsausschuß Wellenenden, Achshöhen und Kupplungsflansche im Deutschen Normenausschuß (DNA)

Frühere Ausgaben:
DIN 749: 7.36
DIN 750: 7.36

Nachdruck, auch auszugweise, nur mit Genehmigung des Deutschen Normenausschusses, Berlin 30, gestattet.

Änderung Januar 1970:
Gegenüber DIN 749 und DIN 750 Bezeichnung auf-
genommen, Wellendurchmesser und Längen der ISO-Emp-
fehlung ISO-R 775-1969 angeglichen, siehe Erläuterungen.

| d_1 | | l_1 | | l_2 | | l_3 | Nut und Paßfeder nach DIN 6885 Blatt 1 [1)] | | | | Außengewinde |
Reihe 1	Reihe 2	lang	kurz	lang	kurz		t_1 lang	t_1 kurz	t_2	$b \times h$	d_2
60	—						8,6	7,8	—	16×10	M 42×3
65	—	140	105	105	70	35					
70	—						9,6	8,8	—	18×11	M 48×3
75	—										
80	—						10,8	9,8	—	20×12	M 56×4
85	—	170	130	130	90	40					
90	—						12,3	11,3		22×14	M 64×4
95	—								—		
100	—						13,1	12		25×14	M 72×4
110	—	210	165	165	120	45					M 80×4
120	—						14,1	13		28×16	M 90×4
—	130						15	13,8	—		M 100×4
140	—	250	200	200	150	50	16	14,8	—	32×18	
—	150										M 110×4
160	—						18	16,5	—	36×20	M 125×4
—	170	300	240	240	180	60					
180	—						19	17,5		40×22	M 140×6
—	190						20	18,3	—		
200	—	350	280	280	210	70					M 160×6
220	—						22	20,3	—	45×25	
—	240										M 180×6
250	—	410	—	330	—	80	—	—	17	50×28	
—	260										M 200×6
280	—									56×32	M 220×6
—	300	470	—	380	—	90	—	—	20	63×32	
320	—										M 250×6
—	340										M 280×6
360	—	550	—	450	—	100	—	—	22	70×36	
—	380										M 300×6
400	—										M 320×6
—	420						—	—	25	80×40	
—	440										M 350×6
450	—	650	—	540	—	110					
—	460						—	—	28	90×45	M 380×6
—	480										
500	—										M 420×6
—	530										
560	—	800	—	680	—	120	—	—	31	100×50	M 450×6
—	600										M 500×6
630	—										M 550×6

Reihe 1 ist zu bevorzugen

Zentrierbohrung nach DIN 332
Gewinde nach DIN 13; Maße für M 550×6 sind nach DIN 13 Blatt 30 zu errechnen.
Gewinderille nach DIN 76
Übertragbare Drehmomente nach DIN 748, wobei die Durchmesser d_1 des kegeligen Wellenendes den Durchmessern d des zylindrischen Wellenendes gleichzusetzen sind.

[1)] Form der Paßfeder und Ausführung der Paßfedernut nach Wahl des Herstellers. Wird die Nutform N 2 nach DIN 6885 Blatt 1 verwendet, so muß die Paßfeder gegen Längsverschieben gesichert sein, z. B. durch Paßfeder Form J.

Kegelige Wellenenden mit Innengewinde siehe DIN 1449
Eine Norm über Ansatzmuttern ist in Vorbereitung.

Erläuterungen

Diese Norm stimmt überein mit der ISO-Empfehlung ISO/R 775-1969

 Cylindrical and 1/10 conical shaft ends
 Bouts d'arbre cylindriques et coniques à conicité 1/10
 Zylindrische und kegelige Wellenenden mit Kegel 1 : 10

Folgende Durchmesser der Wellenenden und deren zugehörige Maße wurden nicht übernommen, weil sie bisher nicht angewendet wurden:

d_1	l_1		l_2		l_3	Nut und Paßfeder nach DIN 6885 Blatt 1 t_1		$b \times h$	Außengewinde d_2
	lang	kurz	lang	kurz		lang	kurz		
18	40	28	28	16	12	3,2	2,9	4×4	M 10×1,25
56	110	82	82	54	28	7,6	6,9	14×9	M 36×3
63	140	105	105	70	35	8,6	7,8	16×10	M 42×3
71	140	105	105	70	35	9,6	8,8	18×11	M 48×3
125	210	165	165	120	45	14,1	13	28×16	M 90×4

In der ISO-Empfehlung ist die Nuttiefe bei den Wellenenden bis 220 mm Durchmesser auf den mittleren Kegeldurchmesser bezogen und eingetragen worden. Da die Nuttiefe aber an dieser Stelle nicht gemessen werden kann, wurden die Werte auf den Durchmesser d_1 umgerechnet, und das Maß t_1 wurde vom Durchmesser d_1 aus eingetragen.

Es ist vorgesehen, noch Folgeblätter für die Elektrotechnik und den Maschinenbau herauszugeben, in die eine Auswahl der Wellenenden sowie zusätzliche Angaben aufgenommen werden sollen.

	Kegelige Wellenenden mit Innengewinde Abmessungen	<u>DIN</u> 1449

Conical shaft ends with internal thread, dimensions

Zusammenhang mit der ISO-Empfehlung ISO/R 775-1969 siehe Erläuterungen
Die kegeligen Wellenenden sind bestimmt für die Aufnahme von Riemenscheiben, Kupplungen und Zahnrädern.
Nicht angegebene Maße und Einzelheiten, z. B. Anfasung, Zentrierbohrung und Oberflächengüte, sind entsprechend zu wählen.

Maße in mm

Paßfeder parallel zur Achse

 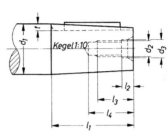

Bezeichnung eines kegeligen Wellenendes mit Paßfeder und Innengewinde von Durchmesser $d_1 = 50$ mm und Länge $l_1 = 82$ mm:

Wellenende 50×82 DIN 1449

d_1	l_1		l_2	l_3 $^{+2}_0$	l_4 min.	Nut und Paßfeder nach DIN 6885 Blatt 1 [1]			Innen- gewinde	
						t		$b \times h$	d_2	d_3
	lang	kurz				lang	kurz			
12	18	—	3,2	10	14	1,7	—	2×2	M 4	4,3
14						2,3		3×3		
16	28	16				2,5	2,2			
19			4	12,5	17	3,2	2,9		M 5	5,3
20	36	22	5	16	21	3,4	3,1	4×4	M 6	6,4
22										
24						3,9	3,6			
25	42	24	6	19	25	4,1	3,6	5×5	M 8	8,4
28										

Die Maße l_2, l_3 und l_4 stimmen mit DIN 332 Blatt 2 überein. Form der Zentrierbohrung nach DIN 332 Blatt 2 nach Wahl des Herstellers.
Gewinde nach DIN 13 Blatt 1
Übertragbare Drehmomente nach DIN 748 Blatt 1, wobei die Durchmesser d_1 des kegeligen Wellenendes den Durchmessern d des zylindrischen Wellenendes gleichzusetzen sind.

[1] Form der Paßfeder und Ausführung der Paßfedernut nach Wahl des Herstellers. Wird die Nutform N 2 nach DIN 6885 Blatt 1 verwendet, so muß die Paßfeder gegen Längsverschieben gesichert sein, z. B. durch Paßfeder Form J.

Kegelige Wellenenden mit Außengewinde siehe DIN 1448 Blatt 1

Fortsetzung Seite 2
Erläuterungen Seite 2

Arbeitsausschuß Wellenenden, Achshöhen und Kupplungsflansche im Deutschen Normenausschuß (DNA)

137

d_1	l_1		l_2	l_3	l_4	Nut und Paßfeder nach DIN 6885 Blatt 1[1])			Innengewinde d_2	d_3
	lang	kurz		$^{+2}_{\ 0}$	min.	t lang	kurz	$b \times h$		
30						4,5	3,9	5×5		
32	58	36	7,5	22	30				M 10	10,5
35						5	4,4	6×6		
38										
40			9,5	28	37,5			10×8	M 12	13
42										
45	82	54				7,1	6,4			
48			12	36	45			12×8	M 16	17
50										
55						7,6	6,9	14×9		
60			15	42	53				M 20	21
65	105	70				8,6	7,8	16×10		
70										
75			18	50	63	9,6	8,8	18×11	M 24	25
80										
85	130	90	22	60	75	10,8	9,8	20×12	M 30	31
90										
95						12,3	11,3	22×14		
100			25	71	90				M 36	37
110	165	120				13,1	12	25×14		
120			31	85	106	14,1	13	28×16	M 42	43

[1]) Form der Paßfeder und Ausführung der Paßfedernut nach Wahl des Herstellers. Wird die Nutform N 2 nach DIN 6885 Blatt 1 verwendet, so muß die Paßfeder gegen Längsverschieben gesichert sein, z. B. durch Paßfeder Form J.

Erläuterungen

Diese Norm stimmt überein mit der ISO-Empfehlung ISO/R 775-1969

Cylindrical and 1/10 conical shaft ends
Bouts d'arbre cylindriques et coniques à conicité 1/10
Zylindrische und kegelige Wellenenden mit Kegel 1 : 10

Folgende Durchmesser der Wellenenden und deren zugehörige Maße wurden nicht übernommen, weil sie bisher nicht angewendet wurden:

d_1	l_1		Nut und Paßfeder nach DIN 6885 Blatt 1			d_2
	lang	kurz	t lang	kurz	$b \times h$	
18	28	16	3,2	2,9	4×4	M 5
56	82	54	7,6	6,9	14×9	M 20
63	105	70	8,6	7,8	16×10	M 20
71	105	70	9,6	8,8	18×11	M 24
125	165	120	14,1	13	28×16	M 48

In der ISO-Empfehlung ist die Nuttiefe auf den mittleren Kegeldurchmesser bezogen und eingetragen worden. Da die Nuttiefe aber an dieser Stelle nicht gemessen werden kann, wurden die Werte auf den Durchmesser d_1 umgerechnet und das Maß t vom Durchmesser d_1 aus eingetragen.

Gegenüber der ISO-Empfehlung wurden verschiedene Maße für das Gewindeloch zusätzlich aufgenommen.

	DIN 2093	

ICS 21.160

Ersatz für
DIN 2093:1992-01

Tellerfedern –
Qualitätsanforderungen –
Maße

Disc springs –
Quality specifications –
Dimensions

Rondelles ressorts –
Exigences de qualité –
Dimensions

Gesamtumfang 19 Seiten

Ausschuss Federn (AF) im DIN

Vorwort

Diese Norm wurde vom Ausschuss Federn (AF) im DIN Deutsches Institut für Normung e. V. erarbeitet.

Änderungen

Gegenüber DIN 2093:1992-01 wurden folgende Änderungen vorgenommen:

a) im Bezeichnungsbeispiel in Abschnitt 4 wurden die Ergänzungen für gedrehte (G) und feingeschnittene Herstellung (F) nicht mit aufgenommen;

b) in Abschnitt 4 wurde die Gliederung der Reihen A, B und C nach dem Verhältnis h_0/t zusammengefasst;

c) in Abschnitt 7 ergeben sich für die Prüfkraft F_t und für die Spannungen $\sigma_{II}, \sigma_{III}, \sigma_{OM}$ neue rechnerische Werte;

d) die redaktionelle Gestaltung dieses Dokuments wurde an die dafür geltenden Regeln angepasst. Größen, Einheiten, Symbole und mathematische Zeichen wurden an das Internationale Einheitensystem (SI) nach ISO 31 angepasst.

Frühere Ausgaben

DIN 2093: 1957-07, 1967-04, 1978-04, 1990-09, 1992-01

1 Anwendungsbereich

In dieser Norm sind alle Anforderungen zusammengestellt, die Tellerfedern erfüllen müssen, damit ihre Funktion sichergestellt ist. Es sind dies, neben den Anforderungen an Werkstoff und Fertigungsart, die Maß- und Krafttoleranzen, die Dauer- und Zeitfestigkeitsanforderungen sowie die Relaxationswerte bei statischer Beanspruchung.

Bei allen diesen Angaben handelt es sich um Mindestanforderungen.

Darüber hinaus enthält dieses Dokument drei Maßreihen von Tellerfedern.

2 Normative Verweisungen

Die folgenden zitierten Dokumente sind für die Anwendung dieses Dokuments erforderlich. Bei datierten Verweisungen gilt nur die in Bezug genommene Ausgabe. Bei undatierten Verweisungen gilt die letzte Ausgabe des in Bezug genommenen Dokuments (einschließlich aller Änderungen).

DIN 2092:2006, *Tellerfedern — Berechnung*

DIN 50969, *Beständigkeit hochfester Bauteile aus Stahl gegen wasserstoffinduzierten Sprödbruch; Nachweis durch Verspannungsprüfung sowie vorbeugende Maßnahmen*

DIN EN 1654, *Kupfer- und Kupferlegierungen — Bänder für Federn und Steckverbinder*

2

DIN EN 10083-1, *Vergütungsstähle — Teil 1: Technische Lieferbedingungen für Edelstähle*[1]

DIN EN 10083-2, *Vergütungsstähle — Teil 2: Technische Lieferbedingungen für unlegierte Stähle*[1]

DIN EN 10083-3, *Vergütungsstähle — Teil 3: Technische Lieferbedingungen für Borstähle*[1]

DIN EN 10089, *Warmgewalzte Stähle für vergütbare Federn — Technische Lieferbedingungen*

DIN EN 10132-4, *Kaltband aus Stahl für eine Wärmebehandlung — Technische Lieferbedingungen — Teil 4: Federstähle und andere Anwendungen*

DIN EN 10151, *Federband aus nichtrostenden Stählen — Technische Lieferbedingungen*

DIN EN ISO 3269, *Mechanische Verbindungselemente — Annahmeprüfung*

DIN EN ISO 6507-1, *Metallische Werkstoffe — Härteprüfung nach Vickers — Teil 1: Prüfverfahren*

DIN EN ISO 6507-2, *Metallische Werkstoffe — Härteprüfung nach Vickers — Teil 2: Prüfverfahren der Prüfmaschinen*

DIN EN ISO 6507-2 Beiblatt 1, *Metallische Werkstoffe — Härteprüfung nach Vickers — Teil 2: Prüfung der Prüfmaschinen; Empfehlungen zur Prüfung und zur Ausführung von Prüfmaschine und Eindringstempel*[1]

DIN EN ISO 6507-3, *Metallische Werkstoffe — Härteprüfung nach Vickers — Teil 3: Kalibrierung von Härtevergleichsplatten*

DIN EN ISO 6507-4, *Metallische Werkstoffe — Härteprüfung nach Vickers — Teil 4: Tabellen zur Bestimmung der Härtewerte*

DIN EN ISO 6508-1, *Metallische Werkstoffe — Härteprüfung nach Rockwell (Skalen A, B, C, D, E, F, G, H, K, N, T) — Teil 1: Prüfverfahren*

DIN EN ISO 6508-1 Berichtigung 1, *Berichtigung zu DIN EN ISO 6508-1:1999-10*[1]

DIN EN ISO 6508-2, *Metallische Werkstoffe — Härteprüfung nach Vickers — Teil 2: Prüfung der Prüfmaschinen*

DIN EN ISO 6508-2 Beiblatt 1, *Metallische Werkstoffe — Härteprüfung nach Vickers — Teil 2: Prüfung der Prüfmaschinen; Empfehlungen zur Prüfung und zur Ausführung von Prüfmaschine und Eindringstempel*[1]

DIN EN ISO 6508-3, *Metallische Werkstoffe — Härteprüfung nach Rockwell (Skalen A, B, C, D, E, F, G, H, K N, T) — Teil 3: Kalibrierung von Härtevergleichsplatten*[1]

DIN EN ISO 6508-3 Beiblatt 1, *Metallische Werkstoffe — Härteprüfung nach Rockwell (Skalen A, B, C, D, E, F, G, H, K N, T) — Teil 3: Kalibrierung von Härtevergleichsplatten; Beispiel für die Ausführung von Härtevergleichsplatten*[1]

---

[1] Neuausgabe in Vorbereitung (zz. Entwurf)

3

3 Begriffe

Tellerfedern sind in Achsrichtung belastbare kegelförmige Ringscheiben, die als Einzeltellerfedern oder kombiniert zu Federpaketen oder Federsäulen sowohl ruhend als auch schwingend beansprucht werden können. Sie werden mit und ohne Auflageflächen gefertigt.

Tellerfedern werden gegliedert in drei Gruppen und drei Reihen. Die Gliederung nach Gruppen definiert die Fertigungsart, bedingt durch die Materialdicke. Die Gliederung in Reihen berücksichtigt die Federcharakteristik in Form des h_0/t-Verhältnisses.

4 Maße und Bezeichnungen

4.1 Allgemeines

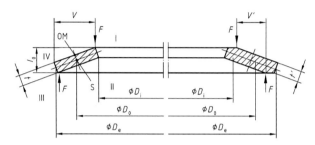

a) ohne Auflagefläche:
Gruppe 1
Gruppe 2

b) mit Auflagefläche:
Gruppe 3

Bild 1 — Querschnitte von Tellerfedern der Gruppen 1 und 2 sowie Gruppe 3

Bezeichnung einer Tellerfeder der Reihe A mit Außendurchmesser D_e = 40 mm:

Tellerfeder DIN 2093 — A 40

4.2 Gruppeneinteilung

Gruppe	t	Mit Auflageflächen und reduzierter Tellerfederdicke
1	< 1,25	nein
2	1,25 ≤ t ≤ 6	nein
3	> 6 < t ≤ 14	ja

4.3 Reiheneinteilung

Reihe	h_0/t
A	~ 0,40
B	~ 0,75
C	~ 1,30

4

5 Formelzeichen, Einheiten und Benennungen

Formelzeichen	Einheit	Benennung
D_e	mm	Außendurchmesser
D_i	mm	Innendurchmesser
D_0	mm	Durchmesser des Stülpmittelpunktkreises
E	MPa	Elastizitätsmodul
F	N	Federkraft
F_c	N	Errechnete Federkraft bei Planlage
F_t	N	Prüfkraft bei Länge L_t bzw. l_t
ΔF	N	Kraftabfall (Relaxation)
L_0	mm	Länge der unbelasteten Tellerfedersäule oder des unbelasteten Tellerfederpaketes
L_c	mm	Theoretische Länge der Tellerfedersäule oder des Tellerfederpaketes in Planlage
N		Anzahl der Lastspiele bis zum Bruch
R	N/mm	Federrate
W	Nmm	Federungsarbeit
h_0	mm	Rechnerischer Federweg bis zur Planlage der Tellerfedern ohne Auflageflächen $h_0 = l_0 - t$
h_0'	mm	Rechnerischer Federweg bis zur Planlage der Tellerfedern mit Auflageflächen $h_0' = l_0 - t'$
i		Anzahl der wechselsinnig zu einer Säule aneinander gereihten Einzeltellerfedern oder Federpakete
l_0	mm	Bauhöhe der unbelasteten Einzeltellerfeder
l_t	mm	Prüflänge der Tellerfeder $l_t = l_0 - 0,75\,h_0$
s	mm	Federweg der Einzeltellerfeder
$s_1, s_2, s_3\,...$	mm	Federwege, zugeordnet den Federkräften $F_1, F_2, F_3\,...$
t	mm	Dicke der Tellerfeder
t'	mm	Reduzierte Dicke der Tellerfeder mit Auflageflächen (Gruppe 3)
μ		Poisson-Zahl
σ	MPa	Rechnerische Spannung
$\sigma_{II}, \sigma_{III}, \sigma_{OM}$	MPa	Rechnerische Spannung für die Stellen II, III, OM (siehe Bild 1)
σ_h	MPa	Hubspannung, zugeordnet dem Arbeitsweg bei Tellerfedern mit Dauerschwingbeanspruchung
σ_O	MPa	Oberspannung der Dauerschwingfestigkeit
σ_U	MPa	Unterspannung der Dauerschwingfestigkeit
$\sigma_H = \sigma_O - \sigma_U$	MPa	Dauerhubfestigkeit
P		Theoretischer Stülpmittelpunkt des Tellerfederquerschnitts (siehe Bild 1)
V, V'		Hebelarme
R_a		mittlere Rautiefe

5

6 Tellerfederwerkstoffe

Wahlweise Stähle nach DIN EN 10083, DIN EN 10089 und DIN EN 10132-4, jedoch C-Stähle nur für Tellerfedern der Gruppe 1 zulässig (siehe auch Tabelle 4).

ANMERKUNG   Bei Tellerfedern aus obigen Stählen wird mit einem Elastizitätsmodul E = 206 000 MPa gerechnet.

Bei der Anwendung dieses Dokuments auf andere Werkstoffe, z. B. nichtrostender Federstahl nach DIN EN 10151, Kupferlegierungen (Federbronze) nach DIN EN 1654, muss zum Teil mit einem anderen Elastizitätsmodul und anderen Festigkeitswerten gerechnet werden. Die in den Tabellen 1 bis 3 angegebenen Werte für F und σ gelten dann nicht mehr. In diesem Fall wird eine Rücksprache mit dem Federnhersteller empfohlen.

7 Tellerfederabmessungen, Nenngrößen, rechnerische Werte

7.1 Reihe A

Tellerfedern mit $\dfrac{D_e}{t} \approx 18$; $\dfrac{h_0}{t} \approx 0{,}4$; E = 206 000 MPa; $\mu = 0{,}3$

Tabelle 1

Gruppe	D_e	D_i	t bzw. $(t')^a$	h_0	l_0	F_t	l_t	$\sigma_{III}{}^b$	σ_{OM}
	h12	H12				$s \approx 0{,}75\,h_0$			$s = h_0$
1	8	4,2	0,4	0,2	0,6	210	0,45	1 218	−1 605
	10	5,2	0,5	0,25	0,75	325	0,56	1 218	−1 595
	12,5	6,2	0,7	0,3	1	660	0,77	1 382	−1 666
	14	7,2	0,8	0,3	1,1	797	0,87	1 308	−1 551
	16	8,2	0,9	0,35	1,25	1 013	0,99	1 301	−1 555
	18	9,2	1	0,4	1,4	1 254	1,1	1 295	−1 558
	20	10,2	1,1	0,45	1,55	1 521	1,21	1 290	−1 560
2	22,5	11,2	1,25	0,5	1,75	1 929	1,37	1 296	−1 534
	25	12,2	1,5	0,55	2,05	2 926	1,64	1 419	−1 562
	28	14,2	1,5	0,65	2,15	2 841	1,66	1 274	−1 562
	31,5	16,3	1,75	0,7	2,45	3 871	1,92	1 296	−1 570
	35,5	18,3	2	0,8	2,8	5 187	2,2	1 332	−1 611
	40	20,4	2,25	0,9	3,15	6 500	2,47	1 328	−1 595
	45	22,4	2,5	1	3,5	7 716	2,75	1 296	−1 534
	50	25,4	3	1,1	4,1	11 976	3,27	1 418	−1 659
	56	28,5	3	1,3	4,3	11 388	3,32	1 274	−1 565
	63	31	3,5	1,4	4,9	15 025	3,85	1 296	−1 524
	71	36	4	1,6	5,6	20 535	4,4	1 332	−1 594
	80	41	5	1,7	6,7	33 559	5,42	1 453	−1 679
	90	46	5	2	7	31 354	5,5	1 295	−1 558
	100	51	6	2,2	8,2	48 022	6,55	1 418	−1 663
	112	57	6	2,5	8,5	43 707	6,62	1 239	−1 505
3	125	64	8 (7,5)	2,6	10,6	85 926	8,65	1 326	−1 708
	140	72	8 (7,5)	3,2	11,2	85 251	8,8	1 284^c	−1 675
	160	82	10 (9,4)	3,5	13,5	138 331	10,87	1 338	−1 753
	180	92	10 (9,4)	4	14	125 417	11	1 201^c	−1 576
	200	102	12 (11,25)	4,2	16,2	183 020	13,05	1 227	−1 611
	225	112	12 (11,25)	5	17	171 016	13,25	1 137^c	−1 489
	250	127	14 (13,1)	5,6	19,6	248 828	15,4	1 221^c	−1 596

^{a} Angegeben sind jeweils die Nenngrößen der Dicke der Tellerfeder t. Bei Tellerfedern mit Auflageflächen (siehe Abschnitt 4, Gruppe 3) wird, um die vorgeschriebene Federkraft F bei $s \approx 0{,}75\,h_0$ zu erreichen, die Dicke der Tellerfeder vom Hersteller verringert, bei Federn der Reihen A und B auf $t' \approx 0{,}94 \cdot t$ und bei Reihe C auf $t' \approx 0{,}96 \cdot t$.

^{b} Größte rechnerische Zugspannung an der Unterseite der Tellerfeder.

^{c} Größte Zugspannung an Stelle III.

7.2 Reihe B

Tellerfedern mit $\dfrac{D_e}{t} \approx 28$; $\dfrac{h_0}{t} \approx 0,75$; $E = 206\,000$ MPa; $\mu = 0,3$

Tabelle 2

Gruppe	D_e	D_i	t bzw. $(t')^a$	h_0	l_0	F_t	l_t	σ_{III}	σ_{OM}
	h12	H12				$s \approx 0,75\,h_0$			$s = h_0$
1	8	4,2	0,3	0,25	0,55	118	0,36	1312	−1505
	10	5,2	0,4	0,3	0,7	209	0,47	1281	−1531
	12,5	6,2	0,5	0,35	0,85	294	0,59	1114	−1388
	14	7,2	0,5	0,4	0,9	279	0,6	1101	−1293
	16	8,2	0,6	0,45	1,05	410	0,71	1109	−1333
	18	9,2	0,7	0,5	1,2	566	0,82	1114	−1363
	20	10,2	0,8	0,55	1,35	748	0,94	1118	−1386
	22,5	11,2	0,8	0,65	1,45	707	0,96	1079	−1276
	25	12,2	0,9	0,7	1,6	862	1,07	1023	−1238
	28	14,2	1	0,8	1,8	1107	1,2	1086	−1282
	31,5	16,3	1,25	0,9	2,15	1913	1,47	1187	−1442
	35,5	18,3	1,25	1	2,25	1699	1,5	1073	−1258
	40	20,4	1,5	1,15	2,65	2622	1,79	1136	−1359
	45	22,4	1,75	1,3	3,05	3646	2,07	1144	−1396
	50	25,4	2	1,4	3,4	4762	2,35	1140	−1408
2	56	28,5	2	1,6	3,6	4438	2,4	1092	−1284
	63	31	2,5	1,75	4,25	7189	2,94	1088	−1360
	71	36	2,5	2	4,5	6725	3	1055	−1246
	80	41	3	2,3	5,3	10518	3,57	1142	−1363
	90	46	3,5	2,5	6	14161	4,12	1114	−1363
	100	51	3,5	2,8	6,3	13070	4,2	1049	−1235
	112	57	4	3,2	7,2	17752	4,8	1090	−1284
	125	64	5	3,5	8,5	29908	5,87	1149	−1415
	140	72	5	4	9	27920	6	1101	−1293
	160	82	6	4,5	10,5	41008	7,12	1109	−1333
	180	92	6	5,1	11,1	37502	7,27	1035	−1192
3	200	102	8 (7,5)	5,6	13,6	76378	9,4	1254	−1409
	225	112	8 (7,5)	6,5	14,5	70749	9,62	1176	−1267
	250	127	10 (9,4)	7	17	119050	11,75	1244	−1406

^{a} Angegeben sind jeweils die Nenngrößen der Dicke der Tellerfeder t. Bei Tellerfedern mit Auflageflächen (siehe Abschnitt 4, Gruppe 3) wird, um die vorgeschriebene Federkraft F bei $s \approx 0,75\,h_0$ zu erreichen, die Dicke der Tellerfeder vom Hersteller verringert, bei Federn der Reihen A und B auf $t' \approx 0,94 \cdot t$ und bei Reihe C auf $t' \approx 0,96 \cdot t$.

7

7.3 Reihe C

Tellerfedern mit $\dfrac{D_e}{t} \approx 40$; $\dfrac{h_0}{t} \approx 1,3$; $E = 206\,000$ MPa; $\mu = 0,3$

Tabelle 3

Gruppe	D_e	D_i	t bzw. $(t')^a$	h_0	l_0	F_t	l_t	σ_{III}	σ_{OM}
	h12	H12				$s \approx 0,75\,h_0$			$s = h_0$
1	8	4,2	0,2	0,25	0,45	39	0,26	1034	−1003
	10	5,2	0,25	0,3	0,55	58	0,32	965	− 957
	12,5	6,2	0,35	0,45	0,8	151	0,46	1278	−1250
	14	7,2	0,35	0,45	0,8	123	0,46	1055	−1018
	16	8,2	0,4	0,5	0,9	154	0,52	1009	− 988
	18	9,2	0,45	0,6	1,05	214	0,6	1106	−1052
	20	10,2	0,5	0,65	1,15	254	0,66	1063	−1024
	22,5	11,2	0,6	0,8	1,4	426	0,8	1227	−1178
	25	12,2	0,7	0,9	1,6	600	0,92	1259	−1238
	28	14,2	0,8	1	1,8	801	1,05	1304	−1282
	31,5	16,3	0,8	1,05	1,85	687	1,06	1130	−1077
	35,5	18,3	0,9	1,15	2,05	832	1,19	1078	−1042
	40	20,4	1	1,3	2,3	1017	1,32	1063	−1024
2	45	22,4	1,25	1,6	2,85	1891	1,65	1253	−1227
	50	25,4	1,25	1,6	2,85	1550	1,65	1035	−1006
	56	28,5	1,5	1,95	3,45	2622	1,99	1218	−1174
	63	31	1,8	2,35	4,15	4238	2,39	1351	−1315
	71	36	2	2,6	4,6	5144	2,65	1342	−1295
	80	41	2,25	2,95	5,2	6613	2,99	1370	−1311
	90	46	2,5	3,2	5,7	7684	3,3	1286	−1246
	100	51	2,7	3,5	6,2	8609	3,57	1235	−1191
	112	57	3	3,9	6,9	10489	3,97	1218	−1174
	125	64	3,5	4,5	8	15416	4,62	1318	−1273
3	140	72	3,8	4,9	8,7	17195	5,02	1249	−1203
	160	82	4,3	5,6	9,9	21843	5,7	1238	−1189
	180	92	4,8	6,2	11	26442	6,35	1201	−1159
	200	102	5,5	7	12,5	36111	7,25	1247	−1213
	225	112	6,5 (6,2)	7,1	13,6	44580	8,27	1137	−1119
	250	127	7 (6,7)	7,8	14,8	50466	8,95	1116	−1086

[a] Angegeben sind jeweils die Nenngrößen der Dicke der Tellerfeder t. Bei Tellerfedern mit Auflageflächen (siehe Abschnitt 4, Gruppe 3) wird, um die vorgeschriebene Federkraft F bei $s \approx 0,75\,h_0$ zu erreichen, die Dicke der Tellerfeder vom Hersteller verringert, bei Federn der Reihen A und B auf $t' \approx 0,94 \cdot t$ und bei Reihe C auf $t' \approx 0,96 \cdot t$.

8

8 Herstellung

8.1 Formgebung

Zur Herstellung der Tellerfedern sind nachfolgende Formgebungsverfahren vorgeschrieben:

Tabelle 4 — Vorgeschriebene Formgebungsverfahren

Gruppe	Formgebungsverfahren	Oberflächen[a] Ober- und Unterseite µm	Oberflächen[a] Innen- und Außenrand µm	Werkstoff nach
1	Stanzen, Kaltformen, Kantenrunden	$R_a < 3{,}2$	$R_a < 12{,}5$	DIN EN 10132-4
2	Stanzen[b], Kaltformen, Drehen D_e und D_i Kantenrunden oder	$R_a < 6{,}3$	$R_a < 6{,}3$	DIN EN 10132-4
	Feinschneiden[c], Kaltformen, Kantenrunden	$R_a < 6{,}3$	$R_a < 3{,}2$	DIN EN 10132-4
3	Kalt- oder Warmformen, allseits drehen, Kanten runden oder	$R_a < 12{,}5$	$R_a < 12{,}5$	DIN EN 10083 DIN EN 10089
	Stanzen[b], Kaltformen, Drehen D_e und D_i Kantenrunden oder	$R_a < 12{,}5$	$R_a < 12{,}5$	DIN EN 10132-4
	Feinschneiden[c], Kaltformen, Kantenrunden	$R_a < 12{,}5$	$R_a < 12{,}5$	DIN EN 10132-4

[a] Diese Angaben gelten nicht für kugelgestrahlte Tellerfedern.

[b] Stanzen ohne Drehen von D_e und D_i ist nicht zulässig.

[c] Feinschneiden nach VDI-Richtlinie 2906 Blatt 5:
Glattschnittanteil min. 75 %
Einrissklasse 2
schalenförmiger Abriss max. 25 %

8.2 Wärmebehandlung

Um gute Dauerfestigkeitswerte bei geringer Relaxation zu erreichen, muss die Härte der Tellerfedern innerhalb der Grenzwerte 42 HRC bis 52 HRC liegen.

Bei Tellerfedern der Gruppe 1 ist die Härte nach Vickers (425 HV10 bis 510 HV10) zu messen.

Die Entkohlungstiefe darf nach dem Vergüten 3 % der Tellerfederdicke nicht überschreiten.

9

8.3 Kugelstrahlen

Zur weiteren Steigerung der Schwingfestigkeit gegenüber den Angaben in den Bildern 5 bis 7 empfiehlt sich ein fachgerechtes Kugelstrahlen.

Diese Zusatzbehandlung ist zwischen Kunde und Hersteller zu vereinbaren.

8.4 Vorsetzen

Jede Tellerfeder muss nach der Wärmebehandlung durch Drücken bis Planlage vorgesetzt werden. Nach dem Belasten mit der doppelten Prüfkraft F_t müssen die in Tabelle 6 angegebenen Toleranzen für die Federkraft eingehalten werden.

8.5 Oberflächen- und Korrosionsschutz

Die Oberfläche muss frei von Fehlern, z. B. Narben, Rissen und Korrosion, sein.

Der Korrosionsschutz richtet sich nach dem Verwendungszweck der Tellerfedern. Er kann erreicht werden durch Phosphatieren, Brünieren oder durch Aufbringen metallischer Schutzüberzüge, z. B. Zink, Nickel usw.; dies ist zu vereinbaren.

Bei den heute bekannten Verfahren zur Abscheidung von Metallüberzügen aus wässrigen Lösungen ist bei Tellerfedern ein wasserstoffinduzierter Sprödbruch nicht mit Sicherheit auszuschließen. Bei Teilen mit Härte ab 40 HRC besteht sogar eine erhöhte Sprödbruchgefahr. Deshalb sind hier in Bezug auf Werkstoffauswahl, mechanische Bearbeitung, Wärme- und Oberflächenbehandlung besondere Maßnahmen erforderlich, siehe z. B. DIN 50969. Bei Bestellung von galvanisch oberflächengeschützten Tellerfedern wird deshalb eine Rücksprache mit dem Federnhersteller empfohlen.

Bei schwingungsbeanspruchten Tellerfedern sollten galvanische Verfahren vermieden und solche Verfahren angewendet werden, bei denen nachteilige Auswirkungen nicht auftreten.

Standard-Korrosionsschutz ist phosphatiert und geölt.

9 Toleranzen

9.1 Durchmessertoleranzen

D_e: Toleranzfeld h12

Koaxialität für $D_e \leq 50 : 2 \cdot$ IT11

Koaxialität für $D_e > 50 : 2 \cdot$ IT12

D_i: Toleranzfeld H12

10

9.2 Toleranzen für die Dicke der Tellerfeder

Tabelle 5

Gruppe	t	Grenzabmaße
1	$0,2 \leq t \leq 0,6$	$+0,02$ $-0,06$
1	$0,6 < t < 1,25$	$+0,03$ $-0,09$
2	$1,25 \leq t \leq 3,8$	$+0,04$ $-0,12$
2	$3,8 < t < 6,0$	$+0,05$ $-0,15$
3	$6,0 < t \leq 14,0$	$\pm 0,10$

9.3 Toleranzen für die Bauhöhe l_0

Tabelle 6

Gruppe	t	Grenzabmaße
1	$t < 1,25$	$+0,10$ $-0,05$
2	$1,25 \leq t \leq 2,0$	$+0,15$ $-0,08$
2	$2,0 < t \leq 3,0$	$+0,20$ $-0,10$
2	$3,0 < t \leq 6,0$	$+0,30$ $-0,15$
3	$6,0 < t \leq 14,0$	$\pm 0,30$

9.4 Toleranzen für die Federkraft

9.4.1 Einzelfeder

Die Federkraft F_t wird an der Tellerfeder beim Nennwert der Höhe $l_t = l_0 - 0,75\ h_0$ geprüft. Gemessen wird beim Belasten der Feder. Die Tellerfedern sind zwischen planparallelen Druckplatten unter Verwendung eines geeigneten Schmiermittels zu prüfen. Die Druckplatten müssen gehärtet, geschliffen und poliert sein.

Tabelle 7

Gruppe	t	Toleranzen für die Federkraft F_t bei Prüflänge $l_t = l_0 - 0,75\ h_0$ %
1	$t < 1,25$	$+25$ $-7,5$
2	$1,25 \leq t \leq 3,0$	$+15$ $-7,5$
2	$3,0 < t \leq 6,0$	$+10$ -5
3	$6,0 < t \leq 14,0$	± 5

Zur Einhaltung der vorgeschriebenen Krafttoleranzen kann eine Überschreibung der Bauhöhen- und der Dickentoleranz als Fertigungsausgleich erforderlich sein.

11

9.4.2 Federsäule

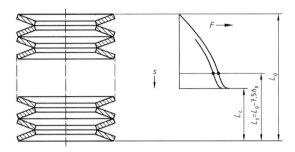

Bild 2 — Belastungs- und Entlastungskennlinie bei der Säulenprüfung

Die Überprüfung der Kraftabweichung zwischen Be- und Entlastungskennlinie wird mit einer Federsäule aus 10 wechselsinnig aneinander gereihten Einzeltellerfedern durchgeführt.

Vor der Prüfung ist die Federsäule mit der doppelten Federkraft F_t zusammenzudrücken. Die Federn müssen auf einem Führungsbolzen nach Abschnitt 13 geführt sein. Das Spiel zwischen Führungsbolzen und Tellerfeder ist Tabelle 9 zu entnehmen. Die Druckplatten müssen den Bedingungen des Abschnittes 9.4.1 entsprechen.

Bei $L_t = L_0 - 7{,}5\,h_0$ muss die Federkraft der Entlastungskennlinie mindestens den in Tabelle 8 angegebenen prozentualen Anteil der Federkraft der jeweiligen Belastungskennlinie erreichen (siehe auch Bild 2).

Tabelle 8 — Mindestwert der Entlastungskraft in % der Belastungskraft bei L_t

Gruppe	Reihe		
	A	B	C
1	90		85
2	92,5		87,5
3	95		90

9.5 Spiel zwischen Führungselementen und Tellerfedern

Zur Führung von Tellerfedern ist ein Führungselement erforderlich. Bei zu bevorzugender Innenführung ist ein Führungsbolzen, bei Außenführung eine Führungshülse zu verwenden.

Tabelle 9 — Empfohlenes Spiel zwischen Führungselementen und Tellerfedern

D_i bzw. D_e		Gesamtführungsspiel
	bis 16	0,2
über 16	bis 20	0,3
über 20	bis 26	0,4
über 26	bis 31,5	0,5
über 31,5	bis 50	0,6
über 50	bis 80	0,8
über 80	bis 140	1,0
über 140	bis 250	1,6

12

10   Kriechen und Relaxation

Jede Feder erleidet unter Belastung im Laufe der Zeit eine Einbuße an Federkraft, die sich je nach Belastungsart der Feder als Kriechen oder als Relaxation bemerkbar machen kann. Für beide ist die Spannungsverteilung über dem Querschnitt maßgebend. Ihr Einfluss kann über die rechnerische Spannung σ_{OM} abgeschätzt werden (siehe DIN 2092, Abschnitt 10).

Von Kriechen spricht man, wenn die mit einer konstanten Kraft belastete Feder im Laufe der Zeit einen zusätzlichen Höhenverlust Δl erleidet. Von Relaxation spricht man, wenn die Feder auf eine konstante Höhe zusammengedrückt ist und sich im Laufe der Zeit ein Kraftabfall ΔF bemerkbar macht.

Bei statisch beanspruchten Tellerfedern sollte die Relaxation die in den Bildern 3 und 4 dargestellten Richtwerte nicht überschreiten.

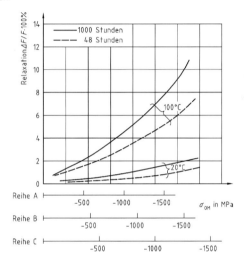

Bild 3 — Richtwerte für die Relaxation für Tellerfedern aus C-Stählen nach DIN EN 10132-4

13

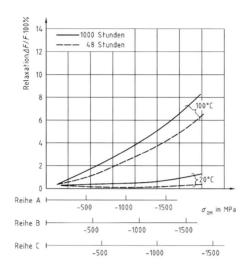

Bild 4 — Richtwerte für die Relaxation für Tellerfedern aus legierten Federstählen nach DIN EN 10089 und DIN EN 10132-4

Bei höheren Arbeitstemperaturen als 100 °C wende man sich an den Federnhersteller.

11 Zulässige Spannungen

11.1 Ruhende bzw. selten wechselnde Beanspruchung

Bei Tellerfedern aus Federstahl nach DIN EN 10089 und DIN EN 10132-4 mit ruhender bzw. selten wechselnder Beanspruchung sollte bei maximaler Einfederung der Betrag der rechnerischen Spannung σ_{OM} von 1 600 MPa nicht überschritten werden.

Bei höheren Spannungen kann ein stärkerer Federkraftverlust der Tellerfeder eintreten (siehe Abschnitt 10).

11.2 Schwingende Beanspruchung

Mindestvorspannfederweg zur Vermeidung von Anrissen:

Tellerfedern mit schwingender Beanspruchung sollen mindestens mit einem Vorspannfederweg $s_1 \approx 0{,}15\ h_0$ bis $s_1 \approx 0{,}20\ h_0$ eingebaut werden, um dem Auftreten von Anrissen an der Querschnittstelle I (siehe Bild 1) infolge von Zugeigenspannungen aus dem Vorsetzvorgang vorzubeugen.

11.2.1 Zulässige Beanspruchungen

In den Dauer- und Zeitfestigkeitsschaubildern, siehe Bilder 5 bis 7, sind für schwingend beanspruchte, nicht kugelgestrahlte Tellerfedern Richtwerte der Dauerhubfestigkeit σ_H bei $N = \le 2 \cdot 10^6$ und der Zeitfestigkeit bei $N = 10^5$ und $N = 5 \cdot 10^5$ in Abhängigkeit von der Unterspannung σ_U angegeben.

Zwischenwerte für andere Lastspielzahlen dürfen geschätzt werden.

14

Die Bilder 5 bis 7 wurden aus Laborversuchen auf Prüfmaschinen mit gleichmäßig sinusförmiger Belastung durch statistische Auswertung für 99%ige Überlebenswahrscheinlichkeit ermittelt. Die Schaubilder gelten für Einzeltellerfedern und für Federsäulen mit $I \leq 10$ wechselsinnig aneinander gereihten Einzeltellerfedern, die bei üblicher Raumtemperatur arbeiten, bei oberflächengehärteter und einwandfrei bearbeiteter Innen- und Außenführung sowie einem Mindestvorspannfederweg $s_1 \approx 0,15\ h_0$ bis $s_1 \approx 0,20\ h_0$.

Um die Lebensdauer nicht zu verkürzen, sind die Tellerfedern vor mechanischer Beschädigung oder anderen schädlichen äußeren Einflüssen zu schützen.

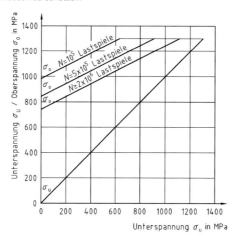

Bild 5 — Dauer- und Zeitfestigkeitsschaubild für nicht kugelgestrahlte Tellerfedern mit $t < 1,25$ mm

15

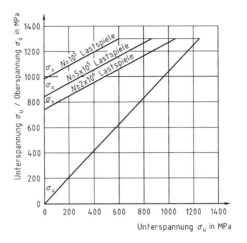

Bild 6 — Dauer- und Zeitfestigkeitsschaubild für nicht kugelgestrahlte Tellerfedern mit 1,25 mm ≤ t ≤ 6 mm

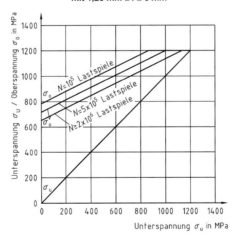

Bild 7 — Dauer- und Zeitfestigkeitsschaubild für nicht kugelgestrahlte Tellerfedern mit 6 mm < t ≤ 14 mm

16

In der Praxis ist zu berücksichtigen, dass die Beanspruchungsart in vielen Fällen von einer annähernd sinusförmigen Schwingung abweicht. Bei Zusatzbeanspruchungen, z. B. durch stoßartige, dynamische Beanspruchung und/oder in Folge von Eigenschwingungen, verringert sich die Lebensdauer.

Die Werte der Schaubilder dürfen deshalb bei diesen Beanspruchungsfällen nur unter Einbeziehung entsprechender Sicherheiten verwendet werden. Gegebenenfalls ist eine Rücksprache beim Federnhersteller notwendig.

ANMERKUNG   Für Tellerfedern aus anderen Werkstoffen als in diesem Dokument angegeben, und für Federsäulen mit $i > 10$ oder mit mehrfach geschichteten Einzeltellerfedern sowie bei sonstigen ungünstigen Einflüssen, die auch thermischer oder chemischer Art sein können, liegen keine hinreichenden Dauerfestigkeitswerte vor. Auf Wunsch können Hinweise von den Federnherstellern gegeben werden.

Bei Federsäulen aus einer größeren Anzahl von Tellerfedern mit stark degressiver Kennlinie (Reihe C) muss wegen der Reibung zwischen den Tellerfedern und dem Führungselement sowie im Toleranzbereich liegenden Maßunterschieden mit einer ungleichmäßigen Beteiligung der einzelnen Federn an der Gesamteinfederung gerechnet werden.

Hierbei erleiden die Federn am bewegten Ende der Federsäule die größere Einfederung, die eine geringere als den Dauer- und Zeitfestigkeitsschaubildern entnehmbare Lebensdauer zur Folge hat.

Durch zusätzliches Kugelstrahlen der Tellerfeder kann die Lebensdauer deutlich erhöht werden.

12   Prüfungen

Alle über 12.1 und 12.2 hinausgehenden Prüfungen sind mit dem Hersteller zu vereinbaren.

12.1 Prüfung auf Maßhaltigkeit, Federkraft und Ausführung

Für die Prüfung gelten die Festlegungen in DIN EN ISO 3269.

Für die Merkmale und die annehmbaren Qualitätsgrenzlagen gilt Tabelle 10.

Tabelle 10

Merkmale	AQL-Wert
Hauptmerkmale Federkraft F $(s \approx 0,75\ h_0)$ Außendurchmesser D_e Innendurchmesser D_i	1
Nebenmerkmale Bauhöhe l_0 Tellerfederdicke t bzw. t' Oberflächenrauheit R_a	1,5

12.2 Härteprüfung

Für die Härteprüfung nach Vickers gelten DIN EN ISO 6507-1 bis DIN EN ISO 6507-4. Für die Härteprüfung nach Rockwell gelten DIN EN ISO 6508-1 bis DIN EN ISO 6508-3.

Der Prüfeindruck ist an der Federoberseite in der Mitte zwischen Innen- und Außendurchmesser anzubringen.

17

13 Anwendungshinweise

Die Führungselemente und die Auflagen sollen nach Möglichkeit einsatzgehärtet sein (Einsatztiefe ≈ 0,8 mm) und eine Mindesthärte von 60 HRC aufweisen. Die Oberfläche des Führungselementes soll glatt und möglichst geschliffen sein. Bei statischer Belastung können auch ungehärtete Führungselemente verwendet werden.

Literaturhinweise

DIN 4000-11, *Sachmerkmalleisten für Federn*

DIN 59200, *Flacherzeugnisse aus Stahl — Warmgewalzter Breitflachstahl — Maße, Masse, Grenzabmaße, Formtoleranzen und Grenzabweichungen der Masse*

DIN EN 10048, *Warmgewalzter Bandstahl — Grenzabmaße und Formtoleranzen*

DIN EN 10051, *Kontinuierlich warmgewalztes Blech und Band ohne Überzug aus unlegierten und legierten Stählen — Grenzabmaße und Formtoleranzen*

DIN EN 10140, *Kaltband — Grenzabmaße und Formtoleranzen*[2]

DIN EN 12476, *Phosphatierüberzüge auf Metallen — Verfahren für die Festlegung von Anforderungen*

DIN EN ISO 11124-1, *Vorbereitung von Stahloberflächen vor dem Auftragen von Beschichtungsstoffen — Anforderungen an metallische Strahlmittel — Teil 1: Allgemeine Einleitung und Einteilung*

DIN ISO 2162-1, *Technische Produktinformation — Federn — Teil 1: Vereinfachte Darstellung*

DIN ISO 2162-3, *Technische Produktinformation — Federn — Teil 3: Begriffe*

---

[2] Neuausgabe in Vorbereitung (zz. Entwurf)

19

	DIN 2093 Berichtigung 1	

ICS 21.160

> Es wird empfohlen, auf der betroffenen Norm
> einen Hinweis auf diese Berichtigung zu
> machen.

Tellerfedern –
Qualitätsanforderungen –
Maße,
Berichtigungen zu DIN 2093:2006-03

Disc springs –
Quality specifications –
Dimensions,
Corrigenda to DIN 2093:2006-03

Rondelles ressorts –
Exigences de qualité –
Dimensions,
Corrigenda à DIN 2093:2006-03

Gesamtumfang 2 Seiten

Ausschuss Federn (AF) im DIN

In

DIN 2093:2006-03

sind folgende Berichtigungen vorzunehmen:

a)   In 4.1, Bild 1 ist das Maß für t' (reduzierte Dicke der Tellerfeder mit Auflageflächen (Gruppe 3)) nicht richtig eingetragen. t' gilt für die maximale Materialdicke der Tellerfeder mit Auflageflächen. Siehe Bild 1.

b)   In 4.1, Bild 1 ist der Außendurchmesser D_e der Tellerfeder nicht richtig eingetragen. D_e gilt für den maximalen Außendurchmesser der Tellerfeder. Siehe Bild 1.

c)   In 4.1, Bild 1 ist der theoretische Stülpmittelpunkt des Tellerfederquerschnitts mit S nicht richtig gekennzeichnet. Für diesen Punkt gilt das Formelzeichen P. Siehe Bild 1.

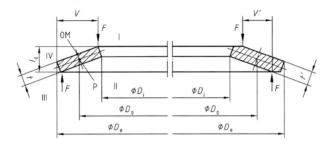

Bild 1 — Querschnitte von Tellerfedern der Gruppen 1 und 2 sowie Gruppe 3

d)   In 8.4 ist der Hinweis auf Tabelle 6 zu berichtigen. An dieser Stelle ist auf Tabelle 7 zu verweisen.

Der zweite Satz dieses Unterabschnitts lautet wie folgt:

Nach dem Belasten mit der doppelten Prüfkraft F_t müssen die in Tabelle 7 angegebenen Toleranzen für die Federkraft eingehalten werden.

e)   In 9.2 ist in Tabelle 5 (2. Spalte, 5. Zeile) die Angabe „3,8 < t < 6,0" durch „3,8 < t ≤ 6,0" zu ersetzen.

2

Zylindrische Schraubendruckfedern
aus runden Drähten und Stäben
Güteanforderungen bei warmgeformten Druckfedern

DIN
2096
Teil 1

Helical compression springs made of round wire and rod; quality requirements for hot formed compression springs

Ersatz für
DIN 2096/01.74

Maße in mm

1 Geltungsbereich

Die angegebenen zulässigen Abweichungen gelten für zylindrische Schraubendruckfedern, die folgende Voraussetzungen erfüllen:

— Losgröße	bis 5000 Stück
— Stab- oder Drahtdurchmesser d	8 bis 60 mm
— Äußerer Windungsdurchmesser D_e	≤ 460 mm
— Länge der unbelasteten Feder L_0	≤ 800 mm
— Anzahl der wirksamen Windungen n	≥ 3
— Wickelverhältnis w	3 bis 12

Bei Losgrößen ab 5000 Stück gilt unter bestimmten Voraussetzungen DIN 2096 Teil 2.

2 Zweck

Die Norm beschreibt die fertigungstechnisch üblichen Toleranzen für warmgeformte Schraubendruckfedern, wenn diese in kleinen Stückzahlen und mittleren Serien hergestellt werden. Damit können bereits bei der Konstruktion die zulässigen Abweichungen funktionswichtiger Merkmale fertigungsgerecht festgelegt werden.

Höhere Anforderungen, insbesondere an Einzelmerkmale, die für die Funktion der Feder wichtig sind, müssen bei der Bestellung gesondert vereinbart werden.

3 Darstellung der Schraubendruckfeder

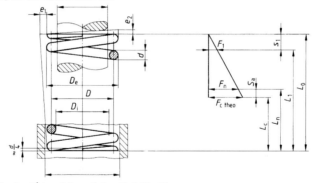

Bild 1. Schraubendruckfeder mit theoretischem Kraft-Weg-Diagramm

Fortsetzung Seite 2 bis 7

Ausschuß Federn im DIN Deutsches Institut für Normung e. V.

4 Formelzeichen, Benennungen, Einheiten

Formelzeichen	Benennung	Einheit
A_D	zulässige Abweichung des mittleren Windungsdurchmessers D der unbelasteten Feder	mm
A_d	zulässige Abweichung des Nenndurchmessers d	mm
A_{De}	zulässige Abweichung des äußeren Windungsdurchmessers D_e der unbelasteten Feder	mm
A_{Di}	zulässige Abweichung des inneren Windungsdurchmessers D_i der unbelasteten Feder	mm
A_F	zulässige Abweichung der Federkraft F bei vorgegebener Federlänge L	N
A_{L0}	zulässige Abweichung der Länge L_0 der unbelasteten Feder	mm
A_{nt}	zulässige Abweichung der Gesamtanzahl n_t der Windungen	–
A_R	zulässige Abweichung der Federrate R	N/mm
$D = \dfrac{D_e + D_i}{2}$	mittlerer Windungsdurchmesser	mm
D_e	äußerer Windungsdurchmesser	mm
D_i	innerer Windungsdurchmesser	mm
d	Draht- oder Stabdurchmesser vor dem Wickeln der Feder	mm
d_{max}	oberes Abmaß des Nenndurchmessers d	mm
e_1	zulässige Abweichung der Mantellinie von der Senkrechten, gemessen an der unbelasteten Feder (siehe Bild 1)	mm
e_2	zulässige Abweichung der Parallelität der geschliffenen Federenden der unbelasteten Feder, gemessen am Außendurchmesser D_e	mm
F_1 bis F_n	Federkräfte, zugeordnet den Federlängen L_1 bis L_n	N
F_p	Federkraft, zugeordnet der Prüflänge L_p	N
$F_{c\,theo}$	theoretische Federkraft, zugeordnet der Blocklänge L_c	N
L_0	Länge der unbelasteten Feder	mm
L_1 bis L_n	Längen der belasteten Feder, zugeordnet den Federkräften F_1 bis F_n	mm
L_c	Blocklänge, kleinste mögliche Federlänge (alle Windungen liegen aneinander)	mm
$L_n = L_c + S_a$	kleinste zulässige Prüflänge	mm
L_p	Länge der belasteten Feder, zugeordnet der Prüfkraft F_p	mm
L_S	Länge der Feder beim Vorsetzen	mm
n	Anzahl der wirksamen Windungen	–
n_t	Gesamtanzahl der Windungen	–
$R = \dfrac{\Delta F}{\Delta s}$	Federrate	N/mm
s_1 bis s_n	Federwege, zugeordnet den Federkräften F_1 bis F_n	mm

Formelzeichen	Benennung	Einheit
$s_c = L_0 - L_c$	Blockfederweg, zugeordnet der theoretischen Federkraft $F_{c\,theo}$	mm
s_p	Federweg, zugeordnet der Prüfkraft F_p	mm
$S_a = L_n - L_c$	Sicherheitsabstand, Summe der lichten Mindestabstände zwischen den wirksamen Windungen bei Federlänge L_n	mm
$w = \dfrac{D}{d}$	Wickelverhältnis	–

5 Ausführung

5.1 Werkstoff

Als Vormaterial für Federn nach dieser Norm gelten die Stahlsorten nach DIN 17 221 und DIN 17 225.

5.2 Windungsrichtung

Schraubendruckfedern werden in der Regel rechts gewickelt, in Federsätzen abwechselnd rechts und links, wobei die Außenfeder meist dem Regelfall „rechtsgewickelt" entspricht.

Falls Federn links gewickelt werden sollen, muß dieses durch die Angabe „linksgewickelt" aus den Zeichnungen oder den Anfrage- oder Bestellunterlagen ersichtlich sein.

5.3 Federenden

Die üblichen Ausführungsformen der Federenden sind Bild 2 zu entnehmen. Wird in den Zeichnungen nur eine Ausführungsform angegeben, so gilt diese für beide Federenden; eine Kombination zweier Ausführungsformen, z. B. Form 1 und Form 2, ist möglich.

Um beim Drücken der Feder auf Block ein gleichmäßiges Anliegen aller Windungen zu erreichen, soll die Gesamtanzahl der Windungen möglichst auf $^1/_2$ enden, vor allem bei kleinen Windungszahlen.

Form 1.
Enden angelegt und plangeschliffen

Bild 2. Ausführungsformen der Federenden

Form 2.
Enden angelegt, unbearbeitet

Form 3.
Enden geschmiedet, angelegt und plangeschliffen

6 Draht- oder Stabdurchmesser vor dem Wickeln

6.1 Stäbe nach DIN 2077 mit gewalzter Oberfläche

Tabelle 1. **Nenndurchmesser und zulässige Abweichungen**

Nenndurchmesser d	Zulässige Abweichungen A_d
$8 \leqq d \leqq 11{,}5$	± 0,15
$12 \leqq d \leqq 21{,}5$	± 0,2
$22 \leqq d \leqq 29{,}5$	± 0,25
$30 \leqq d \leqq 39$	± 0,3
$40 \leqq d \leqq 50$	± 0,4
$52 \leqq d \leqq 60$	± 0,5

6.2 Stäbe mit spanend bearbeiteter, d. h. gedrehter, geschälter oder geschliffener Oberfläche

Tabelle 2. **Zulässige Abweichungen des Nenndurchmessers**

Nenndurchmesser d	Zulässige Abweichungen A_d
$8 \leqq d \leqq 10$	± 0,05
$10 < d \leqq 20$	± 0,08
$20 < d \leqq 30$	± 0,10
$30 < d \leqq 40$	± 0,12
$40 < d$	± 0,15

7 Federkörper

7.1 Zulässige Abweichung der Länge der unbelasteten Feder

Bei Federn, bei denen die Federkräfte und die zugehörigen Federlängen vorgeschrieben sind, gilt die Länge L_0 der unbelasteten Feder grundsätzlich nur als Richtwert.

Wenn jedoch die Länge L_0 toleriert wird, gilt für die zulässige Abweichung

— für Federn aus Stäben mit gewalzter Oberfläche

$$A_{L0} = \pm\, 0{,}015 \left[\left(L_0 + s_c \right) \left(\frac{2}{n} + 1 \right) \right] \tag{1}$$

— für Federn aus Stäben mit spanend bearbeiteter Oberfläche

$$A_{L0} = \pm\, 0{,}012 \left[\left(L_0 + s_c \right) \left(\frac{2}{n} + 1 \right) \right] \tag{2}$$

In diesen Fällen kann zusätzlich nur noch die Federrate R vorgeschrieben werden.

7.2 Zulässige Abweichung des Windungsdurchmessers

In Anfrage- und Bestellunterlagen, Abnahmevorschriften und Zeichnungen ist nur ein Windungsdurchmesser anzugeben, der äußere Windungsdurchmesser D_e oder der innere Windungsdurchmesser D_i. Die Zahlenwerte der zulässigen Abweichungen in der Tabelle 3 gelten nur für die Endwindungen.

Tabelle 3. **Zulässige Abweichungen des äußeren oder inneren Windungsdurchmessers**

D_e bzw. D_i		A_{De}	bzw.	A_{Di}	
		Federn aus Stäben mit gewalzter Oberfläche bei Wickelverhältnis w		Federn aus Stäben mit spanend bearbeiteter Oberfläche bei Wickelverhältnis w	
über	bis	bis 8	über 8	bis 8	über 8
	50	± 0,8	± 1,2	± 0,6	± 0,8
50	65	± 1	± 1,5	± 0,7	± 1
65	80	± 1,2	± 1,8	± 0,8	± 1,2
80	100	± 1,5	± 2,3	± 1	± 1,5
100	125	± 1,7	± 2,6	± 1,1	± 1,7
125	160	± 2	± 3	± 1,3	± 2
160	200	± 2,2	± 3,3	± 1,5	± 2,2
200	250	± 2,6	± 3,9	± 1,8	± 2,6
250	300	± 3,1	± 4,6	± 2,1	± 3,1
300	460	± 4	± 5,5	± 2,5	± 4

Da die federnden Windungen größere Toleranzen aufweisen als für die Endwindungen in der Tabelle 3 angegeben, wird empfohlen, bei solchen Federn, die in einer Hülse oder über einem Dorn arbeiten, in Zeichnungen, Anfrage- und Bestellunterlagen auch den kleinsten Durchmesser der Hülse bzw. den größten Durchmesser des Dornes anzugeben (siehe Bild 1).

7.3 Zulässige Abweichung der Gesamtanzahl der Windungen

Für Federn aus Stäben mit gewalzter Oberfläche gilt:

$$A_{nt} = \pm\, 0{,}015 \cdot n_t \tag{3}$$

Für Federn aus Stäben mit spanend bearbeiteter Oberfläche gilt:

$$A_{nt} = \pm\, 0{,}012 \cdot n_t \tag{4}$$

7.4 Zulässige Abweichung e_1 der Mantellinie von der Senkrechten bei unbelasteter Feder und zulässige Abweichung e_2 der Parallelität der geschliffenen Federauflageflächen für Federn aus Stäben mit gewalzter oder spanend bearbeiteter Oberfläche

$$e_1 = 0{,}03 \cdot L_0 \qquad \text{(das entspricht } 1{,}7^\circ\text{)} \tag{5}$$

$$e_2 = 0{,}025 \cdot D_e \qquad \text{(das entspricht } 1{,}5^\circ\text{)} \tag{6}$$

8 Federkenngrößen

8.1 Zulässige Abweichung der Federkraft

Für Federn aus Stäben mit gewalzter Oberfläche gilt:

$$A_F = \pm\, 0{,}015 \left[\left(L_0 + s_p \right) \left(\frac{2}{n} + 1 \right) \cdot R \right] \tag{7}$$

Für Federn aus Stäben mit spanend bearbeiteter Oberfläche gilt:

$$A_F = \pm\, 0{,}012 \left[\left(L_0 + s_p \right) \left(\frac{2}{n} + 1 \right) \cdot R \right] \tag{8}$$

In Sonderfällen kann das Toleranzfeld der Federkraft für Federn, die paar- oder gruppenweise zusammenarbeiten, in Prüfgruppen unterteilt werden. Eine gezielte mengenmäßige Verteilung der Federn auf die Prüfgruppen ist nicht möglich.

8.2 Zulässige Abweichung der Federrate

Die Federrate soll nur dann toleriert werden, wenn sie das Funktionsverhalten der Feder ausschlaggebend beeinflußt. In diesem Falle darf zur Federrate R zusätzlich nur e i n e Federkraft F toleriert werden.

Die zulässige Abweichung der Federrate beträgt

— für Federn aus Stäben mit gewalzter Oberfläche:

$$A_R = \pm\, 0{,}065 \left(\frac{2}{n} + 1 \right) \cdot R \tag{9}$$

— für Federn aus Stäben mit spanend bearbeiteter Oberfläche:

$$A_R = \pm\, 0{,}045 \left(\frac{2}{n} + 1 \right) \cdot R \tag{10}$$

8.3 Blocklänge

Die Blocklänge beträgt

— bei Federn mit angelegten und plangeschliffenen Enden der Formen 1 und 3 nach Bild 2:

$$L_c = \left(n_t - 0{,}3 \right) \cdot d_{max} \tag{11}$$

— bei Federn mit unbearbeiteten Enden der Form 2 nach Bild 2:

$$L_c = \left(n_t + 1{,}1 \right) \cdot d_{max} \tag{12}$$

Für n_t ist die effektiv vorhandene Gesamtanzahl der Windungen, gerundet auf e i n e Stelle h i n t e r dem Komma, in die Gleichung einzusetzen.

Falls die Blocklänge festgelegt ist, sind besondere Vereinbarungen über die Kenngrößen zu treffen, für die der Fertigungsausgleich gilt.

8.4 Sicherheitsabstand

Der Sicherheitsabstand S_a soll bei der Federlänge L_n

$$S_a \geqq 0{,}02 \cdot D_e \cdot n \tag{13}$$

betragen, d. h. der lichte Windungsabstand je Windung $\left(\frac{S_a}{n} \right)$ soll $\geqq$ 2 % des äußeren Windungsdurchmessers D_e sein. Innerhalb von S_a kann die Federkennlinie stark progressiv werden.

9 Fertigungsausgleich

Um die vorgeschriebenen, zulässigen Abweichungen der Federkenngrößen einhalten zu können, benötigt der Hersteller einen Fertigungsausgleich.

Tabelle 4. **Zuordnung vorgeschriebener Kenngrößen zum Fertigungsausgleich**

Vorgeschriebene Kenngrößen	Fertigungsausgleich durch		
Eine Federkraft mit zugehöriger Länge und die Federrate	L_0	d	n_t
Zwei Federkräfte mit zugehörigen Längen	L_0	d	n_t
Länge L_0 der unbelasteten Feder und die Federrate	d	n_t	

Falls im Ausnahmefall die Gesamtzahl der Windungen vorgeschrieben ist, entfällt diese als Fertigungsausgleich.

10 Prüfung

Entsprechend den zu messenden Federkräften ist eine Federprüfmaschine der Klasse 1 nach DIN 51 220 zu verwenden.

Die Feder wird erforderlichenfalls mit Führungen oder Prüftellern in die Federprüfmaschine eingesetzt und in Richtung ihrer Federachse beansprucht.

Die nach DIN 2089 Teil 1 [*]) errechnete Federkennlinie (Kraft-Weg-Diagramm) der zylindrischen Schraubendruckfeder ist eine Gerade. Praktisch entwickelt sich diese Kennlinie besonders zu Beginn und im Auslauf nicht linear. Falls die Federrate R durch Ermittlung der Federkennlinie geprüft werden soll, müssen die Messungen deshalb im Bereich von $0,3 \cdot F_n$ bis $0,7 \cdot F_n$ durchgeführt werden, wobei F_n der kleinsten zulässigen Prüflänge L_n zugeordnet ist.

Vor der Prüfung der Federkennwerte wird die Feder mindestens einmal auf Blocklänge oder auf eine zu vereinbarende Federlänge L_S gedrückt. Beim Anfahren der Blocklänge darf die Federkraft höchstens das 1,5fache der theoretischen Federkraft $F_{c\,theo}$ betragen.

Anschließend werden die vorgeschriebenen Federlängen L angefahren und die zugehörigen Federkräfte F gemessen.

Die Federrate R ist danach:

$$R = \frac{F_2 - F_1}{L_1 - L_2} = \frac{F_2 - F_1}{s_2 - s_1} = \frac{\Delta F}{\Delta L} = \frac{\Delta F}{\Delta s} \tag{14}$$

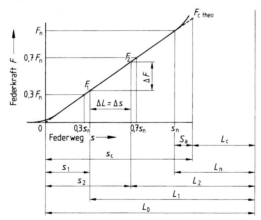

Bild 3. Prüfdiagramm

---

[*]) Entwurf Januar 1979

Zitierte Normen

DIN 2077	Federstahl, rund, warmgewalzt; Maße, zulässige Maß- und Formabweichungen
DIN 2089 Teil 1 *)	Zylindrische Schraubendruckfedern aus runden Drähten und Stäben; Berechnung und Konstruktion
DIN 2096 Teil 2	Zylindrische Schraubendruckfedern aus runden Stäben; Güteanforderungen für Großserienfertigung
DIN 17 221	Warmgewalzte Stähle für vergütbare Federn; Gütevorschriften
DIN 17 225	Warmfeste Stähle für Federn; Güteeigenschaften
DIN 51 220	Werkstoffprüfmaschinen; Allgemeine Richtlinien

*) Entwurf Januar 1979

Frühere Ausgaben

DIN 2075: 07.49;   DIN 2096: 07.56, 10.56, 01.71, 01.74

Änderungen

Gegenüber der Ausgabe Januar 1974 wurden folgende Änderungen vorgenommen:
DIN 2096 in DIN 2096 Teil 1 geändert. Geltungsbereich erweitert. Inhalt sachlich und redaktionell überarbeitet, siehe Erläuterungen.

Erläuterungen

Die Veröffentlichung von DIN 2096 Teil 2 – Zylindrische Schraubendruckfedern aus runden Stäben; Güteanforderungen für Großserienfertigung – im Januar 1979 machte die Überarbeitung und sinngemäße Abgrenzung der Norm DIN 2096, Ausgabe Januar 1974, erforderlich.

Bei der Überarbeitung ergaben sich redaktionelle und sachliche Änderungen.

Die redaktionellen Änderungen beziehen sich auf gleichartige Formelzeichen und Maßbuchstaben, mit denen der Federkörper und seine Funktion im Teil 2 und anderen Federnormen beschrieben werden.

Eine geänderte Gliederung erleichtert den Überblick über die Güteanforderungen an das Vormaterial, den Federkörper und seine Charakteristik.

Die sachlichen Änderungen betreffen die Gleichungen zur Ermittlung der zulässigen Abweichungen der Sollwerte des Federkörpers und der Federkennwerte. Durch computergestützte Berechnungen der erreichbaren Fertigungsqualität und der Streubreite der Federkennwerte konnten Gleichungen abgeleitet werden, die so verfeinert sind, daß deutlicher zwischen dem Vormaterial mit gewalzter oder spanend bearbeiteter Oberfläche unterschieden werden kann und daß auch an den Grenzen des Geltungsbereichs dieser Norm Rechenwerte für die zulässigen Abweichungen anfallen, die praxiskonform sind.

Die Anzahl der Anforderungen wurde erweitert um die zulässigen Abweichungen der Gesamtanzahl der Windungen bei Vormaterialien mit gewalzter oder spanend bearbeiteter Oberfläche.

Zylindrische Schraubenfedern
aus runden Drähten
Gütevorschriften für kaltgeformte Zugfedern

DIN
2097

Helical springs made of round wire; specifications for cold coiled tension springs

Frühere Ausgaben:
DIN 2075: 7.49
DIN 2097: 7.56

Nachdruck, auch auszugsweise, nur mit Genehmigung des Deutschen Normenausschusses, Berlin 30, gestattet.

Änderung Mai 1973:
Zulässige Abweichungen sowie Gütegrade, Angaben über Darstellung, Formelzeichen und Ösenöffnungen geändert. Norm redaktionell überarbeitet. Siehe auch Erläuterungen.

Diese Norm gilt für kaltgeformte Zugfedern aus patentiert gezogenen bzw. vergüteten Federdrähten bis ≈ 17 mm Drahtdurchmesser. Über 17 mm Drahtdurchmesser und bei hohen Beanspruchungen schon ab 10 mm Drahtdurchmesser können Zugfedern ohne Vorspannung aus gezogenen oder gewalzten nichtvergüteten Federdrähten warmgeformt und anschließend vergütet werden. Da das letztere Verfahren selten angewendet wird, sind Toleranzen hierfür nicht vorgesehen. Im Bedarfsfall kann vom Federnhersteller Auskunft erteilt werden.

Für diese Norm gelten weiter die unter Abschnitt 3.6 angeführten Werkstoffe und nachfolgende Grenzwerte:

Mittlerer Windungsdurchmesser D_m bis 160 mm   Anzahl der federnden Windungen i_f ≧ 3

Länge der unbelasteten Feder L_0 bis 1500 mm   Wickelverhältnis w 4 bis 20

Maße in mm

1. Darstellung

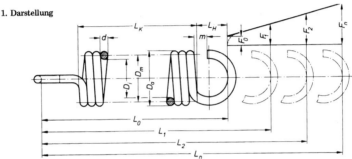

Bild 1. Zugfeder

2. Formelzeichen, Maßbuchstaben, Benennungen und Einheiten

a_0	Größe zur Bestimmung der Abweichungen für die Ösenstellung (Einfluß des Wickelverhältnisses und der Windungszahl)	in °
a_F	Größe zur Bestimmung der Abweichungen von Federkraft und Federlänge (Einfluß der Form und Abmessungen)	in N
c	$= \dfrac{\Delta F}{\Delta s}$ Federrate	in N/mm
d	Drahtdurchmesser	in mm
d_{max}	Nennmaß des Drahtdurchmessers nach DIN 2076 bzw. DIN 1757, vermehrt um das obere Abmaß	in mm
i_f	Anzahl der federnden Windungen	
i_g	Gesamtanzahl der Windungen	

k_f	Faktor zur Bestimmung der Abweichungen von Federkraft und Federlänge (Einfluß der federnden Windungen)	
m	Hakenöffnungsweite	in mm
s_1 bis s_n	Federwege, zugeordnet den Federkräften F_1 bis F_n	in mm
w	$= \dfrac{D_m}{d}$ Wickelverhältnis	
A_0	Zulässige Abweichung der Ösenstellung der unbelasteten Feder	in °
A_D	Zulässige Abweichung des Windungsdurchmessers (D_a, D_i, D_m) der unbelasteten Feder	in mm
A_F	Zulässige Abweichung der Federkraft F bei vorgegebener Federlänge L	in N

Fortsetzung Seite 2 bis 10
Erläuterungen Seite 10

Ausschuß Federn im Deutschen Normenausschuß (DNA)

A_{L0} Zulässige Abweichung der Länge L_0
der unbelasteten Feder   in mm

D_a Äußerer Windungsdurchmesser   in mm

D_i Innerer Windungsdurchmesser   in mm

$D_m = \dfrac{D_a + D_i}{2}$ Mittlerer Windungsdurchmesser   in mm

F_0 Beim Wickeln erzeugte
Vorspannkraft   in N

F_1 bis F_n Federkräfte, zugeordnet den
Federlängen L_1 bis L_n in N

L_H Abstand der Ösen-Innenkante
vom Federkörper   in mm

L_K Länge des unbelasteten Federkörpers mit Vorspannung   in mm

L_0 Länge der unbelasteten Feder,
gemessen zwischen den Ösen-Innenkanten   in mm

L_1 $> L_0 + A_{L0}$ Länge bei der kleinsten
Prüfkraft F_1 in mm

L_1 bis L_n Längen der belasteten Feder,
gemessen zwischen den Ösen-Innenkanten, zugeordnet den Federkräften F_1 bis F_n in mm

Q Beiwert des Gütegrades

3. Ausführung

3.1. Windungsrichtung

Wenn keine besondere Windungsrichtung erforderlich ist,
sollte man „beliebig" zulassen. Die Windungsrichtung
rechts oder links müssen gesondert vereinbart werden.

3.2. Ösenform

Zur Überleitung der Federkraft dienen die in Bild 2 bis
Bild 14 gezeigten üblichen Ösenformen und Anschluß-
elemente. Bei der Wahl der Ösenform ist zu berücksichtigen,
daß der kleinste Innenradius der Öse nicht kleiner als der
Drahtdurchmesser d sein sollte.
Die in Bild 1 dargestellte Lage der Ösenöffnung ist 90°
versetzt, die Gesamtanzahl der Windungen endet auf $1/4$.
Die Ösenöffnung ist in der Zeichnung zu bemaßen. Ist
die Hakenöffnungsweite m nicht vorgeschrieben, muß
die Öse geschlossen ausgeführt werden, um ein Ineinander-
haken (besonders bei kleinen Federn) zu vermeiden.
Die Lage des Drahtendes ist aus fertigungstechnischen
Gründen vom Hersteller wählbar. Ist m vorgeschrieben,
soll die Ösenöffnung $\geq 2\,d$ sein.
Für Ösen, deren Außendurchmesser theoretisch nicht
größer als der Federkörper-Außendurchmesser sein soll
(Bild 2, 3, 7 und 9), gelten für den maximalen Ösen-
Überstand über die Federkörper-Mantelfläche die folgenden
vorläufigen Richtwerte, sofern L_H nicht größer als
$1,5\,D_i$ ist:

	Gütegrad 1	Gütegrad 2	Gütegrad 3
$w < 6$	$0,5\,d$	d	$2\,d$
$w = 6\text{-}12$	$0,75\,d$	$1,5\,d$	$3\,d$
$w > 12$	nach Vereinbarung mit dem Hersteller		

3.3. Ösen- bzw. Hakenöffnungen und genaue Gesamt-
anzahl der Windungen

Für Federn mit Ösen nach Bild 2 bis 9 und 14 wird die
Gesamtanzahl der Windungen i_g durch die Stellung der
Ösen festgelegt (Bild 15). Bei vereinfachter Betrachtung —
ohne Berücksichtigung der Auffederung der Ösen —
ist $i_g = i_f$.
Bei Federn mit eingeschraubten oder eingerollten Endstücken, Bild 10 bis 13, ist $i_g = i_f$ + Anzahl der durch
Einrollen oder Einschrauben von Endstücken nicht
federnden Windungen.

3.4. Abstand zwischen den federnden Windungen

Bei Zugfedern mit Vorspannung liegen die Windungen
aneinander. Bei Zugfedern ohne Vorspannung liegen die
fertigungsbedingt die Windungen nicht immer aneinander. Es treten erhöhte Längentoleranzen auf (siehe
Abschnitt 4.4.2).

3.5. Länge der Zugfedern

Die Länge des Federkörpers mit eingewundener Vorspannung ist

$$L_K \approx (i_g + 1)\,d_{max}$$

Die Länge der unbelasteten Feder, gemessen zwischen
den Ösen-Innenkanten, ist

$$L_0 \approx L_K + 2\,L_H + \text{Zahlenwert aus Tabelle 3.}$$

Fertigungsbereiche für L_H sind zu den Bildern 2 bis 6
und 9 angegeben.

3.6. Werkstoff

Gruppe 1   DIN 17 223   Blatt 1   Runder Federstahldraht,
Gütevorschriften; Patentiert-
gezogener Federdraht aus
unlegierten Stählen

DIN 17 223   Blatt 2   —; Vergüteter Federdraht
und vergüteter Ventilfeder-
draht aus unlegierten Stählen

DIN 17 224   (Vornorm) Federdraht und
Federband aus nichtrostenden
Stählen, Gütevorschriften

Gruppe 2   DIN 17 225   (Vornorm) Warmfeste Stähle
für Federn; Güteeigenschaften

DIN 17 672   Blatt 1   Stangen und Drähte
aus Kupfer und Kupfer-Knetlegierungen; Festigkeitseigenschaften

DIN 17 672   Blatt 2   —; Technische
Lieferbedingungen

DIN 17 682   Runde Federdrähte aus Kupfer-
Knetlegierungen; Festigkeits-
eigenschaften, Technische
Lieferbedingungen

3.7. Oberflächenschutz

Üblicherweise werden Federn geölt oder gefettet. Andere
Korrosionsschutzverfahren sind mit dem Hersteller zu
vereinbaren.

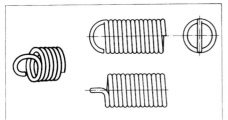

Bild 2. Halbe deutsche Öse $L_H = 0,55\ D_i$ bis $0,8\ D_i$

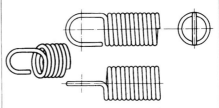

Bild 7. Hakenöse

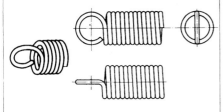

Bild 3. Ganze deutsche Öse $L_H = 0,8\ D_i$ bis $1,1\ D_i$

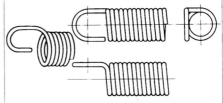

Bild 8. Hakenöse seitlich hochgestellt

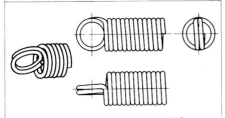

Bild 4. Doppelte deutsche Öse $L_H = 0,8\ D_i$ bis $1,1\ D_i$

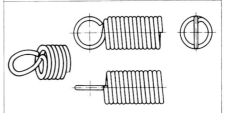

Bild 9. Englische Öse $L_H \approx 1,1\ D_i$

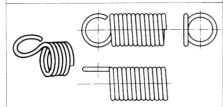

Bild 5. Ganze deutsche Öse seitlich hochgestellt
$L_H \approx D_i$

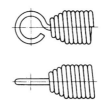

Bild 10. Haken eingerollt

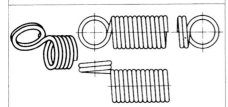

Bild 6. Doppelte deutsche Öse seitlich hochgestellt
$L_H \approx D_i$

Bild 11. Gewindebolzen eingerollt

169

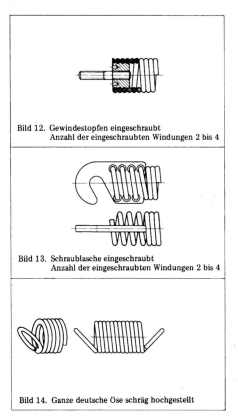

Bild 12. Gewindestopfen eingeschraubt
Anzahl der eingeschraubten Windungen 2 bis 4

Bild 13. Schraublasche eingeschraubt
Anzahl der eingeschraubten Windungen 2 bis 4

Bild 14. Ganze deutsche Öse schräg hochgestellt

Darstellung der Feder		
Ösenform nach Bild	Anzahl der Windungen nach dem Komma	Ösenöffnung gegeneinander versetzt im Sinne der Rechtsschraube
3	...00 (0)	0°
3	...25 (¹/₄)	90°
3	...50 (¹/₂)	180°
3	...75 (³/₄)	270°
5	...50 (¹/₂)	0°
5	...75 (³/₄)	90°
5	...00 (0)	180°
5	...25 (¹/₄)	270°

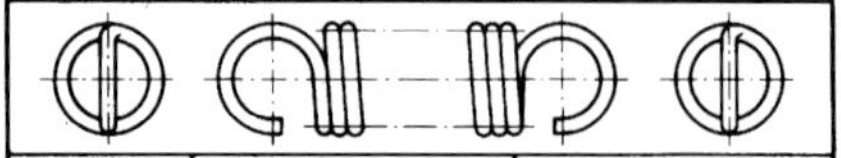

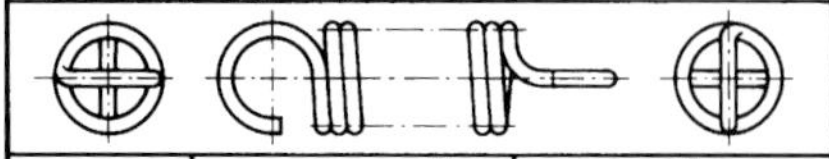

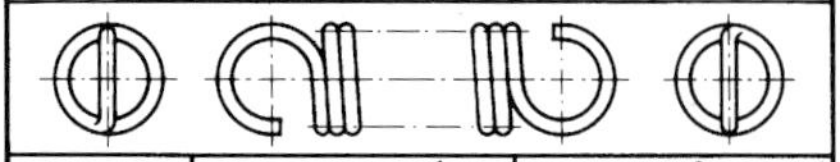

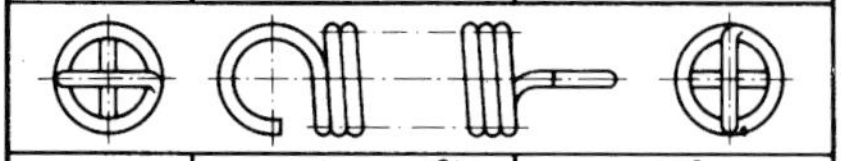

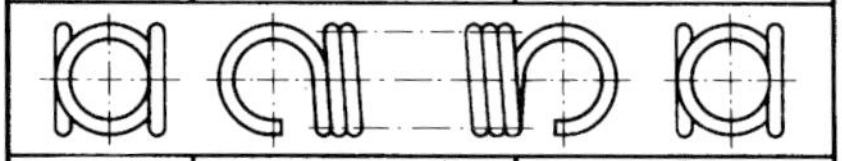

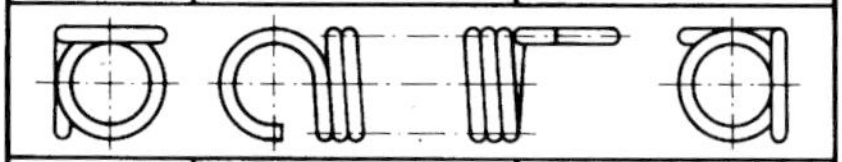

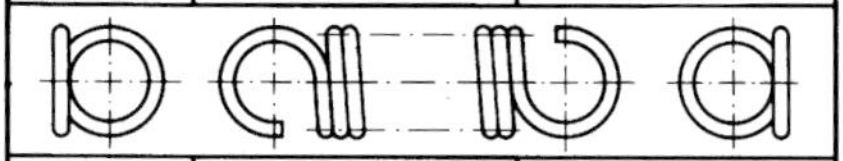

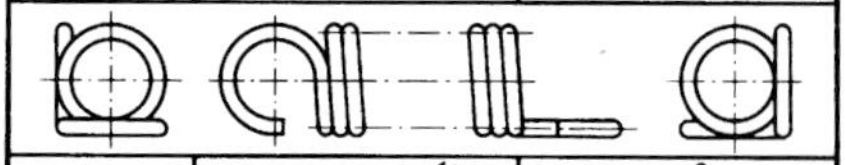

Bild 15.
Häufigste Stellung der Ösenöffnungen sowie die dazugehörigen Angaben zur Gesamtanzahl der Windungen.
(In Vordruck B nach DIN 2099 Blatt 2, Pos. 3 eintragen).

170

4. Gütegrade, zulässige Abweichungen

Für die Federn sind die Gütegrade 1, 2 und 3 festgelegt (Beiwerte Q siehe Tabelle 2).

Alle nachstehend aufgeführten zulässigen Abweichungen gelten nur für die Werkstoffgruppe 1. Für Werkstoffgruppe 2 und für schlußvergütete Federn sind zulässige Abweichungen zwischen Hersteller und Verbraucher zu vereinbaren.

Die Auswahl unter den Gütegraden 1, 2 und 3 richtet sich nach den betrieblichen Anforderungen. Der geforderte Gütegrad und die zulässigen Abweichungen sind ausdrücklich zu vereinbaren oder im Zeichnungsvordruck (siehe auch DIN 2099 Blatt 2) anzugeben.

Fehlt eine solche Angabe, so gilt der Gütegrad 2.

Im Interesse einer rationellen Fertigung soll der Gütegrad 1 nur vorgeschrieben werden, wenn die Verwendung es erfordert. In diesem Sinne brauchen nicht alle Größen der Abschnitte 4.1 bis 4.5 einem Gütegrad anzugehören. Werden kleinere Abweichungen als ,,1'' verlangt, so sind Vereinbarungen mit dem Hersteller zu treffen.

4.1. Zulässige Abweichungen der Drahtdurchmesser

Nach DIN 2076 Runder Federdraht; Maße, Gewichte, zulässige Abweichungen (gilt auch für Federdrähte aus Kupfer-Knetlegierungen nach DIN 17 682)

DIN 1757 Drähte aus Kupfer und Kupfer-Knetlegierungen, gezogen; Maße

4.2. Zulässige Abweichungen A_D für den Windungsdurchmesser bei unbelasteter Feder

Siehe Tabelle 1.

In den Zeichnungen, Anfrage- und Bestellunterlagen ist nur der wichtige Windungsdurchmesser anzugeben. Die für D_m festgelegten zulässigen Abweichungen gelten sowohl für die zugehörigen Durchmesser D_i als auch für D_a.

Bei größeren Wickelverhältnissen als w = 20 sind über die Durchmessertoleranzen Vereinbarungen mit dem Hersteller zu treffen.

Tabelle 1.

D_m über	D_m bis	Zulässige Abweichungen A_D in mm Gütegrad 1 bei Wickelverhältnis w 4 bis 8	über 8 bis 14	über 14 bis 20	Gütegrad 2 bei Wickelverhältnis w 4 bis 8	über 8 bis 14	über 14 bis 20	Gütegrad 3 bei Wickelverhältnis w 4 bis 8	über 8 bis 14	über 14 bis 20
0,63	1	± 0,05	± 0,07	± 0,1	± 0,07	± 0,1	± 0,15	± 0,1	± 0,15	± 0,2
1	1,6	± 0,05	± 0,07	± 0,1	± 0,08	± 0,1	± 0,15	± 0,15	± 0,2	± 0,3
1,6	2,5	± 0,07	± 0,1	± 0,15	± 0,1	± 0,15	± 0,2	± 0,2	± 0,3	± 0,4
2,5	4	± 0,1	± 0,1	± 0,15	± 0,15	± 0,2	± 0,25	± 0,3	± 0,4	± 0,5
4	6,3	± 0,1	± 0,15	± 0,2	± 0,2	± 0,25	± 0,3	± 0,4	± 0,5	± 0,6
6,3	10	± 0,15	± 0,15	± 0,2	± 0,25	± 0,3	± 0,35	± 0,5	± 0,6	± 0,7
10	16	± 0,15	± 0,2	± 0,25	± 0,3	± 0,35	± 0,4	± 0,6	± 0,7	± 0,8
16	25	± 0,2	± 0,25	± 0,3	± 0,35	± 0,45	± 0,5	± 0,7	± 0,9	± 1,0
25	31,5	± 0,25	± 0,3	± 0,35	± 0,4	± 0,5	± 0,6	± 0,8	± 1,0	± 1,2
31,5	40	± 0,25	± 0,3	± 0,35	± 0,5	± 0,6	± 0,7	± 1,0	± 1,2	± 1,5
40	50	± 0,3	± 0,4	± 0,5	± 0,6	± 0,8	± 0,9	± 1,2	± 1,5	± 1,8
50	63	± 0,4	± 0,5	± 0,6	± 0,8	± 1,0	± 1,1	± 1,5	± 2,0	± 2,3
63	80	± 0,5	± 0,7	± 0,8	± 1,0	± 1,2	± 1,4	± 1,8	± 2,4	± 2,8
80	100	± 0,6	± 0,8	± 0,9	± 1,2	± 1,5	± 1,7	± 2,3	± 3,0	± 3,5
100	125	—	—	—	± 1,4	± 1,9	± 2,2	± 2,8	± 3,7	± 4,4
125	160	—	—	—	± 1,8	± 2,3	± 2,7	± 3,5	± 4,6	± 5,4

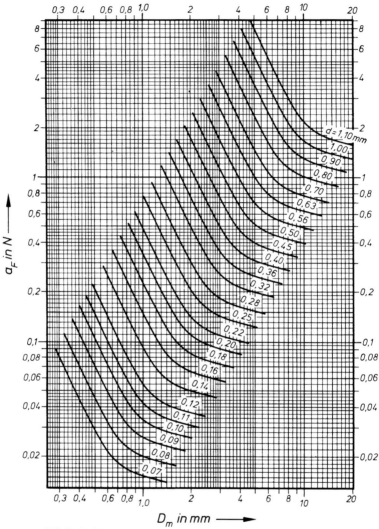

Bild 16. Größe a_F
Einfluß der Form und Abmessungen auf die Abweichungen von Federkraft
und Federlänge für die Drahtdurchmesser 0,07 bis 1,1 mm

**4.3. Zulässige Abweichungen A_F für die Federkraft F
bei vorgegebener Federlänge L (gilt für Zugfedern
mit und ohne eingewundene Vorspannung)**

Die zulässige Abweichung für die Federkraft beträgt

$$A_F = \pm \left(a_F \cdot k_f + \frac{1{,}5\,F}{100} \right) \cdot Q$$

Die Größe a_F ist den Bildern 16 und 17 zu entnehmen.
Der Faktor k_f ist aus Bild 18, der Beiwert Q aus Tabelle 2
zu entnehmen.

Tabelle 2.

Gütegrad	Q
1	0,63
2	1,00
3	1,60

172

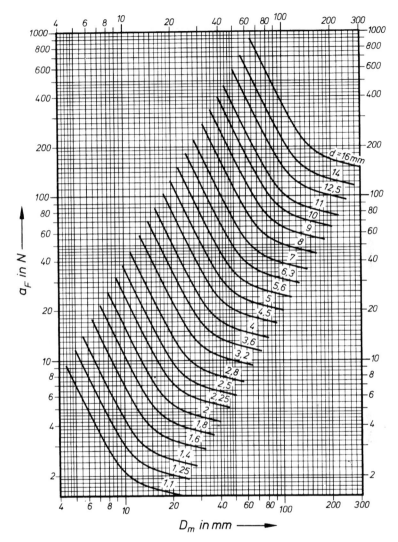

Bild 17. Größe a_F
Einfluß der Form und Abmessungen auf die Abweichungen von Federkraft und
Federlänge für die Drahtdurchmesser 1,1 bis 16 mm

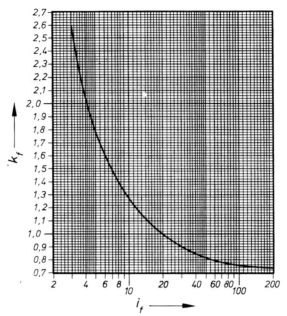

Bild 18. Faktor k_f
Einfluß der federnden Windungen auf die Abweichungen
von Federkraft und Federlänge

4.4. Zulässige Abweichungen A_{LO} für die Länge L_0 der unbelasteten Feder

L_0 ist nur in Übereinstimmung mit Abschnitt 4.6 zu tolerieren.

4.4.1. Zulässige Abweichungen A_{LO} für die Länge L_0 der unbelasteten Feder mit eingewundener Vorspannung

Siehe Tabelle 3.

4.4.2. Zulässige Abweichungen A_{LO} für die Länge L_0 der unbelasteten Feder ohne eingewundene Vorspannung (Zugfeder mit Windungsabstand)

Die zulässige Abweichung ist

$$A_{LO} = \pm \left(\frac{a_F \cdot k_f \cdot Q}{c} + \begin{array}{l}\text{Zahlenwert für Gütegrad 1 aus} \\ \text{Tabelle 3}\end{array} \right)$$

Tabelle 3.

L_0	Zulässige Abweichungen A_{LO} in mm					
	Gütegrad 1 bei Wickelverhältnis w		Gütegrad 2 bei Wickelverhältnis w		Gütegrad 3 bei Wickelverhältnis w	
	4 bis 8	über 8 bis 20	4 bis 8	über 8 bis 20	4 bis 8	über 8 bis 20
bis 10	± 0,3	± 0,4	± 0,4	± 0,5	± 0,6	± 0,7
über 10 bis 16	± 0,4	± 0,5	± 0,5	± 0,6	± 0,8	± 1,0
über 16 bis 25	± 0,5	± 0,6	± 0,6	± 0,7	± 1,0	± 1,3
über 25 bis 40	± 0,6	± 0,8	± 0,8	± 0,9	± 1,3	± 1,6
über 40 bis 63	± 0,8	± 1,1	± 1,1	± 1,3	± 1,8	± 2,2
über 63 bis 100	± 1,1	± 1,5	± 1,5	± 1,8	± 2,4	± 3,0
über 100 bis 160	± 1,5	± 2,0	± 2,0	± 2,4	± 3,0	± 4,0
über 160 bis 250	± 2,0	± 2,5	± 2,5	± 3,0	± 4,0	± 5,0
über 250 bis 400	± 2,5	± 3,0	± 3,0	± 4,0	± 5,0	± 6,5
über 400	± 1 % von L_0	± 1 % von L_0	± 1,5 % von L_0	± 1,5 % von L_0	± 2 % von L_0	± 2 % von L_0

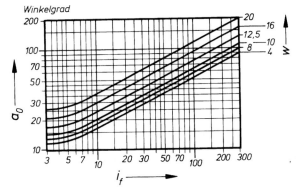

Bild 19. Größe a_0 in Winkelgrad
Einfluß des Wickelverhältnisses und der Windungs-
anzahl auf die Abweichung der Ösenstellung

4.5. Zulässige Abweichungen für die Ösenstellung

Die zulässigen Abweichungen für die Ösenstellung
unbelasteter Federn sind

$$A_0 = \pm a_0 \cdot Q$$

a_0 ist Bild 19 zu entnehmen und Q aus Tabelle 2.

Besitzt die Feder eine eingewundene Vorspannung F_0,
so entsteht zwischen den Windungen Reibung. Es gibt
einen Bereich, in dem die Öse in jeder Stellung verharrt
(Verharrungsbereich). Durch diese Reibung wird die
Ösenstellungsabweichung scheinbar vergrößert. Dies ist
bei der Prüfung zu berücksichtigen.

4.6. Fertigungsausgleich

Der Hersteller braucht einen Fertigungsausgleich, um
die vorgeschriebenen Belastungsfälle einzuhalten.

Vorgeschriebene Größen	Fertigungsausgleich durch:
Eine Federkraft, zugehörige Länge der gespannten Feder und L_0	F_0 und D_m
Eine Federkraft, zugehörige Länge der gespannten Feder und F_0	L_0, i_f und d oder L_0 und D_m
Zwei Federkräfte und zugehörige Längen der gespannten Feder	L_0, i_f und d oder F_0 und D_m

Die Zahlenwerte der zum Fertigungsausgleich freigegebe-
nen Größen sind in der Zeichnung anzugeben und gelten
nur als Richtwerte.

Bei Vornahme eines Fertigungsausgleiches ist darauf zu
achten, daß die zulässige Schubspannung nicht überschritten
wird (siehe DIN 2089 Blatt 2 Vornorm).

5. Prüfung

5.1. Prüfung von Federlängen und Federkräften

Die Prüfung von Federlängen und Federkräften ist an der
senkrechthängenden Feder durchzuführen. Zulässige
Abweichung der Kraftanzeige: $\pm 1\%$.

Sind in der Zeichnung zwei Prüflängen angegeben, so ist
die Feder zuerst bei L_n bzw. L_2 und dann bei L_1 zu
prüfen (Setzverlust = Abbau der Vorspannung).

5.2. Kennlinie

Die nach DIN 2089 Blatt 2 (Vornorm) errechnete Kennlinie (Kraft-Weg-Linie) der Zugfeder ist eine Gerade, deren
Ordinatenabschnitt der Vorspannkraft entspricht.
Praktisch entwickelt sich diese Kennlinie zu Beginn, also
von der Ordinate aus, nicht linear. Aus diesem Grunde
muß für die Prüfung der Feder die kürzeste Prüflänge
mindestens so groß sein, daß zwischen allen Federwin-
dungen ein sichtbarer Zwischenraum vorhanden ist.
Zur Ermittlung der Vorspannkraft werden die den
Federwegen s_1 und $s_2 = 2\,s_1$ zugeordneten Federkräfte
F_1 und F_2 gemessen. Die Vorspannkraft ist dann

$$F_0 = F_1 - (F_2 - F_1) = 2\,F_1 - F_2$$

Die Federrate c ist

$$c = \frac{\Delta F}{\Delta s} = \frac{F_2 - F_1}{s_2 - s_1}$$

wobei ΔF der Kraftzuwachs zur Federwegzunahme Δs
ist (siehe Bild 20).

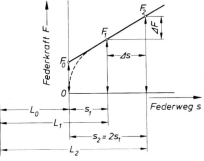

Bild 20. Prüfdiagramm

175

Hinweise auf weitere Normen

DIN 1757 Drähte aus Kupfer und Kupfer-Knetlegierungen, gezogen; Maße

DIN 2076 Runder Federdraht; Maße, Gewichte, Zulässige Abweichungen

DIN 2089 Blatt 2 (Vornorm) Zylindrische Schraubenfedern aus runden Drähten und Stäben; Berechnung und Konstruktion von Zugfedern

DIN 2095 Zylindrische Schraubenfedern aus runden Drähten; Gütevorschriften für kaltgeformte Druckfedern

DIN 2096 Zylindrische Schraubenfedern aus runden Stäben; Gütevorschriften für nach der Formgebung vergütete Druckfedern

DIN 2099 Blatt 2 Zylindrische Schraubenfedern aus runden Drähten; Angaben für Zugfedern; Vordruck

DIN 17 223 Blatt 1 Runder Federstahldraht, Gütevorschriften; Patentiert-gezogener Federdraht aus unlegierten Stählen

DIN 17 223 Blatt 2 —; Vergüteter Federdraht und Federband aus unlegierten Stählen

DIN 17 224 (Vornorm) Federdraht und Federband aus nichtrostenden Stählen, Gütevorschriften

DIN 17 225 (Vornorm) Warmfeste Stähle für Federn; Güteeigenschaften

DIN 17 672 Blatt 1 Stangen und Drähte aus Kupfer und Kupfer-Knetlegierungen; Festigkeitseigenschaften

DIN 17 672 Blatt 2 —; Technische Lieferbedingungen

DIN 17 682 Runde Federdrähte aus Kupfer-Knetlegierungen; Festigkeitseigenschaften, Technische Lieferbedingungen

Erläuterungen

Diese Norm enthält die zwischen den beteiligten Industriekreisen nach dem Stand der Technik getroffenen Vereinbarungen über Auslegung, Anforderungen und Prüfung bei kaltgeformten Zugfedern. Es werden die Gütegrade 1, 2 und 3 unterschieden, wobei die zulässigen Abweichungen bei Gütegrad 1 das 0,63fache und die zulässigen Abweichungen bei Gütegrad 3 das 1,6fache des mittleren Gütegrades 2 ausmachen. Zugfedern, deren Kraft- und Längenabweichungen dem Gütegrad 1 entsprechen, können vom Hersteller bei üblichem Fertigungsaufwand und den heute gegebenen Meßmethoden im Mittel mit 1 % Ausschuß gefertigt werden. Derartige Federn müssen 100 %ig geprüft werden und verursachen dadurch einen erhöhten Fertigungsaufwand. Gütegrad 2 sollte darum bevorzugt vorgeschrieben werden, weil dieser Gütegrad mit Hilfe einer gut organisierten Stichprobenprüfung während der Fertigung ohne Vollprüfung garantiert werden kann. Gütegrad 2 wird meistens das günstigste Kosten-Qualitätsverhältnis ergeben.

Über einen längeren Zeitabschnitt wurden in einer Gemeinschaftsarbeit die in der Fertigung anfallenden Federkraftabweichungen untersucht und statistisch ausgewertet. Nach dieser Arbeit ist die zulässige Abweichung der Federkraft eine Funktion der Federabmessungen D_m, d, i_t und F. Die festgelegte Art der Abhängigkeit bei Zugfedern gilt in gleicher Weise auch für Druckfedern (vergleiche DIN 2095). Außerdem besteht über die Feder-rate ein Zusammenhang zwischen der Federkraft- und Federlängenabweichungen bei Zugfedern ohne eingewundene Vorspannung. Die Gütegrade bzw. zulässigen Abweichungen nach dieser Norm unterscheiden sich von denen der früheren Ausgaben. Die Gütegradbezeichnungen 1, 2 und 3 wurden deshalb neu eingeführt.

In Angleichung an bestehende Grundnormen wurden die Formelzeichen

F Federkraft (früher P) und

s Federweg (früher f)

geändert.

Anstelle der Krafteinheit Kilopond (kp) wurde die gesetzliche Krafteinheit Newton (N) festgelegt. (Umrechnung:

genau   1 kp = 9,80665 N,

gerundet 1 kp $\approx$ 10 N).

Weitere Änderungen gegenüber der früheren Ausgabe sind die Neufestlegung der Bestimmung von A_D, A_0 und A_{L0} bei Zugfedern mit eingewundener Vorspannung. Da in der Praxis häufig Unklarheit über die Ösenform und die Anzahl der Windungen in Verbindung mit der Lage der Ösenöffnungen zueinander besteht, wurden entsprechende Angaben in Abschnitt 3.2 und 3.3 aufgenommen.

	Antriebselemente **Schmalkeilriemenscheiben** Maße Werkstoff	**DIN** **2211** Teil 1

Driving components; grooved pulleys for narrow V-belts; dimensions; materials   Ersatz für Ausgabe 08.82

Zusammenhang mit der von der International Organization for Standardization (ISO) herausgegebenen Internationalen Norm ISO 4183 — 1980, siehe Erläuterungen.

Maße in mm

1 Anwendungsbereich

Diese Norm behandelt Schmalkeilriemenscheiben für den Maschinenbau. Keilriemenscheiben nach dieser Norm gelten für Schmalkeilriemen nach DIN 7753 Teil 1. Sie sind auch für Keilriemen nach DIN 2215 und DIN 2216 verwendbar (siehe Tabelle 1).

2 Maße, Bezeichnung

Die Schmalkeilriemenscheiben brauchen der bildlichen Darstellung nicht zu entsprechen; nur die angegebenen Maße sind einzuhalten.

Allgemeintoleranzen: DIN 7168 — m

Für Nabenlänge l: + IT 14 nach DIN 7151, unteres Abmaß 0

Kranzformen

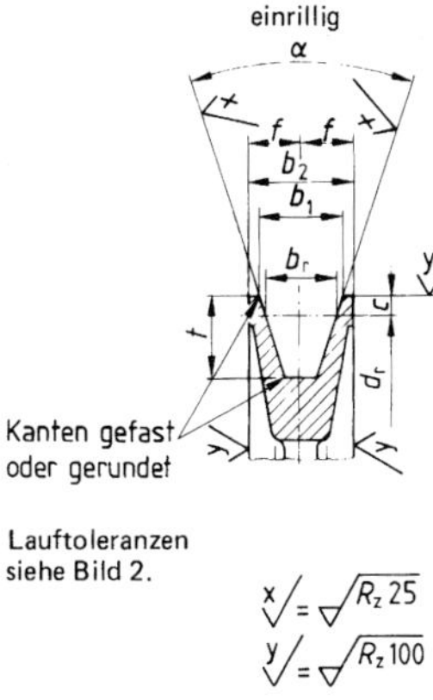

Bild 1.

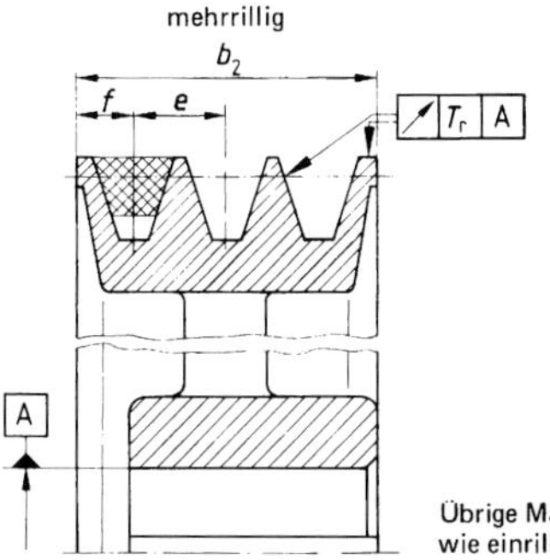

Bild 2.

Lauftoleranzen siehe Bild 2.

Kanten gefast oder gerundet

Übrige Maße und Angaben wie einrillige Kranzform

Fortsetzung Seite 2 bis 10

Normenausschuß Antriebstechnik (NAN) im DIN Deutsches Institut für Normung e. V.
Normenausschuß Kautschuktechnik (FAKAU) im DIN

Schmalkeilriemenscheibe, einteilig (1T)

Stellung der Nabe zum Kranz immer einseitig bündig

Toleranzfelder für Nabenbohrung:
- H7 für einteilige (1T) Schmalkeilriemenscheiben
- U7 für zweiteilige (2T) Schmalkeilriemenscheiben

Andere Toleranzfelder nach Vereinbarung

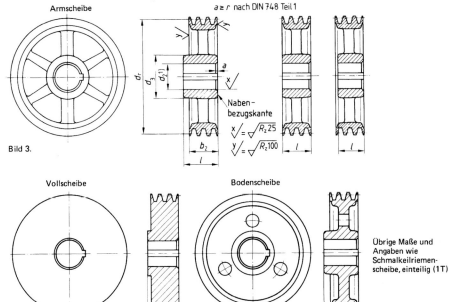

Armscheibe

$a \geq r$ nach DIN 748 Teil 1

Naben-
bezugskante

$\frac{x}{} = \sqrt{R_z 25}$

$\frac{y}{} = \sqrt{R_z 100}$

Bild 3.

Vollscheibe   Bodenscheibe

Übrige Maße und
Angaben wie
Schmalkeilriemen-
scheibe, einteilig (1T)

Bild 4.

Schmalkeilriemenscheibe, zweiteilig (2T)

Stellung der Nabe zum Kranz immer symmetrisch

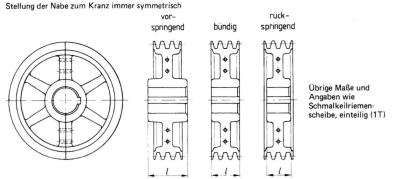

vor-
springend   bündig   rückspringend

Übrige Maße und
Angaben wie
Schmalkeilriemen-
scheibe, einteilig (1T)

Bezeichnung einer Schmalkeilriemenscheibe von Profil SPC, einteilig (1T), mit Richtdurchmesser $d_r = 500$ mm, Rillen-
anzahl $z = 8$, Nabenbohrung $d_2 = 90$ mm [1]) mit Paßfedernut (PN) nach DIN 6885 Teil 1:

Scheibe DIN 2211 − SPC − 1T 500 × 8 × 90 PN

[1]) Das gewünschte Nennmaß für d_2 ist in der Bezeichnung anzugeben.

Tabelle 1.

Schmalkeilriemen-profile nach	DIN 7753 Teil 1	ISO-Kurzzeichen	SPZ	SPA	SPB	SPC
Keilriemenprofile nach	DIN 2215	Kurzzeichen	10	13	17	22
	DIN 2216	Kurzzeichen	10	13	17	22
Richtbreite	b_r [2]		8,5	11	14	19
	$b_1 \approx$		9,7	12,7	16,3	22
	c [3]		2	2,8	3,5	4,8
Nabendurchmesser	d_3		$\approx (1,8$ bis $1,6) \cdot d_2$			
Rillenabstand	e [3], [4]		$12 \pm 0,3$	$15 \pm 0,3$	$19 \pm 0,4$	$25,5 \pm 0,5$
	f [3], [7]		$8 \pm 0,6$	$10 \pm 0,6$	$12,5 \pm 0,8$	17 ± 1
Rillentiefe	t [3]		$11 \, {}^{+0,6}_{0}$	$13,8 \, {}^{+0,6}_{0}$	$17,5 \, {}^{+0,6}_{0}$	$23,8 \, {}^{+0,6}_{0}$
$\alpha \quad \dfrac{34°}{38°}$	für Richtdurchmesser d_r [5]		≤ 80	≤ 118	≤ 190	≤ 315
			> 80	> 118	> 190	> 315
Zulässige Abweichung für $\alpha = 34°$ und $38°$			$\pm 1°$	$\pm 1°$	$\pm 1°$	$\pm 30'$
		1	16	20	25	34 [6]
		2	28	35	44	59,5 [6]
		3	40	50	63	85
		4	52	65	82	110,5
		5	64	80	101	136
Kranzbreite b_2 [7] $= (z - 1) e + 2 f$	für Rillenanzahl z	6	76	95	120	161,5
		7	88	110	139	187
		8	100	125	158	212,5
		9	112	140	177	238
		10	124	155	196	263,5
		11	136	170	215	289
		12	148	185	234	314,5

[2] Die Richtbreite b_r ist die Bezugsgröße für die Normung des Profils der Scheibenrille. Sie liegt im Regelfall in Höhe der Wirkzone des Keilriemens, für welchen die Scheibenrille vorzugsweise bestimmt ist. Die Richtbreite wurde bisher Wirkbreite genannt (siehe Erläuterungen).

[3] In Anlehnung an die Beschlüsse des ISO/TC 41 errechnet: $c \approx 0,25 \, b_r$, $e \approx 1,35 \, b_r$, $f \approx 0,9 \, b_r$, $t \approx 1,25 \, b_r$

[4] Die zulässige Abweichung des Rillenabstandes nicht aufeinanderfolgender Rillen beträgt das Doppelte der für e angegebenen Werte. Für Blechscheiben und deren Gegenscheiben sowie in Sonderfällen kann e bis zu 3 mm größer sein.

[5] Der Richtdurchmesser d_r ist der zur Richtbreite b_r gehörende Durchmesser; er ist für die Berechnung des Übersetzungsverhältnisses maßgebend. Der Richtdurchmesser wurde bisher Wirkdurchmesser genannt (siehe Erläuterungen).

[6] Keine Nabenabmessungen festgelegt

[7] Für Blechscheiben und deren Gegenscheiben sowie in Sonderfällen können sich für b_2 und f andere Werte ergeben als in Tabelle 1.

Tabelle 2. Richtdurchmesser

Riemenprofile nach DIN 7753 Teil 1 (SPZ, SPA, SPB, SPC) / DIN 2215 (10, 13, 17, 22) / DIN 2216 (10, 13, 17, 22)

Richtdurchmesser d_r [5]

SPZ / 10	SPA / 13	SPB / 17	SPC / 22	d_r min.	d_r max.	T_r (Rundlauf- und Planlauftoleranz [8])
50				49,6	50,4	0,2
56				55,6	56,4	
63				62,5	63,5	
71	**71**			70,4	71,6	
80	**80**			79,4	80,6	
90	**90**			89,3	90,7	
100	**100**			99,2	100,8	
112	**112**	**112**		111,1	112,9	0,3
	118	(118)		117	119	
125	**125**	**125**		124	126	
	132	(132)		131	133	
140	**140**	**140**		138,9	141,1	
150	150	150		148,8	151,2	
160	**160**	**160**		158,7	161,3	
180	**180**	**180**	**180**	178,6	181,4	0,4
	190	190	190	188,5	191,5	
200	**200**	**200**	**200**	198,4	201,6	
			212	210,3	213,7	
224	**224**	**224**	**224**	222,2	225,8	
	236	236	236	234,1	237,0	
250	**250**	**250**	**250**	248	252	
280	**280**	**280**	**280**	277,8	282,2	0,5
	300	300	300	297,6	302,4	
315	**315**	**315**	**315**	312,5	317,5	
355	**355**	**355**	**355**	352,2	357,8	
400	**400**	**400**	**400**	396,8	403,2	
450	**450**	**450**	**450**	446,4	453,6	
500	**500**	**500**	**500**	496	504	
	560	**560**	**560**	555,5	564,5	0,6
	630	**630**	**630**	625	635	
		710	**710**	704,3	715,7	
		800	**800**	793,6	806,4	0,8
			900	892,8	907,2	
			1000	992	1008	
			1120	1111	1129	
			1250	1240	1260	1,0
			1400	1388,8	1411,2	
			1600	1587,2	1612,8	
			1800	1785,6	1814,4	1,2
			2000	1984	2016	
Diffferenz der Richtdurchmesser der Rillen untereinander [9]: 0,4 (SPZ/SPA)		0,6 (SPB/SPC)				—

Fettgedruckte Richtdurchmesser bevorzugen. Eingeklammerte Werte sind möglichst zu vermeiden.

Die Richtdurchmesser d_r sind nach Tabelle 2 zu wählen, Richtdurchmesser über 2000 mm sind der Normzahlreihe R 20 zu entnehmen.

Der Richtdurchmesser der Scheiben ist mit Rücksicht auf die Lebensdauer des Riemens möglichst groß zu wählen; jedoch sollte die Riemengeschwindigkeit von $v = 40$ m/s für Schmalkeilriemen und $v = 30$ m/s für Keilriemen nicht überschritten werden, weil die Riemen bei diesen Geschwindigkeiten ihre optimale Leistungsübertragung erreichen.

[5] Siehe Seite 3
[8] Zu messen mit Meßuhr bei Aufnahme der Schmalkeilriemenscheibe in der Bohrung:
Rundlauftoleranz am Außendurchmesser
Planlauftoleranz an der Flanke in Höhe des Richtdurchmessers
[9] Prüfung der Rillen nach DIN 2211 Teil 2

Tabelle 3. Kranzbreiten b_2, Nabenmaße $d_{2\,max}$ und l für Schmalkeilriemenprofil SPZ und Keilriemenprofil 10

Rillenanzahl z	1		2		3		4		5	
Kranzbreite b_2	16		28		40		52		64	
Richtdurchmesser d_r Schmalkeilriemenscheibe 1T	d_2 max.	l	d_2 max.	l	d_2 max.	l	d_2 max.	l	d_2 max.	l
50	20	28	20	35	20	40	20	52		
56	20	28	25	35	25	40	25	52		
63	25	28	25	35	25	40	25	52		
71	25	28	25	35	30	40	30	52		
80	25	28	30	35	38	40	38	52		
90	25	28	30	35	38	40	38	52		
100	28	28	30	35	38	40	38	52		
112	28	28	30	35	38	40	42	52		
125	28	28	30	35	38	40	42	52		
140	28	28	38	40	38	40	42	52	42	52
150	28	28	38	40	38	40	42	52	42	52
160	32	32	38	40	42	45	42	52	48	60
180	32	32	38	40	42	45	48	52	48	60
200	32	32	38	40	42	45	48	52	48	60
224	32	32	38	40	42	45	48	52	48	60
250	32	32	38	40	42	45	48	52	50	60
280			42	45	48	50	48	52	55	60
300			42	45	48	50	48	52	55	60
315			42	45	48	50	55	55	55	60
355			42	45	48	50	55	55	55	60
400			48	50	48	50	55	55	55	60
450					55	55	55	60	55	64
500					55	55	55	60	60	64

Tabelle 4. Kranzbreiten b_2, Nabenmaße $d_{2\,max}$ und l für Schmalkeilriemenprofil SPA und Keilriemenprofil 13

Rillenanzahl z	1		2		3		4		5	
Kranzbreite b_2	20		35		50		65		80	
Richtdurchmesser d_r Schmalkeilriemenscheibe 1T	d_2 max.	l	d_2 max.	l	d_2 max.	l	d_2 max.	l	d_2 max.	l
71	25	35	28	45	32	50	32	65	32	80
80	28	35	32	45	38	50	38	65	38	80
90	28	35	32	45	38	50	42	65	42	80
100	28	35	32	45	38	50	42	50	42	50
112	28	35	38	45	38	50	42	50	42	50
118	32	35	38	45	42	50	42	50	48	50
125	32	35	38	45	42	50	42	50	48	50
132	32	35	38	45	42	50	42	50	48	50
140	32	35	38	45	42	50	42	50	48	50
150	38	40	38	45	42	50	42	50	48	50
160	38	40	38	45	42	50	48	50	48	50
180	38	40	42	50	42	50	48	60	48	65
190	38	40	42	50	42	50	48	60	48	65
200	38	40	42	50	48	50	55	60	55	65
224	38	40	42	50	48	50	55	60	55	65
236	38	40	42	50	48	50	55	60	55	65
250	42	50	48	50	48	50	55	60	60	65
280			48	50	48	50	55	60	60	65
300			48	50	55	60	55	60	60	70
315			48	50	55	60	55	60	60	70
355			55	60	55	60	55	60	60	70
400			55	60	60	65	60	65	60	70
450			55	60	60	65	65	70	65	70
500			55	60	60	65	65	70	65	70
560					60	65	65	70	65	70
630					60	65	65	70	70	75

Tabelle 5. Kranzbreiten b_2, Nabenmaße $d_{2\,max}$ und l für Schmalkeilriemenprofil SPB und Keilriemenprofil 17

Rillenanzahl z	1		2		3		4		5		6	
Kranzbreite b_2	25		44		63		82		101		120	
Richtdurchmesser d_r Schmalkeilriemenscheibe 1T	d_2 max.	l	d_2 max.	l	d_2 max.	l	d_2 max.	l	d_2 max.	l	d_2 max.	l
112	32	35	38	55	38	50	42	50	42	50	42	60
125	32	35	38	55	42	50	42	50	42	50	48	60
140	32	35	38	55	42	50	42	50	48	60	48	60
150	32	40	38	55	42	50	42	50	48	60	48	60
160	38	40	42	55	48	50	48	60	48	60	55	65
180	38	40	42	50	48	50	48	60	55	70	60	70
200	38	40	42	50	48	50	50	60	55	70	60	80
224	42	45	48	50	50	50	55	60	60	70	65	80
236	42	45	48	50	50	50	55	60	60	70	65	80
250	42	45	48	50	55	60	60	65	65	75	65	80
280			48	50	55	60	60	65	65	75	65	80
300			48	50	55	60	60	65	65	75	70	85
315			55	60	55	60	60	65	65	75	75	90
355			55	60	55	60	60	65	65	75	75	90
400			55	60	60	65	65	75	70	85	75	100
450			55	60	60	65	65	75	70	85	75	100
500			60	65	65	75	70	85	75	90	80	105
560					65	75	70	85	75	90	80	105
630					65	75	75	90	80	105	90	115
710					70	85	75	90	80	105	90	115
800					75	90	80	105	90	115	100	125

Tabelle 6. Kranzbreiten b_2, Nebenmaße $d_{2\,max}$ und l für Schmalkeilriemenprofil SPC und Keilriemenprofil 22

Rillenanzahl z	3	4	5	6	7	8	9	10	11	12
Kranzbreite b_2	85	110,5	136	161,5	187	212,5	238	263,5	289	314,5

Richtdurchmesser d_r — Schmalkeilriemenscheibe 1T | 2T. For each z: $d_2\,max$ and l. Fraction cells in l give 1T (top) / 2T (bottom).

d_r 1T	d_r 2T	d_2m z3	l z3	d_2m z4	l z4	d_2m z5	l z5	d_2m z6	l z6	d_2m z7	l z7	d_2m z8	l z8	d_2m z9	l z9	d_2m z10	l z10	d_2m z11	l z11	d_2m z12	l z12
180		55	70	55	70	60	70	65	80	70	90	70	90	75	100	75	110	80	120	85	140
190		55	70	55	70	60	70	65	80	70	90	70	90	75	100	75	110	80	120	85	140
200		55	70	60	70	65	80	70	90	75	100	75	100	80	110	80	120	85	120	90	140
212		55	70	60	70	65	80	70	90	75	100	75	100	80	110	80	120	85	120	90	140
224		60	70	65	80	70	90	75	100	80	100	85	110	85	120	90	140	95	140	100	160
236		60	70	65	80	70	90	75	100	80	100	85	110	85	120	90	140	95	140	100	160
250		65	80	70	90	75	100	80	100	80	100	85	110	90	120	90	140	95	140	100	160
280		70	90	75	100	75	100	80	100	85	110	90	120	90	120	95	140	95	140	100	160
300		70	90	75	100	75	100	80	100	85	110	90	120	90	120	95	140	95	140	100	160
315		70	90	75	100	80	100	85	110	90	120	95	120	95	120	100	140	100	160	105	160
355		75	100	80	100	85	110	90	120	95	120	100	140	100	140	105	140	105	160	110	160
400		75	100	85	110	90	120	95	120	95	120	100	140	105	140	110	160	110	160	115	160
450		80	100	85	110	95	120	100	140	100	140	105	140	110	160	110	160	115	160	120	180
500	500	85	110	90	120	100	140	100	140	105	140/180	110	160/200	115	160/200	115	160/200	120	180/200	125	180/200
560	560	90	120	95	120	100	140	105	140	110	160/200	115	160/200	115	160/200	120	180/200	125	180/200	130	200/200
630	630	90	120	100	140	105	140	110	160	115	160/200	120	180/220	120	180/220	125	180/220	130	200/220	130	200/220
710	710	95	120	100	140	105	140	110	160	120	180/220	120	180/220	125	180/220	130	200/220	130	200/220	135	220/240
800	800	95	120	105	140	110	160	115	160	120	180/220	125	180/220	130	200/220	135	220/240	135	220/240	140	220/240
900	900	100	140	110	160	115	160	120	180/220	125	180/220	130	200/240	135	220/240	140	220/240	140	220/240	145	240/270
1000	1000	100	140	110	160	120	180/220	125	180/220	130	200/240	135	220/240	140	220/240	145	240/270	145	240/270	150	240/270
1120	1120			115	160	120	180/220	130	200/240	135	220/240	140	220/240	145	240/270	150	240/270	150	240/270	155	240/270
1250	1250			120	180/220	125	180/220	130	200/240	140	220/240	145	240/270	150	240/270	155	240/270	155	240/270	160	240/270
1400	1400					130	200/240	135	220/240	140	220/240	150	240/270	155	240/270	160	270	160	270	170	270
1600	1600					135	220/240	140	220/240	145	240/270	155	240/270	160	270	160	270	170	270	170	270
1800	1800					140	220/240	145	240/270	150	240/270	160	270	160	270	170	270	180	300	180	300
2000	2000					140	220/240	150	240/270	155	240/270	160	270/300	170	270/300	180	300	180	300	180	300

3 Werkstoff

GG-20 nach DIN 1691. Andere Werkstoffe nach Vereinbarung.

4 Ausführung

Voll-, Boden- oder Armscheiben nach Wahl des Herstellers.

Bei einteiligen (1T) Schmalkeilriemenscheiben **ist die Nabe zum Kranz einseitig bündig** (Nabenbezugskante) angeordnet, d. h. je eine Stirnfläche von Kranz und Nabe liegen in einer Ebene. Die andere Stirnfläche der Nabe liegt rückspringend, bündig oder vorspringend zur anderen Stirnfläche des Kranzes.

Bei zweiteiligen (2T) Schmalkeilriemenscheiben **sind die Naben immer symmetrisch zum Kranz angeordnet**, auf beiden Seiten entweder „bündig" oder „rückspringend" oder „vorspringend" (siehe Bild).

Nut:

PN Paßfedernut nach DIN 6885 Teil 1, hohe Form (bei 2T-Schmalkeilriemenscheiben ist die Paßfedernut um 90° gegen die Teilfuge versetzt).

PN mit Gewindestift (Stellschraube) nach Vereinbarung

KN Keilnut nach DIN 6886 (bei 2T-Schmalkeilriemenscheiben ist die Keilnut auf der Teilfuge angeordnet).

Lage der tiefsten Stelle der Keilnut nach Vereinbarung

Auswuchten:

Allgemein: In einer Ebene, Gütestufe Q 16 nach VDI 2060

                       für $d_r > 400$ mm bei $v = 30$ m/s oder

                       für $d_r \leq 400$ mm bei $n = 1500$ 1/min.

                       Die Auswuchtung wird ohne Nut auf glattem Wuchtdorn vorgenommen.

nach Vereinbarung: Auswuchten nach VDI 2060, mit Nut ohne Paßfeder, und/oder in zwei Ebenen

Empfehlung: In zwei Ebenen, Gütestufe Q 6,3 für Betriebsdrehzahl, wenn

                       a) $v > 30$ m/s oder

                       b) das Verhältnis Richtdurchmesser zu Kranzbreite $d_r : b_2 < 4$ ist bei $v > 20$ m/s

Zitierte Normen und andere Unterlagen

DIN 748 Teil 1	Zylindrische Wellenenden; Abmessungen, Nenndrehmomente
DIN 1691	Gußeisen mit Lamellengraphit (Grauguß)
DIN 2211 Teil 2	Antriebselemente; Schmalkeilriemenscheiben; Prüfung der Rillen
DIN 2215	Endlose Keilriemen; Maße
DIN 2216	Endliche Keilriemen; Maße
DIN 6885 Teil 1	Mitnehmerverbindungen ohne Anzug; Paßfedern, Nuten; hohe Form
DIN 6886	Spannungsverbindungen mit Anzug; Keile, Nuten; Abmessungen und Anwendung
DIN 7151	ISO-Grundtoleranzen für Längenmaße von 1 bis 500 mm Nennmaß
DIN 7168 Teil 1	Allgemeintoleranzen; Längen- und Winkelmaße
DIN 7753 Teil 1	Endlose Schmalkeilriemen für den Maschinenbau; Maße
VDI 2060	Beurteilungsmaßstäbe für den Auswuchtzustand rotierender starrer Körper

Weitere Normen

DIN 748 Teil 3	Zylindrische Wellenenden für elektrische Maschinen
DIN 2217 Teil 1	Antriebselemente; Keilriemenscheiben; Maße, Werkstoff
DIN 2218	Endlose Keilriemen für den Maschinenbau, Berechnung der Antriebe, Leistungswerte
DIN 7753 Teil 2	Endlose Schmalkeilriemen für den Maschinenbau; Berechnung der Antriebe, Leistungswerte
DIN 7753 Teil 3	Endlose Schmalkeilriemen für den Kraftfahrzeugbau; Maße

Frühere Ausgaben

DIN 2211 Teil 1: 06.67, 02.74, 08.82

Änderungen

Gegenüber der Ausgabe August 1982 wurden folgende Änderungen vorgenommen:

a) Profil 19 und Bezug auf Schmalkeilriemen für den Kraftfahrzeugbau DIN 7753 Teil 3 gestrichen

b) Benennungen Wirkbreite b_w in Richtbreite b_r und Wirkdurchmesser d_w in Richtdurchmesser d_r geändert.

Erläuterungen

Die Maße nach den Tabellen 1 und 2, ausgenommen die Bevorzugung der Richtdurchmesser d_r für die Profile SPZ, SPA und SPB und den zulässigen Abweichungen für das Maß f entsprechen der Internationalen Norm

ISO 4183 – 1980

E : Grooved pulleys for classical and narrow V-belts

D : Keilriemenscheiben für klassische und Schmal-Keilriemen

Die Maße der Rillen sind so festgelegt, daß auch die Keilriemen nach DIN 2215 und DIN 2216, und zwar mit den oberen Breiten 10, 13, 17 und 22 mm zu den Rillen passen.

Insbesondere wurden die Maße c und t so festgelegt, daß sowohl alle international genormten Keilriemen des Schmalkeilprofils als auch des entsprechenden klassischen Profils verwendet werden können.

Die Kleinst- und Größtmaße der Richtdurchmesser sind aus den Nennmaßen unter Berücksichtigung der Abmaße ± 0,8 % berechnet.

In dieser Norm wurden gegenüber der Ausgabe Februar 1974 und der Ausgabe August 1982 die Benennungen Wirkbreite in Richtbreite und Wirkdurchmesser in Richtdurchmesser geändert. Dabei wurde dem Vorgehen der Internationalen Norm ISO 1081 – 1980 „Getriebe mit Keilriemen und Rillenscheiben – Terminologie" gefolgt. Dort wird die Breite, die zur Definition der Scheibenrille dient (ein Nennwert ohne Toleranzen) jetzt Richtbreite (englisch: datum width) genannt. Im Gegensatz dazu war und ist die Wirkbreite eines Keilriemens die Breite der neutralen Schicht, die unverändert bleibt, wenn der Riemen senkrecht zur Basis seines Profils gekrümmt wird. Gleichzeitig mit der „Richtbreite" wurde auch die Benennung „Richtdurchmesser" eingeführt. Die Änderungen geschahen, um die Richtbreite und den Richtdurchmesser einer Scheibenrille deutlich von der Wirkbreite und dem Wirkdurchmesser zu trennen, die nur noch zur Beschreibung eines Keilriemens und seiner Lage in einer Scheibenrille und nicht mehr als Basis-Definition dieser Rille benutzt werden.

Durch diese Trennung der Richtbreite von der Wirkbreite entgeht man begrifflichen Schwierigkeiten, die eintreten, wenn die definierte Richtbreite der Scheibenrille nicht mit der Wirkbreite eines Keilriemens übereinstimmt, der in der Rille läuft, d. h. wenn die Wirkzone des Riemens nicht in Höhe der Richtbreite der Rille liegt. Dies sollte jedoch bei den Scheibenrillen dieser Norm und den Keilriemen, die diesen Rillen zugeordnet sind, nicht der Fall sein. Die Zahlenwerte für die jetzigen Richtbreiten und Richtdurchmesser wurden deshalb gegenüber den bisherigen Wirkbreiten und Wirkdurchmessern nicht geändert. Auch das Übersetzungsverhältnis kann im Rahmen der vorliegenden Toleranzen mit den Werten des Richtdurchmessers berechnet werden. Treten die früheren Benennungen Wirkbreite oder Wirkdurchmesser noch in Druckschriften über Keilriemenscheiben auf, so sind sie in der gleichen Weise verwendet wie die neuen Benennungen Richtbreite oder Richtdurchmesser.

Internationale Patentklassifikation

F 16 H 55-49

September 1996

	Radial-Wellendichtringe	**DIN** 3760

ICS 21.120.10

Deskriptoren: Radial, Wellendichtring, Dichtring, Kautschuktechnik

Rotary shaft lip type seals

Ersatz für
Ausgabe 1972-04

Vorwort

Nachdem in DIN 3761 Radial-Wellendichtringe für Kraftfahrzeuge genormt worden waren und Teile dieser Norm in die ISO 6194 eingeflossen waren, hielt es der zuständige Unterausschuß 3 "Radial-Wellendichtringe für den Maschinenbau" im Arbeitsausschuß 2.6 "Dichtelemente" im Normenausschuß Kautschuktechnik für erforderlich, auch DIN 3760 zu überarbeiten.

Die Tabelle 1 dieser Norm enthält neben den Maßen der

ISO 6194-1:1982   Rotary shaft lip type seals; part 1: Nominal dimensions and tolerances

zusätzlich weitere Maße.

Bezüglich der in Tabelle 1 der früheren Ausgaben aufgeführten Maße mußte festgestellt werden, daß einige überholt und nicht mehr marktgängig sind. Des weiteren wurden bei den Wellendurchmessern 32, 35, 38 und 40 mm die Breiten der RWDR von 8 mm entsprechend ISO 6194 hinzugefügt. Diese sollten für Neukonstruktionen berücksichtigt werden.

Änderungen

Gegenüber der Ausgabe April 1972 wurden folgende Änderungen vorgenommen:

    a) Anhänge A, B und C aufgenommen.

    b) Redaktionell geändert.

Frühere Ausgaben

DIN 3760: 1962-02, 1972-04

1   Anwendungsbereich

Diese Norm gilt für Radial-Wellendichtringe (RWDR) zum Abdichten von drehenden Wellen im drucklosen Betrieb oder bei geringem Druckunterschied.

Wird von den in dieser Norm genannten Einsatzgrenzen abgewichen, sollte Rücksprache beim Hersteller genommen werden.

2   Normative Verweisungen

Diese Norm enthält durch datierte und undatierte Verweisungen Festlegungen aus anderen Publikationen. Diese normativen Verweisungen sind an den jeweiligen Stellen im Text zitiert, und die Publikationen sind nachstehend aufgeführt. Bei datierten Verweisungen gehören spätere Änderungen oder Überarbeitungen dieser Publikationen nur zu dieser Norm, falls sie durch Änderung oder Überarbeitung eingearbeitet sind. Bei undatierten Verweisungen gilt die letzte Ausgabe der in Bezug genommenen Publikation.

DIN 51524-1
    Druckflüssigkeiten — Hydrauliköle — Hydrauliköle HL —
    Mindestanforderungen
DIN 51524-2
    Druckflüssigkeiten — Hydrauliköle — Hydrauliköle HLP —
    Mindestanforderungen
DIN 51524-3
    Druckflüssigkeiten — Hydrauliköle — Hydrauliköle HVLP —
    Mindestanforderungen
VDMA 24317
    Fluidtechnik — Hydraulik — Schwerentflammbare Druck-
    flüssigkeiten — Richtlinien
ISO 1629
    Rubbers and latices; Nomenclature
ASTM D 1418:1992 *)
    Rubber and Rubber Latices; Nomenclature

---

*) Zu beziehen durch: Auslandsnormenvermittlung des DIN

Fortsetzung Seite 2 bis 12

Normenausschuß Kautschuktechnik (FAKAU) im DIN Deutsches Institut für Normung e.V.
Normenausschuß Maschinenbau (NAM) im DIN

3 Maße, Bezeichnung

Die RWDR brauchen der bildlichen Darstellung nicht zu entsprechen; nur die angegebenen Maße sind einzuhalten.

Form A

Form AS

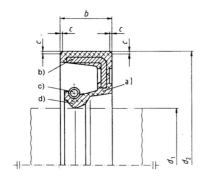

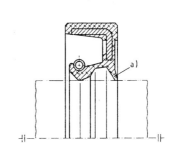

a) Elastomerteil
b) Versteifungsring
c) Zugfeder
d) Dichtlippe

a) Schutzlippe

Maße und Angaben wie Form A

Bild 1: RWDR ohne Schutzlippe

Bild 2: RWDR mit Schutzlippe

Bezeichnung eines Radial-Wellendichtringes (RWDR) Form A (ohne Schutzlippe) für Wellendurchmesser $d_1 = 25$ mm, Außendurchmesser $d_2 = 40$ mm und Breite $b = 7$ mm, Elastomerteil aus Acrylnitril-Butadien-Kautschuk (NBR):

BEISPIEL 1:

Radial-Wellendichtring DIN 3760 − A25 × 40 × 7 − NBR

oder

RWDR DIN 3760 − A25 × 40 × 7 − NBR

Wird die Kennzeichnung des RWDR mit dem Werkstoff-Kurzzeichen (siehe 5.2) gefordert, so ist der Bezeichnung ein "G" anzuhängen.

BEISPIEL 2:

RWDR DIN 3760 − A25 × 40 × 7 − NBR − G

Werden für den Versteifungsring und die Feder besondere Maßnahmen für eine verbesserte Korrosionsbeständigkeit gefordert, so ist der Bezeichnung ein "K" anzuhängen.

BEISPIEL 3:

RWDR DIN 3760 − A25 × 40 × 7 − FKM − K

RWDR DIN 3760 − A25 × 40 × 7 − FKM − GK

Tabelle 1: Nennmaße

Maße in Millimeter

Wellendurchmesser d_1	d_2[1]	b ±0,2	c[2] min.
6	16, 22	7	0,3
7	22	7	0,3
8	22, 24	7	0,3
9	22	7	0,3
10	22, 25, 26	7	0,3
12	22, 25, 30	7	0,3
14	24, 30	7	0,3
15	26, 30, 35	7	0,3
16	30, 35	7	0,3
18	30, 35	7	0,3
20	30, 35, 40	7	0,3
22	35, 40, 47	7	0,3
25	35, 40, 47, 52	7	0,3
28	40, 47, 52	7	0,4
30	40, 42, 47, 52	7	0,4
32	45, 47, 52	7[3]	0,4
32	45, 47, 52	8	0,4
35	47, 50, 52, 55	7[3]	0,4
35	47, 50, 52, 55	8	0,4
38	55, 62	7[3]	0,4
38	55, 62	8	0,4
40	52, 55, 62	7[3]	0,4
40	52, 55, 62	8	0,4
42	55, 62	8	0,4
45	60, 62, 65	8	0,4
48	62, 65	8	0,4
50	65, 68, 72	8	0,4
55	70, 72, 80	8	0,4
60	75, 80, 85	8	0,4
65	85, 90	10	0,5
70	90, 95	10	0,5
75	95, 100	10	0,5
80	100, 110	10	0,5
85	110, 120	12	0,8
90	110, 120	12	0,8
95	120, 125	12	0,8
100	120, 125, 26	12	0,8
105	130	12	0,8
110	130, 140	12	0,8
115	140	12	0,8
120	150	12	0,8
125	150	12	0,8
130	160	12	0,8
135	170	12	0,8
140	170	15	1
145	175	15	1
150	180	15	1
160	190	15	1
170	200	15	1
180	210	15	1
190	220	15	1
200	230	15	1
210	240	15	1
220	250	15	1
230	260	15	1
240	270	15	1
250	280	15	1
260	300	15	1
280	320	20	1
300	340	20	1
320	360	20	1
340	380	20	1
360	400	20	1
380	420	20	1
400	440	20	1
420	460	20	1
440	480	20	1
460	500	20	1
480	520	20	1
500	540	20	1

[1] Grenzabmaße für d_2 siehe Tabelle 2
[2] Kanten abgeschrägt oder gerundet nach Wahl des Herstellers
[3] Nicht für Neukonstruktionen, da keine Abmessung nach ISO 6194

Tabelle 2: Preßpassungszugabe und Durchmesserdifferenz für Außendurchmesser d_2

Maße in Millimeter

Außendurchmesser d_2	Preßpassungszugabe [1])	Durchmesserdifferenz [2])
$\leq$ 50	+ 0,3 + 0,15	0,25
> 50 bis 80	+ 0,35 + 0,2	0,35
> 80 bis 120	+ 0,35 + 0,2	0,5
> 120 bis 180	+ 0,45 + 0,25	0,65
> 180 bis 300	+ 0,45 + 0,25	0,8
> 300 bis 500	+ 0,55 + 0,3	1,0

[1]) Die Summe der Istmaße von d_2 dividiert durch die Summe der Messungen muß innerhalb des Maßes d_2 + Preßpassungszugabe liegen. Bei Dichtringen mit rillierter Außenfläche sind andere Preßpassungszugaben erforderlich, welche zwischen Hersteller und Anwender zu vereinbaren sind.

[2]) Die Durchmesserdifferenz ($d_{2max} - d_{2min}$) ergibt sich aus drei oder mehr Messungen gleichmäßig am Umfang verteilt.

4 Werkstoffe und Oberflächenschutz

Versteifungsring und Zugfeder: Stahl, Sorte und Oberflächenschutz nach Wahl des Herstellers. Ist gegen Medien abzudichten, bei denen Stahl korrodiert, so ist dies in der Bezeichnung zu berücksichtigen (siehe Abschnitt 3, BEISPIEL 3), und es sollte mit dem Hersteller die Frage des Korrosionsschutzes für den Versteifungsring sowie des Werkstoffs für die Zugfeder geklärt werden. Werkstoffe für das Elastomerteil siehe Tabelle 3.

Tabelle 3: Werkstoffe

Basis-Elastomer	Werkstoff-Kurzzeichen nach ISO 1629 und ASTM D 1418
Acrylnitril-Butadien-Kautschuk	NBR
Fluorkautschuk	FKM

Die Auswahl des für den vorgesehenen Verwendungszweck geeigneten Basis-Elastomers richtet sich nach der Art des abzudichtenden Mediums, seiner höchstzulässigen Dauertemperatur und der Umfangsgeschwindigkeit der Welle (siehe Abschnitt 6).

5 Kennzeichnung

5.1 Kennzeichnung der Größe

RWDR, die den Festlegungen dieser Norm entsprechen und deren Größe dies gestattet, sind dauerhaft mit mindestens folgenden Angaben zu kennzeichnen:
Größe ($d_1 \times d_2 \times b$) und Herstellerzeichen.

5.2 Kennzeichnung des Werkstoffs des Elastomerteils

Die Originalverpackungen von RWDR sind mit dem Werkstoff-Kurzzeichen des Elastomerteils zu kennzeichnen.

Auf besondere Bestellung (siehe Abschnitt 3) muß der Werkstoff des Elastomerteils an geeigneter Stelle am RWDR durch eine Kennzeichnung ersichtlich sein. Folgende Ausführungen dieser Kennzeichnung sind nach Wahl des Herstellers zulässig:

a) Das Werkstoff-Kurzzeichen für das Elastomerteil wird in eine dafür geeignete Fläche einvulkanisiert oder

b) der Werkstoff des Elastomerteils wird durch eine dauerhafte, mineralöl- und fettbeständige Farbkennzeichnung auf dem Wellendichtring selbst oder

c) mittels eines gleichfarbigen Aufklebers angegeben.

Für b) und c) gelten folgende Farben:
Für NBR weiß RAL 9002 *);
für FKM rot RAL 3000 *).

6 Anwendung

Mit RWDR der Bauformen A bzw. AS (siehe Bilder 1 und 2) wird ein dichter und fester Sitz in der Aufnahmebohrung des Gehäuses erzielt. Dieses gilt im gesamten Temperaturbereich auch bei Gehäusewerkstoffen mit unterschiedlichen Wärmeausdehnungskoeffizienten.

Die Schutzlippe bei der Form AS bietet den Vorteil, daß Schmutz von der eigentlichen Dichtstelle ferngehalten wird. Eine Füllung des Raumes zwischen Dichtlippe und Schutzlippe mit einem geeigneten Fett kann den Verschleiß an der Dichtstelle verringern und die Korrosion der Welle verzögern. Die Beständigkeit des gewählten Basis-Elastomers gegen das verwendete Fett und die Verträglichkeit mit dem abzudichtenden Medium muß gewährleistet sein (evtl. Prüfung erforderlich).

Nachfolgend sind Angaben zu den Einsatzgrenzen der RWDR hinsichtlich Mediendruck, Drehzahl der Welle, Medientemperatur und Beständigkeit der Elastomere gegeben. Sollten alle genannten Grenzwerte gleichzeitig ausgenutzt oder einzelne überschritten werden, ist eine Rücksprache mit dem Hersteller der RWDR zu empfehlen (siehe hierzu auch Anhänge A und B).

6.1 Höchstzulässige Drehzahlen und Umfangsgeschwindigkeiten

6.1.1 Druckloser Betrieb

Die höchstzulässigen Drehzahlen der Welle bei drucklosem Betrieb bezogen auf den Werkstoff des Elastomerteils sind in Bild 3 gezeigt. Es ist auf gute Wärmeabführung an der Dichtstelle zu achten.

6.1.2 Betrieb mit Druckbeaufschlagung

RWDR müssen Räume mit geringem Druckunterschied gegen Flüssigkeiten, Fette und, soweit ausreichend Schmierung vorhanden, gegen Luft abdichten. Die Tabelle 4 zeigt die Grenzwerte für den Druck in Abhängigkeit von der Drehzahl und der Umfangsgeschwindigkeit.

6.2 Chemische und thermische Beständigkeit des Elastomerteils

Die Basis-Elastomere NBR und FKM sind nicht gegen alle vorkommenden Medien beständig.

Eine Auswahl der gängigsten Mediengruppen und die Beständigkeit der gewählten Elastomere gegen diese Medien in Abhängigkeit von der höchstzulässigen Dauertemperatur zeigt die Tabelle 5.

Ein ● bedeutet, daß das betreffende Elastomer nicht gegen alle Medien einer Gruppe beständig ist. Hier wird eine vorherige Prüfung empfohlen.

*) Die genannten RAL-Farben sind als Einzelkarten des Farbregisters RAL 840 HR beim Beuth Verlag GmbH, 10787 Berlin, Burggrafenstraße 6 und 50672 Köln, Kamekestraße 8, zu beziehen.

Ein – bedeutet, daß das betreffende Elastomer für keines der Medien dieser Gruppe geeignet ist.

Bei den in der Tabelle 5 angegebenen Tieftemperaturen wird das jeweilige Basis-Elastomer noch nicht zerstört. Nach Wiedererwärmen ist das Elastomer voll einsatzfähig.

Tabelle 4: Höchstzulässige Drehzahlen der Welle

Druck-unterschied bar	Welle	
	Höchstzulässige Drehzahlen	bei Umfangs-geschwindigkeit m/s
max.	min⁻¹	max.
0,5	bis 1000	2,8
0,35	bis 2000	3,15
0,2	bis 3000	5,6

7 Richtlinien für den Einbau

7.1 Allgemeines

Beim Einbau des RWDR sind neben den nachstehenden Richtlinien die Einbauvorschriften der Hersteller zu beachten.

Die Dichtlippe muß stets der abzudichtenden Seite zugewendet sein und frei liegen. Der RWDR muß zentrisch und senkrecht zur Welle eingebaut sein; es empfiehlt sich die Anwendung geeigneter Einpreßwerkzeuge. Der RWDR darf in Achsrichtung nicht verspannt und auch nicht zur Übertragung von Kräften benutzt werden.

Die Dichtlippe darf beim Einbau nicht beschädigt werden. Deshalb sollte bei

a) Einbaurichtung z der Welle bzw. y des RWDR ein Abrunden (r_1) oder Abschrägen (Fase) der Welle vorgesehen werden.

b) Einbaurichtung y der Welle bzw. z des RWDR ein Anschrägen (Fase) der Welle vorgesehen werden.

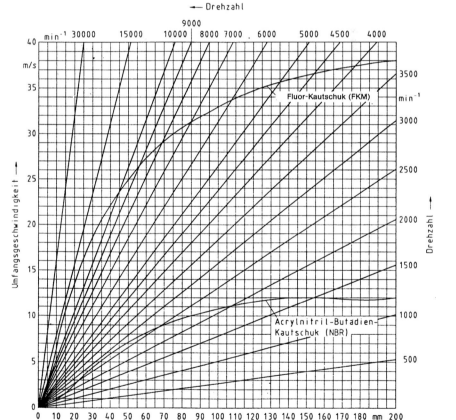

Bild 3: Höchstzulässige Drehzahlen bei drucklosem Betrieb

191

Tabelle 5: Beispiele für die Beständigkeit der Elastomere

Werkstoff-Kennbuchstabe	Tieftemperatur (darf im Regelfall zugelassen werden)	Medien auf Mineralölbasis							Schwerentflammbare Druckflüssigkeiten VDMA 24317			Sonstige Medien		
		Motorenöle	Getriebeöle	Hypoid-Getriebeöle	ATF-Öle	Druckflüssigkeiten (siehe DIN 51524-1 bis -3)	Heizöle EL und L	Fette	HFB Wasser-Öl-Emulsionen	HFC wässrige Polymer-Lösungen	HFD wasserfreie synthetische Flüssigkeiten	Wasser	Waschlaugen	Bremsflüssigkeiten
	°C	Höchstzulässige Dauertemperatur des Mediums in °C												
NBR	−40	100	80	80	100	90	90	90	70	70	−	90	90	−
FKM	−30	150	150	140	150	130	●	●	●	●	150	●	●	●

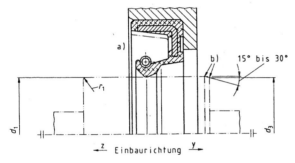

a)
b) 15° bis 30°

Maße in Millimeter

Form	r_{1min}
A	0,6
AS	1

a) abzudichtendes Medium
b) Kanten gerundet

z Einbaurichtung y

Bild 4: Einbau

7.2 Welle

Für den Wellendurchmesser d_1 im Bereich der Lauffläche (siehe Bild 5) ist das ISO-Toleranzfeld h11 vorzusehen. Ausführung der Fase nach Tabelle 6. Oberflächenbeschaffenheit, Härte und Lauffläche siehe 7.2.1, 7.2.2 und 7.2.3.

Tabelle 6: Fase　　　　　Maße in Millimeter

d_1	$(d_1 - d_3)$ [1]	d_1	$(d_1 - d_3)$ [1]
≤ 10	1,5	> 50 bis 70	4,0
> 10 bis 20	2,0	> 70 bis 95	4,5
> 20 bis 30	2,5	> 95 bis 130	5,5
> 30 bis 40	3,0	> 130 bis 240	7,0
> 40 bis 50	3,5	> 240 bis 500	11,0

[1] Falls ein Radius anstelle der Fase verwendet wird, soll dieser nicht kleiner sein als die Durchmesser-differenz $(d_1 - d_3)$.

7.2.1 Oberflächenrauheit der Welle

Um eine Abdichtung zwischen RWDR und Welle sicherzustellen, muß die Welle im Laufflächenbereich (Laufflächenbereich siehe 7.2.3) eine Oberflächenrauheit von $R_a = 0,2$ bis $0,8\ \mu m$ oder $R_z = 1$ bis $5\ \mu m$ und $R_{max} = 6,3\ \mu m$ haben.

7.2.2 Oberflächenhärte der Welle

Die Lebensdauer der Dichtstelle ist von der Oberflächenhärte der Lauffläche auf der Welle abhängig. Die Härte sollte mindestens 45 HRC betragen.

Bei Zutritt von verschmutzten Medien oder Schmutz von außen, sowie bei Umfangsgeschwindigkeiten über 4 m/s, sollte die Härte mindestens 55 HRC betragen.

Bei Oberflächenhärtung ist eine Einhärtetiefe von mindestens 0,3 mm erforderlich.

Beim Nitrieren ist die Grauschicht zu glätten.

7.2.3 Laufflächenbereich

Die unter 7.2.1 und 7.2.2 genannten Werte für die Oberflächenrauheit und Oberflächenhärte sind innerhalb des in Tabelle 7 genannten Laufflächenbereichs einzuhalten.

Wesentlich ist, daß in diesem Bereich keine Drallorientierung auf der Welle ist, die durch Förderwirkung zur Undichtheit führen kann.

Tabelle 7: Laufflächenbereiche

Maße in Millimeter

b	Laufflächenbereiche bei			
	Dichtlippe		Dichtlippe und Schutzlippe	
	e_1	e_2 min.	e_3	e_4 min.
7	3,5	6,1	1,5	7,6
8	3,5	6,8	1,5	8,3
10	4,5	8,5	2	10,5
12	5	10	2	12
15	6	12	3	15
20	9	16,5	3	19,5

7.3 Gehäusebohrung

Für den Bohrungsdurchmesser D ist das ISO-Toleranzfeld H8 vorzusehen, mit einer maximalen Oberflächenrauheit von $R_a = 1,6$ bis $6,3\ \mu m$ oder $R_z = 10$ bis $20\ \mu m$ und $R_{max} = 25\ \mu m$. Die Bohrung ist nach Tabelle 8 etwa 10° bis 20° anzufasen.

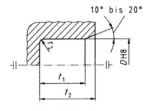

Bild 6: Gehäusebohrung

Tabelle 8: Gehäusemaße

Maße in Millimeter

b	t_1 (0,85 · b) min.	t_2 (b + 0,3) min.	r_2 max.
7	5,95	7,3	
8	6,8	8,3	0,5
10	8,5	10,3	
12	10,3	12,3	
15	12,75	15,3	0,7
20	17	20,3	

7.4 Koaxialitätstoleranzen der Gehäusebohrung

Die Koaxialitätstoleranz der Gehäusebohrung in bezug auf die Achse der Lagerstelle ist in Bild 7 gezeigt. Dabei ist zu beachten, daß kürzere Dichtlippen kleinere zulässige Werte erfordern. Durch bestimmte Elastomere sowie flexible Aufhängungen der Dichtlippe und längere Dichtlippen läßt sich die Koaxialitätstoleranz vergrößern.

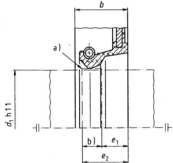

a) drallfrei
b) Laufflächenbereich

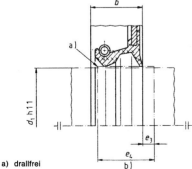

a) drallfrei
b) Laufflächenbereich

Bild 5: Laufflächenbereiche

193

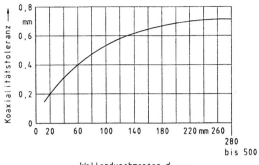

Bild 7: Koaxialitätstoleranz

7.5 Rundlauftoleranz der Welle

Die Rundlauftoleranz der Welle im Laufflächenbereich in bezug auf die Achse der Lagerstelle ist in Bild 8 gezeigt. Insbeson dere bei hohen Drehzahlen besteht die Gefahr, daß die Dichtkante infolge ihrer eigenen Trägheit der Welle nicht folgen kann Wird durch die Rundlaufabweichung der Abstand zwischen Dichtkante und Welle größer als zur Aufrechterhaltung der hydro dynamischen Schmierung erforderlich ist, tritt das abzudichtende Medium aus der Abdichtstelle heraus. Es ist deshalb zweck mäßig, den RWDR in unmittelbarer Nähe des Lagers anzuordnen und das Lagerspiel so klein wie möglich zu halten.

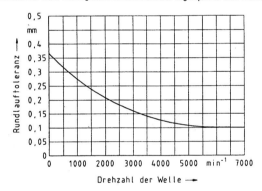

Bild 8: Rundlauftoleranz

Anhang A (informativ)

Angaben des Anwenders

Zur Erleichterung, sowohl für Anwender als auch Hersteller, sollte der Anwender ein Formblatt nach Tabelle A ausfüllen, um dem Hersteller die nötigen Informationen zu geben, so daß dieser einen Dichtring liefern kann, der dem Anwendungsfall angepaßt ist.

Für den Anwender dieser Norm unterliegt das Formblatt nach Tabelle A nicht dem Vervielfältigungsrandvermerk auf Seite 1.

Tabelle A: Angaben des Anwenders

Käufer: _____ Bezug: _____

Anwendung: _____ Konstruktionszeichnung: _____

1 Angaben zur Welle

a) Durchmesser (d_1) _____ mm max. _____ mm min.

b) Werkstoff _____

c) Oberflächenrauheit R_a _____ µm, R_z _____ µm, R_{max} _____ µm

d) Art der Oberflächen _____

e) Härte _____

f) Angaben zur Fase _____

g) Drehung

   1) Drehung (in Richtung des Pfeils gesehen, entsprechend Zeichnung)

   im Uhrzeigersinn _____

   entgegen dem Uhrzeigersinn _____

   wechselnd _____

   2) Drehzahl _____ min^{-1}

   3) Drehzahlzyklus

   (einschalten _____ ausschalten _____)

h) Weitere Wellenbewegungen (falls zutreffend)

   1) hin- und hergehende Bewegung

   i) Länge der Bewegung _____ mm

   ii) Zyklen je Minute _____

   iii) Zyklus der Hin- und Herbewegung

   (einschalten _____ ausschalten _____)

   2) Oszillation

   i) Schwingungsgröße (Grad) _____

   ii) Zyklen je Minute _____

   iii) Oszillationszyklus

   (einschalten _____ ausschalten _____)

j) Zusätzliche Informationen (z. B. Keile, Bohrungen, Nuten, Wellenführung usw.)

_____

_____

_____

Bohrungstiefe t_2

(fortgesetzt)

195

Tabelle A (abgeschlossen)

---

2 Angaben zum Gehäuse

a) Bohrungsdurchmesser (D) ———————— mm max. ———————————— mm min.

b) Bohrungstiefe ———————————— mm max. ———————————— mm min.

c) Werkstoff ————————————————————

c) Oberflächenrauheit R_a ———————— µm, R_z ———————— µm, R_{max} ———————— µm

e) Angaben zur Fase ————————————————

f) Gehäusedrehung (falls zutreffend)

   1) Drehung (in Richtung des Pfeils gesehen, entsprechend Zeichnung)

     im Uhrzeigersinn ————————————————————

     entgegen dem Uhrzeigersinn ————————————————

     wechselnd ————————————————————

   2) Drehzahl ———————————————————— min^{-1}

---

3 Angaben zur verwendeten Flüssigkeit

a) Art der Flüssigkeit ———————— Referenznummer ————————

b) Normale Temperatur der Flüssigkeit ———————— °C ———————— °C max. ———————— °C min.

c) Temperaturzyklus ————————————————————

d) Flüssigkeitsstand ————————————————————

e) Flüssigkeitsdruck ———————— bar ———————— kPa

f) Druckzyklus ————————————————————

---

4 Form- und Lagetoleranzen

a) Koaxialitätstoleranz der Gehäusebohrung ————————————

b) Rundlauftoleranz der Welle ————————————————

---

5 Äußere Bedingungen

a) Außendruck ———————————— bar ———————— kPa

b) abzudichtende Medien (z. B. Staub, Schlamm, Wasser usw.) ————————

Anhang B (informativ)
Angaben des Herstellers

Wie der Anwender sollte der Hersteller ein Formblatt nach Tabelle B ausfüllen, um dem Abnehmer die benötigten Informationen zu geben, die sicherstellen, daß der Dichtring mit dessen Konstruktionsauslegung und Anwendungsfall harmoniert, und die ermöglichen, daß der Anwender Inspektionen und Qualitätskontrollen an den gelieferten Dichtringen durchführen kann.
Für den Anwender dieser Norm unterliegt das Formblatt nach Tabelle B nicht dem Vervielfältigungsrandvermerk auf Seite 1.

Tabelle B: Angaben des Herstellers

Hersteller: —————————————— Teile Nr ————————————————————

                                     Los Nr ————————————— Datum ————————————

Dichtring-Spezifikation

   Typ: ——

   Außendurchmesser d_2: ————————————— mm max. ————————————————— mm min.

   Dichtringbreite b: ——————————————— mm max. ————————————————— mm min.

Beschreibung der Dichtlippe (falls nötig):

   eben   mit hydrodynamischer Unterstützung
   in einer Drehrichtung verwendbar   in beiden Drehrichtungen verwendbar

---

Dichtlippen-Werkstoff-Spezifikation:

   Werkstofftyp: ————————————————— Spezifikation: ————————————————

Gehäuse-Spezifikation:

   Gehäusewerkstoff: ————————————— Werkstoff des Innengehäuses: ———————————

   Gehäusedicke: ———————————————— Dicke des Innengehäuses: ——————————————

Zugfederwerkstoff: ——

Zusätzliche Angaben: ——

Klassifizierung der Prüfergebnisse: ——————————————————————————————————

——

Zeichnungsbeispiel

Kennzeichnung
(vorzugsweise hier anbringen)

d_2

Anhang C (informativ)

Literaturhinweise

ISO 6194-2:1991
Rotary shaft lip type seals – Part 2: Vocabulary

ISO 6194-3:1988
Rotary shaft lip type seals – Part 3: Storage, handling and installation

ISO 6194-4:1988
Rotary shaft lip type seals – Part 4: Performance test procedures

ISO 6194-5:1990
Rotary shaft lip type seals – Part 5: Identification of visual imperfections

Fluidtechnik
O-Ringe
Werkstoffe, Einsatzbereich

DIN
3771
Teil 3

Fluid systems; O-rings; materials, field of application

1 Anwendungsbereich

In dieser Norm sind die Werkstoffe mit deren Härteangaben und Einsatzbereichen für O-Ringe nach DIN 3771 Teil 1 aufgeführt.

2 Werkstoffe

O-Ringe werden aus Elastomeren hergestellt, deren Basis die folgenden synthetischen Kautschuke sind.

Tabelle 1.

Kurzzeichen nach DIN ISO 1629	Basis-Elastomer	IRHD-Härte nach DIN 53519 Teil 1 bzw. Teil 2 ± 5
NBR	Acrylnitril-Butadien-Kautschuk	70
NBR	Acrylnitril-Butadien-Kautschuk	90
FPM	Fluor-Kautschuk	85
EPDM	Ethylen-Propylen-Dien-Kautschuk	70
MVQ	Siliconkautschuk	70
ACM	Acrylat-Kautschuk	70

3 Einsatzbereich

Für O-Ringe aus den in Tabelle 1 genannten Werkstoffen sind in Tabelle 2 die Einsatzbereiche aufgeführt.

Die abzudichtenden Medien sind in Gruppen zusammengefaßt, sie können jedoch verschiedene Zusammensetzungen haben.

Genauere Angaben über Einsatzmöglichkeiten und Dauertemperaturen sowie weitere Einsatzfälle sind zwischen Anwender und Hersteller zu vereinbaren.

Fortsetzung Seite 2 und 3

Normenausschuß Kautschuktechnik (FAKAU) im DIN Deutsches Institut für Normung e.V.
Normenausschuß Maschinenbau (NAM) im DIN

Tabelle 2.

Werkstoffe[1]	zulässige Tieftemperaturen[2]	abzudichtende Medien[3]																
		Medien auf Mineralölbasis								schwerentflammbare Druckflüssigkeiten						sonstige Medien		
		Motorenöle	Getriebeöle (Hypoid)	ATF-Öle	Hydrauliköle nach DIN 51524, DIN 51525	Heizöle EL und L nach DIN 51603 Teil 1 und Teil 2 / Dieselkraftstoff nach DIN 51601	Ottokraftstoff Normal nach DIN 51600	Ottokraftstoff Super nach DIN 51600	Fette	HFA-1 nach DIN 24320	HFB nach VDMA 24317	HFC nach VDMA 24317	HFD (Phosphorsäureester) nach VDMA 24317	HFD (Chlor-Kohlenwasserstoffe) nach VDMA 24317	HFD (Mischungen) VDMA 24317	Wasser	Luft	Bremsflüssigkeiten
	°C	Dauertemperatur des Mediums in °C[2] max.																
NBR 70 IRHD NBR 90 IRHD	− 30	100	90	100	100	•	•	•	100	60	60	60	−	−	−	100	100	−
FPM 85 IRHD	− 15	150	150	150	150	150	150	150	100	60	60	−	150	150	150	100	200	−
EPDM 70 IRHD	− 40	−	−	−	−	−	−	−	−	−	−	130	130	−	−	140	130	130
MVQ 70 IRHD	− 50	150	130	•	150	−	−	−	100	−	−	−	−	−	−	100	200	130
ACM 70 IRHD	− 15	150	130	130	130	130	130	130	100	−	−	−	−	−	−	−	130	−

Fehlt die Angabe der Dauertemperatur, so bedeutet •, daß sich die einzelnen Elastomere dieser Gruppe gegen alle oder einzelne Medien unterschiedlich verhalten.

Ein − bedeutet, daß für diese Mediengruppe das Elastomer nicht geeignet ist.

[1] Diese Werkstoffe bezeichnen eine bestimmte Elastomer-Gattung. Ausgehend vom Basiselastomer können eine Vielzahl von Mischungen hergestellt werden, die zwar ähnliche Grundeigenschaften aufweisen, sich aber in ihren spezifischen Eigenschaften, z. B. Reißfestigkeit, Reißdehnung, Rückprall-Elastizität, Druckverformungsrest, Kälte- und Wärmebeständigkeit unterscheiden.

[2] Die Angabe über die Einsatztemperaturen gilt nur als allgemeiner Hinweis. Die obere Temperaturgrenze kann unter Umständen überschritten werden, z. B. unter Verkürzung der Gebrauchsdauer. Andererseits kann es erforderlich werden, die obere Temperaturgrenze bei Verwendung von aggressiven Medien herabzusetzen.

Bei den angegebenen Tieftemperaturen treten üblicherweise wesentliche Verhärtung, aber noch keine Versprödung der Werkstoffe ein. Daraus können jedoch keine Rückschlüsse auf die Funktionstemperatur gezogen werden, da diese von weiteren Faktoren abhängt. Hier empfiehlt sich eine Beratung zwischen Anwender und Hersteller. Für tiefere Temperaturen gibt es Sonderwerkstoffe.

[3] Obwohl das Verhalten einer Mischung gegenüber Kontaktmedien hauptsächlich vom Basiselastomer bestimmt wird, spielen jedoch auch die Art und Mengen der anderen Mischungsbestandteile, z. B. Weichmacher, Füllstoffe, Vulkanisiermittel, Alterungsschutzmittel usw., eine wichtige Rolle. So können z. B. größere Mengen von extrahierbaren Weichmachern das Quellverhalten in Mineralölen und Lösungsmitteln derart verändern, daß das Elastomer bedeutend weniger quillt oder sogar schrumpft. Daher dienen die Angaben als allgemeine Information und sollen die Entscheidung bei der ersten Auswahl des einzusetzenden Werkstoffes erleichtern. In Zweifelsfällen ist die Rücksprache mit dem Hersteller erforderlich.

Zitierte Normen und andere Unterlagen

DIN 3771 Teil 1	Fluidtechnik, O-Ringe, Maße nach ISO 3601/1
DIN 24 320	Schwerentflammbare Hydraulikflüssigkeiten, Gruppe HFA-1, Eigenschaften, Anforderungen
DIN 51 524	Hydraulikflüssigkeiten; Hydrauliköle H und H-L; Mindestanforderungen
DIN 51 525	Hydraulikflüssigkeiten; Hydrauliköle H-LP; Mindestanforderungen
DIN 51 600	Flüssige Kraftstoffe; Verbleite Ottokraftstoffe; Mindestanforderungen
DIN 51 601	Flüssige Kraftstoffe; Dieselkraftstoff; Mindestanforderungen
DIN 51 603 Teil 1	Flüssige Brennstoffe; Heizöle; Heizöl EL; Mindestanforderungen
DIN 51 603 Teil 2	Flüssige Brennstoffe; Heizöle, Heizöl L, M und S; Mindestanforderungen
DIN 53 519 Teil 1	Prüfung von Elastomeren; Bestimmung der Kugeldruckhärte von Weichgummi; Internationaler Gummihärtegrad (IRHD); Härteprüfung an Normproben
DIN 53 519 Teil 2	Prüfung von Elastomeren; Bestimmung der Kugeldruckhärte von Weichgummi; Internationaler Gummihärtegrad (IRHD); Härteprüfung an Proben geringer Abmessungen, Mikrohärteprüfung
DIN ISO 1629	Kautschuke und Latices; Einteilung, Kurzzeichen
VDMA 24 317	Fluidtechnik; Hydraulik; Schwerentflammbare Druckflüssigkeiten, Richtlinien *)

Weitere Normen

DIN 3771 Teil 2	Fluidtechnik; O-Ringe; Prüfung, Kennzeichnung
DIN 3771 Teil 4	Fluidtechnik; O-Ringe; Form- und Oberflächenabweichungen

Erläuterungen

Im Hinblick auf stark unterschiedliche Werkstoffdaten der verschiedenen Hersteller wurden keine Anforderungen für eine Werkstoffprüfung, sondern nur einige Grundeigenschaften und Anwendungsbereiche festgelegt.

Werkstoffdaten können vom Hersteller angefordert werden.

Die gängigsten DIN-Normen zur Prüfung von Elastomeren sind:

DIN 50 049	Bescheinigungen über Materialprüfungen
DIN 53 479	Prüfung von Kunststoffen und Elastomeren; Bestimmung der Dichte
DIN 53 504	Prüfung von Elastomeren; Bestimmung von Reißfestigkeit, Zugfestigkeit, Reißdehnung und Spannungswerten im Zugversuch
DIN 53 507	Prüfung von Kautschuk und Elastomeren; Bestimmung des Weiterreißwiderstandes von Elastomeren; Streifenprobe
Normen der Reihe	
DIN 53 517	Prüfung von Elastomeren; Bestimmung des Druck-Verformungsrestes
Normen der Reihe	
DIN 53 521	Prüfung von Kautschuk und Elastomeren; Bestimmung des Verhaltens gegen Flüssigkeiten, Dämpfe und Gase
Normen der Reihe	
DIN 53 538	Standard-Referenz-Elastomere
Normen der Reihe	
DIN 53 670	Prüfung von Kautschuk und Elastomeren; Prüfung von Kautschuk in Standard-Testmischungen; Gerät und Verfahren

Internationale Patentklassifikation

F 16 J 15 - 14

*) Zu beziehen durch Beuth Verlag GmbH, Kamekestraße 2–8, 5000 Köln 1.

| | Wälzlager | **DIN** |
| | **Maße für den Einbau** | **5418** |

Rolling bearings; Dimensions for mounting — Ersatz für Ausgabe 03.81

Maße in mm

1 Anwendungsbereich und Zweck

Die vorliegende Norm gibt Regeln für die Ausführung der Schultern von Wellen und Gehäusen, an denen Wälzlager anliegen sollen. Die Anwendung der empfohlenen Werte schützt vor Verspannung als Folge unzweckmäßiger Radien der Hohlkehlen, gewährt die notwendigen freien Querschnitte für überstehende Käfigteile an Kegelrollenlagern und schafft Voraussetzungen für den leichten Ein- und Ausbau. Bei hohen Axiallasten sowie für Axiallager sind die Hinweise der Hersteller bezüglich der Anschlußkonstruktion zu beachten.

Fortsetzung Seite 2 bis 20

Arbeitsausschuß Wälzlager (AWL) im DIN Deutsches Institut für Normung e.V.

2   Maße

2.1   Rundungen und Schulterhöhen

Die Rundungen an Welle und Gehäuse müssen die durch den Kantenabstand festgelegten Abfasungen an Innen- bzw. Außenring der Wälzlager freigeben.

Die Schulterhöhen sind so zu bemessen, daß eine genügende seitliche Anlage der Wälzlagerringe sichergestellt ist, andererseits aber auch das Ansetzen von Abziehvorrichtungen ermöglicht wird.

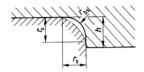

Bild 1: Gehäuse

h Schulterhöhe bei Welle und Gehäuse

h_1 Einstichmaß (Ausführung wahlweise mit Freistich Form F nach DIN 509, jedoch nicht für Rillenkugellager nach DIN 625 Teil 1)

r_{as} Hohlkehlradius an der Welle

r_{bs} Hohlkehlradius am Gehäuse

r_s Kantenabstand am Wälzlager (Einzelwert)

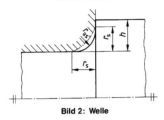

Bild 2: Welle

Bild 3: Welle mit Freistich

Tabelle 1: Rundungen und Schulterhöhen für Radiallager (mit Ausnahme der Kegelrollenlager)

r_s	r_{as} r_{bs}	$h^{1), 2)}$ min. Durchmesserreihe nach DIN 616		
min.	max.	8; 9; 0	1; 2; 3	4
0,05	0,05	0,2	—	—
0,08	0,08	0,26	—	—
0,1	0,1	0,3	0,6	—
0,15	0,15	0,4	0,7	—
0,2	0,2	0,7	0,9	—
0,3	0,3	1	1,2	—
0,6	0,6	1,6	2,1	—
1	1	2,3	2,8	—
1,1	1	3	3,5	4,5
1,5	1,5	3,5	4,5	5,5
2	2	4,4	5,5	6,5
2,1	2,1	5,1	6	7
3	2,5	6,2	7	8
4	3	7,3	8,5	10
5	4	9	10	12
6	5	11,5	13	15
7,5	6	14	16	19
9,5	8	17	20	23
12	10	21	24	28
15	12	25	29	33

[1]) Falls ein Freistich Form F nach DIN 509 vorgesehen wird (jedoch nicht für Rillenkugellager nach DIN 625 Teil 1), muß erfüllt sein:

$$h - h_1 \geq h_{min} - r_{s\,max}$$

$r_{s\,max}$ nach DIN 620 Teil 6, der dem Lager eigenen $r_{s\,min}$-Wert zugeordnete Größtwert.
Andererseits sollte der Größtwert für h den 1,5fachen Betrag der in der Tabelle genannten Werte nicht übersteigen.

[2]) Treten keine oder nur geringe Axialkräfte auf, dann können die für die Durchmesserreihen 1, 2 und 3 angegebenen Werte für die Durchmesserreihe 4 und die der Durchmesserreihen 8, 9 und 0 für die Durchmesserreihen 1, 2 und 3 vorgesehen werden.

2.2   Maße für den Einbau der Zylinderrollenlager

Zylinderrollenlager sind zerlegbar. Werden die Anschlußteile nach Tabelle 2 bemessen, so können die Gehäuse mit den darin befindlichen Außenringen mit Rollensatz von der Welle und den darauf verbleibenden Innenringen abgezogen werden.

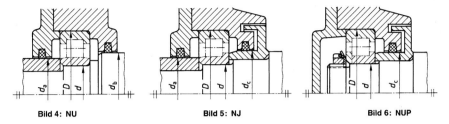

Bild 4: NU   **Bild 5: NJ**   **Bild 6: NUP**

Tabelle 2: Zylinderrollenlager nach DIN 5412 Teil 1

Lager-bohrung	Lagerreihen															
	NU 10 NU 20 E			NU 2 NU 2 E NU 22 NU 22 E NJ 2 NJ 2 E NJ 22 NJ 22 E NUP 2 NUP 2 E NUP 22 NUP 22 E				NU 3 NU 3 E NU 23 NU 23 E NJ 3 NJ 3 E NJ 23 NJ 23 E NUP 3 NUP 3 E NUP 23 NUP 23 E				NU 4 NJ 4 NUP 4			
d	D	d_a max.	d_b min.	D	d_a max.	d_b min.	d_c min.	D	d_a max.	d_b min.	d_c min.	D	d_a max.	d_b min.	d_c min.
17	—	—	—	40	21	25	27	—	—	—	—	—	—	—	—
20	42	25	27	47	26	29	32	52	27	30	33	—	—	—	—
25	47	30	32	52	31	34	37	62	33	37	40	—	—	—	—
30	55	35	38	62	37	40	44	72	40	44	48	90	44	47	52
35	62	41	44	72	43	46	50	80	45	48	53	100	52	55	61
40	68	46	49	80	49	52	56	90	51	55	60	110	57	60	67
45	75	52	54	85	54	57	61	100	57	60	66	120	63	66	74
50	80	57	59	90	58	62	67	110	63	67	73	130	69	73	81
55	90	63	66	100	65	68	73	120	69	72	80	140	76	79	87
60	95	68	71	110	71	75	80	130	75	79	86	150	82	85	94
65	100	73	76	120	77	81	87	140	81	85	93	160	88	91	100
70	110	78	82	125	82	86	92	150	87	92	100	180	99	102	112
75	115	83	87	130	87	90	96	160	93	97	106	190	103	107	118
80	125	90	94	140	94	97	104	170	99	105	114	200	109	112	124
85	130	95	99	150	99	104	110	180	106	110	119	210	111	115	128
90	140	101	106	160	105	109	116	190	111	117	127	225	122	125	139
95	145	106	111	170	111	116	123	200	119	124	134	240	132	136	149
100	150	111	116	180	117	122	130	215	125	132	143	250	137	141	156
105	160	118	122	190	124	129	137	225	132	137	149	260	143	147	162
110	170	124	128	200	130	135	144	240	140	145	158	280	153	157	173
120	180	134	138	215	141	146	156	260	151	156	171	310	168	172	190
130	200	146	151	230	151	158	168	280	164	169	184	340	183	187	208
140	210	156	161	250	166	171	182	300	176	182	198	360	195	200	222
150	225	167	173	270	179	184	196	320	190	195	213	380	210	216	237
160	240	178	184	290	192	197	210	340	200	211	228	—	—	—	—
170	260	190	197	310	204	211	223	360	216	223	241	—	—	—	—
180	280	203	209	320	214	221	233	380	227	235	255	—	—	—	—
190	290	213	219	340	227	234	247	400	240	248	268	—	—	—	—
200	310	226	233	360	240	247	261	420	254	263	283	—	—	—	—
220	340	248	254	400	266	273	289	—	—	—	—	—	—	—	—
240	360	268	275	440	293	298	316	—	—	—	—	—	—	—	—
260	400	292	300	480	318	323	343	—	—	—	—	—	—	—	—

(fortgesetzt)

Tabelle 2 (abgeschlossen)

Lager-bohrung	NU 10 NU 20 E			NU2 NU2E NU22 NU22E NJ2 NJ2E NJ22 NJ22E NUP2 NUP2E NUP22 NUP22E				NU3 NU3E NU23 NU23E NJ3 NJ3E NJ23 NJ23E NUP3 NUP3E NUP23 NUP23E				NU4 NJ4 NUP4			
												Lagerreihen			
d	D	d_a max.	d_b min.	D	d_a max.	d_b min.	d_c min.	D	d_a max.	d_b min.	d_c min.	D	d_a max.	d_b min.	d_c min.
280	420	313	320	500	333	344	364	580	353	366	394	—	—	—	—
300	460	337	344	540	358	368	391	—	—	—	—	—	—	—	—
320	480	356	365	580	384	394	420	—	—	—	—	—	—	—	—
340	520	381	390	—	—	—	—	—	—	—	—	—	—	—	—
360	540	401	410	—	—	—	—	—	—	—	—	—	—	—	—
380	560	420	430	—	—	—	—	—	—	—	—	—	—	—	—
400	600	446	455	—	—	—	—	—	—	—	—	—	—	—	—
420	620	466	475	—	—	—	—	—	—	—	—	—	—	—	—
440	650	488	498	—	—	—	—	—	—	—	—	—	—	—	—
460	680	511	521	—	—	—	—	—	—	—	—	—	—	—	—
480	700	531	541	—	—	—	—	—	—	—	—	—	—	—	—
500	720	551	558	—	—	—	—	—	—	—	—	—	—	—	—

2.3   Maße für den Einbau der Kegelrollenlager

Bei Kegelrollenlagern steht der Käfig über die Seitenfläche der Außenringe vor. Um Anstreifen des überstehenden Käfigs zu vermeiden, sind die Anschlußmaße nach Tabelle 3 einzuhalten.

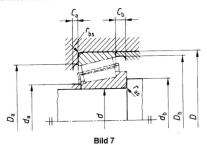

Bild 7

Tabelle 3: Kegelrollenlager nach DIN 720

Lager-bohrung d	D	d_a max.	d_b min.	D_a min.	D_a max.	D_b min.	C_a min.	C_b min.	r_{as} max.	r_{bs} max.	Kurzzeichen
15	42	22	21	36	36	38	2	3	1	1	303 02
	42	22	21	35	36	38	2	4	1	1	323 02
17	40	23	23	34	34	37	2	2	1	1	302 03
	40	22	23	34	34	37	3	3	1	1	322 03
	47	25	23	40	41	42	2	3	1	1	303 03
	47	24	23	39	41	43	3	4	1	1	323 03
20	37	24	24	32	—	34	2	3	0,3	0,3	329 04
	42	25	25	36	37	39	3	3	0,6	0,6	320 04 X
	47	27	26	40	41	43	2	3	1	1	302 04
	47	26	26	39	41	43	3	4	1	1	322 04
	47	26	25	37	41	44	2	4	1	1	322 04 B
	52	28	27	44	45	47	2	3	1,5	1,5	303 04
	52	27	27	43	45	47	3	4	1,5	1,5	323 04
22	40	26	26	35	—	37	2	3	0,3	0,3	329/22
	44	27	27	38	39	41	3	3,5	0,6	0,6	320/22 X

(fortgesetzt)

Tabelle 3 (fortgesetzt)

Lager-bohrung d	D max.	d_a min.	d_b min.	D_a min.	D_a max.	D_b min.	C_a min.	C_b min.	r_{as} max.	r_{bs} max.	Kurzzeichen
	42	29	30	37	—	39	2	3	0,3	0,3	329 05
	47	30	30	40	42	44	3	3,5	0,6	0,6	320 05 X
	47	30	30	41	42	44	3	3	0,6	0,6	330 05
	52	31	31	44	46	48	2	3	1	1	302 05
	52	31	31	44	46	48	3	4	1	1	322 05
25	52	30	31	41	46	49	3	4	1	1	322 05 B
	52	30	31	43	46	49	4	4	1	1	332 05
	62	34	32	54	55	57	2	3	1,5	1,5	303 05
	62	34	32	47	55	59	3	5	1,5	1,5	313 05
	62	33	32	53	55	57	3	5	1,5	1,5	323 05
	45	32	32	41	—	42	2	3	0,3	0,3	329/28
28	52	33	34	45	46	49	3	4	1	1	320/28 X
	58	33	34	46	52	55	3	4	1	1	322/28 B
	58	33	34	49	52	55	4	5	1	1	332/28
	47	34	34	43	—	44	2	3	0,3	0,3	329 06
	55	35	36	48	49	52	3	4	1	1	320 06 X
	55	35	36	48	49	52	3	4	1	1	330 06
	62	37	36	53	56	57	2	3	1	1	302 06
	62	37	36	52	56	59	3	4	1	1	322 06
30	62	36	36	50	56	60	3	4	1	1	322 06 B
	62	36	36	53	56	59	5	5,5	1	1	332 06
	72	40	37	62	65	66	3	4,5	1,5	1,5	303 06
	72	40	37	55	65	68	3	6,5	1,5	1,5	313 06
	72	39	37	59	65	66	4	5,5	1,5	1,5	323 06
	72	38	37	59	65	67	4	5,5	1,5	1,5	323 06 B
	52	36	37	47	—	49	3	3	0,6	0,6	329/32
	58	38	38	50	52	55	3	4	1	1	320/32 X
32	65	39	38	56	59	60	3	3	1	1	302/32
	65	38	40	52	59	61	4	6,5	1	1	322/32 B
	65	38	38	55	59	62	4	5,5	1	1	332/32
	75	40	40	57	68	70	4	6,5	1,5	1,5	323/32 B
	55	40	40	50	50	52	3	3	0,6	0,6	329 07
	62	40	41	54	56	59	4	4	1	1	320 07 X
	62	41	41	55	56	59	4	4	1	1	330 07
	72	44	42	62	65	67	3	3	1,5	1,5	302 07
	72	43	42	61	65	67	3	5,5	1,5	1,5	322 07
35	72	42	42	56	65	68	3	5	1,5	1,5	322 07 B
	72	42	42	61	65	68	5	6	1,5	1,5	332 07
	80	45	44	70	71	74	3	4,5	2	1,5	303 07
	80	44	44	62	71	76	3	7,5	2	1,5	313 07
	80	44	44	66	71	74	4	7,5	2	1,5	323 07
	80	42	44	61	71	76	4	7,5	2	1,5	323 07 B
	62	45	45	57	57	59	3	3	0,6	0,6	329 08
	68	46	46	60	62	65	4	4,5	1	1	320 08 X
	68	46	46	61	62	65	4	4	1	1	330 08
	75	47	47	65	68	71	4	5,5	1,5	1,5	331 08
	80	49	47	69	73	74	3	3,5	1,5	1,5	302 08
40	80	48	47	68	73	75	3	5,5	1,5	1,5	322 08
	80	48	47	65	73	76	4	5,5	1,5	1,5	322 08 B
	80	47	47	67	73	76	5	7	1,5	1,5	332 08
	90	52	49	77	81	82	3	5	2	1,5	303 08
	90	51	49	71	81	86	4	8	2	1,5	313 08
	90	50	49	73	81	82	4	8	2	1,5	323 08
	90	50	49	69	81	85	4	8	2	1,5	323 08 B
	68	51	50	62	63	64	3	3	0,6	0,6	329 09
	75	51	51	67	69	72	4	4,5	1	1	320 09 X
45	75	51	51	67	69	71	4	5	1	1	330 09
	80	52	52	69	73	77	4	5,5	1,5	1,5	331 09
	85	54	52	74	78	80	3	4,5	1,5	1,5	302 09

(fortgesetzt)

Tabelle 3 (fortgesetzt)

Lager-bohrung d	D max.	d_a min.	d_b min.	D_a min.	D_a max.	D_b min.	C_a min.	C_b min.	r_{as} max.	r_{bs} max.	Kurzzeichen
45	85	53	52	73	78	80	3	5,5	1,5	1,5	322 09
	85	53	52	70	78	82	4	5,5	1,5	1,5	322 09 B
	85	52	52	72	78	81	5	7	1,5	1,5	332 09
	100	59	54	86	91	92	3	5	2	1,5	303 09
	100	56	54	79	91	95	4	9	2	1,5	313 09
	100	56	54	82	91	93	4	8	2	1,5	323 09
	100	55	54	76	91	94	5	8	2	1,5	323 09 B
50	72	55	55	66	67	69	3	3	0,6	0,6	329 10
	80	56	56	72	74	77	4	4,5	1	1	320 10 X
	80	56	56	72	74	76	4	5	1	1	330 10
	85	56	57	74	78	82	4	6	1,5	1,5	331 10
	90	58	57	79	83	85	3	4,5	1,5	1,5	302 10
	90	58	57	78	83	85	3	5,5	1,5	1,5	322 10
	90	57	57	76	83	87	4	6,5	1,5	1,5	322 10 B
	90	57	57	77	83	87	5	7,5	1,5	1,5	332 10
	110	65	60	95	100	102	4	6	2,5	2	303 10
	110	62	60	87	100	104	4	10	2,5	2	313 10
	110	62	60	90	100	102	5	9	2,5	2	323 10
	110	60	60	83	100	103	5	9	2,5	2	323 10 B
55	80	61	61	73	74	76	4	3	1	1	329 11
	90	63	62	81	83	86	4	5,5	1,5	1,5	320 11 X
	90	63	62	81	83	86	5	6	1,5	1,5	330 11
	95	62	62	83	88	91	5	7	1,5	1,5	331 11
	100	64	64	88	91	94	4	4,5	2	1,5	302 11
	100	63	64	87	91	95	4	5,5	2	1,5	322 11
	100	62	64	85	91	96	6	8	2	1,5	332 11
	120	71	65	104	110	111	4	6,5	2,5	2	303 11
	120	68	65	94	110	113	4	10,5	2,5	2	313 11
	120	68	65	99	110	111	5	10,5	2,5	2	323 11
	120	65	65	91	110	112	5	10,5	2,5	2	323 11 B
60	85	66	66	78	79	81	4	3	1	1	329 12
	95	67	67	85	88	91	4	5,5	1,5	1,5	320 12 X
	95	67	67	85	88	90	5	6	1,5	1,5	330 12
	100	67	67	88	93	96	5	7	1,5	1,5	331 12
	110	70	69	96	101	103	4	4,5	2	1,5	302 12
	110	69	69	95	101	104	4	5,5	2	1,5	322 12
	110	69	69	93	101	105	6	9	2	1,5	332 12
	130	77	72	112	118	120	5	7,5	3	2,5	303 12
	130	73	72	103	118	123	5	11,5	3	2,5	313 12
	130	74	72	107	118	120	6	11,5	3	2,5	323 12
	130	71	72	100	118	122	6	11,5	3	2,5	323 12 B
65	90	71	71	83	84	86	4	3	1	1	329 13
	100	72	72	90	93	97	4	5,5	1,5	1,5	320 13 X
	100	72	72	89	93	96	5	6	1,5	1,5	330 13
	110	73	72	96	103	106	6	7,5	1,5	1,5	331 13
	120	77	74	106	111	113	4	4,5	2	1,5	302 13
	120	76	74	104	111	115	4	5,5	2	1,5	322 13
	120	74	74	102	111	115	6	9	2	1,5	332 13
	140	83	77	122	128	130	5	8	3	2,5	303 13
	140	79	77	111	128	132	5	13	3	2,5	313 13
	140	80	77	117	128	130	6	12	3	2,5	323 13
	140	77	77	109	128	133	6	12	3	2,5	323 13 B
70	100	76	76	93	94	96	4	4	1	1	329 14
	110	78	77	98	103	105	5	6	1,5	1,5	320 14 X
	110	78	77	99	103	105	5	5,5	1,5	1,5	330 14
	120	79	79	104	111	115	6	8	2	1,5	331 14
	125	81	79	110	116	118	4	5	2	1,5	302 14
	125	80	79	108	116	119	4	6	2	1,5	322 14
	125	79	79	107	116	120	7	9	2	1,5	332 14
	150	89	82	130	138	140	5	8	3	2,5	303 14
	150	84	82	118	138	141	5	13	3	2,5	313 14
	150	86	82	125	138	140	6	12	3	2,5	323 14
	150	83	82	117	138	143	7	12	3	2,5	323 14 B

(fortgesetzt)

Tabelle 3 (fortgesetzt)

Lager-bohrung d	D max.	d_a max.	d_b min.	D_a min.	D_a max.	D_b min.	C_a min.	C_b min.	r_{as} max.	r_{bs} max.	Kurzzeichen
75	105	81	81	98	99	101	4	4	1	1	329 15
	115	83	82	103	108	110	5	6	1,5	1,5	320 15 X
	115	83	82	104	108	110	6	5,5	1,5	1,5	330 15
	125	84	84	109	116	120	6	8	2	1,5	331 15
	130	86	84	115	121	124	4	5	2	1,5	302 15
	130	85	84	115	121	124	4	6	2	1,5	322 15
	130	83	84	111	121	125	7	10	2	1,5	332 15
	160	95	87	139	148	149	5	9	3	2,5	303 15
	160	91	87	127	148	151	6	14	3	2,5	313 15
	160	91	87	133	148	149	7	13	3	2,5	323 15
	160	90	87	124	148	151	7	14	3	2,5	323 15 B
80	110	86	86	102	104	106	4	4	1	1	329 16
	125	89	87	112	117	120	6	7	1,5	1,5	320 16 X
	125	90	87	112	117	119	6	6,5	1,5	1,5	330 16
	130	89	89	114	121	126	6	8	2	1,5	331 16
	140	91	90	124	130	132	4	6	2,5	2	302 16
	140	90	90	122	130	134	5	7	2,5	2	322 16
	140	89	90	119	130	135	7	11	2,5	2	332 16
	170	102	92	148	158	159	5	9,5	3	2,5	303 16
	170	97	92	134	158	159	6	15,5	3	2,5	313 16
	170	98	92	142	158	159	7	13,5	3	2,5	323 16
	170	96	92	130	158	160	7	13,5	3	2,5	323 16 B
85	120	92	92	111	113	115	5	5	1,5	1,5	329 17
	130	94	92	117	122	125	6	7	1,5	1,5	320 17 X
	130	94	92	118	122	125	6	6,5	1,5	1,5	330 17
	140	95	95	122	130	135	7	9	2,5	2	331 17
	150	97	95	132	140	141	5	6,5	2,5	2	302 17
	150	96	95	130	140	142	5	8,5	2,5	2	322 17
	150	95	95	128	140	144	7	12	2,5	2	332 17
	180	107	99	156	166	167	6	10,5	4	3	303 17
	180	103	99	143	166	169	6	16,5	4	3	313 17
	180	103	99	150	166	167	8	14,5	4	3	323 17
	180	102	99	138	166	169	7	14,5	4	3	323 17 B
90	125	97	97	116	131	120	5	5	1,5	1,5	329 18
	140	100	99	125	131	134	6	8	2	1,5	320 18 X
	140	100	99	127	131	135	7	6,5	2	1,5	330 18
	150	100	100	130	140	144	7	10	2,5	2	331 18
	160	103	100	140	150	150	5	6,5	2,5	2	302 18
	160	102	100	138	150	152	5	8,5	2,5	2	322 18
	160	101	100	135	150	154	9	13	2,5	2	332 18
	190	113	104	165	176	176	6	10,5	4	3	303 18
	190	109	104	151	176	179	6	16,5	4	3	313 18
	190	108	104	157	176	177	8	14,5	4	3	323 18
95	130	102	102	121	123	125	5	5	1,5	1,5	329 19
	145	105	104	130	136	140	6	8	2	1,5	320 19 X
	145	104	104	131	136	139	7	6,5	2	1,5	330 19
	160	106	105	138	150	154	8	11	2,5	2	331 19
	170	110	107	149	158	159	5	7,5	3	2,5	302 19
	170	108	107	145	158	161	5	8,5	3	2,5	322 19
	170	107	107	144	158	163	9	14	3	2,5	332 19
	200	118	109	172	186	184	6	11,5	4	3	303 19
	200	114	109	157	186	187	6	17,5	4	3	313 19
	200	115	109	166	186	186	8	16,5	4	3	323 19
100	140	109	107	131	131	135	5	5	1,5	1,5	329 20
	150	109	109	134	141	144	6	8	2	1,5	320 20 X
	150	108	109	135	141	143	7	6,5	2	1,5	330 20
	165	111	110	142	155	159	8	12	2,5	2	331 20
	180	116	112	157	168	168	5	8	3	2,5	302 20
	180	114	112	154	168	171	5	10	3	2,5	322 20
	180	112	112	151	168	172	10	15	3	2,5	332 20
	215	127	114	184	201	197	6	12,5	4	3	303 20
	215	121	114	168	201	202	7	21,5	4	3	313 20 X
	215	123	114	177	201	200	8	17,5	4	3	323 20

(fortgesetzt)

Tabelle 3 (fortgesetzt)

Lager-bohrung d	D	d_a	d_b	D_a		D_b	C_a	C_b	r_{as}	r_{bs}	Kurzzeichen
	max.	min.	min.	min.	max.	min.	min.	min.	max.	max.	
105	145	114	112	135	136	140	5	5	1,5	1,5	329 21
	160	116	115	143	150	154	6	9	2,5	2	320 21 X
	160	116	115	145	150	153	7	9	2,5	2	330 21
	175	116	115	150	165	169	9	12	2,5	2	331 21
	190	122	117	165	178	177	6	9	3	2,5	302 21
	190	120	117	161	178	180	5	10	3	2,5	322 21
	190	117	117	159	178	182	10	16	3	2,5	332 21
	225	132	119	193	211	206	7	12,5	4	3	303 21
	225	127	119	176	211	211	7	22	4	3	313 21 X
	225	128	119	185	211	209	9	18,5	4	3	323 21
110	150	118	117	140	141	145	5	5	1,5	1,5	329 22
	170	122	120	152	160	163	7	9	2,5	2	320 22 X
	170	123	120	152	160	161	7	10	2,5	2	330 22
	180	121	120	155	170	174	9	13	2,5	2	331 22
	200	129	122	174	188	187	6	9	3	2,5	302 22
	200	126	122	170	188	190	6	10	3	2,5	322 22
	240	141	124	206	226	220	8	12,5	4	3	303 22
	240	135	124	188	226	224	7	25	4	3	313 22 X
	240	137	124	198	226	222	9	19,5	4	3	323 22
120	165	128	127	154	—	160	6	6	1,5	1,5	329 24
	180	131	130	161	170	173	7	9	2,5	2	320 24 X
	180	132	130	160	170	171	6	10	2,5	2	330 24
	200	133	130	172	190	192	9	14	2,5	2	331 24
	215	140	132	187	203	201	6	9,5	3	2,5	302 24
	215	136	132	181	203	204	7	11,5	3	2,5	322 24
	260	152	134	221	246	237	10	13,5	4	3	303 24
	260	145	134	203	246	244	9	26	4	3	313 24 X
	260	148	134	213	246	239	9	21,5	4	3	323 24
130	180	141	139	167	171	173	6	7	2	1,5	329 26
	200	144	140	178	190	192	8	11	2,5	2	320 26 X
	200	143	140	178	190	192	8	12	2,5	2	330 26
	230	152	144	203	216	217	7	9,5	4	3	302 26
	230	146	144	193	216	219	7	13,5	4	3	322 26
	280	164	148	239	262	255	8	14,5	5	4	303 26
	280	157	148	218	262	261	9	28	5	4	313 26 X
140	190	150	149	177	181	184	6	7	2	1,5	329 28
	210	153	150	187	200	202	8	11	2,5	2	320 28 X
	210	152	150	186	200	202	7	12	2,5	2	330 28
	250	163	154	219	236	234	9	9,5	4	3	302 28
	250	159	154	210	236	238	8	13,5	4	3	322 28
	300	176	158	255	282	273	8	14,5	5	4	303 28
	300	169	158	235	282	280	9	30	5	4	313 28 X
150	210	162	160	194	—	202	7	8	2,5	2	329 30
	225	164	162	200	213	216	8	12	3	2,5	320 30 X
	225	164	162	200	213	217	8	13	3	2,5	330 30
	270	175	164	234	256	250	9	11	4	3	302 30
	270	171	164	226	256	254	8	17	4	3	322 30
	320	189	168	273	302	292	9	17	5	4	303 30
	320	181	168	251	302	300	9	32	5	4	313 30 X
160	220	173	170	204	210	212	7	8	2,5	2	329 32
	240	175	172	213	228	231	8	13	3	2,5	320 32 X
	290	189	174	252	276	269	9	12	4	3	302 32
	290	183	174	242	276	274	10	17	4	3	322 32
	340	201	178	290	322	310	9	17	5	4	303 32
170	230	183	180	213	220	222	7	8	2,5	2	329 34
	260	187	182	230	248	249	10	14	3	2,5	320 34 X
	310	203	188	269	292	288	8	14	5	4	302 34
	310	196	188	259	292	294	10	20	5	4	322 34
	360	213	188	307	342	329	9	18	5	4	303 34

(fortgesetzt)

Tabelle 3 (abgeschlossen)

Lager-bohrung d	D max.	d_a min.	d_b min.	D_a min.	D_a max.	D_b min.	C_a min.	C_b min.	r_{as} max.	r_{bs} max.	Kurzzeichen
180	250	193	190	225	240	241	8	11	2,5	2	329 36
	280	199	192	247	268	267	10	16	3	2,5	320 36 X
	320	211	198	278	302	297	9	14	5	4	302 36
	320	204	198	267	302	303	10	20	5	4	322 36
190	260	204	200	235	249	251	8	11	2,5	2	329 38
	290	209	202	257	278	279	10	16	3	2,5	320 38 X
	340	224	207	298	322	318	9	14	5	4	302 38
	340	216	207	286	322	323	10	22	5	4	322 38
200	280	216	212	257	268	271	9	12	3	2,5	329 40
	310	221	212	273	298	297	11	17	3	2,5	320 40 X
	360	237	217	315	342	336	9	16	5	4	302 40
	360	226	217	302	342	340	11	22	5	4	322 40
220	300	234	232	275	288	290	9	12	3	2,5	329 44
	340	243	234	300	326	326	12	19	4	3	320 44 X
240	320	254	252	294	308	311	9	12	3	2,5	329 48
	360	261	254	318	346	346	12	19	4	3	320 48 X
260	360	279	272	328	348	347	11	15,5	3	2,5	329 52
	400	287	278	352	382	383	14	22	5	4	320 52 X
280	380	298	292	348	368	368	11	15,5	3	2,5	329 56
	420	305	298	370	402	402	14	22	5	4	320 56 X
300	420	324	314	383	406	405	12	19	4	3	329 60
	460	329	318	404	442	439	15	26	5	4	320 60 X
320	440	343	334	402	426	426	13	19	4	3	329 64
	480	350	338	424	462	461	15	26	5	4	320 64 X
340	460	361	354	421	446	446	14	19	4	3	329 68
360	480	380	374	439	466	466	14	19	4	3	329 72

2.4 Maße für den Einbau der Spannhülsen

Die Aussparungen mit den Durchmessern d_a und d_b der Abstandsringe ermöglichen das axiale Festlegen des Lagers und der Anbauteile sowie ein leichtes Lösen der Spannhülse. Die Größe der jeweiligen Aussparung ist der Tabelle 4 zu entnehmen.

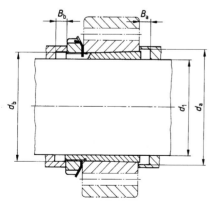

Bild 8: Spannhülsen-Muttersicherung durch Sicherungsblech

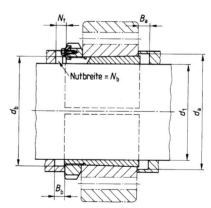

Bild 9: Spannhülsen-Muttersicherung durch Sicherungsbügel

Tabelle 4: Maße der Aussparung in den Abstandsringen bei Spannhülsen nach DIN 5415

Lagerreihen-Zuordnung:
- Pendelkugellager nach DIN 630 Teil 1 der Lagerreihe: 12.., 13.., 22.., 23..
- Tonnenlager nach DIN 635 Teil 1 der Lagerreihe: 202.., 203.., 213.., 222.., 223..
- Pendelrollenlager nach DIN 635 Teil 2 der Lagerreihe: 230.., 231.., 232.., 239..

Wellen-Nenndurchmesser d_1[1]	Spannhülse Kurzzeichen	d_b	B_b	N_b	N_t	12.. / 202.. d_a	B_a	13.. / 203.. / 213.. d_a	B_a	22.. / 222.. d_a	B_a	23.. / 223.. d_a	B_a	230.. d_a	B_a	231.. d_a	B_a	232.. d_a	B_a	239.. d_a	B_a
17	H 204	21	5	—	—	23	5	—	—	—	—	—	—	—	—	—	—	—	—	—	—
	H 304	21	5	—	—	—	—	23	8	23	5	—	—	—	—	—	—	—	—	—	—
	H 2304	21	5	—	—	—	—	—	—	—	—	24	5	—	—	—	—	—	—	—	—
20	H 205	26	5	—	—	28	6	—	—	—	—	—	—	—	—	—	—	—	—	—	—
	H 305	26	5	—	—	—	—	28	6	28	5	—	—	—	—	—	—	—	—	—	—
	H 2305	26	5	—	—	—	—	—	—	—	—	30	5	—	—	—	—	—	—	—	—
25	H 206	31	5	—	—	33	6	—	—	—	—	—	—	—	—	—	—	—	—	—	—
	H 306	31	5	—	—	—	—	33	6	33	5	—	—	—	—	—	—	—	—	—	—
	H 2306	31	5	—	—	—	—	—	—	—	—	35	5	—	—	—	—	—	—	—	—
30	H 207	36	5	—	—	38	5	—	—	—	—	—	—	—	—	—	—	—	—	—	—
	H 307	36	5	—	—	—	—	39	7	39	5	—	—	—	—	—	—	—	—	—	—
	H 2307	36	5	—	—	—	—	—	—	—	—	40	5	—	—	—	—	—	—	—	—
35	H 208	41	6	—	—	43	5	—	—	—	—	—	—	—	—	—	—	—	—	—	—
	H 308	41	6	—	—	—	—	44	5	44	5	—	—	—	—	—	—	—	—	—	—
	H 2308	41	6	—	—	—	—	—	—	—	—	45	5	—	—	—	—	—	—	—	—
40	H 209	46	6	—	—	48	5	—	—	—	—	—	—	—	—	—	—	—	—	—	—
	H 309	46	6	—	—	—	—	50	5	50	7	—	—	—	—	—	—	—	—	—	—
	H 2309	46	6	—	—	—	—	—	—	—	—	50	5	—	—	—	—	—	—	—	—
45	H 210	51	6	—	—	53	5	—	—	—	—	—	—	—	—	—	—	—	—	—	—
	H 310	51	6	—	—	—	—	55	5	55	9	—	—	—	—	—	—	—	—	—	—
	H 2310	51	6	—	—	—	—	—	—	—	—	56	5	—	—	—	—	—	—	—	—

[1]) Z. Z. sind die Wälzlager genormt bei: DIN 630 Teil 1: bis d_1 = 110 mm   DIN 635 Teil 1: bis d_1 = 280 mm   DIN 635 Teil 2: bis d_1 = 600 mm

(fortgesetzt)

211

Tabelle 4 (fortgesetzt)

Wellen-Nenndurch-messer d_1 [1]	Spann-hülse Kurz-zeichen	Pendelkugellager nach DIN 630 Teil 1 der Lagerreihe				12.. 202..		13.. 203.. 213..		22.. 222..		23.. 223..		230..		231..		232..		239..	
		d_b	B_b	N_b	N_t	d_a	B_a	d_a	B_a	d_a	B_a	d_a	B_a	d_a	B_a	d_a	B_a	d_a	B_a	d_a	B_a
50	H 211	56	6	—	—	60	6	—	—	60	10	—	—	—	—	—	—	—	—	—	—
	H 311	56	6	—	—	—	—	60	6	—	—	—	—	—	—	—	—	—	—	—	—
	H 2311	56	6	—	—	—	—	—	—	—	—	61	6	—	—	—	—	—	—	—	—
55	H 212	61	7	—	—	64	6	—	—	65	9	—	—	—	—	—	—	—	—	—	—
	H 312	61	7	—	—	—	—	65	6	—	—	—	—	—	—	—	—	—	—	—	—
	H 2312	61	7	—	—	—	—	—	—	—	—	66	6	—	—	—	—	—	—	—	—
60	H 213	66	7	—	—	70	6	—	—	70	8	—	—	—	—	—	—	—	—	—	—
	H 313	66	7	—	—	—	—	70	6	—	—	—	—	—	—	—	—	—	—	—	—
	H 2313	66	7	—	—	—	—	—	—	—	—	72	6	—	—	—	—	—	—	—	—
60	H 214	71	7	—	—	75	6	—	—	75	9	—	—	—	—	—	—	—	—	—	—
	H 314	71	7	—	—	—	—	75	6	—	—	—	—	—	—	—	—	—	—	—	—
	H 2314	71	7	—	—	—	—	—	—	—	—	76	6	—	—	—	—	—	—	—	—
65	H 215	76	7	—	—	80	6	—	—	80	12	—	—	—	—	—	—	—	—	—	—
	H 315	76	7	—	—	—	—	80	6	—	—	—	—	—	—	—	—	—	—	—	—
	H 2315	76	7	—	—	—	—	—	—	—	—	82	6	—	—	—	—	—	—	—	—
70	H 216	81	7	—	—	85	6	—	—	85	12	—	—	—	—	—	—	—	—	—	—
	H 316	81	7	—	—	—	—	85	6	—	—	—	—	—	—	—	—	—	—	—	—
	H 2316	81	7	—	—	—	—	—	—	—	—	88	6	—	—	—	—	—	—	—	—
75	H 217	86	7	—	—	90	7	—	—	91	12	—	—	—	—	—	—	—	—	—	—
	H 317	86	7	—	—	—	—	91	7	—	—	—	—	—	—	—	—	—	—	—	—
	H 2317	86	7	—	—	—	—	—	—	—	—	94	7	—	—	—	—	—	—	—	—

Tonnenlager nach DIN 635 Teil 1 der Lagerreihe

Pendelrollenlager nach DIN 635 Teil 2 der Lagerreihe

[1] Siehe Seite 10

(fortgesetzt)

Tabelle 4 (fortgesetzt)

Bearing-type group headers (for the series columns):
- Pendelkugellager nach DIN 630 Teil 1 der Lagerreihe: 12.., 13.., 22.., 23..
- Tonnenlager nach DIN 635 Teil 1 der Lagerreihe: 202.., 203.., 222.., 223.., 230.., 231.., 232.., 239..
- Pendelrollenlager nach DIN 635 Teil 2 der Lagerreihe: 213..

d_1 [1]	Kurzzeichen	d_b	B_b	N_b	N_t	12.. / 202.. d_a	B_a	13.. / 203.. d_a	B_a	13.. / 213.. d_a	B_a	22.. / 222.. d_a	B_a	23.. / 223.. d_a	B_a	230.. d_a	B_a	231.. d_a	B_a	232.. d_a	B_a	239.. d_a	B_a
80	H 218	91	7	–	–	95	7	–	–	–	–	–	–	–	–	–	–	–	–	–	–	–	–
	H 318	91	7	–	–	–	–	–	–	96	7	96	10	–	–	–	–	–	–	–	–	–	–
	H 2318	91	7	–	–	–	–	–	–	–	–	–	–	100	7	–	–	–	–	100	18	–	–
85	H 219	96	8	–	–	100	7	–	–	–	–	–	–	–	–	–	–	–	–	–	–	–	–
	H 319	96	8	–	–	–	–	–	–	102	7	102	9	–	–	–	–	–	–	–	–	–	–
	H 2319	96	8	–	–	–	–	–	–	–	–	–	–	105	7	–	–	–	–	105	18	–	–
90	H 220	101	8	–	–	106	7	–	–	–	–	–	–	–	–	–	–	–	–	–	–	–	–
	H 320	101	8	–	–	–	–	–	–	108	7	108	8	–	–	–	–	–	–	–	–	–	–
	H 2320	101	8	–	–	–	–	–	–	–	–	–	–	110	7	–	–	–	–	110	19	–	–
	H 3120	101	8	–	–	–	–	–	–	–	–	–	–	–	–	–	–	106	6	–	–	–	–
95	H 221	106	8	–	–	111	7	–	–	113	8	–	–	–	–	–	–	–	–	–	–	–	–
	H 321	106	8	–	–	–	–	–	–	–	–	–	–	–	–	–	–	–	–	–	–	–	–
100	H 222	111	8	–	–	116	7	–	–	118	9	118	6	–	–	–	–	–	–	–	–	–	–
	H 322	111	8	–	–	–	–	–	–	–	–	–	–	–	–	–	–	–	–	–	–	–	–
	H 2322	111	8	–	–	–	–	–	–	–	–	–	–	121	7	–	–	–	–	121	17	–	–
	H 3122	111	8	–	–	–	–	–	–	–	–	–	–	–	–	–	–	117	7	–	–	–	–
110	H 2324	121	8	–	–	–	–	–	–	–	–	–	–	131	7	–	–	–	–	131	17	–	–
	H 3024	121	8	–	–	127	13	–	–	–	–	–	–	–	–	127	7	–	–	–	–	–	–
	H 3124	121	8	–	–	–	–	–	–	128	14	128	11	–	–	–	–	128	7	–	–	–	–

[1] Siehe Seite 10

(fortgesetzt)

213

Tabelle 4 (fortgesetzt)

d_1[1]	Spannhülse Kurzzeichen	d_b	B_b	N_b	N_t	12../202.. d_a	12.. B_a	13../203../213.. d_a	13.. B_a	22../222.. d_a	22.. B_a	23../223.. d_a	23.. B_a	230.. d_a	230.. B_a	231.. d_a	231.. B_a	232.. d_a	232.. B_a	239.. d_a	239.. B_a
115	H 2326	131	8	—	—	—	—	—	—	—	—	142	8	—	—	—	—	142	21	—	—
	H 3026	131	8	—	—	137	20	—	—	—	—	—	—	137	8	—	—	—	—	—	—
	H 3126	131	8	—	—	—	—	138	14	138	8	—	—	—	—	138	8	—	—	—	—
125	H 2328	141	9	—	—	—	—	—	—	—	—	152	8	—	—	—	—	152	22	—	—
	H 3028	141	9	—	—	147	19	—	—	—	—	—	—	147	8	—	—	—	—	—	—
	H 3128	141	9	—	—	—	—	149	14	149	8	—	—	—	—	149	8	—	—	—	—
135	H 2330	151	9	—	—	—	—	—	—	—	—	163	8	—	—	—	—	163	20	—	—
	H 3030	151	9	—	—	158	19	—	—	—	—	—	—	158	8	—	—	—	—	—	—
	H 3130	151	9	—	—	—	—	—	—	160	15	—	—	—	—	160	8	—	—	—	—
140	H 2332	161	9	—	—	—	—	—	—	—	—	174	8	—	—	—	—	174	18	—	—
	H 3032	161	9	—	—	168	20	—	—	—	—	—	—	168	8	—	—	—	—	—	—
	H 3132	161	9	—	—	—	—	—	—	170	14	—	—	—	—	170	8	—	—	—	—
150	H 2334	171	9	—	—	—	—	—	—	—	—	185	8	—	—	—	—	185	18	—	—
	H 3034	171	9	—	—	179	23	—	—	—	—	—	—	179	8	—	—	—	—	—	—
	H 3134	171	9	—	—	—	—	—	—	180	10	—	—	—	—	180	8	—	—	—	—
160	H 2336	181	9	—	—	—	—	—	—	—	—	195	8	—	—	—	—	195	22	—	—
	H 3036	181	9	—	—	189	30	—	—	—	—	—	—	189	8	—	—	—	—	—	—
	H 3136	181	9	—	—	—	—	—	—	191	18	—	—	—	—	191	8	—	—	—	—
170	H 2338	191	10	—	—	—	—	—	—	—	—	206	9	—	—	—	—	206	21	—	—
	H 3038	191	10	—	—	199	29	—	—	—	—	—	—	199	9	—	—	—	—	—	—
	H 3138	191	10	—	—	—	—	—	—	202	21	—	—	—	—	202	9	—	—	—	—

Pendelkugellager nach DIN 630 Teil 1 der Lagerreihe (d_b, B_b, N_b, N_t) — Tonnenlager nach DIN 635 Teil 1 der Lagerreihe (202.., 203..) — Pendelrollenlager nach DIN 635 Teil 2 der Lagerreihe (213.., 222.., 223.., 230.., 231.., 232.., 239..)

[1] Siehe Seite 10

(fortgesetzt)

Tabelle 4 (fortgesetzt)

Kopfgruppen: Spannhülse — Pendelkugellager nach DIN 630 Teil 1 der Lagerreihe (12.., 13.., 22.., 23..); Tonnenlager nach DIN 635 Teil 1 der Lagerreihe (202.., 203..); Pendelrollenlager nach DIN 635 Teil 2 der Lagerreihe (213.., 222.., 223.., 230.., 231.., 232.., 239..).

d_1 [1]	Kurzzeichen	d_b	B_b	N_b	N_t	12../202.. d_a	B_a	13../203.. d_a	B_a	13../213.. d_a	B_a	22../222.. d_a	B_a	23../223.. d_a	B_a	230.. d_a	B_a	231.. d_a	B_a	232.. d_a	B_a	239.. d_a	B_a
180	H 2340	201	10	—	—	—	—	—	—	—	—	—	—	216	9	—	—	—	—	216	19	—	—
	H 3040	201	10	—	—	210	33	—	—	—	—	—	—	—	—	210	9	—	—	—	—	—	—
	H 3140	201	10	—	—	—	—	—	—	—	—	212	24	—	—	—	—	212	9	—	—	—	—
200	H 2344	221	10	—	—	—	—	—	—	—	—	—	—	236	9	—	—	—	—	236	10	—	—
	H 3044	221	10	20	14	231	34	—	—	—	—	—	—	—	—	231	9	—	—	—	—	—	—
	H 3144	221	10	20	14	—	—	—	—	—	—	233	21	—	—	—	—	233	9	—	—	—	—
	H 3944	221	10	—	—	—	—	—	—	—	—	—	—	—	—	—	—	—	—	—	—	229	12
220	H 2348	241	12	—	—	—	—	—	—	—	—	—	—	257	11	—	—	—	—	257	6	—	—
	H 3048	241	12	20	15	251	31	—	—	—	—	—	—	—	—	251	11	—	—	—	—	—	—
	H 3148	241	12	20	15	—	—	—	—	—	—	254	19	—	—	—	—	254	11	—	—	—	—
	H 3948	241	12	—	—	—	—	—	—	—	—	—	—	—	—	—	—	—	—	—	—	249	12
240	H 2352	261	12	—	—	—	—	—	—	—	—	—	—	278	11	—	—	—	—	278	2	—	—
	H 3052	261	12	20	15	272	35	—	—	—	—	—	—	—	—	272	11	—	—	—	—	—	—
	H 3152	261	12	20	15	—	—	—	—	—	—	276	25	—	—	—	—	276	11	—	—	—	—
	H 3952	261	12	—	—	—	—	—	—	—	—	—	—	—	—	—	—	—	—	—	—	270	12
260	H 2356	281	12	—	—	—	—	—	—	—	—	—	—	299	12	—	—	—	—	299	11	—	—
	H 3056	281	12	24	15	292	38	—	—	—	—	—	—	—	—	292	12	—	—	—	—	—	—
	H 3156	281	12	24	15	—	—	—	—	—	—	296	28	—	—	—	—	296	12	—	—	—	—
	H 3956	281	12	—	—	—	—	—	—	—	—	—	—	—	—	—	—	—	—	—	—	290	12

[1] Siehe Seite 10

(fortgesetzt)

Tabelle 4 (fortgesetzt)

d_1 [1]	Spannhülse Kurzzeichen	d_b	B_b	N_b	N_t	12.. / 202.. d_a	12.. / 202.. B_a	13.. / 203.. / 213.. d_a	13.. / 203.. / 213.. B_a	22.. / 222.. d_a	22.. / 222.. B_a	23.. / 223.. d_a	23.. / 223.. B_a	230.. d_a	230.. B_a	231.. d_a	231.. B_a	232.. d_a	232.. B_a	239.. d_a	239.. B_a
280	H 3060	301	12	24	15	—	—	—	—	—	—	—	—	313	12	—	—	—	—	—	—
	H 3160	301	12	24	16	—	—	—	—	318	32	—	—	—	—	318	12	—	—	—	—
	H 3260	301	12	24	16	—	—	—	—	—	—	—	—	—	—	—	—	321	12	312	12
	H 3960	301	12	24	15	—	—	—	—	—	—	—	—	—	—	—	—	—	—	—	—
300	H 3064	321	12	24	16	—	—	—	—	—	—	—	—	334	13	—	—	—	—	—	—
	H 3164	321	12	24	18	—	—	—	—	338	39	—	—	—	—	338	13	—	—	—	—
	H 3264	321	12	24	18	—	—	—	—	—	—	—	—	—	—	—	—	343	13	332	13
	H 3964	321	12	24	16	—	—	—	—	—	—	—	—	—	—	—	—	—	—	—	—
320	H 3068	341	14	24	16	—	—	—	—	—	—	—	—	355	14	—	—	—	—	—	—
	H 3168	341	14	28	22	—	—	—	—	—	—	—	—	—	—	360	14	—	—	—	—
	H 3268	341	14	28	22	—	—	—	—	—	—	—	—	—	—	—	—	364	14	352	14
	H 3968	341	14	24	16	—	—	—	—	—	—	—	—	—	—	—	—	—	—	—	—
340	H 3072	361	14	28	16	—	—	—	—	—	—	—	—	375	14	—	—	—	—	—	—
	H 3172	361	14	28	22	—	—	—	—	—	—	—	—	—	—	380	14	—	—	—	—
	H 3272	361	14	28	22	—	—	—	—	—	—	—	—	—	—	—	—	385	14	372	14
	H 3972	361	14	28	16	—	—	—	—	—	—	—	—	—	—	—	—	—	—	—	—
360	H 3076	381	14	28	18	—	—	—	—	—	—	—	—	396	15	—	—	—	—	—	—
	H 3176	381	14	32	22	—	—	—	—	—	—	—	—	—	—	401	15	—	—	—	—
	H 3276	381	14	32	22	—	—	—	—	—	—	—	—	—	—	—	—	405	15	394	15
	H 3976	381	14	28	18	—	—	—	—	—	—	—	—	—	—	—	—	—	—	—	—

Pendelkugellager nach DIN 630 Teil 1 der Lagerreihe
Tonnenlager nach DIN 635 Teil 1 der Lagerreihe
Pendelrollenlager nach DIN 635 Teil 2 der Lagerreihe

[1] Siehe Seite 10

(fortgesetzt)

216

Tabelle 4 (fortgesetzt)

Wellen-Nenndurchmesser	Spannhülse	Pendelkugellager nach DIN 630 Teil 1 der Lagerreihe				12 . .		13 . .		22 . .		23 . .		—		—		—		—	
		Tonnenlager nach DIN 635 Teil 1 der Lagerreihe				202 . .		203 . .		—		—		—		—		—		—	
		Pendelrollenlager nach DIN 635 Teil 2 der Lagerreihe				—		213 . .		222 . .		223 . .		230 . .		231 . .		232 . .		239 . .	
d_1[1])	Kurzzeichen	d_b	B_b	N_b	N_t	d_a	B_a	d_a	B_a	d_a	B_a	d_a	B_a	d_a	B_a	d_a	B_a	d_a	B_a	d_a	B_a
380	H 3080	401	14	28	18	—	—	—	—	—	—	—	—	417	15	—	—	—	—	—	—
	H 3180	401	14	32	24	—	—	—	—	—	—	—	—	—	—	421	15	—	—	—	—
	H 3280	401	14	32	24	—	—	—	—	—	—	—	—	—	—	—	—	427	15	—	—
	H 3980	401	14	28	18	—	—	—	—	—	—	—	—	—	—	—	—	—	—	414	15
400	H 3084	421	16	32	18	—	—	—	—	—	—	—	—	437	16	—	—	—	—	—	—
	H 3184	421	16	32	24	—	—	—	—	—	—	—	—	—	—	443	16	—	—	—	—
	H 3284	421	16	32	24	—	—	—	—	—	—	—	—	—	—	—	—	449	16	—	—
	H 3984	421	16	32	18	—	—	—	—	—	—	—	—	—	—	—	—	—	—	434	16
410	H 3088	441	16	32	22	—	—	—	—	—	—	—	—	458	17	—	—	—	—	—	—
	H 3188	441	16	36	24	—	—	—	—	—	—	—	—	—	—	463	17	—	—	—	—
	H 3288	441	16	36	24	—	—	—	—	—	—	—	—	—	—	—	—	469	17	—	—
	H 3988	441	16	32	22	—	—	—	—	—	—	—	—	—	—	—	—	—	—	454	17
430	H 3092	461	16	32	22	—	—	—	—	—	—	—	—	478	17	—	—	—	—	—	—
	H 3192	461	16	36	24	—	—	—	—	—	—	—	—	—	—	484	17	—	—	—	—
	H 3292	461	16	36	24	—	—	—	—	—	—	—	—	—	—	—	—	490	17	—	—
	H 3992	461	16	32	22	—	—	—	—	—	—	—	—	—	—	—	—	—	—	474	17
450	H 3096	481	16	36	22	—	—	—	—	—	—	—	—	499	18	—	—	—	—	—	—
	H 3196	481	16	36	24	—	—	—	—	—	—	—	—	—	—	505	18	—	—	—	—
	H 3296	481	16	36	24	—	—	—	—	—	—	—	—	—	—	—	—	512	18	—	—
	H 3996	481	16	36	22	—	—	—	—	—	—	—	—	—	—	—	—	—	—	496	18

[1]) Siehe Seite 10

(fortgesetzt)

Tabelle 4 (fortgesetzt)

Wellen-Nenndurch-messer d_1 [1]	Spannhülse Kurz-zeichen	d_b	B_b	N_b	N_t	202.. / 12..		213.. / 203.. / 13..		222.. / 22..		223.. / 23..		230..		231..		232..		239..	
						d_a	B_a	d_a	B_a	d_a	B_a	d_a	B_a	d_a	B_a	d_a	B_a	d_a	B_a	d_a	B_a
470	H 30/500	501	16	36	22	—	—	—	—	—	—	—	—	519	18	—	—	—	—	—	—
	H 31/500	501	16	40	24	—	—	—	—	—	—	—	—	—	—	527	18	—	—	—	—
	H 32/500	501	16	40	24	—	—	—	—	—	—	—	—	—	—	—	—	534	18	—	—
	H 39/500	501	16	36	22	—	—	—	—	—	—	—	—	—	—	—	—	—	—	516	18
500	H 30/530	531	20	40	26	—	—	—	—	—	—	—	—	551	20	—	—	—	—	—	—
	H 31/530	531	20	40	30	—	—	—	—	—	—	—	—	—	—	558	20	—	—	—	—
	H 32/530	531	20	40	30	—	—	—	—	—	—	—	—	—	—	—	—	566	20	—	—
	H 39/530	531	20	40	26	—	—	—	—	—	—	—	—	—	—	—	—	—	—	547	20
530	H 30/560	561	20	40	26	—	—	—	—	—	—	—	—	582	20	—	—	—	—	—	—
	H 31/560	561	20	45	30	—	—	—	—	—	—	—	—	—	—	589	20	—	—	—	—
	H 32/560	561	20	45	30	—	—	—	—	—	—	—	—	—	—	—	—	596	20	—	—
	H 39/560	561	20	40	26	—	—	—	—	—	—	—	—	—	—	—	—	—	—	577	20
560	H 30/600	601	20	40	26	—	—	—	—	—	—	—	—	623	22	—	—	—	—	—	—
	H 31/600	601	20	45	30	—	—	—	—	—	—	—	—	—	—	632	22	—	—	—	—
	H 32/600	601	20	45	30	—	—	—	—	—	—	—	—	—	—	—	—	639	22	—	—
	H 39/600	601	20	40	26	—	—	—	—	—	—	—	—	—	—	—	—	—	—	619	22
600	H 30/630	631	20	45	26	—	—	—	—	—	—	—	—	654	22	—	—	—	—	—	—
	H 31/630	631	20	50	30	—	—	—	—	—	—	—	—	—	—	663	22	—	—	—	—
	H 32/630	631	20	50	30	—	—	—	—	—	—	—	—	—	—	—	—	672	22	—	—
	H 39/630	631	20	45	26	—	—	—	—	—	—	—	—	—	—	—	—	—	—	650	22

Spannhülse — Pendelkugellager nach DIN 630 Teil 1 der Lagerreihe; Tonnenlager nach DIN 635 Teil 1 der Lagerreihe; Pendelrollenlager nach DIN 635 Teil 2 der Lagerreihe

[1] Siehe Seite 10

(fortgesetzt)

218

Tabelle 4 (fortgesetzt)

Wellen-Nenndurch-messer d_1 [1]	Spann-hülse Kurz-zeichen	d_b	B_b	N_b	N_t	12.. / 202..		13.. / 203.. / 213..		22.. / 222..		23.. / 223..		230..		231..		232..		239..	
						d_a	B_a	d_a	B_a	d_a	B_a	d_a	B_a	d_a	B_a	d_a	B_a	d_a	B_a	d_a	B_a
630	H 30/670	671	20	45	26	—	—	—	—	—	—	—	—	695	22	—	—	—	—	—	—
	H 31/670	671	20	50	30	—	—	—	—	—	—	—	—	—	—	704	22	—	—	—	—
	H 32/670	671	20	50	30	—	—	—	—	—	—	—	—	—	—	—	—	712	22	—	—
	H 39/670	671	20	45	26	—	—	—	—	—	—	—	—	—	—	—	—	—	—	690	22
670	H 30/710	711	20	50	26	—	—	—	—	—	—	—	—	736	26	—	—	—	—	—	—
	H 31/710	711	20	55	34	—	—	—	—	—	—	—	—	—	—	745	26	—	—	—	—
	H 32/710	711	20	55	34	—	—	—	—	—	—	—	—	—	—	—	—	753	26	—	—
	H 39/710	711	20	50	26	—	—	—	—	—	—	—	—	—	—	—	—	—	—	732	26
710	H 30/750	751	20	55	26	—	—	—	—	—	—	—	—	778	26	—	—	—	—	—	—
	H 31/750	751	20	60	34	—	—	—	—	—	—	—	—	—	—	787	26	—	—	—	—
	H 32/750	751	20	60	34	—	—	—	—	—	—	—	—	—	—	—	—	796	26	—	—
	H 39/750	751	20	55	26	—	—	—	—	—	—	—	—	—	—	—	—	—	—	772	26
750	H 30/800	801	24	55	26	—	—	—	—	—	—	—	—	829	28	—	—	—	—	—	—
	H 31/800	801	24	60	34	—	—	—	—	—	—	—	—	—	—	838	28	—	—	—	—
	H 32/800	801	24	60	34	—	—	—	—	—	—	—	—	—	—	—	—	848	28	—	—
	H 39/800	801	24	55	26	—	—	—	—	—	—	—	—	—	—	—	—	—	—	825	28
800	H 30/850	851	24	60	30	—	—	—	—	—	—	—	—	880	28	—	—	—	—	—	—
	H 31/850	851	24	70	34	—	—	—	—	—	—	—	—	—	—	890	28	—	—	—	—
	H 32/850	851	24	70	34	—	—	—	—	—	—	—	—	—	—	—	—	900	28	—	—
	H 39/850	851	24	60	30	—	—	—	—	—	—	—	—	—	—	—	—	—	—	876	28

Pendelkugellager nach DIN 630 Teil 1 der Lagerreihe — Tonnenlager nach DIN 635 Teil 1 der Lagerreihe — Pendelrollenlager nach DIN 635 Teil 2 der Lagerreihe

[1] Siehe Seite 10

(fortgesetzt)

Tabelle 4 (abgeschlossen)

Wellen-Nenndurchmesser d_1 ¹)	Spannhülse Kurzzeichen	d_b	B_b	N_b	N_t	Pendelkugellager nach DIN 630 Teil 1 / Tonnenlager nach DIN 635 Teil 1 / Pendelrollenlager nach DIN 635 Teil 2 der Lagerreihe															
						12.. / 202..		13.. / 203.. / 213..		22.. / 222..		23.. / 223..		230..		231..		232..		239..	
						d_a	B_a	d_a	B_a	d_a	B_a	d_a	B_a	d_a	B_a	d_a	B_a	d_a	B_a	d_a	B_a
850	H 30/900	901	24	60	30	—	—	—	—	—	—	—	—	931	30	—	—	—	—	—	—
	H 31/900	901	24	70	34	—	—	—	—	—	—	—	—	—	—	942	30	—	—	—	—
	H 32/900	901	24	70	34	—	—	—	—	—	—	—	—	—	—	—	—	950	30	—	—
	H 39/900	901	24	60	30	—	—	—	—	—	—	—	—	—	—	—	—	—	—	924	30
900	H 30/950	951	24	60	30	—	—	—	—	—	—	—	—	983	30	—	—	—	—	—	—
	H 31/950	951	24	70	34	—	—	—	—	—	—	—	—	—	—	994	30	—	—	—	—
	H 32/950	951	24	70	34	—	—	—	—	—	—	—	—	—	—	—	—	1000	30	—	—
	H 39/950	951	24	60	30	—	—	—	—	—	—	—	—	—	—	—	—	—	—	976	30
950	H 30/1000	1001	24	60	30	—	—	—	—	—	—	—	—	1034	33	—	—	—	—	—	—
	H 31/1000	1001	24	70	39	—	—	—	—	—	—	—	—	—	—	1047	33	—	—	—	—
	H 32/1000	1001	24	70	39	—	—	—	—	—	—	—	—	—	—	—	—	1055	33	—	—
	H 39/1000	1001	24	60	30	—	—	—	—	—	—	—	—	—	—	—	—	—	—	1028	33
1000	H 30/1060	1061	24	60	30	—	—	—	—	—	—	—	—	1096	33	—	—	—	—	—	—
	H 31/1060	1061	24	70	39	—	—	—	—	—	—	—	—	—	—	1110	33	—	—	—	—
	H 39/1060	1061	24	60	30	—	—	—	—	—	—	—	—	—	—	—	—	—	—	1090	33

¹) Siehe Seite 10

Zitierte Normen

DIN 509	Freistiche
DIN 616	Wälzlager; Maßpläne für äußere Abmessungen
DIN 620 Teil 6	Wälzlager; Metrische Lagerreihen; Grenzmaße für Kantenabstände
DIN 625 Teil 1	Wälzlager; Rillenkugellager, einreihig
DIN 630 Teil 1	(Radial-) Pendelkugellager; zylindrische und kegelige Bohrung
DIN 635 Teil 1	Wälzlager; Pendelrollenlager; Tonnenlager, einreihig
DIN 635 Teil 2	Wälzlager; Pendelrollenlager, zweireihig
DIN 720	Wälzlager; Kegelrollenlager
DIN 5412 Teil 1	Wälzlager; Zylinderrollenlager; einreihig, mit Käfig, Winkelringe
DIN 5415	Wälzlager; Spannhülsen

Frühere Ausgaben

DIN 634: 09.36, 06.37
DIN 5401: 09.40
DIN 5402: 07.40
DIN 5403: 07.40
DIN 5418: 08.42, 07.64, 06.70, 03.81

Änderungen

Gegenüber der Ausgabe März 1981 wurden folgende Änderungen durchgeführt:

a) Der Anwendungsbereich wurde in Abstimmung mit DIN 5415 erweitert.
b) Die Norm wurde redaktionell überarbeitet.

Internationale Patentklassifikation

F 16 C 035/06

April 2011

	DIN 6799	

ICS 21.060.60; 21.120.10

Ersatz für
DIN 6799:1981-09

Sicherungsscheiben (Haltescheiben) für Wellen

Retaining washers for shafts

Bagues de frein (bagues de retenue) pour arbres

Gesamtumfang 12 Seiten

Normenausschuss Mechanische Verbindungselemente (FMV) im DIN

Inhalt

Vorwort

Dieses Dokument wurde vom Normenausschuss Mechanische Verbindungselemente (FMV), Arbeitsauschuss NA 067-00-09 AA „Verbindungselemente ohne Gewinde", erarbeitet.

Es wird auf die Möglichkeit hingewiesen, dass einige Texte dieses Dokuments Patentrechte berühren können. Das DIN ist nicht dafür verantwortlich, einige oder alle diesbezüglichen Patentrechte zu identifizieren.

Änderungen

Gegenüber DIN 6799:1981-09 wurden folgende Änderungen vorgenommen:

a)   normative Verweisungen aktualisiert;

b)   im Bild 3 wurden Form- und Lagetoleranzen eingefügt;

c)   Norm redaktionell überarbeitet.

Frühere Ausgaben

DIN 6799: 1950-11, 1954-11, 1963-05, 1981-09

3

1 Anwendungsbereich

Diese Norm legt Anforderungen an Sicherungsscheiben zum axialen Halten von Bauteilen auf Wellen fest. Sie werden radial in Nuten eingesetzt und umschließen den Nutgrund federnd mit Segmenten.

2 Normative Verweisungen

Die folgenden zitierten Dokumente sind für die Anwendung dieses Dokuments erforderlich. Bei datierten Verweisungen gilt nur die in Bezug genommene Ausgabe. Bei undatierten Verweisungen gilt die letzte Ausgabe des in Bezug genommenen Dokuments (einschließlich aller Änderungen).

DIN 50938, *Brünieren von Bauteilen aus Eisenwerkstoffen — Anforderungen und Prüfverfahren*

DIN EN 10132-4, *Kaltband aus Stahl für eine Wärmebehandlung — Technische Lieferbedingungen — Teil 4: Federstähle und andere Anwendungen*

DIN EN 12476, *Phosphatierüberzüge auf Metallen — Verfahren für die Festlegung von Anforderungen*

DIN EN ISO 3269, *Mechanische Verbindungselemente — Annahmeprüfung*

DIN EN ISO 4042, *Verbindungselemente — Galvanische Überzüge*

DIN EN ISO 6507-1, *Metallische Werkstoffe — Härteprüfung nach Vickers — Teil 1: Prüfverfahren*

DIN EN ISO 6508-1, *Metallische Werkstoffe — Härteprüfung nach Rockwell — Teil 1: Prüfverfahren (Skalen A, B, C, D, E, F, G, H, K, N, T)*

DIN EN ISO 9227, *Korrosionsprüfungen in künstlichen Atmosphären — Salzsprühnebelprüfungen*

DIN EN ISO 18265, *Metallische Werkstoffe — Umwertung von Härtewerten*

DIN ISO 2859-1, *Annahmestichprobenprüfung anhand der Anzahl fehlerhafter Einheiten oder Fehler (Attributprüfung) — Teil 1: Nach der annehmbaren Qualitätsgrenzlage (AQL) geordnete Stichprobenpläne für die Prüfung einer Serie von Losen*

4

3 Maßbuchstaben und Formelzeichen

a Öffnungsweite der ungespannten Sicherungsscheibe

d_1 Wellendurchmesser auf den sich F_N bezieht

d_1' Wellendurchmesser

d_2 Nutdurchmesser = Nennmaß

d_3 maximaler Außendurchmesser bei Sitz in der Nut mit Nenndurchmesser

E Elastizitätsmodul

F_N Tragfähigkeit der Nut bei Wellendurchmesser d_1' bei einer Streckgrenze des genuteten Werkstoffes von 200 MPa (siehe Abschnitt 8)

F_s Tragfähigkeit der Sicherungsscheibe bei scharfkantiger Anlage

F_{Sg} Tragfähigkeit der Sicherungsscheibe bei Kantenabstand g

g Kantenabstand

m Nutbreite

n Bundbreite

n_{abl} Ablösedrehzahl

R_{eL} Streckgrenze

s Dicke der Sicherungsscheibe

5

4 Maße und Konstruktionsdaten

Die Sicherungsscheiben brauchen der Darstellung in Bild 1 nicht zu entsprechen. Nur die angegebenen Maße sind einzuhalten. Alle Toleranzen gelten vor Aufbringen der Beschichtung.

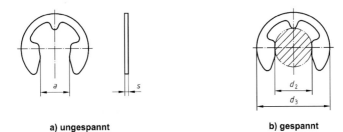

a) ungespannt   b) gespannt

Bild 1 — Sicherungsscheibe

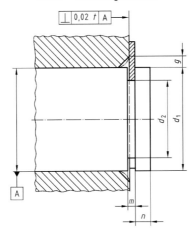

Bild 2 — Einbaubeispiel

6

Tabelle 1 — Regelausführung

Maße in Millimeter

Nut-durchmesser d_2 Nennmaß	Wellendurchmesserbereich d_1	Sicherungsscheibe					Nut							Ergänzende Daten					
		s	zul. Abw.	a	zul. Abw.	Gewicht je 1000 Stück in kg ≈	d_2	zul. Abw.	m^a	zul. Abw.	n min.	d_3 max.	F_N kN	bei d_1	F_S kN	g	F_{Sg} kN	n_{abl} min^{-1}
0,8	$1 \leq d_1 \leq 1,4$	0,2	±0,02	0,58	±0,040	0,003	0,8	0 / −0,04	0,24	+0,04 / 0	0,4	2,25	0,03	1,2	0,08	0,30	0,04	50 000
1,2	$1,4 \leq d_1 \leq 2$	0,3		1,01		0,009	1,2		0,34		0,6	3,25	0,04	1,5	0,12	0,40	0,06	47 000
1,5	$2 \leq d_1 \leq 2,5$	0,4		1,28		0,021	1,5	0 / −0,06	0,44		0,8	4,25	0,07	2,0	0,22	0,60	0,11	43 000
1,9	$2,5 \leq d_1 \leq 3$	0,5		1,61		0,040	1,9		0,54		1,0	4,80	0,10	2,5	0,35	0,70	0,17	40 000
2,3	$3 \leq d_1 \leq 4$	0,6		1,94		0,069	2,3		0,64		1,0	6,30	0,15	3,0	0,50	0,90	0,24	38 000
3,2	$4 \leq d_1 \leq 5$	0,6		2,70	±0,048	0,088	3,2		0,64	+0,05 / 0	1,0	7,30	0,22	4,0	0,65	0,90	0,32	35 000
4	$5 \leq d_1 \leq 7$	0,7		3,34		0,158	4,0	0 / −0,075	0,74		1,2	9,30	0,25	5,0	0,95	1,00	0,47	32 000
5	$6 \leq d_1 \leq 8$	0,7		4,11		0,236	5,0		0,74		1,2	11,30	0,90	7,0	1,15	1,00	0,60	28 000
6	$7 \leq d_1 \leq 9$	0,7		5,26		0,255	6,0		0,74		1,2	12,30	1,10	8,0	1,35	1,10	0,70	25 000
7	$8 \leq d_1 \leq 11$	0,9		5,84		0,474	7,0		0,94		1,5	14,30	1,25	9,0	1,80	1,30	1,00	22 000
8	$9 \leq d_1 \leq 12$	1,0	±0,03	6,52	±0,058	0,660	8,0	0 / −0,09	1,05	+0,08 / 0	1,8	16,30	1,42	10,0	2,50	1,50	1,25	20 000
9	$10 \leq d_1 \leq 14$	1,1		7,63		1,090	9,0		1,15		2,0	18,80	1,60	11,0	3,00	1,61	1,50	17 000
10	$11 \leq d_1 \leq 15$	1,2		8,32		1,250	10,0		1,25		2,0	20,40	1,70	12,0	3,50	1,80	1,75	15 000

a   Siehe Abschnitt 10.

Tabelle 1 (*fortgesetzt*)

Maße in Millimeter

Nut-durchmesser d_2 Nennmaß	Wellendurchmesser-bereich d_1	Sicherungsscheibe						Nut							Ergänzende Daten					
		s	zul. Abw.	a	zul. Abw.	Gewicht je 1000 Stück in kg ≈		d_2	zul. Abw.)	m^a	zul. Abw.	n min.	d_3 max.	F_N kN	bei d_1	F_S kN	g	F_{Sg} kN	n_{abl} min^{-1}
12	13 ≤ d_1 ≤ 18	1,30	±0,03	10,45	±0,070	1,630		12	0 / −0,11	1,35	+0,08 / 0	2,5	23,4	3,10	15	4,70	1,9	2,30	13 000
15	16 ≤ d_1 ≤ 24	1,50		12,61		3,370		15		1,55		3,0	29,4	7,00	20	7,80	2,2	3,30	11 000
19	20 ≤ d_1 ≤ 31	1,75		15,92	±0,084	6,420		19	0 / −0,13	1,80		3,5	37,6	10,00	25	11,00	2,5	3,60	7 600
24	25 ≤ d_1 ≤ 38	2,00		21,88		8,550		24		2,05		4,0	44,6	13,00	30	15,00	3,0	4,00	5 500
30	32 ≤ d_1 ≤ 42	2,50		25,80		13,500		30		2,55		4,5	52,6	16,50	36	23,00	3,5	5,30	4 200

a Siehe Abschnitt 10.

8

229

5 Werkstoff

Federstahl C67S oder C75S nach DIN EN 10132-4 (nach Wahl des Herstellers).

Für die Härte gilt:

460 HV bis 580 HV oder 46 HRC bis 54 HRC

Härtewerte umgewertet nach DIN EN ISO 18265

6 Ausführung

Sicherungsscheiben müssen gratfrei sein.

Sicherungsscheiben werden im Regelfall mit einem Korrosionsschutz nach Tabelle 2 (nach Wahl des Herstellers) geliefert. Zu dieser Lieferform sind keine besonderen Angaben bei der Bezeichnung einer Sicherungsscheibe erforderlich.

Tabelle 2 — Korrosionsschutz von Sicherungsscheiben

Lfd. Nr	Art des Korrosionsschutzes	Korrosionsbeständigkeit
1	Phosphatiert und geölt nach DIN EN 12476 Kurzzeichen: Znph/r/.../T4	Keine Anzeichen von Korrosion nach 8 h Einwirkungsdauer einer Salzsprühnebelprüfung DIN EN ISO 9227 — NSS zulässig
2	Brüniert und geölt nach DIN 50938 Verfahrensgruppe A Kurzzeichen: br A f	Prüfung des Schutzwertes nach DIN 50938

Bei Sicherungsscheiben mit Oberflächenschutz darf bei der Sicherungsscheibendicke s das obere Grenzmaß entsprechend der Schichtdicke des geforderten Überzuges überschritten werden. Dies ist bei der Bemessung der Nutlage zu berücksichtigen.

ANMERKUNG 1   Bei der Massenbehandlung von Sicherungsscheiben ist es nicht möglich, eng tolerierte Schichtdicken einzuhalten.

ANMERKUNG 2   Bezüglich der Gefahr von wasserstoffinduzierten verzögerten Sprödbrüchen bei Sicherungsscheiben mit galvanischem Oberflächenschutz wird auf DIN EN ISO 4042 verwiesen.

7 Prüfung

7.1 Prüfung des Werkstoffes

Härteprüfung nach Vickers nach DIN EN ISO 6507-1

Härteprüfung nach Rockwell nach DIN EN ISO 6508-1

In Zweifelsfällen entscheidet die Härteprüfung nach Vickers.

7.2 Prüfung der Zähigkeit

Die Sicherungsscheibe wird radial auf einen gehärteten Bolzen mit einem Durchmesser von $1,1 \times d_2$ (Nennmaß) aufgesteckt und 48 h bei Raumtemperatur gehalten. Die Sicherungsscheibe darf nicht brechen.

9

7.3 Prüfung auf Ebenheit

Die Sicherungsscheibe muss zwischen zwei parallel senkrecht stehenden Platten mit einem Abstand von 1,1 × s (Nennmaß) hindurchfallen.

7.4 Prüfung der Funktion (Setzprobe)

Die Sicherungsscheibe wird dreimal radial auf einen gehärteten Bolzen mit Nutdurchmesser (Kleinstmaß) montiert und zweimal demontiert. Sie muss auch bei der dritten Montage noch mit Spannung sitzen.

7.5 Annahmeprüfung

Für die Annahmeprüfung gelten die Grundsätze für Prüfung und Annahme nach DIN EN ISO 3269.

Für die Merkmale gilt Tabelle 3 für die annehmbare Qualitätsgrenzlage gilt Tabelle 4.

Tabelle 3 — Merkmale

Merkmale
Sicherungsscheibendicke s Öffnungsweite a Ebenheit (Formabweichung) Funktion (Setzprobe)

Tabelle 4 — Annehmbare Qualitätsgrenzlage AQL

Annehmbare Qualitätsgrenzlage AQL[a]	
für Prüfung auf Merkmale	für Prüfung auf fehlerhafte Teile
1	1,5

[a] Siehe DIN ISO 2859-1.

Sollen andere Stichprobenpläne angewendet werden, so muss dies bei Bestellung vereinbart werden.

Für die Härteprüfung gilt DIN EN ISO 3269.

Bei Sicherungsscheiben gilt die Härteprüfung als zerstörende Prüfung.

8 Tragfähigkeit

8.1 Allgemeines

Eine Sicherungsscheibenverbindung erfordert getrennte Berechnungen für die Tragfähigkeiten der Nut F_N und für die Tragfähigkeit der Sicherungsscheibe F_S. Das jeweils schwächere Teil ist das bestimmende. Die in Tabelle 1 genannten Tragfähigkeiten (F_N, F_S, F_{Sg}) enthalten keine Sicherheit gegen Fließen bei statischer Beanspruchung und gegen Dauerbruch bei schwellender Beanspruchung. Gegen Bruch bei statischer Beanspruchung ist eine zweifache Sicherheit gegeben.

8.2 Tragfähigkeit der Nut F_N

Die F_N-Werte der Tabelle 1 (Tragfähigkeit der Nut) gelten für Nuten in Bauteilen aus Werkstoffen bis 200 MPa Streckgrenze, bei Bundlängen n und beziehen sich auf den Wellendurchmesser d_1'.

Die Tragfähigkeit F_N' für Werkstoffe mit von 200 MPa abweichender Streckgrenze R_{eL}' ist direkt proportional der Streckgrenze

$$F_N' = F_N \cdot \frac{R_{eL}'}{200} \tag{1}$$

10

231

Bei von d_1 abweichendem Wellendurchmesser d_1' errechnet sich die Tragfähigkeit der Nut F_N' aus

$$F_N' = F_N \cdot \frac{d_1' - d_2}{d_1 - d_2} \tag{2}$$

8.3 Tragfähigkeit der Sicherungsscheibe F_S

Die Tragfähigkeit der Sicherungsscheibe F_S nach Tabelle 1 gilt für eine scharfkantige Anlage des andrückenden Maschinenteils, siehe Bild 3a.

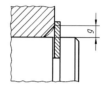

a) Anlage scharfkantig

b) Anlage mit Kantenabstand
(Schrägung oder Rundung)

Bild 3 — Anlage der Sicherungsscheibe

Die Werte F_{Sg} gelten für eine Anlage mit Kantenabstand g (siehe Tabelle 1).

Beide Werte F_S und F_{Sg} gelten für Sicherungsscheibenwerkstoffe mit einem Elastizitätsmodul (E-Modul) von 210 000 MPa.

Weicht der Kantenabstand g von den in Tabelle 1 genannten Werten ab, gilt für die Umrechung, dass die Tragfähigkeit der Sicherungsscheibe indirekt proportional dem Kantenabstand ist.

$$F_{Sg}' = F_{Sg} \cdot \frac{g}{g'} \tag{3}$$

ANMERKUNG   Wenn F_{Sg}' bei kleineren Werten g' größer ist als F_S, gilt F_S.

9 Ablösedrehzahl

Die Anwendung von Sicherungsscheiben wird durch jene Drehzahlen begrenzt, die zu einem Abspringen der Sicherungsscheiben führen können.

In Tabelle 1 sind deshalb Ablösedrehzahlen n_{abl} angegeben, bei denen dieses Abspringen eintreten kann. Die Werte gelten nur für Sicherungsscheiben aus den im Abschnitt 5 genannten Federstählen.

10 Ausführung der Nut

Die für die Nutbreite m in Tabelle 1 angegebenen Maße gelten für den Regelfall. Bei hoher Präzision oder bei wechselseitiger Belastung können engere Nutbreiten, bei geringeren Anforderungen an die Genauigkeit können auch weitere Nutbreiten gewählt werden.

11

11 Bezeichnung

BEISPIEL 1   Bezeichnung einer Sicherungsscheibe für Nutdurchmesser (Nennmaß) d_2 = 4 mm:

Sicherungsscheibe DIN 6799 — 4

BEISPIEL 2   Wird abweichend von Tabelle 2 ein bestimmter Korrosionsschutz gewünscht, so ist die Bezeichnung der Sicherungsscheibe entsprechend zu ergänzen. Für galvanische Überzüge gelten die Kurzzeichen nach DIN EN ISO 4042, z. B.:

Sicherungsscheibe DIN 6799 — 4/A3K

12

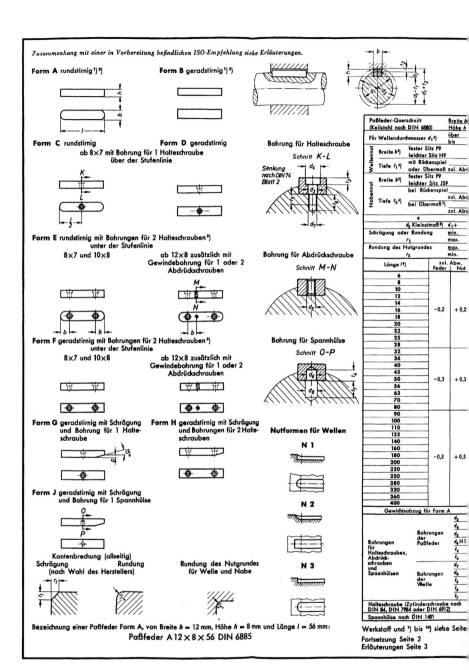

Form A rundstirnig [1] [2])

Form B geradstirnig [1] [2])

Form C rundstirnig
ab 8×7 mit Bohrung für 1 Halteschraube über der Stufenlinie

Form D geradstirnig

Bohrung für Halteschraube
Schnitt K-L
Senkung nach DIN 74 Blatt 2

Form E rundstirnig mit Bohrungen für 2 Halteschrauben[3])
unter der Stufenlinie
8×7 und 10×8
ab 12×8 zusätzlich mit Gewindebohrung für 1 oder 2 Abdrückschrauben

Bohrung für Abdrückschraube
Schnitt M-N

Form F geradstirnig mit Bohrungen für 2 Halteschrauben[3])
unter der Stufenlinie
8×7 und 10×8
ab 12×8 zusätzlich mit Gewindebohrung für 1 oder 2 Abdrückschrauben

Bohrung für Spannhülse
Schnitt O-P

Form G geradstirnig mit Schrägung und Bohrung für 1 Halteschraube

Form H geradstirnig mit Schrägung und Bohrungen für 2 Halteschrauben

Nutformen für Wellen

N 1

N 2

N 3

Form J geradstirnig mit Schrägung und Bohrung für 1 Spannhülse

Kantenbrechung (allseitig)
Schrägung ... Rundung (nach Wahl des Herstellers)

Rundung des Nutgrundes für Welle und Nabe

Bezeichnung einer Paßfeder Form A, von Breite b = 12 mm, Höhe h = 8 mm und Länge l = 56 mm:

Paßfeder A 12 × 8 × 56 DIN 6885

Paßfeder-Querschnitt (Keilstahl nach DIN 6880)		Breite b / Höhe h
Für Wellendurchmesser d_1[4])		über / bis
Wellennut Breite b[5])	fester Sitz P9 / leichter Sitz N9 / mit Rückenspiel oder Übermaß	zul. Abw
Tiefe t_1[4])		
Nabennut Breite b[5])	fester Sitz P9 / leichter Sitz JS9 / bei Rückenspiel / bei Übermaß[3])	zul. Abw / zul. Abw
Tiefe t_2[4])		
d_2 Kleinstmaß[8])		d_1+
Schrägung oder Rundung r_1		min. / max.
Rundung des Nutgrundes r_2		max. / min.

Länge l[4])	zul. Abw. Feder	Nut
6		
8		
10		
12		
14		
16	-0,2	+0,2
18		
20		
22		
25		
28		
32		
36		
40		
45	-0,3	+0,3
50		
56		
63		
70		
80		
90		
100		
110		
125		
140		
160		
180	-0,5	+0,5
200		
220		
250		
280		
320		
360		
400		

Gewichtsabzug für Form A		
Bohrungen für Halteschrauben, Abdrückschrauben und Spannhülsen	Bohrungen der Paßfeder	d_3 / d_4 / d_5 / d_4 H1 / t_3 / t_4 / d_7
	Bohrungen der Welle	d_6 / t_5 / t_6 / d_8

Halteschraube (Zylinderschraube nach DIN 84, DIN 7984 oder DIN 6912)
Spannhülse nach DIN 1481

Werkstoff und [1]) bis [10]) siehe Seite

Fortsetzung Seite 2
Erläuterungen Seite 3

Mitnehmerverbindungen ohne Anzug

Paßfedern Nuten
hohe Form

DIN

6885

Blatt 1

Parallel keys, deep pattern, dimensions and application

Maße in mm

2	3	4	5	6	8	10	12	14	16	18	20	22	25	28	32	36	40	45	50	56	63	70	80	90	100
2	3	4	5	6	7	8	8	9	10	11	12	14	14	16	18	20	22	25	28	32	32	36	40	45	50
6	8	10	12	17	22	30	38	44	50	58	65	75	85	95	110	130	150	170	200	230	260	290	330	380	440
8	10	12	17	22	30	38	44	50	58	65	75	85	95	110	130	150	170	200	230	260	290	330	380	440	500
2	3	4	5	6	8	10	12	14	16	18	20	22	25	28	32	36	40	45	50	56	63	70	80	90	100
1,2	1,8	2,5	3	3,5	4	5	5	5,5	6	7	7,5	9	9	10	11	12	13	15	17	20	20	22	25	28	31
		+ 0,1						+ 0,2									+ 0,3								
2	3	4	5	6	8	10	12	14	16	18	20	22	25	28	32	36	40	45	50	56	63	70	80	90	100
1	1,4	1,8	2,3	2,8	3,3	3,3	3,3	3,8	4,3	4,4	4,9	5,4	5,4	6,4	7,4	8,4	9,4	10,4	11,4	12,4	12,4	14,4	15,4	17,4	19,5
		+ 0,1						+ 0,2									+ 0,3								
0,5	0,9	1,2	1,7	2,2	2,4	2,4	2,4	2,9	3,4	3,4	3,9	4,4	4,4	5,4	6,4	7,1	8,1	9,1	10,1	11,1	11,1	13,1	14,1	16,1	18,1
		+ 0,1						+ 0,2									+ 0,3								
–	–	–	–	–	3	3	3,5	4	4,5	5	5,5	6,5	7	8	9	10	11	13	14	16	18	20			
2,5	3,5	4	5	6	8	8	9	11	11	12	14	14	16	18	21	23	26	28	32	32	36	40	45	50	
0,16		0,25			0,40			0,6			1			1,6			2,5								
0,25		0,40			0,60			0,8			1,2			2			3								
0,16		0,25			0,40			0,6			1			1,6			2,5								
0,08		0,16			0,25			0,4			0,7			1,2			2								

Gewicht (7,85 kg/dm³) für Form B kg/1000 Stück [16])

0,188	0,423																								
0,251	0,565	1,01																							
0,314	0,707	1,26	1,95																						
0,377	0,848	1,51	2,35																						
0,440	0,989	1,76	2,75	3,94																					
0,502	1,13	2,01	3,14	4,52																					
0,565	1,27	2,26	3,53	5,09	7,93																				
0,628	1,41	2,51	3,92	5,65	8,80																				
	1,55	2,76	4,32	6,22	9,67	13,8																			
	1,77	3,14	4,91	7,07	11,0	15,7																			
	1,98	3,52	5,50	7,91	12,3	17,6	21,1																		
	2,26	4,02	6,28	9,04	14,1	20,1	24,1																		
	2,54	4,52	7,06	10,2	15,8	22,6	27,1	35,6																	
		5,02	7,85	11,3	17,6	25,1	30,1	39,6																	
		5,65	8,83	12,7	19,8	28,3	33,9	44,5	56,5																
			9,81	14,1	22,0	31,4	37,7	49,5	62,8	77,7															
			11,0	15,8	24,6	35,2	42,2	55,4	70,3	87,0	106														
				17,8	27,7	39,6	47,5	62,3	79,1	97,9	119	152													
				19,8	30,8	44,0	52,8	69,2	88,0	109	132	169	192												
					35,2	50,2	60,3	79,1	100	124	151	193	220	281											
					39,6	56,5	67,8	89,0	113	140	170	218	247	317	407										
						62,8	75,4	98,9	126	155	188	242	275	352	452	565									
						69,1	82,9	109	138	171	207	266	302	387	497	622	760								
							94,2	124	157	194	235	302	343	440	565	706	863	1100							
							106	138	176	218	264	338	385	492	633	791	967	1240	1540						
								158	201	249	301	387	440	563	723	904	1110	1410	1760	2080					
									226	280	339	435	495	633	814	1020	1240	1590	1980	2340	2750				
										311	377	484	550	703	904	1130	1380	1770	2200	2600	3060	3800			
											414	532	604	774	995	1240	1520	1940	2420	2860	3370	4180	5520		
												604	687	880	1130	1410	1730	2210	2750	3250	3830	4750	6280	7880	
													769	985	1270	1580	1930	2470	3080	3640	4290	5320	7030	8820	11000
														1130	1440	1810	2210	2820	3510	4170	4900	6090	7930	10100	12600
															1630	2040	2480	3180	3950	4690	5510	6850	9100	11350	14200
																2260	2760	3530	4400	5200	6120	7600	10040	12600	15700

0,013	0,045	0,108	0,211	0,364	0,755	1,35	1,94	2,97	4,31	6,00	8,09	11,4	14,7	21,1	31,1	43,7	59,3	85,3	118	169	214	298	433	615	844
–		3,4		4,5		5,5		6,6		9		11			14			18			22				
–		6		8		10		11		15		18			20			26			33				
–		M3		M4		M5		M6		M8		M10			M12			M16			M20				
–		4		5		6		8		10		12			16			20			25				
–		2,4		3,2		4,1		4,8		6		7,3			8,3			11,5			13,5				
–		4		5		6		7		8		10	10	12	14		16			20			25		
–		M3		M4		M5		M6		M8		M10			M12			M16			M20				
–		4,5		5,5		6,5		9		11		13			17			21			26				
–		4	5	6		6		7		9		15	13	15	12	13	17	18		20					
–		7	8	10		10		12	11	13	15	15	17	22	20	22	19	20		24	25		28		
–		5	7	8		9		11	12	18	16	20												30		
–		M3 ×8	M3 ×10	M4 ×10		M5×10		M6×12		M6 ×16	M8 ×16	M10 ×16	M10 ×20		M12×25		M12×30		M12×35		M16 ×40	M16 ×45		M20 ×50	M20 ×55
–		4×8	5×10	6×12		8×16		10×20		12×24		16×30			16×32			20×40			25×50				

Arbeitsausschuß Keile im Deutschen Normenausschuß (DNA)

Werkstoff: bei Paßfeder-Höhen *h* bis 25 mm: St 50-1 K nach DIN 1652
  bei Paßfeder-Höhen *h* über 25 mm: St 60-2 K nach DIN 1652;
  andere Stahlsorten, z. B. Qualitäts- und Edelstähle, sind besonders zu vereinbaren.

[1]) Sollen Paßfedern Form A und B mit Bohrungen für Abdrückschrauben (S) geliefert werden, so ist dies bei Bestellung besonders anzugeben. Die Bezeichnung lautet dann z. B.:

Paßfeder AS 12 × 8 × 56 DIN 6885

[2]) Die Formen A und B können auch kombiniert werden: ein Ende rundstirnig, das andere geradstirnig. Die Bezeichnung lautet dann z. B.:

Paßfeder AB 12 × 8 × 56 DIN 6885

[3]) Sollen Paßfedern Form E und F ab 12 × 8 ohne Bohrungen für Abdrückschrauben (oS) geliefert werden, so ist dies bei Bestellung besonders anzugeben. Die Bezeichnung lautet dann z. B.:

Paßfeder EoS 12 × 8 × 56 DIN 6885

[4]) Für Anschlußmaße, insbesondere von zylindrischen Wellenenden, ist die Zuordnung der Paßfeder-Querschnitte zu den Wellen-Nenndurchmessern unbedingt einzuhalten. Die Zuordnung der Paßfeder-Querschnitte zu kegeligen Wellenenden und die Maße für die Nuttiefe sind den Normen über kegelige Wellenenden zu entnehmen.

[5]) Die angegebenen Toleranzfelder für die Nutbreiten gelten als Regelfall für gefräste Nuten. Andere Toleranzfelder müssen besonders angegeben werden. Für Breiten von geräumten Nuten wird die ISA-Qualität IT 8 statt IT 9 (also P8 statt P9, N8 statt N9 und JS8 statt JS9) empfohlen. Für Gleitsitze wird das Toleranzfeld H9 für Wellennut und D10 für Nabennut empfohlen.

[6]) In den Werkstattzeichnungen können nebeneinander die Maße t_1 und $(d_1 - t_1)$ sowie t_2 und $(d_1 + t_2)$ eingetragen werden; jedoch werden in vielen Fällen die Maße t_1 und $(d_1 + t_2)$ genügen. Dabei sind unter Umständen die zulässigen Abweichungen und Bearbeitungszugaben von Welle und Nabenbohrung zu berücksichtigen.

[7]) Die Nabennut-Tiefe mit Übermaß ist für Ausnahmefälle bestimmt, in denen die Paßfeder durch Nacharbeit eingepaßt wird.

[8]) Die Werte für d_2 entsprechen dem kleinsten Durchmesser von Teilen, die zentrisch über die Paßfeder übergeschoben werden können.

[9]) Längen über 400 und Zwischenlängen (möglichst vermeiden) sind nach DIN 3 zu wählen. In Zweifelsfällen gilt bei Zwischenlängen die zulässige Abweichung der nächstgrößeren Länge *l*.

[10]) In den Gewichtsangaben sind die Bohrungen für Halteschrauben, Abdrückschrauben und Spannhülsen nicht berücksichtigt.

Erläuterungen

Der Inhalt dieser Norm stimmt sachlich mit den Beschlüssen des Technischen Komitees ISO/TC 16 „Keile" überein, denen folgender ISO-Entwurf zu Grunde liegt:
Draft ISO Recommendation Nr. 1084 Rectangular or square parallel keys and their corresponding keyways
Clavetage par clavettes paralleles carres ou rectangularies Paßfedern

Gegenüber der Ausgabe Februar 1956 von DIN 6885 Blatt 1 sind folgende Änderungen und Ergänzungen zu beachten:

a) Die Nuttiefen in Welle und Nabe wurden teilweise geändert. Hierdurch wird aber die Austauschbarkeit der Paßfedern nicht oder nur in wenigen Grenzfällen gefährdet, die in der Praxis kaum vorkommen dürften. Die nachfolgende Tabelle enthält eine Gegenüberstellung der bisherigen mit den neuen Nuttiefen. Aus dieser Gegenüberstellung sind die Grenzfälle ersichtlich, bei denen je nach Paarung bei ungünstiger Toleranzlage ein Übermaß möglich ist. Dies gilt nur für Paßfedern bei Rückenspiel.

b) Die Werte für die Kantenbrechung der Paßfeder und für die Rundung des Nutgrundes wurden teilweise geändert, jedoch entstehen hierdurch keine Nachteile für die Austauschbarkeit.

c) Für die Formen A und B wurde in den Fußnoten 1 und 2 angegeben, daß sie auch mit Bohrungen für Abdrückschrauben geliefert werden oder beide Formen kombiniert werden können. Entsprechende Bezeichnungsbeispiele sind durchgeführt. Außerdem wurde darauf hingewiesen, daß gegebenenfalls Lage und Anzahl der Bohrungen vereinbart werden müssen.

d) Entgegen den bisherigen Festlegungen wurde bei den Formen E und F die Bohrung für die Abdrückschraube von der Mitte der Paßfederlänge einseitig zu einem Paßfederende verlegt. Durch diese einseitige Lage soll die Paßfeder besser abgehoben werden können.

e) Die bisherige zylindrische Ansenkung für die Gewindebohrung der Abdrückschraube wurde durch eine kegelige Ansenkung ersetzt (Schnitt M–N).

f) Nuttiefen mit Übermaß sind vom ISO/TC 16 nicht festgelegt worden. Die bisherigen Nabennuttiefen mit Übermaß wurden in Anlehnung an die nach dem ISO-Vorschlag geänderten Wellennuttiefen so neu errechnet, daß die notwendigen Übermaße für die Nacharbeit wieder vorhanden sind. Sie entsprechen für Keile nach DIN 6886 (ISO-Entwurf Nr 1085).

g) Das Toleranzfeld J9 für Nabennutbreiten wurde in JS9 geändert. Da die festgelegten Toleranzen auch international anerkannt sind, gelten sie jetzt im Rahmen der Norm (Fußnote 5) als Regelausführung und nicht nur — wie bisher — als Richtlinie. Andere Toleranzen müssen besonders angegeben werden.

h) Die bisherigen Längen 315 und 355 mm wurden durch die Längen 320 und 360 mm ersetzt.

i) Die Gewichte der Paßfedern wurden überprüft und berichtigt, soweit dies z. B. wegen der neuen Längen 320 und 360 mm notwendig war.
Der Gewichtsabzug für Form A ist für einige Größen berichtigt worden.

k) Die Senkungen für Halteschrauben wurden nach der Reihe „mittel" der Norm DIN 74 Blatt 2 gewählt, weil die bisherige Reihe „fein" infolge des engen Durchgangsloches bei zwei Halteschrauben zum Ausgleich der Toleranz für die Mittenabstände vielfach nicht ausreichte. Da zukünftig Zylinderschrauben nach DIN 84, DIN 6912 und DIN 7984 einheitliche Kopfdurchmesser aufweisen werden, ist deren wahlweise Verwendung als Halteschraube möglich.

l) Die Gewindelochtiefen in der Welle und die Längen der Halteschrauben wurden so festgelegt, daß die Einschraublänge ungefähr 1 × Gewindedurchmesser beträgt.

m) Die Zuordnung der Spannhülsen wurde in einigen Fällen geändert und der Durchmesser 13 durch 12 ersetzt. Die

Bohrungsmaße wurden so festgelegt, daß die Spannhülse jeweils 1 × Hülsendurchmesser in die Paßfeder und in die Welle hineinragt.

n) Für die in der Praxis vorkommenden verschiedenen Nutformen wurden Kurzzeichen aufgenommen, um diese Formen gegebenenfalls nach Norm bezeichnen zu können. Die Formen N1 und N2 stellen die konventionellen Nutformen dar. Die Form N3 entsteht bei Verwendung eines Nutenfräsers, dessen Durchmesser kleiner ist als die Nutbreite und der vielfach auf Spezial-Nutfräsmaschinen verwendet wird.

o) Die Werkstoffangaben wurden aus der Neuausgabe von DIN 6880 übernommen.

Paßfeder	Breite b	2	3	4	5	6	8	10	12	14	16	18	20	22
	Höhe h	2	3	4	5	6	7	8	8	9	10	11	12	14
Wellennuttiefe t₁	bisher	1,1	1,7	2,4	2,9	3,5	4,1	4,7	4,9	5,5	6,2	6,8	7,4	8,5
	neu	1,2	1,8	2,5	3	3,5	4	5	5	5,5	6	7	7,5	9
Nabennuttiefe t₂ bei Rückenspiel	bisher	1	1,4	1,7	2,2	2,6	3	3,4	3,2	3,6	3,9	4,3	4,7	5,6
	neu	1	1,4	1,8	2,3	2,8	3,3	3,3	3,3	3,8	4,3	4,4	4,9	5,4
mögliches Übermaß bei Paarung	Welle alt Nabe neu	—	—	—	—	—	—	0	—	—	—	—	—	0,1
Kleinstmaß auf Kleinstmaß	Welle neu Nabe alt	—	—	—	—	0	—	—	—	0,1	—	—	—	—

Paßfeder	Breite b	25	28	32	36	40	45	50	56	63	70	80	90	100
	Höhe h	14	16	18	20	22	25	28	32	32	36	40	45	50
Wellennuttiefe t₁	bisher	8,7	9,9	11,1	12,3	13,5	15,3	17	19,3	19,6	22	24,6	27,5	30,4
	neu	9	10	11	12	13	15	17	20	20	22	25	28	31
Nabennuttiefe t₂ bei Rückenspiel	bisher	5,4	6,2	7,1	7,9	8,7	9,9	11,2	12,9	12,6	14,2	15,6	17,7	19,8
	neu	5,4	6,4	7,4	8,4	9,4	10,4	11,4	12,4	12,4	14,4	15,4	17,4	19,5
mögliches Übermaß bei Paarung	Welle alt Nabe neu	—	—	—	—	—	—	—	0,3	0	—	0	0,1	0,1
Kleinstmaß auf Kleinstmaß	Welle neu Nabe alt	—	—	—	0,1	0,3	0,1	—	—	—	—	—	—	—

Zur Ausgabe August 1968:

In der Ausgabe Dezember 1967 von DIN 6885 Blatt 1 waren in der Tabelle die Trennlinien für die Toleranzen der Nuttiefen t_1 und t_2 und für die Maße r_1 und r_2 der Schrägung oder Rundung von Paßfeder und Nut versehentlich zwischen den Paßfeder-Querschnitten 28 × 16 und 32 × 18 gezogen worden. In Übereinstimmung mit dem vorgenannten ISO-Entwurf müssen sie jedoch zwischen den Paßfeder-Querschnitten 32 × 18 und 36 × 20 verlaufen. Die vorliegende Ausgabe enthält die entsprechende Berichtigung.

Ferner sind noch geringfügige Korrekturen zu den Angaben über Bohrungen für Halteschrauben vorgenommen worden. Für die Paßfedern 36 × 20 und 45 × 25 wurden die Halteschrauben M 12 × 22 und M 12 × 28 durch M 12 × 25 und M 12 × 30 ersetzt, weil in DIN 6912 und DIN 7984 die Längen 22 und 28 nicht aufgeführt sind und DIN 84 auf Größen bis M 10 begrenzt ist. Die jetzt in einigen Fällen vorhandenen Rücksprünge in den Maßen t_5 und t_6 sind durch die in den Schraubennormen gegebene Längenstufung bedingt.

<table>
<tr><td></td><td align="center"># Endlose Schmalkeilriemen
für den Maschinenbau
Maße</td><td align="center">**DIN**

7753
Teil 1</td></tr>
</table>

Endless narrow V-belts for engineering; dimensions   Ersatz für Ausgabe 10.77

Zusammenhang mit der von der International Organization for Standardization (ISO) herausgegebenen Internationalen Norm ISO 4184 – 1980, siehe Erläuterungen.

Maße in mm

1 Anwendungsbereich und Zweck

Diese Norm legt die Merkmale der endlosen Schmalkeilriemen, im folgenden kurz Riemen genannt, für den Maschinenbau fest.

2 Begriffe

2.1 Wirkbreite des Riemens b_W

Die Wirkbreite des Riemens b_W ist die Breite in Höhe seiner Wirkzone (neutralen Zone). Sie ändert sich nicht beim Krümmen des Riemens senkrecht zu seiner Basis (aus: DIN 7719 Teil 1/ 10.85).

2.2 Richtlänge des Riemens L_r

Die Richtlänge des Riemens L_r ist die Länge des unter einer vorgeschriebenen Zugspannung stehenden Riemens, die dieser im Niveau des Richtdurchmessers der Meßscheiben aufweist (aus: DIN 7719 Teil 1/10.85).

Fortsetzung Seite 2 bis 5

Normenausschuß Kautschuktechnik (FAKAU) im DIN Deutsches Institut für Normung e.V.
Normenausschuß Maschinenbau (NAM) im DIN
Normenausschuß Antriebstechnik (NAN) im DIN

3 Maße, Bezeichnung

Das Riemenprofil braucht der bildlichen Darstellung nicht zu entsprechen; nur die angegebenen Maße sind einzuhalten. Der Riemenwinkel ist nicht festgelegt.

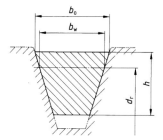

Bild 1. Riemenprofil

Bezeichnung eines Schmalkeilriemens von Riemenprofil-Kurzzeichen XPZ und Richtlänge $L_r = 710$ mm:

Schmalkeilriemen DIN 7753 – XPZ 710

Tabelle 1. **Riemenmaße**

	Riemenprofil-Kurzzeichen	Obere Riemenbreite b_o $\approx$	Wirkbreite (Nennmaß) b_w	Riemenhöhe h $\approx$	Richtdurchmesser der zugehörigen kleinsten zulässigen Scheiben nach DIN 2211 Teil 1 $d_{r\,min.}$
ummantelt	SPZ	9,7	8,5	8	63
flankenoffen gezahnt [1])	XPZ	9,7	8,5	8	50
ummantelt	SPA	12,7	11	10	90
flankenoffen gezahnt [1])	XPA	12,7	11	9	63
ummantelt	SPB	16,3	14	13	140
flankenoffen gezahnt [1])	XPB	16,3	14	13	100
ummantelt	SPC	22	19	18	224
flankenoffen gezahnt [1])	XPC	22	19	18	160

[1]) Flankenoffene Riemen können auch da eingebaut werden, wo bisher ummantelte Riemen gefordert wurden.

Tabelle 2. **Riemenlängen und Satztoleranzen**

Richtlänge L_r	Grenz-abmaße	SPZ	XPZ	SPA	XPA	SBP	XPB	SPC	XPC	Zulässiger Unterschied zwischen den Richtlängen der Riemen ein und desselben Satzes bei mehrrilligen Antrieben ummantelt	flankenoffen gezahnt
630	± 6	+	+								
710	± 7	+	+								2
800	± 8	+	+	+	+					2	
900	± 9	+	+	+	+						
1 000	± 10	+	+	+	+						
1 120	± 11	+	+	+	+						4
1 250	± 12	+	+	+	+	+	+				
1 400	± 14	+	+	+	+	+	+				
1 600	± 16	+	+	+	+	+	+				
1 800	± 18	+	+	+	+	+	+				
2 000	± 20	+	+	+	+	+	+	+	+		6
2 240	± 22	+	+	+	+	+	+	+	+		
2 500	± 25	+	+	+	+	+	+	+	+	4	
2 800	± 28	+	+	+	+	+	+	+	+		
3 150	± 32	+	+	+	+	+	+	+	+		
3 550	± 36	+	+	+	+	+	+	+	+		10
4 000	± 40				+		+		+	6	6
4 500	± 45				+		+		+		
5 000	± 50						+		+		
5 600	± 56						+		+		10
6 300	± 63						+		+	10	
7 100	± 71						+		+		–
8 000	± 80						+		+		
9 000	± 90								+		
10 000	±100								+		16
11 200	±112								+		
12 500	±125								+		

240

4   Werkstoff, Aufbau, Ausführung

Werkstoffe des Riemens, Aufbau und Ausführung nach Wahl des Herstellers, sofern keine besonderen Vereinbarungen getroffen werden.

5   Kennzeichnung

Die Riemen sind auf dem Riemenrücken mindestens mit dem Kurzzeichen für das Riemenprofil und der Richtlänge, z. B. mit SPZ 900, zu kennzeichnen. Weitere Kennzeichnung ist zu vereinbaren.

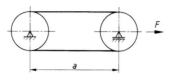

Bild 2. Meßvorrichtung

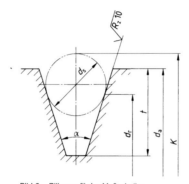

Bild 3. Rillenprofil der Meßscheibe

Tabelle 3. **Maße der Meßscheiben, des Prüfstiftes und der Meßkraft**

Riemenprofil-Kurzzeichen		SPZ XPZ	SPA XPA	SPB XPB	SPC XPC
Rillenwinkel α	$\pm$ 10′	36°	36°	36°	36°
Prüfstift-Nenndurchmesser nach DIN 2269, Genauigkeitsgrad 2	d_s	8,94	11,57	14,72	19,98
Abstand der äußeren Tangential-ebenen an die Prüfstifte	$K \pm 0{,}05$	107,19	158,39	210,25	344,47
Außendurchmesser	d_a	100	149	198	328
Tiefe der Scheibenrille	t_{min}	11	14	17	24
Richtdurchmesser	d_r	95,49	143,24	190,99	318,31
Richtumfang	U_r	300	450	600	1000
Meßkraft [1]	F N	360	560	900	1500

[1] Die auf jedes Riementrum ausgeübte Beanspruchung ist halb so groß wie die angegebenen Werte.

6   Messung der Riemenlänge

Zur Bestimmung seiner Richtlänge wird der Riemen nach Bild 2 über zwei gleichgroße Meßscheiben aus Stahl gelegt, deren Rillenform in Bild 3 und deren Maße in Tabelle 3 festgelegt sind.

Die in Tabelle 3 angegebene Meßkraft wird an die bewegliche Meßscheibe angelegt.

Um einen guten Sitz des Riemens in den Scheibenrillen und eine gleichmäßige Verteilung der Meßkraft auf beide Trums sicherzustellen, sind die Scheiben bei aufgebrachter Meßkraft so oft zu drehen, bis der Riemen mindestens zwei Umläufe gemacht hat. Dann wird der Achsabstand a gemessen.

Die Richtlänge L_r des Riemens ergibt sich aus dem doppelten Achsabstand a plus dem Richtumfang U_r der Meßscheibe nach der Gleichung:

$$L_r = 2 a + U_r$$

Zitierte Normen

DIN 2211 Teil 1   Antriebselemente; Schmalkeilriemenscheiben; Maße, Werkstoff

DIN 2269   Prüfstifte

DIN 7719 Teil 2   Endlose Breitkeilriemen für industrielle Drehzahlwandler; Riemen und Rillenprofile der zugehörigen Scheiben

Weitere Normen

DIN 7753 Teil 2   Endlose Schmalkeilriemen für den Maschinenbau; Berechnung der Antriebe, Leistungswerte

Frühere Ausgaben

DIN 7753: 04.59
DIN 7753 Teil 1: 03.67,10.77

Änderungen

Gegenüber der Ausgabe Oktober 1977 wurden folgende Änderungen vorgenommen:

a)   Riemenprofil 19 gestrichen

b)   Flankenoffene gezahnte Keilriemen aufgenommen

c)   Prüfung der Meßscheiben mit Prüfstiften aufgenommen

d)   Beschreibungssystem geändert

e)   Normbezeichnung geändert

Erläuterungen

Diese Norm stimmt für ummantelte Riemen hinsichtlich der aufgeführten Riemenprofile und -längen überein mit der Internationalen Norm

ISO 4184 – 1980

en: Classical and narrow V-belts – lengths

de: Klassische Keilriemen und Schmalkeilriemen – Längen

Das in der vorherigen Ausgabe aufgeführte Riemenprofil 19 wurde gestrichen, da in der zugehörigen Scheiben-Norm keine genormten Scheiben mehr für dieses Profil aufgeführt sind.

Im Zuge der Anpassung der Beschreibungssysteme an die Internationale Norm

ISO 1081 – 1980

en: Drives using V-belts and grooved pulleys – terminologie

de: Antriebe mit Keilriemen und Rillenscheiben; Terminologie

wurde die Norm auf das „Richt-System", z. B. Richtdurchmesser, Richtlänge usw., umgestellt.

Nachdem die zugehörige Scheiben-Norm DIN 2211 Teil 1 die Prüfung der Scheiben mit Prüfstiften nach DIN 2269 vorsieht, wurde zur Prüfung der Meßscheiben ebenfalls dieses Verfahren übernommen.

Internationale Patentklassifikation

F 16 G 5/00

September 2004

DIN 8221

ICS 21.100.10

Ersatz für
DIN 8221:1973-07

Gleitlager –
Buchsen für Gleitlager nach DIN 502, DIN 503 und DIN 504

Plain bearings –
Bushes for plain bearings according to DIN 502, DIN 503 and DIN 504

Palier lisses –
Bagues pour paliers lisses suivant DIN 502, DIN 503 et DIN 504

Gesamtumfang 4 Seiten

Normenausschuss Gleitlager (NGL) im DIN

Vorwort

Diese Norm wurde vom Normenausschuss NGL-AA 3 erarbeitet.

Änderungen

Gegenüber DIN 8221:1973-07 wurden folgende Änderungen vorgenommen:

a) die Norm wurde dem neuesten Stand der Technik angepasst;

b) der Inhalt wurde normungstechnisch und redaktionell vollständig überarbeitet;

c) die Normbezeichnung der Lagerbuchse wurde geändert.

Frühere Ausgaben

DIN 8221: 1973-07

1 Anwendungsbereich

Diese Norm legt die Anforderungen an Buchsen für Gleitlager nach DIN 502, DIN 503 und DIN 504 fest, die zur Verwendung in Antriebselementen bestimmt sind.

2 Normative Verweisungen

Die folgenden zitierten Dokumente sind für die Anwendung dieses Dokuments erforderlich. Bei datierten Verweisungen gilt nur die in Bezug genommene Ausgabe. Bei undatierten Verweisungen gilt die letzte Ausgabe des in Bezug genommenen Dokuments (einschließlich aller Änderungen).

DIN 502, *Gleitlager — Flanschlager — Befestigung mit zwei Schrauben*

DIN 503, *Gleitlager — Flanschlager — Befestigung mit vier Schrauben*

DIN 504, *Gleitlager — Augenlager*

DIN EN 1982, *Kupfer und Kupferlegierungen — Blockmetalle und Gussstücke; Deutsche Fassung EN 1982:1998*

DIN ISO 2768-1, *Allgemeintoleranzen — Toleranzen für Längen- und Winkelmaße ohne einzelne Toleranzeintragung; Identisch mit ISO 2768-1:1989*

DIN ISO 12128, *Gleitlager — Schmierlöcher, Schmiernuten und Schmiertaschen — Maße, Formen, Bezeichnung und ihre Anwendung für Lagerbuchsen; Identisch mit ISO 12128:1995*

2

3 Maße, Bezeichnung

Allgemeintoleranzen: ISO 2768 — m

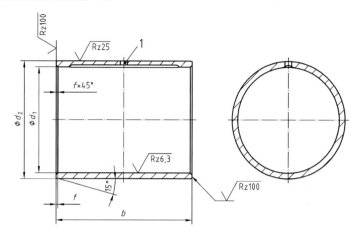

Legende

1 Schmiernut und Schmierloch nach DIN ISO 12128, Form nach Wahl des Herstellers

Bild 1 — Buchse

Bezeichnung einer Buchse für Gleitlager mit Bohrung d_1 = 90 mm:

Lagerbuchse DIN 8221 — 90

3

Tabelle 1

d_1 [a]		b	d_2		f	Verwendbar für:		
	Passung [b]			Passung [b]		Flanschlager Form A nach DIN 502	Flanschlager Form A nach DIN 503	Flanschlager Form A nach DIN 504
25	C8	60 ± 0,2	35	z6	0,6	X	—	X
30			40			X	—	X
35		70 ± 0,3	45	y6		X	X	X
40			50			X	X	X
45		80 ± 0,3	55			X	X	X
50			60			X	X	X
(55)	B8	90 ± 0,3	65		0,8	X	X	X
60			70	x6		X	X	X
(65)		100 ± 0,3	75			X	X	X
70			80			X	X	X
(75)		100 ± 0,3	85			—	X	X
80			90			—	X	X
90		120 ± 0,3	100		1	—	X	X
100			115			—	X	X
110			125			—	X	X
(120)			135	v6		—	X	X
125		140 ± 0,3	140			—	X	X
(130)			145		1,2	—	X	X
140		160 ± 0,3	155			—	X	X
(150)			165			—	X	X

[a] Eingeklammerte Größen möglichst vermeiden.
[b] Vor dem Einpressen

4 Werkstoff

CuSn7Zn4Pb7-C-GS nach DIN EN 1982, andere Werkstoffe nach Vereinbarung.

4

November 2005

	DIN 34822	**DIN**

ICS 21.060.10

Zylinderschrauben mit Flansch mit Innenvielzahn mit Gewinde bis Kopf

Cheese head screws with flange with 12 point socket

Vis à tête cylindrique à embase cylindro-tronçonique à empreinte bihexagonale entièrement filetées

Gesamtumfang 5 Seiten

Normenausschuss Mechanische Verbindungselemente (FMV) im DIN

Vorwort

Diese Norm wurde vom Normenausschuss Mechanische Verbindungselemente (FMV), Arbeitsausschuss NA 067-03-01 AA „Verbindungselemente mit Außengewinde", erarbeitet.

Für Zylinderschrauben nach dieser Norm gilt die Sachmerkmal-Leiste DIN 4000-160-2.

1 Anwendungsbereich

Diese Norm legt Eigenschaften von Flanschschrauben mit Innenvielzahn, Produktklasse A, mit metrischem ISO-Gewinde von M6 bis M16 und mit Feingewinde von M12 × 1,5 bis M16 × 1,5, mit den Festigkeits-klassen 8.8 und 10.9 für Stahl und A2-70 für nichtrostenden Stahl fest.

2 Normative Verweisungen

Die folgenden zitierten Dokumente sind für die Anwendung dieses Dokuments erforderlich. Bei datierten Verweisungen gilt nur die in Bezug genommene Ausgabe. Bei undatierten Verweisungen gilt die letzte Ausgabe des in Bezug genommenen Dokuments (einschließlich aller Änderungen).

DIN 962, *Schrauben und Muttern — Bezeichnungsangaben — Formen und Ausführungen*

E DIN 4000-160, *Sachmerkmal-Leisten — Teil 160: Verbindungselemente mit Außengewinde*

DIN 34824, *Innenvielzahn für Schrauben*

DIN EN 20225, *Mechanische Verbindungselemente — Schrauben und Muttern, Bemaßung*

DIN EN 26157-3, *Verbindungselemente, Oberflächenfehler — Schrauben für spezielle Anforderungen*

DIN EN ISO 898-1, *Mechanische Eigenschaften von Verbindungselementen aus Kohlenstoffstahl und le-giertem Stahl — Teil 1: Schrauben*

DIN EN ISO 3506-1, *Mechanische Eigenschaften von Verbindungselementen aus nichtrostenden Stäh-len — Teil 1: Schrauben*

DIN EN ISO 4042, *Verbindungselemente — Galvanische Überzüge*

DIN EN ISO 4753, *Verbindungselemente — Enden von Teilen mit metrischem ISO-Außengewinde*

DIN EN ISO 4759-1, *Toleranzen für Verbindungselemente — Teil 1: Schrauben und Muttern, Produkt-klassen A, B und C*

DIN EN ISO 10683, *Verbindungselemente — Nichtelektrolytisch aufgebrachte Zinklamellenüberzüge*

DIN EN ISO 16048, *Passivieren von Verbindungselementen aus nichtrostenden Stählen*

DIN EN ISO 16426, *Verbindungselemente — Qualitätssicherungssystem*

DIN ISO 261, *Metrisches ISO-Gewinde allgemeiner Anwendung — Übersicht*

DIN ISO 965-2, *Metrisches ISO-Gewinde allgemeiner Anwendung — Toleranzen — Teil 2: Grenzmaße für Außen- und Innengewinde allgemeiner Anwendung; Toleranzklasse mittel*

DIN ISO 8992, *Verbindungselemente — Allgemeine Anforderungen für Schrauben und Muttern*

2

3 Maße

Siehe Bild 1 und Tabelle 1.

Maßbuchstaben und deren Benennung sind in DIN EN 20225 festgelegt.

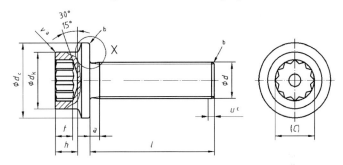

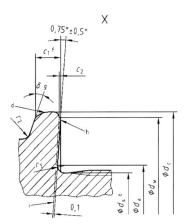

^a Oberkante des Kopfes gerundet oder gefast nach Wahl des Herstellers

^b Ende gefast, Form CH nach DIN EN ISO 4753

^c Unvollständiges Gewinde $u \leq 2\,P$

^d Presskontur

^e $d_s \approx$ Flankendurchmesser

^f c_1 gemessen am Durchmesser $d_{w\,min}$

^g $\delta = 15°$ bis $30°$

^h Telleransatz nach Wahl des Herstellers zulässig

ⁱ Bezugslinie für d_w

Bild 1 — Maße

3

Tabelle 1 — Maße

Maße in Millimeter

Gewinde, d			M6	M8	M10	M12	M14	M16
			—	—	—	M12 × 1,5	M14 × 1,5	M16 × 1,5
P^a	Regelgewinde		1	1,25	1,5	1,75	2	2
	Feingewinde		—	—	—	1,5	1,5	1,5
a			$l \leq 16$	$l \leq 20$	$l \leq 25$	$l \leq 25$	$l \leq 30$	$l \leq 30$
		max.	2	2,50	3,0	3,50	4	4
			$l > 16$	$l > 20$	$l > 25$	$l > 25$	$l > 30$	$l > 30$
		max.	3	3,75	4,5	5,25	6	6
		min.	1	1,25	1,5	1,75	2	2
c_1		min.	1,4	1,9	2,4	2,75	3,45	3,75
		max.	2,4	2,9	3,4	3,75	4,65	4,95
c_2		max.	0,5	0,6	0,6	0,6	0,6	0,8
d_a		max.	6,8	9,2	11,2	13,7	15,7	17,7
d_k		max.	11,00	14,50	17,00	19,00	22,50	25,50
		min.	10,57	14,07	16,57	18,48	21,98	24,98
d_c		max.	14,2	18,00	22,3	26,6	30,5	35,0
		min.	13,1	16,90	21,0	25,3	28,9	23,4
d_w		min.	12,2	15,8	19,6	23,8	27,6	31,9
h		max.	4,20	5,48	6,78	8,08	9,48	10,58
k		max.	6,0	8,00	10,00	12,00	14,00	16,00
		min.	5,7	7,64	9,64	11,57	13,57	15,57
r_1		min.	0,25	0,4	0,4	0,6	0,6	0,6
r_2			0,6 bis 0,8	0,6 bis 1,1	0,6 bis 1,2	1,0 bis 1,5	1,0 bis 1,8	1,0 bis 2,0
v		max.	0,6	0,8	1	1,2	1,4	1,6
Innen-vielzahn	C	Größe	N8	N10	N12	N14	N16	N18
		Hilfsmaß	7,40	9,84	11,70	13,54	15,99	17,18
	t	max.	3,4	4,48	5,48	6,48	7,58	8,58
		min.	3,0	4,00	5,00	6,00	7,00	8,00

l Nennmaß	min.	max.	Gewicht ($\rho = 7{,}85$ kg/dm³) kg je 1 000 Stück[b] $\approx$					
8	7,71	8,29	5,69					
10	9,71	10,29	6,02	12,7				
12	11,65	12,35	6,35	13,4	25,0			
16	15,65	16,35	7,01	14,6	27,0	41,8		
20	19,58	20,42	7,67	15,8	28,3	44,8	70,1	
25	24,58	25,42	8,50	17,4	30,7	48,5	75,2	107
30	29,58	30,42	9,32	18,9	31,1	52,2	80,3	114
35	34,5	35,5	10,1	20,5	35,5	55,9	85,4	120
40	39,5	40,5	11,0	22,0	37,9	59,6	87,5	127
45	44,5	45,5	11,8	23,6	40,3	63,3	95,6	134
50	49,5	50,5	12,6	25,1	42,7	67,0	101	141
55	54,4	55,6	13,4	26,7	45,1	70,7	106	147
60	59,4	60,6	14,2	28,2	47,5	74,4	111	154
65	64,4	65,6	15,1	29,8	49,9	78,1	116	161
70	69,4	70,6	15,9	31,3	52,3	81,8	121	168
80	79,4	80,6		34,4	54,7	89,2	131	181
90	89,3	90,7			57,1	96,6	141	195
100	99,3	100,7					152	209

ANMERKUNG Handelsübliche Längen sind durch die Angabe von Gewichten gekennzeichnet.

[a] P Gewindesteigung.

[b] Nur zur Information.

4

4 Technische Lieferbedingungen

Tabelle 2 — Technische Lieferbedingungen

Werkstoff		Stahl	Nichtrostender Stahl
Allgemeine Anforderungen		DIN ISO 8992	
Gewinde	Toleranz	6g	
	Norm	DIN ISO 261, DIN ISO 965-2	
Mechanische Eigenschaften	Festigkeitsklasse	8.8, 10.9	A2-70
	Norm	DIN EN ISO 898-1	DIN EN ISO 3506-1
Grenzabmaße, Form- und Lagetoleranzen	Produktklasse	A	
	Norm	DIN EN ISO 4759-1	
Innenangriff	Norm	DIN 34824	
Oberfläche		wie hergestellt	blank
		Anforderungen für galvanischen Oberflächenschutz sind in DIN EN ISO 4042 festgelegt.	Passivieren nach DIN EN ISO 16048 wird empfohlen.
		Anforderungen für nicht-elektrolytisch aufgebrachte Zinklamellenüberzüge sind in DIN EN ISO 10683 festgelegt.	
Oberflächenfehler		Grenzwerte für Oberflächenfehler sind in DIN EN 26157-3 festgelegt.	—
Qualitätssicherungssystem		Es gilt die Norm DIN EN ISO 16426.	

5 Bezeichnung

Bezeichnung einer Zylinderschraube mit Flansch, mit Innenvielzahn, mit Gewinde M6, Nennlänge *l* = 20 mm und Festigkeitsklasse 8.8:

Flanschschraube DIN 34822 — M6 × 20 — 8.8

Für die Bezeichnung von Formen und Ausführungen mit zusätzlichen Bestellangaben gilt DIN 962.

6 Kennzeichnung

Die Kennzeichnung ist nach DIN EN ISO 898-1 analog zur Kennzeichnung von Zylinderschrauben mit Innensechskant oder mit Innensechsrund vorzunehmen.

5

November 2005

DIN 34823

ICS 21.060.10

Linsensenkschrauben mit Innenvielzahn

Raised countersunk head screws with 12 point socket

Vis a tête fraisée bombée à empreinte bihexagonale

Gesamtumfang 5 Seiten

Normenausschuss Mechanische Verbindungselemente (FMV) im DIN

Vorwort

Diese Norm wurde vom Normenausschuss Mechanische Verbindungselemente (FMV), Arbeitsausschuss NA 067-03-01 AA „Verbindungselemente mit Außengewinde", erarbeitet.

Für Linsensenkschrauben nach dieser Norm gilt die Sachmerkmal-Leiste DIN 4000-160-3.

1 Anwendungsbereich

Diese Norm legt Eigenschaften von Linsensenkschrauben mit Innenvielzahn, Produktklasse A, mit metrischem ISO-Gewinde von M6 bis M10 mit den Festigkeitsklassen 8.8 für Stahl und A2-70 für nicht-rostenden Stahl fest.

2 Normative Verweisungen

Die folgenden zitierten Dokumente sind für die Anwendung dieses Dokuments erforderlich. Bei datierten Verweisungen gilt nur die in Bezug genommene Ausgabe. Bei undatierten Verweisungen gilt die letzte Ausgabe des in Bezug genommenen Dokuments (einschließlich aller Änderungen).

DIN 962, *Schrauben und Muttern — Bezeichnungsangaben — Formen und Ausführungen*

E DIN 4000-160, *Sachmerkmal-Leisten — Teil 160: Verbindungselemente mit Außengewinde*

DIN 34824, *Innenvielzahn für Schrauben*

DIN EN 20225, *Mechanische Verbindungselemente — Schrauben und Muttern, Bemaßung*

DIN EN 26157-3, *Verbindungselemente, Oberflächenfehler — Schrauben für spezielle Anforderungen*

DIN EN 27721, *Senkschrauben — Gestaltung und Prüfung von Senkköpfen*

DIN EN ISO 898-1, *Mechanische Eigenschaften von Verbindungselementen aus Kohlenstoffstahl und legiertem Stahl — Teil 1: Schrauben*

DIN EN ISO 3506-1, *Mechanische Eigenschaften von Verbindungselementen aus nichtrostenden Stählen — Teil 1: Schrauben*

DIN EN ISO 4042, *Verbindungselemente — Galvanische Überzüge*

DIN EN ISO 4753, *Verbindungselemente — Enden von Teilen mit metrischem ISO-Außengewinde*

DIN EN ISO 4759-1, *Toleranzen für Verbindungselemente — Teil 1: Schrauben und Muttern, Produkt-klassen A, B und C*

DIN EN ISO 10683, *Verbindungselemente — Nichtelektrolytisch aufgebrachte Zinklamellenüberzüge*

DIN EN ISO 16048, *Passivieren von Verbindungselementen aus nichtrostenden Stählen*

DIN EN ISO 16426, *Verbindungselemente — Qualitätssicherungssystem*

DIN ISO 261, *Metrisches ISO-Gewinde allgemeiner Anwendung — Übersicht*

DIN ISO 965-2, *Metrisches ISO-Gewinde allgemeiner Anwendung — Toleranzen — Teil 2: Grenzmaße für Außen- und Innengewinde allgemeiner Anwendung; Toleranzklasse mittel*

DIN ISO 8992, *Verbindungselemente — Allgemeine Anforderungen für Schrauben und Muttern*

2

253

3 Maße

Siehe Bild 1 und Tabelle 1.

Maßbuchstaben und deren Benennung sind in DIN EN 20225 festgelegt.

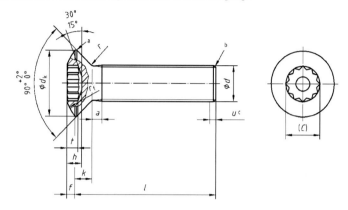

^a Kante gerundet oder abgeflacht

^b Ende gefast, Form CH nach DIN EN ISO 4753

^c Unvollständiges Gewinde $u \leq 2\,P$

Bild 1 — Maße

3

Tabelle 1 — Maße

Maße in Millimeter

Gewinde d			M6	M8	M10
P^a			1	1,25	1,5
a		max.	2	2,5	3
$d_K{}^b$	theoretisch	max.	12,60	17,30	20,00
	tatsächlich	Nenn-maß = max.	11,30	15,80	18,30
		min.	10,87	15,37	17,78
f		≈	1,4	2,0	2,3
h		max.	3,2	3,8	4,7
k^b	Nennmaß = max.		3,3	4,65	5
r		min.	0,25	0,4	0,4
r_f		≈	12	16,5	19,5
Innen-viel-zahn	C	Größe	N6	N8	N10
		Hilfsmaß	6,16	7,40	9,84
	t	max.	2,4	2,8	3,4
		min.	2,0	2,4	3,0

l			Gewicht (ρ = 7,85 kg/dm³) kg je 1 000 Stück^c ≈		
Nennmaß	min.	max.			
10	9,71	10,29	1,8		
12	11,65	12,35	2,2	5,0	
16	15,65	16,35	2,9	6,3	8,0
20	19,58	20,42	3,5	7,5	10,0
25	24,58	25,42	4,4	9,1	12,5
30	29,58	30,42	5,3	10,6	15,0
35	34,5	35,5	5,9	12,2	17,5
40	39,5	40,5	6,7	13,7	20,0
45	44,5	45,5	7,6	15,3	22,5
50	49,5	50,5	8,5	16,8	25,0
55	54,4	55,6	9,4	18,4	27,5
60	59,4	60,6	10,3	19,9	30,0
65	64,4	65,6	11,1	21,5	32,5
70	69,4	70,6	12,0	23,0	35,0
80	79,4	80,6		28,1	40,0
90	89,3	90,7			45,0
100	99,3	100,7			

ANMERKUNG   Handelsübliche Längen sind durch die Angabe der Gewichte gekennzeichnet.

[a] P Gewindesteigung.

[b]   Die Lehrung der Kopfmaße ist in DIN EN 27721 festgelegt.

[c]   Nur zur Information.

4

4 Technische Lieferbedingungen

Siehe Tabelle 2.

Tabelle 2 — Technische Lieferbedingungen

Werkstoff		Stahl	Nichtrostender Stahl
Allgemeine Anforderungen	Norm	DIN ISO 8992	
Gewinde	Toleranz	6g	
	Normen	DIN ISO 261, DIN ISO 965-2	
Mechanische Eigenschaften	Festigkeitsklasse	8.8	A2-70
	Normen	DIN EN ISO 898-1	DIN EN ISO 3506-1
Grenzabmaße, Form- und Lagetoleranzen	Produktklasse	A	
	Norm	DIN EN ISO 4759-1	
Innenangriff	Norm	DIN 34824	
Oberfläche		wie hergestellt	blank
		Für galvanischen Oberflächenschutz gilt DIN EN ISO 4042 Anforderungen an nichtelektrolytisch aufgebrachte Zinklamellenüberzüge sind in DIN EN ISO 10683 festgelegt.	Passivieren nach DIN EN ISO 16048 wird empfohlen.
Oberflächenfehler		Grenzwerte für Oberflächenfehler sind in DIN EN 26157-3 festgelegt.	—
Qualitätssicherungssystem		Es gilt die Norm DIN EN ISO 16426.	

5 Bezeichnung

Bezeichnung einer Linsensenkschraube mit Innenvielzahn, mit Gewinde M6, Nennlänge l = 20 mm und Festigkeitsklasse 8.8:

Linsensenkschraube DIN 34823 — M6 × 20 — 8.8

Für die Bezeichnung von Formen und Ausführungen mit zusätzlichen Bestellangaben gilt DIN 962.

6 Kennzeichnung

Die Schrauben sind auf der Kopfoberfläche mit dem Herstellerzeichen und der Festigkeitsklasse zu kennzeichnen.

Juli 2000

Begriffsbestimmung für die Einteilung der Stähle
Deutsche Fassung EN 10020:2000

DIN
EN 10020

ICS 01.040.77; 77.080.20

Definition and classification of grades of steel;
German version EN 10020:2000
Définition et classification des nuances d'acier;
Version allemande EN 10020:2000

Ersatz für
DIN EN 10020:1989-09

Die Europäische Norm EN 10020:2000 hat den Status einer Deutschen Norm.

Nationales Vorwort

Die Europäische Norm EN 10020:2000 wurde von ECISS/TC 6 „Stahl: Definition und Einteilung" (Sekretariat: Frankreich) erstellt. Das zuständige deutsche Normungsgremium ist der Unterausschuss 19/1 „Einteilung, Benennung und Benummerung von Stählen" des Normenausschusses Eisen und Stahl (FES).

Änderungen

Gegenüber DIN EN 10020:1989-09 wurden folgende Änderungen vorgenommen:

a) Die Hauptgüteklasse „Grundstähle" ist entfallen; sie wurde mit den unlegierten Qualitätsstählen zusammengelegt.

b) Bei der Einteilung nach der chemischen Zusammensetzung wird zwischen unlegierten Stählen, nichtrostenden Stählen und anderen legierten Stählen unterschieden.

c) Die „70%-Regel" für festgelegte Kombinationen von Elementen ist für die Einteilung in unlegierte und legierte Stähle entfallen. Gleiches gilt für die Unterteilung der legierten schweißgeeigneten Feinkornbaustähle in Qualitäts- und Edelstähle.

d) Die maßgebenden Gehalte für die Einteilung in unlegierte und legierte Stähle sind jetzt vollständig an das Harmonisierte System der Nomenklatur der World Customs Organisation (WCO) angeglichen.

e) Anhänge A bis E gestrichen. (Die Anhänge A und B wurden durch den CEN-Bericht CR 10313 ersetzt).

f) Redaktionelle Änderungen.

Frühere Ausgaben

DIN EN 10020: 1989-09

Fortsetzung 5 Seiten EN

Normenausschuss Eisen und Stahl (FES) im DIN Deutsches Institut für Normung e. V.

EUROPÄISCHE NORM
EUROPEAN STANDARD
NORME EUROPÉENNE

EN 10020

März 2000

ICS 01.040.77; 77.080.20

Ersatz für
EN 10020:1988

Deutsche Fassung

Begriffsbestimmung für die Einteilung der Stähle

Definition and classification of grades of steel   Définition et classification des nuances d'acier

Diese Europäische Norm wurde von CEN am 18. Februar 2000 angenommen.

Die CEN-Mitglieder sind gehalten, die CEN/CENELEC-Geschäftsordnung zu erfüllen, in der die Bedingungen festgelegt sind, unter denen dieser Europäischen Norm ohne jede Änderung der Status einer nationalen Norm zu geben ist.

Auf dem letzten Stand befindliche Listen dieser nationalen Normen mit ihren bibliographischen Angaben sind beim Zentralsekretariat oder bei jedem CEN-Mitglied auf Anfrage erhältlich.

Diese Europäische Norm besteht in drei offiziellen Fassungen (Deutsch, Englisch, Französisch). Eine Fassung in einer anderen Sprache, die von einem CEN-Mitglied in eigener Verantwortung durch Übersetzung in seine Landessprache gemacht und dem Zentralsekretariat mitgeteilt worden ist, hat den gleichen Status wie die offiziellen Fassungen.

CEN-Mitglieder sind die nationalen Normungsinstitute von Belgien, Dänemark, Deutschland, Finnland, Frankreich, Griechenland, Irland, Island, Italien, Luxemburg, Niederlande, Norwegen, Österreich, Portugal, Schweden, Schweiz, Spanien, der Tschechischen Republik und dem Vereinigten Königreich.

CEN

EUROPÄISCHES KOMITEE FÜR NORMUNG
European Committee for Standardization
Comité Européen de Normalisation

Zentralsekretariat: rue de Stassart 36, B-1050 Brüssel

Ref.-Nr. EN 10020:2000 D

258

Inhalt

Vorwort

Diese Europäische Norm wurde von ECISS/TC 6 „Stahl — Definition und Einteilung" erarbeitet, dessen Sekretariat von AFNOR gehalten wird.

Diese Europäische Norm ersetzt EN 10020:1988.

Diese Europäische Norm muss den Status einer nationalen Norm erhalten, entweder durch Veröffentlichung eines identischen Textes oder durch Anerkennung bis 2000-09, und etwaige entgegenstehende nationale Normen müssen bis 2000-09 zurückgezogen werden.

In der Sitzung des Koordinierungsausschusses (COCOR) am 31. Mai/1. Juni 1995 beschloss ECISS, die Europäische Norm EN 10020:1988 zu überarbeiten.

Für diese Norm war EURONORM 20:1974 Arbeitsgrundlage, die überarbeitet wurde, um EN 10020, soweit seinerzeit möglich, anzupassen an

– das Harmonisierte System der Nomenklatur der World Customs Organisation (WCO),
– die ISO 4948-1 und ISO 4948-2,
– die zu berücksichtigende Erfahrung bei der Anwendung der EURONORM zusammen mit neuen Entwicklungen in der Stahlindustrie.

Diese Europäische Norm nähert sich insofern mehr dem Harmonisierten System, als dieselben Grenzwerte für Legierungselemente übernommen wurden bei gleichzeitiger Streichung der früheren „70 %-Regel" für festgelegte Kombinationen von Elementen.

Eine Hauptgüteklasse der EN 10020:1988, Grundstähle, wurde gestrichen und mit den unlegierten Qualitätsstählen zusammengelegt.

Weitere Entwicklungen in der Eisen- und Stahlindustrie und Fortschritt bei der europäischen Normung wurden ebenfalls berücksichtigt.

Entsprechend der CEN/CENELEC-Geschäftsordnung sind die nationalen Normungsinstitute der folgenden Länder gehalten, diese Europäische Norm zu übernehmen:

Belgien, Dänemark, Deutschland, Finnland, Frankreich, Griechenland, Irland, Island, Italien, Luxemburg, Niederlande, Norwegen, Österreich, Portugal, Schweden, Schweiz, Spanien, die Tschechische Republik und das Vereinigte Königreich.

1 Anwendungsbereich

Diese Europäische Norm definiert den Begriff „Stahl" (siehe Abschnitt 2) und teilt Stahlsorten ein in

– unlegierte, nichtrostende und andere legierte Stähle nach der chemischen Zusammensetzung (siehe Abschnitt 3);
– Hauptgüteklassen (siehe Abschnitt 4) definiert durch Haupteigenschafts- oder -anwendungsmerkmale der unlegierten, nichtrostenden und anderen legierten Stähle.

2 Begriff

Für die Anwendung dieser Norm gilt folgender Begriff:

2.1
Stahl
Werkstoff, dessen Massenanteil an Eisen größer ist als der jedes anderen Elementes, dessen Kohlenstoffgehalt

im Allgemeinen kleiner als 2 % ist und der andere Elemente enthält. Eine begrenzte Anzahl von Chromstählen kann mehr als 2 % Kohlenstoff enthalten, aber 2 % ist die übliche Grenze zwischen Stahl und Gusseisen.

3 Einteilung nach der chemischen Zusammensetzung

3.1 Maßgebende Legierungsgehalte

Für diese Europäische Normen gilt die in der Erzeugnisnorm oder Spezifikation angegebene Einteilung unabhängig davon, welcher Stahl tatsächlich erzeugt wird, vorausgesetzt, dass die chemische Zusammensetzung den Anforderungen der betreffenden Norm entspricht.

3.1.1 Die Einteilung beruht auf der in der Erzeugnisnorm oder Spezifikation festgelegten Schmelzenanalyse und wird durch den für jedes Element festgelegten Mindestwert bestimmt.

3.1.2 Falls für die Elemente, außer Mangan, in der Erzeugnisnorm oder Spezifikation nur ein Höchstwert für die Schmelzenanalyse festgelegt ist, ist ein Wert von 70 % dieses Höchstwertes für die Einteilung, wie in den Tabellen 1 und 2 dargelegt, zu verwenden. Für Mangan siehe Tabelle 1, Fußnote a.

3.1.3 Wenn eine Erzeugnisnorm oder Spezifikation auf der Stückanalyse basiert, ist die gleichwertige Schmelzenanalyse unter Verwendung der in der Erzeugnisnorm oder Spezifikation oder entsprechenden Europäischen Norm oder EURONORM festgelegten Grenzabweichungen von der Schmelzenanalyse zu berechnen.

3.1.4 Gibt es keine Erzeugnisnorm oder Spezifikation oder genau festgelegte chemische Zusammensetzung, beruht die Einteilung auf der vom Hersteller angegebenen Istanalyse der Schmelze.

3.1.5 Die Ergebnisse der Stückanalyse dürfen von denen der Schmelzenanalyse in dem Ausmaß abweichen, das die betreffende Erzeugnisnorm oder Spezifikation zulässt (solche Abweichungen beeinflussen nicht die Einteilung des Stahles als unlegiert oder legiert).

Ergibt die Stückanalyse einen Wert, nach dem der Stahl in eine andere Klasse als vorgesehen einzuordnen wäre, so ist seine Einbeziehung in die ursprünglich vorgesehene Klasse gesondert und verlässlich zu erhärten.

3.1.6 Mehrlagenerzeugnisse oder Erzeugnisse mit Überzügen werden eingeteilt entsprechend der festgelegten chemischen Zusammensetzung für das Erzeugnis, das mit einem Überzug versehen oder plattiert wurde.

3.1.7 Für jedes Legierungselement wird der festgelegte, berechnete oder tatsächliche Wert nach der Schmelzenanalyse ausgedrückt mit derselben Anzahl von Dezimalstellen wie der entsprechende Grenzwert in Tabelle 1. Zum Beispiel entspricht in dieser Europäischen Norm eine festgelegte Spanne von 0,3 % bis 0,5 % einer Spanne von 0,30 % bis 0,50 %. Entsprechend ist ein festgelegter Gehalt von 2 % als Gehalt von 2,00 % zu werten.

3.2 Definition von Klassen
3.2.1 Unlegierte Stähle
Unlegierte Stähle sind Stahlsorten, bei denen, nach der Definition der Gehalte in 3.1, keiner der Grenzwerte nach Tabelle 1 erreicht wird.

3.2.2 Nichtrostende Stähle
Nichtrostende Stähle sind Stähle mit einem Massenanteil Chrom von mindestens 10,5 % und höchstens 1,2 % Kohlenstoff.

3.2.3 Andere legierte Stähle
Andere legierte Stähle sind Stahlsorten, die nicht der Definition für nichtrostende Stähle entsprechen und bei denen, nach der Definition der Gehalte in 3.1, wenigstens einer der Grenzwerte nach Tabelle 1 erreicht wird.

4 Einteilung nach Hauptgüteklassen
4.1 Unlegierte Stähle
4.1.1 Unlegierte Qualitätsstähle
4.1.1.1 Allgemeine Beschreibung
Unlegierte Qualitätsstähle sind Stahlsorten, für die im Allgemeinen festgelegte Anforderungen wie, zum Beispiel, an die Zähigkeit, Korngröße und/oder Umformbarkeit bestehen.

Tabelle 1: Grenze zwischen unlegierten und legierten Stählen (Schmelzenanalyse)

Festgelegtes Element	Grenzwert Massenanteil in %
Al Aluminium	0,30
B Bor	0,000 8
Bi Bismut	0,10
Co Cobalt	0,30
Cr Chrom	0,30
Cu Kupfer	0,40
La Lanthanide (einzeln gewertet)	0,10
Mn Mangan	1,65 [a]
Mo Molybdän	0,08
Nb Niob	0,06
Ni Nickel	0,30
Pb Blei	0,40
Se Selen	0,10
Si Silicium	0,60
Te Tellur	0,10
Ti Titan	0,05
V Vanadium	0,10
W Wolfram	0,30
Zr Zirconium	0,05
Sonstige (mit Ausnahme von Kohlenstoff, Phosphor, Schwefel, Stickstoff)	
(jeweils)	0,10

[a] Falls für Mangan nur ein Höchstwert festgelegt ist, ist der Grenzwert 1,80 % und die 70 %-Regel (siehe 3.1.2) gilt nicht.

Tabelle 2: Schweißgeeignete legierte Feinkornbaustähle — Grenze der chemischen Zusammensetzung zwischen Qualitätsstählen und Edelstählen

Festgelegtes Element	Grenzwert Massenanteil in %
Cr Chrom	0,50
Cu Kupfer	0,50
Mn Mangan	1,80
Mo Molybdän	0,10
Nb Niob	0,08
Ni Nickel	0,50
Ti Titan	0,12
V Vanadium	0,12
Zr Zirconium	0,12

4.1.1.2 Definition

Unlegierte Qualitätsstähle sind unlegierte Stähle, die anders sind als die in 4.1.2.2 definierten unlegierten Edelstähle.

Unlegiertes Elektroblech und -band sind definiert als unlegierte Qualitätsstähle mit festgelegten Anforderungen an Höchstwerte für den Ummagnetisierungsverlust oder Mindestwerte für die magnetische Induktion, Polarisation oder Permeabilität.

4.1.2 Unlegierte Edelstähle

4.1.2.1 Allgemeine Beschreibung

Unlegierte Edelstähle haben, insbesondere bezüglich nichtmetallischer Einschlüsse, einen höheren Reinheitsgrad als Qualitätsstähle. In den meisten Fällen sind sie für ein Vergüten oder Oberflächenhärten vorgesehen und durch gleichmäßiges Ansprechen auf eine solche Behandlung gekennzeichnet. Genaue Einstellung der chemischen Zusammensetzung und besondere Sorgfalt im Herstellungs- und Überwachungsprozess stellen verbesserte Eigenschaften zwecks Erfüllung erhöhter Anforderungen sicher. Diese Eigenschaften, die im Allgemeinen in Kombination und in eng eingeschränkten Grenzen auftreten, schließen hohe oder eng eingeschränkte Streckgrenzen- oder Härtbarkeitswerte, manchmal verbunden mit Eignung zum Kaltumformen, Schweißen oder Zähigkeit ein.

4.1.2.2 Definition

Unlegierte Edelstähle sind Stahlsorten, die einer oder mehreren der nachfolgenden Anforderungen entsprechen:

– festgelegter Mindestwert der Kerbschlagarbeit im vergüteten Zustand;

– festgelegte Einhärtungstiefe oder Oberflächenhärte im gehärteten, vergüteten oder oberflächengehärteten Zustand;

– besonders niedrige Gehalte an nichtmetallischen Einschlüssen festgelegt;

ANMERKUNG: Diese Klasse schließt Sorten ein, für welche die Erzeugnisnorm oder Spezifikation solche Begrenzung von Einschlüssen als Vereinbarung bei der Bestellung vorsieht. Jedoch ändern Festlegungen für die Brucheinschnürung senkrecht zur Erzeugnisoberfläche nichts an der Einteilung des ursprünglichen Stahles.

– festgelegter Höchstgehalt an Phosphor und Schwefel:
  – für die Schmelzenanalyse ≤ 0,020 %;
  – für die Stückanalyse ≤ 0,025 %;
  (z. B. Walzdraht für hochfeste Federn, Elektroden, Reifenkorddraht);

– festgelegter Mindestwert der Kerbschlagarbeit an Charpy-V-Kerbproben bei −50 °C von mehr als 27 J in Längsrichtung entnommene Proben oder mehr als 16 J in Querrichtung entnommene Proben[1];

– Kernreaktorstähle mit gleichzeitiger Begrenzung der Gehalte nach der Stückanalyse für folgende Elemente:
  – Kupfer ≤ 0,10 %, Cobalt ≤ 0,05 %, Vanadium ≤ 0,05 %;

– festgelegte elektrische Leitfähigkeit > 9 S · m/mm^2;

– ausscheidungshärtende Stähle mit festgelegtem Mindestgehalten an Kohlenstoff in der Schmelzenanalyse von 0,25 % oder mehr und einem ferritisch/perlitischen Mikrogefüge, die ein oder mehrere Mikrolegierungselemente wie Niob oder

Vanadium in Gehalten unterhalb der Grenzwerte für legierte Stähle enthalten. Das Ausscheidungshärten wird im Allgemeinen durch geregelte Abkühlung von Warmformgebungstemperatur erreicht;

– Spannstähle.

4.2 Nichtrostende Stähle

Nichtrostende Stähle sind nach ihrer chemischen Zusammensetzung in 3.2.2 definiert. Sie werden weiterhin nach folgenden Kriterien unterteilt:

– nach dem Nickelgehalt in:
  Nickel weniger als 2,5 %;
  Nickel 2,5 % oder mehr.

– nach Korrosionseigenschaften in:
  korrosionsbeständig;
  hitzebeständig;
  warmfest.

4.3 Andere legierte Stähle

4.3.1 Legierte Qualitätsstähle

4.3.1.1 Allgemeine Beschreibung

Legierte Qualitätsstähle sind Stahlsorten, für die Anforderungen bezüglich, zum Beispiel, Zähigkeit, Korngröße und/oder Umformbarkeit bestehen.

Legierte Qualitätsstähle sind im Allgemeinen nicht zum Vergüten oder Oberflächenhärten vorgesehen.

4.3.1.2 Definition

Legierte Qualitätsstähle sind in 4.3.1.2.1 bis 4.3.1.2.5 aufgeführt.

4.3.1.2.1 Schweißgeeignete Feinkornbaustähle, einschließlich Stählen für Druckbehälter und Rohre, die nicht in 4.3.1.2.3 definiert sind und folgende Bedingungen erfüllen:

– festgelegte Mindeststreckgrenze < 380 N/mm^2 für Dicken ≤ 16 mm;

– die Legierungsgehalte nach der Definition in 3.1 sind niedriger als die in Tabelle 2 angegebenen Grenzwerte;

– festgelegter Mindestwert der Kerbschlagarbeit an Charpy-V-Kerbproben von ≤ 27 J für −50 °C für in Längsrichtung entnommene Proben oder ≤ 16 J für in Querrichtung entnommene Proben[1].

4.3.1.2.2 Legierte Stähle für Schienen, Spundbohlen und Grubenausbau.

4.3.1.2.3 Legierte Stähle für warm- oder kaltgewalzte Flacherzeugnisse für schwierige Kaltumformungen (siehe Fußnote[2]), die kornfeinende Elemente wie Bor, Niob, Titan, Vanadium und/oder Zirconium enthalten oder Dualphasenstähle (siehe Fußnote[3]).

4.3.1.2.4 Legierte Stähle, in denen Kupfer das einzige festgelegte Legierungselement ist.

---

[1] Falls für −50 °C kein Kerbschlagarbeitswert festgelegt ist, ist der zwischen −50 °C und −60 °C festgelegte Wert zu verwenden.

[2] Außer Stählen für Druckbehälter oder Rohre.

[3] Dualphasenstähle haben ein hauptsächlich ferritisches Mikrogefüge mit etwa 10 % bis 35 % Martensit in kleinen vereinzelten Flächen, die gleichmäßig verteilt sind.

261

4.3.1.2.5 Legiertes Elektroblech und -band sind Stähle, die hauptsächlich Silicium oder Silicium und Aluminium als Legierungselemente enthalten, um die festgelegten Anforderungen an Höchstwerte für den Ummagnetisierungsverlust oder Mindestwerte für die magnetische Induktion, Polarisation oder Permeabilität zu erfüllen.

4.3.2 Legierte Edelstähle

4.3.2.1 Allgemeine Beschreibung

Diese Klasse erfasst Stahlsorten, außer nichtrostenden Stählen, denen durch eine genaue Einstellung ihrer chemischen Zusammensetzung sowie durch besondere Herstell- und Prüfbedingungen verbesserte Eigenschaften verliehen werden, die häufig in Kombination und innerhalb eng eingeschränkter Grenzen festgelegt sind.

4.3.2.2 Definition

Alle anderen legierten Stähle, die nicht durch die in 4.3.1 für legierte Qualitätsstähle gegebene Definition ausgenommen sind, sind legierte Edelstähle.

Legierte Edelstähle schließen legierte Maschinenbaustähle und legierte Stähle für Druckbehälter, Wälzlagerstähle, Werkzeugstähle, Schnellarbeitsstähle und Stähle mit besonderen physikalischen Eigenschaften wie ferritische Nickelstähle mit kontrolliertem Ausdehnungskoeffizienten oder Stähle mit besonderem elektrischen Widerstand ein.

Februar 2005

DIN EN 10025-1

ICS 77.140.10; 77.140.50

Ersatzvermerk
siehe unten

Warmgewalzte Erzeugnisse aus Baustählen –
Teil 1: Allgemeine technische Lieferbedingungen;
Deutsche Fassung EN 10025-1:2004

Hot rolled products of structural steels –
Part 1: General technical delivery conditions;
German version EN 10025-1:2004

Produits laminés à chaud en aciers de construction –
Partie 1: Conditions générales techniques de livraison;
Version allemande EN 10025-1:2004

Ersatzvermerk

Mit DIN EN 10025-2:2005-02 Ersatz für DIN EN 10025:1994-03;
mit DIN EN 10025-5:2005-02 Ersatz für DIN EN 10155:1993-08;
Ersatz für DIN EN 10113-1:1993-04 und DIN EN 10137-1:1995-11

Gesamtumfang 35 Seiten

Normenausschuss Eisen und Stahl (FES) im DIN

Nationales Vorwort

Die Europäische Norm EN 10025-1:2004 wurde vom Technischen Komitee TC 10 „Stähle für den Stahlbau — Sorten" (Sekretariat: Niederlande) des Europäischen Komitees für Eisen- und Stahlnormung (ECISS) ausgearbeitet.

Das zuständige deutsche Normungsgremium ist der Unterausschuss 04/1 „Stähle für den Stahlbau" des Normenausschusses Eisen und Stahl (FES).

Unter der Hauptnummer EN 10025 wurden die früheren Europäischen Normen für unlegierte Baustähle (EN 10025), normalgeglühte/normalisierend gewalzte und thermomechanisch gewalzte schweißgeeignete Feinkornbaustähle (EN 10113), Baustähle mit höherer Streckgrenze im vergüteten Zustand (EN 10137) und wetterfeste Baustähle (EN 10155) in 6 Teilen zusammengeführt. Teil 1 der EN 10025 ist eine im Sinne der Bauproduktenrichtlinie „harmonisierte Europäische Norm". Erzeugnisse nach den Teilen 2 bis 6 der EN 10025 können das CE-Kennzeichen erhalten.

Für die im Abschnitt 2 zitierten Dokumente wird im Folgenden, soweit die Dokument-Nummer geändert ist, auf die entsprechenden deutschen Dokumente verwiesen:

CR 10260 siehe DIN V 17006-100

Änderungen

Gegenüber   DIN EN 10025-1:1994-03,   DIN EN 10113-1:1993-04,   DIN EN 10137-1:1995-11   und DIN EN 10155:1993-08 wurden folgende Änderungen vorgenommen:

DIN EN 10025:1994-03

a)   Inhalt auf 2 Teile aufgeteilt;

b)   Anwendungsbereich auf normalgeglühte/normalisierend gewalzte und thermomechanisch gewalzte schweißgeeignete Feinkornbaustähle, Baustähle mit höherer Streckgrenze im vergüteten Zustand und wetterfeste Baustähle ausgedehnt;

c)   Herstellung der Stähle nach dem Siemens-Martin-Verfahren ausgeschlossen;

d)   Anhang ZA aufgenommen;

e)   Anhang mit Vergleich jetziger und früherer Bezeichnungen entfallen (jetzt in Teil 2 dieser Europäischen Norm);

f)   redaktionell überarbeitet.

DIN EN 10113-1:1993-04

a)   Anwendungsbereich ausgedehnt;

b)   Herstellung der Stähle nach dem Siemens-Martin-Verfahren ausgeschlossen;

c)   Liste vergleichbarer früherer Stahlbezeichnungen entfallen (diese sind jetzt in den Teilen 3 und 4 dieser Europäischen Norm enthalten);

d)   Angaben für die chemische Zusammensetzung nach der Stückanalyse entfallen (diese sind jetzt in den Teilen 3 und 4 dieser Europäischen Norm enthalten);

e)   Anhang ZA aufgenommen;

f)   Nummer der Norm geändert;

g)   redaktionell überarbeitet.

2

DIN EN 10137-1:1995-11

a) Anwendungsbereich ausgedehnt, aber Baustähle mit höherer Streckgrenze im ausscheidungsgehärteten Zustand gestrichen;

b) Herstellung der Stähle nach dem Siemens-Martin-Verfahren ausgeschlossen;

c) Angaben für die chemische Zusammensetzung nach der Stückanalyse entfallen; diese sind jetzt in Teil 6 dieser Europäischen Norm enthalten;

d) Anhang ZA aufgenommen;

e) Nummer der Norm geändert;

f) redaktionell überarbeitet.

DIN EN 10155:1993-08

a) Inhalt auf 2 Teile aufgeteilt;

b) Anwendungsbereich ausgedehnt;

c) Herstellung der Stähle nach dem Siemens-Martin-Verfahren ausgeschlossen;

d) Liste vergleichbarer früherer Stahlbezeichnungen entfallen; diese sind jetzt in Teil 5 dieser Europäischen Norm enthalten;

e) Anhang ZA aufgenommen;

f) Nummer der Norm geändert;

g) redaktionell überarbeitet.

Frühere Ausgaben

DIN 1611: 1924-09, 1928-01, 1929-04, 1930-08, 1935-12
DIN 1612: 1932-01, 1943x-03
DIN 1620: 1924-09, 1958-03
DIN 1621: 1924-09
DIN 1622: 1933-12
DIN 17100: 1957-10, 1966-09, 1980-01
DIN 17102: 1983-10
DIN EN 10025: 1991-01, 1994-03
DIN EN 10113-1: 1993-04
DIN EN 10137-1: 1995-11
DIN EN 10155: 1993-08

3

Nationaler Anhang NA
(informativ)
Literaturhinweise

DIN V 17006-100, *Bezeichnungssysteme für Stähle — Zusatzsymbole*

4

EUROPÄISCHE NORM
EUROPEAN STANDARD
NORME EUROPÉENNE

EN 10025-1

November 2004

ICS 77.140.10; 77.140.50

Ersatz für EN 10025:1990, EN 10113-1:1993, EN 10113-2:1993, EN 10113-3:1993, EN 10137-1:1995, EN 10137-2:1995

Deutsche Fassung

Warmgewalzte Erzeugnisse aus Baustählen
Teil 1: Allgemeine technische Lieferbedingungen

Hot rolled products of structural steels —
Part 1: General technical delivery conditions

Produits laminés à chaud en aciers de construction —
Partie 1: Conditions générales techniques de livraison

Diese Europäische Norm wurde vom CEN am 30. September 2004 angenommen.

Die CEN-Mitglieder sind gehalten, die CEN/CENELEC-Geschäftsordnung zu erfüllen, in der die Bedingungen festgelegt sind, unter denen dieser Europäischen Norm ohne jede Änderung der Status einer nationalen Norm zu geben ist. Auf dem letzten Stand befindliche Listen dieser nationalen Normen mit ihren bibliographischen Angaben sind beim Management-Zentrum oder bei jedem CEN-Mitglied auf Anfrage erhältlich.

Diese Europäische Norm besteht in drei offiziellen Fassungen (Deutsch, Englisch, Französisch). Eine Fassung in einer anderen Sprache, die von einem CEN-Mitglied in eigener Verantwortung durch Übersetzung in seine Landessprache gemacht und dem Management-Zentrum mitgeteilt worden ist, hat den gleichen Status wie die offiziellen Fassungen.

CEN-Mitglieder sind die nationalen Normungsinstitute von Belgien, Dänemark, Deutschland, Estland, Finnland, Frankreich, Griechenland, Irland, Island, Italien, Lettland, Litauen, Luxemburg, Malta, den Niederlanden, Norwegen, Österreich, Polen, Portugal, Schweden, der Schweiz, der Slowakei, Slowenien, Spanien, der Tschechischen Republik, Ungarn, dem Vereinigten Königreich und Zypern.

EUROPÄISCHES KOMITEE FÜR NORMUNG
EUROPEAN COMMITTEE FOR STANDARDIZATION
COMITÉ EUROPÉEN DE NORMALISATION

Management-Zentrum: rue de Stassart, 36   B-1050 Brüssel

Ref. Nr. EN 10025-1:2004 D

Inhalt

2

3

Vorwort

Dieses Dokument (EN 10025-1:2004) wurde vom Technischen Komitee ECISS/TC 10 „Stähle für den Stahlbau - Sorten" erarbeitet, dessen Sekretariat vom NEN gehalten wird.

Diese Europäische Norm muss den Status einer nationalen Norm erhalten, entweder durch Veröffentlichung eines identischen Textes oder durch Anerkennung bis Mai 2005, und etwaige entgegenstehende nationale Normen müssen bis August 2006 zurückgezogen werden.

Zusammen mit den Teilen 2 bis 6 ersetzt dieses Dokument die folgenden Dokumente:

EN 10025:1990+A1:1993, *Warmgewalzte Erzeugnisse aus unlegierten Baustählen — Technische Lieferbedingungen*

EN 10113-1:1993, *Warmgewalzte Erzeugnisse aus schweißgeeigneten Feinkornbaustählen — Teil 1: Allgemeine Lieferbedingungen*

EN 10113-2:1993, *Warmgewalzte Erzeugnisse aus schweißgeeigneten Feinkornbaustählen — Teil 2: Lieferbedingungen für normalgeglühte/normalisierend gewalzte Stähle*

EN 10113-3:1993, *Warmgewalzte Erzeugnisse aus schweißgeeigneten Feinkornbaustählen — Teil 3: Lieferbedingungen für thermomechanisch gewalzte Stähle*

EN 10137-1:1995, *Blech und Breitflachstahl aus Baustählen mit höherer Streckgrenze im vergüteten oder im ausscheidungsgehärteten Zustand — Teil 1: Allgemeine Lieferbedingungen*

EN 10137-2:1995, *Blech und Breitflachstahl aus Baustählen mit höherer Streckgrenze im vergüteten oder im ausscheidungsgehärteten Zustand — Teil 2: Lieferbedingungen für vergütete Stähle*

EN 10155:1993, *Wetterfeste Baustähle — Technische Lieferbedingungen*

Mit Resolution Nr. 2/1999 beschloss ECISS/TC 10 die Zurückziehung von EN 10137-3:1995 „Blech und Breitflachstahl aus Baustählen mit höherer Streckgrenze im vergüteten oder im ausscheidungsgehärteten Zustand — Teil 3: Lieferbedingungen für ausscheidungsgehärtete Stähle".

Die spezifischen Anforderungen an Baustähle sind in den folgenden Teilen enthalten:

Teil 2: Technische Lieferbedingungen für unlegierte Baustähle

Teil 3: Technische Lieferbedingungen für normalgeglühte/normalisierend gewalzte schweißgeeignete Feinkornbaustähle

Teil 4: Technische Lieferbedingungen für thermomechanisch gewalzte schweißgeeignete Feinkornbaustähle

Teil 5: Technische Lieferbedingungen für wetterfeste Baustähle

Teil 6: Technische Lieferbedingungen für Flacherzeugnisse aus Stählen mit höherer Streckgrenze im vergüteten Zustand

Dieses Dokument wurde unter einem Mandat erarbeitet, das die Europäische Kommission und die Europäische Freihandelszone dem CEN erteilt haben, und unterstützt wesentliche Anforderungen der EG-Bauproduktenrichtlinie (89/106/EWG).

Zum Zusammenhang mit der EG-Bauproduktenrichtlinie (89/106/EWG) siehe den informativen Anhang ZA, der Bestandteil dieses Dokumentes ist.

Entsprechend der CEN/CENELEC-Geschäftsordnung sind die nationalen Normungsinstitute der folgenden Länder gehalten, diese Europäische Norm zu übernehmen: Belgien, Dänemark, Deutschland, Estland, Finnland, Frankreich, Griechenland, Irland, Island, Italien, Lettland, Litauen, Luxemburg, Malta, Niederlande, Norwegen, Österreich, Polen, Portugal, Schweden, Schweiz, Slowakei, Slowenien, Spanien, Tschechische Republik, Ungarn, Vereinigtes Königreich und Zypern.

4

1 Anwendungsbereich

1.1 Dieses Dokument legt Anforderungen fest für Flach- und Langerzeugnisse (siehe Abschnitt 3) aus warmgewalzten Baustählen, mit Ausnahme von Hohlprofilen und Rohren. Teil 1 dieses Dokumentes legt die allgemeinen Lieferbedingungen fest.

Die spezifischen Anforderungen an Baustähle sind in den folgenden Teilen enthalten:

Teil 2: Technische Lieferbedingungen für unlegierte Baustähle

Teil 3: Technische Lieferbedingungen für normalgeglühte/normalisierend gewalzte schweißgeeignete Feinkornbaustähle

Teil 4: Technische Lieferbedingungen für thermomechanisch gewalzte schweißgeeignete Feinkornbaustähle

Teil 5: Technische Lieferbedingungen für wetterfeste Baustähle

Teil 6: Technische Lieferbedingungen für Flacherzeugnisse aus Stählen mit höherer Streckgrenze im vergüteten Zustand

Die Stähle nach diesem Dokument sind für die Verwendung in geschweißten, geschraubten und genieteten Bauteilen bestimmt.

1.2 Dieses Dokument gilt nicht für Erzeugnisse mit Überzügen sowie nicht für Erzeugnisse aus Stählen für den allgemeinen Stahlbau nach den in den Literaturhinweisen enthaltenen Normen und Norm-Entwürfen.

2 Normative Verweisungen

Die folgenden zitierten Dokumente sind für die Anwendung dieses Dokuments unentbehrlich. Bei datierten Verweisungen gilt nur die in Bezug genommene Ausgabe. Bei undatierten Verweisungen gilt die letzte Ausgabe des in Bezug genommenen Dokuments (einschließlich aller Änderungen).

2.1 Allgemeine Normen

EN 10020:2000, *Begriffsbestimmung für die Einteilung der Stähle.*

EN 10021:1993, *Allgemeine technische Lieferbedingungen für Stahl und Stahlerzeugnisse.*

EN 10025-2:2004, *Warmgewalzte Erzeugnisse aus Baustählen — Teil 2: Technische Lieferbedingungen für unlegierte Baustähle.*

EN 10025-3:2004, *Warmgewalzte Erzeugnisse aus Baustählen — Teil 3: Technische Lieferbedingungen für normalgeglühte/normalisierend gewalzte schweißgeeignete Feinkornbaustähle.*

EN 10025-4:2004, *Warmgewalzte Erzeugnisse aus Baustählen — Teil 4: Technische Lieferbedingungen für thermomechanisch gewalzte schweißgeeignete Baustähle.*

EN 10025-5:2004, *Warmgewalzte Erzeugnisse aus Baustählen — Teil 5: Technische Lieferbedingungen für wetterfeste Baustähle.*

EN 10025-6:2004, *Warmgewalzte Erzeugnisse aus Baustählen — Teil 6: Technische Lieferbedingungen für Flacherzeugnisse aus Stählen mit höherer Streckgrenze im vergüteten Zustand.*

EN 10027-1, *Bezeichnungssysteme für Stähle — Teil 1: Kurznamen, Hauptsymbole.*

EN 10027-2, *Bezeichnungssysteme für Stähle — Teil 2: Nummernsystem.*

EN 10052:1993, *Begriffe der Wärmebehandlung von Eisenwerkstoffen.*

EN 10079:1992, *Begriffsbestimmungen für Stahlerzeugnisse.*

5

EN 10164, *Stahlerzeugnisse mit verbesserten Verformungseigenschaften senkrecht zur Erzeugnisoberfläche — Technische Lieferbedingungen.*

EN 10168, *Stahl und Stahlerzeugnisse — Prüfbescheinigungen — Liste und Beschreibung der Angaben.*

EN 10204, *Metallische Erzeugnisse — Arten von Prüfbescheinigungen.*

CR 10260, *Bezeichnungssysteme für Stähle — Zusatzsymbole.*

EN ISO 9001, *Qualitätsmanagementsysteme — Anforderungen (ISO 9001:2000).*

2.2 Normen für Maße und Grenzabmaße (siehe 7.7.1)

EN 10017, *Walzdraht aus Stahl zum Ziehen und/oder Kaltwalzen — Maße und Toleranzen.*

EN 10024, *I-Profile mit geneigten inneren Flanschflächen — Grenzabmaße und Formtoleranzen.*

EN 10029, *Warmgewalztes Stahlblech von 3 mm Dicke an — Grenzabmaße, Formtoleranzen, zulässige Gewichtsabweichungen.*

EN 10034, *I- und H-Profile aus Baustahl — Grenzabmaße und Formtoleranzen.*

EN 10048, *Warmgewalzter Bandstahl — Grenzabmaße und Formtoleranzen.*

EN 10051, *Kontinuierlich warmgewalztes Blech und Band ohne Überzug aus unlegierten und legierten Stählen — Grenzabmaße und Formtoleranzen.*

EN 10055, *Warmgewalzter gleichschenkliger T-Stahl mit gerundeten Kanten und Übergängen — Maße, Grenzabmaße und Formtoleranzen.*

EN 10056-1, *Gleichschenklige und ungleichschenklige Winkel aus Stahl — Teil 1: Maße.*

EN 10056-2, *Gleichschenklige und ungleichschenklige Winkel aus Stahl — Teil 2: Grenzabmaße und Formtoleranzen.*

EN 10058, *Warmgewalzte Flachstäbe aus Stahl für allgemeine Verwendung — Maße, Formtoleranzen und Grenzabmaße.*

EN 10059, *Warmgewalzte Vierkantstäbe aus Stahl für allgemeine Verwendung — Maße, Formtoleranzen und Grenzabmaße.*

EN 10060, *Warmgewalzte Rundstäbe aus Stahl — Maße, Formtoleranzen und Grenzabmaße.*

EN 10061, *Warmgewalzte Sechskantstäbe aus Stahl — Maße, Formtoleranzen und Grenzabmaße.*

EN 10067, *Warmgewalzter Wulstflachstahl — Maße, Grenzabmaße und Formtoleranzen.*

EN 10162, *Kaltprofile aus Stahl — Technische Lieferbedingungen — Grenzabmaße und Formtoleranzen.*

EN 10279, *Warmgewalzter U-Profilstahl — Grenzabmaße und Formtoleranzen.*

2.3 Prüfnormen

EN 10002-1:2001, *Metallische Werkstoffe — Zugversuch — Teil 1: Prüfverfahren bei Raumtemperatur.*

EN 10045-1, *Metallische Werkstoffe — Kerbschlagbiegeversuch nach Charpy — Teil 1: Prüfverfahren.*

EN 10160, *Ultraschallprüfung von Flacherzeugnissen aus Stahl mit einer Dicke größer oder gleich 6 mm (Reflexionsverfahren).*

EN 10306, *Eisen und Stahl — Ultraschallprüfung von H-Profilen mit parallelen Flanschen und IPE-Profilen.*

6

EN 10308, *Zerstörungsfreie Prüfung — Ultraschallprüfung von Stäben aus Stahl.*

CR 10261, *Eisen und Stahl — Überblick über verfügbare chemische Analysenverfahren.*

EN ISO 377, *Stahl und Stahlerzeugnisse — Lage und Vorbereitung von Probenabschnitten und Proben für mechanische Prüfungen (ISO 377:1997).*

EN ISO 643, *Stahl — Mikrophotographische Bestimmung der scheinbaren Korngröße (ISO 643:2003).*

EN ISO 2566-1, *Stahl — Umrechnung von Bruchdehnungswerten — Teil 1: Unlegierte und niedriglegierte Stähle (ISO 2566-1:1984).*

EN ISO 14284, *Eisen und Stahl — Entnahme und Vorbereitung von Proben für die Bestimmung der chemischen Zusammensetzung (ISO 14284:1996).*

EN ISO 17642-1, *Zerstörende Prüfung von Schweißverbindungen an metallischen Werkstoffen — Kaltrissprüfverfahren für Schweißungen — Lichtbogenschweißverfahren — Teil 1: Allgemeines (ISO 17642-1:2004).*

EN ISO 17642-2, *Zerstörende Prüfung von Schweißverbindungen an metallischen Werkstoffen — Kaltrissprüfverfahren für Schweißungen — Lichtbogenschweißverfahren — Teil 2: Selbstbeanspruchte Prüfungen (ISO 17642-2:2004).*

EN ISO 17642-3, *Zerstörende Prüfung von Schweißverbindungen an metallischen Werkstoffen — Kaltrissprüfverfahren für Schweißungen — Lichtbogenschweißverfahren — Teil 3: Prüfungen mit Außenbeanspruchung (ISO 17642-3:2004) .*

3 Begriffe

Für die Anwendung dieses Dokumentes gelten die Begriffe in

— EN 10020:2000 für die Einteilung der Stahlsorten;

— EN 10021:1993 für die allgemeinen technischen Lieferanforderungen;

— EN 10052:1993 für die Begriffe der Wärmebehandlung;

— EN 10079:1992 für die Erzeugnisformen

und EN 10025-2:2004 bis EN 10025-6:2004 für andere Begriffe.

4 Einteilung und Bezeichnung

4.1 Einteilung

4.1.1 Hauptgüteklassen

Die Einteilung der Stahlsorten nach Hauptgüteklassen entsprechend EN 10020:2000 ist in EN 10025-2 bis EN 10025-6 angegeben.

4.1.2 Sorten und Gütegruppen

Die in EN 10025-2 bis EN 10025-6 für Flach- und Langerzeugnisse spezifizierten Stähle sind auf Basis der für Raumtemperatur festgelegten Mindeststreckgrenze in Sorten unterteilt.

Die Stahlsorten können in Gütegruppen geliefert werden, die in EN 10025-2 bis EN 10025-6 festgelegt sind.

7

4.2 Bezeichnung

Bei den Stahlsorten nach diesem Dokument sind die Kurznamen nach EN 10027-1 und CR 10260, die Werkstoffnummern nach EN 10027-2 gebildet worden.

5 Bestellangaben

5.1 Verbindliche Angaben

Der Hersteller muss zum Zeitpunkt der Bestellung folgende Angaben erhalten:

a) die zu liefernde Menge;

b) die Erzeugnisform;

c) die Nummer des betreffenden Teiles dieses Dokumentes;

d) den Kurznamen oder die Werkstoffnummer (siehe EN 10025-2 bis EN 10025-6);

e) Nennmaße, Grenzabmaße und Formtoleranzen (siehe 7.7.1);

f) alle geforderten Optionen (siehe 5.2);

g) zusätzliche Anforderungen bezüglich Prüfung und Prüfbescheinigungen entsprechend den Angaben in EN 10025-2 bis EN 10025-6.

ANMERKUNG   Die regulierten Eigenschaften würden in Übereinstimmung mit Anhang ZA erklärt.

5.2 Optionen

In Abschnitt 13 ist eine Reihe von Optionen angegeben. In EN 10025-2 bis EN 10025-6 sind Optionen festgelegt, die für jene Teile spezifisch sind. Falls der Besteller davon keinen Gebrauch macht und die Bestellung keine entsprechenden Angaben enthält, werden die Erzeugnisse nach den Grundanforderungen dieser Norm geliefert.

6 Herstellverfahren

6.1 Stahlherstellverfahren

Das Verfahren zur Herstellung des Stahles bleibt — unter Ausschluss des Siemens-Martin-Verfahrens — dem Hersteller überlassen. Wenn zum Zeitpunkt der Bestellung verlangt, ist das Herstellverfahren der betreffenden Stahlsorte dem Besteller bekannt zu geben.

Siehe Option 1.

6.2 Desoxidation oder Korngröße

Die Desoxidationsart oder die geforderte Korngröße muss den Angaben in EN 10025-2 bis EN 10025-6 entsprechen.

6.3 Lieferzustand

Die Lieferzustände müssen den Angaben in EN 10025-2 bis EN 10025-6 entsprechen.

8

7 Anforderungen

7.1 Allgemeines

Die folgenden Anforderungen gelten, wenn Entnahme und Vorbereitung der Proben sowie die Prüfung den Festlegungen in den Abschnitten 8, 9 und 10 entsprechen.

7.2 Chemische Zusammensetzung

7.2.1 Die chemische Zusammensetzung nach der Schmelzenanalyse muss den Werten der betreffenden Tabelle in EN 10025-2 bis EN 10025-6 entsprechen.

7.2.2 Die für die Stückanalyse geltenden Grenzwerte sind in der betreffenden Tabelle in EN 10025-2 bis EN 10025-6 angegeben.

Die Stückanalyse ist durchzuführen, wenn zum Zeitpunkt der Bestellung so festgelegt.

Siehe Option 2.

7.2.3 Für die Ermittlung des Kohlenstoffäquivalentes ist die folgende IIW- (Internationales Schweißinstitut) Formel zu verwenden:

$$CEV = C + \frac{Mn}{6} + \frac{Cr + Mo + V}{5} + \frac{Ni + Cu}{15}$$

Der Gehalt der in der Formel für das Kohlenstoffäquivalent genannten Elemente ist in der Prüfbescheinigung anzugeben.

7.3 Mechanische Eigenschaften

7.3.1 Allgemeines

7.3.1.1 Die mechanischen Eigenschaften (Zugfestigkeit, Streckgrenze, Kerbschlagarbeit und Dehnung) müssen im Lieferzustand nach 6.3 und unter den Prüfbedingungen nach den Abschnitten 8, 9 und 10 den betreffenden Anforderungen von EN 10025-2 bis EN 10025-6 entsprechen.

ANMERKUNG   Spannungsarmglühen bei Temperaturen über 580 °C oder für eine Dauer von mehr als 1 h kann zu einer Verschlechterung der mechanischen Eigenschaften der Stahlsorten nach EN 10025-2 bis EN 10025-5 führen. Für normalgeglühte oder normalisierend gewalzte Stähle mit mindestens $R_{eH} \geq 460$ MPa[1]) sollte die Spannungsarmglühtemperatur höchstens 560 °C betragen.

Wenn der Besteller beabsichtigt, die Erzeugnisse bei höheren Temperaturen oder für eine längere Zeitdauer spannungsarmzuglühen als zuvor erwähnt, sollten die Mindestwerte für die mechanischen Eigenschaften nach einer solchen Behandlung zum Zeitpunkt der Anfrage und Bestellung vereinbart werden.

Für die vergüteten Stahlsorten nach EN 10025-6:2004 sollte die höchste Spannungsarmglühtemperatur mindestens 30 °C unter der Anlasstemperatur liegen. Da diese Temperatur üblicherweise nicht im Voraus bekannt ist, wird dem Käufer empfohlen, sich mit dem Stahlhersteller in Verbindung zu setzen, falls er beabsichtigt, eine Wärmebehandlung nach dem Schweißen durchzuführen.

7.3.1.2 Für Erzeugnisse, die im normalgeglühten oder normalisierend gewalzten Zustand bestellt und geliefert werden, müssen die mechanischen Eigenschaften den betreffenden Tabellen für die mechanischen Eigenschaften in EN 10025-2 bis EN 10025-6 sowohl im normalgeglühten oder normalisierend gewalzten Zustand als auch nach einem Normalglühen nach der Lieferung entsprechen.

---

1)   1 MPa = 1 N/mm².

9

ANMERKUNG   Die Erzeugnisse können anfällig sein für eine Verschlechterung der Festigkeit, wenn sie unsachgemäßen Wärmebehandlungen bei höheren Temperaturen wie beim Flammrichten, Nachwalzen, usw., unterzogen werden. Erzeugnisse im Lieferzustand +N sind weniger anfällig als andere Lieferzustände, aber es wird empfohlen, den Hersteller um Beratung zu bitten, falls die Anwendung einer höheren Temperatur erforderlich ist.

7.3.1.3   Die in Betracht kommende Erzeugnisdicke ist in EN 10025-2 bis EN 10025-6 festgelegt.

7.3.2 Kerbschlagarbeit

7.3.2.1   Bei Verwendung von Proben mit einer Breite von weniger als 10 mm sind die in EN 10025-2 bis EN 10025-6 angegebenen Mindestwerte entsprechend dem Querschnitt der Probe proportional zu verringern.

Bei Nenndicken < 6 mm sind keine Kerbschlagbiegeversuche gefordert.

7.3.2.2   Die Kerbschlagarbeit von Erzeugnissen aus gewissen Gütegruppen in EN 10025-2 bis EN 10025-6 wird, wenn zum Zeitpunkt der Bestellung nicht anders vereinbart, nur bei der tiefsten Temperatur durch einen Versuch nachgewiesen.

Siehe Option 3.

7.3.3 Verbesserte Verformungseigenschaften senkrecht zur Erzeugnisoberfläche

Falls zum Zeitpunkt der Bestellung vereinbart, müssen Erzeugnisse aus in EN 10025-2 bis EN 10025-6 festgelegten Sorten und Gütegruppen einer der Anforderungen an die Eigenschaften in Dickenrichtung des Erzeugnisses nach EN 10164 entsprechen.

Siehe Option 4.

7.4 Technologische Eigenschaften

7.4.1 Schweißeignung

Allgemeine Anforderungen an das Schweißen müssen EN 10025-2 bis EN 10025-6 entsprechen.

ANMERKUNG   Wegen ihrer günstigen chemischen Zusammensetzung im Vergleich zu normalgeglühtem Stahl mit derselben Streckgrenze weisen thermomechanisch behandelte Stähle nach EN 10025-4:2004 eine verbesserte Schweißeignung auf.

7.4.2 Umformbarkeit

Allgemeine Anforderungen an die Umformbarkeit müssen EN 10025-2 bis EN 10025-6 entsprechen.

7.4.3 Eignung zum Schmelztauchverzinken

Die Dauerhaftigkeit hängt von der chemischen Zusammensetzung des Stahles ab und kann, falls verlangt, durch das Aufbringen äußerer Beschichtungen verbessert werden.

Zum Zeitpunkt der Anfrage und Bestellung müssen Anforderungen an das Schmelztauchverzinken, falls verlangt, entsprechend EN 10025-2 bis EN 10025-4 und EN 10025-6 festgelegt werden.

Siehe Option 5.

7.4.4 Bearbeitbarkeit

Allgemeine Anforderungen an die Bearbeitbarkeit müssen EN 10025-2 entsprechen.

10

7.5 Oberflächenbeschaffenheit

Die Oberflächenbeschaffenheit muss den Angaben in EN 10025-2 bis EN 10025-6 entsprechen.

7.6 Innere Beschaffenheit

Die Erzeugnisse müssen frei von inneren Fehlern sein, die sie von der Verwendung für den vorgesehenen Zweck ausschließen würden.

Zum Zeitpunkt der Bestellung kann eine Ultraschallprüfung vereinbart werden und muss 10.3 entsprechen.

Siehe Option 6 (für Flacherzeugnisse).

Siehe Option 7 (für H-Profile mit parallelen Flanschen und für IPE-Profile).

Siehe Option 8 (für Stäbe).

7.7 Maße, Grenzabmaße, Formtoleranzen, Masse

7.7.1 Maße, Grenzabmaße und Formtoleranzen müssen den Anforderungen des nach 2.2 in der Bestellung angegebenen Dokumentes entsprechen.

Maße, Grenzabmaße und Formtoleranzen für nicht in einem Dokument enthaltene Profile müssen einer am Ort der vorgesehenen Verwendung gültigen nationalen Norm oder den zum Zeitpunkt der Anfrage und Bestellung getroffenen Vereinbarungen entsprechen.

7.7.2 Die Nennmasse ist aus den Nennmaßen mit einer Dichte von 7 850 kg/m³ zu ermitteln.

8 Prüfung

8.1 Allgemeines

Die Erzeugnisse sind zwecks Nachweis ihrer Übereinstimmung mit der Bestellung und diesem Dokument entweder mit spezifischer oder nichtspezifischer Prüfung entsprechend den Festlegungen in EN 10025-2 bis EN 10025-6 zu liefern.

8.2 Art der Prüfung und Prüfbescheinigung

8.2.1 Der Hersteller muss vom Besteller die Angabe erhalten, welche der in EN 10204 spezifizierten Prüfbescheinigungen verlangt wird. In diesen Prüfbescheinigungen sind, soweit zutreffend, die Angabenblöcke A, B, D und Z sowie die Kennnummern C01 bis C03, C10 bis C13, C40 bis C43 und C71 bis C92 nach EN 10168 zu erfassen.

Bei spezifischen Prüfungen ist die Prüfung entsprechend den Anforderungen in 8.3, 8.4, Abschnitt 9 und Abschnitt 10 durchzuführen.

8.2.2 Die Prüfung der Oberflächenbeschaffenheit und der Maße ist vom Hersteller durchzuführen und der Besteller darf anwesend sein, wenn dies zum Zeitpunkt der Bestellung vereinbart wurde.

Siehe Option 9.

8.3 Prüfumfang

8.3.1 Probenahme

Der Nachweis der mechanischen Eigenschaften muss entsprechend den Angaben in EN 10025-2 bis EN 10025-6 erfolgen.

8.3.2 Prüfeinheiten

Die Prüfeinheit muss den Festlegungen in EN 10025-2 bis EN 10025-6 entsprechen.

8.3.3 Nachweis der chemischen Zusammensetzung

8.3.3.1 Der Hersteller muss für jede Schmelze die Werte der Schmelzenanalyse mitteilen.

8.3.3.2 Die Stückanalyse muss durchgeführt werden, wenn dies zum Zeitpunkt der Bestellung so festgelegt wurde. Der Besteller muss die Anzahl der Probenabschnitte sowie die zu prüfenden Elemente angeben.

Siehe Option 2.

8.4 Bei spezifischen Prüfungen durchzuführende Prüfungen

Die bei spezifischer Prüfung durchzuführenden Prüfungen müssen den Festlegungen in EN 10025-2 bis EN 10025-6 entsprechen.

Siehe Option 2.

Siehe Option 3.

9 Vorbereitung von Probenabschnitten und Proben

9.1 Entnahme und Vorbereitung von Probenabschnitten für die chemische Analyse

Die Vorbereitung von Probenabschnitten für die chemische Analyse muss EN ISO 14284 entsprechen.

9.2 Lage und Richtung von Probenabschnitten und Proben für mechanische Prüfungen

9.2.1 Allgemeines

Die Anforderungen an Lage und Richtung von Probenabschnitten und Proben für mechanische Prüfungen gemäß EN 10025-2 bis EN 10025-6 sind nachstehend angegeben.

9.2.2 Vorbereitung von Probenabschnitten

9.2.2.1 Die folgenden Probenabschnitte sind einem Probestück je Prüfeinheit zu entnehmen:

— ein Probenabschnitt für den Zugversuch (siehe 8.4.1 in EN 10025-2:2004 bis EN 10025-6:2004);

— ein für einen Satz von sechs Kerbschlagproben ausreichender Probenabschnitt, falls der Kerbschlagbiegeversuch für die in EN 10025-2 bis EN 10025-6 spezifizierte Stahlsorte verlangt wird (siehe 8.4.1 und 8.4.2 in EN 10025-2:2004 bis EN 10025-6:2004).

9.2.2.2 Die Probenabschnitte sind entsprechend den Festlegungen in EN 10025-2 bis EN 10025-6 zu entnehmen.

12

Die Lage der Probenabschnitte muss Anhang A entsprechen.

Bei Blech, Breitband und Breitflachstahl sind die Probenabschnitte zusätzlich so zu entnehmen, dass die Proben ungefähr im halben Abstand zwischen Längskante und Mittellinie des Erzeugnisses liegen.

Bei Breitband und Walzdraht ist der Probenabschnitt in angemessenem Abstand vom Ende des Erzeugnisses zu entnehmen.

Bei Bandstahl (< 600 mm Breite) ist der Probenabschnitt im Abstand von einem Drittel der Bandbreite vom Rand in angemessenem Abstand vom Ende der Rolle zu entnehmen.

9.2.3 Vorbereitung von Proben

9.2.3.1 Allgemeines

Es gelten die Anforderungen nach EN ISO 377.

9.2.3.2 Zugproben

Soweit zutreffend, gelten die Anforderungen nach EN 10002-1.

Es dürfen nichtproportionale Proben verwendet werden, aber in Schiedsfällen sind Proportionalproben mit einer Messlänge $L_0 = 5,65 \sqrt{S_0}$ zu verwenden (siehe 10.2.1).

Bei Flacherzeugnissen < 3 mm Nenndicke müssen die Proben stets eine Messlänge $L_0 = 80$ mm und eine Breite von 20 mm aufweisen (Probenform 2 nach EN 10002-1:2001, Anhang B).

ANMERKUNG   Bei Stäben werden üblicherweise Rundproben verwendet, jedoch sind auch andere Probenformen zulässig (siehe EN 10002-1).

9.2.3.3 Kerbschlagproben

Die Proben sind nach EN 10045-1 zu bearbeiten und vorzubereiten. Zusätzlich gelten folgende Anforderungen:

a) Bei Nenndicken > 12 mm sind genormte Proben (10 mm × 10 mm) so herzustellen, dass eine Seite nicht mehr als 2 mm von der Walzoberfläche entfernt liegt, sofern dies in EN 10025-2 bis EN 10025-6 nicht anders festgelegt ist.

b) Bei Nenndicken ≤ 12 mm muss bei der Verwendung von Proben geringerer Breite die Probenbreite mindestens 5 mm betragen.

9.3 Identifizierung von Probenabschnitten und Proben

Probenabschnitte und Proben sind so zu kennzeichnen, dass das ursprüngliche Erzeugnis sowie ihre Lage und Richtung in dem Erzeugnis bekannt sind.

10 Prüfverfahren

10.1 Chemische Analyse

Die chemische Analyse ist unter Verwendung geeigneter Dokumente durchzuführen.

Die Wahl eines geeigneten physikalischen oder chemischen Analysenverfahrens bleibt dem Hersteller überlassen. Der Hersteller muss das angewendete Prüfverfahren auf Verlangen mitteilen.

13

ANMERKUNG   Die Liste der für die chemische Analyse verfügbaren Dokumente ist in CR 10261 enthalten.

10.2 Mechanische Prüfungen

10.2.1 Zugversuch

Der Zugversuch ist nach EN 10002-1 durchzuführen.

Als die in der Tabelle für die mechanischen Eigenschaften in den einzelnen Teilen von EN 10025:2004 festgelegte Streckgrenze ist die obere Streckgrenze (R_{eH}) zu ermitteln.

Bei nicht ausgeprägter Streckgrenze ist die 0,2 %-Dehngrenze ($R_{p0,2}$) zu ermitteln. In Schiedsfällen ist die 0,2 %-Dehngrenze zu ermitteln.

Wenn für Erzeugnisse mit einer Dicke ≥ 3 mm nichtproportionale Zugproben verwendet werden, ist die ermittelte Bruchdehnung nach den Umrechnungstabellen in EN ISO 2566-1 auf den für die Messlänge $L_0 = 5{,}65 \sqrt{S_0}$ gültigen Wert umzurechnen.

Bei zur Herstellung von Belagblechen verwendeten Blechen gelten die Dehnungswerte für das Ausgangsblech und nicht für das fertige Belagblech.

10.2.2 Kerbschlagbiegeversuch

Der Kerbschlagbiegeversuch ist nach EN 10045-1 durchzuführen.

Der Mittelwert aus den drei Prüfergebnissen muss den festgelegten Anforderungen entsprechen. Nur ein Einzelwert darf unter dem festgelegten Mindest-Mittelwert liegen, er muss jedoch mindestens 70 % dieses Wertes betragen.

In folgenden Fällen sind drei zusätzliche Proben dem Probenabschnitt nach 9.2.2.1 zu entnehmen und zu prüfen:

—   wenn der Mittelwert der drei Proben unter dem festgelegten Mindest-Mittelwert liegt;

—   wenn die Anforderungen an den Mittelwert zwar erfüllt sind, jedoch zwei Einzelwerte unter dem festgelegten Mindest-Mittelwert liegen;

—   wenn einer der Einzelwerte weniger als 70 % des festgelegten Mindest-Mittelwertes beträgt.

Der Mittelwert aller sechs Prüfungen darf nicht kleiner sein als der festgelegte Mindest-Mittelwert. Von den sechs Einzelwerten dürfen höchstens zwei unter diesem Mindest-Mittelwert liegen, davon darf jedoch höchstens ein Einzelwert weniger als 70 % des Mindest-Mittelwertes betragen.

10.3 Ultraschallprüfung

Falls zum Zeitpunkt der Anfrage und Bestellung festgelegt (siehe 7.6), ist die Ultraschallprüfung wie folgt durchzuführen:

—   bei Flacherzeugnissen in Dicken ≥ 6 mm nach EN 10160;

—   bei H-Profilen mit parallelen Flanschen und bei IPE-Profilen nach EN 10306;

—   bei Stäben nach EN 10308.

14

10.4 Wiederholungsprüfungen

Für alle Wiederholungsprüfungen sowie für die Wiedervorlage zur Prüfung gilt EN 10021.

Bei Band und Walzdraht sind die Wiederholungsprüfungen an der zurückgewiesenen Rolle nach Abtrennen eines zusätzlichen Erzeugnisabschnittes von maximal 20 m vorzunehmen, um den Einfluss des Rollenendes zu beseitigen.

11 Kennzeichnung, Beschilderung, Verpackung

11.1 Die Erzeugnisse sind lesbar zu kennzeichnen durch Verfahren wie Farbbeschriftung, Stempelung, Laserkennzeichnung, Strichcode, dauerhafte Klebezettel oder Anhängeschilder mit folgenden Angaben:

— Stahlsorte und gegebenenfalls Lieferzustand (siehe EN 10025-2 und EN 10025-5) ausgedrückt durch ihre Kurzbezeichnung. Die Art der Kennzeichnung kann zum Zeitpunkt der Bestellung festgelegt werden;

Siehe Option 10.

— Nummer, durch die die Schmelze und gegebenenfalls der Probenabschnitt identifiziert werden kann (bei Prüfung nach Schmelzen);

— Name oder Kennzeichen des Herstellers;

— Kennzeichen des externen Abnahmebeauftragten (falls zutreffend).

ANMERKUNG   Dies hängt von der Art der Prüfbescheinigung ab (siehe 8.2).

11.2 Die Kennzeichnung ist nach Wahl des Herstellers in der Nähe eines Endes jeden Stückes oder auf der Stirnfläche anzubringen, aber muss so angebracht sein, dass Verwechslung mit geregelter Kennzeichnung vermieden wird. Wenn geregelte Kennzeichnung ebenfalls die Anforderungen dieses Abschnittes erfüllt, gilt dieser Abschnitt als erfüllt ohne Wiederholung der durch die geregelte Kennzeichnung bereitgestellten Angaben.

11.3 Es ist zulässig, Erzeugnisse in festen Bunden zu liefern. In diesem Fall muss die Kennzeichnung auf einem Anhängeschild oder einem Klebeetikett erfolgen, das am Bund oder an dem oben liegenden Stück des Bundes angebracht wird.

12 Beanstandungen

Bezüglich Ansprüchen und daraus entstehenden Handlungen gilt EN 10021.

13 Optionen (siehe 5.2)

Für Erzeugnisse nach EN 10025-2 bis EN 10025-6 gelten folgende Optionen, wenn verlangt:

1) Das Herstellverfahren des Stahles ist dem Besteller bekannt zu geben (siehe 6.1).

2) Die Stückanalyse ist durchzuführen; die Anzahl der Probenabschnitte und die zu prüfenden Elemente sind zu vereinbaren (siehe 7.2.2, 8.3.3 und 8.4.2 von EN 10025-2:2004 bis EN 10025-6:2004).

3) Die Kerbschlagarbeit einer Stahlsorte ist durch Prüfung bei einer vereinbarten Temperatur nachzuweisen (siehe 7.3.2.2 und 8.4.2 von EN 10025-2:2004 bis EN 10025-6:2004).

15

4) Erzeugnisse der betreffenden Stahlsorte müssen einer der Anforderungen an die Eigenschaften in Dickenrichtung des Erzeugnisses nach EN 10164 entsprechen (siehe 7.3.3).

5) Das Erzeugnis muss zum Schmelztauchverzinken geeignet sein (siehe 7.4.3).

6) Für Flacherzeugnisse in Dicken ≥ 6 mm ist die Freiheit von inneren Fehlern nach EN 10160 nachzuweisen (siehe 7.6 und 10.3).

7) Für H-Profile mit parallelen Flanschen und für IPE-Profile ist die Freiheit von inneren Fehlern nach EN 10306 nachzuweisen (siehe 7.6 und 10.3).

8) Für Stäbe ist die Freiheit von inneren Fehlern nach EN 10308 nachzuweisen (siehe 7.6 und 10.3).

9) Prüfung der Oberflächenbeschaffenheit und der Maße im Herstellerwerk in Anwesenheit des Bestellers (siehe 8.2.2).

10) Die Art der verlangten Kennzeichnung (siehe 11.1).

14 Bewertung der Konformität

Wenn die Bewertung der Konformität für geregelte Zwecke verlangt wird, gilt Anhang B.

16

Anhang A
(normativ)

Lage der Probenabschnitte und Proben

Dieser Anhang gilt für folgende drei Erzeugnisgruppen:

— Träger, U-Stahl, Winkelstahl, T-Stahl und Z-Stahl (siehe Bild A.1);

— Stäbe und Walzdraht (siehe Bild A.2);

— Flacherzeugnisse (siehe Bild A.3).

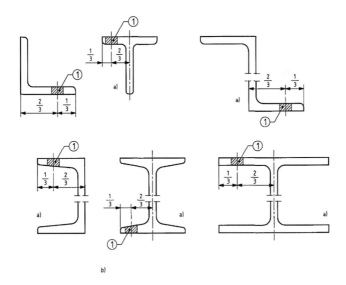

Legende
1   Lage der Probenabschnitte

a)   Nach entsprechender Vereinbarung darf der Probenabschnitt auch aus dem Steg entnommen werden, und zwar in 1/4 der Gesamthöhe.
b)   Die Entnahme der Proben aus den Probenabschnitten muss nach den Angaben in Bild A.3 erfolgen.
      Bei Profilen mit geneigten Flanschflächen darf die geneigte Seite zur Erreichung paralleler Flanschflächen bearbeitet werden.

Bild A.1 — Träger, U-Stahl, Winkelstahl, T-Stahl und Z-Stahl

17

Maße in Millimeter

Art der Prüfung	Erzeugnisse mit rundem Querschnitt	Erzeugnisse mit rechteckigem Querschnitt
Zug-versuch[a]	$d \leq 25$[a] 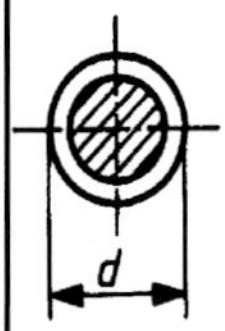 $\qquad$ $d > 25$[b] 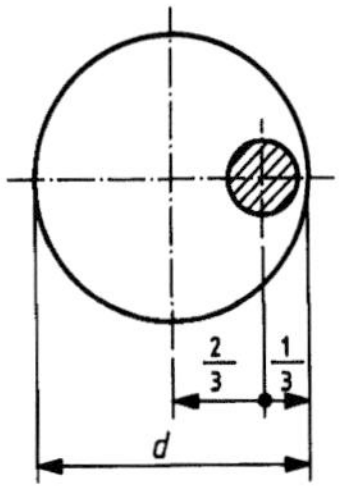	$b \leq 25$[a] 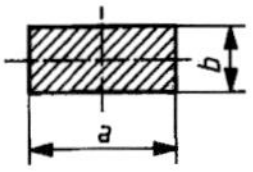 $\qquad$ $b > 25$[b] 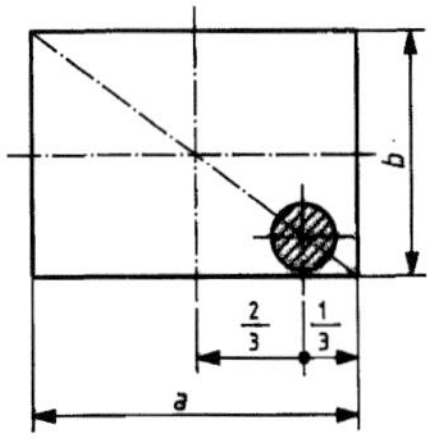
Kerb-schlag-biege-versuch[c]	$d \geq 16$ 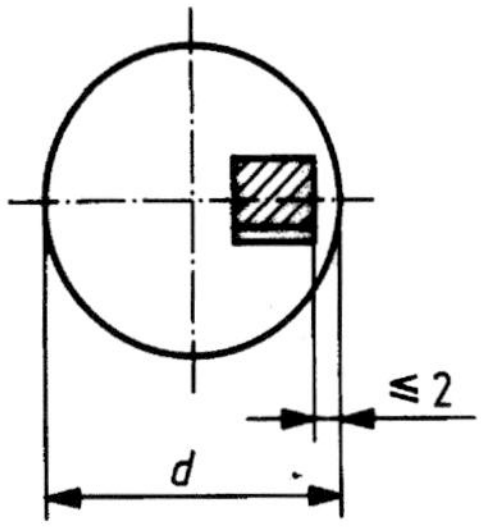	$b \geq 12$ 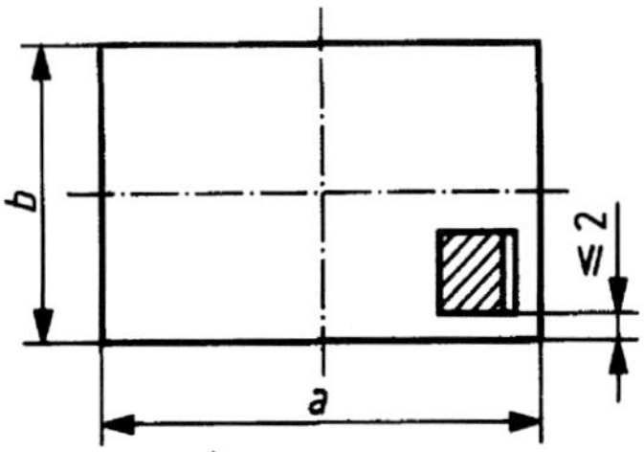

[a] Bei Erzeugnissen mit kleinen Abmessungen (d oder $b \leq 25$ mm) ist, wenn möglich, der unbearbeitete Probenabschnitt als Probe zu verwenden.

[b] Bei Erzeugnissen mit einem Durchmesser oder einer Dicke ≤ 40 mm kann nach Wahl des Herstellers die Probe

— entweder entsprechend den für Durchmesser oder Dicken ≤ 25 mm geltenden Regeln

— oder an einer näher zum Mittelpunkt gelegenen Stelle als die im Bild angegebene entnommen werden.

[c] Bei Erzeugnissen mit rundem Querschnitt muss die Längsachse des Kerbes annähernd in Richtung eines Durch-messers verlaufen; bei Erzeugnissen mit rechteckigem Querschnitt muss sie senkrecht zur breiteren Walzober-fläche stehen.

Bild A.2 — Stäbe und Walzdraht

18

Maße in Millimeter

Art der Prüfung	Erzeugnisdicke	Lage der Probenlängsachse bei einer Erzeugnisbreite von < 600	Lage der Probenlängsachse bei einer Erzeugnisbreite von ≥ 600	Abstand der Proben von der Walzoberfläche
Zugversuch[a]	≤ 30	längs	quer	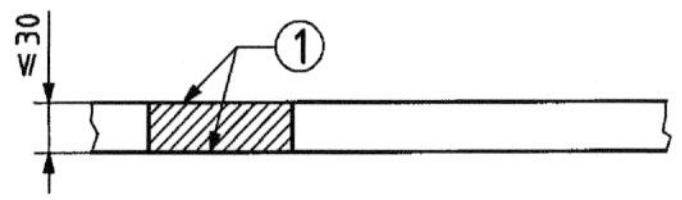 1 Walzoberfläche
	> 30			oder 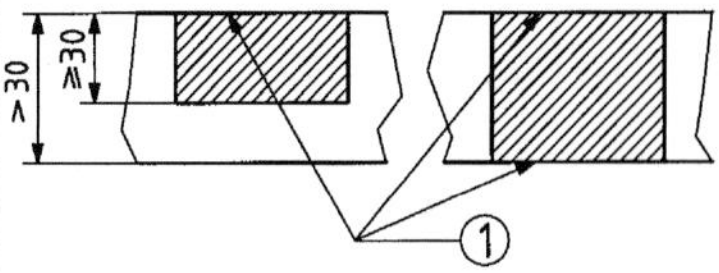 1 Walzoberfläche
Kerbschlagbiegeversuch[b,d]	> 12[c]	längs	längs	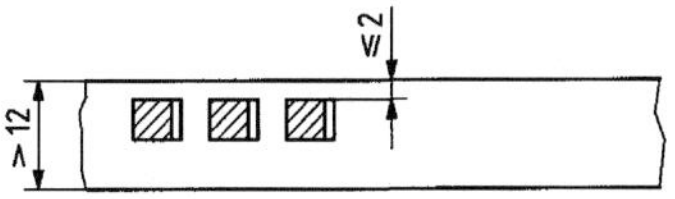

[a] In Zweifels- und Schiedsfällen muss bei den Proben aus Erzeugnissen mit ≥ 3 mm Dicke die Messlänge $L_0 = 5{,}65\sqrt{S_0}$ betragen.

Für den Regelfall sind jedoch wegen der einfacheren Anfertigung auch Proben mit konstanter Messlänge zulässig, vorausgesetzt, dass die an diesen Proben ermittelten Bruchdehnungswerte nach einer anerkannten Beziehung umgerechnet werden (siehe EN ISO 2566-1).

Bei Erzeugnisdicken über 30 mm kann eine Rundprobe mit der Längsachse in 1/4 Erzeugnisdicke verwendet werden.

[b] Die Längsachse des Kerbes muss jeweils senkrecht zur Walzoberfläche des Erzeugnisses stehen.

[c] Für Erzeugnisdicken ≤ 12 mm siehe 7.3.2.1.

[d] Bei nach EN 10025-3:2004, EN 10025-4:2004 und EN 10025-6:2004 bestellten Erzeugnissen in Dicken ≥ 40 mm sind die Kerbschlagproben in der Lage 1/4 *t* zu entnehmen.

Bild A.3 — Flacherzeugnisse

Anhang B
(normativ)

Bewertung der Konformität

B.1 Allgemeines

Die Übereinstimmung eines Stahlproduktes mit den Anforderungen dieses Dokumentes und mit den angegebenen Werten (einschließlich Klassen) muss durch Folgendes nachgewiesen werden:

— Erstprüfung;

— werkseigene Produktionskontrolle durch den Hersteller, einschließlich Beurteilung des Produktes.

ANMERKUNG   Die Zuordnung der Aufgaben ist in Tabelle ZA.3 angegeben.

B.2 Erstprüfung durch den Hersteller

B.2.1 Allgemeines

Das Programm für die Erstprüfung umfasst:

— verstärkte Routineprüfung nach B.2.2;

— ergänzende Prüfung nach B.2.3.

Das Programm für die Erstprüfung ist unter der ausschließlichen Verantwortung des Herstellers der Produkte in Übereinstimmung mit B.2.2 und B.2.3 durchzuführen, bevor sie erstmals auf den Markt gebracht werden. Solch ein Programm ist in jedem Falle für die Stahlsorten mit den höchsten Anforderungen an die Eigenschaften im Zug- und Kerbschlagbiegeversuch, die vom Hersteller in Übereinstimmung mit EN 10025-2 bis EN 10025-6 auf den Markt gebracht werden, durchzuführen.

Für alle Produkte wird die verstärkte Routineprüfung nach B.2.2 verlangt. Die ergänzende Prüfung nach B.2.3 wird zusätzlich verlangt für Stahlprodukte, die

a) im thermomechanisch gewalzten Zustand mit einem für den kleinsten Dickenbereich festgelegten Mindestwert der Streckgrenze ≥ 460 MPa[1];

b) im vergüteten Zustand mit einem für den kleinsten Dickenbereich festgelegten Mindestwert der Streckgrenze ≥ 460 MPa[1];

c) im normalgeglühten Zustand mit einem für den kleinsten Dickenbereich festgelegten Mindestwert der Streckgrenze ≥ 420 MPa[1]

geliefert werden.

---

[1]   1 MPa = 1 N/mm2.

20

Eine Erstprüfung ist bei der ersten Anwendung dieses Dokumentes durchzuführen. Bereits früher in Übereinstimmung mit den Vorgaben dieses Dokumentes durchgeführte Prüfungen (dasselbe Erzeugnis, dieselbe(n) Eigenschaft(en), Prüfverfahren, Vorgehen bei der Probenahme, System der Konformitätsbescheinigung, etc.) dürfen berücksichtigt werden. Zusätzlich ist eine Erstprüfung durchzuführen bei Beginn eines neuen Herstellverfahrens (wenn dieses die angegebenen Eigenschaften beeinflussen kann).

Die Auswertung folgender Eigenschaften wird verlangt:

— Grenzabmaße und Formtoleranzen;

— Dehnung;

— Zugfestigkeit;

— Streckgrenze;

— Kerbschlagarbeit;

— Schweißeignung [chemische Zusammensetzung];

— Dauerhaftigkeit [chemische Zusammensetzung].

B.2.2 Verstärkte Routineprüfung

Verstärkte Routineprüfung bedeutet spezifische Prüfung der ersten fünf hergestellten Schmelzen nach EN 10025-1:2004, 8.4.

Jedoch sind für den Zug- und Kerbschlagbiegeversuch mindestens 6 Produkte von jeder der 5 Schmelzen zu prüfen. Wenn dies nicht möglich ist, sind Proben von den entgegengesetzten Enden der geprüften Produkte zu entnehmen.

B.2.3 Ergänzende Prüfung

B.2.3.1 Allgemeines

Eine ergänzende Prüfung ist durchzuführen im größten Dickenbereich und der höchsten Sorte und Gütegruppe entsprechend den Angaben in EN 10025-1:2004, 4.1.2, die vom Hersteller auf den Markt gebracht wird. Dieses Produkt kann von einer beliebigen der 5 für die verstärkte Routineprüfung (siehe B.2.2) verwendeten Schmelzen entnommen werden.

B.2.3.2 Chemische Zusammensetzung

Eine chemische Analyse ist an dem Produkt entsprechend EN 10025-1:2004, 10.1, durchzuführen.

Der Gehalt folgender Elemente ist zu ermitteln und aufzuzeichnen: Kohlenstoff, Silicium, Mangan, Phosphor, Schwefel, Kupfer, Chrom, Molybdän, Nickel, Aluminium, Niob, Titan, Vanadium, Stickstoff und jedes weitere absichtlich zugesetzte Element.

B.2.3.3 Zugversuch

Der Zugversuch ist entsprechend EN 10025-1:2004, 10.2.1, durchzuführen. Für das Prüfverfahren siehe die normative Verweisung auf EN 10002-1.

B.2.3.4 Kerbschlagbiegeversuch

Der Kerbschlagbiegeversuch ist entsprechend EN 10025-1:2004, 10.2.2, durchzuführen. Für das Prüfverfahren siehe die normative Verweisung auf EN 10045-1.

21

Die Ergebnisse sind aufzuzeichnen und in Form von Übergangskurven darzustellen, in denen die Kerbschlagarbeit in Joule eines Satzes von 3 Proben bei Prüftemperaturen von + 20 °C, 0 °C, − 20 °C, − 40 °C und bei zwei weiteren Prüftemperaturen gezeigt wird, um das Übergangsverhalten von zäh zu spröde aufzuzeigen.

Wenn in EN 10025-2 bis EN 10025-6 Kerbschlagprüfung in Längs- und Querrichtung festgelegt ist, sind zwei Übergangskurven aufzustellen, je eine für jede Richtung.

Wenn Kerbschlagarbeitswerte für mehr als eine Prüftemperatur festgelegt sind, muss (müssen) die Übergangskurve(n) alle in EN 10025-2 bis EN 10025-6 festgelegten Temperaturen enthalten.

Einzelwerte sind graphisch aufzutragen. Einzel- und Mittelwerte sind aufzuzeichnen. Kerbschlagarbeitswerte, die bei anderen Prüftemperaturen als in EN 10025-2 bis EN 10025-6 festgelegt, ermittelt werden, sind nur zur Information.

Anforderungen an Sprödbruch werden in EN 1993 angegeben.

B.2.3.5   Schweißeignung

Soweit angebracht und als Hinweis auf die Schweißeignung ist der Wert des Kohlenstoffäquivalents (CEV) zu errechnen entsprechend EN 10025-1:2004, 7.2.3, und aufzuzeichnen.

CTS- (controlled thermal severity-), Tekken- oder Implant-Versuche sind nach EN ISO 17642 Teil 1 bis Teil 3 durchzuführen, um die Empfindlichkeit des Stahlproduktes gegenüber Rissbildung durch Wasserstoff in der wärmebeeinflussten Zone der Schweiße zu ermitteln. Als Ergebnis des Versuches gilt als Unterscheidungsmerkmal Riss/kein Riss.

B.2.4 Dokumentation

Die Ergebnisse des Programms der Erstprüfung sind aufzuzeichnen und diese Aufzeichnungen sind aufzubewahren und für eine Prüfung zur Verfügung zu halten für die Dauer von mindestens 10 Jahren nach dem Termin, an dem das letzte Produkt geliefert wurde, das sich auf das Prüfprogramm bezieht.

B.3 Prüfung vom im Werk entnommenen Probenabschnitten durch den Hersteller

Die Prüfung von im Werk entnommenen Probenabschnitten durch den Hersteller nach einem vorgeschriebenen Plan nach den Festlegungen in EN 10025-1:2004 und in Übereinstimmung mit den Abschnitten 8, 9 und 10 von EN 10025-1:2004 ist das Mittel zur Bewertung der Konformität des gelieferten Stahlprodukts mit EN 10025-2 bis EN 10025-6. Solche Prüfungen durch den Hersteller sind mit einer Prüfbescheinigung nach EN 10204 zu bescheinigen. Die Art der Bescheinigung muss Tabelle B.1 entsprechen.

Tabelle B.1 — Art der Prüfbescheinigung

Anforderung	Prüfbescheinigung
Festgelegte Mindeststreckgrenze ≤ 355 MPa[a] und eine festgelegte Kerbschlagarbeit, die bei einer Temperatur von 0 °C oder 20 °C zu prüfen ist.	2.2
Festgelegte Mindeststreckgrenze ≤ 355 MPa[a] und eine festgelegte Kerbschlagarbeit, die bei einer Temperatur unter 0 °C zu prüfen ist.	3.1[b] oder 3.2[c]
Festgelegte Mindeststreckgrenze > 355 MPa[a]	3.1[b] oder 3.2[c]

[a] 1 MPa = 1 N/mm^2.

[b] Abnahmeprüfzeugnis 3.1 nach EN 10204:2004 ersetzt Abnahmeprüfzeugnis 3.1.B nach EN 10204:1991.

[c] Abnahmeprüfzeugnis 3.2 nach EN 10204:2004 ersetzt Abnahmeprüfzeugnis 3.1.C nach EN 10204:1991.

B.4 Werkseigene Produktionskontrolle (WPK)

B.4.1 Allgemeines

Der Hersteller muss ein System der werkseigenen Produktionskontrolle festlegen, dokumentieren und aufrechterhalten, um sicherzustellen, dass das auf den Markt gebracht Produkt mit den angegebenen Gebrauchstauglichkeitseigenschaften übereinstimmt. Das System der werkseigenen Produktionskontrolle muss Verfahren, regelmäßige Kontrollen und Prüfungen und/oder Beurteilungen sowie die Anwendung von Ergebnissen zur Überwachung der Rohstoffe und anderer gelieferter Materialien oder Bauteile, der Ausrüstung, des Herstellverfahrens und des Produktes einschließen.

Ein System der werkseigenen Produktionskontrolle, das mit den Anforderungen von EN ISO 9001 übereinstimmt und den Anforderungen der vorliegenden Norm entspricht, erfüllt die oben genannten Anforderungen.

Die Ergebnisse der Kontrollen, Prüfungen oder Beurteilungen müssen wie jede andere Maßnahme belegt werden. Die zu ergreifenden Maßnahmen, wenn Überwachungswerte oder –kriterien nicht erfüllt sind, müssen aufgezeichnet und für die in den Verfahren für die werkseigenen Produktionskontrollen des Herstellers angegebene Dauer aufbewahrt werden.

B.4.2 Ausrüstung

Prüfung — Sämtliche benutzten Wäge-, Mess- und Prüfausrüstungen müssen kalibriert und entsprechend den festgelegten Auslegungsbestimmungen, Häufigkeiten und Kriterien regelmäßig überprüft werden.

Herstellung — Sämtliche im Herstellungsprozess benutzten Ausrüstungen müssen regelmäßig überprüft und instand gehalten werden, um sicherzustellen, dass deren Verwendung, Abnutzung oder Mängel nicht zu Unregelmäßigkeiten im Herstellungsprozess führen. Überprüfungen und Instandhaltung sind entsprechend den schriftlich niedergelegten Verfahren des Herstellers durchzuführen und aufzuzeichnen, und die Aufzeichnungen sind für die in den Verfahren für die werkseigene Produktionskontrolle des Hersteller angegebene Dauer aufzubewahren.

23

B.4.3 Rohstoffe

Die Festlegungen zu den angelieferten Rohstoffen sowie das Überwachungsschema zur Sicherstellung ihrer Konformität sind zu dokumentieren.

B.4.4 Produktprüfung und -beurteilung

Der Hersteller muss Verfahren einrichten, um sicherzustellen, dass die festgelegten Werte für alle Eigenschaften eingehalten werden. Die Eigenschaften und die Mittel der Überwachung sind:

a) Zugversuch nach EN 10002-1;

b) Kerbschlagbiegeversuch nach EN 10045-1;

c) chemische Analyse nach den in CR 10261 aufgeführten Normen.

B.4.5 Nichtkonforme Produkte

Der Hersteller muss schriftlich niedergelegte Verfahren bereithalten, die angeben, wie nichtkonforme Produkte zu behandeln sind. Alle derartigen Vorkommnisse sind bei ihrem Auftreten aufzuzeichnen, und diese Aufzeichnungen sind für die in den schriftlich niedergelegen Verfahren des Herstellers angegebene Dauer aufzubewahren.

24

Anhang C
(informativ)

Liste der den zitierten EURONORMEN entsprechenden nationalen Normen

Bis zu ihrer Umwandlung in Europäische Normen können entweder die genannten EURONORMEN oder die entsprechenden nationalen Normen nach Tabelle C.1 angewendet werden.

ANMERKUNG   Man kann nicht davon ausgehen, dass die in Tabelle C.1 aufgeführten Normen einander völlig entsprechen, auch wenn sie dieselben Inhalte behandeln.

Tabelle C.1 — EURONORMEN und entsprechende nationale Normen

EURONORM	Entsprechende nationale Norm in				
	Deutschland	Frankreich	Vereinigtes Königreich	Spanien	Italien
19[a]	DIN 1025 T5	NF A 45 205	BS 4	UNE 36-526	UNI 5398
53[a]	DIN 1025 T2	NF A 45 201	BS 4	UNE 36-527	UNI 5397
	DIN 1025 T 3			UNE 36-528	
	DIN 1025 T 4			UNE 36-529	
54[a]	DIN 1026-1	NF A 45 007	BS 4	UNE 36-525	UNI-EU 54
EU-Mitt. 2	SEW 088	NF A 36 000	BS 5135	—	—
EURONORM	Entsprechende nationale Norm in				
	Belgien	Portugal	Schweden	Österreich	Norwegen
19[a]	NBN 533	NP-2116	SS 21 27 40	M 3262	—
53[a]	NBN 633	NP-2117	SS 21 27 50	—	NS 1907
			SS 21 27 51		NS 1908
			SS 21 27 52		
54[a]	NBN A 24-204	NP-338	—	M 3260	—
EU-Mitt. 2	—	—	SS 06 40 25	—	—

[a]   Diese EURONORM ist formal zurückgezogen, jedoch gibt es keine entsprechende EN.

25

Anhang ZA
(informativ)

Abschnitte dieser Europäischen Norm, die Bestimmungen der EG-Bauproduktenrichtlinie betreffen

ZA.1 Anwendungsbereich und maßgebende Eigenschaften

Diese Europäische Norm wurde gemäß dem von der Europäischen Kommission und der Europäischen Freihandelszone an CEN erteilten Mandat M/120 „Metallische Bauprodukte" erarbeitet.

Die in diesem Anhang aufgeführten Abschnitte dieser Europäischen Norm erfüllen die Anforderungen des Mandats, das auf der Grundlage der EG-Bauproduktenrichtlinie (89/106/EWG) erteilt wurde.

Die Übereinstimmung mit diesen Abschnitten berechtigt zur Vermutung, dass die von diesem Anhang abgedeckten Bauprodukte für die vorgesehenen Verwendungszwecke geeignet sind; es ist auf die Angaben zu verweisen, die der CE-Kennzeichnung beigefügt sind.

WARNVERMERK: Für die Bauprodukte, die in den Anwendungsbereich dieser Europäischen Norm fallen, können weitere Anforderungen und EG-Richtlinien gelten

ANMERKUNG 1 Zusätzlich zu den konkreten Abschnitten dieser Norm, die sich auf gefährliche Stoffe beziehen, kann es weitere Anforderungen an die Produkte, die in den Anwendungsbereich dieser Norm fallen, geben (z.B. umgesetzte europäische Rechtsvorschriften und nationale Rechts- und Verwaltungsvorschriften). Um die Bestimmungen der EG-Bauproduktenrichtlinie zu erfüllen, ist es notwendig, die besagten Anforderungen, sofern sie Anwendung finden, ebenfalls einzuhalten.

ANMERKUNG 2 Eine Informations-Datenbank über europäische und nationale Bestimmungen über gefährliche Stoffe ist auf der Webseite der Kommission EUROPA (Zugang über http://europa.eu.int/comm/enterprise/construction/internal/dangsub/dangmain.htm) verfügbar.

Dieser Anhang hat den gleichen Anwendungsbereich wie Abschnitt 1 dieser Europäischen Norm bezüglich der behandelten Produkte. Er gibt die Bedingungen für die CE-Kennzeichnung von warmgewalzten Baustahlprodukten für den unten angegebenen Verwendungszweck an und führt die einschlägigen geltenden Abschnitte auf (siehe Tabelle ZA.1).

Bauprodukt: Warmgewalzte Baustahlprodukte.

Verwendungszwecke: Metallbauwerke oder in Metall-/ Betonverbundbauwerken.

Die Anforderung an eine bestimmte Eigenschaft gilt nicht in denjenigen Mitgliedsstaaten, in denen es keine gesetzliche Bestimmung für diese Eigenschaft für den vorgesehenen Verwendungszweck des Produkts gibt. In diesem Fall sind Hersteller, die ihre Produkte auf dem Markt dieser Mitgliedsstaaten einführen wollen, nicht verpflichtet, die Leistung ihrer Produkte in Bezug auf diese Eigenschaften zu bestimmen oder anzugeben und es darf die Option „Keine Leistung festgestellt" (KLF) in den Angaben zur CE-Kennzeichnung (siehe ZA.3) verwendet werden. Die Option KLF darf jedoch nicht verwendet werden, wenn für die Eigenschaft ein einzuhaltender Grenzwert angegeben ist.

26

Tabelle ZA.1 — Maßgebende Abschnitte

Wesentliche Eigenschaften	Abschnitte[a] mit Anforderungen in dieser (oder einer anderen) Europäischen Norm	Stufen und/oder Klassen	Anmerkungen
Grenzabmaße und Formtoleranzen	7.7.1		bestanden/ nicht bestanden
Dehnung	7.3.1		Grenzwerte
Zugfestigkeit	7.3.1		Grenzwerte
Streckgrenze	7.3.1		Grenzwerte
Kerbschlagarbeit	7.3.1 + 7.3.2		Grenzwerte
Schweißeignung (chemische Zusammensetzung)	7.2 + 7.4.1		Grenzwerte
Dauerhaftigkeit (chemische Zusammensetzung)	7.2 + 7.4.3		Grenzwerte

[a] In EN 10025-2 bis EN 10025-6 sind die Abschnittsnummern die gleichen.

ZA.2 Verfahren der Konformitätsbescheinigung von warmgewalzten Baustahlprodukten

ZA.2.1 System der Konformitätsbescheinigung

Das System der Konformitätsbescheinigung von warmgewalzten Baustahlprodukten gemäß Tabelle ZA.1 in Übereinstimmung mit der Kommissionsentscheidung (98/214/EG) vom 18. März 1998, wie abgedruckt im Anhang III des Mandates für metallische Bauprodukte, ist für die dort vorgesehenen Verwendungszwecke und einschlägige(n) Stufe(n) und Klasse(n) in Tabelle ZA.3 angegeben.

Tabelle ZA.2 — Systeme der Konformitätsbescheinigung

Produkt	Verwendungszweck	Stufe oder Klasse	System der Konformitäts-bescheinigung
Metallquerschnitte und -profile Warmgewalzte Profile unterschiedlicher Form (T-, L-, H-, U-, Z- und I-Profile, Winkel), Flacherzeugnisse (Bleche, Band), Stäbe	Zur Verwendung in Metallbauwerken oder in Metall-/Beton-verbundbauwerken		2+

System 2+: Siehe Richtlinie 89/106/EWG (BPR), Anhang III. 2. (ii) Möglichkeit 1, einschließlich Zertifizierung der werkseigenen Produktionskontrolle durch eine zugelassene Stelle auf Grund einer Erstinspektion des Werkes und der werkseigenen Produktionskontrolle sowie laufender Überwachung, Beurteilung und Anerkennung der werkseigenen Produktionskontrolle.

Die Konformitätsbescheinigung der warmgewalzten Baustahlprodukte nach Tabelle ZA.1 muss auf den Verfahren zur Bewertung nach Tabelle ZA.3 beruhen, die sich aus der Anwendung der Abschnitte in Anhang B dieser Europäischen Norm ergeben.

27

Tabelle ZA.3 — Zuordnung der Aufgaben der Bewertung der Konformität von warmgewalzten Baustahlprodukten

	Aufgaben			Inhalt der Aufgabe	Anzuwendende Abschnitte zur Bewertung der Konformität
Aufgaben unter der Verantwortung des Herstellers	Werkseigene Produktionskontrolle (WPK)			Parameter bezogen auf alle maßgebenden Eigenschaften in Tabelle ZA.1	Siehe Anhang B.
	Erstprüfung durch den Hersteller			Grenzabmaße und Formtoleranzen; Dehnung; Zugfestigkeit; Streckgrenze; Kerbschlagarbeit; Schweißeignung (möglicherweise).	Siehe Anhang B.
	Prüfung von im Werk entnommenen Proben			Alle maßgebenden Eigenschaften in Tabelle ZA.1	Siehe Anhang B.
Aufgaben unter der Verantwortung der Zertifizierungsstelle für die werkseigene Produktionskontrolle	Zertifizierung der werkseigenen Produktionskontrolle auf Grund von		Erstinspektion des Werkes und der werkseigenen Produktionskontrolle	Parameter bezogen auf alle maßgebenden Eigenschaften in Tabelle ZA.1, insbesondere: Grenzabmaße und Formtoleranzen; Dehnung; Zugfestigkeit; Streckgrenze; Kerbschlagarbeit; Schweißeignung; Dauerhaftigkeit.	Siehe Anhang B.
			Laufende Überwachung, Beurteilung und Anerkennung der werkseigenen Produktionskontrolle	Parameter bezogen auf alle maßgebenden Eigenschaften in Tabelle ZA.1, insbesondere: Grenzabmaße und Formtoleranzen; Dehnung; Zugfestigkeit; Streckgrenze; Kerbschlagarbeit; Schweißeignung; Dauerhaftigkeit.	Siehe Anhang B.

ZA.2.2 EG-Zertifikat und Konformitätserklärung

Wenn Übereinstimmung mit den Bedingungen dieses Anhangs erzielt ist, und sobald die notifizierte Stelle das nachstehend erwähnte Zertifikat erteilt hat, muss der Hersteller oder sein im Europäischen Wirtschaftsraum (EWR) ansässiger Bevollmächtigter eine Konformitätserklärung ausstellen und aufbewahren, welche es dem Hersteller erlaubt, die CE-Kennzeichnung anzubringen. Diese Erklärung muss Folgendes beinhalten:

— Name und Anschrift des Herstellers oder seines im EWR ansässigen Bevollmächtigten und den Herstellungsort;

— Beschreibung des Produkts (Art, Kennzeichnung, Verwendung, ...) und eine Kopie der zur CE-Kennzeichnung zusätzlich zu machenden Angaben;

— Bestimmungen, denen das Produkt entspricht (z. B. Anhang ZA dieser Europäischen Norm);

28

— besondere Verwendungshinweise (z. B. Bestimmungen für die Verwendung unter gewissen Bedingungen);

— Nummer des dazugehörigen Zertifikats über die werkseigene Produktionskontrolle;

— Name und Funktion der zur Unterzeichnung der Erklärung im Namen des Herstellers oder seines Bevollmächtigten ermächtigten Person.

Der Erklärung muss ein Zertifikat über die werkseigene Produktionskontrolle beigefügt sein, das von der notifizierten Stelle erstellt wurde und zusätzlich zu den oben angegebenen Informationen Folgendes beinhaltet:

— Name und Anschrift der notifizierten Stelle;

— Nummer des Zertifikats über die werkseigene Produktionskontrolle;

— Bedingungen und Gültigkeitsdauer des Zertifikats, sofern zutreffend;

— Name und Funktion der zur Unterzeichnung des Zertifikats ermächtigten Person.

Die oben genannte Erklärung und das Zertifikat sind in der (den) offiziellen Sprache(n) des Mitgliedsstaates vorzulegen, in dem das Produkt zur Verwendung gelangen soll.

ZA.3 CE-Kennzeichnung und Etikettierung

Der Hersteller oder sein im EWR ansässiger Bevollmächtigter ist verantwortlich für das Anbringen der CE-Kennzeichnung. Die anzubringende CE-Kennzeichnung muss Richtlinie 93/68/EWG entsprechen und erfolgt auf dem Bauprodukt (oder, wenn dies nicht möglich ist, darf auf dem Begleitetikett, der Verpackung oder auf den Begleitdokumenten (Prüfbescheinigung) (siehe Tabelle B.1) angebracht sein). Dem CE-Kennzeichen sind folgende Angaben hinzuzufügen:

— Kennnummer der Zertifizierungsstelle;

— Name oder Bildzeichen und eingetragene Anschrift des Herstellers;

— die letzten beiden Ziffern des Jahres, in dem die CE-Kennzeichnung angebracht wurde;

— die Nummer des EG-Konformitätszertifikates oder des Zertifikates für die werkseigene Produktionskontrolle (falls maßgebend);

— Verweisung auf diese Europäische Norm;

— Beschreibung des Produktes: Oberbegriff, Werkstoff, Maße,... und vorgesehene Verwendung;

— Angabe jener maßgebenden wesentlichen Eigenschaften nach Tabelle ZA.1, die zu erklären sind, dargestellt als:

— Produktbezeichnung nach der entsprechenden Norm für Grenzabmaße gemäß EN 10025-1:2004, Abschnitt 2;

— Bezeichnung des Produkts (siehe 4.2 in EN 10025-2:2004 bis EN 10025-6:2004).

Die Option „Keine Leistung festgestellt" (KLF) darf nicht angewendet werden, wenn für die Eigenschaft ein Grenzwert angegeben ist. Die KLF-Option darf hingegen angewendet werden, sofern die Eigenschaft für einen bestimmten Verwendungszweck nicht Gegenstand gesetzlicher Anforderungen im Bestimmungsmitgliedsstaat ist.

29

Bild ZA.1 enthält ein Beispiel zu den Angaben, die auf dem Produkt, dem Etikett, der Verpackung und/oder den Begleitdokumenten enthalten sein müssen.

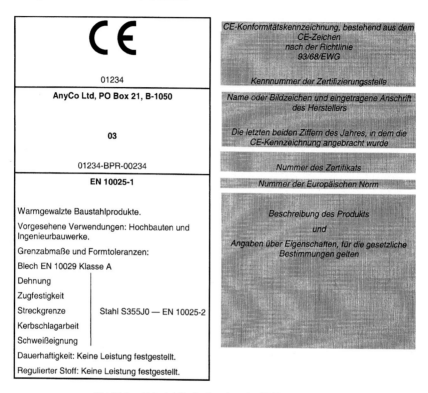

Bild ZA.1 — Beispiel für die Angaben der CE-Kennzeichnung

Zusätzlich zu den oben angegebenen speziellen Angaben zu gefährlichen Stoffen sollten dem Produkt, sofern erforderlich und in geeigneter Form, Dokumente beigefügt werden, in denen alle übrigen gesetzlichen Bestimmungen über gefährliche Stoffe aufgeführt werden, deren Einhaltung gefordert wird, sowie alle Informationen, die auf Grund dieser gesetzlichen Bestimmungen erforderlich sind.

ANMERKUNG   Europäische gesetzliche Bestimmungen ohne nationale Abweichungen brauchen nicht angegeben zu werden.

30

Literaturhinweise

[1]   EN 1011-2, *Schweißen — Empfehlungen zum Schweißen metallischer Werkstoffe — Teil 2: Lichtbogenschweißen von ferritischen Stählen.*

[2]   EN 1993, *Eurocode 3: Bemessung und Konstruktion von Stahlbauten.*

[3]   EN 10149-1, *Warmgewalzte Flacherzeugnisse aus Stählen mit hoher Streckgrenze zum Kaltumformen — Teil 1: Allgemeine Lieferbedingungen.*

[4]   EN 10149-2, *Warmgewalzte Flacherzeugnisse aus Stählen mit hoher Streckgrenze zum Kaltumformen — Teil 2: Lieferbedingungen für themomechanisch gewalzte Stähle.*

[5]   EN 10149-3, *Warmgewalzte Flacherzeugnisse aus Stählen mit hoher Streckgrenze zum Kaltumformen — Teil 3: Lieferbedingungen für normalgeglühte/normalisierend gewalzte Stähle.*

[6]   EN 10163-1, *Lieferbedingungen für die Oberflächenbeschaffenheit von warmgewalzten Stahlerzeugnissen (Blech, Breitflachstahl und Profile) — Teil 1: Allgemeine Anforderungen.*

[7]   EN 10163-2, *Lieferbedingungen für die Oberflächenbeschaffenheit von warmgewalzten Stahlerzeugnissen (Blech, Breitflachstahl und Profile) — Teil 2:Blech und Breitflachstahl.*

[8]   EN 10163-3, *Lieferbedingungen für die Oberflächenbeschaffenheit von warmgewalzten Stahlerzeugnissen (Blech, Breitflachstahl und Profile) — Teil 3: Profile.*

[9]   EN 10210-1, *Warmgefertigte Hohlprofile für den Stahlbau aus unlegierten Baustählen und aus Feinkornbaustählen — Teil 1: Technische Lieferbedingungen.*

[10]   EN 10219-1, *Kaltgefertigte geschweißte Hohlprofile für den Stahlbau aus unlegierten Baustählen und aus Feinkornbaustählen — Teil 1: Technische Lieferbedingungen.*

[11]   EN 10221, *Oberflächengüteklassen für warmgewalzten Stabstahl und Walzdraht — Technische Lieferbedingungen.*

[12]   EN 10225, *Schweißgeeignete Stähle für feststehende Offshore-Konstruktionen.*

[13]   EN 10248-1, *Warmgewalzte Spundbohlen aus unlegierten Stählen — Teil 1: Technische Lieferbedingungen.*

[14]   EN 10249-1, *Kaltgeformte Spundbohlen aus unlegierten Stählen — Teil 1: Technische Lieferbedingungen.*

[15]   EN 10250-2, *Freiformschmiedestücke aus Stahl für allgemeine Verwendung — Teil 2: Unlegierte Qualitäts- und Edelstähle.*

[16]   EN 10268, *Kaltgewalzte Flacherzeugnisse mit hoher Streckgrenze zum Kaltumformen aus mikrolegierten Stählen — Technische Lieferbedingungen.*

[17]   EN 10277-2, *Blankstahlerzeugnisse — Technische Lieferbedingungen — Teil 2: Stähle für allgemeine technische Verwendung.*

[18]   prEN 10293, *Stahlguss für allgemeine Anwendungen.*

[19]   EN 10297-1, *Nahtlose Stahlrohre für den Maschinenbau und allgemeine technische Anwendungen — Technische Lieferbedingungen — Teil 1: Rohre aus unlegierten und legierten Stählen.*

[20]   EURONORM-Mitteilung Nr. 2 (1983)[2], *Schweißgeeignete Feinkornbaustähle — Hinweise für die Verarbeitung, besonders für das Schweißen.*

---

[2] Bis zur Umwandlung von EURONORM-Mitteilung Nr. 2 in einen Technischen Bericht des CEN können entweder sie direkt oder die entsprechenden nationalen Normen nach der Liste im Anhang C zu diesem Dokument verwendet werden.

31

	DIN EN 10027-1	

ICS 77.080.20

Ersatz für
DIN EN 10027-1:1992-09 und
DIN V 17006-100:1999-04

Bezeichnungssysteme für Stähle –
Teil 1: Kurznamen;
Deutsche Fassung EN 10027-1:2005

Designation systems for steels –
Part 1: Steel names;
German version EN 10027-1:2005

Systèmes de désignation des aciers –
Partie 1: Désignation symbolique;
Version allemande EN 10027-1:2005

Gesamtumfang 26 Seiten

Normenausschuss Eisen und Stahl (FES) im DIN

Nationales Vorwort

Die Europäische Norm EN 10027-1:2005 wurde vom Technischen Komitee TC 7 „Kurzbezeichnung der Stahlsorten" (Sekretariat: Italien) des Europäischen Komitees für Eisen- und Stahlnormung (ECISS) ausgearbeitet.

Das zuständige deutsche Normungsgremium ist der Unterausschuss 19/1 „Einteilung, Benennung und Benummerung von Stählen" des Normenausschusses Eisen und Stahl (FES).

Änderungen

Gegenüber DIN EN 10027-1:1992-09 und DIN V 17006-100:1999-04 wurden folgende Änderungen vorgenommen:

a) Zusammenfassung der Normen und redaktionelle Überarbeitung.

b) Verweisungen auf Kurznamen nach EU 27-74 gestrichen.

c) Entfall des Symbols O für Offshore-Stähle (siehe Tabelle 1).

d) Festlegungen für Maschinenbaustähle dahingehend erweitert, dass auch für Stahlguss und für Stahlsorten mit Anforderungen an die Kerbschlagarbeit entsprechende Kurznamen gebildet werden können (siehe Tabelle 4).

e) Stähle für oder in Form von Schienen werden nicht nach der Mindestzugfestigkeit, sondern nach der Mindesthärte bezeichnet (siehe Tabelle 7).

f) Bei Flacherzeugnissen aus höherfesten Stählen zum Kaltumformen ist die Beschränkung auf kaltgewalzte Flacherzeugnisse entfallen und es wurden 4 weitere Zusatzsymbole in Gruppe 1 aufgenommen (siehe Tabelle 9).

g) Festlegungen für Verpackungsblech und –band völlig umgestellt (siehe Tabelle 10).

h) Für pulvermetallurgisch hergestellte Werkzeugstähle und Schnellarbeitsstähle Hauptsymbol PM aufgenommen (siehe Tabellen 14 und 15).

i) Bei legierten Stählen mit einem mittleren Gehalt mindestens eines Legierungselementes $\geq 5\,\%$ Möglichkeit gegeben, für ein den Stahl charakterisierendes Element, dessen Gehalt im Bereich von 0,20 % bis 1,0 % liegt, das chemische Symbol und den mittleren Gehalt des Legierungselementes anzugeben (siehe Tabelle 14).

j) Als Symbol für besondere Anforderungen + CH (mit Kernhärtbarkeit) aufgenommen (siehe Tabelle 16).

k) In Tabelle 17 das Symbol + AR (Aluminium-walzplattiert) gestrichen.

l) In Tabelle 18 Symbole + CPnnn (kaltverfestigt auf eine 0,2 %-Dehngrenze von mindestens nnn MPa) und + SR (spannungsarmgeglüht) aufgenommen.

Frühere Ausgaben

DIN EN 10027-1:1992-09
DIN V 17006-100:1991-10, 1993-11, 1999-04

EUROPÄISCHE NORM
EUROPEAN STANDARD
NORME EUROPÉENNE

EN 10027-1

August 2005

ICS 77.080.20

Ersatz für CR 10260:1998, EN 10027-1:1992

Deutsche Fassung

Bezeichnungssysteme für Stähle —
Teil 1: Kurznamen

Designation systems for steels —
Part 1: Steel names

Systèmes de désignation des aciers —
Partie 1: Désignation symbolique

Diese Europäische Norm wurde vom CEN am 27. Juni 2005 angenommen.

Die CEN-Mitglieder sind gehalten, die CEN/CENELEC-Geschäftsordnung zu erfüllen, in der die Bedingungen festgelegt sind, unter denen dieser Europäischen Norm ohne jede Änderung der Status einer nationalen Norm zu geben ist. Auf dem letzten Stand befindliche Listen dieser nationalen Normen mit ihren bibliographischen Angaben sind beim Management-Zentrum oder bei jedem CEN-Mitglied auf Anfrage erhältlich.

Diese Europäische Norm besteht in drei offiziellen Fassungen (Deutsch, Englisch, Französisch). Eine Fassung in einer anderen Sprache, die von einem CEN-Mitglied in eigener Verantwortung durch Übersetzung in seine Landessprache gemacht und dem Zentralsekretariat mitgeteilt worden ist, hat den gleichen Status wie die offiziellen Fassungen.

CEN-Mitglieder sind die nationalen Normungsinstitute von Belgien, Dänemark, Deutschland, Estland, Finnland, Frankreich, Griechenland, Irland, Island, Italien, Lettland, Litauen, Luxemburg, Malta, den Niederlanden, Norwegen, Österreich, Polen, Portugal, Schweden, der Schweiz, der Slowakei, Slowenien, Spanien, der Tschechischen Republik, Ungarn, dem Vereinigten Königreich und Zypern.

EUROPÄISCHES KOMITEE FÜR NORMUNG
EUROPEAN COMMITTEE FOR STANDARDIZATION
COMITÉ EUROPÉEN DE NORMALISATION

Management-Zentrum: rue de Stassart, 36   B-1050 Brüssel

Inhalt

Vorwort

Diese Europäische Norm (EN 10027-1:2005) wurde vom Technischen Komitee ECISS/TC 7 „Kurzbezeichnung der Stahlsorten" erarbeitet, dessen Sekretariat vom UNI gehalten wird.

Diese Europäische Norm muss den Status einer nationalen Norm erhalten, entweder durch Veröffentlichung eines identischen Textes oder durch Anerkennung bis Februar 2006, und etwaige entgegenstehende nationale Normen müssen bis Februar 2006 zurückgezogen werden.

Diese Europäische Norm ersetzt CR 10260:1998 und EN 10027-1:1992.

Entsprechend der CEN/CENELEC-Geschäftsordnung sind die nationalen Normungsinstitute der folgenden Länder gehalten, diese Europäische Norm zu übernehmen: Belgien, Dänemark, Deutschland, Estland, Finnland, Frankreich, Griechenland, Irland, Island, Italien, Lettland, Litauen, Luxemburg, Malta, Niederlande, Norwegen, Österreich, Polen, Portugal, Schweden, Schweiz, Slowakei, Slowenien, Spanien, Tschechische Republik, Ungarn, Vereinigtes Königreich und Zypern.

3

1 Anwendungsbereich

1.1 Zur kurz gefassten Identifizierung von Stählen legt diese Europäische Norm die Regeln für die Bezeichnung der Stähle mittels Kennbuchstaben und -zahlen fest. Die Kennbuchstaben und -zahlen sind so gewählt, dass sie Hinweise auf wesentliche Merkmale, z.B. auf das Hauptanwendungsgebiet, auf mechanische oder physikalische Eigenschaften oder die Zusammensetzung geben.

ANMERKUNG Im Englischen werden die nach dieser Europäischen Norm gebildeten Bezeichnungen als "steel names", im Französischen als "désignation symbolique" und im Deutschen als "Kurznamen" bezeichnet.

1.2 Die Regeln nach dieser Europäischen Norm gelten für Stähle, die in Europäischen Normen (EN), Technischen Spezifikationen (TS), Technischen Berichten (TR) und den nationalen Normen der CEN-Mitglieder enthalten sind.

1.3 Diese Regeln dürfen auch zur Bezeichnung nicht genormter Stähle angewendet werden.

1.4 Ein numerisches Bezeichnungssystem für Stähle, bekannt als Werkstoffnummern, ist in EN 10027-2 festgelegt.

2 Normative Verweisungen

Die folgenden zitierten Dokumente sind für die Anwendung dieser Europäischen Norm erforderlich. Bei datierten Verweisungen gilt nur die in Bezug genommene Ausgabe. Bei undatierten Verweisungen gilt die letzte Ausgabe des in Bezug genommenen Dokuments (einschließlich Änderungen).

EN 10020:2000, *Begriffsbestimmung für die Einteilung der Stähle*

EN 10027-2, *Bezeichnungssysteme für Stähle — Teil 2: Nummernsystem*

EN 10079:1992, *Begriffsbestimmungen für Stahlerzeugnisse*

3 Begriffe

Für die Anwendung dieser Europäischen Norm gelten die Begriffe nach EN 10020:2000 und EN 10079:1992.

4 Allgemeine Regeln

4.1 Eindeutigkeit der Kurznamen

Für jeden Stahl darf nur ein Kurzname festgelegt werden.

4.2 Schreibweise der Kurznamen

Nach dieser Europäische Norm gebildete Kurznamen müssen Hauptsymbole nach 7.1 enthalten.

Der Eindeutigkeit wegen mag es erforderlich sein, diese Hauptsymbole durch Zusatzsymbole für besondere Merkmale des Stahles oder des Stahlerzeugnisses, z.B. für die Eignung zur Verwendung bei hohen oder niedrigen Temperaturen, den Oberflächenzustand, den Behandlungszustand oder die Art der Desoxidation, zu ergänzen. Diese Zusatzsymbole sind in 7.2 wiedergegeben.

Soweit nichts anderes in dieser Europäischen Norm festgelegt ist, müssen die zur Bildung der Kurznamen verwendeten Symbole ohne Leerstellen geschrieben werden.

4

4.3 Festlegung der Kurznamen

4.3.1 Für in Europäischen Normen (EN), Technischen Spezifikationen (TS) und Technischen Berichten (TR) enthaltene Stähle müssen die Kurznamen von dem in ECISS zuständigen Technischen Komitee festgelegt werden.

4.3.2 Für Stähle, die in nationalen Normen der CEN-Mitglieder enthalten sind, und für sonstige Stähle sind die Kurznamen durch das betreffende nationale Normungsinstitut oder unter dessen Verantwortlichkeit festzulegen.

Um zu vermeiden, dass für im Wesentlichen denselben Stahl verschiedene Kurznamen festgelegt werden, muss die in EN 10027-2 vorgesehene Europäische Stahlregistratur, wenn eine Werkstoffnummer für einen Stahl beantragt wird, zwecks Festlegung einheitlicher Kurznamen mit dem nationalen Normungsinstitut zusammenarbeiten.

4.4 Beratung

Falls sich bei der Festlegung von Kurznamen Schwierigkeiten oder Meinungsverschiedenheiten ergeben, ist ECISS/TC 7 um Rat zu fragen.

5 Bezugnahme auf Erzeugnisnormen

In Bestellungen oder ähnlichen Vertragsunterlagen ist zur vollständigen Bezeichnung des Stahlerzeugnisses zusätzlich zum Kurznamen des Stahles die technische Lieferbedingung, in der dieser beschrieben ist, anzugeben. Für genormte Stähle ist die Nummer der betreffenden Erzeugnisnorm anzugeben.

Einzelheiten über die Reihenfolge der Einzelteile der gesamten Bezeichnung eines Stahles oder Stahlerzeugnisses enthalten die Erzeugnis- oder Maßnormen.

6 Einteilung der Kurznamen

Die Kurznamen der Stähle lassen sich in folgende Hauptkategorien einteilen:

— Kategorie 1: Kurznamen, die Hinweise auf die Verwendung und die mechanischen oder physikalischen Eigenschaften der Stähle enthalten (siehe 7.3).

— Kategorie 2: Kurznamen, die Hinweise auf die chemische Zusammensetzung der Stähle enthalten. Diese sind in vier Untergruppen unterteilt (siehe 7.4).

7 Aufbau der Kurznamen

7.1 Hauptsymbole

Hauptsymbole für nach der Verwendung des Stahles sowie den mechanischen und physikalischen Eigenschaften bezeichnete Stähle müssen entsprechend 7.3 zugeordnet werden.

Hauptsymbole für nach der chemischen Zusammensetzung des Stahles bezeichnete Stähle müssen nach 7.4 zugeordnet werden.

Wenn ein Stahl in Form von Stahlguss festgelegt ist, muss seinem Namen nach den Festlegungen in den Tabellen 1 bis 15 der Buchstabe G voran gestellt werden.

Wenn ein Stahl pulvermetallurgisch hergestellt wird, müssen seinem Namen nach den Festlegungen in den Tabellen 14 und 15 die Buchstaben PM vorangestellt werden.

5

7.2 Zusatzsymbole

Zusatzsymbole dürfen an die Hauptsymbole angefügt und entsprechend 7.3 und 7.4 zugeordnet werden.

Die Zusatzsymbole sind in zwei Gruppen unterteilt, nämlich Gruppe 1 und Gruppe 2 (siehe 7.3 und 7.4). Falls die Symbole für Gruppe 1 zur vollen Beschreibung des Stahles nicht ausreichen, dürfen Zusatzsymbole von Gruppe 2 angefügt werden. Symbole der Gruppe 2 dürfen nur in Verbindung mit Symbolen der Gruppe 1 verwendet werden und sind an diese anzuhängen.

Weitere Zusatzsymbole für Stahlerzeugnisse dürfen an die Zusatzsymbole von Gruppe 1 und Gruppe 2 angehängt werden und sind entsprechend 7.3 und 7.4 aus den Tabellen 16, 17 und 18 auszuwählen. Diese Symbole sind von den vorhergehenden Symbolen durch ein Pluszeichen (+) zu trennen.

ANMERKUNG   Aus den Tabellen 16, 17 und 18 ausgewählte Zusatzsymbole dürfen an die nach EN 10027-2 zugeordneten Werkstoffnummern angehängt werden. Diese Symbole sind von der Werkstoffnummer durch ein Pluszeichen (+) zu trennen.

7.3 Nach ihrem Verwendungszweck und ihren mechanischen oder physikalischen Eigenschaften bezeichnete Stähle

Die Bezeichnung von Stahl nach seiner Verwendung und seinen mechanischen oder physikalischen Eigenschaften muss in Übereinstimmung mit Tabelle 1 bis Tabelle 11 erfolgen.

6

Tabelle 1 — Stähle für den Stahlbau

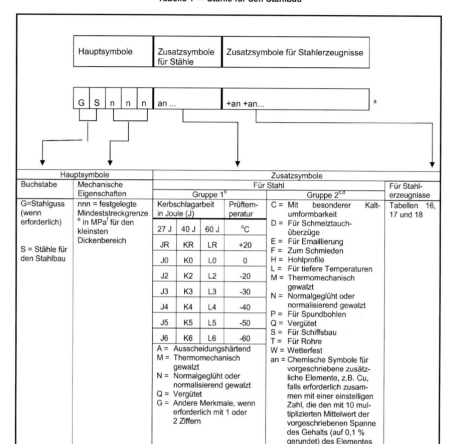

Hauptsymbole	Zusatzsymbole für Stähle	Zusatzsymbole für Stahlerzeugnisse	
G S n n n	an ...	+an +an ...	a

Hauptsymbole		Zusatzsymbole						
Buchstabe	Mechanische Eigenschaften	Für Stahl						Für Stahl-erzeugnisse
		Gruppe 1[b]				Gruppe 2[c,d]		
G=Stahlguss (wenn erforderlich) S = Stähle für den Stahlbau	nnn = festgelegte Mindeststreckgrenze [e] in MPa[f] für den kleinsten Dickenbereich	Kerbschlagarbeit in Joule (J)			Prüftem-peratur	C = Mit besonderer Kalt-umformbarkeit D = Für Schmelztauch-überzüge E = Für Emaillierung F = Zum Schmieden H = Hohlprofile L = Für tiefere Temperaturen M = Thermomechanisch gewalzt N = Normalgeglüht oder normalisierend gewalzt P = Für Spundbohlen Q = Vergütet S = Für Schiffsbau T = Für Rohre W = Wetterfest an = Chemische Symbole für vorgeschriebene zusätz-liche Elemente, z.B. Cu, falls erforderlich zusam-men mit einer einstelligen Zahl, die den mit 10 mul-tiplizierten Mittelwert der vorgeschriebenen Spanne des Gehalts (auf 0,1 % gerundet) des Elementes angibt		Tabellen 16, 17 und 18
		27 J	40 J	60 J	°C			
		JR	KR	LR	+20			
		J0	K0	L0	0			
		J2	K2	L2	-20			
		J3	K3	L3	-30			
		J4	K4	L4	-40			
		J5	K5	L5	-50			
		J6	K6	L6	-60			
		A = Ausscheidungshärtend M = Thermomechanisch gewalzt N = Normalgeglüht oder normalisierend gewalzt Q = Vergütet G = Andere Merkmale, wenn erforderlich mit 1 oder 2 Ziffern						

[a] n = Ziffer, a = Buchstabe, an = alphanumerisch.

[b] Symbole A, M, N und Q in Gruppe 1 gelten für Feinkornbaustähle.

[c] Zwecks Unterscheidung zwischen zwei Stahlsorten der betreffenden Erzeugnisnorm können, mit Ausnahme bei den Symbolen für chemische Elemente, an die Zusatzsymbole der Gruppe 2 ein oder zwei Ziffern angehängt werden.

[d] Wenn aus dieser Gruppe zwei Symbole benötigt werden, muss das chemische Symbol an letzter Stelle stehen.

[e] Unter dem Begriff "Streckgrenze" ist je nach den Angaben in der betreffenden Erzeugnisnorm die obere oder untere Streckgrenze (R_{eH}) oder (R_{eL}) oder die Dehngrenze bei nichtproportionaler Dehnung (R_p) oder die Dehngrenze bei gesamter Dehnung (R_t) zu verstehen.

[f] 1 MPa = 1 N/mm^2.

7

Tabelle 1 (fortgesetzt)

Beispiele für Kurznamen für Stähle für den Stahlbau	
Norm	Kurzname nach EN 10027-1
EN 10025-2	S235JR
	S355JR
	S355J0
	S355J2
	S355K2
	S450J0
EN 10025-3	S355N
	S355NL
EN 10025-4	S355M
	S355ML
EN 10025-5	S235J0W
	S235J2W
	S355J0WP
	S355J2WP
	S355J0W
	S355J2W
	S355K2W
EN 10025-6	S460Q
	S460QL
	S460QL1
EN 10149-2	S355MC
EN 10149-3	S355NC
EN 10210-1	S355J2H
EN 10248-1	S355GP
EN 10326	S350GD
	S350GD+Z

Tabelle 2 — Stähle für Druckbehälter

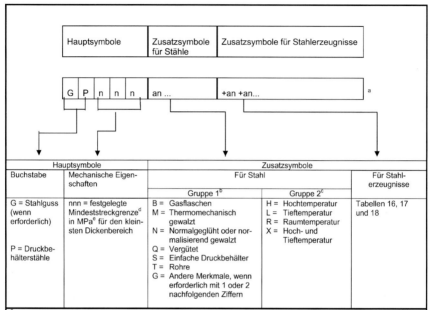

Hauptsymbole		Zusatzsymbole		Für Stahl-
Buchstabe	Mechanische Eigen-schaften	Für Stahl		erzeugnisse
		Gruppe 1[b]	Gruppe 2[c]	
G = Stahlguss (wenn erforderlich) P = Druckbe-hälterstähle	nnn = festgelegte Mindeststreckgrenze[d] in MPa[e] für den klein-sten Dickenbereich	B = Gasflaschen M = Thermomechanisch gewalzt N = Normalgeglüht oder nor-malisierend gewalzt Q = Vergütet S = Einfache Druckbehälter T = Rohre G = Andere Merkmale, wenn erforderlich mit 1 oder 2 nachfolgenden Ziffern	H = Hochtemperatur L = Tieftemperatur R = Raumtemperatur X = Hoch- und Tieftemperatur	Tabellen 16, 17 und 18

[a] n = Ziffer, a = Buchstabe, an = alphanumerisch.
[b] Symbole M, N und Q in Gruppe 1 gelten für Feinkornbaustähle.
[c] Zwecks Unterscheidung zwischen zwei Stahlsorten der betreffenden Erzeugnisnorm können, mit Ausnahme bei den Symbolen für chemische Elemente, an die Zusatzsymbole der Gruppe 2 ein oder zwei Ziffern angehängt werden.
[d] Unter dem Begriff "Streckgrenze" ist je nach den Angaben in der betreffenden Erzeugnisnorm die obere oder untere Streckgrenze (R_{eH}) oder (R_{eL}) oder die Dehngrenze bei nichtproportionaler Dehnung (R_p) oder die Dehngrenze bei gesamter Dehnung (R_t) zu verstehen.
[e] 1 MPa = 1 N/mm².

Beispiele für Kurznamen	
Norm	Kurzname nach EN 10027-1
EN 10028-2	P265GH
EN 10028-3	P355NH
EN 10028-5	P355M P355ML1
EN 10028-6	P355Q P355QH P355QL1
EN 10120	P265NB
EN 10207	P265S
EN 10213-2	GP240GR GP240GH

9

Tabelle 3 — Stähle für Leitungsrohre

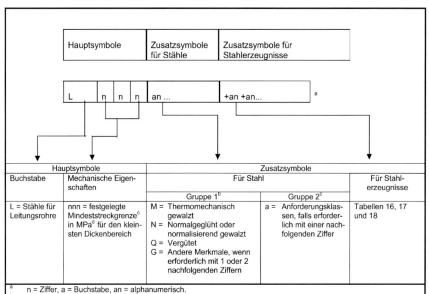

Hauptsymbole		Zusatzsymbole		Für Stahl-
Buchstabe	Mechanische Eigen-schaften	Für Stahl		erzeugnisse
		Gruppe 1[b]	Gruppe 2[c]	
L = Stähle für Leitungsrohre	nnn = festgelegte Mindeststreckgrenze[c] in MPa[d] für den klein-sten Dickenbereich	M = Thermomechanisch gewalzt N = Normalgeglüht oder normalisierend gewalzt Q = Vergütet G = Andere Merkmale, wenn erforderlich mit 1 oder 2 nachfolgenden Ziffern	a = Anforderungsklas-sen, falls erforder-lich mit einer nach-folgenden Ziffer	Tabellen 16, 17 und 18

[a] n = Ziffer, a = Buchstabe, an = alphanumerisch.
[b] Symbole M, N und Q in Gruppe 1 gelten für Feinkornbaustähle.
[c] Unter dem Begriff "Streckgrenze" ist je nach den Angaben in der betreffenden Erzeugnisnorm die obere oder untere Streckgrenze (R_{eH}) oder (R_{eL}) oder die Dehngrenze bei nichtproportionaler Dehnung (R_p) oder die Dehngrenze bei gesamter Dehnung (R_t) zu verstehen.
[d] 1 MPa = 1 N/mm^2.

Beispiele für Kurznamen	
Norm	Kurzname nach EN 10027-1
EN 10208-1	L360GA
	L360NB
EN 10208-2	L360QB
	L360MB

10

309

Tabelle 4 — Maschinenbaustähle

Hauptsymbole	Zusatzsymbole für Stähle	Zusatzsymbole für Stahlerzeugnisse

G | E | n | n | n | an ... | +an +an ... | a

Hauptsymbole		Zusatzsymbole		
Buchstabe	Mechanische Eigenschaften	Für Stahl		Für Stahl-erzeugnisse
		Gruppe 1	Gruppe 2	
G = Stahlguss (wenn erforder-lich) E = Maschinen-baustähle	nnn = festgelegte Mindeststreck-grenze[b] in MPa[c] für den kleinsten Dickenbereich	G = Andere Merkmale, wenn erforderlich mit 1 oder 2 nachfolgenden Ziffern oder falls Kerbschlageigen-schaften festgelegt sind, entsprechend den Regeln nach Tabelle 1, Gruppe 1.	C = Eignung zum Kaltziehen	Tabelle 18

[a] n = Ziffer, a = Buchstabe, an = alphanumerisch.
[b] Unter dem Begriff "Streckgrenze" ist je nach den Angaben in der betreffenden Erzeugnisnorm die obere oder untere Streckgrenze (R_{eH}) oder (R_{eL}) oder die Dehngrenze bei nichtproportionaler Dehnung (R_p) oder die Dehngrenze bei gesamter Dehnung (R_t) zu verstehen.
[c] 1 MPa = 1 N/mm².

Beispiele für Kurznamen	
Norm	Kurzname nach EN 10027-1
EN 10025-2	E295
	E295GC
	E335
	E360
EN 10293	GE240
EN 10296-1	E355K2

11

Tabelle 5 — Betonstähle

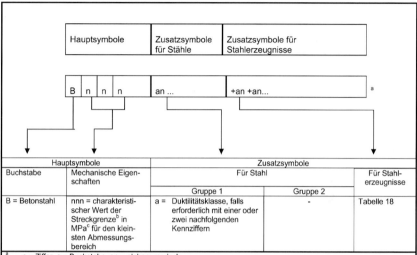

Hauptsymbole	Zusatzsymbole für Stähle	Zusatzsymbole für Stahlerzeugnisse	

| B | n | n | n | an ... | +an +an ... | ᵃ |

Hauptsymbole		Zusatzsymbole			
Buchstabe	Mechanische Eigenschaften	Für Stahl			Für Stahlerzeugnisse
		Gruppe 1	Gruppe 2		
B = Betonstahl	nnn = charakteristischer Wert der Streckgrenze^b in MPa^c für den kleinsten Abmessungsbereich	a = Duktilitätsklasse, falls erforderlich mit einer oder zwei nachfolgenden Kennziffern	-		Tabelle 18

[a] n = Ziffer, a = Buchstabe, an = alphanumerisch.

[b] Unter dem Begriff "Streckgrenze" ist je nach den Angaben in der betreffenden Erzeugnisnorm die obere oder untere Streckgrenze (R_{eH}) oder (R_{eL}) oder die Dehngrenze bei nichtproportionaler Dehnung (R_p) oder die Dehngrenze bei gesamter Dehnung (R_t) zu verstehen.

[c] 1 MPa = 1 N/mm².

Beispiele für Kurznamen	
Norm	Kurzname nach EN 10027-1
Nicht genormt	B500A

Tabelle 6 — Spannstähle

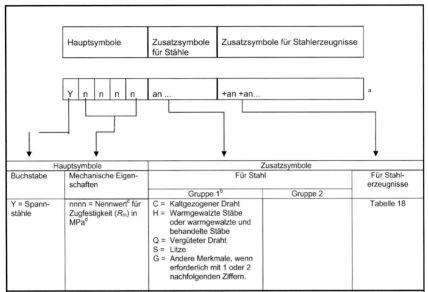

Buchstabe	Mechanische Eigen-schaften	Für Stahl		Für Stahl-erzeugnisse
Hauptsymbole		Zusatzsymbole		
		Gruppe 1[b]	Gruppe 2	
Y = Spann-stähle	nnnn = Nennwert[c] für Zugfestigkeit (R_m) in MPa[e]	C = Kaltgezogener Draht H = Warmgewalzte Stäbe oder warmgewalzte und behandelte Stäbe Q = Vergüteter Draht S = Litze G = Andere Merkmale, wenn erforderlich mit 1 oder 2 nachfolgenden Ziffern.		Tabelle 18

[a]   n = Ziffer, a = Buchstabe, an = alphanumerisch.
[b]   Zwecks Unterscheidung zwischen zwei Stahlsorten der betreffenden Erzeugnisnorm können an die Zusatzsymbole der Gruppe 1 ein oder zwei Ziffern angehängt werden.
[c]   Bei 3stelligen Angaben für die Zugfestigkeit ist eine Null voranzusetzen.
[e]   1 MPa = 1 N/mm².

Beispiele für Kurznamen	
Norm	Kurzname nach EN 10027-1
prEN 10138-2	Y1770C
prEN 10138-3	Y1770S7
prEN 10138-4	Y1230H

13

Tabelle 7 — Stähle für oder in Form von Schienen

Hauptsymbole	Zusatzsymbole für Stähle	Zusatzsymbole für Stahlerzeugnisse

R n n n an ...   +an +an ...   a

Hauptsymbole		Zusatzsymbole		Für Stahl-erzeugnisse
Buchstabe	Mechanische Eigenschaften	Für Stahl		
		Gruppe 1	Gruppe 2	
R = Stähle für oder in Form von Schienen	nnn = festgelegte Mindesthärte nach Brinell (HBW)	Cr = Chrom-legiert Mn = Hoher Mn-Gehalt an = Chemische Symbole für vorgeschriebene zusätzliche Elemente, z.B. Cu, falls erforderlich zusammen mit einer einstelligen Zahl, die den mit 10 multiplizierten Mittelwert der vorgeschriebenen Spanne des Gehalts (auf 0,1 % gerundet) des Elementes angibt. G = Andere Merkmale, wenn erforderlich mit 1 oder 2 nachfolgenden Ziffern.	HT = Wärmebehandelt LHT = Niedrig legiert, wärmebehandelt Q = Vergütet	-

a   n = Ziffer, a = Buchstabe, an = alphanumerisch.

Beispiele für Kurznamen	
Norm	Kurzname nach EN 10027-1
EN 13674-1	R320Cr

14

313

Tabelle 8 — Flacherzeugnisse zum Kaltumformen (mit Ausnahme der Sorten nach Tabelle 9)

Hauptsymbole	Zusatzsymbole für Stähle	Zusatzsymbole für Stahlerzeugnisse

D | a | n | n | an … | +an +an … | a

Hauptsymbole		Zusatzsymbole		
Buchstabe	Mechanische Eigenschaften	Für Stahl		Für Stahlerzeugnisse
		Gruppe 1[b]	Gruppe 2	
D = Flacherzeugnisse zum Kaltumformen	Cnn = Kaltgewalzt, gefolgt von zwei Symbolen[c] Dnn = Warmgewalzt, bestimmt für unmittelbare Kaltumformung, gefolgt von 2 Symbolen[c] Xnn = Art des Walzens (warm oder kalt) nicht vorgeschrieben, gefolgt von 2 Symbolen[c]	D = Für Schmelztauchüberzüge ED = Für Direktemaillierung EK = Für konventionelle Emaillierung H = Für Hohlprofile T = Für Rohre an = Chemische Symbole für vorgeschriebene zusätzliche Elemente, z.B. Cu, falls erforderlich zusammen mit einer einstelligen Zahl, die den mit 10 multiplizierten Mittelwert der vorgeschriebenen Spanne des Gehalts (auf 0,1 % gerundet) des Elementes angibt. G = Andere Merkmale, wenn erforderlich mit 1 oder 2 nachfolgenden Ziffern.	-	Tabellen 17 und 18

[a] n = Ziffer, a = Buchstabe, an = alphanumerisch.
[b] Zwecks Unterscheidung zwischen zwei Stahlsorten der betreffenden Erzeugnisnorm können, mit Ausnahme bei den Symbolen für chemische Elemente, an die Zusatzsymbole der Gruppe 1 ein oder zwei Ziffern angehängt werden.
[c] Diese Symbole werden von der verantwortlichen Stelle (siehe 4.3) zur Charakterisierung des Stahles zugeordnet.

Beispiele für Kurznamen	
Norm	Kurzname nach EN 10027-1
EN 10111	DD14
EN 10130	DC04
EN 10152	DC03+ZE
EN 10209	DC04EK
EN 10327	DX51D+Z

15

Tabelle 9 — Flacherzeugnisse aus höherfesten Stählen zum Kaltumformen

Hauptsymbole					Zusatzsymbole für Stähle	Zusatzsymbole für Stahlerzeugnisse	a
H	a	n	n	n	an …	+an +an…	

H	a	T	n	n	n	(n)

	Hauptsymbole	Zusatzsymbole		
Buchstabe	Mechanische Eigen-schaften	Für Stahl		Für Stahl-erzeugnisse
		Gruppe 1[b]	Gruppe 2[b]	
H = Flacher-zeugnisse aus höherfesten Stählen zum Kaltumformen	Cnnn = Kaltgewalzt, gefolgt von der festgelegten Mindeststreck-grenze[c] in MPa[d] Dnnn = Warmgewalzt, bestimmt für unmittelbare Kaltumformung, gefolgt von der festgelegten Mindeststreckgrenze[c] in MPa[d] Xnnn = Art des Walzens (warm oder kalt) nicht vorgeschrieben, gefolgt von der festgelegten Mindeststreckgrenze[c] in MPa[d] CTnnn(n) = Kaltgewalzt, gefolgt von der festgelegten Mindest-zugfestigkeit in MPa[d] DTnnn(n) = Warmgewalzt, be-stimmt für unmittelbare Kalt-umformung, gefolgt von der festgelegten Mindestzugfestig-keit in MPa[d] XTnnn(n) = Art des Walzens (warm oder kalt) nicht vorge-schrieben, gefolgt von der fest-gelegten Mindestzugfestigkeit in MPa[d]	B = Bake hardening C = Komplexphase I = Isotroper Stahl LA = Niedrig legiert M = Thermomechanisch gewalzt P = Phosphorlegiert T = TRIP-Stahl (TRansforma-tion Induced Plasticity) X = Dualphase Y = Interstitialfree steel (IF-Stahl) G = Andere Merkmale, wenn erforderlich mit 1 oder 2 nachfolgenden Ziffern	D = Für Schmelz-tauchüber-züge	Tabelle 17

[a] n = Ziffer, a = Buchstabe, an = alphanumerisch.
[b] Zwecks Unterscheidung zwischen zwei Stahlsorten der betreffenden Erzeugnisnorm können an die Zusatzsymbole der Gruppen 1 und 2 ein oder zwei Ziffern angehängt werden.
[c] Unter dem Begriff "Streckgrenze" ist je nach den Angaben in der betreffenden Erzeugnisnorm die obere oder untere Streckgrenze (R_{eH}) oder (R_{eL}) oder die Dehngrenze bei nichtproportionaler Dehnung (R_p) oder die Dehngrenze bei gesamter Dehnung (R_t) zu verstehen.
[d] 1 MPa = 1 N/mm^2.

Beispiele für Kurznamen	
Norm	Kurzname nach EN 10027-1
EN 10268	HC400LA
prEN 10336	HXT450X

16

Tabelle 10 — Verpackungsblech und -band

Hauptsymbole	Zusatzsymbole für Stähle	Zusatzsymbole für Stahlerzeugnisse	
T H n n n		+an +an...	a
T S n n n			

Hauptsymbole		Zusatzsymbole		
Buchstabe	Mechanische Eigenschaften	Für Stahl		Für Stahlerzeugnisse
		Gruppe 1	Gruppe 2	
T = Verpackungsblech und -band	Hnnn = Nennstreckgrenze (R_e) in MPa[b] für kontinuierlich geglühte Sorten	-	-	Tabellen 17 und 18
	Snnn = Nennstreckgrenze (R_e) in MPa[b] für losweise geglühte Sorten			ANMERKUNG Für Feinstblech sind keine Symbole vorgesehen.

[a]   n = Ziffer, a = Buchstabe, an = alphanumerisch.
[b]   1 MPa = 1 N/mm^2.

Beispiele für Kurznamen	
Norm	Kurzname nach EN 10027-1
EN 10202	TH550 TS550

17

Table 11 — Elektroblech und –band

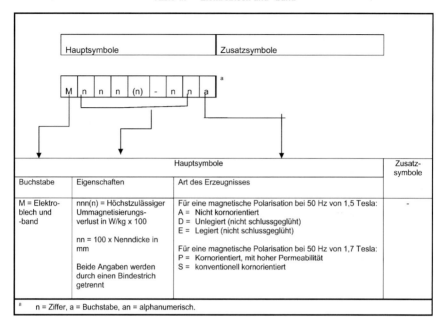

Buchstabe	Eigenschaften	Hauptsymbole Art des Erzeugnisses	Zusatz-symbole
M = Elektro-blech und -band	nnn(n) = Höchstzulässiger Ummagnetisierungs-verlust in W/kg x 100 nn = 100 x Nenndicke in mm Beide Angaben werden durch einen Bindestrich getrennt	Für eine magnetische Polarisation bei 50 Hz von 1,5 Tesla: A = Nicht kornorientiert D = Unlegiert (nicht schlussgeglüht) E = Legiert (nicht schlussgeglüht) Für eine magnetische Polarisation bei 50 Hz von 1,7 Tesla: P = Kornorientiert, mit hoher Permeabilität S = konventionell kornorientiert	-

[a] n = Ziffer, a = Buchstabe, an = alphanumerisch.

Beispiele für Kurznamen	
Norm	Kurzname nach EN 10027-1
EN 10106	M400-50A
EN 10107	M140-30S
EN 10126	M660-50D
EN 10165	M390-50E

7.4 Nach ihrer chemischen Zusammensetzung bezeichnete Stähle

Die Bezeichnung von Stahl nach seiner chemischen Zusammensetzung muss in Übereinstimmung mit Tabelle 12 bis Tabelle 15 erfolgen.

Um die Kurznamen der legierten Stähle so kurz wie möglich zu halten, dürfen einige Ziffern oder Symbole entfallen, solange keine Verwechslungsgefahr mit einer ähnlichen Sorte besteht.

Tabelle 12 — Unlegierte Stähle mit mittlerem Mn-Gehalt < 1 % (ausgenommen Automatenstähle)

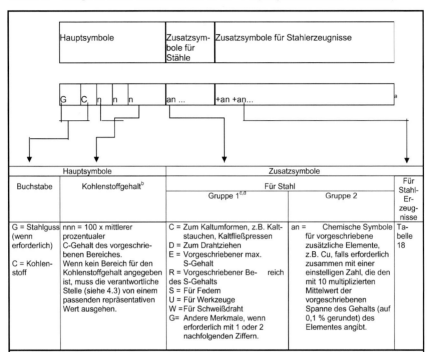

Buchstabe	Kohlenstoffgehalt[b]	Für Stahl		Für Stahl-Erzeugnisse
		Gruppe 1[c,d]	Gruppe 2	
G = Stahlguss (wenn erforderlich)	nnn = 100 x mittlerer prozentualer C-Gehalt des vorgeschriebenen Bereiches. Wenn kein Bereich für den Kohlenstoffgehalt angegeben ist, muss die verantwortliche Stelle (siehe 4.3) von einem passenden repräsentativen Wert ausgehen.	C = Zum Kaltumformen, z.B. Kaltstauchen, Kaltfließpressen	an = Chemische Symbole für vorgeschriebene zusätzliche Elemente, z.B. Cu, falls erforderlich zusammen mit einer einstelligen Zahl, die den mit 10 multiplizierten Mittelwert der vorgeschriebenen Spanne des Gehalts (auf 0,1 % gerundet) des Elementes angibt.	Tabelle 18
C = Kohlenstoff		D = Zum Drahtziehen		
		E = Vorgeschriebener max. S-Gehalt		
		R = Vorgeschriebener Bereich des S-Gehalts		
		S = Für Federn		
		U = Für Werkzeuge		
		W = Für Schweißdraht		
		G= Andere Merkmale, wenn erforderlich mit 1 oder 2 nachfolgenden Ziffern.		

[a] n = Ziffer, a = Buchstabe, an = alphanumerisch.

[b] Zwecks Unterscheidung zwischen zwei Stahlsorten mit ähnlicher chemischer Zusammensetzung kann die Kennzahl für den Kohlenstoffgehalt um 1 erhöht werden.

[c] Den Symbolen der Gruppe 1, außer E und R, können ein oder zwei Ziffern angehängt werden zwecks Unterscheidung von zwei Stahlsorten der betreffenden Erzeugnisnorm.

[d] Den Symbolen E und R der Gruppe 1 kann eine Ziffer angehängt werden, die den mit 100 multiplizierten, zuvor auf 0,01 % gerundeten höchstzulässigen bzw. mittleren Schwefelgehalt darstellt.

Beispiele für Kurznamen	
Norm	Kurzname nach EN 10027-1
EN 10016-2	C20D
EN 10016-3	C2D1
EN 10016-4	C20D2
EN 10083-1	C35E
	C35R
EN 10083-2	C35
EN 10132-4	C85S
EN 10263-2	C8C

19

Tabelle 13 — Unlegierte Stähle mit einem Mittel von ≥ 1 % Mn, unlegierte Automatenstähle sowie legierte Stähle (ausgenommen Schnellarbeitsstähle), sofern der mittlere Gehalt der einzelnen Legierungselemente < 5 % ist

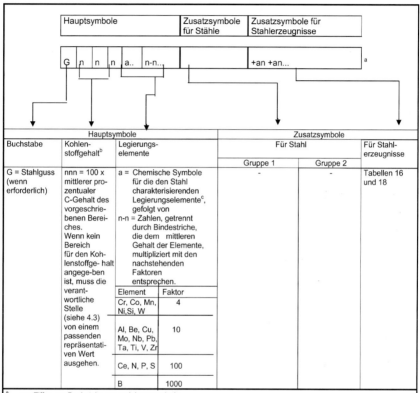

	Hauptsymbole		Zusatzsymbole		Für Stahl-erzeugnisse
Buchstabe	Kohlen-stoffgehalt[b]	Legierungs-elemente	Für Stahl		
			Gruppe 1	Gruppe 2	
G = Stahlguss (wenn erforderlich)	nnn = 100 x mittlerer prozentualer C-Gehalt des vorgeschriebenen Bereiches. Wenn kein Bereich für den Kohlenstoffge- halt angege-ben ist, muss die verant-wortliche Stelle (siehe 4.3) von einem passenden repräsentati-ven Wert ausgehen.	a = Chemische Symbole für die den Stahl charakterisierenden Legierungselemente[c], gefolgt von n-n = Zahlen, getrennt durch Bindestriche, die dem mittleren Gehalt der Elemente, multipliziert mit den nachstehenden Faktoren entsprechen.	-	-	Tabellen 16 und 18

Element	Faktor
Cr, Co, Mn, Ni, Si, W	4
Al, Be, Cu, Mo, Nb, Pb, Ta, Ti, V, Zr	10
Ce, N, P, S	100
B	1000

[a] n = Ziffer, a = Buchstabe, an = alphanumerisch.

[b] Zwecks Unterscheidung zwischen zwei Stahlsorten mit ähnlicher chemischer Zusammensetzung kann die Kennzahl für den Kohlenstoffgehalt um 1 erhöht werden.

[c] Die Reihenfolge der Symbole muss nach abnehmendem Wert des Gehaltes geordnet sein; wenn die Werte für den Gehalt von 2 oder mehr Elementen gleich sind, sind die entsprechenden Symbole in alphabetischer Reihenfolge anzugeben.

Beispiele für Kurznamen	
Norm	Kurzname nach EN 10027-1
EN 10028-2	13CrMo4-5
EN 10028-4	13MnNi6-3
EN 10083-1	28Mn6
EN 10083-3	27MnCrB5-2
EN 10087	11SMnPb30

20

Tabelle 14 — Nichtrostende Stähle und andere legierte Stähle (ausgenommen Schnellarbeitsstähle), sofern der mittlere Gehalt mindestens eines Legierungselementes ≥ 5 % ist

Hauptsymbole		Zusatzsymbole für Stähle	Zusatzsymbole für Stahlerzeugnisse
G | X | n | n | n | a... | n-n...		an...	+an+an... a
PM | X | n | n | n | a... | n-n...			

	Hauptsymbole		Zusatzsymbole		
Buchstabe	Kohlen-stoffgehalt^b	Legierungs-elemente	Für Stahl^d		Für Stahl-Erzeug-nisse
			Gruppe 1	Gruppe 2	
G = Stahlguss (wenn erforderlich) PM = Pulver-metallurgie (wenn für Werkzeug-stähle erfor-derlich) X = Mittlerer Gehalt minde-stens eines Legierungs-elementes ≥ 5 %	nnn = 100 x mittlerer prozentualer C-Gehalt des vorgeschrie-benen Berei-ches. Wenn kein Bereich für den Koh-lenstoffge-halt angegeben ist, muss die verantwortliche Stelle (siehe 4.3) von einem pas-senden reprä-sentativen Wert ausgehen.	a = Chemi-sche Symbole für die den Stahl charakte-risieren- den Le- gie-rungsele-mente,^c gefolgt von n-n= Zahlen, getrennt durch Bindestriche, die den mitt-leren, auf die nächste ganze Zahl gerundeten Gehalt der Elemente an-geben	a = chemisches Symbol, durch einen Bindestrich getrennt, für ein den Stahl charakterisierendes Element, dessen Gehalt im Bereich von 0,20 % bis 1,0 % liegt, gefolgt von n = 10 x mittlerer Gehalt des Legierungselemen- tes		Ta-bellen 16 und 18

a   n = Ziffer, a = Buchstabe, an = alphanumerisch.
b   Zwecks Unterscheidung zwischen zwei Stahlsorten mit ähnlicher chemischer Zusammensetzung kann die Kennzahl für den Kohlenstoffgehalt um 1 erhöht werden.
c   Die Reihenfolge der Symbole muss nach abnehmendem Wert des Gehaltes geordnet sein; wenn die Werte für den Gehalt von 2 oder mehr Elementen gleich sind, sind die entsprechenden Symbole in alphabetischer Reihenfolge anzugeben.
d   Ein Beispiel ist aufgeführt für einen Stahl mit hohem Stickstoffgehalt (siehe unten).

Beispiele für Kurznamen	
Norm	Kurzname nach EN 10027-1
EN ISO 4957	X100CrMoV5
	X38CrMoNb16
EN 10088-2	X10CrNi18-8
	X6CrMoNb17-1
	X5CrNiCuNb16-4
Nicht genormt	X30NiCrN15-1-N5

21

Tabelle 15 — Schnellarbeitsstähle

Hauptsymbole	Zusatzsymbole für Stähle	Zusatzsymbole für Stahlerzeugnisse

PM | HS | n-n... | a (a) | +an + an... | a

Hauptsymbole		Zusatzsymbole		
Buchstabe	Legierungselemente Gehalt	Für Stahl		Für Stahlerzeugnisse
		Gruppe 1	Gruppe 2	
PM = Pulvermetallurgie (wenn erforderlich) HS = Schnellarbeitsstahl	n-n = Zahlen[b], die durch Bindestriche getrennt den prozentualen Gehalt der Legierungselemente in folgender Reihenfolge angeben: - Wolfram (W) - Molybdän (Mo) - Vanadium (V) - Cobalt (Co)	a(a) = Symbol (e) der (des) Elemente(s) mit höherem Gehalt (bei einer ansonsten gleichen Stahlsorte)	-	Tabelle 18

[a] n = Ziffer, a = Buchstabe, an = alphanumerisch.

[b] Jede Zahl gibt den auf die nächste ganze Zahl gerundeten mittleren prozentualen Gehalt des jeweiligen Elementes an.

Beispiele für Kurznamen	
Norm	Kurzname nach EN 10027-1
EN ISO 4957	HS2-9-1-8
	HS6-5-2
	HS6-5-2C

Tabelle 16 — Symbole für besondere Anforderungen an Stahlerzeugnisse

Symbol[a]	Bedeutung
+CH	Mit Kernhärtbarkeit
+H	Mit Härtbarkeit
+Z15	Mindest-Brucheinschnürung senkrecht zur Oberfläche 15 %
+Z25	Mindest-Brucheinschnürung senkrecht zur Oberfläche 25 %
+Z35	Mindest-Brucheinschnürung senkrecht zur Oberfläche 35 %

[a] Die Symbole werden durch Pluszeichen (+) von den vorhergehenden getrennt (siehe 7.2). Diese Symbole stehen im Grunde als für den Stahl kennzeichnende Sonderan-forderungen. Aus praktischer Erwägung werden sie jedoch wie Zusatzsymbole für Stahlerzeugnisse behandelt.

Tabelle 17 — Symbole für die Art des Überzuges auf Stahlerzeugnissen

Symbol[a]	Bedeutung
+A	Feueraluminiert
+AS	Mit einer Al-Si-Legierung überzogen
+AZ	Mit einer Al-Zn-Legierung überzogen (> 50 % Al)
+CE	Elektrolytisch spezialverchromt (ECCS)
+CU	Kupferüberzug
+IC	Anorganische Beschichtung
+OC	Organisch beschichtet
+S	Feuerverzinnt
+SE	Elektrolytisch verzinnt
+T	Schmelztauchveredelt mit einer Blei-Zinn-Legierung (Terne)
+TE	Elektrolytisch mit einer Blei-Zinn-Legierung (Terne) überzogen
+Z	Feuerverzinkt
+ZA	Mit einer Zn-Al-Legierung überzogen (> 50 % Zn)
+ZE	Elektrolytisch verzinkt
+ZF	Diffusionsgeglühte Zinküberzüge (galvan-nealed, mit diffundiertem Fe)
+ZN	Zink-Nickel-Überzug (elektrolytisch)

[a] Die Symbole werden durch Pluszeichen (+) von den vorhergehenden getrennt (siehe 7.2).

23

Tabelle 18 — Symbole für den Behandlungszustand von Stahlerzeugnissen

Symbol[a]	Bedeutung
+A	Weichgeglüht
+AC	Geglüht zur Erzielung kugeliger Carbide
+AR	Wie gewalzt (ohne jegliche besonderen Walz- und/oder Wärmebehandlungsbedingungen)
+AT	Lösungsgeglüht
+C	Kaltverfestigt
+Cnnn	Kaltverfestigt auf eine Mindestzugfestigkeit von nnn MPa[b]
+CPnnn	Kaltverfestigt auf eine 0,2 %-Dehngrenze von mindestens nnn MPa[b]
+CR	Kaltgewalzt
+DC	Lieferzustand dem Hersteller überlassen
+FP	Behandelt auf Ferrit-Perlit-Gefüge und Härtespanne
+HC	Warm-Kalt-geformt
+I	Isothermisch behandelt
+LC	Leicht kalt nachgezogen bzw. leicht nachgewalzt (Skin passed)
+M	Thermomechanisch umgeformt
+N	Normalgeglüht oder normalisierend umgeformt
+NT	Normalgeglüht und angelassen
+P	Ausscheidungsgehärtet
+Q	Abgeschreckt
+QA	Luftgehärtet
+QO	Ölgehärtet
+QT	Vergütet
+QW	Wassergehärtet
+RA	Rekristallisationsgeglüht
+S	Behandelt auf Kaltscherbarkeit
+SR	Spannungsarmgeglüht
+T	Angelassen
+TH	Behandelt auf Härtespanne
+U	Unbehandelt
+WW	Warmverfestigt

[a]   Die Symbole werden durch Pluszeichen (+) von den vorhergehenden getrennt (siehe 7.2).

[b]   1 MPa = 1 N/mm^2.

24

Oktober 2006

DIN EN 10083-1

ICS 77.140.10

Ersatzvermerk
siehe unten

Vergütungsstähle –
Teil 1: Allgemeine technische Lieferbedingungen;
Deutsche Fassung EN 10083-1:2006

Steels for quenching and tempering –
Part 1: General technical delivery conditions;
German version EN 10083-1:2006

Aciers pour trempe et revenu –
Partie 1: Conditions techniques générales de livraison;
Version allemande EN 10083-1:2006

Ersatzvermerk

Mit DIN EN 10083-2:2006-10 und DIN EN 10083-3:2006-10 Ersatz für DIN EN 10083-1:1996-10 und
DIN 17212:1972-08;
mit DIN EN 10083-2:2006-10 Ersatz für DIN EN 10083-2:1996-10;
mit DIN EN 10083-3:2006-10 Ersatz für DIN EN 10083-3:1996-02

Gesamtumfang 27 Seiten

Normenausschuss Eisen und Stahl (FES) im DIN

Nationales Vorwort

Die Europäische Norm EN 10083-1:2006 wurde vom Technischen Komitee (TC) 23 „Für eine Wärmebehandlung bestimmte Stähle, legierte Stähle und Automatenstähle – Gütenormen" (Sekretariat: Deutschland) des Europäischen Komitees für die Eisen- und Stahlnormung (ECISS) ausgearbeitet.

Das zuständige deutsche Normungsgremium ist der Arbeitsausschuss 05/1 des Normenausschusses Eisen und Stahl (FES).

Änderungen

Gegenüber   DIN EN 10083-1:1996-10,   DIN EN 10083-2:1996-10,   DIN EN 10083-3:1996-02   und DIN 17212:1972-08 wurden folgende Änderungen vorgenommen:

a) Mit der vorliegenden Überarbeitung der DIN EN 10083-1 bis -3 wurde eine Neukonzeption der thematischen Gliederung umgesetzt. Die frühere Gliederung in:

Teil 1: Technische Lieferbedingungen für Edelstähle,
Teil 2: Technische Lieferbedingungen für unlegierte Qualitätsstähle,
Teil 3: Technische Lieferbedingungen für Borstähle

wurde aufgegeben zu Gunsten der Neugliederung in:

Teil 1: Allgemeine technische Lieferbedingungen,
Teil 2: Technische Lieferbedingungen für unlegierte Stähle,
Teil 3: Technische Lieferbedingungen für legierte Stähle.

b) Die damit verbundene thematische Straffung konnte erreicht werden, indem die früher in allen drei Normen vorhandenen Bilder zur Lage der Proben und Probenabschnitte ebenso wie die in allen drei Normen vorhandenen Anhänge „Ermittlung des maßgeblichen Wärmebehandlungsdurchmessers", „Verzeichnisse weiterer Normen", „Für Erzeugnisse nach dieser Europäischen Norm in Betracht kommende Maßnormen" und „Ermittlung des Gehaltes an nichtmetallischen Einschlüssen" jetzt nur noch im Teil 1, den allgemeinen technischen Lieferbedingungen, zu finden sind. Lediglich die speziell den unlegierten bzw. legierten Vergütungsstählen zuzuordnenden Diagramme und Anhänge wurden in den jeweiligen Teilen 2 und 3 belassen.

c) In den Anwendungsbereich dieser Normen wurden zusätzlich die Stähle für das Flamm- und Induktionshärten aufgenommen.

Frühere Ausgaben

DIN 1661: 1924-09, 1929-06
DIN 1662: 1928-07, 1930-06
DIN 1662 Bbl. 5, Bbl. 6, Bbl. 8 bis Bbl. 11: 1932-05
DIN 1663: 1936-05, 1939x-12
DIN 1663 Bbl. 5, Bbl. 7 bis Bbl. 9: 1937x-02
DIN 1665: 1941-05
DIN 1667: 1943-11
DIN 17200 Bbl.: 1952-05
DIN 17200: 1951-12, 1969-12, 1984-11, 1987-03
DIN 17212: 1972-08
DIN EN 10083-1: 1991-10, 1996-10
DIN EN 10083-2: 1991-10, 1996-10
DIN EN 10083-3: 1996-02

EUROPÄISCHE NORM

EUROPEAN STANDARD

NORME EUROPÉENNE

EN 10083-1

August 2006

ICS 77.140.10

Ersatz für EN 10083-1:1991 + A1:1996

Deutsche Fassung

Vergütungsstähle —
Teil 1: Allgemeine technische Lieferbedingungen

Steels for quenching and tempering —
Part 1: General technical delivery conditions

Aciers pour trempe et revenu —
Partie 1: Conditions techniques générales de livraison

Diese Europäische Norm wurde vom CEN am 7. Juli 2006 angenommen.

Die CEN-Mitglieder sind gehalten, die CEN/CENELEC-Geschäftsordnung zu erfüllen, in der die Bedingungen festgelegt sind, unter denen dieser Europäischen Norm ohne jede Änderung der Status einer nationalen Norm zu geben ist. Auf dem letzten Stand befindliche Listen dieser nationalen Normen mit ihren bibliographischen Angaben sind beim Management-Zentrum oder bei jedem CEN-Mitglied auf Anfrage erhältlich.

Diese Europäische Norm besteht in drei offiziellen Fassungen (Deutsch, Englisch, Französisch). Eine Fassung in einer anderen Sprache, die von einem CEN-Mitglied in eigener Verantwortung durch Übersetzung in seine Landessprache gemacht und dem Management-Zentrum mitgeteilt worden ist, hat den gleichen Status wie die offiziellen Fassungen.

CEN-Mitglieder sind die nationalen Normungsinstitute von Belgien, Dänemark, Deutschland, Estland, Finnland, Frankreich, Griechenland, Irland, Island, Italien, Lettland, Litauen, Luxemburg, Malta, den Niederlanden, Norwegen, Österreich, Polen, Portugal, Rumänien, Schweden, der Schweiz, der Slowakei, Slowenien, Spanien, der Tschechischen Republik, Ungarn, dem Vereinigten Königreich und Zypern.

EUROPÄISCHES KOMITEE FÜR NORMUNG
EUROPEAN COMMITTEE FOR STANDARDIZATION
COMITÉ EUROPÉEN DE NORMALISATION

Management-Zentrum: rue de Stassart, 36   B-1050 Brüssel

Inhalt

Vorwort

Dieses Dokument (EN 10083-1:2006) wurde vom Technischen Komitee ECISS/TC 23 „Für eine Wärmebehandlung bestimmte Stähle, legierte Stähle und Automatenstähle - Gütenormen" erarbeitet, dessen Sekretariat vom DIN gehalten wird.

Diese Europäische Norm muss den Status einer nationalen Norm erhalten, entweder durch Veröffentlichung eines identischen Textes oder durch Anerkennung bis Februar 2007, und etwaige entgegenstehende nationale Normen müssen bis Februar 2007 zurückgezogen werden.

Zusammen mit Teil 2 und Teil 3 dieser Norm ist dieser Teil 1 das Ergebnis der Überarbeitung folgender Europäischer Normen:

EN 10083-1:1991 + A1:1996, *Vergütungsstähle — Teil 1: Technische Lieferbedingungen für Edelstähle*

EN 10083-2:1991 + A1:1996, *Vergütungsstähle — Teil 2: Technische Lieferbedingungen für unlegierte Qualitätsstähle*

EN 10083-3:1995, *Vergütungsstähle — Teil 3: Technische Lieferbedingungen für Borstähle*

und der

EURONORM 86-70, *Stähle zum Flamm- und Induktionshärten — Gütevorschriften*

Die besonderen Anforderungen an Vergütungsstähle werden in den folgenden Teilen beschrieben:

Teil 2: Technische Lieferbedingungen für unlegierte Stähle

Teil 3: Technische Lieferbedingungen für legierte Stähle

Entsprechend der CEN/CENELEC-Geschäftsordnung sind die nationalen Normungsinstitute der folgenden Länder gehalten, diese Europäische Norm zu übernehmen: Belgien, Dänemark, Deutschland, Estland, Finnland, Frankreich, Griechenland, Irland, Island, Italien, Lettland, Litauen, Luxemburg, Malta, Niederlande, Norwegen, Österreich, Polen, Portugal, Rumänien, Schweden, Schweiz, Slowakei, Slowenien, Spanien, Tschechische Republik, Ungarn, Vereinigtes Königreich und Zypern.

3

1 Anwendungsbereich

Dieser Teil der EN 10083 enthält die allgemeinen technischen Lieferbedingungen für

— Halbzeug, warmgeformt, zum Beispiel Vorblöcke, Knüppel, Vorbrammen (siehe Anmerkungen 2 und 3),

— Stabstahl (siehe Anmerkung 2),

— Walzdraht,

— Breitflachstahl,

— warmgewalztes Blech und Band,

— Schmiedestücke (siehe Anmerkung 2),

hergestellt aus unlegierten Vergütungsstählen (siehe EN 10083-2), legierten Vergütungsstählen (siehe EN 10083-3), unlegierten Stählen zum Flamm- und Induktionshärten (siehe EN 10083-2) und legierten Stählen zum Flamm- und Induktionshärten (siehe EN 10083-3), welche in einem der für die verschiedenen Erzeugnisformen in den entsprechenden Tabellen in EN 10083-2 und EN 10083-3 angegebenen Wärmebehandlungszustände und in einer der in den entsprechenden Tabellen in EN 10083-2 und EN 10083-3 angegebenen Oberflächenausführungen geliefert werden.

Die Stähle sind im Allgemeinen zur Herstellung vergüteter, flamm- oder induktionsgehärteter Maschinenteile vorgesehen, die teilweise auch im normalisierten Zustand (siehe EN 10083-2) verwendet werden.

Die Anforderungen an die angegebenen mechanischen Eigenschaften in EN 10083-2 und EN 10083-3 beschränken sich soweit möglich auf die entsprechenden Tabellen in diesen Europäischen Normen.

ANMERKUNG 1   Europäische Normen mit vergleichbaren Stahlsorten sind in Anhang C aufgeführt.

ANMERKUNG 2   Freiformgeschmiedete Halbzeuge (Vorblöcke, Knüppel, Vorbrammen usw.), nahtlos gewalzte Ringe und freiformgeschmiedeter Stabstahl sind im Folgenden unter den Begriffen „Halbzeug" und „Stabstahl" und nicht unter dem Begriff „Schmiedestücke" erfasst.

ANMERKUNG 3   Bei Bestellung von unverformtem stranggegossenem Halbzeug sind besondere Vereinbarungen zu treffen.

ANMERKUNG 4   Entsprechend EN 10020 handelt es sich bei den in EN 10083-2:2006 enthaltenen Stählen um Qualitäts- und Edelstähle und bei den in EN 10083-3:2006 enthaltenen Stählen um Edelstähle. Die Edelstähle unterscheiden sich von den Qualitätsstählen nur durch:

— Mindestwerte der Kerbschlagarbeit im vergüteten Zustand (bei unlegierten Edelstählen nur bei mittleren Massenanteilen an Kohlenstoff von < 0,50 %);

— Grenzwerte der Härtbarkeit im Stirnabschreckversuch (bei unlegierten Edelstählen nur bei mittleren Massenanteilen an Kohlenstoff > 0,30 %);

— begrenzter Gehalt an oxidischen Einschlüssen;

— niedrigere Höchstgehalte für Phosphor und Schwefel.

ANMERKUNG 5   Diese Europäische Norm gilt nicht für Blankstahlprodukte. Für Blankstahl gelten die EN 10277-1 und die EN 10277-5.

In Sonderfällen können bei der Anfrage und Bestellung Abweichungen von oder Zusätze zu diesen technischen Lieferbedingungen vereinbart werden (siehe Anhang B).

Zusätzlich zu den Angaben dieser Europäischen Norm gelten, sofern im Folgenden nichts anderes festgelegt, die allgemeinen technischen Lieferbedingungen nach EN 10021.

4

2 Normative Verweisungen

Die folgenden zitierten Dokumente sind für die Anwendung dieses Dokuments erforderlich. Bei datierten Verweisungen gilt nur die in Bezug genommene Ausgabe. Bei undatierten Verweisungen gilt die letzte Ausgabe des in Bezug genommenen Dokuments (einschließlich aller Änderungen).

EN 10002-1, *Metallische Werkstoffe — Zugversuch — Teil 1: Prüfverfahren bei Raumtemperatur*

EN 10020:2000, *Begriffsbestimmungen für die Einteilung der Stähle*

EN 10021, *Allgemeine technische Lieferbedingungen für Stahl und Stahlerzeugnisse*

EN 10027-1, *Bezeichnungssysteme für Stähle — Teil 1: Kurznamen*

EN 10027-2, *Bezeichnungssysteme für Stähle — Teil 2: Nummernsystem*

EN 10045-1, *Metallische Werkstoffe — Kerbschlagbiegeversuch nach Charpy — Teil 1: Prüfverfahren*

EN 10052:1993, *Begriffe der Wärmebehandlung von Eisenwerkstoffen*

EN 10079:1992, *Begriffsbestimmungen für Stahlerzeugnisse*

EN 10083-2:2006, *Vergütungsstähle — Teil 2: Technische Lieferbedingungen für unlegierte Stähle*

EN 10083-3:2006, *Vergütungsstähle — Teil 3: Technische Lieferbedingungen für legierte Stähle*

EN 10160, *Ultraschallprüfung von Flacherzeugnissen aus Stahl mit einer Dicke größer oder gleich 6 mm (Reflexionsverfahren)*

EN 10163-2, *Lieferbedingungen für die Oberflächenbeschaffenheit von warmgewalzten Stahlerzeugnissen (Blech, Breitflachstahl und Profile) — Teil 2: Blech und Breitflachstahl*

EN 10204, *Metallische Erzeugnisse — Arten von Prüfbescheinigungen*

EN 10221, *Oberflächengüteklassen für warmgewalzten Stabstahl und Walzdraht — Technische Lieferbedingungen*

CR 10261, *ECISS Mitteilungen 11 — Eisen und Stahl — Überblick über die verfügbaren chemischen Analyseverfahren*

EN 10308, *Zerstörungsfreie Prüfung — Ultraschallprüfung von Stäben aus Stahl*

EN ISO 377:1997, *Stahl und Stahlerzeugnisse — Lage und Vorbereitung von Probenabschnitten und Proben für mechanische Prüfungen (ISO 377:1997)*

EN ISO 642, *Stahl — Stirnabschreckversuch (Jominy-Versuch) (ISO 642:1999)*

EN ISO 643, *Stahl — Mikrophotographische Bestimmung der scheinbaren Korngröße (ISO 643:2003)*

EN ISO 3887, *Stahl — Bestimmung der Entkohlungstiefe (ISO 3887:2003)*

EN ISO 6506-1, *Metallische Werkstoffe — Härteprüfung nach Brinell — Teil 1: Prüfverfahren (ISO 6506-1:2005)*

EN ISO 6508-1:2005, *Metallische Werkstoffe — Härteprüfung nach Rockwell — Teil 1: Prüfverfahren (Skalen A, B, C, D, E, F, G, H, K, N, T) (ISO 6508-1:2005)*

EN ISO 14284:2002, *Stahl und Eisen — Entnahme und Vorbereitung von Proben für die Bestimmung der chemischen Zusammensetzung (ISO 14284:1996)*

5

3 Begriffe

Für die Anwendung dieses Dokuments gelten die in EN 10020:2000, EN 10052:1993, EN 10079:1992, EN ISO 377:1997 und EN ISO 14284:2002 angegebenen und die folgenden Begriffe.

3.1
Stähle für Flamm- und Induktionshärten
Stähle für das Flamm- und Induktionshärten sind dadurch gekennzeichnet, dass sie sich, üblicherweise im vergüteten Zustand, durch örtliches Erhitzen und Abschrecken in der Randzone härten lassen, ohne dass die Festigkeits- und Zähigkeitseigenschaften des Kerns wesentlich beeinflusst werden

3.2
Vergütungsstähle
Vergütungsstähle sind Maschinenbaustähle, die sich aufgrund ihrer chemischen Zusammensetzung zum Härten eignen und die im vergüteten Zustand gute Zähigkeit bei gegebener Zugfestigkeit aufweisen

3.3
maßgeblicher Wärmebehandlungsquerschnitt
der Querschnitt, für den die mechanischen Eigenschaften festgelegt sind (siehe Anhang A)

Unabhängig von der tatsächlichen Form und den Maßen des Erzeugnisses wird das Maß für den maßgeblichen Wärmebehandlungsquerschnitt stets durch einen Durchmesser ausgedrückt. Dieser Durchmesser entspricht dem Durchmesser eines „gleichwertigen Rundstahls". Dabei handelt es sich um einen Rundstahl, der an der für die Entnahme der zur mechanischen Prüfung vorgesehenen Proben festgelegten Querschnittsstelle bei Abkühlung von der Austenitisierungstemperatur die gleiche Abkühlungsgeschwindigkeit aufweist wie der vorliegende maßgebliche Querschnitt des betreffenden Erzeugnisses an seiner zur Probenahme vorgesehenen Stelle.

4 Einteilung und Bezeichnung

4.1 Einteilung

Die Einteilung der Stähle in EN 10083-2 und EN 10083-3 erfolgt nach EN 10020.

4.2 Bezeichnung

4.2.1 Kurzname

Für die in dieser Europäischen Norm enthaltenen Stahlsorten sind die in den entsprechenden Tabellen der EN 10083-2 und EN 10083-3 angegebenen Kurznamen nach EN 10027-1 gebildet.

4.2.2 Werkstoffnummern

Für die in dieser Europäischen Norm enthaltenen Stahlsorten sind die in den entsprechenden Tabellen der EN 10083-2 und EN 10083-3 angegebenen Werkstoffnummern nach EN 10027-2 gebildet.

6

5 Bestellangaben

5.1 Verbindliche Angaben

Der Hersteller muss vom Käufer bei der Anfrage und Bestellung folgende Angaben erhalten:

a) zu liefernde Menge;

b) Benennung der Erzeugnisform (z. B. Rundstahl, Walzdraht, Blech oder Schmiedestück);

c) die Nummer der Maßnorm (z. B. EN 10060)

d) Maße, Grenzabmaße und Formtoleranzen und, falls zutreffend, die Kennbuchstaben für etwaige besondere Grenzabweichungen;

e) Nummer dieser Europäischen Norm mit Angabe des entsprechenden Teils;

f) Kurzname oder Werkstoffnummer (siehe 4.2, EN 10083-2 und EN 10083-3);

g) die Art der Prüfbescheinigung nach EN 10204 (siehe 8.1).

5.2 Optionen

Eine Anzahl von Optionen ist in dieser Europäischen Norm festgelegt und nachstehend aufgeführt. Falls der Besteller nicht ausdrücklich seinen Wunsch zur Berücksichtigung einer dieser Optionen äußert, muss nach den Grundanforderungen dieser Europäischen Norm geliefert werden (siehe 5.1).

a) besondere Wärmebehandlungszustände (siehe 6.3.2);

b) besondere Oberflächenausführung (siehe 6.3.3);

c) etwaige Überprüfung der Stückanalyse (siehe 7.1.1.2 und B.6);

d) etwaige Anforderungen an die Härtbarkeit (+H, +HH, +HL) für Edelstähle (siehe 7.1.2) und falls vereinbart die Information zur Berechnung der Härtbarkeit (siehe 10.3.2);

e) etwaige Überprüfung der mechanischen Eigenschaften an Referenzproben im vergüteten (+QT) oder normalisierten (+N) Zustand (siehe B.1 und B.2);

f) etwaige Anforderungen hinsichtlich des Feinkorns und der Überprüfung der Korngröße (siehe 7.4 und B.3);

g) etwaige Anforderungen hinsichtlich der Überprüfung nichtmetallischer Einschlüsse in Edelstählen (siehe 7.4 und B.4);

h) etwaige Anforderungen hinsichtlich der inneren Beschaffenheit (siehe 7.5 und B.5);

i) etwaige Anforderungen hinsichtlich der Oberflächenbeschaffenheit (siehe 7.6.3);

j) etwaige Anforderungen bezüglich der erlaubten Entkohlungstiefe (siehe 7.6.4);

k) Eignung der Stäbe oder des Walzdrahtes zum Blankziehen (siehe 7.6.5);

l) etwaige Anforderungen hinsichtlich der Entfernung von Oberflächenfehlern (siehe 7.6.6);

m) Überprüfung der Oberflächenbeschaffenheit und der Maße ist durch den Käufer beim Hersteller durchzuführen (siehe 8.1.4);

n) etwaige Anforderungen hinsichtlich besonderer Kennzeichnung der Erzeugnisse (siehe Abschnitt 11 und B.7).

7

BEISPIEL

20 Rundstäbe mit dem Nenndurchmesser 20 mm und der Nennlänge 8 000 mm entsprechend EN 10060 aus dem Stahl 25CrMo4 (1.7218) nach EN 10083-3 im Wärmebehandlungszustand +A, Abnahmeprüfzeugnis 3.1 nach EN 10204

20 Rundstäbe EN 10060 — 20×8 000
EN 10083-3 — 25CrMo4+A
EN 10204 — 3.1
oder

20 Rundstäbe EN 10060 — 20×8 000
EN 10083-3 — 1.7218+A
EN 10204 — 3.1

6 Herstellverfahren

6.1 Allgemeines

Das Verfahren zur Herstellung des Stahles und der Erzeugnisse bleibt, mit den Einschränkungen nach 6.2 und 6.4, dem Hersteller überlassen.

6.2 Desoxidation

Alle Stähle müssen beruhigt sein.

6.3 Wärmebehandlung und Oberflächenausführung bei der Lieferung

6.3.1 Unbehandelter Zustand

Falls bei der Anfrage und Bestellung nicht anderes vereinbart, werden die Erzeugnisse im unbehandelten Zustand, d. h. im warmgeformten Zustand geliefert.

ANMERKUNG   Je nach Erzeugnisform und Maßen sind nicht alle Stahlsorten im warmgeformten, unbehandelten Zustand lieferbar.

6.3.2 Besonderer Wärmebehandlungszustand

Falls bei der Anfrage und Bestellung vereinbart, müssen die Erzeugnisse in einem der in den Zeilen 3 bis 7 der Tabelle 1, EN 10083-2:2006, oder den Zeilen 3 bis 6 der Tabelle 1, EN 10083-3:2006 angegebenen Wärmebehandlungszustände geliefert werden.

6.3.3 Besondere Oberflächenausführung

Falls bei der Anfrage und Bestellung vereinbart, müssen die Erzeugnisse in einer der in den Zeilen 3 bis 7 der Tabelle 2, EN 10083-2:2006 oder EN 10083-3:2006 angegebenen besonderen Oberflächenausführungen geliefert werden.

6.4 Schmelzentrennung

Innerhalb einer Lieferung müssen die Erzeugnisse nach Schmelzen getrennt sein.

8

7 Anforderungen

7.1 Chemische Zusammensetzung, Härtbarkeit und mechanische Eigenschaften

7.1.1 Chemische Zusammensetzung

7.1.1.1 Für die chemische Zusammensetzung nach der Schmelzenanalyse gelten die Angaben in Tabelle 3 der EN 10083-2:2006 bzw. der EN 10083-3:2006.

7.1.1.2 Die Stückanalyse darf von den angegebenen Grenzwerten der Schmelzenanalyse um die in Tabellen 4 der EN 10083-2:2006 bzw. EN 10083-3:2006 aufgeführten Werte abweichen.

Die Stückanalyse muss durchgeführt werden, wenn sie bei der Bestellung vereinbart wurde (siehe B.6).

7.1.2 Härtbarkeit

Falls der Stahl unter Verwendung der angegebenen Kennbuchstaben mit den normalen (+H) bzw. eingeschränkten (+HL, +HH) Härtbarkeitsanforderungen bestellt wird, gelten die in den entsprechenden Tabellen der EN 10083-2 und EN 10083-3 angegebenen Werte der Härte.

7.1.3 Mechanische Eigenschaften

Falls der Stahl ohne Härtbarkeitsanforderungen bestellt wird, gelten für den jeweiligen Wärme-behandlungszustand die Anforderungen an die mechanischen Eigenschaften der EN 10083-2 und EN 10083-3.

Die Werte für die mechanischen Eigenschaften, die in EN 10083-2 und EN 10083-3 angegeben sind, gelten für Proben in den Wärmebehandlungszuständen vergütet oder normalgeglüht, die entsprechend dem Bild 1 oder den Bildern 2 und 3 entnommen und vorbereitet wurden.

7.2 Bearbeitbarkeit

Alle Stähle sind im Zustand weichgeglüht (+A) bearbeitbar. Falls eine verbesserte Bearbeitbarkeit verlangt wird, sollten Sorten mit einer spezifizierten Spanne für den Schwefelanteil bestellt werden und/oder mit einer Behandlung zur verbesserten Bearbeitbarkeit (z. B. Ca-Behandlung).

7.3 Scherbarkeit von Halbzeug und Stabstahl

Die entsprechenden Festlegungen der EN 10083-2 und EN 10083-3 sind anzuwenden.

7.4 Gefüge

Die Anforderungen in den entsprechenden Abschnitten in EN 10083-2 und EN 10083-3 sind anzuwenden.

Bezüglich Anforderungen und/oder Überprüfung der Feinkörnigkeit siehe B.3.

Bezüglich der Überprüfung der nichtmetallischen Einschlüsse der Edelstähle siehe B.4.

ANMERKUNG   Segregation ist das Ergebnis eines natürlichen Phänomens. Segregation ist sowohl beim Blockguss als auch beim Strangguss von Brammen, Blöcken und Knüppeln zu beobachten. Die positive Segregation ist eine Konzentration von verschiedenen Elementen an verschiedenen Orten im Blockguss bzw. in den Brammen, Blöcken und Knüppeln. Bei Flacherzeugnissen sollten die Kunden bedenken, dass diese Segregation parallel zur Oberfläche der Erzeugnisse auftritt. Besonders bei Erzeugnissen mit einem mittleren oder hohen Kohlenstoffanteil führt Segregation zu einer höheren Härte und sollte bei der weiteren Wärmebehandlung berücksichtigt werden.

9

7.5 Innere Beschaffenheit

Falls erforderlich, sind bei der Anfrage und Bestellung Anforderungen an die innere Beschaffenheit der Erzeugnisse zu vereinbaren, möglichst mit Bezug zu Europäischen Normen. In EN 10160 sind die Anforderungen an die Ultraschallprüfung von Flacherzeugnissen mit einer Dicke größer oder gleich 6 mm und in EN 10308 sind die Anforderungen an die Ultraschallprüfung von Stabstahl festgelegt (siehe B.5).

7.6 Oberflächenbeschaffenheit

7.6.1 Alle Erzeugnisse müssen eine dem angewandten Herstellungsverfahren entsprechende glatte Oberfläche haben, siehe auch 6.3.3.

7.6.2 Kleinere Ungänzen, wie sie auch unter üblichen Herstellbedingungen auftreten können, wie z. B. von eingewalztem Zunder herrührende Narben bei warmgewalzten Erzeugnissen, sind nicht als Fehler zu betrachten.

7.6.3 Soweit erforderlich, sind Anforderungen bezüglich der Oberflächengüte der Erzeugnisse, möglichst unter Bezugnahme auf Europäische Normen, bei der Anfrage und Bestellung zu vereinbaren.

Blech und Breitflachstahl werden mit der Oberflächengüteklasse A, Untergruppe 1 entsprechend EN 10163-2 geliefert, sofern bei der Anfrage und Bestellung nichts anderes vereinbart wurde.

Stabstahl und Walzdraht werden mit der Oberflächengüteklasse A nach EN 10221 geliefert, sofern bei der Anfrage und Bestellung nichts anderes vereinbart wurde.

ANMERKUNG 1   Stabstahl und Walzdraht zum Kaltstauchen und Kaltfließpressen und anschließendem Vergüten sind in EN 10263-4 (zusammen mit EN 10263-1) erfasst.

ANMERKUNG 2   Das Auffinden und Beseitigen von Ungänzen ist bei Ringmaterial schwieriger als bei Stäben. Dies sollte bei Vereinbarungen über die Oberflächenbeschaffenheit berücksichtigt werden.

7.6.4 Bei der Anfrage und Bestellung können Anforderungen an die zulässige Entkohlungstiefe bei Edelstählen vereinbart werden.

Die Ermittlung der Entkohlungstiefe erfolgt nach dem in EN ISO 3887 beschriebenen mikroskopischen Verfahren.

7.6.5 Falls für Stabstahl und Walzdraht die Eignung zum Blankziehen gefordert wird, ist dies bei der Anfrage und Bestellung zu vereinbaren.

7.6.6 Ausbessern von Oberflächenfehlern durch Schweißen ist nur mit Zustimmung des Bestellers oder seines Beauftragten zulässig.

Falls Oberflächenfehler ausgebessert werden, ist die Art und die zulässige Tiefe des Fehlerausbesserns bei der Anfrage und Bestellung zu vereinbaren.

7.7 Maße, Grenzabmaße und Formtoleranzen

Die Nennmaße, Grenzabmaße und Formtoleranzen der Erzeugnisse sind bei der Anfrage und Bestellung zu vereinbaren, möglichst unter Bezugnahme auf die dafür geltenden Maßnormen (siehe Anhang D).

10

8 Prüfung

8.1 Art der Prüfung und Prüfbescheinigungen

8.1.1 Erzeugnisse nach den verschiedenen Teilen dieser Europäischen Norm sind zu bestellen und zu liefern mit einer der Prüfbescheinigungen nach EN 10204. Die Art der Prüfbescheinigung ist bei der Anfrage und Bestellung zu vereinbaren. Falls die Bestellung keine derartige Festlegung enthält, wird ein Werkszeugnis ausgestellt.

8.1.2 Falls entsprechend den Vereinbarungen bei der Anfrage und Bestellung ein Werkszeugnis 2.2 auszustellen ist, muss dieses folgende Angaben enthalten:

a) die Bestätigung, dass die Lieferung den Bestellvereinbarungen entspricht,

b) die Ergebnisse der Schmelzenanalyse für alle in Tabelle 3 der EN 10083-2:2006 und der EN 10083-3:2006 für die betreffende Stahlsorte aufgeführten Elemente.

8.1.3 Falls entsprechend den Bestellvereinbarungen ein Abnahmeprüfzeugnis 3.1 oder 3.2 auszustellen ist, müssen die in 8.3, den Abschnitten 9 und 10 beschriebenen spezifischen Prüfungen durchgeführt werden und ihre Ergebnisse im Abnahmeprüfzeugnis bestätigt werden.

Zusätzlich muss das Abnahmeprüfzeugnis folgende Angaben enthalten:

a) die Ergebnisse der durch Zusatzanforderungen bestellten Prüfungen (siehe Anhang B, Optionen);

b) Kennbuchstaben oder -zahlen, die eine gegenseitige Zuordnung von Abnahmeprüfzeugnis, Proben und Erzeugnissen zulassen.

8.1.4 Falls bei der Bestellung nicht anders vereinbart, wird die Prüfung der Oberflächenqualität und der Maße durch den Hersteller vorgenommen (siehe ebenso 6.3.3).

8.2 Häufigkeit der Prüfungen

8.2.1 Probenahme

Die Überprüfung der mechanischen Werte und der Härtbarkeit ist entsprechend EN 10083-2 und EN 10083-3 durchzuführen.

8.2.2 Prüfeinheiten

Die Prüfeinheiten müssen den Angaben in EN 10083-2 und EN 10083-3 entsprechen.

8.3 Spezifische Prüfungen

Besonders durchzuführende Prüfungen sind entsprechend der EN 10083-2 und EN 10083-3 vorzunehmen.

9 Probenvorbereitung

9.1 Probenahme und Probenvorbereitung für die chemische Analyse

Die Probenvorbereitung für die Stückanalyse ist in Übereinstimmung mit EN ISO 14284 vorzunehmen.

11

9.2 Lage und Orientierung der Probenabschnitte und Proben für die mechanische Prüfung

9.2.1 Vorbereitung der Probenabschnitte

9.2.1.1 Folgende Probenabschnitte sind einem Probenstück jeder Prüfeinheit zu entnehmen:

— für normalisierte (+N) oder vergütete (+QT) Erzeugnisse ein Probenabschnitt für den Zugversuch;

— für vergütete (+QT) Erzeugnisse ein Probenabschnitt für einen Satz von sechs Kerbschlagbiegeproben (siehe 10.2.2).

9.2.1.2 Für Stabstahl, Walzdraht und Flacherzeugnisse sind die Probenabschnitte gemäß den Bildern 1 bis 3 zu entnehmen.

Für Freiform- und Gesenkschmiedestücke sind die Proben mit ihrer Längsachse parallel zur Richtung des Faserverlaufs an einer Stelle zu entnehmen, die bei der Anfrage und Bestellung vereinbart wurde.

9.2.2 Vorbereitung der Proben

9.2.2.1 Allgemeines

Es gelten die Anforderungen nach EN ISO 377.

9.2.2.2 Zugproben

Die Anforderungen gemäß EN 10002-1 gelten entsprechend.

Es dürfen nichtproportionale Proben verwendet werden, jedoch sind in Schiedsfällen proportionale Proben mit einer Messlänge von $L_0 = 5{,}65 \sqrt{S_0}$ zu benutzen.

Für Flacherzeugnisse mit einer Nenndicke < 3 mm sind Proben mit einer konstanten Messlänge entsprechend EN 10002-1 bei der Anfrage und Bestellung zu vereinbaren.

9.2.2.3 Proben für den Kerbschlagbiegeversuch

Die Proben sind entsprechend EN 10045-1 zu bearbeiten und vorzubereiten.

Zusätzlich gelten die folgenden Anforderungen für Flacherzeugnisse: Für Nenndicken > 12 mm, 10 mm × 10 mm Standardproben sind so zu bearbeiten, dass eine Seite nicht mehr als 2 mm von einer gewalzten Überfläche entfernt liegt (siehe Bild 3).

9.3 Lage und Vorbereitung der Probenabschnitte für Prüfungen der Härte und Härtbarkeit

Die Festlegungen entsprechend EN 10083-2 und EN 10083-3 sind anzuwenden.

9.4 Kennzeichnung der Probenabschnitte und Proben

Die Probenabschnitte und Proben sind so zu kennzeichnen, dass ihre Herkunft und die ursprüngliche Lage und Orientierung im Erzeugnis zu erkennen sind.

10 Prüfverfahren

10.1 Chemische Analyse

Die Wahl eines geeigneten physikalischen und chemischen Analyseverfahrens bleibt dem Hersteller überlassen. In Schiedsfällen muss das für die Stückanalyse anzuwendende Verfahren unter Berücksichtigung der entsprechenden vorhandenen Europäischen Normen vereinbart werden.

ANMERKUNG   Eine Liste der verfügbaren Europäischen Normen für die chemischen Analysen ist in CR 10261 aufgeführt.

10.2 Mechanische Prüfung

10.2.1 Zugversuch

Der Zugversuch ist entsprechend EN 10002-1 auszuführen.

Die oberen Streckgrenzen (R_{eH}) sind bei den Streckgrenzen in den Tabellen zu den mechanischen Eigenschaften in EN 10083-2 und EN 10083-3 zu bestimmen.

Falls kein Streckgrenzphänomen auftritt, ist die 0,2-%-Dehngrenze ($R_{p0,2}$) zu bestimmen.

10.2.2 Kerbschlagbiegeversuch

Der Kerbschlagbiegeversuch ist entsprechend EN 10045-1 auszuführen.

Der Mittelwert der Ergebnisse eines Satzes von drei Proben muss gleich oder größer als der festgelegte Wert sein. Ein Einzelwert darf unter dem festgelegten Wert liegen, vorausgesetzt, er unterschreitet nicht 70 % dieses Wertes.

Wenn die obigen Anforderungen nicht erfüllt sind, so sind nach Wahl des Herstellers drei zusätzliche Proben aus demselben Probenabschnitt, aus dem der drei ersten Proben stammen, zu entnehmen und zu prüfen. Die Prüfeinheit gilt als bedingungsgemäß, wenn nach Prüfung des zweiten Probensatzes die nachstehenden Bedingungen erfüllt sind:

—   der Mittelwert aus allen 6 Einzelprüfungen muss gleich oder größer als der festgelegte Wert sein;

—   höchstens zwei der sechs Einzelwerte dürfen kleiner als der festgelegte Wert sein;

—   höchstens einer der sechs Einzelwerte darf kleiner sein als 70 % des festgelegten Wertes.

Wenn diese Bedingungen nicht erfüllt sind, ist das Probestück zurückzuweisen und an dem Rest der Prüfeinheit können Wiederholungsprüfungen durchgeführt werden.

10.3 Nachweis der Härte und Härtbarkeit

10.3.1 Härte im Wärmebehandlungszustand +A und +S

Für Erzeugnisse im Zustand +A (weichgeglüht) und +S (behandelt auf Scherbarkeit) ist die Härte nach EN ISO 6506-1 zu messen.

13

10.3.2 Überprüfung der Härtbarkeit

Sofern eine Berechnungsformel verfügbar ist, hat der Hersteller die Möglichkeit, die Härtbarkeit durch Berechnung nachzuweisen. Das Berechnungsverfahren bleibt dem Hersteller überlassen. Falls bei der Anfrage und Bestellung vereinbart, muss der Hersteller dem Kunden ausreichende Angaben zur Berechnung machen, damit dieser das Ergebnis bestätigen kann.

Falls keine Berechnungsformel verfügbar ist oder im Schiedsfall muss ein Stirnabschreckversuch in Übereinstimmung mit EN ISO 642 durchgeführt werden. Die Abschrecktemperatur muss die Bedingungen der entsprechenden Tabellen in EN 10083-2 und EN 10083-3 erfüllen. Die Härtewerte sind in Übereinstimmung mit EN ISO 6508-1:2005, Skala C zu ermitteln.

10.3.3 Oberflächenhärte

Die Oberflächenhärte von Stählen nach dem Flamm- oder Induktionshärten ist entsprechend EN ISO 6508-1:2005, Skala C zu bestimmen.

10.4 Wiederholungsprüfungen

Für Wiederholungsprüfungen ist die EN 10021 anzuwenden.

11 Markierung, Kennzeichnung und Verpackung

Der Hersteller hat die Erzeugnisse oder Bunde oder Pakete in angemessener Weise so zu kennzeichnen, dass die Bestimmung der Schmelze, der Stahlsorte und der Herkunft der Lieferung möglich ist (siehe B.7).

14

Maße in mm

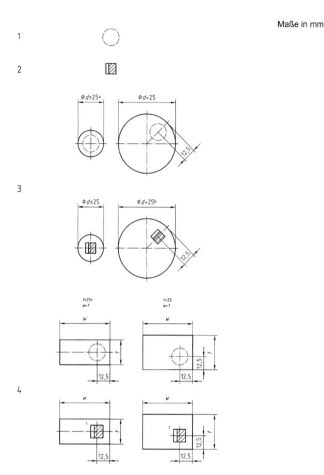

Legende
1 Probe für Zugversuch
2 gekerbter Stab für den Kerbschlagbiegeversuch
3 Runde und ähnlich geformte Querschnitte
4 Rechteckige und quadratische Querschnitte

a   Für dünne Erzeugnisse (d oder $w \leq 25$ mm) muss die Probe möglichst aus einem unbearbeiteten Abschnitt des Stabes bestehen.

b   Bei Erzeugnissen mit rundem Querschnitt muss die Längsachse des Kerbes annähernd in Richtung eines Durchmessers verlaufen.

c   Bei Erzeugnissen mit rechteckigem Querschnitt muss die Längsachse des Kerbes senkrecht zur breiteren Walzoberfläche stehen.

Bild 1 — Lage der Proben in Stäben, nahtlos gewalzten Ringen und Walzdraht

15

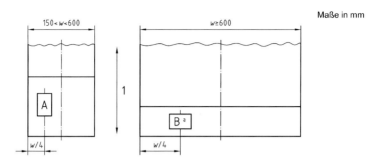

Maße in mm

Legende
1 Hauptwalzrichtung

a Für Stahlsorten im vergüteten Zustand mit Festlegungen an die Kerbschlagarbeit muss die Breite des Probenabschnittes ausreichen, um entsprechend Bild 3 Kerbschlagproben in Längsrichtung zu entnehmen.

Bild 2 — Lage der Probenabschnitte (A und B) bei Flacherzeugnissen in Bezug auf die Erzeugnisbreite

Art der Prüfung	Erzeugnisdicke	Lage der Probe[a] bei einer Erzeugnisbreite von		Abstand der Probe von der Walzoberfläche
	mm	$w < 600$ mm	$w \geq 600$ mm	mm
Zugversuch[b]	≤ 30			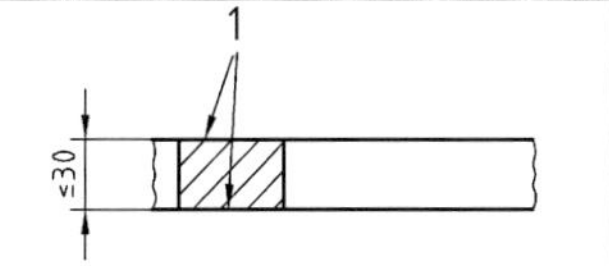
	> 30	längs	quer	
Kerbschlag-biegeversuch[c]	> 12[d]	längs	längs	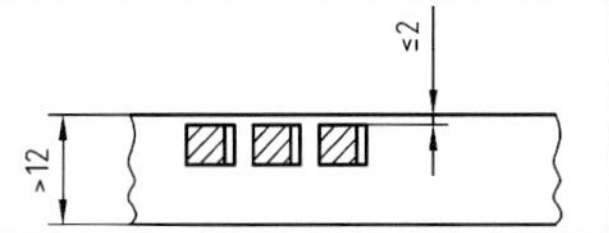

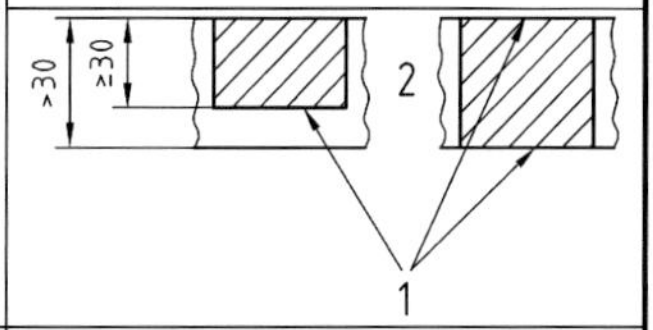

a Lage der Längsachse der Probe zur Hauptwalzrichtung.
b Die Probe muss EN 10002-1 entsprechen.
c Die Längsachse des Kerbes muss senkrecht zur Walzoberfläche stehen.
d Falls bei der Bestellung vereinbart, kann bei Erzeugnissen mit einer Dicke über 40 mm die Probe in 1/4 der Erzeugnisdicke entnommen werden.

Legende
1 Walzoberfläche
2 Alternativen

Bild 3 — Lage der Proben bei Flacherzeugnissen in Bezug auf Erzeugnisdicke und Hauptwalzrichtung

16

Anhang A
(normativ)

Maßgeblicher Wärmebehandlungsquerschnitt für die mechanischen Eigenschaften

A.1 Definition

Siehe 3.3.

A.2 Ermittlung des Durchmessers des maßgeblichen Wärmebehandlungsquerschnitts

A.2.1 Falls die Proben von Erzeugnissen mit einfachen Querschnittsformen und von Stellen mit quasi zweidimensionalem Wärmefluss zu entnehmen sind, gelten die Festlegungen nach A.2.1.1 bis A.2.1.3.

A.2.1.1 Bei Rundstäben ist der Nenndurchmesser des Erzeugnisses (ohne Berücksichtigung der Bearbeitungszugabe) dem Durchmesser des maßgeblichen Wärmebehandlungsquerschnitts gleichzusetzen.

A.2.1.2 Bei Sechskant- und Achtkantstäben ist der Nennabstand zwischen zwei gegenüberliegenden Seiten dem Durchmesser des maßgeblichen Wärmebehandlungsquerschnitts gleichzusetzen.

A.2.1.3 Bei Vierkant- und Flachstäben ist der Durchmesser des maßgeblichen Wärmebehandlungsquerschnitts entsprechend dem Beispiel in Bild A.1 zu bestimmen.

17

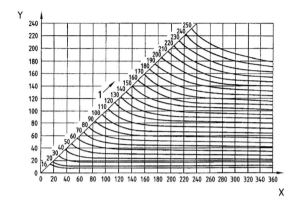

Legende
X   Breite
Y   Dicke

1   Durchmesser des maßgeblichen Wärmebehandlungsquerschnitts

Beispiel   Für einen Flachstab mit dem Querschnitt 40 mm × 60 mm ist der Durchmesser des maßgeblichen Wärmebehandlungsquerschnitts 50 mm.

Bild A.1 — Durchmesser des maßgeblichen Wärmebehandlungsquerschnitts für quadratische und rechteckige Querschnitte für Härten in Öl oder Wasser

A.2.2   Für andere Erzeugnisformen ist der Durchmesser des maßgeblichen Wärmebehandlungsquerschnitts bei der Anfrage und Bestellung zu vereinbaren.

ANMERKUNG   Das nachstehende Verfahren kann in solchen Fällen als Richtschnur dienen: Das Erzeugnis wird entsprechend der üblichen Praxis gehärtet. Dann wird es so durchgetrennt, dass die Härte und das Gefüge an der für die Probenahme vorgesehenen Stelle des maßgeblichen Querschnittes ermittelt werden können. Von einem weiteren gleichartigen Erzeugnis aus derselben Schmelze wird von der beschriebenen Stelle eine Jominy-Probe entnommen und in der üblichen Weise geprüft. Dann wird der Abstand ermittelt, in dem die Jominy-Probe die gleiche Härte und das gleiche Gefüge aufweist wie der maßgebliche Querschnitt an der für die Probenahme vorgesehenen Stelle. Von diesem Abstand ausgehend kann dann mit Hilfe von Bild A.2 und Bild A.3 der Durchmesser des maßgeblichen Querschnittes abgeschätzt werden.

Maße in mm

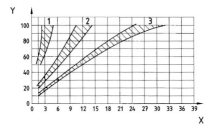

Legende
X   Abstand von der abgeschreckten Stirnfläche
Y   Stabdurchmesser

1   Oberfläche
2   3/4 Radius
3   Mitte

Bild A.2 — Beziehung zwischen Abkühlungsgeschwindigkeit in Stirnabschreckproben (Jominy-Proben) und gehärteten Rundstäben in mäßig bewegtem Wasser (Quelle: SAE J406c)

Maße in mm

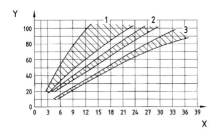

Legende
X   Abstand von der abgeschreckten Stirnfläche
Y   Stabdurchmesser

1   Oberfläche
2   3/4 Radius
3   Mitte

Bild A.3 — Beziehung zwischen Abkühlungsgeschwindigkeit in Stirnabschreckproben (Jominy-Proben) und gehärteten Rundstäben in mäßig bewegtem Öl (Quelle: SAE J406c)

19

Anhang B
(normativ)

Optionen

ANMERKUNG   Bei der Anfrage und Bestellung kann die Einhaltung von einer oder mehreren der nachstehenden Zusatz- oder Sonderanforderungen vereinbart werden. Soweit erforderlich, sind die Einzelheiten zwischen Hersteller und Besteller bei der Anfrage und Bestellung zu vereinbaren.

B.1 Mechanische Eigenschaften von Bezugsproben im vergüteten Zustand

Bei Lieferungen in einem anderen als dem vergüteten oder normalisierten Zustand sind die Anforderungen an die mechanischen Eigenschaften im vergüteten Zustand an einer Bezugsprobe nachzuweisen.

Bei Stabstahl und Walzdraht muss der zu vergütende Probestab, wenn nicht anders vereinbart, den Erzeugnisquerschnitt aufweisen. In allen anderen Fällen sind die Maße und die Herstellung des Probestabes bei der Anfrage und Bestellung zu vereinbaren, soweit angebracht, unter Berücksichtigung der in Anhang A enthaltenen Angaben zur Ermittlung des maßgeblichen Wärmebehandlungsdurchmessers. Die Probestäbe sind entsprechend den Angaben zu den Wärmebehandlungszuständen in den Tabellen der EN 10083-2 und EN 10083-3 oder entsprechend den Bestellvereinbarungen zu vergüten. Die Einzelheiten der Wärmebehandlung sind in der Prüfbescheinigung anzugeben. Die Proben sind, wenn nicht anders vereinbart, entsprechend Bild 1 für Stabstahl und Walzdraht und entsprechend Bild 3 für Flacherzeugnisse zu entnehmen.

B.2 Mechanische Eigenschaften von Bezugsproben im normalgeglühten Zustand

Für Lieferungen unlegierter Stähle in einem anderen als dem vergüteten oder normalgeglühten Zustand sind die Anforderungen an die mechanischen Eigenschaften im normalgeglühten Zustand an einer Bezugsprobe nachzuweisen.

Bei Stabstahl und Walzdraht muss der normalzuglühende Probestab, wenn nicht anders vereinbart, den Erzeugnisquerschnitt aufweisen. In allen anderen Fällen sind die Maße und die Herstellung des Probestabes bei der Anfrage und Bestellung zu vereinbaren.

Die Einzelheiten der Wärmebehandlung sind in der Prüfbescheinigung anzugeben. Die Proben sind, wenn nicht anders vereinbart, bei Stabstahl und Walzdraht entsprechend Bild 1, bei Flacherzeugnissen entsprechend Bild 3 zu entnehmen.

B.3 Feinkornstahl

Der Stahl muss bei Prüfung nach EN ISO 643 eine Austenitkorngröße von 5 oder feiner haben. Wenn ein Nachweis verlangt wird, ist auch zu vereinbaren, ob diese Anforderung an die Korngröße durch Ermittlung des Aluminiumanteils oder metallographisch nachgewiesen werden muss. Im ersten Fall ist auch der Aluminiumanteil zu vereinbaren.

Im zweiten Fall ist für den Nachweis der Austenitkorngröße eine Probe je Schmelze zu prüfen. Die Probenahme und die Probenvorbereitung erfolgen entsprechend EN ISO 643.

Für weitere Einzelheiten siehe EN 10083-2:2006, A.3 und EN 10083-32006, A.3.

B.4 Gehalt an nichtmetallischen Einschlüssen

Dieses Verfahren ist anwendbar für Edelstähle. Der mikroskopisch ermittelte Gehalt an nichtmetallischen Einschlüssen muss bei Prüfung nach einem bei der Anfrage und Bestellung zu vereinbarenden Verfahren innerhalb der vereinbarten Grenzen liegen (siehe Anhang E).

ANMERKUNG 1   Die Anforderungen an den Gehalt nichtmetallischer Einschlüsse sind in jedem Fall einzuhalten, der Nachweis erfordert jedoch eine besondere Vereinbarung.

ANMERKUNG 2   Für Stähle mit einem angegebenen Mindestgehalt an Schwefel sollte die Vereinbarung nur die Oxide betreffen.

B.5 Zerstörungsfreie Prüfung

Flacherzeugnisse aus Stahl mit einer Dicke größer oder gleich 6 mm sind mit Ultraschall nach EN 10160 und Stabstahl ist mit Ultraschall gemäß EN 10308 zu überprüfen. Andere Erzeugnisse sind nach einem bei der Anfrage und Bestellung vereinbarten Verfahren und nach ebenfalls bei der Anfrage und Bestellung vereinbarten Bewertungskriterien zerstörungsfrei zu prüfen.

B.6 Stückanalyse

Für jede Schmelze ist eine Stückanalyse durchzuführen, wobei alle Elemente zu berücksichtigen sind, für die in der Schmelzenanalyse des betroffenen Stahls Werte aufgeführt sind.

Für die Probenahme gelten die Angaben in EN ISO 14284. In Schiedsfällen ist das für die chemische Zusammensetzung anzuwendende Analysenverfahren, unter Bezugnahme auf eine der in CR 10261 erwähnten Europäischen Normen, zu vereinbaren.

B.7 Besondere Vereinbarungen zur Kennzeichnung

Die Erzeugnisse sind auf eine bei der Anfrage und Bestellung besonders vereinbarte Art (z. B. durch Strichkodierung nach EN 606) zu kennzeichnen.

21

Anhang C
(informativ)

Verzeichnis weiterer relevanter Normen

Europäische Normen mit zum Teil gleichen oder sehr ähnlichen Stahlsorten wie in EN 10083-2 und EN 10083-3, die jedoch für andere Erzeugnisformen oder Behandlungszustände oder für besondere Anwendungsfälle bestimmt sind:

EN 10084, *Einsatzstähle — Technische Lieferbedingungen*

EN 10085, *Nitrierstähle — Technische Lieferbedingungen*

EN 10087, *Automatenstähle — Technische Lieferbedingungen für Halbzeug, warmgewalzte Stäbe und Walzdraht*

EN 10089, *Warmgewalzte Stähle für vergütbare Federn — Technische Lieferbedingungen*

EN 10132-1, *Kaltband aus Stahl für eine Wärmebehandlung — Technische Lieferbedingungen — Teil 1: Allgemeines*

EN 10132-3, *Kaltband aus Stahl für eine Wärmebehandlung — Technische Lieferbedingungen — Teil 3: Vergütungsstähle*

EN 10132-4, *Kaltband aus Stahl für eine Wärmebehandlung — Technische Lieferbedingungen — Teil 4: Federstähle und andere Anwendungen*

EN 10250-1, *Freiformschmiedestücke aus Stahl für allgemeine Verwendung — Teil 1: Allgemeine Anforderungen*

EN 10250-2, *Freiformschmiedestücke aus Stahl für allgemeine Verwendung — Teil 2: Unlegierte Qualitäts- und Edelstähle*

EN 10250-3, *Freiformschmiedestücke aus Stahl für allgemeine Verwendung — Teil 3: Legierte Edelstähle*

EN 10263-1, *Walzdraht, Stäbe und Draht aus Kaltstauch- und Kaltfließpressstählen — Teil 1: Allgemeine technische Lieferbedingungen*

EN 10263-4, *Walzdraht, Stäbe und Draht aus Kaltstauch- und Kaltfließpressstählen — Teil 4: Technische Lieferbedingungen für Vergütungsstähle*

EN 10277-1, *Blankstahlerzeugnisse — Technische Lieferbedingungen — Teil 1: Allgemeines*

EN 10277-5, *Blankstahlerzeugnisse — Technische Lieferbedingungen — Teil 5: Vergütungsstähle*

Anhang D
(informativ)

Für Erzeugnisse nach dieser Europäischen Norm in Betracht kommende Maßnormen

Für Walzdraht:

EN 10017, *Walzdraht aus Stahl zum Ziehen und/oder Kaltwalzen — Maße und Grenzabmaße*

EN 10108, *Runder Walzdraht aus Kaltstauch- und Kaltfließpressstählen — Maße und Grenzabmaße*

Für warmgewalzte Stäbe:

EN 10058, *Warmgewalzte Flachstäbe aus Stahl für allgemeine Verwendung — Maße, Formtoleranzen und Grenzabmaße*

EN 10059, *Warmgewalzte Vierkantstäbe aus Stahl für allgemeine Verwendung — Maße, Formtoleranzen und Grenzabmaße*

EN 10060, *Warmgewalzte Rundstäbe aus Stahl — Maße, Formtoleranzen und Grenzabmaße*

EN 10061, *Warmgewalzte Sechskantstäbe aus Stahl — Maße, Formtoleranzen und Grenzabmaße*

Für warmgewalztes Band und Blech:

EN 10029, *Warmgewalztes Stahlblech von 3 mm Dicke an — Grenzabmaße, Formtoleranzen, zulässige Gewichtsabweichungen*

EN 10048, *Warmgewalzter Bandstahl — Grenzabmaße und Formtoleranzen*

EN 10051, *Kontinuierlich warmgewalztes Blech und Band ohne Überzug aus unlegierten und legierten Stählen — Grenzabmaße und Formtoleranzen (enthält Änderung A1:1997)*

23

Anhang E
(informativ)

Bestimmung des Gehaltes an nichtmetallischen Einschlüssen

E.1 Für die mikroskopische Bestimmung des Gehaltes an nichtmetallischen Einschlüssen in Edelstählen ist bei der Anfrage und Bestellung eine Prüfung entsprechend einer der folgenden Normen zu vereinbaren:

prEN 10247, *Metallographische Prüfung des Gehaltes nichtmetallischer Einschlüsse in Stählen mit Bildreihen*

DIN 50602, *Metallographische Prüfverfahren — Mikroskopische Prüfung von Edelstählen auf nichtmetallische Einschlüsse mit Bildreihen*

NF A 04-106, *Eisen und Stahl — Methoden zur Ermittlung des Gehaltes an nichtmetallischen Einschlüssen in Stahl — Teil 2: Mikroskopisches Verfahren mit Richtreihen*

SS 11 11 16, *Stahl — Verfahren zur Ermittlung des Gehaltes an nichtmetallischen Einschlüssen — Mikrokopisches Verfahren — Jernkontoret's Einschlusstafel 2 für die Ermittlung nichtmetallischer Einschlüsse*

ANMERKUNG   ISO 4967:1988 „Stahl — Ermittlung des Gehalts an nicht-metallischen Einschlüssen — Mikroskopisches Verfahren mit Bildreihen" ist identisch mit NF A 04-106.

E.2 Es gelten folgende Anforderungen:

Falls ein Nachweis entsprechend DIN 50602 erfolgt, gelten die Anforderungen nach Tabelle E.1.

Tabelle E.1 — Anforderungen an den mikroskopischen Reinheitsgrad bei Prüfung nach DIN 50602 (Verfahren K) (gültig für oxidische nichtmetallische Einschlüsse)

Stabstahl Durchmesser d mm	Summenkennwert K (Oxide) für die einzelne Schmelze
140 < d ≤ 200	$K4 \leq 50$
100 < d ≤ 140	$K4 \leq 45$
70 < d ≤ 100	$K4 \leq 40$
35 < d ≤ 70	$K4 \leq 35$
17 < d ≤ 35	$K3 \leq 40$
8 < d ≤ 17	$K3 \leq 30$
d ≤ 8	$K2 \leq 35$

24

Falls ein Nachweis entsprechend NF A 04-106 erfolgt, gelten die Anforderungen nach Tabelle E.2.

Tabelle E.2 — Anforderungen an den mikroskopischen Reinheitsgrad bei Prüfung nach NF A 04-106

Einschlusstyp	Serie	Grenzwert
Typ B	fein	≤ 2,5
	dick	≤ 1,0
Typ C	fein	≤ 2,5
	dick	≤ 1,5
Typ D	fein	≤ 1,5
	dick	≤ 1,0

Falls ein Nachweis entsprechend S 11 11 16 erfolgt, gelten die Anforderungen nach Tabelle E.3.

Tabelle E.3 — Anforderungen an den mikroskopischen Reinheitsgrad bei Prüfung nach SS 11 11 16

Einschlusstyp	Serie	Grenzwert
Typ B	fein	≤ 4
	mittel	≤ 3
	dick	≤ 2
Typ C	fein	≤ 4
	mittel	≤ 3
	dick	≤ 2
Typ D	fein	≤ 4
	mittel	≤ 3
	dick	≤ 2

Falls zum Nachweis die prEN 10247 zur Bestimmung des Anteils an nichtmetallischen Einschlüssen herangezogen wird, ist die Methode zur Bestimmung und die Anforderungen bei der Anfrage und Bestellung zu vereinbaren.

25

Oktober 2006

DIN EN 10083-2

ICS 77.140.45

Ersatzvermerk
siehe unten

Vergütungsstähle –
Teil 2: Technische Lieferbedingungen für unlegierte Stähle;
Deutsche Fassung EN 10083-2:2006

Steels for quenching and tempering –
Part 2: Technical delivery conditions for non alloy steels;
German version EN 10083-2:2006

Aciers pour trempe et revenu –
Partie 2: Conditions techniques de livraison des aciers non alliés;
Version allemande EN 10083-2:2006

Ersatzvermerk

Mit DIN EN 10083-1:2006-10 Ersatz für DIN EN 10083-2:1996-10;
mit DIN EN 10083-1:2006-10 und DIN EN 10083-3:2006-10 Ersatz für DIN 17212:1972-08 und
DIN EN 10083-1:1996-10

Gesamtumfang 36 Seiten

Normenausschuss Eisen und Stahl (FES) im DIN

Nationales Vorwort

Die Europäische Norm EN 10083-2:2006 wurde vom Technischen Komitee (TC) 23 „Für eine Wärmebehandlung bestimmte Stähle, legierte Stähle und Automatenstähle – Gütenormen" (Sekretariat: Deutschland) des Europäischen Komitees für die Eisen- und Stahlnormung (ECISS) ausgearbeitet.

Das zuständige deutsche Normungsgremium ist der Arbeitsausschuss 05/1 des Normenausschusses Eisen und Stahl (FES).

Änderungen

Gegenüber DIN EN 10083-1:1996-10, DIN EN 10083-2:1996-10 und DIN 17212:1972-08 wurden folgende Änderungen vorgenommen:

a) Mit der vorliegenden Überarbeitung der DIN EN 10083-1 bis -3 wurde eine Neukonzeption der thematischen Gliederung umgesetzt. Die frühere Gliederung in:

Teil 1: Technische Lieferbedingungen für Edelstähle,
Teil 2: Technische Lieferbedingungen für unlegierte Qualitätsstähle,
Teil 3: Technische Lieferbedingungen für Borstähle

wurde aufgegeben zu Gunsten der Neugliederung in:

Teil 1: Allgemeine technische Lieferbedingungen,
Teil 2: Technische Lieferbedingungen für unlegierte Stähle,
Teil 3: Technische Lieferbedingungen für legierte Stähle.

b) Die damit verbundene thematische Straffung konnte erreicht werden, indem die früher in allen drei Normen vorhandenen Bilder zur Lage der Proben und Probenabschnitte ebenso wie die in allen drei Normen vorhandenen Anhänge „Ermittlung des maßgeblichen Wärmebehandlungsdurchmessers", „Verzeichnisse weiterer Normen", „Für Erzeugnisse nach dieser Europäischen Norm in Betracht kommende Maßnormen" und „Ermittlung des Gehaltes an nichtmetallischen Einschlüssen" jetzt nur noch im Teil 1, den allgemeinen technischen Lieferbedingungen, zu finden sind. Lediglich die speziell den unlegierten bzw. legierten Vergütungsstählen zuzuordnenden Diagramme und Anhänge wurden in den jeweiligen Teilen 2 und 3 belassen.

c) In den Anwendungsbereich dieser Normen wurden zusätzlich die Stähle für das Flamm- und Induktionshärten aufgenommen.

d) Bei den unlegierten Qualitätsstählen wurden die Sorten C22, C25, C30 und C50 gestrichen und bei den unlegierten Edelstählen die Sorten C25E, C25R, C30E und C30R.

e) Den Nachweis der Härtbarkeit kann der Hersteller jetzt auch mittels Berechnung aufgrund einer Berechnungsformel erbringen.

f) Norm wurde redaktionell überarbeitet.

Frühere Ausgaben

DIN 1661: 1924-09, 1929-06
DIN 1662: 1928-07, 1930-06
DIN 1662 Bbl. 5, Bbl. 6, Bbl. 8 bis Bbl. 11: 1932-05
DIN 1663: 1936-05, 1939x-12
DIN 1663 Bbl. 5, Bbl. 7 bis Bbl. 9: 1937x-02
DIN 1665: 1941-05
DIN 1667: 1943-11
DIN 17200 Bbl.: 1952-05
DIN 17200: 1951-12, 1969-12, 1984-11, 1987-03
DIN 17212: 1972-08
DIN EN 10083-1: 1991-10, 1996-10
DIN EN 10083-2: 1991-10, 1996-10

2

EUROPÄISCHE NORM

EUROPEAN STANDARD

NORME EUROPÉENNE

EN 10083-2

August 2006

ICS 77.140.10

Ersatz für EN 10083-2:1991

Deutsche Fassung

Vergütungsstähle —
Teil 2: Technische Lieferbedingungen für unlegierte Stähle

Steels for quenching and tempering —
Part 2: Technical delivery conditions for non alloy steels

Aciers pour trempe et revenu —
Partie 2: Conditions techniques de livraison des aciers non alliés

Diese Europäische Norm wurde vom CEN am 30. Juni 2006 angenommen.

Die CEN-Mitglieder sind gehalten, die CEN/CENELEC-Geschäftsordnung zu erfüllen, in der die Bedingungen festgelegt sind, unter denen dieser Europäischen Norm ohne jede Änderung der Status einer nationalen Norm zu geben ist. Auf dem letzten Stand befindliche Listen dieser nationalen Normen mit ihren bibliographischen Angaben sind beim Management-Zentrum oder bei jedem CEN-Mitglied auf Anfrage erhältlich.

Diese Europäische Norm besteht in drei offiziellen Fassungen (Deutsch, Englisch, Französisch). Eine Fassung in einer anderen Sprache, die von einem CEN-Mitglied in eigener Verantwortung durch Übersetzung in seine Landessprache gemacht und dem Management-Zentrum mitgeteilt worden ist, hat den gleichen Status wie die offiziellen Fassungen.

CEN-Mitglieder sind die nationalen Normungsinstitute von Belgien, Dänemark, Deutschland, Estland, Finnland, Frankreich, Griechenland, Irland, Island, Italien, Lettland, Litauen, Luxemburg, Malta, den Niederlanden, Norwegen, Österreich, Polen, Portugal, Rumänien, Schweden, der Schweiz, der Slowakei, Slowenien, Spanien, der Tschechischen Republik, Ungarn, dem Vereinigten Königreich und Zypern.

EUROPÄISCHES KOMITEE FÜR NORMUNG
EUROPEAN COMMITTEE FOR STANDARDIZATION
COMITÉ EUROPÉEN DE NORMALISATION

Management-Zentrum: rue de Stassart, 36   B-1050 Brüssel

Inhalt

2

Vorwort

Dieses Dokument (EN 10083-2:2006) wurde vom Technischen Komitee ECISS/TC 23 „Für eine Wärmebehandlung bestimmte Stähle, legierte Stähle und Automatenstähle — Gütenormen" erarbeitet, dessen Sekretariat vom DIN gehalten wird.

Diese Europäische Norm muss den Status einer nationalen Norm erhalten, entweder durch Veröffentlichung eines identischen Textes oder durch Anerkennung bis Februar 2007, und etwaige entgegenstehende nationale Normen müssen bis Februar 2007 zurückgezogen werden.

Zusammen mit Teil 1 und Teil 3 dieser Norm ist dieser Teil 2 das Ergebnis der Überarbeitung folgender Europäischer Normen:

EN 10083-1:1991 + A1:1996, *Vergütungsstähle — Teil 1: Technische Lieferbedingungen für Edelstähle*

EN 10083-2:1991 + A1:1996, *Vergütungsstähle — Teil 2: Technische Lieferbedingungen für unlegierte Qualitätsstähle*

EN 10083-3:1995, *Vergütungsstähle — Teil 3: Technische Lieferbedingungen für Borstähle*

und der

EURONORM 86-70, *Stähle zum Flamm- und Induktionshärten — Gütevorschriften*

Entsprechend der CEN/CENELEC-Geschäftsordnung sind die nationalen Normungsinstitute der folgenden Länder gehalten, diese Europäische Norm zu übernehmen: Belgien, Dänemark, Deutschland, Estland, Finnland, Frankreich, Griechenland, Irland, Island, Italien, Lettland, Litauen, Luxemburg, Malta, Niederlande, Norwegen, Österreich, Polen, Portugal, Rumänien, Schweden, Schweiz, Slowakei, Slowenien, Spanien, Tschechische Republik, Ungarn, Vereinigtes Königreich und Zypern.

3

1 Anwendungsbereich

Dieser Teil der EN 10083 enthält in Ergänzung zu Teil 1 die allgemeinen technischen Lieferbedingungen für

— Halbzeug, warmgeformt, zum Beispiel Vorblöcke, Knüppel, Vorbrammen (siehe Anmerkungen 2 und 3 in EN 10083-1:2006, Abschnitt 1),

— Stabstahl (siehe Anmerkung 2 in EN 10083-1:2006, Abschnitt 1),

— Walzdraht,

— Breitflachstahl,

— warmgewalztes Blech und Band,

— Schmiedestücke (siehe Anmerkung 2 in EN 10083-1:2006, Abschnitt 1),

hergestellt aus unlegierten Vergütungsstählen und unlegierten Stählen zum Flamm- und Induktionshärten, welche in einem der für die verschiedenen Erzeugnisformen in Tabelle 1, Zeilen 2 bis 7 angegebenen Wärmebehandlungszustände und in einer der in Tabelle 2 angegebenen Oberflächenausführungen geliefert werden.

Die Stähle sind im Allgemeinen zur Herstellung vergüteter, flamm- oder induktionsgehärteter Maschinenteile vorgesehen, die teilweise auch im normalgeglühten Zustand verwendet werden.

Die Anforderungen an die in dieser Europäischen Norm gegebenen mechanischen Eigenschaften beschränken sich auf die in Tabelle 9 und Tabelle 10 angegebenen Maße.

ANMERKUNG   Diese Norm gilt nicht für Blankstahlprodukte. Für Blankstahl gelten die EN 10277-1 und die EN 10277-5.

In Sonderfällen können bei der Anfrage und Bestellung Abweichungen von oder Zusätze zu diesen technischen Lieferbedingungen vereinbart werden (siehe Anhang A).

2 Normative Verweisungen

Die folgenden zitierten Dokumente sind für die Anwendung dieses Dokuments erforderlich. Bei datierten Verweisungen gilt nur die in Bezug genommene Ausgabe. Bei undatierten Verweisungen gilt die letzte Ausgabe des in Bezug genommenen Dokuments (einschließlich aller Änderungen).

EN 10002-1, *Metallische Werkstoffe — Zugversuch — Teil 1: Prüfverfahren bei Raumtemperatur*

EN 10020, *Begriffsbestimmungen für die Einteilung der Stähle*

EN 10027-1, *Bezeichnungssysteme für Stähle — Teil 1: Kurznamen*

EN 10027-2, *Bezeichnungssysteme für Stähle — Teil 2: Nummernsystem*

EN 10045-1, *Metallische Werkstoffe — Kerbschlagbiegeversuch nach Charpy — Teil 1: Prüfverfahren*

EN 10083-1:2006, *Vergütungsstähle — Teil 1: Allgemeine technische Lieferbedingungen*

EN 10160, *Ultraschallprüfung von Flacherzeugnissen aus Stahl mit einer Dicke größer oder gleich 6 mm (Reflexionsverfahren)*

EN 10163-2, *Lieferbedingungen für die Oberflächenbeschaffenheit von warmgewalzten Stahlerzeugnissen (Blech, Breitflachstahl und Profile) — Teil 2: Blech und Breitflachstahl*

4

EN 10204, *Metallische Erzeugnisse — Arten von Prüfbescheinigungen*

EN 10221, *Oberflächengüteklassen für warmgewalzten Stabstahl und Walzdraht — Technische Lieferbedingungen*

CR 10261, *ECISS Mitteilungen 11 — Eisen und Stahl — Überblick über die verfügbaren chemischen Analyseverfahren*

EN 10308, *Zerstörungsfreie Prüfung — Ultraschallprüfung von Stäben aus Stahl*

EN ISO 377, *Stahl und Stahlerzeugnisse — Lage und Vorbereitung von Probenabschnitten und Proben für mechanische Prüfungen (ISO 377:1997)*

EN ISO 642, *Stahl — Stirnabschreckversuch (Jominy-Versuch) (ISO 642:1999)*

EN ISO 643, *Stahl — Mikrophotographische Bestimmung der scheinbaren Korngröße (ISO 643:2003)*

EN ISO 3887, *Stahl — Bestimmung der Entkohlungstiefe (ISO 3887:2003)*

EN ISO 6506-1, *Metallische Werkstoffe — Härteprüfung nach Brinell — Teil 1: Prüfverfahren (ISO 6506-1:2005)*

EN ISO 6508-1:2005, *Metallische Werkstoffe — Härteprüfung nach Rockwell — Teil 1: Prüfverfahren (Skalen A, B, C, D, E, F, G, H, K, N, T) (ISO 6508-1:2005)*

EN ISO 14284, *Stahl und Eisen — Entnahme und Vorbereitung von Proben für die Bestimmung der chemischen Zusammensetzung (ISO 14284:1996)*

EN ISO 18265, *Metallische Werkstoffe — Umwertung von Härtewerten (ISO 18265:2003)*

3 Begriffe

Für die Anwendung dieses Dokuments gelten die in EN 10083-1:2006 angegebenen Begriffe.

4 Einteilung und Bezeichnung

4.1 Einteilung

Die Stahlsorten C35, C40, C45, C55 und C60 sind entsprechend der EN 10020 als unlegierte Qualitätsstähle zu bezeichnen, die anderen Stahlsorten sind unlegierte Edelstähle.

4.2 Bezeichnung

4.2.1 Kurzname

Für die in diesem Dokument enthaltenen Stahlsorten sind die in den entsprechenden Tabellen angegebenen Kurznamen nach EN 10027-1 gebildet.

4.2.2 Werkstoffnummer

Für die in diesem Dokument enthaltenen Stahlsorten sind die in den entsprechenden Tabellen angegebenen Werkstoffnummern nach EN 10027-2 gebildet.

5

5 Bestellangaben

5.1 Verbindliche Angaben

Siehe EN 10083-1:2006, 5.1.

5.2 Optionen

Eine Anzahl von Optionen ist in dieser Europäischen Norm festgelegt und nachstehend aufgeführt. Falls der Besteller nicht ausdrücklich seinen Wunsch zur Berücksichtigung einer dieser Optionen äußert, muss nach den Grundanforderungen dieser Europäischen Norm geliefert werden.

a) besondere Wärmebehandlungszustände (siehe 6.3.2);

b) besondere Oberflächenausführung (siehe 6.3.3);

c) etwaige Überprüfung der Stückanalyse (siehe 7.1.1.2 und A.6);

d) etwaige Anforderungen an die Härtbarkeit (+H, +HH, +HL) für Edelstähle (siehe 7.1.3) und falls vereinbart die Information zur Berechnung der Härtbarkeit (siehe 10.3.2);

e) etwaige Überprüfung der mechanischen Eigenschaften an Referenzproben im vergüteten (+QT) oder normalgeglühten (+N) Zustand (siehe A.1 und A.2);

f) etwaige Anforderungen hinsichtlich des Feinkorns (siehe 7.4 und A.3);

g) etwaige Anforderungen hinsichtlich der Überprüfung nichtmetallischer Einschlüsse in Edelstählen (siehe 7.4 und A.4);

h) etwaige Anforderungen hinsichtlich der inneren Beschaffenheit (siehe 7.5 und A.5);

i) etwaige Anforderungen hinsichtlich der Oberflächenbeschaffenheit (siehe 7.6.3);

j) etwaige Anforderungen bezüglich der erlaubten Entkohlungstiefe von Edelstählen (siehe 7.6.4);

k) Eignung der Stäbe oder des Walzdrahtes zum Blankziehen (siehe 7.6.5);

l) etwaige Anforderungen hinsichtlich der Entfernung von Oberflächenfehlern (siehe 7.6.6);

m) Überprüfung der Oberflächenbeschaffenheit und der Maße ist durch den Käufer beim Hersteller durchzuführen (siehe 8.1.4);

n) etwaige Anforderungen hinsichtlich besonderer Kennzeichnung der Erzeugnisse (siehe Abschnitt 11 und A.7).

BEISPIEL

20 Rundstäbe mit dem Nenndurchmesser 20 mm und der Nennlänge 8000 mm entsprechend EN 10060 aus dem Stahl C45E (1.1191) nach EN 10083-2 im Wärmebehandlungszustand +A, Abnahmeprüfzeugnis 3.1 nach EN 10204

20 Rundstäbe EN 10060 — 20×8000
EN 10083-2 — C45E+A
EN 10204 — 3.1

oder

20 Rundstäbe EN 10060 — 20×8000
EN 10083-2 — 1.1191+A
EN 10204 — 3.1

6

6 Herstellverfahren

6.1 Allgemeines

Das Verfahren zur Herstellung des Stahles und der Erzeugnisse bleibt, mit den Einschränkungen nach 6.2 und 6.4, dem Hersteller überlassen.

6.2 Desoxidation

Alle Stähle müssen beruhigt sein.

6.3 Wärmebehandlung und Oberflächenausführung bei der Lieferung

6.3.1 Unbehandelter Zustand

Falls bei der Anfrage und Bestellung nicht anders vereinbart, werden die Erzeugnisse im unbehandelten Zustand, d. h. im warmgeformten Zustand geliefert.

ANMERKUNG   Je nach Erzeugnisform und Maßen sind nicht alle Stahlsorten im warmgeformten, unbehandelten Zustand lieferbar (z. B. Stahlsorte C60).

6.3.2 Besonderer Wärmebehandlungszustand

Falls bei der Anfrage und Bestellung vereinbart, müssen die Erzeugnisse in einem der in den Zeilen 3 bis 7 der Tabelle 1 angegebenen Wärmebehandlungszustände geliefert werden.

6.3.3 Besondere Oberflächenausführung

Falls bei der Anfrage und Bestellung vereinbart, müssen die Erzeugnisse in einer der in den Zeilen 3 bis 7 der Tabelle 2 angegebenen besonderen Oberflächenausführungen geliefert werden.

6.4 Schmelzentrennung

Innerhalb einer Lieferung müssen die Erzeugnisse nach Schmelzen getrennt sein.

7 Anforderungen

7.1 Chemische Zusammensetzung, Härtbarkeit und mechanische Eigenschaften

7.1.1 Allgemeines

Tabelle 1 zeigt Kombinationen üblicher Wärmebehandlungszustände bei Lieferung, Erzeugnisformen und Anforderungen entsprechend den Tabellen 3 bis 10.

Edelstähle dürfen mit oder ohne Anforderungen an die Härtbarkeit geliefert werden (siehe Tabelle 1, Spalten 8 und 9), ausgenommen sind Edelstähle, die bereits im vergüteten Zustand geliefert werden.

7.1.2 Chemische Zusammensetzung

7.1.2.1   Für die chemische Zusammensetzung nach der Schmelzenanalyse gelten die Angaben in Tabelle 3.

7.1.2.2   Die Stückanalyse darf von den angegebenen Grenzwerten der Schmelzenanalyse um die in Tabelle 4 aufgeführten Werte abweichen.

Die Stückanalyse muss durchgeführt werden, wenn sie bei der Anfrage und Bestellung vereinbart wurde (siehe A.6).

7

7.1.3 Härtbarkeit

Falls der Stahl unter Verwendung der angegebenen Kennbuchstaben mit den normalen (+H) bzw. eingeschränkten (+HL, +HH) Härtbarkeitsanforderungen bestellt wird, gelten die in den Tabellen 5, 6 oder 7 angegebenen Werte der Härtbarkeit.

7.1.4 Mechanische Eigenschaften

Falls der Stahl ohne Härtbarkeitsanforderungen bestellt wird, gelten für den jeweiligen Wärmebehandlungszustand die Anforderungen an die mechanischen Eigenschaften nach Tabelle 9 oder Tabelle 10.

In diesem Fall sind die für Edelstähle in Tabelle 5 angegebenen Werte zur Härtbarkeit als Anhaltswerte anzusehen.

Die Werte für die mechanischen Eigenschaften gemäß Tabellen 9 und 10 gelten für Proben in den Wärmebehandlungszuständen vergütet oder normalgeglüht, die entsprechend dem Bild 1 oder den Bildern 2 und 3 der EN 10083-1:2006 entnommen und vorbereitet wurden (siehe auch Fußnote a in Tabelle 1).

Bei der Anfrage oder Bestellung kann für Blech im normalgeglühten Zustand (+N) mit einer Dicke > 10 mm und für Stabstahl mit einem Durchmesser > 100 mm vereinbart werden, dass anstelle des Zugversuchs ein Härtetest durchgeführt wird, und zwar an einer Stelle, an der ansonsten der Probenabschnitt für die Zugprobe entnommen worden wäre. Der Härtetest wird durchgeführt und aus diesen Werten der Wert für die Zugfestigkeit nach EN ISO 18265 berechnet. Der berechnete Wert für die Zugfestigkeit muss den Wert aus Tabelle 10 erfüllen.

7.1.5 Oberflächenhärte

Für die Oberflächenhärte von Edelstählen nach dem Flamm- oder Induktionshärten gelten die Werte entsprechend Tabelle 11.

7.2 Bearbeitbarkeit

Alle Stähle sind im Zustand weichgeglüht (+A) bearbeitbar. Falls eine verbesserte Bearbeitbarkeit verlangt wird, sollten Sorten mit einer Spanne für den Schwefelanteil bestellt werden und/oder mit einer Behandlung zur verbesserten Bearbeitbarkeit (z. B. Ca-Behandlung) (siehe Tabelle 3, Fußnote c).

7.3 Scherbarkeit von Halbzeug und Stabstahl

7.3.1 Unter geeigneten Bedingungen (Vermeidung örtlicher Spannungsspitzen, Vorwärmen, Verwendung von Messern mit dem an das Erzeugnis angepasstem Profil usw.) sind alle Stahlsorten im weichgeglühten Zustand (+A) und im normalgeglühten Zustand (+N) scherbar.

7.3.2 Die Stahlsorten C45, C45E, C45R, C50E, C50R, C55, C55E, C55R, C60, C60E, C60R und 28Mn6 (siehe Tabelle 8) und die entsprechenden Sorten mit Anforderungen an die Härtbarkeit (siehe Tabellen 5 bis 7) sind unter geeigneten Bedingungen auch scherbar, wenn sie im Zustand „behandelt auf Scherbarkeit" (+S) mit den Härteanforderungen nach Tabelle 8 geliefert werden.

7.3.3 Unter geeigneten Bedingungen sind die Stahlsorten C22E, C22R, C35, C35E, C35R, C40, C40E und C40R (siehe Tabelle 8) und die entsprechenden Sorten mit Anforderungen an die Härtbarkeit (siehe Tabellen 5 bis 7) im unbehandelten Zustand scherbar.

Auch bei den Stahlsorten C45, C45E und C45R kann bei Maßen ab 80 mm Scherbarkeit im unbehandelten Zustand vorausgesetzt werden.

8

7.4 Gefüge

7.4.1 Wenn bei der Anfrage und Bestellung nicht anders vereinbart wurde, bleibt die Korngröße dem Hersteller überlassen. Falls Feinkörnigkeit nach einer Referenzbehandlung verlangt wird, ist Sonderanforderung A.3 zu bestellen.

Falls die Stahlsorten C35E, C35R, C45E, C45R, C50E, C50R, C55E und C55R vorgesehen sind zum Flamm- oder Induktionshärten, ist Sonderanforderung A.3 auf jeden Fall zu bestellen.

7.4.2 Die Edelstähle müssen einen vergleichbaren Reinheitsgrad entsprechend Edelstahlqualität aufweisen (siehe A.4 und EN 10083-1, Anhang E).

7.5 Innere Beschaffenheit

Falls erforderlich, sind bei der Anfrage und Bestellung Anforderungen an die innere Beschaffenheit der Erzeugnisse zu vereinbaren, möglichst mit Bezug zu Europäischen Normen. In EN 10160 sind die Anforderungen an die Ultraschallprüfung von Flacherzeugnissen mit einer Dicke größer oder gleich 6 mm und in EN 10308 sind die Anforderungen an die Ultraschallprüfung von Stabstahl festgelegt (siehe A.5).

7.6 Oberflächenbeschaffenheit

7.6.1 Alle Erzeugnisse müssen eine dem angewandten Herstellungsverfahren entsprechende glatte Oberfläche haben, siehe auch 6.3.3.

7.6.2 Kleinere Ungänzen, wie sie auch unter üblichen Herstellbedingungen auftreten können, wie z. B. von eingewalztem Zunder herrührende Narben bei warmgewalzten Erzeugnissen, sind nicht als Fehler zu betrachten.

7.6.3 Soweit erforderlich, sind Anforderungen bezüglich der Oberflächengüte der Erzeugnisse, möglichst unter Bezugnahme auf Europäische Normen, bei der Anfrage und Bestellung zu vereinbaren.

Blech und Breitflachstahl werden mit der Oberflächengüteklasse A, Untergruppe 1 entsprechend EN 10163-2 geliefert, sofern bei der Anfrage und Bestellung nichts anderes vereinbart wurde.

Stabstahl und Walzdraht werden mit der Oberflächengüteklasse A nach EN 10221 geliefert, sofern bei der Anfrage und Bestellung nichts anderes vereinbart wurde.

7.6.4 Bei der Anfrage und Bestellung können Anforderungen an die zulässige Entkohlungstiefe bei Edelstählen vereinbart werden.

Die Ermittlung der Entkohlungstiefe erfolgt nach dem in EN ISO 3887 beschriebenen mikroskopischen Verfahren.

7.6.5 Falls für Stabstahl und Walzdraht die Eignung zum Blankziehen gefordert wird, ist dies bei der Anfrage und Bestellung zu vereinbaren.

7.6.6 Ausbessern von Oberflächenfehlern durch Schweißen ist nur mit Zustimmung des Bestellers oder seines Beauftragten zulässig.

Falls Oberflächenfehler ausgebessert werden, ist die Art und die zulässige Tiefe des Fehlerausbesserns bei der Anfrage und Bestellung zu vereinbaren.

7.7 Maße, Grenzabmaße und Formtoleranzen

Die Nennmaße, Grenzabmaße und Formtoleranzen der Erzeugnisse sind bei der Anfrage und Bestellung zu vereinbaren, möglichst unter Bezugnahme auf die dafür geltenden Maßnormen (siehe EN 10083-1:2006, Anhang D).

9

8 Prüfung

8.1 Art der Prüfung und Prüfbescheinigungen

8.1.1 Erzeugnisse nach dieser Europäischen Norm sind zu bestellen und zu liefern mit einer der Prüfbescheinigungen nach EN 10204. Die Art der Prüfbescheinigung ist bei der Anfrage und Bestellung zu vereinbaren. Falls die Bestellung keine derartige Festlegung enthält, wird ein Werkszeugnis ausgestellt.

8.1.2 Für die in einem Werkszeugnis aufzuführenden Informationen siehe EN 10083-1:2006, 8.1.2.

8.1.3 Für die in einem Abnahmeprüfzeugnis aufzuführenden Informationen siehe EN 10083-1:2006, 8.1.3.

8.1.4 Falls bei der Bestellung nicht anders vereinbart, wird die Prüfung der Oberflächenqualität und der Maße durch den Hersteller vorgenommen.

8.2 Häufigkeit der Prüfungen

8.2.1 Probenahme

Die Probenahme muss entsprechend Tabelle 12 erfolgen.

8.2.2 Prüfeinheiten

Die Prüfeinheiten und das Ausmaß der Prüfungen müssen entsprechend Tabelle 12 erfolgen.

8.3 Spezifische Prüfungen

8.3.1 Nachweis der Härtbarkeit, Härte und der mechanischen Eigenschaften

Für Stähle, die ohne die Anforderungen an die Härtbarkeit bestellt werden, d. h. ohne die Kennbuchstaben +H, +HH oder +HL, sind die Anforderungen an die Härte oder die mechanischen Eigenschaften entsprechend dem in Tabelle 1, Spalte 8, Abschnitt 2 angegebenen Wärmebehandlungszustand nachzuweisen, mit der folgenden Ausnahme: Die in Tabelle 1, Fußnote a (mechanische Eigenschaften an Referenzproben) gegebene Anforderung ist nur nachzuweisen, falls die zusätzliche Anforderung A.1 oder A.2 bestellt wurde.

Für Edelstähle, die mit den Kennbuchstaben +H, +HH oder +HL (siehe Tabellen 5 bis 7) bestellt werden, sind, falls nicht anders vereinbart, nur die Anforderungen an die Härtbarkeit nach den Tabellen 5, 6 oder 7 nachzuweisen.

8.3.2 Besichtigung und Maßkontrolle

Eine ausreichende Zahl von Erzeugnissen ist zu prüfen, um die Erfüllung der Spezifikation sicherzustellen.

9 Probenvorbereitung

9.1 Probenahme und Probenvorbereitung für die chemische Analyse

Die Probenvorbereitung für die Stückanalyse ist in Übereinstimmung mit EN ISO 14284 vorzunehmen.

9.2 Lage und Orientierung der Probenabschnitte und Proben für die mechanische Prüfung

9.2.1 Vorbereitung der Probenabschnitte

Die Vorbereitung der Probenabschnitte ist entsprechend Tabelle 12 und EN 10083-1:2006, 9.2.1 durchzuführen.

10

9.2.2 Vorbereitung der Probenstücke

Die Vorbereitung der Proben ist entsprechend Tabelle 12 und EN 10083-1:2006, 9.2.2 durchzuführen.

9.3 Lage und Vorbereitung der Probenabschnitte für Prüfungen der Härte und Härtbarkeit

Siehe Tabelle 12.

9.4 Kennzeichnung der Probenabschnitte und Proben

Die Probenabschnitte und Proben sind so zu kennzeichnen, dass ihre Herkunft und die ursprüngliche Lage und Orientierung im Erzeugnis zu erkennen sind.

10 Prüfverfahren

10.1 Chemische Analyse

Siehe EN 10083-1:2006, 10.1.

10.2 Mechanische Prüfung

Siehe Tabelle 12 und EN 10083-1:2006, 10.2.

10.3 Nachweis der Härte und Härtbarkeit

10.3.1 Härte im Wärmebehandlungszustand +A und +S

Für Erzeugnisse im Zustand +A (weichgeglüht) und +S (behandelt auf Scherbarkeit) ist die Härte nach EN ISO 6506-1 zu messen.

10.3.2 Überprüfung der Härtbarkeit

Sofern eine Berechnungsformel verfügbar ist, hat der Hersteller die Möglichkeit, die Härtbarkeit durch Berechnung nachzuweisen. Das Berechnungsverfahren bleibt dem Hersteller überlassen. Falls bei der Anfrage und Bestellung vereinbart, muss der Hersteller dem Kunden ausreichende Angaben zur Berechnung machen, damit dieser das Ergebnis bestätigen kann.

Falls keine Berechnungsformel verfügbar ist oder im Schiedsfall muss ein Stirnabschreckversuch in Übereinstimmung mit EN ISO 642 durchgeführt werden. Die Abschrecktemperatur muss die Bedingungen der Tabelle 13 erfüllen. Die Härtewerte sind in Übereinstimmung mit EN ISO 6508-1, Skala C zu ermitteln.

10.3.3 Oberflächenhärte

Die Oberflächenhärte von Stählen nach dem Flamm- oder Induktionshärten (siehe Tabelle 11) ist entsprechend EN ISO 6508-1, Skala C zu bestimmen.

10.4 Wiederholungsprüfungen

Für Wiederholungsprüfungen siehe EN 10083-1:2006, 10.4.

11 Markierung, Kennzeichnung und Verpackung

Der Hersteller hat die Erzeugnisse oder Bunde oder Pakete in angemessener Weise so zu kennzeichnen, dass die Bestimmung der Schmelze, der Stahlsorte und der Herkunft der Lieferung möglich ist (siehe A.7).

11

Tabelle 1 — Kombination von üblichen Wärmebehandlungszuständen bei der Lieferung, Erzeugnisformen und Anforderungen nach Tabellen 3 bis 10

1		2	x bedeutet, dass in Betracht kommend für					In Betracht kommende Anforderungen, falls ein Stahl bestellt wird mit einer Bezeichnung nach				
			3	4	5	6	7	Tabelle 3		Tabellen 5, 6 oder 7 (nur Edelstähle)		
	Wärmebehandlungszustand bei der Lieferung	Kennbuchstabe	Halbzeug	Stabstahl	Walzdraht	Flacherzeugnisse	Freiform- und Gesenkschmiedestücke	8.1	8.2	9.1	9.2	9.3
2	unbehandelt	ohne Kennbuchstabe oder +U	x	x	x	x	x	Chemische Zusammensetzung nach den Tabellen 3 und 4	[a]	Wie in Spalten 8.1 und 8.2 (siehe Fußnote b in Tabelle 3)		Härtbarkeitswerte entsprechend den Tabellen 5, 6 oder 7
3	behandelt auf Scherbarkeit	+S	x	x	—	x	—	Höchsthärte nach	Tabelle 8 Spalte +S[a]			
4	weichgeglüht	+A	x	x	x	x[b]	x		Tabelle 8 Spalte +A[a]			
5	normalgeglüht[c]	+N	—	x	—	x[b]	x	Mechanische Eigenschaften nach	Tabelle 10			
6	vergütet	+QT	—	x	x	x[b]	x		Tabelle 9	Nicht anwendbar		
7	sonstige	Andere Behandlungszustände, z. B. bestimmte Glühbehandlungen zur Erzielung eines bestimmten Gefüges, können bei der Anfrage und Bestellung vereinbart werden. Der Behandlungszustand geglüht auf kugelige Karbide (+AC), wie er für das Kaltstauchen und Kaltfließpressen verlangt wird, ist in EN 10263-4 aufgeführt.										

[a] Bei Lieferungen im unbehandelten Zustand sowie in den Zuständen „behandelt auf Scherbarkeit" und „weichgeglüht" müssen für den maßgeblichen Endquerschnitt nach sachgemäßer Wärmebehandlung die in den Tabellen 9 und 10 angegebenen mechanischen Eigenschaften erreichbar sein (wegen des Nachweises an Bezugsproben, siehe A.1 und A.2).

[b] Nicht alle Formen der Flacherzeugnisse können in diesem Wärmebehandlungszustand geliefert werden.

[c] Das Normalglühen kann durch ein normalisierendes Umformen ersetzt werden.

12

Tabelle 2 — Oberflächenausführungen bei der Lieferung

	1	2	3	4	5	6	7	8	9
1	Oberflächenausführung bei der Lieferung		Kennbuchstabe	x bedeutet, dass im Allgemeinen in Betracht kommend für					Anmerkungen
				Halbzeuge (wie Vorblöcke, Knüppel)	Stabstahl	Walzdraht	Flacherzeugnisse	Freiform- und Gesenkschmiedestücke (siehe Anmerkung 2 in EN 10083-1:2006, Abschnitt 1)	
2	Wenn nicht anders vereinbart	warmgeformt	ohne Kennbuchstabe oder +HW	x	x	x	x	x	—
3	Nach entsprechender Vereinbarung zu liefernde besondere Ausführungen	unverformter Strangguss	+CC	x	—	—	—	—	—
4		warmgeformt und gebeizt	+PI	x	x	x	x	x	a
5		warmgeformt und gestrahlt	+BC	x	x	x	x	x	a
6		warmgeformt und vorbearbeitet	+RM	—	x	x	—	x	—
7		sonstige	—	—	—	—	—	—	—

a Zusätzlich kann auch eine Oberflächenbehandlung, z. B. Ölen, Kälken oder Phosphatieren, vereinbart werden.

13

Tabelle 3 — Stahlsorten und chemische Zusammensetzung (Schmelzenanalyse)

Stahlbezeichnung		Chemische Zusammensetzung (Massenanteil in %)[a,b,c]								
Kurzname	Werkstoff-nummern	C[d] max.	Si max.	Mn	P max.	S	Cr max.	Mo max.	Ni max.	Cr + Mo + Ni max.[d]
Qualitätsstähle										
C35	1.0501	0,32 bis 0,39	0,40	0,50 bis 0,80	0,045	max. 0,045	0,40	0,10	0,40	0,63
C40	1.0511	0,37 bis 0,44	0,40	0,50 bis 0,80	0,045	max. 0,045	0,40	0,10	0,40	0,63
C45	1.0503	0,42 bis 0,50	0,40	0,50 bis 0,80	0,045	max. 0,045	0,40	0,10	0,40	0,63
C55	1.0535	0,52 bis 0,60	0,40	0,60 bis 0,90	0,045	max. 0,045	0,40	0,10	0,40	0,63
C60	1.0601	0,57 bis 0,65	0,40	0,60 bis 0,90	0,045	max. 0,045	0,40	0,10	0,40	0,63
Edelstähle										
C22E	1.1151	0,17 bis 0,24	0,40	0,40 bis 0,70	0,030	max. 0,035[e]	0,40	0,10	0,40	0,63
C22R	1.1149					0,020 bis 0,040				
C35E	1.1181	0,32 bis 0,39	0,40	0,50 bis 0,80	0,030	max. 0,035[e]	0,40	0,10	0,40	0,63
C35R	1.1180					0,020 bis 0,040				
C40E	1.1186	0,37 bis 0,44	0,40	0,50 bis 0,80	0,030	max. 0,035[e]	0,40	0,10	0,40	0,63
C40R	1.1189					0,020 bis 0,040				
C45E	1.1191	0,42 bis 0,50	0,40	0,50 bis 0,80	0,030	max. 0,035[e]	0,40	0,10	0,40	0,63
C45R	1.1201					0,020 bis 0,040				
C50E	1.1206	0,47 bis 0,55	0,40	0,60 bis 0,90	0,030	max. 0,035[e]	0,40	0,10	0,40	0,63
C50R	1.1241					0,020 bis 0,040				
C55E	1.1203	0,52 bis 0,60	0,40	0,60 bis 0,90	0,030	max. 0,035[e]	0,40	0,10	0,40	0,63
C55R	1.1209					0,020 bis 0,040				
C60E	1.1221	0,57 bis 0,65	0,40	0,60 bis 0,90	0,030	max. 0,035[e]	0,40	0,10	0,40	0,63
C60R	1.1223					0,020 bis 0,040				
28Mn6	1.1170	0,25 bis 0,32	0,40	1,30 bis 1,65	0,030	max. 0,035[e]	0,40	0,10	0,40	0,63

[a] In dieser Tabelle nicht aufgeführte Elemente dürfen dem Stahl, außer zum Fertigbehandeln der Schmelze, ohne Zustimmung des Bestellers nicht absichtlich zugesetzt werden. Es sind alle angemessenen Vorkehrungen zu treffen, um die Zufuhr solcher Elemente aus dem Schrott oder anderen bei der Herstellung verwendeten Stoffen zu vermeiden, die die Härtbarkeit, die mechanischen Eigenschaften und die Verwendbarkeit beeinträchtigen.

[b] Falls Anforderungen an die Härtbarkeit von Edelstählen (siehe Tabellen 5 bis 7) gestellt werden, sind geringe Abweichungen von den Grenzen der Schmelzenanalyse erlaubt mit Ausnahme der Elemente Kohlenstoff (siehe Fußnote d), Phosphor und Schwefel; die Abweichungen dürfen nicht die Werte in Tabelle 4 überschreiten.

[c] Stähle mit verbesserter Bearbeitbarkeit infolge höherer Schwefelanteile bis zu etwa 0,10 % S (einschließlich aufgeschwefelter Stähle mit kontrollierten Anteilen an Einschlüssen (z. B. Ca-Behandlung)) können auf Anfrage geliefert werden. In diesem Fall darf die obere Grenze des Mangananteils um 0,15 % erhöht werden.

[d] Falls die Edelstähle nicht mit Anforderungen an die Härtbarkeit (Kennbuchstaben +H, +HH, +HL) oder nicht mit Anforderungen an die mechanischen Eigenschaften im vergüteten oder normalgeglühten Zustand bestellt werden, kann für sie bei der Bestellung die Einengung der Kohlenstoffspanne auf 0,05 % und/oder die Summe der Elemente Cr, Mo und Ni ≤ 0,45 % vereinbart werden.

[e] Falls zum Zeitpunkt der Anfrage und Bestellung vereinbart, ist für Flacherzeugnisse der Schwefelanteil auf max. 0,010 % zu beschränken.

14

Tabelle 4 — Grenzabweichungen der Stückanalyse von den nach Tabelle 3 für die Schmelzenanalyse gültigen Grenzwerten

Element	Zulässiger Höchstgehalt in der Schmelzenanalyse Massenanteil in %		Grenzabweichung [a] Massenanteil in %
C		≤ 0,55	± 0,02
	> 0,55	≤ 0,65	± 0,03
Si		≤ 0,40	+ 0,03
Mn		≤ 1,00	± 0,04
	> 1,00	≤ 1,65	± 0,05
P		≤ 0,045	+ 0,005
S		≤ 0,045	+ 0,005[b]
Cr		≤ 0,40	+ 0,05
Mo		≤ 0,10	+ 0,03
Ni		≤ 0,40	+ 0,05

[a] ± bedeutet, dass bei einer Schmelze die obere oder die untere Grenze der für die Schmelzenanalyse in Tabelle 3 angegebenen Spanne überschritten werden darf, aber nicht beide gleichzeitig.

[b] Für Stähle mit einer festgelegten Spanne an Schwefel (0,020 % bis 0,040 % entsprechend der Schmelzenanalyse) ist die erlaubte Abweichung ± 0,005 %.

15

Tabelle 5 — Grenzwerte für die Rockwell-C-Härte für Edelstähle mit (normalen) Härtbarkeitsanforderungen (+H -Sorten)

| Stahlbezeichnung | | Kenn-buchstabe | Grenze der Spanne | Abstand von der abgeschreckten Stirnfläche in mm — Härte in HRC | | | | | | | | | | | | | | | |
Kurzname	Werkstoff-nummer			1	2	3	4	5	6	7	8	9	10	11	13	15			
C35E	1.1181	+H	max.	58	57	55	53	49	41	34	31	28	27	26	25	24	—	—	—
C35R	1.1180		min.	48	40	33	24	22	20	—	—	—	—	—	—	—	—	—	—
C40E	1.1186	+H	max.	60	60	59	57	53	47	39	34	31	30	29	28	27	—	—	—
C40R	1.1189		min.	51	46	35	27	25	24	23	22	21	20	—	—	—	—	—	—
C45E	1.1191	+H	max.	62	61	61	60	57	51	44	37	34	33	32	31	30	—	—	—
C45R	1.1201		min.	55	51	37	30	28	27	26	25	24	23	22	21	20	—	—	—
C50E	1.1206	+H	max.	63	62	61	60	58	55	50	43	36	35	34	33	32	31	29	28
C50R	1.1241		min.	56	53	44	34	31	30	30	29	28	27	26	25	24	23	20	—
C55E	1.1203	+H	max.	65	64	63	62	60	57	52	45	37	36	35	34	33	32	30	29
C55R	1.1209		min.	58	55	47	37	33	32	31	30	29	28	27	26	25	24	22	20
C60E	1.1221	+H	max.	67	66	65	63	62	59	54	47	39	37	36	35	34	33	31	30
C60R	1.1223		min.	60	57	50	39	35	33	33	32	31	30	29	28	27	26	23	21
28Mn6	1.1170	+H	(Abstand)	1,5	3	5	7	9	11	13	15	20	25	30	35	45	50		
			max.	54	53	51	48	44	41	38	35	31	29	27	26	25	24		
			min.	45	42	37	27	21	—	—	—	—	—	—	—	—	—		

Tabelle 6 — Grenzwerte für die Rockwell-C-Härte für Edelstähle mit eingeengten Härtbarkeitsstreubändern (+HH- und +HL-Sorten)

| Stahlbezeichnung | | Kennbuch-stabe | Abstand von der abgeschreckten Stirnfläche in mm | | |
| | | | Härte in HRC | | |
Kurzname	Werkstoff-nummer		1	4	5
C35E	1.1181	+HH4	—	34 bis 53	—
		+HH14	51 bis 58	34 bis 53	—
C35R	1.1180	+HL4	—	24 bis 43	—
		+HL14	48 bis 55	24 bis 43	—
C40E	1.1186	+HH4	—	38 bis 57	—
		+HH14	54 bis 60	38 bis 57	—
C40R	1.1189	+HL4	—	27 bis 46	—
		+HL14	51 bis 57	27 bis 46	—
C45E	1.1191	+HH4	—	41 bis 60	—
		+HH14	57 bis 62	41 bis 60	—
C45R	1.1201	+HL4	—	30 bis 49	—
		+HL14	55 bis 60	30 bis 49	—
C50E	1.1206	+HH5	—	—	40 bis 58
		+HH15	58 bis 63	—	40 bis 58
C50R	1.1241	+HL5	—	—	31 bis 49
		+HL15	56 bis 61	—	31 bis 49
C55E	1.1203	+HH5	—	—	42 bis 60
		+HH15	60 bis 65	—	42 bis 60
C55R	1.1209	+HL5	—	—	33 bis 51
		+HL15	58 bis 63	—	33 bis 51
C60E	1.1221	+HH5	—	—	44 bis 62
		+HH15	62 bis 67	—	44 bis 62
C60R	1.1223	+HL5	—	—	35 bis 53
		+HL15	60 bis 65	—	35 bis 53

17

Tabelle 7 — Grenzwerte für die Rockwell-C-Härte für den Edelstahl 28Mn6 mit eingeengten Härtbarkeitsstreubändern (+HH- und +HL-Sorten)

Stahlbezeichnung		Symbol	Grenze der Spanne	Abstand von der abgeschreckten Stirnfläche in mm														
Kurzname	Werkstoffnummer			Härte in HRC														
				1,5	3	5	7	9	11	13	15	20	25	30	35	40	45	50
28Mn6	1.1170	+HH	max.	54	53	51	48	44	41	38	35	31	29	27	26	25	25	24
			min.	48	46	42	34	30	27	24	21	—	—	—	—	—	—	—
		+HL	max.	51	49	46	41	35	32	29	26	22	20	—	—	—	—	—
			min.	45	42	37	27	21	—	—	—	—	—	—	—	—	—	—

Tabelle 8 — Höchsthärte für in den Zuständen „behandelt auf Scherbarkeit" (+S) oder „weichgeglüht" (+A) zu liefernde Erzeugnisse

Stahlbezeichnung[a]		Max. HBW im Zustand[b]	
Kurzname	Werkstoffnummer	+S	+A
Qualitätsstähle			
C35	1.0501	—[c]	—
C40	1.0511	—[c]	—
C45	1.0503	255[c]	207
C55	1.0535	255[d]	229
C60	1.0601	255[d]	241
Edelstähle			
C22E, C22R	1.1151, 1.1149	—[c]	—
C35E, C35R	1.1181, 1.1180	—[c]	—
C40E, C40R	1.1186, 1.1189	—[c]	—
C45E, C45R	1.1191, 1.1201	255[c]	207
C50E, C50R	1.1206, 1.1241	255	217
C55E, C55R	1.1203, 1.1209	255[d]	229
C60E, C60R	1.1221, 1.1223	255[d]	241
28Mn6	1.1170	255	223

[a] Die Werte gelten auch für Edelstähle mit Anforderungen an die Härtbarkeit (+H-, +HH- und +HL-Sorten) siehe Tabellen 5 bis 7; beachte jedoch Fußnote d.

[b] Die Werte gelten nicht für stranggegossene und nicht weiter umgeformte Vorbrammen.

[c] Siehe 7.3.3.

[d] In Abhängigkeit von der chemischen Zusammensetzung der Schmelze und den Maßen kann besonders im Fall einer +HH-Sorte eine Weichglühung notwendig sein.

19

Tabelle 9 — Mechanische Eigenschaften[a] bei Raumtemperatur im vergüteten Zustand (+QT)

Stahlbezeichnung		Mechanische Eigenschaften für den maßgeblichen Querschnitt (siehe EN 10083-1:2006, Anhang A) mit einem Durchmesser (d) oder für Flacherzeugnisse mit der Dicke (t) von														
		d ≤ 16 mm / t ≤ 8 mm					16 mm < d ≤ 40 mm / 8 mm < t ≤ 20 mm					40 mm < d ≤ 100 mm / 20 mm < t ≤ 60 mm				
Kurzname	Werkstoffnummer	R_e min.	R_m[c]	A min. %	Z min. %	KV[b] min. J	R_e min.	R_m[c]	A min. %	Z min. %	KV[b] min. J	R_e min.	R_m[c]	A min. %	Z min. %	KV[b] min. J
		MPa	MPa				MPa	MPa				MPa	MPa			
Qualitätsstähle																
C35	1.0501	430	630 bis 780	17	40	—	380	600 bis 750	19	45	—	320	550 bis 700	20	50	—
C40	1.0511	460	650 bis 800	16	35	—	400	630 bis 780	18	40	—	350	600 bis 750	19	45	—
C45	1.0503	490	700 bis 850	14	35	—	430	650 bis 800	16	40	—	370	630 bis 780	17	45	—
C55	1.0535	550	800 bis 950	12	30	—	490	750 bis 900	14	35	—	420	700 bis 850	15	40	—
C60	1.0601	580	850 bis 1000	11	25	—	520	800 bis 950	13	30	—	450	750 bis 900	14	35	—
Edelstähle																
C22E / C22R	1.1151 / 1.1149	340	500 bis 650	20	50	—	290	470 bis 620	22	50	50	—	—	—	—	—
C35E / C35R	1.1181 / 1.1180	430	630 bis 780	17	40	—	380	600 bis 750	19	45	35	320	550 bis 700	20	50	35
C40E / C40R	1.1186 / 1.1189	460	650 bis 800	16	35	—	400	630 bis 780	18	40	30	350	600 bis 750	19	45	30
C45E / C45R	1.1191 / 1.1201	490	700 bis 850	14	35	—	430	650 bis 800	16	40	25	370	630 bis 780	17	45	25
C50E / C50R	1.1206 / 1.1241	520	750 bis 900	13	30	—	460	700 bis 850	15	35	—	400	650 bis 800	16	40	—
C55E / C55R	1.1203 / 1.1209	550	800 bis 950	12	30	—	490	750 bis 900	14	35	—	420	700 bis 850	15	40	—
C60E / C60R	1.1221 / 1.1223	580	850 bis 1000	11	25	—	520	800 bis 950	13	30	—	450	750 bis 900	14	35	—
28Mn6	1.1170	590	800 bis 950	13	40	40	490	700 bis 850	15	45	40	440	650 bis 800	16	50	40

[a] Mechanische Eigenschaften für den maßgeblichen Querschnitt (siehe EN 10083-1:2006, Anhang A).

R_e: Obere Streckgrenze oder, falls keine ausgeprägte Streckgrenze auftritt, die 0,2-%-Dehngrenze $R_{p0,2}$.

R_m: Zugfestigkeit.

A: Bruchdehnung (Anfangsmesslänge $L_0 = 5,65 \sqrt{S_0}$; siehe Tabelle 12, Spalte 7a, Zeile T4).

Z: Brucheinschnürung.

KV: Kerbschlagarbeit an längs entnommenen Charpy-V-Kerbschlagproben (der Mittelwert dreier Einzelwerte muss den in dieser Tabelle angegebenen Wert mindestens erreichen, kein Einzelwert darf geringer als 70 % des in der Tabelle angegebenen Mindestwertes sein).

[b] Zur Probennahme siehe EN 10083-1:2006, Bild 1 und Bild 3.

[c] 1 MPa = 1 N/mm².

Tabelle 10 — Mechanische Eigenschaften[a] bei Raumtemperatur im normalgeglühten Zustand (+N)

Stahlbezeichnung		Mechanische Eigenschaften für Erzeugnisse mit dem Durchmesser (d) oder für Flacherzeugnisse mit der Dicke (t) von							
		$d \leq 16$ mm $t \leq 16$ mm			16 mm < $d \leq 100$ mm 16 mm < $t \leq 100$ mm			100 mm < $d \leq 250$ mm 100 mm < $t \leq 250$ mm		
Kurzname	Werkstoff- nummer	R_e min.	R_m min.	A min.	R_e min.	R_m min.	A min.	R_e min.	R_m min.	A min.
		MPa^c	MPa^c	%	MPa^c	MPa^c	%	MPa^c	MPa^c	%
		Qualitätsstähle								
C35	1.0501	300	550	18	270	520	19	245	500	19
C40	1.0511	320	580	16	290	550	17	260	530	17
C45	1.0503	340	620	14	305	580	16	275	560	16
C55	1.0535	370	680	11	330	640	12	300	620	12
C60	1.0601	380	710	10	340	670	11	310	650	11
		Edelstähle[b]								
C22E	1.1151	240	430	24	210	410	25	—	—	—
C22R	1.1149									
C35E	1.1181	300	550	18	270	520	19	245	500	19
C35R	1.1180									
C40E	1.1186	320	580	16	290	550	17	260	530	17
C40R	1.1189									
C45E	1.1191	340	620	14	305	580	16	275	560	16
C45R	1.1201									
C50E	1.1206	355	650	13	320	610	14	290	590	14
C50R	1.1241									
C55E	1.1203	370	680	11	330	640	12	300	620	12
C55R	1.1209									
C60E	1.1221	380	710	10	340	670	11	310	650	11
C60R	1.1223									
28Mn6	1.1170	345	630	17	310	600	18	290	590	18

[a] R_e: Obere Streckgrenze oder, falls keine ausgeprägte Streckgrenze auftritt, die 0,2-%-Dehngrenze $R_{p0,2}$.

R_m: Zugfestigkeit.

A: Bruchdehnung (Anfangsmesslänge $L_0 = 5,65 \sqrt{S_0}$; siehe Tabelle 12, Spalte 7a, Zeile T4).

[b] Die Werte gelten ebenfalls für Edelstähle mit den Anforderungen an die Härtbarkeit (+H-, +HH- und +HL-Sorten) wie in den Tabellen 5 bis 7 angegeben.

[c] 1 MPa = 1 N/mm².

21

Tabelle 11 — Oberflächenhärte von Edelstählen nach dem Flamm- oder Induktionshärten

Stahlbezeichnung		Oberflächenhärte[a]
Kurzname	Werkstoffnummer	HRC
		min.
C35E/C35R	1.1181/1.1180	48
C45E/C45R	1.1191/1.1201	55
C50E/C50R	1.1206/1.1241	56
C55E/C55R	1.1203/1.1209	58

[a] Die oben angegebenen Werte für Querschnitte bis einschließlich 100 mm gelten für den vergüteten und für den oberflächengehärteten Zustand entsprechend den Angaben in Tabelle 13, mit anschließendem Entspannen bei 150 °C bis 180 °C für 1 Stunde.

Die gleichen Werte können auch für den Zustand nach Normalglühen und Oberflächenhärten unter denselben Bedingungen für Querschnitte bis zu 100 mm vereinbart werden. Es sollte beachtet werden, dass die Oberflächenentkohlung zu niedrigeren Werten der Härte in der Oberfläche führen kann.

Tabelle 12 — Prüfbedingungen für den Nachweis der in Spalte 2 angegebenen Anforderungen

1	2	3	4	5	6	7
			Prüfumfang			
Nr.	Art der Anforderung	Prüf-einheit^a	Zahl der Probestücke je Prüfeinheit	Zahl der Prüfungen je Probestück	Probenahme und Probevorbereitung (siehe in Ergänzung zu dieser Tabelle die Zeile T1 und Zeile …)	Anzuwendendes Prüfverfahren
1	Chemische Zusammensetzung — siehe Tabelle	C	3 + 4		(Die Schmelzenanalyse wird vom Hersteller mitgeteilt; wegen einer möglichen Stückanalyse siehe A.6 in Anhang A)	
2	Härtbarkeit — 5 bis 7	C	1	1	T2	T2

(Ergänzung zu Tabelle 12, Spalten 6 und 7)

Zeile	6a	7a
	Probenahme und Probevorbereitung	Anzuwendendes Prüfverfahren
T1	**Allgemeine Bedingungen** Die allgemeinen Bedingungen für die Entnahme und Vorbereitung von Probenabschnitten und Proben muss in Übereinstimmung mit EN ISO 377 und EN ISO 14284 erfolgen.	
T2	**Stirnabschreckversuch** In Schiedsfällen ist möglichst das unten angeführte Verfahren der Probenahme anzuwenden. — Falls der Durchmesser ≤ 40 mm ist, ist eine Probe durch spanendes Bearbeiten herzustellen; — falls der ursprüngliche Durchmesser > 40 bis ≤ 150 mm ist, ist der Stabstahl durch Schmieden auf einen Durchmesser von etwa 40 mm zu reduzieren; — falls der Durchmessers > 150 mm ist, ist die Probe so zu entnehmen, dass deren Achse 20 mm unter der Erzeugnisoberfläche liegt. In allen anderen Fällen bleibt, wenn bei der Anfrage und Bestellung nicht anders vereinbart, das Verfahren zur Probenherstellung — beginnend bei getrennt gegossenen und anschließend warm umgeformten Probeblöcken oder bei gegossenen und nicht warm umgeformten Probeabschnitten — dem Hersteller überlassen.	In Übereinstimmung mit EN ISO 642. Die Abschrecktemperatur muss die Werte in Tabelle 13 erfüllen. Die Härtewerte sind in Übereinstimmung mit EN ISO 6508-1, Skala C zu bestimmen.

Tabelle 12 — *(fortgesetzt)*

(Ergänzung zu Tabelle 12, Spalten 6 und 7)

1	2	3	4	5	6	7	6a	7a
			Prüfumfang					
Nr.	Art der Anforderung	Prüf-einheit[a]	Zahl der Probestücke je Prüfeinheit	Zahl der Prüfungen je Probestück	Probenahme und Probevor-bereitung (siehe in Ergänzung zu dieser Tabelle die Zeile T1 und Zeile ...)	Anzuwen-dendes Prüfverfahren	Probenahme und Probevorbereitung	Anzuwendendes Prüfverfahren
		siehe Tabelle					Zeile	
3	Härte						T3	Härteprüfung	entsprechend EN ISO 6506-1
3a	im Zustand +S oder +A	8	C +D +T	1	1	T3a	T3a	T3a	In Schiedsfällen muss die Härte möglichst an der Erzeugnisoberfläche an folgender Stelle ermittelt werden: — bei Rundstäben in einem Abstand von 1 × Durchmesser vom Stabende; — bei Stäben mit rechteckigem oder quadratischem Querschnitt sowie bei Flacherzeugnissen in einem Abstand von 1 × Dicke von einem Ende und 0,25 × Dicke von einer Längskante auf einer Breitseite des Erzeugnisses. Falls, z. B. bei Freiform- und Gesenkschmiedestücken, die vorstehenden Festlegungen nicht einhaltbar sind, sind bei der Bestellung Vereinbarungen über die zweckmäßige Lage der Härteeindrücke zu treffen. Probenvorbereitung nach EN ISO 6506-1.	
3b	Oberflächen-härte	11	C	1	1	T3b	T3b	T3b	Die Prüfung ist an einer Oberfläche durchzuführen, die glatt und eben ist, frei von Oxiden und Fremd-ablagerungen. Die Vorbereitungen sind so durchzu-führen, dass jede Veränderung der Oberflächenhärte minimiert wird. Dies ist besonders bei Prüfungen mit geringer Eindringtiefe zu beachten (entsprechend EN ISO 6508-1, Abschnitt 6).	entsprechend EN ISO 6508-1

Tabelle 12 — *(fortgesetzt)*

1	2	3	4	5	6	7
			Prüfumfang			
Nr.	Art der Anforderung	Prüfeinheit[a]	Zahl der Probestücke je Prüfeinheit	Zahl der Prüfungen je Probestück	Probenahme und Probevorbereitung (siehe in Ergänzung zu dieser Tabelle die Zeile T1 und Zeile ...)	Anzuwendendes Prüfverfahren
		siehe Tabelle				
4	Mechanische Eigenschaften					
4a	vergütete Erzeugnisse — 9	C +D +T	1	1 Zugversuch und 3 Charpy-V-Kerbschlagbiegeversuche		T4a
4b	normalgeglühte Erzeugnisse[c] — 10	C +D +T	1[b]	1 Zugversuch		T4b

(Ergänzung zu Tabelle 12, Spalten 6 und 7)

	6a	7a
Zeile	Probenahme und Probevorbereitung	Anzuwendendes Prüfverfahren
T4	Zugversuch und Kerbschlagbiegeversuch	
T4a und T4b	Die Proben für den Zugversuch und, falls erforderlich, für den Charpy-V-Kerbschlagbiegeversuch sind wie folgt zu entnehmen: — bei Stabstahl und Walzdraht entsprechend EN 10083-1:2006, Bild 1; — bei Flacherzeugnissen entsprechend EN 10083-1:2006, Bilder 2 und 3; — bei Freiform- und Gesenkschmiedestücken (siehe Anmerkung 2 in EN 10083-1:2006, Abschnitt 1) müssen die Proben an einer bei der Bestellung zu vereinbarenden Stelle so entnommen werden, dass ihre Längsachse in Richtung des Faserverlaufes liegt. Die Proben für den Zugversuch sind entsprechend EN 10002-1 vorzubereiten, die Kerbschlagbiegeproben entsprechend EN 10045-1.	In Schiedsfällen muss der Zugversuch an proportionalen Proben mit der Anfangsmesslänge $$L_0 = 5{,}65 \sqrt{S_0}$$ (S_0 = Anfangsquerschnitt) durchgeführt werden. Wenn das nicht möglich ist — das heißt bei Flacherzeugnissen mit einer Dicke von < 3 mm —, ist bei der Anfrage und Bestellung eine Probe mit konstanter Messlänge nach EN 10002-1 zu vereinbaren. In diesem Falle sind auch die für diese Proben einzuhaltenden Mindestwerte der Bruchdehnung zu vereinbaren. Der Kerbschlagbiegeversuch ist an einer Charpy-V-Kerbschlagbiegeprobe entsprechend EN 10045-1 durchzuführen.

ANMERKUNG   Eine Überprüfung der Anforderungen ist nur notwendig, falls ein Abnahmeprüfzeugnis bestellt wurde und falls die Anforderungen entsprechend Tabelle 1, Spalten 8 und 9 anzuwenden sind.

a   Die Prüfungen sind getrennt für jede Schmelze, gekennzeichnet durch ein „C" — für jedes Maß, gekennzeichnet durch ein „D" — und für jede Wärmebehandlung, gekennzeichnet durch ein „T", durchzuführen. Erzeugnisse unterschiedlicher Dicke können zusammengefasst werden, falls die Dicke im gleichen Bereich der mechanischen Eigenschaften liegt und falls die Unterschiede nicht die Eigenschaften beeinflussen.

b   Falls die Erzeugnisse im Durchlauf wärmebehandelt werden, ist je 25 t oder angefangene 25 t ein Probestück zu entnehmen, mindestens aber ein Probestück je Schmelze.

c   Siehe 7.1.4, letzter Absatz für einen Härtetest statt eines Zugfestigkeitstestes.

Tabelle 13 — Wärmebehandlung[a]

Stahlbezeichnung		Härten[b,c]	Abschreckmittel[d]	Anlassen[e]	Stirnabschreck-versuch	Normalglühen[c]
Kurzname	Werkstoff-nummer	°C		°C	°C	°C
Qualitätsstähle						
C35	1.0501	840 bis 880			—	860 bis 920
C40	1.0511	830 bis 870	Wasser oder Öl	550 bis 660	—	850 bis 910
C45	1.0503	820 bis 860			—	840 bis 900
C55	1.0535	810 bis 850	Öl oder Wasser		—	825 bis 885
C60	1.0601	810 bis 850			—	820 bis 880
Edelstähle[f]						
C22E	1.1151	860 bis 900	Wasser		—	880 bis 940
C22R	1.1149					
C35E	1.1181	840 bis 880			870 ± 5	860 bis 920
C35R	1.1180					
C40E	1.1186	830 bis 870	Wasser oder Öl	550 bis 660	870 ± 5	850 bis 910
C40R	1.1189					
C45E	1.1191	820 bis 860			850 ± 5	840 bis 900
C45R	1.1201					
C50E	1.1206	810 bis 850			850 ± 5	830 bis 890
C50R	1.1241					
C55E	1.1203	810 bis 850	Öl oder Wasser		830 ± 5	825 bis 885
C55R	1.1209					
C60E	1.1221	810 bis 850			830 ± 5	820 bis 880
C60R	1.1223					
28Mn6	1.1170	840 bis 880	Wasser oder Öl	540 bis 680	850 ± 5	850 bis 890

[a] Bei den in dieser Tabelle angegebenen Bedingungen handelt es sich um Anhaltsangaben. Die angegebenen Bedingungen für den Stirnabschreckversuch sind allerdings verbindlich.

[b] Die Temperaturen im unteren Bereich der Spanne kommen im Allgemeinen für Härten in Wasser in Betracht, die im oberen Bereich für Härten in Öl.

[c] Austenitisierungsdauer mindestens 30 Minuten (Anhaltswert).

[d] Bei der Wahl des Abschreckmittels sollte der Einfluss anderer Parameter wie Gestalt, Maße und Härtetemperatur auf die Eigenschaften und die Rissanfälligkeit in Betracht gezogen werden. Andere, zum Beispiel synthetische Abschreckmittel, können ebenfalls verwendet werden.

[e] Anlassdauer mindestens 60 Minuten (Anhaltswert).

[f] Diese Tabelle gilt auch für Edelstähle mit den besonderen Anforderungen an die Härtbarkeit (+H-, +HH- und +HL-Sorten) nach Tabellen 5 bis 7.

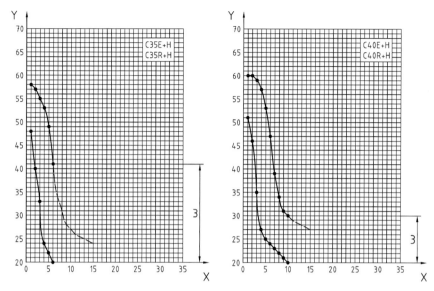

Legende
X Abstand von der abgeschreckten Stirnfläche, mm
Y Härte, HRC

3 H-Sorte

Bilder 1a, 1b — Streubänder der Rockwell-C-Härte bei der Prüfung auf Härtbarkeit im Stirnabschreckversuch

27

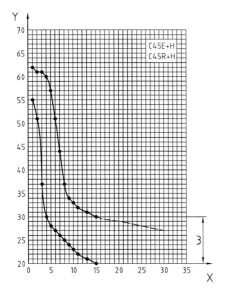
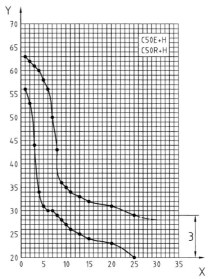

Legende
X   Abstand von der abgeschreckten Stirnfläche, mm
Y   Härte, HRC

3   H-Sorte

Bilder 1c, 1d — Streubänder der Rockwell-C-Härte bei der Prüfung auf Härtbarkeit im Stirnabschreckversuch

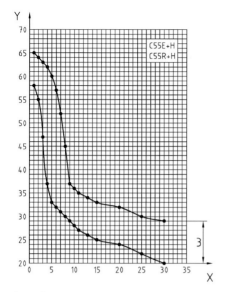 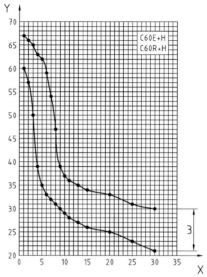

Legende
X Abstand von der abgeschreckten Stirnfläche, mm
Y Härte, HRC

3 H-Sorte

Bilder 1e, 1f — Streubänder der Rockwell-C-Härte bei der Prüfung auf Härtbarkeit im Stirnabschreckversuch

29

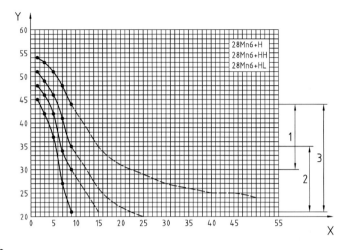

Legende
X Abstand von der abgeschreckten Stirnfläche, mm
Y Härte, HRC

1 HH-Sorte
2 HL-Sorte
3 H-Sorte

Bild 1g — Streubänder der Rockwell-C-Härte bei der Prüfung auf Härtbarkeit im Stirnabschreckversuch

30

Anhang A
(normativ)

Optionen

ANMERKUNG   Bei der Anfrage und Bestellung kann die Einhaltung einer oder mehrerer der nachstehenden Zusatz-
oder Sonderanforderungen vereinbart werden. Soweit erforderlich, sind die Einzelheiten dieser Anforderungen zwischen
Hersteller und Besteller bei der Anfrage und Bestellung zu vereinbaren.

A.1 Mechanische Eigenschaften von Bezugsproben im vergüteten Zustand

Bei Lieferungen in einem anderen als dem vergüteten oder normalgeglühten Zustand sind die Anforderungen
an die mechanischen Eigenschaften im vergüteten Zustand an einer Bezugsprobe nachzuweisen.

Bei Stabstahl und Walzdraht muss der zu vergütende Probestab, wenn nicht anders vereinbart, den
Erzeugnisquerschnitt aufweisen. In allen anderen Fällen sind die Maße und die Herstellung des Probestabes
bei der Anfrage und Bestellung zu vereinbaren, soweit angebracht, unter Berücksichtigung der in
EN 10083-1:2006, Anhang A enthaltenen Angaben zur Ermittlung des maßgeblichen Wärmebehandlungs-
durchmessers. Die Probestäbe sind entsprechend den Angaben zu den Wärmebehandlungszuständen in
Tabelle 13 oder entsprechend den Vereinbarungen bei der Anfrage und Bestellung zu vergüten. Die
Einzelheiten der Wärmebehandlung sind in der Prüfbescheinigung anzugeben. Die Proben sind, wenn nicht
anders vereinbart, entsprechend EN 10083-1:2006, Bild 1 für Stabstahl und Walzdraht und entsprechend
EN 10083-1:2006, Bild 3 für Flacherzeugnisse zu entnehmen.

A.2 Mechanische Eigenschaften von Bezugsproben im normalgeglühten Zustand

Für Lieferungen unlegierter Stähle in einem anderen als dem vergüteten oder normalgeglühten Zustand sind
die Anforderungen an die mechanischen Eigenschaften im normalgeglühten Zustand an einer Bezugsprobe
nachzuweisen.

Bei Stabstahl und Walzdraht muss der normalzuglühende Probestab, wenn nicht anders vereinbart, den
Erzeugnisquerschnitt aufweisen. In allen anderen Fällen sind die Maße und die Herstellung des Probestabes
bei der Anfrage und Bestellung zu vereinbaren.

Die Einzelheiten der Wärmebehandlung sind in der Prüfbescheinigung anzugeben. Die Proben sind, wenn
nicht anders vereinbart, bei Stabstahl und Walzdraht entsprechend EN 10083-1:2006, Bild 1, bei Flacherzeugnissen entsprechend EN 10083-1:2006, Bild 3 zu entnehmen.

A.3 Feinkornstahl

Der Stahl muss bei Prüfung nach EN ISO 643 eine Austenitkorngröße von 5 oder feiner haben. Wenn ein
Nachweis verlangt wird, ist auch zu vereinbaren, ob diese Anforderung an die Korngröße durch Ermittlung des
Aluminiumanteils oder metallographisch nachgewiesen werden muss. Im ersten Fall ist auch der
Aluminiumanteil zu vereinbaren.

Im zweiten Fall ist für den Nachweis der Austenitkorngröße eine Probe je Schmelze zu prüfen. Die
Probenahme und die Probenvorbereitung erfolgen entsprechend EN ISO 643.

31

Falls bei der Anfrage und Bestellung nicht anders vereinbart, ist die Abschreckkorngröße zu ermitteln. Zur Ermittlung der Abschreckkorngröße wird wie folgt gehärtet:

— bei Stählen mit einem unteren Grenzgehalt an Kohlenstoff < 0,35 %: (880 ± 10) °C, 90 min/Wasser;

— bei Stählen mit einem unteren Grenzgehalt an Kohlenstoff ≥ 0,35 %: (850 ± 10) °C, 90 min/Wasser.

In Schiedsfällen ist zur Herstellung eines einheitlichen Ausgangszustandes eine Vorbehandlung bei 1 150 °C für 30 min/Luft durchzuführen.

A.4 Gehalt an nichtmetallischen Einschlüssen in Edelstählen

Dieses Verfahren ist anwendbar für Edelstähle. Der mikroskopisch ermittelte Gehalt an nichtmetallischen Einschlüssen muss bei Prüfung nach einem bei der Anfrage und Bestellung zu vereinbarenden Verfahren innerhalb der vereinbarten Grenzen liegen (siehe EN 10083-1:2006, Anhang E).

ANMERKUNG 1   Die Anforderungen an den Gehalt nichtmetallischer Einschlüsse sind in jedem Fall einzuhalten, der Nachweis erfordert jedoch eine besondere Vereinbarung.

ANMERKUNG 2   Für Stähle mit einem angegebenen Mindestgehalt an Schwefel sollte die Vereinbarung nur die Oxide betreffen.

A.5   Zerstörungsfreie Prüfung

Flacherzeugnisse aus Stahl mit einer Dicke größer oder gleich 6 mm sind mit Ultraschall gemäß der EN 10160 und Stabstahl ist mit Ultraschall gemäß EN 10308 zu überprüfen. Andere Erzeugnisse sind nach einem bei der Anfrage und Bestellung vereinbarten Verfahren und nach ebenfalls bei der Anfrage und Bestellung vereinbarten Bewertungskriterien zerstörungsfrei zu prüfen.

A.6 Stückanalyse

Für jede Schmelze ist eine Stückanalyse durchzuführen, wobei alle Elemente zu berücksichtigen sind, für die in der Schmelzenanalyse des betroffenen Stahls Werte aufgeführt sind.

Für die Probenahme gelten die Angaben in EN ISO 14284. In Schiedsfällen ist das für die chemische Zusammensetzung anzuwendende Analysenverfahren, unter Bezugnahme auf eine der in CR 10261 erwähnten Europäischen Normen, zu vereinbaren.

A.7 Besondere Vereinbarungen zur Kennzeichnung

Die Erzeugnisse sind auf eine bei der Anfrage und Bestellung besonders vereinbarte Art (z. B. durch Strichkodierung nach EN 606) zu kennzeichnen.

32

Anhang B
(informativ)

Vergleich der Stahlsorten nach dieser Europäischen Norm mit ISO 683-1:1987 und mit früher national genormten Stahlsorten

Tabelle B.1 — Vergleich der Stahlsorten

EN 10083-2		ISO 683-1:1987[a]	Deutschland[a]		Großbritannien[a]	Frankreich[a]	Italien[a]	Schweden SS – Stahl	Spanien[a]	
Kurzname	Werkstoffnummer		Kurzname	Werkstoffnummer					Kurzname	Werkstoffnummer
C35	1.0501	(C35)	C 35	1.0501	—	[AF55C35]	(C35)	—	—	—
C40	1.0511	(C40)	C 40	1.0511	—	[AF60C40]	(C40)	—	—	—
C45	1.0503	(C45)	C 45	1.0503	(080M46)	[AF65C45]	(C45)	—	—	—
C55	1.0535	(C55)	C 55	1.0535	—	[AF70C55]	(C55)	—	—	—
C60	1.0601	(C60)	C 60	1.0601	—	—	(C60)	—	—	—
C22E	1.1151	—	(Ck 22)	(1.1151)	(070M20)	[XC 18]	(C25)	—	—	—
C22R	1.1149	—	(Cm 22)	(1.1149)	—	[XC 18u]	(C25)	—	—	—
C35E	1.1181	(C 35 E4)	(Ck 35)	(1.1181)	(080M36)	[XC 38 H1]	(C35)	1572	C35K	F1130
C35R	1.1180	(C 35 M2)	Cm 35	1.1180	—	[XC 38 H1u]	(C35)	—	C35K1	F1135(1)
C40E	1.1186	(C 40 E4)	(Ck 40)	(1.1186)	(080M40)	[XC 42 H1]	(C40)	—	—	—
C40R	1.1189	(C 40 M2)	Cm 40	1.1189	—	[XC 42 H1u]	(C40)	—	—	—
C45E	1.1191	(C 45 E4)	(Ck 45)	(1.1191)	(080M46)	[XC 48 H1]	(C45)	1672	C45K	F1140
C45R	1.1201	(C 45 M2)	Cm 45	1.1201	—	[XC 48 H1u]	(C45)	1674	C45K1	F1145(1)
C50E	1.1206	(C 50 E4)	(Ck 50)	(1.1206)	(080M50)	—	(C50)	—	—	—
C50R	1.1241	(C 50 M2)	Cm 50	1.1241	—	—	(C50)	—	—	—
C55E	1.1203	(C 55 E4)	(Ck 55)	(1.1203)	(070M55)	[XC 55 H1]	(C55)	—	C55K	F1150
C55R	1.1209	(C 55 M2)	Cm 55	1.1209	—	[XC 55 H1u]	(C55)	—	C55K1	F1155(1)
C60E	1.1221	(C 60 E4)	(Ck 60)	(1.1221)	(070M60)	—	(C60)	—	—	—
C60R	1.1223	(C 60 M2)	Cm 60	1.1223	—	—	(C60)	—	—	—
28Mn6	1.1170	(28Mn6)	(28 Mn 6)	(1.1170)	(150M28)	—	—	—	—	—

a   Die Angabe einer Stahlsorte in runden Klammern bedeutet, dass sich die chemische Zusammensetzung nur geringfügig von EN 10083-2 unterscheidet. Die Angabe einer Stahlsorte in eckigen Klammern bedeutet, dass in der chemischen Zusammensetzung größere Unterschiede gegenüber EN 10083-2 bestehen. Ist die Stahlsorte nicht eingeklammert, bestehen gegenüber EN 10083-2 praktisch keine Unterschiede in der chemischen Zusammensetzung.

Literaturhinweise

[1]   EN 10021, *Allgemeine technische Lieferbedingungen für Stahl und Stahlerzeugnisse*

September 2005

DIN EN 10088-3

ICS 77.140.20; 77.140.50; 77.140.65

Ersatz für
DIN EN 10088-3:1995-08 und
DIN 17440:2001-03

Nichtrostende Stähle –
Teil 3: Technische Lieferbedingungen für Halbzeug, Stäbe, Walzdraht, gezogenen Draht, Profile und Blankstahlerzeugnisse aus korrosionsbeständigen Stählen für allgemeine Verwendung; Deutsche Fassung EN 10088-3:2005

Stainless steels –
Part 3: Technical delivery conditions for semi-finished products, bars, rods, wire, sections and bright products of corrosion resisting steels for general purposes;
German version EN 10088-3:2005

Aciers inoxydables –
Partie 3: Conditions techniques de livraison pour les demi-produits, barres, fils machines, fils tréfilés, profils et produits transformés à froid en acier résistant à la corrosion pour usage général;
Version allemande EN 10088-3:2005

Gesamtumfang 63 Seiten

Normenausschuss Eisen und Stahl (FES) im DIN

Nationales Vorwort

Diese Europäische Norm EN 10088-3 wurde vom Unterausschuss TC 23/SC 1 „Nichtrostende Stähle" (Sekretariat: Deutschland) des Europäischen Komitees für die Eisen- und Stahlnormung (ECISS) ausgearbeitet.

Das zuständige deutsche Normungsgremium ist der Unterausschuss 06/1 „Nichtrostende Stähle" des Normenausschusses Eisen und Stahl (FES).

Diese Norm enthält die technischen Lieferbedingungen für Halbzeug, Stäbe, Walzdraht, gezogenen Draht, Profile und Blankstahlerzeugnisse aus korrosionsbeständigen Stählen für allgemeine Verwendung.

Änderungen

Gegenüber DIN EN 10088-3:1995-08 und DIN 17440:2001-03 wurden folgende Änderungen vorgenommen:

a) Änderung des Oberbegriffs der Stähle dieser Norm in „korrosionsbeständige Stähle", wobei der Begriff „nichtrostende Stähle" nunmehr übergeordnet für korrosionsbeständige, hitzebeständige und warmfesteStähle gilt;

b) Überarbeitung des Abschnittes zu den mechanischen Eigenschaften;

c) Überarbeitung der Festlegungen zur Oberflächenbeschaffenheit;

d) Festlegungen zu den physikalischen und chemischen Analyseverfahren überarbeitet;

e) Aufnahme zusätzlicher Stahlsorten:

> vier ferritische: X2CrTi17 (1.4520), X3CrNb17 (1.4511), X6CrMoNb17-1 (1.4526), X2CrTiNb18 (1.4509),
> sechs martensitische: X15Cr13 (1.4024), X38CrMo14 (1.4419), X55CrMo14 (1.4110), X46CrS13 (1.4035), X40CrMoVN16-2 (1.4123), X2CrNiMoV13-5-2 (1.4415),
> drei ausscheidungshärtende: X1CrNiMoAlTi12-9-2 (1.4530), X1CrNiMoAlTi12-10-2 (1.4596), X5NiCrTiMoVB25-15-2 (1.4606),
> zwölf austenitische: X5CrNi17-7 (1.4319), X9CrNi18-9 (1.4325), X5CrNiN19-9 (1.4315), X1CrNiMoN25-22-2 (1.4466), X1CrNiMoCuN24-22-8 (1.4652), X11CrNiMnN19-8-6 (1.4369), X12CrMnNiN17-7-5 (1.4372), X8CrMnNiN18-9-5 (1.4374), X8CrMnCuNB17-8-3 (1.4597), X2CrNiMoCuS17-10-2 (1.4598), X1CrNiMoCuNW24-22-6 (1.4659), X2CrNiMnMoN25-18-6-5 (1.4565),
> zwei austenitisch-ferritische: X2CrNiMoN29-7-2 (1.4477), X2CrNiMoSi18-5-3 (1.4424);

f) Festlegungen zu den mechanischen Eigenschaften von Blankstahlerzeugnissen aus ferritischen, martensitischen, ausscheidungshärtenden, austenitischen und austenitisch-ferritischen Stäben und zur Zugfestigkeit von gezogenem Draht aufgenommen;

g) Aufnahme eines Anhangs zur Verfügbarkeit von korrosionsbeständigen Stählen im kaltverfestigten Zustand;

h) die technischen Lieferbedingungen für Stäbe, Walzdraht, gezogenen Draht, Profile und Blankstahlerzeugnisse für das Bauwesen werden in einer zukünftigen DIN EN 10088-5 geregelt werden;

i) redaktionelle Überarbeitung.

Frühere Ausgaben

DIN EN 10088-3: 1995-08,
DIN 17440: 1967-01, 1972-12, 1985-07, 2001-03

2

EUROPÄISCHE NORM

EUROPEAN STANDARD

NORME EUROPÉENNE

EN 10088-3

Juni 2005

ICS 77.140.50; 77.140.65; 77.140.20

Ersatz für EN 10088-3:1995

Deutsche Fassung

Nichtrostende Stähle —
Teil 3: Technische Lieferbedingungen für Halbzeug, Stäbe, Walzdraht, gezogenen Draht, Profile und Blankstahlerzeugnisse aus korrosionsbeständigen Stählen für allgemeine Verwendung

Stainless steels —
Part 3: Technical delivery conditions for semi-finished products, bars, rods, wire, sections and bright products of corrosion resisting steels for general purposes

Aciers inoxydables —
Partie 3: Conditions techniques de livraison pour les demi-produits, barres, fils machines, fils tréfilés, profils et produits transformés à froid en acier résistant à la corrosion pour usage général

Diese Europäische Norm wurde vom CEN am 4. Mai 2005 angenommen.

Die CEN-Mitglieder sind gehalten, die CEN/CENELEC-Geschäftsordnung zu erfüllen, in der die Bedingungen festgelegt sind, unter denen dieser Europäischen Norm ohne jede Änderung der Status einer nationalen Norm zu geben ist. Auf dem letzten Stand befindliche Listen dieser nationalen Normen mit ihren bibliographischen Angaben sind beim Management-Zentrum oder bei jedem CEN-Mitglied auf Anfrage erhältlich.

Diese Europäische Norm besteht in drei offiziellen Fassungen (Deutsch, Englisch, Französisch). Eine Fassung in einer anderen Sprache, die von einem CEN-Mitglied in eigener Verantwortung durch Übersetzung in seine Landessprache gemacht und dem Management-Zentrum mitgeteilt worden ist, hat den gleichen Status wie die offiziellen Fassungen.

CEN-Mitglieder sind die nationalen Normungsinstitute von Belgien, Dänemark, Deutschland, Estland, Finnland, Frankreich, Griechenland, Irland, Island, Italien, Lettland, Litauen, Luxemburg, Malta, den Niederlanden, Norwegen, Österreich, Polen, Portugal, Schweden, der Schweiz, der Slowakei, Slowenien, Spanien, der Tschechischen Republik, Ungarn, dem Vereinigten Königreich und Zypern.

EUROPÄISCHES KOMITEE FÜR NORMUNG
EUROPEAN COMMITTEE FOR STANDARDIZATION
COMITÉ EUROPÉEN DE NORMALISATION

Management-Zentrum: rue de Stassart, 36   B-1050 Brüssel

Inhalt

2

Vorwort

Dieses Dokument (EN 10088-3:2005) wurde vom Technischen Komitee ECISS/TC 23 „Für eine Wärmebehandlung bestimmte Stähle, legierte Stähle und Automatenstähle — Gütenormen" erarbeitet, dessen Sekretariat vom DIN gehalten wird.

Diese Europäische Norm muss den Status einer nationalen Norm erhalten, entweder durch Veröffentlichung eines identischen Textes oder durch Anerkennung bis Dezember 2005, und etwaige entgegenstehende nationale Normen müssen bis Dezember 2005 zurückgezogen werden.

Dieses Dokument ersetzt EN 10088-3:1995.

EN 10088, unter dem allgemeinen Titel „Nichtrostende Stähle", besteht aus den folgenden Teilen:

— Teil 1: Verzeichnis der nichtrostenden Stähle (einschließlich einer Tabelle mit Europäischen Normen, in denen diese Stähle näher spezifiziert sind, siehe Anhang D),

— Teil 2: Technische Lieferbedingungen für Blech und Band aus korrosionsbeständigen Stählen für allgemeine Verwendung,

— Teil 3: Technische Lieferbedingungen für Halbzeug, Stäbe, Walzdraht, gezogenen Draht, Profile und Blankstahlerzeugnisse aus korrosionsbeständigen Stählen für allgemeine Verwendung.

Das Europäische Komitee für Normung (CEN) weist darauf hin, dass die Übereinstimmung mit diesem Dokument die Verwendung von Patenten hinsichtlich vier Stahlsorten bedeuten kann.

CEN nimmt keine Stellung zur Rechtmäßigkeit, zur Gültigkeit und zum Anwendungsbereich dieser Patentrechte.

Der Halter dieser Patentrechte hat CEN zugesichert, dass er bereit ist, über Lizenzen zu vernünftigen und nicht diskriminierenden Geschäftsbedingungen mit Antragstellern in der ganzen Welt zu verhandeln. In diesem Zusammenhang ist die Erklärung des Halters dieser Patentrechte bei CEN registriert. Informationen sind erhältlich:

Für die Stahlsorten 1.4362, 1.4410 und 1.4477
Sandvik AB
SE-81181 SANDVIKEN
Schweden

Für die Stahlsorte 1.4652
Outokumpu Stainless AB
SE-77480 AVESTA
Schweden

Es wird auf die Möglichkeit hingewiesen, dass einige Texte dieses Dokuments Patentrechte berühren können, ohne dass diese vorstehend identifiziert wurden. CEN ist nicht dafür verantwortlich, einige oder alle diesbezüglichen Patentrechte zu identifizieren.

Entsprechend der CEN/CENELEC-Geschäftsordnung sind die nationalen Normungsinstitute der folgenden Länder gehalten, diese Europäische Norm zu übernehmen: Belgien, Dänemark, Deutschland, Estland, Finnland, Frankreich, Griechenland, Irland, Island, Italien, Lettland, Litauen, Luxemburg, Malta, Niederlande, Norwegen, Österreich, Polen, Portugal, Schweden, Schweiz, Slowakei, Slowenien, Spanien, Tschechische Republik, Ungarn, Vereinigtes Königreich und Zypern.

3

1 Anwendungsbereich

1.1 Dieser Teil der EN 10088 enthält die technischen Lieferbedingungen für Halbzeug, warm oder kalt umgeformte Stäbe, Walzdraht, gezogenen Draht, Profile und Blankstahlerzeugnisse aus Standardgüten und Sondergüten korrosionsbeständiger nichtrostender Stähle für allgemeine Verwendung.

ANMERKUNG   Allgemeine Verwendung schließt die Verwendung von nichtrostenden Stählen in Berührung mit Lebensmitteln ein.

1.2 Zusätzlich zu den Angaben dieser Europäischen Norm gelten, sofern in dieser Europäischen Norm nichts anderes festgelegt ist, die in EN 10021 festgelegten allgemeinen technischen Lieferbedingungen.

1.3 Diese Europäische Norm gilt nicht für die durch Weiterverarbeitung der in 1.1 genannten Erzeugnisformen hergestellten Teile mit fertigungsbedingt abweichenden Gütemerkmalen.

2 Normative Verweisungen

Die folgenden zitierten Dokumente sind für die Anwendung dieses Dokuments erforderlich. Bei datierten Verweisungen gilt nur die in Bezug genommene Ausgabe. Bei undatierten Verweisungen gilt die letzte Ausgabe des in Bezug genommenen Dokuments (einschließlich aller Änderungen).

EN 10002-1, *Metallische Werkstoffe — Zugversuch — Teil 1: Prüfverfahren bei Raumtemperatur*

EN 10002-5, *Metallische Werkstoffe — Zugversuch — Teil 5: Prüfverfahren bei erhöhter Temperatur*

EN 10021, *Allgemeine technische Lieferbedingungen für Stahl und Stahlerzeugnisse*

EN 10027-1, *Bezeichnungssysteme für Stähle — Teil 1: Kurznamen, Hauptsymbol*

EN 10027-2, *Bezeichnungssysteme für Stähle — Teil 2: Nummernsystem*

EN 10045-1, *Metallische Werkstoffe — Kerbschlagbiegeversuch nach Charpy — Teil 1: Prüfverfahren*

EN 10052, *Begriffe der Wärmebehandlung von Eisenwerkstoffen*

EN 10079, *Begriffsbestimmungen für Stahlerzeugnisse*

EN 10088-1, *Nichtrostende Stähle — Teil 1: Verzeichnis der nichtrostenden Stähle*

EN 10163-3, *Lieferbedingungen für die Oberflächenbeschaffenheit von warmgewalzten Stahlerzeugnissen (Blech, Breitflachstahl und Profile) — Teil 3: Profile*

EN 10168:2004, *Stahlerzeugnisse — Prüfbescheinigungen — Liste und Beschreibung der Angaben*

EN 10204:2004, *Metallische Erzeugnisse — Arten von Prüfbescheinigungen*

EN 10221, *Oberflächengüteklassen für warmgewalzten Stabstahl und Walzdraht — Technische Lieferbedingungen*

EN 10306, *Eisen und Stahl — Ultraschallprüfung von H-Profilen mit parallelen Flanschen und IPE-Profilen*

EN 10308, *Zerstörungsfreie Prüfung — Ultraschallprüfung von Stäben aus Stahl*

4

EN ISO 377, *Stahl und Stahlerzeugnisse — Lage und Vorbereitung von Probenabschnitten und Proben für mechanische Prüfungen (ISO 377:1997)*

EN ISO 3651-2, *Ermittlung der Beständigkeit nichtrostender Stähle gegen interkristalline Korrosion — Teil 2: Nichtrostende ferritische, austenitische und ferritisch-austenitische (Duplex-) Stähle; Korrosionsversuch in schwefelsäurehaltigen Medien (ISO 3651-2:1998)*

EN ISO 6506-1, *Metallische Werkstoffe — Härteprüfung nach Brinell — Teil 1: Prüfverfahren (ISO 6506-1:1999)*

EN ISO 14284, *Stahl und Eisen — Entnahme und Vorbereitung von Proben für die Bestimmung der chemischen Zusammensetzung (ISO 14284:1996)*

ISO 286-1, *ISO-System für Toleranzen und Passungen — Teil 1: Grundlagen für Toleranzen, Abmaße und Passungen*

3 Begriffe

Für die Anwendung dieses Dokuments gelten die folgenden Begriffe.

3.1
nichtrostende Stähle
es gilt die Definition nach EN 10088-1

3.2
korrosionsbeständige Stähle
Stähle mit mindestens 10,5 % Cr und höchstens 1,20 % C, falls ihre Korrosionsbeständigkeit von höchster Wichtigkeit ist

3.3
Erzeugnisform
es gelten die Begriffe nach EN 10079

3.4
Wärmebehandlungsarten
es gelten die Begriffe nach EN 10052

3.5
allgemeine Verwendung
Verwendungen außer den in den Literaturhinweisen erwähnten besonderen Verwendungen

3.6
Standardgüten
Sorten mit einer guten Verfügbarkeit und einem weiten Anwendungsbereich

3.7
Sondergüten
Sorten für eine besondere Anwendung und/oder mit begrenzter Verfügbarkeit

4 Bezeichnung und Bestellung

4.1 Bezeichnung der Stahlsorten

Die Kurznamen und Werkstoffnummern (siehe Tabellen 2 bis 5) wurden nach EN 10027-1 und EN 10027-2 gebildet.

5

4.2 Bestellbezeichnungen

Die vollständige Bezeichnung für die Bestellung eines Erzeugnisses nach diesem Dokument muss folgende Angaben enthalten:

— die verlangte Menge;

— die Erzeugnisform (z. B. Rundstab, Vierkantstab oder Walzdraht);

— soweit eine geeignete Maßnorm vorhanden ist (siehe Tabelle 7 und Anhang C) die Nummer der Norm und die ausgewählten Anforderungen; falls keine Maßnorm vorhanden ist, die Nennmaße und die verlangten Grenzabmaße;

— die Art des Werkstoffs (Stahl);

— die Nummer dieses Dokumentes;

— Kurzname oder Werkstoffnummer;

— falls für den betreffenden Stahl in der Tabelle für die mechanischen Eigenschaften mehr als ein Behandlungszustand enthalten ist, das Kurzzeichen für die verlangte Wärmebehandlung oder den verlangten Kaltverfestigungszustand;

— die verlangte Ausführungsart (siehe Kurzzeichen in Tabelle 7);

— falls eine Überprüfung der inneren Beschaffenheit verlangt wird, müssen die Flacherzeugnisse gemäß EN 10306 oder EN 10308 überprüft werden;

— falls eine Prüfbescheinigung verlangt wird, deren Bezeichnung nach EN 10204.

BEISPIEL   10 t Rundstäbe einer Stahlsorte mit dem Kurznamen X5CrNi18-10 und der Werkstoffnummer 1.4301 nach EN 10088-3 mit dem Durchmesser 50 mm, Grenzabmaße nach EN 10060, in Ausführungsart 1D (siehe Tabelle 7), Prüfbescheinigung 3.1 nach EN 10204:

10 t Rundstäbe EN 10060-50
Stahl EN 10088-3-X5CrNi18-10+1D
Prüfbescheinigung 3.1

oder

10 t Rundstäbe EN 10060-50
Stahl EN 10088-3-1.4301+1D
Prüfbescheinigung 3.1

5   Sorteneinteilung

Die in diesem Dokument enthaltenen Stähle sind nach ihrem Gefüge eingeteilt in

— ferritische Stähle,

— martensitische Stähle,

— ausscheidungshärtende Stähle,

— austenitische Stähle,

— austenitisch-ferritische Stähle.

Siehe ebenfalls Anhang B zu EN 10088-1.

6

6 Anforderungen

6.1 Erschmelzungsverfahren

Das Erschmelzungsverfahren der Stähle für Erzeugnisse nach diesem Dokument bleibt dem Hersteller überlassen, sofern bei der Anfrage und Bestellung kein bestimmtes Verfahren vereinbart wurde.

6.2 Lieferzustand

Die Erzeugnisse sind — durch Bezugnahme auf die in Tabelle 7 angegebene Ausführungsart und, wenn es verschiedene Alternativen gibt, auf die in den Tabellen 8 bis 19 und 25 angegebenen Behandlungszustände — in dem bei der Anfrage und Bestellung vereinbarten Zustand zu liefern (siehe auch Anhang A).

6.3 Chemische Zusammensetzung

6.3.1 Für die chemische Zusammensetzung nach der Schmelzenanalyse gelten die Angaben in den Tabellen 2 bis 5.

6.3.2 Die Stückanalyse darf von den in den Tabellen 2 bis 5 angegebenen Grenzwerten der Schmelzenanalyse um die in Tabelle 6 aufgeführten Werte abweichen.

6.4 Korrosionschemische Eigenschaften

Für die in EN ISO 3651-2 definierte Beständigkeit gegen interkristalline Korrosion gelten für ferritische, austenitische und austenitisch-ferritische Stähle die Angaben in den Tabellen 8, 11 und 12.

ANMERKUNG 1   EN ISO 3651-2 ist nicht anwendbar auf die Prüfung martensitischer und ausscheidungshärtender Stähle.

ANMERKUNG 2   Das Verhalten der nichtrostenden Stähle gegen Korrosion hängt stark von der Art der Umgebung ab und kann daher nicht immer eindeutig durch Versuche im Laboratorium gekennzeichnet werden. Es empfiehlt sich daher, auf vorliegende Erfahrungen in der Verwendung der Stähle zurückzugreifen.

6.5 Mechanische Eigenschaften

6.5.1 Die in den Tabellen 8 bis 12 festgelegten mechanischen Eigenschaften bei Raumtemperatur gelten für warmgefertigte Erzeugnisse in den jeweils festgelegten Ausführungsarten (außer Ausführungsart 1U und Halbzeug), für kalt weiterverarbeitete Erzeugnisse in der Ausführungsart 2D (außer gezogenen Draht) und für den jeweils festgelegten Wärmebehandlungszustand.

Für kalt weiterverarbeitete Erzeugnisse in den jeweils festgelegten Ausführungsarten (außer Ausführungsart 2D und gezogenen Draht) und für den jeweils festgelegten Wärmebehandlungszustand gelten die mechanischen Eigenschaften bei Raumtemperatur entsprechend den Tabellen 13 bis 17. Für diese Erzeugnisse steht die Ausführungsart im Vordergrund, die mechanischen Eigenschaften sind nachrangig.

Wenn, nach Vereinbarung bei der Bestellung, die Erzeugnisse nicht im wärmebehandelten Zustand zu liefern sind, müssen bei sachgemäßer Wärmebehandlung (simulierende Wärmebehandlung) an Referenzproben die mechanischen Eigenschaften nach den Tabellen 8 bis 17 erreichbar sein.

Für gezogenen Draht gelten die in den Tabellen 18 und 19 festgelegten Eigenschaften.

Für Stäbe, die gezielt kaltverfestigt wurden, um ihre Zugfestigkeit auf eine festgelegte Stufe zu erhöhen, gelten die mechanischen Eigenschaften bei Raumtemperatur entsprechend der Tabelle 25. Für diese Erzeugnisse stehen die mechanischen Eigenschaften im Vordergrund, die Ausführungsart ist nachrangig.

7

ANMERKUNG   Austenitische Stähle sind im lösungsgeglühten Zustand sprödbruchunempfindlich. Da sie keine ausgeprägte Übergangstemperatur aufweisen, was für andere Stähle charakteristisch ist, sind sie auch für die Verwendung bei tiefen Temperaturen anwendbar.

6.5.2   Für die 0,2 %- und 1 %-Dehngrenze bei erhöhten Temperaturen gelten die Werte nach den Tabellen 20 bis 24.

6.6 Oberflächenbeschaffenheit

Die verfügbaren Güten der Oberflächenbeschaffenheit sind in Tabelle 7 aufgeführt. Geringfügige, durch den Walzprozess bedingte Unvollkommenheiten der Oberfläche sind zulässig. Genaue Anforderungen an die größte zulässige Tiefe der Ungänzen für Stäbe, Walzdrähte und Profile in den jeweiligen Behandlungszuständen sind in Tabelle 1 aufgeführt.

Tabelle 1 — Größte zulässige Tiefe der Ungänzen für Stäbe, Walzdraht und Profile

Behandlungs-zustand	Erzeugnisform	Zulässige Tiefe der Ungänzen[a]	Max. prozentualer Anteil der Liefermasse oberhalb der zulässigen Tiefe der Ungänzen
1U, 1C, 1E, 1D	Profile	Nach Vereinbarung bei der Bestellung entsprechend EN 10163-3.	
1U, 1C, 1E, 1D	Rundstäbe und Walzdraht	Nach Vereinbarung bei der Bestellung entsprechend EN 10221.	
1X[b], 2H[b], 2D[b]	Rundstäbe	— max. 0,2 mm für $d \leq 20$ mm — max. 0,01 d für $20 < d \leq 75$ mm — max. 0,75 mm für $d > 75$ mm	1 %
	Sechskantstäbe	— max. 0,3 mm für $d \leq 15$ mm — max. 0,02 d für $15 < d \leq 63$ mm	2 %
	Andere Stäbe	— max. 0,3 mm für $d \leq 15$ mm — max. 0,02 d für $15 < d \leq 63$ mm	4 %
1G, 2B, 2G, 2P	Rundstäbe	Technisch ohne Fehler durch den Hersteller.	0,2 %

[a]   Als Tiefe der Ungänze wird der Abstand verstanden, der senkrecht zur Oberfläche zwischen der tiefsten Stelle der Ungänze und der Oberfläche gemessen werden.

[b]   Bei der Anfrage und Bestellung kann vereinbart werden, dass die Erzeugnisse mit einer Oberfläche technisch frei von Fehlern geliefert werden. In diesem Fall muss ebenfalls der max. prozentuale Anteil der Liefermasse oberhalb der zulässigen Tiefe der Ungänzen vereinbart werden.

Weitere Daten, z. B. zur Oberflächenrauheit in den Behandlungszuständen 2G und 2P, siehe Tabelle 7.

6.7 Innere Beschaffenheit

Die Erzeugnisse müssen frei von solchen inneren Fehlern sein, die für eine übliche Verwendung nicht zulässig wären. Ultraschallprüfungen an H-Profilen mit parallelen Flanschen und an IPE-Profilen können gemäß EN 10306 und Ultraschallprüfungen an Stäben aus Stahl können gemäß EN 10308 bei der Anfrage und Bestellung vereinbart werden.

6.8 Umformbarkeit bei Raumtemperatur

Die Kaltumformbarkeit kann durch die Dehnung im Zugversuch überprüft werden.

8

6.9 Maße, Grenzabmaße und Formtoleranzen

Die Maße, Grenzabmaße und Formtoleranzen sind, möglichst unter Bezugnahme auf die in Tabelle 7 und in Anhang C angegebenen Maßnormen, bei der Anfrage und Bestellung zu vereinbaren.

6.10 Masseberechnung und zulässige Masseabweichungen

6.10.1 Bei Berechnung der Nennmasse aus den Nennmaßen sind für die Dichte des betreffenden Stahles die Werte nach EN 10088-1 zugrunde zu legen.

6.10.2 Die zulässigen Masseabweichungen können bei der Anfrage und Bestellung vereinbart werden, wenn sie in den in Tabelle 7 und in Anhang C aufgeführten Maßnormen nicht festgelegt sind.

7 Prüfung

7.1 Allgemeines

Geeignete Verfahrenskontrollen und Prüfungen sind durchführen, um sich zu vergewissern, dass das Erzeugnis den Bestellanforderungen entspricht. Dies schließt Folgendes ein:

— Nachweis der Erzeugnisabmessungen in geeignetem Umfang;

— Sichtprüfung der Oberflächenbeschaffenheit der Erzeugnisse in angemessener Weise;

— Prüfung geeigneter Häufigkeit und Art, um sicherzustellen, dass die richtige Stahlsorte verwendet wird.

Art und Umfang dieser Nachweise, Untersuchungen und Prüfungen werden bestimmt unter Berücksichtigung des Grades der Übereinstimmung, der beim Nachweis des Qualitätssicherungssystems ermittelt wurde. In Anbetracht dessen ist ein Nachweis dieser Anforderungen durch spezifische Prüfungen, falls nicht anders vereinbart, nicht erforderlich.

7.2 Vereinbarungen zu Prüfungen und Prüfbescheinigungen

7.2.1 Bei der Bestellung kann für jede Lieferung die Ausstellung einer der Prüfbescheinigungen nach EN 10204 vereinbart werden.

7.2.2 Falls die Ausstellung eines Werkszeugnisses 2.2 nach EN 10204:2004 vereinbart wurde, muss dieses die folgenden Angaben enthalten:

a) Die Angabenblöcke A, B und Z nach EN 10168:2004;

b) die Ergebnisse der Schmelzenanalyse entsprechend den Feldern C71 bis C92 nach EN 10168:2004.

7.2.3 Falls die Ausstellung eines Abnahmeprüfzeugnisses 3.1 oder 3.2 nach EN 10204:2004 vereinbart wurde, sind spezifische Prüfungen nach 7.3 durchzuführen und die Prüfbescheinigung muss mit den nach EN 10168:2004 verlangten Feldern und Einzelheiten folgende Angaben enthalten:

a) wie unter 7.2.2 a);

b) wie unter 7.2.2 b);

c) die Ergebnisse der entsprechend Tabelle 26 verbindlich durchzuführenden Prüfungen (in der zweiten Spalte durch „m" gekennzeichnet);

d) die Ergebnisse aller bei der Anfrage und Bestellung vereinbarten weiteren Prüfungen.

9

7.3 Spezifische Prüfungen

7.3.1 Prüfumfang

Die entweder verbindlich (m) oder nach Vereinbarung (o) durchzuführenden Prüfungen sowie die Zusammensetzung und Größe der Prüfeinheiten und die Anzahl der zu entnehmenden Probestücke, Probenabschnitte und Proben sind in Tabelle 26 aufgeführt.

7.3.2 Probenahme und Probenvorbereitung

7.3.2.1 Bei der Probenahme und Probenvorbereitung sind die Festlegungen der EN ISO 14284 und EN ISO 377 zu beachten. Für die mechanischen Prüfungen gelten außerdem die Angaben in 7.3.2.2.

7.3.2.2 Die Proben für den Zugversuch und, sofern dieser bei der Bestellung vereinbart wurde, für den Kerbschlagbiegeversuch sind entsprechend den Angaben in den Bildern 1 bis 3 zu entnehmen.

Die Probenabschnitte sind im Lieferzustand zu entnehmen. Auf Vereinbarung können die Probenabschnitte bei Stäben vor dem Richten entnommen werden. Für simulierend wärmezubehandelnde Probenabschnitte sind die Bedingungen für das Glühen, Abschrecken und Anlassen zu vereinbaren.

7.3.2.3 Probenabschnitte für die Härteprüfung und die Prüfung auf Beständigkeit gegen interkristalline Korrosion, wenn verlangt, sind an den gleichen Stellen wie für die mechanischen Prüfungen zu entnehmen.

7.4 Prüfverfahren

7.4.1 Die chemische Analyse ist mittels geeigneter Europäischer Normen durchzuführen. Die Wahl des geeigneten physikalischen oder chemischen Analyseverfahrens bleibt dem Hersteller überlassen. Der Hersteller hat auf Anforderung die verwendete Analysemethode anzugeben.

ANMERKUNG   Eine Liste der verfügbaren Europäischen Normen für die chemische Analyse ist in CR 10261 aufgeführt.

7.4.2 Der Zugversuch bei Raumtemperatur ist nach EN 10002-1 durchzuführen, und zwar im Regelfall mit proportionalen Proben der Messlänge $L_0 = 5,65 \sqrt{S_0}$ (S_0 = Probenquerschnitt). In Zweifelsfällen und in Schiedsversuchen müssen diese Proben verwendet werden.

Für gezogenen Draht mit einem Nenndurchmesser < 4 mm wird die Zugfestigkeit direkt am Erzeugnis mit einer Messlänge von 100 mm gemessen.

Zu ermitteln sind die Zugfestigkeit, die Bruchdehnung sowie die 0,2 %-Dehngrenze. Zusätzlich ist nur bei den austenitischen Stählen die 1 %-Dehngrenze zu bestimmen.

7.4.3 Falls ein Zugversuch bei erhöhter Temperatur bestellt wurde, ist dieser nach EN 10002-5 durchzuführen. Muss die Dehngrenze nachgewiesen werden, ist bei ferritischen, martensitischen, ausscheidungshärtenden und austenitisch-ferritischen Stählen die 0,2 %-Dehngrenze zu ermitteln. Bei austenitischen Stählen sind die 0,2 %- und die 1 %-Dehngrenze zu ermitteln.

7.4.4 Wenn ein Kerbschlagbiegeversuch bestellt wurde, ist dieser nach EN 10045-1 an Spitzkerbproben auszuführen. Als Versuchsergebnis ist das Mittel von 3 Proben zu werten (siehe auch EN 10021).

7.4.5 Die Härteprüfung nach Brinell ist nach EN ISO 6506-1 durchzuführen.

7.4.6 Die Beständigkeit gegen interkristalline Korrosion ist nach EN ISO 3651-2 zu prüfen.

7.4.7 Maße und Grenzabmaße der Erzeugnisse sind nach den Festlegungen in den betreffenden Maßnormen, soweit vorhanden, zu prüfen.

10

7.5 Wiederholungsprüfungen

Siehe EN 10021.

8 Kennzeichnung

8.1 Die angebrachte Kennzeichnung muss dauerhaft sein.

8.2 Wenn nicht anders vereinbart, gelten die Angaben in Tabelle 27.

8.3 Wenn nicht anders vereinbart, sind alle Erzeugnisse wie folgt zu kennzeichnen:

— Halbzeug, Stäbe und Profile in Dicken über 35 mm durch Farbstempelung, Aufkleber, elektrolytisches Ätzen oder Schlagstempelung;

— Stäbe und Profile bis 35 mm Dicke durch ein Anhängeschild am Bund oder eine der im ersten Spiegelstrich aufgeführten Arten;

— Walzdraht durch ein Anhängeschild am Ring.

ANMERKUNG   Wenn die Kennzeichnung durch Farbstempelung oder Aufkleber angebracht wird, ist durch die Wahl entsprechender Farben bzw. Kleber dafür Sorge zu tragen, dass die Korrosionsbeständigkeit nicht beeinträchtigt wird.

11

Probenart	Erzeugnisse mit rundem Querschnitt		Erzeugnisse mit rechteckigem Querschnitt	
	$d \leq 25$ [b]	$25 < d \leq 160$	$b \leq 25$ $a \geq b$	$25 < b \leq 160$ $a \geq b$
Zugprobe				
	$15 \leq d \leq 25$	$25 < d \leq 160$	$b \leq 25$ $a \geq b$	$25 < b \leq 160$ $a \geq b$
Kerb-schlag-probe [a]				

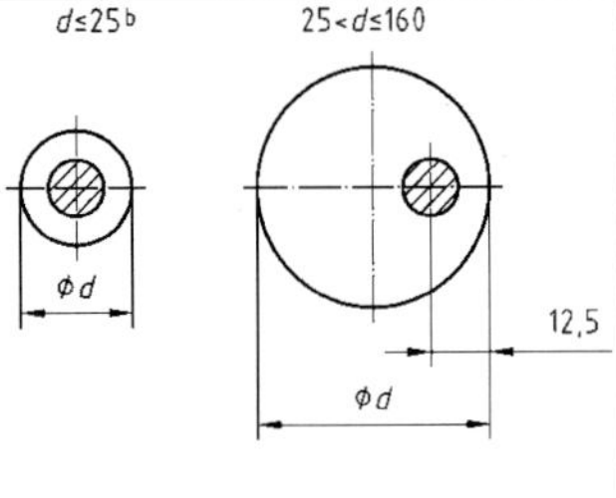

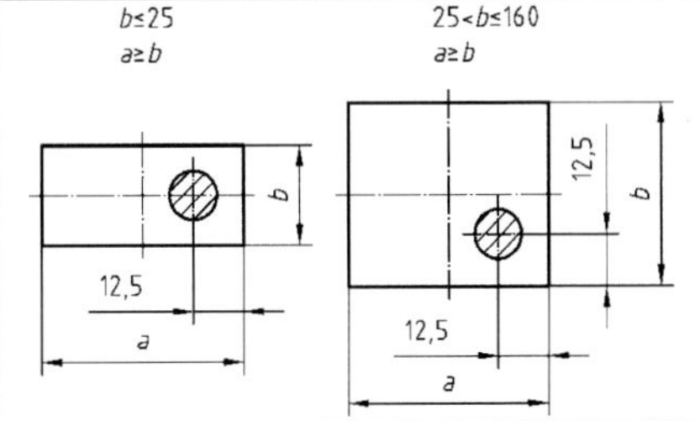

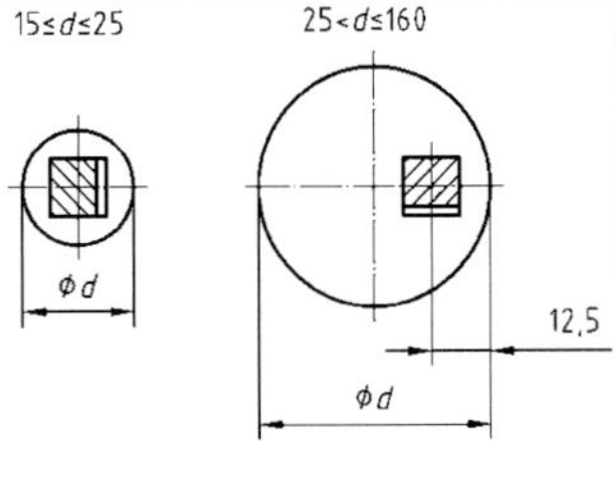

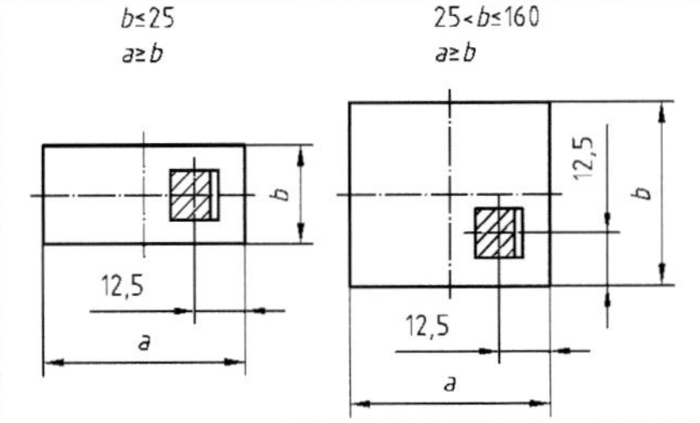

[a] Bei Erzeugnissen mit rundem Querschnitt muss die Längsachse des Kerbes annähernd in Richtung eines Durchmessers verlaufen; bei Erzeugnissen mit rechteckigem Querschnitt muss sie senkrecht zur breiteren Walzoberfläche stehen.

[b] Probenabschnitte können auch unbearbeitet in Übereinstimmung mit EN ISO 377 getestet werden.

Bild 1 — Probenlage bei Stäben und Walzdraht ≤ 160 mm Durchmesser oder Dicke (Längsproben)

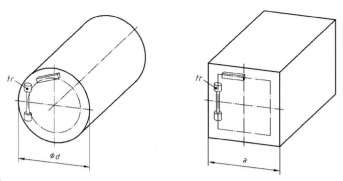

Legende
tr   quer

ANMERKUNG   Die Achse des Kerbes der Kerbschlagprobe sollte für Rundstäbe radial verlaufen und senkrecht zur nächsten gewalzten Oberfläche für rechteckige Stäbe.

Bild 2 — Probenlage bei Stäben > 160 mm Durchmesser oder Dicke (Querproben)

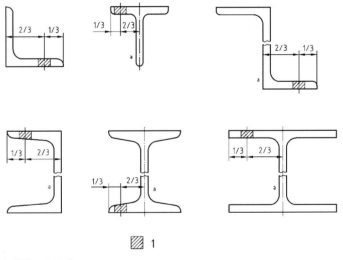

Legende
1   Lage der Probenabschnitte

a   Nach Vereinbarung kann der Probenabschnitt auch aus dem Steg entnommen werden, und zwar in einem Viertel der Gesamthöhe.

ANMERKUNG   Die Achse des Kerbes der Kerbschlagprobe sollte senkrecht zur äußeren Oberfläche der Profile verlaufen.

Bild 3 — Probenlage bei Trägern, U-Stahl, Winkelstahl, T-Stahl und Z-Stahl

13

Tabelle 2 — Chemische Zusammensetzung (Schmelzenanalyse)[a] der ferritischen korrosionsbeständigen Stähle

Stahlbezeichnung		Massenanteil in %										
Name	Werkstoffnummer	C max.	Si max.	Mn max.	P max.	S	N max.	Cr	Mo	Ni	Ti	Sonstige
Standardgüten												
X2CrNi12	1.4003	0,030	1,00	1,50	0,040	≤ 0,030[b]	0,030	10,5 bis 12,5	—	0,30 bis 1,00	—	—
X6Cr13	1.4000	0,08	1,00	1,00	0,040	≤ 0,030[b]	—	12,0 bis 14,0	—	—	—	—
X6Cr17	1.4016	0,08	1,00	1,00	0,040	≤ 0,030[b]	—	16,0 bis 18,0	—	—	—	—
X6CrMoS17	1.4105	0,08	1,50	1,50	0,040	0,15 bis 0,35	—	16,0 bis 18,0	0,20 bis 0,60	—	—	—
X6CrMo17-1	1.4113	0,08	1,00	1,00	0,040	≤ 0,030[b]	—	16,0 bis 18,0	0,90 bis 1,40	—	—	—
Sondergüten												
X2CrTi17	1.4520	0,025	0,50	0,50	0,040	≤ 0,015	0,015	16,0 bis 18,0	—	—	0,30 bis 0,60	—
X3CrNb17	1.4511	0,05	1,00	1,00	0,040	≤ 0,030[b]	—	16,0 bis 18,0	—	—	—	Nb: 12 × C bis 1,00
X2CrMoTiS18-2	1.4523	0,030	1,00	0,50	0,040	0,15 bis 0,35	—	17,5 bis 19,0	2,00 bis 2,50	—	0,30 bis 0,80	(C + N) ≤ 0,040
X6CrMoNb17-1	1.4526	0,08	1,00	1,00	0,040	≤ 0,015	0,040	16,0 bis 18,0	0,80 bis 1,40	—	—	Nb:[7 × (C + N) + 0,10] bis 1,00
X2CrTiNb18	1.4509	0,030	1,00	1,00	0,040	≤ 0,015	—	17,5 bis 18,5	—	—	0,10 bis 0,60	Nb:[(3 × C) + 0,30] bis 1,00

[a] In dieser Tabelle nicht aufgeführte Elemente dürfen dem Stahl, außer zum Fertigbehandeln der Schmelze, ohne Zustimmung des Bestellers nicht absichtlich zugesetzt werden. Es sind alle angemessenen Vorkehrungen zu treffen, um die Zufuhr solcher Elemente aus dem Schrott und anderen bei der Herstellung verwendeten Stoffen zu vermeiden, die die mechanischen Eigenschaften und die Verwendbarkeit des Stahls beeinträchtigen.

[b] Besondere Schwefelspannen können bestimmte Eigenschaften verbessern. Für spanend zu bearbeitende Erzeugnisse wird ein kontrollierter Schwefelanteil von 0,015 % bis 0,030 % empfohlen und ist erlaubt. Zur Sicherung der Schweißeignung wird ein kontrollierter Schwefelanteil von 0,008 % bis 0,030 % empfohlen und ist erlaubt. Zur Sicherung der Polierbarkeit wird ein kontrollierter Schwefelanteil von höchstens 0,015 % empfohlen.

Tabelle 3 — Chemische Zusammensetzung (Schmelzenanalyse)[a] martensitischer und ausscheidungshärtender korrosionsbeständiger Stähle

Stahlbezeichnung		Massenanteil in %										
Kurzname	Werkstoffnummer	C	Si max.	Mn	P max.	S	Cr	Cu[c]	Mo	Nb	Ni	Sonstige
Standardgüten (Martensitische Stähle)[c]												
X12Cr13	1.4006	0,08 bis 0,15	1,00	≤ 1,50	0,040	≤ 0,030[b]	11,5 bis 13,5	—	—	—	≤ 0,75	—
X12CrS13	1.4005	0,06 bis 0,15	1,00	≤ 1,50	0,040	0,15 bis 0,35	12,0 bis 14,0	—	≤ 0,60	—	—	—
X15Cr13	1.4024	0,12 bis 0,17	1,00	≤ 1,00	0,040	≤ 0,030[b]	12,0 bis 14,0	—	—	—	—	—
X20Cr13	1.4021	0,16 bis 0,25	1,00	≤ 1,50	0,040	≤ 0,030[b]	12,0 bis 14,0	—	—	—	—	—
X30Cr13	1.4028	0,26 bis 0,35	1,00	≤ 1,50	0,040	≤ 0,030[b]	12,0 bis 14,0	—	—	—	—	—
X39Cr13	1.4031	0,36 bis 0,42	1,00	≤ 1,00	0,040	≤ 0,030[b]	12,5 bis 14,5	—	—	—	—	—
X46Cr13	1.4034	0,43 bis 0,50	1,00	≤ 1,00	0,040	≤ 0,030[b]	12,5 bis 14,5	—	—	—	—	—
X38CrMo14	1.4419	0,36 bis 0,42	1,00	≤ 1,00	0,040	≤ 0,015	13,0 bis 14,5	—	0,60 bis 1,00	—	—	—
X50CrMoV15	1.4116	0,45 bis 0,55	1,00	≤ 1,00	0,040	≤ 0,030[b]	14,0 bis 15,0	—	0,50 bis 0,80	—	—	V: 0,10 bis 0,20
X55CrMo14	1.4110	0,48 bis 0,60	1,00	≤ 1,00	0,040	≤ 0,030[b]	13,0 bis 15,0	—	0,50 bis 0,80	—	—	V: ≤ 0,15
X14CrMoS17	1.4104	0,10 bis 0,17	1,00	≤ 1,50	0,040	0,15 bis 0,35	15,5 bis 17,5	—	0,20 bis 0,60	—	—	—
X39CrMo17-1	1.4122	0,33 bis 0,45	1,00	≤ 1,50	0,040	≤ 0,030[b]	15,5 bis 17,5	—	0,80 bis 1,30	—	≤ 1,00	—
X17CrNi16-2	1.4057	0,12 bis 0,22	1,00	≤ 1,50	0,040	≤ 0,030[b]	15,0 bis 17,0	—	—	—	1,50 bis 2,50	—
X3CrNiMo13-4	1.4313	≤ 0,05	0,70	≤ 1,50	0,040	≤ 0,015	12,0 bis 14,0	—	0,30 bis 0,70	—	3,5 bis 4,5	N: ≥ 0,020
X4CrNiMo16-5-1	1.4418	≤ 0,06	0,70	≤ 1,50	0,040	≤ 0,030[b]	15,0 bis 17,0	—	0,80 bis 1,50	—	4,0 bis 6,0	N: ≥ 0,020
Standardgüten (Ausscheidungshärtende Stähle)												
X5CrNiCuNb16-4	1.4542	≤ 0,07	0,70	≤ 1,50	0,040	≤ 0,030[b]	15,0 bis 17,0	3,0 bis 5,0	≤ 0,60	5 x C bis 0,45	3,0 bis 5,0	—
X7CrNiAl17-7	1.4568	≤ 0,09	0,70	≤ 1,00	0,040	≤ 0,015	16,0 bis 18,0	—	—	—	6,5 bis 7,8[d]	Al: 0,70 bis 1,50
X5CrNiMoCuNb14-5	1.4594	≤ 0,07	0,70	≤ 1,00	0,040	≤ 0,015	13,0 bis 15,0	1,20 bis 2,00	1,20 bis 2,00	0,15 bis 0,60	5,0 bis 6,0	—

404

16

Tabelle 3 *(fortgesetzt)*

Stahlbezeichnung		Massenanteil in %										
Kurzname	Werkstoff-nummer	C	Si max.	Mn	P max.	S	Cr	Cu	Mo	Nb	Ni	Sonstige
Sondergüten (Martensitische Stähle)[c]												
X29CrS13	1.4029	0,25 bis 0,32	1,00	≤ 1,50	0,040	0,15 bis 0,25	12,0 bis 13,5	—	≤ 0,60	—	—	-
X46CrS13	1.4035	0,43 bis 0,50	1,00	≤ 2,00	0,040	0,15 bis 0,35	12,5 bis 14,0	—	—	—	—	-
X70CrMo15	1.4109	0,60 bis 0,75	0,70	≤ 1,00	0,040	≤ 0,030[b]	14,0 bis 16,0	—	0,40 bis 0,80	—	—	-
X40CrMoVN16-2	1.4123	0,35 bis 0,50	1,00	≤ 1,00	0,040	≤ 0,015	14,0 bis 16,0	—	1,00 bis 2,50	—	≤ 0,50	V: ≤ 1,50 N: 0,10 bis 0,30
X105CrMo17	1.4125	0,95 bis 1,20	1,00	≤ 1,00	0,040	≤ 0,030[b]	16,0 bis 18,0	—	0,40 bis 0,80	—	—	-
X90CrMoV18	1.4112	0,85 bis 0,95	1,00	≤ 1,00	0,040	≤ 0,030[b]	17,0 bis 19,0	—	0,90 bis 1,30	—	—	V: 0,07 bis 0,12
X2CrNiMoV13-5-2	1.4415	≤ 0,030	0,50	≤ 0,50	0,040	≤ 0,015	11,5 bis 13,5	—	1,50 bis 2,50	—	4,5 bis 6,5	Ti: ≤ 0,010 V: 0,10 bis 0,50
Sondergüten (Ausscheidungshärtende Stähle)												
X1CrNiMoAlTi12-9-2	1.4530	≤ 0,015	0,10	≤ 0,10	0,010	≤ 0,005	11,5 bis 12,5	—	1,85 bis 2,15	—	8,5 bis 9,5	Al: 0,60 bis 0,80 Ti: 0,28 bis 0,37 N: ≤ 0,010
X1CrNiMoAlTi12-10-2	1.4596	≤ 0,015	0,10	≤ 0,10	0,010	≤ 0,005	11,5 bis 12,5	—	1,85 bis 2,15	—	9,2 bis 10,2	Al: 0,80 bis 1,10 Ti: 0,28 bis 0,40 N: ≤ 0,020

Tabelle 3 *(fortgesetzt)*

Stahlbezeichnung		Massenanteil in %										
Kurzname	Werkstoffnummer	C	Si max.	Mn	P max.	S	Cr	Cu	Mo	Nb	Ni	Sonstige
X5NiCrTiMoVB25-15-2	1.4606	≤ 0,08	1,00	1,00 bis 2,00	0,025	≤ 0,015	13,0 bis 16,0	—	1,00 bis 1,50	—	24,0 bis 27,0	B: 0,0010 bis 0,010 Al: ≤ 0,35 Ti: 1,90 bis 2,30 V: 0,10 bis 0,50

[a] In dieser Tabelle nicht aufgeführte Elemente dürfen dem Stahl, außer zum Fertigbehandeln der Schmelze, ohne Zustimmung des Bestellers nicht absichtlich zugesetzt werden. Es sind alle angemessenen Vorkehrungen zu treffen, um die Zufuhr solcher Elemente aus dem Schrott und anderen bei der Herstellung verwendeten Stoffen zu vermeiden, die die mechanischen Eigenschaften und die Verwendbarkeit des Stahls beeinträchtigen.

[b] Besondere Schwefelspannen können bestimmte Eigenschaften verbessern. Für spanend zu bearbeitende Erzeugnisse wird ein kontrollierter Schwefelanteil von 0,015 % bis 0,030 % empfohlen und ist erlaubt. Zur Sicherung der Schweißeignung wird ein kontrollierter Schwefelanteil von 0,008 % bis 0,030 % empfohlen und ist erlaubt. Zur Sicherung der Polierbarkeit wird ein kontrollierter Schwefelanteil von höchstens 0,015 % empfohlen.

[c] Engere Kohlenstoffspannen können bei der Anfrage und Bestellung vereinbart werden.

[d] Zwecks besserer Kaltumformbarkeit kann die obere Grenze auf 8,3 % angehoben werden.

Tabelle 4 — Chemische Zusammensetzung (Schmelzenanalyse)[a] der austenitischen korrosionsbeständigen Stähle

| Stahlbezeichnung | | Massenanteil in % | | | | | | | | | | | |
Kurzname	Werkstoff-nummer	C	Si	Mn	P max.	S	N	Cr	Cu	Mo	Nb	Ni	Sonstige
						Standardgüten							
X10CrNi18-8	1.4310	0,05 bis 0,15	≤ 2,00	≤ 2,00	0,045	≤ 0,015	≤ 0,11	16,0 bis 19,0	—	≤ 0,80	—	6,0 bis 9,5	—
X2CrNi18-9	1.4307	≤ 0,030	≤ 1,00	≤ 2,00	0,045	≤ 0,030[b]	≤ 0,11	17,5 bis 19,5	—	—	—	8,0 bis 10,5	—
X2CrNi19-11	1.4306	≤ 0,030	≤ 1,00	≤ 2,00	0,045	≤ 0,030[b]	≤ 0,11	18,0 bis 20,0	—	—	—	10,0 bis 12,0[c]	—
X2CrNiN18-10	1.4311	≤ 0,030	≤ 1,00	≤ 2,00	0,045	≤ 0,030[b]	0,12 bis 0,22	17,5 bis 19,5	—	—	—	8,5 bis 11,5	—
X5CrNi18-10	1.4301	≤ 0,07	≤ 1,00	≤ 2,00	0,045	≤ 0,030[b]	≤ 0,11	17,5 bis 19,5	—	—	—	8,0 bis 10,5	—
X8CrNiS18-9	1.4305	≤ 0,10	≤ 1,00	≤ 2,00	0,045	0,15 bis 0,35	≤ 0,11	17,0 bis 19,0	≤ 1,00	—	—	8,0 bis 10,0	—
X6CrNiTi18-10	1.4541	≤ 0,08	≤ 1,00	≤ 2,00	0,045	≤ 0,030[b]	—	17,0 bis 19,0	—	—	—	9,0 bis 12,0[c]	Ti: 5 x C bis 0,70
X4CrNi18-12	1.4303	≤ 0,06	≤ 1,00	≤ 2,00	0,045	≤ 0,030[b]	≤ 0,11	17,0 bis 19,0	—	—	—	11,0 bis 13,0	—
X2CrNiMo17-12-2	1.4404	≤ 0,030	≤ 1,00	≤ 2,00	0,045	≤ 0,030[b]	≤ 0,11	16,5 bis 18,5	—	2,00 bis 2,50	—	10,0 bis 13,0[c]	—
X2CrNiMoN17-11-2	1.4406	≤ 0,030	≤ 1,00	≤ 2,00	0,045	≤ 0,030[b]	0,12 bis 0,22	16,5 bis 18,5	—	2,00 bis 2,50	—	10,0 bis 12,5[c]	—
X5CrNiMo17-12-2	1.4401	≤ 0,07	≤ 1,00	≤ 2,00	0,045	≤ 0,030[b]	≤ 0,11	16,5 bis 18,5	—	2,00 bis 2,50	—	10,0 bis 13,0	—
X6CrNiMoTi17-12-2	1.4571	≤ 0,08	≤ 1,00	≤ 2,00	0,045	≤ 0,030[b]	—	16,5 bis 18,5	—	2,00 bis 2,50	—	10,5 bis 13,5[c]	Ti: 5 x C bis 0,70
X2CrNiMo17-12-3	1.4432	≤ 0,030	≤ 1,00	≤ 2,00	0,045	≤ 0,030[b]	≤ 0,11	16,5 bis 18,5	—	2,50 bis 3,00	—	10,5 bis 13,0	—
X2CrNiMoN17-13-3	1.4429	≤ 0,030	≤ 1,00	≤ 2,00	0,045	≤ 0,015	0,12 bis 0,22	16,5 bis 18,5	—	2,50 bis 3,00	—	11,0 bis 14,0[c]	—
X3CrNiMo17-13-3	1.4436	≤ 0,05	≤ 1,00	≤ 2,00	0,045	≤ 0,030[b]	≤ 0,11	16,5 bis 18,5	—	2,50 bis 3,00	—	10,5 bis 13,0[c]	—
X2CrNiMo18-14-3	1.4435	≤ 0,030	≤ 1,00	≤ 2,00	0,045	≤ 0,030[b]	≤ 0,11	17,0 bis 19,0	—	2,50 bis 3,00	—	12,5 bis 15,0	—
X2CrNiMoN17-13-5	1.4439	≤ 0,030	≤ 1,00	≤ 2,00	0,045	≤ 0,015	0,12 bis 0,22	16,5 bis18,5	—	4,0 bis 5,0	—	12,5 bis 14,5	—
X6CrNiCuS18-9-2	1.4570	≤ 0,08	≤ 1,00	≤ 2,00	0,045	0,15 bis 0,35	≤ 0,11	17,0 bis 19,0	1,40 bis 1,80	≤ 0,60	—	8,0 bis 10,0	—
X3CrNiCu18-9-4	1.4567	≤ 0,04	≤ 1,00	≤ 2,00	0,045	≤ 0,030[b]	≤ 0,11	17,0 bis 19,0	3,0 bis 4,0	—	—	8,5 bis 10,5	—
X1NiCrMoCu25-20-5	1.4539	≤ 0,020	≤ 0,70	≤ 2,00	0,030	≤ 0,010	≤ 0,15	19,0 bis 21,0	1,20 bis 2,00	4,0 bis 5,0	—	24,0 bis 26,0	—

Tabelle 4 (fortgesetzt)

| Stahlbezeichnung | | Massenanteil in % | | | | | | | | | | | |
Kurzname	Werkstoff-nummer	C	Si	Mn	P max.	S	N	Cr	Cu	Mo	Nb	Ni	Sonstige
							Sondergüten						
X5CrNi17-7	1.4319	≤ 0,07	≤ 1,00	≤ 2,00	0,045	≤ 0,030	≤ 0,11	16,0 bis 18,0	—	—	—	6,0 bis 8,0	—
X9CrNi18-9	1.4325	0,03 bis 0,15	≤ 1,00	≤2,00	0,045	≤ 0,030	—	17,0 bis 19,0	—	—	—	8,0 bis 10,0	—
X5CrNiN19-9	1.4315	≤ 0,06	≤ 1,00	≤ 2,00	0,045	≤ 0,015	0,12 bis 0,22	18,0 bis 20,0	—	—	—	8,0 bis 11,0	—
X6CrNiNb18-10	1.4550	≤ 0,08	≤ 1,00	≤ 2,00	0,045	≤ 0,015	—	17,0 bis 19,0	—	—	10 x C bis 1,00	9,0 bis 12,0[c]	—
X1CrNiMoN25-22-2	1.4466	≤ 0,020	≤ 0,70	≤ 2,00	0,025	≤ 0,010	0,10 bis 0,16	24,0 bis 26,0	—	2,00 bis 2,50	—	21,0 bis 23,0	—
X6CrNiMoNb17-12-2	1.4580	≤ 0,08	≤ 1,00	≤ 2,00	0,045	≤ 0,015	—	16,5 bis 18,5	—	2,00 bis 2,50	10 x C bis 1,00	10,5 bis 13,5	—
X2CrNiMo18-15-4	1.4438	≤ 0,030	≤ 1,00	≤ 2,00	0,045	≤ 0,030[b]	≤ 0,11	17,5 bis 19,5	—	3,0 bis 4,0	—	13,0 bis 16,0[c]	—
X1CrNiMoCuN24-22-8[a]	1.4652[c]	≤ 0,020	≤ 0,50	2,00 bis 4,0	0,030	≤ 0,005	0,45 bis 0,55	23,0 bis 25,0	0,30 bis 0,60	7,0 bis 8,0	—	21,0 bis 23,0	—
X1CrNiSi18-15-4	1.4361	≤ 0,015	3,7 bis 4,5	≤ 2,00	0,025	≤ 0,010	≤ 0,11	16,5 bis 18,5	—	≤ 0,20	—	14,0 bis 16,0	—
X11CrNiMnN19-8-6	1.4369	0,07 bis 0,15	0,50 bis 1,00	5,0 bis 7,5	0,030	≤ 0,015	0,20 bis 0,30	17,5 bis 19,5	—	—	—	6,5 bis 8,5	—
X12CrMnNiN17-7-5	1.4372	≤ 0,15	≤ 1,00	5,5 bis 7,5	0,045	≤ 0,015	0,05 bis 0,25	16,0 bis 18,0	—	—	—	3,5 bis 5,5	—
X8CrMnNiN18-9-5	1.4374	0,05 bis 0,10	0,30 bis 0,60	9,0 bis 10,0	0,035	≤ 0,030	0,25 bis 0,32	17,5 bis 18,5	≤ 0,40	≤ 0,50	—	5,0 bis 6,0	—
X8CrMnCuNB17-8-3	1.4597	≤ 0,10	≤ 2,00	6,5 bis 8,5	0,040	≤ 0,030	0,15 bis 0,30	16,0 bis 18,0	2,00 bis 3,5	≤ 1,00	—	≤ 2,00	B: 0,0005 bis 0,0050
X3CrNiCu19-9-2	1.4560	≤ 0,035	≤ 1,00	1,50 bis 2,00	0,045	≤ 0,015	≤ 0,11	18,0 bis 19,0	1,50 bis 2,00	—	—	8,0 bis 9,0	—
X3CrNiCuMo17-11-3-2	1.4578	≤ 0,04	≤ 1,00	≤ 1,00	0,045	≤ 0,015	≤ 0,11	16,5 bis 17,5	3,0 bis 3,5	2,00 bis 2,50	—	10,0 bis 11,0	—
X1NiCrMoCu31-27-4	1.4563	≤ 0,020	≤ 0,70	≤ 2,00	0,030	≤ 0,010	≤ 0,11	26,0 bis 28,0	0,70 bis 1,50	3,0 bis 4,0	—	30,0 bis 32,0	—
X1CrNiMoCuN25-25-5	1.4537	≤ 0,020	≤ 0,70	≤ 2,00	0,030	≤ 0,010	0,17 bis 0,25	24,0 bis 26,0	1,00 bis 2,00	4,7 bis 5,7	—	24,0 bis 27,0	—
X1CrNiMoCuN20-18-7	1.4547	≤ 0,020	≤ 0,70	≤ 1,00	0,030	≤ 0,010	0,18 bis 0,25	19,5 bis 20,5	0,50 bis 1,00	6,0 bis 7,0	—	17,5 bis 18,5	—
X2CrNiMoCuS17-10-2	1.4598	≤ 0,030	≤ 1,00	≤ 2,00	0,045	0,10 bis 0,20	≤ 0,11	16,5 bis 18,5	1,30 bis 1,80	2,00 bis 2,50	—	10,0 bis 13,0	—

19

407

Tabelle 4 *(fortgesetzt)*

Stahlbezeichnung		Massenanteil in %											
Kurzname	Werkstoff-nummer	C	Si	Mn	P max.	S	N	Cr	Cu	Mo	Nb	Ni	Sonstige
X1CrNiMoCuNW24-22-6	1.4659	≤ 0,020	≤ 0,70	2,00 bis 4,0	0,030	≤ 0,010	0,35 bis 0,50	23,0 bis 25,0	1,00 bis 2,00	5,5 bis 6,5	—	21,0 bis 23,0	W: 1,50 bis 2,50
X1NiCrMoCuN25-20-7	1.4529	≤ 0,020	≤ 0,50	≤ 1,00	0,030	≤ 0,010	0,15 bis 0,25	19,0 bis 21,0	0,50 bis 1,50	6,0 bis 7,0	—	24,0 bis 26,0	—
X2CrNiMnMoN25-18-6-5	1.4565	≤ 0,030	≤ 1,00	5,0 bis 7,0	0,030	≤ 0,015	0,30 bis 0,60	24,0 bis 26,0	—	4,0 bis 5,0	≤ 0,15	16,0 bis 19,0	—

a   In dieser Tabelle nicht aufgeführte Elemente dürfen dem Stahl, außer zum Fertigbehandeln der Schmelze, ohne Zustimmung des Bestellers nicht absichtlich zugesetzt werden. Es sind alle angemessenen Vorkehrungen zu treffen, um die Zufuhr solcher Elemente aus dem Schrott und anderen bei der Herstellung verwendeten Stoffen zu vermeiden, die die mechanischen Eigenschaften und die Verwendbarkeit des Stahls beeinträchtigen.

b   Besondere Schweißelspannen können bestimmte Eigenschaften verbessern. Für spanend zu bearbeitende Erzeugnisse wird ein kontrollierter Schwefelanteil von 0,015 % bis 0,030 % empfohlen und ist erlaubt. Zur Sicherung der Schweißeignung wird ein kontrollierter Schwefelanteil von 0,008 % bis 0,030 % empfohlen und ist erlaubt. Zur Sicherung der Polierbarkeit wird ein kontrollierter Schwefelanteil von höchstens 0,015 % empfohlen.

c   Wenn aus besonderen Gründen, z. B. wegen der Warmumformbarkeit nahtlos gewalzter Rohre, die Notwendigkeit besteht, den Anteil an δ-Ferrit zu minimieren oder zwecks geringer Permeabilität, darf der maximale Ni-Anteil um die folgenden Beträge erhöht werden:

0,50 % (m/m): 1.4571

1,00 % (m/m): 1.4306, 1.4406, 1.4429, 1.4436, 1.4438, 1.4541, 1.4550

1,50 % (m/m): 1.4404.

*) Patentierte Stahlsorte.

Tabelle 5 — Chemische Zusammensetzung (Schmelzenanalyse) [a] der austenitisch-ferritischen korrosionsbeständigen Stähle

Stahlbezeichnung		Massenanteil in %										
Kurzname	Werkstoff-nummer	C max.	Si	Mn	P max.	S max.	N	Cr	Cu	Mo	Ni	Sonstige
Standardgüten												
X3CrNiMoN27-5-2	1.4460	0,05	≤ 1,00	≤ 2,00	0,035	0,030[b]	0,05 bis 0,20	25,0 bis 28,0	—	1,30 bis 2,00	4,5 bis 6,5	—
X2CrNiMoN22-5-3[c]	1.4462[c]	0,030	≤ 1,00	≤ 2,00	0,035	0,015	0,10 bis 0,22	21,0 bis 23,0	—	2,50 bis 3,5	4,5 bis 6,5	—
Sondergüten												
X2CrNiN23-4[1)]	1.4362[1)]	0,030	≤ 1,00	≤ 2,00	0,035	0,015	0,05 bis 0,20	22,0 bis 24,0	0,10 bis 0,60	0,10 bis 0,60	3,5 bis 5,5	—
X2CrNiMoN29-7-2[1)]	1.4477[1)]	0,030	≤ 0,50	0,80 bis 1,50	0,030	0,015	0,30 bis 0,40	28,0 bis 30,0	≤ 0,80	1,50 bis 2,60	5,8 bis 7,5	—
X2CrNiMoCuN25-6-3	1.4507	0,030	≤ 0,70	≤ 2,00	0,035	0,015	0,20 bis 0,30	24,0 bis 26,0	1,00 bis 2,50	3,0 bis 4,0	6,0 bis 8,0	—
X2CrNiMoN25-7-4[1)]	1.4410[1)]	0,030	≤ 1,00	≤ 2,00	0,035	0,015	0,24 bis 0,35	24,0 bis 26,0	—	3,0 bis 4,5	6,0 bis 8,0	—
X2CrNiMoCuWN25-7-4	1.4501	0,030	≤ 1,00	≤ 1,00	0,035	0,015	0,20 bis 0,30	24,0 bis 26,0	0,50 bis 1,00	3,0 bis 4,0	6,0 bis 8,0	W: 0,50 bis 1,00
X2CrNiMoSi18-5-3	1.4424	0,030	1,40 bis 2,00	1,20 bis 2,00	0,035	0,015	0,05 bis 0,10	18,0 bis 19,0		2,50 bis 3,0	4,5 bis 5,2	—

[a] In dieser Tabelle nicht aufgeführte Elemente dürfen dem Stahl, außer zum Fertigbehandeln der Schmelze, ohne Zustimmung des Bestellers nicht absichtlich zugesetzt werden. Es sind alle angemessenen Vorkehrungen zu treffen, um die Zufuhr solcher Elemente aus dem Schrott und anderen bei der Herstellung verwendeten Stoffen zu vermeiden, die die mechanischen Eigenschaften und die Verwendbarkeit des Stahls beeinträchtigen.

[b] Besondere Schwefelspannen können bestimmte Eigenschaften verbessern. Für spanend zu bearbeitende Erzeugnisse wird ein kontrollierter Schwefelanteil von 0,015 % bis 0,030 % empfohlen und ist erlaubt. Zur Sicherung der Schweißeignung wird ein kontrollierter Schwefelanteil von 0,008 % bis 0,030 % empfohlen und ist erlaubt. Zur Sicherung der Polierbarkeit wird ein kontrollierter Schwefelanteil von höchstens 0,015 % empfohlen.

[c] Nach Vereinbarung kann diese Stahlsorte mit einer Wirksumme (PRE = Cr + 3,3 Mo + 16 N, vergleiche Tabelle C.1 in EN 10088-1) größer als 34 geliefert werden.

[1)] Patentierte Stahlsorte.

Tabelle 6 — Grenzabweichungen der Stückanalyse von den in den Tabellen 2 bis 5 angegebenen Grenzwerten für die Schmelzenanalyse

Element	Grenzwerte der Schmelzenanalyse Massenanteil in %		Grenzabweichung [a] Massenanteil in %
Kohlenstoff		≤ 0,030	+ 0,005
	> 0,030	≤ 0,20	± 0,01
	> 0,20	≤ 0,50	± 0,02
	> 0,50	≤ 1,05	± 0,03
Silizium		≤ 1,00	+ 0,05
	> 1,00	≤ 4,5	± 0,10
Mangan		≤ 1,00	+ 0,03
	> 1,00	≤ 2,00	± 0,04
	> 2,00	≤ 10,0	± 0,10
Phosphor		≤ 0,045	+ 0,005
Schwefel		≤ 0,015	+ 0,003
	> 0,015	≤ 0,030	± 0,005
	> 0,15	≤ 0,35	± 0,02
Stickstoff		≤ 0,11	± 0,01
	> 0,11	≤ 0,60	± 0,02
Chrom	≥ 10,5	≤ 15,0	± 0,15
	> 15,0	≤ 20,0	± 0,20
	> 20,0	≤ 30,0	± 0,25
Kupfer		≤ 1,00	± 0,07
	> 1,00	≤ 5,0	± 0,10
Molybdän		≤ 0,60	± 0,03
	> 0,60	≤ 1,75	± 0,05
	> 1,75	≤ 8,0	± 0,10
Niob		≤ 1,00	± 0,05
Nickel		≤ 1,00	± 0,03
	> 1,00	≤ 5,0	± 0,07
	> 5,0	≤ 10,0	± 0,10
	> 10,0	≤ 20,0	± 0,15
	> 20,0	≤ 32,0	± 0,20
Aluminium		≤ 0,30	± 0,05
	> 0,30	≤ 1,50	± 0,10
Bor		≤ 0,010	± 0,0005
Titan		≤ 2,30	± 0,05
Wolfram		≤ 2,50	± 0,05
Vanadium		≤ 1,50	± 0,03

[a] Werden bei einer Schmelze mehrere Stückanalysen durchgeführt und werden dabei für ein einzelnes Element Anteile außerhalb des nach der Schmelzenanalyse zulässigen Bereiches der chemischen Zusammensetzung ermittelt, so sind entweder nur Überschreitungen des zulässigen Höchstwertes oder nur Unterschreitungen des zulässigen Mindestwertes gestattet, nicht jedoch bei einer Schmelze beides gleichzeitig.

22

Tabelle 7 — Oberflächenbeschaffenheit und Ausführungsart von Halbzeug, Walzdraht und gezogenem Draht, Stäben und Profilen[a]

Erzeugnisform				Abweichungen von den Nennmaßen[b]	Behandlungszustand			Empfohlene Anwendung und Erfahrungen
Halbzeug	Walzdraht	Draht	Stäbe, Profile		Kurzzeichen[c]	Oberflächenbeschaffenheit	Ausführungsart	
Warmgeformt								
x	x	—	x	EN 10017, EN 10058, EN 10059, EN 10060, EN 10061	1U	Mit Zunder bedeckt (örtlich geschliffen, falls erforderlich). Nicht ohne Oberflächenfehler.	Warmgeformt, nicht wärmebehandelt, nicht entzundert.	Geeignet für warm weiterzuverarbeitende Erzeugnisse.
x	x	—	x	EN 10017, EN 10061	1C	Weitgehend zunderfrei (aber vereinzelte schwarze Stellen können vorhanden sein). Nicht ohne Oberflächenfehler.	Warmgeformt, wärmebehandelt[e], nicht entzundert.	Geeignet für weiterzuverarbeitende Erzeugnisse (warm oder kalt).
x	—	—	x	≥ IT 14[d]/ISO 286-1	1E	Zunderfrei (örtlich geschliffen, falls erforderlich). Nicht ohne Oberflächenfehler.	Warmgeformt, wärmebehandelt[e], mechanisch entzundert[f].	Erzeugnisse, die im vorliegenden Zustand verwendet oder weiterverarbeitet werden (warm oder kalt).
—	x	—	x	EN 10017, EN 10058, EN 10059, EN 10060, EN 10061	1D	Zunderfrei (örtlich geschliffen, falls erforderlich). Nicht ohne Oberflächenfehler.	Warmgeformt, wärmebehandelt[e], gebeizt, beschichtet (optional).	
—	—	—	x		1X	Zunderfrei (aber einige Eindrücke von der Bearbeitung können zurückbleiben). Nicht ohne Oberflächenfehler.	Warmgeformt, wärmebehandelt[e], vorbearbeitet[g].	
—	x	—	x	≥ IT 12[d]/ISO 286-1	1G	Aussehen mehr oder weniger einheitlich und blank. Ohne Oberflächenfehler.	Warmgeformt, wärmebehandelt[e], entzundert, vorbearbeitet[g] oder geschält bei Walzdraht. Nachbearbeitung durch Materialabtrag[h].	Geeignet für besondere Anwendungen (Fließpressen und/oder Kalt- oder Warmstauchen). Oberflächenrauheit kann festgelegt werden.

411

Tabelle 7 *(fortgesetzt)*

	Erzeugnisform				Abweichungen von den Nennmaßen [b]	Behandlungszustand			Empfohlene Anwendung und Erfahrungen
	Halbzeug	Walzdraht	Draht	Stäbe, Profile		Kurzzeichen[c]	Oberflächenbeschaffenheit	Ausführungsart	
Kalt weiterverarbeitet	—	—	×	×	Stäbe: IT 8 bis 11[d] EN 10278 Draht: T3 oder T4/ EN 10218-2	2H	Glatt und matt oder blank. Nicht notwendigerweise poliert. Nicht ohne Oberflächenfehler[i].	1C, 1D oder 1X, kalt weiterverarbeitet[f], beschichtet (optional).	Bei durch Kaltziehen ohne anschließende Wärmebehandlung gefertigten Erzeugnissen ist die Zugfestigkeit wesentlich erhöht. Insbesondere bei austenitischen Gefügen ist dies vom Grad der Kaltumformung abhängig. Die Härte kann an der Oberfläche höher sein als im Kern.
	—	—	×	×	Stäbe: IT 8 bis 11[d] EN 10278 Draht: T3 oder T4/ EN 10218-2	2D	Glatt und matt oder blank. Nicht ohne Oberflächenfehler[j].	2H, wärmebehandelt[e], gebeizt und nachgewalzt (optional), beschichtet (optional).	Die Nachbearbeitung erlaubt die Wiederherstellung der mechanischen Eigenschaften nach der Kaltumformung. Erzeugnisse mit guter Umformbarkeit (Fließpressen) und speziellen magnetischen Eigenschaften.
	—	—	—	×	Stäbe: IT 8 bis 11[d] EN 10278	2B	Glatt, gleichmäßig und blank. Ohne Oberflächenfehler[j].	1C, 1D oder 1X, kalt weiterverarbeitet[f], mechanisch geglättet[k].	Erzeugnisse, die im vorliegenden Zustand verwendet werden oder für eine verbesserte Ausführungsart bestimmt sind. Bei durch Kaltziehen ohne anschließende Wärmebehandlung gefertigten Erzeugnissen ist die Zugfestigkeit wesentlich erhöht. Insbesondere bei austenitischem Gefügen ist dies vom Grad der Kaltumformung abhängig. Die Härte kann an der Oberfläche höher sein als im Kern.

24

Tabelle 7 *(fortgesetzt)*

Erzeugnisform				Abweichungen von den Nennmaßen[b]	Behandlungszustand			Empfohlene Anwendung und Erfahrungen
Halbzeug	Walz-draht	Draht	Stäbe/Profile		Kurz-zeichen[c]	Oberflächenbeschaffenheit	Ausführungsart	
Kalt weiter-ver-arbeitet —	—	—	x	IT ≤ 9^d/EN 10278	2G	Glatt, gleichmäßig und blank. Ohne Oberflächenfehler.	2H, 2D oder 2B, sauber geschliffen, mechanisch geglättet (optional)[l].	Ausführungsart für enge Grenzabmaße. Falls nichts anderes vereinbart wurde, muss die Oberflächenrauheit Ra ≤ 1,2 sein.
—	—	—	x	IT < 11^d/EN 10278	2P	Glatter und blanker als Ausführung 2B oder 2G. Ohne Oberflächenfehler.	2H, 2D, 2B oder 2G, glänzend poliert[l].	Erzeugnis zeigt eine gepflegte Oberflächenbeschaffenheit. Die Oberflächenrauheit muss bei der Anfrage und Bestellung vereinbart werden.

a   Nicht alle Oberflächenbeschaffenheiten und Ausführungsarten sind für alle Stähle verfügbar.

b   Für Profile werden in der Praxis auch folgende Maßnormen verwendet: EN 10024, EN 10034, EN 10055, EN 10056-2 und EN 10279. Sie auch Fußnote zu Anhang C.

c   Erste Stelle: 1 = warmgeformt; 2 = kalt weiterverarbeitet.

d   Besondere Toleranzen in dieser Spanne müssen bei der Anfrage und Bestellung vereinbart werden.

e   Bei ferritischen, austenitischen und austenitisch-ferritischen Sorten kann die Wärmebehandlung entfallen, falls die Bedingungen für das Warmumformen und anschließende Abkühlen so sind, dass die Anforderungen an die mechanischen Eigenschaften des Erzeugnisses und die Beständigkeit gegen interkristalline Korrosion eingehalten werden.

f   Die Art der Entzunderung (Strahlen, Schleifen, Schälen) bleibt dem Hersteller überlassen, sofern nichts anderes vereinbart wurde.

g   Die Art der Vorbearbeitung (Schleifen, Schälen) bleibt dem Hersteller überlassen, sofern nichts anderes vereinbart wurde.

h   Die Art der Nachbearbeitung bleibt dem Hersteller überlassen, sofern nichts anderes vereinbart wurde.

i   Falls nichts anderes bei der Anfrage und Bestellung vereinbart wurde.

j   Die Art der Kaltweiterverarbeitung (Kaltziehen, Drehen, Schleifen, Schaben, ...) bleibt dem Hersteller überlassen, sofern nichts anderes vereinbart wurde.

k   Die Art des Polierens (Glätten, Schaben) bleibt dem Hersteller überlassen, falls nichts anderes vereinbart wurde.

l   Die Art des Glanzpolierens (Elektropolieren, Polieren mit Filz, Schwabbeln, ...) bleibt dem Hersteller überlassen, falls nichts anderes vereinbart wurde.

Tabelle 8 — Mechanische Eigenschaften bei Raumtemperatur für die ferritischen Stähle im geglühten[a] Zustand (siehe Tabelle A.1) sowie Beständigkeit gegen interkristalline Korrosion in den Ausführungsarten 1C, 1E, 1D, 1X, 1G und 2D

Stahlbezeichnung		Dicke t oder Durchmesser[b] [d] mm max.	Härte HB[c] max.	0,2 %-Dehngrenze $R_{p0,2}$[d] MPa*) min.	Zugfestigkeit R_m[d] MPa*)	Bruchdehnung[d] A % min. (längs)	Beständigkeit gegen interkristalline Korrosion[e]	
Kurzname	Werkstoffnummer						im Lieferzustand	im geschweißten Zustand
Standardgüten								
X2CrNi12	1.4003	100	200	260	450 bis 600	20	nein	nein
X6Cr13	1.4000	25	200	230	400 bis 630	20	nein	nein
X6Cr17	1.4016	100	200	240	400 bis 630	20	ja	nein
X6CrMoS17	1.4105	100	200	250	430 bis 630	20	nein	nein
X6CrMo17-1	1.4113	100	200	280	440 bis 660	18	ja	nein
Sondergüten								
X2CrTi17	1.4520	50	200	200	420 bis 620	20	ja	ja
X3CrNb17	1.4511	50	200	200	420 bis 620	20	ja	ja
X2CrMoTiS18-2	1.4523	100	200	280	430 bis 600	15	ja	nein
X6CrMoNb17-1	1.4526	50	200	300	480 bis 680	15	ja	ja
X2CrTiNb18	1.4509	50	200	200	420 bis 620	18	ja	ja

[a] Das Glühen kann entfallen, falls die Bedingungen für das Warmumformen und abschließende Abkühlen so sind, dass die Anforderungen an die mechanischen Eigenschaften des Erzeugnisses und die in EN ISO 3651-2 definierte Beständigkeit gegen interkristalline Korrosion eingehalten werden.
[b] Für Sechskantstäbe die Schlüsselweite.
[c] Nur zur Information.
[d] Für Walzdraht gelten nur die Zugfestigkeitswerte.
[e] Bei Prüfung nach EN ISO 3651-2.
*) 1 MPa = 1 N/mm².

Tabelle 9 — Mechanische Eigenschaften bei Raumtemperatur für die martensitischen Stähle im wärmebehandelten Zustand (siehe Tabelle A.2) in den Ausführungsarten 1C, 1E, 1D, 1X, 1G und 2D

Stahlbezeichnung Kurzname	Werkstoff-nummer	Dicke t oder Durch-messer^a d mm	Wärme-behand-lungs-zustand^b	Härte HB^c max.	0,2 %-Dehn-grenze ^{d} $R_{p0,2}$ MPa$^{*)}$ min.	Zugfestig-keit^d R_m MPa$^{*)}$	Bruch-dehnung^d A % min. (längs)	(quer)	Kerbschlag-arbeit (ISO-V) KV J min. (längs)	(quer)
Standardgüten										
X12Cr13	1.4006	—	+A	220	—	max. 730	—	—	—	—
		≤ 160	+QT650	—	450	650 bis 850	15	—	25	—
X12CrS13	1.4005	—	+A	220	—	max. 730	—	—	—	—
		≤ 160	+QT650	—	450	650 bis 850	12	—	—	—
X15Cr13	1.4024	—	+A	220	—	max. 730	—	—	—	—
		≤ 160	+QT650	—	450	650 bis 850	15	—	—	—
X20Cr13	1.4021	—	+A	230	—	max. 760	—	—	—	—
		≤ 160	+QT700	—	500	700 bis 850	13	—	25	—
			+QT800	—	600	800 bis 950	12	—	20	—
X30Cr13	1.4028	—	+A	245	—	max. 800	—	—	—	—
		≤ 160	+QT850	—	650	850 bis 1000	10	—	15	—
X39Cr13	1.4031	—	+A	245	—	max. 800	—	—	—	—
		≤ 160	+QT800	—	650	800 bis 1000	10	—	12	—
X46Cr13	1.4034	—	+A	245	—	max. 800	—	—	—	—
		≤ 160	+QT800	—	650	850 bis 1000	10	—	12	—
X38CrMo14	1.4419	—	+A	235	—	max. 760	—	—	—	—
X50CrMoV15	1.4116	—	+A	280	—	max. 900	—	—	—	—
X55CrMo14	1.4110	≤ 100	+A	280	—	max. 950	—	—	—	—
X14CrMoS17	1.4104	—	+A	220	—	max. 730	—	—	—	—
		≤ 60	+QT650	—	500	650 bis 850	12	—	—	—
		60 < t ≤ 160					10	—	—	—
X39CrMo17-1	1.4122	—	+A	280	—	max. 900	—	—	—	—
		≤ 60	+QT750	—	550	750 bis 950	12	—	20	—
		60 < t ≤ 160						—	14	—
X17CrNi16-2	1.4057	—	+A	295	—	max. 950	—	—	—	—
		≤ 60	+QT800	—	600	800 bis 950	14	—	25	—
		60 < t ≤ 160					12	—	20	—
		≤ 60	+QT900	—	700	900 bis 1050	12	—	20	—
		60 < t ≤ 160					10	—	15	—
X3CrNiMo13-4	1.4313	—	+A	320	—	max. 1100	—	—	—	—
		≤ 160	+QT700	—	520	700 bis 800	15	—	70	—
		160 < t ≤ 250					—	12	—	50
		≤ 160	+QT780	—	620	80 bis 980	15	—	70	—
		160 < t ≤ 250					—	12	—	50
		≤ 160	+QT900	—	800	900 bis 1100	12	—	50	—
		160 < t ≤ 250					—	10	—	40

27

Tabelle 9 *(fortgesetzt)*

Stahlbezeichnung		Dicke *t* oder Durchmesser[a] *d*	Wärmebehandlungszustand[b]	Härte	0,2 %-Dehngrenze [d]	Zugfestigkeit[d]	Bruchdehnung[d]		Kerbschlagarbeit (ISO-V)	
Kurzname	Werkstoffnummer	mm		HB^c max.	$R_{p0,2}$ MPa*) min.	R_m MPa*) min.	A % min. (längs)	(quer)	KV J min. (längs)	(quer)
		—	+A	320	—	max. 1100	—	—	—	—
X4CrNiMo16-5-1	1.4418	≤ 160	+QT760	—	550	760 bis 960	16	—	90	—
		160 < *t* ≤ 250					—	14	—	70
		≤ 160	+QT900	—	700	900 bis 1100	16	—	80	—
		160 < *t* ≤ 250					—	14	—	60
Sondergüten										
X29CrS13	1.4029	≤ 160	+A	245	—	max. 800	—	—	—	—
			+QT850	—	650	850 bis 1000	9	—	—	—
X46CrS13	1.4035	≤ 63	+A	245	—	max. 800	—	—	—	—
X70CrMo15	1.4109	≤ 100	+A	280	—	max. 900	—	—	—	—
X40CrMoVN16-2	1.4123	≤ 100	+A	280	—	—	—	—	—	—
X105CrMo17	1.4125	≤ 100	+A	285	—	—	—	—	—	—
X90CrMoV18	1.4112	≤ 100	+A	265	—	—	—	—	—	—
X2CrNiMoV13-5-2	1.4415	≤ 160	+QT750	—	650	750 bis 900	18	—	100	—
			+QT850	—	750	850 bis 1000	15	—	80	—

[a] Für Sechskantstäbe die Schlüsselweite.

[b] +A = geglüht, +QT = vergütet.

[c] Nur zur Information.

[d] Für Walzdraht gelten nur die Zugfestigkeitswerte.

*) 1 MPa = 1 N/mm².

28

Tabelle 10 — Mechanische Eigenschaften bei Raumtemperatur für die ausscheidungshärtenden Stähle im wärmebehandelten Zustand (siehe Tabelle A.3) in den Ausführungsarten 1C, 1E, 1D, 1X, 1G und 2D

Stahlbezeichnung		Dicke t oder Durchmesser [a] d	Wärmebehandlungszustand [b]	Härte [c]	0,2 %-Dehngrenze	Zugfestigkeit	Bruchdehnung	Kerbschlagarbeit (ISO-V)
				HB	$R_{p0,2}$	R_m	A	KV
Kurzname	Werkstoffnummer	mm max.		max.	MPa*) min.	MPa*) min.	% min. (längs)	J min. (längs)
Standardgüten								
			+AT	360	—	max. 1 200	—	—
			+P800	—	520	800 bis 950	18	75
X5CrNiCuNb16-4	1.4542	100	+P930	—	720	930 bis 1 100	16	40
			+P960	—	790	960 bis 1 160	12	—
			+P1070	—	1 000	1 070 bis 1 270	10	—
X7CrNiAl17-7	1.4568	30	+AT[d]	255	—	max. 850	—	—
			+AT	360	—	max. 1 200	—	—
X5CrNiMoCuNb14-5	1.4594	100	+P930	—	720	930 bis 1100	15	40
			+P1000	—	860	1 000 bis 1 200	10	—
			+P1070	—	1 000	1 070 bis 1 270	10	—
Sondergüten								
X1CrNiMoAlTi12-9-2	1.4530	150	+AT	363	—	max. 1 200	—	—
			+P1200	—	1 100	min. 1 200	12	90
X1CrNiMoAlTi12-10-2	1.4596	150	+AT	363	—	max. 1 200	—	—
			+P1400	—	1 300	min. 1 400	9	50
X5NiCrTiMoVB25-15-2	1.4606	50	+AT	212	250	max. 700	35	—
			+P880	—	550	880 bis 1 150	20	40

[a] Für Sechskantstäbe die Schlüsselweite.

[b] +AT = lösungsgeglüht; +P = ausscheidungsgehärtet.

[c] Nur zur Information.

[d] Für den federhart gezogenen Zustand siehe EN 10270-3.

*) 1 MPa = 1 N/mm^2.

29

Tabelle 11 — Mechanische Eigenschaften bei Raumtemperatur für die austenitischen Stähle im lösungsgeglühten Zustand [a] (siehe Tabelle A.4) und Beständigkeit gegen interkristalline Korrosion in den Ausführungsarten 1C, 1E, 1D, 1X, 1G und 2D

Stahlbezeichnung		Dicke t oder Durchmesser[b] d	Härte[c,d]	0,2 %-Dehngrenze[e]	1 %-Dehngrenze[c,e]	Zugfestigkeit[d,e]	Bruchdehnung[d,e]		Kerbschlagarbeit (ISO-V)		Beständigkeit gegen interkristalline Korrosion[f]	
Kurzname	Werkstoffnummer	mm	HB max.	$R_{p0,2}$ MPa[a)] min.	$R_{p1,0}$ MPa[a)] min.	Rm MPa[a)]	A % min.		KV J min.		im Lieferzustand	im sensibilisierten Zustand[g]
							(längs)	(quer)	(längs)	(quer)		
Standardgüten												
X10CrNi18-8	1.4310	≤ 40	230	195	230	500 bis 750	40	—	—	—	nein	nein
X2CrNi18-9	1.4307	≤ 160	215	175	210	500 bis 700	45	—	100	—	ja	ja
		160 < t ≤ 250					—	35	—	60		
X2CrNi19-11	1.4306	≤ 160	215	180	215	460 bis 680	45	—	100	—	ja	ja
		160 < t ≤ 250					—	35	—	60		
X2CrNiN18-10	1.4311	≤ 160	230	270	305	550 bis 760	40	—	100	—	ja	ja
		160 < t ≤ 250					—	30	—	60		
X5CrNi18-10	1.4301	≤ 160	215	190	225	500 bis 700	45	—	100	—	ja	nein[h]
		160 < t ≤ 250					—	35	—	60		
X8CrNiS18-9	1.4305	≤ 160	230	190	225	500 bis 750	35	—	—	—	nein	nein
X6CrNiTi18-10	1.4541	≤ 160	215	190	225	500 bis 700	40	—	100	—	ja	ja
		160 < t ≤ 250					—	30	—	60		
X4CrNi18-12	1.4303	≤ 160	215	190	225	500 bis 700	45	—	100	—	ja	nein[h]
		160 < t ≤ 250					—	35	—	60		
X2CrNiMo17-12-2	1.4404	≤ 160	215	200	235	500 bis 700	40	—	100	—	ja	ja
		160 < t ≤ 250					—	30	—	60		
X2CrNiMoN17-11-2	1.4406	≤ 160	250	280	315	580 bis 800	40	—	100	—	ja	ja
		160 < t ≤ 250					—	30	—	60		
X5CrNiMo17-12-2	1.4401	≤ 160	215	200	235	500 bis 700	40	—	100	—	ja	nein[h]
		160 < t ≤ 250					—	30	—	60		
X6CrNiMoTi17-12-2	1.4571	≤ 160	215	200	235	500 bis 700	40	—	100	—	ja	ja
		160 < t ≤ 250					—	30	—	60		
X2CrNiMo17-12-3	1.4432	≤ 160	215	200	235	500 bis 700	40	—	100	—	ja	ja
		160 < t ≤ 250					—	30	—	60		
X2CrNiMoN17-13-3	1.4429	≤ 160	250	280	315	580 bis 800	40	—	100	—	ja	ja
		160 < t ≤ 250					—	30	—	60		
X3CrNiMo17-13-3	1.4436	≤ 160	215	200	235	500 bis 700	40	—	100	—	ja	nein[h]
		160 < t ≤ 250					—	30	—	60		
X2CrNiMo18-14-3	1.4435	≤ 160	215	200	235	500 bis 700	40	—	100	—	ja	ja
		160 < t ≤ 250					—	30	—	60		
X2CrNiMoN17-13-5	1.4439	≤ 160	250	280	315	580 bis 800	35	—	100	—	ja	ja
		160 < t ≤ 250					—	30	—	60		
X6CrNiCuS18-9-2	1.4570	≤ 160	215	185	220	500 bis 710	35	—	—	—	nein	nein
X3CrNiCu18-9-4	1.4567	≤ 160	215	175	210	450 bis 650	45	—	—	—	ja	ja
X1NiCrMoCu25-20-5	1.4539	≤ 160	230	230	260	530 bis 730	35	—	100	—	ja	ja
		160 < t ≤ 250					—	30	—	60		

Tabelle 11 (fortgesetzt)

Stahlbezeichnung		Dicke t oder Durchmesser^b d	Härte^{c,d}	0,2 %-Dehngrenze^e	1 %-Dehngrenze^{c,e}	Zugfestigkeit^{d,e}	Bruchdehnung^{d,e}		Kerbschlagarbeit (ISO-V)		Beständigkeit gegen interkristalline Korrosion^f	
Kurzname	Werkstoffnummer	mm	HB max.	$R_{p0,2}$ MPa*) min.	$R_{p1,0}$ MPa*) min.	Rm MPa*)	A % min.		KV J min.		im Lieferzustand	Im sensibilisierten Zustand^g
							(längs)	(quer)	(längs)	(quer)		
Sondergüten												
X5CrNi17-7	1.4319	≤ 16	215	190	225	500 bis 700	45	–	100	–	ja	nein^h
X9CrNi18-9	1.4325	≤ 40	215	190	225	550 bis 750	40	–	–	–	ja	nein
X5CrNiN19-9	1.4315	≤ 40	215	270	310	550 bis 750	40	–	100	–	ja	nein^h
X6CrNiNb18-10	1.4550	≤ 160	230	205	240	510 bis 740	40	–	100	–	ja	ja
		160 < t ≤ 250					–	30	–	60		
X1CrNiMoN25-22-2	1.4466	≤ 160	240	250	290	540 bis 740	35	–	100	–	ja	ja
		160 < t ≤ 250	240	250	290	540 bis 740	–	30	–	60	ja	ja
X6CrNiMoNb17-12-2	1.4580	≤ 160	230	215	250	510 bis 740	35	–	100	–	ja	ja
		160 < t ≤ 250					–	30	–	60		
X2CrNiMo18-15-4	1.4438	≤ 160	215	200	235	500 bis 700	40	–	100	–	ja	ja
		160 < t ≤ 250					–	30	–	60		
X1CrNiMoCuN24-22-8	1.4652	≤ 50	310	430	470	750 bis 1000	40	–	100	–	ja	ja
X1CrNiSi18-5-4	1.4361	≤ 160	230	210	240	530 bis 730	40	–	100	–	ja	ja
		160 < t ≤ 250					–	30	–	60		
X11CrNiMnN19-8-6	1.4369	≤ 15	300	340	370	750 bis 950	35	35	100	60	ja	nein
X12CrMnNiN17-7-5	1.4372	≤ 160	260	230	370	750 bis 950	40	–	100	–	ja	nein
		160 < t ≤ 250	260	230	370	750 bis 950	–	35	–	60		nein
X8CrMnNiN18-9-5	1.4374	≤ 10	260	350	380	700 bis 900	35	–	–	–	ja	nein
X8CrMnCuNB17-8-3	1.4597	≤ 160	245	270	305	560 bis 780	40	–	100		ja	nein
X3CrNiCu19-9-2	1.4560	≤ 160	215	170	220	450 bis 650	45	–	100	–	ja	ja
X3CrNiCuMo17-11-3-2	1.4578	≤ 160	215	175	–	450 bis 650	45	–	–	–	ja	ja
X1NiCrMoCu31-27-4	1.4563	≤ 160	230	220	250	500 bis 750	35	–	100	–	ja	ja
		160 < t ≤ 250					–	30	–	60		
X1CrNiMoCuN25-25-5	1.4537	≤ 160	250	300	340	600 bis 800	35	–	100	–	ja	ja
		160 < t ≤ 250					–	30	–	60		
X1CrNiMoCuN20-18-7	1.4547	≤ 160	260	300	340	650 bis 830	35	–	100	–	ja	ja
		160 < t ≤ 250					–	30	–	60		
X2CrNiMoCuS17-10-2	1.4598	≤ 160	215	200	235	500 bis 700	40	–	100	–	ja	ja
X1CrNiMoCuNW24-22-6	1.4659	≤ 160	290	420	460	800 bis 1000	50	–	90	–	ja	ja
X1NiCrMoCuN25-20-7	1.4529	≤ 160	250	300	340	650 bis 850	40	–	100	–	ja	ja
		160 < t ≤ 250					–	35	–	60		
X2CrNiMnMoN25-18-6-5	1.4565	≤ 160	–	420	460	800 bis 950	35	–	100	–	ja	ja

[a] Das Lösungsglühen kann entfallen, falls die Bedingungen für das Warmumformen und anschließende Abkühlen so sind, dass die Anforderungen an die mechanischen Eigenschaften des Erzeugnisses und die in EN ISO 3651-2 definierte Beständigkeit gegen interkristalline Korrosion eingehalten werden.

[b] Für Sechskantstäbe die Schlüsselweite.

[c] Nur zur Information.

[d] Die maximalen HB-Werte können um 100 HB oder der Zugfestigkeitswert kann um 200 MPa erhöht und der Mindestwert der Dehnung auf 20 % verringert werden für Profile und Stäbe ≤ 35 mm Dicke mit einer abschließenden Kaltumformung und für warmgeformte Profile und für Stäbe ≤ 8 mm Dicke.

[e] Für Walzdraht gelten nur die Zugfestigkeitswerte.

[f] Bei Prüfung nach EN ISO 3651-2.

[g] Siehe Anmerkung 2 zu 6.4.

[h] Sensibilisierungsbehandlung 15 min bei 700 °C mit nachfolgender Abkühlung in Luft.

*) 1 MPa = 1 N/mm².

Tabelle 12 — Mechanische Eigenschaften bei Raumtemperatur für die austenitisch-ferritischen Stähle im lösungsgeglühten Zustand [a] (siehe Tabelle A.5) und Beständigkeit gegen interkristalline Korrosion in den Ausführungsarten 1C, 1E, 1D, 1X, 1G und 2D

Stahlbezeichnung		Dicke t oder Durchmesser[b] d	Härte[c]	0,2 %-Dehngrenze[d]	Zugfestigkeit[d]	Bruchdehnung[d]	Kerbschlagarbeit (ISO-V)	Beständigkeit gegen interkristalline Korrosion[e]	
Kurzname	Werkstoffnummer	mm	HB max.	$R_{p0,2}$ MPa*) min.	R_m MPa*) min.	A % min. (längs)	KV J min. (längs)	im Lieferzustand	im sensibilisierten Zustand[f]
Standardgüten									
X3CrNiMoN27-5-2	1.4460	≤ 160	260	450	620 bis 880	20	85	ja	ja
X2CrNiMoN22-5-3	1.4462	≤ 160	270	450	650 bis 880	25	100	ja	ja
Sondergüten									
X2CrNiN23-4	1.4362	≤ 160	260	400	600 bis 830	25	100	ja	ja
X2CrNiMoN29-7-2	1.4477	≤ 10	310	650	800 bis 1050	25	100	ja	ja
		10 < t ≤ 160	310	550	750 bis 1000	25	100	ja	ja
X2CrNiMoCuN25-6-3	1.4507	≤ 160	270	500	700 bis 900	25	100	ja	ja
X2CrNiMoN25-7-4	1.4410	≤ 160	290	530	730 bis 930	25	100	ja	ja
X2CrNiMoCuWN25-7-4	1.4501	≤ 160	290	530	730 bis 930	25	100	ja	ja
X2CrNiMoSi18-5-3	1.4424	≤ 50	260	450	700 bis 900	25	100	ja	ja
		50 < t ≤ 160	260	400	680 bis 900	25	100	ja	ja

[a] Das Lösungsglühen kann entfallen, falls die Bedingungen für das Warmumformen und anschließende Abkühlen so sind, dass die Anforderungen an die mechanischen Eigenschaften des Erzeugnisses und die in EN ISO 3651-2 definierte Beständigkeit gegen interkristalline Korrosion eingehalten werden.

[b] Für Sechskantstäbe die Schlüsselweite.

[c] Nur zur Information.

[d] Für Walzdraht gelten nur die Zugfestigkeitswerte.

[e] Bei Prüfung nach EN ISO 3651-2.

[f] Siehe ANMERKUNG 2 zu 6.4.

*) 1 MPa = 1N/mm^2.

Tabelle 13 — Mechanische Eigenschaften der Blankstäbe[a] bei Raumtemperatur aus geglühten[b] (siehe Tabelle A.1) ferritischen Stählen in den Ausführungsarten 2H, 2B, 2G oder 2P

Stahlbezeichnung		Dicke t oder Durchmesser[c] d	0,2 %-Dehngrenze $R_{p0,2}$	Zugfestigkeit R_m	Bruchdehnung[d] A_5
Kurzname	Werkstoffnummer	mm	MPa*) min.	MPa*)	% min.
Standardgüten					
X6Cr17	1.4016	$\leq 10^e$	320	500 bis 750	8
		$10 < t \leq 16$	300	480 bis 750	8
		$16 < t \leq 40$	240	400 bis 700	15
		$40 < t \leq 63$	240	400 bis 700	15
		$63 < t \leq 100$	240	400 bis 630	20
X6CrMoS17	1.4105	$\leq 10^e$	330	530 bis 780	7
		$10 < t \leq 16$	310	500 bis 780	7
		$16 < t \leq 40$	250	430 bis 730	12
		$40 < t \leq 63$	250	430 bis 730	12
		$63 < t \leq 100$	250	430 bis 630	20
X6CrMo17-1	1.4113	$\leq 10^e$	340	540 bis 700	8
		$10 < t \leq 16$	320	500 bis 700	12
		$16 < t \leq 40$	280	440 bis 700	15
		$40 < t \leq 63$	280	440 bis 700	15
		$63 < t \leq 100$	280	440 bis 660	18
Sondergüten					
X2CrTi17	1.4520	$\leq 10^e$	320	500 bis 750	8
		$10 < t \leq 16$	300	480 bis 750	10
		$16 < t \leq 40$	240	400 bis 700	15
		$40 < t \leq 50$	240	400 bis 700	15
X3CrNb17	1.4511	$\leq 10^e$	320	500 bis 750	8
		$10 < t \leq 16$	300	480 bis 750	10
		$16 < t \leq 40$	240	400 bis 700	15
		$40 < t \leq 50$	240	400 bis 700	15
X6CrMoNb17-1	1.4526	$\leq 10^e$	340	540 bis 700	8
		$10 < t \leq 16$	320	500 bis 700	12
		$16 < t \leq 40$	280	440 bis 700	15
		$40 < t \leq 50$	280	440 bis 700	15
X2CrTiNb18	1.4509	$\leq 10^e$	320	500 bis 750	8
		$10 < t \leq 16$	300	480 bis 750	10
		$16 < t \leq 40$	240	400 bis 700	15
		$40 < t \leq 50$	240	400 bis 700	15

[a] Einschließlich abgelängter Stäbe aus gezogenem Draht.

[b] Das Glühen kann entfallen, falls die Bedingungen für das Warmumformen und anschließende Abkühlen so sind, dass die Anforderungen an die mechanischen Eigenschaften des Erzeugnisses und die in EN ISO 3651-2 definierte Beständigkeit gegen interkristalline Korrosion eingehalten werden.

[c] Für Sechskantstäbe die Schlüsselweite.

[d] Dehnung A_5 gilt nur für Maße ≥ 5 mm. Für kleinere Durchmesser ist die kleinste Dehnung bei der Anfrage und Bestellung zu vereinbaren.

[e] Im Bereich von 1 mm $\leq d < 5$ mm gültig nur für Rundstäbe. Die mechanischen Eigenschaften für nichtrunde Stäbe mit Dicken < 5 mm müssen bei der Anfrage und Bestellung vereinbart werden.

*) 1 MPa = 1N/mm^2.

33

Tabelle 14 — Mechanische Eigenschaften der Blankstäbe[a] bei Raumtemperatur aus wärmebehandelten (siehe Tabelle A.2) martensitischen Stählen in den Ausführungsarten 2H, 2B, 2G oder 2P

Stahlbezeichnung		Geglüht				Vergütet					
Kurzname	Werkstoffnummer	Dicke t oder Durchmesser[b] d mm	R_m MPa[*] max.	HB[c] max.	Wärmebehandlungszustand	$R_{p0,2}$ MPa[*] min.	R_m MPa[*] min.	A_5[d] % min. (längs)	(quer)	KV J min. (längs)	(quer)
					Standardgüten						
X12Cr13	1.4006	≤ 10[e]	880	280	+QT650	550	700 bis 1 000	9	—	—	—
		$10 < t \leq 16$	880	280		500	700 bis 1 000	9	—	—	—
		$16 < t \leq 40$	800	250		450	650 bis 930	10	—	25	—
		$40 < t \leq 63$	760	230		450	650 bis 880	10	—	25	—
		$63 < t \leq 160$	730	220		450	650 bis 850	15	—	25	—
X12CrS13	1.4005	≤ 10[e]	880	280	+QT650	550	700 bis 1 000	8	—	—	—
		$10 < t \leq 16$	880	280		500	700 bis 1 000	8	—	—	—
		$16 < t \leq 40$	800	250		450	650 bis 930	10	—	—	—
		$40 < t \leq 63$	760	230		450	650 bis 880	10	—	—	—
		$63 < t \leq 160$	730	220		450	650 bis 850	12	—	—	—
X20Cr13	1.4021	≤ 10[e]	910	290	+QT700	600	750 bis 1 000	8	—	—	—
		$10 < t \leq 16$	910	290		550	750 bis 1 000	8	—	—	—
		$16 < t \leq 40$	850	260		500	700 bis 950	10	—	25	—
		$40 < t \leq 63$	800	250		500	700 bis 900	12	—	25	—
		$63 < t \leq 160$	760	230		500	700 bis 850	13	—	25	—
X30Cr13	1.4028	≤ 10[e]	950	305	+QT850	700	900 bis 1 050	7	—	—	—
		$10 < t \leq 16$	950	305		650	900 bis 1 150	7	—	—	—
		$16 < t \leq 40$	900	280		650	850 bis 1 100	9	—	15	—
		$40 < t \leq 63$	840	260		650	850 bis 1 050	9	—	15	—
		$63 < t \leq 160$	800	245		650	850 bis 1 000	10	—	15	—
X39Cr13	1.4031	≤ 10[e]	950	305	+QT800	700	850 bis 1 100	7	—	—	—
		$10 < t \leq 16$	950	305		700	850 bis 1 100	7	—	—	—
		$16 < t \leq 40$	900	280		650	800 bis 1 050	8	—	12	—
		$40 < t \leq 63$	840	260		650	800 bis 1 000	8	—	12	—
		$63 < t \leq 160$	800	245		650	800 bis 1 000	10	—	12	—
X46Cr13	1.4034	≤ 10[e]	950	305	+QT850	700	900 bis 1 150	7	—	—	—
		$10 < t \leq 16$	950	305		700	900 bis 1 150	7	—	—	—
		$16 < t \leq 40$	900	280		650	850 bis 1 100	8	—	12	—
		$40 < t \leq 63$	840	260		650	850 bis 1 000	8	—	12	—
		$63 < t \leq 160$	800	245		650	850 bis 1 000	10	—	12	—
X14CrMoS17	1.4104	≤ 10[e]	880	280	+QT650	580	700 bis 980	7	—	—	—
		$10 < t \leq 16$	880	280		530	700 bis 980	7	—	—	—
		$16 < t \leq 40$	800	250		500	650 bis 930	9	—	—	—
		$40 < t \leq 63$	760	230		500	650 bis 880	10	—	—	—
		$63 < t \leq 160$	730	220		500	650 bis 850	10	—	—	—

Tabelle 14 *(fortgesetzt)*

Stahlbezeichnung		Dicke t oder Durchmesser[b] d mm	Geglüht		Wärme-behand-lungs-zustand	Vergütet					
Kurzname	Werkstoff-nummer		R_m MPa*) max.	HB^c max.		$R_{p0,2}$ MPa*) min.	R_m MPa*)	A_5^d % min. (längs)	(quer)	KV J min. (längs)	(quer)
					Standardgüten *(fortgesetzt)*						
X39CrMo17-1	1.4122	$\leq 10^e$	1 000	340	+QT750	650	800 bis 1 050	8	—	—	—
		$10 < t \leq 16$	1 000	340		600	800 bis 1 050	8	—	—	—
		$16 < t \leq 40$	980	310		550	800 bis 1 000	10	—	20	—
		$40 < t \leq 63$	930	290		550	750 bis 950	12	—	20	—
		$63 < t \leq 160$	900	280		550	750 bis 950	12	—	14	—
X17CrNi16-2	1.4057	$\leq 10^e$	1 050	330	+QT800	750	850 bis 1 100	7	—	—	—
		$10 < t \leq 16$	1 050	330		700	850 bis 1 100	7	—	—	—
		$16 < t \leq 40$	1 000	310		650	800 bis 1 050	9	—	25	—
		$40 < t \leq 63$	950	295		650	800 bis 1 000	12	—	25	—
		$63 < t \leq 160$	950	295		650	800 bis 950	12	—	20	—
X4CrNiMo16-5-1	1.4418	$\leq 10^e$	1 150	380	+QT900	750	900 bis 1 150	10	—	—	—
		$10 < t \leq 16$	1 150	380		750	900 bis 1 150	10	—	—	—
		$16 < t \leq 40$	1 100	320		700	900 bis 1 100	12	—	80	—
		$40 < t \leq 63$	1 100	320		700	900 bis 1 100	16	—	80	—
		$63 < t \leq 160$	1 100	320		700	900 bis 1 100	16	—	80	—
		$160 < t \leq 250$	1 100	320		700	900 bis 1 100	–	14	—	60
					Sondergüten						
X29CrS13	1.4029	$\leq 10^e$	950	305	+QT850	750	900 bis 1 100	8	—	—	—
		$10 < t \leq 16$	950	305		700	900 bis 1 100	8	—	—	—
		$16 < t \leq 40$	900	280		650	850 bis 1 100	10	—	—	—
		$40 < t \leq 63$	840	260		650	850 bis 1 050	10	—	—	—
		$63 < t \leq 160$	800	245		650	850 bis 1 000	12	—	—	—
X46CrS13	1.4035	$\leq 10^e$	880	280	—	—	—	—	—	—	—
		$10 < t \leq 16$	880	280		—	—	—	—	—	—
		$16 < t \leq 40$	800	250		—	—	—	—	—	—
		$40 < t \leq 63$	760	230		—	—	—	—	—	—

[a] Einschließlich abgelängter Stäbe aus gezogenem Draht.

[b] Für Sechskantstäbe die Schlüsselweite.

[c] Nur zur Information.

[d] Dehnung A_5 gilt nur für Abmessungen von 5 mm und darüber. Für kleinere Durchmesser ist die kleinste Dehnung bei der Anfrage und Bestellung zu vereinbaren.

[e] Im Bereich von 1 mm $\leq d <$ 5 mm gültig nur für Rundstäbe. Die mechanischen Eigenschaften nichtrunder Stäbe mit Dicken < 5 mm müssen bei der Anfrage und Bestellung vereinbart werden.

*) 1 MPa = 1N/mm^2.

Tabelle 15 — Mechanische Eigenschaften der Blankstäbe[a] bei Raumtemperatur aus wärmebehandelten (siehe Tabelle A.3) ausscheidungshärtenden Stählen in den Ausführungsarten 2H, 2B, 2G oder 2P

Stahlbezeichnung		Dicke t oder Durchmesser[b] d	Geglüht		Wärmebehandlungszustand	Ausscheidungsgehärtet			
Kurzname	Werkstoffnummer	mm	R_m MPa*) max.	HB[c] max.		$R_{p0,2}$ MPa*) min.	R_m MPa*)	A_5[d] % min. (längs)	KV J min. (längs)
		Standardgüte							
		≤ 10[e]	1 200	360		600	900 bis 1 100	10	–
		$10 < t \leq 16$	1 200	360		600	900 bis 1 100	10	–
		$16 < t \leq 40$	1 200	360	+P800	520	800 bis 1 050	12	75
X5CrNiCuNb16-4	1.4542	$40 < t \leq 63$	1 200	360		520	800 bis 1 000	18	75
		$63 < t \leq 160$	1 200	360		520	800 bis 950	18	75
		≤ 100	–	–	+P930	720	930 bis 1 100	12	40
		≤ 100	–	–	+P960	790	960 bis 1 160	10	–
		≤ 100	–	–	+P1070	1 000	1 070 bis 1 270	10	–
		Sondergüte							
		≤ 10[e]	850	240		750	950 bis 1 200	15	30
X5NiCrTiMoVB25-15-2	1.4606	$10 < t \leq 16$	800	230	+P880	750	950 bis 1 150	15	30
		$16 < t \leq 40$	800	230		600	900 bis 1 150	18	40
		$40 < t \leq 50$	700	212		550	880 bis 1 150	20	40

[a] Einschließlich abgelängter Stäbe aus gezogenem Draht.

[b] Für Sechskantstäbe die Schlüsselweite.

[c] Nur zur Information.

[d] Dehnung A_5 gilt nur für Abmessungen von 5 mm und darüber. Für kleinere Durchmesser ist die kleinste Dehnung bei der Anfrage und Bestellung zu vereinbaren.

[e] Im Bereich von 1 mm $\leq d < 5$ mm gültig nur für Rundstäbe. Die mechanischen Eigenschaften nichtrunder Stäbe mit Dicken < 5 mm müssen bei der Anfrage und Bestellung vereinbart werden.

*) 1 MPa = 1N/mm².

Tabelle 16 — Mechanische Eigenschaften der Blankstäbe[a] bei Raumtemperatur aus lösungsgeglühten[b] (siehe Tabelle A.4) austenitischen Stählen in den Ausführungsarten 2H, 2B, 2G oder 2P

Stahlbezeichnung		Dicke t oder Durchmesser[c] d mm	Lösungsgeglüht					
Kurzname	Werkstoff-nummer		$R_{p0,2}$ MPa*[)] min.	R_m MPa*[)]	A_5[d] % min.		KV J min.	
					(längs)	(quer)	(längs)	(quer)
		Standardgüten						
X2CrNi18-9	1.4307	≤ 10[e]	400	600 bis 930	25	—	—	—
		$10 < t \leq 16$	380	600 bis 930	25	—	—	—
		$16 < t \leq 40$	175	500 bis 830	30	—	100	—
		$40 < t \leq 63$	175	500 bis 830	30	—	100	—
		$63 < t \leq 160$	175	500 bis 700	45	—	100	—
		$160 < t \leq 250$	175	500 bis 700	—	35	—	60
X2CrNi19-11	1.4306	≤ 10[e]	400	600 bis 930	25	—	—	—
		$10 < t \leq 16$	380	600 bis 930	25	—	—	—
		$16 < t \leq 40$	180	460 bis 830	30	—	100	—
		$40 < t \leq 63$	180	460 bis 830	30	—	100	—
		$63 < t \leq 160$	180	460 bis 680	45	—	100	—
		$160 < t \leq 250$	180	460 bis 680	—	35	—	60
X5CrNi18-10	1.4301	≤ 10[e]	400	600 bis 950	25	—	—	—
		$10 < t \leq 16$	400	600 bis 950	25	—	—	—
		$16 < t \leq 40$	190	600 bis 850	30	—	100	—
		$40 < t \leq 63$	190	580 bis 850	30	—	100	—
		$63 < t \leq 160$	190	500 bis 700	45	—	100	—
		$160 < t \leq 250$	190	500 bis 700	—	35	—	60
X8CrNiS18-9	1.4305	≤ 10[e]	400	600 bis 950	15	—	—	—
		$10 < t \leq 16$	400	600 bis 950	15	—	—	—
		$16 < t \leq 40$	190	500 bis 850	20	—	100	—
		$40 < t \leq 63$	190	500 bis 850	20	—	100	—
		$63 < t \leq 160$	190	500 bis 750	35	—	100	—
X6CrNiTi18-10	1.4541	≤ 10[e]	400	600 bis 950	25	—	—	—
		$10 < t \leq 16$	380	580 bis 950	25	—	—	—
		$16 < t \leq 40$	190	500 bis 850	30	—	100	—
		$40 < t \leq 63$	190	500 bis 850	30	—	100	—
		$63 < t \leq 160$	190	500 bis 700	40	—	100	—
X2CrNiMo17-12-2	1.4404	≤ 10[e]	400	600 bis 930	25	—	—	—
		$10 < t \leq 16$	380	580 bis 930	25	—	—	—
		$16 < t \leq 40$	200	500 bis 830	30	—	100	—
		$40 < t \leq 63$	200	500 bis 830	30	—	100	—
		$63 < t \leq 160$	200	500 bis 700	40	—	100	—
		$160 < t \leq 250$	200	500 bis 700	—	30	—	60

37

Tabelle 16 *(fortgesetzt)*

Stahlbezeichnung		Dicke *t* oder Durchmesser^c *d* mm	Lösungsgeglüht					
Kurzname	Werkstoff-nummer		$R_{p0,2}$ MPa*) min.	R_m MPa*)	$A_5{}^d$ % min.		KV J min.	
					(längs)	(quer)	(längs)	(quer)
X5CrNiMo17-12-2	1.4401	≤ 10^e	400	600 bis 950	25	—	—	—
		10 < *t* ≤ 16	380	580 bis 950	25	—	—	—
		16 < *t* ≤ 40	200	500 bis 850	30	—	100	—
		40 < *t* ≤ 63	200	500 bis 850	30	—	100	—
		63 < *t* ≤ 160	200	500 bis 700	40	—	100	—
		160 < *t* ≤ 250	200	500 bis 700	—	30	—	60
X6CrNiMoTi17-12-2	1.4571	≤ 10^e	400	600 bis 950	25	—	—	—
		10 < *t* ≤ 16	380	580 bis 950	25	—	—	—
		16 < *t* ≤ 40	200	500 bis 850	30	—	100	—
		40 < *t* ≤ 63	200	500 bis 850	30	—	100	—
		63 < *t* ≤ 160	200	500 bis 700	40	—	100	—
		160 < *t* ≤ 250	200	500 bis 700	—	30	—	60
X2CrNiMo17-12-3	1.4432	≤ 10^e	400	600 bis 930	25	—	—	—
		10 < *t* ≤ 16	380	600 bis 880	25	—	—	—
		16 < *t* ≤ 40	200	500 bis 850	30	—	100	—
		40 < *t* ≤ 63	200	500 bis 850	30	—	100	—
		63 < *t* ≤ 160	200	500 bis 700	40	—	100	—
		160 < *t* ≤ 250	200	500 bis 700	—	30	—	60
X3CrNiMo17-13-3	1.4436	≤ 10^e	400	600 bis 950	25	—	—	—
		10 < *t* ≤ 16	400	600 bis 950	25	—	—	—
		16 < *t* ≤ 40	200	500 bis 850	30	—	100	—
		40 < *t* ≤ 63	190	500 bis 850	30	—	100	—
		63 < *t* ≤ 160	200	500 bis 700	40	—	100	—
		160 < *t* ≤ 250	200	500 bis 700	—	30	—	60
X2CrNiMo18-14-3	1.4435	≤ 10^e	400	600 bis 950	25	—	—	—
		10 < *t* ≤ 16	400	600 bis 950	25	—	—	—
		16 < *t* ≤ 40	235	500 bis 850	30	—	100	—
		40 < *t* ≤ 63	235	500 bis 850	30	—	100	—
		63 < *t* ≤ 160	235	500 bis 700	40	—	100	—
		160 < *t* ≤ 250	235	500 bis 700	—	30	—	60
X6CrNiCuS18-9-2	1.4570	≤ 10^e	400	600 bis 950	15	—	—	—
		10 < *t* ≤ 16	400	600 bis 950	15	—	—	—
		16 < *t* ≤ 40	185	500 bis 910	20	—	—	—
		40 < *t* ≤ 63	185	500 bis 910	20	—	—	—
		63 < *t* ≤ 160	185	500 bis 710	35	—	—	—

Tabelle 16 *(fortgesetzt)*

Stahlbezeichnung		Dicke *t* oder Durchmesser^c *d* mm	Lösungsgeglüht					
Kurzname	Werkstoff-nummer		$R_{p0,2}$ MPa*$^{*)}$ min.	R_m MPa*$^{*)}$	$A_5{}^d$ % min.		*KV* J min.	
					(längs)	(quer)	(längs)	(quer)
X3CrNiCu18-9-4	1.4567	≤ 10^e	400	600 bis 850	25	—	—	—
		10 < *t* ≤ 16	340	600 bis 850	25	—	—	—
		16 < *t* ≤ 40	175	450 bis 800	30		100	—
		40 < *t* ≤ 63	175	450 bis 800	30	—	100	—
		63 < *t* ≤ 160	175	450 bis 650	40	—	100	—
X1NiCrMoCu25-20-5	1.4539	≤ 10^e	400	600 bis 930	20	—	—	—
		10 < *t* ≤ 16	400	600 bis 930	20	—	—	—
		16 < *t* ≤ 40	230	530 bis 880	25	—	100	—
		40 < *t* ≤ 63	230	530 bis 880	25	—	100	—
		63 < *t* ≤ 160	230	530 bis 730	35	—	100	—
		160 < *t* ≤ 250	230	530 bis 730	—	30	—	60
Sondergüten								
X3CrNiCu19-9-2	1.4560	≤ 10^e	400	600 bis 800	25	—	—	—
		10 < *t* ≤ 16	340	600 bis 800	25	—	—	—
		16 < *t* ≤ 40	175	450 bis 750	30	—	—	—
		40 < *t* ≤ 63	175	450 bis 750	30	—	—	—
		63 < *t* ≤ 160	175	450 bis 650	45	—	—	—
X3CrNiCuMo17-11-3-2	1.4578	≤ 10^e	400	600 bis 850	20	—	—	—
		10 < *t* ≤ 16	340	600 bis 850	20	—	—	—
		16 < *t* ≤ 40	175	450 bis 800	30	—	—	—
		40 < *t* ≤ 63	175	450 bis 800	30	—	—	—
		63 < *t* ≤ 160	175	450 bis 650	45	—	—	—
X2CrNiMoCuS17-10-2	1.4598	≤ 10^e	400	600 bis 930	15	—	—	—
		10 < *t* ≤ 16	400	600 bis 900	20	—	—	—
		16 < *t* ≤ 40	200	500 bis 850	25	—	—	—
		40 < *t* ≤ 63	200	500 bis 800	30	—	—	—
		63 < *t* ≤ 160	200	500 bis 700	40	—	—	—

[a] Einschließlich abgelängter Stäbe aus gezogenem Draht.

[b] Das Lösungsglühen kann entfallen, falls die Bedingungen für das Warmumformen und anschließende Abkühlen so sind, dass die Anforderungen an die mechanischen Eigenschaften des Erzeugnisses und die in EN ISO 3651-2 definierte Beständigkeit gegen interkristalline Korrosion eingehalten werden.

[c] Für Sechskantstäbe die Schlüsselweite.

[d] Dehnung A_5 gilt nur für Abmessungen von 5 mm und darüber. Für kleinere Durchmesser ist die kleinste Dehnung bei der Anfrage und Bestellung zu vereinbaren.

[e] Im Bereich von 1 mm ≤ *d* < 5 mm gültig nur für Rundstäbe. Die mechanischen Eigenschaften nichtrunder Stäbe mit Dicken < 5 mm müssen bei der Anfrage und Bestellung vereinbart werden.

*) 1 MPa = 1N/mm^2.

Tabelle 17 — Mechanische Eigenschaften der Blankstäbe [a] bei Raumtemperatur aus lösungsgeglühten [b] (siehe Tabelle A.5) austenitisch-ferritischen Stählen in den Ausführungsarten 2H, 2B, 2G oder 2P

Stahlbezeichnung		Lösungsgeglüht				
Kurzname	Werkstoff-nummer	Dicke t oder Durchmesser[c] d mm	$R_{p0,2}$ MPa[*)] min.	R_m MPa[*)]	A_5[d] % min. (längs)	KV J min. (längs)
Standardgüten						
X3CrNiMoN27-5-2	1.4460	≤ 10[e]	610	770 bis 1 030	12	—
		10 < t ≤ 16	560	770 bis 1 030	12	—
		16 < t ≤ 40	460	620 bis 950	15	85
		40 < t ≤ 63	460	620 bis 950	15	85
		63 < t ≤ 160	460	620 bis 880	20	85
X2CrNiMoN22-5-3	1.4462	≤ 10[e]	650	850 bis 1 150	12	—
		10 < t ≤ 16	650	850 bis 1 100	12	—
		16 < t ≤ 40	450	650 bis 1 000	15	100
		40 < t ≤ 63	450	650 bis 1 000	15	100
		63 < t ≤ 160	450	650 bis 880	25	100
Sondergüte						
X2CrNiMoCuN25-6-3	1.4507	≤ 10[e]	—[f]	—[f]	—[f]	—
		10 < t ≤ 16	—[f]	—[f]	—[f]	–
		16 < t ≤ 40	500	700 bis 900	25	100
		40 < t ≤ 63	500	700 bis 900	25	100
		63 < t ≤ 160	500	700 bis 900	25	100

[a] Einschließlich abgelängter Stäbe aus gezogenem Draht.

[b] Das Lösungsglühen kann entfallen, falls die Bedingungen für das Warmumformen und anschließende Abkühlen so sind, dass die Anforderungen an die mechanischen Eigenschaften des Erzeugnisses und die in EN ISO 3651-2 definierte Beständigkeit gegen interkristalline Korrosion eingehalten werden.

[c] Für Sechskantstäbe die Schlüsselweite.

[d] Dehnung A_5 gilt nur für Abmessungen von 5 mm und darüber. Für kleinere Durchmesser ist die kleinste Dehnung bei der Anfrage und Bestellung zu vereinbaren.

[e] Im Bereich von 1 mm ≤ d < 5 mm gültig nur für Rundstäbe. Die mechanischen Eigenschaften nichtrunder Stäbe mit Dicken < 5 mm müssen bei der Anfrage und Bestellung vereinbart werden.

[f] Muss bei der Anfrage und Bestellung vereinbart werden.

[*)] 1 MPa = 1N/mm².

Tabelle 18 — Zugfestigkeit von gezogenem Draht mit einem Durchmesser ≥ 0,05 mm in der Ausführungsart 2H[a]

Stahlbezeichnung[b,c]		Zugfestigkeits-stufe	Bereich der Zugfestigkeit[d] MPa*[)]
Kurzname	Werkstoffnummer		
Ferritische Stähle			
		+C500	500 bis 700
X6Cr17, X6CrMoS17,	1.4016, 1.4105,	+C600	600 bis 800
X6CrMo17-1, X3CrNb17	1.4113, 1.4511	+C700	700 bis 900
		+C800	800 bis 1 000
		+C900	900 bis 1 100
Martensitische und ausscheidungshärtende Stähle			
		+C500	500 bis 700
		+C600	600 bis 800
		+C700	700 bis 900
X12Cr13, X12CrS13,	1.4006, 1,4005,	+C800	800 bis 1 000
X20Cr13, X30Cr13	1.4021, 1,4028,	+C900	900 bis 1 100
X46Cr13, X14CrMoS17	1.4034, 1.4104,	+C1000	1 000 bis 1 250
X17CrNi16-2, X7CrNiAl17-7	1.4057, 1.4568,	+C1100	1 100 bis 1 350
X5NiCrTiMoVB25-12-2	1.4606	+C1200	1 200 bis 1 450
		+C1400	1 400 bis 1 700
		+C1600	1 600 bis 1 900
		+C1800	1 800 bis 2 100
Austenitische Stähle			
X10CrNi18-8, X2CrNi18-9,	1.4310, 1.4307,	+C500	500 bis 700
X2CrNi19-11, X5CrNi18-10,	1.4306, 1.4301,	+C600	600 bis 800
X8CrNiS18-9, X6CrNiTi18-10,	1.4305, 1.4541,	+C700	700 bis 900
X4CrNi18-12, X2CrNiMo17-12-2,	1.4303, 1.4404,	+C800	800 bis 1 000
X5CrNiMo17-12-2, X6CrNiMoTi17-12-2,	1.4401, 1.4571,	+C900	900 bis 1 100
X2CrNiMo17-12-3, X3CrNiMo17-13-3,	1.4432, 1.4436,	+C1000	1 000 bis 1 250
X2CrNiMo18-14-3, X6CrNiCuS18-9-2,	1.4435, 1.4570,	+C1100	1 100 bis 1 350
X3CrNiCu18-9-4, X1NiCrMoCu25-20-5,	1.4567, 1.4539,	+C1200	1 200 bis 1 450
X1CrNiMoN25-22-2, X8CrMnNiN18-9-5,	1.4466, 1.4374,	+C1400	1 400 bis 1 700
X8CrMnCuNB17-8-3, X1NiCrMoCu31-27-4,	1.4597, 1.4563,	+C1600	1 600 bis 1 900
X1CrNiMoCuN20-18-7, X1NiCrMoCuN25-20-7,	1.4547, 1.4529,	+C1800	1 800 bis 2 100
X1CrNi25-21, X2CrNiMoN18-12-4	1.4335, 1.4434		

41

Tabelle 18 *(fortgesetzt)*

Stahlbezeichnung[b,c]		Zugfestigkeits-stufe	Bereich der Zugfestigkeit[d] MPa[*)]
Kurzname	Werkstoffnummer		
Austenitisch-ferritische Stähle			
		+C800	800 bis 1 000
		+C900	900 bis 1 100
X2CrNiMoN22-5-3	1.4462	+C1000	1 000 bis 1 250
X2CrNiN23-4	1.4362	+C1100	1 100 bis 1 350
X2CrNiMoN25-7-4	1.4410	+C1200	1 200 bis 1 450
		+C1400	1400 bis 1700
		+C1600	1600 bis 1900
		+C1800	1800 bis 2100

[a] Für Federanwendungen, siehe EN 10270-3. Für Kaltstauchen siehe EN 10263-5.

[b] Nicht alle Stähle sind in allen Zugfestigkeitsstufen oder allen Durchmessern verfügbar. Anhaltsangaben für Nennmaße *d* in Abhängigkeit von der Festigkeitsstufe siehe Anhang B.

[c] Die Dehnung hängt von dem Nennmaß *d* ab und kann bei der Anfrage und Bestellung vereinbart werden.

[d] Zwischenwerte können vereinbart werden.

[*)] 1 MPa = 1 N/mm².

Tabelle 19 — Mechanische Eigenschaften von geglühtem gezogenem Draht bei Raumtemperatur in der Ausführungsart 2D[a,b]

Stahlbezeichnung		Nennmaß d mm	Zug-festigkeit MPa*[)] max.	Dehnung % min.
Kurzname	Werkstoffnummer			
Ferritische Stähle (+A)[c]				
		$0{,}05 < d \le 0{,}10$	950	10
X6Cr17	1.4016	$0{,}10 < d \le 0{,}20$	900	10
X6CrMoS17	1.4105	$0{,}20 < d \le 0{,}50$	850	15
X6CrMo17-1	1.4113	$0{,}50 < d \le 1{,}00$	850	15
X3CrNb17	1.4511	$1{,}00 < d \le 3{,}00$	800	15
		$3{,}00 < d \le 5{,}00$	750	15
		$5{,}00 < d \le 16{,}00$	700	20
Martensitische (+A) und ausscheidungshärtende (+AT) Stähle[c]				
X12Cr13	1.4006	$0{,}50 < d \le 1{,}00$	1 100	10
X12CrS13	1.4005			
X20Cr13	1.4021	$1{,}00 < d \le 3{,}00$	1 050	10
X30Cr13	1.4028			
X46Cr13	1.4034			
X14CrMoS17	1.4104	$3{,}00 < d \le 5{,}00$	1 000	10
X17CrNi16-2	1.4057			
X7CrNiAl17-7	1.4568	$5{,}00 < d \le 16{,}00$	950	15
X5NiCrTiMoVB25-12-2	1.4606			
Austenitische Stähle (+AT)[c]				
X10CrNi18-8, X2CrNi18-9,	1.4310, 1.4307,	$0{,}05 < d \le 0{,}10$	1 100	20
X2CrNi19-11, X5CrNi18-10,	1.4306, 1.4301,			
X8CrNiS18-9, X6CrNiTi18-10,	1.4305, 1.4541,	$0{,}10 < d \le 0{,}20$	1 050	20
X4CrNi18-12, X2CrNiMo17-12-2,	1.4303, 1.4404,			
X5CrNiMo17-12-2, X6CrNiMoTi17-12-2,	1.4401, 1.4571,	$0{,}20 < d \le 0{,}50$	1 000	30
X2CrNiMo17-12-3, X3CrNiMo17-13-3,	1.4432, 1.4436			
X2CrNiMo18-14-3, X6CrNiCuS18-9-2,	1.4435, 1.4570,	$0{,}50 < d \le 1{,}00$	950	30
X3CrNiCu18-9-4, X1NiCrMoCu25-20-5,	1.4567, 1.4539,			
X1CrNiMoN25-22-2, X8CrMnNiN18-9-5,	1.4466, 1.4374,	$1{,}00 < d \le 3{,}00$	900	30
X8CrMnCuNB17-8-3, X1NiCrMoCu31-27-4,	1.4597, 1.4563,	$3{,}00 < d \le 5{,}00$	850	35
X1CrNiMoCuN20-18-7, X1NiCrMoCuN25-20-7,	1.4547, 1.4529,			
X1CrNi25-21, X2CrNiMoN18-12-4	1.4335, 1.4434	$5{,}00 < d \le 16{,}00$	800	35

43

Tabelle 19 *(fortgesetzt)*

Stahlbezeichnung		Nennmaß d mm	Zug-festigkeit MPa*) max.	Dehnung % min.
Kurzname	Werkstoffnummer			
Austenitisch-ferritische Stähle (+AT)ᶜ				
X2CrNiMoN22-5-3	1.4462	0,50 < d ≤ 1,00	1 050	20
X2CrNiN23-4	1.4362	1,00 < d ≤ 3,00	1 000	20
X2CrNiMoN25-7-4	1.4410	3,00 < d ≤ 5,00	950	25
		5,00 < d ≤ 16,00	900	25

ᵃ Nach dem Dressieren (d. h. weniger als 5 % Querschnittsverminderung) kann die maximale Zugfestigkeit um bis zu 50 MPa erhöht sein.

ᵇ Für Kaltstauchen siehe EN 10263-5.

ᶜ +A = geglüht, +AT = lösungsgeglüht.

*) 1 MPa = 1 N/mm².

Tabelle 20 — **Mindestwerte der 0,2 %-Dehngrenze ferritischer Stähle bei erhöhten Temperaturen**

Stahlbezeichnung		Wärmebehand-lungszustandᵃ	Mindestwert der 0,2 %-Dehngrenze (MPa*)) bei einer Temperatur (in °C) von						
Kurzname	Werkstoff-nummer		100	150	200	250	300	350	400
Standardgüten									
X2CrNi12	1.4003	+A	240	230	220	215	210	—	—
X6Cr13	1.4000	+A	220	215	210	205	200	195	190
X6Cr17	1.4016	+A	220	215	210	205	200	195	190
X6CrMoS17	1.4105	+A	230	220	215	210	205	200	195
X6CrMo17-1	1.4113	+A	250	240	230	220	210	205	200
Sondergüten									
X2CrTi17	1.4520	+A	190	180	170	160	155	—	—
X3CrNb17	1.4511	+A	190	180	170	160	155	—	—
X2CrMoTiS18-2	1.4523	+A	250	240	230	220	210	205	200
X6CrMoNb17-1	1.4526	+A	270	265	250	235	215	205	—
X2CrTiNb18	1.4509	+A	190	180	170	160	155	—	—

ᵃ +A = geglüht.

*) 1 MPa = 1 N/mm².

44

Tabelle 21 — Mindestwerte der 0,2%-Dehngrenze martensitischer Stähle bei erhöhten Temperaturen

Stahlbezeichnung		Wärmebehand-lungszustand[a]	Mindestwert der 0,2 %-Dehngrenze (MPa[*]) bei einer Temperatur (in °C) von						
Kurzname	Werkstoff-nummer		100	150	200	250	300	350	400
Standardgüten									
X12Cr13	1.4006	+QT650	420	410	400	385	365	355	305
X15Cr13	1.4024	+QT650	420	410	400	385	365	—	300
X20Cr13	1.4021	+QT700	460	445	430	415	395	365	330
		+ QT800	515	495	475	460	440	405	355
X39CrMo17-1	1.4122	+ QT750	540	535	530	520	510	490	470
X17CrNi16-2	1.4057	+ QT800	515	495	475	460	440	405	355
		+ QT900	565	525	505	490	470	430	375
X3CrNiMo13-4	1.4313	+ QT650	500	490	480	470	460	450	—
		+QT780	590	575	560	545	530	515	–
		+QT900	720	690	665	640	620	—	—
X4CrNiMo16-5-1	1.4418	+QT760	520	510	500	490	480	—	—
		+QT900	660	640	620	600	580	—	—
Sondergüte									
X2CrNiMoV13-5-2	1.4415	+QT750	620	605	595	585	580	570	560
		+QT850	710	695	680	670	660	645	635

[a]   +QT = vergütet.
[*]   1 MPa = 1 N/mm².

Tabelle 22 — Mindestwerte der 0,2 %-Dehngrenze ausscheidungshärtender Stähle bei erhöhten Temperaturen

Stahlbezeichnung		Wärmebehand-lungszustand[a]	Mindestwert der 0,2 %-Dehngrenze (MPa[*]) bei einer Temperatur (in °C) von				
Kurzname	Werkstoff-nummer		100	150	200	250	300
Standardgüten							
X5CrNiCuNb16-4	1.4542	+P800	500	490	480	470	460
		+P930	680	660	640	620	600
		+P960	730	710	690	670	650
		+P1070	880	830	800	770	750
X5CrNiMoCuNb14-5	1.4594	+P930	680	660	640	620	600
		+P1000	785	755	730	710	690
Sondergüte							
X5NiCrTiMoVB25-15-2	1.4606	+P880	540	530	520	510	500

[a]   +P = ausscheidungsgehärtet.
[*]   1 MPa = 1 N/mm².

45

Tabelle 23 — Mindestwerte der 0,2 %- und 1 %-Dehngrenze austenitischer Stähle bei erhöhten Temperaturen

Stahlbezeichnung Kurzname	Werkstoffnummer	Wärmebehandlungszustand[a]	Mindestwert der 0,2 %-Dehngrenze (MPa[a]) bei einer Temperatur (in °C) von										Mindestwert der 1 %-Dehngrenze (MPa[a])									
			100	150	200	250	300	350	400	450	500	550	100	150	200	250	300	350	400	450	500	550
Standardgüten																						
X10CrNi18-8	1.4310	+AT	210	200	190	185	180	180	—	—	—	—	230	215	205	200	195	195	—	—	—	—
X2CrNi18-9	1.4307	+AT	145	130	118	108	100	94	89	85	81	80	180	160	145	135	127	121	116	112	109	108
X2CrNi19-11	1.4306	+AT	145	130	118	108	100	94	89	85	81	80	180	160	145	135	127	121	116	112	109	108
X2CrNiN18-10	1.4311	+AT	205	175	157	145	136	130	125	121	119	118	240	210	187	175	167	160	156	152	149	147
X5CrNi18-10	1.4301	+AT	155	140	127	118	110	104	98	95	92	90	190	170	155	145	135	129	125	122	120	120
X6CrNiTi18-10	1.4541	+AT	175	165	155	145	136	130	125	121	119	118	205	195	185	175	167	161	156	152	149	147
X4CrNi18-12	1.4303	+AT	155	140	127	118	110	104	98	95	92	90	190	170	155	145	135	129	125	122	120	120
X2CrNiMo17-12-2	1.4404	+AT	165	150	137	127	119	113	108	103	100	98	200	180	165	153	145	139	135	130	128	127
X2CrNiMoN17-11-2	1.4406	+AT	215	195	175	165	155	150	145	140	138	136	245	225	205	195	185	180	175	170	168	166
X5CrNiMo17-12-2	1.4401	+AT	175	158	145	135	127	120	115	112	110	108	210	190	175	165	155	150	145	141	139	137
X6CrNiMoTi17-12-2	1.4571	+AT	185	175	165	155	145	140	135	131	129	127	215	205	192	183	175	169	164	160	158	157
X2CrNiMo17-12-3	1.4432	+AT	165	150	137	127	119	113	108	103	100	98	200	180	165	153	145	139	135	130	128	127
X2CrNiMoN17-13-3	1.4429	+AT	215	195	175	165	155	150	145	140	138	136	245	225	205	195	185	180	175	170	168	166
X3CrNiMo17-13-3	1.4436	+AT	175	158	145	135	127	120	115	112	110	108	210	190	175	165	155	150	145	141	139	137
X2CrNiMo18-14-3	1.4435	+AT	165	150	137	127	119	113	108	103	100	98	200	180	165	153	145	139	135	130	128	127
X2CrNiMoN17-13-5	1.4439	+AT	225	200	185	175	165	155	150	—	—	—	255	230	210	200	190	180	175	—	—	—
X1NiCrMoCu25-20-5	1.4539	+AT	205	190	175	160	145	135	125	115	110	105	235	220	205	190	175	165	155	145	140	135
Sondergüten																						
X5CrNi17-7	1.4319	+AT	155	140	127	118	110	104	98	95	92	90	190	170	155	145	135	129	125	122	120	120
X9CrNi18-9	1.4325	+AT											—[b]									

46

434

Tabelle 23 *(fortgesetzt)*

Stahlbezeichnung Kurzname	Werkstoffnummer	Wärmebehandlungszustand[a]	Mindestwert der 0,2 %-Dehngrenze (MPa*) bei einer Temperatur (in °C) von										Mindestwert der 1 %-Dehngrenze (MPa*) bei einer Temperatur (in °C) von									
			100	150	200	250	300	350	400	450	500	550	100	150	200	250	300	350	400	450	500	550
Sondergüten *(fortgesetzt)*																						
X5CrNiN19-9	1.4315	+AT	205	175	157	145	136	130	125	121	119	118	240	210	187	175	167	161	150	152	149	147
X6CrNiNb18-10	1.4550	+AT	175	165	155	145	136	130	125	121	119	118	210	195	185	175	167	161	156	152	149	147
X1CrNiMoN25-22-2	1.4466	+AT	195	170	160	150	140	135	–	–	–	–	225	205	190	180	170	165	–	–	–	–
X6CrNiMoNb17-12-2	1.4580	+AT	186	177	167	157	145	140	135	131	129	127	221	206	196	186	175	169	164	160	158	157
X2CrNiMo18-15-4	1.4438	+AT	172	157	147	137	127	120	115	112	110	108	206	186	177	167	157	150	144	140	138	136
X1CrNiMoCuN24-22-8	1.4652	+AT	350	320	315	310	300	295	295	285	280	275	390	370	355	345	335	330	330	320	310	305
X1CrNiSi18-15-4	1.4361	+AT	185	160	145	135	125	120	115	–	–	–	210	190	175	165	155	150	–	–	–	–
X11CrNiMnN19-8-6	1.4369	+AT	225	200	185	175	165	155	–	–	–	–	255	230	210	200	190	180	–	–	–	–
X12CrMnNiN17-7-5	1.4372	+AT	295	260	230	220	205	185	–	–	–	–	325	295	265	250	230	205	–	–	–	–
X8CrMnNiN18-9-5	1.4374	+AT	295	260	230	220	205	185	–	–	–	–	325	295	265	250	230	205	–	–	–	–
X8CrMnCuNB17-8-3	1.4597	+AT	225	205	190	117	165	152	145	140	137	135	260	235	218	204	190	180	175	168	165	165
X1NiCrMoCu31-27-4	1.4563	+AT	190	175	160	155	145	145	135	125	120	115	220	205	190	185	180	175	165	155	150	145
X1CrNiMoCuN25-25-5	1.4537	+AT	240	220	200	190	180	175	170	–	–	–	270	250	230	220	210	205	200	–	–	–
X1CrNiMoCuN20-18-7	1.4547	+AT	230	205	190	180	170	165	160	153	148	–	270	245	225	212	200	195	190	184	180	–
X2CrNiMoCuS17-10-2	1.4598	+AT	165	150	137	127	119	113	108	103	100	98	200	180	165	153	145	139	135	130	128	127
X1CrNiMoCuNW24-22-6	1.4659	+AT	350	330	315	307	300	298	295	288	280	270	390	365	350	342	335	328	325	318	310	300
X1NiCrMoCuN25-20-7	1.4529	+AT	230	210	190	180	170	165	160	–	–	–	270	245	225	215	205	195	190	–	–	–
X2CrNiMnMoN25-18-6-5	1.4565	+AT	350	310	270	255	240	225	210	210	210	200	400	355	310	290	270	255	240	240	240	230

a +AT = lösungsgeglüht.

b Diese Stahlsorte ist für die Verwendung bei Raumtemperatur im kaltverfestigten Zustand vorgesehen. Aus diesem Grunde sind keine Werte bei erhöhten Temperaturen verfügbar. Falls diese Stahlsorte im lösungsgeglühten Zustand verwendet wird, gelten die Werte des Stahls X5CrNi18-10 (1.4301).

*) 1 MPa = 1 N/mm².

Tabelle 24 — Mindestwerte der 0,2 %-Dehngrenze austenitisch-ferritischer Stähle bei erhöhten Temperaturen

Stahlbezeichnung		Wärme-behandlungs-zustand[a]	Mindestwert der 0,2 %-Dehngrenze (MPa[*]) bei einer Temperatur (in °C) von			
Kurzname	Werkstoff-nummer		100	150	200	250
Standardgüten						
X3CrNiMoN27-5-2	1.4460	+AT	360	335	310	295
X2CrNiMoN22-5-3	1.4462	+AT	360	335	315	300
Sondergüten						
X2CrNiN23-4	1.4362	+AT	330	300	280	265
X2CrNiMnN29-7-2	1.4477	+AT ($t \le 10$)	550	500	470	440
		+AT ($10 < t \le 160$)	500	460	430	400
X2CrNiMoCuN25-6-3	1.4507	+AT	450	420	400	380
X2CrNiMoN25-7-4	1.4410	+AT	450	420	400	380
X2CrNiMoCuWN25-7-4	1.4501	+AT	450	420	400	380
X2CrNiMoSi18-5-3	1.4424	+AT ($t \le 50$)	370	350	330	325
		+AT ($50 < t \le 160$)	320	305	290	285

[a] +AT = lösungsgeglüht.

[*] 1 MPa = 1 N/mm².

48

436

Tabelle 25 — Mechanische Eigenschaften für Stäbe bei Raumtemperatur von Stählen im kaltverfestigten Zustand (2H)

Stahlbezeichnung			0,2 %-Dehngrenze	Zugfestigkeit	Bruchdehnung
Kurzname	Werkstoff-nummer	Zugfestigkeitsstufe	$R_{p0,2}$ MPa*) min.	R_m MPa*)	A % min.
Standardgüte (Martensitischer Stahl)					
X14CrMoS17	1.4104	+C550[a]	440	550 bis 750	15
Standardgüten (Austenitische Stähle)					
X10CrNi18-8	1.4310	+C800	500	800 bis 1 000	12
X2CrNi18-9	1.4307	+C700[b]	350	700 bis 850	20
		+C800[a]	500	800 bis 1 000	12
X2CrNi19-11	1.4306	+C700[b]	350	700 bis 850	20
		+C800[a]	500	800 bis 1 000	12
X5CrNi18-10	1.4301	+C700[b]	350	700 bis 850	20
		+C800[a]	500	800 bis 1 000	12
X8CrNiS18-9	1.4305	+C700[b]	350	700 bis 850	20
		+C800[a]	500	800 bis 1 000	12
X6CrNiTi18-10	1.4541	+C700[b]	350	700 bis 850	20
		+C800[a]	500	800 bis 1 000	12
X2CrNiMo17-12-2	1.4404	+C700[b]	350	700 bis 850	20
		+C800[a]	500	800 bis 1 000	12
X5CrNiMo17-12-2	1.4401	+C700[b]	350	700 bis 850	20
		+C800[a]	500	800 bis 1 000	12
X6CrNiMoTi17-12-2	1.4571	+C700[b]	350	700 bis 850	20
		+C800[a]	500	800 bis 1 000	12

[a] Der größte Durchmesser für diese Zugfestigkeitstufe ist bei der Anfrage und Bestellung zu vereinbaren; er sollte nicht größer als 25 mm sein.

[b] Der größte Durchmesser für diese Zugfestigkeitstufe ist bei der Anfrage und Bestellung zu vereinbaren; er sollte nicht größer als 35 mm sein.

*) 1 MPa = 1 N/mm².

49

Tabelle 26 — Durchzuführende Prüfungen, Prüfeinheiten und Prüfumfang bei spezifischer Prüfung

Prüfmaßnahme	a	Prüfeinheit	Erzeugnisform Walzdraht, Stäbe und Profile	Zahl der Proben je Proben-abschnitt
Chemische Analyse	m	Schmelze	Die Schmelzanalyse wird vom Hersteller bekannt gegeben[b]	
Zugversuch bei Raumtemperatur	m	Los[c]	1 Probenabschnitt je 25 t; höchstens 2 je Prüfeinheit	1
Zugversuch bei erhöhter Temperatur	o		Bei der Anfrage und Bestellung zu vereinbaren (siehe Tabellen 20 bis 24)	1
Kerbschlagbiegeversuch bei Raumtemperatur	o		Bei der Anfrage und Bestellung zu vereinbaren (siehe Tabellen 9 bis 12)	3
Beständigkeit gegen interkristalline Korrosion	o		Bei der Anfrage und Bestellung zu vereinbaren, falls die Gefahr interkristalliner Korrosion besteht (siehe Tabellen 8, 11 und 12)	1

[a] Die mit „m" (mandatory) gekennzeichneten Prüfungen sind in jedem Falle, die mit einem „o" (optional) gekennzeichneten Prüfungen nur nach Vereinbarung bei der Bestellung als spezifische Prüfung durchzuführen.

[b] Bei der Bestellung kann eine Stückanalyse vereinbart werden, dabei ist auch der Prüfumfang festzulegen.

[c] Jedes Los besteht aus Erzeugnissen derselben Schmelze. Die Erzeugnisse müssen derselben Wärmebehandlungsabfolge im selben Ofen unterworfen worden sein. Im Falle eines Durchlaufofens oder eines Glühens bei der Weiterverarbeitung ist das Los die ohne Unterbrechung mit denselben Fertigungsparametern hergestellte Menge.
Form und Querschnittsmaße von Erzeugnissen in einem einzelnen Los können unterschiedlich sein, sofern das Verhältnis vom größten zum kleinsten Querschnitt gleich oder kleiner 3 ist.

Tabelle 27 — Kennzeichnung der Erzeugnisse

Kennzeichnung für	Erzeugnisse	
	mit spezifischer Prüfung[a]	ohne spezifische Prüfung[a]
Name des Herstellers, Markenzeichen oder Logo	+	+
Werkstoffnummer oder Kurzname	+	+
Schmelzennummer	+	+
Identifizierungsnummer[b]	+	(+)
Zeichen des Abnahmebeauftragten	(+)	—

[a] Die Symbole bedeuten:
+ = die Kennzeichnung ist anzubringen;
(+) = die Kennzeichnung ist nach entsprechender Vereinbarung anzubringen oder bleibt dem Hersteller überlassen;
— = keine Kennzeichnung erforderlich.

[b] Bei spezifischer Prüfungen müssen die zur Identifizierung verwendeten Zahlen oder Buchstaben die Zuordnung der (des) Erzeugnisse(s) zum Abnahmeprüfzeugnis ermöglichen.

Anhang A
(informativ)

Hinweise für die weitere Behandlung
(einschließlich Wärmebehandlung) bei der Herstellung

A.1 Die in den Tabellen A.1 bis A.5 enthaltenen Hinweise beziehen sich auf die Warmumformung und Wärmebehandlung.

A.2 Durch Brennschneiden können Randzonen nachteilig verändert werden; gegebenenfalls sind diese abzuarbeiten.

A.3 Da die Korrosionsbeständigkeit der nichtrostenden Stähle nur bei metallisch sauberer Oberfläche gesichert ist, sollten Zunderschichten und Anlauffarben, die bei der Warmformgebung, Wärmebehandlung oder Schweißung entstanden sind, so weit wie möglich vor dem Gebrauch entfernt werden. Fertigteile aus Stählen mit etwa 13 % Cr verlangen zur Erzielung ihrer höchsten Korrosionsbeständigkeit zusätzlich den besten Oberflächenzustand (z. B. poliert).

Tabelle A.1 — Hinweise auf die Temperaturen für Warmumformung und Wärmebehandlung[a] ferritischer korrosionsbeständiger Stähle

| Stahlbezeichnung | | Warmumformung | | Kurzzeichen für die Wärmebe-handlung | Glühen | |
Kurzname	Werkstoff-nummer	Temperatur °C	Abküh-lungsart		Temperatur[b] °C	Abküh-lungsart
Standardgüten						
X2CrNi12	1.4003				680 bis 740	
X6Cr13	1.4000				750 bis 800	
X6Cr17	1.4016	1 100 bis 800	Luft	+A	750 bis 850	Luft
X6CrMoS17	1.4105				750 bis 850	
X6CrMo17-1	1.4113				750 bis 850	
Sondergüten						
X2CrTi17	1.4520				750 bis 850	
X3CrNb17	1.4511					
X2CrMoTiS18-2	1.4523	1 100 bis 800	Luft	+A	1 000 bis 1 050	Luft
X6CrMoNb17-1	1.4526				800 bis 860	
X2CrTiNb18	1.4509				750 bis 850	

[a] Für simulierend wärmezubehandelnde Proben sind die Temperaturen für das Glühen zu vereinbaren.

[b] Falls die Wärmebehandlung in einem Durchlaufofen erfolgt, bevorzugt man üblicherweise den oberen Bereich der angegebenen Spanne oder überschreitet diese sogar.

Tabelle A.2 — Hinweise auf die Temperaturen für Warmumformung und Wärmebehandlung[a] martensitischer korrosionsbeständiger Stähle

Kurzname	Werkstoffnummer	Temperatur °C (Warmumformung)	Abkühlungsart (Warmumformung)	Kurzzeichen für die Wärmebehandlung	Temperatur[b] °C (Glühen)	Abkühlungsart (Glühen)	Temperatur[b] °C (Abschrecken)	Abkühlungsart (Abschrecken)	Temperatur °C (Anlassen)
				Standardgüten					
X12Cr13	1.4006	1 100 bis 800	Luft	+A	—	Luft	—	—	—
				+QT650	—	—	950 bis 1 000	Öl, Luft	680 bis 780
X12CrS13	1.4005			+A	745 bis 825	Luft	—	—	—
				+QT650	—	—	950 bis 1 000	Öl, Luft	680 bis 780
X15Cr13	1.4024			+A	750 bis 800	Ofen, Luft	—	—	—
				+QT650	—	—	950 bis 1 030	Öl, Luft	700 bis 750
X20Cr13	1.4021		langsames Abkühlen	+A	745 bis 825	Luft	—	—	—
				+QT700	—	—	950 bis 1 050	Öl, Luft	650 bis 750
				+QT800	—	—	950 bis 1 050	Öl, Luft	600 bis 700
X30Cr13	1.4028			+A	745 bis 825	Luft	—	—	—
				+QT850	—	—	950 bis 1 050	Öl, Luft	625 bis 675
X39Cr13	1.4031			+A	750 bis 850	Ofen, Luft	—	—	—
				+QT800	—	—	950 bis 1 050	Öl, Luft	650 bis 700
X46Cr13	1.4034			+A	750 bis 850	Ofen, Luft	—	—	—
				+QT850	—	—	950 bis 1 050	Öl, Luft	650 bis 700
X38CrMo14	1.4419	1 100 bis 800	langsames Abkühlen	+A	750 bis 830	Ofen, Luft	—	—	—
X50CrMoV15	1.4116			+A	750 bis 850		—	—	—
X55CrMo14	1.4110			+A	750 bis 850		—	—	—
X14CrMoS17	1.4104		Luft	+A	750 bis 850		—	—	—
				+QT650	—	—	950 bis 1 070	Öl, Luft	550 bis 650
X39CrMo17-1	1.4122		langsames Abkühlen	+A	750 bis 850	Ofen, Luft	—	—	—
				+QT750	—	—	980 bis 1 060	Öl	650 bis 750
X17CrNi16-2	1.4057			+A[c]	680 bis 800	Ofen, Luft	—	—	—
				+QT800[d]	—	—	950 bis 1 050	Öl, Luft	750 bis 800 + 650 bis 700[d]
				+QT900	—	—	950 bis 1 050	Öl, Luft	600 bis 650
X3CrNiMo13-4	1.4313	1 150 bis 900	Luft	+A[e]	600 bis 650	Ofen, Luft	—	—	—
				+QT650	—	—	950 bis 1 050	Öl, Luft	650 bis 700 + 600 bis 620
				+QT780	—	—	950 bis 1 050	Öl, Luft	550 bis 600
				+QT900	—	—	950 bis 1 050	Öl, Luft	520 bis 580
X4CrNiMo16-5-1	1.4418			+A[e]	600 bis 650	Ofen, Luft	—	—	—
				+QT760	—	—	950 bis 1 050	Öl, Luft	590 bis 620[f]
				+QT900	—	—	950 bis 1 050	Öl, Luft	550 bis 620

52

Tabelle A.2 *(fortgesetzt)*

Stahlbezeichnung		Warmumformung		Kurz-zeichen für die Wärmebe-handlung	Glühen		Abschrecken		Anlassen
Kurzname	Werkstoff-nummer	Temperatur °C	Abküh-lungsart		Temperatur[b] °C	Abküh-lungsart	Temperatur[b] °C	Abküh-lungsart	Temperatur °C
Sondergüten									
X29CrS13	1.4029	1 100 bis 800	lang-sames Abkühlen	+A	740 bis 820	Luft	—	—	—
				+QT850	—	—	950 bis 1 050	Öl, Luft	625 bis 675
X46CrS13	1.4035			+A	750 bis 850	—	—	—	—
X70CrMo15	1.4109			+A	750 bis 800	—	—	—	—
X40CrMoVN16-2	1.4123	1 200 bis 1 000		+A	800 bis 850	Ofen, Luft	—	—	—
X105CrMo17	1.4125	1 100 bis 900		+A	780 bis 840	Ofen, Luft	—	—	—
X90CrMoV18	1.4112	1 100 bis 800		+A	780 bis 840		—	—	—
X2CrNiMoV13-5-2	1.4415	1 150 bis 900	Luft	+QT750	—	—	950 bis 1 050	Öl, Luft	600 bis 650 + 500 bis 550
				+QT850	—	—			

[a] Die Glüh-, Abschreck- und Anlasstemperatur muss für simulierend wärmezubehandelnde Proben vereinbart werden.

[b] Falls die Wärmebehandlung in einem Durchlaufofen erfolgt, bevorzugt man üblicherweise den oberen Bereich der angegebenen Spanne oder überschreitet diese sogar.

[c] Zweifaches Glühen kann angebracht sein.

[d] Falls der Nickelanteil im unteren Bereich der in Tabelle 3 angegebenen Spanne liegt, kann ein einfaches Anlassen bei 620 °C bis 720 °C ausreichend sein.

[e] Anlassen nach martensitischer Umwandlung.

[f] Entweder 2x4 h oder 1x8 h als Mindestzeit.

Tabelle A.3 — Hinweise auf die Temperaturen für Warmumformung und Wärmebehandlung[a] ausscheidungshärtender korrosionsbeständiger Stähle

Stahlbezeichnung		Warmumformung		Kurzzeichen für die Wärmebehandlung	Lösungsglühen		Ausscheidungshärten
Kurzname	Werkstoffnummer	Temperatur °C	Abkühlungsart		Temperatur[b] °C	Abkühlungsart	Temperatur °C
Standardgüten							
X5CrNiCuNb16-4	1.4542	1 150 bis 900	Ofen, Luft	+AT[c]	1 030 bis 1 050	Öl, Luft	—
				+P800	1 030 bis 1 050		2 h 760 °C/Luft + 4 h 620 °C/Luft
				+P930	1 030 bis 1 050		4 h 620 °C/Luft
				+P960	1 030 bis 1 050		4 h 590 °C/Luft
				+P1070	1 030 bis 1 050		4 h 550 °C/Luft
X7CrNiAl17-7	1.4568		Luft	+AT	1 060 bis 1 080	Wasser, Luft	—
X5CrNiMoCuNb14-5	1.4594		Ofen, Luft	+AT[c]	1 030 bis 1 050	Öl, Luft	—
				+P930	1 030 bis 1 050		4 h 620 °C/Luft
				+P1000	1 030 bis 1 050		4 h 580 °C/Luft
				+P1070	1 030 bis 1 050		4 h 550 °C/Luft
Sondergüten							
X1CrNiMoAlTi12-9-2	1.4530	1 200 bis 800	Luft	+AT	820 bis 860	Öl, Luft	—
				+P1200	820 bis 860	Öl, Luft	4 h 540 bis 560 °C/Luft
X1CrNiMoAlTi12-10-2	1.4596		Luft	+AT	820 bis 860	Öl, Luft	—
				+P1400	820 bis 860	Öl, Luft	4 h ≥ 530 °C/Luft
X5NiCrTiMoVB25-12-2	1.4606	1 100 bis 950	Luft, Öl, Wasser	+AT[c]	970 bis 990	Wasser, Öl	—
				+P880			16 h 720 °C/Luft

[a] Für simulierend wärmezubehandelnde Proben sind die Temperaturen für das Lösungsglühen zu vereinbaren.

[b] Falls die Wärmebehandlung in einem Durchlaufofen erfolgt, bevorzugt man üblicherweise den oberen Bereich der angegebenen Spanne oder überschreitet diese sogar.

[c] Nicht geeinget für unmittelbare Verwendung; unverzügliches Ausscheidungshärten nach dem Lösungsglühen wird zwecks Rissvermeidung empfohlen.

Tabelle A.4 — Hinweise auf die Temperaturen für Warmumformung und Wärmebehandlung[a] austenitischer korrosionsbeständiger Stähle

Stahlbezeichnung		Warmumformung		Kurzzeichen für die Wärmebehandlung	Lösungsglühen	
Kurzname	Werkstoffnummer	Temperatur °C	Abkühlungsart		Temperatur[b, c, d] °C	Abkühlungsart
Standardgüten						
X10CrNi18-8	1.4310	1 200 bis 900	Luft	+AT	1 000 bis 1 100	Wasser, Luft[e]
X2CrNi18-9	1.4307	1 200 bis 900	Luft	+AT	1 000 bis 1 100	Wasser, Luft[e]
X2CrNi19-11	1.4306				1 000 bis 1 100	
X2CrNiN18-10	1.4311	1 200 bis 900	Luft	AT	1 000 bis 1 100	Wasser, Luft[e]
X5CrNi18-10	1.4301				1 000 bis 1 100	
X8CrNiS18-9	1.4305				1 000 bis 1 100	
X6CrNiTi18-10	1.4541				1 020 bis 1 120	
X5CrNi18-12	1.4303				1 000 bis 1 100	
X2CrNiMo17-12-2	1.4404				1 020 bis 1 120	
X2CrNiMoN17-11-2	1.4406				1 020 bis 1 120	
X5CrNiMo17-12-2	1.4401				1 020 bis 1 120	
X6CrNiMoTi17-12-2	1.4571				1 020 bis 1 120	
X2CrNiMo17-12-3	1.4432				1 020 bis 1 120	
X2CrNiMoN17-13-3	1.4429				1 020 bis 1 120	
X3CrNiMo17-13-3	1.4436				1 020 bis 1 120	
X2CrNiMo18-14-3	1.4435				1 020 bis 1 120	
X2CrNiMoN17-13-5	1.4439				1 020 bis 1 120	
X6CrNiCuS18-9-2	1.4570	1 150 bis 900			1 000 bis 1 100	
X3CrNiCu18-9-4	1.4567	1 200 bis 900			1 000 bis 1 100	
X1NiCrMoCu25-20-5	1.4539				1 050 bis 1 150	
Sondergüten						
X5CrNi17-7	1.4319	1 200 bis 900	Luft	+AT	1 000 bis 1 100	Wasser, Luft[e]
X9CrNi18-9	1.4325	1 200 bis 900			1 000 bis 1 100	
X5CrNiN19-9	1.4315	1 150 bis 850			1 000 bis 1 100	
X6CrNiNb18-10	1.4550	1 150 bis 850			1 020 bis 1 150	
X1CrNiMoN25-22-2	1.4466	1 150 bis 850			1 070 bis 1 150	
X6CrNiMoNb17-12-2	1.4580	1 150 bis 850			1 020 bis 1 120	
X2CrNiMo18-15-4	1.4438				1 020 bis 1 120	
X1CrNiMoCuN24-22-8	1.4652	1 200 bis 1 000			1 150 bis 1 200	
X1CrNiSi18-15-4	1.4361	1 150 bis 900			1 100 bis 1 160	
X11CrNiMnN19-8-6	1.4369	1 150 bis 850			1 000 bis 1 100	
X12CrMnNiN17-7-5	1.4372	1 150 bis 850			1 000 bis 1 100	
X8CrMnNiN18-9-5	1.4374	1 150 bis 850			1 000 bis 1 100	
X8CrMnCuNB17-8-3	1.4597	1 200 bis 900			1 000 bis 1 100	
X3CrNiCu19-9-2	1.4560	1 150 bis 900			1 000 bis 1 100	
X3CrNiCuMo17-11-3-2	1.4578				1 000 bis 1 100	
X1NiCrMoCu31-27-4	1.4563	1 150 bis 850			1 050 bis 1 150	
X1CrNiMoCuN25-25-5	1.4537	1 200 bis 950			1 120 bis 1 180	

55

Tabelle A.4 *(fortgesetzt)*

Stahlbezeichnung		Warmumformung		Kurzzeichen für die Wärmebehandlung	Lösungsglühen	
Kurzname	Werkstoff-nummer	Temperatur °C	Abkühlungsart		Temperatur[b, c, d] °C	Abkühlungsart
X1CrNiMoCuN20-18-7	1.4547				1 140 bis 1 200	
X2CrNiMoCuS17-10-2	1.4598	1 200 bis 1 000			1 020 bis 1 120	
X1CrNiMoCuNW24-22-6	1.4659		Luft	+At	1 150 bis 1 200	Wasser, Luft[e]
X1NiCrMoCuN25-20-7	1.4529	1 200 bis 950			1 120 bis 1 180	
X2CrNiMnMoN25-18-6-5	1.4565	1 200 bis 950			1 120 bis 1 170	

[a] Für simulierend wärmezubehandelnde Proben sind die Temperaturen für das Lösungsglühen zu vereinbaren.

[b] Falls die Wärmebehandlung in einem Durchlaufofen erfolgt, bevorzugt man üblicherweise den oberen Bereich der angegebenen Spanne oder überschreitet diese sogar.

[c] Das Lösungsglühen kann entfallen, falls die Bedingungen für das Warmumformen und anschließende Abkühlen so sind, dass die Anforderungen an die mechanischen Eigenschaften des Erzeugnisses und die in EN ISO 3651-2 definierte Beständigkeit gegen interkristalline Korrosion eingehalten werden.

[d] Bei einer Wärmebehandlung im Rahmen der Weiterverarbeitung ist der untere Bereich der für das Lösungsglühen angegebenen Spanne anzustreben, da andernfalls die mechanischen Eigenschaften beeinträchtigt werden könnten. Falls bei der Wärmebehandlung die untere Grenze der Lösungsglühtemperatur nicht unterschritten wurde, reicht bei Wiederholungsglühen bei den Mo-freien Stählen eine Temperatur von 980 °C, bei den Stählen mit bis zu 3 % Mo eine Temperatur von 1 000 °C und bei den Stählen mit mehr als 3 % Mo eine Temperatur von 1 020 °C als untere Grenze aus.

[e] Abkühlung ausreichend schnell, um das Auftreten von interkristalliner Korrosion gemäß EN ISO 3651-2 zu vermeiden.

Tabelle A.5 — Hinweise auf die Temperaturen für Warmumformung und Wärmebehandlung[a]
austenitisch-ferritischer korrosionsbeständiger Stähle

Stahlbezeichnung		Warmumformung		Kurzzeichen für die Wärmebehandlung	Lösungsglühen	
Kurzname	Werkstoffnummer	Temperatur °C	Abkühlungsart		Temperatur[b, c] °C	Abkühlungsart
Standardgüten						
X3CrNiMoN27-5-2	1.4460	1 200 bis 950	Luft	+AT	1 020 bis 1 100	Wasser, Luft[d]
X2CrNiMoN22-5-3	1.4462	1 200 bis 950			1 020 bis 1 100	Wasser, Luft[d]
Sondergüten						
X2CrNiN23-4	1.4362	1 200 bis 1 000	Luft	+AT	950 bis 1 050	Wasser, Luft
X2CrNiMoN29-7-2	1.4477				1 040 bis 1 120	Wasser
X2CrNiMoCuN25-6-3	1.4507				1 040 bis 1 120	Wasser
X2CrNiMoN25-7-4	1.4410				1 040 bis 1 120	Wasser
X2CrNiMoCuWN25-7-4	1.4501				1 040 bis 1 120	Wasser
X2CrNiMoSi18-5-3	1.4424				1 000 bis 1 100	Wasser, Luft[d]

[a] Für simulierend wärmezubehandelnde Proben sind die Temperaturen für das Lösungsglühen zu vereinbaren.

[b] Falls die Wärmebehandlung in einem Durchlaufofen erfolgt, bevorzugt man üblicherweise den oberen Bereich der angegebenen Spanne oder überschreitet diese sogar.

[c] Das Lösungsglühen kann entfallen, falls die Bedingungen für das Warmumformen und anschließende Abkühlen so sind, dass die Anforderungen an die mechanischen Eigenschaften des Erzeugnisses und die in EN ISO 3651-2 definierte Beständigkeit gegen interkristalline Korrosion eingehalten werden.

[d] Abkühlung ausreichend schnell, um das Auftreten von Ausscheidungen zu vermeiden.

57

Anhang B
(informativ)

Verfügbarkeit von korrosionsbeständigem gezogenen Stahldraht im kaltverfestigten Zustand

Die Tabellen B.1 bis B.4 geben einen Überblick über die Verfügbarkeit von gezogenem Draht aus ferritischen, martensitischen, ausscheidungshärtenden, austenitischen und austenitisch-ferritischen Stählen im kaltverfestigten Zustand (siehe Tabelle 18).

Tabelle B.1 — Ferritische Stähle

Stahlbezeichnung		Typische verfügbare Zugfestigkeitsstufen für Durchmesser mm				
Kurzname	Werkstoff-nummer	+C500	+C600	+C700	+C800	+C900
X6Cr17	1.4016	alle Durchmesser	< 20	< 20	< 15	< 10
X6CrMoS17	1.4105	alle Durchmesser	< 20	< 20	< 15	< 10
X6CrMo17-1	1.4113	< 25	< 20	< 20	< 15	< 10
X3CrNb17	1.4511	1 bis 25	< 20	< 20	< 15	< 10

Tabelle B.2 — Martensitische und ausscheidungshärtende Stähle

Stahlbezeichnung		Typische verfügbare Zugfestigkeitsstufen für Durchmesser mm										
Kurzname	Werkstoff-nummer	+C500	+C600	+C700	+C800	+C900	+C1000	+C1100	+C1200	+C1400	+C1600	+C1800
X12Cr13	1.4006	alle Durchmesser	< 20	< 20	< 15	< 10	0,5 bis 2	—	—	—	—	—
X12CrS13	1.4005	alle Durchmesser	< 20	< 20	< 15	< 10	—	—	—	—	—	—
X20Cr13	1.4021	alle Durchmesser	< 20	< 20	< 15	< 10	< 3	—	—	—	—	—
X30Cr13	1.4028	alle Durchmesser	< 20	< 20	< 15	< 10	< 3	—	—	—	—	—
X46Cr13	1.4034	alle Durchmesser	< 20	< 20	< 15	< 10	—	—	—	—	—	—
X14CrMoS17	1.4104	alle Durchmesser	< 20	< 20	< 15	< 10	—	—	—	—	—	—
X7CrNiAl17-7	1.4568	—	—	—	—	—	< 4	< 4	< 4	< 4	< 3	< 2
X5NiCrTiMoVB25-12-2	1.4606	—	< 25	< 20	< 15	< 15	< 15	< 10	< 6	—	—	—

58

Tabelle B.3 — Austenitische Stähle

Kurzname	Werkstoff-nummer	+C500	+C600	+C700	+C800	+C900	+C1000	+C1100	+C1200	+C1400	+C1600	+C1800
		Typische verfügbare Zugfestigkeitsstufen für Durchmesser mm										
X10CrNi18-8	1.4310	—	1 bis 25	< 25	< 20	< 15	< 15	< 15	< 15	< 10	< 5	< 2
X2CrNi18-9	1.4307	—	1 bis 25	< 25	< 20	< 15	< 15	< 15	< 10	< 5	—	—
X2CrNi19-11	1.4306	> 20	1 bis 25	< 25	< 20	< 15	< 15	< 15	< 10	< 5	—	—
X5CrNi18-10	1.4301	—	1 bis 25	< 25	< 20	< 15	< 15	< 15	< 10	< 5	—	—
X8CrNiS18-9	1.4305	—	1 bis 25	< 25	< 20	< 15	< 15	—	< 10	< 5	—	—
X6CrNiTi18-10	1.4541	—	1 bis 25	< 25	< 20	< 15	< 15	< 15	< 10	< 5	—	—
X4CrNi18-12	1.4303	> 20	1 bis 25	< 25	< 20	< 15	< 15	< 15	< 10	< 5	—	—
X2CrNiMo17-12-2	1.4404	—	< 25	< 25	< 20	< 15	< 15	< 15	< 10	< 5	—	—
X5CrNiMo17-12-2	1.4401	> 20	< 25	< 25	< 20	< 15	< 15	< 15	< 10	< 5	—	—
X6CrNiMoTi17-12-2	1.4571	—	< 25	< 25	< 20	< 15	< 15	< 15	< 10	< 5	—	—
X2CrNiMo17-12-3	1.4432	—	< 25	< 25	< 20	< 15	< 15	< 15	< 10	< 5	—	—
X3CrNiMo17-13-3	1.4436	—	< 25	< 25	< 20	< 15	< 15	< 15	< 10	< 5	—	—
X2CrNiMo18-14-3	1.4435	—	< 25	< 25	< 20	< 15	< 15	< 15	< 10	< 5	—	—
X6CrNiCuS18-9-2	1.4570	—	< 25	< 25	< 20	< 15	< 15	< 15	< 10	< 5	—	—
X3CrNiCu18-9-4	1.4567	6 bis 25	1 bis 25	< 20	< 20	< 15	< 15	< 15	< 10	< 6	—	—
X1CrNiMoCu25-20-5	1.4539	—	< 25	< 25	< 20	< 15	< 15	< 15	< 10	< 5	—	—
X1CrNiMoN25-22-2	1.4466	—	< 25	< 25	< 20	< 15	< 15	< 15	< 10	< 5	—	—
X8CrNiMnN18-9-5	1.4374	—	—	0,5 bis 25	< 20	< 15	< 15	< 15	< 15	< 10	< 10	< 4
X8CrMnCuNB17-8-3	1.4597	–	1 bis 25	< 25	< 20	< 15	< 15	< 15	< 10	< 5	—	—
X1NiCrMoCuN25-20-7	1.4529	—	2 bis 22	< 22	< 16	< 10	< 6	< 4	< 3	—	–	—

Tabelle B.4 — Austenitisch-ferritische Stähle

Kurzname	Werkstoff-nummer	+C500	+C600	+C700	+C800	+C900	+C1000	+C1100	+C1200	+C1400
		Typische verfügbare Zugfestigkeitsstufen für Durchmesser mm								
X2CrNiMoN22-5-3	1.4462	—	—	—	< 20	< 20	< 15	< 15	< 15	< 6

59

Anhang C
(informativ)

Anwendbare Maßnormen

EN 10017, *Walzdraht aus Stahl zum Ziehen und/oder Kaltwalzen – Maße und Toleranzen*

EN 10024[1], *I-Profile mit geneigten inneren Flanschflächen – Grenzabmaße und Formtoleranzen*

EN 10034[1], *I- und H-Profile aus Baustahl – Grenzabmaße und Formtoleranzen*

EN 10055[1], *Warmgewalzter gleichschenkliger T-Stahl mit gerundeten Kanten und Übergängen — Maße, Grenzabmaße und Formtoleranzen*

EN 10056-2[1], *Gleichschenklige und ungleichschenklige Winkel aus Stahl — Teil 2: Grenzabmaße und Formtoleranzen*

EN 10058, *Warmgewalzte Flachstäbe aus Stahl für allgemeine Verwendung — Maße, Formtoleranzen und Grenzabmaße*

EN 10059, *Warmgewalzte Vierkantstäbe aus Stahl für allgemeine Verwendung — Maße, Formtoleranzen und Grenzabmaße*

EN 10060, *Warmgewalzte Rundstäbe aus Stahl — Maße, Formtoleranzen und Grenzabmaße*

EN 10061, *Warmgewalzte Sechskantstäbe aus Stahl – Maße, Formtoleranzen und Grenzabmaße*

EN 10218-2, *Stahldraht und Drahterzeugnisse — Allgemeines — Teil 2: Drahtmaße und Toleranzen*

EN 10278, *Maße und Grenzabmaße von Blankstahlerzeugnissen*

EN 10279[1], *Warmgewalzter U-Profilstahl — Grenzabmaße, Formtoleranzen und Grenzabweichungen der Masse*

---

1) Zum Anwendungsbereich der obigen Maßnormen gehören ausdrücklich nicht die nichtrostenden Stähle. Andererseits werden diese Normen in der Praxis auch auf nichtrostende Stähle angewandt. Aus diesem Grunde sind sie hier aufgeführt.

60

Literaturhinweise

[1] EN 10095, *Hitzebeständige Stähle und Nickellegierungen*

[2] EN 10213-4, *Technische Lieferbedingungen für Stahlguss für Druckbehälter — Teil 4: Austenitische und austenitisch-ferritische Stahlsorten*

[3] EN 10222-5, *Schmiedestücke aus Stahl für Druckbehälter — Teil 5: Martensitische, austenitische und austenitisch-ferritische nichtrostende Stähle*

[4] EN 10250-4, *Freiformschmiedestücke aus Stahl für allgemeine Verwendung — Teil 4: Nichtrostende Stähle*

[5] CR 10261, *Eisen und Stahl — Überblick über verfügbare chemische Analyseverfahren*

[6] EN 10263-5, *Walzdraht, Stäbe und Draht aus Kaltstauch- und Kaltfließpressstählen — Teil 5: Technische Lieferbedingungen für nichtrostende Stähle*

[7] EN 10264-4, *Stahldraht und Drahterzeugnisse — Stahldraht für Seile — Teil 4: Draht aus nichtrostendem Stahl*

[8] EN 10270-3, *Stahldraht für Federn — Teil 3: Nichtrostender Federstahldraht*

[9] EN 10272, *Nichtrostende Stäbe für Druckbehälter*

[10] EN 10302, *Warmfeste Stähle, Nickel- und Cobaltlegierungen*

61

DIN EN 10152

ICS 77.140.50

Ersatz für
DIN EN 10152:2003-08;
mit DIN EN 10346:2009-07
Ersatz für
DIN EN 10336:2007-07

Elektrolytisch verzinkte kaltgewalzte Flacherzeugnisse aus Stahl zum Kaltumformen –
Technische Lieferbedingungen;
Deutsche Fassung EN 10152:2009

Electrolytically zinc coated cold rolled steel flat products for cold forming –
Technical delivery conditions,
German version EN 10152:2009

Produits plats en acier, laminés à froid, revêtus de zinc par voie électrolytique pour
formage à froid –
Conditions techniques de livraison;
Version allemande EN 10152:2009

Gesamtumfang 21 Seiten

Normenausschuss Eisen und Stahl (FES) im DIN

Nationales Vorwort

Diese Europäische Norm (EN 10152:2009) wurde vom Technischen Komitee ECISS/TC 27 „Flacherzeugnisse mit Überzügen — Güte-, Maß- und besondere Prüfnormen" (Sekretariat: DIN, Deutschland) des Europäischen Komitees für die Eisen- und Stahlnormung (ECISS) ausgearbeitet.

Das zuständige deutsche Normungsgremium ist der Unterausschuss 01-02 „Oberflächenveredelte Flacherzeugnisse aus Stahl" des Normenausschusses Eisen und Stahl (FES).

Diese Norm enthält die Anforderungen an kontinuierlich elektrolytisch veredelte Flacherzeugnisse aus Stahl zum Kaltumformen in den Dicken 0,35 mm bis 3,0 mm.

Änderungen

Gegenüber DIN EN 10152:2003-08 und DIN EN 10336:2007-07 wurden folgende Änderungen vorgenommen:

a) Hinweis auf Anwendbarkeit von Vormaterial nach E DIN EN 10338 aufgenommen;

b) Festlegung der neuen Stahlsorte DC07 (Werkstoffnummer 1.0898);

c) redaktionelle Überarbeitung.

Frühere Ausgaben

DIN 17163: 1988-03
DIN EN 10152: 1993-12, 2003-08
DIN EN 10336: 2007-07

Nationaler Anhang NA
(informativ)

Literaturhinweise

E DIN EN 10338, *Warmgewalzte und kaltgewalzte unbeschichtete Flacherzeugnisse aus Mehrphasenstählen zum Kaltumformen — Technische Lieferbedingungen*

EUROPÄISCHE NORM
EUROPEAN STANDARD
NORME EUROPÉENNE

EN 10152

März 2009

ICS 77.140.50

Ersatz für EN 10152:2003, EN 10336:2007

Deutsche Fassung

Elektrolytisch verzinkte kaltgewalzte Flacherzeugnisse aus Stahl zum Kaltumformen — Technische Lieferbedingungen

Electrolytically zinc coated cold rolled steel flat products for cold forming — Technical delivery conditions

Produits plats en acier, laminés à froid, revêtus de zinc par voie électrolytique pour formage à froid — Conditions techniques de livraison

Diese Europäische Norm wurde vom CEN am 31. Januar 2009 angenommen.

Die CEN-Mitglieder sind gehalten, die CEN/CENELEC-Geschäftsordnung zu erfüllen, in der die Bedingungen festgelegt sind, unter denen dieser Europäischen Norm ohne jede Änderung der Status einer nationalen Norm zu geben ist. Auf dem letzten Stand befindliche Listen dieser nationalen Normen mit ihren bibliographischen Angaben sind beim Management-Zentrum des CEN oder bei jedem CEN-Mitglied auf Anfrage erhältlich.

Diese Europäische Norm besteht in drei offiziellen Fassungen (Deutsch, Englisch, Französisch). Eine Fassung in einer anderen Sprache, die von einem CEN-Mitglied in eigener Verantwortung durch Übersetzung in seine Landessprache gemacht und dem Management-Zentrum mitgeteilt worden ist, hat den gleichen Status wie die offiziellen Fassungen.

CEN-Mitglieder sind die nationalen Normungsinstitute von Belgien, Bulgarien, Dänemark, Deutschland, Estland, Finnland, Frankreich, Griechenland, Irland, Island, Italien, Lettland, Litauen, Luxemburg, Malta, den Niederlanden, Norwegen, Österreich, Polen, Portugal, Rumänien, Schweden, der Schweiz, der Slowakei, Slowenien, Spanien, der Tschechischen Republik, Ungarn, dem Vereinigten Königreich und Zypern.

EUROPÄISCHES KOMITEE FÜR NORMUNG
EUROPEAN COMMITTEE FOR STANDARDIZATION
COMITÉ EUROPÉEN DE NORMALISATION

Management-Zentrum: Avenue Marnix 17, B-1000 Brüssel

Inhalt

Seite

Vorwort

Dieses Dokument (EN 10152:2009) wurde vom Technischen Komitee ECISS/TC 27 „Flacherzeugnisse aus Stahl mit Überzügen — Güte, Maß- und besondere Prüfnormen" erarbeitet, dessen Sekretariat vom DIN gehalten wird.

Diese Europäische Norm muss den Status einer nationalen Norm erhalten, entweder durch Veröffentlichung eines identischen Textes oder durch Anerkennung bis September 2009, und etwaige entgegenstehende nationale Normen müssen bis September 2009 zurückgezogen werden.

Es wird auf die Möglichkeit hingewiesen, dass einige Texte dieses Dokuments Patentrechte berühren können. CEN [und/oder CENELEC] sind nicht dafür verantwortlich, einige oder alle diesbezüglichen Patentrechte zu identifizieren.

Dieses Dokument ersetzt EN 10152:2003 und — zusammen mit EN 10346:2009 — EN 10336:2007.

Entsprechend der CEN/CENELEC-Geschäftsordnung sind die nationalen Normungsinstitute der folgenden Länder gehalten, diese Europäische Norm zu übernehmen: Belgien, Bulgarien, Dänemark, Deutschland, Estland, Finnland, Frankreich, Griechenland, Irland, Island, Italien, Lettland, Litauen, Luxemburg, Malta, Niederlande, Norwegen, Österreich, Polen, Portugal, Rumänien, Schweden, Schweiz, Slowakei, Slowenien, Spanien, Tschechische Republik, Ungarn, Vereinigtes Königreich und Zypern.

3

1 Anwendungsbereich

Diese Europäische Norm legt die Anforderungen an kontinuierlich elektrolytisch verzinkte, kaltgewalzte Flacherzeugnisse aus weichen Stählen zum Kaltumformen nach Tabelle 1 in gewalzten Breiten ≥ 600 mm und mit einer Dicke von 0,35 mm bis 3 mm fest, die als Band (in Rollen), Blech, längs geteiltes Band oder daraus abgelängte Stäbe geliefert werden.

ANMERKUNG 1 Diese Europäische Norm kann auch auf kontinuierlich elektrolytisch verzinkte, kaltgewalzte Flacherzeugnisse aus:

a) Stählen nach EN 10139 (Kaltband in Walzbreiten < 600 mm),

b) Stählen, die üblicherweise in Ergänzung zu den Anforderungen an die Umformbarkeit durch Mindestwerte für die Streckgrenze oder Zugfestigkeit gekennzeichnet sind, z. B.

   1) Stähle mit hoher Streckgrenze und verbesserter Umformbarkeit nach EN 10268 (kaltgewalzte Flacherzeugnisse),

   2) Mehrphasenstähle (kaltgewalzt oder warmgewalzt) nach prEN 10338,

   3) Stähle für die Anwendung im Bauwesen nach nationalen oder regionalen Normen (siehe z. B. DIN 1623)

angewendet werden.

ANMERKUNG 2 Nach Vereinbarung bei der Anfrage und Bestellung kann diese Europäische Norm auf kontinuierlich elektrolytisch verzinkte, warmgewalzte Flacherzeugnisse aus Stahl (z. B. nach EN 10025-1 und -2, EN 10111, EN 10149-1 bis EN 10149-3 usw.) angewendet werden.

ANMERKUNG 3 Da die Masse der Zinkauflage verhältnismäßig klein ist, sind die Erzeugnisse nicht ohne weitere chemische Behandlung und Beschichtungen für die Verwendung im Außeneinsatz vorzusehen.

2 Normative Verweisungen

Die folgenden zitierten Dokumente sind für die Anwendung dieses Dokuments erforderlich. Bei datierten Verweisungen gilt nur die in Bezug genommene Ausgabe. Bei undatierten Verweisungen gilt die letzte Ausgabe des in Bezug genommenen Dokuments (einschließlich aller Änderungen).

EN 10002-1:2001, *Metallische Werkstoffe — Zugversuch — Teil 1: Prüfverfahren bei Raumtemperatur*

EN 10020:2000, *Begriffsbestimmungen für die Einteilung der Stähle*

EN 10021:2006, *Allgemeine technische Lieferbedingungen für Stahlerzeugnisse*

EN 10027-1, *Bezeichnungssysteme für Stähle — Teil 1: Kurznamen*

EN 10027-2, *Bezeichnungssysteme für Stähle — Teil 2: Nummernsystem*

EN 10051, *Kontinuierlich warmgewalztes Blech und Band ohne Überzug aus unlegierten und legierten Stählen — Grenzabmaße und Formtoleranzen*

EN 10079:2007, *Begriffsbestimmungen für Stahlerzeugnisse*

EN 10131, *Kaltgewalzte Flacherzeugnisse ohne Überzug aus weichen Stählen sowie aus Stählen mit höherer Streckgrenze zum Kaltumformen — Grenzabmaße und Formtoleranzen*

EN 10204:2004, *Metallische Erzeugnisse — Arten von Prüfbescheinigungen*

EN ISO 7438, *Metallische Werkstoffe — Biegeversuch (ISO 7438:2005)*

4

ISO 10113, *Metallic materials — Sheet and strip — Determination of plastic strain ratio*

ISO 10275, *Metallic materials — Sheet and strip — Determination of tensile strain hardening exponent*

3 Begriffe

Für die Anwendung dieses Dokuments gelten die Begriffe nach EN 10020:2000, EN 10021:2006, EN 10079:2007, EN 10204:2004 und der folgende Begriff.

3.1
elektrolytisches Verzinken
ZE

Aufbringen eines Zinküberzuges durch Abscheiden von Zink aus einer wässrigen Lösung eines Zinksalzes unter Einfluss eines elektrischen Feldes auf eine entsprechend vorbereitete Stahloberfläche

ANMERKUNG   Die Flacherzeugnisse können einseitig oder beidseitig mit einem Zinküberzug versehen sein. Im Falle eines beidseitigen Zinküberzugs können unterschiedliche Zinkschichtdicken je Seite hergestellt werden (elektrolytische Differenzverzinkung).

4 Einteilung und Bezeichnung

4.1 Einteilung

Die in dieser Norm festgelegten Stahlsorten sind nach dem Einteilungssystem in EN 10020 in unlegierte Qualitätsstähle (DC01, DC03, DC04, DC05) bzw. legierte Qualitätsstähle (DC06, DC07) und nach ihrer zunehmenden Eignung zum Kaltumformen wie folgt eingeteilt:

— DC01:   Ziehgüte;

— DC03:   Tiefziehgüte;

— DC04, DC05:   Sondertiefziehgüte;

— DC06:   Spezialtiefziehgüte;

— DC07:   Supertiefziehgüte.

4.2 Bezeichnung

4.2.1 Die Kurznamen der Stahlsorten sind nach EN 10027-1, die Werkstoffnummern nach EN 10027-2 gebildet.

4.2.2 Die Erzeugnisse nach diesem Dokument sind in der angegebenen Reihenfolge wie folgt zu bezeichnen:

1) Benennung des Erzeugnisses (z. B. Band, Blech, Stab);

2) Nummer dieser Europäischen Norm (EN 10152);

3) Kurzname oder Werkstoffnummer der Stahlsorte und Symbol für die Art der elektrolytischen Veredelung (siehe Tabelle 1);

4) Kennzahlen für die Nennschichtdicke des Überzugs je Seite (z. B. 50/50 = Nennschichtdicke 5,0 µm je Seite, siehe Tabelle 2 und 6.9.2);

5) Kennbuchstabe A oder B für die Oberflächenart (siehe 6.11.2);

6) Kennbuchstaben für die Oberflächenbehandlung (siehe 6.12 und Tabelle 3).

5

BEISPIEL 1   Bezeichnung von Band aus der Stahlsorte DC03+ZE (1.0347+ZE), elektrolytisch verzinkt mit einer Nenn-schichtdicke des Überzugs von 5,0 µm auf jeder Seite (50/50), Oberflächenart A, Oberflächenbehandlung phosphatiert (P):

Band EN 10152–DC03+ZE50/50–A–P

oder

Band EN 10152–1.0347+ZE50/50–A–P

BEISPIEL   Bezeichnung von Blech aus der Stahlsorte DC05+ZE (1.0312+ZE), elektrolytisch verzinkt mit einer Nenn-schichtdicke des Überzugs von 7,5 µm auf der einen Seite und von 2,5 µm auf der anderen Seite (75/25), Oberflächenart B, Oberflächenbehandlung phosphatiert und geölt (PO):

Blech EN 10152–DC05+ZE75/25–B–PO

oder

Blech EN 10152–1.0312+ZE75/25–B–PO

4.2.3   Der Bezeichnung nach 4.2.2 sind ggf. zusätzliche Hinweise zur eindeutigen Beschreibung der gewünschten Lieferung anzufügen (siehe Abschnitt 5).

5   Bestellangaben

5.1   Verbindliche Angaben

Der Besteller muss bei der Anfrage und Bestellung folgende Angaben machen:

a)   vollständige Bezeichnung (siehe 4.2.2);

b)   Nennmaße (Dicke, Breite und — bei Blech und Stäben — Länge);

c)   Liefermenge;

d)   Grenzmasse und Grenzmaße der Rollen und einzelnen Blechpakete;

e)   Oberflächenart und Oberflächenausführung (siehe 6.11);

f)   Festlegung zur Oberflächenbehandlung (siehe 6.12 und Tabelle 3).

5.2   Optionen

Eine Anzahl von Optionen ist in diesem Dokument festgelegt und nachstehend aufgeführt. Macht der Besteller von diesen Optionen keinen Gebrauch, sind die Erzeugnisse nach den Grundfestlegungen dieses Dokuments zu liefern (siehe 5.1):

1)   Lieferung von warmgewalzten Erzeugnissen (siehe ANMERKUNG 2 zu Abschnitt 1);

2)   Verwendung von Substraten, die nicht in Tabelle 1 festgelegt sind (siehe 6.1);

3)   Stahlherstellungsverfahren und Verfahren zur Herstellung der Erzeugnisse (siehe 6.2);

4)   nicht kalt nachgewalzte Erzeugnisse (siehe 6.5);

5)   Eignung zur Herstellung eines bestimmten Werkstücks (siehe 6.6);

6)   Lieferung verschiedener Stahlsorten als Edelstähle (siehe Tabelle 1, Fußnote f);

7)   Differenzverzinkung (siehe 6.9.4);

6

8) einseitig veredelte Erzeugnisse (siehe 6.9.5);

9) Höchstwert für die Auflagenmasse je Erzeugnisoberfläche (siehe 6.9.6);

10) Ausführung der Oberfläche ohne Überzug bei einseitig veredelten Erzeugnissen und/oder Prüfung beider Oberflächen (siehe 6.11.2.1);

11) Bereich für die Oberflächenrauheit Ra (siehe 6.11.3);

12) Festlegung von Grenzabmaßen, die sich von jenen in EN 10131 bzw. EN 10051 unterscheiden (siehe 6.14.2);

13) Art der Prüfung und der zu liefernden Prüfbescheinigung (siehe 7.1.1 bis 7.1.3);

14) Lieferung einer Werksbescheinigung (siehe 7.1.2);

15) Kennzeichnung durch Stempelung (siehe 8.2);

16) Festlegungen zur Verpackung (siehe Abschnitt 9).

6 Anforderungen

6.1 Allgemeines

Die in 6.2 bis 6.5 sowie in 6.13 beschriebenen Anforderungen gelten für Erzeugnisse aus den Stahlsorten nach Tabelle 1.

Wenn andere Stähle als Grundwerkstoffe für elektrolytische Überzüge aus Zink verwendet werden, ist den Anforderungen die entsprechende Gütenorm für das unverzinkte Stahlerzeugnis zu Grunde zu legen.

6.2 Stahlherstellung und Herstellung der Erzeugnisse

Sofern bei der Anfrage und Bestellung nichts anderes vereinbart wurde, bleiben das Stahlherstellungsverfahren und das Verfahren zur Herstellung der Erzeugnisse der Wahl des Herstellers überlassen. Sie sind dem Besteller auf Verlangen bekannt zu geben.

6.3 Desoxidation

Für das Desoxidationsverfahren gelten die Festlegungen in Tabelle 1.

6.4 Chemische Zusammensetzung

Die chemische Zusammensetzung nach der Schmelzenanalyse muss den Angaben in Tabelle 1 entsprechen.

6.5 Lieferzustand

Die Grundwerkstoffe nach dieser Norm werden üblicherweise im kalt nachgewalzten Zustand geliefert. Nach Vereinbarung bei der Anfrage und Bestellung dürfen auch nicht kalt nachgewalzte Erzeugnisse geliefert werden.

6.6 Wahl der Eigenschaften

Für die Erzeugnisse nach dieser Norm gelten die Anforderungen von Tabelle 1.

7

Nach Vereinbarung bei der Anfrage und Bestellung können die Erzeugnisse mit der besonderen Eignung zur Herstellung eines bestimmten Werkstücks geliefert werden. In diesem Fall kann ein höchstzulässiger Ausschussanteil bei der Anfrage und Bestellung vereinbart werden; es werden dann keine Abnahmeprüfungen auf der Grundlage der mechanischen Eigenschaften durchgeführt.

6.7 Mechanische Eigenschaften

6.7.1 Die mechanischen Eigenschaften nach Tabelle 1 gelten nur für den kalt nachgewalzten Zustand.

ANMERKUNG 1 Die Eigenschaften in Tabelle 1 entsprechen denen für kaltgewalzte Flacherzeugnisse aus Stahl nach EN 10130, mit Ausnahme der Werte für R_e, A_{80} und n_{90} bei den Stahlsorten DC04+ZE, DC05+ZE und DC06+ZE und DC07+ZE, die wegen des Einflusses der elektrolytischen Behandlung auf die Eigenschaften geändert wurden.

Die mechanischen Eigenschaften gelten für die in Tabelle 1 angegebene Zeitdauer nach der Verfügbarkeit der Erzeugnisse. Der Zeitpunkt der Verfügbarkeit ist dem Besteller rechtzeitig im Hinblick auf die Gültigkeitsdauer der mechanischen Eigenschaften mitzuteilen.

ANMERKUNG 2 Ein längeres Lagern von Erzeugnissen aus der Stahlsorte DC01+ZE kann zu einer Änderung der mechanischen Eigenschaften, besonders zu einer Verminderung der Eignung zum Kaltumformen führen.

6.7.2 Die Werte des Zugversuchs gelten für Querproben und beziehen sich auf den Probenquerschnitt ohne Zinküberzug.

6.7.3 Der Anisotropiewert r_{90} und der Verfestigungsexponent n_{90} (siehe Tabelle 1) müssen im Bereich der homogenen plastischen Formänderung innerhalb des Dehnungsbereichs von 10 % bis 20 % bestimmt werden.

ANMERKUNG Die Gleichmaßdehnung des zu prüfenden Werkstoffes darf weniger als 20 % betragen. In diesem Fall ist für den oberen Grenzwert der Gleichmaßdehnung ein Wert ≥ 15 % anwendbar.

8

Tabelle 1 — Chemische Zusammensetzung und mechanische Eigenschaften von elektrolytisch verzinkten Flacherzeugnissen aus weichen Stählen[a]

Bezeichnung					Geltungsdauer der mechanischen Eigenschaften	Oberflächenart	Freiheit von Fließfiguren	R_e	R_m	A_{80}	r_{90}	n_{90}	Chemische Zusammensetzung (Schmelzenanalyse) Massenanteile in %, max.				
Stahlsorte		Symbol für die Art der Oberflächenveredelung	Einteilung nach EN 10020	Desoxidationsart				MPa	MPa	%			C	P	S	Mn	Ti
Kurzname	Werkstoffnummer							[a]		min [b]	min [c, d]	min [c]					
DC01[e]	1.0330	+ZE	unlegierter Qualitätsstahl[f]	nach Wahl des Herstellers	—	A	—	—/280[g,h]	270 bis 410	28	—	—	0,12	0,045	0,045	0,60	—
						B	3 Monate										
DC03	1.0347	+ZE	unlegierter Qualitätsstahl[f]	voll beruhigt	6 Monate	A, B	6 Monate	—/240[g]	270 bis 370	34	1,3	—	0,10	0,035	0,035	0,45	—
DC04	1.0338	+ZE	unlegierter Qualitätsstahl[f]	voll beruhigt	6 Monate	A, B	6 Monate	—/220[g]	270 bis 350	37	1,6	0,170	0,08	0,030	0,030	0,40	—
DC05	1.0312	+ZE	unlegierter Qualitätsstahl[f]	voll beruhigt	6 Monate	A, B	6 Monate	—/200[g]	270 bis 330	39	1,9	0,190	0,06	0,025	0,025	0,35	—
DC06	1.0873	+ZE	legierter Qualitätsstahl	voll beruhigt	6 Monate	A, B	unbegrenzt	—/180[i]	270 bis 350	41	2,1	0,210	0,02	0,020	0,020	0,25	0,3[j]
DC07	1.0898	+ZE	legierter Qualitätsstahl	voll beruhigt	6 Monate	A, B	unbegrenzt	—/160[i]	250 bis 310	43	2,5	0,220	0,01	0,020	0,020	0,20	0,2[i]

[a] Die Werte für die Streckgrenze gelten bei nicht ausgeprägter Streckgrenze für die 0,2-%-Dehngrenze $R_{p0,2}$; sonst für die untere Streckgrenze R_{el}. Bei Dicken ≤ 0,7 mm, jedoch > 0,5 mm, sind um 20 MPa höhere Maximalwerte für die Streckgrenze zulässig. Bei Dicken ≤ 0,5 mm sind um 40 MPa höhere Maximalwerte für die Streckgrenze zulässig.

[b] Bei Dicken ≤ 0,7 mm, jedoch > 0,5 mm, sind um 2 Einheiten niedrigere Mindestwerte für die Bruchdehnung zulässig. Bei Dicken ≤ 0,5 mm sind um 4 Einheiten niedrigere Mindestwerte für die Bruchdehnung zulässig.

[c] Die r_{90}- und n_{90}-Werte, ermittelt nach 7.5.2.3, gelten nur für Erzeugnisdicken ≥ 0,5 mm.

[d] Für Dicken > 2,0 mm vermindert sich der r_{90}-Wert um 0,2.

[e] Es wird empfohlen, Erzeugnisse aus der Stahlsorte DC01-ZE innerhalb von 6 Wochen nach der Verfügbarkeit zu verarbeiten.

[f] Sofern bei der Anfrage und Bestellung nichts anderes vereinbart wurde, können die Stahlsorten DC01-ZE, DC03-ZE, DC04-ZE und DC05-ZE als (z. B. mit Bor oder Titan) legierte Stähle geliefert werden.

[g] Für Berechnungszwecke kann für die Stahlsorten DC01, DC03, DC04 und DC05 ein unterer Grenzwert von 140 MPa angerechnet werden.

[h] Der obere R_e-Grenzwert von 280 MPa bei der Stahlsorte DC01-ZE gilt nur für eine Frist von 8 Tagen nach der Verfügbarkeit des Erzeugnisses.

[i] Für Berechnungszwecke kann für R_e ein unterer Grenzwert von 130 MPa für die Stahlsorte DC06 und von 110 MPa für die Stahlsorte DC07 angenommen werden.

[j] Titan kann durch Niob ersetzt werden. Kohlenstoff und Stickstoff müssen vollständig abgebunden sein.

6.8 Fließfiguren

Alle Erzeugnisse werden im Allgemeinen nach dem Glühen und noch vor der Oberflächenveredelung beim Hersteller leicht kalt nachgewalzt, um die Bildung von Fließfiguren bei der späteren Verarbeitung zu vermeiden.

Da die Neigung zur Bildung von Fließfiguren einige Zeit nach dem Kaltwalzen erneut auftreten kann, liegt es im Interesse des Verbrauchers, die Erzeugnisse möglichst bald zu verarbeiten.

Erzeugnisse aus den Stahlsorten DC06+ZE und DC07+ZE weisen keine Fließfiguren auf; das gilt sowohl für den kalt nachgewalzten als auch für den nicht kalt nachgewalzten Lieferzustand.

Bei kalt nachgewalzten Erzeugnissen muss der Hersteller die Freiheit von Fließfiguren für folgende Fristen sicherstellen:

— 6 Monate nach Verfügbarkeit für Erzeugnisse aus den Stahlsorten DC03+ZE, DC04+ZE und DC05+ZE bei den Oberflächenarten A und B;

— 3 Monate nach Verfügbarkeit für Erzeugnisse der Stahlsorte DC01+ZE bei der Oberflächenart B.

6.9 Überzüge

6.9.1 Die in Tabelle 2 genannten Zinkauflagen gelten für auf beiden Seiten gleichartig verzinkte Erzeugnisse.

6.9.2 In der Bezeichnung wird die Auflage als zehnfacher Wert der Nennschichtdicke in μm angegeben, und zwar für beide Seiten getrennt (siehe 4.2.2 d)).

6.9.3 Die Prüfung des Überzugs erfolgt über die Ermittlung der Zinkauflagenmasse auf jeder Seite (siehe 7.4.4 und 7.5.4). Jedes Einzelergebnis muss die in Tabelle 2 genannten Anforderungen an die Mindestauflagenmasse erfüllen.

6.9.4 Auf Vereinbarung zwischen Hersteller und Besteller sind Differenzverzinkungen als Kombination der in Tabelle 2 genannten Überzüge lieferbar. Sie sind wie folgt zu bezeichnen: ZE75/25 usw.

Der Hersteller muss bei der Lieferung differenzverzinkter Erzeugnisse angeben, welche Oberfläche die größere Überzugsdicke aufweist, d. h. die oben oder die unten liegende Seite bei Blechen, die Außen- oder die Innenseite bei Band in Rollen.

6.9.5 Auf Vereinbarung zwischen Hersteller und Besteller können Erzeugnisse mit Verzinkung auf nur einer Seite geliefert werden. Diese Überzüge sind wie folgt zu bezeichnen: ZE25/00 usw.

Auf der unverzinkten Seite dürfen geringe Verzinkungen der Randzonen auftreten.

6.9.6 Für jede Auflage kann ein Höchstwert der Auflagenmasse je Seite (Einzelflächenprobe) vereinbart werden.

10

461

Tabelle 2 — Elektrolytische Zinküberzüge (siehe auch 6.9.4 und 6.9.5)

Auflagen-kennzahl	Nennzinkauflage auf jeder Seite[a]		Mindestwert der Zinkauflage auf jeder Seite[b]	
	Dicke μm	Masse g/m^2	Dicke μm	Masse g/m^2
ZE25/25	2,5	18	1,7	12
ZE50/50	5,0	36	4,1	29
ZE75/75	7,5	54	6,6	47
ZE100/100	10,0	72	9,1	65

[a] Eine Auflagenmasse von 50 g/m² entspricht einer Schichtdicke von etwa 7,1 μm.

[b] Siehe 7.4.4 und 7.5.4.

6.10 Haftung des Überzugs

Die Haftung des Überzugs ist nach dem in 7.5.3 angegebenen Verfahren zu prüfen. Nach dem Falten darf der Überzug keine Abblätterungen aufweisen, jedoch bleibt ein Bereich von 6 mm an jeder Probenkante außer Betracht, um den Einfluss des Schneidens auszuschalten. Rissbildungen und Aufrauungen sind zulässig.

6.11 Oberflächenbeschaffenheit

6.11.1 Allgemeines

Als Oberflächenbeschaffenheit gilt die Art und die Ausführung der Oberfläche.

Die Oberflächenart und die Oberflächenausführung sind bei der Anfrage und Bestellung anzugeben (siehe 4.2.2).

6.11.2 Oberflächenart

6.11.2.1 Die Erzeugnisse werden mit einer der beiden Oberflächenarten A oder B geliefert.

— Oberflächenart A:

Fehler wie Poren, kleine Riefen, kleine Warzen, leichte Kratzer und eine leichte Verfärbung, die die Eignung zum Umformen und die Haftung von Oberflächenüberzügen nicht beeinträchtigen, sind zulässig.

— Oberflächenart B:

Die bessere Seite muss so weit fehlerfrei sein, dass das einheitliche Aussehen einer Qualitätslackierung nicht beeinträchtigt wird. Bei einseitiger Verzinkung gilt diese Anforderung, soweit nicht anders vereinbart, für die unverzinkte Seite. Die andere Seite muss mindestens den Anforderungen an die Oberflächenart A entsprechen.

Falls nicht anders vereinbart, muss eine Seite des Erzeugnisses geprüft werden und den Anforderungen entsprechen.

Die andere Seite muss so beschaffen sein, dass sich bei der späteren Verarbeitung keine negativen Auswirkungen auf die Qualität der geprüften Seite ergeben.

6.11.2.2 Bei der Lieferung von Band in Rollen besteht eine größere Gefahr des Vorhandenseins von Oberflächenfehlern als bei Blech oder Stäben, da es dem Hersteller nicht möglich ist, alle Fehler in einer Rolle zu beseitigen. Dies ist vom Besteller bei der Beurteilung des Erzeugnisses zu berücksichtigen.

11

6.11.3 Oberflächenausführung

Auf Vereinbarung bei der Anfrage und Bestellung kann für besondere Endverwendungszwecke ein Bereich für die Werte der Oberflächenrauheit (Ra-Werte) festgelegt werden.

6.12 Oberflächenbehandlung (Oberflächenschutz)

Bei der Anfrage und Bestellung ist eine der in Tabelle 3 genannten Arten der Oberflächenbehandlung festzulegen.

Durch die Oberflächenbehandlung kann die Gefahr einer meist durch Feuchtigkeit verursachten Korrosion unter Bildung von Weißrost während des Transports und der Lagerung verringert werden. Dieser Korrosionsschutz ist im Allgemeinen bei der Behandlungsart „phosphatiert, chemisch behandelt und geölt" am größten. Da der Schutz jedoch zeitlich begrenzt ist, sind werkstoffgerechte Lagerungs- und Transportbedingungen zu wählen.

Durch die Oberflächenbehandlung wird ferner die Haftung und Schutzwirkung einer vom Verarbeiter aufgebrachten Beschichtung verbessert, der jedoch sicherstellen muss, dass die Vorbehandlungs- und Beschichtungssysteme miteinander kompatibel sind.

ANMERKUNG 1 Verfärbungen, die bei der chemischen Behandlung auftreten können, beeinträchtigen die Verarbeitbarkeit nicht.

Chemisch behandelte oder passivierte Erzeugnisse werden nicht für nachträgliches Phosphatieren empfohlen.

Ein Phosphatieren kann in Verbindung mit einem geeigneten Schmiermittel die Umformbarkeit verbessern.

Die Anwendung der Oberflächenbehandlung „versiegelt" (S) bietet durch das Auftragen eines transparenten organischen Lackfilms von etwa 1g/m² einen Schutz vor Korrosion und Fingerabdrücken. Sie kann die Gleiteigenschaften beim Umformen verbessern und als Haftgrund für nachfolgendes Lackieren verwendet werden.

Lieferung ohne Oberflächenbehandlung (U) erfolgt nur auf ausdrücklichen Wunsch des Bestellers in dessen eigener Verantwortung.

ANMERKUNG 2 In derartigen Fällen können Korrosionsschäden schon nach kurzer Lagerdauer oder während des Transports auftreten. Unbehandelte Erzeugnisse sind außerdem anfällig für Reiboxidation und Kratzer.

Bei geölten Oberflächen muss sich die Ölschicht mit geeigneten Zink schonenden Reinigungsmitteln entfernen lassen. Es wird vorausgesetzt, dass der Verarbeiter geeignete Anlagen für die Entfettung besitzt.

Tabelle 3 — Oberflächenbehandlung

Kennbuchstaben	Art der Oberflächenbehandlung
P	phosphatiert
PC	phosphatiert und chemisch behandelt
C	chemisch passiviert
PCO	phosphatiert, chemisch behandelt und geölt
CO	chemisch passiviert und geölt
PO	phosphatiert und geölt
O	geölt
S	versiegelt
U	ohne Oberflächenbehandlung

6.13 Verarbeitbarkeit

6.13.1 Schweißen

Die Erzeugnisse sind für das Schweißen geeignet, unter den Bedingungen, die für den Grundwerkstoff festgelegt sind. Besondere Vorsichtsmaßnahmen können jedoch im Hinblick auf den Zinküberzug oder eine etwaige Phosphatierung der Oberfläche notwendig sein.

6.13.2 Beschichtungen

Verzinkter Stahl ist ein geeigneter Untergrund für Beschichtungen, jedoch kann eine andere Vorbehandlung als bei Stahl ohne Überzug erforderlich sein. Vorbehandlungsgrundierungen, chemische Umwandler und besonders entwickelte Grundbeschichtungswerkstoffe für den Direktauftrag auf Zinküberzüge sind geeignete Mittel für die Erstbehandlung von elektrolytisch verzinkten Stahlerzeugnissen.

Je nach der vorgesehenen Art der Oberflächenbehandlung und der Beschichtung sollte vom Besteller geprüft werden, ob die Erzeugnisse chemisch passiviert oder phosphatiert und/oder geölt geliefert werden sollen (siehe auch 6.12).

6.13.3 Formgebung

Elektrolytisch aufgebrachte Zinküberzüge sind üblicherweise auch bei schwierigen Umformungen fest haftend. Bei zu hoher Umformungsbeanspruchung oder beim Prägen kann jedoch Zinkabrieb während der Fertigung auftreten. Es sollte darauf geachtet werden, dass Umformgeschwindigkeit und Ziehspalt genau eingestellt sind.

6.14 Masse, Grenzabmaße und Formtoleranzen

6.14.1 Bei der Berechnung der Erzeugnismasse sind für den Stahl eine Dichte von 7,85 kg/dm^3 und für den Zinküberzug eine Dichte von 7,1 kg/dm^3 einzusetzen.

6.14.2 Für die Grenzabmaße und Formtoleranzen gilt EN 10131.

Werden warmgewalzte Erzeugnisse geliefert, gelten die Grenzabmaße nach EN 10051.

Die Anwendung anderer Maßnormen muss bei der Anfrage und Bestellung besonders vereinbart werden.

7 Prüfung

7.1 Arten der Prüfung und Prüfbescheinigungen

7.1.1 Soweit bei der Anfrage und Bestellung nichts anderes vereinbart wurde (siehe 7.1.2 und 7.1.3), sind die Erzeugnisse mit nicht spezifischer Prüfung ohne Prüfbescheinigung zu liefern.

7.1.2 Spezifische Prüfungen nach den Festlegungen in 7.2 bis 7.6 dürfen bei der Anfrage und Bestellung vereinbart werden.

Spezifische Prüfung der Stückanalyse oder der Oberflächenausführung darf nicht gefordert werden. Nach Vereinbarung bei der Anfrage und Bestellung muss der Hersteller jedoch eine entsprechende Werksbescheinigung liefern.

7.1.3 Die Art der nach EN 10204 zu liefernden Prüfbescheinigung, soweit diese bei nicht spezifischer Prüfung verlangt wurde (Prüfbescheinigung 2.1 oder 2.2) oder bei spezifischer Prüfung zu liefern ist (Prüfbescheinigung 3.1 oder 3.2), muss bei der Anfrage und Bestellung festgelegt werden.

13

Ist die Prüfbescheinigung 3.2 festgelegt, muss der Besteller dem Hersteller den Namen und die Adresse der Organisation oder Person nennen, die die Prüfung ausführen und die Prüfbescheinigung anfertigen wird. Es ist auch zu vereinbaren, welche der Parteien die Prüfbescheinigung ausstellt.

7.2 Prüfeinheiten

Die Prüfeinheit beträgt maximal 20 t oder angefangene 20 t von elektrolytisch verzinkten Flacherzeugnissen derselben Stahlsorte, Nenndicke, Überzugsart und Oberflächenbeschaffenheit. Bei Band gilt auch eine Rolle mit einer Masse von mehr als 20 t als eine Prüfeinheit.

7.3 Durchzuführende Prüfungen

Je Prüfeinheit nach 7.2 ist eine Versuchsreihe zur Ermittlung

— der mechanischen Eigenschaften (siehe 7.5.1),

— der r_{90}- und n_{90}-Werte, falls in Tabelle 1 festgelegt (siehe 7.5.2),

— der Haftung des Überzugs (siehe 7.5.3) und

— der Auflagenmasse (siehe 7.5.4)

durchzuführen.

7.4 Probenahme

7.4.1 Bei Band sind die Proben vom Anfang oder Ende der Rolle zu entnehmen. Bei Blech und Stäben bleibt die Auswahl des Probestücks dem mit der Abnahmeprüfung Beauftragten überlassen.

7.4.2 Die Probe für den Zugversuch (siehe 7.5.1) ist quer zur Walzrichtung in einem Abstand von mindestens 50 mm von den Erzeugniskanten zu entnehmen.

7.4.3 Die Probe für den Faltversuch zur Prüfung der Haftung des Überzugs (siehe 7.5.3) darf in beliebiger Richtung entnommen werden. Der Abstand von den Erzeugniskanten muss mindestens 50 mm betragen. Die Probe muss so bemessen sein, dass die Länge der gefalteten Kante mindestens 100 mm beträgt.

7.4.4 Für die Ermittlung der Auflagenmasse (siehe 7.5.4) ist eine Probe mit einer Größe von mindestens 5 000 mm² in einem Abstand von mindestens 50 mm von den Erzeugniskanten zu entnehmen.

7.4.5 Die Entnahme und etwaige Bearbeitung muss bei allen Proben so erfolgen, dass die Ergebnisse der Prüfungen nicht beeinflusst werden.

7.5 Prüfverfahren

7.5.1 Zugversuch

Der Zugversuch ist nach EN 10002-1 durchzuführen, und zwar mit Proben der Form 2 (Anfangsmesslänge $L_0 = 80$ mm, Breite $b = 20$ mm) nach EN 10002-1:2001, Anhang B (siehe auch 6.7.2).

7.5.2 Anisotropiewert und Verfestigungsexponent

Die r_{90}- und n_{90}-Werte sind nach den Festlegungen in ISO 10113 und ISO 10275 zu ermitteln.

7.5.3 Faltversuch

Der Faltversuch zur Prüfung der Haftung des Überzugs (siehe auch 6.10 und 7.4.3) ist nach EN ISO 7438 durchzuführen.

14

Der Durchmesser D des Dorns oder der Biegewalze beim Faltversuch beträgt 0 mm (flach in sich selbst) für die in Tabelle 1 genannten Stahlsorten und ist für andere Stahlsorten zwischen Hersteller und Besteller zu vereinbaren.

Der Biegewinkel beträgt in allen Fällen 180°.

Beim Zusammendrücken der Probenschenkel ist darauf zu achten, dass der Überzug nicht beschädigt wird.

7.5.4 Auflagenmasse

Die Auflagenmasse wird durch chemisches Ablösen des Überzugs aus der Massedifferenz der Proben vor und nach dem chemischen Entzinken ermittelt.

Für die laufenden Überprüfungen im Herstellerwerk können auch andere Verfahren, z. B. zerstörungsfreie Prüfungen, angewendet werden.

In Schiedsfällen ist das im Anhang A beschriebene Verfahren anzuwenden.

7.6 Wiederholungsprüfungen

Es gelten die Festlegungen in EN 10021. Bei Rollen sind die Wiederholungsproben in einem Abstand von mindestens einer Windung, jedoch von höchstens 20 m vom Bandende, zu entnehmen.

8 Kennzeichnung

8.1 An jeder Rolle oder jedem Paket ist ein Schild anzubringen, das mindestens folgende Angaben enthalten muss:

— Name oder Zeichen des Lieferwerks;

— vollständige Bezeichnung (siehe 4.2.2);

— Nennmaße des Erzeugnisses;

— Identifizierungsnummer;

— Auftragsnummer;

— Masse der Rolle oder des Pakets.

Strichcode-Etikettierung nach EN 606 kann die Kennzeichnung ergänzen, wenn die obigen Mindestanforderungen zur Kennzeichnung auch in Klarschriftzeichen aufgeführt sind.

8.2 Eine Kennzeichnung der Erzeugnisse durch Stempelung kann bei der Anfrage und Bestellung vereinbart werden.

9 Verpackung

Die Anforderungen an die Verpackung der Erzeugnisse sind bei der Anfrage und Bestellung zu vereinbaren.

10 Lagerung und Transport

10.1 Feuchtigkeit, besonders auch Schwitzwasser, zwischen den Tafeln, Windungen einer Rolle oder sonstigen zusammen liegenden Teilen aus elektrolytisch verzinkten Flacherzeugnissen kann zur Bildung von mattgrauen bis weißen Belägen (Weißrost) führen. Die Möglichkeiten zum Schutz der Oberflächen sind in 6.12 angegeben. Bei längerem Kontakt mit der Feuchtigkeit kann jedoch der Korrosionsschutz örtlich vermindert werden. Vorsorglich sollten die Erzeugnisse trocken transportiert und gelagert und vor Feuchtigkeit geschützt werden.

10.2 Während des Transportes können durch Reibung dunkle Punkte auf den verzinkten Oberflächen entstehen, die im Allgemeinen nur das Aussehen beeinträchtigen. Durch Ölen der Erzeugnisse wird eine Verringerung der Reibung bewirkt. Es sollten jedoch folgende Vorsichtsmaßnahmen getroffen werden: feste Verpackung, satte Auflage, keine örtlichen Druckbelastungen.

Anhang A
(normativ)

Referenzverfahren zur Ermittlung der Zinkauflagenmasse

A.1 Kurzbeschreibung

Die Probe muss eine Fläche von mindestens 5 000 mm^2 aufweisen. Bei Verwendung einer Probe mit einer Fläche von 5 000 mm^2 ergibt der durch die Ablösung des Überzugs entstehende Masseverlust in Gramm nach Multiplikation mit 200 die Zink-Gesamtauflagenmasse in Gramm je Quadratmeter auf jeder Erzeugnisoberfläche.

A.2 Reagenzien und Herstellung der Lösung

A.2.1 Reagenzien:

A.2.1.1   Salzsäure (HCl ρ_{20} = 1,19 g/ml);

A.2.1.2   Hexamethylentetraamin (C$_6$H$_{12}$N$_4$).

A.2.2 Herstellung der Lösung:

Die Salzsäure wird mit voll entsalztem oder destilliertem Wasser im Verhältnis von einem Teil HCl auf einen Teil Wasser (50-%-Lösung) verdünnt. Dieser Lösung wird unter Rühren 3,5 g Hexamethylentetraamin je Liter zugegeben.

Die so hergestellte Lösung ist für die Prüfung von Überzügen aus Zink geeignet und ermöglicht zahlreiche aufeinander folgende Ablösungen unter zufrieden stellenden Bedingungen im Hinblick auf die Schnelligkeit und Genauigkeit.

A.3 Prüfeinrichtung

Waage, die die Ermittlung der Probenmasse auf 0,001 g gestattet. Für die Prüfung ist eine Abzugsvorrichtung zu verwenden.

A.4 Durchführung

Jede Probe ist wie folgt zu behandeln:

1) falls erforderlich, Entfettung der Probe mit einem organischen, Zink nicht angreifenden Lösungsmittel mit anschließender Trocknung der Probe;

2) Schutz einer Oberfläche der Probe gegen den Angriff der Lösung durch Aufbringen eines geeigneten Lacküberzugs;

3) Wägung der Probe auf 0,001 g;

4) Eintauchen der Probe in die Salzsäure-Lösung mit Hexamethylentetraamin-Inhibitor bei Umgebungstemperatur (20 °C bis 25 °C); die Probe wird in dieser Lösung belassen, bis kein Wasserstoff mehr entweicht oder nur noch wenige Blasen entstehen;

17

5) nach dem Ende der Reaktion wird die Probe gewaschen, unter fließendem Wasser gebürstet, mit einem Tuch vorgetrocknet, durch Erwärmen auf etwa 100 °C weitergetrocknet und im warmen Luftstrom abgekühlt;

6) erneutes Wägen der Probe auf 0,001 g;

7) Ermittlung des Masseunterschiedes der Probe mit und ohne Überzug; dieser Unterschied, ausgedrückt in Gramm, stellt die Auflagenmasse auf der geprüften Oberfläche dar;

8) die Lackschicht wird von der anderen Oberfläche entfernt (siehe A.4 b)), und das Verfahren wie unter c) bis g) angegeben wiederholt.

Literaturhinweise

[1]   DIN 1623, *Kaltgewalztes Band und Blech — Technische Lieferbedingungen — Allgemeine Baustähle*

[2]   EN 606, *Strichcodierung — Etiketten für Transport und Handhabung von Stahlprodukten*

[3]   EN 10025-1, *Warmgewalzte Erzeugnisse aus Baustählen — Teil 1: Allgemeine technische Lieferbedingungen*

[4]   EN 10025-2, *Warmgewalzte Erzeugnisse aus Baustählen — Teil 2: Technische Lieferbedingungen für unlegierte Baustähle*

[5]   EN 10111, *Kontinuierlich warmgewalztes Band und Blech aus weichen Stählen zum Kaltumformen — Technische Lieferbedingungen*

[6]   EN 10130, *Kaltgewalzte Flacherzeugnisse aus weichen Stählen zum Kaltumformen — Technische Lieferbedingungen*

[7]   EN 10139, *Kaltband ohne Überzug aus weichen Stählen zum Kaltumformen — Technische Lieferbedingungen*

[8]   EN 10149-1, *Warmgewalzte Flacherzeugnisse aus Stählen mit hoher Streckgrenze zum Kaltumformen — Teil 1: Allgemeine Lieferbedingungen*

[9]   EN 10149-2, *Warmgewalzte Flacherzeugnisse aus Stählen mit hoher Streckgrenze zum Kaltumformen — Teil 2: Lieferbedingungen für thermomechanisch gewalzte Stähle*

[10]   EN 10149-3, *Warmgewalzte Flacherzeugnisse aus Stählen mit hoher Streckgrenze zum Kaltumformen — Teil 3: Lieferbedingungen für normalgeglühte oder normalisierend gewalzte Stähle*

[11]   EN 10268, *Kaltgewalzte Flacherzeugnisse aus Stahl mit hoher Streckgrenze zum Kaltumformen — Technische Lieferbedingungen*

[12]   prEN 10338, *Warmgewalzte und kaltgewalzte Flacherzeugnisse ohne Überzug aus Mehrphasenstählen zum Kaltumformen — Technische Lieferbedingungen*

[13]   EN 10346:2009, *Kontinuierlich schmelztauchveredelte Flacherzeugnisse aus Stahl — Technische Lieferbedingungen*

Februar 2012

DIN EN 10152 Berichtigung 1

ICS 77.140.50

Es wird empfohlen, auf der betroffenen Norm
einen Hinweis auf diese Berichtigung zu
machen.

Elektrolytisch verzinkte kaltgewalzte Flacherzeugnisse aus Stahl zum Kaltumformen –
Technische Lieferbedingungen;
Deutsche Fassung EN 10152:2009,
Berichtigung zu DIN EN 10152:2009-07;
Deutsche Fassung EN 10152:2009/AC:2011

Electrolytically zinc coated cold rolled steel flat products for cold forming –
Technical delivery conditions;
German version EN 10152:2009,
Corrigendum to DIN EN 10152:2009-07;
German version EN 10152:2009/AC:2011

Produits plats en acier, laminés à froid, revêtus de zinc par voie électrolytique pour
formage à froid –
Conditions techniques de livraison;
Version allemande EN 10152:2009,
Corrigendum à DIN EN 10152:2009-07;
Version allemande EN 10152:2009/AC:2011

Gesamtumfang 2 Seiten

Normenausschuss Eisen und Stahl (FES) im DIN

DIN EN 10152 Ber. 1:2012-02

In

DIN EN 10152:2009-07

sind aufgrund der europäischen Berichtigung EN 10152:2009/AC:2011 folgende Korrekturen vorzunehmen:

1   Änderung zu 6.9.2

Ersetze

„(siehe 4.2.2 d))"

durch

„(siehe 4.2.2.4))"

2   Änderung zu Anhang A, A.4 8)

Ersetze durch:

„8) die Lackschicht wird von der anderen Oberfläche entfernt (siehe A.4.2)), und das Verfahren wie unter A.4.3) bis A.4.7) angegeben wiederholt."

2

Juni 2005

	DIN EN 10293	

ICS 77.140.80

Ersatzvermerk
siehe unten

Stahlguss für allgemeine Anwendungen;
Deutsche Fassung EN 10293:2005

Steel castings for general engineering uses;
German version EN 10293:2005

Aciers moulés d'usage général;
Version allemande EN 10293:2005

Ersatzvermerk

Mit DIN EN 10213-1:1996-01 und DIN EN 10213-3:1996-01 Ersatz für DIN 17182:1992-05;
Ersatz für DIN 1681:1985-06 und DIN 17205:1992-04

Gesamtumfang 20 Seiten

Normenausschuss Eisen und Stahl (FES) im DIN
Normenausschuss Gießereiwesen (GINA) im DIN

473

Nationales Vorwort

Die Europäische Norm EN 10293 wurde vom Technischen Komitee (TC) 31 „Stahlguss" (Sekretariat: Frankreich) des Europäischen Komitees für Eisen- und Stahlnormung (ECISS) ausgearbeitet.

Das zuständige deutsche Normungsgremium ist der Arbeitsausschuss 11 „Stahlguss" des Normenausschusses Eisen und Stahl (FES).

Änderungen

Gegenüber DIN 1681:1985-06, DIN 17182:1992-05 und DIN 17205:1992-04 wurden folgende Änderungen vorgenommen:

a) DIN 1681:1985-06

    1) Sorten GS200 (1.0449) und GS240 (1.0455) aufgenommen.
    2) Sorte GS – 52 (1.0552) nicht aufgenommen.
    3) Kurznamen geändert.

DIN EN 10293:2005-06		DIN 1681:1985-06	
Kurzname	Werkstoff-nummer	Kurzname	Werkstoff-nummer
GE200	1.0420	GS – 38	1.0420
GE240	1.0446	GS – 45	1.0446
GE300	1.0558	GS – 60	1.0558

    4) Angaben zur chemischen Zusammensetzung, zu den mechanischen Eigenschaften, zur Wärmebehandlung und zum Schweißen geändert.
    5) Redaktionell überarbeitet.

b) DIN 17182:1992-05

    1) Sorten GS – 8 Mn 7 (1.5015), GS – 8 MnMo 7 4 (1.5430) und GS – 13 MnNi 6 4 (1.6221) nicht aufgenommen.
    2) Kurznamen und z. T. Werkstoffnummern geändert.

DIN EN 10293:2005-06		DIN 17182:1992-05	
Kurzname	Werkstoff-nummer	Kurzname	Werkstoff-nummer
G17Mn5	1.1131	GS – 16 Mn 5	1.1131
G20Mn5	1.6220	GS – 20 Mn 5	1.1120

    3) Angaben zur chemischen Zusammensetzung, zu den mechanischen Eigenschaften, zur Wärmebehandlung und zum Schweißen geändert.
    4) Redaktionell überarbeitet.

2

c) DIN 17205:1992-04

1) Sorten GS – 35 CrMoV 10 4 (1.7755), GS – 25 CrNiMo 4 (1.6515) und GS – 33 NiCrMo 7 4 4 (1.6740) nicht aufgenommen.
2) 16 Sorten zusätzlich aufgenommen.
3) Kurznamen und Werkstoffnummern teilweise geändert.

DIN EN 10293:2005-06		DIN 17205:1992-04	
Kurzname	Werkstoff-nummer	Kurzname	Werkstoff-nummer
G28Mn6	1.1165	GS – 30 Mn 5	1.1165
G26CrMo4	1.7221	GS – 25 CrMo 4	1.7218
G34CrMo4	1.7230	GS – 34 CrMo 4	1.7220
G42CrMo4	1.7231	GS – 42 CrMo 4	1.7225
G30CrMoV6-4	1.7725	GS – 30 CrMoV 6 4	1.6582
G35CrNiMo6-6	1.6579	GS – 34 CrNiMo 6	1.6582
G32NiCrMo8-5-4	1.6570	GS – 30 NiCrMo 8 5	1.6570

4) Angaben zur chemischen Zusammensetzung, zu den mechanischen Eigenschaften, zur Wärme-behandlung und zum Schweißen geändert.
5) Redaktionell überarbeitet.

Frühere Ausgaben

DIN 1681:1925-04, 1929-07, 1942xx-03, 1967-06, 1985-06
DIN 17182:1985-06, 1992-05
DIN 17205:1992-04

3

EUROPÄISCHE NORM
EUROPEAN STANDARD
NORME EUROPÉENNE

EN 10293

April 2005

ICS 77.140.80

Deutsche Fassung

Stahlguss für allgemeine Anwendungen

Steel castings for general engineering uses

Aciers moulés d'usage général

Diese Europäische Norm wurde vom CEN am 14. Februar 2005 angenommen.

Die CEN-Mitglieder sind gehalten, die CEN/CENELEC-Geschäftsordnung zu erfüllen, in der die Bedingungen festgelegt sind, unter denen dieser Europäischen Norm ohne jede Änderung der Status einer nationalen Norm zu geben ist. Auf dem letzten Stand befindliche Listen dieser nationalen Normen mit ihren bibliographischen Angaben sind beim Management-Zentrum oder bei jedem CEN-Mitglied auf Anfrage erhältlich.

Diese Europäische Norm besteht in drei offiziellen Fassungen (Deutsch, Englisch, Französisch). Eine Fassung in einer anderen Sprache, die von einem CEN-Mitglied in eigener Verantwortung durch Übersetzung in seine Landessprache gemacht und dem Management-Zentrum mitgeteilt worden ist, hat den gleichen Status wie die offiziellen Fassungen.

CEN-Mitglieder sind die nationalen Normungsinstitute von Belgien, Dänemark, Deutschland, Estland, Finnland, Frankreich, Griechenland, Irland, Island, Italien, Lettland, Litauen, Luxemburg, Malta, den Niederlanden, Norwegen, Österreich, Polen, Portugal, Schweden, der Schweiz, der Slowakei, Slowenien, Spanien, der Tschechischen Republik, Ungarn, dem Vereinigten Königreich und Zypern.

EUROPÄISCHES KOMITEE FÜR NORMUNG
EUROPEAN COMMITTEE FOR STANDARDIZATION
COMITÉ EUROPÉEN DE NORMALISATION

Management-Zentrum: rue de Stassart, 36   B-1050 Brüssel

Inhalt

Vorwort

Dieses Dokument (EN 10293:2005) wurde vom Technischen Komitee ECISS/TC 31 „Stahlguss" erarbeitet, dessen Sekretariat vom AFNOR gehalten wird.

Diese Europäische Norm muss den Status einer nationalen Norm erhalten, entweder durch Veröffentlichung eines identischen Textes oder durch Anerkennung bis Oktober 2005, und etwaige entgegenstehende nationale Normen müssen bis Oktober 2005 zurückgezogen werden.

Entsprechend der CEN/CENELEC-Geschäftsordnung sind die nationalen Normungsinstitute der folgenden Länder gehalten, diese Europäische Norm zu übernehmen: Belgien, Dänemark, Deutschland, Estland, Finnland, Frankreich, Griechenland, Irland, Island, Italien, Lettland, Litauen, Luxemburg, Malta, Niederlande, Norwegen, Österreich, Polen, Portugal, Schweden, Schweiz, Slowakei, Slowenien, Spanien, Tschechische Republik, Ungarn, Vereinigtes Königreich und Zypern.

Einleitung

Dieses Dokument behält für die Abschnitte den gleichen Aufbau bei wie EN 1559-1:1997 und EN 1559-2:2000. Es sollte in Verbindung mit diesen Normen benutzt werden. Wenn unter einer Abschnittsüberschrift kein Text steht, gilt der entsprechende Abschnitt von EN 1559-1:1997 oder EN 1559-2:2000.

Der Aufbau dieser Norm ist wie folgt:

— Abschnitte und Unterabschnitte mit vorangestelltem ■ weisen darauf hin, dass es gegenüber EN 1559-1[1) oder EN 1559-2[1) keine zusätzlichen Bedingungen gibt.

— Mit einem Punkt ● gekennzeichnete Abschnitte und Unterabschnitte weisen darauf hin, dass die Bedingungen zum Zeitpunkt der Anfrage und Bestellung vereinbart werden müssen.

— Mit zwei Punkten ● ● gekennzeichnete Unterabschnitte weisen darauf hin, dass die Bedingungen zum Zeitpunkt der Anfrage und Bestellung vereinbart werden können (wahlfrei).

— Unterabschnitte ohne Punktkennzeichnung sind verbindlich.

---

1) Wenn in einem Abschnitt oder Unterabschnitt dieses Dokumentes (gegenüber dem gleichen Abschnitt in EN 1559-1:1997 oder EN 1559-2:2000) zusätzliche Informationen enthalten sind, wird dieser mit „Zusätzlich zu EN 1559-2:2000..." eingeleitet.

3

1 Anwendungsbereich

Dieses Dokument gilt für Stahlguss

— für allgemeine Anwendungen. Die Verwendung schließt Maschinen (mechanisch, elektrisch, ...), Kraftfahrzeugindustrie, Eisenbahnen, Rüstung, Landmaschinen, Bergbau,... ein.

In Fällen, in denen Gussstücke vom Gießer zusammengeschweißt werden, gilt dieses Dokument.

In Fällen, in denen Gussstücke geschweißt werden

— zusammen mit umformbaren Erzeugnissen (Bleche, Rohre, Schmiedestücke, ...) oder

— von anderen als Gießern

gilt dieses Dokument nicht.

2 Normative Verweisungen

Die folgenden zitierten Dokumente sind für die Anwendung dieses Dokuments unentbehrlich. Bei datierten Verweisungen gilt nur die in Bezug genommene Ausgabe. Bei undatierten Verweisungen gilt die letzte Ausgabe des in Bezug genommenen Dokuments (einschließlich aller Änderungen).

EN 1559-2, *Gießereiwesen — Technische Lieferbedingungen — Teil 2: Zusätzliche Anforderungen an Stahlgussstücke*

3 ■ Begriffe

4 ● Vom Käufer anzugebende Informationen

Bei Sorten mit je nach Wärmebehandlungsbedingungen unterschiedlichen Eigenschaften muss der Käufer das Symbol für die Wärmebehandlung angeben (siehe Abschnitt 5).

5 Bezeichnung

Zusätzlich zu EN 1559-2:2000 gilt:

— Für eine Stahlsorte, die, je nach Wärmebehandlung in verschiedenen Festigkeitsstufen geliefert werden kann, ist in Übereinstimmung mit Tabelle 3 ein Kurzzeichen anzufügen, zum Beispiel: G26CrMo4+QT1.

6 Herstellung

6.1 Herstellungsverfahren

6.1.1 ■ Erschmelzung

6.1.2 Wärmebehandlung

Falls nicht anders vereinbart, muss die Art der Wärmebehandlung Tabelle 3 entsprechen.

4

6.2 Schweißungen

6.2.1 ■ Allgemeines

6.2.2 Produktionsschweißen

Zusätzlich zu EN 1559-2:2000 gilt:

— Informationen über Vorwärm- und Zwischenlagentemperaturen sowie das Wärmebehandeln nach dem Schweißen sind in Anhang A enthalten.

6.3 ■ Weiterverarbeitung

7 Anforderungen

7.1 ■ Allgemeines

7.2 Werkstoff

7.2.1 Chemische Zusammensetzung

Zusätzlich zu EN 1559-2:2000 gilt:

— Die chemische Zusammensetzung nach der Schmelzenanalyse muss den in Tabelle 1 angegebenen Werten entsprechen.

— In Tabelle 1 nicht festgelegte Elemente dürfen ohne Zustimmung des Käufers außer zum Fertigbehandeln der Schmelze nicht absichtlich zugesetzt werden. Falls nicht anders vereinbart, gelten die Höchstwerte in % Massenanteil nach Tabelle 2.

— Grenzabweichungen zwischen der festgelegten Schmelzenanalyse und der an Probestücken ermittelten Stückanalyse sind in EN 1559-2:2000, Tabelle 1, angegeben.

5

Tabelle 1 — Chemische Zusammensetzung (Schmelzenanalyse), Massenanteil in %

Bezeichnung		C		Si		Mn		P	S	Cr		Mo		Ni		V		W
Name	Nummer	min.	max.	min.	max.	min.	max.	max.	max.	min.	max.	min.	max.	min.	max.	min.	max.	max.
GE200	1.0420	–	–	–	–	–	–	0,035	0,030	–	–	–	–	–	–	–	–	–
GS200	1.0449	–	0,18	–	0,60	–	1,20	0,030	0,025	–	–	–	–	–	–	–	–	–
GE240	1.0446	–	–	–	–	–	–	0,035	0,030	–	–	–	–	–	–	–	–	–
GS240	1.0455	–	0,23	–	0,60	–	1,20	0,030	0,025	–	–	–	–	–	–	–	–	–
GE300	1.0558	–	–	–	–	–	–	0,035	0,030	–	–	–	–	–	–	–	–	–
G17Mn5	1.1131	0,15	0,20	–	0,60	1,00	1,60	0,020	0,020 [a]	–	–	–	–	–	–	–	–	–
G20Mn5	1.6220	0,17	0,23	–	0,60	1,00	1,60	0,020	0,020 [a]	–	–	–	–	–	–	–	–	–
G24Mn6	1.1118	0,20	0,25	–	0,60	1,50	1,80	0,020	0,015	–	–	–	–	–	0,80	–	–	–
G28Mn6	1.1165	0,25	0,32	–	0,60	1,20	1,80	0,035	0,030	–	–	–	–	–	–	–	–	–
G20Mo5	1.5419	0,15	0,23	–	0,60	0,50	1,00	0,025	0,020 [a]	–	–	0,40	0,60	–	–	–	–	–
G10MnMoV6-3	1.5410	–	0,12	–	0,60	1,20	1,80	0,025	0,020	–	–	0,20	0,40	–	–	0,05	0,10	–
G15CrMoV6-9	1.7710	0,12	0,18	–	0,60	0,60	1,00	0,025	0,020 [a]	1,30	1,80	0,80	1,00	–	–	0,15	0,25	–
G17CrMo5-5	1.7357	0,15	0,20	–	0,60	0,50	1,00	0,025	0,020 [a]	1,00	1,50	0,45	0,65	–	–	–	–	–
G17CrMo9-10	1.7379	0,13	0,20	–	0,60	0,50	0,90	0,025	0,020 [a]	2,00	2,50	0,90	1,20	–	–	–	–	–
G26CrMo4	1.7221	0,22	0,29	–	0,60	0,50	0,80	0,025	0,020 [a]	0,80	1,20	0,15	0,30	–	–	–	–	–
G34CrMo4	1.7230	0,30	0,37	–	0,60	0,50	0,80	0,025	0,020 [a]	0,80	1,20	0,15	0,30	–	–	–	–	–
G42CrMo4	1.7231	0,38	0,45	–	0,60	0,60	1,00	0,025	0,020 [a]	0,80	1,20	0,15	0,30	–	–	–	–	–
G30CrMoV6-4	1.7725	0,27	0,34	–	0,60	0,60	1,00	0,025	0,020 [a]	1,30	1,70	0,30	0,50	–	–	0,05	0,15	–
G35CrNiMo6-6	1.6579	0,32	0,38	–	0,60	0,60	1,00	0,025	0,020 [a]	1,40	1,70	0,15	0,35	1,40	1,70	–	–	–
G9Ni14	1.5638	0,06	0,12	–	0,60	0,50	0,80	0,020	0,015	–	–	–	–	3,00	4,00	–	–	–
GX9Ni5	1.5681	0,06	0,12	–	0,60	0,50	0,80	0,020	0,020	–	–	–	–	4,50	5,50	–	–	–
G20NiMoCr4	1.6750	0,17	0,23	–	0,60	0,80	1,20	0,025	0,015 [a]	0,30	0,50	0,40	0,80	0,80	1,20	–	–	–
G32NiCrMo8-5-4	1.6570	0,28	0,35	–	0,60	0,60	1,00	0,020	0,015	1,00	1,40	0,30	0,50	1,60	2,10	–	–	–
G17NiCrMo13-6	1.6781	0,15	0,19	–	0,50	0,55	0,80	0,015	0,015	1,30	1,80	0,45	0,60	3,00	3,50	–	–	–
G30NiCrMo14	1.6771	0,27	0,33	–	0,60	0,60	1,00	0,030	0,020	0,80	1,20	0,30	0,60	3,00	4,00	–	–	–
GX3CrNi13-4	1.6982	–	0,05	–	1,00	–	1,00	0,035	0,015	12,00	13,50	–	0,70	3,50	5,00	–	–	–
GX4CrNi13-4	1.4317	–	0,06	–	1,00	–	1,00	0,035	0,025	12,00	13,50	–	0,70	3,50	5,00	–	–	–
GX4CrNi16-4	1.4421	–	0,06	–	0,80	–	1,00	0,035	0,020	15,50	17,50	–	0,70	4,00	5,50	–	–	–
GX4CrNiMo16-5-1	1.4405	–	0,06	–	0,80	–	1,00	0,035	0,025	15,00	17,00	0,70	1,50	4,00	6,00	–	–	–
GX23CrMoV12-1	1.4931	0,20	0,26	–	0,40	0,50	0,80	0,030	0,020	11,30	12,20	1,00	1,20	–	1,00	0,25	0,35	0,50

[a] Für Gussstücke mit einer maßgebenden Wanddicke < 28 mm ist ein Massenanteil S ≤ 0,030 % zulässig.

6

Tabelle 2 — Höchstgehalte für nicht festgelegte Elemente (Massenanteil in %)

Stahlsorten	Cr	Mo	Ni	V	Cu	Cr+Mo+Ni+V+Cu
Unlegierte Stähle	0,30	0,12	0,40	0,03	0,30	1,00
Legierte Stähle	0,30	0,15	0,40	0,05[a]	0,30	-

[a] 0,08 % V für Stähle mit ≥ 10 % Cr.

7.2.2 Mechanische Eigenschaften

Zusätzlich zu EN 1559-2:2000 gilt:

7.2.2.1 Die mechanischen Eigenschaften müssen den in Tabelle 3 angegebenen Werten entsprechen.

Diese Werte gelten bis zu den in Tabelle 3 angegebenen maximalen Wanddicken. Sie werden an Probestücken der maßgebenden Wanddicke (siehe 8.4.1 von EN 1559-2:2000) nachgewiesen. In allen Fällen ist die maximale Wanddicke von Probeblöcken auf 150 mm zu begrenzen.

●Falls die vom Käufer definierte maßgebende Dicke oberhalb der in Tabelle 3 angegebenen maximalen Dicke liegt, ist die vorhersehbare Erniedrigung der mechanischen Eigenschaften zu vereinbaren.

7.2.2.2 Die Streckgrenzenwerte bei Raumtemperatur entsprechen der 0,2 %-Dehngrenze ($R_{p0,2}$).

●●**7.2.2.3** In Fällen, in denen 2 Kerbschlagarbeitswerte angegeben sind, muss der Käufer festlegen, welcher Kerbschlagarbeitswert verlangt wird. Wenn die Anfrage und Bestellung keine derartige Festlegung enthält, ist der Kerbschlagbiegeversuch bei Raumtemperatur durchzuführen.

7

Tabelle 3 — Mechanische Eigenschaften

Bezeichnung Name	Nummer	Symbol[c]	Wärmebehandlung[a] Normalglühen oder Austenitisieren °C	Anlassen °C	Dicke t mm	Mechanische Eigenschaften Zugversuch bei Raumtemperatur $R_{p0,2}$ MPa[d] min.	R_m MPa[d]	A % min.	Kerbschlagbiegeversuch[b] KV J min.	Temperatur °C
GE200	1.0420	+ N	900 bis 980 [e]	–	$t \leq 300$	200	380 bis 530	25	27	RT [f]
GS200	1.0449	+ N	900 bis 980 [e]	–	$t \leq 100$	200	380 bis 530	25	35	RT [f]
GE240	1.0446	+ N	900 bis 980 [e]	–	$t \leq 300$	240	450 bis 600	22	27	RT [f]
GS240	1.0455	+ N	880 bis 980 [e]	–	$t \leq 100$	240	450 bis 600	22	31	RT [f]
GE300	1.0558	+ N	880 bis 960 [e]	–	$t \leq 30$	300	600 bis 750	15	27	RT [f]
					$30 < t \leq 100$	300	520 bis 670	18	31	RT [f]
G17Mn5	1.1131	+ QT	920 bis 980 [e][g]	600 bis 700	$t \leq 50$	240	450 bis 600	24	27	–40
G20Mn5	1.6220	+ N	900 bis 980 [e]	–	$t \leq 30$	300	480 bis 620	20	70	RT [f]
									27	–30
		+ QT	900 bis 980 [e][g]	610 bis 660	$t \leq 100$	300	500 bis 650	22	50	RT [f]
									27	–40
G24Mn6	1.1118	+ QT1	880 bis 950 [g]	520 bis 570	$t \leq 50$	550	700 bis 800	12	60	RT [f]
									27	- 20
		+ QT2	880 bis 950 [g]	600 bis 650	$t \leq 100$	500	650 bis 800	15	27	- 30
		+ QT3	880 bis 950 [g]	650 bis 680	$t \leq 150$	400	600 bis 800	18	27	- 30
G28Mn6	1.1165	+ N	880 bis 950 [e]	–	$t \leq 250$	260	520 bis 670	18	27	RT [f]
		+ QT1	880 bis 950 [g]	630 bis 680	$t \leq 100$	450	600 bis 750	14	35	RT [f]
		+ QT2	880 bis 950 [g]	580 bis 630	$t \leq 50$	550	700 bis 850	10	31	RT [f]
G20Mo5	1.5419	+ QT	920 bis 980 [g]	650 bis 730	$t \leq 100$	245	440 bis 590	22	27	RT [f]

8

Tabelle 3 (fortgesetzt)

Bezeichnung		Wärmebehandlung[a]			Dicke	Mechanische Eigenschaften				
						Zugversuch bei Raumtemperatur			Kerbschlagbiegeversuch[b]	
Name	Nummer	Symbol[c]	Normalglühen oder Austenitisieren °C	Anlassen °C	t mm	$R_{p0,2}$ MPa[d] min.	R_m MPa[d]	A % min.	KV J min.	Temperatur °C
G10MnMoV6-3	1.5410	+ QT1	950 bis 980[e]	640 bis 660	$t \le 50$	380	500 bis 650	22	27	-20
					$50 < t \le 100$	360	480 bis 630	22	60	RT[f]
					$100 < t \le 150$	330	480 bis 630	20	60	RT[f]
					$150 < t \le 250$	330	450 bis 600	18	60	RT[f]
		+ QT2	950 bis 980[g]	640 bis 660	$t \le 50$	500	600 bis 750	18	27	-20
					$50 < t \le 100$	400	550 bis 700	18	60	RT[f]
					$100 < t \le 150$	380	500 bis 650	18	60	RT[f]
					$150 < t \le 250$	350	460 bis 610	18	60	RT[f]
		+ QT3	950 bis 980[g]	740 bis 760 / +600 bis 650	$t \le 100$	400	520 bis 650	22	27	-20
G15CrMoV6-9[h]	1.7710	+ QT1	950 bis 980[g]	650 bis 670	$t \le 50$	700	850 bis 1 000	10	27	RT[f]
		+ QT2	950 bis 980[g]	610 bis 640	$t \le 50$	930	980 bis 1 150	6	27	RT[f]
G17CrMo5-5	1.7357	+ QT	920 bis 960[e][g]	680 bis 730	$t \le 100$	315	490 bis 690	20	27	RT[f]
G17CrMo9-10	1.7379	+ QT	930 bis 970[e][g]	680 bis 740	$t \le 150$	400	590 bis 740	18	40	RT[f]
G26CrMo4	1.7221	+ QT 1	880 bis 950[e][g]	600 bis 650	$100 < t \le 250$	450	600 bis 750	16	27	RT[f]
		+ QT 2	880 bis 950[g]	550 bis 600	$t \le 100$	300	550 bis 700	14	18	RT[f]
G34CrMo4	1.7230	+ QT 1	880 bis 950[g]	600 bis 650	$t \le 100$	540	700 bis 850	12	35	RT[f]
					$100 < t \le 150$	480	620 bis 770	10	27	RT[f]
					$150 < t \le 250$	330	620 bis 770	10	16	RT[f]
		+ QT 2	880 bis 950[g]	550 bis 600	$t \le 100$	650	830 bis 980	10	27	RT[f]

Tabelle 3 (fortgesetzt)

Bezeichnung		Wärmebehandlung[a]			Dicke	Mechanische Eigenschaften				
						Zugversuch bei Raumtemperatur			Kerbschlagbiegeversuch[b]	
Name	Nummer	Symbol[c]	Normalglühen oder Austenitisieren °C	Anlassen °C	t mm	$R_{p0,2}$ MPa[d] min.	R_m MPa[d]	A % min.	KV J min.	Temperatur °C
G42CrMo4	1.7231	+ QT1	880 bis 950[g]	600 bis 650	$t \leq 100$	600	800 bis 950	12	31	RT[f]
					$100 < t \leq 150$	550	700 bis 850	10	27	RT[f]
					$150 < t \leq 250$	350	650 bis 800	10	16	RT[f]
		+ QT2	880 bis 950[g]	550 bis 600	$t \leq 100$	700	850 bis 1000	10	27	RT[f]
G30CrMoV6-4	1.7725	+ QT1	880 bis 950[g]	600 bis 650	$t \leq 100$	550	850 bis 1000	14	45	RT[f]
					$100 < t \leq 150$	350	750 bis 900	12	27	RT[f]
					$150 < t \leq 250$		650 bis 800	12	20	RT[f]
		+ QT2	880 bis 950[g]	530 bis 600	$t \leq 100$	750	900 bis 1100	12	31	RT[f]
		+ N	860 bis 920[e]	–	$t \leq 150$	550	800 bis 950	12	31	RT[f]
					$150 < t \leq 250$	500	750 bis 900	12	31	RT[f]
G35CrNiMo6-6	1.6579	+ QT1	860 bis 920[e][g]	600 bis 650	$t \leq 100$	700	850 bis 1000	12	45	RT[f]
					$100 < t \leq 150$	650	800 bis 950	12	35	RT[f]
					$150 < t \leq 250$	650	800 bis 950	12	30	RT[f]
		+ QT2	860 bis 920[g]	510 bis 560	$t \leq 100$	800	900 bis 1050	10	35	RT[f]
G9Ni14	1.5638	+ QT	820 bis 900[g]	590 bis 640	$t \leq 35$	360	500 bis 650	20	27	- 90
GX9Ni5	1.5681	+ QT	800 bis 850[g]	570 bis 620	$t \leq 30$	380	550 bis 700	18	27	- 100
									100	RT[f]
G20NiMoCr4	1.6750	+ QT	880 bis 930[e][g]	650 bis 700	$t \leq 150$	410	570 bis 720	16	27	- 45
G32NiCrMo8-5-4	1.6570	+ QT1	880 bis 920[e][g]	600 bis 650	$t \leq 100$	700	850 bis 1000	16	40	RT[f]
					$100 < t \leq 250$	650	820 bis 970	14	50	RT[f]
		+ QT2	880 bis 920[e][g]	500 bis 550	$t \leq 100$	950	1 050 bis 1 200	10	35	RT[f]
G17NiCrMo13-6	1.6781	+ QT	890 bis 930[e][g]	600 bis 640	$t \leq 200$	600	750 bis 900	15	27	- 80

10

Tabelle 3 (fortgesetzt)

Bezeichnung		Wärmebehandlung[a]			Dicke	Mechanische Eigenschaften				
						Zugversuch bei Raumtemperatur			Kerbschlagbiegeversuch[b]	
Name	Nummer	Symbol[c]	Normalglühen oder Austenitisieren °C	Anlassen °C	t mm	$R_{p0,2}$ MPa[d] min.	R_m MPa[d]	A % min.	KV J min.	Temperatur °C
G30NiCrMo14	1.6771	+ QT1	820 bis 880[e][g]	600 bis 680	$t \le 100$	700	900 bis 1 050	9	30	RT[f]
					$100 < t \le 150$	650	850 bis 1 000	7	30	RT[f]
					$150 < t \le 250$	600	800 bis 950	7	25	RT[f]
		+ QT2	820 bis 880[e][g]	550 bis 600	$t \le 50$	1 000	1 100 bis 1 250	7	20	RT[f]
					$50 < t \le 100$	1 000	1100 bis 1 250	7	15	RT[f]
GX3CrNi13-4	1.6982	+ QT	1 000 bis 1 050[e]	670 bis 690[e] +590 bis 620	$t \le 300$	500	700 bis 900	15	27	-120
GX4CrNi13-4	1.4317	+ QT1	1000 bis 1050[e]	590 bis 620	$t \le 300$	550	760 bis 960	15	50	RT[f]
GX4CrNi16-4	1.4421	+ QT1	1020 bis 1070[e]	580 bis 630	$t \le 300$	540	780 bis 980	15	60	RT[f]
		+ QT2	1020 bis 1070[e]	450 bis 500	$t \le 300$	830	1 000 bis 1200	10	27	RT[f]
GX4CrNiMo16-5-1	1.4405	+ QT	1020 bis 1070[e]	580 bis 630	$t \le 300$	540	760 bis 960	15	60	RT[f]
GX23CrMoV12-1	1.4931	+ QT	1030 bis 1080[e][g]	700 bis 750	$t \le 150$	540	740 bis 880	15	27	RT[f]

[a] Temperatur (nur zur Information).

[b] Wenn zwei Kerbschlagarbeitswerte angegeben sind, siehe 7.2.2.3.

[c] + N bedeutet: Normalglühen, + QT oder + QT1 oder + QT2 bedeutet: Vergüten (Härten in Luft oder Flüssigkeit + Anlassen).

[d] 1 MPa = 1N/mm².

[e] Abkühlung in Luft (nur zur Information).

[f] RT bedeutet Raumtemperatur.

[g] Abkühlung in Flüssigkeit (nur zur Information).

[h] Die Sorte G15CrMoV6-9 kommt für kurzzeitige Verwendungen bei erhöhter Temperatur in Betracht und die folgenden Streckgrenzenwerte können vereinbart werden:

	$R_{p0,2}$ min. MPa			
	350 °C	450 °C	500 °C	550 °C
G15CrMoV6-9 + QT1	610	550	510	420
+ QT2	750	670	610	520

7.2.3 ●● Andere Eigenschaften (magnetische Eigenschaften)

Nach Vereinbarung bei der Anfrage und Bestellung sind die in Tabelle 4 für die magnetische Induktion angegebenen Werte einzuhalten. In diesem Falle ist das für die Ermittlung der magnetischen Induktion zu verwendende Messverfahren zu vereinbaren.

Tabelle 4 — Magnetische Eigenschaften

Bezeichnung		Mindestwert der magnetischen Induktion in Tesla bei einer Feldstärke von		
		2,5 kA/m	5,0 kA/m	10,0 kA/m
Name	Nummer			
GE200	1.0420	1,45	1,60	1,75
GE240	1.0446	1,40	1,55	1,70
GE300	1.0558	1,30	1,50	1,65

7.3 Gussstück

7.3.1 ■ Chemische Zusammensetzung

7.3.2 Mechanische Eigenschaften

Zusätzlich zu EN 1559-2:2000 gilt:

— Die in Tabelle 3 angegebenen Werte der Streckgrenze und Zugfestigkeit gelten bis zu der festgelegten maximalen Wanddicke auch für das Gussstück selbst.

7.3.3 ■ Zerstörungsfreie Prüfung

7.3.4 ■ Gussstückbeschaffenheit

7.3.4.1 ● Allgemeines (Form, Maße und Toleranzen)

7.3.4.2 ■ Putzen

7.3.5 ■ Masse des Gussstücks

7.3.6 ■ Zusätzliche Anforderungen an die Gussstückbeschaffenheit

8 Ermittlung von Prüfmerkmalen und Bescheinigungen über die Werkstoffprüfung

8.1 ■Allgemeines

12

8.2 ■ Prüfung

8.3 ■ Probenahme bei Prüfeinheiten

8.4 ■ Probestücke (Prüfblöcke)

8.5 Prüfverfahren

a)   ■ Zugversuch bei Raumtemperatur;

b)   Zugversuch bei erhöhter Temperatur (nur für Sorte G15CrMoV6-9);

c)   ■ Kerbschlagbiegeversuch;

d)   Ferritgehalt kommt nicht in Betracht;

e)   ■ Härteprüfung;

f)   ■ Gleichmäßigkeit von Prüfeinheiten (Härteprüfung);

g)   ■ Druck- oder Dichtheitsprüfung;

h)   Prüfung auf interkristalline Korrosion kommt nicht in Betracht;

i)   ■ Prüfung magnetischer Eigenschaften (nur für die Sorten GE200, GE240 und GE300);

j)   ■ Andere Prüfungen für andere Eigenschaften sind zu vereinbaren.

8.6 ■ Ungültigkeit von Prüfungen

8.7 ■ Wiederholungsprüfungen

8.8 ■ Aussortieren und Nachbehandlung

9 ■ Kennzeichnung

10 ■ Verpackung und Oberflächenschutz

11 ■ Beanstandungen

13

Anhang A
(informativ)

Anhaltsangaben für das Schweißen

Tabelle A.1 — Anhaltsangaben für das Schweißen

Bezeichnung		Vorwärm-temperatur[a]	Zwischenlagen-temperatur max.	Wärmenach-behandlung
Name	Nummer	°C	°C	°C
GE200	1.0420	20 bis 150	350	nein
GS200	1.0449	20 bis 150	350	nein
GE240	1.0446	20 bis 150	350	nein
GS240	1.0455	20 bis 150	350	nein
GE300	1.0558	150 bis 300	350	≥ 650
G17Mn5	1.1131	20 bis 150	350	nein
G20Mn5	1.6220	20 bis 150	350	nein
G24Mn6	1.1118	20 bis 150	350	[b]
G28Mn6	1.1165	20 bis 150	350	[b]
G20Mo5	1.5419	20 bis 200	350	≥ 650[b]
G10MnMoV6-3	1.5410	20 bis 150	350	nein oder[b]
G15CrMoV6-9	1.7710	200 bis 300	350	[b]
G17CrMo5-5	1.7357	150 bis 250	350	≥ 650[b]
G17CrMo9-10	1.7379	150 bis 250	350	≥ 680[b]
G26CrMo4	1.7221	150 bis 300	350	[b]
G34CrMo4	1.7230	200 bis 350	400	[b]
G42CrMo4	1.7231	200 bis 350	400	[b]
G30CrMoV6-4	1.7725	200 bis 350	400	[b]
G35CrNiMo6-6	1.6579	200 bis 350	400	[b]
G9Ni14	1.5638	20 bis 200	300	≥ 560
GX9Ni5	1.5681	20 bis 200	350	[b]
G18NiMoCr3-6	1.6759	20 bis 200	350	[b]
G20NiMoCr4	1.6750	150 bis 300	350	[b]
G32NiCrMo8-5-4	1.6570	200 bis 350	400	≥ 560
G17NiCrMo13-6	1.6781	20 bis 200	350	≥ 560
G30NiCrMo14	1.6771	300 bis 350	350	[b]
GX3CrNi13-4	1.6982	20 bis 200	[c]	[c]

14

Tabelle A.1 *(fortgesetzt)*

Bezeichnung		Vorwärm-temperatur[a]	Zwischenlagen-temperatur max.	Wärmenach-behandlung
Name	Nummer	°C	°C	°C
GX4CrNi13-4	1.4317	100 bis 200	300	[d]
GX4CrNi16-4	1.4421	kein Vorwärmen	200	[d]
GX4CrNiMo16-5-1	1.4405	kein Vorwärmen	200	[d]
GX23CrMoV12-1	1.4931	20 bis 450	450	≥ 680[e]

[a] Die Vorwärmtemperatur hängt ab von der Geometrie und Dicke des Gussstückes sowie den klimatischen Bedingungen.

[b] Die Temperatur für das Wärmenachbehandeln muss mindestens 20 K, aber nicht mehr als 50 K unter der Anlasstemperatur liegen (z. B. für eine Anlasstemperatur von 650 °C muss die Temperatur für das Wärmenach-behandeln zwischen 600 °C und 630 °C liegen).

[c] Dem Hersteller überlassen, falls nicht anders vereinbart.

[d] Wie übliche Anlasstemperatur.

[e] Nach Abkühlen auf eine Temperatur zwischen 80 °C und 130 °C.

15

Literaturhinweise

[1]   EN 1559-1:1997, Gießereiwesen — Technische Lieferbedingungen — Teil 1: Allgemeines.

16

DIN EN 10293 Berichtigung 1

ICS 77.140.80

> Es wird empfohlen, auf der betroffenen Norm einen Hinweis auf diese Berichtigung zu machen.

Stahlguss für allgemeine Anwendungen;
Deutsche Fassung EN 10293:2005,
Berichtigung zu DIN EN 10293:2005-06;
Deutsche Fassung EN 10293:2005/AC:2008

Steel castings for general engineering uses;
German version EN 10293:2005,
Corrigendum to DIN EN 10293:2005-06;
German version EN 10293:2005/AC:2008

Aciers moulés d'usage général;
Version allemande EN 10293:2005,
Corrigendum à DIN EN 10293:2005-06;
Version allemande EN 10293:2005/AC:2008

Gesamtumfang 2 Seiten

Normenausschuss Eisen und Stahl (FES) im DIN
Normenausschuss Gießereiwesen (GINA) im DIN

In

DIN EN 10293:2005-06

ist aufgrund der europäischen Berichtigung EN 10293:2005/AC:2008 folgende Korrektur vorzunehmen:

In Tabelle A.1, ist die Stahlsorte G18NiMoCr3-6 (1.6759) zu löschen.

April 2012

DIN EN 13835

ICS 77.080.10

Ersatz für
DIN EN 13835:2006-08

**Gießereiwesen –
Austenitische Gusseisen;
Deutsche Fassung EN 13835:2012**

Founding –
Austenitic cast irons;
German version EN 13835:2012

Fonderie –
Fontes austénitiques;
Version allemande EN 13835:2012

Gesamtumfang 38 Seiten

Normenausschuss Gießereiwesen (GINA) im DIN

Nationales Vorwort

Diese Europäische Norm (EN 13835:2012) wurde vom Technischen Komitee CEN/TC 190, Arbeitsgruppe 8 „Austenitisches und verschleißfestes Gusseisen" erarbeitet, dessen Sekretariat von BSI (Vereinigtes Königreich) gehalten wird.

Für die deutsche Mitarbeit ist der Arbeitsausschuss NA 036-00-01 AA „Gusseisenwerkstoffe" des Normenausschusses Gießereiwesen (GINA) verantwortlich.

Änderungen

Gegenüber DIN EN 13835:2006-08 wurden folgende Änderungen vorgenommen:

a)   im Abschnitt 3 weitere Begriffe aufgenommen;

b)   Werkstoff-Nummern nach der neuen Systematik umgestellt (DIN EN 1560);

c)   die maßgebende Wanddicke von Gussstücken eingearbeitet;

d)   nach Art der Probestücke den Normtext differenziert;

e)   in Bild 1 Ansicht für die Typen I, II, III und IV gestrichen;

f)   Bild 3 modifiziert und um angegossene Probestücke erweitert;

g)   Bild 4 „Angegossene Probestücke" eingefügt;

h)   Abschnitt 7.3 „Mikrogefüge" aufgenommen;

i)   folgende Anhänge neu aufgenommen:

   1)   Anhang B „Gegenüberstellung der Werkstoffbezeichnungen von austenitischem Gusseisen nach EN 1560 und ISO/TR 15931";

   2)   Anhang F „Probenlage für Gussproben";

j)   im Anhang E die Tabellenspalten bzw. -zeilen umsortiert;

k)   früherer Anhang F „Querverweis auf weitere Normen" gestrichen;

l)   Literaturhinweise zum Ende der Norm verschoben;

m)   insgesamt den Text auch in vielen, kleinen Einzelheiten überarbeitet.

Frühere Ausgaben

DIN 1694: 1966-10, 1981-09
DIN 1694 Beiblatt 1:1966-10
DIN 1694 Bbl 1: 1981-09
DIN EN 13835: 2003-02, 2006-08

2

EUROPÄISCHE NORM
EUROPEAN STANDARD
NORME EUROPÉENNE

EN 13835

Januar 2012

ICS 77.080.10

Ersatz für EN 13835:2002

Deutsche Fassung

Gießereiwesen - Austenitische Gusseisen

Founding - Austenitic cast irons

Fonderie - Fontes austénitiques

Diese Europäische Norm wurde vom CEN am 26. November 2011 angenommen.

Die CEN-Mitglieder sind gehalten, die CEN/CENELEC-Geschäftsordnung zu erfüllen, in der die Bedingungen festgelegt sind, unter denen dieser Europäischen Norm ohne jede Änderung der Status einer nationalen Norm zu geben ist. Auf dem letzten Stand befindliche Listen dieser nationalen Normen mit ihren bibliographischen Angaben sind beim Management-Zentrum des CEN-CENELEC oder bei jedem CEN-Mitglied auf Anfrage erhältlich.

Diese Europäische Norm besteht in drei offiziellen Fassungen (Deutsch, Englisch, Französisch). Eine Fassung in einer anderen Sprache, die von einem CEN-Mitglied in eigener Verantwortung durch Übersetzung in seine Landessprache gemacht und dem Management-Zentrum mitgeteilt worden ist, hat den gleichen Status wie die offiziellen Fassungen.

CEN-Mitglieder sind die nationalen Normungsinstitute von Belgien, Bulgarien, Dänemark, Deutschland, Estland, Finnland, Frankreich, Griechenland, Irland, Island, Italien, Kroatien, Lettland, Litauen, Luxemburg, Malta, den Niederlanden, Norwegen, Österreich, Polen, Portugal, Rumänien, Schweden, der Schweiz, der Slowakei, Slowenien, Spanien, der Tschechischen Republik, der Türkei, Ungarn, dem Vereinigten Königreich und Zypern.

EUROPÄISCHES KOMITEE FÜR NORMUNG
EUROPEAN COMMITTEE FOR STANDARDIZATION
COMITÉ EUROPÉEN DE NORMALISATION

Management-Zentrum: Avenue Marnix 17, B-1000 Brüssel

Inhalt

Vorwort

Dieses Dokument (EN 13835:2012) wurde vom Technischen Komitee CEN/TC 190 „Gießereiwesen" erarbeitet, dessen Sekretariat vom DIN gehalten wird.

Diese Europäische Norm muss den Status einer nationalen Norm erhalten, entweder durch Veröffentlichung eines identischen Textes oder durch Anerkennung bis Juli 2012, und etwaige entgegenstehende nationale Normen müssen bis Juli 2012 zurückgezogen werden.

Es wird auf die Möglichkeit hingewiesen, dass einige Texte dieses Dokuments Patentrechte berühren können. CEN [und/oder CENELEC] sind nicht dafür verantwortlich, einige oder alle diesbezüglichen Patentrechte zu identifizieren.

Dieses Dokument ersetzt EN 13835:2002.

Dieses Dokument wurde unter einem Mandat erarbeitet, das die Europäische Kommission und die Europäische Freihandelszone dem CEN erteilt haben, und unterstützt grundlegende Anforderungen der EU-Richtlinie(n).

Zum Zusammenhang mit EU-Richtlinie(n) siehe informativen Anhang ZA, der Bestandteil dieses Dokuments ist.

Im Rahmen seines Arbeitsprogramms hat das Technische Komitee CEN/TC 190 die CEN/TC 190/WG 8 „Hochlegiertes Gusseisen" beauftragt, EN 13835:2002 zu überarbeiten.

Anhang H enthält Einzelheiten zu wesentlichen technischen Änderungen zwischen dieser Europäischen Norm und der vorherigen Ausgabe.

Entsprechend der CEN/CENELEC-Geschäftsordnung sind die nationalen Normungsinstitute der folgenden Länder gehalten, diese Europäische Norm zu übernehmen: Belgien, Bulgarien, Dänemark, Deutschland, Estland, Finnland, Frankreich, Griechenland, Irland, Island, Italien, Kroatien, Lettland, Litauen, Luxemburg, Malta, Niederlande, Norwegen, Österreich, Polen, Portugal, Rumänien, Schweden, Schweiz, Slowakei, Slowenien, Spanien, Tschechische Republik, Ungarn, Türkei, Vereinigtes Königreich und Zypern.

3

Einleitung

Diese Europäische Norm klassifiziert einen Bereich von verschiedenen Gusseisen, die hauptsächlich aufgrund ihrer Eigenschaften hinsichtlich Hitze- und Korrosionsbeständigkeit verwendet werden. Diese Eigenschaften ergeben sich aus den Normalsorten nach dieser Europäischen Norm. Die Sondersorten weisen ebenfalls Eigenschaften hinsichtlich Hitze- und Korrosionsbeständigkeit auf; sie werden jedoch überwiegend aufgrund ihrer magnetischen Eigenschaften oder ihrer sehr geringen Ausdehnung verwendet.

Die austenitischen Gusseisen gehören zu einem Bereich hochlegierter Werkstoffe mit austenitischem Grundgefüge, die Nickel, Mangan und teilweise Kupfer und Chrom enthalten. Kohlenstoff ist entweder in Form von Grafitlamellen oder Graphitkugeln enthalten. Die Sorten Gusseisen mit Kugelgraphit weisen bessere mechanische Eigenschaften auf.

Die Eigenschaften der austenitischen Gusseisen hängen für den jeweiligen Anwendungsfall vom geeigneten Gefüge und den mechanischen Eigenschaften ab. Diese Eigenschaften sind von der Steuerung der Metallzusammensetzung der jeweiligen Sorte und dem Fertigungsverfahren abhängig.

Typische Anwendungen für die verschiedenen Sorten sind in Anhang A enthalten.

In dieser Europäischen Norm wird ein neues Bezeichnungssystem mit Nummern, wie in EN 1560 [3] festgelegt, angewendet.

ANMERKUNG   Dieses Bezeichnungssystem mit Nummern basiert auf den Prinzipien und der Struktur, wie sie in EN 10027-2 [4] dargelegt sind und entspricht damit dem Europäischen Nummernsystem für Stahl und andere Werkstoffe.

Einige austenitische Gusseisen mit Kugelgraphit können für Druckgeräte verwendet werden.

Die zulässigen Werkstoffsorten für Druckanwendungen und die Konditionen für ihren Gebrauch sind in speziellen Produkt- oder Anwendungs-Normen angegeben.

Für die Gestaltung von Druckgeräten gelten besondere Konstruktionsrichtlinien.

Anhang ZA enthält Angaben zur Übereinstimmung von zulässigen austenitischen Gusseisen mit der Druckgeräte-Richtlinie 97/23/EG.

4

1   Anwendungsbereich

Diese Europäische Norm legt die Sorten und die entsprechenden Anforderungen für austenitische Gusseisen fest. Diese Anforderungen sind festgelegt in Bezug auf:

— Graphitform und Grundgefüge: Lamellen- oder Kugelgraphit in einem austenitischen Grundgefüge;

— chemische Zusammensetzung: entsprechend den Angaben für die jeweilige Sorte;

— mechanische Eigenschaften: gemessen an mechanisch bearbeiteten Proben, die aus gegossenen Probestücken gewonnen wurden.

Diese Norm behandelt nicht die technischen Lieferbedingungen für Gusseisen, siehe EN 1559-1 [1] und EN 1559-3 [2].

2   Normative Verweisungen

Die folgenden zitierten Dokumente sind für die Anwendung dieses Dokuments erforderlich. Bei datierten Verweisungen gilt nur die in Bezug genommene Ausgabe. Bei undatierten Verweisungen gilt die letzte Ausgabe des in Bezug genommenen Dokuments (einschließlich aller Änderungen).

EN 764-5:2002, *Druckgeräte — Teil 5: Prüfbescheinigungen für metallische Werkstoffe und Übereinstimmung mit der Werkstoffspezifikation*

EN 10204:2004, *Metallische Erzeugnisse — Arten von Prüfbescheinigungen*

EN ISO 148-1:2010, *Metallische Werkstoffe — Kerbschlagbiegeversuch nach Charpy — Teil 1: Prüfverfahren (ISO 148-1:2009)*

EN ISO 945-1, *Mikrostruktur von Gusseisen — Teil 1: Graphitklassifizierung durch visuelle Auswertung (ISO 945-1)*

EN ISO 6506-1, *Metallische Werkstoffe — Härteprüfung nach Brinell — Teil 1: Prüfverfahren (ISO 6506-1)*

EN ISO 6892-1:2009, *Metallische Werkstoffe — Zugversuch — Teil 1: Prüfverfahren bei Raumtemperatur (ISO 6892-1:2009)*

3   Begriffe

Für die Anwendung dieses Dokuments gelten die folgenden Begriffe.

3.1
austenitisches Gusseisen
Gusswerkstoff mit austenitischer Matrix auf der Basis Eisen-Kohlenstoff-Silizium und legiert mit Nickel, Mangan, Kupfer und/oder Chrom zur Stabilisierung des austenitischen Gefüges bei Raumtemperatur; wobei der Graphit in lamellarer oder kugeliger Form vorliegen kann

3.2
Probestück
repräsentative Materialmenge des Gusswerkstoffs, einschließlich getrennt gegossener Probestücke, parallel gegossener Probestücke und angegossener Probestücke

3.3
getrennt gegossenes Probestück
Probestück, das in einer separaten Sandform zur selben Zeit wie die Gussstücke und unter repräsentativen Fertigungsbedingungen gegossen wird

5

3.4
parallel gegossenes Probestück
Probestück, das in einer Form neben dem Gussstück mit einem gemeinsamen Eingusssystem gegossen wird

3.5
angegossenes Probestück
Probestück, das unmittelbar mit dem Gussstück verbunden ist

3.6
maßgebende Wanddicke
kennzeichnende Wanddicke des Gussstücks, festgelegt für die Bestimmung der Größe der Probestücke für die die mechanischen Kennwerte gelten

4 Bezeichnung

Der Werkstoff muss entweder durch das Werkstoffkurzzeichen oder durch die Werkstoffnummer bezeichnet werden, wie in den Tabellen 1 bis 4 angegeben.

ANMERKUNG   Die Gegenüberstellung der Sortenbezeichnungen nach EN 13835 zu den Sorten nach ISO 2892:2007 [5] ist in Anhang B enthalten.

5 Bestellangaben

Folgende Angaben müssen vom Käufer gemacht werden:

a)   Nummer dieser Europäischen Norm;

b)   Bezeichnung des Werkstoffs;

c)   maßgebende Wanddicke;

d)   jegliche speziellen Anforderungen.

Sämtliche Anforderungen müssen zwischen dem Hersteller und dem Käufer bis zum Zeitpunkt der Annahme der Bestellung vereinbart werden (z. B. technische Lieferbedingungen nach EN 1559-1 und EN 1559-3).

6 Herstellung

Sofern vom Käufer nicht anders festgelegt, muss das Verfahren der Herstellung von austenitischen Gusseisen dem Ermessen des Herstellers überlassen bleiben.

Der Hersteller muss sicherstellen, dass die bestellte Werkstoffsorte die in dieser Europäischen Norm festgelegten Anforderungen erfüllt.

Alle Vereinbarungen zwischen Hersteller und Käufer müssen bis zum Zeitpunkt der Annahme der Bestellung vereinbart werden.

ANMERKUNG   Für bestimmte Anwendungsfälle ist eine Wärmebehandlung der austenitischen Gusseisen von Vorteil; dies sollte jedoch nur festgelegt werden, wenn die Betriebsbedingungen dies erforderlich machen. Als Wärmebehandlungsverfahren werden Spannungsarmglühen und Stabilisierungsglühen bei hohen Temperaturen angewendet. Genaue Angaben über diese Wärmebehandlungen sind in Anhang C enthalten.

6

7 Anforderungen

7.1 Chemische Zusammensetzung

Die chemische Zusammensetzung der austenitischen Gusseisensorten muss für die Normalsorten den Angaben in Tabelle 1 und für die Sondersorten den Angaben in Tabelle 2 entsprechen. Die Sorten mit Kugelgraphit werden entweder durch Magnesiumbehandlung oder durch Behandlung mit einem anderen geeigneten Zusatz zur Erzeugung von Kugelgraphit hergestellt. Sofern nicht anders festgelegt, dürfen nach Ermessen des Herstellers weitere Elemente vorhanden sein, sofern sie das Gefüge nicht verändern oder die Eigenschaften nachteilig beeinflussen. Falls das Vorhandensein eines in Tabelle 1 oder 2 festgelegten Elementes außerhalb der angegebenen Grenzwerte verlangt wird oder falls weitere Elemente gefordert werden, müssen deren Gehalte zwischen Hersteller und Käufer vereinbart und in der Bestellung festgelegt werden.

Weitere Einzelheiten zu den Auswirkungen von Legierungselementen, siehe Anhang D.

7.2 Mechanische Eigenschaften

7.2.1 Allgemeines

Die in den Tabellen 3 und 4 angegebenen Eigenschaftswerte gelten für austenitisches Gusseisen, das in Sandformen oder Formen mit vergleichbaren thermischen Verhalten gegossen wurde. Aufgrund von in der Bestellung zu vereinbarenden Änderungen können sie auch für Gussstücke gelten, die durch alternative Verfahren hergestellt wurden.

Anforderungen zur Prüfung der mechanischen Eigenschaften sind in 9.2 und 9.3 angegeben.

ANMERKUNG   Zugversuche erfordern fehlerfreie Proben, um eine rein einachsige Beanspruchung während der Prüfung sicherzustellen.

Zusätzliche Angaben zu mechanischen und physikalischen Eigenschaften sind im Anhang E enthalten.

7.2.2 Aus gegossenen Probestücken durch mechanische Bearbeitung hergestellte Proben

Die mechanischen Eigenschaften der austenitischen Gusseisensorten, die sich aus gegossenen Probestücken mit einer Dicke oder einem Durchmesser ≤ 25 mm ergeben, müssen der

— Tabelle 3, für austenitische Gusseisen mit Kugelgraphit mit festgelegter Mindestkerbschlagenergie bzw.,

— Tabelle 4, für austenitische Graugusseisen und austenitische Gusseisen mit Kugelgraphit ohne festgelegte Mindestkerbschlagenergie entsprechen.

Die in Tabelle 3 angegebenen Werte für die Schlagenergie bei Raumtemperatur, sofern zutreffend, sind nur dann zu bestimmen, wenn dies durch den Käufer zum Zeitpunkt der Annahme der Bestellung festgelegt wurde.

Weitere Anforderungen, z. B. die bei Probestücken mit einer Dicke von mehr als 25 mm einzuhaltenden mechanischen Eigenschaften, müssen zwischen Hersteller und Käufer vereinbart und in der Bestellung festgelegt werden.

7.2.3 Proben, die aus einem Gussstück entnommenen Probestücken durch mechanische Bearbeitung hergestellt wurden

Zwischen Hersteller und Käufer sind, falls zutreffend, zu vereinbaren:

— Stelle(n) an einem Gussstück, an der (denen) das (die) Probestück(e) zu entnehmen ist (sind);

7

— die zu messenden mechanischen Eigenschaften;

— die Mindestwerte oder der zulässige Wertebereich für diese mechanischen Eigenschaften.

ANMERKUNG 1   Die Eigenschaften und die Struktur von Gussstücken sind aufgrund der Komplexität der Gussstücke und ihrer unterschiedlichen Wanddicke nicht einheitlich.

ANMERKUNG 2   Die mechanischen Eigenschaften der Proben, die aus einem Gussstück entnommen wurden, werden nicht nur durch Werkstoffeigenschaften beeinflusst (Gegenstand dieser Norm), sondern auch durch lokale Abweichungen vom einwandfreien Zustand eines Gussstücks (nicht Gegenstand dieser Norm).

7.2.4   Härte

Die Brinellhärte und deren Wertebereich für die in den Tabellen 1 und 2 aufgeführten Sorten ist nur dann zu bestimmen, wenn es zwischen dem Hersteller und dem Käufer zum Zeitpunkt der Annahme der Bestellung vereinbart wurde.

Anhang E enthält Angaben zur Brinellhärte.

8

Tabelle 1 — Chemische Zusammensetzung von austenitischen Gusseisen — Normalsorten

Graphit-form	Werkstoffbezeichnung		Chemische Zusammensetzung in % (Massenanteil)						
	Kurzzeichen	Nummer	C	Si	Mn	Ni	Cr	P	Cu
Lamellar	EN-GJLA-XNiCuCr15-6-2	5.1500	max. 3,0	1,0 bis 2,8	0,5 bis 1,5	13,5 bis 17,5	1,0 bis 3,5	max. 0,25	5,5 bis 7,5
	EN-GJSA-XNiCr20-2	5.3500	max. 3,0	1,5 bis 3,0	0,5 bis 1,5	18,0 bis 22,0	1,0 bis 3,5	max. 0,08	max. 0,50
	EN-GJSA-XNiMn23-4	5.3501	max. 2,6	1,5 bis 2,5	4,0 bis 4,5	22,0 bis 24,0	max. 0,2	max. 0,08	max. 0,50
Kugelig	EN-GJSA-XNiCrNb20-2 [a]	5.3502[a]	max. 3,0	1,5 bis 2,4	0,5 bis 1,5	18,0 bis 22,0	1,0 bis 3,5	max. 0,08	max. 0,50
	EN-GJSA-XNi22	5.3503	max. 3,0	1,0 bis 3,0	1,5 bis 2,5	21,0 bis 24,0	max. 0,5	max. 0,08	max. 0,50
	EN-GJSA-XNi35	5.3504	max. 2,4	1,5 bis 3,0	0,5 bis 1,5	34,0 bis 36,0	max. 0,2	max. 0,08	max. 0,50
	EN-GJSA-XNiSiCr35-5-2	5.3505	max. 2,0	4,0 bis 6,0	0,5 bis 1,5	34,0 bis 36,0	1,5 bis 2,5	max. 0,08	max. 0,50

[a] Gute Schweißeignung dieses Werkstoffs bei: % Nb $\leq$ [0,353 − 0,032 (% Si + 64 × % Mg)]. Der normale Bereich von Nb ist 0,12 % bis 0,20 %.

Tabelle 2 — Chemische Zusammensetzung von austenitischen Gusseisen — Sondersorten

Graphit-form	Werkstoffbezeichnung		Chemische Zusammensetzung in % (Massenanteil)						
	Kurzzeichen	Nummer	C	Si	Mn	Ni	Cr	P	Cu
Lamellar	EN-GJLA-XNiMn13-7	5.1501	max. 3,0	1,5 bis 3,0	6,0 bis 7,0	12,0 bis 14,0	max. 0,2	max. 0,25	max. 0,5
	EN-GJSA- XNiMn13-7	5.3506	max. 3,0	2,0 bis 3,0	6,0 bis 7,0	12,0 bis 14,0	max. 0,2	max. 0,08	max. 0,5
Kugelig	EN-GJSA-XNiCr30-3	5.3507	max. 2,6	1,5 bis 3,0	0,5 bis 1,5	28,0 bis 32,0	2,5 bis 3,5	max. 0,08	max. 0,5
	EN-GJSA-XNiSiCr30-5-5	5.3508	max. 2,6	5,0 bis 6,0	0,5 bis 1,5	28,0 bis 32,0	4,5 bis 5,5	max. 0,08	max. 0,5
	EN-GJSA-XNiCr35-3	5.3509	max. 2,4	1,5 bis 3,0	0,5 bis 1,5	34,0 bis 36,0	2,0 bis 3,0	max. 0,08	max. 0,5

Tabelle 3 — Mechanische Eigenschaften von austenitischen Gusseisen mit Kugelgraphit, gemessen bei (23 ± 5) °C, an Proben, die durch mechanische Bearbeitung aus gegossenen Probestücken entnommen wurden — Sorten mit festgelegter Mindestschlagenergie

Graphitform	Werkstoffbezeichnung		0,2%-Dehngrenze $R_{p0,2}$ MPa min.	Zugfestigkeit R_m MPa min.	Bruchdehnung A % min.	Mittelwert der Schlagenergie aus 3 Versuchen an Charpy-Proben (V-Kerb) J min.
	Kurzzeichen	Nummer				
Kugelig	EN-GJSA-XNiCr20-2	5.3500	210	370	7	13[a]
	EN-GJSA-XNiMn23-4	5.3501	210	440	25	24
	EN-GJSA-XNiCrNb20-2	5.3502	210	370	7	13[a]
	EN-GJSA-XNi22	5.3503	170	370	20	20
	EN-GJSA-XNi35	5.3504	210	370	20	13[a]
	EN-GJSA-XNiSiCr35-5-2	5.3505	200	370	10	7[a]
	EN-GJSA-XNiMn13-7	5.3506	210	390	15	16

[a] Freigestellte Anforderung nach Vereinbarung zwischen Hersteller und Käufer.

Tabelle 4 — Mechanische Eigenschaften von austenitischen Gusseisen, gemessen bei (23 ± 5) °C, an Proben, die durch mechanische Bearbeitung aus gegossenen Probestücken entnommen wurden — Graugussorten und Gusseisensorten mit Kugelgraphit ohne festgelegte Mindestschlagenergie

Graphitform	Werkstoffbezeichnung		0,2%-Dehngrenze $R_{p0,2}$ MPa min.	Zugfestigkeit R_m MPa min.	Bruchdehnung A % min.
	Kurzzeichen	Nummer			
Lamellar	EN-GJLA-XNiMn13-7	5.1501	—	140	—
	EN-GJLA-XNiCuCr15-6-2	5.1500	—	170	—
Kugelig	EN-GJSA-XNiCr30-3	5.3507	210	370	7
	EN-GJSA-XNiSiCr30-5-5	5.3508	240	390	—
	EN-GJSA-XNiCr35-3	5.3509	210	370	7

10

7.3 Mikrogefüge

Das Mikrogefüge ist nur dann festzulegen, wenn es zwischen Hersteller und Käufer zum Zeitpunkt der Annahme der Bestellung vereinbart wurde. Wenn eine Untersuchung des Mikrogefüges vereinbart wurde, müssen die Stelle der Probenahme, die zur Untersuchung des Mikrogefüges anzuwendenden Verfahren und die Abnahmekriterien Gegenstand dieser Vereinbarung sein. Falls die Graphitstruktur vereinbart wird, muss sie nach EN ISO 945-1 festgelegt werden. Die Untersuchung des Mikrogefüges muss in Übereinstimmung mit 9.5 erfolgen.

8 Probenahme

8.1 Allgemeines

Die Probestücke müssen aus dem gleichen Werkstoff bestehen, der für die Herstellung des Gussstücks (der Gussstücke) verwendet wird, für das (die) sie repräsentativ sind.

In Abhängigkeit von der Masse und Wanddicke des Gussstücks können verschiedene Arten von Probestücken (getrennt gegossene Probestücke, parallel gegossene Probestücke, angegossene Probestücke, einem Gussstück entnommene Probestücke) verwendet werden.

Falls der Typ des Probestücks relevant ist, sollte dies zwischen dem Hersteller und dem Käufer vereinbart werden. Falls nicht anders vereinbart, ist die Auswahl dem Ermessen des Herstellers überlassen.

Wenn die Masse des Gussstücks 2 000 kg überschreitet und dessen maßgebende Wanddicke mehr als 100 mm übersteigt, sollten vorzugsweise angegossene Probestücke verwendet werden; die Maße und die Lage des angegossenen Probestücks müssen zwischen Hersteller und Käufer zum Zeitpunkt der Annahme der Bestellung vereinbart werden.

Wenn die kugelgraphiterzeugende Behandlung in der Form erfolgt (Inmold-Verfahren), sollten getrennt gegossene Probestücke vermieden werden.

Sämtliche Probestücke müssen angemessen gekennzeichnet sein, um die vollständige Rückverfolgbarkeit auf die Gussstücke, die sie repräsentieren, sicherzustellen.

Die Probestücke müssen die gleiche Wärmebehandlung durchlaufen haben, wie die Gussstücke die sie repräsentieren.

Die Probestücke für die chemische Analyse sind in einer solchen Weise zu gießen, dass sichergestellt ist, dass die genaue chemische Zusammensetzung bestimmt werden kann.

8.2 Gegossene Probestücke

8.2.1 Größe der Probestücke

Die Größe des Probestücks muss mit der maßgebenden Wanddicke des Gussstücks übereinstimmen, wie in Tabelle 5 dargestellt.

Wenn andere Größen verwendet werden, muss dies zwischen dem Hersteller und dem Käufer vereinbart werden.

11

Tabelle 5 — Typen und Größen der gegossenen Probestücke und Größen von Proben für den Zugversuch im Verhältnis zur maßgebenden Wanddicke des Gussstücks

Maßgebende Wanddicke	Typ des Probestücks				Bevorzugter Durchmesser der Probe[a] für den Zugversuch
	Möglichkeit 1	Möglichkeit 2	Möglichkeit 3	angegossenes Probestück	
t	U-Probestück	Y-Probestück	Rundstab		d
mm	(Siehe Bild 1)	(Siehe Bild 2)	(Siehe Bild 3)	(Siehe Bild 4)	mm
$t \le 12{,}5$	—	I	Typen b, c	A	7 (Möglichkeit 3: 14 mm)
$12{,}5 < t \le 30$	—	II	Typen a, b, c	B	14
$30 < t \le 60$	x [b]	III	—	C	14
$60 < t \le 200$	—	IV	—	D	14

[a] Zwischen dem Hersteller und dem Käufer dürfen andere Durchmesser, in Übereinstimmung mit Bild 5, vereinbart werden.

[b] Die Abkühlgeschwindigkeit dieses gegossenen Probestücks entspricht der eines Stücks mit 40 mm Wanddicke.

8.2.2 Häufigkeit und Anzahl der Prüfungen

Für den Werkstoff repräsentative Probestücke sind in einer Häufigkeit herzustellen, die mit dem Qualitätssicherungssystem des Herstellers während der Fertigung übereinstimmen oder mit dem Käufer vereinbart wurden

Gibt es keine fertigungsbegleitende Qualitätssicherung oder keine andere Vereinbarung zwischen Hersteller und Käufer, dann muss mindestens ein gegossenes Probestück für den Zugversuch hergestellt werden, um den Werkstoff zu bestätigen. Die Häufigkeit ist zwischen Hersteller und Käufer bis zum Zeitpunkt der Annahme der Bestellung zu vereinbaren.

Wenn Kerbschlagbiegeprüfungen erforderlich sind, dann sind Probestücke in einer Häufigkeit herzustellen, die zwischen dem Hersteller und dem Käufer zu vereinbaren ist.

8.2.3 Getrennt gegossene Probestücke

Die Probestücke sind getrennt in Sandformen unter repräsentativen Fertigungsbedingungen zu gießen.

Die zum Guss der getrennt gegossenen Probestücke verwendeten Formen müssen ein thermisches Verhalten aufweisen, das dem Formwerkstoff entspricht, der für den Guss der Gussstücke verwendet wird.

Die Probestücke müssen den Anforderungen nach Bild 1, 2 oder 3 entsprechen.

Die Probestücke sind bei der gleichen Temperatur aus der Form zu entnehmen wie die Gussstücke.

8.2.4 Parallel gegossene Probestücke

Parallel gegossene Probestücke sind für die gleichzeitig gegossenen Gussstücke sowie für sämtliche anderen Gussstücke mit derselben maßgebenden Wanddicke repräsentativ, die aus derselben Prüfeinheit (Charge) stammen.

Bestehen Anforderungen an die mechanischen Eigenschaften für eine Serie von Gussstücken, die zur gleichen Prüfeinheit gehören, muss (müssen) ein oder mehrere parallel gegossene(s) Probestück(e) mit der letzten gefüllten Form gegossen werden.

Die Probestücke müssen die Anforderungen nach Bild 1, 2 oder 3 erfüllen.

12

8.2.5 Angegossene Probestücke

Angegossene Probestücke sind repräsentativ für die Gussstücke, an denen sie angegossen sind, und auch für alle weiteren Gussstücke mit einer ähnlichen maßgebenden Wanddicke aus der gleichen Prüfeinheit

Bestehen Anforderungen an die mechanischen Eigenschaften für eine Serie von Gussstücken, die zur gleichen Prüfeinheit gehören, muss (müssen) ein oder mehrere angegossene(s) Probestück(e) mit der letzten gefüllten Form gegossen werden.

Das Probestück muss eine Form nach Bild 4 und die darin dargestellten Maße aufweisen.

Die Lageanordnung des angegossenen Probestücks ist zum Zeitpunkt der Annahme der Bestellung zwischen Hersteller und Käufer zu vereinbaren, wobei die Form des Gussstücks und das Gießsystem zu berücksichtigen sind, um ungünstige Einflüsse auf die Eigenschaften des angrenzenden Werkstoffs zu vermeiden.

8.2.6 Aus gegossenen Probestücken durch mechanische Bearbeitung entnommene Proben

Die in Bild 5 dargestellte Probe für den Zugversuch sowie, sofern zutreffend, die in Bild 6 dargestellte Probe für den Kerbschlagbiegeversuch sind einem Probestück durch mechanische Bearbeitung zu entnehmen, wie in Bild 3 oder im schraffierten Teil der Bilder 1, 2 oder 4 dargestellt.

Die Probenlage muss Anhang F entsprechen.

Sofern nicht anders festgelegt wurde, ist für die Probe der bevorzugte Durchmesser zu verwenden.

8.3 Aus dem Gussstück entnommene Probestücke

Zusätzlich zu den Anforderungen an den Werkstoff dürfen der Hersteller und der Käufer Eigenschaften vereinbaren, die an festgelegten Stellen im Gussstück gefordert werden. Diese Eigenschaften müssen durch Prüfung von Proben bestimmt werden, die durch mechanische Bearbeitung aus Probestücken hergestellt wurden, die an diesen festgelegten Stellen aus dem Gussstück entnommenen wurden.

Der Hersteller und der Käufer müssen die Maße dieser Proben vereinbaren.

Falls vom Käufer keine Angaben gemacht werden, darf der Hersteller die Stellen, an denen Probestücke entnommen werden, sowie die Maße der Proben wählen.

13

Maße in Millimeter

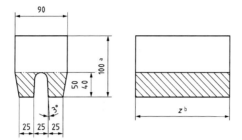

Legende

^a Nur informativ.

^b Die Länge z muss so gewählt werden, dass eine Probe mit den Maßen nach Bild 5 aus dem Probestück durch mechanische Bearbeitung entnommen werden kann.

Die Mindestdicke der Sandform um die Probestücke muss 40 mm betragen.

Bild 1 — Getrennt oder parallel gegossene Probestücke — Möglichkeit 1: U–Probestück

14

Maße in Millimeter

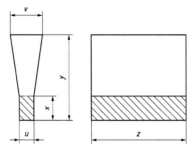

Maß	Typ			
	I	II	III	IV
u	12,5	25	50	75
v	40	55	100	125
x	25	40	50	65
y [a]	135	140	150	175
z [b]	In Abhängigkeit von der Länge der Probe.			

[a] Nur informativ.

[b] z muss so gewählt werden, dass eine Probe mit den Maßen nach Bild 5 aus dem Probestück durch mechanische Bearbeitung hergestellt werden kann.

Die Mindestdicke der Sandform um die Probestücke muss:

— 40 mm bei Typ I und II;

— 80 mm bei Typ III und IV;

betragen.

Bild 2 — Getrennt oder parallel gegossene Probestücke — Möglichkeit 2: Y-Probestück

15

Maße in Millimeter

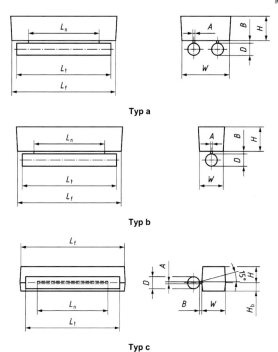

Typ a

Typ b

Typ c

Typ	A	B	D	H	H_b	L_f	L_n	L_t	W
a	4,5	5,5	25	50	–	$L_t + 20$	$L_t - 50$		100
b	4,5	5,5	25	50	–	$L_t + 20$	$L_t - 50$	a	50
c	4,0	5,0	25	35	15	$L_t + 20$	$L_t - 50$		50

[a] L_t muss so gewählt werden, dass eine Probe mit den Maßen nach Bild 5 aus dem Probestück durch mechanische Bearbeitung hergestellt werden kann.

Die Mindestdicke der Sandform um die Probestücke muss 40 mm betragen.

Bild 3 — Getrennt oder parallel gegossene Probestücke — Möglichkeit 3: Rundstab

Maße in Millimeter

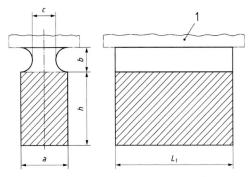

Typ	Maßgebende Wanddicke von Gussstücken t	a	b max.	c min.	h	L_t
A	$t \le 12,5$	15	11	7,5	20 bis 30	
B	$12,5 < t \le 30$	25	19	12,5	30 bis 40	a
C	$30 < t \le 60$	40	30	20	40 bis 65	
D	$60 < t \le 200$	70	52,5	35	65 bis 105	

a L_t muss so gewählt werden, dass eine Probe mit den Maßen nach Bild 5 aus dem Probestück durch mechanische Bearbeitung hergestellt werden kann.

Die Mindestdicke der Sandform um die Probestücke muss

— 40 mm bei Typ A und B;

— 80 mm bei Typ C und D;

betragen.

Werden kleinere Maße vereinbart, gelten die folgenden Beziehungen:

$b = 0,75 \times a$

$c = 0,5 \times a$

Die Position von angegossenen Probestücken ist zwischen Hersteller und Käufer zum Zeitpunkt der Annahme der Bestellung zu vereinbaren, wobei die Gestalt des Gussstücks und des Eingusssystems, zur Vermeidung von ungünstigen Auswirkungen auf die Eigenschaften des angrenzenden Werkstoffs, in Betracht zu ziehen sind.

Bild 4 — Angegossene Probestücke

17

9 Prüfverfahren

9.1 Chemische Analyse

Die zur Bestimmung der chemischen Zusammensetzung des Werkstoffs angewendeten Verfahren müssen validierten Verfahren entsprechen. Jegliche Anforderung an die Rückverfolgbarkeit muss zwischen Hersteller und Käufer zum Zeitpunkt der Annahme der Bestellung vereinbart werden.

ANMERKUNG Die Techniken der Optischen Emissionsspektrometrie und der Röntgenfluoreszenz, gelten als akzeptierte Verfahren der Analyse.

9.2 Zugversuch

Der Zugversuch ist nach EN ISO 6892-1:2009 durchzuführen.

Der bevorzugte Probendurchmesser beträgt 14 mm, jedoch darf aus technischen Gründen und bei Proben, die aus dem Gussstück aus entnommenen Probestücken durch mechanische Bearbeitung gewonnen werden, eine Probe mit einem anderen Durchmesser verwendet werden (siehe Bild 5). In beiden Ausnahmefällen muss die Anfangsmesslänge der Probe folgender Gleichung entsprechen:

$$L_0 = 5{,}65 \times \sqrt{S_0} = 5 \times d$$

Dabei ist

L_0 die Anfangsmesslänge;

S_0 der Anfangsquerschnitt der Probe.

18

Maße in Millimeter

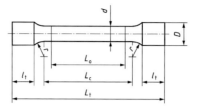

d	L_O	L_C min.
5	25	30
7	35	42
10	50	60
14 a	70	84
20	100	120

a   Vorzugsmaß für Gussprobendurchmesser 25 mm.

Dabei ist

L_o die Anfangsmesslänge, d. h. $L_o = 5 \times d$;

d der Anfangsdurchmesser der Probe in der Versuchslänge;

L_c die Versuchslänge; $L_c > L_o$ (grundsätzlich $L_c - L_o \geq d$);

L_t die Gesamtlänge der Probe, die von L_c und l_t abhängt;

r der Übergangsradius, welcher min. 4 mm betragen muss.

ANMERKUNG   Die Methode, die Enden der Probe einzuspannen, und ihre Länge l_t dürfen zwischen Hersteller und Käufer vereinbart werden.

Bild 5 — Zugprobe

9.3 Kerbschlagbiegeversuch

Der Kerbschlagbiegeversuch ist an drei Charpy-Proben (V-Kerb) (siehe Bild 6) nach EN ISO 148-1:2010 durchzuführen, wobei eine Prüfeinrichtung mit einer ausreichenden Schlagenergie zu verwenden ist, um die Eigenschaften korrekt zu bestimmen.

19

Maße in Millimeter

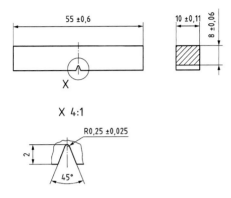

X 4:1

Bild 6 — Charpy-Probe (V-Kerb)

9.4 Härteprüfung

Die Härte ist als Brinellhärte nach EN ISO 6506-1 zu bestimmen.

Es dürfen alternative Härteprüfungen und die entsprechenden geforderten Härtewerte vereinbart werden.

Die Prüfung muss an der Probe oder an einer oder mehreren Stellen am Gussstück durchgeführt werden, nachdem die Prüffläche entsprechend der Vereinbarung zwischen Hersteller und Käufer vorbereitet wurde.

Falls die Messpunkte nicht vereinbart wurden, sind sie vom Hersteller zu wählen.

Falls es nicht möglich ist, die Härteprüfung am Gussstück durchzuführen, darf aufgrund einer Vereinbarung zwischen Hersteller und Käufer die Härteprüfung an einem am Gussstück angegossenen Probestück durchgeführt werden.

9.5 Untersuchung des Mikrogefüges

Die Untersuchung des Mikrogefüges muss an einem Probestück erfolgen, dass einem Gussstück entnommen wurde oder an einem gegossenen Probestück. Das Probestück muss vergleichbaren Erstarrungs- und Abkühlungsbedingungen unterliegen, wie der relevante Abschnitt des Gussstücks.

Zerstörungsfreie Verfahren können ebenfalls Auskunft über das Graphit- oder Grundgefüge geben.

Im Falle von Meinungsverschiedenheiten haben die Ergebnisse der mikroskopischen Untersuchung Vorrang.

9.6 Physikalische Eigenschaften

Anhang G enthält Informationen bezüglich der Probenvorbereitung für die Bestimmung von physikalischen Eigenschaften.

20

10 Wiederholungsprüfungen

10.1 Notwendigkeit für Wiederholungsprüfungen

Wiederholungsprüfungen sind durchzuführen, falls eine Prüfung ungültig ist.

Die Durchführung von Wiederholungsprüfungen ist zulässig, wenn ein Prüfergebnis der Anforderung an die mechanischen Eigenschaften bei der festgelegten Sorte nicht genügt.

10.2 Gültigkeit der Prüfungen

Eine Prüfung ist ungültig bei:

a) einer fehlerhaften Montage der Probe oder Fehler beim Betrieb der Prüfmaschine;

b) einer unbrauchbaren Probe durch fehlerhaftes Gießen oder fehlerhaften mechanischen Bearbeitung;

c) einem Bruch der Zugprobe außerhalb der Anfangsmesslänge;

d) einem Gussfehler in der Probe, der nach dem Bruch sichtbar wird.

In den oben genannten Fällen muss eine neue Probe aus demselben Probestück oder einem gleichzeitig gegossenen Zweitprobestück erfolgen, um die ungültigen Prüfergebnisse zu ersetzen.

10.3 Nichtübereinstimmende Prüfergebnisse

Ergibt sich bei einem der Versuche ein Ergebnis, das den festgelegten Anforderungen aus anderen als in 10.2 angegebenen Gründen nicht entspricht, muss der Hersteller die Möglichkeit haben, Wiederholungsprüfungen durchzuführen. Wenn der Hersteller Wiederholungsprüfungen durchführt, müssen für jede nicht bestandene Prüfung zwei Wiederholungsprüfungen durchgeführt werden.

Wenn bei beiden Wiederholungsprüfungen Ergebnisse erzielt werden, die den festgelegten Anforderungen entsprechen, ist der Werkstoff als mit der vorliegenden Europäischen Norm übereinstimmend anzusehen.

Wenn bei einer oder beiden Wiederholungsprüfungen Ergebnisse erzielt werden, die den festgelegten Anforderungen nicht genügen, so ist der Werkstoff als mit der vorliegenden Europäischen Norm nicht konform anzusehen.

10.4 Wärmebehandlung von Probestücken und Gussstücken

Sofern nicht anders festgelegt, kann im Fall von Gussstücken im Rohgusszustand, deren mechanische Eigenschaften nicht in Übereinstimmung mit der vorliegenden Europäischen Norm sind, eine Wärmebehandlung durchgeführt werden.

Wenn für Gussstücke, die einer Wärmebehandlung unterzogen wurden, die Prüfergebnisse ungültig oder nicht zufriedenstellend sind, muss es dem Hersteller gestattet sein, die Gussstücke und die repräsentativen Probestücke einer erneuten Wärmebehandlung zu unterziehen. In diesem Fall müssen die Probestücke dieselbe Anzahl von Wärmebehandlungen wie die Gussstücke erhalten.

Wenn die Prüfergebnisse an Proben, die aus einem erneut wärmebehandelten Probestück hergestellt wurden, zufriedenstellend sind, müssen die erneut wärmebehandelten Gussstücke als übereinstimmend mit den festgelegten Anforderungen dieser Europäischen Norm betrachtet werden.

Es dürfen nicht mehr als zwei zusätzliche Wärmebehandlungszyklen durchgeführt werden.

11 Prüfbescheinigung

Wenn vom Käufer verlangt und dies mit dem Hersteller vereinbart wurde, muss der Hersteller für die Produkte die entsprechende Prüfbescheinigung nach EN 10204:2004 ausstellen.

Beim Bestellen von Produkten für die Verwendung für Druckgeräte hat der Hersteller der Geräte die Verpflichtung, die zutreffende Prüfbescheinigung nach den geeigneten Produkt- oder Anwendungs-Norm(en), EN 764-5:2002 und EN 10204:2004 anzufordern.

Der Werkstoffhersteller ist verantwortlich für die Bestätigung der Konformität mit den Festlegungen des bestellten Werkstoffs.

Anhang A
(informativ)

Eigenschaften und Anwendungen der austenitischen Gusseisensorten

Tabelle A.1 — Eigenschaften und Anwendungen der austenitischen Gusseisensorten

Werkstoffbezeichnung		Eigenschaften	Anwendungen
Kurzzeichen	Nummer		
Normalsorten			
EN-GJLA-XNiCuCr15-6-2	5.1500	Gute Korrosionsbeständigkeit, insbesondere gegen Alkalien, verdünnte Säuren, Meerwasser und Salzlösungen; verbesserte Hitzebeständigkeit, gute Gleiteigenschaften, hoher Ausdehnungskoeffizient, bei niedrigem Chromgehalt nicht magnetisierbar.	Pumpen, Ventile, Ofenbauteile, Buchsen, Kolbenringe für Leichtmetallkolben, nicht magnetisierbare Gussstücke.
EN-GJSA-XNiCr20-2	5.3500	Gute Korrosions- und Hitzebeständigkeit. Gute Gleiteigenschaften, hoher thermischer Ausdehnungskoeffizient. Bei niedrigem Chromgehalt nicht magnetisierbar. Erhöhte Warmfestigkeit bei Zugabe von 1 % Mo (Massenanteil).	Pumpen, Ventile, Kompressoren, Buchsen, Turbolader-Gehäuse, Abgaskrümmer, nicht magnetisierbare Gussstücke.
EN-GJSA-XNiMn23-4	5.3501	Besonders hohe Duktilität. Bleibt zäh bis –196 °C. Nicht magnetisierbar.	Gussstücke für die Kältetechnik für den Einsatz bis –196 °C.
EN-GJSA-XNiCrNb20-2	5.3502	Geeignet für Fertigungsschweißungen, die anderen Eigenschaften wie für EN-GJSA-XNiCr20-2 (5.3500).	Wie EN-GJSA-XNiCr20-2 (5.3500).
EN-GJSA-XNi22	5.3503	Hohe Duktilität. Geringere Korrosions- und Hitzebeständigkeit als EN-GJSA-XNiCr20-2 (5.3500). Hoher Ausdehnungskoeffizient. Bleibt zäh bis -100 °C. Nicht magnetisierbar.	Pumpen, Ventile, Kompressoren, Buchsen, Turbolader-Gehäuse, Abgaskrümmer, nicht magnetisierbare Gussstücke.
EN-GJSA-XNi35	5.3504	Geringste thermische Ausdehnung von allen Gusseisensorten. Thermoschockbeständigkeit.	Maßbeständige Teile für Werkzeugmaschinen, wissenschaftliche Instrumente. Glasformen.
EN-GJSA-XNiSiCr35-5-2	5.3505	Besonders hitzebeständig. Höhere Duktilität und höhere Kriechfestigkeit als EN-GJSA-XNiCr35-3 (5.3509).	Gehäuseteile für Gasturbinen, Abgaskrümmer, Turbolader-Gehäuse.
Sondersorten			
EN-GJLA-XNiMn13-7	5.1501	Nicht magnetisierbar.	Nicht magnetisierbare Gussstücke, z. B. Druckdeckel für Turbogeneratoren, Gehäuse für Schaltanlagen, Isolierflansche, Klemmen, Durchführungen.
EN-GJSA-XNiMn13-7	5.3506	Nicht magnetisierbar, ähnlich wie EN-GJLA-XNiMn13-7 (5.1501), jedoch mit verbesserten mechanischen Eigenschaften.	Nicht magnetisierbare Gussstücke, z. B. Druckdeckel für Turbogeneratoren, Gehäuse für Schaltanlagen, Isolierflansche, Klemmen, Durchführungen.
EN-GJSA-XNiCr30-3	5.3507	Ähnliche mechanische Eigenschaften wie EN-GJSA-XNiCrNb20-2 (5.3502), aber bessere Korrosions- und Hitzebeständigkeit, mittlerer Ausdehnungskoeffizient, besonders thermoschockbeständig und gute Warmfestigkeit bei Zugabe von 1 % Mo (Massenanteil).	Pumpen, Kessel, Ventile, Filterteile, Abgaskrümmer, Turbolader-Gehäuse.
EN-GJSA-XNiSiCr30-5-5	5.3508	Besonders hohe Beständigkeit gegen Korrosion, Erosion und Hitze. Mittlerer Ausdehnungskoeffizient.	Pumpen, Fittings, Abgaskrümmer, Turbolader-Gehäuse, Gussstücke für Industrieöfen.
EN-GJSA-XNiCr35-3	5.3509	Ähnlich wie EN-GJSA-XNi35 (5.3504), jedoch mit erhöhter Warmfestigkeit, insbesondere bei Zugabe von 1 % Mo (Massenanteil).	Gehäuseteile für Gasturbinen. Glasformen.

23

Anhang B
(informativ)

Gegenüberstellung der Werkstoffbezeichnungen von austenitischem Gusseisen nach EN 1560 und ISO/TR 15931 [3], [6]

In diesem informativen Anhang sind die Werkstoffbezeichnungen der genormten Sorten von austenitischem Gusseisen nach den Bezeichnungssystemen der ISO und der EN gegenübergestellt.

Tabelle B.1 — Werkstoffbezeichnungen von austenitischen Gusseisen

EN 13835:2012		EN 13835:2002	ISO 2892
Kurzzeichen	Nummer	Nummer	Werkstoffbezeichnung
EN-GJLA-XNiCuCr15-6-2	5.1500	EN-JL3011	ISO 2892/JLA/XNiCuCr15-6-2
EN-GJLA-XNiMn13-7	5.1501	EN-JL3021	ISO 2892/JLA/XNiMn13-7
EN-GJSA-XNiCr20-2	5.3500	EN-JS3011	ISO 2892/JSA/XNiCr20-2
EN-GJSA-XNiMn23-4	5.3501	EN-JS3021	ISO 2892/JSA/XNiMn23-4
EN-GJSA-XNiCrNb20-2	5.3502	EN-JS3031	ISO 2892/JSA/XNiCrNb20-2
EN-GJSA-XNi22	5.3503	EN-JS3041	ISO 2892/JSA/XNi22
EN-GJSA-XNi35	5.3504	EN-JS3051	ISO 2892/JSA/XNi35
EN-GJSA-XNiSiCr35-5-2	5.3505	EN-JS3061	ISO 2892/JSA/XNiSiCr35-5-2
EN-GJSA-XNiMn13-7	5.3506	EN-JS3071	ISO 2892/JSA/XNiMn13-7
EN-GJSA-XNiCr30-3	5.3507	EN-JS3081	ISO 2892/JSA/XNiCr30-3
EN-GJSA-XNiSiCr30-5-5	5.3508	EN-JS3091	ISO 2892/JSA/XNiSiCr30-5-5
EN-GJSA-XNiCr35-3	5.3509	EN-JS3101	ISO 2892/JSA/XNiCr35-3

24

Anhang C
(informativ)

Wärmebehandlung

C.1 Spannungsarmglühen

C.1.1 Spannungsarmglühen kann bei allen austenitischen Gusseisensorten angewendet werden, es wird jedoch unter folgenden Bedingungen besonders empfohlen:

a) wenn das Gussstück so komplex ist, dass übermäßige Eigenspannungen zu erwarten sind, die bei der mechanischen Bearbeitung oder im Betrieb zu Maßveränderungen führen können;

b) wenn komplexe Gussstücke für den Betrieb unter Bedingungen bestimmt sind, bei denen es sonst zu Spannungsrisskorrosion kommen könnte: z. B. beim Umgang mit warmen Salzlösungen oder hochalkalischen Lösungen.

Es kann von Vorteil sein, das Spannungsarmglühen nach der Vorbearbeitung durchzuführen.

C.1.2 Die empfohlene Spannungsarmglühbehandlung wird wie folgt durchgeführt:

a) Aufheizen auf 625 °C bis 650 °C mit höchstens 150 °C/h;

b) Halten in diesem Temperaturbereich 2 h plus 1 h je 25 mm Wanddicke;

c) Abkühlen im Ofen auf 200 °C mit höchstens 100 °C/h;

d) Abkühlen in Luft.

C.2 Wärmebehandlung zur Gefügestabilisierung bei hohen Temperaturen

Wenn austenitische Gussstücke für den statischen oder zyklischen Betrieb bei erhöhter Temperatur ab 500 °C verwendet werden und wenn die Einhaltung enger Maßtoleranzen erforderlich ist, dann kann eine Wärmebehandlung zur Gefügestabilisierung bei hohen Temperaturen erfolgen.

Die empfohlene Wärmebehandlung zur Gefügestabilisierung bei hohen Temperaturen wird wie folgt durchgeführt:

a) Erwärmung auf 875 °C bis 900 °C mit einer Geschwindigkeit von höchstens 150 °C/h;

b) Halten in diesem Temperaturbereich für 2 h plus 1 h je 25 mm Wanddicke;

c) Abkühlen im Ofen auf 500 °C mit einer Geschwindigkeit von höchstens 50 °C/h;

d) Abkühlen in Luft.

Bei bestimmten kritischen Bauteilen kann nach dieser Behandlung und nach der Vorbearbeitung spannungsarmgeglüht werden. Es sollte beachtet werden, dass die austenitische Gusseisensorte EN-GJLA-XNiCuCr15-6-2 (5.1500), die Kupfer enthält, nicht stabilgeglüht werden sollte.

25

Anhang D
(informativ)

Einfluss von Legierungselementen

Das austenitische Grundgefüge wird durch die Zugabe von Nickel, Mangan und Kupfer erreicht. Größere Zugaben von Chrom erhöhen die Festigkeit, Härte und Zunderbeständigkeit, die Schweißeignung wird verbessert und der Längenausdehungskoeffizient nimmt ab. Bei den niedriger legierten Sorten ist es wichtig, dass die Mindestgrenzen für den Nickelgehalt nicht unterschritten werden, da das Grundgefüge sonst nicht mehr ausschließlich austenitisch ist. Ein zu niedriger Gehalt an Nickel, Mangan oder Kupfer führt zu Ferromagnetismus, erhöhter Härte und einer Beeinträchtigung der Bearbeitbarkeit. Bei dickwandigen Gussstücken sollte aufgrund der langsamen Abkühlgeschwindigkeit der Anteil an austenitstabilisierenden Elementen nicht an der unteren Grenze liegen.

Die Bearbeitbarkeit wird mit abnehmendem Chromgehalt besser.

Sorten mit einem selbst nicht magnetisierbaren Grundgefüge werden bei Chromgehalten über 2,5 % zunehmend ferromagnetisch, da die ausgeschiedenen stark chromhaltigen Carbide ferromagnetisch sind.

Bei der Sorte EN-GJSA-XNiMn23-4 (5.3501) ist Chrom ein unerwünschtes Legierungselement und sollte höchstens 0,2 % betragen, da sonst die in den Tabellen 3 und E.3 angegebenen Werte für die Kerb-Schlagenergie nicht erreicht werden können. Niedrigere Kohlenstoffgehalte erhöhen die Festigkeit, die Härte und die Zähigkeit. Gussstücke dieser Sorte mit höherem Kohlenstoffgehalt lassen sich leichter gießen. Üblicherweise sollte deshalb die obere Grenze im Kohlenstoffgehalt angestrebt werden.

Bei der Sorte EN-GJSA-XNiCrNb20-2 (5.3502) ist es notwendig, dass für die Legierungselemente die engeren Grenzwerte eingehalten werden, da sonst die Schweißeignung beeinträchtigt werden kann; insbesondere sind niedrige Magnesium- und Phosphorgehalte erforderlich.

Molybdän ist kein festgelegtes Element, jedoch verbessert in austenitischen Gusseisensorten mit Kugelgraphit die Zugabe von 1 % Mo die Warmfestigkeit bei nur geringer Verminderung der Duktilität. Bruch- und Zeitstandfestigkeit werden durch die Zugabe von Molybdän günstig beeinflusst.

Nichtmagnetische Legierungen werden bei Nickelgehalten über 25 % wieder ferromagnetisch.

Anhang E
(informativ)

Zusätzliche Informationen bezüglich mechanischer und physikalischer Eigenschaften

Die Tabellen E.1 und E.2 enthalten Anhaltsangaben für zusätzliche mechanische und physikalische Eigenschaften der Normalsorten und der Sondersorten.

Tabelle E.3 enthält Anhaltsangaben für mechanische Eigenschaften von EN-GJSA-XNiMn23-4 (5.3501) bei tiefen Temperaturen.

Tabelle E.4 enthält Anhaltsangaben für mechanische Eigenschaften von austenitischen Gusseisensorten mit Kugelgraphit bei erhöhten Temperaturen.

27

Tabelle E.1 — Typische mechanische Eigenschaften bei (23 ± 5) °C

Sorte	Werkstoffbezeichnung		0,2%-Dehngrenze $R_{p0,2}$	Zugfestigkeit R_m	Bruchdehnung A	Druckfestigkeit	Schlagenergie an Charpy-Probe (V-Kerb)	Elastizitätsmodul E	Brinellhärte
	Kurzzeichen	Nummer	MPa	MPa	%	MPa	J	GPa	HBW
Normalsorte	EN-GJLA-XNiCuCr15-6-2	5.1500	–	170 bis 210	2	700 bis 840	–	85 bis 105	120 bis 215
	EN-GJSA-XNiCr20-2	5.3500	210 bis 250	370 bis 480	7 bis 20	–	11 bis 24	112 bis 130	140 bis 255
	EN-GJSA-XNiMn23-4	5.3501	210 bis 240	440 bis 480	25 bis 45	–	20 bis 30	120 bis 140	150 bis 180
	EN-GJSA-XNiCrNb20-2	5.3502	210 bis 250	370 bis 480	8 bis 20	–	11 bis 24	112 bis 130	140 bis 200
	EN-GJSA-XNi22	5.3503	170 bis 250	370 bis 450	20 bis 40	–	17 bis 29	85 bis 112	130 bis 170
	EN-GJSA-XNi35	5.3504	210 bis 240	370 bis 420	20 bis 40	–	10 bis 18	112 bis 140	130 bis 180
	EN-GJSA-XNiSiCr35-5-2	5.3505	200 bis 270	370 bis 500	10 bis 20	–	7 bis 12	130 bis 150	130 bis 170
Sondersorte	EN-GJLA-XNiMn13-7	5.1501	–	140 bis 220	–	630 bis 840	–	70 bis 90	120 bis 150
	EN-GJSA-XNiMn13-7	5.3506	210 bis 260	390 bis 470	15 bis 18	–	15 bis 25	140 bis 150	120 bis 150
	EN-GJSA-XNiCr30-3	5.3507	210 bis 260	370 bis 480	7 bis 18	–	5	92 bis 105	140 bis 200
	EN-GJSA-XNiSiCr30-5-5	5.3508	240 bis 310	390 bis 500	1 bis 4	–	1 bis 3	90	170 bis 250
	EN-GJSA-XNiCr35-3	5.3509	210 bis 290	370 bis 450	7 bis 10	–	4	112 bis 123	140 bis 190

28

Tabelle E.2 — Typische physikalische Eigenschaften

Sorte	Werkstoffbezeichnung		Dichte ρ	Längenaus-dehnungskoeffizient (von 20 °C bis 200 °C) α	Wärme-leitfähigkeit λ	Spezifische Wärme-kapazität c	Elektrischer Widerstand	Permeabilität (bei H = 79,58 A/cm)
	Kurzzeichen	Nummer	kg/dm^3	µm/(m · K)	W/(m · K)	J/(g · K)	µΩ · m	
Normalsorte	EN-GJLA-XNiCuCr15-6-2	5.1500	7,3	18,7	39,00	46 bis 50	1,6	1,03
	EN-GJSA-XNiCr20-2	5.3500	7,4 bis 7,45	18,7	12,60	46 bis 50	1,0	1,05
	EN-GJSA-XNiMn23-4	5.3501	7,45	14,7	12,60	46 bis 50	–	1,02
	EN-GJSA-XNiCrNb20-2	5.3502	7,40	18,7	12,60	46 bis 50	1,0	1,04
	EN-GJSA-XNi22	5.3503	7,40	18,40	12,60	46 bis 50	1,0	1,02
	EN-GJSA-XNi35	5.3504	7,60	5,0	12,60	46 bis 50	–	–
	EN-GJSA-XNiSiCr35-5-2	5.3505	7,45	15,10	12,60	46 bis 50	–	–
Sondersorte	EN-GJLA-XNiMn13-7	5.1501	7,40	17,70	39,00	46 bis 50	1,2	1,02
	EN-GJSA-XNiMn13-7	5.3506	7,30	18,20	12,60	46 bis 50	1,0	1,02
	EN-GJSA-XNiCr30-3	5.3507	7,45	12,60	12,60	46 bis 50	–	–
	EN-GJSA-XNiSiCr30-5-5	5.3508	7,45	14,40	12,60	46 bis 50	–	1,10
	EN-GJSA-XNiCr35-3	5.3509	7,70	5,0	12,60	46 bis 50	–	–

Tabelle E.3 — Typische Werte für die mechanischen Eigenschaften bei tiefen Temperaturen von
EN-GJSA-XNiMn23-4 (5.3501)

Temperatur	0,2%-Dehngrenze $R_{p0,2}$	Zugfestigkeit R_m	Bruchdehnung A	Bruch- einschnürung	Schlagenergie an Charpy-Probe (V-Kerb)
°C	MPa	MPa	%	%	J
+20	220	450	35	32	29
0	240	450	35	32	31
−50	260	460	38	35	32
−100	300	490	40	37	34
−150	350	530	38	35	33
−183	430	580	33	27	29
−196	450	620	27	25	27

Tabelle E.4 — Typische Werte für mechanische Eigenschaften von austenitischen Gusseisensorten mit Kugelgraphit bei erhöhten Temperaturen

Eigenschaft	Einheit	Temperatur °C	Normalsorten		Sondersorten		
			EN-GJSA-XNiCr20-2 (5.3500) EN-GJSA-XNiCrNb20-2 (5.3502)	EN-GJSA-XNi22 (5.3503)	EN-GJSA-XNiCr30-3 (5.3507)	EN-GJSA-XNiSiCr30-5-5 (5.3508)	EN-GJSA-XNiCr35-3 (5.3509)
0,2 %-Dehngrenze $R_{p0,2}$	MPa	20	246	240	276	312	288
		430	197	184	–	–	–
		540	197	165	199	291	181
		650	176	170	193	239	170
		760	119	117	107	130	131
Zugfestigkeit R_m	MPa	20	417	437	410	450	427
		430	380	368	–	–	–
		540	335	295	337	426	332
		650	250	197	293	337	286
		760	155	121	186	153	175
Bruchdehnung (Kurzzeitversuch)	%	20	10,5	35	7,5	3,5	7
		430	12	23	–	–	–
		540	10,5	19	7,5	4	9
		650	10,5	10	7	11	6,5
		760	15	13	18	30	24,5
Zeitstandfestigkeit (1 000 h)	MPa	540	197	148	–	120	176
		595	(127)	(95)	165	(67)	(105)
		650	84	63	(105)	44	70
		705	(60)	(42)	68	(21)	(39)
		760	(39)	(28)	(42)	–	–
Spannung zum Erreichen einer Kriechgeschwindigkeit von mindestens 1 % je 1 000 h	MPa	540	162	91	–	–	(190)
		595	(92)	(63)	–	–	(112)
		650	56	40	–	–	(67)
		705	(34)	(24)	–	–	56
Spannung zum Erreichen einer Kriechgeschwindigkeit von mindestens 1 % je 10 000 h	MPa	540	63	–	–	–	70
		595	(39)	–	–	–	–
		650	24	–	–	–	39
		705	(15)	–	–	–	–
Zeitstandbruchdehnung (1 000 h)	%	540	6	14	–	–	–
		595	–	–	7	10,5	6,5
		650	13	13	–	–	–
		705	–	–	12,5	25	13,5

ANMERKUNG Die in Klammern angegebenen Werte sind interpolierte oder extrapolierte Werte.

Anhang F
(normativ)

Probenlage für Gussproben

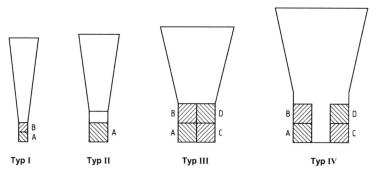

Typ I	Typ II	Typ III	Typ IV

Bild F.1 — Probenlage für Y-Probestücke (siehe Bild 2)

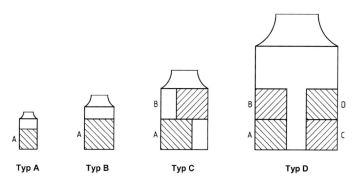

Typ A	Typ B	Typ C	Typ D

Bild F.2 — Probenlage für angegossene Probestücke (siehe Bild 4)

Anhang G
(informativ)

Probenvorbereitung für die Bestimmung von physikalischen Eigenschaften

Bei der Bestimmung der physikalischen Eigenschaften von austenitischen Gusseisen ist es wichtig zu beachten, dass die Gusshaut im Allgemeinen nicht die gleichen Eigenschaften aufweist wie der innere Bereich des Gussstücks. Dies gilt insbesondere für die elektrischen und magnetischen Eigenschaften.

Es ist daher ratsam:

— Proben vorzubereiten, die ausreichend groß sind, um Einflüsse durch die Gusshaut zu vermeiden;

— die Gusshaut sorgfältig zu entfernen;

— zu vermeiden, dass der Werkstoff mechanisch so beansprucht wird, dass dies zu plastischen Verformungen an der Oberfläche führt.

Wenn plastische Verformungen auftreten, könnte die neue Randzone dann wieder Eigenschaften aufweisen, die vom Werkstoff im Probestück abweichen.

Es empfiehlt sich, eine Probe von etwa 10 mm Durchmesser und 100 mm Länge durch sorgfältige mechanische Bearbeitung (geringe Spantiefe und niedrige Schnittgeschwindigkeit) aus dem Gussstück herauszuarbeiten. Durch dieses Verfahren wird Martensitbildung verhindert, die die Prüfergebnisse beträchtlich verändern könnte. Die Probe sollte danach sorgfältig gebeizt werden, um sämtliche Spuren von oberflächig anhaftendem ferromagnetischem Werkzeugabrieb zu entfernen.

Anhang H
(informativ)

Wesentliche technische Änderungen zwischen dieser Europäischen Norm und der vorherigen Ausgabe

Tabelle H.1 — Wesentliche technische Änderungen zwischen dieser Europäischen Norm und der vorherigen Ausgabe

Abschnitt/Absatz/Tabelle/Bild	Änderung
3	Begriffe aufgenommen für: gegossene Probestücke, getrennt gegossene Probestücke, parallel gegossene Probestücke, angegossene Probestücke, maßgebende Wanddicke.
Tabellen 1, 2, 3 und 4	Bezeichnung nach Nummern wurde geändert
Anhang B	Informativen Anhang B für die Gegenüberstellung der Werkstoffbezeichnungen von austenitischem Gusseisen nach EN 1560 und ISO/TR 15931 aufgenommen.

ANMERKUNG   Die in Bezug genommenen technischen Änderungen umfassen die signifikanten technischen Änderungen der überarbeiteten Europäischen Norm, wobei es sich jedoch nicht um eine vollständige Liste aller Änderungen der vorherigen Ausgabe handelt.

Anhang ZA
(informativ)

Zusammenhang zwischen dieser Europäischen Norm und den grundlegenden Anforderungen der EU-Richtlinie 97/23/EG

Diese Europäische Norm wurde im Rahmen eines Mandates, das dem CEN von der Europäischen Kommission und der Europäischen Freihandelszone erteilt wurde, erarbeitet, um ein Mittel zur Erfüllung der grundlegenden Anforderungen der Richtlinie 97/23/EG nach der neuen Konzeption bereitzustellen.

Sobald diese Norm im Amtsblatt der Europäischen Union im Rahmen der betreffenden Richtlinie in Bezug genommen und in mindestens einem der Mitgliedstaaten als nationale Norm umgesetzt worden ist, berechtigt die Übereinstimmung mit den in Tabelle ZA.1 aufgeführten Abschnitten dieser Norm innerhalb der Grenzen des Anwendungsbereichs dieser Norm zu der Annahme, dass eine Übereinstimmung mit den entsprechenden grundlegenden Anforderungen der Richtlinie und der zugehörigen EFTA-Vorschriften gegeben ist.

Für die vorliegende unterstützende harmonisierte Norm für Werkstoffe beschränkt sich die Vermutung der Konformität mit den grundlegenden Sicherheitsanforderungen auf die in der Norm genannten technischen Daten für Werkstoffe und bedeutet nicht, dass davon ausgegangen wird, dass der Werkstoff für ein bestimmtes Gerät angemessen ist. Somit sind die in der Werkstoffnorm angegebenen technischen Daten im Hinblick auf die Anforderungen an die Auslegung des betreffenden Geräts zu bewerten, um sicherzustellen, dass die grundlegenden Sicherheitsanforderungen der Druckgeräte-Richtlinie (DGRL) erfüllt sind.

Tabelle ZA.1 — Zusammenhang zwischen dieser Europäischen Norm und der Richtlinie 97/23/EG

Abschnitte/Unterabschnitte dieser Europäischen Norm	Gegenstand	Erläuterungen/Anmerkungen
Tabelle 3	Werkstoffeigenschaften	Anhang I, 4.1 a) der Richtlinie
11	Übereinstimmung des Werkstoffes und zertifizierte Bescheinigung des Herstellers	Anhang I, 4.3 der Richtlinie

WARNHINWEIS — Für Produkte, die in den Anwendungsbereich dieser Norm fallen, können weitere Anforderungen und weitere EU-Richtlinien anwendbar sein.

Literaturhinweise

[1] EN 1559-1, *Gießereiwesen — Technische Lieferbedingungen — Teil 1: Allgemeines*

[2] EN 1559-3, *Gießereiwesen — Technische Lieferbedingungen — Teil 3: Zusätzliche Anforderungen an Eisengussstücke*

[3] EN 1560, *Gießereiwesen — Bezeichnungssystem für Gusseisen — Werkstoffkurzzeichen und Werkstoffnummern*

[4] EN 10027-2, *Bezeichnungssysteme für Stähle — Teil 2: Nummernsystem*

[5] ISO 2892, *Austenitic cast irons — Classification*

[6] ISO/TR 15931, *Designation system for cast irons and pig irons*

März 2009

DIN EN 15800

ICS 21.160

Ersatz für
DIN 2095:1973-05

Zylindrische Schraubenfedern aus runden Drähten – Gütevorschriften für kaltgeformte Druckfedern; Deutsche Fassung EN 15800:2008

Cylindrical helical springs made of round wire –
Quality specifications for cold coiled compression springs;
German version EN 15800:2008

Ressorts cylindriques hélicoïdaux en fils ronds –
Prescriptions de qualité des ressorts de compression façonnés à froid;
Version allemande EN 15800:2008

Gesamtumfang 21 Seiten

Ausschuss Federn (AF) im DIN

Nationales Vorwort

Dieses Dokument (EN 15800:2008) wurde vom CEN/TC 378 „Projekt-Komitee-Federn" erarbeitet, dessen Sekretariat vom DIN (Deutschland) gehalten wird.

Das zuständige nationale Spiegelgremium ist der Unterausschuss 1 „Schraubenfedern" des Ausschusses Federn (AF) im DIN Deutsches Institut für Normung e. V.

Für weitere Informationen über den AF besuchen Sie uns im Internet unter www.af.din.de.

Änderungen

Gegenüber DIN 2095:1973-05 wurden folgende Änderungen vorgenommen:

a) der zulässige Draht- oder Stabdurchmesser wurde mit $0{,}07 \text{ mm} \leq d \leq 16 \text{ mm}$ präzisiert;

b) die Norm wurde redaktionell überarbeitet und an die geltenden Gestaltungsregeln angepasst.

Frühere Ausgaben

DIN 2075: 1949-07
DIN 2095: 1956-07, 1956-11, 1973-05

2

EUROPÄISCHE NORM
EUROPEAN STANDARD
NORME EUROPÉENNE

EN 15800

Dezember 2008

ICS 21.160

Deutsche Fassung

Zylindrische Schraubenfedern aus runden Drähten — Gütevorschriften für kaltgeformte Druckfedern

Cylindrical helical springs made of round wire —
Quality specifications for cold coiled compression springs

Ressorts cylindriques hélicoïdaux en fils ronds —
Prescriptions de qualité des ressorts de compression
façonnés à froid

Diese Europäische Norm wurde vom CEN am 18. Oktober 2008 angenommen.

Die CEN-Mitglieder sind gehalten, die CEN/CENELEC-Geschäftsordnung zu erfüllen, in der die Bedingungen festgelegt sind, unter denen dieser Europäischen Norm ohne jede Änderung der Status einer nationalen Norm zu geben ist. Auf dem letzten Stand befindliche Listen dieser nationalen Normen mit ihren bibliographischen Angaben sind beim Management-Zentrum des CEN oder bei jedem CEN-Mitglied auf Anfrage erhältlich.

Diese Europäische Norm besteht in drei offiziellen Fassungen (Deutsch, Englisch, Französisch). Eine Fassung in einer anderen Sprache, die von einem CEN-Mitglied in eigener Verantwortung durch Übersetzung in seine Landessprache gemacht und dem Management-Zentrum mitgeteilt worden ist, hat den gleichen Status wie die offiziellen Fassungen.

CEN-Mitglieder sind die nationalen Normungsinstitute von Belgien, Bulgarien, Dänemark, Deutschland, Estland, Finnland, Frankreich, Griechenland, Irland, Island, Italien, Lettland, Litauen, Luxemburg, Malta, den Niederlanden, Norwegen, Österreich, Polen, Portugal, Rumänien, Schweden, der Schweiz, der Slowakei, Slowenien, Spanien, der Tschechischen Republik, Ungarn, dem Vereinigten Königreich und Zypern.

EUROPÄISCHES KOMITEE FÜR NORMUNG
EUROPEAN COMMITTEE FOR STANDARDIZATION
COMITÉ EUROPÉEN DE NORMALISATION

Management-Zentrum: rue de Stassart, 36   B-1050 Brüssel

Inhalt

2

Vorwort

Dieses Dokument (EN 15800:2008) wurde vom Technischen Komitee CEN/TC 378 „Projekt Komitee — Federn" erarbeitet, dessen Sekretariat vom DIN gehalten wird.

Diese Europäische Norm muss den Status einer nationalen Norm erhalten, entweder durch Veröffentlichung eines identischen Textes oder durch Anerkennung bis Juni 2009, und etwaige entgegenstehende nationale Normen müssen bis Juni 2009 zurückgezogen werden.

Diese Europäische Norm wurde vom Europäischen Verband der Federnhersteller ESF (European Spring Federation) initiiert und basiert auf der Deutschen Norm DIN 2095 „Zylindrische Schraubenfedern aus runden Drähten — Gütevorschriften für kaltgeformte Druckfedern", die in vielen Ländern Europas bekannt ist und angewendet wird.

Es wird auf die Möglichkeit hingewiesen, dass einige Texte dieses Dokuments Patentrechte berühren können. CEN [und/oder CENELEC] sind nicht dafür verantwortlich, einige oder alle diesbezüglichen Patentrechte zu identifizieren.

Entsprechend der CEN/CENELEC-Geschäftsordnung sind die nationalen Normungsinstitute der folgenden Länder gehalten, diese Europäische Norm zu übernehmen: Belgien, Bulgarien, Dänemark, Deutschland, Estland, Finnland, Frankreich, Griechenland, Irland, Island, Italien, Lettland, Litauen, Luxemburg, Malta, Niederlande, Norwegen, Österreich, Polen, Portugal, Rumänien, Schweden, Schweiz, Slowakei, Slowenien, Spanien, Tschechische Republik, Ungarn, Vereinigtes Königreich und Zypern.

3

1 Anwendungsbereich

Diese Europäische Norm legt die Gütevorschriften für zylindrische Schraubendruckfedern aus federharten runden Drähten fest. Kaltgeformte Druckfedern können bis zu einem Drahtdurchmesser von etwa 16 mm hergestellt werden. (Siehe auch EN 13906-1.)

Für zylindrische Schraubdruckfedern nach dieser Europäischen Norm gelten die Parameter in Tabelle 1:

Tabelle 1

Charakteristik	Kaltgeformte Druckfedern
Draht- oder Stabdurchmesser	$0,07 \text{ mm} \leq d \leq 16 \text{ mm}$
Windungsdurchmesser	$0,63 \text{ mm} \leq D \leq 200 \text{ mm}$
Länge der unbelasteten Feder	$L_0 \leq 630 \text{ mm}$
Anzahl der federnden Windungen	$n \geq 2$
Wickelverhältnis	$4 \leq w \leq 20$

Die funktionswichtigen Angaben der Parameter für kaltgeformte zylindrische Schraubendruckfedern sind in Anhang B aufgeführt.

2 Normative Verweisungen

Die folgenden zitierten Dokumente sind für die Anwendung dieses Dokuments erforderlich. Bei datierten Verweisungen gilt nur die in Bezug genommene Ausgabe. Bei undatierten Verweisungen gilt die letzte Ausgabe des in Bezug genommenen Dokuments (einschließlich aller Änderungen).

EN 10270-1, *Stahldraht für Federn — Teil 1: Patentiert-gezogener unlegierter Federstahldraht*

EN 10270-2, *Stahldraht für Federn — Teil 2: Ölschlussvergüteter Federstahldraht*

EN 10270-3, *Stahldraht für Federn — Teil 3: Nicht rostender Federstahldraht*

EN 12166, *Kupfer und Kupferlegierungen — Drähte zur allgemeinen Verwendung*

3 Darstellung

Maße in Millimeter

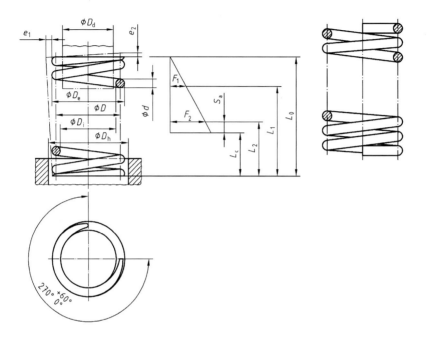

Bild 1 — Form 1
angelegte und geschliffene Federenden
(mit theoretischer Kennlinie)

Bild 2 — Form 2
angelegte Federenden

5

4 Begriffe, Symbole, Einheiten und Benennungen

Tabelle 2

Symbole	Einheiten	Benennungen
a_F	N	Größe zur Bestimmung der Abweichungen von Federkraft und Federlänge (Einfluss der Form und Maße)
A_D	mm	Zulässige Abweichung des Windungsdurchmessers (D_e, D_i, D) der unbelasteten Feder
A_F	N	Zulässige Abweichung der Federkraft F bei vorgegebener Federlänge L
A_{L0}	mm	Zulässige Abweichung der Länge L_0 der unbelasteten Feder
d	mm	Nenndurchmesser des Drahtes (oder des Stabes)
d_{max}	mm	Oberes Abmaß von d
D_e	mm	Außendurchmesser der Feder
D_d	mm	Dorndurchmesser (Innenführung)
D_h	mm	Hülsendurchmesser (Außenführung)
D_i	mm	Innendurchmesser der Feder
$D = \dfrac{D_e + D_i}{2}$	mm	Mittlerer Windungsdurchmesser
e_1	mm	Zulässige Abweichung der Mantellinie von der Senkrechten, gemessen an der unbelasteten geschliffenen Feder
e_2	mm	Zulässige Abweichung in der Parallelität der geschliffenen Federauflageflächen, gemessen für D_e
F	N	Federkraft
$F_1, F_2....$	N	Federkräfte, zugeordnet den Federlängen L_1, L_2...(bei einer Raumtemperatur von 20 °C)
$F_{c\,th}$	N	Theoretische Federkraft bei Blocklänge L_c ANMERKUNG Die tatsächliche Federkraft bei Blocklänge ist in der Regel größer als die theoretische Federkraft.
k_f	—	Faktor zur Bestimmung der Abweichungen der Federkraft und Federlänge (Einfluss der federnden Windungen)
L	mm	Federlänge
L_0	mm	Nennlänge der unbelasteten Feder
L_1	mm	Länge bei der kleinsten Prüfkraft F_1
$L_1, L_2...$	mm	Längen, zugeordnet den Federkräften F_1, F_2...
L_c	mm	Blocklänge
L_n	mm	Kleinste zulässige Federlänge (unter Berücksichtigung von S_a)
n	—	Anzahl der federnden Windungen
n_t	—	Gesamtanzahl der Windungen
Q	—	Beiwert des Gütegrades
$R = \dfrac{\Delta F}{\Delta s}$	N/mm	Federrate
$s_1, s_2....$	mm	Federwege, zugeordnet den Federkräften F_1, F_2...
s_c	mm	Federweg, zugeordnet der Blocklänge L_c
s_h	mm	Federweg (Hub) der Feder zwischen zwei Positionen
S_a	mm	Summe der lichten Mindestabstände zwischen den einzelnen federnden Windungen bei Federlänge L_n
$w = \dfrac{D}{d}$	—	Wickelverhältnis
$\lambda = \dfrac{L_0}{D}$	—	Schlankheitsgrad

6

5 Anforderungen

5.1 Windungsrichtung

Schraubendruckfedern werden grundsätzlich rechtsgewickelt, in Federsätzen wechselnd rechts und links, wobei die Außenfeder meist rechts gewickelt wird. Bei linksgewickelten Federn muss dies durch die explizite Angabe „Windungsrichtung links" aus den Zeichnungen oder den Anfrage- und Bestellunterlagen hervorgehen. Siehe Anhang B.

5.2 Federenden

Die zur Überleitung der Federkraft auf die Anschlusskörper dienenden Federenden sind so auszubilden, dass bei jeder Federstellung ein möglichst axiales Einfedern bewirkt wird. Dies wird im Allgemeinen erreicht durch Verminderung der Steigung an je einer auslaufenden Windung. Um rechtwinklig zur Federachse ausreichende Auflageflächen zu erhalten, werden die Drahtenden nach Bild 1 abgeschliffen.

Zeigt sich, dass ein Schleifen der Federenden unzweckmäßig ist, wird die Feder nach Bild 2, d. h. ohne geschliffene Drahtenden, hergestellt. Die Ausführungsarten der Federenden „Federenden angelegt und geschliffen" oder „Federenden angelegt" müssen aus einem der vertraglichen Dokumente: Beschreibung, Zeichnungen oder den Anfrage- und Bestellunterlagen hervorgehen. Siehe Anhang B.

Wenn ungeschliffene Federenden für die Verwendung tragbar sind, z. B. bei Druckfedern mit Drahtdurchmesser unter etwa 1 mm oder mit Wickelverhältnis über 15, sollte das Schleifen der Drahtenden aus wirtschaftlichen Gründen entfallen. Siehe Anhang B.

Bei Druckfedern mit Drahtdurchmesser unter 0,3 mm sollte in jedem Falle auf das Schleifen der Drahtenden verzichtet werden.

Für das gleichzeitige Schleifen der Federenden von Druckfedern mit Drahtdurchmesser von 0,3 mm bis etwa 5 mm muss beachtet werden, dass nur solche Federn plangeschliffen werden können, die einen ausreichenden Anpressdruck zulassen.

Nach bisherigen Versuchen muss dieser Anpressdruck ungefähr

$$\frac{R}{D} \geq 0{,}03 \text{ N/mm}^2 \tag{1}$$

betragen.

Für den Fall, dass die Federenden zu entgraten sind, ist dies zwischen Hersteller und Besteller bzw. Abnehmer zu vereinbaren und muss aus der Angabe in den Zeichnungen oder den Anfrage- und Bestellunterlagen hervorgehen. Siehe Anhang B.

5.3 Blocklänge L_c

(alle Windungen liegen aneinander)

Die Blocklänge beträgt für Federn mit angelegten, geschliffenen Federenden nach Bild 1:

$$L_c \leq n_t \cdot d_{max} \tag{2}$$

Die Blocklänge beträgt für Federn mit angelegten Federenden nach Bild 2:

$$L_c \leq \left(n_t + 1{,}5\right) \cdot d_{max} \tag{3}$$

Dabei ist

$n_t = n + 2$

Anzahl der nicht federnden Windungen = 2

Anzahl der federnden Windungen $n \geq 2$

7

5.4 Werkstoff

Die Werkstoffauswahl muss entsprechend der Beanspruchung und Funktion der Feder getroffen werden. Gebräuchliche Federnwerkstoffe sind:

a) Patentiert-gezogener unlegierter Federstahldraht nach EN 10270-1,

b) Ölschlussvergüteter Federstahldraht nach EN 10270-2,

c) Nicht rostender Federstahldraht nach EN 10270-3,

d) Drähte aus Kupfer und Kupferknetlegierung zur allgemeinen Verwendung nach EN 12166.

5.5 Oberflächenbehandlung

5.5.1 Kugelstrahlen

Die Federn dürfen nach Vereinbarung zwischen Hersteller und Besteller bzw. Abnehmer kugelgestrahlt werden.

5.5.2 Oberflächenschutz

Als Oberflächenschutz dürfen nach Vereinbarung zwischen Hersteller und Besteller bzw. Abnehmer organische oder anorganische Schutzüberzüge aufgebracht werden.

6 Gütegrade

6.1 Zulässige Abweichungen von Gütegraden

Für die Federn sind die Gütegrade 1, 2 und 3 festgelegt (Beiwerte Q siehe Tabelle 4).

Alle nachstehend aufgeführten zulässigen Abweichungen gelten nur für Werkstoffe nach EN 10270. Für Werkstoffe nach EN 12166 sind zulässige Abweichungen zwischen Hersteller und Besteller bzw. Abnehmer zu vereinbaren.

Die Auswahl unter den Gütegraden 1, 2 und 3 richtet sich nach den betrieblichen Anforderungen. Der geforderte Gütegrad und die zulässigen Abweichungen sind ausdrücklich zu vereinbaren oder in der Zeichnung anzugeben.

Fehlt eine solche Angabe, so gilt Gütegrad 2.

Im Interesse einer rationellen Fertigung sollte der Gütegrad 1 nur festgelegt werden, wenn die Verwendung es erfordert. In diesem Sinne sind nicht alle Größen von 6.2 bis 6.6 unbedingt **einem** Gütegrad zuzuordnen. Werden kleinere Abweichungen als „1" verlangt, so sind Vereinbarungen zwischen Hersteller und Besteller bzw. Abnehmer zu treffen.

6.2 Zulässige Abweichungen der Drahtdurchmesser d

Die zulässigen Abweichungen der Drahtdurchmesser d sind in den entsprechenden Werkstoffnormen siehe 5.4 festgelegt.

6.3 Zulässige Abweichungen A_D für den Windungsdurchmesser D bei unbelasteter Feder

Für mittlere Windungsdurchmesser D bis 200 mm, siehe Tabelle 3.

In den Zeichnungen, Anfrage- und Bestellunterlagen muss entweder der Innendurchmesser D_i oder der Außendurchmesser D_e angegeben werden und der sich daraus ergebende mittlere Windungsdurchmesser D.

8

Die für den mittleren Windungsdurchmesser D festgelegten zulässigen Abweichungen A_D gelten für den zugehörigen Innendurchmesser D_i und für den zugehörigen Außendurchmesser D_e.

Bei Federn, die in einer Hülse oder über einem Dorn arbeiten, wird empfohlen, dass auch der kleinste Hülsendurchmesser bzw. der größte Dorndurchmesser angegeben werden muss.

Tabelle 3

D mm		Zulässige Abweichungen A_D mm								
		Gütegrad 1 bei Wickelverhältnis w			Gütegrad 2 bei Wickelverhältnis w			Gütegrad 3 bei Wickelverhältnis w		
über	bis	4 bis 8	über 8 bis 14	über 14 bis 20	4 bis 8	über 8 bis 14	über 14 bis 20	4 bis 8	über 8 bis 14	über 14 bis 20
0,63	1	± 0,05	± 0,07	± 0,1	± 0,07	± 0,1	± 0,15	± 0,1	± 0,15	± 0,2
1	1,6	± 0,05	± 0,07	± 0,1	± 0,08	± 0,1	± 0,15	± 0,15	± 0,2	± 0,3
1,6	2,5	± 0,07	± 0,1	± 0,15	± 0,1	± 0,15	± 0,2	± 0,2	± 0,3	± 0,4
2,5	4	± 0,1	± 0,1	± 0,15	± 0,15	± 0,2	± 0,25	± 0,3	± 0,4	± 0,5
4	6,3	± 0,1	± 0,15	± 0,2	± 0,2	± 0,25	± 0,3	± 0,4	± 0,5	± 0,6
6,3	10	± 0,15	± 0,15	± 0,2	± 0,25	± 0,3	± 0,35	± 0,5	± 0,6	± 0,7
10	16	± 0,15	± 0,2	± 0,25	± 0,3	± 0,35	± 0,4	± 0,6	± 0,7	± 0,8
16	25	± 0,2	± 0,25	± 0,3	± 0,35	± 0,45	± 0,5	± 0,7	± 0,9	± 1,0
25	31,5	± 0,25	± 0,3	± 0,35	± 0,4	± 0,5	± 0,6	± 0,8	± 1,0	± 1,2
31,5	40	± 0,25	± 0,3	± 0,35	± 0,5	± 0,6	± 0,7	± 1,0	± 1,2	± 1,5
40	50	± 0,3	± 0,4	± 0,5	± 0,6	± 0,8	± 0,9	± 1,2	± 1,5	± 1,8
50	63	± 0,4	± 0,5	± 0,6	± 0,8	± 1,0	± 1,1	± 1,5	± 2,0	± 2,3
63	80	± 0,5	± 0,7	± 0,8	± 1,0	± 1,2	± 1,4	± 1,8	± 2,4	± 2,8
80	100	± 0,6	± 0,8	± 0,9	± 1,2	± 1,5	± 1,7	± 2,3	± 3,0	± 3,5
100	125	± 0,7	± 1,0	± 1,1	± 1,4	± 1,9	± 2,2	± 2,8	± 3,7	± 4,4
125	160	± 0,9	± 1,2	± 1,4	± 1,8	± 2,3	± 2,7	± 3,5	± 4,6	± 5,4
160	200	± 1,2	± 1,5	± 1,7	± 2,1	± 2,9	± 3,3	± 4,2	± 5,7	± 6,6

6.4 Zulässige Abweichungen A_F für die Federkraft F bei vorgegebener Federlänge L

Die zulässige Abweichung für die Federkraft beträgt

$$A_F = \pm \left(a_F \cdot k_f + \frac{1,5\,F}{100} \right) \cdot Q \tag{4}$$

Die Größe a_F kann den Bildern 3 und 4 entnommen werden oder mit der entsprechenden Formel aus Anhang A errechnet werden.

Der Faktor k_f kann aus Bild 5 und der Beiwert Q kann aus Tabelle 4 entnommen oder mit der entsprechenden Formel aus Anhang A errechnet werden.

Die in den Bildern 3 und 4 festgelegten Größen a_F für Federn nach Bild 1 gelten nur für knicksichere Federn (siehe auch EN 13906-1).

9

6.5 Zulässige Abweichungen A_{L0} für die Länge L_0 der unbelasteten Feder

Die Länge der unbelasteten Feder L_0 ist bis 630 mm zulässig.

L_0 ist nur in Übereinstimmung mit den Anforderungen aus 6.7 zu tolerieren.

Die zulässige Abweichung ist:

$$A_{L0} = \pm \frac{a_F \cdot k_f \cdot Q}{R} \tag{5}$$

Tabelle 4

Gütegrad	Q
1	0,63
2	1,00
3	1,60

10

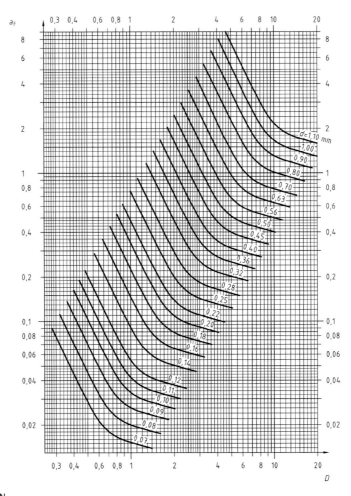

a_F in N
D in mm

Bild 3 — Größe a_F; Einfluss der Form und Abmessungen auf die Abweichungen von Federkraft und Federlänge für die Drahtdurchmesser 0,07 mm bis 1,1 mm

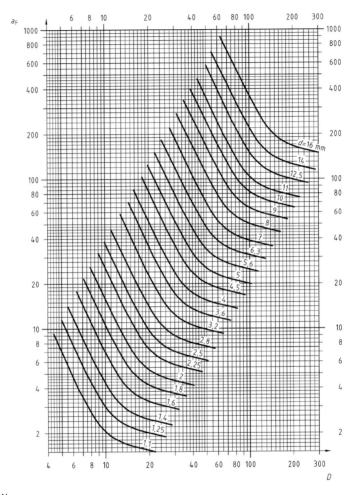

a_F in N
D in mm

Bild 4 — Größe a_F; Einfluss der Form und Abmessungen auf die Abweichungen von Federkraft und Federlänge für die Drahtdurchmesser 1,1 mm bis 16 mm

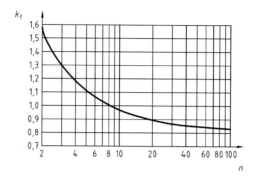

Bild 5 — Faktor k_f; Einfluss der federnden Windungen auf die Abweichungen von Federkraft und Federlänge

6.6 Zulässige Abweichungen e_1 und e_2 von unbelasteten Federn mit angelegten und geschliffenen Federenden

Tabelle 5

Gütegrad	1	2	3
Abweichung e_1 der Mantellinie von der Senkrechten	$0{,}03\,L_0$	$0{,}05\,L_0$	$0{,}08\,L_0$
Abweichung e_2 von der Parallelität	$0{,}015\,D_e$	$0{,}03\,D_e$	$0{,}06\,D_e$

Werte für e_1 und e_2 (siehe Bild 1) sollten nur festgelegt werden, wenn sie für die Funktion der Feder wichtig sind.

Der Gütegrad 1 kann nur erreicht werden bei Federn mit einem Wickelverhältnis $w \leq 12$ und einem Schlankheitsgrad $\lambda \leq 5$.

6.7 Fertigungsausgleich

Der Hersteller benötigt zur Einhaltung der geforderten Grenzabweichungen einen Fertigungsausgleich, siehe Tabelle 6.

13

Tabelle 6

Festgelegte Größen	Fertigungsausgleich durch:
Eine Federkraft und zugehörige Länge der belasteten Feder	L_0
Eine Federkraft, zugehörige Länge der belasteten Feder und Länge der unbelasteten Feder L_0	n und d oder n und D_e, D_i
Zwei Federkräfte und zugehörige Längen der belasteten Feder	L_0, n und d oder L_0, n und D_e, D_i

Die Größen, die zum Fertigungsausgleich freigegeben werden, sind in Zeichnungen oder den Anfrage- und Bestellunterlagen anzugeben und gelten nur als Richtwerte.

Bei Ausnutzung eines Fertigungsausgleiches ist darauf zu achten, dass die zulässige Schubspannung nicht überschritten wird (siehe EN 13906-1).

7 Prüfung

7.1 Statische Belastungsprüfung

Diese Prüfung wird an der stehenden Feder in Belastungsrichtung durchgeführt. Dabei muss die vorgegebene Federlänge L angefahren und die zugehörige Kraft F abgelesen werden. Die maximal zulässige Federkraft darf während der Belastungsprüfung nicht überschritten werden. Die zulässige Fehlergrenze der Kraftanzeige muss ± 1 % betragen.

Bei gesetzten Federn muss vor der statischen Prüfung die Feder in jedem Falle auf Blocklänge oder auf eine zu vereinbarende Federlänge gedrückt werden; bei ungesetzten Federn wird auf die kleinste im Betrieb oder bei der Montage vorkommende Länge gedrückt. Diese Länge muss angegeben werden.

Federn, die nicht knicksicher sind (siehe EN 13906-1), müssen auf Dorn oder in Hülse geprüft werden, wobei die Durchmesser von Dorn oder Hülse sowie das Prüfverfahren zu vereinbaren sind.

7.2 Kennlinie

Die nach EN 13906-1 errechnete Kennlinie (Kraft-Weg-Linie) der zylindrischen Schraubendruckfeder ist eine Gerade. Praktisch entwickelt sich diese Kennlinie zu Beginn und im Auslauf nicht linear. Falls die Federrate R durch Ermittlung der Federkennlinie geprüft werden soll, muss diese Prüfung, um den linearen Teil sicher zu erfassen, im Bereich von $0,3\,F_n$ bis $0,7\,F_n$ durchgeführt werden, wobei F_n der kleinsten zulässigen Prüflänge L_n zuzuordnen ist.

Die Federrate R ist dann:

$$R = \frac{\Delta F}{\Delta L} = \frac{\Delta F}{\Delta s} = \frac{F_2 - F_1}{L_1 - L_2} = \frac{F_2 - F_1}{s_2 - s_1} \tag{6}$$

wobei ΔF der Kraftzuwachs zur Längenabnahme ΔL bzw. zur Federwegzunahme Δs ist (siehe Bild 6).

14

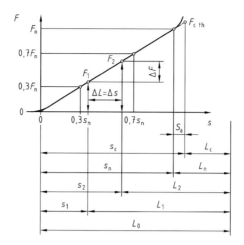

Bild 6 — Prüfdiagramm

7.3 Prüfkraft für das Pressen auf Blocklänge (Setzprüfung)

Auf Blocklänge L_c darf höchstens mit der 1,5-fachen theoretischen Federkraft $F_{c\,th}$, die der Blocklänge L_c zugeordnet ist, geprüft werden.

Die Art und Weise der Prüfung der Blocklänge ist zwischen Hersteller und Besteller bzw. Abnehmer zu vereinbaren.

15

Anhang A
(informativ)

Erläuterungen und Formeln

Diese Europäische Norm enthält die zwischen den beteiligten Industriekreisen nach dem Stand der Technik getroffenen Vereinbarungen über Auslegung, Anforderungen und Prüfung bei kaltgeformten Druckfedern nach Tabelle 1 dieser Norm. Die zulässigen Abweichungen sind so festgelegt, dass auch kleinere Stückzahlen mit wirtschaftlich vertretbarem Aufwand hergestellt und abgenommen werden können. Für die Druckfedern sind die Gütegrade 1, 2 und 3 festgelegt, wobei die zulässigen Abweichungen bei Gütegrad 1 das 0,63-fache und die zulässigen Abweichungen bei Gütegrad 3 das 1,6-fache des mittleren Gütegrades 2 ausmachen. Druckfedern, deren Kraft- und Längenabweichungen dem Gütegrad 1 entsprechen, können vom Hersteller bei üblichem Fertigungsaufwand und den heute gegebenen Messmethoden im Mittel mit 1 % Ausschuss gefertigt werden. Derartige Federn müssen in Bezug auf Gütegrad-1-Kriterien 100%ig geprüft werden und verursachen dadurch einen erhöhten Fertigungsaufwand. Gütegrad 2 sollte darum bevorzugt vorgeschrieben werden, weil dieser Gütegrad mit Hilfe einer gut organisierten Stichprobenprüfung während der Fertigung ohne Vollprüfung garantiert werden kann. Gütegrad 2 wird meistens das günstigste Kosten-Qualitätsverhältnis ergeben.

Die durchschnittliche Ausfallquote von 1 % bei Gütegrad 1 für Kraft- und Längentoleranzen entspricht statistisch einer Streubreite von $\pm\,2{,}58\,s$ (s = Standardabweichung im Sinne einer Normalverteilung siehe ISO 16269-6).

Die Formeln für Bilder 3, 4 und 5 lauten:

$$k_f = -\frac{1}{3 \cdot n^2} + \frac{8}{5 \cdot n} + 0{,}803 \tag{A.1}$$

$$a_F = 65{,}92 \cdot \frac{d^{3,3}}{D^{1,6}} \cdot \left[-0{,}84 \left(\frac{w}{10}\right)^3 + 3{,}781 \left(\frac{w}{10}\right)^2 - 4{,}244 \, \frac{w}{10} + 2{,}274 \right] \tag{A.2}$$

$$w = \frac{D}{d} \tag{A.3}$$

Für die Anwendung dieser Formeln muss das Wickelverhältnis $4 \le w \le 20$ betragen. (siehe Tabelle 1)

Anhang B
(informativ)

Beispiel — Angaben der Parameter für Schraubendruckfedern

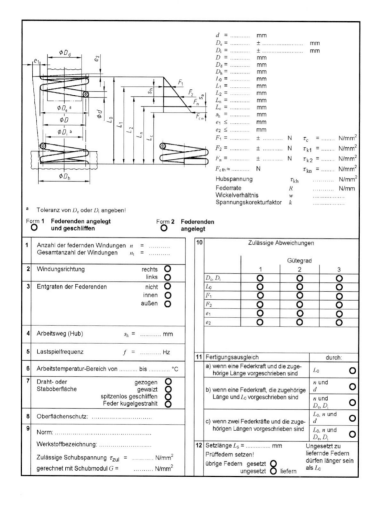

Dem Anwender dieses Formblattes ist unbeschadet die Vervielfältigung des Formblattes gestattet.

Die Benennungen k, τ_c, τ_{k1}, τ_{k2}, τ_{kn}, τ_{kh} und τ_{zul} aus Tabelle B.1 sind EN 13906-1 entnommen.

Tabelle B.1

Formelzeichen	Einheit	Benennung
k	—	Spannungskorrekturfaktor (in Abhängigkeit von D/d)
τ_c	N/mm²	Nicht korrigierte Schubspannung, zugeordnet der Blocklänge L_c
τ_{k1}, $\tau_{k2}\cdots$	N/mm²	Korrigierte Schubspannung, zugeordnet den Federkräften F_1, $F_2\cdots$
τ_{kh}	N/mm²	Korrigierte Hubspannung, zugeordnet dem Hub s_h
τ_{kn}	N/mm²	Korrigierte Schubspannung, zugeordnet der Federkraft F_n
τ_{zul}	N/mm²	Zulässige Schubspannung

18

551

Literaturhinweise

EN 13906-1, *Zylindrische Schraubenfedern aus runden Drähten und Stäben — Berechnung und Konstruktion — Teil 1: Druckfedern*

ISO 16269-6, *Statistical interpretation of data — Part 6: Determination of statistical tolerance intervals*

19

Juli 2011

DIN EN ISO 4017

ICS 21.060.10

Ersatz für
DIN EN ISO 4017:2001-03 und
DIN EN ISO 4017
Berichtigung 1:2005-03

Sechskantschrauben mit Gewinde bis Kopf – Produktklassen A und B (ISO 4017:2011); Deutsche Fassung EN ISO 4017:2011

Hexagon head screws –
Product grades A and B (ISO 4017:2011);
German version EN ISO 4017:2011

Vis à tête hexagonale entièrement filetées –
Grades A et B (ISO 4017:2011);
Version allemande EN ISO 4017:2011

Gesamtumfang 18 Seiten

Normenausschuss Mechanische Verbindungselemente (FMV) im DIN

Nationales Vorwort

Dieses Dokument (EN ISO 4017:2011) wurde vom Technischen Komitee ISO/TC 2 „Fasteners" in Zusammenarbeit mit dem Technischen Komitee CEN/TC 185 „Mechanische Verbindungselemente" (Sekretariat: DIN, Deutschland) erarbeitet. Das zuständige deutsche Gremium ist der Arbeitsausschuss NA 067-00-02 AA „Verbindungselemente mit metrischem Außengewinde" im Normenausschuss Mechanische Verbindungselemente (FMV).

Für Schrauben nach dieser Norm gilt Sachmerkmal-Leiste DIN 4000-160-1.

Für die im Abschnitt 2 zitierten Internationalen Normen wird im Folgenden auf die entsprechenden Deutschen Normen hingewiesen:

ISO 225	siehe DIN EN ISO 225
ISO 724	siehe DIN ISO 724
ISO 898-1	siehe DIN EN ISO 898-1
ISO 965-1	siehe DIN ISO 965-1
ISO 3269	siehe DIN EN ISO 3269
ISO 3506-1	siehe DIN EN ISO 3506-1
ISO 4042	siehe DIN EN ISO 4042
ISO 4753	siehe DIN EN ISO 4753
ISO 4759-1	siehe DIN EN ISO 4759-1
ISO 6157-1	siehe DIN EN 26157-1
ISO 8839	siehe DIN EN 28839
ISO 8992	siehe DIN ISO 8992
ISO 10683	siehe DIN EN ISO 10683

Änderungen

Gegenüber DIN EN ISO 4017:2001-03 und DIN EN ISO 4017 Berichtigung 1:2005-03 wurden folgende Änderungen vorgenommen:

a) Datierungen der normativen Verweisungen wurden gestrichen;

b) Inhalte der Berichtigung übernommen;

c) redaktionelle Überarbeitung einschließlich Aktualisierung der normativen Verweisungen;

d) Anhang ZA gestrichen.

Frühere Ausgaben

DIN KrK 144: 1931-02
DIN Kr 553: 1935-09
DIN 933-1: 1926-07, 1942-04, 1952-12, 1963-03
DIN 933-2: 1926-07, 1942-04
DIN 933: 1967-12, 1970-12, 1983-12, 1987-09
DIN ISO 4017: 1987-09, 1989-10
DIN EN 24017: 1992-02
DIN EN ISO 4017: 2001-03
DIN EN ISO 4017 Berichtigung 1: 2005-03

2

Nationaler Anhang NA
(informativ)

Literaturhinweise

DIN 4000-160, *Sachmerkmal-Leisten — Teil 160: Verbindungselemente mit Außengewinde*

DIN EN 26157-1, *Verbindungselemente, Oberflächenfehler — Schrauben für allgemeine Anforderungen*

DIN EN 28839, *Mechanische Eigenschaften von Verbindungselementen — Schrauben und Muttern aus Nichteisenmetallen*

DIN EN ISO 225, *Mechanische Verbindungselemente — Schrauben und Muttern — Bemaßung*

DIN EN ISO 898-1, *Mechanische Eigenschaften von Verbindungselementen aus Kohlenstoffstahl und legiertem Stahl — Teil 1: Schrauben mit festgelegten Festigkeitsklassen — Regelgewinde und Feingewinde*

DIN EN ISO 3269, *Mechanische Verbindungselemente — Annahmeprüfung*

DIN EN ISO 3506-1, *Mechanische Eigenschaften von Verbindungselementen aus nichtrostendem Stahl — Teil 1: Schrauben*

DIN EN ISO 4042, *Verbindungselemente — Galvanische Überzüge*

DIN EN ISO 4753, *Verbindungselemente — Enden von Teilen mit metrischem ISO-Außengewinde*

DIN EN ISO 4759-1, *Toleranzen für Verbindungselemente — Teil 1: Schrauben und Muttern, Produktklassen A, B und C*

DIN EN ISO 10683, *Verbindungselemente — Nichtelektrolytisch aufgebrachte Zinklamellenüberzüge*

DIN ISO 724, *Metrische ISO-Gewinde allgemeiner Anwendung — Grundmaße*

DIN ISO 965-1, *Metrisches ISO-Gewinde allgemeiner Anwendung — Toleranzen — Teil 1: Prinzipien und Grundlagen*

DIN ISO 8992, *Verbindungselemente — Allgemeine Anforderungen für Schrauben und Muttern*

3

EUROPÄISCHE NORM
EUROPEAN STANDARD
NORME EUROPÉENNE

EN ISO 4017

April 2011

ICS 21.060.10

Ersatz für EN ISO 4017:2000

Deutsche Fassung

Sechskantschrauben mit Gewinde bis Kopf — Produktklassen A und B (ISO 4017:2011)

Hexagon head screws —
Product grades A and B
(ISO 4017:2011)

Vis à tête hexagonale entièrement filetées —
Grades A et B
(ISO 4017:2011)

Diese Europäische Norm wurde vom CEN am 31. Januar 2011 angenommen.

Die CEN-Mitglieder sind gehalten, die CEN/CENELEC-Geschäftsordnung zu erfüllen, in der die Bedingungen festgelegt sind, unter denen dieser Europäischen Norm ohne jede Änderung der Status einer nationalen Norm zu geben ist. Auf dem letzten Stand befindliche Listen dieser nationalen Normen mit ihren bibliographischen Angaben sind beim Management-Zentrum des CEN-CENELEC oder bei jedem CEN-Mitglied auf Anfrage erhältlich.

Diese Europäische Norm besteht in drei offiziellen Fassungen (Deutsch, Englisch, Französisch). Eine Fassung in einer anderen Sprache, die von einem CEN-Mitglied in eigener Verantwortung durch Übersetzung in seine Landessprache gemacht und dem Management-Zentrum mitgeteilt worden ist, hat den gleichen Status wie die offiziellen Fassungen.

CEN-Mitglieder sind die nationalen Normungsinstitute von Belgien, Bulgarien, Dänemark, Deutschland, Estland, Finnland, Frankreich, Griechenland, Irland, Island, Italien, Kroatien, Lettland, Litauen, Luxemburg, Malta, den Niederlanden, Norwegen, Österreich, Polen, Portugal, Rumänien, Schweden, der Schweiz, der Slowakei, Slowenien, Spanien, der Tschechischen Republik, Ungarn, dem Vereinigten Königreich und Zypern.

EUROPÄISCHES KOMITEE FÜR NORMUNG
EUROPEAN COMMITTEE FOR STANDARDIZATION
COMITÉ EUROPÉEN DE NORMALISATION

Management-Zentrum: Avenue Marnix 17, B-1000 Brüssel

Inhalt

2

Vorwort

Dieses Dokument (EN ISO 4017:2011) wurde vom Technischen Komitee ISO/TC 2 „Fasteners" in Zusammenarbeit mit dem Technischen Komitee CEN/TC 185 „Mechanische Verbindungselemente" erarbeitet, dessen Sekretariat vom DIN gehalten wird.

Diese Europäische Norm muss den Status einer nationalen Norm erhalten, entweder durch Veröffentlichung eines identischen Textes oder durch Anerkennung bis Oktober 2011, und etwaige entgegenstehende nationale Normen müssen bis Oktober 2011 zurückgezogen werden.

Es wird auf die Möglichkeit hingewiesen, dass einige Texte dieses Dokuments Patentrechte berühren können. CEN [und/oder CENELEC] sind nicht dafür verantwortlich, einige oder alle diesbezüglichen Patentrechte zu identifizieren.

Dieses Dokument ersetzt EN ISO 4017:2000.

Entsprechend der CEN/CENELEC-Geschäftsordnung sind die nationalen Normungsinstitute der folgenden Länder gehalten, diese Europäische Norm zu übernehmen: Belgien, Bulgarien, Dänemark, Deutschland, Estland, Finnland, Frankreich, Griechenland, Irland, Island, Italien, Kroatien, Lettland, Litauen, Luxemburg, Malta, Niederlande, Norwegen, Österreich, Polen, Portugal, Rumänien, Schweden, Schweiz, Slowakei, Slowenien, Spanien, Tschechische Republik, Ungarn, Vereinigtes Königreich und Zypern.

Anerkennungsnotiz

Der Text von ISO 4017:2011 wurde vom CEN als EN ISO 4017:2011 ohne irgendeine Abänderung genehmigt.

3

Einleitung

Diese Internationale Norm gehört zu einer vollständigen Reihe von ISO-Produktnormen über Sechskantschrauben und -muttern. Diese Reihe besteht aus:

a) Sechskantschrauben mit Schaft
   (ISO 4014, ISO 4015, ISO 4016 und ISO 8765);

b) Sechskantschrauben mit Gewinde bis Kopf
   (ISO 4017, ISO 4018 und ISO 8676);

c) Sechskantmuttern
   (ISO 4032, ISO 4033, ISO 4034, ISO 4035, ISO 4036, ISO 7040, ISO 7041, ISO 7042, ISO 7719, ISO 7720, ISO 8673, ISO 8674, ISO 8675, ISO 10511, ISO 10512 und ISO 10513);

d) Sechskantschrauben mit Flansch
   (ISO 4162, ISO 15071 und ISO 15072);

e) Sechskantmuttern mit Flansch
   (ISO 4161, ISO 7043, ISO 7044, ISO 10663, ISO 12125, ISO 12126 und ISO 21670).

4

1 Anwendungsbereich

Diese Internationale Norm legt Eigenschaften von Sechskantschrauben mit Gewinde bis Kopf und Gewinden von M1,6 bis M64, mit Produktklasse A für Gewinde von M1,6 bis M24 und Nennlängen ≤ 10 d oder 150 mm, wobei der kleinere Zahlenwert gilt, und mit Produktklasse B für Gewinde über M24 oder Nennlängen > 10 d oder 150 mm, wobei der kleinere Zahlenwert gilt, fest.

ANMERKUNG   Diese Sechskantschrauben entsprechen denen nach ISO 4014. Sie haben lediglich Gewinde bis Kopf und sind handelsüblich nur in Nennlängen bis 200 mm festgelegt.

Falls in besonderen Fällen andere Festlegungen als die in dieser Norm aufgeführten benötigt werden, können diese den entsprechenden ISO-Normen entnommen werden, z. B. ISO 724, ISO 888, ISO 898-1, ISO 965-1, ISO 3506-1, ISO 4753 und ISO 4759-1.

2 Normative Verweisungen

Die folgenden zitierten Dokumente sind für die Anwendung dieses Dokuments erforderlich. Bei datierten Verweisungen gilt nur die in Bezug genommene Ausgabe. Bei undatierten Verweisungen gilt die letzte Ausgabe des in Bezug genommenen Dokuments (einschließlich aller Änderungen).

ISO 225, *Fasteners — Bolts, screws, studs and nuts — Symbols and descriptions of dimensions*
(Mechanische Verbindungselemente — Schrauben und Muttern — Bemaßung)

ISO 724, *ISO general-purpose metric screw threads — Basic dimensions*
(Metrische ISO-Gewinde allgemeiner Anwendung — Grundmaße)

ISO 898-1, *Mechanical properties of fasteners made of carbon steel and alloy steel — Part 1: Bolts, screws and studs with specified property classes — Coarse thread and fine pitch thread*
(Mechanische Eigenschaften von Verbindungselementen aus Kohlenstoffstahl und legiertem Stahl — Teil 1: Schrauben mit festgelegten Festigkeitsklassen — Regelgewinde und Feingewinde)

ISO 965-1, *ISO general purpose metric screws threads — Tolerances — Part 1: Principles and basic data*
(Metrisches ISO-Gewinde für allgemeine Zwecke — Toleranzen — Teil 1: Prinzipien und Grundlagen)

ISO 3269, *Fasteners — Acceptance inspection*
(Mechanische Verbindungselemente — Annahmeprüfung)

ISO 3506-1, *Mechanical properties of corrosion-resistant stainless steel fasteners — Part 1: Bolts, screws and studs*
(Mechanische Eigenschaften von Verbindungselementen aus nichtrostendem Stahl — Teil 1: Schrauben)

ISO 3508, *Thread run-outs for fasteners with thread in accordance with ISO 261 and ISO 262*
(Gewindeausläufe für Verbindungselemente mit ISO-Gewinde gemäß ISO 261 und ISO 262)

ISO 4042, *Fasteners — Electroplated coatings*
(Verbindungselemente — Galvanische Überzüge)

ISO 4753, *Fasteners — Ends of parts with external ISO metric thread*
(Verbindungselemente — Enden von Teilen mit metrischem ISO-Außengewinde)

ISO 4759-1, *Tolerances for fasteners — Part 1: Bolts, screws, studs and nuts — Product grades A, B and C*
(Toleranzen für Verbindungselemente — Teil 1: Schrauben und Muttern — Produktklassen A, B und C)

ISO 6157-1, *Fasteners — Surface discontinuities — Part 1: Bolts, screws and studs for general requirements*
(Verbindungselemente — Oberflächenfehler — Teil 1: Schrauben für allgemeine Anforderungen)

5

ISO 8839, *Mechanical properties of fasteners — Bolts, screws, studs and nuts made of non-ferrous metals* (*Mechanische Eigenschaften von Verbindungselementen — Schrauben und Muttern aus Nichteisenmetallen*)

ISO 8992, *Fasteners — General requirements for bolts, screws, studs and nuts* (*Verbindungselemente — Allgemeine Anforderungen für Schrauben und Muttern*)

ISO 10683, *Fasteners — Non-electrolytically applied zinc flake coatings* (*Verbindungselemente — Nichtelektrolytisch aufgebrachte Zinklamellenüberzüge*)

3 Maße

Siehe Bild 1 sowie Tabellen 1 und 2.

Maßbuchstaben und deren Beschreibung sind in ISO 225 festgelegt.

Maße in Millimeter

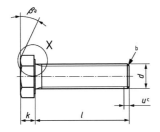

X   X^f

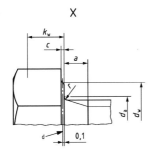
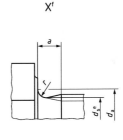

^a $\beta = 15°$ bis $30°$

^b Ende gefast (Kegelkuppe) oder für Gewinde $\leq$ M4 ohne Kuppe zulässig (siehe ISO 4753)

^c unvollständiges Gewinde $u \leq 2\,P$

^d Bezugslinie für d_w

^e $d_s \approx$ Flankendurchmesser

^f zulässige Form

Bild 1

Tabelle 1 — Vorzugsgrößen

Maße in Millimeter

Gewinde, d			M1,6	M2	M2,5	M3	M4	M5	M6
p^a			0,35	0,4	0,45	0,5	0,7	0,8	1
a		max.^{b}	1,05	1,2	1,35	1,5	2,1	2,4	3
		min.	0,35	0,4	0,45	0,5	0,7	0,8	1
c		max.	0,25	0,25	0,25	0,40	0,40	0,50	0,50
		min.	0,10	0,10	0,10	0,15	0,15	0,15	0,15
d_a		max.	2	2,6	3,1	3,6	4,7	5,7	6,8
d_w	Produktklasse	A min.	2,27	3,07	4,07	4,57	5,88	6,88	8,88
		B	2,30	2,95	3,95	4,45	5,74	6,74	8,74
e	Produktklasse	A min.	3,41	4,32	5,45	6,01	7,66	8,79	11,05
		B	3,28	4,18	5,31	5,88	7,50	8,63	10,89
k		Nennmaß	1,1	1,4	1,7	2	2,8	3,5	4
	Produktklasse A	max.	1,225	1,525	1,825	2,125	2,925	3,65	4,15
		min.	0,975	1,275	1,575	1,875	2,675	3,35	3,85
	Produktklasse B	max.	1,3	1,6	1,9	2,2	3,0	3,74	4,24
		min.	0,9	1,2	1,5	1,8	2,6	3,26	3,76
k_w^c	Produktklasse	A min.	0,68	0,89	1,10	1,31	1,87	2,35	2,70
		B	0,63	0,84	1,05	1,26	1,82	2,28	2,63
r		min.	0,1	0,1	0,1	0,1	0,2	0,2	0,25
s	Nennmaß =	max.	3,20	4,00	5,00	5,50	7,00	8,00	10,00
	Produktklasse	A min.	3,02	3,82	4,82	5,32	6,78	7,78	9,78
		B	2,90	3,70	4,70	5,20	6,64	7,64	9,64

Nenn maß	Produktklasse A		Produktklasse B	
	min.	max.	min.	max.
2	1,8	2,2	–	–
3	2,8	3,2	–	–
4	3,76	4,24	–	–
5	4,76	5,24	–	–
6	5,76	6,24	–	–
8	7,71	8,29	–	–
10	9,71	10,29	–	–
12	11,65	12,35	–	–
16	15,65	16,35	–	–
20	19,58	20,42	18,95	21,05
25	24,58	25,42	23,95	26,05
30	29,58	30,42	28,95	31,05
35	34,5	35,5	33,75	36,25
40	39,5	40,5	38,75	41,25
45	44,5	45,5	43,75	46,25
50	49,5	50,5	48,75	51,25
55	54,4	55,6	53,5	56,5
60	59,4	60,6	58,5	61,5
65	64,4	65,6	63,5	66,5
70	69,4	70,6	68,5	71,5
80	79,4	80,6	78,5	81,5
90	89,3	90,7	88,25	91,75
100	99,3	100,7	98,25	101,75
110	109,3	110,7	108,25	111,75
120	119,3	120,7	118,25	121,75
130	129,2	130,8	128	132
140	139,2	140,8	138	142
150	149,2	150,8	148	152
160	–	–	158	162
180	–	–	178	182
200	–	–	197,7	202,3

7

Tabelle 1 *(fortgesetzt)*

Maße in Millimeter

Gewinde, d				M8	M10	M12	M16	M20	M24
p^a				1,25	1,5	1,75	2	2,5	3
a			max.^{b}	4	4,5	5,3	6	7,5	9
			min.	1,25	1,5	1,75	2	2,5	3
c			max.	0,15	0,15	0,15	0,2	0,2	0,2
			min.	0,6	0,6	0,6	0,8	0,8	0,8
d_a			max.	9,2	11,2	13,7	17,7	22,4	26,4
d_w	Produktklasse	A	min.	11,63	14,63	16,63	22,49	28,19	33,61
		B		11,47	14,47	16,47	22	27,7	33,25
e	Produktklasse	A	min.	14,38	17,77	20,03	26,75	33,53	39,98
		B		14,20	17,59	19,85	26,17	32,95	39,55
			Nennmaß	5,3	6,4	7,5	10	12,5	15
k	Produktklasse	A	max.	5,45	6,58	7,68	10,18	12,715	15,215
			min.	5,15	6,22	7,32	9,82	12,285	14,785
	Produktklasse	B	max.	5,54	6,69	7,79	10,29	12,85	15,35
			min.	5,06	6,11	7,21	9,71	12,15	14,65
$k_w{}^c$	Produktklasse	A	min.	3,61	4,35	5,12	6,87	8,6	10,35
		B		3,54	4,28	5,05	6,8	8,51	10,26
r			min.	0,4	0,4	0,6	0,6	0,8	0,8
		Nennmaß =	max.	13,00	16,00	18,00	24,00	30,00	36,00
s	Produktklasse	A	min.	12,73	15,73	17,73	23,67	29,67	35,38
		B		12,57	15,57	17,57	23,16	29,16	35

	Produktklasse			
	A		B	
l				
Nennmaß	min.	max.	min.	max.
2	1,8	2,2	–	–
3	2,8	3,2	–	–
4	3,76	4,24	–	–
5	4,76	5,24	–	–
6	5,76	6,24	–	–
8	7,71	8,29	–	–
10	9,71	10,29	–	–
12	11,65	12,35	–	–
16	15,65	16,35	–	–
20	19,58	20,42	18,95	21,05
25	24,58	25,42	23,95	26,05
30	29,58	30,42	28,95	31,05
35	34,5	35,5	33,75	36,25
40	39,5	40,5	38,75	41,25
45	44,5	45,5	43,75	46,25
50	49,5	50,5	48,75	51,25
55	54,4	55,6	53,5	56,5
60	59,4	60,6	58,5	61,5
65	64,4	65,6	63,5	66,5
70	69,4	70,6	68,5	71,5
80	79,4	80,6	78,5	81,5
90	89,4	90,7	88,25	91,75
100	99,3	100,7	98,25	101,75
110	109,3	110,7	108,25	111,25
120	119,3	120,7	118,25	121,75
130	129,2	130,8	128	132
140	139,2	140,8	138	142
150	149,2	150,8	148	152
160	–	–	158	162
180	–	–	178	182
200	–	–	197,7	202,3

8

Tabelle 1 *(fortgesetzt)*

Maße in Millimeter

Gewinde, d				M30	M36	M42	M48	M56	M64
P^a				3,5	4	4,5	5	5,5	6
a			max.[b]	10,5	12	13,5	15	16,5	18
			min.	3,5	4	4,5	5	5,5	6
c			max.	0,2	0,2	0,3	0,3	0,3	0,3
			min.	0,8	0,8	1	1	1	1
d_a			max.	33,4	39,4	45,6	52,6	63	71
d_w	Produktklasse	$\dfrac{A}{B}$	min.	– 42,75	– 51,11	– 59,95	– 69,45	– 78,66	– 88,16
e	Produktklasse	$\dfrac{A}{B}$	min.	– 50,85	– 60,79	– 71,3	– 82,6	– 93,56	– 104,86
k			Nennmaß	18,7	22,5	26	30	35	40
	Produktklasse A		max.	–	–	–	–	–	–
			min.	–	–	–	–	–	–
	Produktklasse B		max.	19,12	22,92	26,42	30,42	35,5	40,5
			min.	18,28	22,08	25,58	29,58	34,5	39,5
$k_w{}^c$	Produktklasse	$\dfrac{A}{B}$	min.	– 12,8	– 15,46	– 17,91	– 20,71	– 24,15	– 27,65
r			min.	1	1	1,2	1,6	2	2
s		Nennmaß =	max.	46	55,0	65,0	75,0	85,0	95,0
	Produktklasse	$\dfrac{A}{B}$	min.	– 45	– 53,8	– 63,1	– 73,1	– 82,8	– 92,8

		Produktklasse					
		A		B			
		l					
Nennmaß	min.	max.	min.	max.			
2	1,8	2,2	–	–			
3	2,8	3,2	–	–			
4	3,76	4,24	–	–			
5	4,76	5,24	–	–			
6	5,76	6,24	–	–			
8	7,71	8,29	–	–			
10	9,71	10,29	–	–			
12	11,65	12,35	–	–			
16	15,65	16,35	–	–			
20	19,58	20,42	18,95	21,05			
25	24,58	25,42	23,95	26,05			
30	29,58	30,42	28,95	31,05			
35	34,5	35,5	33,75	36,25			
40	39,5	40,5	38,75	41,25			
45	44,5	45,5	43,75	46,25			
50	49,5	50,5	48,75	51,25			
55	54,4	55,6	53,5	56,5			
60	59,4	60,6	58,5	61,5			
65	64,4	65,6	63,5	66,5			
70	69,4	70,6	68,5	71,5			
80	79,4	80,6	78,5	81,5			
90	89,3	90,7	88,25	91,75			
100	99,3	100,7	98,25	101,75			
110	109,3	110,7	108,25	111,75			
120	119,3	120,7	118,25	121,75			
130	129,2	130,8	128	132			
140	139,2	140,8	138	142			
150	149,2	150,8	148	152			
160	–	–	158	162			
180	–	–	178	182			
200	–	–	197,7	202,3			

ANMERKUNG   Der Bereich der handelsüblichen Längen liegt zwischen den durchgezogenen fetten Stufenlinien:
—   für Produktklasse A über der gestrichelten Stufenlinie;
—   für Produktklasse B unter der gestrichelten Stufenlinie.

[a] P ist die Gewindesteigung.
[b] Die Maße stimmen mit den Werten a_{max}, normale Reihe, nach ISO 3508 überein.
[c] $k_{w,\,min} = 0,7\,k_{min}$

9

Tabelle 2 — Zu vermeidende Gewinde

Maße in Millimeter

Gewinde, d				M3,5	M14	M18	M22	M27
P^a				0,6	2	2,5	2,5	3
a			max.^{b}	1,8	6	7,5	7,5	9
			min.	0,6	2	2,5	2,5	3
c			max.	0,15	0,15	0,2	0,2	0,2
			min.	0,4	0,6	0,8	0,8	0,8
d_a			max.	4,1	15,7	20,2	24,4	30,4
d_w	Produktklasse	A	min.	5,07	19,64	25,34	31,71	–
		B		4,95	19,15	24,85	31,35	38
e	Produktklasse	A	min.	6,58	23,36	30,14	37,72	–
		B		6,44	22,78	29,56	37,29	45,2
k			Nennmaß	2,4	8,8	11,5	14	17
	Produktklasse	A	max.	2,525	8,98	11,715	14,215	–
			min.	2,275	8,62	11,285	13,785	–
	Produktklasse	B	max.	2,6	9,09	11,85	14,35	17,35
			min.	2,2	8,51	11,15	13,65	16,65
$k_w{}^c$	Produktklasse	A	min.	1,59	6,03	7,9	9,65	–
		B		1,54	5,96	7,81	9,56	11,66
r			min.	0,1	0,6	0,6	0,8	1
s	Nennmaß =		max.	6,00	21,00	27,00	34,00	41,00
	Produktklasse	A	min.	5,82	20,67	26,67	33,38	–
		B		5,70	20,16	26,16	33	40

	Produktklasse			
	A		B	
	l			
Nenn-maß	min.	max.	min.	max.
8	7,71	8,29	–	–
10	9,71	10,29	–	–
12	11,65	12,35	–	–
16	15,65	16,35	–	–
20	19,58	20,42	–	–
25	24,58	25,42	–	–
30	29,58	30,42	–	–
35	34,5	35,5	–	–
40	39,5	40,5	38,75	41,25
45	44,5	45,5	43,75	46,25
50	49,5	50,5	48,75	51,25
55	54,4	55,6	53,5	56,5
60	59,4	60,6	58,5	61,5
65	64,4	65,6	63,5	66,5
70	69,4	70,6	68,5	71,5
80	79,4	80,6	78,5	81,5
90	89,3	90,7	88,25	91,75
100	99,3	100,7	98,25	101,75
110	109,3	110,7	108,25	111,75
120	119,3	120,7	118,25	121,75
130	129,2	130,8	128	132
140	139,2	140,8	138	142
150	149,2	150,8	148	152
160	–	–	158	162
180	–	–	178	182
200	–	–	197,7	202,3

10

Tabelle 2 *(fortgesetzt)*

Maße in Millimeter

Gewinde, d				M33	M39	M45	M52	M60
p^a				3,5	4	4,5	5	5,5
a			max.^{b}	10,5	12	13,5	15	16,5
			min.	3,5	4	4,5	5	5,5
c			max.	0,2	0,3	0,3	0,3	0,3
			min.	0,8	1	1	1	1
d_a			max.	36,4	42,4	48,6	56,6	67
d_w	Produktklasse	A	min.	–	–	–	–	–
		B		46,55	55,86	64,7	74,2	83,41
e	Produktklasse	A	min.	–	–	–	–	–
		B		55,37	66,44	76,95	88,25	99,21
k			Nennmaß	21	25	28	33	38
	Produktklasse A		max.	–	–	–	–	–
			min.	–	–	–	–	–
	Produktklasse B		max.	21,42	25,42	28,42	33,5	38,5
			min.	20,58	24,58	27,58	32,5	37,5
k_w^c	Produktklasse	A	min.	–	–	–	–	–
		B		14,41	17,21	19,31	22,75	26,25
r			min.	1	1	1,2	1,6	2
s	Nennmaß =		max.	50	60,0	70,0	80,0	90,0
	Produktklasse	A	min.	–	–	–	–	–
		B		49	58,8	68,1	78,1	87,8

	Produktklasse		
	A		B
		l	
Nennmaß	min.	max.	min.	max.
---	---	---	---	---
8	7,71	8,29	–	–
10	9,71	10,29	–	–
12	11,65	12,35	–	–
16	15,65	16,35	–	–
20	19,58	20,42	–	–
25	24,58	25,42	–	–
30	29,58	30,42	–	–
35	34,5	35,5	–	–
40	39,5	40,5	38,75	41,25
45	44,5	45,5	43,75	46,25
50	49,5	50,5	48,75	51,25
55	54,4	55,6	53,5	56,5
60	59,4	60,6	58,5	61,5
65	64,4	65,6	63,5	66,5
70	69,4	70,6	68,5	71,5
80	79,4	80,6	78,5	81,5
90	89,3	90,7	88,25	91,75
100	99,3	100,7	98,25	101,75
110	109,3	110,7	108,25	111,75
120	119,3	120,7	118,25	121,75
130	129,2	130,8	128	132
140	139,2	140,8	138	142
150	149,2	150,8	148	152
160	–	–	158	162
180	–	–	178	182
200	–	–	197,7	202,3

ANMERKUNG   Der Bereich der handelsüblichen Längen liegt zwischen den durchgezogenen fetten Stufenlinien:
— für Produktklasse A über der gestrichelten Stufenlinie;
— für Produktklasse B unter der gestrichelten Stufenlinie.

^{a} P ist die Gewindesteigung.
^{b} Die Maße stimmen mit den Werten a_{max}, normale Reihe, nach ISO 3508 überein.
^{c} $k_{w,\,min} = 0{,}7\,k_{min}$

11

4 Technische Lieferbedingungen und in Bezug genommene Internationale Normen

Siehe Tabelle 3.

Tabelle 3 — Technische Lieferbedingungen und in Bezug genommene Internationale Normen

Werkstoff		Stahl	Nichtrostender Stahl	Nichteisenmetall
Allgemeine Anforderungen	Internationale Norm	ISO 8992		
Gewinde	Toleranzklasse	6g		
	Internationale Norm	ISO 724, ISO 965-1		
Mechanische Eigenschaften	Festigkeits-klasse[a]	$d < 3$ mm: nach Vereinbarung 3 mm $\leq d \leq 39$ mm: 5.6, 8.8, 9.8, 10.9 $d > 39$ mm: nach Vereinbarung	$d \leq 24$ mm: A2-70, A4-70 24 mm $< d \leq 39$ mm: A2-50, A4-50 $d > 39$ mm: nach Vereinbarung	In ISO 8839 festgelegte Werkstoffe
	Internationale Norm	$d \leq 39$ mm: ISO 898-1 $d < 3$ mm und $d > 39$ mm: nach Vereinbarung	$d \leq 39$ mm: ISO 3506-1 $d > 39$ mm: nach Vereinbarung	
Grenzabmaße, Form- und Lagetoleranzen	Produktklasse	A für Produkte mit $d \leq 24$ mm und $l \leq 10\,d$ bzw. 150 mm[b] B für Produkte mit $d > 24$ mm oder $l > 10\,d$ bzw. 150 mm[b]		
	Internationale Norm	ISO 4759-1		
Oberflächenausführung — Beschichtung		wie hergestellt Anforderungen für galvanischen Ober-flächenschutz sind in ISO 4042 festgelegt. Anforderungen für nichtelektrolytisch aufgebrachte Zinklamellenüberzüge sind in ISO 10683 festgelegt.	wie hergestellt	wie hergestellt Anforderungen für galvanischen Ober-flächenschutz sind in ISO 4042 festgelegt.
		Zusätzliche Anforderungen bzw. andere Oberflächenausführungen oder Beschichtungen müssen zwischen Lieferant und Kunden vereinbart werden.		
Oberflächenzustand		Grenzwerte für Oberflächenfehler sind in ISO 6157-1 festgelegt.		
Annahmeprüfung		Die Annahmeprüfung ist in ISO 3269 festgelegt.		

[a] Andere Festigkeitsklassen sind in ISO 898-1 für Stahl bzw. in ISO 3506-1 für nichtrostenden Stahl festgelegt.

[b] Es gilt jeweils der kleinere Zahlenwert.

5 Bezeichnung

BEISPIEL   Eine Sechskantschraube mit Gewinde M12, Nennlänge l = 80 mm und Festigkeitsklasse 8.8 wird wie folgt bezeichnet:

Sechskantschraube ISO 4017 - M12 × 80 - 8.8

12

Literaturhinweise

[1]   ISO 888, *Bolts, screws and studs — Nominal lengths, and thread lengths for general purpose bolts*
(*Schrauben — Schraubennenn- und -gewindelängen für allgemeine Zwecke*)

[2]   ISO 4014, *Hexagon head bolts — Product grades A and B*
(*Sechskantschrauben mit Schaft — Produktklassen A und B*)

[3]   ISO 4015, *Hexagon head bolts — Product grade B — Reduced shank (shank diameter ≈ pitch
diameter)*
(*Sechskantschrauben — Produktklasse B — Dünnschaft (Schaftdurchmesser ≈ Flankendurchmesser)*)

[4]   ISO 4016, *Hexagon head bolts — Product grade C*
(*Sechskantschrauben mit Schaft — Produktklasse C*)

[5]   ISO 4018, *Hexagon head screws — Product grade C*
(*Sechskantschrauben mit Gewinde bis Kopf — Produktklasse C*)

[6]   ISO 4032, *Hexagon nuts, style 1 — Product grades A and B*
(*Sechskantmuttern, Typ 1 — Produktklassen A und B*)

[7]   ISO 4033, *Hexagon nuts, style 2 — Product grades A and B*
(*Sechskantmuttern, Typ 2 — Produktklassen A und B*)

[8]   ISO 4034, *Hexagon nuts — Product grade C*
(*Sechskantmuttern — Produktklasse C*)

[9]   ISO 4035, *Hexagon thin nuts (chamfered) — Product grades A and B*
(*Sechskantmuttern, niedrige Form (mit Fase) — Produktklassen A und B*)

[10] ISO 4036, *Hexagon thin nuts (unchamfered) — Product grade B*
(*Sechskantmuttern niedrige Form (ohne Fase) — Produktklasse B*)

[11] ISO 4161, *Hexagon nuts with flange — Coarse thread*
(*Sechskantmuttern mit Flansch — Regelgewinde*)

[12] ISO 4162, *Hexagon flange bolts — Small series*
(*Sechskantschrauben mit Flansch — Leichte Reihe*)

[13] ISO 7040, *Prevailing torque type hexagon nuts (with non-metallic insert), style 1 — Property classes 5,
8 and 10*
(*Muttern mit Klemmteil mit nichtmetallischem Einsatz, Typ 1 — Festigkeitsklassen 5, 8 und 10*)

[14] ISO 7041, *Prevailing torque type hexagon nuts (with non-metallic insert), style 2 — Property classes 9
and 12*
(*Sechskantmuttern mit Klemmteil (mit nichtmetallischem Einsatz), Typ 2 — Festigkeitsklassen 9 und
12*)

[15] ISO 7042, *Prevailing torque type all-metal hexagon nuts, style 2 — Property classes 5, 8, 10 and 12*
(*Muttern mit Klemmteil, Ganzmetallmuttern, Typ 2 — Festigkeitsklassen 5, 8, 10 und 12*)

[16] ISO 7043, *Prevailing torque type hexagon nuts with flange (with non-metallic insert) — Product
grades A and B*
(*Muttern mit Klemmteil, mit Flansch, mit nichtmetallischem Einsatz — Produktklassen A und B*)

13

[17] ISO 7044, *Prevailing torque type all-metal hexagon nuts with flange — Product grades A and B*
(*Muttern mit Klemmteil, mit Flansch, Ganzmetallmuttern — Produktklassen A und B*)

[18] ISO 7719, *Prevailing torque type all-metal hexagon nuts, style 1 — Property classes 5, 8 and 10*
(*Muttern mit Klemmteil, Ganzmetallmuttern, Typ 1 — Festigkeitsklassen 5, 8 und 10*)

[19] ISO 7720, *Prevailing torque type all-metal hexagon nuts, style 2 — Property class 9*
(*Muttern mit Klemmteil, Ganzmetallmuttern, Typ 2 — Festigkeitsklasse 9*)

[20] ISO 8673, *Hexagon nuts, style 1, with metric fine pitch thread — Product grades A and B*
(*Sechskantmuttern, Typ 1, mit metrischem Feingewinde — Produktklassen A und B*)

[21] ISO 8674, *Hexagon nuts, style 2, with metric fine pitch thread — Product grades A and B*
(*Sechskantmuttern, Typ 2, mit metrischem Feingewinde — Produktklassen A und B*)

[22] ISO 8675, *Hexagon thin nuts (chamfered) with metric fine pitch thread — Product grades A and B*
(*Niedrige Sechskantmuttern (mit Fase) mit metrischem Feingewinde — Produktklassen A und B*)

[23] ISO 8676, *Hexagon head screws with metric fine pitch thread — Product grades A and B*
(*Sechskantschrauben mit Gewinde bis Kopf und metrischem Feingewinde — Produktklassen A und B*)

[24] ISO 8765, *Hexagon head bolts with metric fine pitch thread — Product grades A and B*
(*Sechskantschrauben mit Schaft und metrischem Feingewinde — Produktklassen A und B*)

[25] ISO 10511, *Prevailing torque type hexagon thin nuts (with non-metallic insert)*
(*Niedrige Muttern mit Klemmteil mit nichtmetallischem Einsatz*)

[26] ISO 10512, *Prevailing torque type hexagon nuts (with non-metallic insert), style 1, with metric fine pitch
thread — Property classes 6, 8 and 10*
(*Muttern mit Klemmteil mit nichtmetallischem Einsatz, Typ 1, mit Feingewinde — Festigkeitsklassen 6,
8 und 10*)

[27] ISO 10513, *Prevailing torque type all-metal hexagon nuts, style 2, with metric fine pitch thread —
Property classes 8, 10 and 12*
(*Muttern mit Klemmteil, Ganzmetallmuttern, Typ 2, mit Feingewinde — Festigkeitsklassen 8, 10
und 12*)

[28] ISO 10663, *Hexagon nuts with flange — Fine pitch thread*
(*Sechskantmuttern mit Flansch — Feingewinde*)

[29] ISO 12125, *Prevailing torque type hexagon nuts with flange (with non-metallic insert) with metric fine
pitch thread — Product grades A and B*
(*Muttern, mit Klemmteil, mit Flansch, mit nichtmetallischem Einsatz, mit Feingewinde —
Produktklassen A und B*)

[30] ISO 12126, *Prevailing torque type all-metal hexagon nuts with flange with metric fine pitch thread —
Product grades A and B*
(*Muttern mit Klemmteil, mit Flansch, Ganzmetallmuttern, mit Feingewinde — Produktklassen A und B*)

[31] ISO 15071, *Hexagon bolts with flange — Small series — Product grade A*
(*Sechskantschrauben mit Flansch — Leichte Reihe — Produktklasse A*)

[32] ISO 15072, *Hexagon bolts with flange with metric fine pitch thread — Small series — Product grade A*
(*Sechskantschrauben mit Flansch mit metrischem Feingewinde — Leichte Reihe — Produktklasse A*)

[33] ISO 21670, *Hexagon weld nuts with flange*
(*Sechskant-Schweißmuttern mit Flansch*)

14

Mai 2004

DIN EN ISO 4026

ICS 21.060.10

Ersatz für
DIN 913:1980-12

Gewindestifte mit Innensechskant mit Kegelstumpf (ISO 4026:2003); Deutsche Fassung EN ISO 4026:2003

Hexagon socket set screws with flat point (ISO 4026:2003);
German version EN ISO 4026:2003

Vis sans tête à six pans creux, à bout plat (ISO 4026:2003);
Version allemande EN ISO 4026:2003

Gesamtumfang 11 Seiten

Normenausschuss Mechanische Verbindungselemente (FMV) im DIN

Die Europäische Norm EN ISO 4026:2003 hat den Status einer Deutschen Norm.

Nationales Vorwort

Diese Norm ist identisch mit der Europäischen Norm EN ISO 4026, in die die Internationale Norm ISO 4026 unverändert übernommen wurde.

Diese Norm wurde vom ISO/TC 2 „Verbindungselemente" unter Mitwirkung des FMV-3.2 „Schrauben mit Innenantrieb" erarbeitet.

Für die in Abschnitt 2 zitierten Internationalen Normen wird im Folgenden auf die entsprechenden Deutschen Normen hingewiesen:

ISO 225	siehe DIN EN 20225
ISO 261	siehe DIN ISO 261
ISO 898-5	siehe DIN EN ISO 898-5
ISO 965-2	siehe DIN ISO 965-2
ISO 965-3	siehe DIN ISO 965-3
ISO 3269	siehe DIN EN ISO 3269
ISO 3506-3	siehe DIN EN ISO 3506-3
ISO 4042	siehe DIN EN ISO 4042
ISO 4759-1	siehe DIN EN ISO 4759-1
ISO 6157-1	siehe DIN EN 26157-1
ISO 8839	siehe DIN EN 28839
ISO 10683	siehe DIN EN ISO 10683
ISO 23429	siehe DIN EN ISO 23429

Änderungen

Gegenüber DIN 913:1980-12 wurden folgende Änderungen vorgenommen:

a) Titel geändert;

b) Normative Verweisungen aktualisiert;

c) Festlegungen für gestoßene Innensechskante (Bild 1) aufgenommen;

d) Toleranzen für Schlüsselweiten geändert;

e) Nenngrößen M1,4, M1,8, M14, M18 und M22 entfallen;

f) Nennlängen 14, 18, 22 und 28 entfallen;

g) bei Gewindestiften aus nichtrostendem Stahl Festigkeitsklassen durch Härteklassen ersetzt;

h) bei Gewindestiften aus Stahl Grenzen für Oberflächenfehler festgelegt;

i) bei Gewindestiften der Härteklasse 45H Gewindetoleranz geändert;

j) Anforderungen an die Rautiefen entfallen;

k) Zinklamellenüberzüge zusätzlich aufgenommen;

l) Bezeichnung geändert.

Frühere Ausgaben

DIN 437:1922-10, 1925-04
DIN 585-1 und DIN 585-2:1928-07
DIN 585-3:1929-07
DIN 913:1933-10, 1948-02, 1953-06, 1959-09, 1969-09, 1973-01, 1980-12

2

Nationaler Anhang NA
(informativ)

Literaturhinweise

DIN EN 20225, *Mechanische Verbindungselemente — Schrauben und Muttern, Bemaßung (ISO 225:1983); Deutsche Fassung EN 20225:1991.*

DIN EN 26157-1, *Verbindungselemente, Oberflächenfehler — Schrauben für allgemeine Anforderungen (ISO 6157-1:1988); Deutsche Fassung EN 26157-1:1991.*

DIN EN 28839, *Mechanische Eigenschaften von Verbindungselementen — Schrauben und Muttern aus Nichteisenmetallen (ISO 8839:1986); Deutsche Fassung EN 28839:1991.*

DIN EN ISO 898-5, *Mechanische Eigenschaften von Verbindungselementen aus Kohlenstoffstahl und legiertem Stahl — Teil 5: Gewindestifte und ähnliche nicht auf Zug beanspruchte Verbindungselemente (ISO 898-5:1998); Deutsche Fassung EN ISO 898-5:1998.*

DIN EN ISO 3269, *Mechanische Verbindungselemente — Annahmeprüfung (ISO 3269:2000); Deutsche Fassung EN ISO 3269:2000.*

DIN EN ISO 3506-3, *Mechanische Eigenschaften von Verbindungselementen aus nichtrostenden Stählen — Teil 3: Gewindestifte und ähnliche nicht auf Zug beanspruchte Schrauben (ISO 3506-3:1997); Deutsche Fassung EN ISO 3506-3:1997.*

DIN EN ISO 4042, *Verbindungselemente — Galvanische Überzüge (ISO 4042:1999); Deutsche Fassung EN ISO 4042:1999.*

DIN EN ISO 4759-1, *Toleranzen für Verbindungselemente — Teil 1: Schrauben und Muttern, Produktklassen A, B und C (ISO 4759-1:2000); Deutsche Fassung EN ISO 4759-1:2000.*

DIN EN ISO 10683, *Verbindungselemente — Nicht elektrolytisch aufgebrachte Zinklamellenüberzüge (ISO 10683:2000); Deutsche Fassung EN ISO 10683:2000.*

DIN EN ISO 23429, *Lehrung von Innensechskanten (ISO 23429:2004); Deutsche Fassung EN ISO 23429:2004.*

DIN ISO 261, *Metrisches ISO-Gewinde allgemeiner Anwendung — Übersicht (ISO 261:1998).*

DIN ISO 724, *Metrisches ISO-Gewinde allgemeiner Anwendung — Grundmaße (ISO 724:1993).*

DIN ISO 965-2, *Metrisches ISO-Gewinde allgemeiner Anwendung — Toleranzen — Teil 2: Grenzmaße für Außen- und Innengewinde allgemeiner Anwendung — Toleranzklasse mittel (ISO 965-2:1998).*

DIN ISO 965-3, *Metrisches ISO-Gewinde allgemeiner Anwendung — Toleranzen — Teil 3: Grenzmaße für Konstruktionsgewinde (ISO 965-3:1998).*

DIN ISO 8992, *Verbindungselemente — Allgemeine Anforderungen für Schrauben und Muttern; Identisch mit ISO 8992:1986.*

3

EUROPÄISCHE NORM

EUROPEAN STANDARD

NORME EUROPÉENNE

EN ISO 4026

Dezember 2003

ICS 21.060.10

Deutsche Fassung

Gewindestifte mit Innensechskant mit Kegelstumpf
(ISO 4026:2003)

Hexagon socket set screws with flat point (ISO 4026:2003)   Vis sans tête à six pans creux, à bout plat (ISO 4026:2003)

Diese Europäische Norm wurde vom CEN am 4. November 2003 angenommen.

Die CEN-Mitglieder sind gehalten, die CEN/CENELEC-Geschäftsordnung zu erfüllen, in der die Bedingungen festgelegt sind, unter denen dieser Europäischen Norm ohne jede Änderung der Status einer nationalen Norm zu geben ist. Auf dem letzten Stand befindliche Listen dieser nationalen Normen mit ihren bibliographischen Angaben sind beim Management-Zentrum oder bei jedem CEN-Mitglied auf Anfrage erhältlich.

Diese Europäische Norm besteht in drei offiziellen Fassungen (Deutsch, Englisch, Französisch). Eine Fassung in einer anderen Sprache, die von einem CEN-Mitglied in eigener Verantwortung durch Übersetzung in seine Landessprache gemacht und dem Management-Zentrum mitgeteilt worden ist, hat den gleichen Status wie die offiziellen Fassungen.

CEN-Mitglieder sind die nationalen Normungsinstitute von Belgien, Dänemark, Deutschland, Finnland, Frankreich, Griechenland, Irland, Island, Italien, Luxemburg, Malta, Niederlande, Norwegen, Österreich, Portugal, Schweden, Schweiz, der Slowakei, Spanien, der Tschechischen Republik, Ungarn und dem Vereinigten Königreich.

EUROPÄISCHES KOMITEE FÜR NORMUNG
EUROPEAN COMMITTEE FOR STANDARDIZATION
COMITÉ EUROPÉEN DE NORMALISATION

Management-Zentrum: rue de Stassart, 36   B-1050 Brüssel

573

Vorwort

Dieses Dokument (EN ISO 4026:2003) wurde vom Technischen Komitee ISO/TC 2 „Fasteners" in Zusammenarbeit mit dem Technischen Komitee CEN/TC 185 „Mechanische Verbindungselemente mit und ohne Gewinde und Zubehör" erarbeitet, dessen Sekretariat vom DIN gehalten wird.

Diese Europäische Norm muss den Status einer nationalen Norm erhalten, entweder durch Veröffentlichung eines identischen Textes oder durch Anerkennung bis Juni 2004, und etwaige entgegenstehende nationale Normen müssen bis Juni 2004 zurückgezogen werden.

Entsprechend der CEN/CENELEC-Geschäftsordnung sind die nationalen Normungsinstitute der folgenden Länder gehalten, diese Europäische Norm zu übernehmen: Belgien, Dänemark, Deutschland, Finnland, Frankreich, Griechenland, Irland, Island, Italien, Luxemburg, Malta, Niederlande, Norwegen, Österreich, Portugal, Schweden, Schweiz, Slowakei, Spanien, Tschechische Republik, Ungarn und Vereinigtes Königreich.

Anerkennungsnotiz

Der Text der Internationalen Norm ISO 4026:2003 wurde vom CEN als Europäische Norm ohne irgendeine Abänderung genehmigt.

ANMERKUNG   Die normativen Verweisungen auf Internationale Normen sind im Anhang ZA (normativ) aufgeführt.

2

1 Anwendungsbereich

Diese Internationale Norm legt die Eigenschaften von Gewindestiften mit Innensechskant mit Kegelstumpf mit Gewinde von M1,6 bis einschließlich M24 in Produktklasse A fest.

Werden in besonderen Fällen andere Festlegungen als die in der vorliegenden Internationalen Norm benötigt, so sollten diese den bestehenden Internationalen Normen entnommen werden, z. B. ISO 261, ISO 898-5, ISO 965-2, ISO 3506-3 und ISO 4759-1.

2 Normative Verweisungen

Die folgenden zitierten Dokumente sind für die Anwendung dieses Dokumentes erforderlich. Bei datierten Verweisungen gilt nur die in Bezug genommene Ausgabe. Bei undatierten Verweisungen gilt die letzte Ausgabe des in Bezug genommenen Dokuments (einschließlich aller Änderungen).

ISO 225, *Fasteners — Bolts, screws, studs and nuts — Symbols and designations of dimensions.*

ISO 261, *ISO general purpose metric screw threads — General plan.*

ISO 898-5, *Mechanical properties of fasteners made of carbon steel and alloy steel — Part 5: Set screws and similar threaded fasteners not under tensile stresses.*

ISO 965-2, *ISO general purpose metric screw threads — Tolerances — Part 2: Limits of sizes for general purpose external and internal screw threads — Medium quality.*

ISO 965-3, *ISO general purpose metric screw threads — Tolerances — Part 3: Deviations for constructional screw threads.*

ISO 3269, *Fasteners — Acceptance inspection.*

ISO 3506-3, *Mechanical properties of corrosion-resistant stainless steel fasteners — Part 3: Set screws and similar threaded fasteners not under tensile stresses.*

ISO 4042, *Fasteners — Electroplated coatings.*

ISO 4759-1, *Tolerances for fasteners — Part 1: Bolts, screws, studs and nuts — Product grades A, B and C.*

ISO 6157-1, *Fasteners — Surface discontinuities — Part 1: Bolts, screws and studs for general requirements.*

ISO 8839, *Mechanical properties of fasteners — Bolts, screws, studs and nuts made of non-ferrous metals.*

ISO 8992, *Fasteners — General requirements for bolts, screws, studs and nuts.*

ISO 10683, *Fasteners — Non-electrolytically applied zinc flake coatings.*

ISO 23429, *Gauging of hexagon sockets.*

3

3 Maße

Siehe Bild 1 und Tabelle 1.

Maßbuchstaben und deren Benennung sind in ISO 225 festgelegt.

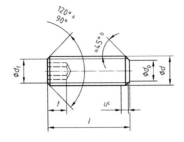

Andere zulässige Form des Innensechskantes

Bei gestoßenen Innensechskanten, die am oberen Grenzmaß liegen, dürfen die Schlüsselflächen höchstens über 1/3 ihrer Länge, die $e/2$ beträgt, von der Bohrung angeschnitten werden.

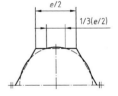

a   Der Winkel 120° gilt für kurze Gewindestifte im schattierten Bereich in Tabelle 1.

b   Der Winkel 45° gilt nur unterhalb des Gewindekerndurchmessers.

c   Unvollständiges Gewinde $u < 2\,P$.

d   Leichte Rundung oder Ansenkung am Innensechskant zulässig.

Bild 1

4

Tabelle 1 — Maße

Maße in Millimeter

Gewinde (d)			M1,6	M2	M2,5	M3	M4	M5	M6	M8	M10	M12	M16	M20	M24
P[a]			0,35	0,4	0,45	0,5	0,7	0,8	1	1,25	1,5	1,75	2	2,5	3
d_p	max.		0,80	1,00	1,50	2,00	2,50	3,5	4,0	5,5	7,00	8,50	12,00	15,00	18,00
	min.		0,55	0,75	1,25	1,75	2,25	3,2	3,7	5,2	6,64	8,14	11,57	14,57	17,57
d_f	min.		≈ Gewindekerndurchmesser												
e[b, c]	min.		0,809	1,011	1,454	1,733	2,303	2,873	3,443	4,583	5,723	6,863	9,149	11,429	13,716
s[c]	nom.		0,7	0,9	1,3	1,5	2	2,5	3	4	5	6	8	10	12
	max.		0,724	0,913	1,300	1,58	2,08	2,58	3,08	4,095	5,14	6,14	8,175	10,175	12,212
	min.		0,710	0,887	1,275	1,52	2,02	2,52	3,02	4,020	5,02	6,02	8,025	10,025	12,032
t	min.	d	0,7	0,8	1,2	1,2	1,5	2	2	3	4	4,8	6,4	8	10
		e	1,5	1,7	2	2	2,5	3	3,5	5	6	8	10	12	15

l			Ungefähres Gewicht in kg je 1 000 Stück (ρ = 7,85 kg/dm³) (nur zur Information)												
nom.	min.	max.													
2	1,8	2,2	0,021	0,029											
2,5	2,3	2,7	0,025	0,037	0,063										
3	2,8	3,2	0,029	0,044	0,075	0,1									
4	3,76	4,24	0,037	0,059	0,1	0,14	0,22								
5	4,76	5,24	0,046	0,074	0,125	0,18	0,3	0,44							
6	5,76	6,24	0,054	0,089	0,15	0,22	0,38	0,56	0,76						
8	7,71	8,29	0,07	0,119	0,199	0,3	0,54	0,8	1,11	1,89					
10	9,71	10,29		0,148	0,249	0,38	0,7	1,04	1,46	2,52	3,78				
12	11,65	12,35			0,299	0,46	0,86	1,28	1,81	3,15	4,78	6,8			
16	15,65	16,35				0,62	1,18	1,76	2,51	4,41	6,78	9,6	16,3		
20	19,58	20,42					1,49	2,24	3,21	5,67	8,76	12,4	21,5	32,3	
25	24,58	25,42						2,84	4,09	7,25	11,2	15,9	28	42,6	57
30	29,58	30,42							4,97	8,82	13,7	19,4	34,6	52,9	72
35	34,5	35,5								10,4	16,2	22,9	41,1	63,2	87
40	39,5	40,5								12	18,7	26,4	47,7	73,5	102
45	44,5	45,5									21,2	29,9	54,2	83,8	117
50	49,5	50,5									23,7	33,4	60,7	94,1	132
55	54,4	55,6										36,8	67,3	104	147
60	59,4	60,6										40,3	73,7	115	162

ANMERKUNG Die handelsüblichen Längen sind die zwischen den dicken Stufenlinien.

a P ist die Gewindesteigung.
b e_{min} = 1,14 s_{min}.
c Gemeinsame Lehrung der Innensechskantmaße e und s nach ISO 23429.
d Für Nennlängen im schattierten Bereich.
e Für Nennlängen unterhalb des schattierten Bereiches.

5

4 Technische Lieferbedingungen und in Bezug genommene Internationale Normen

Siehe Tabelle 2.

Tabelle 2 — Technische Lieferbedingungen und in Bezug genommene Internationale Normen

Werkstoff		Stahl	Nichtrostender Stahl	Nichteisenmetall
Allgemeine Anforderungen	Internationale Norm		ISO 8992	
Gewinde	Toleranz		6g	
	Internationale Normen		ISO 261, ISO 965-2, ISO 965-3	
Mechanische Eigenschaften	Härteklassen	45 H	A1-12H A2-21H, A3-21H A4-21H, A5-21H	wie vereinbart
	Internationale Normen	ISO 898-5	ISO 3506-3	ISO 8839
Grenzabmaße, Form- und Lagetoleranzen	Produktklasse		A	
	Internationale Norm		ISO 4759-1	
Oberfläche		wie hergestellt Für galvanischen Oberflächenschutz gilt ISO 4042. Anforderungen an nichtelektrolytisch aufgebrachte Zinklamellenüberzüge sind in ISO 10683 festgelegt.	blank	blank Für galvanischen Oberflächenschutz gilt ISO 4042.
Oberflächenfehler		Grenzwerte für Oberflächenfehler sind in ISO 6157-1 festgelegt.	—	—
Annahmeprüfung		Für die Annahmeprüfung gilt ISO 3269.		

5 Bezeichnung

BEISPIEL   Ein Gewindestift mit Innensechskant mit Kegelstumpf mit Gewinde M6, Nennlänge l = 12 mm und Härteklasse 45H wird wie folgt bezeichnet:

Gewindestift ISO 4026 — M6 × 12 — 45H

Anhang ZA
(normativ)

Normative Verweisungen auf internationale Publikationen mit ihren entsprechenden europäischen Publikationen

Diese Europäische Norm enthält durch datierte oder undatierte Verweisungen Festlegungen aus anderen Publikationen. Diese normativen Verweisungen sind an den jeweiligen Stellen im Text zitiert, und die Publikationen sind nachstehend aufgeführt. Bei datierten Verweisungen gehören spätere Änderungen oder Überarbeitungen dieser Publikationen nur zu dieser Europäischen Norm, falls sie durch Änderung oder Überarbeitung eingearbeitet sind. Bei undatierten Verweisungen gilt die letzte Ausgabe der in Bezug genommenen Publikation (einschließlich Änderungen).

ANMERKUNG   Wenn eine Internationale Veröffentlichung durch gemeinsame Änderungen, gekennzeichnet durch (mod.), modifiziert wurde, gilt die jeweilige EN/HD.

Publikation	Jahr	Titel	EN	Jahr
ISO 225	1983	Fasteners — Bolts, screws, studs and nuts — Symbols and designations of dimensions	EN 20225	1991
ISO 898-5	1998	Mechanical properties of fasteners made of carbon steel and alloy steel — Part 5: Set screws and similar threaded fasteners not under tensile stresses	EN ISO 898-5	1998
ISO 3269	2000	Fasteners — Acceptance inspection	EN ISO 3269	2000
ISO 3506-3	1997	Mechanical properties of corrosion-resistant stainless-steel fasteners — Part 3: Set screws and similar fasteners not under tensile stress	EN ISO 3506-3	1997
ISO 4042	1999	Fasteners — Electroplated coatings	EN ISO 4042	1999
ISO 4759-1	2000	Tolerances for fasteners — Part 1: Bolts, screws, studs and nuts — Product grades A, B and C	EN ISO 4759-1	2000
ISO 6157-1	1988	Fasteners — Surface discontinuities — Part 1: Bolts, screws and studs for general requirements	EN 26157-1	1991
ISO 8839	1986	Mechanical properties of fasteners — Bolts, screws, studs and nuts made of non-ferrous metals	EN 28839	1991
ISO 10683	2000	Fasteners — Non-electrolytically applied zinc flake coatings	EN ISO 10683	2000
ISO 23429	2004	Gauging of hexagon sockets	EN ISO 23429	2004

7

März 2001

	Sechskantmuttern, Typ 1 Produktklassen A und B (ISO 4032:1999) Deutsche Fassung EN ISO 4032:2000	<u>DIN</u> EN ISO 4032

ICS 21.060.20

Ersatz für
DIN EN 24032:1992-02

Hexagon nuts, style 1 — Product grades A and B (ISO 4032:1999);
German version EN ISO 4032:2000

Écrous hexagonaux, style 1 — Grades A et B (ISO 4032:1999);
Version allemande EN ISO 4032:2000

Nationales Vorwort

Diese Norm ist identisch mit der Europäischen Norm EN ISO 4032, in die die Internationale Norm ISO 4032 unverändert übernommen wurde.

Diese Europäische Norm wurde unter Mitwirkung des Arbeitsausschusses FMV-3.1 „Schrauben und Muttern mit Außenantrieb" erstellt.

Für die im Abschnitt 2 zitierten Internationalen Normen wird im Folgenden auf die entsprechenden Deutschen Normen hingewiesen:

ISO 225   siehe DIN EN 20225
ISO 724   siehe DIN ISO 724
ISO 898-2   siehe DIN EN 20898-2
ISO 3269   siehe DIN EN ISO 3269
ISO 3506-2   siehe DIN EN ISO 3506-2
ISO 4033   siehe DIN EN ISO 4033
ISO 4042   siehe DIN EN ISO 4042
ISO/DIS 4759-1 siehe E DIN EN ISO 4759-1
ISO 8839   siehe DIN EN 28839
ISO 8992   siehe DIN ISO 8992

Fortsetzung Seite 2
und 9 Seiten EN

Normenausschuss Mechanische Verbindungselemente (FMV) im DIN Deutsches Institut für Normung e. V.

580

Änderungen

Gegenüber DIN EN 24032:1992-02 wurden folgende Änderungen vorgenommen:

a) In Tabellen 1 und 2 Kurzzeichen m' durch m_w ersetzt.

b) In Tabellen 1 und 2 Maß m'' gestrichen.

c) In Tabelle 2 für Gewindegröße M14 Wert e_{min} korrigiert.

d) In Tabelle 3 Grenze d für Festigkeitsklasse 70 für nichtrostenden Stahl geändert.

e) In Tabelle 3 Festigkeitsklassen A4-70 und A4-50 für nichtrostenden Stahl zusätzlich aufgenommen.

f) Festlegungen für Zinklamellenüberzüge aufgenommen.

g) Festlegungen für Oberflächenfehler aufgenommen.

h) Redaktionelle Überarbeitung einschließlich Aktualisierung der normativen Verweisungen.

Frühere Ausgaben

DIN 89-1: 1920-12, 1921-12, 1925-10; DIN 89-2: 1922-10; DIN 429: 1920-12, 1921-12; DIN 554: 1929x-10; DIN KrK 113: 1928-07, 1929-07; DIN Kr 751: 1934-12; DIN 934-1: 1926-01, 1929-04, 1934-10, 1937-06, 1942-04, 1953-06, 1961-03, 1963-03; DIN 934: 1968-04, 1982-07, 1987-10; DIN ISO 4032: 1987-10; DIN EN 24032: 1992-02

Nationaler Anhang NA
(informativ)
Literaturhinweise

DIN EN 20225, *Mechanische Verbindungselemente — Schrauben und Muttern — Bemaßung (ISO 225:1983); Deutsche Fassung EN 20225:1991.*

DIN EN 20898-2, *Mechanische Eigenschaften von Verbindungselementen — Teil 2: Muttern mit festgelegten Prüfkräften — Regelgewinde (ISO 898-2:1992); Deutsche Fassung EN 20898-2:1993.*

DIN EN 28839, *Mechanische Eigenschaften von Verbindungselementen — Schrauben und Muttern aus Nichteisenmetall (ISO 8839:1986); Deutsche Fassung EN 28839:1991.*

DIN EN ISO 3269, *Mechanische Verbindungselemente — Annahmeprüfung; (ISO 3269:2000); Deutsche Fassung EN ISO 3269:2000.*

DIN EN ISO 3506-2, *Mechanische Eigenschaften von Verbindungselementen aus nichtrostenden Stählen — Teil 2: Muttern (ISO 3506-2:1997); Deutsche Fassung EN ISO 3506-2:1997.*

DIN EN ISO 4033, *Sechskantmuttern, Typ 2 — Produktklassen A und B (ISO 4033:1999); Deutsche Fassung EN ISO 4033:2000.*

DIN EN ISO 4042, *Verbindungselemente — Galvanische Überzüge (ISO 4042:1999); Deutsche Fassung EN ISO 4042:1999.*

E DIN EN ISO 4759-1, *Toleranzen für Verbindungselemente — Teil 1: Schrauben und Muttern — Produktklassen A, B und C (ISO/DIS 4759-1:1997); Deutsche Fassung prEN ISO 4759-1:1997.*

DIN ISO 724, *Metrische ISO-Gewinde allgemeiner Anwendung — Grundmaße (ISO 724:1993).*

DIN ISO 8992, *Verbindungselemente — Allgemeine Anforderungen für Schrauben und Muttern; Identisch mit ISO 8992:1986.*

EUROPÄISCHE NORM

EUROPEAN STANDARD

NORME EUROPÉENNE

EN ISO 4032

ICS 21.060.20

Deutsche Fassung

Sechskantmuttern, Typ 1
Produktklassen A und B
(ISO 4032:1999)

Hexagon nuts, style 1 —
Product grades A and B
(ISO 4032:1999)

Écrous hexagonaux, style 1 —
Grades A et B
(ISO 4032:1999)

Diese Europäische Norm wurde von CEN am 26. Oktober 2000 angenommen.

Die CEN-Mitglieder sind gehalten, die CEN/CENELEC-Geschäftsordnung zu erfüllen, in der die Bedingungen festgelegt sind, unter denen dieser Europäischen Norm ohne jede Änderung der Status einer nationalen Norm zu geben ist.

Auf dem letzten Stand befindliche Listen dieser nationalen Normen mit ihren bibliographischen Angaben sind beim Zentralsekretariat oder bei jedem CEN-Mitglied auf Anfrage erhältlich.

Diese Europäische Norm besteht in drei offiziellen Fassungen (Deutsch, Englisch, Französisch). Eine Fassung in einer anderen Sprache, die von einem CEN-Mitglied in eigener Verantwortung durch Übersetzung in seine Landessprache gemacht und dem Zentralsekretariat mitgeteilt worden ist, hat den gleichen Status wie die offiziellen Fassungen.

CEN-Mitglieder sind die nationalen Normungsinstitute von Belgien, Dänemark, Deutschland, Finnland, Frankreich, Griechenland, Irland, Island, Italien, Luxemburg, Niederlande, Norwegen, Österreich, Portugal, Schweden, Schweiz, Spanien, der Tschechischen Republik und dem Vereinigten Königreich.

CEN

EUROPÄISCHES KOMITEE FÜR NORMUNG
European Committee for Standardization
Comité Européen de Normalisation

Zentralsekretariat: rue de Stassart 36, B-1050 Brüssel

Ref. Nr. EN ISO 4032:2000 D

Vorwort

Der Text der Internationalen Norm ISO 4032:1999 wurde vom Technischen Komitee ISO/TC 2 „Fasteners" in Zusammenarbeit mit dem Technischen Komitee CEN /TC 185 „Mechanische Verbindungselemente mit und ohne Gewinde und Zubehör" erarbeitet, dessen Sekretariat vom DIN gehalten wird.

Dieses Europäische Dokument muss den Status einer nationalen Norm erhalten, entweder durch Veröffentlichung eines identischen Textes oder durch Anerkennung bis Mai 2001, und etwaige entgegenstehende nationale Normen müssen bis Mai 2001 zurückgezogen werden.

Entsprechend der CEN/CENELEC-Geschäftsordnung sind die nationalen Normungsinstitute der folgenden Länder gehalten, diese Europäische Norm zu übernehmen: Belgien, Dänemark, Deutschland, Finnland, Frankreich, Griechenland, Irland, Island, Italien, Luxemburg, Niederlande, Norwegen, Österreich, Portugal, Schweden, Schweiz, Spanien, die Tschechische Republik und das Vereinigte Königreich.

Anerkennungsnotiz

Der Text der Internationalen Norm ISO 4032:1999 wurde von CEN als Europäische Norm ohne irgendeine Abänderung genehmigt.

ANMERKUNG   Die normativen Verweisungen auf Internationalen Normen sind im Anhang ZA (normativ) aufgeführt.

Einleitung

Diese Internationale Norm gehört zu einer vollständigen Reihe von ISO-Produktnormen über Sechskantschrauben und –muttern. Diese Reihe besteht aus:

a) Sechskantschrauben mit Schaft
(ISO 4014 bis ISO 4016 und ISO 8765);

b) Sechskantschrauben mit Gewinde bis Kopf
(ISO 4017, ISO 4018 und ISO 8676);

c) Sechskantmuttern
(ISO 4032 bis ISO 4036, ISO 8673 bis ISO 8675);

d) Sechskantschrauben mit Flansch
(ISO 4162 und ISO 15071);

e) Sechskantmuttern mit Flansch
(ISO 4161 und ISO 10663);

f) Sechskantschrauben und –muttern für den Stahlbau
(ISO 4775, ISO 7411 bis ISO 7414 und ISO 7417).

2

1 Anwendungsbereich

Diese Internationale Norm legt Eigenschaften von Sechskantmuttern Typ 1, mit Gewinden von M1,6 bis M64, in Produktklasse A für Gewinde $d \leq$ M16 und Produktklasse B für Gewinde $d >$ M16 fest.

Falls in besonderen Fällen andere Festlegungen als die aufgeführten benötigt werden, so sollten diese den entsprechenden Internationalen Normen entnommen werden, z. B. ISO 724, ISO 898-2, ISO 965-1, ISO 3506-2 und ISO 4759-1.

ANMERKUNG   Sechskantmuttern Typ 2 siehe ISO 4033.

2 Normative Verweisungen

Die folgenden Normen enthalten Festlegungen, die durch Bezugnahme zum Bestandteil dieser Internationalen Norm werden. Die angegebenen Ausgaben sind die beim Erscheinen dieser Internationalen Norm gültigen. Da Normen von Zeit zu Zeit überarbeitet werden, wird dem Anwender dieser Norm empfohlen, immer auf die jeweils neueste Fassung der zitierten Normen zurückzugreifen. IEC- und ISO-Mitglieder haben Verzeichnisse der jeweils gültigen Ausgabe der Internationalen Norm.

ISO 225:1983, *Fasteners — Bolts, screws, studs and nuts — Symbols and designations of dimensions.* (*Mechanische Verbindungselemente — Schrauben und Muttern — Bemaßung*).

ISO 724:1993, *ISO general-purpose metric screw threads — Basic dimensions.* (*Metrische ISO-Gewinde allgemeiner Anwendung — Grundmaße*).

ISO 898-2:1992, *Mechanical properties of fasteners — Part 2: Nuts with specified proof load values — Coarse thread.* (*Mechanische Eigenschaften von Verbindungselementen — Teil 2: Muttern mit festgelegten Prüfkräften — Regelgewinde*).

ISO 965-1:1980, *ISO general purpose metric screw threads — Tolerances — Part 1: Principles and basic data.* (*Metrische ISO-Gewinde für allgemeine Zwecke — Toleranzen — Teil 1: Prinzipien und Grundlagen*).

ISO 3269:-[1], *Fasteners — Acceptance inspection.* (*Mechanische Verbindungselemente — Annahmeprüfung*).

ISO 3506-2:1997, *Mechanical properties of corrosion-resistant stainless steel fasteners — Part 2: Nuts.* (*Mechanische Eigenschaften von Verbindungselementen aus nichtrostenden Stählen — Teil 2: Muttern*).

ISO 4042:1999, *Fasteners — Electroplated coatings.* (*Verbindungselemente — Galvanische Überzüge*).

ISO 4759-1:-[2], *Tolerances for fasteners — Part 1: Bolts, screws, studs and nuts — Product grades A, B and C.* (*Toleranzen für Verbindungselemente — Teil 1: Schrauben und Muttern — Produktklassen A, B und C*).

ISO 6157-2:1988, *Fasteners — Surface discontinuities — Part 2: Nuts.* (*Verbindungselemente — Oberflächenfehler — Teil 2: Muttern*).

ISO 8839:1986, *Mechanical properties of fasteners — Bolts, screws, studs and nuts made of non-ferrous metals.* (*Mechanische Eigenschaften von Verbindungselementen — Schrauben und Muttern aus Nichteisenmetallen*).

ISO 8992:1986, *Fasteners — General requirements for bolts, screws, studs and nuts.* (*Verbindungselemente — Allgemeine Anforderungen für Schrauben und Muttern*).

ISO 10683:-[3], *Fasteners — Non-electrolytically applied zinc flake coatings.* (*Verbindungselemente — Nichtelektrolytisch aufgebrachte Zinklamellenüberzüge*).

---

1)   In Vorbereitung zum Druck (Überarbeitung von ISO 3269:1988)

2)   In Vorbereitung zum Druck (Überarbeitung von ISO 4759-1:1978)

3)   In Vorbereitung zum Druck

3

3 Maße

Siehe Bild 1 und Tabellen 1 und 2.

ANMERKUNG   Kurzzeichen und Benennung der Maße sind in ISO 225 festgelegt.

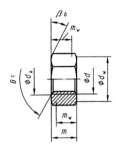 

^a   Telleransatz muss bei Bestellung gesondert vereinbart werden

^b β = 15° bis   30°

^c Θ = 90° bis 120°

Bild 1

4

Tabelle 1 — Vorzugsgrößen

Maße in Millimeter

Gewinde (d)		M1,6	M2	M2,5	M3	M4	M5	M6	M8	M10	M12
P^a		0,35	0,4	0,45	0,5	0,7	0,8	1	1,25	1,5	1,75
c	max.	0,2	0,2	0,3	0,4	0,4	0,5	0,5	0,6	0,6	0,6
	min.	0,1	0,1	0,1	0,15	0,15	0,15	0,15	0,15	0,15	0,15
d_a	max.	1,84	2,3	2,9	3,45	4,6	5,75	6,75	8,75	10,8	13
	min.	1,60	2,0	2,5	3,00	4,0	5,00	6,00	8,00	10,0	12
d_w	min.	2,4	3,1	4,1	4,6	5,9	6,9	8,9	11,6	14,6	16,6
e	min.	3,41	4,32	5,45	6,01	7,66	8,79	11,05	14,38	17,77	20,03
m	max.	1,3	1,6	2	2,4	3,2	4,7	5,2	6,8	8,4	10,8
	min.	1,05	1,35	1,75	2,15	2,9	4,4	4,9	6,44	8,04	10,37
m_w	min.	0,8	1,1	1,4	1,7	2,3	3,5	3,9	5,2	6,4	8,3
s	Nennmaß = max.	3,20	4,00	5,00	5,50	7,00	8,00	10,00	13,00	16,00	18,00
	min.	3,02	3,82	4,82	5,32	6,78	7,78	9,78	12,73	15,73	17,73

Gewinde (d)		M16	M20	M24	M30	M36	M42	M48	M56	M64
P^a		2	2,5	3	3,5	4	4,5	5	5,5	6
c	max.	0,8	0,8	0,8	0,8	0,8	1,0	1,0	1,0	1,0
	min.	0,2	0,2	0,2	0,2	0,2	0,3	0,3	0,3	0,3
d_a	max.	17,3	21,6	25,9	32,4	38,9	45,4	51,8	60,5	69,1
	min.	16,0	20,0	24,0	30,0	36,0	42,0	48,0	56,0	64,0
d_w	min.	22,5	27,7	33,3	42,8	51,1	60	69,5	78,7	88,2
e	min.	26,75	32,95	39,55	50,85	60,79	71,3	82,6	93,56	104,86
m	max.	14,8	18,0	21,5	25,6	31,0	34,0	38,0	45,0	51,0
	min.	14,1	16,9	20,2	24,3	29,4	32,4	36,4	43,4	49,1
m_w	min.	11,3	13,5	16,2	19,4	23,5	25,9	29,1	34,7	39,3
s	Nennmaß = max.	24,00	30,00	36	46	55,0	65,0	75,0	85,0	95,0
	min.	23,67	29,16	35	45	53,8	63,1	73,1	82,8	92,8

[a] P Gewindesteigung

5

Tabelle 2 — Möglichst zu vermeidende Größen

Maße in Millimeter

Gewinde (d)		M3,5	M14	M18	M22	M27	M33	M39	M45	M52	M60
P^a		0,6	2	2,5	2,5	3	3,5	4	4,5	5	5,5
c	max.	0,40	0,60	0,8	0,8	0,8	0,8	1,0	1,0	1,0	1,0
	min.	0,15	0,15	0,2	0,2	0,2	0,2	0,3	0,3	0,3	0,3
d_a	max.	4,0	15,1	19,5	23,7	29,1	35,6	42,1	48,6	56,2	64,8
	min.	3,5	14,0	18,0	22,0	27,0	33,0	39,0	45,0	52,0	60,0
d_w	min.	5	19,6	24,9	31,4	38	46,6	55,9	64,7	74,2	83,4
e	min.	6,58	23,36	29,56	37,29	45,2	55,37	66,44	76,95	88,25	99,21
m	max.	2,80	12,8	15,8	19,4	23,8	28,7	33,4	36,0	42,0	48,0
	min.	2,55	12,1	15,1	18,1	22,5	27,4	31,8	34,4	40,4	46,4
m_w	min.	2	9,7	12,1	14,5	18	21,9	25,4	27,5	32,3	37,1
s	Nennmaß = max.	6,00	21,00	27,00	34	41	50	60,0	70,0	80,0	90,0
	min.	5,82	20,67	26,16	33	40	49	58,8	68,1	78,1	87,8

^{a} P Gewindesteigung

6

4 Technische Lieferbedingungen und Bezugsnormen

Siehe Tabelle 3.

Tabelle 3 — Technische Lieferbedingungen und Bezugsnormen

Werkstoff		Stahl	Nichtrostender Stahl	Nichteisenmetall
Allgemeine Anforderungen	Internationale Norm	ISO 8992		
Gewinde	Toleranz	6 H		
	Internationale Normen	ISO 724, ISO 965-1		
Mechanische Eigenschaften	Festigkeits-klasse[a]	$d < $ M3: nach Vereinbarung M3 $\leq d \leq$ M39: 6, 8 ,10 $d > $ M39: nach Vereinbarung	$d \leq$ M24: A2-70, A4-70 M24 $< d \leq$ M39: A2-50, A4-50 $d >$ M39: nach Vereinbarung	in ISO 8839 festgelegte Werkstoffe
	Internationale Normen	M3 $\leq d \leq$ M39: ISO 898-2 $d < $ M3 und $d >$ M39: nach Vereinbarung	$d \leq$ M39: ISO 3506-2 $d >$ M39: nach Vereinbarung	
Grenzabmaße, Form- und Lagetoleranzen	Produkt klasse	$d \leq$ M16: A $d >$ M16: B		
	Internationale Norm	ISO 4759-1		
Ausführung und/oder Überzug		wie hergestellt	blank	blank
		Anforderungen für galvanischen Oberflächenschutz sind in ISO 4042 festgelegt.		Anforderungen für galvanischen Oberflächenschutz sind in ISO 4042 festgelegt.
		Anforderungen für nichtelektrolytisch aufgebrachte Zinklamellenüberzüge sind in ISO 10683 festgelegt.		
		Wird abweichender galvanischer oder anderer Oberflächenschutz gewünscht, so sollte dies zwischen Besteller und Lieferer vereinbart werden.		
		Die Grenzwerte für die Oberflächenfehler sind in ISO 6157-2 festgelegt.		
Annahmeprüfung		Für die Annahmeprüfung gilt ISO 3269		

[a] Für andere Festigkeitsklassen siehe ISO 898-2 für Stahl bzw. ISO 3506-2 für nichtrostenden Stahl.

5 Bezeichnung

BEISPIEL Eine Sechskantmutter, Typ 1, mit Gewinde $d =$ M12 und Festigkeitsklasse 8 wird wie folgt bezeichnet:

Sechskantmutter ISO 4032 — M12 — 8

7

Literaturhinweise

[1] ISO 4014:1999, *Hexagon head bolts — Product grades A and B.*

[2] ISO 4015:1979, *Hexagon head bolts — Product grade B — Reduced shank (shank diameter approximately equal to pitch diameter).*

[3] ISO 4016:1999, *Hexagon head bolts — Product grade C.*

[4] ISO 4017:1999, *Hexagon head screws — Product grades A and B.*

[5] ISO 4018:1999, *Hexagon head screws — Product grade C.*

[6] ISO 4032:1999, *Hexagon nuts, style 1 — Product grades A and B.*

[7] ISO 4034:1999, *Hexagon nuts — Product grade C.*

[8] ISO 4035:1999, *Hexagon nuts (chamfered) — Product grades A and B.*

[9] ISO 4036:1999, *Hexagon thin nuts (unchamfered) — Product grade B.*

[10] ISO 4161:1999, *Hexagon nuts with flange — Coarse thread.*

[11] ISO 4162:—[4], *Hexagon bolts with flange — Small series — Product grade combination A/B.*

[12] ISO 4775:1984, *Hexagon nuts for high-strength structural bolting with large width across flats — Product grade B — Property classes 8 and 10.*

[13] ISO 7411:1984, *Hexagon bolts for high-strength structural bolting with large width across flats (thread lengths according to ISO 888) — Product grade C — Property classes 8.8 and 10.9.*

[14] ISO 7412:1984, *Hexagon bolts for high-strength structural bolting with large width across flats (short thread length) — Product grade C — Property classes 8.8 and 10.9.*

[15] ISO 7413:1984, *Hexagon nuts for structural bolting, style 1, hot-dip galvanize (oversize tapped) — Product grades A and C — Property classes 5, 6 and 8.*

[16] ISO 7414:1984, *Hexagon nuts for structural bolting with large width across flats, style 1 — Product grade B — Property classes 10.*

[17] ISO 7417:1984, *Hexagon nuts for structural bolting, style 2, hot-dip galvanized (oversize tapped) — Product grade A — Property classes 9.*

[18] ISO 8673:1999, *Hexagon nuts, style 1, with metric fine pitch thread — Product grades A and B.*

[19] ISO 8674:1999, *Hexagon nuts, style 2, with metric fine pitch thread — Product grades A and B.*

[20] ISO 8675:1999, *Hexagon thin nuts (chamfered) with metric fine pitch thread — Product grades A and B.*

[21] ISO 8676:1999, *Hexagon head screws with metric fine pitch thread — Product grades A and B.*

[22] ISO 8765:1999, *Hexagon head bolts with metric fine pitch thread — Product grades A and B.*

[23] ISO 10663:1999, *Hexagon nuts with flange — Fine pitch thread.*

[24] ISO 15071:1999, *Hexagon bolts with flange — Small series — Product grade A.*

---

[4] In Vorbereitung zum Druck (Überarbeitung von ISO 4162:1990)

8

Anhang ZA
(normativ)

Normative Verweisungen auf internationale Publikationen mit ihren entsprechenden europäischen Publikationen

Diese Europäische Norm enthält durch datierte oder undatierte Verweisungen Festlegungen aus anderen Publikationen. Diese normativen Verweisungen sind an den jeweiligen Stellen im Text zitiert und die Publikationen sind nachstehend aufgeführt. Bei datierten Verweisungen gehören spätere Änderungen oder Überarbeitungen dieser Publikationen nur zu dieser Europäische Norm, falls sie durch Änderung oder Überarbeitung eingearbeitet sind. Bei undatierten Verweisungen gilt die letzte Ausgabe der in Bezug genommenen Publikation.

Publikation	Jahr	Titel	EN	Jahr
ISO 225	1983	Fasteners — Bolts, screws, studs and nuts — Symbols designations of dimensions	EN 20225	1991
ISO 898-2	1992	Mechanical properties of fasteners — Part 2: Nuts with specified proof load values — Coarse thread	EN 20898-2	1993
ISO 3269	2000	Fasteners — Acceptance inspection	EN ISO 3269	2000
ISO 3506-2	1997	Mechanical properties of corrosion-resistant stainless-steel fasteners — Part 2: Nuts	EN ISO 3506-2	1997
ISO 4042	1999	Fasteners — Electroplated coatings	EN ISO 4042	1999
ISO 8839	1986	Mechanical properties of fasteners — Bolts, screws studs and nuts made of non-ferrous metals	EN 28839	1991

9

November 2000

	Flache Scheiben Normale Reihe, Produktklasse (ISO 7089:2000) Deutsche Fassung EN ISO 7089:2000	**DIN** **EN ISO 7089**

ICS 21.060.30

Plain washers — Normal series,
Product grade A (ISO 7089:2000);
German version EN ISO 7089:2000

Rondelles plates — Série normale,
Grade A (ISO 7089:2000);
Version allemande EN ISO 7089:2000

Mit
DIN EN ISO 7090:2000-11
Ersatz für
DIN 125-1:1990-03 und
DIN 125-2:1990-03

Die Europäische Norm EN ISO 7089:2000 hat den Status einer Deutschen Norm.

Nationales Vorwort

Diese Norm ist identisch mit der Europäischen Norm EN ISO 7089, in die die Internationale Norm ISO 7089 unverändert übernommen wurde.

Diese Europäische Norm wurde unter Mitwirkung des Arbeitsausschusses FMV-4.4 „Scheiben und Ringe" erstellt.

Mit der Veröffentlichung dieser Europäischen Norm sind einige Änderungen verbunden, auf die im Abschnitt „Änderungen" hingewiesen wird. Eine dieser Änderungen ist der Wegfall der Gewichte. Der zuständige Ausschuss hat deshalb beschlossen, diese im nationalen Teil der Norm zur Information anzugeben, siehe Nationaler Anhang NA, Tabelle NA.1. In Fällen, in denen sich Scheibenmaße geändert haben, wurden auch die Gewichte geändert.

Für die im Abschnitt 2 zitierten Internationalen Normen wird im Folgenden auf die entsprechenden Deutschen Normen hingewiesen:

ISO 887   siehe DIN EN ISO 887

ISO 3269   siehe DIN ISO 3269

ISO 3506-1   siehe DIN EN ISO 3506-1

ISO 4042   siehe DIN EN ISO 4042

ISO 4759-3   siehe DIN EN ISO 4759-3

ISO 6507-1   siehe DIN EN ISO 6507-1

ISO 10683   siehe E DIN EN ISO 10683

Änderungen

Gegenüber DIN 125-1:1990-03 und DIN 125-2:1990-03 wurden folgende Änderungen vorgenommen:

a) Normnummer geändert.

b) Titel geändert.

c) Norm neu gegliedert.

d) Ausführung mit Innenfase entfallen.

e) Härteklasse 140 HV entfallen.

f) Nenngrößen auf der Basis des Gewindedurchmessers (nicht des Lochdurchmessers) festgelegt.

Fortsetzung Seite 2
und 6 Seiten EN

Normenausschuss Mechanische Verbindungselemente (FMV) im DIN Deutsches Institut für Normung e. V.

g) Bereich der Gewinde-Nenndurchmesser von 1,6 mm bis 64 mm (bisher 1,6 mm bis 160 mm) festgelegt, innerhalb dieses Bereiches Nenngrößen 1,7, 2,3, 2,6, 7, 26, 28, 32, 35, 38, 40, 50 und 58 entfallen.

h) Lochdurchmesser für Nenngrößen ≥ 39 entsprechend Reihe „mittel" nach ISO 273 festgelegt.

i) Scheibendicken für Nenngrößen 42, 45, 56, 60 und 64 geändert.

j) Angabe der Gewichte entfallen.

k) Festlegung „Äußere Beschaffenheit" neu aufgenommen.

l) Hinweis auf Zinklamellenüberzüge aufgenommen.

m) Bezeichnung geändert.

Frühere Ausgaben

DIN Kr 961: 1936-01, 1937-10;   DIN Kr 963: 1936-01, 1937-10;   DIN 134: 1923-03, 1936-10;
DIN 125: 1936-10, 1943-05, 1968-05;   DIN 125-1: 1921-02, 1921-12, 1923-03, 1990-03;
DIN 125-2: 1990-03

Nationaler Anhang NA
(informativ)

Tabelle NA.1 — Gewichte

Nenngröße mm	1,6	2	2,5	3	3,5	4	5	6	8	10	12	14	16	18
Gewicht ($7,85\,kg/dm^3$) kg je 1 000 Stück ≈	0,024	0,037	0,088	0,119	0,155	0,308	0,443	1,02	1,83	3,57	6,27	8,62	11,3	14,7

Nenngröße mm	20	22	24	27	30	33	36	39	42	45	48	52	56	60	64
Gewicht ($7,85\,kg/dm^3$) kg je 1 000 Stück ≈	17,2	18,3	32,3	42,3	53,6	75,3	92,1	133	209	251	284	319	472	509	547

Nationaler Anhang NB
(informativ)
Literaturhinweise

DIN EN ISO 887, *Flache Scheiben für metrische Schrauben und Muttern für allgemeine Anwendungen — Allgemeine Übersicht (ISO 887:2000); Deutsche Fassung EN ISO 887:2000.*

DIN EN ISO 3269, *Mechanische Verbindungselemente — Annahmeprüfung (ISO 3269:2000); Deutsche Fassung EN ISO 3269:2000.*

DIN EN ISO 3506-1, *Mechanische Eigenschaften von Verbindungselementen aus nichtrostenden Stählen — Teil 1: Schrauben (ISO 3506-1:1997); Deutsche Fassung EN ISO 3506-01:1997.*

DIN EN ISO 4042, *Verbindungselemente — Galvanische Überzüge (ISO 4042:1999); Deutsche Fassung EN ISO 4042:1999.*

DIN EN ISO 4759-3, *Toleranzen für Verbindungselemente — Teil 3: Flache Scheiben für Schrauben und Muttern — Produktklassen A und C (ISO 4759-3:2000); Deutsche Fassung EN ISO 4759-3:2000.*

DIN EN ISO 6507-1, *Metallische Werkstoffe — Härteprüfung nach Vickers — Teil 1: Prüfverfahren (ISO 6507-1:1997); Deutsche Fassung EN ISO 6507-1:1997.*

E DIN EN ISO 10683, *Verbindungselemente — Nichtelektrolytisch aufgebrachte Zinklamellenüberzüge (ISO/DIS 10683:1999); Deutsche Fassung prEN ISO 10683:1999.*

EUROPÄISCHE NORM
EUROPEAN STANDARD
NORME EUROPÉENNE

EN ISO 7089

Juni 2000

ICS 21.060.30

Deutsche Fassung

Flache Scheiben
Normale Reihe, Produktklasse A
(ISO 7089:2000)

Plain washers —	Rondelles plates —
Normal series, Product grade A	Série normale, Grade A
(ISO 7089:2000)	(ISO 7089:2000)

Diese Europäische Norm wurde von CEN am 2000-06-01 angenommen.

Die CEN-Mitglieder sind gehalten, die CEN/CENELEC-Geschäftsordnung zu erfüllen, in der die Bedingungen festgelegt sind, unter denen dieser Europäischen Norm ohne jede Änderung der Status einer nationalen Norm zu geben ist. Auf dem letzten Stand befindliche Listen dieser nationalen Normen mit ihren bibliographischen Angaben sind beim Zentralsekretariat oder bei jedem CEN-Mitglied auf Anfrage erhältlich.

Diese Europäische Norm besteht in drei offiziellen Fassungen (Deutsch, Englisch, Französisch). Eine Fassung in einer anderen Sprache, die von einem CEN-Mitglied in eigener Verantwortung durch Übersetzung in seine Landessprache gemacht und dem Zentralsekretariat mitgeteilt worden ist, hat den gleichen Status wie die offiziellen Fassungen.

CEN-Mitglieder sind die nationalen Normungsinstitute von Belgien, Dänemark, Deutschland, Finnland, Frankreich, Griechenland, Irland, Island, Italien, Luxemburg, Niederlande, Norwegen, Österreich, Portugal, Schweden, Schweiz, Spanien, der Tschechischen Republik und dem Vereinigten Königreich.

EUROPÄISCHES KOMITEE FÜR NORMUNG
EUROPEAN COMMITTEE FOR STANDARDIZATION
COMITÉ EUROPÉEN DE NORMALISATION

Zentralsekretariat: rue de Stassart, 36 B-1050 Brüssel

Ref.-Nr. EN ISO 7089:2000 D

Vorwort

Der Text der Internationalen Norm ISO 7089:2000 wurde vom Technischen Komitee ISO/TC 2 „Fasteners" in Zusammenarbeit mit dem Technischen Komitee CEN/TC 185 „Mechanische Verbindungselemente mit und ohne Gewinde und Zubehör" erarbeitet, dessen Sekretariat vom DIN gehalten wird.

Diese Europäische Norm muss den Status einer nationalen Norm erhalten, entweder durch Veröffentlichung eines identischen Textes oder durch Anerkennung bis 2000-12, und etwaige entgegenstehende nationale Normen müssen bis 2000-12 zurückgezogen werden.

Entsprechend der CEN/CENELEC-Geschäftsordnung sind die nationalen Normungsinstitute der folgenden Länder gehalten, diese Europäische Norm zu übernehmen:

Belgien, Dänemark, Deutschland, Finnland, Frankreich, Griechenland, Irland, Island, Italien, Luxemburg, Niederlande, Norwegen, Österreich, Portugal, Schweden, Schweiz, Spanien, die Tschechische Republik und das Vereinigte Königreich.

Anerkennungsnotiz

Der Text der Internationalen Norm ISO 7089:2000 wurde vom CEN als Europäische Norm ohne irgendeine Abänderung genehmigt.

ANMERKUNG Die normativen Verweisungen auf Internationale Normen sind im Anhang ZA (normativ) aufgeführt.

1 Anwendungsbereich

Diese Internationale Norm legt Eigenschaften für flache Scheiben, normale Reihe, Produktklasse A, mit Härteklassen 200 HV und 300 HV und mit Nenngrößen (Gewinde-Nenndurchmesser) von 1,6 mm bis 64 mm fest.

Scheiben mit Härteklasse 200 HV sind geeignet für:

– Sechskantschrauben der Produktklassen A und B mit Festigkeitsklassen ≤ 8.8;

– Sechskantmuttern der Produktklassen A und B mit Festigkeitsklassen ≤ 8;

– Sechskantschrauben und Muttern aus nichtrostendem Stahl mit ähnlicher chemischer Zusammensetzung;

– einsatzgehärtete gewindefurchende Schrauben.

Scheiben mit Härteklasse 300 HV sind geeignet für:

– Sechskantschrauben der Produktklassen A und B mit Festigkeitsklassen ≤ 10.9;

– Sechskantmuttern der Produktklassen A und B mit Festigkeitsklassen ≤ 10.

Werden andere Maße als die in der vorliegenden Norm benötigt, so sollten diese aus ISO 887 entnommen werden.

Werden Teile aus weichem Werkstoff oder Werkstücke mit großen Durchgangslöchern verschraubt, so sollte der Anwender die diesbezügliche Eignung dieser Scheibenart überprüfen.

2 Normative Verweisungen

Die folgenden normativen Dokumente enthalten Festlegungen, die durch Verweisung in diesem Text Bestandteil der vorliegenden Internationalen Norm sind. Bei datierten Verweisungen gelten spätere Änderungen oder Überarbeitungen dieser Publikation nicht. Anwender dieser Internationalen Norm werden jedoch gebeten, die Möglichkeit zu prüfen, die jeweils neuesten Ausgaben der nachfolgend angegebenen normativen Dokumente anzuwenden. Bei undatierten Verweisungen gilt die letzte Ausgabe des in Bezug genommenen normativen Dokuments. Mitglieder von ISO und IEC führen Verzeichnisse der gültigen Internationalen Normen.

ISO 887:2000, *Plain washers for metric bolts, screws and nuts for general purposes — General plan (Flache Scheiben für metrische Schrauben und Muttern für allgemeine Anwendungen — Allgemeine Übersicht).*

ISO 3269:2000, *Fasteners — Acceptance inspection (Mechanische Verbindungselemente — Annahmeprüfung).*

ISO 3506-1:1997, *Mechanical properties of corrosion-resistant stainless-steel fasteners — Part 1: Bolts, screws and studs (Mechanische Eigenschaften von Verbindungselementen aus nichtrostenden Stählen — Teil 1: Schrauben).*

ISO 4042:1999, *Fasteners — Electroplated coatings (Verbindungselemente — Galvanische Überzüge).*

ISO 4759-3:2000, *Tolerances for fasteners — Part 3: Plain washers for bolts, screws and nuts — Product grades A and C (Toleranzen für Verbindungselemente — Teil 3: Flache Scheiben für Schrauben und Muttern — Produktklassen A und C).*

ISO 6507-1:1997, *Metallic materials — Vickers hardness test — Part 1: Test method (Metallische Werkstoffe — Härteprüfung nach Vickers — Teil 1: Prüfverfahren).*

ISO 10683:-[1]), *Fasteners — Non-electrolytically applied zinc flake coatings (Verbindungselemente — Nichtelektrolytisch aufgebrachte Zinklamellenüberzüge).*

3 Maße

Siehe Bild 1 und Tabellen 1 und 2.

Maße in Millimeter, Werte der Oberflächenrauheit in Mikrometer

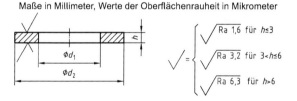

Bild 1 — Maße

---

[1]) In Vorbereitung zum Druck.

Tabelle 1 — Maße (Vorzugsgrößen)

Maße in Millimeter

Nenngröße (Gewinde-Nenndurchmesser d)	Lochdurchmesser d_1		Außendurchmesser d_2		Dicke h		
	min. = Nennmaß	max.	max. = Nennmaß	min.	Nennmaß	max.	min.
1,6	1,70	1,84	4,0	3,7	0,3	0,35	0,25
2	2,20	2,34	5,0	4,7	0,3	0,35	0,25
2,5	2,70	2,84	6,0	5,7	0,5	0,55	0,45
3	3,20	3,38	7,00	6,64	0,5	0,55	0,45
4	4,30	4,48	9,00	8,64	0,8	0,9	0,7
5	5,30	5,48	10,00	9,64	1	1,1	0,9
6	6,40	6,62	12,00	11,57	1,6	1,8	1,4
8	8,40	8,62	16,00	15,57	1,6	1,8	1,4
10	10,50	10,77	20,00	19,48	2	2,2	1,8
12	13,00	13,27	24,00	23,48	2,5	2,7	2,3
16	17,00	17,27	30,00	29,48	3	3,3	2,7
20	21,00	21,33	37,00	36,38	3	3,3	2,7
24	25,00	25,33	44,00	43,38	4	4,3	3,7
30	31,00	31,39	56,00	55,26	4	4,3	3,7
36	37,00	37,62	66,0	64,8	5	5,6	4,4
42	45,00	45,62	78,0	76,8	8	9	7
48	52,00	52,74	92,0	90,6	8	9	7
56	62,00	62,74	105,0	103,6	10	11	9
64	70,00	70,74	115,0	113,6	10	11	9

Tabelle 2 — Maße (zu vermeidende Größen)

Maße in Millimeter

Nenngröße (Gewinde-Nenndurchmesser d)	Lochdurchmesser d_1		Außendurchmesser d_2		Dicke h		
	min. = Nennmaß	max.	max. = Nennmaß	min.	Nennmaß	max.	min.
3,5	3,70	3,88	8,00	7,64	0,5	0,55	0,45
14	15,00	15,27	28,00	27,48	2,5	2,7	2,3
18	19,00	19,33	34,00	33,38	3	3,3	2,7
22	23,00	23,33	39,00	38,38	3	3,3	2,7
27	28,00	28,33	50,00	49,38	4	4,3	3,7
33	34,00	34,62	60,0	58,8	5	5,6	4,4
39	42,00	42,62	72,0	70,8	6	6,6	5,4
45	48,00	48,62	85,0	83,6	8	9	7
52	56,00	56,74	98,0	96,6	8	9	7
60	66,00	66,74	110,0	108,6	10	11	9

4 Technische Lieferbedingungen und in Bezug genommene Internationale Normen

Siehe Tabelle 3

Tabelle 3 — Technische Lieferbedingungen und in Bezug genommene Internationale Normen

Werkstoff[a]		Stahl		Nichtrostender Stahl
	Stahlsorte[b]			A2 F1 C1 A4 C4
	Internationale Norm			ISO 3506-1
Mechanische Eigenschaften	Härteklasse	200 HV	300 HV[c]	200 HV
	Härtebereich[d]	200 HV bis 300 HV	300 HV bis 370 HV	200 HV bis 300 HV
Grenzabmaße, Form- und Lagetoleranzen	Produktklasse	A		
	Internationale Norm	ISO 4759-3		
Oberfläche		Ohne besondere Behandlung, d. h. die Scheiben sind wie hergestellt, behandelt mit einem Rostschutzöl oder mit einem anderen Überzug, wie zwischen Besteller und Lieferer vereinbart, zu liefern. Anforderungen für galvanischen Oberflächenschutz sind in ISO 4042 festgelegt. Anforderungen für nichtelektrolytisch aufgebrachte Zinklamellenüberzüge sind in ISO 10683 festgelegt. Für vergütete Scheiben sollte die Prozessführung beim Beschichten so gewählt werden, dass Wasserstoffversprödung vermieden wird. Werden die Scheiben galvanisch verzinkt oder phosphatiert, dann müssen sie unmittelbar nach diesem Vorgang entsprechend nachbehandelt werden, um schädlicher Wasserstoffversprödung vorzubeugen. Alle Toleranzen gelten vor dem Aufbringen eines Überzuges.		Blank, d. h. die Scheiben sind wie hergestellt zu liefern.
Äußere Beschaffenheit		Die Scheiben müssen frei von Unregelmäßigkeiten oder schädlichen Fehlern sein. An der Scheibe dürfen keine überstehenden Grate vorhanden sein.		
Annahmeprüfung		Für die Annahmeprüfung gilt ISO 3269.		

[a] Andere metallische Werkstoffe nach Vereinbarung.

[b] Bezieht sich nur auf die chemische Zusammensetzung.

[c] Vergütet

[d] Härteprüfung nach ISO 6507-1.

Prüfkraft: HV 2 für Nenndicke $h \leq 0{,}6\,\mathrm{mm}$

HV 10 für Nenndicke $0{,}6\,\mathrm{mm} < h \leq 1{,}2\,\mathrm{mm}$

HV 30 für Nenndicke $h > 1{,}2\,\mathrm{mm}$

5 Bezeichnung

BEISPIEL 1 Eine flache Scheibe, normale Reihe, Produktklasse A, mit Nenngröße 8 mm, Härteklasse 200 HV aus Stahl wird wie folgt bezeichnet:

Scheibe ISO 7089 - 8 - 200 HV

BEISPIEL 2 Eine flache Scheibe, normale Reihe, Produktklasse A, mit Nenngröße 8 mm, Härteklasse 200 HV aus nichtrostendem Stahl der Stahlsorte A2 wird wie folgt bezeichnet:

Scheibe ISO 7089 - 8 - 200 HV - A2

Anhang ZA
(normativ)
Normative Verweisungen auf internationale Publikationen mit ihren entsprechenden europäischen Publikationen

Diese Europäische Norm enthält durch datierte oder undatierte Verweisungen Festlegungen aus anderen Publikationen. Diese normativen Verweisungen sind an den jeweiligen Stellen im Text zitiert, und die Publikationen sind nachstehend aufgeführt. Bei datierten Verweisungen gehören spätere Änderungen oder Überarbeitungen dieser Publikationen nur zu dieser Europäischen Norm, falls sie durch Änderung oder Überarbeitung eingearbeitet sind. Bei undatierten Verweisungen gilt die letzte Ausgabe der in Bezug genommenen Publikation.

Publikation	Jahr	Titel	EN	Jahr
ISO 3506-1	1997	Mechanical properties of corrosion-resistant stainless-steel fasteners — Part 1: Bolts, screws and studs	EN ISO 3506-1	1997
ISO 4042	1999	Fasteners — Electroplated coatings	EN ISO 4042	1999
ISO 4759-3	2000	Tolerances for fasteners — Part 3: Plain washers for bolts, screws and nuts — Products grades A and C	EN ISO 4759-3	2000
ISO 6507-1	1997	Metallic materials — Vickers hardness test — Part 1: Test method	EN ISO 6507-1	1997

Zylinderstifte aus gehärtetem Stahl und martensitischem nichtrostendem Stahl (ISO 8734 : 1997) Deutsche Fassung EN ISO 8734 : 1997	$\overline{\underline{\text{DIN}}}$ EN ISO 8734

ICS 21.060.50

Deskriptoren: Zylinderstift, martensitisch, nichtrostend, gehärtet, Stahl

Ersatz für
DIN EN 28734 : 1992-10

Parallel pins of hardened and martensitic stainless steel (Dowel pins)
(ISO 8734 : 1997); German version EN ISO 8734 : 1997
Goupilles cylindriques en acier trempé et en acier inoxydable
martensitique (ISO 8734 : 1997); Version allemande EN ISO 8734 : 1997

Die Europäische Norm EN ISO 8734 : 1997 hat den Status einer Deutschen Norm.

Nationales Vorwort

Diese Europäische Norm sieht gegenüber der früheren Norm DIN EN 28734 eine Vereinfachung der Stiftenden vor. Zugleich wird ein Stiftende zugelassen, das sich beim Kaltumformen von Zylinderstiften ergibt. Als Konsequenz aus diesen Änderungen ergibt sich ein Verzicht auf die Erkennbarkeit der Formen A und B anhand der Stiftenden.

Für die im Abschnitt 2 zitierten Internationalen Normen wird im folgenden auf die entsprechenden Deutschen Normen hingewiesen:

ISO 3269   siehe DIN ISO 3269
ISO 3506-1   siehe DIN EN ISO 3506-1
ISO 4042   siehe E DIN EN ISO 4042

Änderungen

Gegenüber DIN EN 28734 : 1992-10 wurden folgende Änderungen vorgenommen:

a) Der Werkstoff „Nichtrostender Stahl" wurde aufgenommen.
b) Die Unterscheidbarkeit der Formen A und B durch unterschiedliche Stiftenden ist entfallen.
c) Die Herstellung durch Kaltumformen wurde ermöglicht.
d) Die Normnummer wurde geändert.
e) Die Norm wurde redaktionell überarbeitet.

Frühere Ausgaben

DIN 6325: 1951-03, 1958-10, 1971-10
DIN EN 28734: 1992-10

Sachmerkmal-Leiste

Für Zylinderstifte nach dieser Norm gilt Sachmerkmal-Leiste DIN 4000-9-1.

Nationaler Anhang NA   (informativ)

Literaturhinweise

DIN 4000-9
    Sachmerkmal-Leisten für Bolzen, Stifte, Niete, Splinte, Paßfedern, Keile und Scheibenfedern
DIN EN ISO 3506-1
    Mechanische Eigenschaften von Verbindungselementen aus nichtrostenden Stählen — Teil 1: Schrauben
    (ISO 3506-1 : 1997); Deutsche Fassung EN ISO 3506-1 : 1997
E DIN EN ISO 4042
    Verbindungselemente — Galvanische Überzüge (ISO/DIS 4042 : 1996); Deutsche Fassung prEN ISO 4042 : 1996
DIN ISO 3269
    Mechanische Verbindungselemente — Annahmeprüfung, Identisch mit ISO 3269 : 1988

Fortsetzung 4 Seiten EN

Normenausschuß Mechanische Verbindungselemente (FMV) im DIN Deutsches Institut für Normung e.V.

EUROPÄISCHE NORM
EUROPEAN STANDARD
NORME EUROPÉENNE

EN ISO 8734

November 1997

ICS 21.060.50   Ersatz für EN 28734 : 1992

Deskriptoren: Verbindungselement, Stift, Zylinderstift, Anforderung, Abmessung, Bezeichnung

Deutsche Fassung

Zylinderstifte
aus gehärtetem Stahl und martensitischem nichtrostendem Stahl
(ISO 8734 : 1997)

Parallel pins of hardened steel and martensitic stainless steel (Dowel pins) (ISO 8734 : 1997)

Goupilles cylindriques en acier trempé et en acier inoxydable martensitique (ISO 8734 : 1997)

Diese Europäische Norm wurde von CEN am 1997-10-23 angenommen.

Die CEN-Mitglieder sind gehalten, die CEN/CENELEC-Geschäftsordnung zu erfüllen, in der die Bedingungen festgelegt sind, unter denen dieser Europäischen Norm ohne jede Änderung der Status einer nationalen Norm zu geben ist.

Auf dem letzten Stand befindliche Listen dieser nationalen Normen mit ihren bibliographischen Angaben sind beim Zentralsekretariat oder bei jedem CEN-Mitglied auf Anfrage erhältlich.

Diese Europäische Norm besteht in drei offiziellen Fassungen (Deutsch, Englisch, Französisch). Eine Fassung in einer anderen Sprache, die von einem CEN-Mitglied in eigener Verantwortung durch Übersetzung in seine Landessprache gemacht und dem Zentralsekretariat mitgeteilt worden ist, hat den gleichen Status wie die offiziellen Fassungen.

CEN-Mitglieder sind die nationalen Normungsinstitute von Belgien, Dänemark, Deutschland, Finnland, Frankreich, Griechenland, Irland, Island, Italien, Luxemburg, Niederlande, Norwegen, Österreich, Portugal, Schweden, Schweiz, Spanien, der Tschechischen Republik und dem Vereinigten Königreich.

CEN

EUROPÄISCHES KOMITEE FÜR NORMUNG
European Committee for Standardization
Comité Européen de Normalisation

Zentralsekretariat: rue de Stassart 36, B-1050 Brüssel

Ref. Nr. EN ISO 8734 : 1997 D

Vorwort

Der Text der Internationalen Norm ISO 8734 : 1997 wurde vom Technischen Komitee ISO/TC 2 „Fasteners" in Zusammenarbeit mit dem Technischen Komitee CEN/TC 185 „Mechanische Verbindungselemente mit und ohne Gewinde und Zubehör" erarbeitet, dessen Sekretariat vom DIN gehalten wird.

Diese Europäische Norm ersetzt EN 28734 : 1992.

Diese Europäische Norm muß den Status einer nationalen Norm erhalten, entweder durch Veröffentlichung eines identischen Textes oder durch Anerkennung bis Mai 1998, und etwaige entgegenstehende nationale Normen müssen bis Mai 1998 zurückgezogen werden.

Entsprechend der CEN/CENELEC-Geschäftsordnung sind die nationalen Normungsinstitute der folgenden Länder gehalten, diese Europäische Norm zu übernehmen:

Belgien, Dänemark, Deutschland, Finnland, Frankreich, Griechenland, Irland, Island, Italien, Luxemburg, Niederlande, Norwegen, Österreich, Portugal, Schweden, Schweiz, Spanien, die Tschechische Republik und das Vereinigte Königreich.

Anerkennungsnotiz

Der Text der Internationalen Norm ISO 8734 : 1997 wurde von CEN als Europäische Norm ohne irgendeine Abänderung genehmigt.

1 Anwendungsbereich

Diese Internationale Norm beschreibt die Eigenschaften von Zylinderstiften aus Stahl, durchgehärtet oder einsatzgehärtet und aus martensitischem nichtrostendem Stahl, mit Nenndurchmesser d von 1 mm bis einschließlich 20 mm.

2 Normative Verweisungen

Die folgenden normativen Dokumente enthalten Festlegungen, die durch Verweisung in diesem Text Bestandteil der vorliegenden Internationalen Norm sind. Zum Zeitpunkt der Veröffentlichung dieser Internationalen Norm waren die angegebenen Ausgaben gültig. Alle Normen unterliegen der Überarbeitung. Vertragspartner, deren Vereinbarungen auf dieser Internationalen Norm basieren, werden gebeten, die Möglichkeit zu prüfen, ob die jeweils neuesten Ausgaben der im folgenden genannten Normen angewendet werden können. Die Mitglieder von IEC und ISO führen Verzeichnisse der gegenwärtig gültigen Internationalen Normen.

ISO 3269 : 1988
  Fasteners — Acceptance inspection
ISO 3506-1 : 1997
  Mechanical properties of corrosion-resistant stainless steel fasteners — Part 1: Bolts, screws and studs
ISO 4042 : —[1])
  Fasteners — Electroplated coatings

3 Maße

Siehe Bild 1 und Tabelle 1.

zulässiges Stiftende
nach Wahl des Herstellers

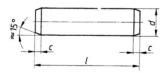

1) Radius und Einsenkung am Stiftende zulässig.

Bild 1

---

[1]) Veröffentlichung in Vorbereitung (Überarbeitung von ISO 4042 : 1989).

Tabelle 1: Maße

Maße in Millimeter

d m6¹)			1	1,5	2	2,5	3	4	5	6	8	10	12	16	20
c ≈			0,2	0,3	0,35	0,4	0,5	0,63	0,8	1,2	1,6	2	2,5	3	3,5
Nenn-maß	$l^2)$ min.	max.													
3	2,75	3,25													
4	3,75	4,25													
5	4,75	5,25													
6	5,75	6,25													
8	7,75	8,25													
10	9,75	10,25													
12	11,5	12,5													
14	13,5	14,5													
16	15,5	16,5													
18	17,5	18,5													
20	19,5	20,5													
22	21,5	22,5													
24	23,5	24,5													
26	25,5	26,5													
28	27,5	28,5													
30	29,5	30,5													
32	31,5	32,5													
35	34,5	35,5													
40	39,5	40,5													
45	44,5	45,5													
50	49,5	50,5													
55	54,25	55,75													
60	59,25	60,75													
65	64,25	65,75													
70	69,25	70,75													
75	74,25	75,75													
80	79,25	80,75													
85	84,25	85,75													
90	89,25	90,75													
95	94,25	95,75													
100	99,25	100,75													

Bereich der handelsüblichen Längen

¹) Andere Toleranzen nach Vereinbarung.
²) Nennlängen über 100 mm sind von 20 mm zu 20 mm zu stufen.

602

4 Technische Lieferbedingungen

Siehe Tabelle 2.

Tabelle 2: Technische Lieferbedingungen

Werkstoff[1]	Stahl			Martensitischer nichtrostender Stahl
	St			C1 nach ISO 3506-1
	Typ A Stift durchgehärtet	Typ B Stift einsatzgehärtet		gehärtet und angelassen auf eine Härte von 560 HV30
	Chemische Zusammensetzung in % (Stückanalyse)			
		entweder	oder	
	C 0,95 bis 1,1 Si 0,15 bis 0,35 Mn 0,25 bis 0,4 P 0,03 max. S 0,025 max. Cr 1,35 bis 1,65	C 0,06 bis 0,13 Si 0,1 bis 0,4 Mn 0,25 bis 0,6 P 0,025 max. S 0,05 max.	C 0,15 max. Si 0,10 max. Mn 0,9 bis 1,3 P 0,07 max. S 0,15 bis 0,35 Pb 0,15 bis	
	Härte: 550 HV30 bis 650 HV30	nach Wahl des Herstellers. Oberflächenhärte: 600 HV1 bis 700 HV1 Einsatzhärtungstiefe 0,25 bis 0,4 mm: 550 HV1 min.		
Oberflächenbeschaffenheit	blank, d. h. falls nichts anderes zwischen Lieferer und Besteller vereinbart, sind die Zylinderstifte wie hergestellt, behandelt mit einem Rostschutzöl, zu liefern. Werden Zylinderstifte beschichtet, dann sollte die Prozessführung beim Beschichten so gewählt werden, daß Wasserstoffversprödung vermieden wird. Werden die Zylinderstifte galvanisch behandelt oder phosphatiert, dann müssen sie unmittelbar nach diesem Vorgang entsprechend nachbehandelt werden, um schädlicher Wasserstoffversprödung vorzubeugen. Es kann jedoch nicht garantiert werden, daß die Zylinderstifte absolut frei von Wasserstoffversprödung sind (siehe ISO 4042). Alle Toleranzen gelten vor Aufbringen der Beschichtung.			blank, d. h. die Zylinderstifte sind wie hergestellt zu liefern.
Oberflächenrauheit	$R_a \leq 0,8\ \mu m$			
Äußere Beschaffenheit	Die Zylinderstifte müssen frei von Unregelmäßigkeiten oder schädlichen Fehlern sein. Die Zylinderstifte müssen gratfrei sein.			
Annahmeprüfung	Für die Annahmeprüfung gilt ISO 3269.			

[1] Andere Werkstoffe nach Vereinbarung.

5 Bezeichnung

BEISPIEL 1: Bezeichnung eines gehärteten Zylinderstiftes aus Stahl, Typ A, mit Nenndurchmesser d = 6 mm und Nennlänge l = 30 mm:

Zylinderstift ISO 8734 — 6×30 — A — St

BEISPIEL 2: Bezeichnung eines Zylinderstiftes aus martensitischem nichtrostendem Stahl der Sorte C1, mit Nenndurchmesser d = 6 mm und Nennlänge l = 30 mm:

Zylinderstift ISO 8734 — 6×30 — C1

DIN EN ISO 8752

ICS 21.060.50

Ersatz für
DIN EN ISO 8752:1998-03

Spannstifte (-hülsen) –
Geschlitzt, schwere Ausführung (ISO 8752:2009);
Deutsche Fassung EN ISO 8752:2009

Spring-type straight pins –
Slotted, heavy duty (ISO 8752:2009);
German version EN ISO 8752:2009

Goupilles cylindriques creuses, dites goupilles élastiques –
Série épaisse (ISO 8752:2009);
Version allemande EN ISO 8752:2009

Gesamtumfang 12 Seiten

Normenausschuss Mechanische Verbindungselemente (FMV) im DIN

Nationales Vorwort

Dieses Dokument (EN ISO 8752:2009) wurde vom Unterkomitee SC 10 „Product standards for fasteners" des Technischen Komitees ISO/TC 2 „Fasteners" in Zusammenarbeit mit dem Technischen Komitee CEN/TC 185 „Mechanische Verbindungselemente" (Sekretariat: DIN, Deutschland) erarbeitet.

Die Deutsche Norm DIN EN ISO 8752 fällt in den Zuständigkeitsbereich des NA 067-04-01 AA „Stifte und Bolzen" im Normenausschuss Mechanische Verbindungselemente (FMV).

Für die in diesem Dokument zitierten Internationalen Normen sowie die Literaturhinweise wird im Folgenden auf die entsprechenden Deutschen Normen hingewiesen:

ISO 3269	siehe DIN EN ISO 3269
ISO 4042	siehe DIN EN ISO 4042
ISO 6507-1	siehe DIN EN ISO 6507-1
ISO 8749	siehe DIN EN 28749
ISO 13337	siehe DIN EN ISO 13337

Änderungen

Gegenüber DIN EN ISO 8752:1998-03 wurden folgende Änderungen vorgenommen:

a)   Härteprüfung nach Vickers aufgenommen;

b)   Norm redaktionell überarbeitet.

Frühere Ausgaben

DIN 1481: 1946x-06, 1959x-11, 1978-11
DIN EN 28752: 1993-08
DIN EN ISO 8752: 1998-03

Nationaler Anhang NA
(informativ)

Literaturhinweise

DIN EN ISO 3269, *Mechanische Verbindungselemente — Annahmeprüfung*

DIN EN ISO 4042, *Verbindungselemente — Galvanische Überzüge*

DIN EN ISO 6507-1, *Metallische Werkstoffe — Härteprüfung nach Vickers — Teil 1: Prüfverfahren*

DIN EN ISO 13337, *Spannstifte (-hülsen) — Geschlitzt, leichte Ausführung*

DIN EN 28749, *Stifte und Kerbstifte — Scherversuch*

2

EUROPÄISCHE NORM
EUROPEAN STANDARD
NORME EUROPÉENNE

EN ISO 8752

Juni 2009

ICS 21.060.50

Ersatz für EN ISO 8752:1997

Deutsche Fassung

Spannstifte (-hülsen) —
Geschlitzt, schwere Ausführung
(ISO 8752:2009)

Spring-type straight pins —
Slotted, heavy duty
(ISO 8752:2009)

Goupilles cylindriques creuses, dites goupilles élastiques —
Série épaisse
(ISO 8752:2009)

Diese Europäische Norm wurde vom CEN am 6. Juni 2009 angenommen.

Die CEN-Mitglieder sind gehalten, die CEN/CENELEC-Geschäftsordnung zu erfüllen, in der die Bedingungen festgelegt sind, unter denen dieser Europäischen Norm ohne jede Änderung der Status einer nationalen Norm zu geben ist. Auf dem letzten Stand befindliche Listen dieser nationalen Normen mit ihren bibliographischen Angaben sind beim Management-Zentrum des CEN oder bei jedem CEN-Mitglied auf Anfrage erhältlich.

Diese Europäische Norm besteht in drei offiziellen Fassungen (Deutsch, Englisch, Französisch). Eine Fassung in einer anderen Sprache, die von einem CEN-Mitglied in eigener Verantwortung durch Übersetzung in seine Landessprache gemacht und dem Management-Zentrum mitgeteilt worden ist, hat den gleichen Status wie die offiziellen Fassungen.

CEN-Mitglieder sind die nationalen Normungsinstitute von Belgien, Bulgarien, Dänemark, Deutschland, Estland, Finnland, Frankreich, Griechenland, Irland, Island, Italien, Lettland, Litauen, Luxemburg, Malta, den Niederlanden, Norwegen, Österreich, Polen, Portugal, Rumänien, Schweden, der Schweiz, der Slowakei, Slowenien, Spanien, der Tschechischen Republik, Ungarn, dem Vereinigten Königreich und Zypern.

EUROPÄISCHES KOMITEE FÜR NORMUNG
EUROPEAN COMMITTEE FOR STANDARDIZATION
COMITÉ EUROPÉEN DE NORMALISATION

Management-Zentrum: Avenue Marnix 17, B-1000 Brüssel

Inhalt

2

Vorwort

Dieses Dokument (EN ISO 8752:2009) wurde vom Technischen Komitee ISO/TC 2 „Fasteners" in Zusammenarbeit mit dem Technischen Komitee CEN/TC 185 „Mechanische Verbindungselemente mit und ohne Gewinde und Zubehör" erarbeitet, dessen Sekretariat vom DIN gehalten wird.

Diese Europäische Norm muss den Status einer nationalen Norm erhalten, entweder durch Veröffentlichung eines identischen Textes oder durch Anerkennung bis Dezember 2009, und etwaige entgegenstehende nationale Normen müssen bis Dezember 2009 zurückgezogen werden.

Es wird auf die Möglichkeit hingewiesen, dass einige Texte dieses Dokuments Patentrechte berühren können. CEN [und/oder CENELEC] sind nicht dafür verantwortlich, einige oder alle diesbezüglichen Patentrechte zu identifizieren.

Dieses Dokument ersetzt EN ISO 8752:1997.

Entsprechend der CEN/CENELEC-Geschäftsordnung sind die nationalen Normungsinstitute der folgenden Länder gehalten, diese Europäische Norm zu übernehmen: Belgien, Bulgarien, Dänemark, Deutschland, Estland, Finnland, Frankreich, Griechenland, Irland, Island, Italien, Lettland, Litauen, Luxemburg, Malta, Niederlande, Norwegen, Österreich, Polen, Portugal, Rumänien, Schweden, Schweiz, Slowakei, Slowenien, Spanien, Tschechische Republik, Ungarn, Vereinigtes Königreich und Zypern.

Anerkennungsnotiz

Der Text von ISO 8752:2009 wurde vom CEN als EN ISO 8752:2009 ohne irgendeine Abänderung genehmigt.

3

1 Anwendungsbereich

Diese Internationale Norm legt die Eigenschaften von geschlitzten Spannstiften (-hülsen) aus Stahl oder aus austenitischem bzw. martensitischem nichtrostenden Stahl in schwerer Ausführung mit einem Nenndurchmesser d_1 von 1 mm bis einschließlich 50 mm fest.

ANMERKUNG   Die Nenndurchmesser wurden so gewählt, dass die Spannstifte ineinander geschoben oder mit Spannstiften in leichter Ausführung nach ISO 13337 verbunden werden können.

2 Normative Verweisungen

Die folgenden zitierten Dokumente sind für die Anwendung dieses Dokuments erforderlich. Bei datierten Verweisungen gilt nur die in Bezug genommene Ausgabe. Bei undatierten Verweisungen gilt die letzte Ausgabe des in Bezug genommenen Dokuments (einschließlich aller Änderungen).

ISO 3269, *Fasteners — Acceptance inspection*

ISO 4042, *Fasteners — Electroplated coatings*

ISO 6507-1, *Metallic materials — Vickers Hardness test — Part 1: Test method*

ISO 8749, *Pins and grooved pins — Shear test*

3 Maße

Siehe Bild 1 und Tabelle 1.

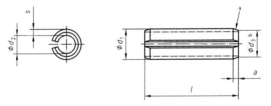

a   Für geschlitzte Spannstiften (-hülsen) mit einem Nenndurchmesser $d_1 \geq 10$ mm ist, nach Wahl des Lieferanten, auch nur eine Fase zulässig.

b $d_3 < d_{1,\text{Nenn}}.$

ANMERKUNG   Für geschlitzte Spannstifte (-hülsen), nicht verhakend (Schlitzart N) siehe die Abschnitte 5 und 6.

Bild 1 — Geschlitzte Spannstifte (-hülsen), schwere Ausführung

4

DIN EN ISO 8752:2009-10
EN ISO 8752:2009 (D)

Maße in Millimeter

Tabelle 1 — Maße

Nennmaß	1	1,5	2	2,5	3	3,5	4	4,5	5	6	8	10	12	13	14	16	18	20	21	25	28	30	32	35	38	40	45	50
d_1 Vor dem Einbau max.	1,3	1,8	2,4	2,9	3,5	4,0	4,6	5,1	5,6	6,7	8,8	10,8	12,8	13,8	14,8	16,8	18,9	20,9	21,9	25,9	28,9	30,9	32,9	35,9	38,9	40,9	45,9	50,9
d_1 Vor dem Einbau min.	1,2	1,7	2,3	2,8	3,3	3,8	4,4	4,9	5,4	6,4	8,5	10,5	12,5	13,5	14,5	16,5	18,5	20,5	21,5	25,5	28,5	30,5	32,5	35,5	38,5	40,5	45,5	50,5
d_2 Vor dem Einbau^a	0,8	1,1	1,5	1,8	2,1	2,3	2,8	2,9	3,4	4,0	5,5	6,5	7,5	8,5	8,5	10,5	11,5	12,5	13,5	15,5	17,5	18,5	20,5	21,5	23,5	25,5	28,5	31,5
a max.	0,35	0,45	0,55	0,6	0,7	0,8	0,85	1,0	1,1	1,4	2,0	2,4	2,4	2,4	2,4	2,4	2,4	3,4	3,4	3,4	3,4	3,4	3,6	3,6	4,6	4,6	4,6	4,6
a min.	0,15	0,25	0,35	0,4	0,5	0,6	0,65	0,8	0,9	1,2	1,6	2,0	2,0	2,0	2,0	2,0	2,0	3,0	3,0	3,0	3,0	3,0	3,0	3,0	4,0	4,0	4,0	4,0
s	0,2	0,3	0,4	0,5	0,6	0,75	0,8	1,0	1,0	1,2	1,5	2,0	2,5	2,5	3,0	3,0	3,5	4,0	4,0	5,0	5,5	6,0	6,0	7,0	7,5	7,5	8,5	9,5
Mindest-Abscherkraft, zweischnittig^b kN	0,7	1,58	2,82	4,38	6,32	9,06	11,24	15,36	17,54	26,04	42,76	70,16	104,1	115,1	144,7	171	222,5	280,6	296,7	438,5	542,6	631,4	684	859	1 003	1 068	1 360	1 685

Nennmaß	l^c min.	max.	Bereich der handelsüblichen Längen
4	3,75	4,25	
5	4,75	5,25	
6	5,75	6,25	
8	7,75	8,25	
10	9,75	10,25	
12	11,5	12,5	
14	13,5	14,5	
16	15,5	16,5	
18	17,5	18,5	
20	19,5	20,5	Bereich
22	21,5	22,5	
24	23,5	24,5	
26	25,5	26,5	
28	27,5	28,5	
30	29,5	30,5	
32	31,5	32,5	von
35	34,5	35,5	
40	39,5	40,5	handels-üblichen
45	44,5	45,5	
50	49,5	50,5	
55	54,25	55,75	
60	59,25	60,75	
65	64,25	65,75	
70	69,25	70,75	

Tabelle 1 (fortgesetzt)

Nennmaß		1	1,5	2	2,5	3	3,5	4	4,5	5	6	8	10	12	13	14	16	18	20	21	25	28	30	32	35	38	40	45	50
d_1	Vor dem Einbau max.	1,3	1,8	2,4	2,9	3,5	4,0	4,6	5,1	5,6	6,7	8,8	10,8	12,8	13,8	14,8	16,8	18,9	20,9	21,9	25,9	28,9	30,9	32,9	35,9	38,9	40,9	45,9	50,9
	Vor dem Einbau min.	1,2	1,7	2,3	2,8	3,3	3,8	4,4	4,9	5,4	6,4	8,5	10,5	12,5	13,5	14,5	16,5	18,5	20,5	21,5	25,5	28,5	30,5	32,5	35,5	38,5	40,5	45,5	50,5
d_2	Vor dem Einbau[a]	0,8	1,1	1,5	1,8	2,1	2,3	2,8	2,9	3,4	4,0	5,5	6,5	7,5	8,5	8,5	10,5	11,5	12,5	13,5	15,5	17,5	18,5	20,5	21,5	23,5	25,5	28,5	31,5
a	max.	0,35	0,45	0,55	0,6	0,7	0,8	0,85	1,0	1,1	1,4	2,0	2,4	2,4	2,4	2,4	2,0	2,4	3,4	3,4	3,4	3,0	3,4	3,6	3,6	4,6	4,6	4,6	4,6
	min.	0,15	0,25	0,35	0,4	0,5	0,6	0,65	0,8	0,9	1,2	1,6	2,0	2,0	2,0	2,0	2,0	2,0	3,0	3,0	3,0	3,0	3,0	3,0	3,0	4,0	4,0	4,0	4,0
s		0,2	0,3	0,4	0,5	0,6	0,75	0,8	1,0	1,0	1,2	1,5	2,0	2,5	2,5	3,0	3,0	3,5	4,0	4,0	5,0	5,5	6,0	6,0	7,0	7,5	7,5	8,5	9,5
Mindest-Abscherkraft, zweischnittig[b] kN		0,7	1,58	2,82	4,38	6,32	9,06	11,24	15,36	17,54	26,04	42,76	70,16	104,1	115,1	144,7	171	222,5	280,6	298,2	438,5	542,6	631,4	684	859	1 003	1 068	1 360	1 685

Nenn-maß	l[c] min	max		Längen
75	74,25	75,75		
80	79,25	80,75		
85	84,25	85,75		
85	84,25	85,75		
90	89,25	90,75		
95	94,25	95,75		
100	99,25	100,75		
120	119,25	120,75		
140	139,25	140,75		
160	159,25	160,75		
180	179,25	180,75		
200	199,25	200,75		

[a] Nur zur Information.

[b] Gilt nur für Produkte aus Stahl und aus martensitischem korrosionsbeständigen Stahl. Für Spannstifte aus austenitischem nichtrostendem Stahl sind keine Abscherkräfte festgelegt

[c] Für Nennlängen über 200 mm gelten Schritte von 20 mm.

611

4 Anwendung

Der Durchmesser der Aufnahmebohrung muss gleich dem Nenndurchmesser d_1 des zugehörigen Spannstiftes sein, wobei die Toleranzklasse H12 gilt.

Nach Einbau des Spannstiftes in die kleinste Aufnahmebohrung darf der Schlitz nicht vollständig geschlossen sein.

5 Anforderungen und in Bezug genommene Internationale Normen

Siehe Tabelle 2.

7

Tabelle 2 — Anforderungen und in Bezug genommene Internationale Normen

		Stahl	Austenitischer nichtrostender Stahl	Martensitischer nichtrostender Stahl
		St	A	C
Werkstoff[a]		Stahl (St) nach Wahl des Lieferanten, entweder:	Chemische Zusammensetzung (Stückanalyse) %	
		Kohlenstoffstahl mit C ≥ 0,65 % Mn ≥ 0,5 % (Stückanalyse) Bis zu einer Vickershärte von 420 HV bis 520 HV gehärtet und angelassen oder bis zu einer Vickershärte von 500 HV bis 560 HV bainisiert	C ≤ 0,15 Mn ≤ 2,00 Si ≤ 1,50 Cr 16 bis 20 Ni 6 bis 12 P ≤ 0,045 S ≤ 0,03 Mo ≤ 0,8	C ≥ 0,15 Mn ≤ 1,00 Si ≤ 1,00 Cr 11,5 bis 14 Ni ≤ 1,00 P ≤ 0,04 S ≤ 0,03
		oder Silizium-Mangan-Stahl mit C ≥ 0,5 % Si ≥ 1,5 % Mn ≥ 0,7 % (Stückanalyse) Bis zu einer Vickershärte von 420 HV bis 560 HV gehärtet und angelassen. Härteprüfung nach ISO 6507-1.	kaltverfestigt	Bis zu einer Vickershärte von 440 HV bis 560 HV gehärtet und angelassen. Härteprüfung nach ISO 6507-1.
Schlitz	Normalfall	Form und Breite des Schlitzes nach Wahl des Lieferanten.		
	Form N	Spannstifte mit einer Schlitzform und/oder -breite, die das Nichtverhaken gewährleisten, dürfen zwischen dem Kunden und dem Lieferanten vereinbart werden.		
Oberflächenbeschaffenheit		Blank, d. h. falls nichts Anderes zwischen dem Kunden und dem Lieferanten vereinbart wurde, sind die Spannstifte wie hergestellt und mit einem Rostschutzmittel behandelt zu liefern. Werden die Spannstifte beschichtet, sollte die Prozessführung beim Beschichten so gewählt werden, dass Wasserstoffversprödung vermieden wird. Aufgrund des Risikos der Wasserstoffversprödung sollten die Stifte weder galvanisiert noch mit einem Phosphatüberzug versehen werden. Falls auf Vereinbarung zwischen dem Kunden und dem Lieferanten aus Gründen des Korrosionsschutzes ein galvanischer oder ein Phosphatüberzug erforderlich ist, müssen die Stifte unbedingt direkt nach dem Galvanisieren geglüht werden, um das Risiko der Wasserstoffversprödung auf ein Mindestmaß zu reduzieren; siehe auch die in ISO 4042 enthaltenen Angaben zu Abhilfemaßnahmen gegen Wasserstoffversprödung. Die Wasserstoffversprödung lässt sich jedoch in keinem Falle vollständig ausschließen. Alle Toleranzen gelten für den Zustand vor dem Galvanisieren oder Beschichten.	Blank, d. h. die Spannstifte sind wie hergestellt zu liefern.	
Äußere Beschaffenheit		Die Spannstifte dürfen keine Unregelmäßigkeiten oder schädliche Fehler aufweisen. Die Spannstifte müssen gratfrei sein.		
Prüfung der Scherfestigkeit		Der Scherversuch ist nach ISO 8749 durchzuführen.		
Annahmeprüfung		Für die Annahmeprüfung gilt ISO 3269.		

[a]   Für andere Werkstoffe je nach Vereinbarung zwischen dem Kunden und dem Lieferanten.

6 Bezeichnung

BEISPIEL 1   Bezeichnung eines Spannstiftes, geschlitzt, schwere Ausführung, mit Nenndurchmesser $d_1 = 6$ mm und Nennlänge $l = 30$ mm aus Stahl (St):

Spannstift ISO 8752 — 6 × 30 — St

BEISPIEL 2   Bezeichnung eines Spannstiftes, geschlitzt, nicht verhakend (N), schwere Ausführung, mit Nenndurchmesser $d_1 = 6$ mm und Nennlänge $l = 30$ mm aus martensitischem nichtrostenden Stahl (C):

Spannstift ISO 8752 — 6 × 30 — N — C

9

Literaturhinweis

[1]   ISO 13337, *Spring-type straight pins — Slotted, light duty*

10

DIN EN ISO 10642

ICS 21.060.10

Ersatz für
DIN EN ISO 10642:1998-02

Senkschrauben mit Innensechskant (ISO 10642:2004); Deutsche Fassung EN ISO 10642:2004

Hexagon socket countersunk head screws (ISO 10642:2004);
German version EN ISO 10642:2004

Vis à tête fraisée à six pans creux (ISO 10642:2004);
Version allemande EN ISO 10642:2004

Gesamtumfang 16 Seiten

Normenausschuss Mechanische Verbindungselemente (FMV) im DIN

DIN EN ISO 10642:2004-06

Die Europäische Norm EN ISO 10642:2004 hat den Status einer Deutschen Norm.

Nationales Vorwort

Diese Norm ist identisch mit der Europäischen Norm EN ISO 10642:2004, in die die Internationale Norm ISO 10642:2004 unverändert übernommen wurde.

Diese Norm wurde vom ISO/TC 2 „Verbindungselemente" unter Mitwirkung des FMV-3.2 „Schrauben mit Innenantrieb" erarbeitet.

Für die im Abschnitt 2 angegebenen Internationalen Normen wird im Folgenden auf die entsprechenden Deutschen Normen hingewiesen:

ISO 225	siehe DIN EN 20225
ISO 261	siehe DIN ISO 261
ISO 898-1	siehe DIN EN ISO 898-1
ISO 965-2	siehe DIN ISO 965-2
ISO 965-3	siehe DIN ISO 965-3
ISO 3269	siehe DIN EN ISO 3269
ISO 4042	siehe DIN EN ISO 4042
ISO 4759-1	siehe DIN EN ISO 4759-1
ISO 6157-1	siehe DIN EN 26157-1
ISO 6157-3	siehe DIN EN 26157-3
ISO 8992	siehe DIN ISO 8992
ISO 10683	siehe DIN EN ISO 10683
ISO 23429	siehe DIN EN ISO 23429

Sachmerkmal-Leiste

Für Schrauben nach dieser Norm gilt Sachmerkmal-Leiste DIN 4000-2-1.

Änderungen

Gegenüber DIN EN ISO 10642:1998-02 wurden folgende Änderungen vorgenommen:

a) Toleranz für Schlüsselweite s = 2 mm geändert.

b) Toleranzen für Schlüsselweiten bei Schrauben der Festigkeitsklasse 12.9 geändert.

c) Bedingungen für gestoßene Innensechskante (Bild 1) geändert.

d) Zinklamellenüberzüge zusätzlich aufgenommen.

e) Normativer Anhang für Lehrung der Innensechskante entfallen, siehe jedoch DIN EN ISO 23429.

Frühere Ausgaben

DIN 7991: 1957-08, 1970-01, 1985-05, 1986-01
DIN EN ISO 10642: 1998-02

2

Nationaler Anhang NA
(informativ)

Literaturhinweise

DIN 4000-2, *Sachmerkmal-Leisten für Schrauben und Muttern.*

DIN EN 20225, *Mechanische Verbindungselemente — Schrauben und Muttern, Bemaßung (ISO 225:1983); Deutsche Fassung EN 20225:1991.*

DIN EN 26157-1, *Verbindungselemente, Oberflächenfehler — Schrauben für allgemeine Anforderungen (ISO 6157-1:1988); Deutsche Fassung EN 26157-1:1991.*

DIN EN 26157-3, *Verbindungselemente, Oberflächenfehler — Schrauben für spezielle Anforderungen (ISO 6157-3:1988); Deutsche Fassung EN 26157-3:1991.*

DIN EN ISO 898-1:1999, *Mechanische Eigenschaften von Verbindungselementen aus Kohlenstoffstahl und legiertem Stahl — Teil 1: Schrauben (ISO 898-1:1999); Deutsche Fassung EN ISO 898-1:1999.*

DIN EN ISO 3269, *Mechanische Verbindungselemente — Annahmeprüfung (ISO 3269:2000); Deutsche Fassung EN ISO 3269:2000.*

DIN EN ISO 4042, *Verbindungselemente — Galvanische Überzüge (ISO 4042:1999); Deutsche Fassung EN ISO 4042:1999.*

DIN EN ISO 4759-1, *Toleranzen für Verbindungselemente — Teil 1: Schrauben und Muttern, Produktklassen A, B und C (ISO 4759-1:2000); Deutsche Fassung EN ISO 4759-1:2000.*

DIN EN ISO 10683, *Verbindungselemente — Nicht elektrolytisch aufgebrachte Zinklamellenüberzüge (ISO 10683:2000); Deutsche Fassung EN ISO 10683:2000.*

DIN EN ISO 23429, *Lehrung von Innensechskanten (ISO 23429:2004); Deutsche Fassung EN ISO 23429:2004.*

DIN ISO 261, *Metrisches ISO-Gewinde allgemeiner Anwendung — Übersicht (ISO 261:1998).*

DIN ISO 965-2, *Metrisches ISO-Gewinde allgemeiner Anwendung — Toleranzen — Teil 2: Grenzmaße für Außen- und Innengewinde allgemeiner Anwendung — Toleranzklasse mittel (ISO 965-2:1998).*

DIN ISO 965-3, *Metrisches ISO-Gewinde allgemeiner Anwendung — Toleranzen — Teil 3: Grenzmaße für Konstruktionsgewinde (ISO 965-3:1998).*

DIN ISO 8992, *Verbindungselemente — Allgemeine Anforderungen für Schrauben und Muttern; Identisch mit ISO 8992:1986.*

3

EUROPÄISCHE NORM
EUROPEAN STANDARD
NORME EUROPÉENNE

EN ISO 10642

März 2004

ICS 21.060.10

Ersatz für EN ISO 10642:1997

Deutsche Fassung

Senkschrauben mit Innensechskant
(ISO 10642:2004)

Hexagon socket countersunk head screws
(ISO 10642:2004)

Vis à tête fraisée à six pans creux
(ISO 10642:2004)

Diese Europäische Norm wurde vom CEN am 16. Januar 2004 angenommen.

Die CEN-Mitglieder sind gehalten, die CEN/CENELEC-Geschäftsordnung zu erfüllen, in der die Bedingungen festgelegt sind, unter denen dieser Europäischen Norm ohne jede Änderung der Status einer nationalen Norm zu geben ist. Auf dem letzten Stand befindliche Listen dieser nationalen Normen mit ihren bibliographischen Angaben sind beim Management-Zentrum oder bei jedem CEN-Mitglied auf Anfrage erhältlich.

Diese Europäische Norm besteht in drei offiziellen Fassungen (Deutsch, Englisch, Französisch). Eine Fassung in einer anderen Sprache, die von einem CEN-Mitglied in eigener Verantwortung durch Übersetzung in seine Landessprache gemacht und dem Management-Zentrum mitgeteilt worden ist, hat den gleichen Status wie die offiziellen Fassungen.

CEN-Mitglieder sind die nationalen Normungsinstitute von Belgien, Dänemark, Deutschland, Estland, Finnland, Frankreich, Griechenland, Irland, Island, Italien, Lettland, Litauen, Luxemburg, Malta, den Niederlanden, Norwegen, Österreich, Polen, Portugal, Schweden, der Schweiz, der Slowakei, Slowenien, Spanien, der Tschechischen Republik, Ungarn, dem Vereinigten Königreich und Zypern.

EUROPÄISCHES KOMITEE FÜR NORMUNG
EUROPEAN COMMITTEE FOR STANDARDIZATION
COMITÉ EUROPÉEN DE NORMALISATION

Management-Zentrum: rue de Stassart, 36   B-1050 Brüssel

Vorwort

Dieses Dokument (EN ISO 10642:2004) wurde vom Technischen Komitee ISO/TC 2 „Fasteners" in Zusammenarbeit mit dem Technischen Komitee CEN/TC 185 „Mechanische Verbindungselemente mit und ohne Gewinde und Zubehör" erarbeitet, dessen Sekretariat vom DIN gehalten wird.

Diese Europäische Norm muss den Status einer nationalen Norm erhalten, entweder durch Veröffentlichung eines identischen Textes oder durch Anerkennung bis September 2004, und etwaige entgegenstehende nationale Normen müssen bis September 2004 zurückgezogen werden.

Entsprechend der CEN/CENELEC-Geschäftsordnung sind die nationalen Normungsinstitute der folgenden Länder gehalten, diese Europäische Norm zu übernehmen: Belgien, Dänemark, Deutschland, Estland, Finnland, Frankreich, Griechenland, Irland, Island, Italien, Lettland, Litauen, Luxemburg, Malta, Niederlande, Norwegen, Österreich, Polen, Portugal, Schweden, Schweiz, Slowakei, Slowenien, Spanien, Tschechische Republik, Ungarn, Vereinigtes Königreich und Zypern.

Dieses Dokument ersetzt EN ISO 10642:1997.

Anerkennungsnotiz

Der Text der Internationalen Norm ISO 10642:2004 wurde vom CEN als Europäische Norm ohne irgendeine Abänderung genehmigt.

ANMERKUNG   Die normativen Verweisungen auf Internationale Normen sind im Anhang ZA (normativ) aufgeführt.

2

1 Anwendungsbereich

Diese Internationale Norm legt die Eigenschaften von metrischen Senkschrauben mit Innensechskant mit Gewinden von M3 bis einschließlich M20 in Produktklasse A und mit Festigkeitsklasse 8.8, 10.9 und 12.9 fest.

ANMERKUNG   Es wird besonders auf die Fußnote in Tabelle 2 und auf Tabelle 3 bezüglich der Einschränkung der Mindestbruchkraft hingewiesen.

Werden in besonderen Fällen andere Festlegungen als die in der vorliegenden Internationalen Norm benötigt, so sollten diese den bestehenden Internationalen Normen entnommen werden, z. B. ISO 261, ISO 888, ISO 898-1, ISO 965-2 und ISO 4759-1.

2 Normative Verweisungen

Die folgenden zitierten Dokumente sind für die Anwendung dieses Dokuments erforderlich. Bei datierten Verweisungen gilt nur die in Bezug genommene Ausgabe. Bei undatierten Verweisungen gilt die letzte Ausgabe des in Bezug genommenen Dokuments (einschließlich aller Änderungen).

ISO 225, *Fasteners — Bolts, screws, studs and nuts — Symbols and designations of dimensions.*

ISO 261, *ISO general purpose metric screw threads — General plan.*

ISO 888, *Bolts, screws and studs — Nominal lengths, and thread lengths for general purpose bolts.*

ISO 898-1, *Mechanical properties of fasteners made of carbon steel and alloy steel — Part 1: Bolts, screws and studs.*

ISO 965-2, *ISO general purpose metric screw threads — Tolerances — Part 2: Limits of sizes for general purpose external and internal screw threads — Medium quality.*

ISO 965-3, *ISO general purpose metric screw threads — Tolerances — Part 3: Deviations for constructional screw threads.*

ISO 3269, *Fasteners — Acceptance inspection.*

ISO 4042, *Fasteners — Electroplated coatings.*

ISO 4753, *Fasteners — Ends of parts with external ISO metric thread.*

ISO 4759-1, *Tolerances for fasteners — Part 1: Bolts, screws, studs and nuts — Product grades A, B and C.*

ISO 6157-1, *Fasteners — Surface discontinuities — Part 1: Bolts, screws and studs for general requirements.*

ISO 6157-3, *Fasteners — Surface discontinuities — Part 3: Bolts, screws and studs for special requirements.*

ISO 8992, *Fasteners — General requirements for bolts, screws, studs and nuts.*

ISO 10683, *Fasteners — Non-electrolytically applied zinc flake coatings.*

ISO 23429, *Gauging of hexagon sockets.*

3

3 Maße und Lehrung des Kopfes

3.1 Maße

Siehe Bild 1 und Tabelle 1.

Maßbuchstaben und deren Benennung sind in ISO 225 festgelegt.

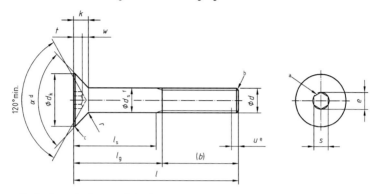

Andere zulässige Form des Innensechskantes

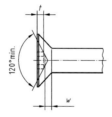

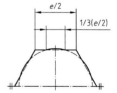

Bei gestoßenen Innensechskanten, die am oberen Grenzmaß liegen, dürfen die Schlüsselflächen höchstens über 1/3 ihrer Länge, die $e/2$ beträgt, von der Bohrung angeschnitten werden.

[a] Leichte Rundung oder Ansenkung am Innensechskant zulässig

[b] Ende gefast, für Größen ≤ M4 ohne Kuppe nach ISO 4753 zulässig

[c] Kante des Kopfes abgeflacht oder gerundet

[d] $\alpha = 90°$ bis $92°$

[e] Unvollständiges Gewinde $u \leq 2 P$

[f] d_s gilt, wenn $l_{s\,min}$ festgelegt ist

Bild 1 — Senkschraube mit Innensechskant

4

3.2 Lehrung des Kopfes

Siehe Bild 2.

Die Oberfläche des Senkkopfes muss in der Lehre zwischen den Flächen A und B liegen.

Toleranzen in mm

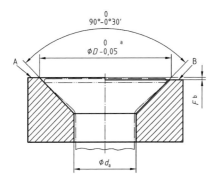

^a $D = d_{k\ theor,\ max}$ (siehe Tabelle 1)
^b F ist die Stufenhöhe der Lehre (siehe Tabelle 1)

Bild 2 — Stufenlehre

5

Tabelle 1 — Maße

Maße in Millimeter

Gewinde (d)			M3	M4	M5	M6	M8
pa			0,5	0,7	0,8	1	1,25
bb	ref. (Hilfsmaß)		18	20	22	24	28
d_a		max.	3,3	4,4	5,5	6,6	8,54
d_k	theore- tisch	max.	6,72	8,96	11,20	13,44	17,92
	tatsäch- lich	min.	5,54	7,53	9,43	11,34	15,24
d_s		max.	3,00	4,00	5,00	6,00	8,00
		min.	2,86	3,82	4,82	5,82	7,78
ec, d		min.	2,303	2,873	3,443	4,583	5,723
k		max.	1,86	2,48	3,1	3,72	4,96
re		max.	0,25	0,25	0,3	0,35	0,4
r		min.	0,1	0,2	0,2	0,25	0,4
sd		nom.	2	2,5	3	4	5
		max.	2,080	2,58	3,080	4,095	5,140
		min.	2,020	2,52	3,020	4,020	5,020
t		min.	1,1	1,5	1,9	2,2	3
w		min.	0,25	0,45	0,66	0,7	1,16

lf			Schaftlänge l_s und Klemmlänge l_g									
			l_s	l_g	l_s	l_g	l_s	l_g	l_s	l_g	l_s	l_g
nom.	min.	max.	min.	max.	min.	max.	min.	max.	min.	max.	min.	max.
8	7,71	8,29										
10	9,71	10,29										
12	11,65	12,35										
16	15,65	16,35										
20	19,58	20,42										
25	24,58	25,42										
30	29,58	30,42	9,5	12	6,5	10						
35	34,5	35,5			11,5	15	9	13				
40	39,5	40,5			16,5	20	14	18	11	16		
45	44,5	45,5					19	23	16	21		
50	49,5	50,5					24	28	21	26	15,75	22

6

Tabelle 1 (fortgesetzt)

Gewinde (d)			M3		M4		M5		M6		M8	
f			Schaftlänge l_s und Klemmlänge l_g									
			l_s	l_g	l_s	l_g	l_s	l_g	l_s	l_g	l_s	l_g
nom.	min.	max.	min.	max.	min.	max.	min.	max.	min.	max.	min.	max.
55	54,4	55,6							26	31	20,75	27
60	59,4	60,6							31	36	25,75	32
65	64,4	65,6									30,75	37
70	69,4	70,6									35,75	42
80	79,4	80,6									45,75	52
90	89,3	90,7										
100	99,3	100,7										

[a] P ist die Gewindesteigung

[b] Für Längen unterhalb des schattierten Bereiches

[c] $e_{min} = 1{,}14\ s_{min}$

[d] Gemeinsame Lehrung der Innensechskantmaße e und s nach ISO 23429

[e] F ist die Stufenhöhe der Lehre, siehe Bild 2. Das Lehrenmaß F hat die Grenzabmaße $_{-0,01}^{\ \ 0}$

[f] Der Bereich der handelsüblichen Längen liegen zwischen den durchgezogenen dicken Stufenlinien. Längen im schattierten Bereich haben Gewinde bis zum Kopf innerhalb eines Abstandes von 3 P. Für Längen unterhalb des schattierten Bereiches gelten Werte für l_g und l_s nach folgenden Gleichungen:

$l_{g\,max} = l_{nom} - b$

$l_{s\,min} = l_{g\,max} - 5\ P$

7

Tabelle 1 (*fortgesetzt*)

Maße in Millimeter

Gewinde (d)			M10	M12	(M14)^g	M16	M20
P^a			1,5	1,75	2	2	2,5
b^b	ref. (Hilfsmaß)		32	36	40	44	52
d_a		max.	10,62	13,5	15,5	17,5	22
d_k	theoretisch.	max.	22,40	26,88	30,8	33,60	40,32
	tatsächlich	min.	19,22	23,12	26,52	29,01	36,05
d_s		max.	10,00	12,00	14,00	16,00	20,00
		min.	9,78	11,73	13,73	15,73	19,67
$e^{c,\,d}$		min.	6,863	9,149	11,429	11,429	13,716
k		max.	6,2	7,44	8,4	8,8	10,16
F^e		max.	0,4	0,45	0,5	0,6	0,75
r		min.	0,4	0,6	0,6	0,6	0,8
s^d		nom.	6	8	10	10	12
		max.	6,140	8,175	10,175	10,175	12,212
		min.	6,020	8,025	10,025	10,025	12,032
t		min.	3,6	4,3	4,5	4,8	5,6
w		min.	1,62	1,8	1,62	2,2	2,2

l^f			Schaftlänge l_s und Klemmlänge l_g									
			l_s	l_g	l_s	l_g	l_s	l_g	l_s	l_g	l_s	l_g
nom.	min.	max.	min.	max.	min.	max.	min.	max.	min.	max.	min.	max.
8	7,71	8,29										
10	9,71	10,29										
12	11,65	12,35										
16	15,65	16,35										
20	19,58	20,42										
25	24,58	25,42										
30	29,58	30,42										
35	34,5	35,5										
40	39,5	40,5										
45	44,5	45,5										
50	49,5	50,5										

8

Tabelle 1 (*fortgesetzt*)

Gewinde (d)			M10		M12		(M14)[g]		M16		M20	
$f^{[a]}$			Schaftlänge l_s und Klemmlänge l_g									
			l_s	l_g	l_s	l_g	l_s	l_g	l_s	l_g	l_s	l_g
nom.	min.	max.	min.	max.	min.	max.	min.	max.	min.	max.	min.	max.
55	54,4	55,6	15,5	23								
60	59,4	60,6	20,5	28								
65	64,4	65,6	25,5	33	20,25	29						
70	69,4	70,6	30,5	38	25,25	34	20	30				
80	79,4	80,6	40,5	48	35,25	44	30	40	26	36		
90	89,3	90,7	50,5	58	45,25	54	40	50	36	46		
100	99,3	100,7	60,5	68	55,25	64	50	60	46	56	35,5	48

[a] P ist die Gewindesteigung

[b] Für Längen unterhalb des schattierten Bereiches

[c] $e_{min} = 1,14\ s_{min}$

[d] Gemeinsame Lehrung der Innensechskantmaße e und s nach ISO 23429

[e] F ist die Stufenhöhe der Lehre, siehe Bild 2. Das Lehrenmaß F hat die Grenzabmaße $-\,^{0}_{0,01}$

[f] Der Bereich der handelsüblichen Längen liegt zwischen den durchgezogenen dicken Stufenlinien. Längen im schattierten Bereich haben Gewinde bis zum Kopf innerhalb eines Abstandes von 3 P. Für Längen unterhalb des schattierten Bereiches gelten Werte für l_g und l_s nach folgenden Gleichungen:

$l_{g\,max} = l_{nom} - b$

$l_{s\,min} = l_{g\,max} - 5\,P$

[g] Die eingeklammerte Größe sollte möglichst vermieden werden

9

4 Technische Lieferbedingungen und in Bezug genommene Internationale Normen

Siehe Tabelle 2 und 3.

Tabelle 2 — Technische Lieferbedingungen und in Bezug genommene Internationale Normen

Werkstoff		Stahl
Allgemeine Anforderungen	Internationale Norm	ISO 8992
Gewinde	Toleranz	6g für Festigkeitsklassen 8.8 und 10.9; 5g6g für Festigkeitsklasse 12.9
	Internationale Normen	ISO 261, ISO 965-2, ISO 965-3
Mechanische Eigenschaften	Festigkeitsklasse[a]	8.8, 10.9, 12.9
	Internationale Norm	ISO 898-1
Grenzabmaße, Form- und Lagetoleranzen	Produktklasse	A
	Internationale Norm	ISO 4759-1
Oberfläche		wie hergestellt
		Für galvanischen Oberflächenschutz gilt ISO 4042.
		Anforderung an nicht elektrolytisch aufgebrachte Zinklamellenüberzüge sind in ISO 10683 festgelegt.
Oberflächenfehler		Grenzwerte für Oberflächenfehler sind in ISO 6157-1 und, für Festigkeitsklasse 12.9, in ISO 6157-3 festgelegt.
Annahmeprüfung		Für die Annahmeprüfung gilt ISO 3269.

[a] Wegen ihrer Kopfgeometrie erreichen diese Schrauben unter Umständen nicht die Mindestbruchkraft für die Festigkeitsklassen 8.8, 10.9 und 12.9, wie in ISO 898-1 festgelegt, wenn nach Prüfprogramm B geprüft wird. Sie müssen dennoch die anderen Anforderungen an den Werkstoff und die Eigenschaften für die Festigkeitsklassen 8.8, 10.9 und 12.9 nach ISO 898-1 erfüllen. Außerdem müssen ganze Schrauben, die in Tabelle 3 angegebene Mindestbruchkraft, ohne zu brechen erreichen, wenn eine Prüfvorrichtung entsprechend ISO 898-1 verwendet wird, wobei der Kopf in einem geeigneten Ring mit konischer Auflagefläche aufzunehmen ist. Bei Prüfung bis zum Bruch darf dieser im Gewindebereich, im Schaft, im Kopf oder im Übergang von Kopf zum Schaft auftreten.

10

Tabelle 3 — Mindestbruchkräfte für Senkschrauben mit Innensechskant
(80 % der in ISO 898-1 festgelegten Werte)

Gewinde (*d*)	Festigkeitsklasse		
	8.8	10.9	12.9
	Mindestbruchkraft N		
M3	3 220	4 180	4 190
M4	5 620	7 300	8 560
M5	9 080	11 800	13 800
M6	12 900	16 700	19 600
M8	23 400	30 500	35 700
M10	37 100	48 200	56 600
M12	53 900	70 200	82 400
M14	73 600	96 000	112 000
M16	100 000	130 000	154 000
M20	162 000	204 000	239 000

5 Bezeichnung

BEISPIEL   Eine Senkschraube mit Innensechskant mit Gewinde M12, Nennlänge *l* = 40 mm und Festigkeitsklasse 12.9 wird wie folgt bezeichnet:

Senkschraube ISO 10642 — M12 × 40 — 12.9

11

Anhang ZA
(normativ)

Normative Verweisungen auf internationale Publikationen mit ihren entsprechenden europäischen Publikationen

Diese Europäische Norm enthält durch datierte oder undatierte Verweisungen Festlegungen aus anderen Publikationen. Diese normativen Verweisungen sind an den jeweiligen Stellen im Text zitiert, und die Publikationen sind nachstehend aufgeführt. Bei datierten Verweisungen gehören spätere Änderungen oder Überarbeitungen dieser Publikationen nur zu dieser Europäischen Norm, falls sie durch Änderung oder Überarbeitung eingearbeitet sind. Bei undatierten Verweisungen gilt die letzte Ausgabe der in Bezug genommenen Publikation (einschließlich Änderungen).

ANMERKUNG   Wenn eine Internationale Veröffentlichung durch gemeinsame Änderungen, gekennzeichnet durch (mod.), modifiziert wurde, gilt die jeweilige EN/HD.

Publikation	Jahr	Titel	EN	Jahr
ISO 225	1983	Fasteners — Bolts, screws, studs and nuts — Symbols and designations of dimensions	EN 20225	1991
ISO 898-1	1999	Mechanical properties of fasteners made of carbon steel and alloy steel — Part 1: Bolts, screws and studs	EN ISO 898-1	1999
ISO 3269	2000	Fasteners — Acceptance inspection	EN ISO 3269	2000
ISO 4042	1999	Fasteners — Electroplated coatings	EN ISO 4042	1999
ISO 4753	1999	Fasteners — Ends of parts with external ISO metric thread	EN ISO 4753	1999
ISO 4759-1	2000	Tolerances for fasteners — Part 1: Bolts, screws, studs and nuts — Product grades A, B and C	EN ISO 4759-1	2000
ISO 6157-1	1988	Fasteners — Surface discontinuities — Part 1: Bolts, screws and studs for general requirements	EN 26157-1	1991
ISO 6157-3	1988	Fasteners — Surface discontinuities — Part 3: Bolts, screws and studs for special requirements	EN 26157-3	1991
ISO 10683	2000	Fasteners — Non-electrolytically applied zinc flake coatings	EN ISO 10683	2000
ISO 23429	2004	Gauging of hexagon sockets	EN ISO 23429	2004

12

Juni 2011

DIN EN ISO 14579

ICS 21.060.10

Ersatz für
DIN EN ISO 14579:2002-05

Zylinderschrauben mit Innensechsrund (ISO 14579:2011); Deutsche Fassung EN ISO 14579:2011

Hexalobular socket head cap screws (ISO 14579:2011);
German version EN ISO 14579:2011

Vis à métaux à tête cylindrique à six lobes internes (ISO 14579:2011);
Version allemande EN ISO 14579:2011

Gesamtumfang 16 Seiten

Normenausschuss Mechanische Verbindungselemente (FMV) im DIN

Nationales Vorwort

Dieses Dokument (EN ISO 14579:2011) wurde vom Technischen Komitee ISO/TC 2 „Fasteners" in Zusammenarbeit mit dem Technischen Komitee CEN/TC 185 „Mechanische Verbindungselemente" (Sekretariat: DIN, Deutschland) erarbeitet. Das zuständige deutsche Gremium ist der Arbeitsausschuss NA 067-00-02 AA „Verbindungselemente mit metrischem Außengewinde" im Normenausschuss Mechanische Verbindungselemente (FMV).

Für Schrauben nach dieser Norm gilt Sachmerkmal-Leiste DIN 4000-160-2.

Für die im Abschnitt 2 angegebenen Internationalen Normen wird im Folgenden auf die entsprechenden Deutschen Normen hingewiesen:

ISO 225	siehe DIN EN ISO 225
ISO 261	siehe DIN ISO 261
ISO 898-1	siehe DIN EN ISO 898-1
ISO 965-2	siehe DIN ISO 965-2
ISO 965-3	siehe DIN ISO 965-3
ISO 3269	siehe DIN EN ISO 3269
ISO 3506-1	siehe DIN EN ISO 3506-1
ISO 4042	siehe DIN EN ISO 4042
ISO 4753	siehe DIN EN ISO 4753
ISO 4759-1	siehe DIN EN ISO 4759-1
ISO 6157-1	siehe DIN EN 26157-1
ISO 6157-3	siehe DIN EN 26157-3
ISO 8839	siehe DIN EN 28839
ISO 8992	siehe DIN ISO 8992
ISO 10664	siehe DIN EN ISO 10664
ISO 10683	siehe DIN EN ISO 10683

Änderungen

Gegenüber DIN EN ISO 14579:2002-05 wurden folgende Änderungen vorgenommen:

a) Datierungen der normativen Verweisungen wurden gestrichen;

b) Fußnote e in Tabelle 1 neu aufgenommen;

c) Festigkeitsklassen in Tabelle 2 entsprechend DIN EN ISO 898-1 angepasst;

d) Festlegungen hinsichtlich anderer Oberflächenausführungen und Beschichtungen in Tabelle 2 aufgenommen;

e) Anhang ZA gestrichen.

Frühere Ausgaben

DIN EN ISO 14579: 2002-05

2

Nationaler Anhang NA
(informativ)

Literaturhinweise

DIN 4000-160, *Sachmerkmal-Leisten — Teil 160: Verbindungselemente mit Außengewinde*

DIN EN 26157-1, *Verbindungselemente — Oberflächenfehler — Schrauben für allgemeine Anforderungen*

DIN EN 26157-3, *Verbindungselemente — Oberflächenfehler — Schrauben für spezielle Anforderungen*

DIN EN 28839, *Mechanische Eigenschaften von Verbindungselementen — Schrauben und Muttern aus Nichteisenmetallen*

DIN EN ISO 225, *Mechanische Verbindungselemente — Schrauben und Muttern — Bemaßung*

DIN EN ISO 898-1, *Mechanische Eigenschaften von Verbindungselementen aus Kohlenstoffstahl und legiertem Stahl — Teil 1: Schrauben mit festgelegten Festigkeitsklassen — Regelgewinde und Feingewinde*

DIN EN ISO 3269, *Mechanische Verbindungselemente — Annahmeprüfung*

DIN EN ISO 3506-1, *Mechanische Eigenschaften von Verbindungselementen aus nichtrostendem Stahl — Teil 1: Schrauben*

DIN EN ISO 4042, *Verbindungselemente — Galvanische Überzüge*

DIN EN ISO 4753, *Verbindungselemente — Enden von Teilen mit metrischem ISO-Außengewinde*

DIN EN ISO 4759-1, *Toleranzen für Verbindungselemente — Teil 1: Schrauben und Muttern, Produktklassen A, B und C*

DIN EN ISO 10664, *Innensechsrund für Schrauben*

DIN EN ISO 10683, *Verbindungselemente — Nicht elektrolytisch aufgebrachte Zinklamellenüberzüge*

DIN ISO 261, *Metrisches ISO-Gewinde allgemeiner Anwendung — Übersicht*

DIN ISO 965-2, *Metrisches ISO-Gewinde allgemeiner Anwendung — Toleranzen — Teil 2: Grenzmaße für Außen- und Innengewinde allgemeiner Anwendung — Toleranzklasse mittel*

DIN ISO 965-3, *Metrisches ISO-Gewinde allgemeiner Anwendung — Toleranzen — Teil 3: Grenzabmaße für Konstruktionsgewinde*

DIN ISO 8992, *Verbindungselemente — Allgemeine Anforderungen für Schrauben und Muttern*

3

EUROPÄISCHE NORM
EUROPEAN STANDARD
NORME EUROPÉENNE

EN ISO 14579

März 2011

ICS 21.060.10   Ersatz für EN ISO 14579:2001

Deutsche Fassung

Zylinderschrauben mit Innensechsrund
(ISO 14579:2011)

Hexalobular socket head cap screws
(ISO 14579:2011)

Vis à métaux à tête cylindrique à six lobes internes
(ISO 14579:2011)

Diese Europäische Norm wurde vom CEN am 31. Januar 2011 angenommen.

Die CEN-Mitglieder sind gehalten, die CEN/CENELEC-Geschäftsordnung zu erfüllen, in der die Bedingungen festgelegt sind, unter denen dieser Europäischen Norm ohne jede Änderung der Status einer nationalen Norm zu geben ist. Auf dem letzten Stand befindliche Listen dieser nationalen Normen mit ihren bibliographischen Angaben sind beim Management-Zentrum des CEN-CENELEC oder bei jedem CEN-Mitglied auf Anfrage erhältlich.

Diese Europäische Norm besteht in drei offiziellen Fassungen (Deutsch, Englisch, Französisch). Eine Fassung in einer anderen Sprache, die von einem CEN-Mitglied in eigener Verantwortung durch Übersetzung in seine Landessprache gemacht und dem Management-Zentrum mitgeteilt worden ist, hat den gleichen Status wie die offiziellen Fassungen.

CEN-Mitglieder sind die nationalen Normungsinstitute von Belgien, Bulgarien, Dänemark, Deutschland, Estland, Finnland, Frankreich, Griechenland, Irland, Island, Italien, Kroatien, Lettland, Litauen, Luxemburg, Malta, den Niederlanden, Norwegen, Österreich, Polen, Portugal, Rumänien, Schweden, der Schweiz, der Slowakei, Slowenien, Spanien, der Tschechischen Republik, Ungarn, dem Vereinigten Königreich und Zypern.

EUROPÄISCHES KOMITEE FÜR NORMUNG
EUROPEAN COMMITTEE FOR STANDARDIZATION
COMITÉ EUROPÉEN DE NORMALISATION

Management-Zentrum: Avenue Marnix 17, B-1000 Brüssel

Inhalt

Seite

2

Vorwort

Dieses Dokument (EN ISO 14579:2011) wurde vom Technischen Komitee ISO/TC 2 „Fasteners" in Zusammenarbeit mit dem Technischen Komitee CEN/TC 185 „Mechanische Verbindungselemente" erarbeitet, dessen Sekretariat vom DIN gehalten wird.

Diese Europäische Norm muss den Status einer nationalen Norm erhalten, entweder durch Veröffentlichung eines identischen Textes oder durch Anerkennung bis September 2011, und etwaige entgegenstehende nationale Normen müssen bis September 2011 zurückgezogen werden.

Es wird auf die Möglichkeit hingewiesen, dass einige Texte dieses Dokuments Patentrechte berühren können. CEN [und/oder CENELEC] sind nicht dafür verantwortlich, einige oder alle diesbezüglichen Patentrechte zu identifizieren.

Dieses Dokument ersetzt EN ISO 14579:2001.

Entsprechend der CEN/CENELEC-Geschäftsordnung sind die nationalen Normungsinstitute der folgenden Länder gehalten, diese Europäische Norm zu übernehmen: Belgien, Bulgarien, Dänemark, Deutschland, Estland, Finnland, Frankreich, Griechenland, Irland, Island, Italien, Kroatien, Lettland, Litauen, Luxemburg, Malta, Niederlande, Norwegen, Österreich, Polen, Portugal, Rumänien, Schweden, Schweiz, Slowakei, Slowenien, Spanien, Tschechische Republik, Ungarn, Vereinigtes Königreich und Zypern.

Anerkennungsnotiz

Der Text von ISO 14579:2011 wurde vom CEN als EN ISO 14579:2011 ohne irgendeine Abänderung genehmigt.

3

1 Anwendungsbereich

Diese Internationale Norm legt die Eigenschaften von Zylinderschrauben mit Innensechsrund, mit Gewinde von M2 bis M20, mit Produktklasse A fest.

Werden in besonderen Fällen andere als in dieser Internationalen Norm aufgeführte Festlegungen benötigt, können diese aus bestehenden Internationalen Normen wie zum Beispiel ISO 261, ISO 888, ISO 898-1, ISO 965-2, ISO 965-3, ISO 3506-1 und ISO 4759-1 ausgewählt werden.

2 Normative Verweisungen

Die folgenden zitierten Dokumente sind für die Anwendung dieses Dokuments erforderlich. Bei datierten Verweisungen gilt nur die in Bezug genommene Ausgabe. Bei undatierten Verweisungen gilt die letzte Ausgabe des in Bezug genommenen Dokuments (einschließlich aller Änderungen).

ISO 225, *Fasteners — Bolts, screws, studs and nuts — Symbols and descriptions of dimensions*
(Mechanische Verbindungselemente — Schrauben und Muttern — Bemaßung)

ISO 261, *ISO general purpose metric screw threads — General plan*
(Metrisches ISO-Gewinde allgemeiner Anwendung — Übersicht)

ISO 898-1, *Mechanical properties of fasteners made of carbon steel and alloy steel — Part 1: Bolts, screws and studs with specified property classes — Coarse thread and fine pitch thread*
(Mechanische Eigenschaften von Verbindungselementen aus Kohlenstoffstahl und legiertem Stahl — Teil 1: Schrauben mit festgelegten Festigkeitsklassen — Regelgewinde und Feingewinde)

ISO 965-2, *ISO general purpose metric screw threads — Tolerances — Part 2: Limits of sizes for general purpose external and internal screw threads — Medium quality*
(Metrisches ISO-Gewinde allgemeiner Anwendung — Toleranzen — Teil 2: Grenzmaße für Außen- und Innengewinde allgemeiner Anwendung; Toleranzklasse mittel)

ISO 965-3, *ISO general purpose metric screw threads — Tolerances — Part 3: Deviations for constructional screw threads*
(Metrisches ISO-Gewinde allgemeiner Anwendung — Toleranzen — Teil 3: Grenzabmaße für Konstruktionsgewinde)

ISO 3269, *Fasteners — Acceptance inspection*
(Mechanische Verbindungselemente — Annahmeprüfung)

ISO 3506-1, *Mechanical properties of corrosion-resistant stainless steel fasteners — Part 1: Bolts, screws and studs*
(Mechanische Eigenschaften von Verbindungselementen aus nichtrostenden Stählen — Teil 1: Schrauben)

ISO 4042, *Fasteners — Electroplated coatings*
(Verbindungselemente — Galvanische Überzüge)

ISO 4753, *Fasteners — Ends of parts with external ISO metric thread*
(Verbindungselemente — Enden von Teilen mit metrischem ISO-Außengewinde)

ISO 4759-1, *Tolerances for fasteners — Part 1: Bolts, screws, studs and nuts — Product grades A, B and C*
(Toleranzen für Verbindungselemente — Teil 1: Schrauben und Muttern — Produktklassen A, B und C)

ISO 6157-1, *Fasteners — Surface discontinuities — Part 1: Bolts, screws and studs for general requirements*
(Verbindungselemente — Oberflächenfehler — Schrauben für allgemeine Anforderungen)

4

ISO 6157-3, *Fasteners — Surface discontinuities — Part 3: Bolts, screws and studs for special requirements*
(Verbindungselemente — Oberflächenfehler — Teil 3: Schrauben für spezielle Anforderungen)

ISO 8839, *Mechanical properties of fasteners — Bolts, screws, studs and nuts made of non-ferrous metals*
(Mechanische Eigenschaften von Verbindungselementen — Schrauben und Muttern aus Nichteisenmetall)

ISO 8992, *Fasteners — General requirements for bolts, screws, studs and nuts*
(Verbindungselemente — Allgemeine Anforderungen für Schrauben und Muttern)

ISO 10664, *Hexalobular internal driving feature for bolts and screws*
(Innensechsrund für Schrauben)

ISO 10683, *Fasteners — Non-electrolytically applied zinc flake coatings*
(Verbindungselemente — Nichtelektrolytisch aufgebrachte Zinklamellenüberzüge)

5

3 Maße

Siehe Bild 1 und Tabelle 1.

Maßbuchstaben und deren Beschreibung sind in ISO 225 festgelegt.

Maße in Millimeter

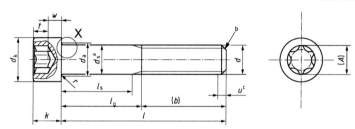

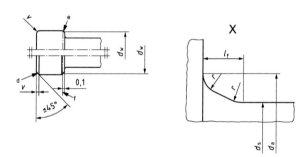

Maximaler Übergang vom Schaft zum Kopf, $l_{f,\,max} = 1{,}7\ r_{max}$

$$r_{max} = \frac{d_{a,\,max} - d_{s,\,max}}{2}$$

Für r_{min} siehe Tabelle 1.

[a] d_s gilt, wenn $l_{s,\,min}$ festgelegt ist.

[b] Ende gefast, für Gewinde ≤ M4 „ohne Kuppe" zulässig, siehe ISO 4753.

[c] Unvollständiges Gewinde $u \le 2\ P$

[d] Oberkante des Kopfes darf gerundet oder gefast werden nach Wahl des Herstellers.

[e] Unterkante des Kopfes darf bis auf d_w gerundet oder gefast werden und muss in jedem Fall gratfrei sein.

[f] Bezugslinie für d_w

Bild 1

Tabelle 1 — Maße

Maße in Millimeter

Gewinde, d		M2	M2,5	M3	M4	M5	M6	M8
P[a]		0,4	0,45	0,5	0,7	0,8	1	1,25
b[b]	Hilfsmaß	16	17	18	20	22	24	28
d_k	max.[c]	3,80	4,50	5,50	7,00	8,50	10,00	13,00
	max.[d]	3,98	4,68	5,68	7,22	8,72	10,22	13,27
	min.	3,62	4,32	5,32	6,78	8,28	9,78	12,73
d_a	max.	2,6	3,1	3,6	4,7	5,7	6,8	9,2
d_s	max.	2,00	2,50	3,00	4,00	5,00	6,00	8,00
	min.	1,86	2,36	2,86	3,82	4,82	5,82	7,78
l_f	max.	0,51	0,51	0,51	0,6	0,6	0,68	1,02
k	max.	2,00	2,50	3,00	4,00	5,00	6,00	8,00
	min.	1,86	2,36	2,86	3,82	4,82	5,7	7,64
r	min.	0,1	0,1	0,1	0,2	0,2	0,25	0,4
v	max.	0,2	0,25	0,3	0,4	0,5	0,6	0,8
d_w	min.	3,48	4,18	5,07	6,53	8,03	9,38	12,33
w	min.	0,55	0,85	1,15	1,4	1,9	2,3	3,3
Innen-sechs-rund[e]	Nr.	6	8	10	20	25	30	45
	A Hilfsmaß	1,75	2,4	2,8	3,95	4,5	5,6	7,95
	t max.	0,84	1,04	1,27	1,80	2,03	2,42	3,31
	t min.	0,71	0,91	1,01	1,42	1,65	2,02	2,92

l[g]

l_s und l_g

Nenn-maß		M2		M2,5		M3		M4		M5		M6		M8	
		l_s	l_g	l_s	l_g	l_s	l_g	l_s	l_g	l_s	l_g	l_s	l_g	l_s	l_g
min.	max.	min.	max.	min.	max.	min.	max.	min.	max.	min.	max.	min.	max.	min.	max.
3	2,8	3,2													
4	3,76	4,24													
5	4,76	5,24													
6	5,76	6,24													
8	7,71	8,29													
10	9,71	10,29													
12	11,65	12,35													
16	15,65	16,35													
20	19,58	20,42	2	4											
25	24,58	25,42			5,75	8	4,5	7							
30	29,58	30,42					9,5	12	6,5	10	4	8			
35	34,5	35,5					11,5	15	9	13	6	11			
40	39,5	40,5					16,5	20	14	18	11	16	5,75	12	
45	44,5	45,5							19	23	16	21	10,75	17	
50	49,5	50,5							24	28	21	26	15,75	22	
55	54,4	55,6									26	31	20,75	27	
60	59,4	60,6									31	36	25,75	32	
65	64,4	65,6											30,75	37	
70	69,4	70,6											35,75	42	
80	79,4	80,6											45,75	52	

Tabelle 1 *(fortgesetzt)*

Maße in Millimeter

Gewinde, d			M10	M12	(M14)^f	M16	(M18)^f	M20
P ^{a}			1,5	1,75	2	2	2,5	2,5
b^b		Hilfsmaß	32	36	40	44	48	52
d_k		max.^{c}	16,00	18,00	21,00	24,00	27,00	30,00
		max.^{d}	16,27	18,27	21,33	24,33	27,33	30,33
		min.	15,73	17,73	20,67	23,67	26,67	29,67
d_a		max.	11,2	13,7	15,7	17,7	20,2	22,4
d_s		max.	10,00	12,00	14,00	16,00	18,00	20,00
		min.	9,78	11,73	13,73	15,73	17,73	19,67
l_f		max.	1,02	1,45	1,45	1,45	1,87	2,04
k		max.	10,00	12,00	14,00	16,00	18,00	20,00
		min.	9,64	11,57	13,57	15,57	17,57	19,48
r		min.	0,4	0,6	0,6	0,6	0,6	0,8
v		max.	1	1,2	1,4	1,6	1,8	2
d_w		min.	15,33	17,23	20,17	23,17	25,87	28,87
w		min.	4	4,8	5,8	6,8	7,8	8,6
Innensechsrund^e		Nr.	50	55	60	70	80	90
	A	Hilfsmaß	8,95	11,35	13,45	15,7	17,75	20,2
	t	max.	4,02	5,21	5,99	7,01	8,00	9,20
		min.	3,62	4,82	5,62	6,62	7,50	8,69

l^g — l_s und l_g

Nennmaß min.	Nennmaß max.	M10 l_s min.	M10 l_g max.	M12 l_s min.	M12 l_g max.	M14 l_s min.	M14 l_g max.	M16 l_s min.	M16 l_g max.	M18 l_s min.	M18 l_g max.	M20 l_s min.	M20 l_g max.
16	15,65	16,35												
20	19,58	20,42												
25	24,58	25,42												
30	29,58	30,42												
35	34,5	35,5												
40	39,5	40,5												
45	44,5	45,5	5,5	13										
50	49,5	50,5	10,5	18										
55	54,4	55,6	15,5	23	10,25	19								
60	59,4	60,6	20,5	28	15,25	24	10	20						
65	64,4	65,6	25,5	33	20,25	29	15	25	11	21				
70	69,4	70,6	30,5	38	25,25	34	20	30	16	26	9,5	22		
80	79,4	80,6	40,5	48	35,25	44	30	40	26	36	19,5	32	15,5	28
90	89,3	90,7	50,5	58	45,25	54	40	50	36	46	29,5	42	25,5	38
100	99,3	100,7	60,5	68	55,25	64	50	60	46	56	39,5	52	35,5	48
110	109,3	110,7			65,25	74	60	70	56	66	49,5	62	45,5	58
120	119,3	120,7			75,25	84	70	80	66	76	59,5	72	55,5	68
130	129,2	130,8					80	90	76	86	69,5	82	65,5	78
140	139,2	140,8					90	100	86	96	79,5	92	75,5	88
150	149,2	150,8							96	106	89,5	102	85,5	98
160	159,2	160,8							106	116	99,5	112	95,5	108
180	179,2	180,8									119,5	132	115,5	128
200	199,075	200,925											135,5	148

a P ist die Gewindesteigung.
b Für Längen unterhalb der gestrichelten Stufenlinie.
c Für glatte Köpfe.
d Für gerändelte Köpfe.
e Für die Annahmeprüfung des Innensechsrunds und zugehörige Lehren, siehe ISO 10664.
f Die eingeklammerten Größen sollten möglichst vermieden werden.
g Der Bereich der handelsüblichen Längen liegt zwischen den durchgezogenen Stufenlinien. Längen oberhalb der gestrichelten Linie haben Gewinde bis zum Kopf innerhalb eines Abstandes von 3 P. Für Längen unterhalb der gestrichelten Linie gelten die Werte für l_s und l_g nach folgenden Gleichungen: $l_{g,\,max} = l_{Nennmaß} - b$; $l_{s,\,min} = l_{g,\,max} - 5\,P$.

4 Technische Lieferbedingungen und in Bezug genommene Internationale Normen

Siehe Tabelle 2.

Tabelle 2 — Technische Lieferbedingungen und in Bezug genommene Internationale Normen

Werkstoff		Stahl	Nichtrostender Stahl	Nichteisenmetall
Allgemeine Anforderungen	Internationale Norm	ISO 8992		
Gewinde	Toleranzklasse	5g6g für Festigkeitsklasse 12.9/12.9; für andere Festigkeitsklassen: 6g		
	Internationale Norm	ISO 261, ISO 965-2, ISO 965-3		
Mechanische Eigenschaften	Festigkeitsklasse	< M3: nach Vereinbarung ≥ M3: 8.8, 9.8, 10.9, 12.9/12.9	A2-70, A4-70[b] A3-70, A5-70	nach Vereinbarung
	Internationale Norm	ISO 898-1[a]	ISO 3506-1	ISO 8839
Grenzabmaße, Form- und Lagetoleranzen	Produktklasse	A		
	Internationale Norm	ISO 4759-1		
Innensechsrund	Internationale Norm	ISO 10664		
Oberflächenausführung — Beschichtung		wie hergestellt Anforderungen für galvanischen Oberflächenschutz sind in ISO 4042 festgelegt. Anforderungen für nichtelektrolytisch aufgebrachte Zink-lamellenüberzüge sind in ISO 10683 festgelegt.	wie hergestellt —	wie hergestellt Anforderungen für galvanischen Oberflächenschutz sind in ISO 4042 festgelegt.
		Zusätzliche Anforderungen bzw. andere Oberflächen-ausführungen oder Beschichtungen müssen zwischen Lieferant und Kunden vereinbart werden.		
Oberflächenzustand		Grenzwerte für Oberflächenfehler sind in ISO 6157-1 und - für Festigkeitsklasse 12.9/12.9 - in ISO 6157-3 festgelegt	—	—
Annahmeprüfung		Die Annahmeprüfung ist in ISO 3269 festgelegt.		

[a] Für Schrauben, für die eine Zugprüfung nicht möglich ist, gelten die Härteanforderungen über den gesamten Querschnitt der Schraube.

[b] Bei spanend hergestellten Schrauben sind für die Größen ≤ M12 die Festigkeitsklasse A1-70 und für die Größen > M12 die Festigkeitsklasse A1-50 mit der entsprechenden Kennzeichnung zulässig.

9

5 Bezeichnung

BEISPIEL   Eine Zylinderschraube mit Innensechsrund, mit Gewinde M5, Nennlänge l = 20 mm und Festigkeitsklasse 8.8 wird wie folgt bezeichnet:

Zylinderschraube ISO 14579 - M5 × 20 - 8.8

10

Anhang A
(informativ)

Gewichte der Schrauben aus Kohlenstoffstahl

In Tabelle A.1 sind die ungefähren Gewichte von Schrauben aus Kohlenstoffstahl mit handelsüblichen Längen nur zur Information angegeben.

Tabelle A.1 — Ungefähre Gewichte von Schrauben aus Kohlenstoffstahl

Gewinde, d	M2	M2,5	M3	M4	M5	M6	M8	M10	M12	M14	M16	M18	M20
Nennlänge l	Ungefähre Gewichte der Schrauben aus Kohlenstoffstahl in Kilogramm je 1 000 Stück ($\rho = 7{,}85$ kg/dm³)												
3	0,155												
4	0,175	0,345											
5	0,195	0,375	0,67										
6	0,215	0,405	0,71	1,50									
8	0,255	0,465	0,80	1,65	2,45								
10	0,295	0,525	0,88	1,80	2,70	4,70							
12	0,355	0,585	0,96	1,95	2,95	5,07	10,9						
16	0,415	0,705	1,16	2,25	3,45	5,75	12,1	20,9					
20	0,495	0,825	1,36	2,65	4,01	6,53	13,4	22,9	32,1				
25		0,975	1,61	3,15	4,78	7,59	15,0	25,4	35,7	48,0	71,3		
30			1,86	3,65	5,55	8,30	16,9	27,9	39,3	53,0	77,8	111	128
35				4,15	6,32	9,91	18,9	30,4	42,9	58,0	84,4	120	139
40				4,65	7,09	11,0	20,9	32,9	46,5	63,0	91,0	129	150
45					7,86	12,1	22,9	36,1	50,1	68,0	97,6	138	161
50					8,63	13,2	24,9	39,3	54,5	73,0	106	147	172
55						14,3	26,9	42,5	58,9	78,0	114	156	183
60						15,4	28,9	45,7	63,4	84,0	122	165	194
65							31,0	48,9	67,8	90,0	130	174	205
70							33,0	52,1	71,3	96,0	138	183	216
80							37,0	58,5	80,2	108	154	203	241
90								64,9	89,1	120	170	223	266
100								71,2	98,0	132	186	243	291
110									107	144	202	263	316
120									116	156	218	283	341
130										168	234	303	366
140										180	250	323	391
150											266	343	416
160											282	363	441
180												403	491
200													541

11

Literaturhinweise

[1]   ISO 888, *Bolts, screws and studs — Nominal lengths, and thread lengths for general purpose bolts* (*Schrauben — Schraubennenn- und -gewindelängen für allgemeine Zwecke*)

Keilwellen-Verbindungen mit geraden Flanken und Innenzentrierung

Maße   Toleranzen   Prüfung
Identisch mit ISO 14   Ausgabe 1982

DIN
ISO 14

Straight-sided splines for cylindrical shafts with internal centering; Dimensions, tolerances and verification; Identical with ISO 14 edition 1982

Cannelures cylindriques à flancs parallèles, à centrage intérieur; Dimensions, tolérances et vérification; Identique à ISO 14 édition 1982

Ersatz für
DIN 5461/09.65,
DIN 5462/09.55 und
DIN 5463/09.55

Die Internationale Norm ISO 14, 2. Ausgabe, 1982-10-01, „Straight-sided splines for cylindrical shafts with internal centering; Dimensions, tolerances and verification", ist unverändert in diese Deutsche Norm übernommen worden.

Nationales Vorwort

Diese Norm enthält die deutsche Übersetzung der Internationalen Norm ISO 14 – 1982. Die Maße der Keilwellen-Verbindungen in ISO 14 entsprechen den Nennmaßen der leichten und mittleren Reihe in DIN 5461/ 09.65, DIN 5462/09.55 und DIN 5463/09.55. Darüber hinaus enthält ISO 14 die Toleranzen und die Prüfung dieser Keilwellen-Verbindungen bei Innenzentrierung. In der Originalfassung der ISO-Norm sind an den gekennzeichneten Stellen Druckfehler vorhanden, die in der vorliegenden Norm berichtigt wurden.

Fortsetzung Seite 2 bis 15

Normenausschuß Antriebstechnik (NAN) im DIN Deutsches Institut für Normung e.V.

Deutsche Übersetzung

Keilwellen-Verbindungen mit geraden Flanken und Innenzentrierung

Maße   Toleranzen   Prüfung

Vorwort

Die ISO (Internationale Organisation für Normung) ist die weltweite Vereinigung nationaler Normungsinstitute (ISO-Mitgliedskörperschaften). Die Erarbeitung Internationaler Normen obliegt den Technischen Komitees der ISO. Jede Mitgliedskörperschaft, die sich für ein Thema interessiert, für das ein Technisches Komitee eingesetzt wurde, ist berechtigt, in diesem Komitee mitzuarbeiten. Internationale (staatliche und nichtstaatliche) Organisationen, die mit der ISO in Verbindung stehen, sind an den Arbeiten ebenfalls beteiligt.

Die von den Technischen Komitees verabschiedeten internationalen Norm-Entwürfe werden den Mitgliedskörperschaften zunächst zur Genehmigung vorgelegt, bevor sie vom Rat der ISO als Internationale Normen angenommen werden.

Die Internationale Norm ISO 14 wurde vom Technischen Komitee ISO/TC 32 „Keilwellen-Verbindungen" erstellt und den Mitgliedskörperschaften im Juni 1980 vorgelegt.

Sie wurde von den folgenden Mitgliedskörperschaften angenommen:

Australien	Irland	Schweden
Belgien	Italien	Sowjetunion
Brasilien	Japan	Spanien
Deutschland, Bundesrepublik	Korea (Republik)	Südafrika
Frankreich	Österreich	Tschechoslowakei
Indien	Rumänien	Vereinigtes Königreich

Folgende Mitgliedskörperschaft hat die Norm aus technischen Gründen abgelehnt:

China

Diese Internationale Norm stellt eine technische Überarbeitung und den Ersatz der ersten Ausgabe ISO 14 – 1978 dar.

1   Zweck und Anwendungsbereich

Diese Internationale Norm legt, in Millimetern, die Maße von Keilwellen-Verbindungen mit geraden Flanken und Innenzentrierung der leichten und mittleren Reihe fest.

Diese Internationale Norm legt ferner die Prüfverfahren und die entsprechenden Lehren fest.

2   Maße

Die für Welle und Nabe gemeinsamen Nennmaße, d, D und B, sind in Tabelle 1 angegeben, die Toleranzen in den Tabellen 2 und 3.

3   Kurzzeichen

Das Kurzzeichen für ein Keilwellen- oder Keilnaben-Profil wird in folgender Reihenfolge gebildet durch: Anzahl der Keile N, Innendurchmesser d und Außendurchmesser D; diese 3 Zahlen werden durch das Zeichen $\times$ voneinander getrennt, zum Beispiel:

Welle (oder Nabe) 6 × 23 × 26

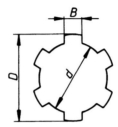

Tabelle 1.   **Nennmaße**

d mm	Leichte Reihe				Mittlere Reihe			
	Kurzzeichen	N	D mm	B mm	Kurzzeichen	N	D mm	B mm
11					6 × 11 × 14	6	14	3
13					6 × 13 × 16	6	16	3,5
16					6 × 16 × 20	6	20	4
18					6 × 18 × 22	6	22	5
21					6 × 21 × 25	6	25	5
23	6 × 23 × 26	6	26	6	6 × 23 × 28	6	28	6
26	6 × 26 × 30	6	30	6	6 × 26 × 32	6	32	6
28	6 × 28 × 32	6	32	7	6 × 28 × 34	6	34	7
32	8 × 32 × 36	8	36	6	8 × 32 × 38	8	38	6
36	8 × 36 × 40	8	40	7	8 × 36 × 42	8	42	7
42	8 × 42 × 46	8	46	8	8 × 42 × 48	8	48	8
46	8 × 46 × 50	8	50	9	8 × 46 × 54	8	54	9
52	8 × 52 × 58	8	58	10	8 × 52 × 60	8	60	10
56	8 × 56 × 62	8	62	10	8 × 56 × 65	8	65	10
62	8 × 62 × 68	8	68	12	8 × 62 × 72	8	72	12
72	10 × 72 × 78	10	78	12	10 × 72 × 82	10	82	12
82	10 × 82 × 88	10	88	12	10 × 82 × 92	10	92	12
92	10 × 92 × 98	10	98	14	10 × 92 × 102	10	102	14
102	10 × 102 × 108	10	108	16	10 × 102 × 112	10	112	16
112	10 × 112 × 120	10	120	18	10 × 112 × 125	10	125	18

4   Toleranzen für Nabe und Welle

Nabe

Welle
(Innenzentrierung)

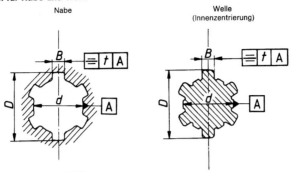

Tabelle 2.   **Toleranzen für Nabe und Welle**

Toleranzen für die Nabe						Toleranzen für die Welle			Einbauart
Nach dem Räumen nicht behandelt			Nach dem Räumen behandelt						
B	D	d	B	D	d	B	D	d	
						d10	a11	f7	Gleitsitz
H9	H10	H7	H11	H10	H7	f9	a11	g7	Übergangssitz
						h10	a11	h7	Festsitz

Die Maßtoleranzen für Nabe und Welle sind in Tabelle 2 angegeben, die Toleranzen für die Symmetrie in Tabelle 3.

Mit bestimmten Fräsern können für spezielle Anwendungsfälle Keilwellen ohne Nachbearbeiten der Flanken am Keilgrund mit einem sehr reduzierten Übergangsradius zwischen Keilwellenflanke und Keilgrund hergestellt werden (z. B. Fräser mit fest eingestellten Arbeitspositionen).

Die in Tabelle 2 angegebenen Toleranzen beziehen sich auf fertig bearbeitete Werkstücke (Wellen und Naben). Die Werkzeugtoleranzen sollen daher für unbehandelte oder vorbehandelte Werkstücke und für nachbehandelte Werkstücke verschieden sein.

Tabelle 3.   **Toleranzen für die Symmetrie**

Keilbreite B	3	3,5 4 5 6	7 8 9 10	12 14 16 18
Toleranz für die t Symmetrie	0,010 (IT 7)	0,012 (IT 7)	0,015 (IT 7)	0,018 (IT 7)

Die für B festgelegte Toleranz enthält die Teilungsabweichung (und die Symmetrieabweichung). Flankenlinienabweichungen siehe Abschnitt 5.7.

5   Lehrung

5.1   Allgemeines

Dieser Abschnitt enthält allgemeine Angaben über Lehren und deren Prüfung; alle übrigen Anforderungen für Lehren sind, soweit Grenzlehren benutzt werden, in Abschnitt 6 enthalten, jedoch ohne daß die Anwendung dieser Lehren zwingend ist.

Prüfung durch Einzelmessung ist unter Umständen nach vorheriger Vereinbarung gemäß den für die Anforderungen festzulegenden Bestimmungen zulässig.

5.2   Bezugstemperatur

Die Standard-Bezugstemperatur für industrielle Messungen beträgt 20 °C. Die für Bestimmungsstücke und Lehren vorgeschriebenen Maße sind auf diese Temperatur bezogen und sollen üblicherweise bei dieser Temperatur geprüft werden.

Werden Messungen bei einer anderen Temperatur vorgenommen, so ist das Ergebnis unter Berücksichtigung des linearen Ausdehnungskoeffizienten der Werkstücke bzw. der Lehren zu korrigieren.

Sofern nicht anders festgelegt, wird für alle Messungen von einer Meßkraft Null ausgegangen.

Werden die Messungen mit einer anderen Meßkraft als Null durchgeführt, so sind die Ergebnisse entsprechend zu berichtigen. Eine Korrektur ist jedoch nicht erforderlich bei Vergleichsmessungen, die mit denselben Vergleichsmitteln und derselben Meßkraft zwischen ähnlichen Teilen aus dem gleichen Werkstoff und der gleichen Oberflächenbeschaffenheit durchgeführt werden.

5.3   Anwendungsbedingungen

Ein Werkstück genügt den Anforderungen, wenn seine Keilwellen bzw. Keilnaben nach der Prüfung mit Lehren, die nach den Abschnitten 5 und 6 dieser Internationalen Norm für die Prüfung zugelassen sind, für gut befunden wurden. Benutzt der Kunde also seine eigenen Lehren für die Abnahme, so müssen diese nahe genug an den festgelegten äußeren Grenzen liegen, so daß etwaige mit den Lehren des Herstellers angenommene Keilwellen bzw. Keilnaben nicht zurückgewiesen werden.

In Streitfällen sollten Hersteller und Kunde sich gegenseitig ihre Lehren für die Prüfung im eigenen Haus zur Verfügung stellen.

Falls die Streitfrage dadurch nicht ausgeräumt wird, sind die Lehren an eine anerkannte Kalibrierstelle weiterzugeben.

649

5.4 Abnahmeprüfung der Welle

5.4.1 Gutseite

Die Prüfung auf der Gutseite der Welle erfolgt mit einem Keilnaben-Gutlehrring, der gleichzeitig folgende Merkmale erfaßt:

5.4.1.1 Zentrierung:
- Innendurchmesser der Keilwelle

5.4.1.2 Einbau:
- Außendurchmesser der Keilwelle
- Keilbreite
- Konzentrizität von Außen- und Innendurchmesser
- Winkellage der Keile
- Lage und Ausrichtung der Keile in bezug auf die Achse.[1]

5.4.2 Ausschußseite

Die Prüfung auf der Ausschußseite der Welle erfolgt mit Sektor-Ausschußlehren, die jedes Bestimmungsstück einzeln prüfen, d. h.:
- für den Außendurchmesser der Keilwelle: eine Rachenlehre oder ein glatter Lehrring;
- für den Innendurchmesser der Keilwelle: eine Rachenlehre (falls erforderlich, mit entsprechenden speziellen Meßflächen);
- für die Keilbreite: eine Rachenlehre (von geeigneter äußerer Form, falls erforderlich).

5.5 Abnahmeprüfung der Nabe

5.5.1 Gutseite

Die Prüfung auf der Gutseite der Nabe erfolgt mit einem Keilwellen-Gutlehrdorn, der gleichzeitig folgende Merkmale erfaßt:

5.5.1.1 Zentrierung:
- Innendurchmesser der Keilnabe

5.5.1.2 Einbau:
- Außendurchmesser der Keilnabe
- Keilnutbreite
- Konzentrizität von Außen- und Innendurchmesser
- Winkellage der Keilnuten
- Lage und Ausrichtung der Keilnuten in bezug auf die Achse.[1]

5.5.2 Ausschußseite

Die Prüfung auf der Ausschußseite der Nabe erfolgt mit Sektor-Ausschußlehren, die jedes Bestimmungsstück einzeln prüfen, d. h.:
- für den Innendurchmesser der Keilnabe: ein glatter Lehrdorn;
- für den Außendurchmesser der Keilnabe: ein Flachlehrdorn mit geeigneten Meßflächen;
- für die Keilnutbreite: eine Flachlehre.

5.6 Zusätzliche Prüfung

Bei der Prüfung der Gutseite eines Werkstückes (Nabe oder Welle) mit Keilwellen-Lehrdorn bzw. Keilnaben-Lehrring kann, falls das Werkstück diese Prüfung nicht besteht, nicht festgestellt werden, welches Bestimmungsstück das Versagen verursacht hat.

Falls diese Angabe benötigt wird, kann man sie durch **zusätzliche Prüfungen** (die genau festzulegen sind) mit Sektorlehren ermitteln, die auf der Gutseite jedes Bestimmungsstück einzeln prüfen.

---

[1] Lage und Ausrichtung der Keile bzw. Keilnuten in bezug auf die Achse muß nur da geprüft werden, wo keine Lehren vorhanden sind.

5.7 Einfluß der nutzbaren Länge und der Eingriffslänge

Eingriffslänge g_y:
Die axiale Berührungslänge der miteinander gepaarten Keilwelle und Keilnabe.

Nutzbare Länge g_w:
Die maximale axiale Berührungslänge während des Betriebes der miteinander gepaarten Keilwelle und Keilnabe. Bei Keilwellen-Verbindungen mit Gleitsitz ist die nutzbare Länge größer als die Eingriffslänge.

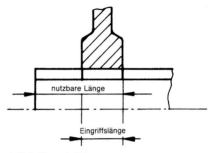

a) Welle länger als Nabe

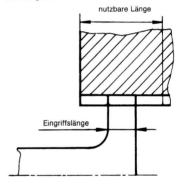

b) Nabe länger als Welle

Bild. Nutzbare Länge und Eingriffslänge

Da die Lehren im allgemeinen kürzer sind als die zu prüfenden Bestimmungsstücke, können die nutzbare Länge und die Eingriffslänge einen Einfluß auf die noch zulässigen Flankenlinienabweichungen der Keile bzw. Keilnuten haben (Parallelitätsabweichungen der Keile bzw. Keilnuten bezogen auf die Achse).

Falls die nutzbare Länge gleich der Eingriffslänge ist, sind Flankenlinienabweichungen der Keile bzw. Keilnuten im allgemeinen, und wenn nichts anderes festgelegt ist, in den Maßtoleranzen enthalten und gleichzeitig mitgeprüft.

Ist die nutzbare Länge größer als die Eingriffslänge, kann es erforderlich sein, neben den Maßtoleranzen auch Toleranzen der Flankenlinienabweichungen für die Keile bzw. Keilnuten festzulegen; solche Toleranzen können dann separat geprüft werden, z. B. durch direkte Messung.

Falls Toleranzen für Flankenlinienabweichungen festzulegen sind, muß berücksichtigt werden, daß sie im allgemeinen um so kleiner sein müssen, je größer die nutzbare Länge ist.

5.8 Anwendungsbedingungen für die Lehren

5.8.1 Gutseite

Gutlehren (Keilnaben-Lehrring oder Keilwellen-Lehrdorn) müssen ohne Spiel und unter Eigengewicht oder einer festgelegten Last über die gesamte Länge des zu lehrenden Werkstückes gleiten können; die Lehrung ist an mindestens 3 Winkelpositionen durchzuführen, die gleichmäßig über den Umfang verteilt sind.

Die Lehre darf leicht hin und her bewegt werden, um die Auswirkungen der Reibung so gering wie möglich zu halten.

5.8.2 Ausschußseite

Sektor-Ausschußlehren werden auf die gleiche Art und Weise benutzt wie die Lehren für die Prüfung von glatten Werkstücken. Die Lehrung wird an allen Winkelpositionen durchgeführt.

5.9 Prüfung der Lehren

5.9.1 Gutseite

Gutlehren werden üblicherweise durch direkte Messung geprüft.

5.9.2 Ausschußseite

Sektor-Ausschußlehren werden unter den gleichen Bedingungen geprüft wie die Lehren für die Prüfung von glatten Werkstücken.

6 Beschreibung der Lehren

6.1 Allgemeines

In diesem Abschnitt sind die Toleranzlagen und Toleranzfelder für Gut- und Ausschußlehren festgelegt sowie deren zulässige Abnutzungsgrenzen für die Gutseite. Ferner wird die Länge der prüfenden Teile der Lehre festgelegt.

Die allgemeinen Angaben über Lehren und deren Prüfung sind in Abschnitt 5 enthalten.

Anmerkung 1: Werden Lehren mit Größtmaß hergestellt, so sind keine zusätzlichen Formtoleranzen zulässig.

Anmerkung 2: Um die Anzahl der Lehren zu begrenzen, ist für die Prüfung der Mindestmaße der Naben (ob nach dem Räumen behandelt oder nicht) nur ein Keilwellen-Gutlehrdorn vorgesehen.

Anmerkung 3: Im folgenden wird der Ausdruck „Null-Meßlinie" angewendet, um die theoretische Linie zu bezeichnen, von der aus in Analogie mit der „Null-Einbaulinie" (Nennmaß) die Gutlehren angelegt werden.

Die Lage der „Null-Meßlinie" wurde in Abhängigkeit von den Werkstück-Grenzmaßen bei Maximum-Material-Bedingung bestimmt, um unter Berücksichtigung der Tatsache, daß Gutlehren keine Sektorlehren sondern Vollformlehren sind, die Anforderungen hinsichtlich Einbau und Betrieb zu erfüllen.

In einigen Fällen stimmt die „Null-Meßlinie" mit der „Null-Einbaulinie" (oder dem Nennmaß) überein.

Anmerkung 4: Nach Abschnitt 4 bestimmt der Innendurchmesser die Zentrierung des Werkstücks. Deshalb wurde dieser Durchmesser als Bezug für die Prüfung der geometrischen Fehler der anderen Bestimmungsstücke benutzt (d. h. der anderen Durchmesser und der Keilbreite B).

In diesem Zusammenhang wurden die Ausdrücke „Maße für die Gutlehrung" und „Maße für die Ausschußlehrung" zur Bezeichnung dieser verschiedenen Bestimmungsstücke angewendet.

6.2 Grundregeln

6.2.1 Gutlehren

Gutlehren sind Vollformlehren zur gleichzeitigen Prüfung des Innendurchmessers d, des Außendurchmessers D und der Breite B der Keile bzw. Keilnuten.

6.2.1.1 Lehrung der Gutseite der Zentriermaße (Innendurchmesser d)

Für die Lehrung der Gutseite des Innendurchmessers d, der die Zentrierung sicherstellt, müssen die Toleranzfeld und Toleranzlagen der Naben oder Wellenlehren, die Abnutzungsgrenzen und die Formtoleranzen den Anforderungen der ISO/R 1938 „ISO-Toleranzen und -Passungen – Teil 2: Prüfung von glatten Werkstücken" entsprechen.

Nationale Anmerkung: DIN 7150 Teil 2 entspricht im wesentlichen dem Inhalt der ISO/R 1938 über das Lehrensystem.

6.2.1.2 Lehrung der Gutseite der Maße, die die Zentrierung nicht gewährleisten

6.2.1.2.1 Position der Null-Meßlinie

Bei der Gutseitenlehrung des Außendurchmessers D, der die Zentrierung nicht gewährleistet, liegt die für Welle und Nabe gemeinsame Null-Meßlinie in der Mitte zwischen Welle und Nabe bei Maximum-Material-Bedingung der betreffenden Werkstücke.

Bei der Gutseitenlehrung der Breite B sind die in Abschnitt 4 enthaltenen 3 Fälle zu berücksichtigen, d. h. Gleitsitz, Übergangssitz und Festsitz.

a) Gleitsitz:
   Die für Welle und Nabe gemeinsame Null-Meßlinie liegt wie in Abschnitt 6.2.1.2.1 in der Mitte zwischen Welle und Nabe bei Maximum-Material-Bedingung der Werkstücke.

b) Übergangssitz:
   Die Nabenlehre (Lehrdorn) ist die gleiche wie für die Lehrung beim Gleitsitz, die Null-Meßlinie der Nabe befindet sich daher in der gleichen Lage.
   Bei der Wellenlehre (Ringlehre) liegt die Null-Meßlinie auf der Null-Linie (Nennmaß) ohne Berücksichtigung des Mittenabstandes zwischen Welle und Nabe bei Maximum-Material-Bedingung der Werkstücke.

c) Festsitz:
   Die Nabenlehre (Lehrdorn) ist die gleiche wie für die Lehrung beim Gleitsitz oder Übergangssitz, die Null-Meßlinie der Nabe befindet sich daher in der gleichen Lage.
   Bei der Wellenlehre (Ringlehre) liegt die Null-Meßlinie der Welle, bezogen auf Maximum-Material-Bedingung (Nennmaß) der Welle über dem Grenzwert, in einem Abstand gleich dem für den Gleitsitz festgelegten Abstand, d. h. gleich der Hälfte des Grundabmaßes[2].

6.2.1.2.2 Toleranzfelder und Toleranzlagen sowie Abnutzungsgrenzen für die Gutseitenlehrung der Maße, die die Zentrierung nicht sicherstellen

Die Werte der Maßtoleranzen für Naben oder Wellen-Gutlehrenseiten entsprechen der Qualität 6 und umfassen sowohl Maß- als auch Formabweichungen (nämlich Konzentrizität, Symmetrie, Winkelposition, Schrägung, Flankenrichtung usw.).

Die nach Abschnitt 6.2.1.2.1 festgelegten Abweichungen der Null-Meßlinien und die Werte dieser Größen der Qualität 6, die am engsten an der Null-Linie liegen, entsprechen Werten der Qualität 4.

Die Abnutzungsgrenzen der Lehren stimmen mit den o. g. Null-Meßlinien überein.

---

[2] Das Grundabmaß wird in den Tabellen 4, 5 und 6 einfach als „Abmaß" bezeichnet.

6.2.2   Ausschußlehren

Ausschußlehren sind Sektorlehren zur Einzelprüfung des Innendurchmessers d, des Außendurchmessers D oder der Breite B der Keile bzw. Keilnuten.

Bei der Ausschußseiten-Lehrung jedes einzelnen Bestimmungsstückes müssen die Werte und Lagen der Lehrentoleranzen den Anforderungen nach ISO/R 1938 „ISO-Toleranzen und -Passungen – Teil 2: Prüfung von glatten Werkstücken" entsprechen.

6.3   Tabellen der Toleranzlagen und Toleranzfelder

(für Naben, Wellen, Gutlehren und Ausschußlehren; siehe Tabellen 4, 5 und 6)

6.3.1   Symmetrietoleranzen und Spieltoleranzen des Außendurchmessers D_1 in bezug auf den Innendurchmesser d_1

Toleranzen in µm

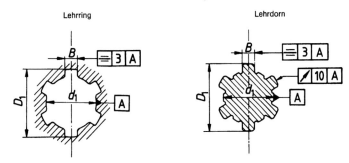

6.3.2   Tabellen der Durchmesser und der Keilbreiten

Tabelle 4. **Durchmesser für die Zentrierung – Innendurchmesser**   (Toleranzen in µm)

> 10 bis 18 mm | > 18 bis 30 mm | > 30 bis 50 mm

Nabe — Welle

Festsitz | Übergangssitz | Gleitsitz

Lehre

min. – max. | Gut | Ausschuß

Null-Einbaulinie (Nennmaß) und Null-Meßlinie für Festsitz

Null-Meßlinie für Übergangssitz

Abnutzungsgrenze

Abmaß

Null-Meßlinie für Gleitsitz

*) Nationale Fußnote: Siehe Nationales Vorwort

Ablesebeispiel für (Naben)Gutlehre für Maße > 18 bis 30 mm

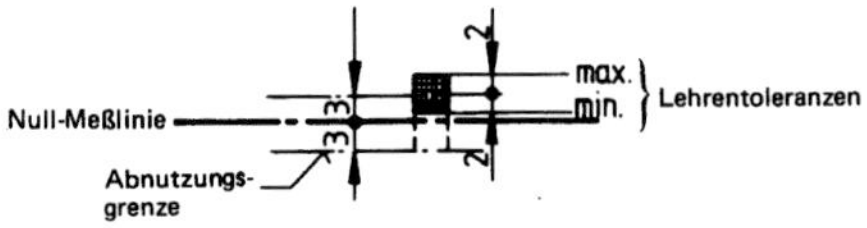
Null-Meßlinie
Abnutzungs-grenze
max.
min.
Lehrentoleranzen
3
3
2
2

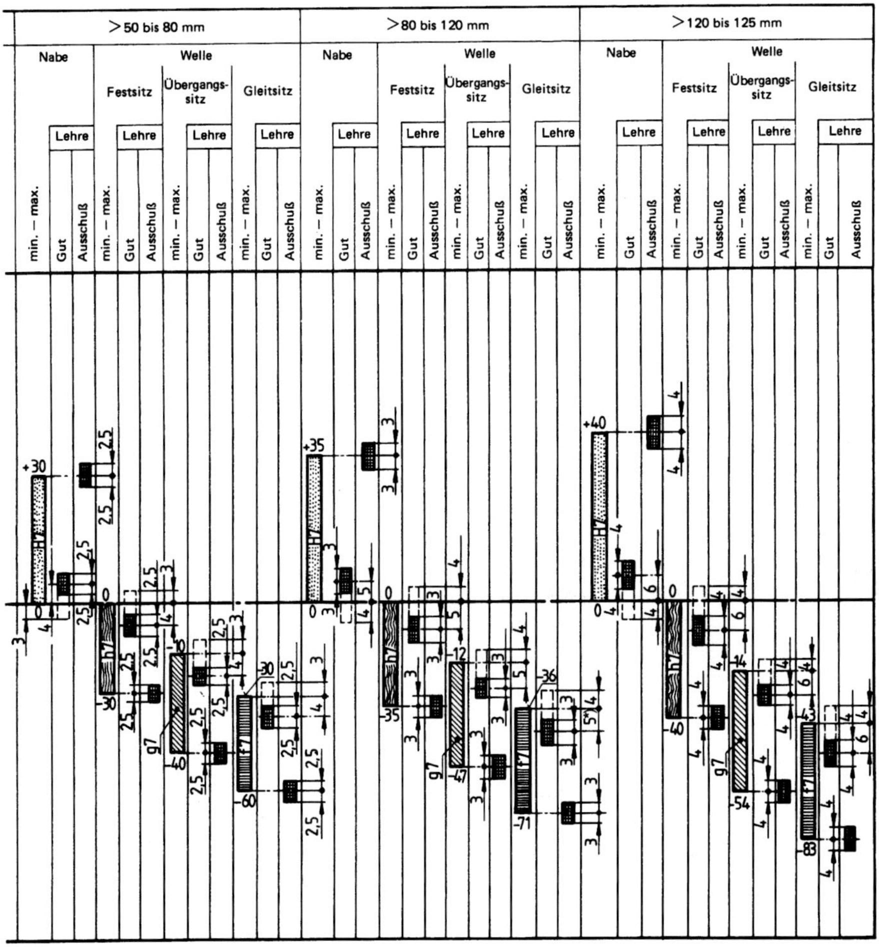
>50 bis 80 mm
>80 bis 120 mm
>120 bis 125 mm
Nabe
Welle
Festsitz
Übergangs-sitz
Gleitsitz
Lehre
min. – max.
Gut
Ausschuß
H7
h7
g7
f7
+30
-30
-10
-40
-30
-60
+35
-35
-12
-47
-36
-71
+40
-40
-14
-54
-43
-83
5*)

*) Nationale Fußnote: Siehe Nationales Vorwort

Tabelle 5.   **Durchmesser, der den Einbau nicht sicherstellt – Außendurchmesser**   (Toleranzen in µm)

>10 bis 18 mm				>18 bis 30 mm				>30 bis 40 mm				>40 bis 50 mm				>50 bis
Nabe		Welle		Nabe		Welle		Nabe		Welle		Nabe		Welle		Nabe
Lehre		Lehre		Lehre		Lehre		Lehre		Lehre		Lehre		Lehre		Lehre
min. – max.	Gut	Ausschuß	min. – max.	Gut	Ausschuß	min. – max.	Gut	Ausschuß	min. – max.	Gut	Ausschuß	min. – max.	Gut	Ausschuß	min. – max.	Gut

Null-Einbaulinie (Nennmaß)

Ablesebeispiel für (Naben)Gutlehre für Maße > 40 bis 50 mm

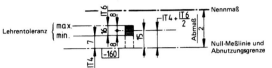

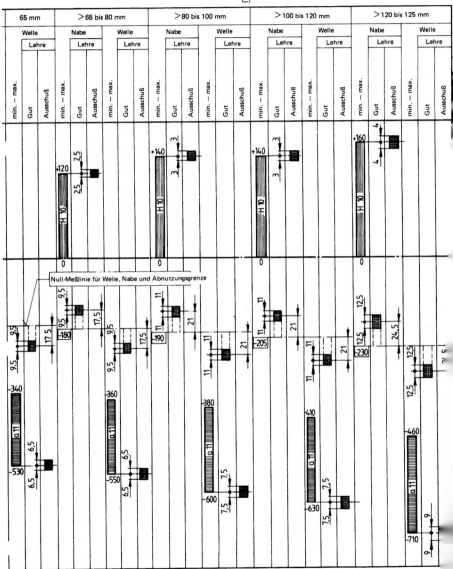

Tabelle 6.   **Keilbreiten – Gleitsitz, Übergangssitz oder Festsitz**   (Toleranzen in µm)

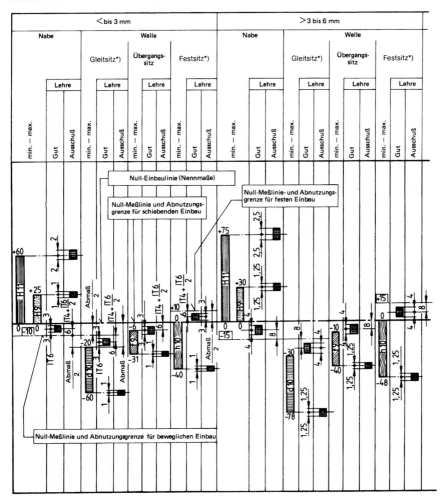

Ablesebeispiel für (Naben)Gutlehre für Maße ≤ 3 Gleitsitz oder Festsitz[3)]

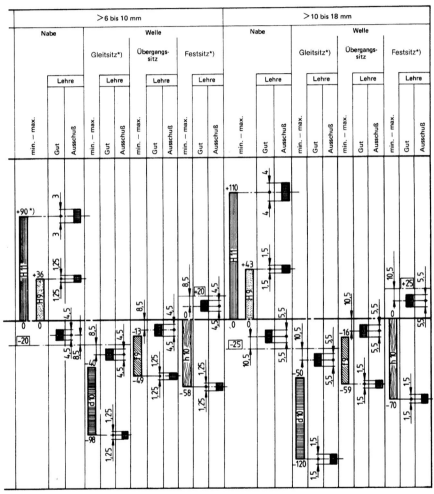

*) Nationale Fußnote: Siehe Nationales Vorwort
3) Beim Übergangssitz wurde die Abnutzungsgrenze der Gutlehren (der Welle) beim Nennmaß festgelegt ohne Berücksichtigung des Abmaßes/2.

6.4 Länge des Meßteiles der Lehre

6.4.1 Meßteil von Gutlehren

Die Länge des Meßteiles von Gutlehren (Lehrringe oder Lehrdorne) muß mindestens den in Tabelle 7 angegebenen und aus der Reihe R 20 der Normzahlen ausgewählten Mindestwerten entsprechen.

Der Gutlehrring für die Welle ist nicht über die ganze Länge mit Nuten versehen und hat einen glatten zylindrischen Teil, dessen Durchmesser und Toleranzen die gleichen Werte haben wie der Außendurchmesser D der Keilwellennuten der Lehre.

Der Gutlehrdorn für die Nabe ist über die ganze Länge mit Keilen versehen.

Anmerkung: Die Naben-Gutlehre kann jedoch einen (oder zwei) glatte zylindrische Teile aufweisen, um das Einführen in die zu prüfende Nabe zu erleichtern.

Tabelle 7. **Meßteile der Gutlehren – Mindestlänge**

Maße in mm

Nenn-Außen-durchmesser D der Keilwellen-Verbindung	Gutlehrdorn (Nabe)	Gutlehrring (Welle)	
		Mindestlänge	
	mit Keilen versehen	gesamt	mit Nuten versehen
14 16	20	20	10
20 22	25	20	10
25 26 28 30	31,5	25	12,5
32 34	40	28	14
36 38 40 42	45	35,5	18
46 48	50	45	22,4
50 54 58 60 62 65	50	50	25
68 72 78 82	50	56	28
88 92 102 108	50	63	31,5
112 120 125	56	71	35,5

6.4.2 Meßteil von Ausschußlehren

Die empfohlene Länge des Meßteiles von Sektor-Ausschußlehren für Naben und Wellen wurde unter Berücksichtigung der im Subkomitee 3 – Längenmeßtechnik – des ISO/TC 3 „Toleranzen und Passungen" (ISO 3670) durchgeführten Untersuchungen über glatte Ausschußlehren festgelegt.

Tabelle 8. **Meßteil der Sektor-Ausschußlehren – Empfohlene Länge**

Maße in mm

Nenn-Außendurchmesser D der Keilwellen-Verbindung	Empfohlene Länge der Sektor-Ausschußlehren (für Naben oder Wellen)
14 16	10
20 22	12
25 26 28 30	14
32 34 36 38 40*)	15
42 46 48 50 54 58 60 62 65	18
68 72 78 82 88 92 98 102 108	25
112 120 125	25

6.5 Kantenbruch der Lehren

Auf den Lehrdornen kann ein Kantenbruch erforderlich sein. Der Maximalwert dieses 45° Kantenbruchs darf auf keinen Fall das Spiel zwischen der zu prüfenden Welle und Nabe überschreiten.

6.6 Lehrdorngriffe

Die Griffe für Lehrdorne müssen den üblicherweise für glatte Lehren oder Gewindelehren vorgesehenen Griffen entsprechen (siehe ISO 3670).

---

*) Nationale Fußnote: Siehe Nationales Vorwort

Ende der deutschen Übersetzung

Zitierte Normen

DIN 7150 Teil 2   ISO-Toleranzen und ISO-Passungen; Prüfung von Werkstück-Elementen mit zylindrischen und parallelen Paßflächen

ISO 1938   ISO system of limits and fits; Part 2: Inspection of plain workpieces

ISO 3670   Blanks for plug gauges and handles (taper lock and trilock) and ring gauges; Design and general dimensions

Frühere Ausgaben

DIN 5461: 02.37, 02.39, 08.54, 09.65;
DIN 5462: 08.37, 02.39x, 09.55;
DIN 5463: 02.37, 02.39x, 09.55

Änderungen

Gegenüber DIN 5461/09.65, DIN 5462/09.55 und DIN 5463/09.55 wurden folgende Änderungen vorgenommen:

a) Die Grenzwerte, die sich bei Herstellung der Profile mit Wälzfräsern unter bestimmten Voraussetzungen ergeben, wurden weggelassen.

b) Vergleichswerte für die Übertragungsfähigkeit der einzelnen Keilwellen-Verbindungen wurden gestrichen; hierfür wird eine besondere Norm erarbeitet.

c) Die Größtmaße für Kantenbruch und Rundungsradius am Keilnaben- bzw. Keilwellenprofil wurden gestrichen.

d) Toleranzen und Prüfung der Keilwellen-Verbindungen bei Innenzentrierung wurden aufgenommen.

Internationale Patentklassifikation

F 16 D 1/08
G 01 M 13/00

	DIN ISO 606	

ICS 21.220.30   Ersatzvermerk
                                                          siehe unten

Kurzgliedrige Präzisions-Rollen- und Buchsenketten, Befestigungslaschen und zugehörige Kettenräder (ISO 606:2004)

Short-pitch transmission precision roller and bush chains, attachments and associated chain sprockets (ISO 606:2004)

Chaînes de transmission de précision à rouleaux et à douilles, plaques-attaches et roues dentées correspondantes (ISO 606:2004)

Ersatzvermerk

Ersatz für DIN 8154:1999-09, DIN 8187-1:1996-03, DIN 8187-1 Berichtigung 1:2006-11, DIN 8187-2:1998-08, DIN 8187-3:1998-08, DIN 8188-1:1996-03, DIN 8188-2:1998-08, DIN 8188-3:1998-08 und DIN 8196-1:1987-03

Gesamtumfang 35 Seiten

Normenausschuss Maschinenbau (NAM) im DIN

Inhalt

2

Nationales Vorwort

Diese Norm beinhaltet die Übersetzung der ISO 606:2004. Die Änderungen aus dem Korrekturblatt ISO 606 Technical Corrigendum 1:2006-04 wurden direkt eingearbeitet.

Die vorliegende Übersetzung und damit die Übernahme ins deutsche Normenwerk mit Zurückziehung der entsprechenden deutschen Normen ist vom Arbeitsausschuss NA 060-34-35 „Stahlgelenkketten" des Fachbereiches Antriebstechnik im Normenausschuss Maschinenbau (NAM) im DIN beschlossen worden. Dem einmaligen Umstellungsaufwand stehen hier nachhaltige Einsparungen durch den Wegfall von zusätzlichen nationalen Normen bei gleichen Kettentypen gegenüber. Der Ausschuss dokumentiert die Übereinstimmung mit der ISO-Norm

Zu beachten ist die Möglichkeit, dass einige Elemente der ISO 606 Gegenstand von Patentrechten sein können. Die ISO übernimmt für das Feststellen einiger oder aller derartigen Patentrechte keine Verantwortung.

Die Internationale Norm ISO 606 wurde vom Technischen Komitee ISO/TC 100 „Chains and chain wheels for power transmission and conveyors" erstellt.

Diese dritte Ausgabe der ISO 606 ersetzt DIN 8187-1 bis -3, DIN 8188-1 bis -3, DIN 8154 und DIN 8196-1.

Für die im Abschnitt 2 verwiesenen Internationalen Normen wird auf die entsprechenden Deutschen Normen verwiesen.

ISO 286-2   siehe   DIN EN ISO 286-2

ISO 10823   siehe   DIN ISO 10823

ISO 13203   siehe   DIN ISO 13203

ISO 15654   siehe   DIN ISO 15654

Änderungen

Gegenüber DIN 8154:1999-09, DIN 8187-1:1996-03, DIN 8187-1 Berichtigung 1:2006-11, DIN 8187-2:1998-08, DIN 8187-3:1998-08, DIN 8188-1:1996-03, DIN 8188-2:1998-08, DIN 8188-3:1998-08 und DIN 8196-1:1987-03 wurden folgende Änderungen vorgenommen:

a)   bei den Abmessungen ergeben sich leichte Änderungen, die geometrische Austauschbarkeit ist gegeben;

b)   die Ketten mit der Nummer 03 und 04 aus der DIN 8187 sind entfallen;

c)   die ANSI Ketten der schweren Reihe wurden in die Norm mit aufgenommen;

d)   die Kennzeichnung der Ketten wird in der Norm festgelegt;

e)   die Bruchkraftprüfung wurde genauer spezifiziert;

f)   die Dynamische Prüfung der Ketten hat nach ISO 15654 zu erfolgen. Die Mindestanforderungen dafür wurden festgelegt;

g)   die Angaben zur Gelenkfläche und zum Gewicht/Meter entfallen;

h)   die minimale Bruchkraft der Ketten und somit auch die Messkraft wurden reduziert;

i)   das Maß für den Abstand zwischen den Außenlaschen wurde geändert;

j)   die Bohrungsdurchmesser der Befestigungslaschen wurden geändert;

3

k) Befestigungslaschen für weitere Kettengrößen wurden hinzugefügt:

l) die verlängerte Bolzenvariante E2 wurde zum TYP „X". Die Bolzenvarianten E3, Z2, Z3 sind entfallen. Für die Ketten der A-Reihe kam der Typ „Y" hinzu;

m) Werkstoffangaben sind entfallen.

Frühere Ausgabe

DIN 8154: 1977-09, 1984-03, 1999-09
DIN KrW 501: 1922-07
DIN FAFA 17: 1930-06
DIN Kr 3231-1: 1935-12
DIN 8180: 1956-08, 1961-02
DIN 8180-1: 1944-04, 1948-07
DIN 8187: 1956-08, 1969-12, 1972-08, 1984-03
DIN 8187-1: 1996-03
DIN 8187-1 Berichtigung 1: 2006-11
DIN 8187-2: 1998-08
DIN 8187-3: 1998-08
DIN 8188-1: 1996-03
DIN 8188-2: 1998-08
DIN 8188-3: 1998-08
DIN Kr 3231-2 = DIN 73231-1: 1935-12
DIN 73232-2: 1941-03, 1950-06
DIN 73233: 1941-03, 1950-06
DIN 8196: 1959-09, 1963-03
DIN 8196-1: 1987-03

4

Nationaler Anhang NA
(informativ)

Literaturhinweise

DIN EN ISO 286-2, *Geometrische Produktspezifikation (GPS) — ISO-Toleranzsystem für Längenmaße — Teil 2: Tabellen der Grundtoleranzgrade und Grenzabmaße für Bohrungen und Wellen*

DIN ISO 10823, *Hinweise zur Auswahl von Rollenkettentrieben*

DIN ISO 13203, *Ketten, Kettenräder und -zubehör — Begriffe*

DIN ISO 15654, *Verfahren zur Dauerschwingprüfung von Präzisions-Rollenketten*

Nationaler Anhang NB
(informativ)

Richtigstellung gegenüber ISO 606:2004

Gegenüber ISO 606:2004 sind für die Anwendung dieses Dokuments folgende Richtigstellungen zu berücksichtigen:

5.4.2.2 Minimale Zahnlückenform (korrigiert)

$$r_{e,min} = 0{,}12\,d_1(z+2)$$

5.4.2.3 Maximale Zahnlückenform (korrigiert)

$$r_{e,max} = 0{,}008\,d_1(z^2+180)$$

5

Einleitung

Die Festlegungen in diesem überarbeiteten internationalen Standard sind unter Berücksichtigung der in den wesentlichen Ländern der Welt genutzten Kettengrößen getroffen worden. Die Maße, Festigkeiten und andere Daten, welche gegenwärtig in nationalen Standards abweichend sind, wurden vereinheitlicht. Andere Angaben, die nicht für eine universelle Anwendung gedacht waren, wurden eliminiert.

Der ganze Anwendungsbereich für dieses Maschinenelement zur Kraftübertragung wird mit den bereits etablierten Kettengrößenbereichen abgedeckt. Um dies zu erreichen, wurden die Größen von Teilung 6,35 mm bis Teilung 76,2 mm dupliziert, auf der einen Seite unter Einbeziehung von Ketten die aus den ANSI-Größen (gekennzeichnet mit Buchstabe A) stammen und auf der anderen Seite Ketten die aus den Europäischen Größen (Kennzeichnung B) stammen. Diese beiden decken das größtmögliche Anwendungsfeld.

Die ANSI Kettennummern (25, 35, 40, 50, usw.) werden weltweit verwendet. Zur Unterstützung bei Kreuzverweisen zwischen ISO- und ANSI-Nummern, sind Details jetzt in Anhang C dieses internationalen Standards aufgenommen worden.

Die ANSI Ketten der schweren Reihe (Bezeichnung H) sind ebenfalls eingeschlossen. Die ANSI Ketten der schweren Reihen unterscheiden sich von der ANSI Standard-Reihe dadurch, dass stärkere Laschen benutzt werden. Da keine ISO-Nummern dafür existieren, wurde das ANSI Zahlensystem übernommen.

Abschnitt 4 beinhaltet die Spezifikation für die Befestigungslaschen der Typen K und M, sowie Ketten mit verlängertem Bolzen für den Gebrauch mit kurzgliedrigen Rollen- und Buchsenketten nach diesem internationalen Standard.

Abschnitt 5, in welchem die Kettenräder behandelt werden, stellt die Vereinheitlichung aller relevanten nationalen Standards in der Welt dar und beinhaltet insbesondere die gesamte Tolerierung der Zahnform.

Die Einbeziehung der Maße der spezifizierten Ketten stellt die komplette Austauschbarkeit jeder gegebenen Größe sicher und erlaubt eine Austauschbarkeit von individuellen Verbindungsgliedern der Ketten.

Diese Ausgabe schließt auch kurzgliedrigen Buchsenketten mit ein, die vorher in ISO 1395:1977 beschrieben wurden.

6

Kurzgliedrige Präzisions-Rollen- und Buchsenketten, Anbauteile und zugehörige Kettenräder

1 Anwendungsbereich

Diese internationale Norm spezifiziert die Eigenschaften von kurzgliedrigen Rollen- und Buchsenketten, die zur mechanischen Kraftübertragung und verwandten Anwendungen eingesetzt werden, sowie die dazugehörigen Kettenräder. Sie legt Abmessungen, Toleranzen, Längenmessungen, Vorbelastung, minimale Bruchkräfte und dynamische Festigkeiten fest.

Obwohl in Kapitel 5 Kettenräder für Fahrräder und Motorräder beschrieben sind, ist diese Norm nicht anwendbar auf die Ketten, die in ISO 9633 bzw. ISO 10190 dargestellt sind.

2 Normative Verweisungen

Die folgenden zitierten Dokumente sind für die Anwendung dieses Dokuments erforderlich. Bei datierten Verweisungen gilt nur die in Bezug genommene Ausgabe. Bei undatierten Verweisungen gilt die letzte Ausgabe des in Bezug genommenen Dokuments (einschließlich aller Änderungen).

ISO 286-2:1988, *ISO system of limits and fits — Part 2: Tables of standard tolerance grades and limit deviations for holes and shafts*

ISO 15654, *Fatigue test method for transmission precision roller chains* [1]

3 Ketten

3.1 Begriffe, Definitionen von Bauformen und Komponenten

Die Definition von Bauformen und Komponenten ist in Bild 1 und 2 dargestellt (wobei die tatsächlichen Laschenformen herstellerspezifisch abweichen können).

---

[1] In Vorbereitung

7

a) Einfach-Rollenkette

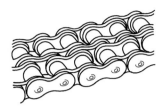

b) Zweifach-Rollenkette

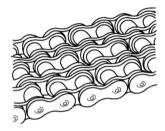

c) Dreifach-Rollenkette

Bild 1 — Bauarten von Rollenketten

8

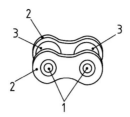

Legende
1 Buchse
2 Innenlasche
3 Rolle

a) Innenglied

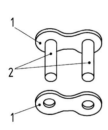

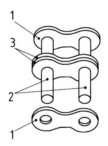

Einfach-Außenglied   Zweifach-Außenglied

Legende
1 Außenlasche
2 Nietbolzen
3 Zwischenlaschen

b) Außenglieder zum vernieten (Nietglieder)

9

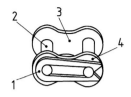 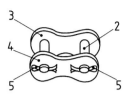

Verbindungsglied mit Feder

Verbindungsglied mit Splint

Legende
1 Feder
2 Verbindungsbolzen mit Nut
3 Außenlasche
4 Verbindungslasche
5 Splint

c) **Lösbare Verbindungsglieder**

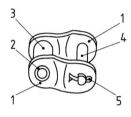 

Gekröpftes Glied

Gekröpftes Doppelglied

Legende
1 gekröpfte Lasche
2 Buchse
3 Rolle
4 Bolzen für gekröpftes Glied
5 Splint
6 Innenlasche
7 Bolzen

d) **gekröpfte Glieder**

ANMERKUNG 1   Die Laschenabmessungen sind in Tabelle 1 und 2 dargestellt.

ANMERKUNG 2   Sicherungselemente können unterschiedlich ausgeführt sein. Darstellung dient nur als Beispiel.

Bild 2 — Typen von Kettengliedern

10

3.2 Bezeichnung der Ketten

Die Ketten werden mit der ISO Kettennummer aus Tabelle 1 und 2 bezeichnet. Die ISO Kettennummern werden ergänzt durch einen Index −1 für Einfach-Ketten, −2 für Zweifach-Ketten und −3 für Dreifach-Ketten, z. B. 16B-1, 16B-2, 16B-3. Die Ketten 081, 083, 084 und 085 folgen dieser Bezeichnung nicht, da Sie normalerweise nur als Einfach-Ketten verfügbar sind.

Die Ketten in Tabelle 2 entsprechen der verstärkten Ausführung H (ANSI heavy series), welche ebenfalls mit einem Index −1 für Einfach-Ketten, −2 für Zweifach-Ketten und −3 für Dreifach-Ketten gekennzeichnet sind, z. B. 80H-1, 80H-2, 80H-3.

3.3 Abmessungen

Ketten müssen mit den in Bild 3 dargestellten und in Tabelle 1 und 2 festgelegten Maßen übereinstimmen. Maximale und minimale Abmessungen sind festgelegt um die Austauschbarkeit von Ketten verschiedener Hersteller zu gewährleisten. Sie dienen ausschließlich zur Austauschbarkeit und legen keine Fertigungstoleranzen fest.

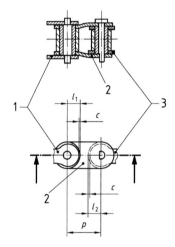

Legende

c minimaler Abstand zwischen der Kröpfung und der Lasche des Nachbargliedes
p Teilung
1   Außenlasche
2   Gekröpfte Lasche
3   Innenlasche

ANMERKUNG   Zur Bezeichnung, siehe Tabelle 1.

a)   gekröpftes Glied

11

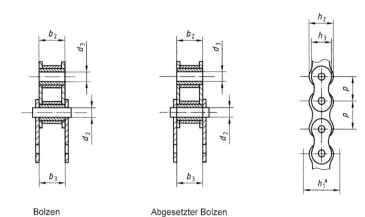

Bolzen   Abgesetzter Bolzen

ANMERKUNG   Zur Bezeichnung, siehe Tabelle 1.

a   Das Maß h_1 ist die minimale Höhe der Kettenführung.

b) Schnitt durch eine Kette

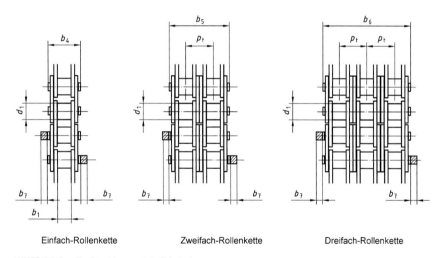

Einfach-Rollenkette   Zweifach-Rollenkette   Dreifach-Rollenkette

ANMERKUNG   Zur Bezeichnung, siehe Tabelle 1.

c) Bauarten von Ketten

Bild 3 — Ketten

12

Die Gesamtbreite der Verschlussglieder von Einfach-, Zweifach- oder Dreifach-Ketten beträgt

a) für Verbindungsglieder, bei denen die Verschlüsse nur einseitig sind:

$b_4 + b_7$ oder $b_5 + b_7$ oder $b_6 + b_7$;

b) für Verbindungsglieder, bei denen die Verschlüsse beidseitig sind:

$[b_4 + (2b_7)]$ oder $[b_5 + (2b_7)]$ oder $[b_6 + (2b_7)]$;

c) Für Verbindungsglieder mit Kopfbolzen und einseitigem Verschluss:

$[b_4 + (1{,}6\,b_7)]$ oder $[b_5 + (1{,}6\,b_7)]$ oder $[b_6 + (1{,}6\,b_7)]$;

d) Für Verbindungsglieder mit Kopfbolzen und beidseitigem Verschluss:

$[b_4 + (3{,}2\,b_7)]$ oder $[b_5 + (3{,}2\,b_7)]$ oder $[b_6 + (3{,}2\,b_7)]$;

Die Gesamtbreite von Ketten größer als Dreifach beträgt

$b_4 + [p_t \times$ (Anzahl der Stränge in der Kette $- 1)]$.

3.4 Leistungsanforderungen

3.4.1 Allgemein

ACHTUNG — Die Testanforderungen dürfen nicht als Betriebslasten angesetzt werden. Diese Belastungen können indirekt der ISO 10823 entnommen werden.

Die Testergebnisse sind ungültig, wenn die Kette vorher verwendet oder in irgendeiner Art belastet wurde (ausgenommen der Vorbelastung nach 3.4.3).

Um zu entscheiden ob die Kette die Minimalanforderungen aus Tabelle 1 und Tabelle 2 erfüllt, dürfen die Tests aus Abschnitt 3.4.2 bis 3.4.5 ausschließlich mit unbenutzten, unbeschädigten Ketten durchgeführt werden.

3.4.2 Bruchkraftprüfung

3.4.2.1 Die minimale Bruchkraft ist der Wert der überschritten wird, bevor die Kette bei einem Bruchkraftversuch nach 3.4.2.2. unter Belastung reißt.

ANMERKUNG Diese minimale Bruchkraft ist nicht die zulässige Betriebslast. Sie ist aber gedacht um Ketten verschiedener Bauarten miteinander zu vergleichen.

3.4.2.2 Die Zugbeanspruchung ist langsam auf eine Kette bestehend aus mindestens 5 freien Gliedern aufzubringen. Die Kette muss in beiden Einspannungen auf der Kettenmittellinie frei beweglich sein.

Der Ausfall der Kette wird durch den Punkt definiert, bei dem die Längenausdehnung nicht mehr mit der Zunahme der Kraft übereinstimmt, z. B. die Spitze im Last-Dehnungs-Diagramm. Die Kraft an diesem Punkt muss die minimale Bruchkraft aus Tabelle 1 und 2 überschreiten.

Versuche bei denen der Kettenbruch in der Probeaufnahme auftritt sind ungültig.

3.4.2.3 Der Zerreißversuch ist eine zerstörende Kettenprüfung. Auch wenn eine Kette bei der minimalen Bruchkraft keine optische Beschädigung erlitten hat, so kann sie trotzdem jenseits der Streckgrenze belastet worden sein und ist damit für den Einsatz ungeeignet.

3.4.2.4 Diese Bedingungen gelten nicht für gekröpfte Glieder, Verbindungsglieder oder Ketten mit Anbauteilen weil deren Bruchkraft reduziert sein kann.

3.4.3 Vorbelastung

Ketten, die nach diesem internationalen Standard hergestellt werden, müssen vor der Auslieferung mit mindestens 30 % der Bruchkraft nach Tabelle 1 und 2 vorbelastet werden.

13

3.4.4 Längenmessung

Längenmessungen der Ketten müssen nach der Vorbelastung, jedoch im ungeschmierten Zustand stattfinden.

Die Standardlängen für die Messung betragen mindestens

a) 610 mm ISO Kettennummern 04C bis 12B, inklusive. 081 bis 085, oder

b) 1 220 mm für ISO Kettennummern 16A bis 72B inklusive.

Bei der Längenmessung muss die gesamte Kettenlänge unterstützt sein und die Messkraft nach Tabelle 1 und 2 aufgebracht werden.

Die gemessene Länge muss innerhalb der Nominallänge mit einer Toleranz von $^{+0,15}_{0}$ % liegen. Für Ketten mit Anbauteilen muss die gemessene Länge innerhalb der Nominallänge mit einer Toleranz von $^{+0,30}_{0}$ % liegen.

Für den paarweisen Lauf von Ketten können engere Toleranzen festgelegt werden.

3.4.5 Dynamische Prüfung

Ketten gemäß diesem internationalen Standard müssen den Konformitätstest nach ISO 15654 unter Aufbringung der Belastungen aus Tabelle 1 oder Tabelle 2 bestehen. Diese Bedingung gilt nicht für gekröpfte Glieder, Verbindungsglieder oder Ketten mit Anbauteilen, da deren dynamische Festigkeit reduziert sein kann. Die Methoden zur Berechnung der minimalen dynamischen Festigkeit einer Kette sind in Anhang C dargestellt. Die Methode für die Festlegung der maximalen Prüfkraft ist in Anhang D dargestellt.

3.5 Kennzeichnung

Die Ketten müssen mit Hersteller- oder Markennamen sowie der Kettennummer nach Tabelle 1 oder Tabelle 2 gekennzeichnet sein.

3.6 Gekröpfte Glieder

Gekröpfte Glieder sollten nicht in Ketten der verstärkten Ausführung H oder in Ketten, die für hohe Belastungen vorgesehen sind, eingesetzt werden. Bei der Verwendung von gekröpften Gliedern ist mit einer Verringerung der Leistungsfähigkeit zu rechnen.

14

Tabelle 1 — Einfache Kettenmaße, Messkraft, Bruchkraft und dynamische Festigkeit (siehe Bild 1 und 3)

Kettennummer [a]	Teilung p	Max. Rollendurchm. d_1	Min. Breite zw. Innenlaschen b_1	Max. Bolzendurchm. d_2	Min. Buchsen-Innendurchm. d_3	Min. Kettenführungstiefe h_1	Max. Innenlaschenhöhe h_2	Max. Außen-/Zwischenlaschenhöhe h_3	l_1	l_2	c	Querteilung p_t	Max. Innengliedbreite b_2	Min. Breite zw. Außenlaschen b_3	b_4 Einfach	b_5 Zweifach	b_6 Dreifach	b_7	Messkraft Einfach (N)	Messkraft Zweifach (N)	Messkraft Dreifach (N)	F_u Einfach (kN)	F_u Zweifach (kN)	F_u Dreifach (kN)	F_d (N)
04C	6,35	3,30 [g]	3,10	2,31	2,34	6,27	6,02	5,21	2,65	3,08	0,10	6,40	4,80	4,85	9,1	15,5	21,8	2,5	50	100	150	3,5	7,0	10,5	630
06C	9,525	5,08 [g]	4,68	3,60	3,62	9,30	9,05	7,81	3,97	4,60	0,10	10,13	7,46	7,52	13,2	23,4	33,5	3,3	70	140	210	7,9	15,8	23,7	1 410
05B	8,00	5,00	3,00	2,31	2,36	7,37	7,11	7,11	3,71	3,71	0,08	5,64	4,77	4,90	8,6	14,3	19,9	3,1	50	100	150	4,4	7,8	11,1	820
06B	9,525	6,35	5,72	3,28	4,00	8,52	8,26	8,26	4,32	4,32	0,08	10,24	8,53	8,66	13,5	23,8	34,0	3,3	70	140	210	8,9	16,9	24,9	1 290
08A	12,70	7,92	7,85	3,98	4,00	12,33	12,07	12,07	5,29	6,10	0,08	14,38	11,17	11,23	17,8	32,3	46,7	3,9	120	250	370	13,9	27,8	41,7	2 480
08B	12,70	8,51	7,75	4,45	4,50	12,07	11,81	10,92	5,66	6,12	0,08	13,92	11,30	11,43	17,0	31,0	44,9	3,9	120	250	370	17,8	31,1	44,5	2 480
081	12,70	7,75	3,30	3,66	3,71	10,17	9,91	9,91	5,36	5,36	0,08	—	5,80	5,93	10,2	—	—	1,5	125	—	—	8,0	—	—	—
083	12,70	7,75	4,88	4,09	4,14	10,56	10,30	10,30	5,36	5,36	0,08	—	7,90	8,03	12,9	—	—	1,5	125	—	—	11,6	—	—	—
084	12,70	7,75	4,88	4,09	4,14	11,41	11,15	11,15	5,77	5,77	0,08	—	8,80	8,93	14,8	—	—	1,5	125	—	—	15,6	—	—	—
085	12,70	7,77	6,25	3,62	3,66	10,17	9,91	9,91	4,35	5,03	0,08	—	9,06	9,12	14,0	—	—	2,0	80	—	—	6,7	—	—	1 340
10A	15,875	10,16	9,40	5,09	5,12	15,35	15,09	13,02	6,61	7,62	0,10	18,11	13,84	13,89	21,8	39,9	57,9	4,1	200	390	590	21,8	43,6	65,4	3 850
10B	15,875	10,16	9,65	5,08	5,13	14,99	14,73	13,72	7,11	7,62	0,10	16,59	13,28	13,41	19,6	36,2	52,8	4,1	200	390	590	22,2	44,5	66,7	3 330
12A	19,05	11,91	12,57	5,96	5,98	18,34	18,10	15,62	7,90	9,15	0,10	22,78	17,75	17,81	26,9	49,8	72,6	4,6	280	560	840	31,3	62,6	93,9	5 490
12B	19,05	12,07	11,68	5,72	5,77	16,39	16,13	16,13	8,33	8,33	0,10	19,46	15,62	15,75	22,7	42,2	61,7	4,6	280	560	840	28,9	57,8	86,7	3 720
16A	25,40	15,88	15,75	7,94	7,96	24,39	24,13	20,83	10,55	12,20	0,13	29,29	22,60	22,66	33,5	62,7	91,9	5,4	500	1 000	1 490	55,6	111,2	166,8	9 550
16B	25,40	15,88	17,02	8,28	8,33	21,34	21,08	21,08	11,15	11,15	0,13	31,88	25,45	25,58	36,1	68,0	99,9	5,4	500	1 000	1 490	60,0	106,0	160,0	9 530
20A	31,75	19,05	18,90	9,54	9,56	30,48	30,17	26,04	13,16	15,24	0,15	35,76	27,45	27,51	41,1	77,0	113,0	6,1	780	1 560	2 340	87,0	174,0	261,0	14 600
20B	31,75	19,05	19,56	10,19	10,24	26,68	26,42	26,42	13,89	13,89	0,15	36,45	29,01	29,14	43,2	79,7	116,1	6,1	780	1 560	2 340	95,0	170,0	250,0	13 500
24A	38,10	22,23	25,22	11,11	11,14	36,55	36,2	31,24	15,80	18,27	0,18	45,44	35,45	35,51	50,8	96,3	141,7	6,6	1 110	2 220	3 340	125,0	250,0	375,0	20 500
24B	38,10	25,40	25,40	14,63	14,68	42,67	33,4	33,73	17,55	21,32	0,18	48,36	37,92	38,05	53,4	101,8	150,2	6,6	1 110	2 220	3 340	160,0	280,0	425,0	19 700
28A	44,45	25,40	25,22	12,71	12,74	42,67	42,23	36,45	18,42	21,32	0,20	48,87	37,18	37,24	54,9	103,6	152,4	7,4	1 510	3 020	4 540	170,0	340,0	510,0	27 300

Maximale Breite über Nietbolzen (b_4 Einfach, b_5 Zweifach, b_6 Dreifach); b_7 = Maximale zusätzliche Länge für Verschlussbolzen [c]; F_d = Minimale dyn. Festigkeit Einfach-Rollenkette [d, e, f]; Minimale Abmessungen der gekröpften Glieder [b] (l_1, l_2, c).

Tabelle 1 *(fortgesetzt)*

ISO Kettennummer [a]	Teilung p	Maximaler Rollendurchmesser d_1	Minimale Breite zwischen Innenlaschen b_1	Maximaler Bolzendurchmesser d_2	Minimaler Buchsen Innendurchmesser d_3	Minimale Kettenführungstiefe h_1	Maximale Innenlaschenhöhe h_2	Maximale Außen- oder Zwischenlaschenhöhe h_3	Minimale Abmessungen der gekröpften Glieder [b] l_1	l_2	c	Querteilung p_t	Maximale Innengliedbreite b_2	Minimale Breite zwischen Außenlaschen b_3	Maximale Breite über Nietbolzen — Einfach b_4	Kette Zweifach b_5	Dreifach b_6	Maximale zusätzliche Länge für Verschlussbolzen [c] b_7	Messkraft Einfach (N)	Messkraft Kette Zweifach (N)	Messkraft Dreifach (N)	Minimale Bruchkraft Einfach F_U (kN)	Kette Zweifach (kN)	Dreifach (kN)	Minimale dyn. Festigkeit Einfach-Rollenkette [d,e,f] F_d (N)
											mm												kN		N
28B	44,45	27,94	30,99	15,90	15,95	37,46	37,08	37,08	19,51	19,51	0,20	59,56	46,58	46,71	65,1	124,7	184,3	7,4	1 510	3 020	4 540	200,0	360,0	530,0	27 100
32A	50,80	28,58	31,55	14,29	14,31	48,74	48,26	41,68	21,04	24,33	0,20	58,55	45,21	45,26	65,5	124,2	182,9	7,9	2 000	4 000	6 010	223,0	446,0	669,0	34 800
32B	50,80	29,21	30,99	17,81	17,86	42,72	42,29	42,29	22,20	22,20	0,20	58,55	45,57	45,70	67,4	126,0	184,5	7,9	2 000	4 000	6 010	250,0	450,0	670,0	29 900
36A	57,15	35,71	35,48	17,46	17,49	54,86	54,30	46,86	23,65	27,36	0,20	65,84	50,85	50,90	73,9	140,0	206,0	9,1	2 670	5 340	8 010	281,0	562,0	843,0	44 500
40A	63,50	39,68	37,85	19,85	19,87	60,93	60,33	52,07	26,24	30,36	0,20	71,55	54,88	54,94	80,3	151,9	223,5	10,2	3 110	6 230	9 340	347,0	694,0	1 041,0	53 600
40B	63,50	39,37	38,10	22,89	22,94	53,49	52,96	52,96	27,76	27,76	0,20	72,29	55,75	55,88	82,6	154,9	227,2	10,2	3 110	6 230	9 340	355,0	630,0	950,0	41 800
48A	76,20	47,63	47,35	23,81	23,84	73,13	72,39	62,49	31,45	36,40	0,20	87,83	67,81	67,87	95,5	183,4	271,3	10,5	4 450	8 900	13 340	500,0	1 000,0	1 500,0	73 100
48B	76,20	48,26	45,72	29,24	29,29	64,52	63,88	63,88	33,45	33,45	0,20	91,21	70,56	70,69	99,1	190,4	281,6	10,5	4 450	8 900	13 340	560,0	1 000,0	1 500,0	63 600
56B	88,90	53,98	53,34	34,32	34,37	78,64	77,85	77,85	40,61	40,61	0,20	106,60	81,33	81,46	114,6	221,2	327,8	11,7	6 090	12 190	20 000	850,0	1 600,0	2 240,0	88 900
64B	101,60	63,50	60,96	39,45	39,45	91,08	90,17	90,17	47,07	47,07	0,20	119,89	92,15	92,28	130,9	250,8	370,7	13,0	7 960	15 920	27 000	1 120,0	2 000,0	3 000,0	106 900
72B	114,30	72,39	68,58	44,48	44,53	104,67	103,63	103,63	53,37	53,37	0,20	136,27	103,81	103,94	147,4	283,7	420,0	14,3	10 100	20 190	33 500	1 400,0	2 500,0	3 750,0	132 700

[a] Für Details von Ketten der verstärkten Ausführung H, siehe Tabelle 2.

[b] Gekröpfte Glieder sind für den Einsatz in hochbeanspruchten Anwendungen nicht empfohlen.

[c] Die tatsächlichen Abmessungen hängen von der Art des Verschlusses ab, sie dürfen die gegebenen Abmessungen jedoch nicht überschreiten. Details erhält der Kunde beim Hersteller.

[d] Diese dynamischen Festigkeiten gelten nicht für gekröpfte Glieder, Verbindungsglieder oder Ketten mit Anbauteilen.

[e] Dynamische Festigkeitswerte für Zweifach- und Dreifach-Ketten können nicht proportional anhand der Werte der Einfach-Kette hochgerechnet werden.

[f] Dynamische Festigkeitswerte basieren auf Testergebnissen von je 5 freien Gliedern, außer für Ketten der Typen 36A, 40A, 40B, 48A, 48B, 56B, 64B und 72B welche auf einer Testspezifikation von 3 freien Gliedern basieren. Siehe Anhang C für die Berechnungsmethode.

[g] Buchsendurchmesser.

Tabelle 2 — Einfache Kettenmaße, Messkraft, Bruchkraft und dynamische Festigkeit der verstärkten Ausführung H (siehe Bild 1 und 3)

ISO Kettennummer [a]	Teilung	Maximaler Rollendurchmesser	Minimale Breite zwischen Innenlaschen	Maximaler Bolzendurchmesser	Minimaler Buchsendurchmesser	Minimale Kettenführungslücke	Maximale Innenlaschenhöhe	Maximale Außen- oder Zwischenlaschenhöhe	Minimale Abmessungen der gekröpften Glieder [b]			Querteilung	Maximale Innengliedbreite	Minimale Breite zwischen Außenlaschen	Maximale Breite über Nietbolzen			Maximale zusätzliche Länge für Verschlussbolzen [c]	Messkraft Kette (N)			Minimale Bruchkraft Kette F_u (kN)			Minimale dyn. Festigkeit Einfach-Rollenketten d, e, f
	p	d_1	b_1	d_2	d_3	h_1	h_2	h_3	l_1	l_2	c	p_t	b_2	b_3	Einfach b_4	Zweifach b_5	Dreifach b_6	b_7	Einfach	Zweifach	Dreifach	Einfach	Zweifach	Dreifach	F_d
									mm																N
60H	19,05	11,91	12,57	5,96	5,98	18,34	18,10	15,62	7,90	9,15	0,10	26,11	19,43	19,48	30,2	56,3	82,4	4,6	280	560	840	31,3	62,6	93,9	6 330
80H	25,40	15,88	15,75	7,94	7,96	24,39	24,13	20,83	10,55	12,20	0,13	32,59	24,28	24,33	37,4	70,0	102,6	5,4	500	1 000	1 490	55,6	112,2	166,8	10 700
100H	31,75	19,05	18,90	9,54	9,56	30,48	30,17	26,04	13,16	15,24	0,15	39,09	29,10	29,16	44,5	83,6	122,7	6,1	780	1 560	2 340	87,0	174,0	261,0	16 000
120H	38,10	22,23	25,22	11,11	11,14	36,55	36,2	31,24	15,80	18,27	0,18	48,87	37,18	37,24	55,0	103,9	152,8	6,6	1 110	2 220	3 340	125,0	250,0	375,0	22 200
140H	44,45	25,40	25,22	12,71	12,74	42,67	42,23	36,45	18,42	21,32	0,20	52,20	38,86	38,91	59,0	111,2	163,4	7,4	1 510	3 020	4 540	170,0	340,0	510,0	29 200
160H	50,80	28,58	31,55	14,29	14,31	48,74	48,26	41,66	21,04	24,33	0,20	61,90	46,88	46,94	69,4	131,3	193,2	7,9	2 000	4 000	6 010	223,0	446,0	669,0	36 900
180H	57,15	35,71	35,48	17,46	17,49	54,86	54,30	46,86	23,65	27,36	0,20	69,16	52,50	52,55	77,3	146,5	215,7	9,1	2 670	5 340	8 010	281,0	562,0	843,0	46 900
200H	63,50	39,68	37,85	19,85	19,87	60,93	60,33	52,07	26,24	30,36	0,20	78,31	58,29	58,34	87,1	165,4	243,7	10,2	3 110	6 230	9 340	347,0	694,0	1 041,0	58 700
240H	76,20	47,63	47,35	23,81	23,84	73,13	72,39	62,49	31,45	36,40	0,20	101,22	74,54	74,60	111,4	212,6	313,8	10,5	4 450	8 900	13 340	500,0	1 000,0	1 500,0	84 400

a   Für Details der Standardketten, siehe Tabelle 1.

b   Gekröpfte Glieder sind für den Einsatz in hochbeanspruchten Anwendungen nicht empfohlen.

c   Die tatsächlichen Abmessungen hängen von der Art des Verschlusses ab, sie dürfen die gegebenen Abmessungen jedoch nicht überschreiten. Details erhält der Kunde beim Hersteller.

d   Diese dynamischen Festigkeiten gelten nicht für gekröpfte Glieder, Verbindungsglieder oder Ketten mit Anbauteilen.

e   Dynamische Festigkeitswerte für Zweifach- und Dreifach-Ketten können nicht proportional anhand der Werte der Einfachkette hochgerechnet werden.

f   Dynamische Festigkeitswerte basieren auf Testergebnissen von je 3 freien Gliedern, außer für Ketten der Typen 180H, 200H und 240H, welche basieren auf einer Testspezifikation von 3 freien Gliedern. Siehe Anhang C für die Berechnungsmethode.

4 Anbauteile

4.1 Begriffe, Definitionen

Die Definitionen für Ketten-Anbauteile werden in den Bildern 4, 5, 6, 7, und in den Tabellen 1, 3, 4 und 5 abgebildet.

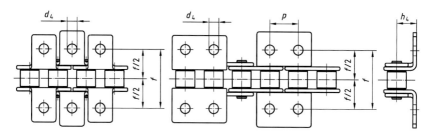

ANMERKUNG 1   Für d_4, h_4 und f, siehe Tabelle 3; für p, siehe Tabelle 1.

ANMERKUNG 2   K Befestigungslaschen können entweder an den Außen- oder Innengliedern positioniert werden.

ANMERKUNG 3   K1 Laschen können mit den K2 Laschen identisch sein, allerdings mit der Ausnahme, dass sie eine mittig platzierte Bohrung besitzen.

ANMERKUNG 4   Der Anbau von K2 Laschen an angrenzende Verbindungsglieder ist nicht möglich.

Bild 4 — K Befestigungslaschen

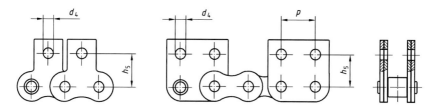

ANMERKUNG 1   Für d_4 und h_5, siehe Tabelle 4; für p, siehe Tabelle 1.

ANMERKUNG 2   M Befestigungslaschen können entweder an den Außen- oder Innengliedern positioniert werden.

ANMERKUNG 3   M1 Laschen können mit den M2 Laschen identisch sein allerdings mit der Ausnahme, dass sie eine mittig platzierte Bohrung besitzen.

ANMERKUNG 4   Der Anbau von M2 Laschen an angrenzende Verbindungsglieder wird nicht empfohlen.

Bild 5 — M Befestigungslaschen

18

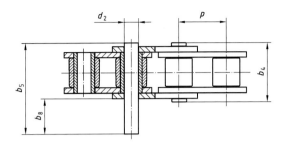

ANMERKUNG   Für b_4 und p, siehe Tabelle 1; für b_5, b_8 und d_2, siehe Tabelle 5.

Bild 6 — Verlängerter Bolzen (basierend auf zweifach Bolzen) — Typ X

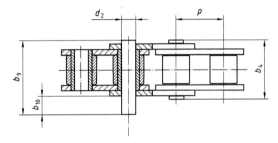

ANMERKUNG   Für b_4 und p, siehe Tabelle 1; für b_9, b_{10} und d_2, siehe Tabelle 5.

Bild 7 — Verlängerter Bolzen (allgemein verwendet in der „A" Serie) — Typ Y

4.2 Allgemeines

Die Eigenschaften, Abmessungen und Prüfungen für Ketten mit Anbauteilen entsprechen den Angaben in Abschnitt 3, außer es werden anderweitige Angaben gemacht.

4.3 Bezeichnung der Anbauteile

Es werden drei Typen von Anbauteilen mit allgemeinen grundlegenden Abmessungen, wie in den Tabellen 3, 4 und 5 festgelegt. Ihre Bestimmungen und unterschiedlichen Funktionen sind nachfolgend angegeben.

a)   K Befestigungslaschen, wie in Bild 4 aufgeführt:

   K1, mit einer mittig platzierten Befestigungsbohrung auf jeder Fläche;

   K2, mit zwei Befestigungsbohrungen der Länge nach platziert.

b)   M Befestigungslaschen, wie in Bild 5 aufgeführt:

   M1, mit einer mittig platzierten Befestigungsbohrung in der Lasche;

   M2, mit zwei Befestigungsbohrungen der Länge nach platziert.

19

c) Verlängerter Bolzen: mit dem verlängerten Bolzen auf einer Seite der Kette, wie in Bild 6 und 7 angegeben. Alternative Bolzenverlängerungen werden, einerseits basierend auf dem Gebrauch von Bolzen der Zweifach-Rollenketten (siehe Bild 6) and andererseits basierend auf den üblicherweise in der „A" Serie benutzten verlängerten Bolzen (siehe Bild 7), angezeigt.

4.4 Abmessungen

Anbauteile sollen den in den Tabellen 3, 4 und 5 angegebenen Maßen entsprechen.

4.5 Herstellung

Die tatsächliche Gestaltung von Befestigungslaschen liegt im Ermessen des Herstellers. K Befestigungslaschen werden normalerweise aus M Befestigungslaschen gebogen.

Die Länge der Befestigungslaschen liegt ebenfalls im Ermessen des Herstellers. Sie sollte jedoch im Falle von Typ K2 den zwei der Länge nach angeordneten Anbaubohrungen hinreichend angepasst werden und den Betrieb der benachbarten Glieder nicht behindern. Für die Typen K1 und K2 könnte eine gemeinsame Länge eingeführt werden.

4.6 Kennzeichnung

Die Kennzeichnung von K und M Befestigungslaschen ist keine Pflicht.

Die Kennzeichnung von Ketten mit verlängerten Bolzen sollte die gleiche Kennzeichnung besitzen wie sie bei einer Kette ohne Anbauteile verwendet werden würde (siehe 3.5).

Tabelle 3 — Befestigungslasche K – Anschlussmaße (siehe Bild 4)

ISO Ketten-Nr.	Höhe der Fläche h_4 mm	minimaler Bohrungsdurchmesser d_4 mm	Lochmittenabstand f mm
06C	6,4	2,6	19
08A	7,9	3,3	25,4
08B	8,9	4,3	25,4
10A	10,3	5,1	31,8
10B	10,3	5,3	31,8
12A	11,9	5,1	38,1
12B	13,5	6,4	38,1
16A	15,9	6,6	50,8
16B	15,9	6,4	50,8
20A	19,8	8,2	63,5
20B	19,8	8,4	63,5
24A	23	9,8	76,2
24B	26,7	10,5	76,2
28A	28,6	11,4	88,9
28B	28,6	13,1	88,9
32A	31,8	13,1	101,6
32B	31,8	13,1	101,6
40A	42,9	16,3	127

20

Tabelle 4 — Befestigungslasche M - Anschlussmaße (siehe Bild 5)

ISO Ketten-Nr.	Höhe von der Kettenmittellinie h_5 mm	minimaler Bohrungsdurchmesser d_4 mm
06C	9,5	2,6
08A	12,7	3,3
08B	13	4,3
10A	15,9	5,1
10B	16,5	5,3
12A	18,3	5,1
12B	21	6,4
16A	24,6	6,6
16B	23	6,4
20A	31,8	8,2
20B	30,5	8,4
24A	36,5	9,8
24B	36	10,5
28A	44,4	11,4
32A	50,8	13,1
40A	63,5	16,3

Tabelle 5 — Anschlussmaße von verlängerten Bolzen (siehe Bild 6 und 7)

Maße in Millimeter

ISO Ketten-Nr.	Verlängerter Bolzen Typ „X" b_8 max.	b_5 max.	Verlängerter Bolzen [a] Typ „Y" b_{10} max.	b_9 max.	Bolzendurchmesser Typ „X" und „Y" d_2 max.
05B	7,1	14,3	—	—	2,31
06C	12,3	23,4	10,2	21,9	3,6
06B	12,2	23,8	—	—	3,28
08A	16,5	32,3	10,2	26,3	3,98
08B	15,5	31	—	—	4,45
10A	20,6	39,9	12,7	32,6	5,09
10B	18,5	36,2	—	—	5,08
12A	25,7	49,8	15,2	40	5,96
12B	21,5	42,2	—	—	5,72
16A	32,2	62,7	20,3	51,7	7,94
16B	34,5	68	—	—	8,28
20A	39,1	77	25,4	63,8	9,54
20B	39,4	79,7	—	—	10,19
24A	48,9	96,3	30,5	78,6	11,11
24B	51,4	101,8	—	—	14,63
28A	—	—	35,6	87,5	12,71
32A	—	—	40,6	102,6	14,29

[a] Die verlängerten Bolzen von Typ „Y" werden als Alternative angegeben, da sie bei Ketten der „A" Reihe benutzt werden.

21

5 Verzahnung der Kettenräder

5.1 Allgemeines

Dieser Abschnitt definiert die Verzahnung von Kettenrädern zugehörig zu Rollen- und Buchsenketten nach Absatz 3 und spezifiziert die allgemeinen Grundlagen für einen korrekten Zahneingriff sowie eine korrekte Funktion und Kraftübertragung unter normalen Betriebesbedingungen.

5.2 Begriffe, Definitionen

Die Definitionen für Verzahnungen von Kettenrädern werden in den Bildern 8, 9 und 10 festgelegt.

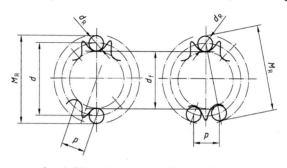

Gerade Zähnezahl   Ungerade Zähnezahl

Legende

p Zahnlückenabstand, ist gleich der Kettenteilung

d_R Durchmesser des Prüfstiftes

d Teilkreisdurchmesser

d_f Fußkreisdurchmesser

M_R Prüfmaß für Fußkreisdurchmesser

ANMERKUNG   Die Bezeichnungen gelten für Rollenketten und Buchsenketten.

Bild 8 — Abmessungen des Fußkreisdurchmessers

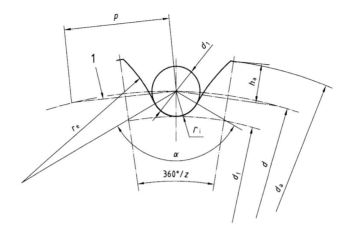

Legende

1 Teilungspolygon

p Zahnlückenabstand, ist gleich der Kettenteilung

d Teilkreisdurchmesser

d_1 Rollendurchmesser

r_i Rollenbettradius

α Rollenbettwinkel

r_e Zahnflankenradius

h_a Zahnkopfhöhe

d_a Kopfkreisdurchmesser

d_f Fußkreisdurchmesser

z Zähnezahl

Bild 9 — Zahnlückenprofil

23

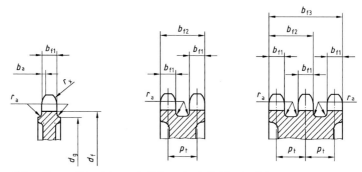

Für einen Zahnradkranz mit der Achsenschnittebene durch die Mitte der Zahnlücke.

Legende

b_a	Abfasung der Zahnbreite	d_g	Durchmesser der Freidrehung unter dem Fußkreis
b_{f1}	Zahnbreite	p_t	Querteilung
b_{f2}, b_{f3}	Breite über 2 bzw. 3 Kettenzähne	r_a	Radfasenradius
d_f	Fußkreisdurchmesser	r_x	Zahnfasenradius

Bild 10 — Zahnbreitenprofil

5.3 Durchmessermaße eines Kettenrades

5.3.1 Bezeichnungen

Siehe Bild 8.

5.3.2 Abmessungen

5.3.2.1 Teilkreisdurchmesser, d

Der Teilkreisdurchmesser des Kettenrades d ergibt sich durch

$$d = \frac{p}{\sin\dfrac{180°}{z}}$$

Anhang A gibt die Teilkreisdurchmesser für eine Einheitsteilung in Abhängigkeit von der Zähnezahl des Kettenrades an.

5.3.2.2 Prüfstiftdurchmesser, d_R

Der Durchmesser des Prüfstiftes d_R ergibt sich durch

$$d_R = d_1$$

(siehe Bild 9)

mit Grenzabmaßen von $^{+0,01}_{0}$ mm.

24

5.3.2.3 Fußkreisdurchmesser, d_f

Der Fußkreisdurchmesser des Kettenzahnrades d_f ergibt sich durch

$$d_f = d - d_1$$

mit Grenzabmaßen wie in Tabelle 6 angegeben.

Tabelle 6 — Toleranzen der Fußkreisdurchmesser

Maße in Millimeter

Fußkreisdurchmesser d_f	Grenzabmaße
$d_f \leq 127$	$\begin{matrix} 0 \\ -0,25 \end{matrix}$
$127 < d_f \leq 250$	$\begin{matrix} 0 \\ -0,3 \end{matrix}$
$d_f > 250$	h11 [a]
[a] Siehe ISO 286-2.	

5.3.2.4 Prüfmaß für Fußkreisdurchmesser

Für eine gerade Anzahl von Kettenradzähnen ergibt sich das Prüfmaß für den Fußkreisdurchmesser durch

$$M_R = d + d_{R,min}$$

Für eine ungerade Anzahl von Kettenradzähnen ergibt sich das Prüfmaß für den Fußkreisdurchmesser durch

$$M_R = d \cos\frac{90°}{z} + d_{R,min}$$

Die Prüfung des Fußkreisdurchmessers bei Kettenrädern mit einer geraden Anzahl von Zähnen sollte über Prüfstifte, welche in den gegenüberliegenden Zahnlücken eingelassen sind, durchgeführt werden.

Die Prüfung des Fußkreisdurchmessers bei Kettenrädern mit einer ungeraden Anzahl von Zähnen sollte über Prüfstifte durchgeführt werden, welche in den am ehesten gegenüberliegenden Zahnlücken eingelassen sind.

Die Toleranzgrenzen für die Messungen über die Prüfstifte sind mit den korrespondierenden Toleranzgrenzen des Fußkreisdurchmessers identisch.

5.4 Zahnlückenprofil

5.4.1 Begriffe, Definitionen

Siehe Bild 9.

5.4.2 Abmessungen

5.4.2.1 Allgemeines

Die Grenzen des Zahnlückenprofils werden durch die minimalen und maximalen Formen der Zahnlücken bestimmt. Die tatsächliche Form der Zahnlücke, die bei der Herstellung entsteht, sollte Zahnflanken haben, welche zwischen den minimalen und maximalen Radiusangaben liegen und reibungslos mit der Auflagenfläche der Laufrollen, welche den zugehörigen Winkeln entgegengesetzt sind, harmonisieren.

25

5.4.2.2 Minimale Zahnlückenform[N1)]

Die entsprechenden Werte für r_e, r_i und α ergeben sich durch

$$r_{e,max} = 0{,}12\,d_1\big(z + 2\big)$$

$$r_{i,min} = 0{,}505\,d_1$$

$$\alpha_{max} = 140° - \frac{90°}{z}$$

5.4.2.3 Maximale Zahnlückenform[N1)]

Die entsprechenden Werte für r_e, r_i und α ergeben sich durch

$$r_{e,min} = 0{,}008\,d_1\big(z^2 + 180\big)$$

$$r_{i,max} = 0{,}505\,d_1 + 0{,}069\,\sqrt[3]{d_1}$$

$$\alpha_{min} = 120° - \frac{90°}{z}$$

5.5 Zahnhöhen und Kopfkreisdurchmesser

5.5.1 Bezeichnungen

Siehe Bild 9.

5.5.2 Abmessungen

Die maximalen und minimalen Werte des Kopfkreisdurchmessers d_a ergeben sich durch

$$d_{a,max} = d + 1{,}25\,p - d_1$$

$$d_{a,min} = d + p\left(1 - \frac{1{,}6}{z}\right) - d_1$$

ANMERKUNG 1 $d_{a,min}$ und $d_{a,max}$ können beliebig auf beide (maximale und minimale) Zahnlückenformen angewendet werden, in Abhängigkeit von den Begrenzungen, welche durch den maximalen Durchmesser des Fräswerkzeuges bestimmt werden.

Um die Konstruktion einer Zahnlücke in einem vergrößerten Maßstab zu ermöglichen, kann die Zahnhöhe über dem Teilungspolygon mit der folgenden Formel errechnet werden:

$$h_{a,max} = 0{,}625\,p - 0{,}5\,d_1 + \frac{0{,}8\,p}{z}$$

$$h_{a,min} = 0{,}5\,\big(p - d_1\big)$$

ANMERKUNG 2 $h_{a,max}$ bezieht sich auf $d_{a,max}$ und $h_{a,min}$ bezieht sich auf $d_{a,min}$.

N1) Nationale Fußnote: In den Abschnitten 5.4.2.2 und 5.4.2.3 sind die Indizes bei r_e vertauscht. Im nationalen Anhang NB sind die korrekten Gleichungen mit den richtigen Indizes aufgenommen worden.

26

5.6 Zahnbreitenprofil

5.6.1 Bezeichnungen

Siehe Bild 10.

5.6.2 Abmessungen

5.6.2.1 Zahnbreite

Die Abmessungen der Zahnbreite werden wie folgt angegeben.

a) Für $p \leq 12{,}7$ mm:

— $b_{f1} = 0{,}93\,b_1 \div h14$ [2])   für einfache Kettenzahnräder;

— $b_{f1} = 0{,}91\,b_1 \div h14$ für Zweifach- und Dreifach-Kettenräder;

— $b_{f1} = 0{,}88\,b_1 \div h14$ für Vierfach-Kettenräder und darüber.

b) Für $p > 12{,}7$ mm:

— $b_{f1} = 0{,}95\,b_1 \div h14$ für einfache Kettenräder;

— $b_{f1} = 0{,}93\,b_1 \div h14$ für Zweifach- und Dreifach-Kettenräder.

Die in a) angegebenen Formeln für Vierfach-Kettenräder und darüber sollten mit Einverständnis zwischen Anwender und Hersteller angewendet werden.

5.6.2.2 Weitere Abmessungen

Für alle Ketten: b_{f2} und b_{f3} = (Anzahl von Strängen −1) $\times p_t + b_{f1}$ (Toleranz h14 [3]) an b_{f1})

Für alle Ketten: $r_{x,nom} = p$

Für Kettennummern 081, 083, 084 und 085: $b_{a,nom} = 0{,}06\,p$

Für alle anderen Ketten: $b_{a,nom} = 0{,}13\,p$

Für Kettennummern 04C und 06C: $d_g = p\cot\dfrac{180°}{z} - 1{,}05\,h_2 - 1{,}00 - 2_{r_a}$

Für alle anderen Ketten: $d_g = p\cot\dfrac{180°}{z} - 1{,}04\,h_2 - (0{,}76\ \text{mm})$

5.7 Rundlaufabweichung

Die Rundlaufabweichung zwischen Kettenradbohrung und Fußkreisdurchmesser darf den größeren der beiden folgenden Werte nicht überschreiten:

$(0{,}000\,8\ d_f + 0{,}08)$ mm, oder $0{,}15$ mm,

und darf höchstens $0{,}76$ mm betragen.

---

2) Siehe ISO 286-2.
3) Siehe ISO 286-2.

27

5.8 Planlaufabweichung (Axialschlag)

Die Planlaufabweichung, gemessen zwischen Kettenradbohrung und Zahnkranzstirnfläche, darf den folgenden Messwert nicht überschreiten:

$(0,000\ 9\ d_f + 0,08)$ mm

und darf höchstens 1,14 mm betragen.

Bei durch Schweißen hergestellten Kettenrädern ist ein Wert von 0,25 mm erlaubt, falls die oben angegebene Formel kleinere Werte ergibt.

5.9 Teilungsgenauigkeit der Kettenradverzahnung

Die Teilungsgenauigkeit der Kettenradverzahnung ist wichtig. Deshalb sollten die Ketten-Hersteller bezüglich der Details konsultiert werden.

5.10 Zähnezahl

Diese internationale Norm findet Anwendung bei einer Anzahl von 9 bis einschließlich 150 Zähnen.

Die bevorzugten Zähnezahlen sind 17, 19, 21, 23, 25, 38, 57, 76, 95 und 114.

5.11 Kettenradbohrung

Wenn nichts Anderes zwischen Hersteller und Käufer vereinbart wurde, sollte die Kettenradbohrung die Toleranz H8[3] haben.

5.12 Kennzeichnung

Kettenräder sind wie folgt zu kennzeichnen:

a)   Hersteller- oder Markenname;

b)   Zähnezahl;

c)   Bezeichnung der Kette (ISO Ketten-Nummern und/oder die entsprechenden Hersteller-Nummern).

---

3) Siehe ISO 286-2.

28

Anhang A
(normativ)

Teilkreisdurchmesser

Tabelle A.1 enthält die korrekten Teilkreisdurchmesser für Kettenräder mit Einheitsteilung in Abhängigkeit von der Zähnezahl. Die Teilkreisdurchmesser der Kettenräder für andere Kettenteilungen sind direkt proportional mit der Einheitsteilung.

Tabelle A.1 — Teilkreisdurchmesser

Zähnezahl z	Teilkreisdurchmesser d, für Einheitsteilung [a] mm	Zähnezahl z	Teilkreisdurchmesser, d, für Einheitsteilung [a] mm	Zähnezahl z	Teilkreisdurchmesser d, für Einheitsteilung [a] mm
9	2,923 8	32	10,202 3	55	17,516 6
10	3,236 1	33	10,520 1	56	17,834 7
11	3,549 4	34	10,838 0	57	18,152 9
12	3,863 7	35	11,155 8	58	18,471 0
13	4,178 6	36	11,473 7	59	18,789 2
14	4,494 0	37	11,791 6	60	19,107 3
15	4,809 7	38	12,109 6	61	19,425 5
16	5,125 8	39	12,427 5	62	19,743 7
17	5,442 2	40	12,745 5	63	20,061 9
18	5,758 8	41	13,063 5	64	20,380 0
19	6,075 5	42	13,381 5	65	20,698 2
20	6,392 5	43	13,699 5	66	21,016 4
21	6,709 5	44	14,017 6	67	21,334 6
22	7,026 6	45	14,335 6	68	21,652 8
23	7,343 9	46	14,653 7	69	21,971 0
24	7,661 3	47	14,971 7	70	22,289 2
25	7,978 7	48	15,289 8	71	22,607 4
26	8,296 2	49	15,607 9	72	22,925 6
27	8,613 8	50	15,926 0	73	23,243 8
28	8,931 4	51	16,244 1	74	23,562 0
29	9,249 1	52	16,562 2	75	23,880 2
30	9,566 8	53	16,880 3	76	24,198 5
31	9,884 5	54	17,198 4	77	24,516 7

29

Tabelle A.1 (fortgesetzt)

Zähnezahl z	Teilkreisdurchmesser d, für Einheitsteilung [a] mm	Zähnezahl z	Teilkreisdurchmesser d, für Einheitsteilung [a] mm	Zähnezahl z	Teilkreisdurchmesser d, für Einheitsteilung [a] mm
78	24,334 9	105	33,427 5	132	42,020 9
79	25,153 1	106	33,745 8	133	42,339 1
80	25,471 3	107	34,064 0	134	42,657 4
81	25,789 6	108	34,382 3	135	42,975 7
82	26,107 8	109	34,700 6	136	43,294 0
83	26,426 0	110	35,018 8	137	43,612 3
84	26,744 3	111	35,337 1	138	43,930 6
85	27,062 5	112	35,655 4	139	44,248 8
86	27,380 7	113	35,973 7	140	44,567 1
87	27,699 0	114	36,291 9	141	44,885 4
88	28,017 2	115	36,610 2	142	45,203 7
89	28,335 5	116	36,928 5	143	45,522 0
90	28,653 7	117	37,246 7	144	45,840 3
91	28,971 9	118	37,565 0	145	46,158 5
92	29,290 2	119	37,883 3	146	46,476 8
93	29,608 4	120	38,201 6	147	46,795 1
94	29,926 7	121	38,519 8	148	47,113 4
95	30,244 9	122	38,838 1	149	47,431 7
96	30,563 2	123	39,156 4	150	47,750 0
97	30,881 5	124	39,474 6	—	—
98	31,199 7	125	39,792 9	—	—
99	31,518 0	126	40,111 2	—	—
100	31,836 2	127	40,429 5	—	—
101	32,154 5	128	40,474 8	—	—
102	32,472 7	129	41,066 0	—	—
103	32,791 0	130	41,384 3	—	—
104	33,109 3	131	41,702 6	—	—

[a] Dies wird manchmal auch bezeichnet als „Zähnezahlfaktor".

Anhang B
(informativ)

Äquivalente Kettenbezeichnungen

Siehe Tabelle B.1.

Tabelle B.1 — Äquivalente Kettenbezeichnungen

Kettenteilung mm	ISO Kettennummer	ANSI Kettennummer
6,35	04C	25
9,525	06C	35
12,7	08A	40
12,7	085	41
15,875	10A	50
19,05	12A	60
25,4	16A	80
31,75	20A	100
38,1	24A	120
44,45	28A	140
50,8	32A	160
57,15	36A	180
63,5	40A	200
76,2	48A	240

31

Anhang C
(informativ)

Methode zur Berechnung der minimalen dynamischen Festigkeit

C.1 „A" Kettenserie

Nur für 085 Ketten: $F_d = K_s \times A_i \times p^{(-0,0008 p)}$.

Für alle anderen Ketten: $F_d = K_s \times 0,118 \times p^{(2-0,0008 p)}$;

Dabei ist

F_d die minimale dynamische Festigkeit bei 3×10^6 Lastspielen in Newton (N),

A_i 12,01 mm² nur für 085 Ketten;

K_s

  — 115 N/mm² nur für 085 Ketten,

  — 134 N/mm² für Ketten bis einschließlich 32A,

  — 139 N/mm² für Ketten größer als einschließlich 36A[4];

p die Kettenteilung, in Millimeter (mm).

C.2 „A" Kettenserie, verstärkte Ausführung H

$$F_d = K_s \times 0,118 \times p^{(2-0,0008 p)} \times \left(\frac{b_{i\,heavy}}{b_{i\,standard}} \right)^{0,5}$$

Dabei ist

b_i die geschätzte Dicke der Innenlaschen ergibt sich durch

$\dfrac{(b_2 - b_1)}{2,11}$ mm;

b_2 die Innengliedbreite, in Millimeter (mm);

b_1 die lichte Weite, in Millimeter (mm);

---

4)   Die Konstante K_s wird von 134 N/mm² auf 139 N/mm² erhöht, um die Reduktion der Probestücklängen von 5 freien Teilungen auf 3 freie Teilungen bei der Durchführung der dynamischen Prüfung zu ermöglichen.

32

K_s

— 134 N/mm² bis einschl. 160H,

— 139 N/mm² für Ketten größer einschl. 180H[5];

p die Kettenteilung in Millimeter (mm).

C.3 „B" Kettenserie

$$F_d = K_s \times A_i \times p^{(-0,0009\,p)}$$

Dabei ist

A_i die Schnittfläche der Innenlaschen ergibt sich durch

$$2b_i \times (0,99\,h_2 - d_b)\,\text{mm}^2$$

b_i die geschätzte Dicke der Innenlaschen ergibt sich durch

$$\frac{(b_2 - b_1)}{2,11}\,\text{mm}$$

d_b der geschätzte Buchsendurchmesser ergibt sich durch

$$d_2 \times \left(\frac{d_1}{d_2}\right)^{0,475}\,\text{mm}$$

b_2 die maximale Innengliedbreite in Millimeter (mm);

b_1 die minimale lichte Weite in Millimeter (mm);

d_2 den maximalen Bolzendurchmesser in Millimeter (mm);

d_1 den maximalen Rollendurchmesser in Millimeter (mm),

h_2 die maximale Höhe der Innenlaschen in Millimeter (mm);

K_s

— 134 N/mm² für Ketten bis einschl. 32B;

— 139 N/mm² für Ketten größer einschl. 40B[5];

p die Kettenteilung in Millimeter (mm);

---

5) Die Konstante K_s wird von 134 N/mm² auf 139 N/mm² erhöht, um die Reduktion der Probestücklängen von 5 freien Teilungen auf 3 freie Teilungen bei der Durchführung der dynamischen Prüfung zu ermöglichen.

33

Anhang D
(informativ)

Methode zur Bestimmung der maximalen Prüfkraft F_{max}, mit der ein Test zur Messung der dynamischen Festigkeit durchgeführt werden kann

D.1 Allgemeines

Die maximale Prüfkraft F_{max} ergibt sich durch

$$F_{max} = \frac{F_d F_u + [F_{min}(F_u - F_d)]}{F_u}$$

Dabei ist

F_{max} die maximale Prüfkraft in Newton (N);

F_d die minimale dynamische Festigkeit, wie in Tabelle 1 oder 2 angegeben in Newton (N);

F_u die minimale Bruchkraft, wie in Tabelle 1 oder 2 angegeben in Newton (N);

F_{min} die minimale Prüfkraft in Newton (N);

D.2 Beispiel für 16B Kette

Wenn der Kettenhersteller eine minimale Prüfkraft (F_{min}) von 2 700 N gewählt hat (d. h. 4,5 % von der minimalen Bruchkraft, entsprechend Tabelle 1), dann wird die maximale Prüfkraft F_{max} folgendermaßen bestimmt:

$$F_{max} = \frac{F_d F_u + [F_{min}(F_u - F_d)]}{F_u}$$

Und von Tabelle 1

F_d = 9 530 N,

F_u = 60 000 N, und

F_{min} = 2 700 N,

dann

$$F_{max} = \frac{(9\,530 \times 60\,000) + [2\,700 \times (60\,000 - 9\,530)]}{60\,000} = 11\,800\ N.$$

34

Literaturhinweise

[1]   ISO 9633:2001, *Cycle chains — Characteristics and test methods*

[2]   ISO 10190:1992, *Motor cycle chains — Characteristics and test methods*

[3]   ISO 10823:1996, *Guidance on the selection of roller chain drives*

[4]   ISO 13203:2005, *Chains, sprockets and accessories — List of equivalent terms*

DIN ISO 3601-1	**DIN**

ICS 23.100.60

Ersatz für
DIN 3771-1:1984-12 und
DIN 3771-2:1984-12

Fluidtechnik –
O-Ringe –
Teil 1: Innendurchmesser, Schnurstärken, Toleranzen und Bezeichnung (ISO 3601-1:2008 + Cor. 1:2009 + Cor. 2:2009)

Fluid power systems –
O-rings –
Part 1: Inside diameters, cross-sections, tolerances and designation codes
(ISO 3601-1:2008 + Cor. 1:2009 + Cor. 2:2009)

Transmissions hydrauliques et pneumatiques –
Joints toriques –
Partie 1: Diamètres intérieurs, sections, tolérances et codes d'identification dimensionelle
(ISO 3601-1:2008 + Cor. 1:2009 + Cor. 2:2009)

Gesamtumfang 40 Seiten

Normenausschuss Maschinenbau (NAM) im DIN
Normenausschuss Kautschuktechnik (FAKAU) im DIN

Inhalt

Beginn der Gültigkeit

Diese Norm gilt ab 2010-08-01.

Nationales Vorwort

Dieser Teil der Deutschen Norm DIN ISO 3601 ist die Übersetzung der vierten Ausgabe der Internationalen Norm ISO 3601-1:2008, die unter Leitung deutscher Experten des Arbeitsausschusses NA 060-36-73 AA„O-Ringe" im Fachbereich Fluidtechnik des Normenausschusses Maschinenbau (NAM) im DIN e. V. durch die Arbeitsgruppe ISO/TC 131/SC 7/WG 3 „Fluid power systems and components — Sealing devices — Design criteria for standard O-ring applications" erarbeitet wurde.

Im Gegensatz zur modifizierten Veröffentlichungen von ISO 3601-1:1978 als DIN 3771-1 hat sich der national zuständige Arbeitsausschuss entschieden, seinen Einfluss bei der Erarbeitung der Internationalen Norm so weit möglich geltend zu machen, um diese Internationale Norm unverändert als DIN ISO in das Nationale Normenwerk zu übernehmen.

Auch wenn die Internationale Norm aufgrund unterschiedlicher Philosophien in den regionalen Märkten nicht in vollem Umfang den nationalen Vorstellungen entspricht, kann mit dem Ergebnis auf eine Zweigleisigkeit mit einer ISO-Norm auf der einen und einer DIN-Norm auf der anderen Seite verzichtet werden und die ISO-Norm unverändert als DIN-ISO-Norm veröffentlicht werden.

Im Folgenden wird für die im Abschnitt 2 und den Literaturhinweisen zitierten Internationalen Normen, sofern sie nicht als DIN-ISO- bzw. DIN-EN-ISO-Normen mit gleicher Zählnummer veröffentlicht sind, auf Entsprechungen im Deutschen Normenwerk hingewiesen:

ISO 5598 keine nationale Entsprechung, die ISO-Norm enthält bereits die deutsche Sprachfassung

ISO 16031-1 keine nationale Entsprechung

ISO 16031-2 keine nationale Entsprechung

Änderungen

Gegenüber DIN 3771-1:1984-12 und DIN 3771-2:1984-12 wurden folgende Änderungen vorgenommen:

a) die Maße der O-Ringe für industrielle Anwendungen wurden den am Markt üblichen Maßen nach SAE AS568B angepasst, und die Größenbezeichnung (Size code) wurde zusätzlich zu den Angaben der Größe (Innendurchmesser × Schnurstärken) übernommen;

b) Maße der O-Ringe für Luftfahrtanwendungen wurden aufgenommen;

c) für industrielle Anwendungen wurden zwei Toleranzklassen, A und B, für die Tolerierung des Innendurchmessers eingeführt, wobei die Toleranzklasse B in etwa der bisher verwendeten entspricht;

d) für die Tolerierung der Innendurchmesser wurde eine Gleichung und für die Tolerierung der Schnurstärken wurden Bereiche festgelegt, sodass auch für kundenspezifische O-Ringe, die nicht diesem Teil der Norm entsprechen, die Innendurchmesser und Schnurstärken nach Norm toleriert werden können.

Frühere Ausgaben

DIN 3771-1: 1984-12
DIN 3771-2: 1984-12

3

Fluidtechnik —
O-Ringe —
Teil 1: Innendurchmesser, Schnurstärken, Toleranzen und Bezeichnung

Einleitung

In fluidtechnischen Anlagen wird Energie durch ein unter Druck stehendes Medium (flüssig oder gasförmig) innerhalb eines geschlossenen Systems übertragen und der Energiefluss gesteuert oder geregelt. Um Leckage zu vermeiden oder unterschiedliche Kammern eines Bauteils voneinander zu trennen, werden Dichtungen verwendet. O-Ringe sind eine Art dieser Dichtungen.

4

1 Anwendungsbereich

Dieser Teil von ISO 3601 legt die Innendurchmesser, Schnurstärken, Toleranzen und die Bezeichnung von O-Ringen, die in fluidtechnischen Anlagen der allgemeinen Industrie und der Luftfahrt angewendet werden, fest.

Die Maße und Toleranzen nach diesem Teil von ISO 3601 können für alle elastomeren Werkstoffe angewendet werden, für die geeignete Fertigungsmittel verfügbar sind.

ANMERKUNG   Die allgemein verfügbaren Fertigungsmittel basieren auf Schrumpfungsraten, die bei 70 IRHD NBR auftreten (siehe ISO 48). Für Werkstoffe, die andere Schrumpfungsraten als der Standard-NBR aufweisen, können spezielle Formwerkzeuge erforderlich sein, um die angegebenen mittleren Durchmesser und Abmaße einzuhalten.

2 Normative Verweisungen

Die folgenden zitierten Dokumente sind für die Anwendung dieses Dokuments erforderlich. Bei datierten Verweisungen gilt nur die in Bezug genommene Ausgabe. Bei undatierten Verweisungen gilt die letzte Ausgabe des in Bezug genommenen Dokuments (einschließlich aller Änderungen).

ISO 48, *Rubber, vulcaniced or thermoplastic — Determination of hardness (hardness between 10 IRHD and 100 IRHD)*

ISO 3601-3, *Fluid power systems — O-rings — Part 3: Quality acceptance criteria*

ISO 5598, *Fluid power systems and components — Vocabulary*

3 Begriffe

Für die Anwendung dieses Dokuments gelten die Begriffe nach ISO 5598.

4 Symbole

Die folgenden Symbole werden in diesem Teil von ISO 3601 verwendet:

— d_1 O-Ring-Innendurchmesser;

— d_2 O-Ring-Schnurstärke.

5 Gestaltung

Der O-Ring muss ringförmig, wie in Bild 1 gezeigt, sein.

5

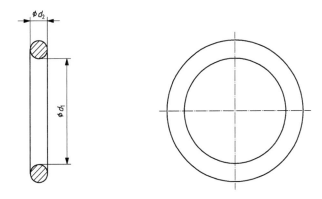

Bild 1 — Typische O-Ring-Gestaltung

6 Innendurchmesser d_1, Schnurstärke (Querschnittsdurchmesser) d_2 und Toleranzen

6.1 Die Kombination von Innendurchmesser und Schnurstärke muss abhängig von der Anwendung gewählt werden:

— aus Tabellen 1 bis 6 für allgemeine Industrieanwendungen;

— aus Tabellen 7 bis 11 für Luftfahrtanwendungen.

6.2 Für Industrieanwendungen sind zwei Klassen von Innendurchmessertoleranzen, Klasse A und Klasse B, festgelegt. O-Ringe der Klasse A haben engere Innendurchmessertoleranzen als O-Ringe der Klasse B und sind für Industrie- und Luftfahrtanwendungen, bei denen die Anwendung oder der Einbauraum eine engere Toleranz erfordert, geeignet. O-Ringe der Klasse B haben Maße und Toleranzen, die für allgemeine Industrieanwendungen geeignet sind. Die Toleranz der Innendurchmesser der O-Ringe der Klasse B basiert auf Gleichung (A.1). In Bild 2 ist zur Information ein graphischer Vergleich der Innendurchmessertoleranzen der O-Ringe der Klassen A und B dargestellt.

6.3 Schnurstärketoleranzen für nicht genormte (kundenspezifische) O-Ringe für allgemeine Industrieanwendungen, die nicht in den Tabellen 1 bis 6 aufgeführt sind, können nach Tabelle A.1 gewählt werden. Innendurchmessertoleranzen für nicht genormte (kundenspezifische) O-Ringe der Klasse A sind in Tabelle A.2 aufgeführt. Gleichung (A.1) kann zur Berechnung der Innendurchmessertoleranz für nicht genormte (kundenspezifische) O-Ringe der Klasse B verwendet werden.

In Grenzfällen sollte die Einhaltung der Grenzwerte der Form- und Oberflächenabweichung neben den Maßtoleranzen berücksichtigt werden. Siehe ISO 3601-3.

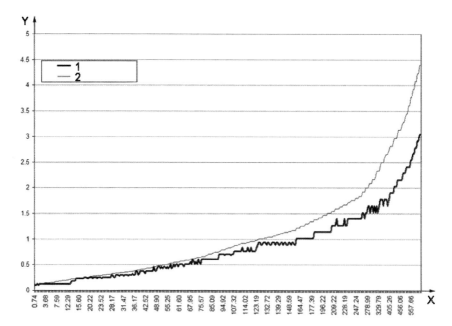

Legende

X   O-Ring-Innendurchmesser d_1, angegeben in Millimeter
Y   ±-Toleranzen, angegeben in Millimeter
1   Toleranz der Klasse A
2   Toleranz der Klasse B

Bild 2 — Graphischer Vergleich der Innendurchmessertoleranzen für O-Ringe der Klassen A und B

7   Bezeichnungssystem

7.1   O-Ringe für allgemeine Industrieanwendungen, die diesem Teil von ISO 3601 entsprechen, müssen wie folgt bezeichnet werden:

a)   das Wort „O-Ring", gefolgt von einem Bindestrich;

b)   „ISO3601-1", gefolgt von einem Bindestrich;

c)   die Größenbezeichnung nach der zutreffenden Tabelle (siehe Tabellen 1 bis 6) und „A" oder „B" für die Toleranzklasse des Innendurchmessers, gefolgt von einem Bindestrich;

d)   die Nennmaße für Innendurchmesser und Schnurstärke, getrennt durch ein „×" und gefolgt von einem Bindestrich;

e)   das Sortenmerkmal (N, S oder CS) nach ISO 3601-3.

7

BEISPIEL 1   O-Ring-ISO3601-1-011A-7,65×1,78-S

BEISPIEL 2   O-Ring-ISO3601-1-125B-32,99×2,62-N

7.2 O-Ringe für Luftfahrtanwendungen, die diesem Teil von ISO 3601 entsprechen, müssen wie folgt bezeichnet werden:

a) das Wort „O-Ring", gefolgt von einem Bindestrich;

b) „ISO3601-1", gefolgt vom Buchstaben „A" (zur Bezeichnung der Luftfahrtanwendung), gefolgt von einem Bindestrich;

c) die Größenbezeichnung nach der zutreffenden Tabelle (siehe Tabellen 7 bis 11), gefolgt von einem Bindestrich;

d) die Nennmaße für Innendurchmesser und Schnurstärke, getrennt durch ein „×" und gefolgt von einem Bindestrich;

e) das Sortenmerkmal (N, S oder CS) nach ISO 3601-3.

BEISPIEL 1   O-Ring-ISO3601-1A-C0545-54,5×3,55-S

BEISPIEL 2   O-Ring-ISO3601-1A-D1250-125×5,3-CS

8 Prüfverfahren

Wenn eine Wareneingangskontrolle beim Kunden erforderlich ist, um die Übereinstimmung der O-Ringe mit diesem Teil von ISO 3601 zu prüfen, muss das Prüfverfahren zum Zeitpunkt der Auftragserteilung zwischen Auftragnehmer und Auftraggeber vereinbart werden. Anhang B enthält zur Information mögliche Methoden einer solchen Verfahrensweise.

9 Übereinstimmungsvermerk

Herstellern wird dringend empfohlen, in Prüfberichten, Katalogen und in der Verkaufsliteratur folgenden Hinweis zu verwenden, um die Übereinstimmung mit diesem Teil von ISO 3601 zu dokumentieren:

„Innendurchmesser, Schnurstärken, Toleranzen und Bezeichnung der O-Ringe entsprechen ISO 3601-1:2008, *Fluidtechnik — O-Ringe — Teil 1: Innendurchmesser, Schnurstärken, Toleranzen und Bezeichnung.*"

Tabelle 1 — Größenbezeichnung, Größe, Innendurchmesser und Innendurchmessertoleranzen von O-Ringen der Klassen A und B für allgemeine industrielle Anwendungen — Schnurstärken d_2 von 1,02 mm, 1,27 mm und 1,52 mm

Größen-bez.	Größe	Innendurchmesser						Schnurstärke				Volumen ref.	
		d_1 nom.	Toleranz mm		d_1 nom.	Toleranz in		d_2 nom.	Tol.	d_2 nom.	Tol.		
		mm	Klasse A	Klasse B	in	Klasse A	Klasse B	mm		in		cm³	in³
001	0,74 × 1,02	0,74			0,029			1,02		0,040		0,005	0,000 3
002	1,07 × 1,27	1,07	± 0,10	± 0,12	0,042	± 0,004	± 0,005	1,27	± 0,08	0,050	± 0,003	0,010	0,000 6
003	1,42 × 1,52	1,42			0,056			1,52		0,060		0,016	0,001 0

8

Tabelle 2 — Größenbezeichnung, Größe, Innendurchmesser und Innendurchmessertoleranzen
von O-Ringen der Klassen A und B für allgemeine industrielle Anwendungen —
Schnurstärke d_2 von 1,78 mm ± 0,08 mm (0,070 in ± 0,003 in)

Größen-bez.	Größe	d_1 nom.	Innendurchmesser					Volumen ref.	
			Toleranz mm		d_1 nom.	Toleranz in			
		mm	Klasse A	Klasse B	in	Klasse A	Klasse B	cm³	in³
004	1,78 × 1,78	1,78			0,070			0,028	0,001 7
005	2,57 × 1,78	2,57		± 0,13	0,101		± 0,005	0,034	0,002 1
006	2,90 × 1,78	2,90			0,114			0,036	0,002 2
007	3,68 × 1,78	3,68		± 0,14	0,145			0,043	0,002 6
008	4,47 × 1,78	4,47		± 0,15	0,176		± 0,006	0,049	0,003 0
009	5,28 × 1,78	5,28	± 0,13		0,208	± 0,005		0,056	0,003 4
010	6,07 × 1,78	6,07		± 0,16	0,239			0,061	0,003 7
011	7,65 × 1,78	7,65		± 0,17	0,301		± 0,007	0,074	0,004 5
012	9,25 × 1,78	9,25		± 0,18	0,364			0,085	0,005 2
013	10,82 × 1,78	10,82		± 0,20	0,426		± 0,008	0,098	0,006 0
014	12,42 × 1,78	12,42		± 0,21	0,489			0,111	0,006 8
015	14,00 × 1,78	14,00	± 0,18	± 0,22	0,551	± 0,007	± 0,009	0,123	0,007 5
016	15,60 × 1,78	15,6		± 0,23	0,614			0,136	0,008 3
017	17,17 × 1,78	17,17		± 0,24	0,676		± 0,010	0,147	0,009 0
018	18,77 × 1,78	18,77	± 0,23	± 0,26	0,739	± 0,009		0,161	0,009 8
019	20,35 × 1,78	20,35		± 0,27	0,801			0,172	0,010 5
020	21,95 × 1,78	21,95		± 0,28	0,864		± 0,011	0,185	0,011 3
021	23,52 × 1,78	23,52		± 0,29	0,926			0,197	0,012 0
022	25,12 × 1,78	25,12		± 0,30	0,989		± 0,012	0,210	0,012 8
023	26,70 × 1,78	26,7	± 0,25	± 0,31	1,051	± 0,010		0,223	0,013 6
024	28,30 × 1,78	28,3		± 0,33	1,114		± 0,013	0,234	0,014 3
025	29,87 × 1,78	29,87		± 0,34	1,176			0,247	0,015 1
026	31,47 × 1,78	31,47	± 0,28	± 0,35	1,239	± 0,011	± 0,014	0,259	0,015 8
027	33,05 × 1,78	33,05		± 0,36	1,301			0,272	0,016 6
028	34,65 × 1,78	34,65		± 0,37	1,364		± 0,015	0,283	0,017 3
029	37,82 × 1,78	37,82	± 0,33	± 0,39	1,489	± 0,013	± 0,016	0,308	0,018 8
030	41,00 × 1,78	41,00		± 0,42	1,614			0,334	0,020 4
031	44,17 × 1,78	44,17	± 0,38	± 0,44	1,739	± 0,015	± 0,017	0,359	0,021 9
032	47,35 × 1,78	47,35		± 0,46	1,864		± 0,018	0,383	0,023 4

9

Tabelle 2 (*fortgesetzt*)

Größen-bez.	Größe	d_1 nom. mm	Toleranz mm Klasse A	Toleranz mm Klasse B	d_1 nom. in	Toleranz in Klasse A	Toleranz in Klasse B	Volumen ref. cm³	Volumen ref. in³
033	50,52 × 1,78	50,52		± 0,48	1,986		± 0,019	0,408	0,024 9
034	53,70 × 1,78	53,70		± 0,51	2,114		± 0,020	0,433	0,026 4
035	56,87 × 1,78	56,87	± 0,46	± 0,53	2,239	± 0,018	± 0,021	0,457	0,027 9
036	60,05 × 1,78	60,05		± 0,55	2,364		± 0,022	0,482	0,029 4
037	63,22 × 1,78	63,22		± 0,57	2,489		± 0,023	0,506	0,030 9
038	66,40 × 1,78	66,40		± 0,59	2,614			0,533	0,032 5
039	69,57 × 1,78	69,57	± 0,51	± 0,62	2,739	± 0,020	± 0,024	0,557	0,034 0
040	72,75 × 1,78	72,75		± 0,64	2,864		± 0,025	0,582	0,035 5
041	75,92 × 1,78	75,92		± 0,66	2,989		± 0,026	0,606	0,037 0
042	82,27 × 1,78	82,27	± 0,61	± 0,70	3,239	± 0,024	± 0,028	0,655	0,040 0
043	88,62 × 1,78	88,62		± 0,75	3,489		± 0,029	0,705	0,043 0
044	94,97 × 1,78	94,97	± 0,69	± 0,79	3,739	± 0,027	± 0,031	0,755	0,046 1
045	101,32 × 1,78	101,32		± 0,83	3,989		± 0,033	0,805	0,049 1
046	107,67 × 1,78	107,67		± 0,88	4,239		± 0,035	0,854	0,052 1
047	114,02 × 1,78	114,02	± 0,76	± 0,92	4,489	± 0,030	± 0,036	0,903	0,055 1
048	120,37 × 1,78	120,37		± 0,96	4,739		± 0,038	0,952	0,058 1
049	126,72 × 1,78	126,72	± 0,94	± 1,01	4,989	± 0,037	± 0,040	1,003	0,061 2
050	133,07 × 1,78	133,07		± 1,05	5,239		± 0,041	1,052	0,064 2
051 bis 101	nicht belegt	—	—	—	—	—	—	—	—

Tabelle 3 — Größenbezeichnung, Größe, Innendurchmesser und Innendurchmessertoleranzen von O-Ringen der Klassen A und B für allgemeine industrielle Anwendungen — Schnurstärke d_2 von 2,62 mm ± 0,08 mm (0,103 in ± 0,003 in) für Klasse A und Schnurstärke d_2 von 2,62 mm ± 0,09 mm (0,103 in ± 0,004 in) für Klasse B

Größen-bez.	Größe	d_1 nom. mm	Innendurchmesser Toleranz mm Klasse A	Innendurchmesser Toleranz mm Klasse B	d_1 nom. in	Toleranz in Klasse A	Toleranz in Klasse B	Volumen ref. cm³	Volumen ref. in³
102	1,24 × 2,62	1,24		± 0,12	0,049			0,066	0,004 0
103	2,06 × 2,62	2,06		± 0,13	0,081		± 0,005	0,079	0,004 8
104	2,84 × 2,62	2,84		± 0,13	0,112			0,092	0,005 6
105	3,63 × 2,62	3,63		± 0,14	0,143			0,105	0,006 4
106	4,42 × 2,62	4,42		± 0,15	0,174		± 0,006	0,120	0,007 3
107	5,23 × 2,62	5,23	± 0,13	± 0,15	0,206	± 0,005		0,133	0,008 1
108	6,02 × 2,62	6,02		± 0,16	0,237			0,146	0,008 9
109	7,59 × 2,62	7,59		± 0,17	0,299		± 0,007	0,172	0,010 5
110	9,19 × 2,62	9,19		± 0,18	0,362			0,200	0,012 2
111	10,77 × 2,62	10,77		± 0,20	0,424		± 0,008	0,226	0,013 8
112	12,37 × 2,62	12,37		± 0,21	0,487			0,252	0,015 4
113	13,94 × 2,62	13,94	± 0,18	± 0,22	0,549	± 0,007	± 0,009	0,280	0,017 1
114	15,54 × 2,62	15,54		± 0,23	0,612			0,306	0,018 7
115	17,12 × 2,62	17,12	± 0,23	± 0,24	0,674	± 0,009	± 0,010	0,333	0,020 3
116	18,72 × 2,62	18,72		± 0,26	0,737			0,361	0,022 0
117	20,29 × 2,62	20,29		± 0,27	0,799		± 0,011	0,387	0,023 6
118	21,89 × 2,62	21,89		± 0,28	0,862			0,415	0,025 3
119	23,47 × 2,62	23,47	± 0,25	± 0,29	0,924	± 0,010	± 0,012	0,441	0,026 9
120	25,07 × 2,62	25,07		± 0,30	0,987			0,467	0,028 5
121	26,64 × 2,62	26,64		± 0,31	1,049		± 0,013	0,495	0,030 2
122	28,24 × 2,62	28,24		± 0,33	1,112			0,521	0,031 8
123	29,82 × 2,62	29,82		± 0,34	1,174		± 0,014	0,547	0,033 4
124	31,42 × 2,62	31,42		± 0,35	1,237			0,575	0,035 1
125	32,99 × 2,62	32,99	± 0,30	± 0,36	1,299	± 0,012	± 0,015	0,601	0,036 7
126	34,59 × 2,62	34,59		± 0,37	1,362			0,628	0,038 3
127	36,17 × 2,62	36,17		± 0,38	1,424			0,655	0,040 0
128	37,77 × 2,62	37,77		± 0,39	1,487		± 0,016	0,682	0,041 6
129	39,34 × 2,62	39,34		± 0,40	1,549			0,708	0,043 2
130	40,94 × 2,62	40,94		± 0,42	1,612		± 0,017	0,736	0,044 9
131	42,52 × 2,62	42,52	± 0,38	± 0,43	1,674	± 0,015		0,762	0,046 5
132	44,12 × 2,62	44,12		± 0,44	1,737		± 0,018	0,790	0,048 2
133	45,69 × 2,62	45,69		± 0,45	1,799			0,816	0,049 8
134	47,29 × 2,62	47,29		± 0,46	1,862			0,842	0,051 4

11

Tabelle 3 (fortgesetzt)

Größen-bez.	Größe	d_1 nom. mm	Toleranz mm Klasse A	Toleranz mm Klasse B	d_1 nom. in	Toleranz in Klasse A	Toleranz in Klasse B	Volumen ref. cm³	Volumen ref. in³
135	48,90 × 2,62	48,90		± 0,47	1,925			0,870	0,053 1
136	50,47 × 2,62	50,47		± 0,48	1,987		± 0,019	0,896	0,054 7
137	52,07 × 2,62	52,07	± 0,43	± 0,49	2,050	± 0,017		0,924	0,056 4
138	53,64 × 2,62	53,64		± 0,51	2,112		± 0,020	0,950	0,058 0
139	55,25 × 2,62	55,25		± 0,52	2,175			0,977	0,059 6
140	56,82 × 2,62	56,82		± 0,53	2,237		± 0,021	1,005	0,061 3
141	58,42 × 2,62	58,42		± 0,54	2,300			1,031	0,062 9
142	59,99 × 2,62	59,99		± 0,55	2,362		± 0,022	1,057	0,064 5
143	61,60 × 2,62	61,6	± 0,51	± 0,56	2,425	± 0,020		1,085	0,066 2
144	63,17 × 2,62	63,17		± 0,57	2,487			1,111	0,067 8
145	64,77 × 2,62	64,77		± 0,58	2,550		± 0,023	1,137	0,069 4
146	66,34 × 2,62	66,34		± 0,59	2,612			1,165	0,071 1
147	67,95 × 2,62	67,95		± 0,61	2,675		± 0,024	1,191	0,072 7
148	69,52 × 2,62	69,52	± 0,56	± 0,62	2,737	± 0,022		1,218	0,074 3
149	71,12 × 2,62	71,12		± 0,63	2,800		± 0,025	1,245	0,076 0
150	72,69 × 2,62	72,69		± 0,64	2,862			1,272	0,077 6
151	75,87 × 2,62	75,87		± 0,66	2,987		± 0,026	1,326	0,080 9
152	82,22 × 2,62	82,22	± 0,61	± 0,70	3,237	± 0,024	± 0,028	1,432	0,087 4
153	88,57 × 2,62	88,57		± 0,75	3,487		± 0,029	1,540	0,094 0
154	94,92 × 2,62	94,92	± 0,71	± 0,79	3,737	± 0,028	± 0,031	1,647	0,100 5
155	101,27 × 2,62	101,27		± 0,83	3,987		± 0,033	1,755	0,107 1
156	107,62 × 2,62	107,62		± 0,88	4,237		± 0,035	1,862	0,113 6
157	113,97 × 2,62	113,97	± 0,76	± 0,92	4,487	± 0,030	± 0,036	1,970	0,120 2
158	120,32 × 2,62	120,32		± 0,96	4,737		± 0,038	2,076	0,126 7
159	126,67 × 2,62	126,67		± 1,00	4,987		± 0,040	2,183	0,133 2
160	133,02 × 2,62	133,02		± 1,05	5,237		± 0,041	2,291	0,139 8
161	139,37 × 2,62	139,37	± 0,89	± 1,09	5,487	± 0,035	± 0,043	2,397	0,146 3
162	145,72 × 2,62	145,72		± 1,13	5,737		± 0,045	2,506	0,152 9
163	152,07 × 2,62	152,07		± 1,17	5,987		± 0,046	2,612	0,159 4
164	158,42 × 2,62	158,42		± 1,22	6,237		± 0,048	2,720	0,166 0
165	164,77 × 2,62	164,77	± 1,02	± 1,26	6,487	± 0,040	± 0,050	2,827	0,172 5
166	171,12 × 2,62	171,12		± 1,30	6,737		± 0,051	2,933	0,179 0
167	177,47 × 2,62	177,47		± 1,34	6,987		± 0,053	3,041	0,185 6

Tabelle 3 (*fortgesetzt*)

Größen-bez.	Größe	d_1 nom. mm	Toleranz mm Klasse A	Toleranz mm Klasse B	d_1 nom. in	Toleranz in Klasse A	Toleranz in Klasse B	Volumen ref. cm^3	Volumen ref. in^3
168	183,82 × 2,62	183,82	± 1,14	± 1,38	7,237	± 0,045	± 0,055	3,148	0,192 1
169	190,17 × 2,62	190,17		± 1,43	7,487		± 0,056	3,256	0,198 7
170	196,52 × 2,62	196,52		± 1,47	7,737		± 0,058	3,363	0,205 2
171	202,87 × 2,62	202,87		± 1,51	7,987		± 0,059	3,471	0,211 8
172	209,22 × 2,62	209,22	± 1,27	± 1,55	8,237	± 0,050	± 0,061	3,577	0,218 3
173	215,57 × 2,62	215,57		± 1,59	8,487		± 0,063	3,685	0,224 9
174	221,92 × 2,62	221,92		± 1,63	8,737		± 0,064	3,792	0,231 4
175	228,27 × 2,62	228,27		± 1,68	8,987		± 0,066	3,898	0,237 9
176	234,62 × 2,62	234,62	± 1,40	± 1,72	9,237	± 0,055	± 0,068	4,007	0,244 5
177	240,97 × 2,62	240,97		± 1,76	9,487		± 0,069	4,113	0,251 0
178	247,32 × 2,62	247,32		± 1,80	9,737		± 0,071	4,221	0,257 6
179 bis 200	nicht belegt	—	—	—	—	—	—	—	—

13

Tabelle 4 — Größenbezeichnung, Größe, Innendurchmesser und Innendurchmessertoleranzen von O-Ringen der Klassen A und B für allgemeine industrielle Anwendungen — Schnurstärke d_2 von 3,53 mm ± 0,10 mm (0,139 in ± 0,004 in)

Größen-bez.	Größe	d_1 nom.	Innendurchmesser					Volumen ref.	
			Toleranz mm		d_1 nom.	Toleranz in			
		mm	Klasse A	Klasse B	in	Klasse A	Klasse B	cm³	in³
201	4,34 × 3,53	4,34		± 0,15	0,171		± 0,006	0,243	0,014 8
202	5,94 × 3,53	5,94		± 0,16	0,234			0,292	0,017 8
203	7,52 × 3,53	7,52	± 0,13	± 0,17	0,296	± 0,005	± 0,007	0,339	0,020 7
204	9,12 × 3,53	9,12		± 0,18	0,359			0,388	0,023 7
205	10,69 × 3,53	10,69		± 0,20	0,421		± 0,008	0,438	0,026 7
206	12,29 × 3,53	12,29		± 0,21	0,484			0,487	0,029 7
207	13,87 × 3,53	13,87	± 0,18	± 0,22	0,546	± 0,007	± 0,009	0,536	0,032 7
208	15,47 × 3,53	15,47	± 0,23	± 0,23	0,609	± 0,009		0,585	0,035 7
209	17,04 × 3,53	17,04		± 0,24	0,671			0,633	0,038 6
210	18,64 × 3,53	18,64		± 0,25	0,734		± 0,010	0,682	0,041 6
211	20,22 × 3,53	20,22		± 0,27	0,796			0,731	0,044 6
212	21,82 × 3,53	21,82	± 0,25	± 0,28	0,859	± 0,010	± 0,011	0,780	0,047 6
213	23,39 × 3,53	23,39		± 0,29	0,921			0,828	0,050 5
214	24,99 × 3,53	24,99		± 0,30	0,984		± 0,012	0,877	0,053 5
215	26,57 × 3,53	26,57		± 0,31	1,046			0,926	0,056 5
216	28,17 × 3,53	28,17		± 0,32	1,109		± 0,013	0,975	0,059 5
217	29,74 × 3,53	29,74		± 0,34	1,171			1,024	0,062 5
218	31,34 × 3,53	31,34	± 0,30	± 0,35	1,234	± 0,012	± 0,014	1,073	0,065 5
219	32,92 × 3,53	32,92		± 0,36	1,296			1,121	0,068 4
220	34,52 × 3,53	34,52		± 0,37	1,359			1,170	0,071 4
221	36,09 × 3,53	36,09		± 0,38	1,421		± 0,015	1,219	0,074 4
222	37,69 × 3,53	37,69		± 0,39	1,484			1,268	0,077 4
223	40,87 × 3,53	40,87	± 0,38	± 0,42	1,609	± 0,015	± 0,016	1,365	0,083 3
224	44,04 × 3,53	44,04		± 0,44	1,734		± 0,017	1,463	0,089 3
225	47,22 × 3,53	47,22		± 0,46	1,859		± 0,018	1,56	0,095 2
226	50,39 × 3,53	50,39	± 0,46	± 0,48	1,984	± 0,018	± 0,019	1,658	0,101 2
227	53,57 × 3,53	53,57		± 0,51	2,109		± 0,020	1,757	0,107 2
228	56,74 × 3,53	56,74		± 0,53	2,234		± 0,021	1,853	0,113 1
229	59,92 × 3,53	59,92	± 0,51	± 0,55	2,359	± 0,020	± 0,022	1,952	0,119 1
230	63,09 × 3,53	63,09		± 0,57	2,484		± 0,023	2,048	0,125 0
231	66,27 × 3,53	66,27		± 0,59	2,609			2,147	0,131 0

14

709

Tabelle 4 (fortgesetzt)

Größen-bez.	Größe	d_1 nom. mm	Toleranz mm Klasse A	Toleranz mm Klasse B	d_1 nom. in	Toleranz in Klasse A	Toleranz in Klasse B	Volumen ref. cm³	Volumen ref. in³
232	69,44 × 3,53	69,44		± 0,62	2,734		± 0,024	2,245	0,137 0
233	72,62 × 3,53	72,62		± 0,64	2,859		± 0,025	2,342	0,142 9
234	75,79 × 3,53	75,79		± 0,66	2,984		± 0,026	2,440	0,148 9
235	78,97 × 3,53	78,97	± 0,61	± 0,68	3,109	± 0,024	± 0,027	2,537	0,154 8
236	82,14 × 3,53	82,14		± 0,70	3,234		± 0,028	2,635	0,160 8
237	85,32 × 3,53	85,32		± 0,72	3,359		± 0,029	2,733	0,166 8
238	88,49 × 3,53	88,49		± 0,75	3,484			2,830	0,172 7
239	91,67 × 3,53	91,67		± 0,77	3,609		± 0,030	2,928	0,178 7
240	94,84 × 3,53	94,84		± 0,79	3,734		± 0,031	3,025	0,184 6
241	98,02 × 3,53	98,02	± 0,71	± 0,81	3,859	± 0,028	± 0,032	3,123	0,190 6
242	101,19 × 3,53	101,19		± 0,83	3,984		± 0,033	3,222	0,196 6
243	104,37 × 3,53	104,37		± 0,85	4,109		± 0,034	3,318	0,202 5
244	107,54 × 3,53	107,54		± 0,88	4,234		± 0,034	3,417	0,208 5
245	110,72 × 3,53	110,72		± 0,90	4,359		± 0,035	3,513	0,214 4
246	113,89 × 3,53	113,89	± 0,76	± 0,92	4,484	± 0,030	± 0,036	3,612	0,220 4
247	117,07 × 3,53	117,07		± 0,94	4,609		± 0,037	3,708	0,226 3
248	120,24 × 3,53	120,24		± 0,96	4,734		± 0,038	3,807	0,232 3
249	123,42 × 3,53	123,42		± 0,98	4,859		± 0,039	3,905	0,238 3
250	126,59 × 3,53	126,59		± 1,00	4,984		± 0,040	4,002	0,244 2
251	129,77 × 3,53	129,77		± 1,03	5,109			4,100	0,250 2
252	132,94 × 3,53	132,94		± 1,05	5,234		± 0,041	4,197	0,256 1
253	136,12 × 3,53	136,12	± 0,89	± 1,07	5,359	± 0,035	± 0,042	4,295	0,262 1
254	139,29 × 3,53	139,29		± 1,09	5,484		± 0,043	4,393	0,268 1
255	142,47 × 3,53	142,47		± 1,11	5,609		± 0,044	4,490	0,274 0
256	145,64 × 3,53	145,64		± 1,13	5,734		± 0,045	4,588	0,280 0
257	148,82 × 3,53	148,82		± 1,15	5,859			4,685	0,285 9
258	151,99 × 3,53	151,99		± 1,17	5,984		± 0,046	4,783	0,291 9
259	158,34 × 3,53	158,34		± 1,22	6,234		± 0,048	4,978	0,303 8
260	164,69 × 3,53	164,69		± 1,26	6,484		± 0,050	5,173	0,315 7
261	171,04 × 3,53	171,04	± 1,02	± 1,30	6,734	± 0,040	± 0,051	5,370	0,327 7
262	177,39 × 3,53	177,39		± 1,34	6,984		± 0,053	5,565	0,339 6

15

DIN ISO 3601-1:2010-08

Tabelle 4 *(fortgesetzt)*

Größen-bez.	Größe	d_1 nom. mm	Toleranz mm Klasse A	Toleranz mm Klasse B	d_1 nom. in	Toleranz in Klasse A	Toleranz in Klasse B	Volumen ref. cm³	Volumen ref. in³
263	183,74 × 3,53	183,74	± 1,14	± 1,38	7,234	± 0,045	± 0,054	5,760	0,351 5
264	190,09 × 3,53	190,09	± 1,14	± 1,43	7,484	± 0,045	± 0,056	5,955	0,363 4
265	196,44 × 3,53	196,44	± 1,14	± 1,47	7,734	± 0,045	± 0,058	6,150	0,375 3
266	202,79 × 3,53	202,79	± 1,14	± 1,51	7,984	± 0,045	± 0,059	6,345	0,387 2
267	209,14 × 3,53	209,14	± 1,27	± 1,55	8,234	± 0,050	± 0,061	6,542	0,399 2
268	215,49 × 3,53	215,49	± 1,27	± 1,59	8,484	± 0,050	± 0,063	6,737	0,411 1
269	221,84 × 3,53	221,84	± 1,27	± 1,63	8,734	± 0,050	± 0,064	6,932	0,423 0
270	228,19 × 3,53	228,19	± 1,27	± 1,68	8,984	± 0,050	± 0,066	7,127	0,434 9
271	234,54 × 3,53	234,54	± 1,40	± 1,72	9,234	± 0,055	± 0,068	7,322	0,446 8
272	240,89 × 3,53	240,89	± 1,40	± 1,76	9,484	± 0,055	± 0,069	7,518	0,458 8
273	247,24 × 3,53	247,24	± 1,40	± 1,80	9,734	± 0,055	± 0,071	7,713	0,470 7
274	253,59 × 3,53	253,59	± 1,40	± 1,84	9,984	± 0,055	± 0,072	7,908	0,482 6
275	266,29 × 3,53	266,29	± 1,40	± 1,92	10,484	± 0,055	± 0,076	8,298	0,506 4
276	278,99 × 3,53	278,99	± 1,65	± 2,00	10,984	± 0,065	± 0,079	8,690	0,530 3
277	291,69 × 3,53	291,69	± 1,65	± 2,09	11,484	± 0,065	± 0,082	9,080	0,554 1
278	304,39 × 3,53	304,39	± 1,65	± 2,17	11,984	± 0,065	± 0,085	9,470	0,577 9
279	329,79 × 3,53	329,79	± 1,65	± 2,33	12,984	± 0,065	± 0,092	10,252	0,625 6
280	355,19 × 3,53	355,19	± 1,65	± 2,49	13,984	± 0,065	± 0,098	11,033	0,673 3
281	380,59 × 3,53	380,59	± 1,65	± 2,65	14,984	± 0,065	± 0,105	11,815	0,721 0
282	405,26 × 3,53	405,26	± 1,91	± 2,81	15,955	± 0,075	± 0,111	12,572	0,767 2
283	430,66 × 3,53	430,66	± 2,03	± 2,97	16,955	± 0,080	± 0,117	13,354	0,814 9
284	456,06 × 3,53	456,06	± 2,16	± 3,13	17,955	± 0,085	± 0,123	14,136	0,862 6
285 bis 308	nicht belegt	—	—	—	—	—	—	—	—

16

711

Tabelle 5 — Größenbezeichnung, Größe, Innendurchmesser und Innendurchmessertoleranzen von O-Ringen der Klassen A und B für allgemeine industrielle Anwendungen — Schnurstärke d_2 von 5,33 mm ± 0,13 mm (0,210 in ± 0,005 in)

Größen-bez.	Größe	d_1 nom.	Innendurchmesser					Volumen ref.	
			Toleranz mm		d_1 nom.	Toleranz in			
		mm	Klasse A	Klasse B	in	Klasse A	Klasse B	cm³	in³
309	10,46 × 5,33	10,46	± 0,13	± 0,19	0,412	± 0,005	± 0,008	1,109	0,067 7
310	12,07 × 5,33	12,07		± 0,21	0,475			1,221	0,074 5
311	13,64 × 5,33	13,64	± 0,18	± 0,22	0,537	± 0,007	± 0,009	1,332	0,081 3
312	15,24 × 5,33	15,24	± 0,23	± 0,23	0,600	± 0,009		1,444	0,088 1
313	16,81 × 5,33	16,81		± 0,24	0,662			1,555	0,094 9
314	18,42 × 5,33	18,42		± 0,25	0,725		± 0,010	1,667	0,101 7
315	19,99 × 5,33	19,99		± 0,26	0,787			1,778	0,108 5
316	21,59 × 5,33	21,59	± 0,25	± 0,28	0,850	± 0,010	± 0,011	1,889	0,115 3
317	23,16 × 5,33	23,16		± 0,29	0,912			2,001	0,122 1
318	24,77 × 5,33	24,77		± 0,30	0,975		± 0,012	2,112	0,128 9
319	26,34 × 5,33	26,34		± 0,31	1,037			2,224	0,135 7
320	27,94 × 5,33	27,94		± 0,32	1,100		± 0,013	2,335	0,142 5
321	29,51 × 5,33	29,51		± 0,33	1,162			2,447	0,149 3
322	31,12 × 5,33	31,12	± 0,3	± 0,35	1,225	± 0,012	± 0,014	2,558	0,156 1
323	32,69 × 5,33	32,69		± 0,36	1,287			2,669	0,162 9
324	34,29 × 5,33	34,29		± 0,37	1,350		± 0,015	2,781	0,169 7
325	37,47 × 5,33	37,47		± 0,39	1,475			3,004	0,183 3
326	40,64 × 5,33	40,64	± 0,38	± 0,41	1,600	± 0,015	± 0,016	3,228	0,197 0
327	43,82 × 5,33	43,82		± 0,44	1,725		± 0,017	3,451	0,201 6
328	46,99 × 5,33	46,99		± 0,46	1,850		± 0,018	3,674	0,224 2
329	50,17 × 5,33	50,17		± 0,48	1,975		± 0,019	3,897	0,237 8
330	53,34 × 5,33	53,34	± 0,46	± 0,50	2,100	± 0,018	± 0,020	4,120	0,251 4
331	56,52 × 5,33	56,52		± 0,53	2,225		± 0,021	4,343	0,265 0
332	59,69 × 5,33	59,69		± 0,55	2,350		± 0,022	4,565	0,278 6
333	62,87 × 5,33	62,87		± 0,57	2,475			4,788	0,292 2
334	66,04 × 5,33	66,04	± 0,51	± 0,59	2,600	± 0,020	± 0,023	5,011	0,305 8
335	69,22 × 5,33	69,22		± 0,61	2,725		± 0,024	5,234	0,319 4
336	72,39 × 5,33	72,39		± 0,64	2,850		± 0,025	5,457	0,330 0
337	75,57 × 5,33	75,57		± 0,66	2,975		± 0,026	5,680	0,346 6
338	78,74 × 5,33	78,74		± 0,68	3,100		± 0,027	5,903	0,360 2
339	81,92 × 5,33	81,92	± 0,61	± 0,70	3,225	± 0,024	± 0,028	6,125	0,373 8
340	85,09 × 5,33	85,09		± 0,72	3,350			6,348	0,387 4
341	88,27 × 5,33	88,27		± 0,74	3,475		± 0,029	6,571	0,401 0

17

Tabelle 5 (*fortgesetzt*)

Größen-bez.	Größe	d_1 nom. mm	Toleranz mm Klasse A	Toleranz mm Klasse B	d_1 nom. in	Toleranz in Klasse A	Toleranz in Klasse B	Volumen ref. cm³	Volumen ref. in³
342	91,44 × 5,33	91,44		± 0,77	3,600		± 0,030	6,796	0,414 6
343	94,62 × 5,33	94,62		± 0,79	3,725		± 0,031	7,017	0,428 2
344	97,79 × 5,33	97,79	± 0,71	± 0,81	3,850	± 0,028	± 0,032	7,240	0,441 8
345	100,97 × 5,33	100,97		± 0,83	3,975		± 0,033	7,463	0,455 4
346	104,14 × 5,33	104,14		± 0,85	4,100		± 0,034	7,686	0,469 0
347	107,32 × 5,33	107,32		± 0,87	4,225			7,908	0,482 6
348	110,49 × 5,33	110,49		± 0,90	4,350		± 0,035	8,131	0,496 2
349	113,67 × 5,33	113,67	± 0,76	± 0,92	4,475	± 0,030	± 0,036	8,354	0,509 8
350	116,84 × 5,33	116,84		± 0,94	4,600		± 0,037	8,577	0,523 4
351	120,02 × 5,33	120,02		± 0,96	4,725		± 0,038	8,800	0,537 0
352	123,19 × 5,33	123,19		± 0,98	4,850		± 0,039	9,023	0,550 6
353	126,37 × 5,33	126,37		± 1,00	4,975		± 0,039	9,246	0,564 2
354	129,54 × 5,33	129,54		± 1,02	5,100		± 0,040	9,468	0,577 8
355	132,72 × 5,33	132,72		± 1,05	5,225		± 0,041	9,691	0,591 4
356	135,89 × 5,33	135,89		± 1,07	5,350		± 0,042	9,914	0,605 0
357	139,07 × 5,33	139,07	± 0,94	± 1,09	5,475	± 0,037	± 0,043	10,137	0,618 6
358	142,24 × 5,33	142,24		± 1,11	5,600		± 0,044	10,360	0,632 2
359	145,42 × 5,33	145,42		± 1,13	5,725		± 0,045	10,583	0,645 8
360	148,59 × 5,33	148,59		± 1,15	5,850			10,806	0,659 4
361	151,77 × 5,33	151,77		± 1,17	5,975		± 0,046	11,029	0,673 0
362	158,12 × 5,33	158,12		± 1,21	6,225		± 0,048	11,474	0,700 2
363	164,47 × 5,33	164,47	± 1,02	± 1,26	6,475	± 0,040	± 0,049	11,920	0,727 4
364	170,82 × 5,33	170,82		± 1,30	6,725		± 0,051	12,366	0,754 6
365	177,17 × 5,33	177,17		± 1,34	6,975		± 0,053	12,811	0,781 8
366	183,52 × 5,33	183,52		± 1,38	7,225		± 0,054	13,257	0,809 0
367	189,87 × 5,33	189,87	± 1,14	± 1,42	7,475	± 0,045	± 0,056	13,703	0,836 2
368	196,22 × 5,33	196,22		± 1,47	7,725		± 0,058	14,149	0,863 4
369	202,57 × 5,33	202,57		± 1,51	7,975		± 0,059	14,594	0,890 6
370	208,92 × 5,33	208,92		± 1,55	8,225		± 0,061	15,040	0,917 8
371	215,27 × 5,33	215,27	± 1,27	± 1,59	8,475	± 0,050	± 0,063	15,486	0,945 0
372	221,62 × 5,33	221,62		± 1,63	8,725		± 0,064	15,932	0,972 2
373	227,97 × 5,33	227,97		± 1,67	8,975		± 0,066	16,377	0,999 4

Tabelle 5 (fortgesetzt)

Größen-bez.	Größe	d_1 nom. mm	Innendurchmesser Toleranz mm Klasse A	Innendurchmesser Toleranz mm Klasse B	d_1 nom. in	Toleranz in Klasse A	Toleranz in Klasse B	Volumen ref. cm³	Volumen ref. in³
374	234,32 × 5,33	234,32	± 1,40	± 1,72	9,225	± 0,055	± 0,068	16,823	1,026 6
375	240,67 × 5,33	240,67	± 1,40	± 1,76	9,475	± 0,055	± 0,069	17,269	1,053 8
376	247,02 × 5,33	247,02	± 1,40	± 1,80	9,725	± 0,055	± 0,071	17,716	1,081 1
377	253,37 × 5,33	253,37	± 1,40	± 1,84	9,975	± 0,055	± 0,072	18,162	1,108 3
378	266,07 × 5,33	266,07	± 1,52	± 1,92	10,475	± 0,060	± 0,076	19,053	1,162 7
379	278,77 × 5,33	278,77	± 1,52	± 2,00	10,975	± 0,060	± 0,079	19,945	1,217 1
380	291,47 × 5,33	291,47	± 1,65	± 2,09	11,475	± 0,065	± 0,082	20,836	1,271 5
381	304,17 × 5,33	304,17	± 1,65	± 2,17	11,975	± 0,065	± 0,085	21,728	1,325 9
382	329,57 × 5,33	329,57	± 1,65	± 2,33	12,975	± 0,065	± 0,092	23,511	1,434 7
383	354,97 × 5,33	354,97	± 1,78	± 2,49	13,975	± 0,070	± 0,098	25,293	1,543 5
384	380,37 × 5,33	380,37	± 1,78	± 2,65	14,975	± 0,070	± 0,104	27,076	1,652 3
385	405,26 × 5,33	405,26	± 1,91	± 2,81	15,955	± 0,075	± 0,111	28,825	1,759 0
386	430,66 × 5,33	430,66	± 2,03	± 2,97	16,955	± 0,080	± 0,117	30,608	1,867 8
387	456,06 × 5,33	456,06	± 2,16	± 3,13	17,955	± 0,085	± 0,123	32,391	1,976 6
388	481,46 × 5,33	481,46	± 2,29	± 3,29	18,955	± 0,090	± 0,130	34,174	2,085 4
389	506,86 × 5,33	506,86	± 2,41	± 3,45	19,955	± 0,095	± 0,136	35,957	2,194 2
390	532,26 × 5,33	532,26	± 2,41	± 3,61	20,955	± 0,095	± 0,142	37,739	2,303 0
391	557,66 × 5,33	557,66	± 2,54	± 3,77	21,955	± 0,100	± 0,148	39,522	2,411 8
392	582,68 × 5,33	582,68	± 2,67	± 3,92	22,940	± 0,105	± 0,154	41,279	2,519 0
393	608,08 × 5,33	608,08	± 2,79	± 4,08	23,940	± 0,110	± 0,161	43,062	2,627 8
394	633,48 × 5,33	633,48	± 2,92	± 4,24	24,940	± 0,115	± 0,167	44,485	2,736 6
395	658,88 × 5,33	658,88	± 3,05	± 4,40	25,940	± 0,120	± 0,173	46,628	2,845 4
396 bis 424	nicht belegt	—	—	—	—	—	—	—	—

Tabelle 6 — Größenbezeichnung, Größe, Innendurchmesser und Innendurchmessertoleranzen
von O-Ringen der Klassen A und B für allgemeine industrielle Anwendungen —
Schnurstärke d_2 von 6,99 mm ± 0,15 mm (0,275 in ± 0,006 in)

Größen-bez.	Größe	Innendurchmesser						Volumen ref.	
		d_1 nom.	Toleranz mm		d_1 nom.	Toleranz in			
		mm	Klasse A	Klasse B	in	Klasse A	Klasse B	cm³	in³
425	113,67 × 6,99	113,67		± 0,92	4,475		± 0,036	14,524	0,886 3
426	116,84 × 6,99	116,84	± 0,84	± 0,94	4,600	± 0,033	± 0,037	14,907	0,909 7
427	120,02 × 6,99	120,02		± 0,96	4,725		± 0,038	15,289	0,933 0
428	123,19 × 6,99	123,19		± 0,98	4,850		± 0,039	15,671	0,956 3
429	126,37 × 6,99	126,37		± 1,00	4,975			16,053	0,979 6
430	129,54 × 6,99	129,54		± 1,02	5,100		± 0,040	16,436	1,003 0
431	132,72 × 6,99	132,72		± 1,05	5,225		± 0,041	16,818	1,026 3
432	135,89 × 6,99	135,89		± 1,07	5,350		± 0,042	17,200	1,049 6
433	139,07 × 6,99	139,07	± 0,94	± 1,09	5,475	± 0,037	± 0,043	17,582	1,072 9
434	142,24 × 6,99	142,24		± 1,11	5,600		± 0,044	17,965	1,096 3
435	145,42 × 6,99	145,42		± 1,13	5,725		± 0,045	18,347	1,119 6
436	148,59 × 6,99	148,59		± 1,15	5,850			18,729	1,142 9
437	151,77 × 6,99	151,77		± 1,17	5,975		± 0,046	19,111	1,166 2
438	158,12 × 6,99	158,12		± 1,21	6,225		± 0,048	19,876	1,212 9
439	164,47 × 6,99	164,47	± 1,02	± 1,26	6,475	± 0,040	± 0,049	20,640	1,259 5
440	170,82 × 6,99	170,82		± 1,30	6,725		± 0,051	21,405	1,306 2
441	177,17 × 6,99	177,17		± 1,34	6,975		± 0,053	22,168	1,352 8
442	183,52 × 6,99	183,52		± 1,38	7,225		± 0,054	22,934	1,399 5
443	189,87 × 6,99	189,87	± 1,14	± 1,42	7,475	± 0,045	± 0,056	23,697	1,446 1
444	196,22 × 6,99	196,22		± 1,47	7,725		± 0,058	24,463	1,492 8
445	202,57 × 6,99	202,57		± 1,51	7,975		± 0,059	25,226	1,539 4
446	215,27 × 6,99	215,27		± 1,59	8,475		± 0,063	26,755	1,632 7
447	227,97 × 6,99	227,97	± 1,40	± 1,67	8,975	± 0,055	± 0,066	28,284	1,726 0
448	240,67 × 6,99	240,67		± 1,76	9,475		± 0,069	29,813	1,819 3
449	253,37 × 6,99	253,37		± 1,84	9,975		± 0,072	31,342	1,912 6
450	266,07 × 6,99	266,07		± 1,92	10,475		± 0,076	32,871	2,005 9
451	278,77 × 6,99	278,77		± 2,00	10,975		± 0,079	34,400	2,099 2
452	291,47 × 6,99	291,47	± 1,52	± 2,09	11,475	± 0,060	± 0,082	35,929	2,192 5
453	304,17 × 6,99	304,17		± 2,17	11,975		± 0,085	37,458	2,285 8
454	316,87 × 6,99	316,87		± 2,25	12,475		± 0,089	38,987	2,379 1
455	329,57 × 6,99	329,57		± 2,33	12,975		± 0,092	40,515	2,472 4

Tabelle 6 *(fortgesetzt)*

Größen-bez.	Größe	d_1 nom. mm	Toleranz mm Klasse A	Toleranz mm Klasse B	d_1 nom. in	Toleranz in Klasse A	Toleranz in Klasse B	Volumen ref. cm³	Volumen ref. in³
456	342,27 × 6,99	342,27	± 1,78	± 2,41	13,475	± 0,070	± 0,095	42,044	2,565 7
457	354,97 × 6,99	354,97		± 2,49	13,975		± 0,098	43,573	2,659 0
458	367,67 × 6,99	367,67		± 2,57	14,475		± 0,101	45,102	2,752 3
459	380,37 × 6,99	380,37		± 2,65	14,975		± 0,104	46,631	2,845 6
460	393,07 × 6,99	393,07		± 2,73	15,475		± 0,108	48,160	2,938 9
461	405,26 × 6,99	405,26	± 1,91	± 2,81	15,955	± 0,075	± 0,111	49,628	3,028 5
462	417,96 × 6,99	417,96		± 2,89	16,455		± 0,114	51,157	3,121 8
463	430,66 × 6,99	430,66	± 2,03	± 2,97	16,955	± 0,080	± 0,117	52,686	3,210 1
464	443,36 × 6,99	443,36	± 2,16	± 3,05	17,455	± 0,085	± 0,120	54,210	3,308 4
465	456,06 × 6,99	456,06		± 3,13	17,955		± 0,123	55,744	3,401 7
466	468,76 × 6,99	468,76		± 3,21	18,455		± 0,126	57,273	3,495 0
467	481,46 × 6,99	481,46	± 2,29	± 3,29	18,955	± 0,090	± 0,130	58,802	3,588 3
468	494,16 × 6,99	494,16		± 3,37	19,455		± 0,133	60,331	3,681 6
469	506,86 × 6,99	506,86	± 2,41	± 3,45	19,955	± 0,095	± 0,136	61,860	3,774 9
470	532,26 × 6,99	532,26		± 3,61	20,955		± 0,142	64,917	3,961 5
471	557,66 × 6,99	557,66	± 2,54	± 3,77	21,955	± 0,100	± 0,148	67,975	4,148 1
472	582,68 × 6,99	582,68	± 2,67	± 3,92	22,940	± 0,105	± 0,154	70,987	4,331 9
473	608,08 × 6,99	608,08	± 2,79	± 4,08	23,940	± 0,110	± 0,161	74,043	4,518 4
474	633,48 × 6,99	633,48	± 2,92	± 4,24	24,940	± 0,115	± 0,167	77,101	4,705 0
475	658,88 × 6,99	658,88	± 3,05	± 4,40	25,940	± 0,120	± 0,173	80,159	4,891 6

21

Tabelle 7 — Größenbezeichnung, Größe, Innendurchmesser und Innendurchmessertoleranzen
von O-Ringen für Luftfahrtanwendungen —
Schnurstärke d_2 von 1,80 mm ± 0,08 mm (0,071 in ± 0,003 in)

Größen-bez.	Größe	Innendurchmesser				Volumen ref.	
		d_1 nom.	Toleranz	d_1 nom.	Toleranz		
		mm	mm	in	in	cm³	in³
A0018	1,8 × 1,8	1,80		0,071		0,029	0,001 8
A0020	2 × 1,8	2,00		0,079		0,030	0,001 9
A0022	2,24 × 1,8	2,24		0,088		0,032	0,002 0
A0025	2,5 × 1,8	2,50		0,098		0,034	0,002 1
A0028	2,8 × 1,8	2,80		0,110		0,037	0,002 3
A0032	3,15 × 1,8	3,15		0,124		0,037	0,002 4
A0036	3,55 × 1,8	3,55		0,140		0,040	0,002 6
A0038	3,75 × 1,8	3,75		0,148		0,043	0,002 6
A0040	4 × 1,8	4,00	± 0,13	0,157	± 0,005	0,044	0,002 8
A0045	4,5 × 1,8	4,50		0,177		0,046	0,003 1
A0049	4,87 × 1,8	4,87		0,192		0,053	0,003 3
A0050	5 × 1,8	5,00		0,197		0,054	0,003 3
A0052	5,2 × 1,8	5,20		0,205		0,056	0,003 4
A0053	5,3 × 1,8	5,30		0,209		0,057	0,003 5
A0056	5,6 × 1,8	5,60		0,220		0,059	0,003 6
A0060	6 × 1,8	6,00		0,236		0,062	0,003 8
A0063	6,3 × 1,8	6,30		0,248		0,065	0,004 0
A0067	6,7 × 1,8	6,70		0,264		0,068	0,004 2
A0069	6,9 × 1,8	6,90		0,272		0,070	0,004 3
A0071	7,1 × 1,8	7,10	± 0,14	0,280		0,071	0,004 4
A0075	7,5 × 1,8	7,50		0,295		0,074	0,004 6
A0080	8 × 1,8	8,00		0,315		0,078	0,004 8
A0085	8,5 × 1,8	8,50		0,335		0,082	0,005 0
A0088	8,75 × 1,8	8,75		0,344	± 0,006	0,084	0,005 2
A0090	9 × 1,8	9,00	± 0,15	0,354		0,086	0,005 3
A0095	9,5 × 1,8	9,50		0,374		0,090	0,005 5
A0100	10 × 1,8	10,00		0,394		0,094	0,005 8
A0106	10,6 × 1,8	10,60	± 0,16	0,471		0,099	0,067
A0112	11,2 × 1,8	11,20		0,441		0,104	0,006 4

Tabelle 7 *(fortgesetzt)*

Größen-bez.	Größe	Innendurchmesser				Volumen ref.	
		d_1 nom.	Toleranz	d_1 nom.	Toleranz		
		mm	mm	in	in	cm³	in³
A0118	11,8 × 1,8	11,80	± 0,17	0,465	± 0,007	0,109	0,006 7
A0250	12,5 × 1,8	12,50		0,492		0,114	0,007 0
A0132	13,2 × 1,8	13,20		0,520		0,120	0,007 4
A0140	14 × 1,8	14,00	± 0,18	0,551		0,126	0,007 7
A0150	15 × 1,8	15,00		0,591		0,134	0,008 2
A0160	16 × 1,8	16,00	± 0,19	0,630		0,142	0,008 7
A0170	17 × 1,8	17,00	± 0,20	0,669	± 0,008	0,150	0,009 2
A0180	18 × 1,8	18,00		0,709		0,158	0,009 7
A0190	19 × 1,8	19,00	± 0,21	0,748		0,166	0,010 2
A0200	20 × 1,8	20,00		0,787		0,174	0,010 7
A0212	21,2 × 1,8	21,20	± 0,22	0,835	± 0,009	0,184	0,011 3
A0224	22,4 × 1,8	22,40	± 0,23	0,882		0,193	0,011 9
A0236	23,6 × 1,8	23,60	± 0,24	0,929		0,203	0,012 4
A0250	25 × 1,8	25,00		0,984		0,214	0,013 1
A0258	25,8 × 1,8	25,80	± 0,25	1,016	± 0,010	0,221	0,013 5
A0265	26,5 × 1,8	26,50		1,043		0,226	0,013 9
A0280	28 × 1,8	28,00	± 0,26	1,102		0,238	0,014 6
A0300	30 × 1,8	30,00		1,181		0,254	0,015 6
A0315	31,5 × 1,8	31,50	± 0,28	1,240	± 0,011	0,266	0,016 3
A0325	32,5 × 1,8	32,50	± 0,29	1,280		0,274	0,016 8
A0335	33,5 × 1,8	33,50		1,319		0,282	0,017 3
A0345	34,5 × 1,8	34,50	± 0,30	1,358	± 0,012	0,290	0,017 8
A0355	35,5 × 1,8	35,50	± 0,31	1,398		0,298	0,018 3
A0365	36,5 × 1,8	36,50		1,437		0,306	0,018 8
A0375	37,5 × 1,8	37,50	± 0,32	1,476	± 0,013	0,314	0,019 2
A0387	38,7 × 1,8	38,70		1,524		0,324	0,019 8
A0400	40 × 1,8	40,00	± 0,33	1,575		0,334	0,020 5
A0412	41,2 × 1,8	41,20	± 0,34	1,622		0,344	0,021 1
A0425	42,5 × 1,8	42,50	± 0,35	1,673		0,354	0,021 7
A0437	43,7 × 1,8	43,70		1,720	± 0,014	0,364	0,022 3
A0450	45 × 1,8	45,00	± 0,36	1,772		0,374	0,022 9
A0475	47,5 × 1,8	47,50	± 0,38	1,870	± 0,015	0,394	0,024 1
A0500	50 × 1,8	50,00	± 0,39	1,969		0,414	0,025 4

23

Tabelle 7 (fortgesetzt)

Größen-bez.	Größe	Innendurchmesser d_1 nom. mm	Toleranz mm	d_1 nom. in	Toleranz in	Volumen ref. cm³	in³
A0530	53 × 1,8	53,00	± 0,41	2,087	± 0,016	0,438	0,026 8
A0560	56 × 1,8	56,00	± 0,42	2,205	± 0,017	0,462	0,028 3
A0600	60 × 1,8	60,00	± 0,45	2,362	± 0,018	0,494	0,030 3
A0630	63 × 1,8	63,00	± 0,46	2,480		0,518	0,031 7
A0670	67 × 1,8	67,00	± 0,49	2,638	± 0,019	0,550	0,033 7
A0710	71 × 1,8	71,00	± 0,51	2,795	± 0,020	0,582	0,035 6
A0750	75 × 1,8	75,00	± 0,53	2,953	± 0,021	0,614	0,037 6
A0800	80 × 1,8	80,00	± 0,56	3,150	± 0,022	0,654	0,040 1
A0850	85 × 1,8	85,00	± 0,59	3,346	± 0,023	0,694	0,042 5
A0900	90 × 1,8	90,00	± 0,62	3,543	± 0,024	0,734	0,045 0
A0950	95 × 1,8	95,00	± 0,64	3,740	± 0,025	0,774	0,047 4
A1000	100 × 1,8	100,00	± 0,67	3,937	± 0,026	0,814	0,049 9
A1060	106 × 1,8	106,00	± 0,71	4,173	± 0,028	0,862	0,052 8
A1120	112 × 1,8	112,00	± 0,74	4,409	± 0,029	0,910	0,055 7
A1180	118 × 1,8	118,00	± 0,77	4,646	± 0,030	0,958	0,058 7
A1250	125 × 1,8	125,00	± 0,81	4,921	± 0,032	1,014	0,062 1

Tabelle 8 — Größenbezeichnung, Größe, Innendurchmesser und Innendurchmessertoleranzen
von O-Ringen für Luftfahrtanwendungen —
Schnurstärke d_2 von 2,65 mm ± 0,09 mm (0,104 in ± 0,004 in)

Größen-bez.	Größe	Innendurchmesser				Volumen ref.	
		d_1 nom.	Toleranz	d_1 nom.	Toleranz		
		mm	mm	in	in	cm³	in³
B0045	4,5 × 2,65	4,50		0,177		0,124	0,007 5
B0053	5,3 × 2,65	5,30	± 0,13	0,209	± 0,005	0,138	0,008 4
B0060	6 × 2,65	6,00		0,236		0,150	0,009 1
B0069	6,9 × 2,65	6,90	± 0,14	0,272		0,165	0,010 0
B0080	8 × 2,65	8,00		0,315		0,185	0,011 2
B0090	9 × 2,65	9,00		0,354		0,202	0,012 2
B0095	9,5 × 2,65	9,50	± 0,15	0,374	± 0,006	0,211	0,012 8
B0100	10 × 2,65	10,00		0,394		0,219	0,013 3
B0106	10,6 × 2,65	10,60	± 0,16	0,417		0,230	0,013 9
B0112	11,2 × 2,65	11,20		0,441		0,240	0,014 5
B0118	11,8 × 2,65	11,80		0,465		0,250	0,015 2
B0125	12,5 × 2,65	12,50	± 0,17	0,492		0,263	0,015 9
B0132	13,2 × 2,65	13,20		0,520	± 0,007	0,275	0,016 7
B0140	14 × 2,65	14,00	± 0,18	0,551		0,288	0,017 5
B0150	15 × 2,65	15,00		0,591		0,306	0,018 5
B0160	16 × 2,65	16,00	± 0,19	0,630		0,323	0,019 6
B0170	17 × 2,65	17,00	± 0,20	0,669		0,340	0,020 6
B0180	18 × 2,65	18,00		0,709	± 0,008	0,358	0,021 7
B0190	19 × 2,65	19,00	± 0,21	0,748		0,375	0,022 7
B0200	20 × 2,65	20,00		0,787		0,392	0,023 8
B0212	21,2 × 2,65	21,20	± 0,22	0,835		0,413	0,025 1
B0224	22,4 × 2,65	22,40	± 0,23	0,882	± 0,009	0,434	0,026 3
B0236	23,6 × 2,65	23,60	± 0,24	0,929		0,455	0,027 6
B0250	25 × 2,65	25,00		0,984		0,479	0,029 0
B0258	25,8 × 2,65	25,80	± 0,25	1,016		0,493	0,029 9
B0265	26,5 × 2,65	26,50		1,043	± 0,010	0,505	0,030 6
B0280	28 × 2,65	28,00	± 0,26	1,102		0,531	0,032 2
B0300	30 × 2,65	30,00	± 0,27	1,181		0,566	0,034 3
B0315	31,5 × 2,65	31,50	± 0,28	1,240	± 0,011	0,592	0,035 9
B0325	32,5 × 2,65	32,50	± 0,29	1,280		0,609	0,036 9
B0335	33,5 × 2,65	33,50		1,319		0,626	0,038 0

25

Tabelle 8 (*fortgesetzt*)

Größen-bez.	Größe	Innendurchmesser				Volumen ref.	
		d_1 nom.	Toleranz	d_1 nom.	Toleranz		
		mm	mm	in	in	cm³	in³
B0345	34,5 × 2,65	34,50	± 0,30	1,358	± 0,012	0,644	0,039 0
B0355	35,5 × 2,65	35,50	± 0,31	1,398	± 0,012	0,661	0,040 1
B0365	36,5 × 2,65	36,50	± 0,31	1,437		0,678	0,041 1
B0375	37,5 × 2,65	37,50	± 0,32	1,476		0,696	0,042 2
B0387	38,7 × 2,65	38,70	± 0,32	1,524	± 0,013	0,716	0,043 4
B0400	40 × 2,65	40,00	± 0,33	1,575	± 0,013	0,739	0,044 8
B0412	41,2 × 2,65	41,20	± 0,34	1,622		0,760	0,046 1
B0425	42,5 × 2,65	42,50	± 0,35	1,673		0,782	0,047 4
B0437	43,7 × 2,65	43,70	± 0,35	1,720	± 0,014	0,803	0,048 7
B0450	45 × 2,65	45,00	± 0,36	1,772		0,826	0,050 1
B0462	46,2 × 2,65	46,20	± 0,37	1,819		0,846	0,051 3
B0475	47,5 × 2,65	47,50	± 0,38	1,870	± 0,015	0,869	0,052 7
B0487	48,7 × 2,65	48,70	± 0,38	1,917	± 0,015	0,890	0,053 9
B0500	50 × 2,65	50,00	± 0,39	1,969		0,912	0,055 3
B0515	51,5 × 2,65	51,50	± 0,40	2,028	± 0,016	0,938	0,056 9
B0530	53 × 2,65	53,00	± 0,41	2,087	± 0,016	0,964	0,058 5
B0545	54,5 × 2,65	54,50	± 0,42	2,146		0,990	0,060 0
B0560	56 × 2,65	56,00	± 0,42	2,205	± 0,017	1,016	0,061 6
B0580	58 × 2,65	58,00	± 0,44	2,283		1,051	0,063 7
B0600	60 × 2,65	60,00	± 0,45	2,362		1,086	0,065 8
B0615	61,5 × 2,65	61,50	± 0,45	2,421	± 0,018	1,112	0,067 4
B0630	63 × 2,65	63,00	± 0,46	2,480		1,138	0,069 0
B0650	65 × 2,65	65,00	± 0,48	2,559	± 0,019	1,172	0,071 1
B0670	67 × 2,65	67,00	± 0,49	2,638	± 0,019	1,207	0,073 2
B0690	69 × 2,65	69,00	± 0,50	2,717		1,242	0,075 3
B0710	71 × 2,65	71,00	± 0,51	2,795	± 0,020	1,276	0,077 4
B0730	73 × 2,65	73,00	± 0,52	2,874		1,311	0,079 5
B0750	75 × 2,65	75,00	± 0,53	2,953	± 0,021	1,345	0,081 6
B0800	80 × 2,65	80,00	± 0,56	3,150	± 0,022	1,432	0,086 8
B0850	85 × 2,65	85,00	± 0,59	3,346	± 0,023	1,519	0,092 1
B0900	90 × 2,65	90,00	± 0,62	3,543	± 0,024	1,605	0,097 3
B0950	95 × 2,65	95,00	± 0,64	3,740	± 0,025	1,692	0,102 6
B1000	100 × 2,65	100,00	± 0,67	3,937	± 0,026	1,779	0,107 8

Tabelle 8 (fortgesetzt)

Größen- bez.	Größe	Innendurchmesser				Volumen ref.	
		d_1 nom.	Toleranz	d_1 nom.	Toleranz		
		mm	mm	in	in	cm³	in³
B1060	106 × 2,65	106,00	± 0,71	4,173	± 0,028	1,883	0,114 1
B1120	112 × 2,65	112,00	± 0,74	4,409	± 0,029	1,987	0,120 4
B1180	118 × 2,65	118,00	± 0,77	4,646	± 0,030	2,091	0,126 8
B1250	125 × 2,65	125,00	± 0,81	4,921	± 0,032	2,212	0,134 1
B1320	132 × 2,65	132,00	± 0,85	5,197	± 0,033	2,333	0,141 5
B1400	140 × 2,65	140,00	± 0,89	5,512	± 0,035	2,472	0,149 9
B1500	150 × 2,65	150,00	± 0,95	5,906	± 0,037	2,645	0,160 4
B1600	160 × 2,65	160,00	± 1,00	6,299	± 0,039	2,818	0,170 9
B1700	170 × 2,65	170,00	± 1,06	6,693	± 0,042	2,992	0,181 4
B1800	180 × 2,65	180,00	± 1,11	7,087	± 0,044	3,165	0,191 9
B1900	190 × 2,65	190,00	± 1,17	7,480	± 0,046	3,338	0,202 4
B2000	200 × 2,65	200,00	± 1,22	7,874	± 0,048	3,511	0,212 9
B2120	212 × 2,65	212,00	± 1,29	8,346	± 0,051	3,719	0,225 5
B2240	224 × 2,65	224,00	± 1,35	8,819	± 0,053	3,927	0,238 1
B2300	230 × 2,65	230,00	± 1,39	9,055	± 0,055	4,031	0,244 4
B2360	236 × 2,65	236,00	± 1,42	9,291	± 0,056	4,135	0,250 7
B2430	243 × 2,65	243,00	± 1,46	9,567	± 0,057	4,256	0,258 1
B2500	250 × 2,65	250,00	± 1,49	9,843	± 0,059	4,378	0,265 5

27

Tabelle 9 — Größenbezeichnung, Größe, Innendurchmesser und Innendurchmessertoleranzen
von O-Ringen für Luftfahrtanwendungen —
Schnurstärke d_2 von 3,55 mm ± 0,10 mm (0,140 in ± 0,004 in)

Größen-bez.	Größe	Innendurchmesser				Volumen ref.	
		d_1 nom. mm	Toleranz mm	d_1 nom. in	Toleranz in	cm^3	in^3
C0140	14 × 3,55	14,00	± 0,18	0,551	± 0,007	0,546	0,033 4
C0150	15 × 3,55	15,00	± 0,18	0,591	± 0,007	0,577	0,035 4
C0160	16 × 3,55	16,00	± 0,19	0,630		0,608	0,037 2
C0170	17 × 3,55	17,00	± 0,20	0,669		0,639	0,039 1
C0180	18 × 3,55	18,00	± 0,20	0,709	± 0,008	0,670	0,041 1
C0190	19 × 3,55	19,00	± 0,21	0,748	± 0,008	0,701	0,042 9
C0200	20 × 3,55	20,00	± 0,21	0,787		0,732	0,044 8
C0212	21,2 × 3,55	21,20	± 0,22	0,835		0,770	0,047 2
C0224	22,4 × 3,55	22,40	± 0,23	0,882	± 0,009	0,807	0,049 4
C0236	23,6 × 3,55	23,60	± 0,24	0,929	± 0,009	0,844	0,051 7
C0250	25 × 3,55	25,00	± 0,24	0,984		0,888	0,054 4
C0258	25,8 × 3,55	25,80	± 0,25	1,016	± 0,010	0,913	0,055 9
C0265	26,5 × 3,55	26,50	± 0,25	1,043	± 0,010	0,934	0,057 2
C0280	28 × 3,55	28,00	± 0,26	1,102		0,981	0,060 1
C0300	30 × 3,55	30,00	± 0,27	1,181		1,043	0,063 9
C0315	31,5 × 3,55	31,50	± 0,28	1,240	± 0,011	1,090	0,066 7
C0325	32,5 × 3,55	32,50	± 0,29	1,280	± 0,011	1,121	0,068 7
C0335	33,5 × 3,55	33,50	± 0,29	1,319		1,152	0,070 6
C0345	34,5 × 3,55	34,50	± 0,30	1,358		1,183	0,072 4
C0355	35,5 × 3,55	35,50	± 0,31	1,398	± 0,012	1,214	0,074 4
C0365	36,5 × 3,55	36,50	± 0,31	1,437	± 0,012	1,245	0,076 3
C0375	37,5 × 3,55	37,50	± 0,32	1,476		1,276	0,078 2
C0387	38,7 × 3,55	38,70	± 0,32	1,524		1,314	0,080 5
C0400	40 × 3,55	40,00	± 0,33	1,575	± 0,013	1,354	0,082 9
C0412	41,2 × 3,55	41,20	± 0,34	1,622		1,392	0,085 2
C0425	42,5 × 3,55	42,50	± 0,35	1,673		1,432	0,087 7
C0437	43,7 × 3,55	43,70	± 0,35	1,720	± 0,014	1,469	0,090 0
C0450	45 × 3,55	45,00	± 0,36	1,772		1,510	0,092 5
C0462	46,2 × 3,55	46,20	± 0,37	1,819		1,547	0,094 7
C0475	47,5 × 3,55	47,50	± 0,38	1,870	± 0,015	1,587	0,097 2
C0487	48,7 × 3,55	48,70	± 0,38	1,917	± 0,015	1,625	0,099 5
C0500	50 × 3,55	50,00	± 0,39	1,969		1,665	0,102 0

Tabelle 9 (fortgesetzt)

Größen-bez.	Größe	Innendurchmesser				Volumen ref.	
		d_1 nom.	Toleranz	d_1 nom.	Toleranz		
		mm	mm	in	in	cm³	in³
C0515	51,5 × 3,55	51,50	± 0,40	2,028	± 0,016	1,712	0,104 8
C0530	53 × 3,55	53,00	± 0,41	2,087		1,758	0,107 7
C0545	54,5 × 3,55	54,50	± 0,42	2,146		1,805	0,110 6
C0560	56 × 3,55	56,00		2,205	± 0,017	1,852	0,113 4
C0580	58 × 3,55	58,00	± 0,44	2,283		1,914	0,117 2
C0600	60 × 3,55	60,00	± 0,45	2,362		1,976	0,121 0
C0615	61,5 × 3,55	61,50		2,421	± 0,018	2,023	0,123 9
C0630	63 × 3,55	63,00	± 0,46	2,480		2,069	0,126 7
C0650	65 × 3,55	65,00	± 0,48	2,559	± 0,019	2,132	0,130 5
C0670	67 × 3,55	67,00	± 0,49	2,638		2,194	0,134 3
C0690	69 × 3,55	69,00	± 0,50	2,717		2,256	0,138 2
C0710	71 × 3,55	71,00	± 0,51	2,795	± 0,020	2,318	0,141 9
C0730	73 × 3,55	73,00	± 0,52	2,874		2,380	0,145 8
C0750	75 × 3,55	75,00	± 0,53	2,953	± 0,021	2,443	0,149 6
C0775	77,5 × 3,55	77,50	± 0,55	3,051		2,520	0,154 3
C0800	80 × 3,55	80,00	± 0,56	3,150	± 0,022	2,598	0,159 1
C0825	82,5 × 3,55	82,50	± 0,57	3,248		2,676	0,163 8
C0850	85 × 3,55	85,00	± 0,59	3,346	± 0,023	2,753	0,168 6
C0875	87,5 × 3,55	87,50	± 0,60	3,445	± 0,024	2,831	0,173 4
C0900	90 × 3,55	90,00	± 0,62	3,543		2,909	0,178 1
C0925	92,5 × 3,55	92,50	± 0,63	3,642	± 0,025	2,987	0,182 9
C0950	95 × 3,55	95,00	± 0,64	3,740		3,064	0,187 6
C0975	97,5 × 3,55	97,50	± 0,66	3,839	± 0,026	3,142	0,192 4
C1000	100 × 3,55	100,00	± 0,67	3,937		3,220	0,197 2
C1030	103 × 3,55	103,00	± 0,69	4,055	± 0,027	3,313	0,202 9
C1060	106 × 3,55	106,00	± 0,71	4,173	± 0,028	3,407	0,208 6
C1090	109 × 3,55	109,00	± 0,72	4,291		3,500	0,214 3
C1120	112 × 3,55	112,00	± 0,74	4,409	± 0,029	3,593	0,220 0
C1150	115 × 3,55	115,00	± 0,76	4,528	± 0,030	3,686	0,225 7
C1180	118 × 3,55	118,00	± 0,77	4,646		3,780	0,231 5
C1220	122 × 3,55	122,00	± 0,80	4,803	± 0,031	3,904	0,239 0
C1250	125 × 3,55	125,00	± 0,81	4,921	± 0,032	3,997	0,244 8
C1280	128 × 3,55	128,00	± 0,83	5,039	± 0,033	4,091	0,250 5

29

Tabelle 9 (*fortgesetzt*)

Größen-bez.	Größe	Innendurchmesser				Volumen ref.	
		d_1 nom.	Toleranz	d_1 nom.	Toleranz		
		mm	mm	in	in	cm³	in³
C1320	132 × 3,55	132,00	± 0,85	5,197	± 0,033	4,215	0,258 1
C1360	136 × 3,55	136,00	± 0,87	5,354	± 0,034	4,339	0,265 7
C1400	140 × 3,55	140,00	± 0,89	5,512	± 0,035	4,464	0,273 3
C1450	145 × 3,55	145,00	± 0,92	5,709	± 0,036	4,619	0,282 9
C1500	150 × 3,55	150,00	± 0,95	5,906	± 0,037	4,775	0,292 4
C1550	155 × 3,55	155,00	± 0,98	6,102	± 0,039	4,930	0,301 9
C1600	160 × 3,55	160,00	± 1,00	6,299		5,086	0,311 4
C1650	165 × 3,55	165,00	± 1,03	6,496	± 0,041	5,241	0,320 9
C1700	170 × 3,55	170,00	± 1,06	6,693	± 0,042	5,397	0,330 5
C1750	175 × 3,55	175,00	± 1,09	6,890	± 0,043	5,552	0,340 0
C1800	180 × 3,55	180,00	± 1,11	7,087	± 0,044	5,708	0,349 5
C1850	185 × 3,55	185,00	± 1,14	7,283	± 0,045	5,863	0,359 0
C1900	190 × 3,55	190,00	± 1,17	7,480	± 0,046	6,019	0,368 5
C1950	195 × 3,55	195,00	± 1,20	7,677	± 0,047	6,174	0,378 0
C2000	200 × 3,55	200,00	± 1,22	7,874	± 0,048	6,329	0,387 6
C2120	212 × 3,55	212,00	± 1,29	8,346	± 0,051	6,703	0,410 4
C2180	218 × 3,55	218,00	± 1,32	8,523	± 0,052	6,889	0,419 0
C2240	224 × 3,55	224,00	± 1,35	8,819	± 0,053	7,076	0,433 3
C2300	230 × 3,55	230,00	± 1,39	9,055	± 0,055	7,262	0,444 7
C2360	236 × 3,55	236,00	± 1,42	9,291	± 0,056	7,449	0,456 1
C2500	250 × 3,55	250,00	± 1,49	9,843	± 0,059	7,884	0,482 8
C2580	258 × 3,55	258,00	± 1,54	10,157	± 0,061	8,133	0,498 0
C2650	265 × 3,55	265,00	± 1,57	10,433	± 0,062	8,351	0,511 3
C2800	280 × 3,55	280,00	± 1,65	11,024	± 0,065	8,817	0,533 9
C2900	290 × 3,55	290,00	± 1,71	11,417	± 0,067	9,128	0,558 9
C3000	300 × 3,55	300,00	± 1,76	11,811	± 0,069	9,439	0,578 0
C3070	307 × 3,55	307,00	± 1,80	12,087	± 0,071	9,657	0,591 3
C3150	315 × 3,55	315,00	± 1,84	12,402	± 0,072	9,905	0,606 5
C3350	335 × 3,55	335,00	± 1,95	13,189	± 0,077	10,527	0,644 6
C3550	355 × 3,55	355,00	± 2,06	13,976	± 0,081	11,149	0,682 7

Tabelle 10 — Größenbezeichnung, Größe, Innendurchmesser und Innendurchmessertoleranzen von O-Ringen für Luftfahrtanwendungen —
Schnurstärke d_2 von 5,30 mm ± 0,13 mm (0,209 in ± 0,005 in)

Größen-bez.	Größe	Innendurchmesser				Volumen ref.	
		d_1 nom.	Toleranz	d_1 nom.	Toleranz		
		mm	mm	in	in	cm³	in³
D0375	37,5 × 5,3	37,50	± 0,32	1,476	± 0,012	2,966	0,182
D0387	38,7 × 5,3	38,70		1,524		3,050	0,187
D0400	40 × 5,3	40,00	± 0,33	1,575	± 0,013	3,140	0,192
D0412	41,2 × 5,3	41,20	± 0,34	1,622		3,223	0,197
D0425	42,5 × 5,3	42,50	± 0,35	1,673		3,313	0,203
D0437	43,7 × 5,3	43,70		1,720	± 0,014	3,396	0,208
D0450	45 × 5,3	45,00	± 0,36	1,772		3,486	0,214
D0462	46,2 × 5,3	46,20	± 0,37	1,819		3,569	0,219
D0475	47,5 × 5,3	47,50	± 0,38	1,870	± 0,015	3,660	0,224
D0487	48,7 × 5,3	48,70		1,917		3,743	0,229
D0500	50 × 5,3	50,00	± 0,39	1,969		3,833	0,235
D0515	51,5 × 5,3	51,50	± 0,40	2,028	± 0,016	3,937	0,241
D0530	53 × 5,3	53,00	± 0,41	2,087		4,041	0,247
D0545	54,5 × 5,3	54,50	± 0,42	2,146		4,145	0,254
D0560	56 × 5,3	56,00		2,205	± 0,017	4,249	0,260
D0580	58 × 5,3	58,00	± 0,44	2,283		4,387	0,269
D0600	60 × 5,3	60,00	± 0,45	2,362		4,526	0,277
D0615	61,5 × 5,3	61,50		2,421	± 0,018	4,630	0,283
D0630	63 × 5,3	63,00	± 0,46	2,480		4,734	0,290
D0650	65 × 5,3	65,00	± 0,48	2,559		4,872	0,298
D0670	67 × 5,3	67,00	± 0,49	2,638	± 0,019	5,011	0,307
D0690	69 × 5,3	69,00	± 0,50	2,717		5,150	0,315
D0710	71 × 5,3	71,00	± 0,51	2,795	± 0,020	5,288	0,324
D0730	73 × 5,3	73,00	± 0,52	2,874		5,427	0,332
D0750	75 × 5,3	75,00	± 0,53	2,953	± 0,021	5,566	0,341
D0775	77,5 × 5,3	77,50	± 0,55	3,051		5,739	0,351
D0800	80 × 5,3	80,00	± 0,56	3,150	± 0,022	5,912	0,362
D0825	82,5 × 5,3	82,50	± 0,57	3,248		6,085	0,373
D0850	85 × 5,3	85,00	± 0,59	3,346	± 0,023	6,259	0,383
D0875	87,5 × 5,3	87,50	± 0,60	3,445	± 0,024	6,432	0,394
D0900	90 × 5,3	90,00	± 0,62	3,543		6,605	0,404

31

Tabelle 10 (*fortgesetzt*)

Größen-bez.	Größe	Innendurchmesser d_1 nom. mm	Toleranz mm	d_1 nom. in	Toleranz in	Volumen ref. cm^3	in^3
D0925	92,5 × 5,3	92,50	± 0,63	3,642	± 0,025	6,778	0,415
D0950	95 × 5,3	95,00	± 0,64	3,740		6,952	0,426
D0975	97,5 × 5,3	97,50	± 0,66	3,839	± 0,026	7,125	0,437
D1000	100 × 5,3	100,00	± 0,67	3,937		7,298	0,447
D1030	103 × 5,3	103,00	± 0,69	4,055	± 0,027	7,506	0,460
D1060	106 × 5,3	106,00	± 0,71	4,173	± 0,028	7,714	0,472
D1090	109 × 5,3	109,00	± 0,72	4,291		7,922	0,485
D1120	112 × 5,3	112,00	± 0,74	4,409	± 0,029	8,130	0,498
D1150	115 × 5,3	115,00	± 0,76	4,528	± 0,030	8,338	0,510
D1180	118 × 5,3	118,00	± 0,77	4,646		8,546	0,523
D1220	122 × 5,3	122,00	± 0,80	4,803	± 0,031	8,823	0,540
D1250	125 × 5,3	125,00	± 0,81	4,921	± 0,032	9,031	0,553
D1280	128 × 5,3	128,00	± 0,83	5,039	± 0,033	9,239	0,566
D1320	132 × 5,3	132,00	± 0,85	5,197		9,516	0,583
D1360	136 × 5,3	136,00	± 0,87	5,354	± 0,034	9,793	0,600
D1400	140 × 5,3	140,00	± 0,89	5,512	± 0,035	10,071	0,617
D1450	145 × 5,3	145,00	± 0,92	5,709	± 0,036	10,417	0,638
D1500	150 × 5,3	150,00	± 0,95	5,906	± 0,037	10,764	0,659
D1550	155 × 5,3	155,00	± 0,98	6,102	± 0,039	11,110	0,681
D1600	160 × 5,3	160,00	± 1,00	6,299		11,457	0,701
D1650	165 × 5,3	165,00	± 1,03	6,496	± 0,041	11,803	0,723
D1700	170 × 5,3	170,00	± 1,06	6,693	± 0,042	12,150	0,744
D1750	175 × 5,3	175,00	± 1,09	6,890	± 0,043	12,496	0,765
D1800	180 × 5,3	180,00	± 1,11	7,087	± 0,044	12,843	0,786
D1850	185 × 5,3	185,00	± 1,14	7,283	± 0,045	13,190	0,807
D1900	190 × 5,3	190,00	± 1,17	7,480	± 0,046	13,536	0,829
D1950	195 × 5,3	195,00	± 1,20	7,677	± 0,047	13,883	0,850
D2000	200 × 5,3	200,00	± 1,22	7,874	± 0,048	14,229	0,871

Tabelle 11 — Größenbezeichnung, Größe, Innendurchmesser und Innendurchmessertoleranzen von O-Ringen für Luftfahrtanwendungen —
Schnurstärke d_2 von 7,00 mm ± 0,15 mm (0,276 in ± 0,006 in)

Größen-bez.	Größe	Innendurchmesser				Volumen ref.	
		d_1 nom. mm	Toleranz mm	d_1 nom. in	Toleranz in	cm^3	in^3
E1090	109 × 7	109,00	± 0,72	4,291	± 0,028	14,025	0,856
E1120	112 × 7	112,00	± 0,74	4,409	± 0,029	14,387	0,878
E1150	115 × 7	115,00	± 0,76	4,528	± 0,030	14,750	0,900
E1180	118 × 7	118,00	± 0,77	4,646		15,113	0,922
E1220	122 × 7	122,00	± 0,80	4,803	± 0,031	15,596	0,952
E1250	125 × 7	125,00	± 0,81	4,921	± 0,032	15,959	0,974
E1280	128 × 7	128,00	± 0,83	5,039	± 0,033	16,322	0,996
E1320	132 × 7	132,00	± 0,85	5,197		16,805	1,025
E1360	136 × 7	136,00	± 0,87	5,354	± 0,034	17,289	1,058
E1400	140 × 7	140,00	± 0,89	5,512	± 0,035	17,773	1,088
E1450	145 × 7	145,00	± 0,92	5,709	± 0,036	18,377	1,125
E1500	150 × 7	150,00	± 0,95	5,906	± 0,037	18,982	1,162
E1550	155 × 7	155,00	± 0,98	6,102	± 0,039	19,586	1,199
E1600	160 × 7	160,00	± 1,00	6,299		20,191	1,236
E1650	165 × 7	165,00	± 1,03	6,496	± 0,041	20,795	1,273
E1700	170 × 7	170,00	± 1,06	6,693	± 0,042	21,400	1,310
E1750	175 × 7	175,00	± 1,09	6,890	± 0,043	22,004	1,347
E1800	180 × 7	180,00	± 1,11	7,087	± 0,044	22,609	1,384
E1850	185 × 7	185,00	± 1,14	7,283	± 0,045	23,213	1,421
E1900	190 × 7	190,00	± 1,17	7,480	± 0,046	23,818	1,458
E1950	195 × 7	195,00	± 1,20	7,677	± 0,047	24,422	1,495
E2000	200 × 7	200,00	± 1,22	7,874	± 0,048	25,027	1,532
E2060	206 × 7	206,00	± 1,26	8,110	± 0,050	25,752	1,576
E2120	212 × 7	212,00	± 1,29	8,346	± 0,051	26,478	1,621
E2180	218 × 7	218,00	± 1,32	8,523	± 0,052	27,203	1,665
E2240	224 × 7	224,00	± 1,35	8,819	± 0,053	27,929	1,709
E2300	230 × 7	230,00	± 1,39	9,055	± 0,055	28,654	1,754
E2360	236 × 7	236,00	± 1,42	9,291	± 0,056	29,379	1,798
E2430	243 × 7	243,00	± 1,46	9,567	± 0,057	30,226	1,850
E2500	250 × 7	250,00	± 1,49	9,843	± 0,059	31,072	1,902
E2580	258 × 7	258,00	± 1,54	10,157	± 0,061	32,039	1,961
E2650	265 × 7	265,00	± 1,57	10,433	± 0,062	32,886	2,013
E2720	272 × 7	272,00	± 1,61	10,709	± 0,063	33,732	2,065

33

Tabelle 11 *(fortgesetzt)*

Größen-bez.	Größe	Innendurchmesser				Volumen ref.	
		d_1 nom.	Toleranz	d_1 nom.	Toleranz		
		mm	mm	in	in	cm^3	in^3
E2800	280 × 7	280,00	± 1,65	11,024	± 0,065	34,699	2,124
E2900	290 × 7	290,00	± 1,71	11,417	± 0,067	35,908	2,200
E3000	300 × 7	300,00	± 1,76	11,811	± 0,069	37,117	2,272
E3070	307 × 7	307,00	± 1,80	12,087	± 0,071	37,963	2,324
E3150	315 × 7	315,00	± 1,84	12,402	± 0,072	38,931	2,383
E3250	325 × 7	325,00	± 1,90	12,795	± 0,075	40,140	2,457
E3350	335 × 7	335,00	± 1,95	13,189	± 0,077	41,349	2,531
E3450	345 × 7	345,00	± 2,00	13,583	± 0,079	42,558	2,605
E3550	355 × 7	355,00	± 2,06	13,976	± 0,081	43,767	2,679
E3650	365 × 7	365,00	± 2,11	14,370	± 0,083	44,976	2,753
E3750	375 × 7	375,00	± 2,16	14,764	± 0,085	46,185	2,827
E3870	387 × 7	387,00	± 2,23	15,236	± 0,088	47,636	2,916
E4000	400 × 7	400,00	± 2,29	15,748	± 0,090	49,207	3,012

34

Anhang A
(normativ)

Empfohlene Innendurchmesser- und Schnurstärketoleranzen für nicht genormte O-Ring-Größen

A.1 In einigen Fällen kann es erforderlich sein, O-Ringe, die nicht in diesem Teil von ISO 3601 festgelegt sind, anzuwenden. Dieser Anhang gibt eine Anleitung zur Bestimmung der Toleranzen, die für den Innendurchmesser d_1 und die Schnurstärke d_2 solcher O-Ringe angewendet werden sollten.

A.2 Die Schnurstärketoleranz für nicht genormte O-Ringe sollte nach Tabelle A.1 gewählt werden.

Tabelle A.1 — Schnurstärketoleranzen für nicht genormte O-Ringe

Schnurstärke d_2 mm	Toleranz mm	Schnurstärke d_2 in	Toleranz in
$0,80 < d_2 \leq 3,15$[a]	± 0,08	$0,031 < d_2 \leq 0,124$	± 0,003
$0,80 < d_2 \leq 2,25$[b]	± 0,08	$0,031 < d_2 \leq 0,089$	± 0,003
$2,25 < d_2 \leq 3,15$[b]	± 0,09	$0,089 < d_2 \leq 0,124$	± 0,004[c]
$3,15 < d_2 \leq 4,50$	± 0,10	$0,124 < d_2 \leq 0,177$	± 0,004[c]
$4,50 < d_2 \leq 6,30$	± 0,13	$0,177 < d_2 \leq 0,248$	± 0,005
$6,30 < d_2 \leq 8,40$	± 0,15	$0,248 < d_2 \leq 0,331$	± 0,006

[a] Gilt nur für Klasse A.

[b] Gilt nur für Klasse B.

[c] Unterschiede zwischen den Toleranzwerten ergeben sich durch Umrechnung der Maße von metrisch zu inch und durch Rundungsregeln.

35

A.3 Die Innendurchmessertoleranz für nicht genormte O-Ringe der Klasse A sollte nach Tabelle A.2 gewählt werden.

Tabelle A.2 — Innendurchmessertoleranzen für nicht genormte O-Ringe der Klasse A

Innendurchmesser d_1 mm	Toleranz mm	Innendurchmesser d_1 in	Toleranz in
0,68 bis 1,53	± 0,10	0,027 bis 0,060	± 0,004
1,54 bis 11,69	± 0,13	0,061 bis 0,460	± 0,005
11,70 bis 13,46	± 0,15	0,461 bis 0,530	± 0,006
13,47 bis 17,53	± 0,18	0,531 bis 0,690	± 0,007
17,5 bis 20,57	± 0,20	0,691 bis 0,810	± 0,008
20,58 bis 23,88	± 0,23	0,811 bis 0,940	± 0,009
23,89 bis 28,70	± 0,25	0,941 bis 1,130	± 0,010
28,71 bis 35,56	± 0,30	1,131 bis 1,400	± 0,012
35,57 bis 43,18	± 0,36	1,401 bis 1,700	± 0,014
43,19 bis 50,80	± 0,41	1,701 bis 2,000	± 0,016
50,81 bis 58,42	± 0,46	2,001 bis 2,300	± 0,018
58,43 bis 66,55	± 0,51	2,301 bis 2,620	± 0,020
66,56 bis 74,93	± 0,56	2,621 bis 2,950	± 0,022
74,94 bis 83,57	± 0,61	2,951 bis 3,290	± 0,024
83,58 bis 92,20	± 0,66	3,291 bis 3,630	± 0,026
92,21 bis 101,60	± 0,71	3,631 bis 4,000	± 0,028
101,61 bis 117,35	± 0,76	4,001 bis 4,620	± 0,030
117,36 bis 141,22	± 0,89	4,621 bis 5,560	± 0,035
141,23 bis 166,37	± 1,02	5,561 bis 6,550	± 0,040
166,38 bis 192,02	± 1,14	6,551 bis 7,560	± 0,045
192,03 bis 218,69	± 1,27	7,561 bis 8,610	± 0,050
218,70 bis 253,37	± 1,40	8,611 bis 9,975	± 0,055
253,38 bis 289,56	± 1,52	9,976 bis 11,400	± 0,060
289,57 bis 347,98	± 1,78	11,401 bis 13,700	± 0,070
347,99 bis 408,94	± 2,03	13,701 bis 16,100	± 0,080
408,95 bis 472,44	± 2,29	16,101 bis 18,600	± 0,090
472,45 bis 571,50	± 2,54	18,601 bis 22,500	± 0,100
571,51 bis 711,20	± 3,05	22,501 bis 28,000	± 0,120
711,21 bis 855,98	± 3,56	28,001 bis 33,700	± 0,140
855,99 bis 1005,84	± 4,06	33,701 bis 39,600	± 0,160
1 005,85 bis 1 163,32	± 4,57	39,601 bis 45,800	± 0,180
1 163,33 bis 1 320,80	± 5,08	45,801 bis 52,000	± 0,200

A.4 Gleichung (A.1) wurde zur Berechnung der Innendurchmessertoleranz Δd_1 der im normativen Teil dieses Teils von ISO 3601 enthaltenen O-Ringe der Klasse B verwendet:

$$\Delta d_1 = \pm \left[\left(d_1^{0,95} \times 0,009 \right) + 0,11 \right] \tag{A.1}$$

Gleichung (A.1) kann auch zur Berechnung der Innendurchmessertoleranz (Klasse B) für nicht genormte O-Ringe angewandt werden.

BEISPIEL   Die Toleranz Δd_1 für den Innendurchmesser eines O-Rings mit d_1 = 500 mm:

$$\Delta d_1 = \pm \left[(500^{0,95} \times 0,009) + 0,11 \right]$$

$$= \pm \left[(366,455\ 7 \times 0,009) + 0,11 \right]$$

$$= \pm\ 3,41\ \text{mm}$$

37

Anhang B
(informativ)

Beispiele von Messverfahren für die Wareneingangskontrolle

B.1 Allgemeines

B.1.1 Messgeräte und O-Ringe müssen für eine ausreichende Zeit bei einer Temperatur von 21 °C bis 25 °C und einer relativen Luftfeuchtigkeit von 45 % bis 55 % gehalten werden, um ihre Maße zu stabilisieren. Ist-Messungen sind bei Umgebungstemperatur durchzuführen. Weder die Messgeräte noch die O-Ringe dürfen während der Messung geschmiert sein.

B.1.2 Für die Kontrolle muss die Beleuchtungsstärke mindestens 37,2 lx betragen.

B.1.3 O-Ringe müssen so gehandhabt werden, dass maßliche Verformung vermieden wird.

B.1.4 Die Kontaktflächen der Messgeräte müssen eben, sauber und frei von Kratzern sein.

B.2 Messung der Schnurstärke d_2

B.2.1 Die Schnurstärke muss mit einem der nachfolgend genannten Messmittel bestimmt werden:

— Messschraube (mit Kugelbacken);

— Messschieber;

— optische Vergleichseinrichtung;

— Drehaufnehmer mit Messuhr;

— visuelles oder Lasermessgerät.

B.2.2 Messschrauben und Messschieber dürfen auf das zu messende Maß voreingestellt werden. Messungen müssen an vier Stellen, etwa 90° versetzt, am Umfang des O-Rings durchgeführt werden.

B.2.3 Der Drehaufnehmer kann entweder zylindrisch, mit einer Packung an einem Zylinder befestigt, mit vorgegebenem Durchmesser und einer rotierenden Messuhr oder einer Platte mit einer flachen Kontaktscheibe von 12,70 mm Durchmesser befestigt an der Messuhr sein. Wenn das letztgenannte Gerät verwendet wird, muss das Schnurstärkemaß des O-Rings zentrisch unter den Kontaktbacken sein und der O-Ring so gedreht werden, dass die Trennfuge, sofern vorhanden, die Messung nicht störend beeinflusst.

B.2.4 Messuhren müssen in Schritten von maximal 0,025 mm geteilt sein und dürfen nicht mehr als 28,35 g Kontaktgewicht aufweisen. Es sollte darauf geachtet werden, dass das Kontaktgewicht die Ablesegenauigkeit nicht signifikant verändert. Die Messuhranzeige darf die Toleranzangabe für die Schnurstärke bei einer Messung von 360° an keiner Stelle außer an der Trennfuge übersteigen.

B.2.5 Um die Übereinstimmung mit den Maßanforderungen der Zeichnung nachzuweisen, ist eine optische Vergleichseinrichtung mit einer zehnfachen Vergrößerung, ein Videosystem oder ein Lasersystem, das eine ähnliche Vergrößerung ermöglicht, zu verwenden.

B.3 Messung des Innendurchmessers d_1

B.3.1 Der Innendurchmesser muss mit einem der nachfolgend genannten Messmittel bestimmt werden:

— „Gut-Schlecht"-Lehrdorn;

— abgeflachter Lehrdorn;

— kegelförmig gestufter Lehrdorn;

— Messmikroskop;

— optische Vergleichseinrichtung oder Videosystem, das zum Messen geeignet ist.

B.3.2 Für Innendurchmesser kleiner als 63 mm müssen die Durchmesser durch Gleiten über einen genormten zylindrischen „Gut-Schlecht"-Lehrdorn, einen Messdorn, einen abgeflachten Lehrdorn, einen kegelförmig gestuften Lehrdorn oder einen kegelförmigen Lehrdorn gemessen werden.

B.3.3 Für Innendurchmesser größer als oder gleich 63 mm müssen die Durchmesser durch Gleiten über einen abgeflachten Lehrdorn oder einen kegelförmig gestuften Lehrdorn (kalibriert oder nicht kalibriert), hergestellt mit kleinstem und größtem Durchmesser, gemessen werden.

B.3.4 Der kegelförmig gestufte Lehrdorn kann durch eine Vielzahl von kegeligen Abschnitten zum Messen mehrerer O-Ring-Innendurchmesser verwendet werden. Jede Stufe muss aus einem kegeligen Abschnitt mit einem solchen Winkel bestehen, dass die schräge Fläche dem „Gut"-Maß und die flache Fläche dem „Schlecht"-Maß entspricht. Für jede O-Ring-Schnurstärke muss ein entsprechender Lehrdorn vorhanden sein. Der obere Wert jeder Stufe muss so bemessen sein, dass, ein ungedehnter O-Ring mit kleinstem Innendurchmesser und größter Schnurstärke über die Stufe fällt. Dabei soll der O-Ring auf einer Höhe mit der oberen Kante der Stufe abschließen. Entsprechend darf ein O-Ring mit größtem Innerdurchmesser und maximaler Schnurstärke nicht über die untere Kante dieses Abschnitts hinausragen.

B.3.4.1 Kegeldorne, die eine Verjüngung von 0,02 mm je 1 mm haben und mit einem Messschieber geprüft wurden, können ebenfalls zur Messung von O-Ring-Innendurchmessern verwendet werden. Die Prüfdorne müssen dabei das Toleranzfeld des entsprechenden O-Rings berücksichtigen. Mithilfe einer Messschraube kann der auf dem Dorn fixierte O-Ring am Außendurchmesser geprüft werden.

B.3.4.2 Ein typischer Prüfdorn hat eine Kegelform mit 0,2 mm je 12 mm Länge und Markierungen, die in einem Abstand von 0,51 mm angebracht sind. Die Gesamtlänge des Prüfdorns ist abhängig von den typischen O-Ring-Größen.

B.3.5 Zur Prüfung von sehr großen O-Ring-Innendurchmessern können andere Methoden erforderlich sein. Unter Berücksichtigung der O-Ring-Schnurstärke, die innerhalb der geforderten Toleranz sein muss, kann eine Prüflehre mit einer rechteckigen Nut angefertigt werden. Dabei entspricht der Nut-Innendurchmesser dem kleinsten O-Ring-Innendurchmesser und der Nut-Außendurchmesser dem größten O-Ring-Innendurchmesser plus zweimal der größten Schnurstärke. Die Nuttiefe soll mindestens 50 % der O-Ring-Schnurstärke betragen, aber nicht tiefer als diese sein. Wenn der O-Ring ohne Dehnung in die Nut fällt ist die Toleranz eingehalten.

39

Literaturhinweise

[1]   ISO 1629, *Rubber and latices — Nomenclature*

[2]   ISO 16031-1:2002, *Aerospace fluid systems — O-rings, inch series: Inside diameters and cross sections, tolerances and size-identification codes — Part 1: Close tolerances for hydraulic systems*

[3]   ISO 16031-2:2003, *Aerospace fluid systems — O-rings, inch series: Inside diameters and cross-sections, tolerances and size-identification codes — Part 2: Standard tolerances for non-hydraulic systems*

[4]   SAE AS568B, *Aerospace Size Standard for O-Rings*[1]

---

1)   SAE International, Warrendale, PA, USA.

40

Gleitlager

Buchsen aus Kupferlegierungen

Identisch mit ISO 4379:1993

DIN
ISO 4379

ICS 21.100.10

Deskriptoren: Gleitlager, Buchse, Kupferlegierung, Abmessung, Toleranz

Ersatz für
DIN 1850-1:1976-10

Plain bearings – Copper alloy bushes;
Identical with ISO 4379:1993

Paliers lisses – Bagues en alliages de cuivre;
Identique à ISO 4379:1993

Die Internationale Norm ISO 4379:1993, "Plain bearings; Copper alloy bushes", ist unverändert in diese Deutsche Norm übernommen worden.

Nationales Vorwort

Diese Internationale Norm ISO 4379:1993 wurde vom ISO/TC 123/SC 3 unter deutscher Beteiligung des NGL/AA 3 erarbeitet.

Sie wurde auf Beschluß des NGL/AA 3 ins Deutsche Normenwerk übernommen und ersetzt damit die bisherige Norm DIN 1850-1.

Die in Abschnitt 2 zitierten Internationalen Normen entsprechen folgenden Deutschen Normen:

ISO 1302:1992   siehe DIN ISO 1302
ISO 2768-1:1989   siehe DIN ISO 2768-1
ISO 4382-1:1991   siehe DIN ISO 4382-1
ISO 4382-2:1991   siehe DIN ISO 4382-2
ISO 12301:1992   siehe DIN ISO 12301

Änderungen

Gegenüber DIN 1850-1:1976-10 wurden folgende Änderungen vorgenommen:

    a)   DIN 1850-1 wurde überarbeitet und als DIN ISO 4379 übernommen.
    b)   Die Formbuchstaben wurden gegenüber DIN 1850-1 geändert.

Frühere Ausgaben

DIN 146: 1921-01, 1932-08
DIN 147: 1921-01, 1932-08
DIN 16902: 1944-10
DIN 1850: 1957x-04
DIN 1850-1: 1959-05, 1969-03, 1970-08, 1976-10

Nationaler Anhang NA   (informativ)

Literaturhinweise

DIN ISO 1302   Technische Zeichnungen – Angabe der Oberflächenbeschaffenheit; Identisch mit ISO 1302:1992

DIN ISO 2768-1   Allgemeintoleranzen – Toleranzen für Längen- und Winkelmaße ohne einzelne Toleranzeintragung; Identisch mit ISO 2768-1:1989

DIN ISO 4382-1   Gleitlager – Kupferlegierungen – Kupfer-Gußlegierungen für dickwandige Massiv- und Verbundgleitlager; Identisch mit ISO 4382-1:1991

DIN ISO 4382-2   Gleitlager – Kupferlegierungen – Kupfer-Knetlegierungen für Massivgleitlager; Identisch mit ISO 4382-2:1991

DIN ISO 12301   Gleitlager – Prüftechniken und Prüfung der Qualitätsmerkmale von Geometrie und Werkstoff; Identisch mit ISO 12301:1992

Fortsetzung Seite 2 bis 6

Normenausschuß Gleitlager (NGL) im DIN Deutsches Institut für Normung e.V.

Deutsche Übersetzung

Gleitlager

Buchsen aus Kupferlegierungen

Vorwort

Die ISO (Internationale Organisation für Normung) ist die weltweite Vereinigung nationaler Normungsinstitute (ISO-Mitgliedskörperschaften). Die Erarbeitung Internationaler Normen obliegt den Technischen Komitees der ISO. Jede Mitgliedskörperschaft, die sich für ein Thema interessiert, für das ein Technisches Komitee eingesetzt wurde, ist berechtigt, in diesem Komitee mitzuarbeiten. Internationale (staatliche und nichtstaatliche) Organisationen, die mit der ISO in Verbindung stehen, sind an den Arbeiten ebenfalls beteiligt. Die ISO arbeitet bei allen Angelegenheiten der elektrotechnischen Normung eng mit der Internationalen Elektrotechnischen Kommission (IEC) zusammen.

Die von den Technischen Komitees verabschiedeten Norm-Entwürfe werden den Mitgliedskörperschaften zur Abstimmung vorgelegt. Die Veröffentlichung als Internationale Norm erfordert Zustimmung von mindestens 75 % der abstimmenden Mitgliedskörperschaften.

Die Internationale Norm ISO 4379 wurde erarbeitet vom ISO/TC 123/SC 3 – Maße, Toleranzen und Konstruktion.

Diese zweite Ausgabe ersetzt die erste Ausgabe (ISO 4379 : 1978), in der technische Änderungen vorgenommen wurden.

Der Anhang A dieser Internationalen Norm dient nur zur Information.

1 Anwendungsbereich

Diese Norm legt Maße und Toleranzen für Zylinderbuchsen und Bundbuchsen fest, mit Innendurchmesser d_1 zwischen 6 mm und 200 mm.

Die Norm gilt für Massivbuchsen aus Kupferlegierungen zur Verwendung als Gleitlager mit und ohne Schmierlöcher und Schmiernuten.

2 Normative Verweisungen

Die folgenden normativen Dokumente enthalten Festlegungen, die durch Verweisung in diesem Text Bestandteil der vorliegenden Internationalen Norm sind. Zum Zeitpunkt der Veröffentlichung dieser Internationalen Norm waren die angegebenen Ausgaben gültig. Alle Normen unterliegen der Überarbeitung. Vertragspartner, deren Vereinbarungen auf dieser Internationalen Norm basieren, werden gebeten, die Möglichkeit zu prüfen, ob die jeweils neuesten Ausgaben der im folgenden genannten Normen angewendet werden können. Die Mitglieder von IEC und ISO führen Verzeichnisse der gegenwärtig gültigen Internationalen Normen.

ISO 1302 : 1992
Technische Zeichnungen – Angabe der Oberflächenbeschaffenheit in Zeichnungen

ISO 2768-1 : 1989
Allgemeintoleranzen – Toleranzen für Längen- und Winkelmaße ohne einzelne Toleranzeintragung

ISO 4382-1 : 1991
Gleitlager – Kupferlegierungen – Teil 1: Kupfer-Gußlegierungen für Massiv- und Verbundgleitlager

ISO 4382-2 : 1991
Gleitlager – Kupferlegierungen – Teil 2: Kupfer-Knetlegierungen für Massivgleitlager

ISO 12301 : 1992
Gleitlager – Prüftechniken und Prüfung der Qualitätsmerkmale von Geometrie und Werkstoff

3 Maße und Toleranzen

Die Maße sind in Bild 1 sowie in den Tabellen 1 und 2 angegeben.

Die Toleranzen sind in Tabelle 3 enthalten.

Toleranzklassen, die von den in dieser Internationalen Norm angegebenen Toleranzklassen abweichen, müssen in der Bezeichnung jeweils dem Nennmaß hinzugefügt werden.

Die Maße von d_2 gelten für die Ermittlung des IT-Wertes bei der Koaxialitätstoleranz.

Die Maße von d_3 gelten für die Ermittlung des IT-Wertes bei der Planlaufabweichung.

Nicht angegebene Einzelheiten sind zweckentsprechend zu wählen.

Alle Maße sind in Millimeter angegeben.

Form C   **Form F¹⁾**   Welle

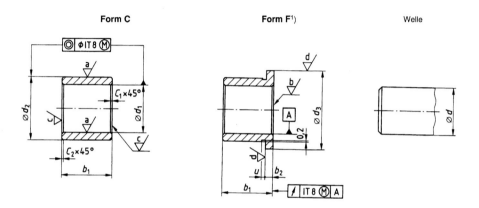

¹⁾ Sonstige Maße und Einzelheiten wie Form C

Bild 1

Tabelle 1: Form C

d_1	d_2			b_1			Fasen 45° C_1, C_2 max.	Fasen 15° C_2 max.
6	8	10	12	6	10	–	0,3	1
8	10	12	14	6	10	–	0,3	1
10	12	14	16	6	10	–	0,3	1
12	14	16	18	10	15	20	0,5	2
14	16	18	20	10	15	20	0,5	2
15	17	19	21	10	15	20	0,5	2
16	18	20	22	12	15	20	0,5	2
18	20	22	24	12	20	30	0,5	2
20	23	24	26	15	20	30	0,5	2
22	25	26	28	15	20	30	0,5	2
(24)	27	28	30	15	20	30	0,5	2
25	28	30	32	20	30	40	0,5	2
(27)	30	32	34	20	30	40	0,5	2
28	32	34	36	20	30	40	0,5	2
30	34	36	38	20	30	40	0,5	2
32	36	38	40	20	30	40	0,8	3
(33)	37	40	42	20	30	40	0,8	3
35	39	41	45	30	40	50	0,8	3
(36)	40	42	46	30	40	50	0,8	3
38	42	45	48	30	40	50	0,8	3
40	44	48	50	30	40	60	0,8	3
42	46	50	52	30	40	60	0,8	3
45	50	53	55	30	40	60	0,8	3
48	53	56	58	40	50	60	0,8	3
50	55	58	60	40	50	60	0,8	3
55	60	63	65	40	50	70	0,8	3
60	65	70	75	40	60	80	0,8	3
65	70	75	80	50	60	80	1	4
70	75	80	85	50	70	90	1	4
75	80	85	90	50	70	90	1	4
80	85	90	95	60	80	100	1	4
85	90	95	100	60	80	100	1	4
90	100	105	110	60	80	120	1	4
95	105	110	115	60	100	120	1	4
100	110	115	120	80	100	120	1	4
105	115	120	125	80	100	120	1	4
110	120	125	130	80	100	120	1	4
120	130	135	140	100	120	150	1	4
130	140	145	150	100	120	150	2	5
140	150	155	160	100	150	180	2	5
150	160	165	170	120	150	180	2	5
160	170	180	185	120	150	180	2	5
170	180	190	195	120	180	200	2	5
180	190	200	210	150	180	250	2	5
190	200	210	220	150	180	250	2	5
200	210	220	230	180	200	250	2	5

ANMERKUNG: Eingeklammerte Werte nur für besondere Anwendungsfälle; sie sind möglichst zu vermeiden.

Tabelle 2: Form F

d_1	d_2	d_3	b_2	d_2	d_3	b_2	b_1			45° C_1, C_2 max.	15° C_2 max.	u
		Reihe 1			Reihe 2							
6	8	10	1	12	14	3	–	10	–	0,3	1	1
8	10	12	1	14	18	3	–	10	–	0,3	1	1
10	12	14	1	16	20	3	–	10	–	0,3	1	1
12	14	16	1	18	22	3	10	15	20	0,5	2	1
14	16	18	1	20	25	3	10	15	20	0,5	2	1
15	17	19	1	21	27	3	10	15	20	0,5	2	1
16	18	20	1	22	28	3	12	15	20	0,5	2	1,5
18	20	22	1	24	30	3	12	20	30	0,5	2	1,5
20	23	26	1,5	26	32	3	15	20	30	0,5	2	1,5
22	25	28	1,5	28	34	3	15	20	30	0,5	2	1,5
(24)	27	30	1,5	30	36	3	15	20	30	0,5	2	1,5
25	28	31	1,5	32	38	4	20	30	40	0,5	2	1,5
(27)	30	33	1,5	34	40	4	20	30	40	0,5	2	1,5
28	32	36	2	36	42	4	20	30	40	0,5	2	1,5
30	34	38	2	38	44	4	20	30	40	0,5	2	2
32	36	40	2	40	46	4	20	30	40	0,8	3	2
(33)	37	41	2	42	48	5	20	30	40	0,8	3	2
35	39	43	2	45	50	5	30	40	50	0,8	3	2
(36)	40	44	2	46	52	5	30	40	50	0,8	3	2
38	42	46	2	48	54	5	30	40	50	0,8	3	2
40	44	48	2	50	58	5	30	40	60	0,8	3	2
42	46	50	2	52	60	5	30	40	60	0,8	3	2
45	50	55	2,5	55	63	5	30	40	60	0,8	3	2
48	53	58	2,5	58	66	5	40	50	60	0,8	3	2
50	55	60	2,5	60	68	5	40	50	60	0,8	3	2
55	60	65	2,5	65	73	5	40	50	70	0,8	3	2
60	65	70	2,5	75	83	7,5	40	60	80	0,8	3	2
65	70	75	2,5	80	88	7,5	50	60	80	1	4	2
70	75	80	2,5	85	95	7,5	50	70	90	1	4	2
75	80	85	2,5	90	100	7,5	50	70	90	1	4	3
80	85	90	2,5	95	105	7,5	60	80	100	1	4	3
85	90	95	2,5	100	110	7,5	60	80	100	1	4	3
90	100	110	5	110	120	10	60	80	120	1	4	3
95	105	115	5	115	125	10	60	100	120	1	4	3
100	110	120	5	120	130	10	80	100	120	1	4	3
105	115	125	5	125	135	10	80	100	120	1	4	3
110	120	130	5	130	140	10	80	100	120	1	4	3
120	130	140	5	140	150	10	100	120	150	1	4	3
130	140	150	5	150	160	10	100	120	150	2	5	4
140	150	160	5	160	170	10	100	150	180	2	5	4
150	160	170	5	170	180	10	120	150	180	2	5	4
160	170	180	5	185	200	12,5	120	150	180	2	5	4
170	180	190	5	195	210	12,5	120	180	200	2	5	4
180	190	200	5	210	220	15	150	180	250	2	5	4
190	200	210	5	220	230	15	150	180	250	2	5	4
200	210	220	5	230	240	15	180	200	250	2	5	4

ANMERKUNG: Eingeklammerte Werte nur für besondere Anwendungsfälle; sie sind möglichst zu vermeiden.

Tabelle 3: Toleranzen

d_1	d_2		d_3	b_1	Aufnahme-bohrung	Wellendurch-messer d
E6*)	≤ 120	s6	d11	h13	H7	e7 oder g7**)
	> 120	r6				

*) Ergibt nach dem Einpressen in der Regel die Toleranzlage H und etwa Toleranzgrad IT 8

**) Empfohlenes Toleranzfeld, abhängig vom Anwendungsfall

Werden Buchsen in Verbindung mit fertig bearbeiteten Präzisionswellen der Toleranzlage h verwendet, dann sollte für den Innendurchmesser d_1 das Toleranzfeld D6 sein; das ergibt nach dem Einpressen eine Toleranzklasse von etwa F8.

Wird die Lagerbohrung nach dem Einpressen nachgearbeitet, so sind die Maße und Toleranzen des Innendurchmessers d_1 zwischen Hersteller und Abnehmer zu vereinbaren.

4 Werkstoff

Kupfer-Gußlegierungen nach ISO 4382-1

Kupfer-Knetlegierungen nach ISO 4382-2

5 Ausführung

Die nach ISO 1302 angegebene Oberflächenrauheit (siehe Bild 1) ist wie folgt:

$\sqrt{}:R_a$ ≤ 1,6 µm

$\sqrt{}:R_a$ ≤ 3,2 µm

$\sqrt{}:R_a$ ≤ 6,3 µm

$\sqrt{}:R_a$ ≤ 25 µm

Die Kanten müssen gratfrei sein.

Geringfügige Vertiefungen sind nur an den Außenoberflächen zulässig, wenn sie keinen Einfluß auf das Einpressen und auf die Funktion haben.

6 Konstruktion

Zulässige Abweichungen für Maße ohne Toleranzangaben müssen der Toleranzklasse "m" nach ISO 2768-1 entsprechen.

Für die Einpreßfase C_2 von 45° sind keine besonderen Bezeichnungsangaben erforderlich.

Für die Einpreßfase C_2 von 15° ist Y in der Bezeichnung zusätzlich anzugeben.

Andere Fasen sind zwischen Hersteller und Abnehmer zu vereinbaren.

Bundbuchsen Form F mit oder ohne Freistich (Maß u) sind zwischen Hersteller und Abnehmer zu vereinbaren.

ANMERKUNG 1: Die in dieser Internationalen Norm empfohlenen Toleranzklassen gelten für alle üblichen Anwendungsfälle des allgemeinen Maschinenbaus. Für Buchsen, die im Bereich der hydrodynamischen Schmierung eingesetzt oder in, sowohl werkstoff- als auch konstruktionsbedingt, extreme Gehäuse eingepreßt oder eingeklebt werden, ist eine Prüfung der in dieser Internationalen Norm empfohlenen Passungen erforderlich.

7 Qualitätssicherung

Für die Prüftechniken und Prüfung der Qualitätsmerkmale hinsichtlich Form und Werkstoff siehe ISO 12301.

8 Bezeichnung

BEISPIEL:

Bezeichnung einer Buchse Form C mit Innendurchmesser d_1 = 20 mm, Außendurchmesser d_2 = 24 mm und Breite b_1 = 20 mm, mit vereinbarter Einpreßfase C_2 von 15° (Y), aus CuSn8P nach ISO 4382-2:

Buchse ISO 4379 – C 20 × 24 × 20 Y – CuSn8P

Anhang A (informativ)

Literaturhinweise

[1] ISO 468 : 1982   Oberflächenrauheit – Meßgrößen, ihre Zahlenwerte und Grundlagen zur Festlegung von Anforderungen

[2] ISO 2692 : 1988   Technische Zeichnungen – Form- und Lagetolerierung – Maximum-Material-Prinzip

DIN ISO 10823

ICS 21.220.30

Ersatz für
DIN ISO 10823:2001-06

Hinweise zur Auswahl von Rollenkettentrieben (ISO 10823:2004)

Guidelines for the selection of roller chain drives
(ISO 10823:2004)

Méthode de sélection des transmissions par chaîne à rouleaux
(ISO 10823:2004)

Gesamtumfang 26 Seiten

Normenausschuss Maschinenbau (NAM) im DIN

Inhalt

Bilder

Tabellen

3

Nationales Vorwort

Die vorliegende Übersetzung ist vom Arbeitsausschuss 2.5 „Stahlgelenkketten" des Fachbereiches „Antriebstechnik" im Normenausschuss Maschinenbau (NAM) beschlossen worden. Der Ausschuss dokumentiert damit die Übereinstimmung mit der ISO-Norm.

Zu beachten ist die Möglichkeit, dass einige Elemente der ISO 10823 Gegenstand von Patentrechten sein können. Die ISO übernimmt für das Feststellen einiger oder aller derartigen Patentrechte keine Verantwortung.

Die Internationale Norm ISO 10823 wurde vom Technischen Komitee ISO/TC 100 „Ketten und Kettenräder für die Antriebstechnik und Förderanlagen" erarbeitet.

Diese zweite Ausgabe ersetzt die erste Ausgabe (ISO 10823:1996), welche inhaltlich überarbeitet wurde.

ACHTUNG — In ISO 10823:2004 befindet sich in Tabelle 5 ein Fehler. Der Wert f_3 für $|z_2\text{-}z_1| = 94$ ist dort falsch angegeben mit 223,187. Richtig ist 223,817. In dieser Übersetzung wurde der richtige Wert eingesetzt. Das zuständige ISO-Sekretariat des TC 100 wurde über diesen Fehler informiert.

Für die im Abschnitt 2 zitierte Internationale Norm gibt es keine nationalen Entsprechungen.

Änderungen

Gegenüber DIN ISO 10823:2001-06 wurden folgende Änderungen vorgenommen:

a) Anwendungsbereich erweitert auf weitere Kettentypen (Typ A verstärkte Ausführung, Ketten 04C, 06C und 085);

b) Berechnung überarbeitet; Berechnungen jetzt auch für Kettentriebe mit $i < 1$ möglich;

c) Referenzzähnezahl von 25 auf 19 geändert;

d) Berechnungsbeispiel (Anhang A) überarbeitet;

e) Anhang B zur Berechnung der Nennleistung aufgenommen.

Frühere Ausgaben

DIN ISO 10823: 2001-06

DIN 8195: 1959-09, 1963-06, 1977-08

4

Hinweise zur Auswahl von Rollenkettentrieben

1 Anwendungsbereich

Diese Internationale Norm gibt Hinweise zur Auswahl von Kettentrieben mit Rollenketten und Kettenrädern nach ISO 606 für industrielle Anwendungen.

Die in dieser Internationalen Norm beschriebenen Auswahlverfahren und Betriebsdaten gelten für Kettentriebe, die unter den in 9.1, 9.2 und Abschnitt 10 festgelegten Bedingungen eine zu erwartende Lebensdauer von etwa 15 000 h haben.

Aufgrund der großen Vielfalt von Belastungscharakteristika, Umgebungsbedingungen sowie der Wartung wird empfohlen, den Lieferanten der Ketten und Kettenräder zu konsultieren, um sicherzustellen, dass das Betriebsverhalten des Kettentriebes den Anforderungen, sowohl vom Anwender als auch von dieser Internationalen Norm, entspricht.

2 Normative Verweisungen

Die folgenden zitierten Dokumente sind für die Anwendung dieses Dokuments erforderlich. Bei datierten Verweisungen gilt nur die in Bezug genommene Ausgabe. Bei undatierten Verweisungen gilt die letzte Ausgabe des in Bezug genommenen Dokuments (einschließlich aller Änderungen).

ISO 606, *Short-pitch transmission precision roller chains and chain wheels*

3 Formelzeichen

Die in dieser Internationalen Norm angewendeten Formelzeichen, Größen und Einheiten werden in Tabelle 1 angegeben.

4 Grundgleichungen

4.1 Antriebsleistung

Zu übertragen ist die in Kilowatt angegebene Leistung P des treibenden Rades. Falls das geforderte Antriebsdrehmoment bekannt ist, kann P nach folgender Gleichung errechnet werden:

$$P = \frac{M \times n_1}{9\,550} \tag{1}$$

4.2 Korrigierte Leistung

Zur Berücksichtigung der Kennwerte des Kettentriebes und der Art der zu übertragenden Belastung wird die übertragene Antriebsleistung P mit mehreren Faktoren multipliziert, um die korrigierte Leistung P_C zu bestimmen:

$$P_c = P \times f_1 \times f_2 \tag{2}$$

5

Tabelle 1 — Formelzeichen, Benennungen und Einheiten

Formelzeichen	Bedeutung	Einheit
a	Maximaler Achsabstand	mm
a_0	Ungefährer Achsabstand	mm
f_1	Faktor zur Berücksichtigung der Betriebsbedingungen (siehe Tabelle 2)	—
f_2	Faktor zur Berücksichtigung der Zähnezahl des kleinen Rades (siehe Bild 4 und Gleichung (5))	—
f_3	Faktor zur Berechnung der Gliederanzahl bei ungleichen Zähnezahlen (siehe Tabelle 5)	—
f_4	Faktor zur Berechnung des Achsabstandes bei ungleichen Zähnezahlen (siehe Tabelle 6)	—
i	Übersetzungsverhältnis	—
M	Eingangsdrehmoment	Nm
n_1	Antriebsdrehzahl	min^{-1}
n_2	Abtriebsdrehzahl	min^{-1}
n_s	Drehzahl des kleineren Rades	min^{-1}
p	Kettenteilung	mm
P	Leistung	kW
P_C	Korrigierte Leistung	kW
v	Kettengeschwindigkeit	m · s^{-1}
X	Gliederanzahl in der Kette	—
X_0	Errechnete Gliederanzahl in der Kette	—
z_1	Zähnezahl des treibenden Rades	—
z_2	Zähnezahl des angetriebenen Rades	—
z_s	Zähnezahl des kleineren Rades	—

5 Festlegung zur Berechnung des Kettentriebes

Folgende konstruktive Merkmale sollten vor Auswahl von Kette und Kettenrädern festgelegt werden:

a) die zu übertragende Leistung;

b) Art der treibenden und angetriebenen Maschine;

c) Drehzahlen und Größen der treibenden und angetriebenen Welle;

d) Achsabstand und Anordnung der Wellen;

e) Umgebungsbedingungen.

ANMERKUNG   Die Größe der Welle sowie ungewöhnlich große oder kleine Achsabstände und/oder eine komplizierte Anordnung können die Auswahl des Kettentriebes beeinflussen.

6

6 Auswahl der Kettenräder

Die Zähnezahl der Kettenräder ist nach folgendem Verfahren zu bestimmen:

a) für das treibende Kettenrad ist die gewünschte Zähnezahl auszuwählen;

b) das Übersetzungsverhältnis i ist nach folgender Gleichung zu bestimmen:

$$i = \frac{n_1}{n_2} \tag{3}$$

c) die Zähnezahl des getriebenen Kettenrades, z_2, ergibt sich aus:

$$z_2 = i \cdot z_1 \tag{4}$$

Es hat sich bewährt, Kettenräder mit nicht weniger als 17 und nicht mehr als 114 Zähnen zu verwenden.

Läuft die Kette mit hoher Geschwindigkeit oder wird stoßweise belastet, sollte das kleinere Rad gehärtet sein und eine Mindestzähnezahl von 25 haben.

7 Berechnungen und Auswahl der Kette

7.1 Übliche Betriebsbedingungen und Leistungen für Kettentriebe

Für die in den Bildern 1, 2 und 3 dargestellten Leistungsschaubilder gelten folgende Bedingungen:

a) Kettentrieb mit zwei Kettenrädern auf parallelen, horizontalen Wellen;

b) kleineres Rad mit 19 Zähnen;

c) Einfachkette ohne gekröpftes Glied;

d) Kettenlänge 120 Glieder (andere Kettenlängen haben einen Einfluss auf die Lebensdauer);

e) Übersetzungsverhältnis von 1:3 bis 3:1;

f) 15 000 h zu erwartende Lebensdauer;

g) Betriebstemperatur zwischen – 5 °C und + 70 °C;

h) Kettenräder vorschriftsmäßig fluchtend und vorschriftsmäßig gespannte Kette (siehe Abschnitt 10);

i) gleichförmiger Betrieb ohne Überlastung, Stöße oder häufige Neustarts;

j) saubere und ausreichende Schmierung über die gesamte Kettenlebensdauer (siehe Abschnitt 9).

In den Bildern 1, 2 und 3 wird die Größe der für den Kettentrieb geeigneten Kette als Funktion der korrigierten Leistung (P_C) und der Drehzahl des kleineren Kettenrades n_s angegeben.

Die Bilder 1, 2 und 3 zeigen exemplarisch Leistungsschaubilder, die in analoger Weise von den Kettenherstellern veröffentlicht werden. Da die Hersteller ihre Ketten unterschiedlich bewerten, wird die Anwendung des vom jeweiligen Kettenhersteller ermittelten Leistungsschaubildes empfohlen.

7

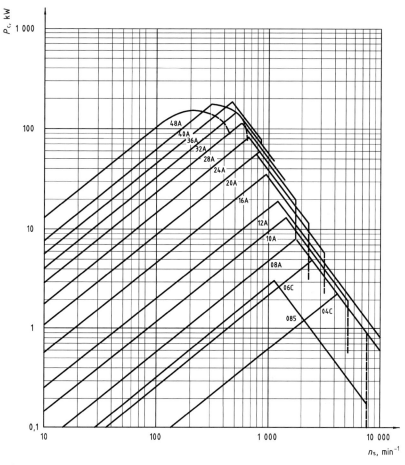

Legende

P_C korrigierte Leistung

n_s Drehzahl des kleineren Kettenrades

ANMERKUNG 1   Die Nennwerte für die Leistung von Zweifachketten können errechnet werden, indem der P_C-Wert für Einfachketten mit dem Faktor 1,7 multipliziert wird.

ANMERKUNG 2   Die Nennwerte für die Leistung von Dreifachketten können errechnet werden, indem der P_C-Wert für Einfachketten mit dem Faktor 2,5 multipliziert wird.

Bild 1 — Typisches Leistungsschaubild für eine Auswahl von Einfachketten Typ A nach ISO 606, basierend auf einem Kettenrad mit 19 Zähnen

8

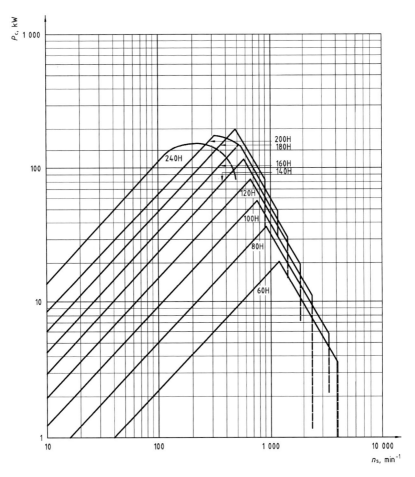

Legende

P_C korrigierte Leistung

n_s Drehzahl des kleineren Kettenrades

ANMERKUNG 1   Die Nennwerte für die Leistung von Zweifachketten können errechnet werden, indem der P_C-Wert für Einfachketten mit dem Faktor 1,7 multipliziert wird.

ANMERKUNG 2   Die Nennwerte für die Leistung von Dreifachketten können errechnet werden, indem der P_C-Wert für Einfachketten mit dem Faktor 2,5 multipliziert wird.

Bild 2 — Typisches Leistungsschaubild für eine Auswahl von verstärkten Einfachketten Typ A (heavy series) nach ISO 606, basierend auf einem Kettenrad mit 19 Zähnen

9

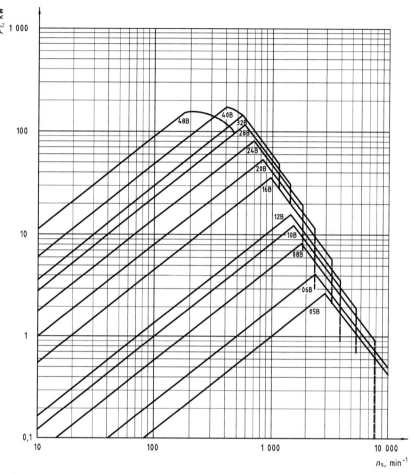

Legende

P_C korrigierte Leistung

n_s Drehzahl des kleineren Kettenrades

ANMERKUNG 1   Die Nennwerte für die Leistung von Zweifachketten können errechnet werden, indem der P_C-Wert für Einfachketten mit dem Faktor 1,7 multipliziert wird.

ANMERKUNG 2   Die Nennwerte für die Leistung von Dreifachketten können errechnet werden, indem der P_C-Wert für Einfachketten mit dem Faktor 2,5 multipliziert wird.

Bild 3 — Typisches Leistungsschaubild für eine Auswahl von Einfachketten Typ B nach ISO 606, basierend auf einem Kettenrad mit 19 Zähnen

10

7.2 Korrektur zur Berücksichtigung abweichender Betriebsbedingungen für die Ketten

7.2.1 Korrektur der Leistung

Falls Kennwerte und Betriebsbedingungen des Kettentriebes von den in 7.1 beschriebenen Bedingungen abweichen, ist die zu übertragende Leistung nach Gleichung (2) zu korrigieren.

Richtwerte für die Faktoren f_1 und f_2 sind für unterschiedliche Betriebsbedingungen in 7.2.2 und 7.2.3 aufgeführt.

7.2.2 Anwendungsfaktor f_1

Mit dem Faktor f_1 werden zusätzliche dynamische Belastungen berücksichtigt, die von den Betriebsbedingungen des Kettentriebes und besonders von der Beschaffenheit der treibenden und angetriebenen Elemente abhängig sind. Der Wert für den Faktor f_1 kann direkt aus Tabelle 2 oder mittels der in den Tabellen 3 und 4 angegebenen Beispiele ausgewählt werden.

Tabelle 2 — Anwendungsfaktor f_1

Charakteristik der angetriebenen Maschine (siehe Tabelle 4)	Charakteristik der treibenden Maschine (siehe Tabelle 3)		
	Gleichförmig stoßfreier Lauf	Lauf unter leichten Stößen	Lauf unter mäßigen Stößen
Gleichförmig stoßfreier Lauf	1,0	1,1	1,3
Lauf unter mäßigen Stößen	1,4	1,5	1,7
Lauf unter starken Stößen	1,8	1,9	2,1

Tabelle 3 — Betriebsbedingungen für treibende Maschinen

Charakteristik der treibenden Maschine	Beispiele
Gleichförmig stoßfreier Lauf	Elektromotoren, Dampf- und Gasturbinen und Verbrennungsmotoren mit hydraulischer Kupplung
Lauf unter leichten Stößen	Verbrennungsmotoren mit sechs oder mehr Zylindern, mit mechanischer Kupplung, Elektromotoren, die häufig gestartet werden (mehr als zweimal täglich)
Lauf unter mäßigen Stößen	Verbrennungsmotoren mit weniger als sechs Zylindern, mit mechanischer Kupplung

11

Tabelle 4 — Betriebsbedingungen für angetriebene Maschinen

Charakteristik der angetriebenen Maschine	Beispiele
Gleichförmig stoßfreier Lauf	Kreiselpumpen und -verdichter, Druckereimaschinen, Förderer mit gleichmäßiger Beschickung, Papierkalander, Fahrtreppen, Mischer und Rührwerke für Flüssigkeiten, Trockentrommeln, Lüfter
Lauf unter mäßigen Stößen	Kolbenpumpen und -verdichter mit drei oder mehr Zylindern, Betonmischmaschinen, Förderer mit ungleichmäßiger Beschickung, Mischer und Rührwerke für feste Stoffe
Lauf unter starken Stößen	Bagger, Rollen- und Kugelmühlen, Gummiverarbeitungsmaschinen, Hobelmaschinen, Pressen, Scheren, Kolbenpumpen und -verdichter mit einem oder zwei Zylindern, Ölbohranlagen

7.2.3 Faktor f_2

Der Faktor f_2 berücksichtigt die Zähnezahl des kleinen Kettenrades z_s für den Anteil des Leistungsdiagramms, welcher durch die Laschenermüdung begrenzt wird. Dieser Faktor wird mit Gleichung (5) ermittelt. Zahlenwerte für f_2 für 11 bis 45 Zähne sind in Bild 4 dargestellt.

$$f_2 = \left(\frac{19}{z_s}\right)^{1,08} \tag{5}$$

Zur Berücksichtigung der Anteile der durch Rollen- und Buchsenermüdung und der durch Bolzen- und Buchsenverschleiß begrenzten Lebensdauer sind die Gleichungen in B.3 und B.4 zu verwenden.

12

753

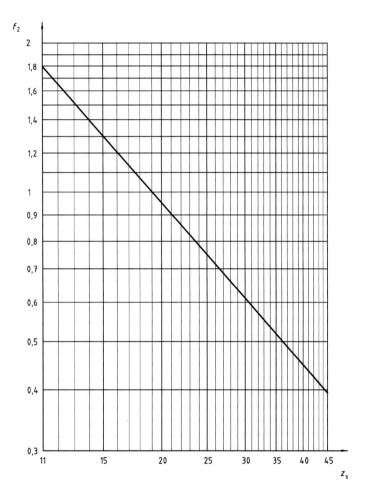

Bild 4 — Faktor f_2 zur Berücksichtigung der Zähnezahl des kleineren Rades z_s

7.3 Auswahl der Kette

Aus den Leistungsschaubildern (siehe Bilder 1, 2 und 3) ist die kleinste Teilung einer Einfachkette, welche die erforderliche Leistung bei der erforderlichen Drehzahl des kleineren Kettenrades überträgt, auszuwählen.

Wenn die Drehzahl die Grenze der Einfachkette mit der kleinsten Teilung überschreitet oder ein kompakterer Kettentrieb erforderlich ist, sollte eine Mehrfachkette mit kleinerer Teilung gewählt werden.

Mehrfachketten können aus den Bildern 1, 2 und 3 unter Berücksichtigung der dort in den Anmerkungen 1 und 2 angegebenen Korrekturfaktoren ausgewählt werden.

13

7.4 Kettenlänge

Sind für einen Kettentrieb mit zwei Kettenrädern die Kettenteilung (p) und der ungefähre Achsabstand der Kettenräder (a_0) bekannt, wird die Gliederanzahl (X_0) nach den Gleichungen (6) und (7) errechnet.

Die errechnete Gliederanzahl, X_0, sollte auf eine ganze, gerade Zahl X gerundet werden, um den Einbau gekröpfter Glieder zu vermeiden.

Für Kettenräder mit gleicher Zähnezahl ($z = z_1 = z_2$):

$$X_0 = 2\frac{a_0}{p} + z \tag{6}$$

Für Kettenräder mit unterschiedlicher Zähnezahl:

$$X_0 = 2\frac{a_0}{p} + \frac{z_1 + z_2}{2} + \frac{f_3}{a_0} \cdot \frac{p}{a_0} \tag{7}$$

mit $f_3 = \left(\frac{|z_2 - z_1|}{2\pi}\right)^2$

Berechnete Zahlenwerte für f_3 sind Tabelle 5 zu entnehmen.

7.5 Kettengeschwindigkeit

Berechnung der Kettengeschwindigkeit nach der folgenden Gleichung:

$$v = \frac{n_1 \cdot z_1 \cdot p}{60\,000} \tag{8}$$

Tabelle 5 — Errechnete Werte für den Faktor f_3

$|z_2 - z_1|$	f_3	$|z_2 - z_1|$	f_3	$|z_2 - z_1|$	f_3	$|z_2 - z_1|$	f_3	$|z_2 - z_1|$	f_3
1	0,025 3	21	11,171	41	42,580	61	94,254	81	166,191
2	0,101 3	22	12,260	42	44,683	62	97,370	82	170,320
3	0,228 0	23	13,400	43	46,836	63	100,536	83	174,500
4	0,405 3	24	14,590	44	49,040	64	103,753	84	178,730
5	0,633 3	25	15,831	45	51,294	65	107,021	85	183,011
6	0,912	26	17,123	46	53,599	66	110,339	86	187,342
7	1,241	27	18,466	47	55,955	67	113,708	87	191,724
8	1,621	28	19,859	48	58,361	68	117,128	88	196,157
9	2,052	29	21,303	49	60,818	69	120,598	89	200,640
10	2,533	30	22,797	50	63,326	70	124,119	90	205,174
11	3,065	31	24,342	51	65,884	71	127,690	91	209,759
12	3,648	32	25,938	52	68,493	72	131,313	92	214,395
13	4,281	33	27,585	53	71,153	73	134,986	93	219,081
14	4,965	34	29,282	54	73,863	74	138,709	94	223,817
15	5,699	35	31,030	55	76,624	75	142,483	95	228,605
16	6,485	36	32,828	56	79,436	76	146,308	96	233,443
17	7,320	37	34,677	57	82,298	77	150,184	97	238,333
18	8,207	38	36,577	58	85,211	78	154,110	98	243,271
19	9,144	39	38,527	59	88,175	79	158,087	99	248,261
20	10,132	40	40,529	60	91,189	80	162,115	100	253,302

8 Maximaler Achsabstand der Kettenräder

Für die in 7.4 bestimmte Gliederanzahl X ist der maximale Achsabstand der Kettenräder, a, nach den Gleichungen (9) oder (10) zu bestimmen.

Für Kettenräder mit gleicher Zähnezahl ($z = z_1 = z_2$):

$$a = p\left(\frac{X - z}{2}\right) \tag{9}$$

Für Kettenräder mit unterschiedlicher Zähnezahl:

$$a = f_4\, p\left[2X - (z_1 + z_2)\right] \tag{10}$$

Berechnete Zahlenwerte für f_4 sind Tabelle 6 zu entnehmen.

Tabelle 6 — Errechnete Werte für den Faktor f_4

$\left|\dfrac{X - z_s}{z_2 - z_1}\right|$	f_4	$\left|\dfrac{X - z_s}{z_2 - z_1}\right|$	f_4	$\left|\dfrac{X - z_s}{z_2 - z_1}\right|$	f_4	$\left|\dfrac{X - z_s}{z_2 - z_1}\right|$	f_4
13	0,249 91	2,7	0,247 35	1,54	0,237 58	1,26	0,225 20
12	0,249 90	2,6	0,247 08	1,52	0,237 05	1,25	0,224 43
11	0,249 88	2,5	0,246 78	1,50	0,236 48	1,24	0,223 61
10	0,249 86	2,4	0,246 43	1,48	0,235 88	1,23	0,222 75
9	0,249 83	2,3	0,246 02	1,46	0,235 24	1,22	0,221 85
8	0,249 78	2,2	0,245 52	1,44	0,234 55	1,21	0,220 90
7	0,249 70	2,1	0,244 93	1,42	0,233 81	1,20	0,219 90
6	0,249 58	2,0	0,244 21	1,40	0,233 01	1,19	0,218 84
5	0,249 37	1,95	0,243 80	1,39	0,232 59	1,18	0,217 71
4,8	0,249 31	1,90	0,243 33	1,38	0,232 15	1,17	0,216 52
4,6	0,249 25	1,85	0,242 81	1,37	0,231 70	1,16	0,215 26
4,4	0,249 17	1,80	0,242 22	1,36	0,231 23	1,15	0,213 90
4,2	0,249 07	1,75	0,241 56	1,35	0,230 73	1,14	0,212 45
4,0	0,248 96	1,70	0,240 81	1,34	0,230 22	1,13	0,210 90
3,8	0,248 83	1,68	0,240 48	1,33	0,229 68	1,12	0,209 23
3,6	0,248 68	1,66	0,240 13	1,32	0,229 12	1,11	0,207 44
3,4	0,248 49	1,64	0,239 77	1,31	0,228 54	1,10	0,205 49
3,2	0,248 25	1,62	0,239 38	1,30	0,227 93	1,09	0,203 36
3,0	0,247 95	1,60	0,238 97	1,29	0,227 29	1,08	0,201 04
2,9	0,247 78	1,58	0,238 54	1,28	0,226 62	1,07	0,198 48
2,8	0,247 58	1,56	0,238 07	1,27	0,225 93	1,06	0,195 64

15

9 Schmierung

9.1 Schmierverfahren

Zur Erzielung einer angemessenen Lebensdauer des Kettentriebes wird das anzuwendende Schmierverfahren durch Geschwindigkeit und Leistung der Kette bestimmt.

Die Schmierbereiche, die das mindestens erforderliche Schmierverfahren festlegen, werden im Bild 5 dargestellt. Diese Schmierbereiche werden wie folgt definiert:

Bereich 1: Manuell in regelmäßigen Abständen erfolgende Ölzufuhr durch Sprühdose, Ölkanne oder Pinsel.

Bereich 2: Tropfschmierung.

Bereich 3: Ölbad oder Schleuderscheibe.

Bereich 4: Druckumlaufschmierung mit Filter und gegebenenfalls Ölkühler.

ANMERKUNG   Bei gekapseltem Kettentrieb mit hoher Leistung und hohen Kettengeschwindigkeiten kann ein Ölkühler erforderlich werden.

9.2 Viskosität des Schmieröles

In Tabelle 7 sind die Viskositätsklassen des zur Kettenschmierung einzusetzenden Schmieröles in Abhängigkeit von den betriebsbedingten Umgebungstemperaturen angegeben.

Es ist sicherzustellen, dass das Schmieröl frei von Verunreinigungen, insbesondere durch abrasive Partikel, ist.

Tabelle 7 — Viskositätsklassen des Schmieröles für Kettentriebe

Umgebungstemperatur, t, °C	$-5 \leq t \leq +5$	$+5 < t \leq +25$	$+25 < t \leq +45$	$+45 < t \leq +70$
Viskositätsklasse des Schmieröles	VG 68 (SAE 20)	VG 100 (SAE 30)	VG 150 (SAE 40)	VG 220 (SAE 50)

10 Bewährte Gestaltung für Kettentriebe

10.1 Achsabstand der Kettenräder

Der Achsabstand sollte vorzugsweise das 30- bis 50fache der Kettenteilung betragen. Das kleinere Kettenrad sollte einen Umschlingungswinkel von mindestens 120° aufweisen.

16

757

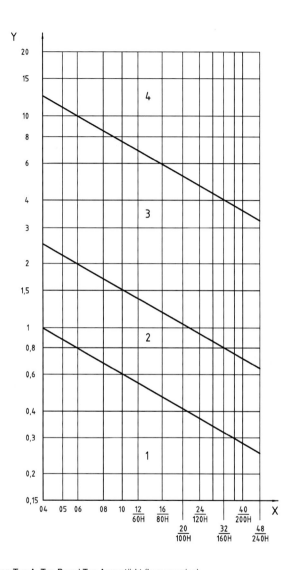

Legende

X   Kettenbaureihen Typ A, Typ B und Typ A verstärkt (heavy series)

Y   Kettengeschwindigkeit v, m · s^{-1}

Die Schmierbereiche 1, 2, 3 und 4 sind in 9.1 erläutert.

Bild 5 — Diagramm zur Bestimmung der Schmierbereiche

17

10.2 Einstellung des Kettendurchhanges

Der Kettendurchhang ist bevorzugt durch Justierung des Achsabstandes einzustellen.

Die Kettenräder in gegensätzlichem Drehsinn so drehen, damit ein Trum gespannt wird. Dann in der Mitte des durchhängenden Trums den Gesamtweg A–C messen (siehe Bild 6).

Wenn die Verbindungslinie der Achsen weniger als 45° von der Horizontalen abweicht, sollte der Gesamtweg A–C von 2 % (± 1 %) bis 6 % (± 3 %) des Achsabstandes betragen.

Wenn die Verbindungslinie der Achsen mehr als 45° von der Horizontalen abweicht, sollte der Gesamtweg A–C von 1 % (± 0,5 %) bis 3 % (± 1,5 %) des Achsabstandes betragen.

10.3 Spannsysteme

Alternativ kann das Leertrum durch Umlenkrollen, Umlenkkettenräder oder andere geeignete Mittel eingestellt werden, insbesondere bei Kettentrieben mit einer Anordnung von mehr als 60° von der Horizontalen.

Es ist darauf zu achten, dass keine übermäßig hohen oder unnötigen Spannkräfte auf die Kette wirken.

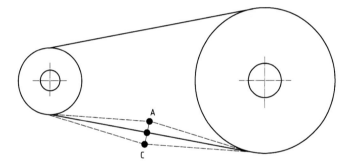

Bild 6 — Einstellung des Kettendurchhanges

10.4 Anordnung von Kettentrieben

Typische Kettentriebsanordnungen, die im Normalfall einen guten und störungsfreien Lauf gewährleisten, sind in Bild 7 dargestellt.

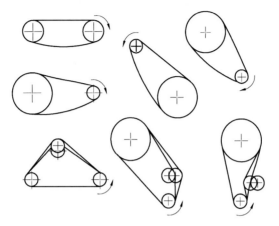

ANMERKUNG   Für hier nicht dargestellte Anordnungen sollte ein Kettenhersteller konsultiert werden.

Bild 7 — Übliche Anordnung von Kettentrieben

19

Anhang A
(informativ)

Berechnungsbeispiel für die Auswahl eines Kettentriebes

A.1 Vorgegebene Parameter

Das Schema des Kettentriebes, auf den sich dieses Berechnungsbeispiel bezieht, ist in Bild A.1 dargestellt.

Es gelten folgende Vorgaben:

Zu übertragende Leistung:	$P = 1{,}40$ kW
Antriebsdrehzahl:	$n_1 = 100$ min^{-1}
Abtriebsdrehzahl:	$n_2 = 34$ min^{-1}
Übersetzungsverhältnis:	$i = n_1/n_2 = 2{,}94$
Treibende Maschine:	elektrischer Getriebemotor
Angetriebene Maschine:	Transportband (mit ungleichmäßiger Beschickung)
Ungefährer Achsabstand:	$a_0 = 850$ mm

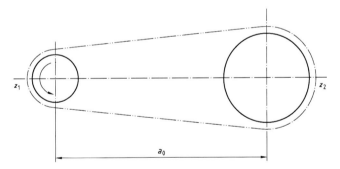

Bild A.1 — Schema des Beispielantriebes

20

A.2 Auswahl des Kettenrades

Ausgewählte Zähnezahl des treibenden Rades:

$z_1 = 17$

Zähnezahl des angetriebenen Rades:

$z_2 = i \times z_1 = 2,94 \times 17 = 50$ [nach Gleichung (4)]

A.3 Berechnung und Auswahl der Kette

A.3.1 Korrektur der Leistung

Faktor zur Berücksichtigung der Betriebsbedingungen: $f_1 = 1,4$ (aus Tabelle 2)

Faktor zur Berücksichtigung der Zähnezahl: $f_2 = 1,13$ [nach Gleichung (5) und Bild 4]

Korrigierte Leistung: $P_c = P \times f_1 \times f_2$ [nach Gleichung (2)]

$$= 1,4 \times 1,4 \times 1,13$$

$$= 2,21 \text{ kW}$$

A.3.2 Auswahl der Kette

Für $P_c = 2,21$ kW und $n_1 = 100$ min^{-1} werden aus den in den Bildern 1, 2 und 3 angegebenen Leistungsdiagrammen die Rollenketten 16A – 1 60H – 1 oder 16B – 1 ausgewählt.

Die Kettenteilung p für eine Kette 16A oder 16B beträgt 25,4 mm und 19,05 mm für eine Kette 60H (in Übereinstimmung mit ISO 606).

A.3.3 Kettenlänge

Berechnung der Gliederanzahl:

$$X_0 = 2\frac{a_0}{p} + \frac{z_1 + z_2}{2} + \frac{f \, 3 \cdot p}{a_0} \quad \text{[nach Gleichung (7)]}$$

Dabei ist $f_3 = 27,585$.

Für $|z_2 - z_1| = |50 - 17| = 33$ (aus Tabelle 5)

Daraus ergibt sich

— für Ketten 16A und 16B:

$$X_0 = \frac{2 \cdot 850}{25,4} + \frac{17 + 50}{2} + \frac{27,585 \cdot 25,4}{850} = 101,25 \text{ Teilungen}$$

und

die gewählte Gliederzahl: $X = 102$ Teilungen (entspricht der nächsthöheren geraden Zahl);

21

— für Kette 60H:

$$X_0 = \frac{2 \cdot 850}{19,05} + \frac{17 + 50}{2} + \frac{27,585 \cdot 19,05}{850} = 123,36 \text{ Teilungen}$$

und

die gewählte Gliederzahl: X = 124 Teilungen (entspricht der nächsthöheren geraden Zahl).

A.3.4 Kettengeschwindigkeit

$v = \frac{n_1 \cdot z_1 \cdot p}{60\,000}$ [nach Gleichung (8)]

$v = \frac{100 \cdot 17 \cdot 25,4}{60\,000} = 0,72 \text{ m s}^{-1}$ für Ketten 16A und 16B und

$v = \frac{100 \cdot 17 \cdot 19,05}{60\,000} = 0,54 \text{ m s}^{-1}$ für Kette 60H

A.4 Maximaler Achsabstand der Kettenräder

Maximaler Achsabstand:

$$a = f_4\, p\left[2X - (z_1 + z_2)\right] \text{ [nach Gleichung (10)]}$$

mit f_4 = 0,247 00 für Ketten 16A und 16B, für

$$\frac{X - z_S}{|z_2 - z_1|} = \frac{102 - 17}{|50 - 17|} = 2,576 \text{ (interpoliert nach Tabelle 6)}$$

Und f_4 = 0,248 30 für Kette 60H, für

$$\frac{X - z_S}{|z_2 - z_1|} = \frac{124 - 17}{|50 - 17|} = 3,242 \text{ (interpoliert nach Tabelle 6)}$$

ergibt,

$a = (0,247\,00 \cdot 25,4) \cdot \left[(2 \cdot 102) - (17 + 50)\right] = 859,5 \text{ mm}$ für Ketten 16A und 16B und

$a = (0,248\,30 \cdot 19,05) \cdot \left[(2 \cdot 124) - (17 + 50)\right] = 856,15 \text{ mm}$ für Kette 60H

A.5 Schmierung

Für v = 0,72 m · s^{-1} ergibt sich für die Ketten 16A – 1 oder 16B – 1 aus dem in Bild 5 dargestellten Diagramm der Schmierbereich 2. Es ist folglich mindestens eine Tropfschmierung erforderlich (siehe 9.1).

Für v = 0,54 m · s^{-1} ergibt sich für die Kette 60H – 1 aus dem in Bild 5 dargestellten Diagramm der Schmierbereich 2. Es ist folglich mindestens eine Tropfschmierung erforderlich (siehe 9.1).

Anhang B
(informativ)

Berechnung der Nennleistung

B.1 Nennleistungsdiagramm

Die Nennleistungen für Ketten 16A und 16B sind in Bild B.1 dargestellt. Die Leistungsgrenze, die sich durch die Laschenermüdung ergibt, wird durch eine durchgezogene Linie von ungefähr 0,6 kW bei 10 min^{-1} bis 100 kW bei 3 000 min^{-1} dargestellt. Die Leistungsgrenze, bedingt durch Rollen- und Buchsenermüdung, wird durch die gestrichelte Linie von ungefähr 160 kW bei 350 min^{-1} bis 6,5 kW bei 3 000 min^{-1} dargestellt. Die Leistungsgrenze, bedingt durch Bolzen- und Buchsenverschleiß, wird durch die strichpunktierte Linie, ausgehend von ungefähr 150 kW bei 350 min^{-1} durchgehend bei etwas über 200 kW bei 1 500 min^{-1} bis 0,1 kW bei 3 300 min^{-1}, dargestellt. Die Nennleistung der Ketten bei einer bestimmten Kettengeschwindigkeit ist der kleinste Wert der drei Kurven bei dieser Geschwindigkeit.

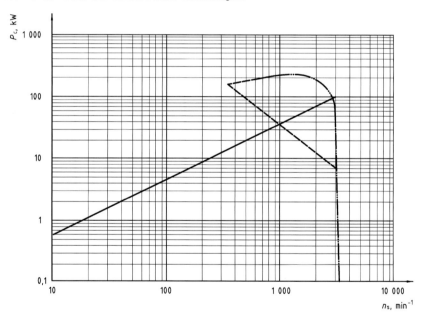

Legende

P_C korrigierte Leistung

n_s Geschwindigkeit des kleineren Kettenrades

Bild B.1 — Nennleistungsgrenzen von Rollenketten für ein Kettenrad mit 19 Zähnen

23

B.2 Gleichungen zur Berechnung der Nennleistungen für Laschendauerfestigkeit

Für Ketten der A-Serie:

$$P_C = \frac{z_s^{1,08} \cdot n_s^{0,9} \cdot 99 A_i p^{(1,0-0,0008p)}}{6 \cdot 10^7} kW$$

mit

A_i als Querschnittsfläche von zwei Innenlaschen:

$$A_i = 0,118 p^2 mm^2$$

Für eine Kette 085:

$$P_C = \frac{z_s^{1,08} \cdot n_s^{0,9} \cdot 86,2 A_i p^{(1,0-0,0008p)}}{6 \cdot 10^7} kW$$

mit

A_i als Querschnittsfläche von zwei Innenlaschen:

$$A_i = 0,074\,5 p^2 mm^2$$

Für Ketten der A-Serie, verstärkte Ausführung (heavy series):

$$P_C = \frac{z_s^{1,08} \cdot n_s^{0,9} (t_H / t_s)^{0,5} 99 A_i p^{(1,0-0,0008p)}}{6 \cdot 10^7} kW$$

mit

A_i als Querschnittsfläche von zwei Standard-Innenlaschen;

$$A_i = 0,118 p^2 mm^2$$

t_H ist die Dicke einer Innenlasche der verstärken Ausführung (heavy series), in Millimeter;

t_s ist die Dicke einer Standard-Innenlasche, in Millimeter.

Für Ketten der B-Serie:

$$P_C = \frac{z_s^{1,08} \cdot n_s^{0,9} \cdot 99 A_i p^{(1,0-0,0009p)}}{6 \cdot 10^7} kW$$

mit

A_i als Querschnittsfläche von zwei Standard-Innenlaschen:

$$A_i = 2 t_i (0,99 h_2 - d_b) mm^2$$

d_b als geschätzter Buchsendurchmesser, in Millimeter;

24

765

$$d_b = d_2 \left(\frac{d_1}{d_2}\right)^{0,475}$$

t_i als geschätzte Dicke der Innenlaschen, in Millimeter

$$t_i = \frac{b_2 - b_1}{2,11}$$

und

b_1 als Mindestweite zwischen Innenlaschen, in Millimeter;

b_2 als maximale Breite des Innengliedes, in Millimeter;

d_1 als maximaler Rollendurchmesser, in Millimeter;

d_2 als maximaler Bolzendurchmesser, in Millimeter;

h_2 als maximale Höhe der Innenlasche, in Millimeter;

p als Kettenteilung, in Millimeter.

B.3 Gleichungen zur Berechnung der Nennleistungen für Rollen- und Buchsenermüdung

Für Ketten der Baureihen Typ A, Typ A verstärkte Ausführung (heavy series) und Typ B, außer 04 C, 06 C und 085:

$$P_C = \frac{953,5 z_s^{1,5} \cdot p^{0,8}}{n_s^{1,5}} \, kW$$

Für Ketten 04C und 06C:

$$P_C = \frac{1\,626,6 z_s^{1,5} \cdot p^{0,8}}{n_s^{1,5}} \, kW$$

Für Ketten 085:

$$P_C = \frac{190,7 z_s^{1,5} \cdot p^{0,8}}{n_s^{1,5}} \, kW$$

25

B.4 Gleichungen zur Berechnung der Nennleistungen für Bolzen- und Buchsenverschleiß

Für Ketten der Baureihen Typ A, Typ A verstärkte Ausführung (heavy series) und Typ B:

$$P_c = \frac{z_s\,n_s\,p}{3\,780\,K_{PS}}\left[4{,}413 - 2{,}073\left(\frac{p}{25{,}4}\right) - 0{,}027\,4\,z_s - \ln\left(\frac{n_s}{1\,000\,K_{PS}}\right) \cdot \left\{1{,}59 \cdot \lg\left(\frac{p}{25{,}4}\right) + 1{,}873\right\}\right]\,\text{kW}$$

mit K_{PS} als Geschwindigkeitskorrekturfaktor, nach Tabelle B.1.

Tabelle B.1 — Geschwindigkeitskorrekturfaktor

Kettenteilung mm	K_{PS}
≤ 19,05	1,0
25,40 bis 31,75	1,25
38,10	1,30
44,45	1,35
50,80 bis 57,15	1,40
63,50	1,45
76,20	1,50

B.5 Gleichungen für Grenzgeschwindigkeiten der Schmierung

Maximale Geschwindigkeit für Schmierbereich 1:

$$v = 2{,}8p^{-0{,}56}\,\text{m} \cdot \text{s}^{-1}$$

Maximale Geschwindigkeit für Schmierbereich 2:

$$v = 7{,}0p^{-0{,}56}\,\text{m} \cdot \text{s}^{-1}$$

Maximale Geschwindigkeit für Schmierbereich 3:

$$v = 35p^{-0{,}56}\,\text{m} \cdot \text{s}^{-1}$$

Januar 2009

DIN ISO 10823 Berichtigung 1

ICS 21.220.30

Es wird empfohlen, auf der betroffenen Norm
einen Hinweis auf diese Berichtigung zu
machen.

Hinweise zur Auswahl von Rollenkettentrieben (ISO 10823:2004), Berichtigung zu DIN ISO 10823:2006-10 (ISO 10823:2004/Cor. 1:2008)

Guidelines for the selection of roller chain drives (ISO 10823:2004),
Corrigendum to DIN ISO 10823:2006-10 (ISO 10823:2004/Cor. 1:2008)

Méthode de sélection des transmissions par chaîne à rouleaux (ISO 10823:2004),
Corrigendum à DIN ISO 10823:2006-10 (ISO 10823:2004/Cor. 1:2008)

Gesamtumfang 2 Seiten

Normenausschuss Maschinenbau (NAM) im DIN

In

DIN ISO 10823:2006-10

sind aufgrund internationalen Berichtigung ISO 10823:2004/Cor.1:2008 folgende Korrekturen vorzunehmen:

a) Lösche im Titel zu Bild 2 „Typ A" und ersetze durch „Typ H";

b) Lösche in Tabelle 4, letzte Zeile, letzte Spalte das Wort „Ölbohranlagen" und ersetze das Wort durch „Bohranlagen".

2

Druckfehlerberichtigungen

Folgende Druckfehlerberichtigungen wurden in den DIN-Mitteilungen + elektronorm zu den in diesem DIN-Taschenbuch enthaltenen Normen veröffentlicht.

Die abgedruckten Normen entsprechen der Originalfassung und wurden nicht korrigiert. In Folgeausgaben werden die aufgeführten Druckfehler berichtigt.

DIN 3760:1996-09

In der Tabelle 1, S. 3 der o. g. Norm ist beim Wellendurchmesser „d_1 = 100 mm" der 3. Wert für „d_2" in 130 zu ändern.

DIN EN ISO 8734:1998-03

In Tabelle 1 „Maße" ist für den Durchmesser 5 mm das Maß c von 9,8 mm in 0,8 mm zu ändern.

Service-Angebote des Beuth Verlags

DIN und Beuth Verlag

Der Beuth Verlag ist eine Tochtergesellschaft des DIN Deutsches Institut für Normung e. V. – gegründet im April 1924 in Berlin.

Neben den Gründungsgesellschaftern DIN und VDI (Verein Deutscher Ingenieure) haben im Laufe der Jahre zahlreiche Institutionen aus Wirtschaft, Wissenschaft und Technik ihre verlegerische Arbeit dem Beuth Verlag übertragen. Seit 1993 sind auch das Österreichische Normungsinstitut (ON) und die Schweizerische Normen-Vereinigung (SNV) Teilhaber der Beuth Verlag GmbH.

Nicht nur im deutschsprachigen Raum nimmt der Beuth Verlag damit als Fachverlag eine führende Rolle ein: Er ist einer der größten Technikverlage Europas. Von den Synergien zwischen DIN und Beuth Verlag profitieren heute 150 000 Kunden weltweit.

Normen und mehr

Die Kernkompetenz des Beuth Verlags liegt in seinem Angebot an Fachinformationen rund um das Thema Normung. In diesem Bereich hat sich in den letzten Jahren ein rasanter Medienwechsel vollzogen – über die Hälfte aller DIN-Normen werden mittlerweile als PDF-Datei genutzt. Auch neu erscheinende DIN-Taschenbücher sind als E-Books beziehbar.

Als moderner Anbieter technischer Fachinformationen stellt der Beuth Verlag seine Produkte nach Möglichkeit medienübergreifend zur Verfügung. Besondere Aufmerksamkeit gilt dabei den Online-Entwicklungen. Im Webshop unter www.beuth.de sind bereits heute mehr als 250 000 Dokumente recherchierbar. Die Hälfte davon ist auch im Download erhältlich und kann vom Anwender innerhalb weniger Minuten am PC eingesehen und eingesetzt werden.

Von der Pflege individuell zusammengestellter Normensammlungen für Unternehmen bis hin zu maßgeschneiderten Recherchedaten bietet der Beuth Verlag ein breites Spektrum an Dienstleistungen an.

So erreichen Sie uns

Beuth Verlag GmbH
Am DIN-Platz
Burggrafenstr. 6
10787 Berlin
Telefon 030 2601-0
Telefax 030 2601-1260
info@beuth.de
www.beuth.de

Ihre Ansprechpartner in den verschiedenen Bereichen des Beuth Verlags finden Sie auf der Seite „Kontakt" unter www.beuth.de.

Stichwortverzeichnis

Die hinter den Stichwörtern stehenden Nummern sind DIN-Nummern der abgedruckten Normen.

Stahl, Flacherzeugnis, kaltgewalzt
DIN EN 10152

Stahl, Lieferbedingung, nichtrostender
Stahl   DIN EN 10088-3

Stahl, Vergütungsstahl, Lieferbedingung
DIN EN 10083-1

Stahl, Vergütungsstahl, Lieferbedingung,
Qualitätsstahl   DIN EN 10083-2

Stahlguss, Gussstück   DIN EN 10293

Tellerfeder, Feder, Qualitätsanforderung
DIN 2093

Verbindungselement, Abmessung, Anforderung, Scheibe   DIN EN ISO 7089

Verbindungselement, Haltering, Sicherungsring   DIN 471

Verbindungselement, Innensechskant,
Schraube, Senkschraube
DIN EN ISO 10642

Verbindungselement, Sicherungsscheibe
DIN 6799

Verbindungselement, Zylinderstift, nichtrostender Stahl   DIN EN ISO 8734

Vergütungsstahl, Lieferbedingung, Qualitätsstahl, Stahl   DIN EN 10083-2

Vergütungsstahl, Lieferbedingung, Stahl
DIN EN 10083-1

Wälzlager, Einbau, Lager   DIN 5418

Wälzlager, Lager   DIN 611

Wellendichtring, Dichtring   DIN 3760

Wellenende, Maschinenbau   DIN 748-1,
DIN 1448-1, DIN 1449

Wellenkupplung, Antriebstechnik
DIN 740-1

Zugfeder, Schraubenfeder   DIN 2097

Zylinderschraube, Flansch, Schraube
DIN 34822

Zylinderschraube, Innensechsrund,
Schraube   DIN EN ISO 14579

Zylinderstift, Anforderung, Spannstift
DIN EN ISO 8752